11章 摄影机技术
案例实战——测试VR物理摄影机的光圈数

08章 灯光技术
案例实战——VR灯光制作柔和日光

09章 材质技术
案例实战——VRayMtl材质制作壁纸

09章 材质技术
案例实战——VR灯光材质制作壁炉火焰

09章 材质技术
综合实战——多维子对象材质制作吊灯

09章 材质技术
案例实战——多维子对象材质制作布纹

09章 材质技术
综合实战——VRayMtl材质制作美食

09章 材质技术
综合实战——VRayMtl制作金属

16章 情迷中式“味道”——简约中式客厅
情迷中式“味道”——简约中式客厅

08章 灯光技术
案例实战——VR灯光制作地灯

08章 灯光技术
案例实战——目标灯光制作射灯

08章 灯光技术
综合实战——VR灯光、目标灯光制作玄关灯光

08章 灯光技术
案例实战——泛光灯、目标聚光灯制作烛光

10章 贴图技术
案例实战——VR边纹理贴图制作线框效果

10章 贴图技术
案例实战——VRayHDRI贴图制作真实环境

10章 贴图技术
案例实战——凹凸贴图制作皮质沙发

10章 贴图技术
案例实战——位图贴图制作杂志

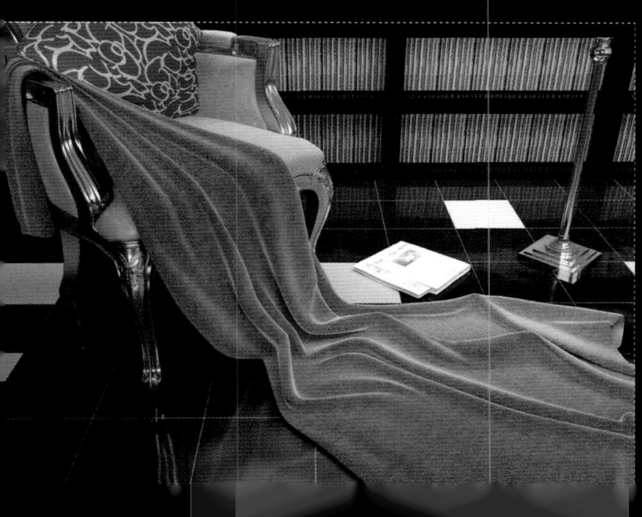

18章 黑白印象，浪漫新古典——新古典卧室夜景

新古典卧室夜景（后期处理）

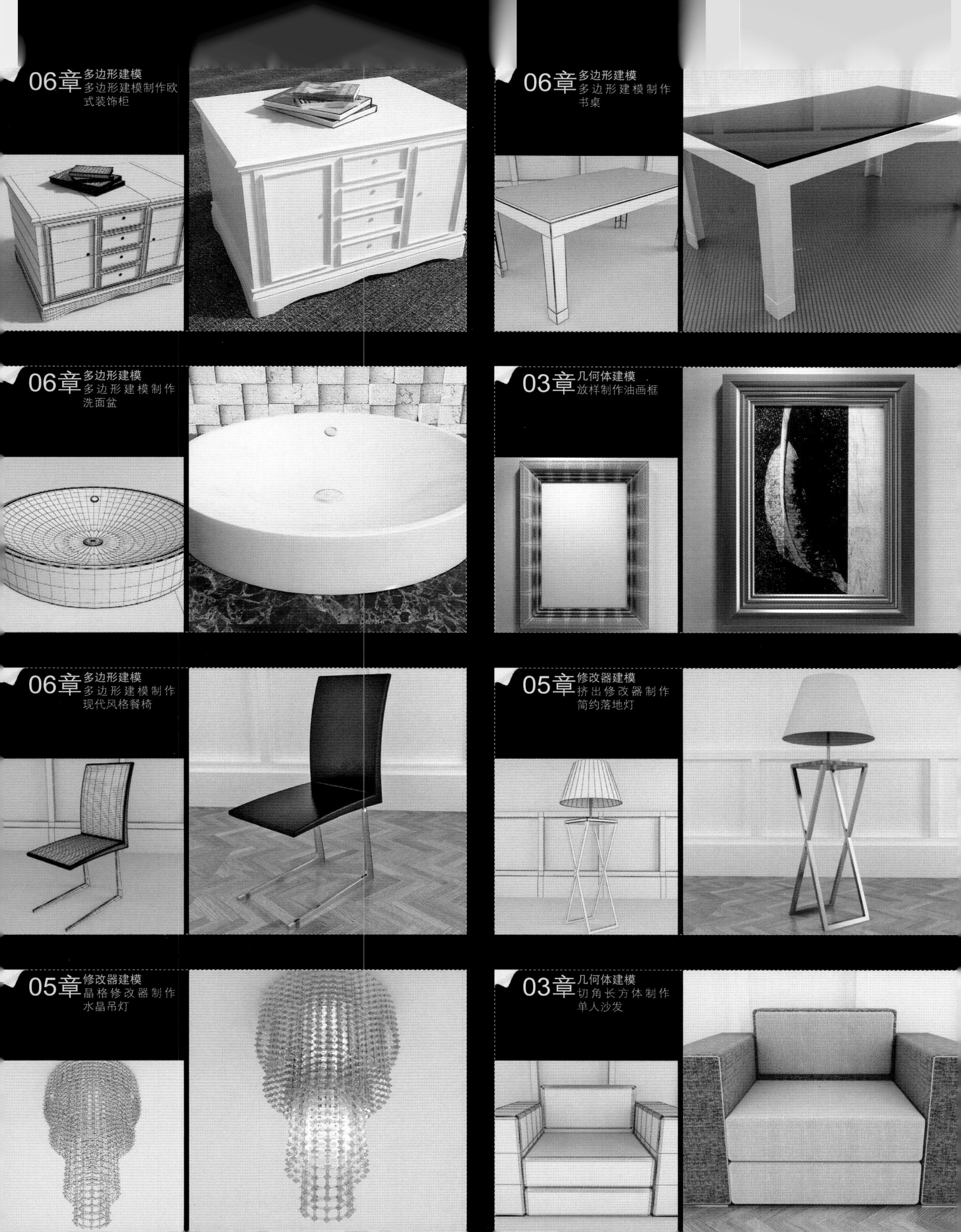
06章 多边形建模
多边形建模制作欧式装饰柜
06章 多边形建模
多边形建模制作书桌
06章 多边形建模
多边形建模制作洗面盆
03章 几何体建模
放样制作油画框
06章 多边形建模
多边形建模制作现代风格餐椅
05章 修改器建模
挤出修改器制作简约落地灯
05章 修改器建模
晶格修改器制作水晶吊灯
03章 几何体建模
切角长方体制作单人沙发

11章 摄影机技术
案例实战——利用目标摄影机修改角度

08章 灯光技术
案例实战——VR太阳制作阳光

08章 灯光技术
案例实战——VR灯光、目标灯光制作灯带

19章 梦中怡园，中国味道——新中式卧室夜景
梦中怡园，中国味道——新中式卧室夜景

15章 极简主义，简约不简单——可爱儿童房
极简主义，简约不简单——可爱儿童房

08章 灯光技术
综合实战——VR灯光、目标灯光、目标聚光灯制作夜晚灯光

08章 灯光技术
案例实战——VR灯光、目标灯光制作水族箱灯光

09章 材质技术
案例实战——VR灯光材质制作电视屏幕

09章 材质技术
案例实战——VRayMtl材质制作钢琴

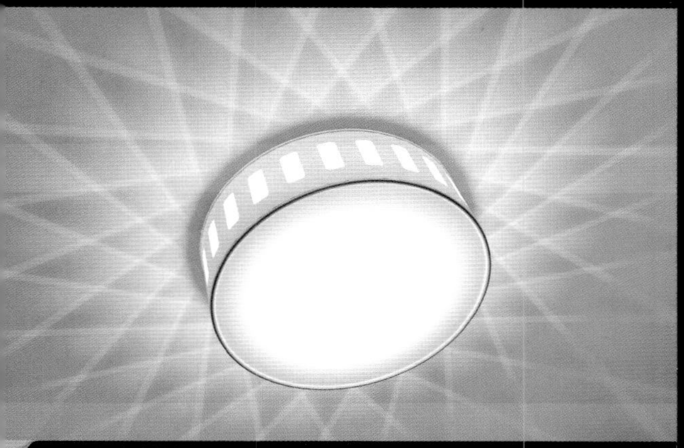

08章 灯光技术
案例实战——VR灯光制作壁灯灯光

10章 贴图技术
案例实战——噪波贴图制作水波纹

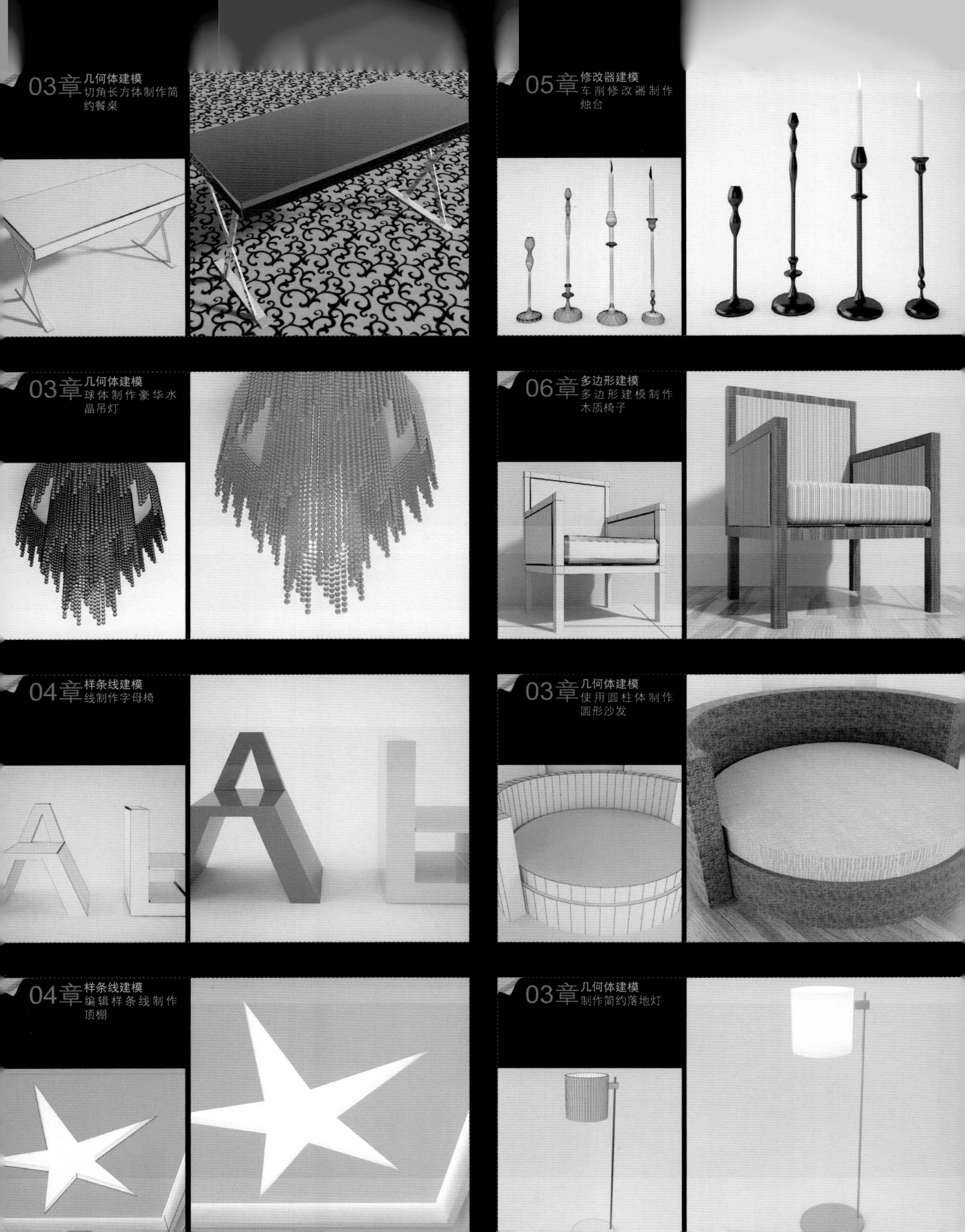
03章 几何体建模
切角长方体制作简约餐桌
05章 修改器建模
车削修改器制作烛台
03章 几何体建模
球体制作豪华水晶吊灯
06章 多边形建模
多边形建模制作木质椅子
04章 样条线建模
线制作字母椅
03章 几何体建模
使用圆柱体制作圆形沙发
04章 样条线建模
编辑样条线制作顶棚
03章 几何体建模
制作简约落地灯

20章 思想风暴，创新空间——小型会议室日景
思想风暴，创新空间——小型会议室日景

22章 优雅格调，幽静如画——咖啡店
优雅格调，幽静如画——咖啡店

13章 后期处理
案例实战——打造朦胧感温馨色调浴室

13章 后期处理
案例实战——合成植物

13章 后期处理
案例实战——阴影高光还原效果图暗部细节

13章 后期处理
案例实战——锐化图像

13章 后期处理
案例实战——增加光源数量

13章 后期处理
案例实战——打造清爽色调效果图

13章 后期处理
案例实战——制作景深效果

05章 修改器建模
FFD修改器制作竹藤椅子

07章 网格建模和NURBS建模
NURBS建模制作陶瓷花瓶

03章 几何体建模
长方体制作方形玻璃茶几

03章 几何体建模
超级布尔运算制作水果盘

03章 几何体建模
长方体制作创意书架

06章 多边形建模
多边形建模制作时尚椅子模型

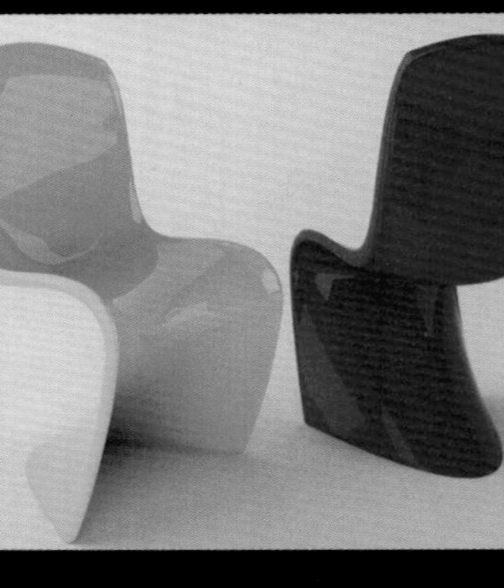

06章 多边形建模
多边形建模制作铜镜子

06章 多边形建模
多边形建模制作现代白漆电视柜

04章 样条线建模
线、圆、文本制作
钟表

05章 修改器建模
扭曲修改器制作
创意花瓶

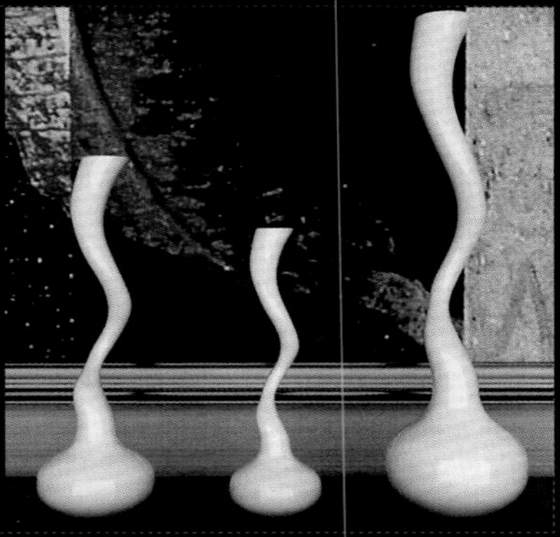

05章 修改器建模
弯曲修改器制作
变形台灯

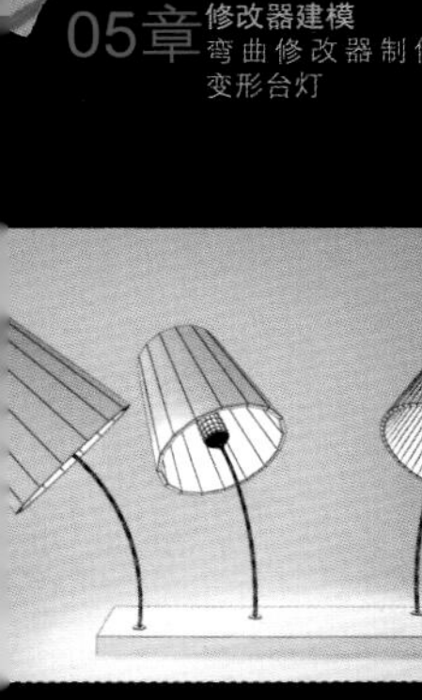

05章 修改器建模
车削修改器制作
欧式吊灯

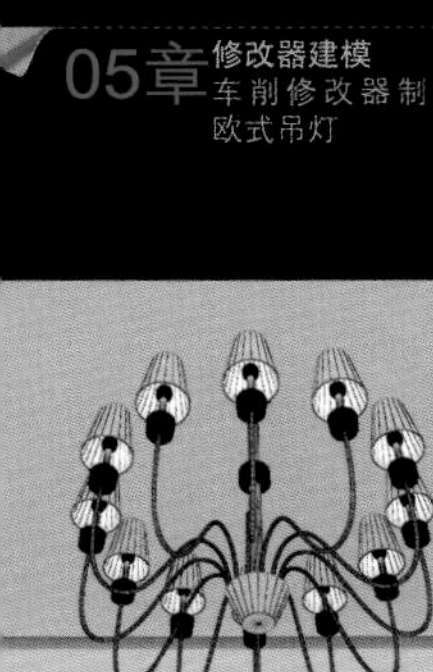

06章 多边形建模
多边形建模制作
欧式装饰柜

03章 几何体建模
切角圆柱体制作
圆形茶几

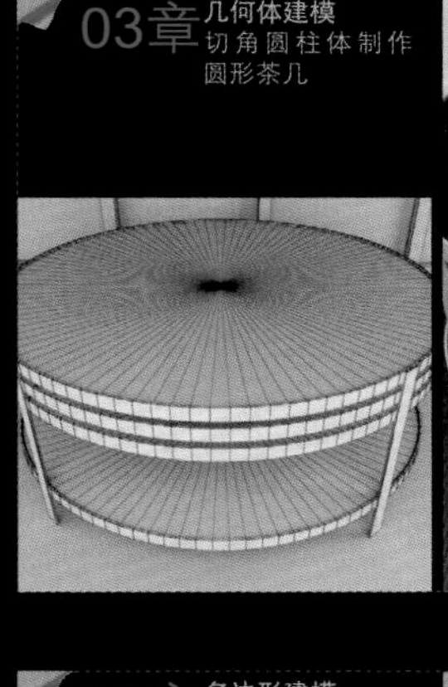

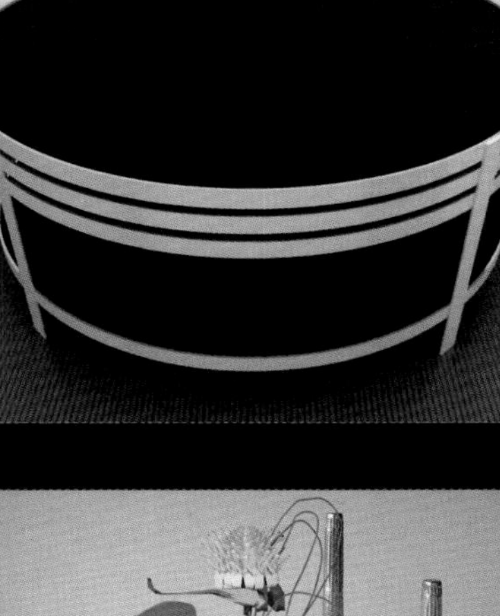

06章 多边形建模
多边形建模制作
饰品组合

07章 网格建模和NURBS建模
网格建模制作床头柜

07章 网格建模和NURBS建模
NURBS建模制作
创意椅子

07章 网格建模和NURBS建模
NURBS建模制作
抱枕

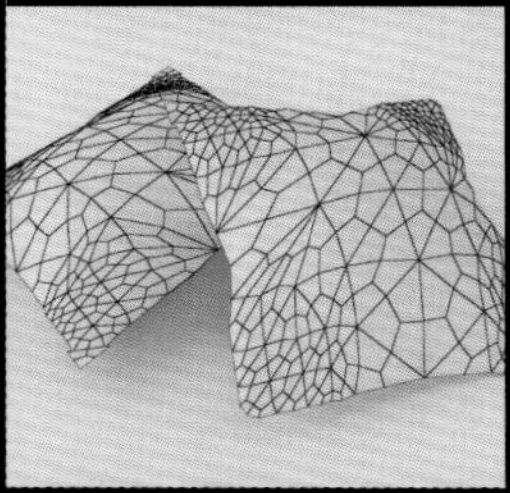

06章 多边形建模
多边形建模制作
简约茶几

03章 几何体建模
创建多种楼梯模型

05章 修改器建模
车削修改器制作
台灯

06章 多边形建模
多边形建模制作
美式门

06章 多边形建模
多边形建模制作
简约风格椅子

06章 多边形建模
多边形建模制作
后现代台灯

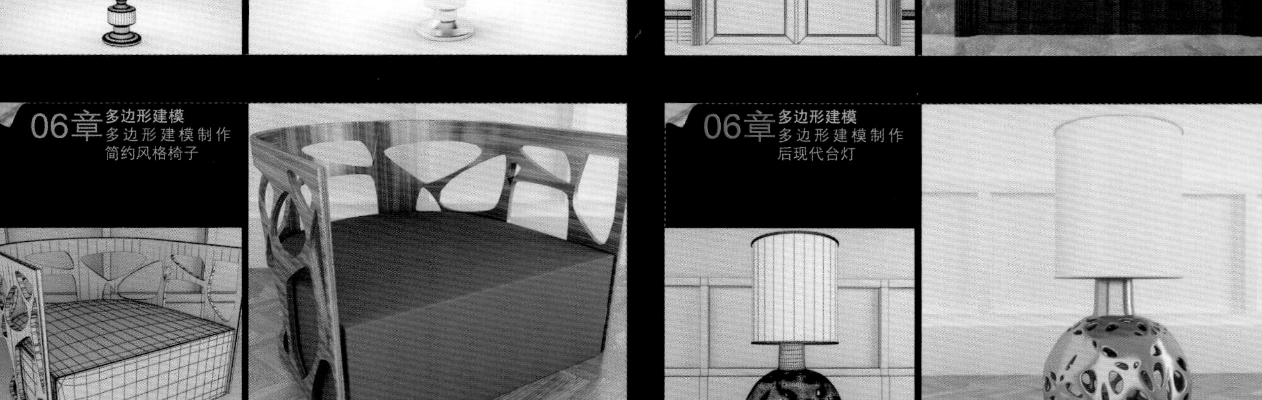

3ds Max 2013+VRay
效果图制作自学视频教程

唯美映像　编著

清华大学出版社
北　京

内容简介

《3ds Max 2013+VRay效果图制作自学视频教程》一书结合3ds Max和VRay，详细介绍两者在效果图制作方面的完美搭配使用。全书共分22章，其中前13章详细介绍了3ds Max和VRay的基础知识、使用方法和操作技巧，主要内容包括室内外设计的理论知识，3ds Max的界面和基本操作，几何体、样条线、修改器、多边形等基础建模技术，网格和NURBS高级建模技术，灯光、材质、贴图和摄影机技术，VRay渲染器技术和效果图后期处理等日常效果图制作过程中所使用到的全部知识点。后9章以9个大型综合案例的形式详细介绍了3ds Max和VRay在休息室、儿童房、客厅、卫生间、卧室、会议室等不同风格效果图设计中的配合使用，在具体介绍过程中均穿插技巧提示和答疑解惑等，帮助读者更好地理解知识点，使这些案例成为读者在以后实际学习工作的提前"练兵"。

本书是一本3ds Max+VRay效果图制作完全自学教程，非常适合入门者自学使用，也适合作为应用型高校、培训机构的教学参考书。

本书和光盘有以下显著特点：

1. 125节专业讲师录制的配套视频讲解，让学习更快、更高效。（最快的学习方式）

2. 125个中小实例循序渐进，从实例中学、边用边学更有兴趣。（提高学习兴趣）

3. 会用软件远远不够，会做商业作品才是硬道理，本书讲解过程中列举了许多实战案例。（积累实战经验）

4. 专业作者心血之作，经验技巧尽在其中。（实战应用、提高学习效率）

5. 赠送11个大型场景的设计案例，7大类室内设计常用模型共计137个，7大类常用贴图共计270个，30款经典光域网素材，50款360度汽车背景极品素材，3ds Max常用快捷键索引、常用物体折射率、常用家具尺寸和室内物体常用尺寸，方便用户查询。

图书在版编目（CIP）数据

3ds Max 2013+VRay效果图制作自学视频教程/唯美映像编著. —北京：清华大学出版社，2015（2018.4重印）
ISBN 978-7-302-35413-0

I. ①3… II. ①唯… III. ①三维动画软件－教材 IV. ①TP391.41

中国版本图书馆CIP数据核字（2014）第022915号

责任编辑：赵洛育
封面设计：刘洪利
版式设计：文森时代
责任校对：马军令
责任印制：李红英

出版发行：清华大学出版社
网　　址：http://www.tup.com.cn，http://www.wqbook.com
地　　址：北京清华大学学研大厦A座　　**邮　　编**：100084
社 总 机：010-62770175　　**邮　　购**：010-62786544
投稿与读者服务：010-62776969，c-service@tup.tsinghua.edu.cn
质量反馈：010-62772015，zhiliang@tup.tsinghua.edu.cn

印 装 者：北京天颖印刷有限公司
经　　销：全国新华书店
开　　本：203mm×260mm　　**印　　张**：30.5　　**插　　页**：15　　**字　　数**：1265千字
（附DVD光盘1张）
版　　次：2015年6月第1版　　**印　　次**：2018年4月第7次印刷
印　　数：11501～13500
定　　价：99.80元

产品编号：049300-01

3ds Max是由Autodesk公司制作开发的，集造型、渲染和制作动画于一身的三维制作软件，广泛应用于广告、影视、工业设计、建筑设计、游戏、辅助教学以及工程可视化等领域，深受广大三维动画制作爱好者的喜爱。VRay是由Chaos Group和Asgvis公司出品的一款高质量渲染软件，能够为不同领域的优秀3D建模软件提供高质量的图片和动画渲染，是目前业界最受欢迎的渲染引擎。VRay也可以提供单独的渲染程序，方便用户渲染各种图片。

在建筑设计领域中，各种效果图制作是非常重要的内容，如室内装潢效果图、景观效果图、楼盘效果图等，3ds Max和VRay结合使用，可以制作出不同类型和风格的效果图，不仅有较高的欣赏价值，对实际工程的施工也有着一定的直接指导性作用，因此被广泛应用于售楼效果图、工程招标或者施工指导、宣传及广告活动。

本书内容编写特点

1. 完全从零开始

本书以完全入门者为主要读者对象，通过对基础知识细致入微的介绍，辅助以对比图示效果，结合中小实例，对常用工具、命令、参数等做了详细的介绍，同时给出了技巧提示，确保读者零起点、轻松快速入门。

2. 内容极为详细

本书内容涵盖了3ds Max几乎所有工具、命令常用的相关功能，以及VRay常用渲染参数的设置，是市场上同类图书内容最为全面的图书之一，可以说是入门者的百科全书、有基础者的参考手册。

3. 例子丰富精美

本书的实例极为丰富，致力于边练边学，这也是大家最喜欢的学习方式。另外，例子力求在实用的基础上精美、漂亮，一方面可以熏陶读者朋友的美感，一方面让读者在学习中享受美的世界。

4. 注重学习规律

本书在讲解过程中采用了“知识点+理论实践+实例练习+综合实例+技术拓展+技巧提示”的模式，符合轻松易学的学习规律。

本书显著特色

1. 大型配套视频讲解，让学习更快、更高效

光盘配备与书同步的自学视频，涵盖全书几乎所有实例，如同老师在身边手把手教您，让学习更轻松、更高效！

2. 中小实例循序渐进，边用边学更有兴趣

中小实例极为丰富，通过实例讲解，让学习更有兴趣，而且读者还可以多动手，多练习，只有如此才能深入理解、灵活应用！

3. 配套资源极为丰富，素材效果一应俱全

本光盘除包含书中实例的素材和源文件外，还赠送11个大型场景的设计案例，室内设计常用模型、常用贴图、经典光域网素材，3ds Max常用快捷键索引、常用物体折射率、常用家具尺寸和室内物体常用尺寸，方便用户查询。

4. 会用软件远远不够，商业作品才是王道

仅仅学会软件使用远远不能适应社会需要，本书后边给出不同类型的综合商业案例，以便积累实战经验，为工作就业搭桥。

5. 专业作者心血之作，经验技巧尽在其中

作者系艺术学院讲师，设计、教学经验丰富，大量的经验技巧融在书中，可以提高学习效率，少走弯路。

本书服务

1. 3ds Max和VRay软件获取方式

本书提供的光盘文件包括教学视频和素材等，教学视频可以演示观看。要按照书中实例操作，必须安装3ds Max和VRay软件之后，才可以进行。您可以通过如下方式获取3ds Max简体中文版和VRay安装软件：

（1）登录官方网站http://www.autodesk.com.cn/和http://www.bitmap3d.com.cn/咨询。

（2）到当地电脑城的软件专卖店咨询。

（3）到网上咨询、搜索购买方式。

2. 关于本书光盘的常见问题

（1）本书光盘需在电脑DVD格式光驱中使用。其中的视频文件可以用播放软件进行播放，但不能在家用DVD播放机上播放，也不能在CD格式光驱的电脑上使用（现在CD格式的光驱已经很少）。

（2）如果光盘仍然无法读取，建议多换几台电脑试试看，绝大多数光盘都可以得到解决。

（3）盘面有胶、有脏物建议要先行擦拭干净。

（4）光盘如果仍然无法读取的话，请将光盘邮寄给：北京清华大学（校内）出版社白楼201 编辑部，电话：010-62791977-278。我们查明原因后，予以调换。

（5）如果读者朋友在网上或者书店购买此书时光盘缺失，建议向该网站或书店索取。

3. 交流答疑QQ群

为了方便解答读者提出的问题，我们特意建立了技术交流QQ群：134997177。

4. 留言或关注最新动态

为了方便读者，我们会及时发布与本书有关的信息，包括读者答疑、勘误信息，读者朋友可登录本书官方网站（www.eraybook.com）进行查询。

关于作者

本书由唯美映像组织编写，唯美映像是一家由十多名艺术学院讲师组成的平面设计、动漫制作、影视后期合成的专业培训机构。瞿颖健和曹茂鹏讲师参与了本书的主要编写工作。另外，由于本书工作量巨大，以下人员也参与了本书的编写工作，他们是：杨建超、马啸、李路、孙芳、李化、葛妍、丁仁雯、高歌、韩雷、瞿吉业、杨力、张建霞、瞿学严、杨宗香、董辅川、杨春明、马扬、王萍、曹诗雅、朱于振、于燕香、曹子龙、孙雅娜、曹爱德、曹玮、张效晨、孙丹、李进、曹元钢、张玉华、鞠闯、艾飞、瞿学统、李芳、陶恒斌、曹明、张越、瞿云芳、解桐林、张琼丹、解文耀、孙晓军、瞿江业、王爱花、樊清英等，在此一并表示感谢。

衷心感谢

在编写的过程中，得到了吉林艺术学院副院长郭春方教授的悉心指导，得到了吉林艺术学院设计学院院长宋飞教授的大力支持，在此向他们表示衷心的感谢。本书项目负责人及策划编辑刘利民先生对本书出版做了大量工作，谢谢！

寄语读者

亲爱的读者朋友，千里有缘一线牵，感谢您在茫茫书海中找到了本书，希望她架起你我之间学习、友谊的桥梁，希望她带您轻松步入五彩斑斓的设计世界，希望她成为您成长道路上的铺路石。

唯美映像

目录

125节大型高清同步视频讲解

第4章 样条线建模 ······ 76

（视频演示：10分钟）

第5章 修改器建模 ······ 91

（视频演示：21分钟）

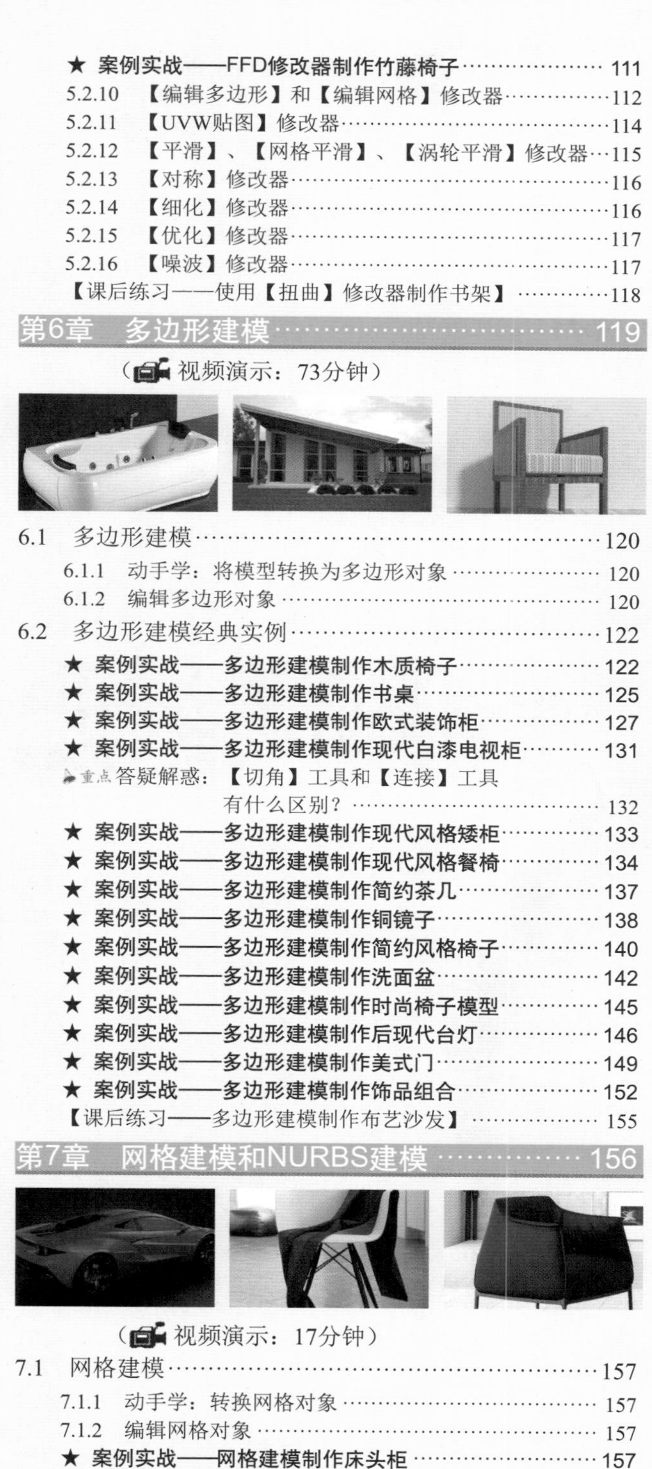

第1章 室内外设计理论知识抢先学

本章内容简介：

在学习室内外效果图制作前，首先应对相关的一些理论知识进行了解，如光影的作用、色彩设计的原理、构图的技巧、不同设计的风格等，了解这些知识对我们学习效果图制作有很大的帮助。本章将对这些内容进行讲解。

本章学习要点：

- 初识效果图
- 光、影之间的关系
- 色彩设计原理
- 构图技巧
- 设计风格
- 室内人体工程学
- 室内风水学
- 室内设计常用软件

1.1 初识效果图

1.1.1 效果图是什么

效果图是使用计算机的三维软件设计和制作出的高仿真的虚拟图片，广泛应用于室内外建筑设计、工业设计以及动画等行业中，如图1-1所示。

图1—1

1.1.2 为什么使用效果图

效果图的主要功能是将二维平面的图纸三维化、真实化，通过三维软件技术的制作，来检查设计方案的细微瑕疵或进行项目方案修改的推敲。通俗地讲，就是把设计的想法完整地表现出来。因为传统手绘无法将方案表达完美，因此三维软件的技术就流行起来，它可以充分地满足设计方和客户的需求。

1.2 三维的产生——光与影

光是一种人眼可见的电磁波（可见光谱）。在科学上的定义，光有时候是指所有的电磁波谱，是由一种被称为光子的基本粒子组成。正是因为现实中有光，我们才会看到缤纷的世界、绚丽的色彩，因此光是非常重要的。同样，在效果图制作中，灯光同样重要，没有灯光或灯光设置不合理，最终效果都会不真实。在真实世界中光的分类很多，主要有自然光、人造光等。同样，将现实的光的产生应用于效果图制作中非常有必要。

光在传播过程中遇到不透明物体时，在背光面的后方会形成没有光线到达的黑暗区域，称为不透明物体的影。影可分为本影和半影。在本影区内看不到光源发出的光，在半影区内可看到光源发出的部分光。本影区的大小与光源的发光面大小及不透明物体的大小有关。发光体越大，遮挡物越小，本影区就越小。正是因为有影的存在，物体看起来才是立体的、真实的，而不是平面的、漂浮的。

1.2.1 光

光主要包括自然光和人工光源。对光进行透彻地分析和了解，对效果图制作非常重要，可以使用3ds Max制作出各种光的效果，如清晨、黄昏、夜晚、阴天、烈日等。因此学好理论是为实践做好铺垫，是非常重要的。

自然光

自然光又称天然光，是不直接显示偏振现象的光。它包括了垂直于光波传播方向的所有可能的振动方向，所以不显示偏振性。从普通光源直接发出的天然光是无数偏振光的无规则集合，所以直接观察时不能发现光强偏于哪一个方向。这种沿着各个方向振动的光波强度都相同的光叫做自然光。自然光随着一天时间的变化而产生不同的效果，如清晨、中午、下午、黄昏、夜晚等。同时根据天气的变化，自然光还可以分为天空光、薄云遮日、乌云密布等。

01 清晨

清晨指天亮到太阳刚出来不久的一段时间，通常指早上5:00~6:30这段时间，此时太阳开始升起。“一天之计在于晨”、“清晨的第一缕阳光”都是形容清晨的，如图1-2所示。

02 中午

中午，又称正午，指24小时制的12:00或12小时制的中午12时，为一天的正中。此时阳光直射非常强烈，物体产生的阴影也会比较实，如图1-3所示。

图1—2

图1—3

03 下午

下午，与上午相对，指从正午12点后到日落的一段时间。太阳在这段时间逐渐落下，逼近黄昏，如图1-4所示。

图1—4

04 黄昏

黄昏指日落以后到天还没有完全黑的这段时间。也指昏黄，光色较暗，如图1-5所示。

图1—5

05 夜晚

夜晚指下午6点到次日的早晨5点这段时间。在这段时间内，天空通常为黑色（是由地球自转引起的），如图1-6所示。在夜晚，气温通常会逐渐降低，在半夜达到最低。

图1—6

06 天空光

天空光主要是指太阳光经过在地球大气层中反复反射及空间介质的作用，形成的柔和漫散射光。在日出和日落时，越靠近地面的天空光越明亮，离地面越远，天空光越暗。地面景物在这种散射光的照明下，普遍照度很低，很难表现物体的细微之处，如图1-7所示。

07 薄云遮日

薄云遮日主要是指当太阳光被薄薄的云层遮挡时，便失去了直射光的性质，但仍有一定的方向性，如图1-8所示。

图1—7

图1—8

08 乌云密布

乌云密布是指在浓云遮日的雨天或阴天、下雪天，太阳光被厚厚的乌云遮挡，经大气层反射形成阴沉的漫射光，完全失去了方向性，光线分布均匀，如图1-9所示。

图1—9

人工光源

人工光源主要是指各种灯具发出的光。这种光源是商品拍摄中使用的主要光源。它的发光强度稳定，光源的位置和灯光的照射角度可以根据需要进行调节。一般来讲，布光至少需要两种类型的光源：一种是主光，一种是辅助光。在此基础上还可以根据需要打轮廓光。

01 室内住宅灯光

室内住宅灯光主要用来照亮居住的空间，一般以自然、舒服为主，如图1-10所示。

图1—10

技巧提示

通常情况下，白炽灯产生的光影都比较硬，为了得到一个柔和的光影，经常使用灯罩来让光照变得更加柔和。

02 酒店等工装商业场景灯光

酒店照明把气氛的营造放在很重要的地位，大堂一般情况下都会安装吊灯，无论是用高级水晶灯还是用吸顶灯，都可以使餐厅变得更加高雅和气派，但其造价比较高。合理的灯光设置，可以使装修较好的场所档次更加提升。灯光舒适、有层次，可以使消费者接受并更喜欢。如图1-11所示为酒店常用的灯光效果。

如图1-12所示为咖啡厅的灯光布置，主要为了烘托出犹如浓香咖啡般的气氛。这样，人们在咖啡厅时会有一种轻松的、小资的情调。

图1-11

图1-12

如图1-13所示为会议室的灯光布置，追求明亮、清晰的效果。

图1-13

03 KTV、酒吧、舞台等灯光

KTV、酒吧、舞台等灯光相对较为复杂，颜色使用较为大胆、另类，一般都会突显该类场所的个性和特点。在一般室内住宅中常使用白色、黄色等暖色调的灯光，给人以舒适、柔和的感觉；而KTV、酒吧、舞台则多使用蓝色、粉色、绿色、紫色等强烈的颜色，给人以刺激、不一样的感受，因此人们可以尽情地举杯欢唱、释放压力。如图1-14所示为KTV的灯光效果。

一流的酒吧，必须要有好的装修、设计，更为重要的是灯光的设计，因为在较暗的环境中如何使用灯光为场景营造气氛尤为重要。如图1-15所示为酒吧的灯光效果。

图1-14

图1-15

舞台灯光多以聚焦演唱者、观众为目的，因此多以聚光灯为主，灯光颜色搭配也比较大胆，色彩丰富、绚丽，同样舞台还可以搭配雾气等效果来烘托气氛。如图1-16所示为舞台灯光效果。

图1-16

04 混合灯光

很多情况下自然光和人工光源一起使用，这样被统称为混合灯光。比如夜晚室外的灯光效果，既有强烈刺眼、色彩斑斓的人工光源，又有迷人夜色的自然光，两种混合到一起，体现了人与自然的和谐之美，如图1-17所示。

05 烛光和火光

烛光和火光的照射范围相对较小，但是照亮的中心非常亮，因此把握好这类光的特点非常重要。比如在图1-18中，可以观察到烛光本身的色彩非常丰富，产生的光影效果也比较柔和。

图1-17

图1-18

06 其他灯光

还有很多物体可以发出光照效果，如计算机、电视、手机屏幕等，如图1-19所示。

图1-19

读书笔记

1.2.2 影

影子是由于光被物体遮挡，不能穿过不透明物体而形成的较暗区域。它是一种光学现象。影子不是一个实体，只是一个投影。影子形成需要光和不透明物体两个必要条件。影子的形成如图1-20所示。

图1—20

影子的产生，与光的强度、角度等都有直接的关系。因此，会产生出不同的阴影效果，如边缘实的影子、边缘虚化的影子、柔和的影子、全息投影等。

01 边缘实的影子

在正午时阳光直射会产生强烈的阴影效果，当然在夜晚有时也会产生边缘实的阴影，如图1-21所示。

图1—21

图1—22

02 边缘虚化的影子

在光照较为柔和时相对应产生的阴影效果也会比较虚化，如图1-22所示。

03 柔和的影子

在光照非常柔和时，会产生非常微弱、柔和的阴影，几乎看不到，此时会给人以非常柔和、干净的感觉，如图1-23所示。

图1—23

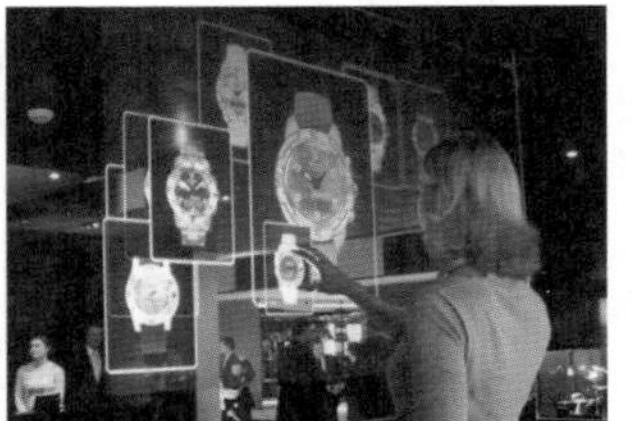
图1—24

04 全息投影

全息投影技术是利用干涉和衍射原理记录并再现物体真实的三维图像的技术。全息投影技术在舞美中的应用，不仅可以产生立体的空中幻像，还可以使幻像与表演者产生互动，一起完成表演，产生令人震撼的演出效果。如图1-24所示为全息投影的效果。

1.3 色彩设计原理

没有难看的颜色，只有不和谐的配色。在一所房子中，色彩的使用还蕴藏着健康的学问，太强烈刺激的色彩，易使人产生烦躁的感觉或影响人的心理健康。其实只要把握一些基本原则，家庭装饰的用色并不难。室内的装修风格非常多，合理地把握这些风格的大体特征，并时刻把握最新、最流行的装修风格，对于设计师是非常有必要的。

1.3.1 色与光的关系

我们生活在一个多彩的世界里。白天，在阳光的照耀下，各种色彩争奇斗艳，并随着照射光的改变而变化无穷。但是，每当黄昏，大地上的景物无论多么鲜艳，都将被夜幕缓缓吞没。在漆黑的夜晚，我们不但看不见物体的颜色，甚至连物体的外形也分辨不清。同样，在暗室里，我们什么色彩也感觉不到。这些事实告诉我们：没有光就没有色，光是人们感知色彩的必要条件，色来源于光。所以说，光是色的源泉，色是光的表现，如图1-25所示。

图1—25

由于光的存在并通过其他媒介的传播，反映到我们的视觉之中我们才能看到色彩。光是一种电磁波，有着极其宽广的波长范围。根据电磁波的不同波长，可以分为γ射线、X射线、紫外线、可见光、红外线、微波及无线电波等。人的眼睛可以感知的电磁波波长一般在400~700nm之间，但还有一些人能够感知到波长在380~780nm之间的电磁波，所以称此范围的电磁波为可见光。光可分出红、橙、黄、绿、青、蓝、紫的七色光，各种色光的波长又不相同，如图1-26所示。

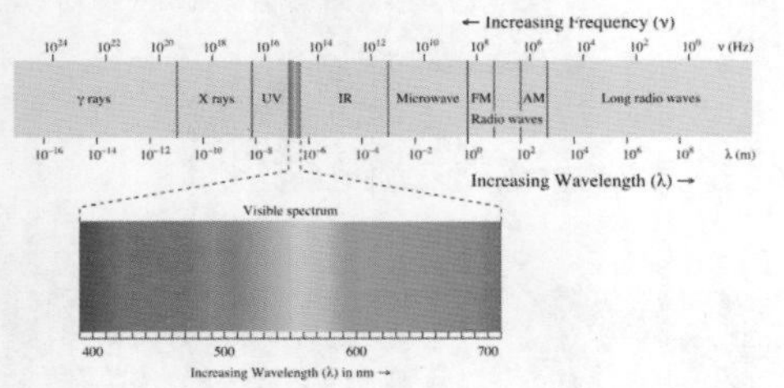

图1-26

1.3.2 光源色、物体色、固有色

光源色

同一物体在不同的光源下会呈现不同的色彩。在红光照射下的白纸呈红色，在绿光照射下的白纸呈绿色。因此，光源色光谱成分的变化，必然对物体色产生影响。白炽灯光下的物体偏黄，日光灯下的物体偏青，电焊光下的物体偏浅青紫，晨曦与夕阳下的景物呈桔红、桔黄色，白昼阳光下的景物带浅黄色，月光下的景物偏青绿色等。光源色的光亮强度也会对照射物体产生影响，强光下的物体色会变淡，弱光下的物体色会变得模糊晦暗，只有在中等光线强度下的物体色最清晰可见，如图1-27所示。

图1-27

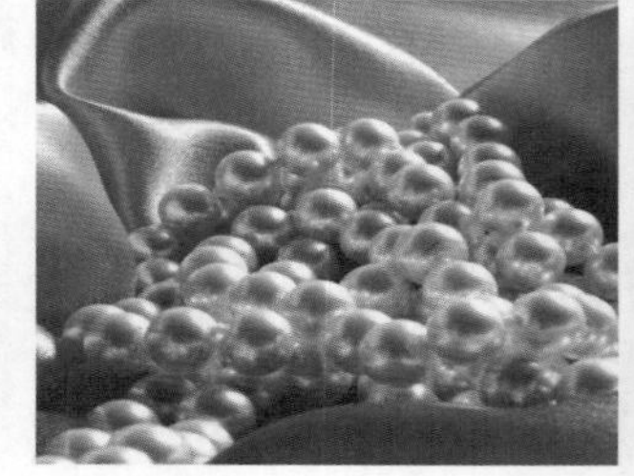

图1-28

物体色

光线照射到物体上以后，会产生吸收、反射、透射等现象。而且，各种物体都具有选择性地吸收、反射、透射色光的特性。以物体对光的作用而言，大体可分为不透光和透光两类，通常称为不透明物体和透明物体。对于不透明物体，它们的颜色取决于对波长不同的各种色光的反射和吸收情况。如果一个物体几乎能反射阳光中的所有色光，那么该物体就是白色的。反之，如果一个物体几乎能吸收阳光中的所有色光，那么该物体就呈黑色。如果一个物体只反射波长为700nm左右的光，而吸收其他各种波长的光，那么这个物体看上去则是红色的。可见，不透明物体的颜色是由它所反射的色光决定的，实质上是指物体反射某些色光并吸收某些色光的特性。透明物体的颜色是由它所透过的色光决定的。如图1-28所示为物体色的一些示例。

固有色

由于每一种物体对各种波长的光都具有选择性地吸收、反射、透射的特殊功能，所以它们在相同条件下（如光源、距离、环境等因素），就具有相对不变的色彩差别。人们习惯把白色阳光下物体呈现的色彩效果称为物体的“固有色”。如白光下的红花绿叶绝不会在红光下仍然呈现红花绿叶，一些红花可显得更红些，而绿叶并不具备反射红光的特性，相反它吸收红光，因此绿叶在红光下呈现黑色。此时，感觉为黑色叶子的黑色仍可认为是绿叶在红光下的物体色，而绿叶之所以为绿叶，是因为常态光源（阳光）下呈绿色，绿色就约定俗成地被认为是绿叶的固有色。严格地说，所谓的固有色应指“物体固有的物理属性”在常态光源下产生的色彩。如图1-29所示为固有色的一些示例。

图1—29

1.3.3 常用室内色彩搭配

色环其实就是在彩色光谱中所见的长条形的色彩序列，只是将首尾连接在一起，使红色连接到另一端的紫色。色环通常包括 12 种不同的颜色，如图1-30所示。

如果能将色彩运用和谐，可以更加随心所欲地装扮自己的爱家。

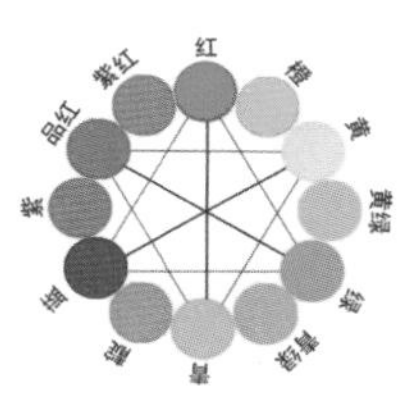
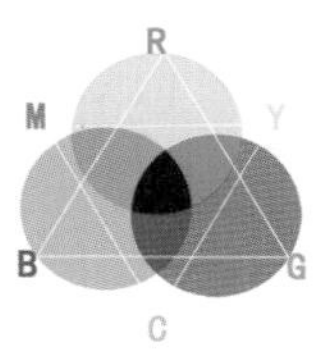

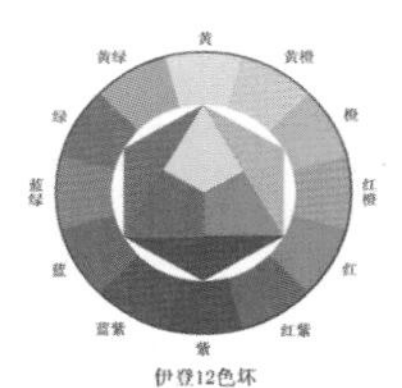

图1—30

黑+白+灰=永恒经典

一般人在居家中，不太敢尝试过于大胆的颜色，认为还是使用白色比较安全。 黑加白可以营造出强烈的视觉效果，而将近年来流行的灰色融入其中，可以缓和黑与白的视觉冲突感觉，从而营造出另外一种不同的风味。3种颜色搭配出来的空间中，充满冷调的现代与未来感，如图1-31所示。在这种色彩情境中，会由简单而产生出理性、秩序与专业感。

银蓝+敦煌橙=现代传统

以蓝色系与橘色系为主的色彩搭配，可以表现出现代与传统、古与今的交汇，碰撞出兼具超现实与复古风味的视觉感受，如图1-32所示。蓝色系与橘色系原本属于强烈的对比色系，只是在双方的色度上有些变化，就能给予空间一种新的生命。

图1—31

图1—32

蓝+白=浪漫温情

无论是淡蓝或深蓝，都可把白色的清凉与无瑕表现出来，这样的白令人感到十分的自由，使人心胸开阔， 似乎像海天一色的开阔自在。蓝色与白色合理的搭配给人以放松、清净的感觉，如地中海风格主要就是以蓝色与白色进行搭配，如图1-33所示。

黄+绿=新生的喜悦

黄色和绿色的配色方案，搅动新生的喜悦，使用鹅黄色搭配紫蓝色或嫩绿色是一种很好的配色方案。鹅黄色是一种清新、鲜嫩的颜色，代表的是新生命的喜悦。而绿色是让人内心感觉平静的色调，可以中和黄色的轻快感，让空间稳重下来，如图1-34所示。所以，这样的配色方法是十分适合年轻夫妻房间使用的方式。

图1—33

图1—34

读书笔记

1.3.4 色彩心理

色彩心理学家认为，不同颜色对人的情绪和心理的影响有差别。色彩心理是客观世界的主观反映。不同波长的光作用于人的视觉器官而产生色感时，必然导致人产生某种带有情感的心理活动。事实上，色彩生理和色彩心理过程是同时交叉进行的，它们之间既相互联系，又相互制约。在有一定的生理变化时，就会产生一定的心理活动；在有一定的心理活动时，也会产生一定的生理变化。比如，红色能使人生理上脉搏加快，血压升高，心理上具有温暖的感觉；而长时间红光的刺激，会使人心理上产生烦躁不安，在生理上欲求相应的绿色来补充平衡。因此色彩的美感与生理上的满足和心理上的快感有关。

正确地应用色彩美学，还有助于改善居住条件。宽敞的居室采用暖色装修，可以避免房间给人以空旷感；房间小的住户可以采用冷色装修，在视觉上让人感觉大些。人口少而感到寂寞的家庭居室，配色宜选暖色；人口多而觉喧闹的家庭居室宜用冷色。同一家庭，在色彩上也应有侧重，卧室装饰色调暖些，有利于增进夫妻情感的和谐；书房用淡蓝色装饰，能够使人集中精力学习、研究；餐厅里，红棕色的餐桌有利于增进食欲。对不同的气候条件，运用不同的色彩也可在一定程度上改变环境气氛。在严寒的北方，室内墙壁、地板、家具、窗帘选用暖色装饰会有温暖的感觉；反之，南方气候炎热潮湿，采用青、绿、蓝色等冷色装饰居室，感觉上会比较凉爽。

研究由色彩引起的共同感情，对于装饰色彩的设计和应用具有十分重要的意义。

- 恰当地使用色彩装饰在工作上能减轻疲劳，提高工作效率。
- 朝北的房间，使用暖色能增加温暖感。
- 住宅采用明快的配色，能给人以宽敞、舒适的感觉。
- 娱乐场所采用华丽、兴奋的色彩，能增强欢乐、愉快、热烈的气氛。
- 学校、医院采用明洁的配色，能为学生、病患创造安静、清洁、卫生、幽静的环境。

构图技巧

与摄影一样，因为静帧效果图最终呈现在客户面前的是一幅图像，所以如何突出画面的主体，取得画面的平衡和协调就尤为重要。而要达到这一目的，在构图时必须遵循一定的原则和规律。构图的法则就是多样统一，也称有机统一，也就是说在统一中求变化，在变化中求统一。

1.4.1 比例和尺度

一切造型艺术，都存在着比例关系和谐的问题。和谐的比例可以给人美感，最经典的比例关系理论是黄金分割。由于黄金分割计算方法过于复杂，人们将其进行了简化，形成了“三分法”构图原则，三分法构图是指把画面横分三份，如图1-35所示，把画面的长和宽都做三等分分割，形成9个相同的长正方形，在横竖线交叉的地方会生成4个交叉点，这些点就是画面的关键位置。每一份中心都可放置主体形态，这种构图适宜多形态平行焦点的主体；也可表现大空间，小对象；也可反相选择。这种画面构图表现鲜明，构图简练，可用于近景等不同景别。

当然构图的方式还有很多，我们可以借鉴摄影中常用的构图方法，如三角形构图、S形构图、横线构图和竖线构图、米字形构图、框架形构图、布满形构图、对角线形构图、曲线构图、汇聚线构图、封闭式和开放式构图等。

和比例相关的另一个概念是尺度。要使室内空间协调，给人以美感，室内各物体的尺度应符合其真实情况。如图1-36所示为正常比例和错误比例的效果对比。

图1—35

图1—36

1.4.2 主角与配角

任何一个画面都应该有主角、有核心、有配景，而不能一律对待，否则就会使画面失去统一和主题，变得松散，如图1-37所示。

1.4.3 均衡与稳定

室内构图中的均衡与稳定并不是追求绝对的对称，而是画面的视觉均衡。过多的运用对称会使人感到呆板，缺乏活力。而均衡是为了打破较呆板的局面，它既有“均”的一面，又有灵活的一面。均衡的范围包括构图中形象的对比以及大与小、动与静、明与暗、高与低、虚与实等的对比。结构的均衡是指画面中各部分的景物要有呼应，有对照，达到平衡和稳定。画面结构的均衡，除了大小、轻重以外，还包括明暗、线条、空间、影调等，如图1-38所示。

1.4.4 韵律与节奏

韵律是指以有条理性、重复性和连续性为特征的美的形式。韵律美按其形式特点可以分为几种不同的类型，如连续韵律、渐变韵律、起伏韵律。合理地把握韵律和节奏会得到不错的画面效果，如图1-39所示。

图1—37

图1—38

图1—39

1.5 设计风格

由于国家、地域及人文生活习性不同，因此会产生出丰富的装修风格。不同的风格有不同的特点，针对不同的人群，下面我们选择时下热门的几种经典装修风格进行介绍，将其特点一一道出。

1.5.1 现代风格

现代装饰艺术将现代抽象艺术的创作思想及其成果引入室内装饰设计中。现代风格极力反对从古罗马到洛可可等一系列旧的传统样式，力求创造出适应工业时代精神、独具新意的简化装饰，设计简朴、通俗、清新，更接近人们生活。其装饰特点由曲线和非对称线条构成，如花梗、花蕾、葡萄藤、昆虫翅膀以及自然界各种优美、波状的形体图案等，体现在墙面、栏杆、窗棂和家具等装饰上；线条有的柔美雅致，有的遒劲而富于节奏感，整个立体形式都与有条不紊的、有节奏的曲线融为一体；大量使用铁制构件，将玻璃、瓷砖等新工艺，以及铁艺制品、陶艺制品等综合运用于室内；注意室内外沟通，竭力给室内装饰艺术引入新意，如图1-40所示。

图1—40

1.5.2 田园风格

田园风格将自然界的景点、景观运用在室内，使室内外情景交融，有整体回归自然的感觉，如图1-41所示。

1.5.3 中式风格

以宫廷建筑为代表的中国古典建筑的室内装饰设计艺术风格，气势恢弘、壮丽华贵、高空间、大进深、雕梁画栋、金碧辉煌，造型讲究对称，色彩讲究对比，装饰材料以木材为主，图案多龙、凤、龟、狮等，精雕细琢、瑰丽奇巧。但中国古典风格的装修造价较高，且缺乏现代气息，只能在家居中点缀使用，如图1-42所示。

1.5.4 东南亚风格

东南亚豪华风格是将东南亚民族岛屿特色及精致文化品位相结合的设计，广泛地运用木材和其他的天然原材料，如藤条、竹子、石材、青铜和黄铜，一般使用深木色的家具，局部采用一些金色的壁纸、丝绸质感的布料，灯光的变化体现了稳重及豪华感，如图1-43所示。

图1—41

图1—42

图1—43

1.5.5 欧式古典风格

人们在不断满足现代生活要求的同时，又萌发出一种向往传统、怀念古老饰品、珍爱有艺术价值的传统家具陈设的情绪。于是，曲线优美、线条流动的巴洛克和洛可可风格的家具常用来作为居室的陈设，再配以相同格调的壁纸、帘幔、地毯、家具外罩等装饰织物，给室内增添了端庄、典雅的贵族气氛，如图1-44所示。

图1—44

1.5.6 美式风格

美国是一个崇尚自由的国家，这也造就了其自在、随意的不羁生活方式，没有太多造作的修饰与约束，不经意中也成就了另外一种休闲式的浪漫，而美国的文化又是一个以移植文化为主导的脉络，它有着欧罗巴的奢侈与贵气，但又结合了美洲大陆这块水土的不羁，这样结合的结果是剔除了许多羁绊，但又能找寻文化根基的新的怀旧、贵气加大气而又不失自在与随意的风格。美式家居风格的这些元素也正好迎合了时下的文化资产者对生活方式的需求，即有文化感、有贵气感，还不能缺乏自在感与情调感，如图1-45所示。

1.5.7 地中海风格

地中海风格整体色调深，将自然界材质的肌理效果运用在室内，陈设品古朴、自然，设计中运用欧式风格，如图1-46所示。

1.5.8 乡村风格

乡村风格主要表现为尊重民间的传统习惯、风土人情，注重保持民间特色，注意运用地方建筑材料或传说故事等作为装饰主题，在室内环境中力求表现悠闲、舒畅的田园生活情趣，创造自然、质朴、高雅的空间气氛，如图1-47所示。

1.5.9 洛可可风格

洛可可风格的总体特征是轻盈、华丽、精致、细腻；室内装饰造型高耸纤细，不对称，频繁地使用形态方向多变的如C形、S形或涡卷形曲线、弧线，并常用大镜面作装饰，大量运用花环、花束、弓箭及贝壳图案纹样；善用金色和象牙白，色彩明快、柔和、清淡却豪华富丽；室内装修造型优雅，制作工艺、结构、线条具有婉转、柔和等特点，以创造轻松、明朗、亲切的空间环境，如图1-48所示。

图1－45

图1－46

图1－47

图1－48

1.6 室内人体工程学

1.6.1 概论

人体工程学是一门重要的学科，不仅要求设计师会运用，随着效果图整体水平的提高，也需要效果图表现师了解这门学科。

人体工程学可以简单概括为人在工作、学习和娱乐环境中环境对人的生理、心理及行为的影响。为了让人的生理、心理及行为达到一个最合适的状态，就要求环境的尺寸、光线、色彩等因素来适合人们。

1.6.2 作用

研究室内人体工程学主要有以下4方面的作用。

- 确定人和人际在室内活动所需空间的主要依据

根据人体工程学中的有关计测数据，从人的尺度、动作域、心理空间以及人际交往的空间等方面确定空间范围。

- 确定家具、设施的形体、尺度及其使用范围的主要依据

家具、设施为人所使用，因此它们的形体、尺度必须以人体尺度为主要依据；同时，人们为了使用这些家具和设施，其周围必须留有活动和使用的最小余地，这些要求都由人体工程学科学地予以解决。室内空间越小，停留时间越长，对这方面内容测试的要求也越高，例如车厢、船舱、机舱等交通工具内部空间的设计。

- 提供适应人体的室内物理环境的最佳参数

室内物理环境主要有室内热环境、声环境、光环境、重力环境、辐射环境等，室内设计时有了上述要求的科学的参数后，在设计时就可以做出正确的决策。

- 对视觉要素的计测为室内视觉环境设计提供科学依据

人眼的视力、视野、光觉、色觉是视觉的要素，人体工程学通过计测得到的数据，为室内光照设计、室内色彩设计、视觉最佳区域等提供了科学的依据。

1.7 室内风水学

室内风水学是风水学的一种，包括客厅风水、餐厅风水、厨房风水和卧室风水。室内风水学有很多科学依据，并不是所谓的迷信，很多情况下，比如错误的搭配（即风水），会影响我们的睡眠质量，从而影响我们的身体健康。

1.7.1 客厅风水

客厅不仅是待客的地方，也是家人聚会、聊天的场所，应是热闹、和气的地方。客厅中的挂书、摆设从某种程度上也是品味、个性的象征。客厅的方位尤其重要，在传统“风水”中被称为“财位”，关系全家的财运、事业、名望等兴衰，所以客厅布局及摆设是不容忽视的。如图1-49所示为某客厅风水的设计案例。

图1-49

位置

客厅是家人共用的场所，宜设在房屋中央的位置；若因客厅宽敞而隔一部分做卧房则是最不理想的客厅。

摆设

客厅沙发套数不可重复，最忌一套半，或是一方一圆两组沙发的并用。客厅中的鱼缸、盆景有“接气”的功用，使室内更富生机，而鱼种则以色彩缤纷的单数为好。

财位

- 财位忌无靠：财位背后最好是坚固的两面墙，因为象征有靠山可倚，保证无后顾之忧，这样才可藏风聚气。
- 财位应平整：财位处不宜是走道或门，并且财位上台阶不宜有开放式窗户，开窗会导致室内财气外散。
- 财位忌凌乱振动：如果财位长期凌乱及受振动，则很难固守正财。
- 财位忌受污受冲：财位应该保持清洁，财位也不宜被尖角冲射，以免影响财运。
- 财位不受压：财位受压会导致家财无法增长。
- 财位宜亮不宜暗：财位明亮则家宅生机勃勃，如果财位昏暗，则有滞财运，需在此处安装长明灯来化解。
- 财位宜坐宜卧：财位是一家财气所聚的方位，因此应该善加利用，除了选择生机茂盛的植物外，也可把睡床或者沙发放在财位上，在财位坐卧，日积月累，自会壮旺自身的财运。
- 财位宜放吉祥物：在财位摆放一些寓意吉祥的招财物件，例如福、禄、寿三星或是文武财神的塑像，这会吉上加吉，有锦上添花的效果。
- 财位忌水：财位忌水，因此不宜在此外摆放水生植物，也不可以把鱼缸摆放在财位，以免见财化水。
- 财位植物要讲究：财位宜摆放生机茂盛的植物，不断生长，可令家中财气持续旺盛，运势更佳。

1.7.2 餐厅风水

餐厅最好单独一间或一个格局，如果一出厨房就是餐厅更好，这样比较方便，距离最短。如一进大门就见餐桌，为不吉，此时可在餐厅间适当位置用屏风隔挡，也可调一板墙为间隔，以避大门之冲煞。餐厅与厨房共享一室不佳，或将餐厅与厨房合二为一，非常不好，因为炒菜时积留的油烟气会影响用餐卫生。如图1-50所示为某餐厅风水的设计案例。

图1-50

1.7.3 厨房风水

厨房与餐厅的布置要重简单及洁净，千万不能杂乱或摆设太多装饰品，毕竟唯有浸溶于温谧的心绪，不受外物干扰，才能愉悦用餐。厨房与餐厅的构造将会影响人的健康，因此居住者不仅要注意餐厅内的格局及摆设布置，还需注意保持厨房空气的流畅及清洁卫生。如图1-51所示为某厨房风水的设计案例。

1.7.4 卧室风水

卧室风水是住宅风水中非常重要的组成部分，因为人大部分时间会在睡眠，因此合理的卧室风水可以保持我们的身体健康。如图1-52所示为某卧室风水的设计案例。

卧室风水要注意“十四原则”：

- 卧房形状适合方正，不适宜斜边或是多角形状。
- 卧房白天应明亮、晚间应昏暗，白天可以采光，使人精神畅快，晚间挡住户外夜光，使人容易入眠。
- 浴厕不宜改成卧房。
- 房门不可对大门。
- 房门不可正对卫生间。
- 房门不可正对厨房或和厨房相邻。
- 房门不可对镜子。
- 镜子与落地门窗不宜对床。
- 睡床或床头不宜对正房门。
- 床头不可紧贴窗口。
- 床头不可在横梁下。
- 床头忌讳不靠墙壁。
- 床应加高离开地面。
- 卧房不宜摆放过多的植物。

图1—51

图1—52

1.8 室内设计常用软件

1.8.1 3ds Max

3ds Max是Autodesk公司开发的基于PC系统的三维动画渲染和制作软件，是制作室内外效果图必备的三维软件，可以快速地模拟制作出真实的三维模型、灯光、材质效果，如图1-53所示。

图1—53

1.8.2 VRay

VRay渲染器是由Chaosgroup和Asgvis公司出品，在中国由曼恒公司负责推广的一款高质量渲染软件，如图1-54所示。VRay是目前业界最受欢迎的渲染引擎。基于VRay 内核开发的有VRay for 3ds max、Maya、Sketchup、Rhino等诸多版本，为不同领域的优秀3D建模软件提供了高质量的图片和动画渲染。除此之外，VRay也可以提供单独的渲染程序，方便使用者渲染各种图片。

图1—54

1.8.3 AutoCAD

计算机辅助设计（Computer Aided Design，CAD ）指利用计算机及其图形设备帮助设计人员进行设计工作。在设计中通常要用计算机对不同方案进行大量的计算、分析和比较，以决定最优方案；各种设计信息，不论是数字的、文字的或图形的，都能存放在计算机的内存或外存里，并能快速地检索；设计人员通常用草图开始设计，将草图变为工作图的繁重工作可以交给计算机完成；由计算机自动产生设计结果，可以快速作出图形，使设计人员及时对设计作出判断和修改；利用计算机可以进行与图形的编辑、放大、缩小、平移和旋转等有关的图形数据加工工作。在室内外设计领域中，应用最广泛的就是AutoCAD和3ds Max，一般流程是使用AutoCAD绘制平面图，然后导入到3ds Max中进行精确的模型制作，如图1-55所示。

1.8.4 Adobe Photoshop

Photoshop是Adobe公司旗下最为出名的图像处理软件之一，集图像扫描、编辑修改、图像制作、广告创意，图像输入与输出于一体，深受广大平面设计人员和计算机美术爱好者的喜爱。如图1-56所示为Photoshop CS5的启动界面。Photoshop软件是与3ds Max结合使用最多的软件之一，可以对3ds Max渲染出的图像进行修缮、调色等处理。

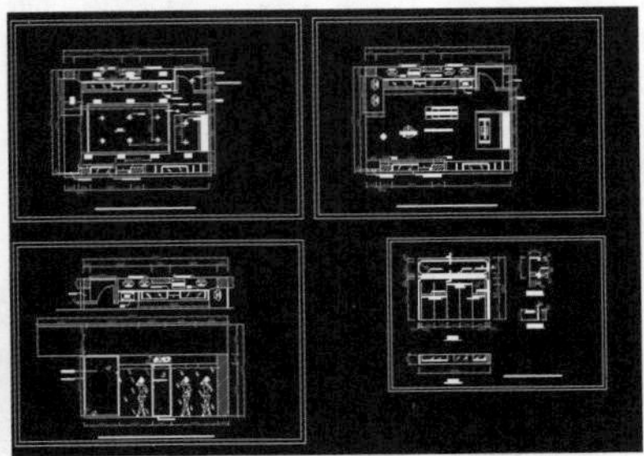

图1—55

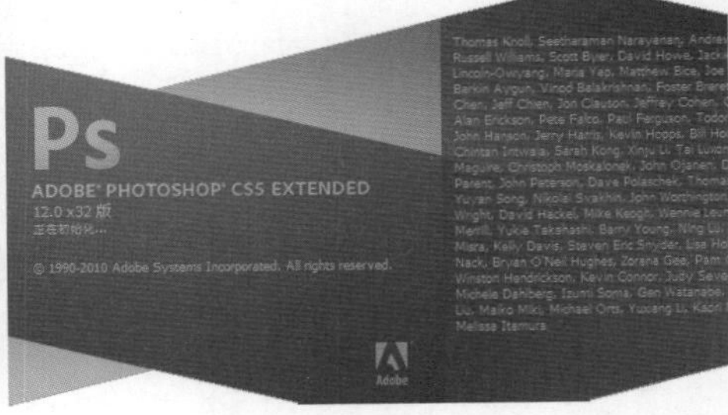

图1—56

1.9 优秀作品赏析

1.9.1 室内设计优秀作品点评

如图1-57～图1-60所示为国内外优秀的室内空间表现作品，模型的合理选择展现了各个空间的风格，灯光的真实表现烘托出浓厚的气氛，材质的精细挑选凸显出每个物体的真实质感，而且很好地把握住了模型、灯光、材质之间的关系，充分地展示了丰富而不杂乱的效果。

图1—57

图1—58

图1—59

图1—60

1.9.2 室外设计优秀作品点评

如图1-61所示为国外优秀的室外黄昏表现作品，模型非常精致复杂，加上主体建筑周围的树木、楼房，更加凸显了主体建筑的宏大、高耸，同时场景灯光气氛控制得非常好，将黄昏的美景表现得淋漓尽致。

如图1-62所示为国外优秀的室外楼群的表现作品，鸟瞰的角度体现了场景的宏大，楼群屹立于树群之间，体现了人与自然的和谐之美，为场景烘托出更好的意境。

图1—61

图1—62

读书笔记

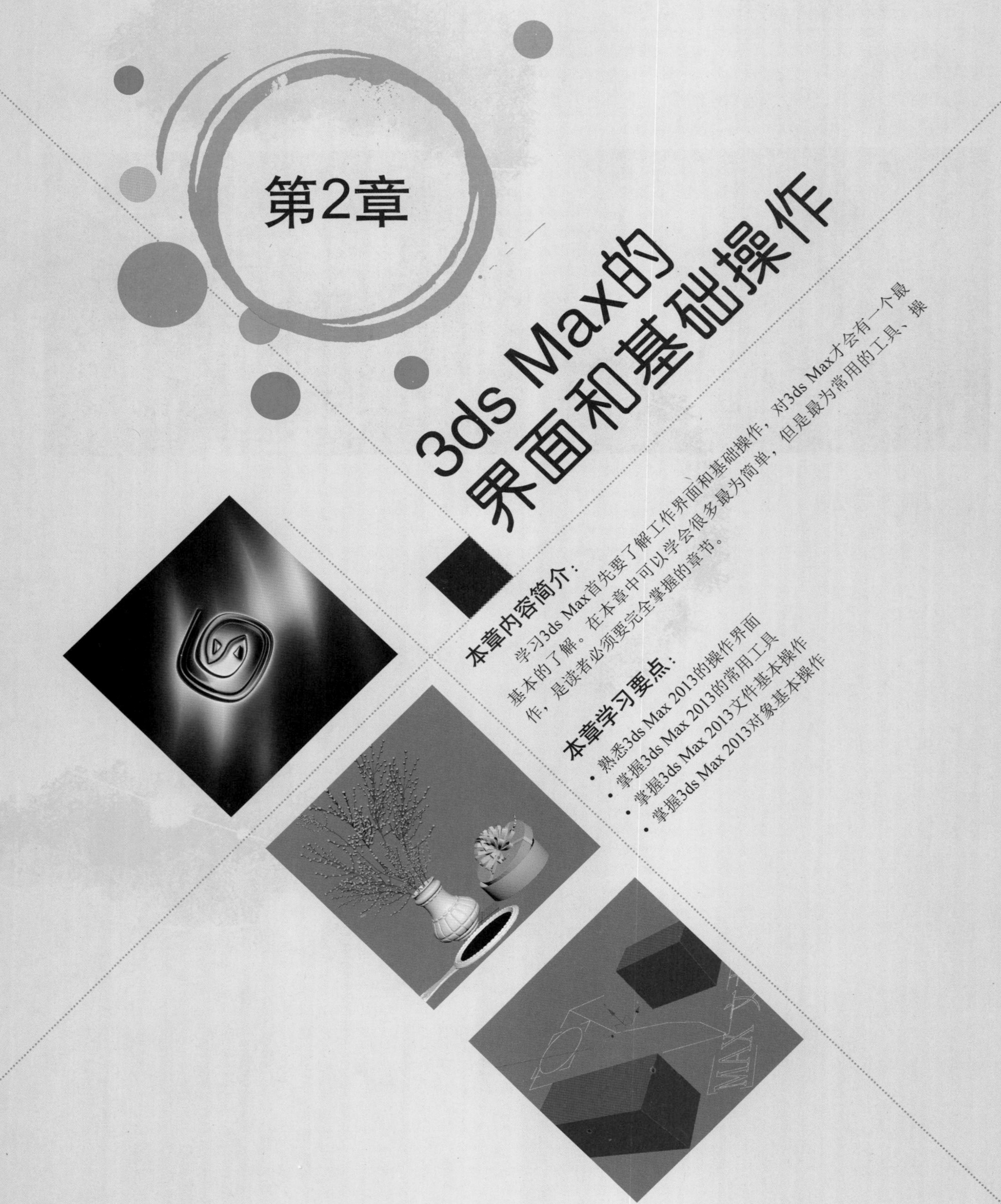

第2章

3ds Max的界面和基础操作

本章内容简介：

学习3ds Max首先要了解工作界面和基础操作，对3ds Max才会有一个最基本的了解。在本章中可以学会很多最为简单，但是最为常用的工具、操作，是读者必须要完全掌握的章节。

本章学习要点：

- 熟悉3ds Max 2013的操作界面
- 掌握3ds Max 2013的常用工具
- 掌握3ds Max 2013文件基本操作
- 掌握3ds Max 2013对象基本操作

3ds Max 2013 的启动

安装好3ds Max 2013后，可以通过以下两种方法来启动3ds Max 2013：

- 双击桌面上的快捷方式图标。
- 执行【开始\程序\Autodesk\Autodesk 3ds Max 2013 64-bit\Languages\Autodesk 3ds Max 2013 64-bit - Simplified Chinese】命令，如图2-1所示。

在启动3ds Max 2013的过程中，可以观察到3ds Max 2013的启动画面，如图2-2所示。首次启动速度会稍微慢一些。

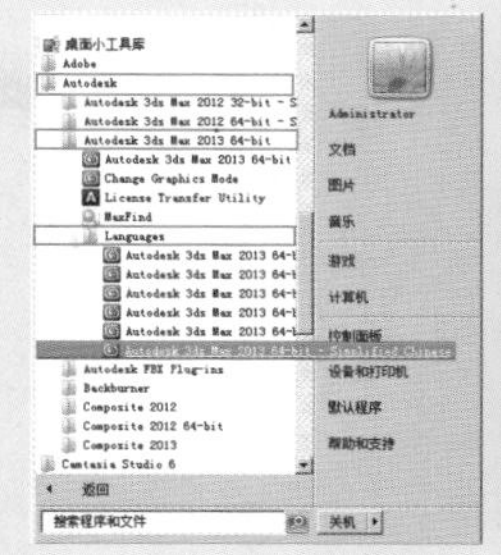

图2—1

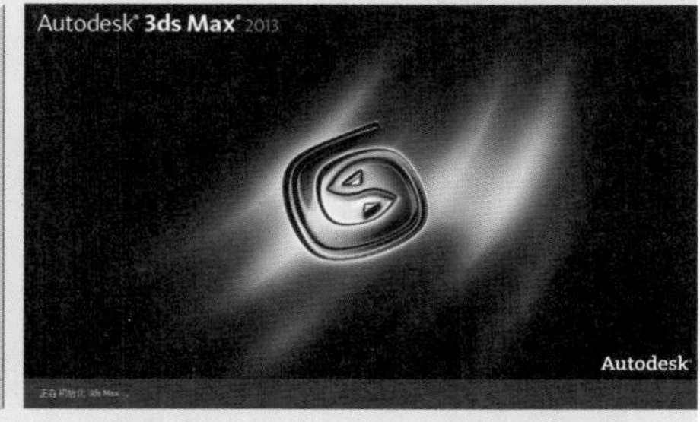

图2—2

技术专题——如何使用欢迎对话框

在初次启动3ds Max 2013时，系统会自动弹出【欢迎使用 3ds Max】对话框，其中包括【缩放，平移和旋转：导航要点】、【创建对象】、【编辑对象】、【指定材质】、【设置灯光和摄影机】、【动画】、【3ds Max中的新功能】等图标，如图2—3所示。单击相应的图标或按钮即可观看视频教程。

默认情况下，每次启动3ds Max时，【欢迎使用 3ds Max】对话框都会弹出来，当我们不需要每次都弹出来时，可以将【在启动时显示此欢迎屏幕】复选框取消选中即可，如图2—4所示。

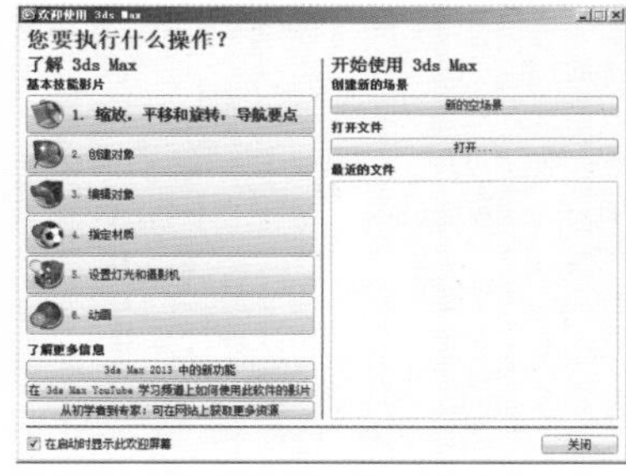

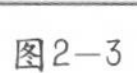

图2—3

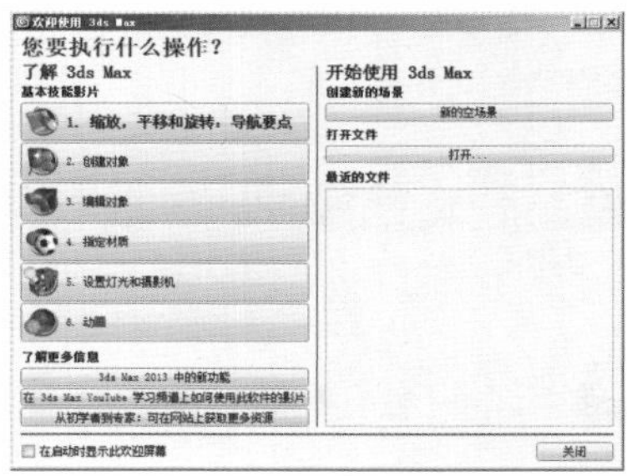

图2—4

3ds Max 2013 工作界面

3ds Max 2013的工作界面分为标题栏、菜单栏、主工具栏、视口区域、命令面板、时间尺、状态栏、时间控制按钮、视图导航控制按钮和标准视口布局10大部分，如图2-5所示。

默认状态下3ds Max的各个界面都是保持停靠状态的，若不习惯这种方式，也可以将部分面板拖曳出来。如图2-6所示。

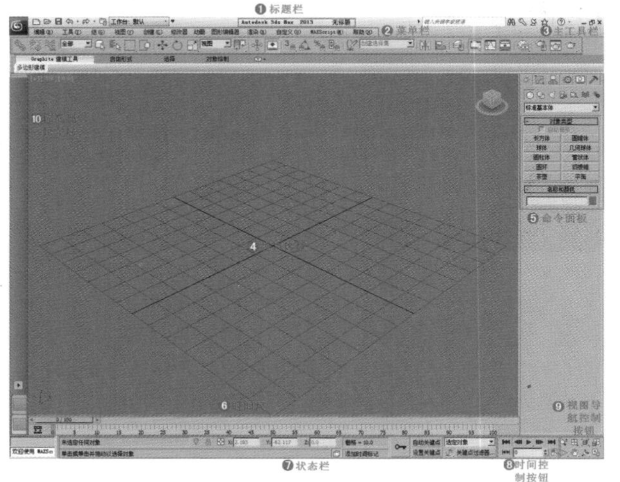

图2—5

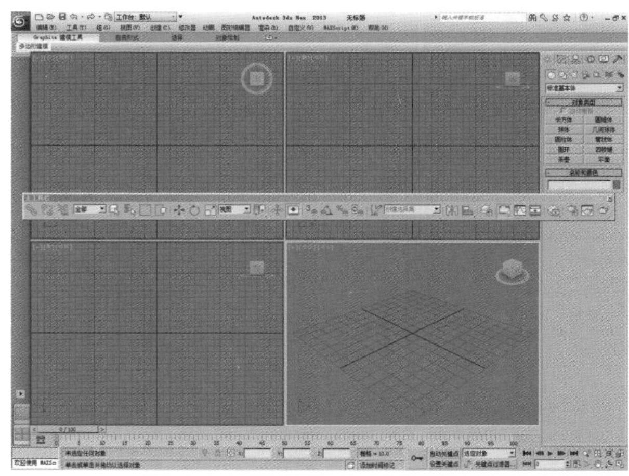

图2—6

拖曳此时浮动的面板到窗口的边缘处，可以将其再次进行停靠，如图2-7所示。

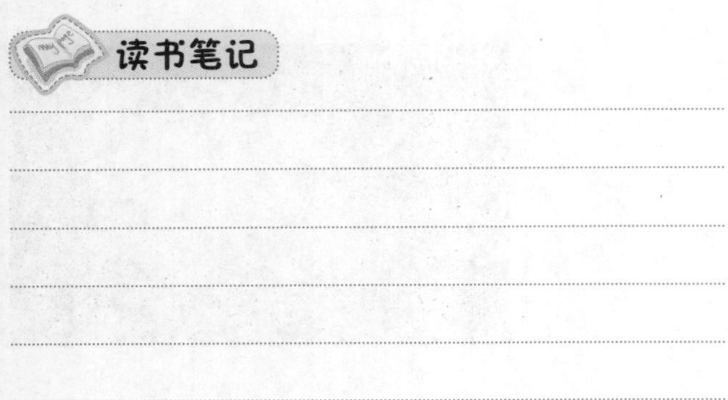

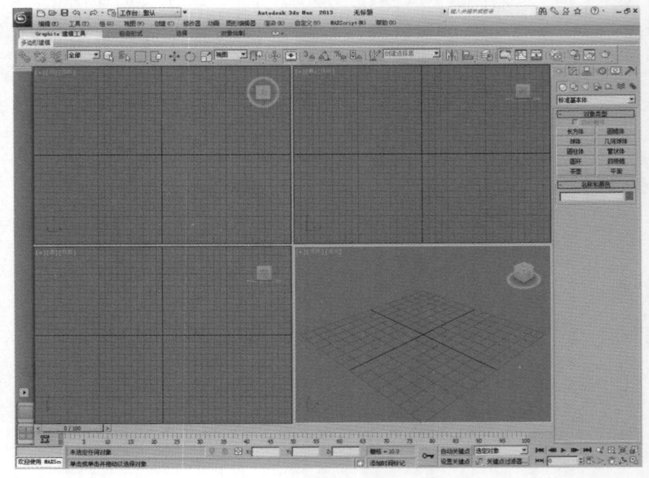

图2—7

2.2.1 标题栏

3ds Max 2013的标题栏主要包括5个部分，分别为软件图标、快速访问工具栏、版本信息、文件名称和信息中心，如图2-8所示。

图2—8

软件图标

单击软件图标按钮将会弹出一个用于管理文件的下拉菜单。该菜单与之前版本的【文件】菜单类似，主要包括【新建】、【重置】、【打开】、【保存】、【另存为】、【导入】、【导出】、【发送到】、【参考】、【管理】、【属性】、【最近使用的文档】、【选项】和【退出3ds Max】14个常用命令及按钮，如图2-9所示。

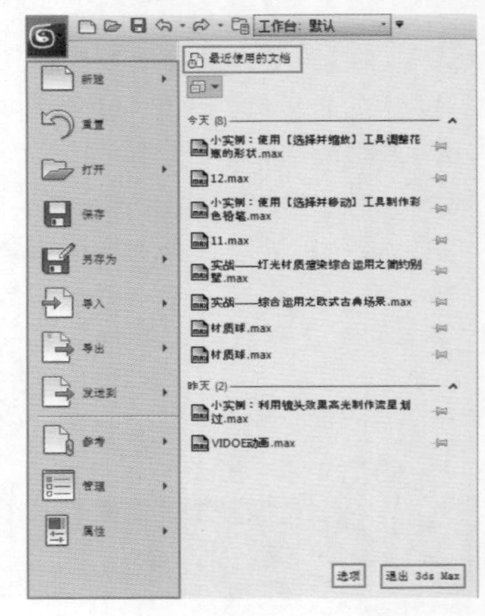

图2—9

★ 案例实战——打开3ds Max文件

场景文件	01.max
案例文件	案例文件\Chapter 02\案例实战——打开3ds Max文件.max
视频教学	视频文件\Chapter 02\案例实战——打开3ds Max文件.flv
难易指数	★☆☆☆☆
技术掌握	掌握打开3ds Max文件的5种方法

01 直接找到文件【场景文件\Chapter02\01.max】，并双击鼠标左键，如图2-10所示。

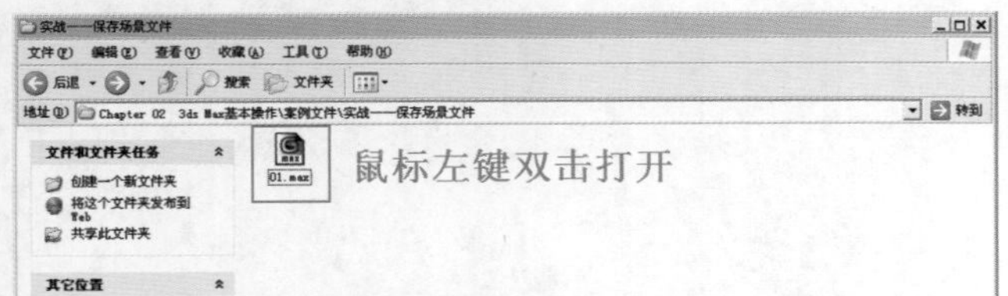

图2—10

02 直接找到文件，鼠标左键单击该文件，并将其拖曳到3ds Max 2013的图标上，如图2-11所示。

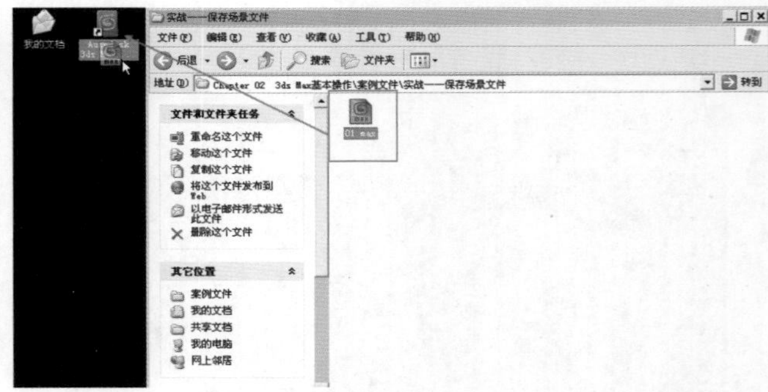

图2—11

03 启动3ds Max 2013，然后单击界面左上角的软件图标，并在弹出的下拉菜单中单击按钮，接着在弹出的对话框中选择本书配套光盘中的【场景文件\Chapter02\01.max】文件，最后单击打开(O)按钮，如图2-12所示，打开场景后的效果如图2-13所示。

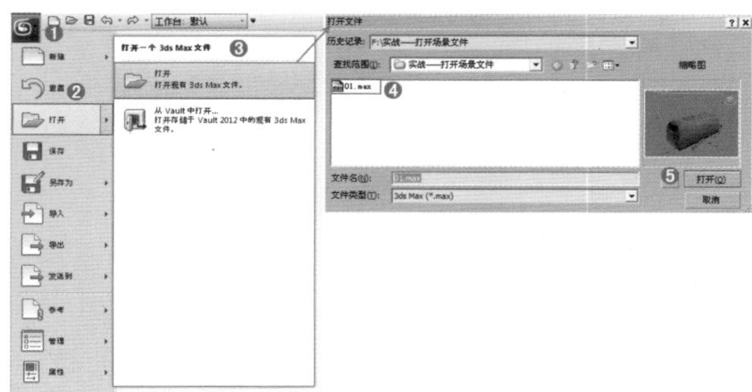

图2—12

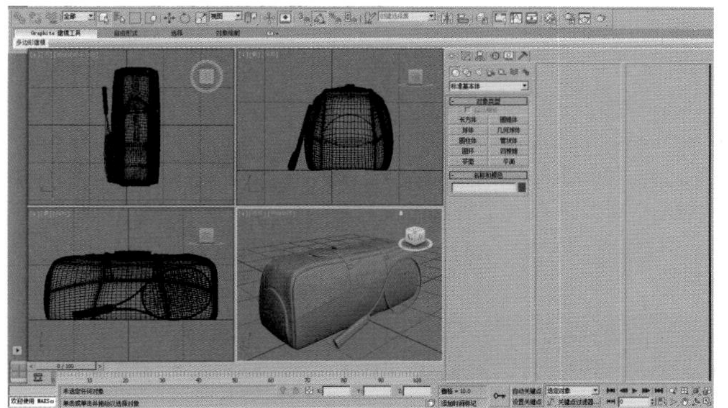

图2—13

04 启动3ds Max 2013，按Ctrl+O组合键打开【打开文件】对话框，然后选择本书配套光盘中的【场景文件\Chapter02\01.max】文件，接着单击 打开(O) 按钮，如图2-14所示。

图2—14

05 启动3ds Max 2013，选择本书配套光盘中【场景文件\Chapter02\01.max】文件，选择文件并按住鼠标左键将其拖曳到视口区域中，松开鼠标左键并在弹出的对话框中选择相应的操作方式，如图2-15所示。

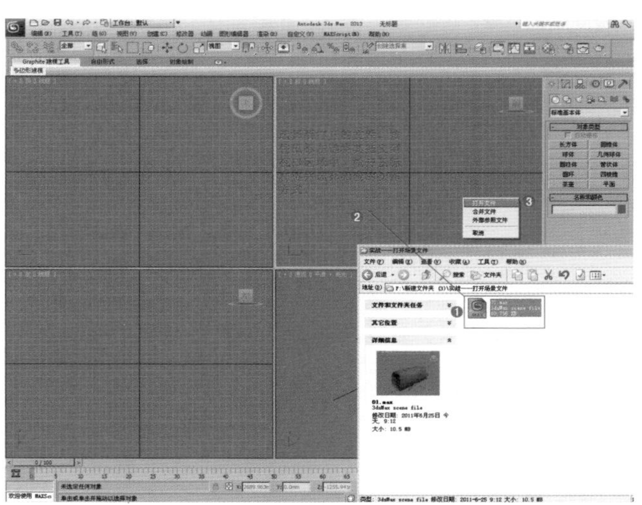

图2—15

★ 案例实战——保存场景文件

场景文件	02.max
案例文件	案例文件\Chapter 02\案例实战——保存场景文件.max
视频教学	视频文件\Chapter 02\案例实战——保存场景文件.flv
难易指数	★☆☆☆☆
技术掌握	掌握保存文件的两种方法

01 单击界面左上角的软件图标，然后在弹出的下拉菜单中单击 另存为 按钮，接着在弹出的对话框中为文件设置保存路径和名称，最后单击 保存(S) 按钮，如图2-16所示。

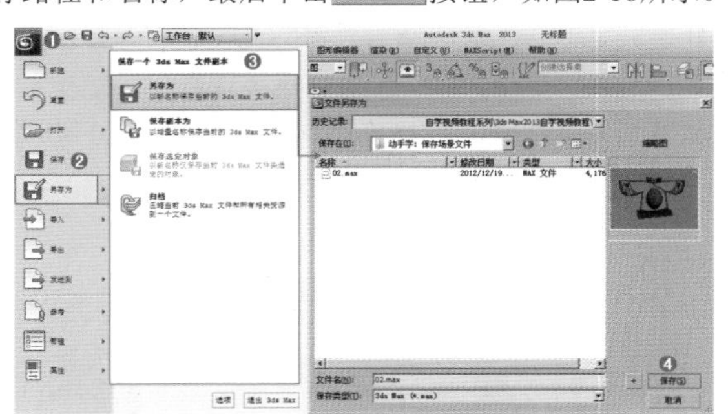

图2—16

02 按Ctrl+S组合键进行保存。

★ 案例实战——导入外部文件

场景文件	02.obj
案例文件	案例文件\Chapter 02\案例实战——导入外部文件.max
视频教学	视频文件\Chapter 02\案例实战——导入外部文件.flv
难易指数	★☆☆☆☆
技术掌握	掌握导入外部文件方法

在3ds Max制作中，经常需要将外部文件（如.3ds和.obj文件）导入到场景中进行操作，方法如下：

01 单击界面左上角的软件图标，然后在弹出的下拉菜单中单击 导入 按钮，并在右侧的列表中单击【导入】选项，如图2-17所示。

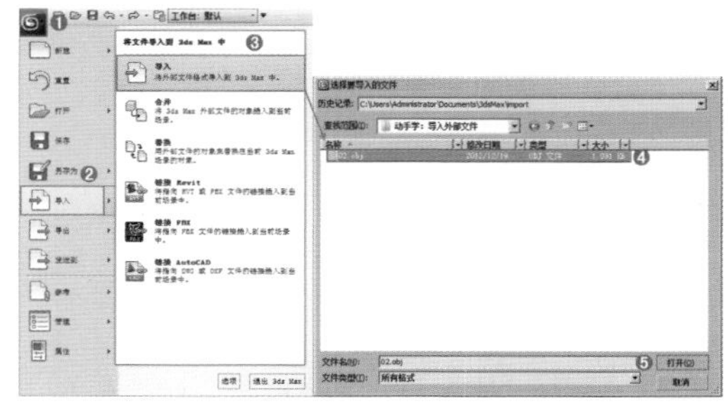

图2—17

02 导入到场景后的效果如图2-18所示。

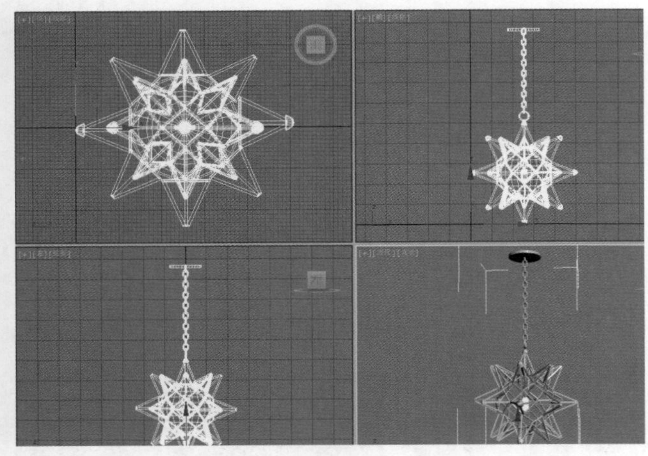

图2-18

★ 案例实战——导出场景对象

场景文件	03.max
案例文件	案例文件\Chapter 02\案例实战——导出场景对象.max
视频教学	视频文件\Chapter 02\案例实战——导出场景对象.flv
难易指数	★☆☆☆☆
技术掌握	掌握导出场景对象的方法

创建完一个场景后，可以将场景中的所有对象导出为其他格式的文件，也可以将选定的对象导出为其他格式的文件。具体步骤如下：

01 打开本书配套光盘中的【场景文件\Chapter02\03.max】文件，如图2-19所示。

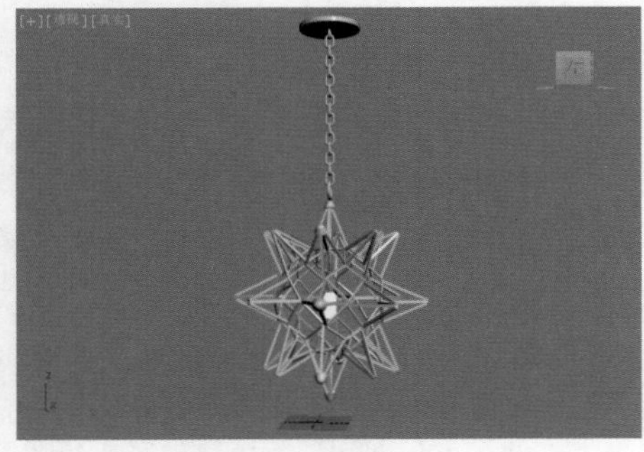

图2-19

02 选择场景中的吊灯模型，然后单击界面左上角的软件图标，在弹出的下拉菜单中单击 导出 按钮后面的按钮，接着单击【导出选定对象】选项，并在弹出的对话框中将导出文件命名为【02.obj】，最后单击 保存(S) 按钮，如图2-20所示。

技巧提示

在进行导出时，很多人习惯直接单击 导出 按钮，那么将会把场景中所有的物体全部进行导出。而单击 导出 按钮后面的按钮，接着单击【导出选定对象】选项，只会将刚才选中的物体进行导出，而其他未选择的物体则不被导出。

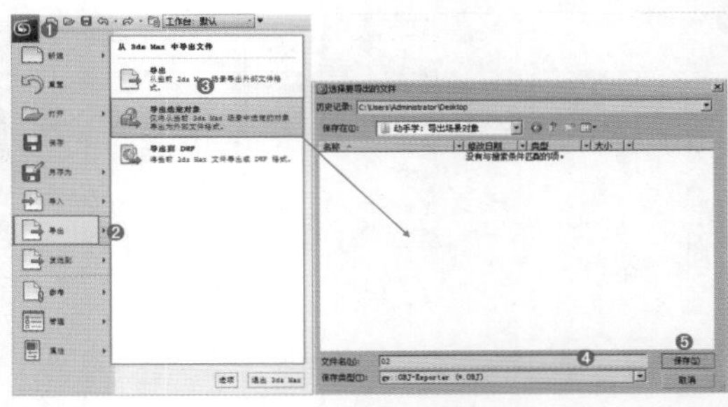

图2-20

★ 案例实战——合并场景文件

场景文件	04.max和05.max
案例文件	案例文件\Chapter 02\案例实战——合并场景文件.max
视频教学	视频文件\Chapter 02\案例实战——合并场景文件.flv
难易指数	★☆☆☆☆
技术掌握	掌握合并场景文件的方法

合并文件就是将外部的文件合并到当前场景中。在合并的过程中可以根据需要选择要合并的几何体、图形、灯光、摄影机等。具体步骤如下：

01 打开本书配套光盘中的【场景文件\Chapter02\04.max】文件，如图2-21所示。

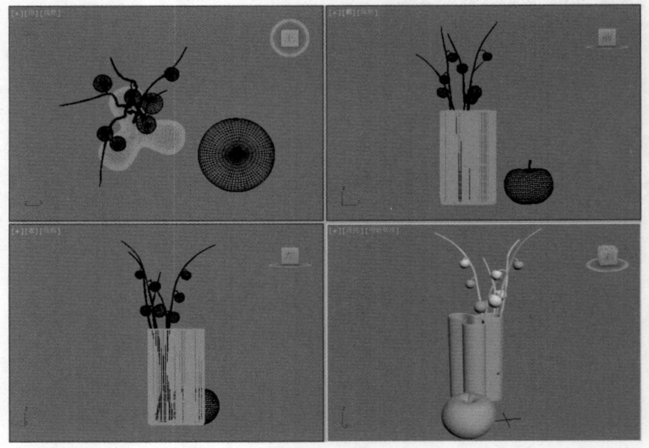

图2-21

02 单击界面左上角的软件图标，在弹出的下拉菜单中单击 导入 按钮后面的按钮，接着在右侧的列表中单击【合并】选项，然后在弹出的对话框中选择本书配套光盘中的【场景文件\Chapter02\05.max】文件，最后单击 打开(O) 按钮，如图2-22所示。

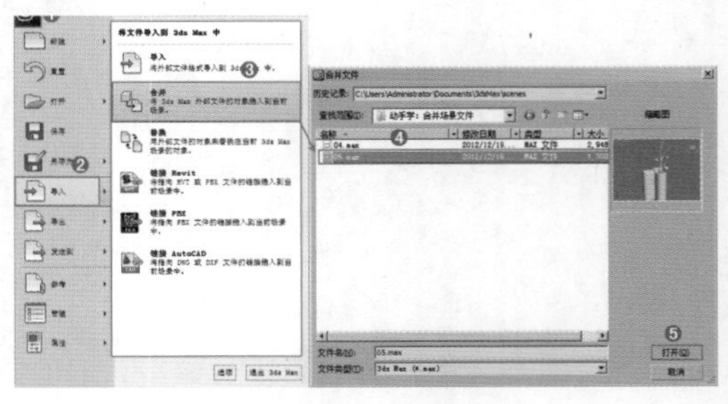

图2-22

03 执行上一步骤后，系统会弹出【合并】对话框，用户可以选择需要合并的文件类型，这里选择全部的文件，然后单击 确定 按钮，如图2-23所示，合并文件后的效果如图2-24所示。

技巧提示

在实际工作中，一般合并文件都是有选择性的。比如场景中创建好了灯光和摄影机，可以不将灯光和摄影机合并进来，只需要在【合并】对话框中禁用相应的选项即可。

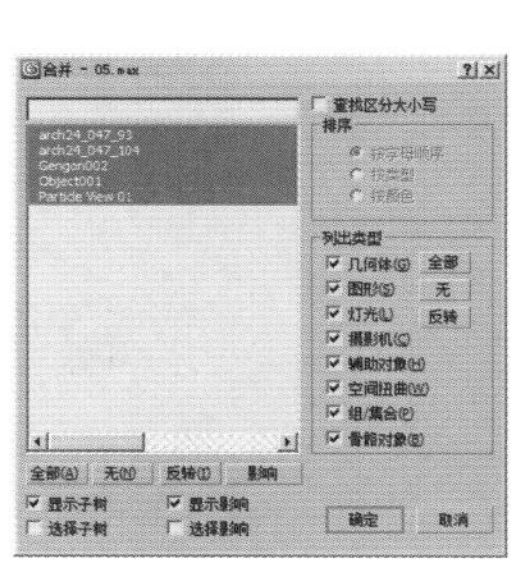

图2—23

图2—24

快速访问工具栏

快速访问工具栏集合了用于管理场景文件的常用命令，便于用户快速管理场景文件，包括【新建】、【打开】、【保存】、【撤销】、【重做】、【设置项目文件夹】、【隐藏菜单栏】和【在功能区下方显示】8个工具，如图2-25所示。

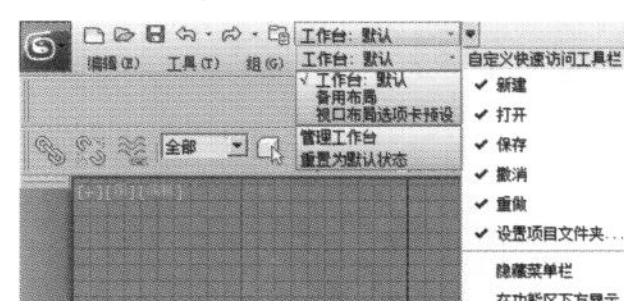

图2—25

版本信息

版本信息对于3ds Max的操作没有任何的影响，只是为用户显示正在操作的3ds Max是什么版本，比如本书使用的3ds Max版本为Autodesk 3ds Max 2013，如图2-26所示。

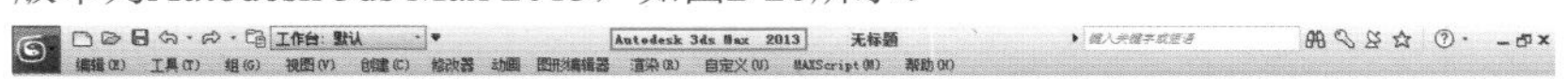

图2—26

文件名称

文件名称可以为用户显示正在操作的3ds Max文件的名称，若没有保存过该文件，会显示为【无标题】，如图2-27所示。若之前保存过该文件，则会显示之前的名称，如图2-28所示。

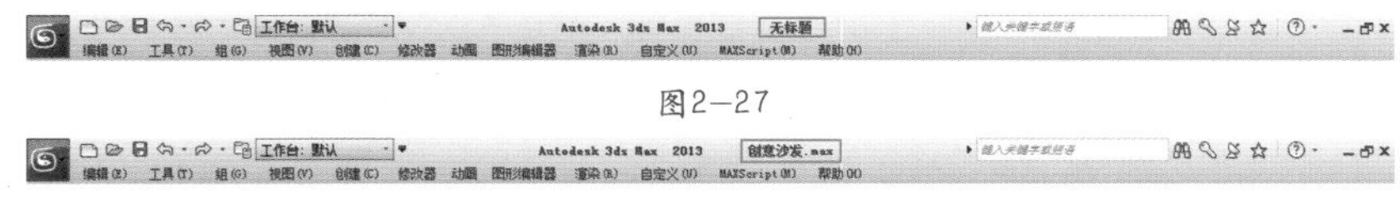

图2—27

图2—28

信息中心

信息中心用于访问有关Autodesk 3ds Max 2013和其他Autodesk产品的信息。

2.2.2 菜单栏

3ds Max与其他软件一样，菜单栏也位于工作界面的顶端，其中包含12个菜单，分别为【编辑】、【工具】、【组】、【视图】、【创建】、【修改器】、【动画】、【图形编辑器】、【渲染】、【自定义】、MAXScript和【帮助】，如图2-29所示。

图2—29

【编辑】菜单

【编辑】菜单包括20个命令，分别为【撤销】、【重做】、【暂存】、【取回】、【删除】、【克隆】、【移动】、【旋转】、【缩放】、【变换输入】、【变换工具框】、【全选】、【全部不选】、【反选】、【选择类似对象】、【选择实例】、【选择方式】、【选择区域】、【管理选择集】和【对象属性】命令，如图2-30所示。

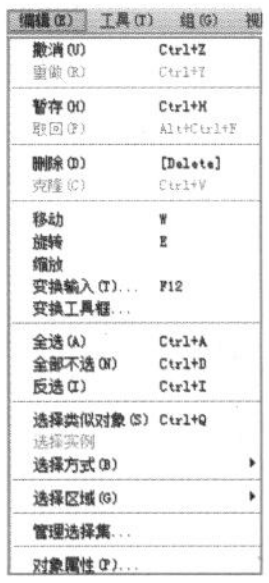

图2—30

技巧提示

一些常用命令都配有快捷键，如【撤销】命令后面有Ctrl+Z，也就是执行【编辑】/【撤销】命令或按Ctrl+Z组合键都可以对文件进行撤销操作。

【工具】菜单

【工具】菜单主要包括对物体进行操作的常用命令，这些命令在主工具栏中也可以找到并可以直接使用，如图2-31所示。

【组】菜单

【组】菜单中的命令可以将场景中的两个或两个以上的物体组合成一个整体，同样也可以将成组的物体拆分为单个物体，如图2-32所示。

【视图】菜单

【视图】菜单中的命令主要用来控制视图的显示方式以及视图的相关参数设置（例如视图的配置与导航器的显示等），如图2-33所示。

【创建】菜单

【创建】菜单中的命令主要用来创建几何物体、二维物体、灯光和粒子等，在【创建】面板中也可实现相同的操作，如图2-34所示。

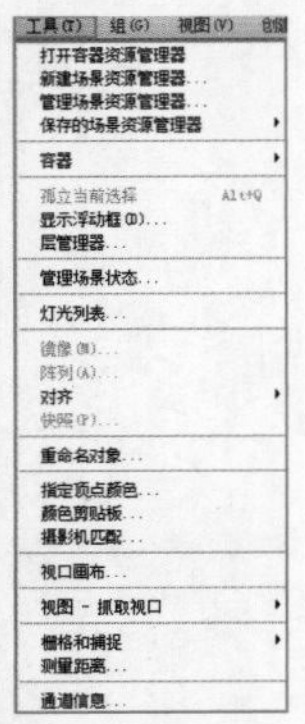

图2—31

图2—32

图2—33

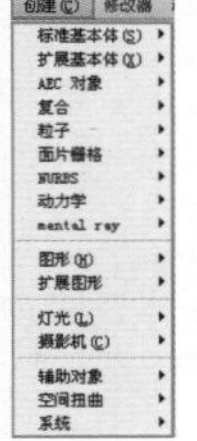

图2—34

【修改器】菜单

【修改器】菜单中的命令包含了【修改】面板中的所有修改器，如图2-35所示。

【动画】菜单

【动画】菜单主要用来制作动画，包括【约束】、【变换控制器】、【模拟】和【骨骼工具】等命令，如图2-36所示。

【图形编辑器】菜单

【图形编辑器】菜单是场景元素之间用图形化视图方式来表达关系的菜单，包括【轨迹视图-曲线编辑器】、【轨迹视图-摄影表】、【新建图解视图】和【粒子视图】等命令，如图2-37所示。

【渲染】菜单

【渲染】菜单主要用于设置渲染参数，包括【渲染】、【环境】和【效果】等命令，如图2-38所示。

图2—35

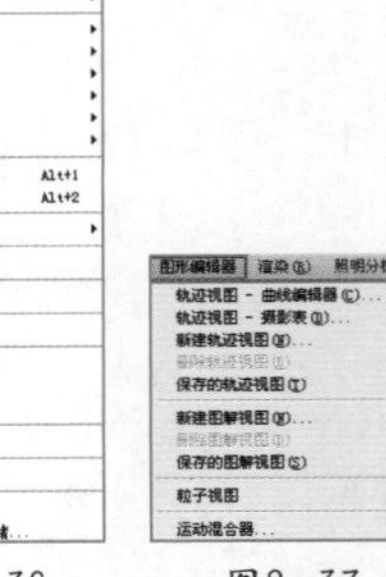

图2—36

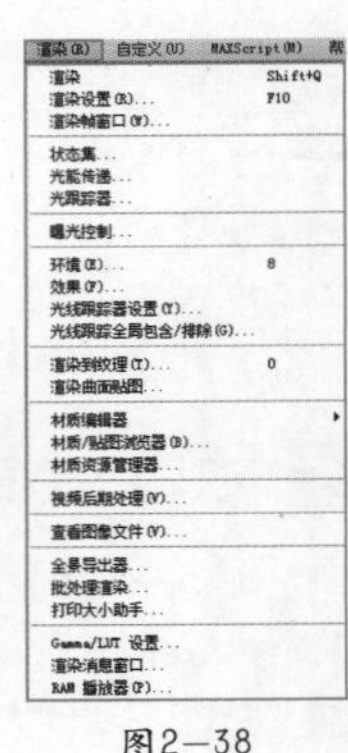

图2—37

图2—38

【自定义】菜单

【自定义】菜单主要用来更改用户界面或系统设置。通过该菜单可以定制自己的界面，同时还可以对3ds Max系统进行设置，例如渲染和自动保存文件等，如图2-39所示。

MAXScript菜单

3ds Max支持脚本程序设计语言，可以书写脚本语言的短程序来自动执行某些命令。在MAXScript菜单中包括【新建脚本】、【打开脚本】和【运行脚本】等命令，如图2-40所示。

【帮助】菜单

【帮助】菜单中主要是一些帮助信息，可以供用户参考学习，如图2-41所示 。

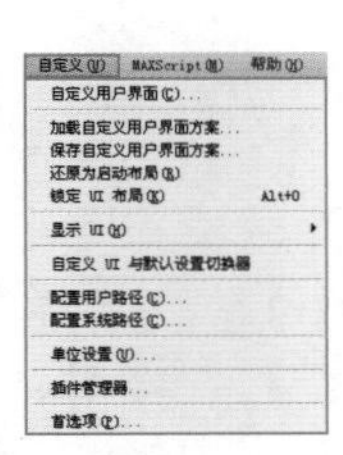

图2—39

图2—40

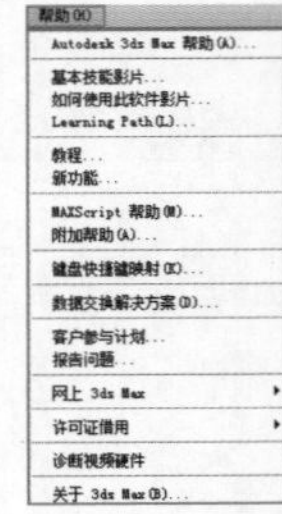

图2—41

2.2.3 主工具栏

3ds Max主工具栏由多个按钮组成，每个按钮都有相应的功能，如可以通过单击【选择并移动】工具按钮对物体进行移动。当然主工具栏中的大部分按钮都可以在其他位置找到，如菜单栏中。熟练掌握主工具栏，会使得3ds Max操作更顺手、更快捷。3ds Max 2013 的主工具栏如图2-42所示。

当使用鼠标左键长时间单击一个按钮时，会出现两种情况：一种是无任何反应，另外一种是会出现下拉菜单，下拉菜单中还包含其他的按钮，如图2-43所示。

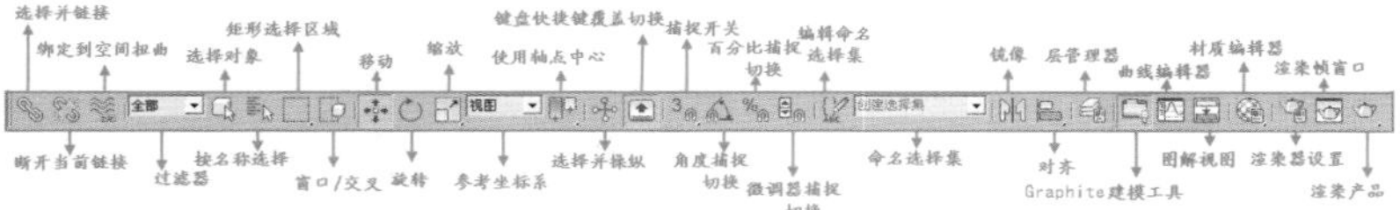

图2—42

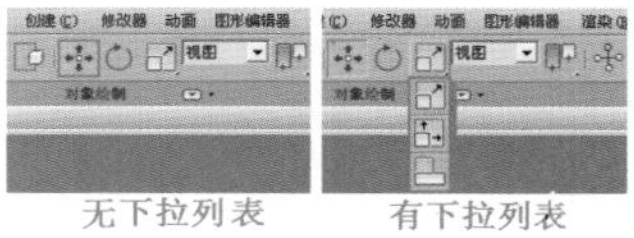

无下拉列表　有下拉列表

图2—43

【选择并链接】工具

【选择并链接】工具主要用于建立对象之间的父子链接关系与定义层级关系，但是只能父级物体带动子级物体，而子级物体的变化不会影响到父级物体。

【断开当前选择链接】工具

【断开当前选择链接】工具与【选择并链接】工具的作用恰好相反，主要用来断开链接好的父子对象。

☆ 动手学：调出隐藏的工具栏

3ds Max 2013中有很多隐藏的工具栏，用户可以根据实际需要来调出处于隐藏状态的工具栏。当然，将隐藏的工具栏调出来后，也可以将其关闭。

01 执行【自定义\显示UI\显示浮动工具栏】菜单命令，如图2-44所示，此时系统会弹出所有的浮动工具栏，如图2-45所示。

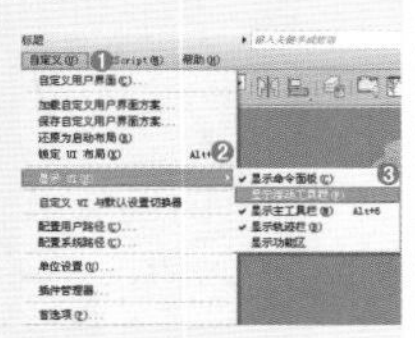

图2—44

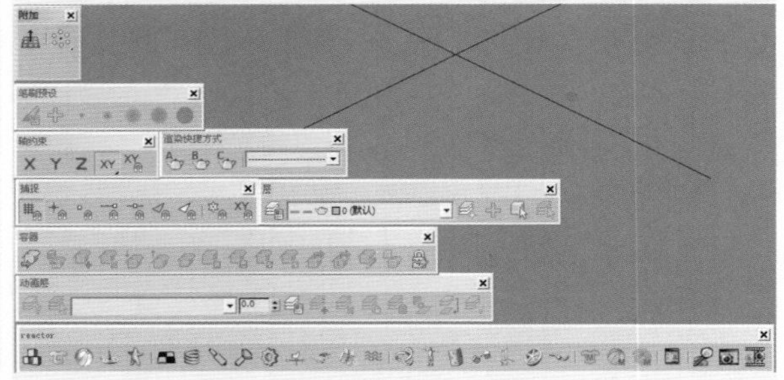

图2—45

02 使用步骤01的方法适合一次性调出所有的隐藏工具栏，但在很多情况下只需要用到其中某一个工具栏，这时可以在主工具栏的空白处右击，然后在弹出的快捷菜单中勾选需要的工具栏即可，如图2-46所示。

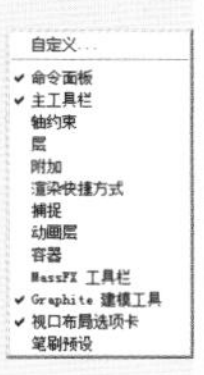

图2—46

技巧提示

按Alt+6组合键可以隐藏主工具栏，再次按Alt+6组合键可以显示出主工具栏。

【绑定到空间扭曲】工具

【绑定到空间扭曲】工具可以将使用空间扭曲的对象附加到空间扭曲中。选择需要绑定的对象，然后单击主工具栏中的【绑定到空间扭曲】按钮，接着将选定对象拖曳到空间扭曲对象上即可。

过滤器

过滤器全部主要用来过滤不需要选择的对象类型，这对于批量选择同一种类型的对象非常有用，如图2-47所示。

将过滤器切换为【图形】时，无论怎么选择，也只能选择图形对象，而其他的对象将不会被选择，如图2-48所示。

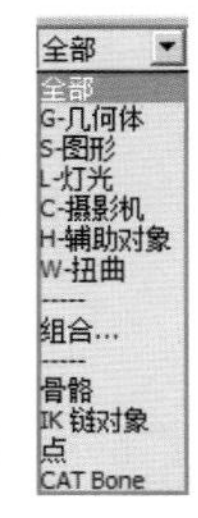

图2—47

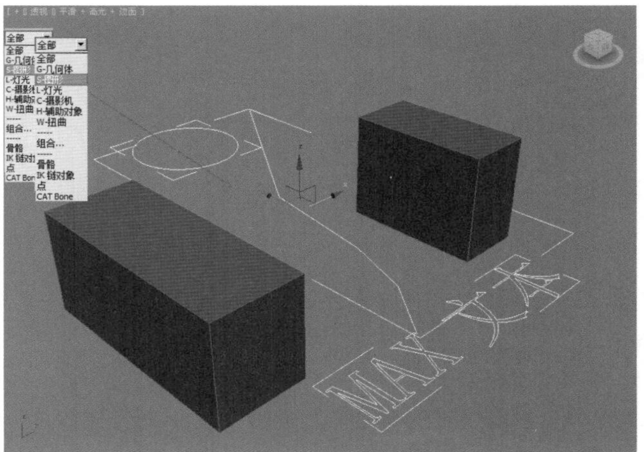

图2—48

★ 案例实战——过滤器选择场景中的灯光

场景文件	06.max
案例文件	案例文件\Chapter 02\案例实战——过滤器选择场景中的灯光.max
视频教学	视频文件\Chapter 02\案例实战——过滤器选择场景中的灯光.flv
难易指数	★☆☆☆☆
技术掌握	掌握使用过滤器单独选择灯光的方法

01 打开本书配套光盘中的【场景文件\Chapter02\06.max】文件，从视图中可以观察到本场景包含2盏灯光，如图2-49所示。

02 如果要选择灯光，可以在主工具栏中的过滤器 全部 中选择【L-灯光】选项，如图2-50所示，然后使用【选择并移动】工具框选视图中的灯光，框选完毕后可以发现只选择了灯光，而模型并没有被选中，如图2-51所示。

图2—49

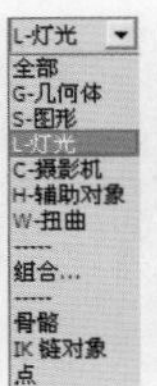

图2—50

图2—51

03 如果要选择模型，可以在主工具栏中的过滤器 全部 中选择【G-几何体】选项，如图2-52所示，然后使用【选择并移动】工具框选视图中的模型，框选完毕后可以发现只选择了模型，而灯光并没有被选中，如图2-53所示。

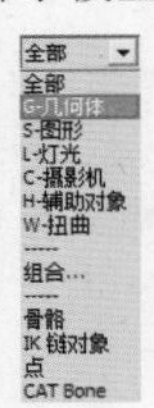

图2—52

图2—53

【选择对象】工具

【选择对象】工具主要用于选择一个或多个对象（快捷键为Q键），按住Ctrl键可以进行加选，按住Alt键可以进行减选。当使用【选择对象】工具选择物体时，光标指向物体后会变成十字形，如图2-54所示。

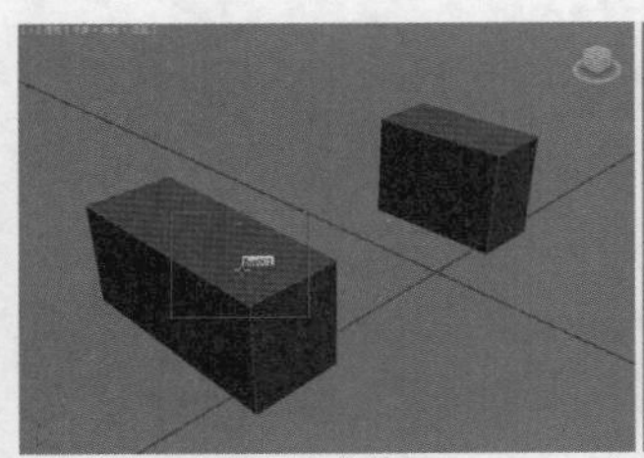
选择对象之前

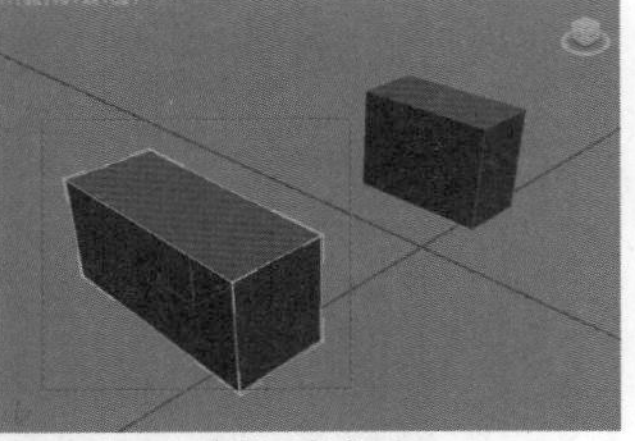
选择对象之后

图2—54

【按名称选择】工具

单击【按名称选择】按钮会弹出【从场景选择】对话框，在该对话框中可以按名称选择所需要的对象，如选择Text001，并单击【确定】按钮，如图2-55所示。

此时我们发现，Text001对象已经被选择了，如图2-56所示。因此，利用该方法可以快速地通过选择对象的名称，从而轻松地从大量对象中选择我们所需要的对象。

图2—55

图2—56

★ 案例实战——按名称选择工具选择场对象

场景文件	07.max
案例文件	案例文件\Chapter 02\案例实战——按名称选择工具选择场对象.max
视频教学	视频文件\Chapter 02\案例实战——按名称选择工具选择场对象.flv
难易指数	★☆☆☆☆
技术掌握	掌握按名称选择工具选择场对象的方法

【按名称选择】工具非常重要，它可以根据场景中的对象名称来选择对象。当场景中的对象比较多时，使用该工具选择对象相当方便。

01 打开本书配套光盘中的【场景文件\Chapter02\07.max】文件，如图2-57所示。

图2—57

02 在主工具栏中单击【按名称选择】按钮，打开【从场景选择】对话框，从该对话框中可以观察到场景中的对象名称，如图2-58所示。

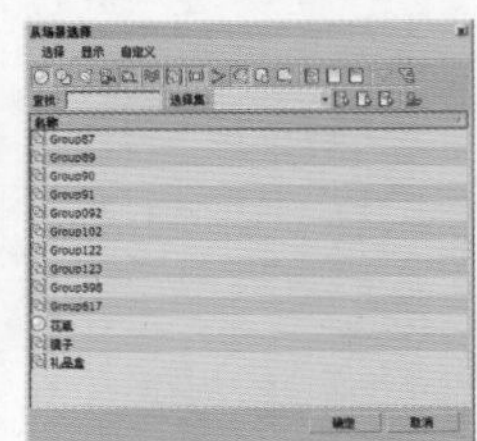
图2—58

03 如果要选择单个对象，可以直接在【从场景选择】对话框单击该对象的名称，然后单击 确定 按钮，如图2-59所示。

04 如果要选择隔开的多个对象，可以按住Ctrl键的同时依次单击对象的名称，然后单击 确定 按钮，如图2-60所示。

图2-59

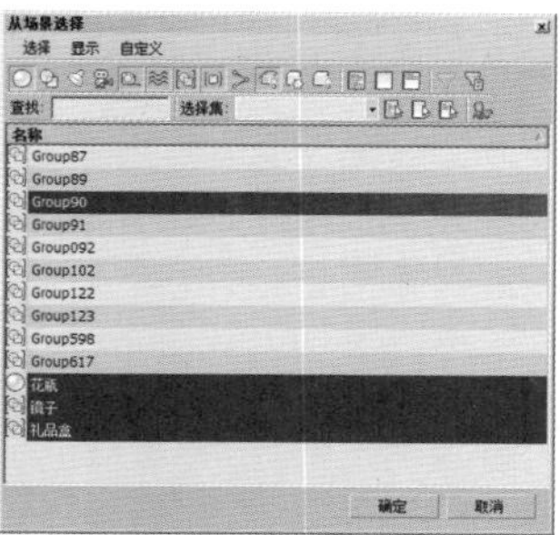
图2-60

如果当前已经选择了部分对象，那么按住Ctrl键的同时可以进行加选，按住Alt键的同时可以进行减选。

选择区域工具

图2-61

选择区域工具包含5种模式，分别是【矩形选择区域】工具、【圆形选择区域】工具、【围栏选择区域】工具、【套索选择区域】工具和【绘制选择区域】工具，如图2-61所示。

因此可以选择合适的区域工具选择对象，如图2-62所示为使用【围栏选择区域】工具选择场景中的对象。

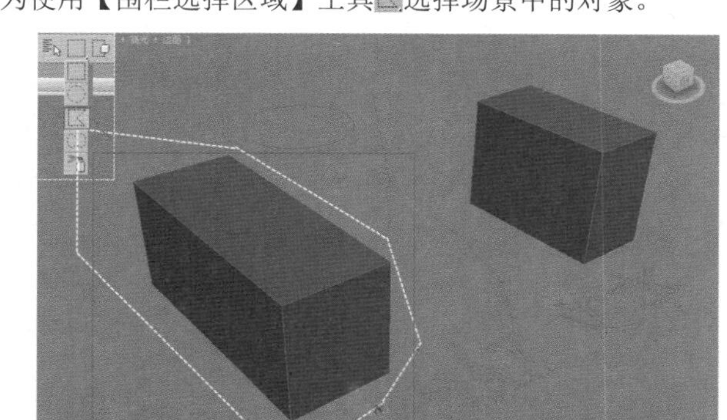
图2-62

★ 案例实战——套索选择区域工具选择对象

场景文件	08.max
案例文件	案例文件\Chapter 02\案例实战——套索选择区域工具选择对象.max
视频教学	视频文件\Chapter 02\案例实战——套索选择区域工具选择对象.flv
难易指数	★☆☆☆☆
技术掌握	掌握使用套索选择区域工具选择对象的方法

01 打开本书配套光盘中的【场景文件\Chapter02\08.max】文件，如图2-63所示。

02 在主工具栏中单击【套索选择区域】按钮，然后在视图中绘制一个形状区域，将右下角的收纳盒模型框选在其中，如图2-64所示，这样就选中了右下角的收纳盒模型，如图2-65所示。

图2-63

图2-64

图2-65

【窗口\交叉】工具

当【窗口\交叉】工具处于凸出状态（即未激活状态）时，其按钮显示效果为，这时如果在视图中选择对象，那么只要选择的区域包含对象的一部分即可选中该对象；当【窗口\交叉】工具处于凹陷状态（即激活状态）时，其按钮显示效果为，这时如果在视图中选择对象，那么只有选择区域包含对象的全部区域才能选中该对象。在实际工作中，一般都要使【窗口\交叉】工具处于凸出状态。如图2-66所示为当【窗口\交叉】工具处于凸出状态时选择的效果。

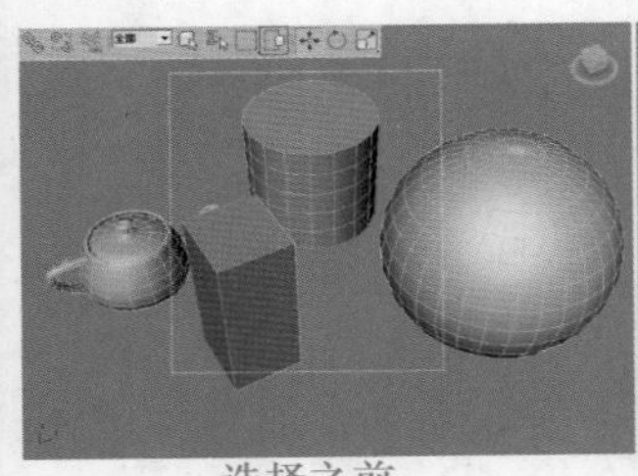

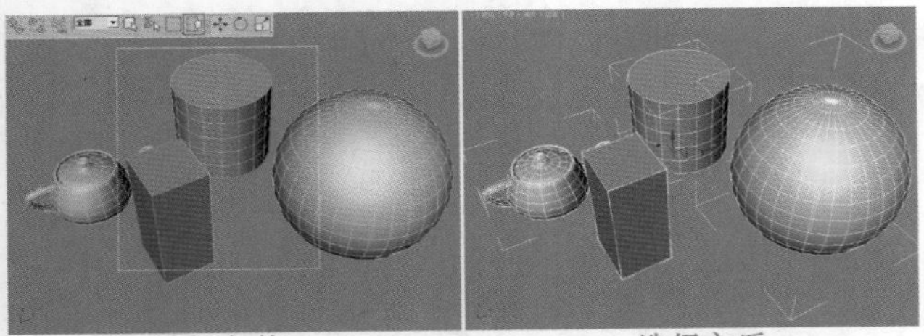

图2—66

如图2-67所示为当【窗口\交叉】工具处于凹陷状态时选择的效果。

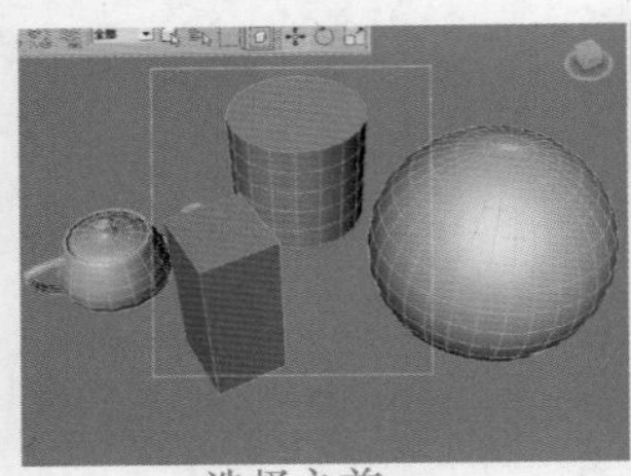
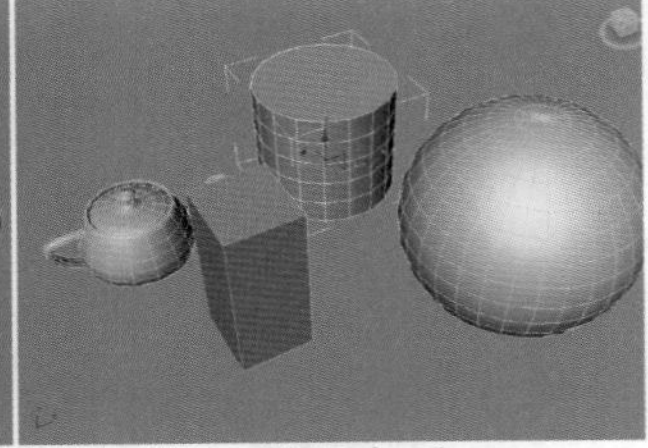

图2—67

【选择并移动】工具

使用【选择并移动】工具可以将选中的对象移动到任何位置。当将鼠标移动到坐标轴附近时，会看到坐标轴变为黄色。如图2-68所示为当将鼠标移动到Y轴附近时，Y轴变黄色，此时单击鼠标左键并拖曳即可只沿Y轴移动物体。

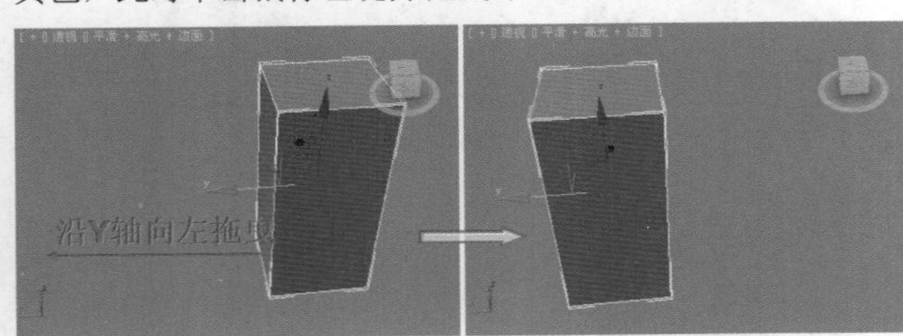

图2—68

选择模型，并按住Shift键拖曳鼠标左键即可进行复制，如图2-69所示。

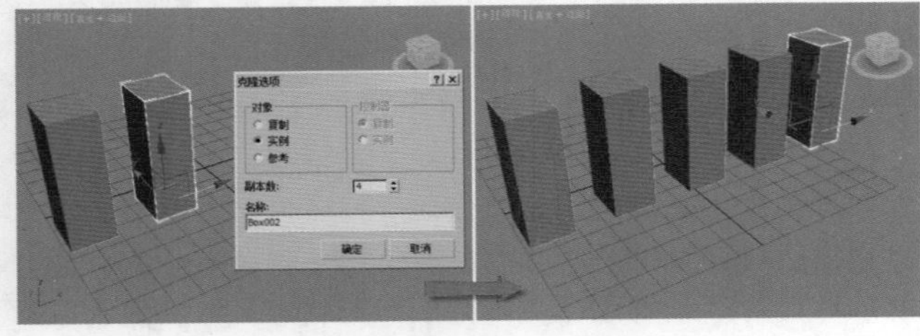

图2—69

读书笔记

技术专题——如何精确移动对象

为了操作时非常精准，建议在移动物体时，最好要沿一个轴向或两个轴向进行移动，当然也可以在顶视图、前视图或左视图中沿某一轴向进行移动，如图2—70所示。

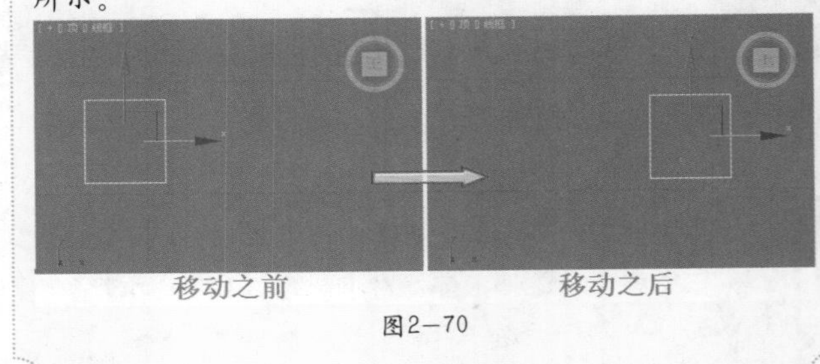

图2—70

【选择并旋转】工具

【选择并旋转】工具的使用方法与【选择并移动】工具的使用方法相似，当该工具处于激活状态（选择状态）时，被选中的对象可以在X、Y、Z这3个轴上进行旋转。

技巧提示

如果要将对象精确旋转一定的角度，可以在【选择并旋转】工具上右击，然后在弹出的【旋转变换输入】对话框中输入旋转角度即可，如图2—71所示。

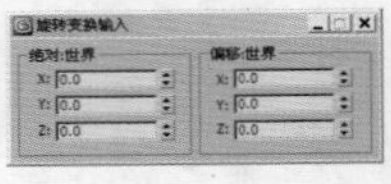

图2—71

选择并缩放工具

选择并缩放工具包含3种，分别是【选择并均匀缩放】工具、【选择并非均匀缩放】工具和【选择并挤压】工具，如图2-72所示。

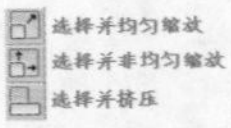

选择并均匀缩放
选择并非均匀缩放
选择并挤压

图2—72

如图2-73所示，可以沿X、Y、Z 3个轴向将模型进行均匀缩放。

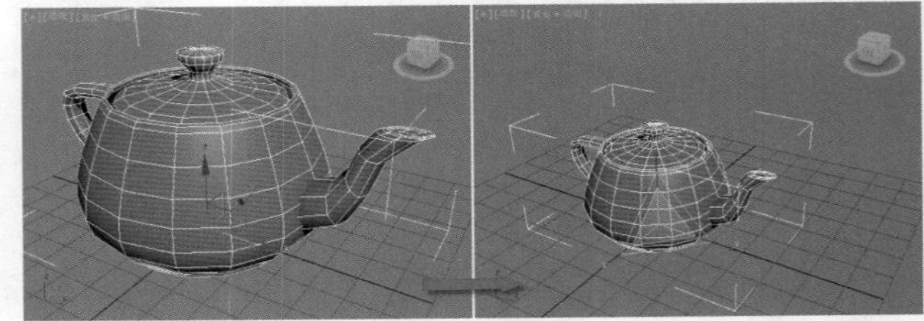

图2—73

如图2-74所示，也可以单独沿某一个轴向将模型进行不均匀缩放。

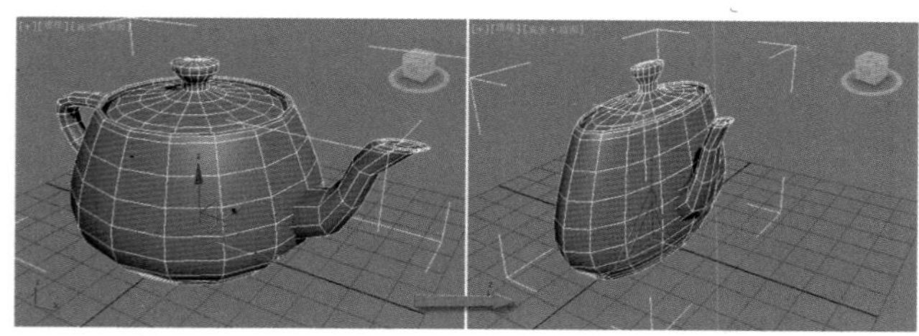

图2-74

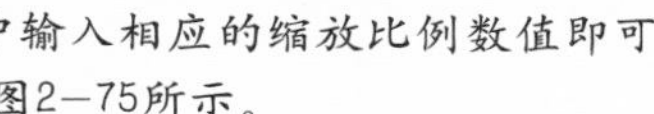

同样，选择并缩放工具也可以设定一个精确的缩放比例因子，具体操作方法就是在相应的工具上右击，然后在弹出的【缩放变换输入】对话框中输入相应的缩放比例数值即可，如图2-75所示。

图2-75

参考坐标系

参考坐标系可以用来指定变换操作（如移动、旋转、缩放等）所使用的坐标系统，包括【视图】、【屏幕】、【世界】、【父对象】、【局部】、【万向】、【栅格】、【工作】和【拾取】9种坐标系，如图2-76所示。

图2-76

- 视图：在默认的【视图】坐标系中，所有正交视口中的X、Y、Z轴都相同。使用该坐标系移动对象时，可以相对于视口空间移动对象。
- 屏幕：将活动视口屏幕用作坐标系。
- 世界：使用世界坐标系。
- 父对象：使用选定对象的父对象作为坐标系。如果对象未链接至特定对象，则其为世界坐标系的子对象，其父坐标系与世界坐标系相同。
- 局部：使用选定对象的轴心点为坐标系。
- 万向：【万向】坐标系与Euler XYZ旋转控制器一同使用，它与【局部】坐标系类似，但其3个旋转轴相互之间不一定垂直。
- 栅格：使用活动栅格作为坐标系。
- 工作：使用工作轴作为坐标系。
- 拾取：使用场景中的另一个对象作为坐标系。

轴点中心工具

轴点中心工具包含【使用轴点中心】工具、【使用选择中心】工具和【使用变换坐标中心】工具3种，如图2-77所示。

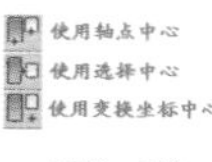

图2-77

- 【使用轴点中心】工具：该工具可以围绕其各自的轴点旋转或缩放一个或多个对象。
- 【使用选择中心】工具：该工具可以围绕其共同的几何中心旋转或缩放一个或多个对象。如果变换多个对象，该工具会计算所有对象的平均几何中心，并将该几何中心用作变换中心。
- 【使用变换坐标中心】工具：该工具可以围绕当前坐标系的中心旋转或缩放一个或多个对象。当使用拾取功能将其他对象指定为坐标系时，其坐标中心在该对象轴的位置上。

【选择并操纵】工具

使用【选择并操纵】工具可以在视图中通过拖曳操纵器来编辑修改器、控制器和某些对象的参数。

PROMPT 技巧提示

【选择并操纵】工具与【选择并移动】工具不同，它的状态不是唯一的。只要选择模式或变换模式之一为活动状态，并且启用了【选择并操纵】工具，那么就可以操纵对象。但是在选择一个操纵器辅助对象之前必须禁用【选择并操纵】工具。

捕捉开关工具

捕捉开关工具包括【2D捕捉】工具、【2.5D捕捉】工具和【3D捕捉】工具3种。【2D捕捉】工具主要用于捕捉活动的栅格；【2.5D捕捉】工具主要用于捕捉结构或捕捉根据网格得到的几何体；【3D捕捉】工具可以捕捉3D空间中的任何位置。

在捕捉开关工具上右击，可以打开【栅格和捕捉设置】对话框，在该对话框中可以设置捕捉类型和捕捉的相关参数，如图2-78所示。

图2-78

【角度捕捉切换】工具

【角度捕捉切换】工具可以用来指定捕捉的角度（快捷键为A键）。激活该工具后，角度捕捉将影响所有的旋转变换，在默认状态下以5°为增量进行旋转。

若要更改旋转增量，可以在【角度捕捉切换】工具上右击，然后在弹出的【栅格和捕捉设置】对话框中选择【选项】选项卡，接着在【角度】数值框输入相应的旋转增量即可，如图2-79所示。

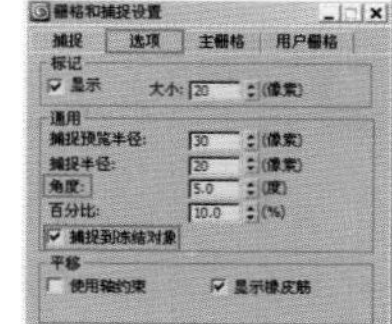

图2-79

☆ 动手学：使用【角度捕捉切换】工具进行旋转复制

01 创建一个模型，并单击激活【角度捕捉切换】按钮和【选择并旋转】按钮，如图2-80所示。

02 按下Shift键进行复制，可以看到复制完成的模型效果，如图2-81所示。

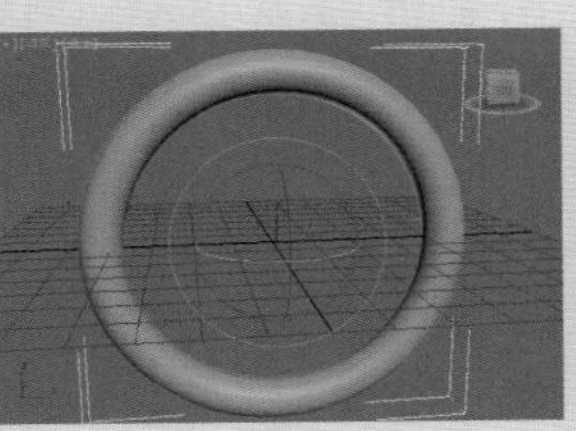
图2－80

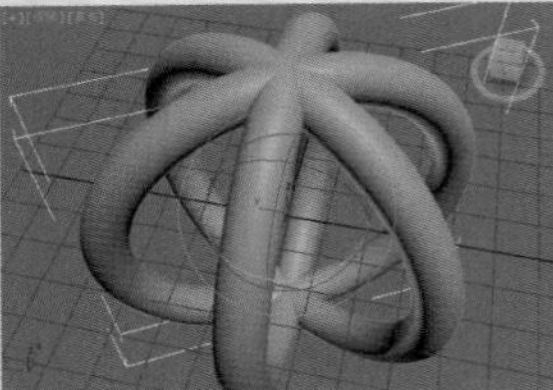
图2－81

03 假如需要让模型旋转复制的中心位置不在模型中心，可以单击【层次】按钮，并单击 仅影响轴 按钮，然后将轴心的位置进行调整，最后再次单击 仅影响轴 按钮，如图2-82所示。

04 单击激活【角度捕捉切换】按钮和【选择并旋转】按钮，然后按下Shift键进行复制，可以看到复制完成的模型效果，如图2-83所示。

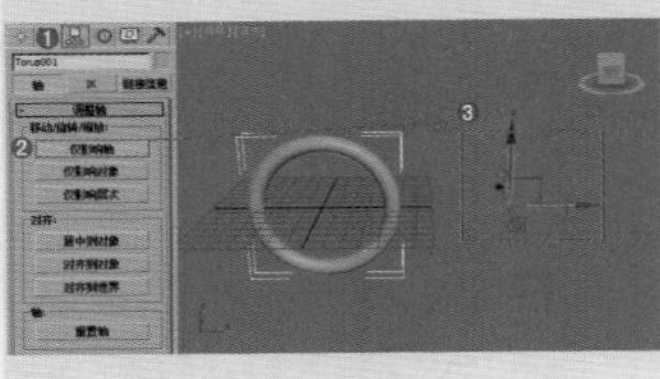
图2－82

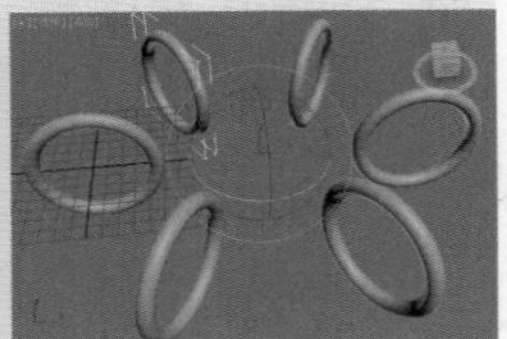
图2－83

【百分比捕捉切换】工具

【百分比捕捉切换】工具可以将对象缩放捕捉到自定的百分比（快捷键为Shift+Ctrl+P组合键），在缩放状态下，默认每次的缩放百分比为10%。

若要更改缩放百分比，可以在【百分比捕捉切换】工具上右击，然后在弹出的【栅格和捕捉设置】对话框中选择【选项】选项卡，接着在【百分比】数值框输入相应的百分比数值即可，如图2-84所示。

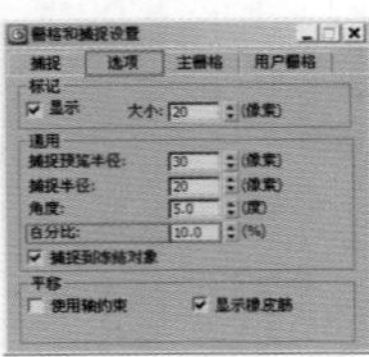
图2－84

【微调器捕捉切换】工具

【微调器捕捉切换】工具可以用来设置微调器单次单击的增加值或减少值。

若要设置微调器捕捉的参数，可以在【微调器捕捉切换】工具上右击，然后在弹出的【首选项设置】对话框中选择【常规】选项卡，接着在【微调器】选项组中设置相关参数即可，如图2-85所示。

【编辑命名选择集】工具

【编辑命名选择集】工具可以为单个或多个对象进行命名。选中一个对象后，单击【编辑命名选择集】按钮可以打开【命名选择集】对话框，在该对话框中就可以为选择的对象进行命名，如图2-86所示。

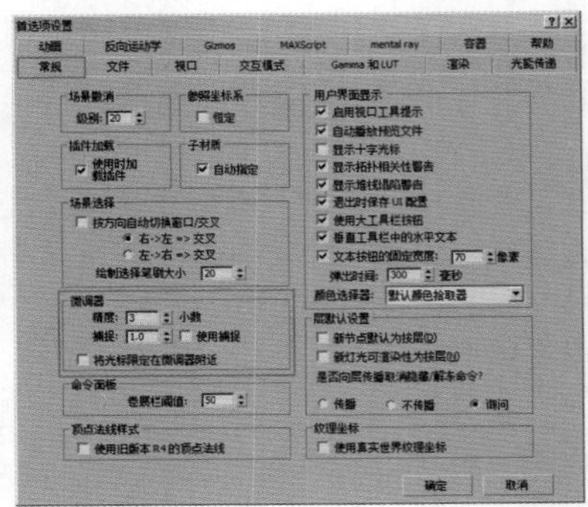
图2－85

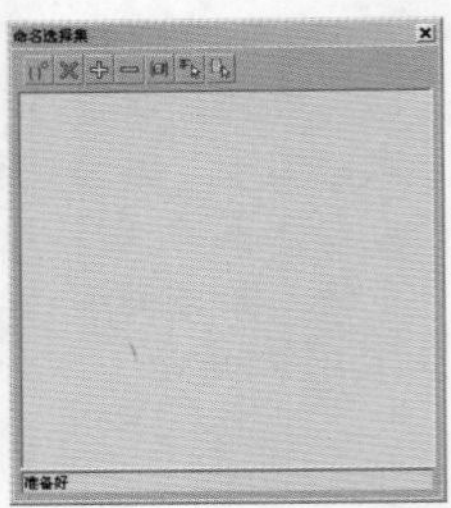
图2－86

技巧提示

【命名选择集】对话框中有7个管理对象的工具，分别为【创建新集】工具、【删除】工具、【添加选定对象】工具、【减去选定对象】工具、【选择集内的对象】工具、【按名称选择对象】工具和【高亮显示选定对象】工具，如图2－87所示。

图2－87

【镜像】工具

使用【镜像】工具可以围绕一个轴心镜像出一个或多个副本对象。选中要镜像的对象后，单击【镜像】按钮，可以打开【镜像:世界坐标】对话框，在该对话框中可以对【镜像轴】、【克隆当前选择】和【镜像IK限制】进行设置，如图2-88所示。

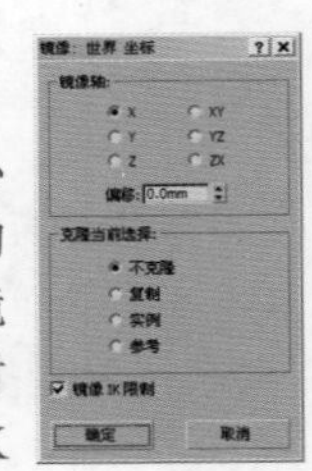
图2－88

- X、Y、Z、XY、YZ、ZX：选择其一可指定镜像的方向。这些选项等同于【轴约束】工具栏上的选项按钮。
- 偏移：指定镜像对象轴点距原始对象轴点之间的距离。
- 不克隆：在不制作副本的情况下，镜像选定对象。
- 复制：将选定对象的副本镜像到指定位置。
- 实例：将选定对象的实例镜像到指定位置。
- 参考：将选定对象的参考镜像到指定位置。
- 镜像IK限制：当围绕一个轴镜像几何体时，会导致镜像

IK 约束（与几何体一起镜像）。

如图2-89所示为使用【镜像】工具制作的效果。

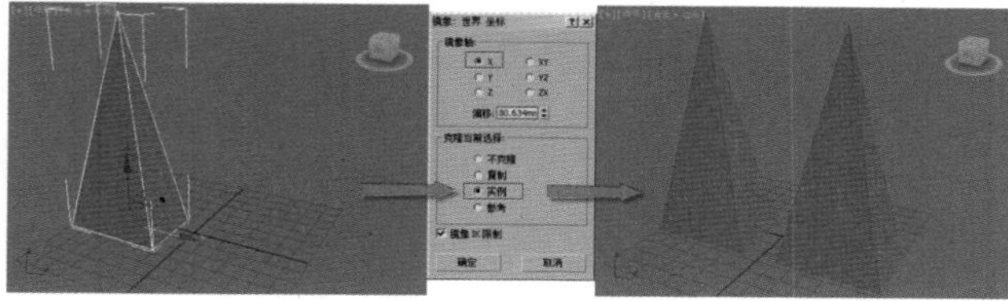

图2—89

对齐工具

对齐工具包括6种，分别是【对齐】工具、【快速对齐】工具、【法线对齐】工具、【放置高光】工具、【对齐摄影机】工具和【对齐到视图】工具，如图2-90所示。

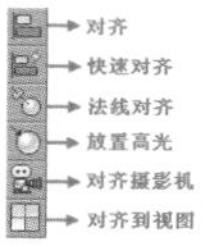

对齐
快速对齐
法线对齐
放置高光
对齐摄影机
对齐到视图

图2—90

- 【对齐】工具：快捷键为Alt+A组合键，使用【对齐】工具可以将两个物体以一定的对齐位置和对齐方向进行对齐。
- 【快速对齐】工具：快捷键为Shift+A组合键，使用【快速对齐】工具可以立即将当前选择对象的位置与目标对象的位置进行对齐。如果当前选择的是单个对象，那么【快速对齐】工具需要使用到两个对象的轴；如果当前选择的是多个对象或多个子对象，则使用【快速对齐】工具可以将选中对象的选择中心对齐到目标对象的轴。
- 【法线对齐】工具：快捷键为Alt+N组合键，【法线对齐】工具基于每个对象的面或是以选择的法线方向来对齐两个对象。要打开【法线对齐】对话框，首先要选择对齐的对象，然后单击对象上的面，接着单击第2个对象上的面，释放鼠标后就可以打开【法线对齐】对话框。
- 【放置高光】工具：快捷键为Ctrl+H组合键，使用【放置高光】工具可以将灯光或对象对齐到另一个对象，以便精确定位其高光或反射。在【放置高光】模式下，可以在任一视图中单击并拖动光标。

技巧提示

【放置高光】是一种依赖于视图的功能，所以要使用渲染视图。在场景中拖动光标时，会有一束光线从光标处射入到场景中。

- 【对齐摄影机】工具：使用【对齐摄影机】工具可以将摄影机与选定的面法线进行对齐。【对齐摄影机】工具的工作原理与【放置高光】工具类似。不同的是，它是在面法线上进行操作，而不是入射角，并在释放鼠标时完成，而不是在拖曳鼠标期间完成。
- 【对齐到视图】工具：【对齐到视图】工具可以将对象或子对象的局部轴与当前视图进行对齐。【对齐到视图】模式适用于任何可变换的选择对象。

★ 案例实战——对齐工具将两个物体对齐

场景文件	09.max
案例文件	案例文件\Chapter 02\案例实战——对齐工具将两个物体对齐.max
视频教学	视频文件\Chapter 02\案例实战——对齐工具将两个物体对齐.flv
难易指数	★☆☆☆☆
技术掌握	掌握使用对齐工具将两个物体对齐的方法

01 打开本书配套光盘中的【场景文件\Chapter02\09.max】文件，可以观察到场景中花盆和地面有一定的距离，没有进行对齐，如图2-91所示。

02 选中花盆和花，然后在主工具栏中单击【对齐】按钮，接着单击地面，在弹出的对话框中设置【对齐位置（世界）】为【Z位置】，设置【当前对象】为【最小】，设置【目标对象】为【最大】，最后单击 确定 按钮，如图2-92所示。

图2—91

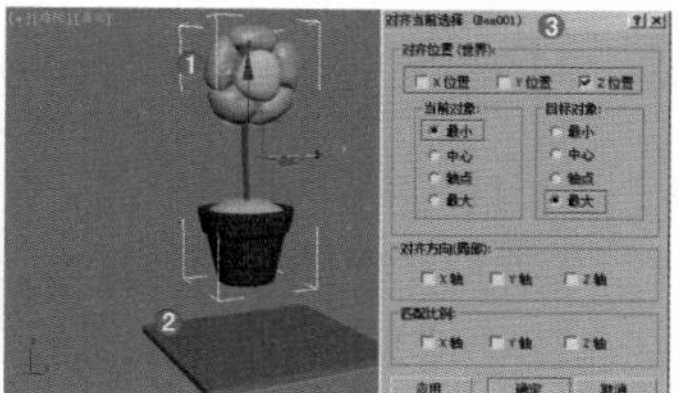

图2—92

技术专题——对齐参数详解

- X/Y/Z 位置：用来指定要执行对齐操作的一个或多个坐标轴。同时选中这3个复选框可以将当前对象重叠到目标对象上。
- 最小：将具有最小 X/Y/Z 值对象边界框上的点与其他对象上选定的点对齐。
- 中心：将对象边界框的中心与其他对象上的选定点对齐。
- 轴点：将对象的轴点与其他对象上的选定点对齐。
- 最大：将具有最大 X/Y/Z 值对象边界框上的点与其他对象上选定的点对齐。
- 对齐方向（局部）：包括 X/Y/Z 轴3个选项，主要用来设置选择对象与目标对象是以哪个坐标轴进行对齐。
- 匹配比例：包括 X/Y/Z 轴3个选项，可以匹配两个选定对象之间的缩放轴的值，该操作仅对变换输入中显示的缩放值进行匹配。

03 完成后的效果如图2-93所示。

图2—93

层管理器

层管理器可以用来创建和删除层，也可以用来查看和编辑场景中所有层的设置以及与其相关联的对象。单击【层管理器】按钮，可以打开【层】对话框，在该对话框中可以指定光能传递解决方案中的名称、可见性、渲染性、颜色以及对象和层的包含关系等，如图2-94所示。

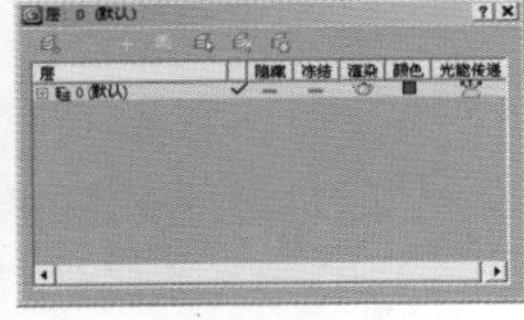

图2—94

Graphite建模工具

Graphite建模工具是3ds Max 2013中非常重要的一个工具。它是优秀的PolyBoost建模工具与3ds Max的完美结合，其工具摆放的灵活性与布局的科学性大大方便了多边形建模的流程。单击主工具栏中的【Graphite建模工具】按钮即可调出【Graphite建模工具】的工具栏，如图2-95所示。

图2—95

曲线编辑器

单击主工具栏中的【曲线编辑器】按钮可以打开【轨迹视图-曲线编辑器】对话框。曲线编辑器是一种【轨迹视图】模式，可以用曲线来表示运动，而【轨迹视图】模式可以使运动的插值以及软件在关键帧之间创建的对象变换更加直观化，如图2-96所示。

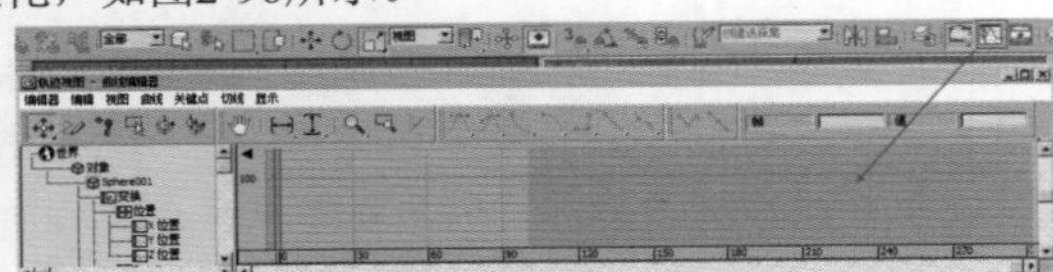

图2—96

技巧提示

使用曲线上关键点的切线控制手柄可以轻松地观看和控制场景对象的运动效果和动画效果。

材质编辑器

材质编辑器非常重要，基本上所有的材质设置都在【材质编辑器】对话框中完成（单击主工具栏中的【材质编辑器】按钮，或者按M键都可以打开【材质编辑器】对话框），该对话框中提供了很多材质和贴图，通过这些材质和贴图可以制作出很真实的材质效果，如图2-97所示。

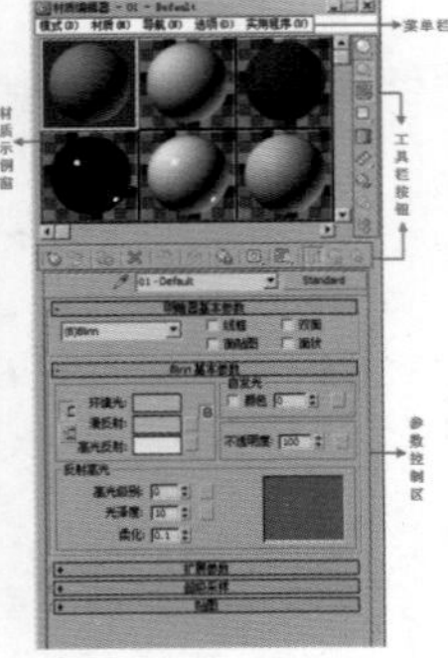

图2—97

图解视图

图解视图是基于节点的场景图，通过它可以访问对象的属性、材质、控制器、修改器、层次和不可见场景关系，同时在【图解视图】对话框中可以查看、创建并编辑对象间的关系，也可以创建层次、指定控制器、材质、修改器和约束等属性，如图2-98所示。

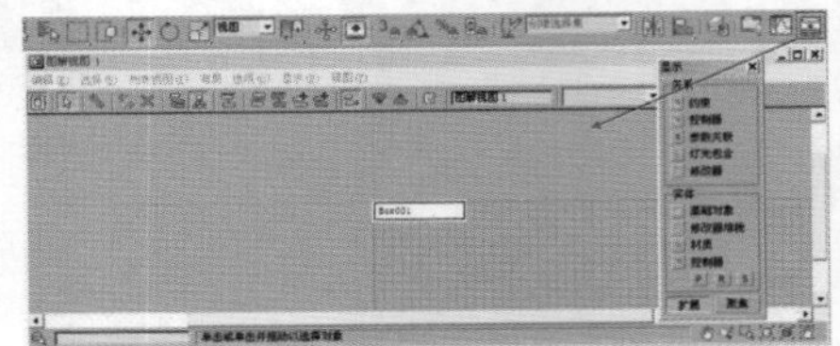

图2—98

技巧提示

在【图解视图】对话框的列表视图中的文本列表中可以查看节点，这些节点的排序是有规则性的，通过这些节点可迅速浏览极其复杂的场景。

渲染设置

单击主工具栏中的【渲染设置】按钮（快捷键为F10键）可以打开【渲染设置】对话框，所有的渲染设置参数基本上都在该对话框中完成，如图2-99所示。

技巧提示

【材质编辑器】对话框和【渲染设置】对话框的重要程度不言而喻，在后面的内容中将进行详细讲解。

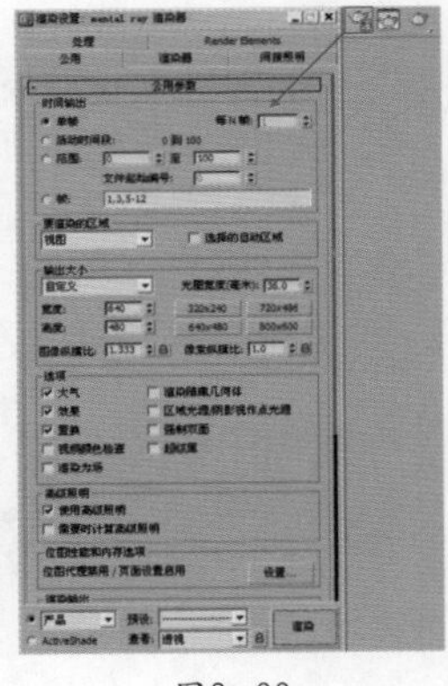

图2—99

渲染帧窗口

单击主工具栏中的【渲染帧窗口】按钮可以打开【渲染帧窗口】对话框，在该对话框中可执行选择渲染区域、切换图像通道和存储渲染图像等任务，如图2-100所示。

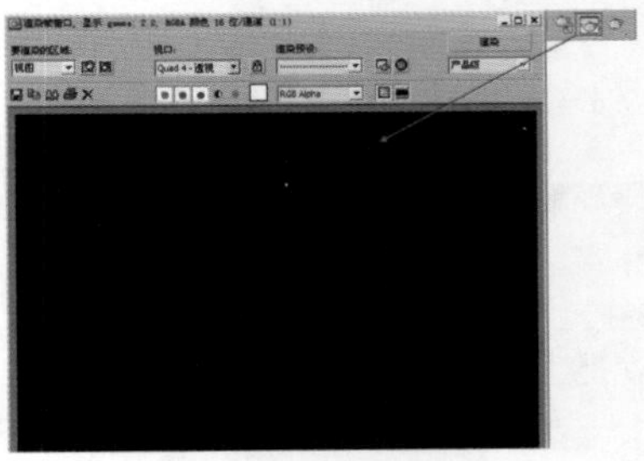

图2—100

渲染工具

渲染工具包含【渲染产品】工具、【迭代渲染】工具和ActiveShade工具3种类型，如图2-101所示。

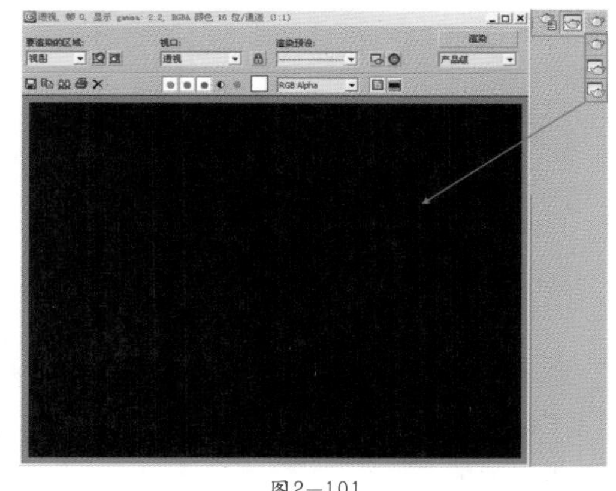

图2—101

读书笔记

2.2.4 视口区域

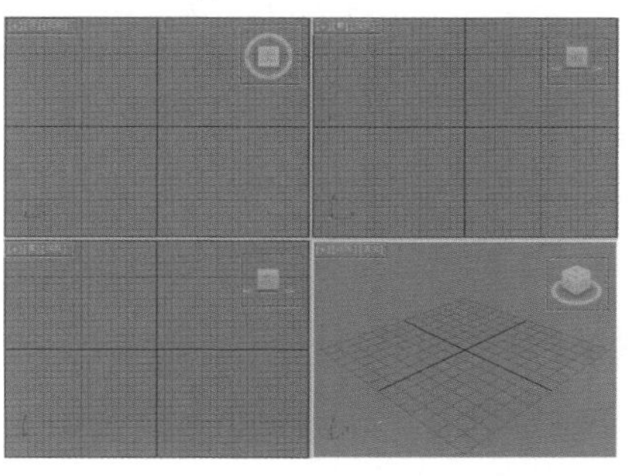

图2—102

视口区域是操作界面中最大的一个区域，也是3ds Max中用于实际操作的区域。默认状态下为单一视图显示，通常使用的状态为四视图显示，包括顶视图、左视图、前视图和透视图4个视图，在这些视图中可以从不同的角度对场景中的对象进行观察和编辑。

每个视图的左上角都会显示视图的名称以及模型的显示方式，右上角有一个导航器（不同视图显示的状态也不同），如图2-102所示。

技巧提示

常用的几种视图都有其相对应的快捷键，顶视图的快捷键是T键、底视图的快捷键是B键、左视图的快捷键是L键、前视图的快捷键是F键、透视图的快捷键是P键、摄影机视图的快捷键是C键。

与以往版本不同的是，3ds Max 2013中视图的名称部分被分为3个小部分，用鼠标右键分别单击这3个部分会弹出不同的菜单，如图2-103所示。

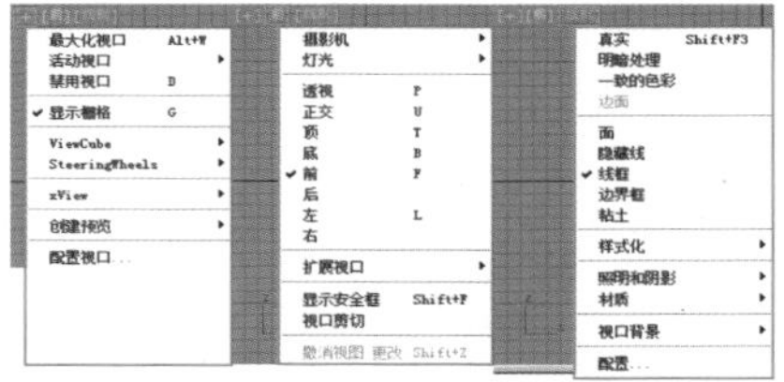

图2—103

☆ 动手学：视口布局设置

01 打开3ds Max 2013，可以看到默认的视口布局为4个视图，如图2-104所示。

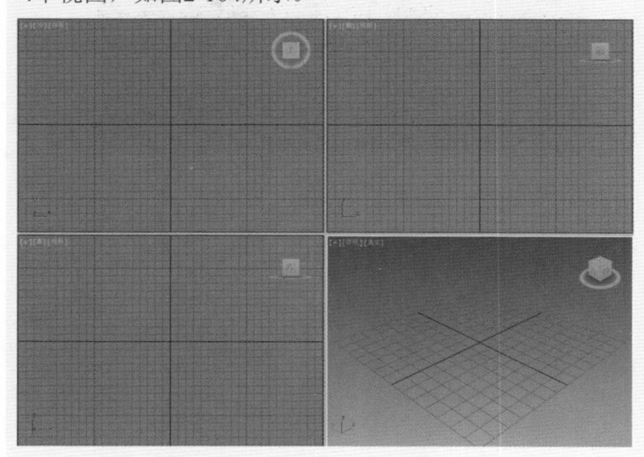

图2—104

02 执行【视图\视口配置】菜单命令，打开【视口配置】对话框，然后选择【布局】选项卡，在该选项卡系统预设了一些视口的布局方式，如图2-105所示。

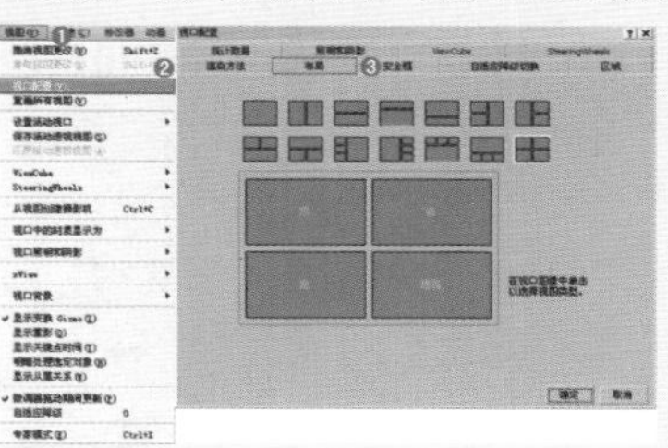

图2—105

03 选择其中一种布局方式，此时从下面的缩略图中可以观察到这个视图布局的划分方式，如图2-106所示。

04 在大缩略图的左视图上右击，然后在弹出的菜单中选择【透视】命令，将该视图设置为透视图，接着单击 确定 按钮，如图2-107所示，重新划分后的视图效果如

图2-108所示。

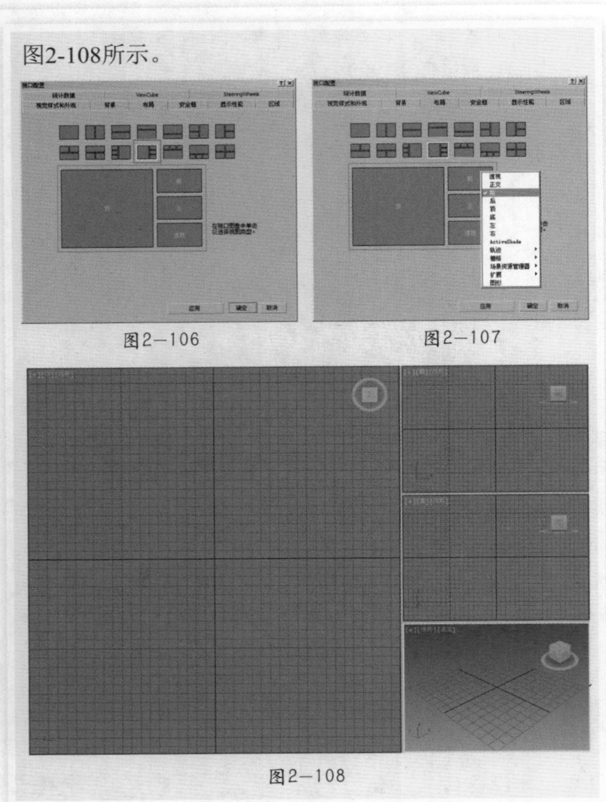

图2-106　　图2-107

图2-108

☆ 动手学：自定义界面颜色

通常情况下，首次安装并启动3ds Max 2013时，界面是由多种不同的灰色构成的。如果用户不习惯系统预置的颜色，可以通过自定义的方式来更改界面的颜色。

01 在菜单栏中执行【自定义\自定义用户界面】菜单命令，打开【自定义用户界面】对话框，然后选择【颜色】选项卡，如图2-109所示。

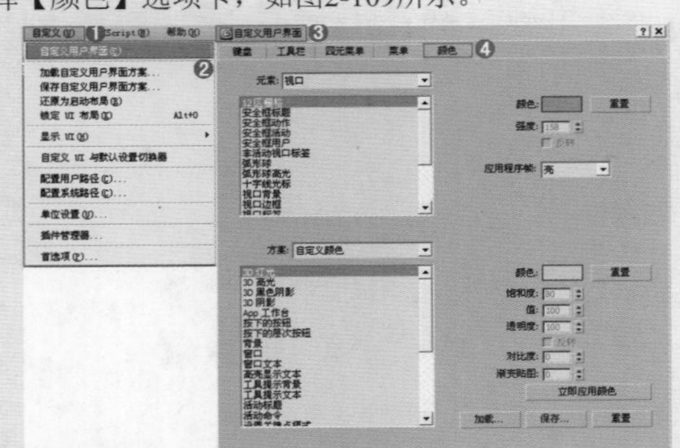

图2-109

02 设置【元素】为【视口】，然后在其下方的列表框中选择【视口背景】选项，接着单击【颜色】选项旁边的色块，在弹出的【颜色选择器】对话框中可以观察到【视口背景】默认的颜色为灰色（红:125，绿:125，蓝:125），如图2-110所示。

03 在【颜色选择器】对话框中设置颜色为黑色（红: 0，绿:0，蓝:0），然后单击 保存... 按钮，接着在弹出的【保存颜色文件为】对话框中为颜色文件进行命名，最后单击 保存(S) 按钮，如图2-111所示。

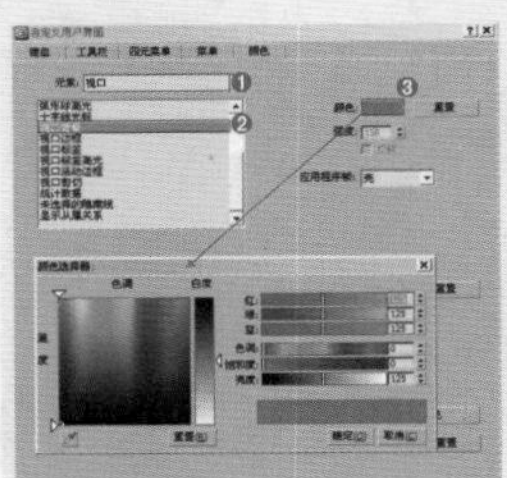

图2-110 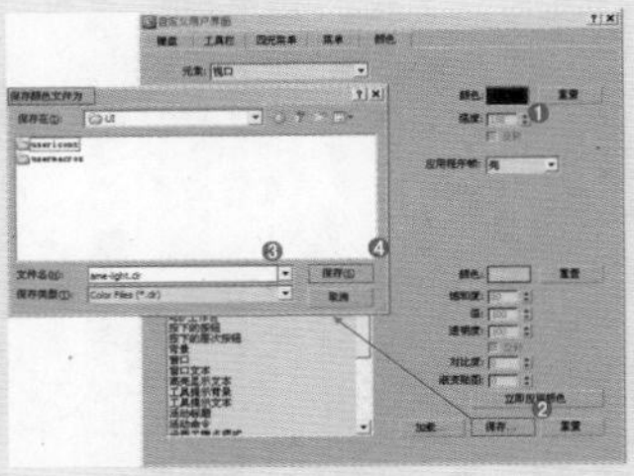　　图2-111

04 在【自定义用户界面】对话框中单击 加载... 按钮，然后在弹出的【加载颜色文件】对话框中找到前面已经保存好的颜色文件，接着单击【打开】按钮，如图2-112所示。

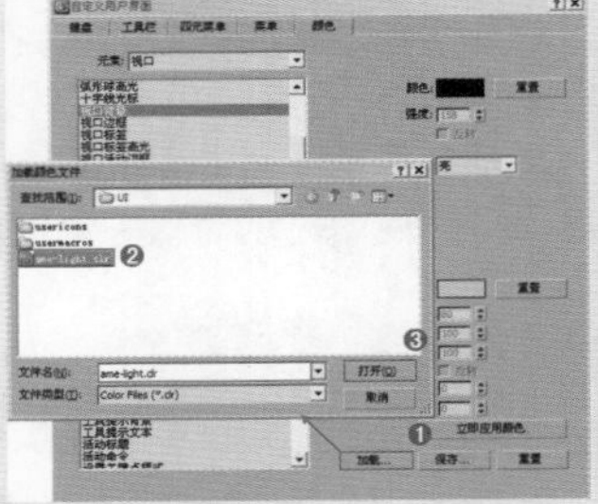

图2-112

05 加载颜色文件后，用户界面色颜色就会发生相应的变化，如图2-113所示。

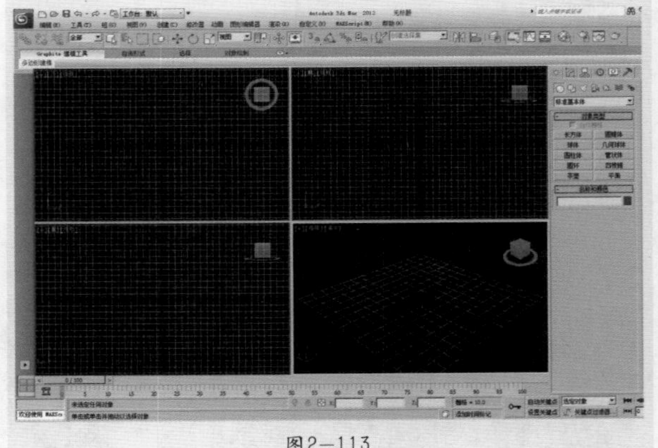

图2-113

技巧提示

如果想要将自定义的用户界面颜色还原为默认的颜色，可以重复前面的步骤将【视口背景】的颜色设置为灰色（红:125，绿:125，蓝:125）即可。

☆ 动手学：设置纯色的透视图

在3ds Max 2013中，默认情况下透视图背景显示为渐变的颜色，这是3ds Max 2013的一个新功能。当然这些小的功能对于3ds Max的老用户并不一定非常习惯，因此可以将其切换为以前的纯色背景颜色。

01 打开3ds Max 2013，可以看到界面的透视图背景为渐变颜色，如图2-114所示。

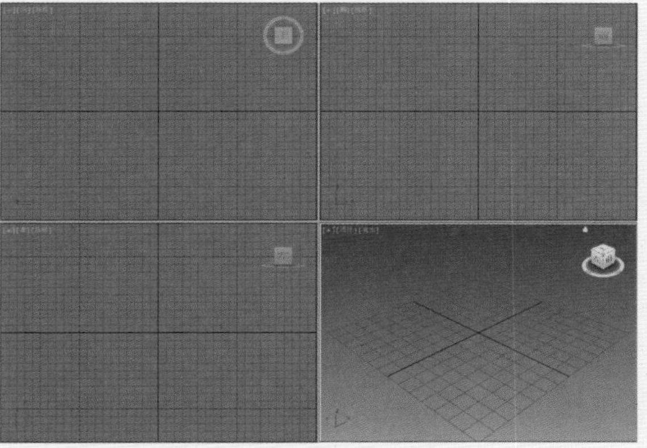

图2—114

02 此时将光标移动到透视图左上角的【真实】位置，右击，执行【视口背景\纯色】命令，如图2-115所示。

图2—115

03 此时发现，透视图已经被设置为了纯色效果，如图2-116所示。

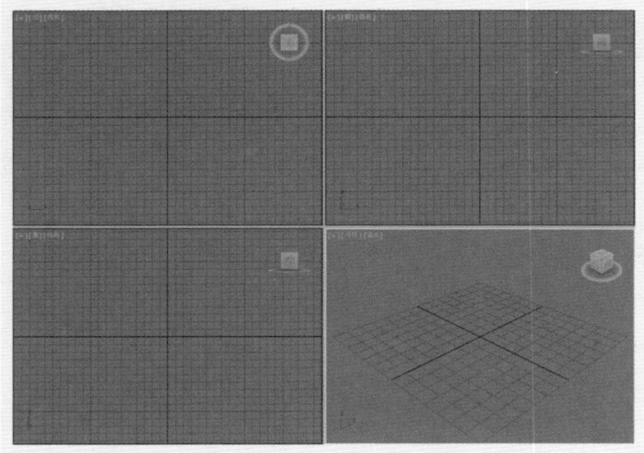

图2—116

☆ 动手学：设置关闭视图中显示物体的阴影

在3ds Max 2013中，默认情况下创建模型时可以看到在视图中会显示出比较真实的光影效果，这是3ds Max一直在改进的一个功能。随着技术的发展，3ds Max在以后的版本中会显示出更真实的光影效果，当然这对计算机的配置要求也会越来越高。

01 打开3ds Max 2013，并随机创建几个物体，如图2-117所示，可以看到已经有阴影效果产生。

02 随机创建一盏灯，此时可以看到物体随着灯光的照射产生了相应的阴影，但是并不算非常真实，如图2-118所示。

图2—117

图2—118

03 此时将光标移动到透视图左上角的【真实】位置，右击，执行【照明和阴影\阴影】命令。如图2-119所示。

04 此时可以看到透视图中的阴影已经不显示了，但是仍然有部分软阴影效果，如图2-120所示。

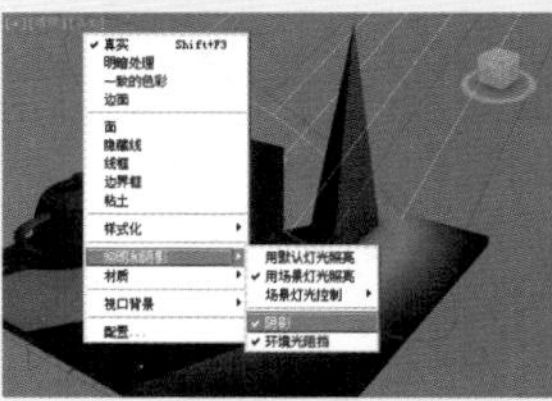

图2—119

图2—120

05 此时将光标移动到透视图左上角的【真实】位置，右击，执行【照明和阴影\环境光阻挡】命令，如图2-121所示。

06 此时可以看到透视图中已经完全没有阴影显示了，如图2-122所示。

图2—121

图2—122

2.2.5 命令面板

场景对象的操作都可以在命令面板中完成。命令面板由6个用户界面面板组成，默认状态下显示的是【创建】面板，其他面板分别是【修改】面板、【层次】面板、【运动】面板、【显示】面板和【工具】面板，如图2-123所示。

图2-123

【创建】面板

【创建】面板主要用来创建几何体、摄影机和灯光等。在【创建】面板中可以创建7种对象，分别是【几何体】、【图形】、【灯光】、【摄影机】、【辅助对象】、【空间扭曲】和【系统】，如图2-124所示。

- 几何体：主要用来创建长方体、球体和锥体等基本几何体，同时也可以创建出高级几何体，比如布尔、阁楼以及粒子系统中的几何体。
- 图形：主要用来创建样条线和NURBS曲线。

技巧提示

虽然样条线和NURBS曲线能够在2D空间或3D空间中存在，但是它们只有一个局部维度，可以为形状指定一个厚度以便于渲染，但这两种线条主要用于构建其他对象或运动轨迹。

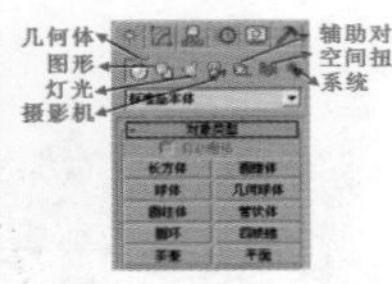

图2-124

- 灯光：主要用来创建场景中的灯光。灯光的类型有很多种，每种灯光都可以用来模拟现实世界中的灯光效果。
- 摄影机：主要用来创建场景中的摄影机。
- 辅助对象：主要用来创建有助于场景制作的辅助对象。这些辅助对象可以定位、测量场景中的可渲染几何体，并且可以设置动画。
- 空间扭曲：使用空间扭曲功能可以在围绕其他对象的空间中产生各种不同的扭曲效果。
- 系统：可以将对象、控制器和层次对象组合在一起，提供与某种行为相关联的几何体，并且包含模拟场景中的阳光系统和日光系统。

【修改】面板

【修改】面板主要用来调整场景对象的参数，同样可以使用该面板中的修改器来调整对象的几何形体，如图2-125所示是默认状态下的【修改】面板。

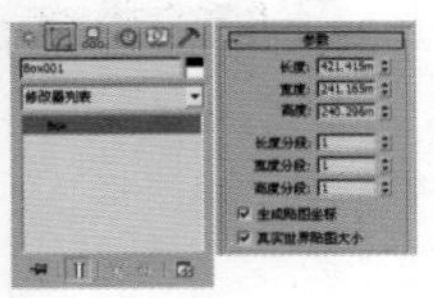
图2-125

【层次】面板

在【层次】面板中可以访问调整对象间层次链接的工具，通过将一个对象与另一个对象相链接，可以创建对象之间的父子关系，包括轴、IK和链接信息3种工具，如图2-126所示。

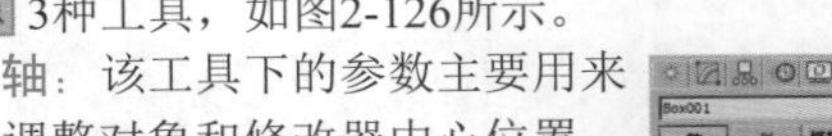
图2-126

- 轴：该工具下的参数主要用来调整对象和修改器中心位置，以及定义对象之间的父子关系和反向动力学IK的关节位置等，如图2-127所示。

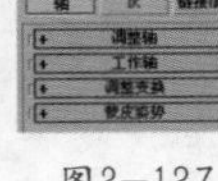
图2-127

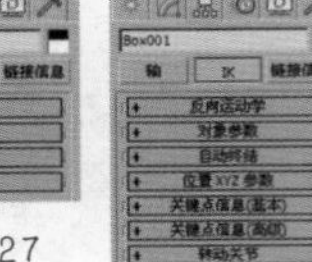
图2-128

- IK：该工具下的参数主要用来设置动画的相关属性，如图2-128所示。
- 链接信息：该工具下的参数主要用来限制对象在特定轴中的移动关系，如图2-129所示。

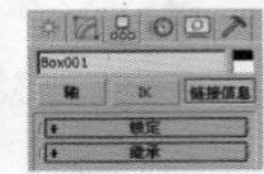
图2-129

【运动】面板

【运动】面板中的参数主要用来调整选定对象的运动属性，如图2-130所示。

技巧提示

可以使用【运动】面板中的工具来调整关键点时间及其缓入和缓出。【运动】面板还提供了【轨迹视图】的替代选项来指定动画控制器，如果指定的动画控制器具有参数，则在【运动】面板中可以显示其他卷展栏；如果将【路径约束】指定给对象的位置轨迹，则【路径参数】卷展栏将添加到【运动】面板中。

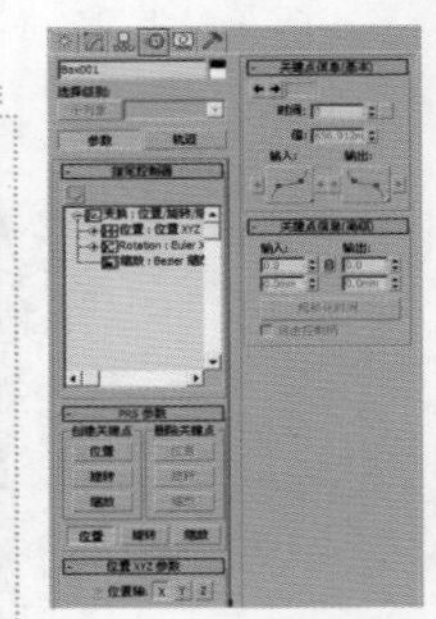
图2-130

【显示】面板

【显示】面板中的参数主要用来设置场景中的控制对象的显示方式，如图2-131所示。

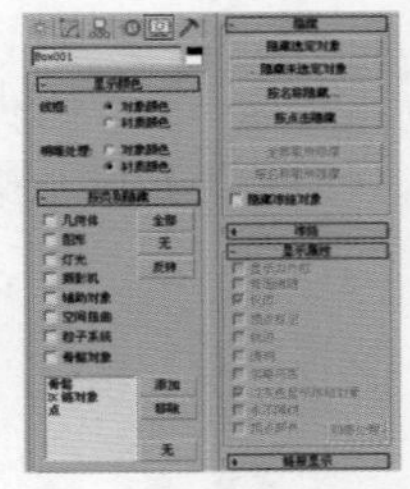
图2-131

【工具】面板

在【工具】面板中可以访问各种工具程序，包含用于管理和调用的卷展栏。当使用【工具】面板中的工具时，将显示该工具的相应卷展栏，如图2-132所示。

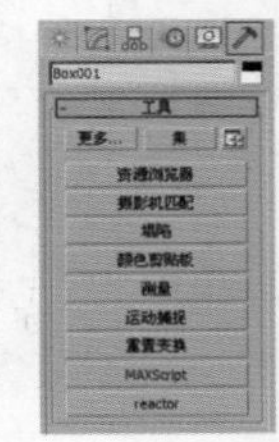
图2-132

2.2.6 时间尺

时间尺包括时间线滑块和轨迹栏两大部分。时间线滑块位于视图的最下方，主要用于指定帧，默认的帧数为100帧，具体数值可以根据动画长度来进行修改。拖曳时间线滑块可以在帧之间迅速移动，单击时间线滑块左右的向左箭头图标<与向右箭头图标>可以向前或者向后移动一帧，如图2-133所示；轨迹栏位于时间线滑块的下方，主要用于显示帧数和选定对象的关键点，在这里可以移动、复制、删除关键点以及更改关键点的属性，如图2-134所示。

图2—133

图2—134

2.2.7 状态栏

状态栏位于轨迹栏的下方，它提供了选定对象的数目、类型、变换值和栅格数目等信息，并且状态栏可以基于当前光标位置和当前程序活动来提供动态反馈信息，如图2-135所示。

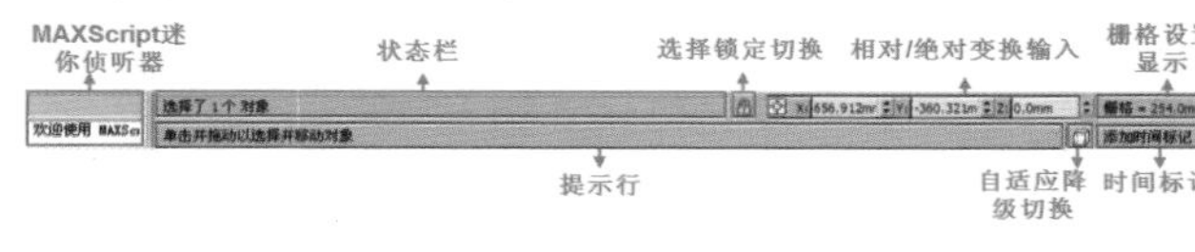

图2—135

2.2.8 时间控制按钮

时间控制按钮位于状态栏的右侧，这些按钮主要用来控制动画的播放效果，包括关键点控制和时间控制等，如图2-136所示。

技巧提示

关键点控制主要用于创建动画关键点，有两种不同的模式，分别是自动关键点和设置关键点，快捷键分别为键盘的N键和‘键。时间控制提供了在各个动画帧和关键点之间移动的便捷方式。

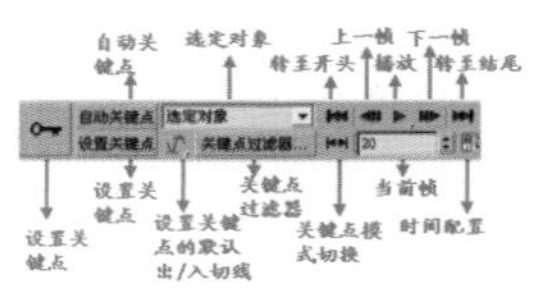

图2—136

2.2.9 视图导航控制按钮

视图导航控制按钮在状态栏的最右侧，主要用来控制视图的显示和导航。使用这些按钮可以缩放、平移和旋转活动的视图，如图2-137所示。

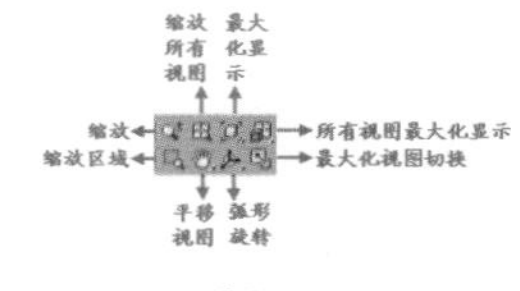

图2—137

所有视图中可用的控件

所有视图中可用的控件包含【所有视图最大化显示】按钮、【所有视图最大化显示选定对象】按钮、【最大化视图切换】按钮。

01 如果想要整个场景的对象都最大化居中显示，可以单击【所有视图最大化显示】按钮，如图2-138和图2-139所示。

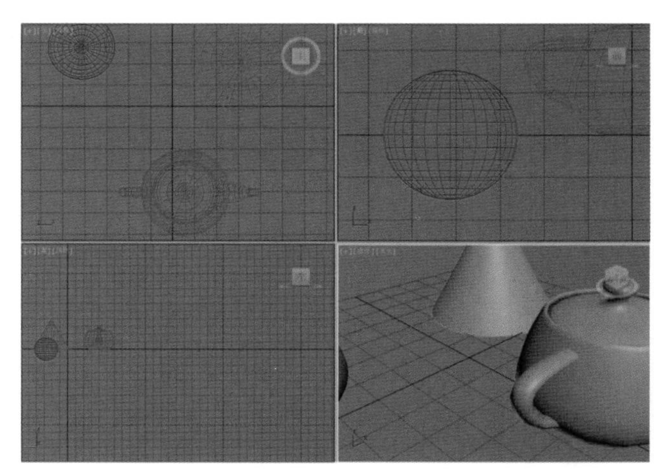

图2—138

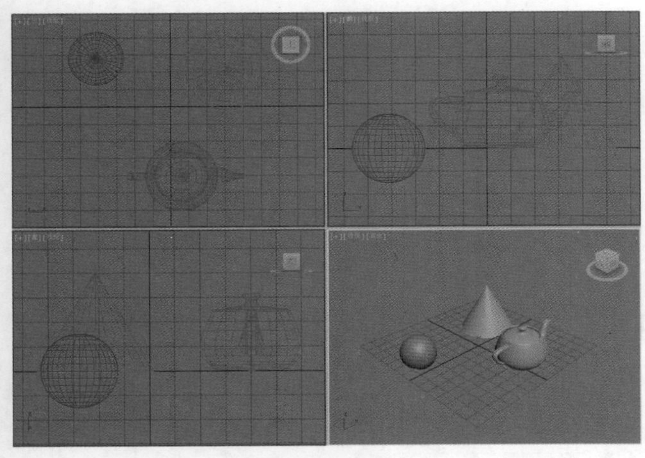

图2—139

02 如果想要某个或多个对象单独最大化显示，可以选择该对象，然后单击【所有视图最大化显示选定对象】按钮（也可以按快捷键Z键），效果如图2-140所示。

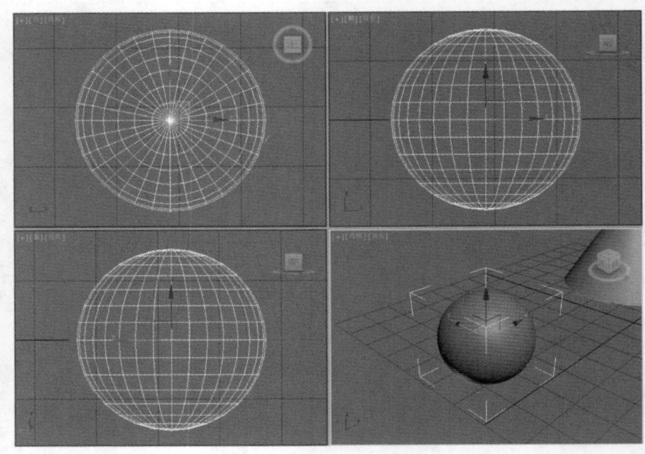

图2—140

03 如果想要在单个视图中最大化显示场景中的对象，可以单击【最大化视图切换】按钮（或按Alt+W组合键），效果如图2-141所示。

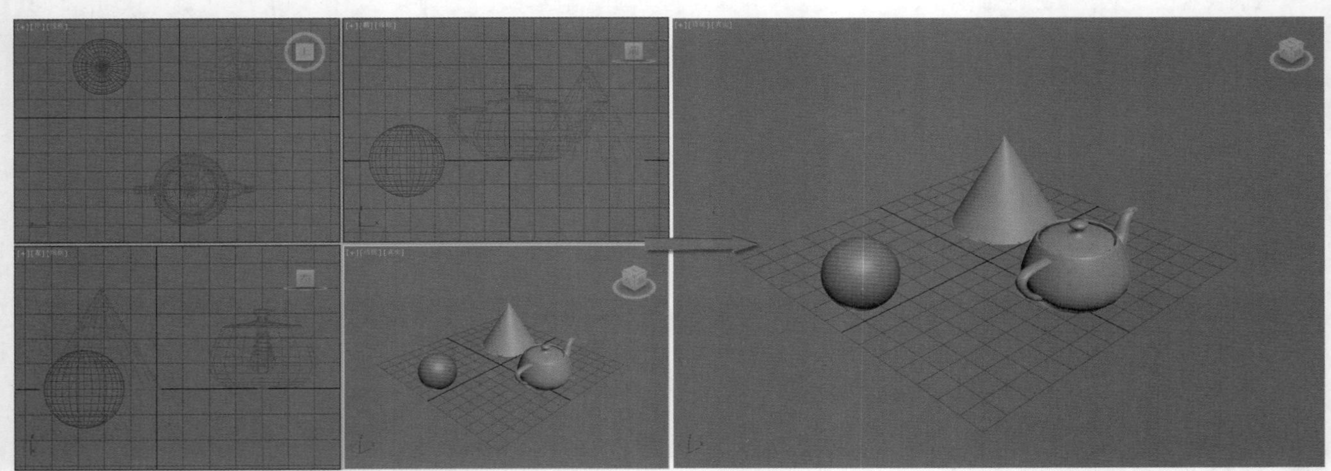

图2—141

技巧提示

以上3个控件适用于所有的视图，而有些控件只能在特定的视图中才能使用，下面的内容中将依次讲解到。

透视图和正交视图控件

透视图和正交视图（正交视图包括顶视图、前视图和左视图）控件包括【缩放】按钮、【缩放所有】按钮、【所有视图最大化显示】按钮、【所有视图最大化显示选定对象】按钮（适用于所有视图）、【视野】按钮\【缩放区域】按钮、【平移视图】按钮、【环绕】按钮\【选定的环绕】按钮\【环绕子对象】按钮和【最大化视口切换】按钮（适用于所有视图），如图2-142所示。

图2—142

- 【缩放】按钮：使用该工具可以在透视图或正交视图中通过拖曳光标来调整对象的大小。

技巧提示

正交视图包括顶视图、前视图和左视图。

- 【缩放所有】按钮：使用该工具可以同时调整所有透视图和正交视图中的对象。
- 【视野】按钮\【缩放区域】按钮：【视野】工具可以用来调整视图中可见对象的数量和透视张角量。视野的效果与更改摄影机的镜头相关，视野越大，观察到的对象就越多（与广角镜头相关），而透视会扭曲。视野越小，观察到的对象就越少（与长焦镜头相关），而透视会展平；使用【缩放区域】工具可以放大选定的矩形区域，该工具适用于正交视图、透视图和三向投影视图，但是不能用于摄影机视图。
- 【平移视图】按钮：使用该工具可以将选定视图平移到任何位置。

技巧提示

按住Ctrl键的同时可以随意移动对象；按住Shift键的同时可以将对象在垂直方向和水平方向进行移动。

- 【环绕】按钮\【选定的环绕】按钮\【环绕子对象】按钮：使用这3个工具可以将视图围绕一个中心进行自由旋转。

01 可以单击【视野】按钮，然后按住鼠标左键的同时进行适当拖曳，可以产生一定的透视效果，如图2-143所示。

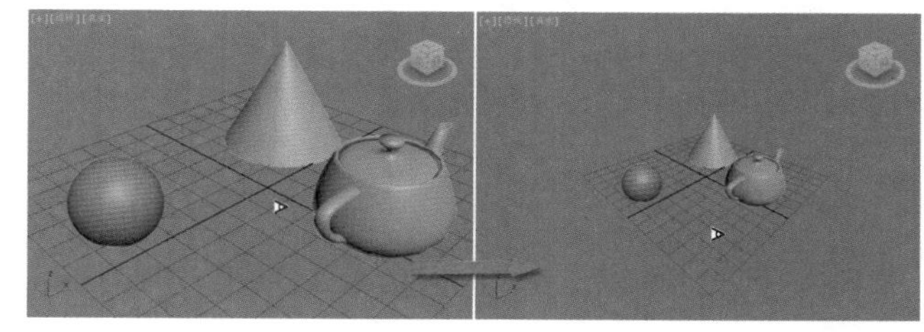

图2-143

02 可以单击【平移视图】按钮，然后拖曳查看视图，如图2-144所示。

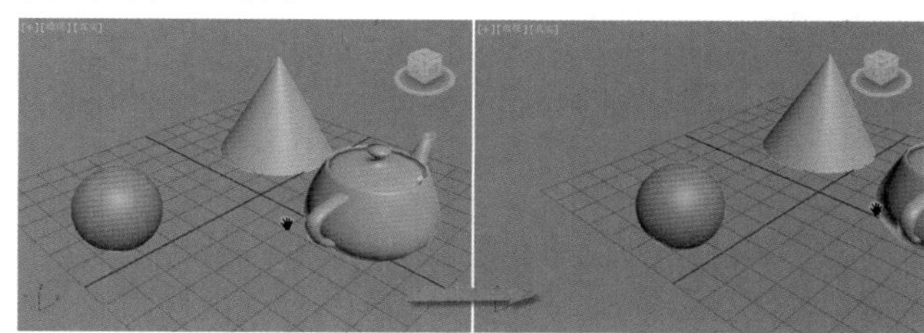

图2-144

摄影机视图控件

创建摄影机后，按C键可以切换到摄影机视图，该视图中的控件包括【推拉摄影机】按钮、【推拉目标】按钮、【推拉摄影机和目标】按钮、【透视】按钮、【侧滚摄影机】按钮、【所有视图最大化显示】按钮\【所有视图最大化显示选定对象】按钮（适用于所有视图）、【视野】按钮、【平移摄影机】按钮、【环绕摄影机】按钮、【摇移摄影机】按钮和【最大化视口切换】按钮（适用于所有视图），如图2-145所示。

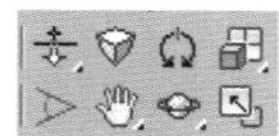

图2-145

技巧提示

在场景中创建摄影机后，按C键可以切换到摄影机视图，若想从摄影机视图切换回原来的视图，可以按相应视图名称的首字母。

- 【推拉摄影机】按钮\【推拉目标】按钮\【推拉摄影机和目标】按钮：这3个工具主要用来移动摄影机或其目标，同时也可以移向或移离摄影机所指的方向。
- 【透视】按钮：使用该工具可以增加透视张角量，同时也可以保持场景的构图。
- 【侧滚摄影机】按钮：使用该工具可以围绕摄影机的视线来旋转目标摄影机，同时也可以围绕摄影机局部的Z轴来旋转自由摄影机。
- 【视野】按钮：使用该工具可以调整视图中可见对象的数量和透视张角量。视野的效果与更改摄影机的镜头相关，视野越大，观察到的对象就越多（与广角镜头相关），而透视会扭曲。视野越小，观察到的对象就越少（与长焦镜头相关），而透视会展平。
- 【平移摄影机】按钮：使用该工具可以将摄影机移动到任何位置。

技巧提示

按住Ctrl键的同时可以随意移动摄影机；按住Shift键的同时可以将摄影机在垂直方向和水平方向进行移动。

- 【环绕摄影机】按钮\【摇移摄影机】按钮：使用【环绕摄影机】工具可以围绕目标来旋转摄影机；使用【摇移摄影机】工具可以围绕摄影机来旋转目标。

技巧提示

当一个场景已经有了一台设置完成的摄影机时，并且视图是处于摄影机视图，直接调整摄影机的位置很难达到预想的最佳效果，而使用摄影机视图控件来进行调整就方便多了。

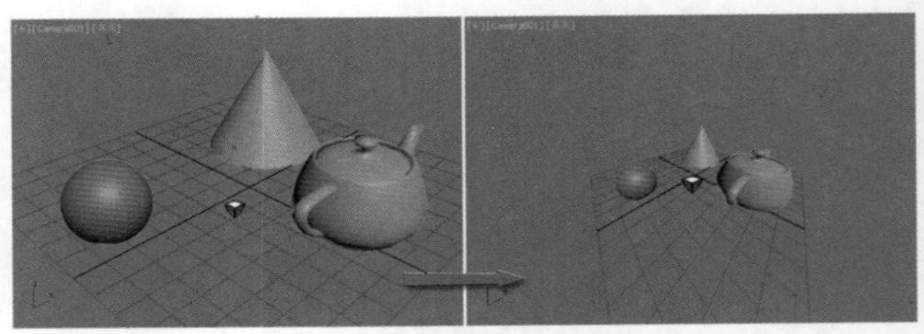

图2—146

01 如果想要查看画面的透视效果，可以单击【透视】按钮，然后按住鼠标左键的同时拖曳光标即可查看对象的透视效果，如图2-146所示。

02 如果想要一个倾斜的构图，可以单击【环绕摄影机】按钮，然后按住鼠标左键的同时拖曳光标，如图2-147所示。

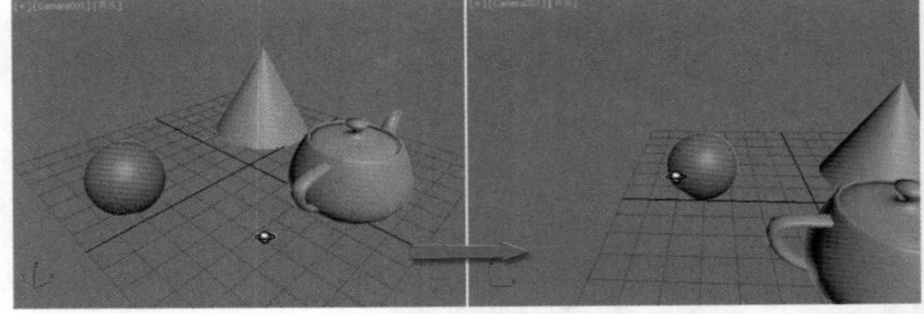

图2—147

☆ 动手学：设置文件自动备份

3ds Max 2013在运行过程中对计算机的配置要求比较高，占用系统资源也比较大。在运行3ds Max 2013时，由于某些较低的计算机配置和系统性能的不稳定性等原因会导致文件关闭或发生死机现象。当进行较为复杂的计算（如光影追踪渲染）时，一旦出现无法恢复的故障，就会丢失所做的各项操作，造成无法弥补的损失。

解决这类问题除了提高计算机硬件的配置外，还可以通过增强系统稳定性来减少死机现象。一般情况下，可以通过以下3种方法来提高系统的稳定性。

01 要养成经常保存场景的习惯。

02 在运行3ds Max 2013时，尽量不要或少启动其他程序，而且硬盘也要留有足够的缓存空间。

03 如果当前文件发生了不可恢复的错误，可以通过备份文件来打开前面自动保存的场景。

下面将重点讲解设置自动备份文件的方法。

执行【自定义\首选项】菜单命令，然后在弹出的【首选项设置】对话框中选择【文件】选项卡，接着在【自动备份】选项组中选中【启用】复选框，再设置【Autobak文件数】为3、【备份间隔（分钟）】为5，最后单击 确定 按钮，具体参数设置如图2-148所示。

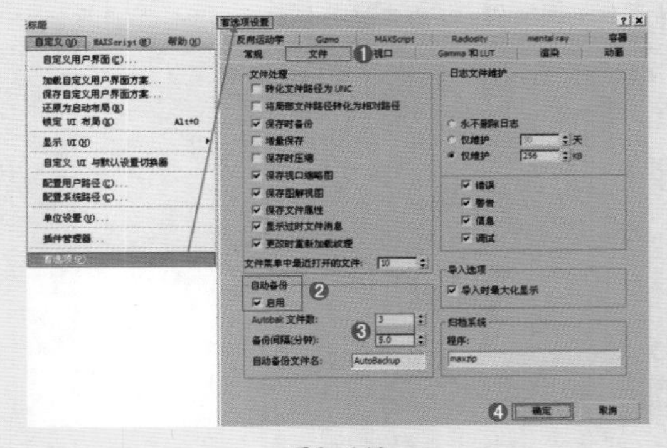

图2—148

技巧提示

如有特殊需要，可以适当加大或降低【Autobak文件数】和【备份间隔（分钟）】选项的数值。

★ 案例实战——归档场景

场景文件	10.max
案例文件	案例文件\Chapter 02\案例实战——归档场景.zip
视频教学	视频文件\Chapter 02\案例实战——归档场景.flv
难易指数	★☆☆☆☆
技术掌握	掌握归档场景的方法

归档场景是将场景中的所有文件压缩成一个.zip压缩包，这样的操作可以防止丢失材质和光域网等文件。

01 打开本书配套光盘中的【场景文件\Chapter02\10.max】文件，如图2-149所示。

02 单击界面左上角的软件图标，并在弹出的下拉菜单中单击图标，然后在右侧的列表中单击【归档】选项，接着在弹出的对话框中输入文件名，最后单击 保存(S) 按钮，如图2-150所示，归档后的效果如图2-151所示。

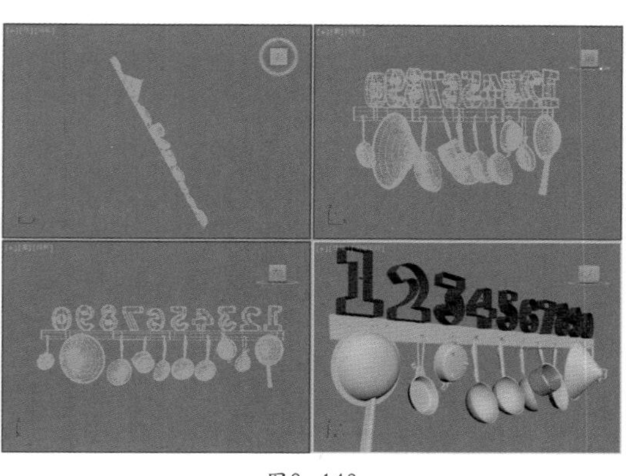
图2—149

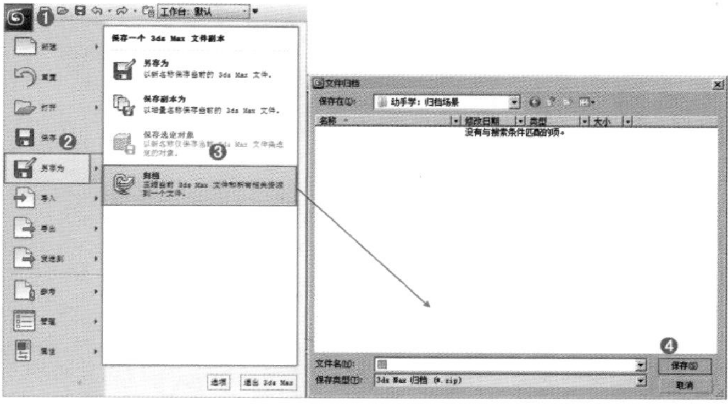
图2—150

图2—151

本章小结

通过对本章的学习，读者可以掌握3ds Max的界面和基础操作。这也为后面章节的学习做了一个很好的铺垫，因为后面的章节中也会反复地应用到本章的知识点，所以学习3ds Max一定要先打好基础，后面的学习才会更加顺利。

读书笔记

第3章

几何体建模

本章内容简介：

建模就是建立模型。建模的方式有很多，而且知识点相对较杂、较碎，因此在学习时应多注意养成清晰的制作思路。建模的重要性犹如盖楼房中的地基，只有地基打的稳，后面的步骤才会进行的更加顺利。

本章学习要点：

- 几何基本体建模
- 复合对象建模
- 建筑对象建模
- VRay对象建模

3.1 了解建模

3.1.1 什么是建模

3ds Max建模通俗来讲就是利用三维制作软件，利用虚拟三维空间构建出具有三维数据的模型，即建立模型的过程。

3.1.2 为什么要建模

对于3ds Max初学者来说，建模是学习中的第一个步骤，也是基础，只有模型做的扎实、准确，在后面渲染的步骤中才不会返回来再去反复修改建模时的错误，这样将会浪费大量的时间。

3.1.3 建模方式主要有哪些

建模的方法很多，主要包括几何体建模、复合对象建模、样条线建模、修改器建模、网格建模、面片建模、NURBS建模、多边形建模等。其中几何体建模、样条线建模、修改器建模、多边形建模应用最为广泛。下面分别进行简略的分析。

几何体建模

几何体建模是3ds Max中自带的标准基本体、扩展基本体等模型，我们可以使用这些模型进行创建，并将其参数进行合理的设置，最后调整模型的位置即可。如图3-1所示为使用几何体建模方式制作的置物架模型。

图3-1

复合对象建模

复合对象建模是一种特殊的建模方法，使用复合对象可以快速制作出很多模型效果。复合对象包括 变形 工具、 散布 工具、 一致 工具、 连接 工具、 水滴网格 工具、 图形合并 工具、 布尔 工具、 地形 工具、 放样 工具、 网格化 工具、 ProBoolean （超级布尔）工具和 ProCutter （超级切割）工具，如图3-2所示。

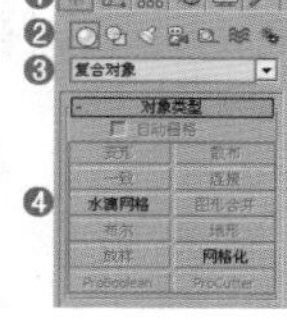

图3-2

使用 放样 工具，通过绘制平面和剖面，就可以快速制作出三维油画框模型，如图3-3所示。

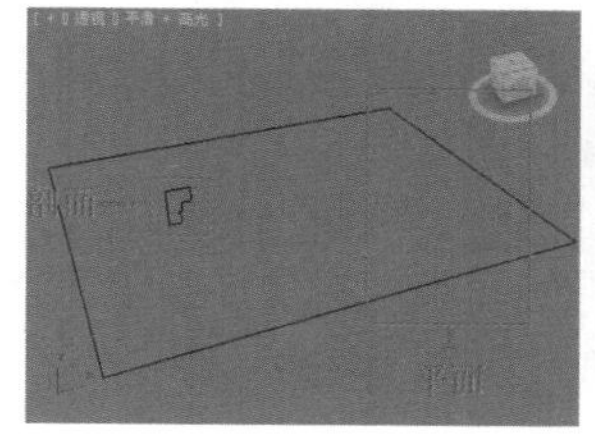

图3-3

使用 图形合并 工具可以制作出戒指表面的纹饰效果，如图3-4所示。

图3-4

第3章 几何体建模

样条线建模

图3—5

使用样条线可以快速绘制复杂的图形，我们可以利用该图形将其修改为三维的模型，并可以通过添加修改器将其快速转化为复杂的模型效果。如图3-5所示为使用样条线建模制作的藤椅模型。

答疑解惑

样条线建模是一种特殊的建模方式，不仅可以将绘制的线直接变为三维的物体（如图3-6所示），而且可以通过为样条线加载修改器（比如车削、挤出、倒角等），使得样条线变为三维的效果（该部分内容会在样条线的章节和修改器的章节进行详细讲解），如图3-7所示。

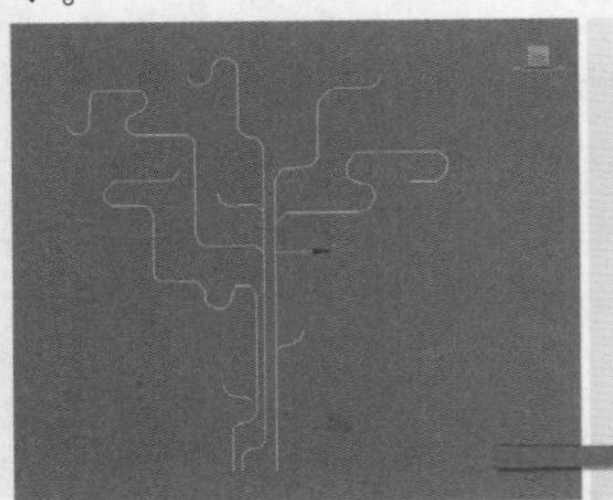
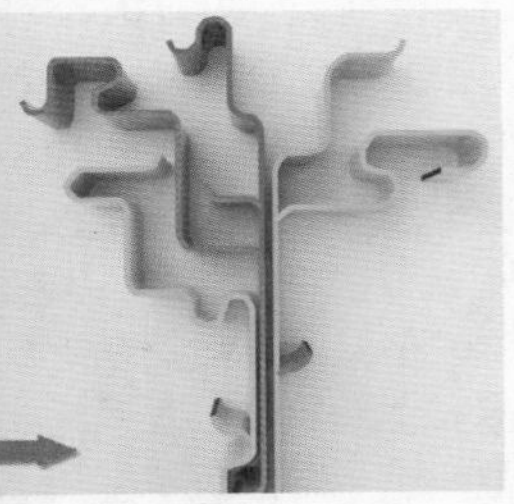
图3—6

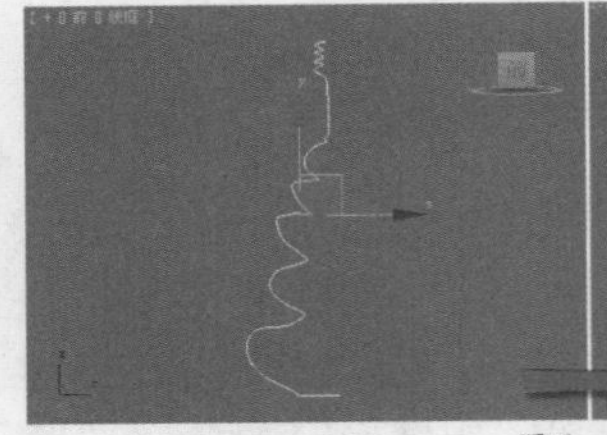

图3—7

修改器建模

图3—8

3ds Max的修改器种类很多，使用修改器建模可以快速修改模型的整体效果，达到我们所需要的模型效果。如图3-8所示为使用多种修改器建模制作的花瓶模型。

技巧提示

修改器的种类非常多，其中包括为二维对象加载的修改器和为三维对象加载的修改器等。

网格建模

网格建模与多边形建模方法类似，是一种比较高级的建模方法。主要包括【顶点】、【边】、【面】、【多边形】和【元素】5种级别，并通过分别调整某级别的参数等，以达到调节模型的效果。如图3-9所示为使用网格建模制作的椅子的模型。

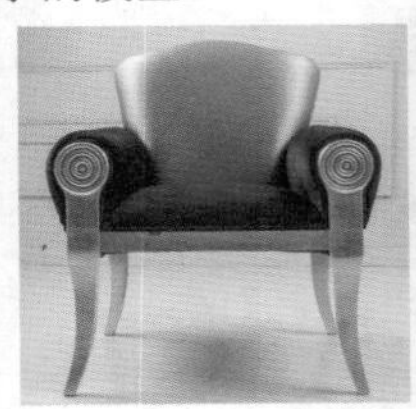

图3—9

NURBS建模

NURBS是一种非常优秀的建模方式，在高级三维软件中都支持这种建模方式。NURBS能够比传统的网格建模方式更好地控制物体表面的曲线度，从而能够创建出更逼真、生动的造型。如图3-10所示为使用NURBS建模制作的瓷器模型。

图3—10

多边形建模

多边形建模是最为常用的建模方式之一，主要包括【顶点】、【边】、【边界】、【多边形】和【元素】5个级别，参数比较多，因此可以制作出多种模型效果。其也是后面章节中将重点讲解的一种建模类型。如图3-11所示为使用多边形建模制作的沙发模型。

图3—11

技术拓展

多边形建模方法与网格建模方法非常接近，是比较经典的高级建模方法。网格建模是3ds Max最早期的主要建模方法，后来出现了更为方便的多边形建模方法，之后就逐渐被多边形建模方法所代替。

3.1.4 动手学：建模的基本步骤

一般来说，制作模型大致分为4个步骤，分别为清晰化思路，并确定建模方式；建立基础模型；细化模型；完成模型。如图3-12所示。

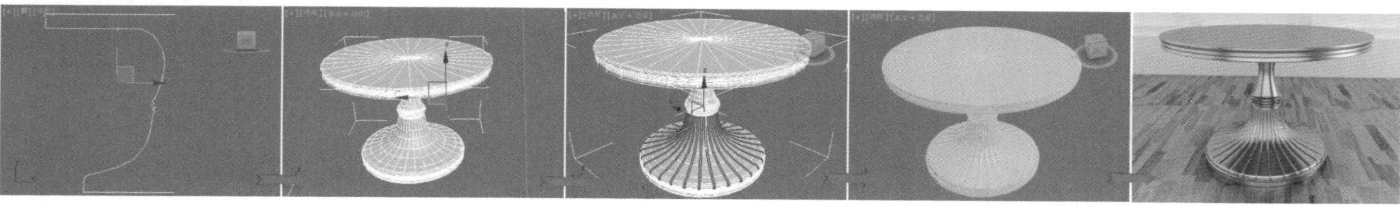

图3-12

01 清晰化思路，并确定建模方式。在这里我们选择样条线建模、修改器建模、多边形建模方式进行制作。如图3-13所示创建一条线。

02 建立基础模型。使用【车削】修改器将模型的大致效果制作出来，如图3-14所示。

03 细化模型。使用多边形建模将模型进行深入制作，如图3-15所示。

04 完成模型。完成模型的制作，如图3-16所示。

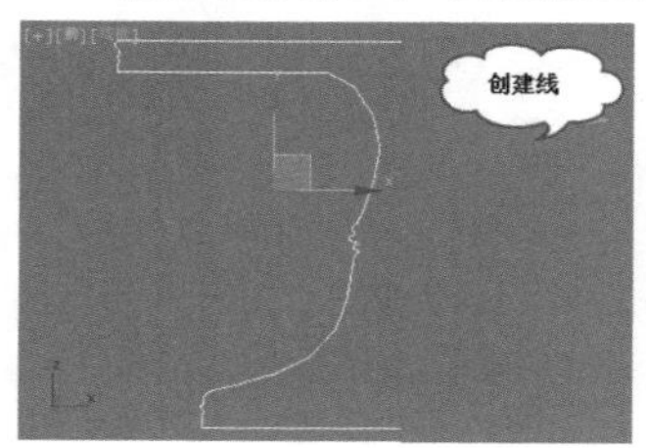

图3-13

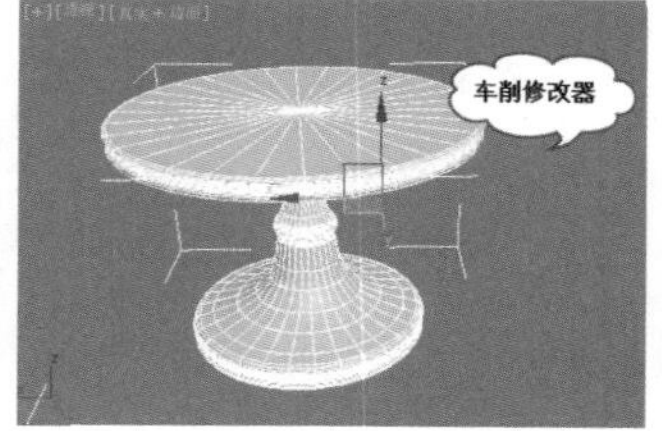

图3-14

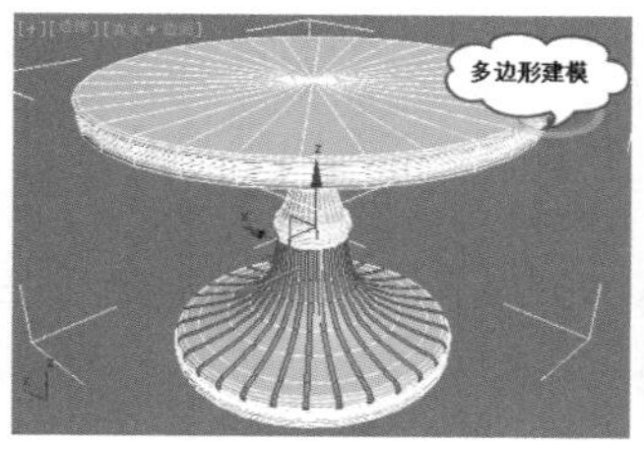

图3-15

图3-16

3.1.5 认识【创建】面板

技术速查：【创建】面板将所创建的对象种类分为7个类别，每一个类别有自己的按钮。一个类别内还包含几个不同的对象子类别。

使用下拉列表可以选择对象子类别，每一类对象都有自己的按钮，如图3-17所示。

【创建】面板提供的对象类别如下：

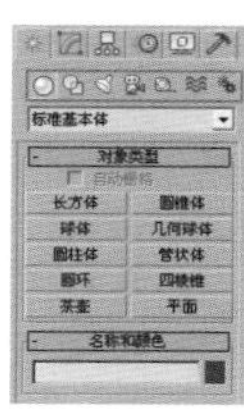

图3-17

- 几何体：几何体是场景的可渲染几何体。其中包括多种类型，也是本章的学习重点。
- 形状：形状是样条线或NURBS曲线。其中包括多种类型，也是本章的学习重点。
- 灯光：灯光可以照亮场景，并且可以增加其逼真感。灯光种类很多，可模拟现实世界中不同类型的灯光。
- 摄影机：摄影机对象提供场景的视图，可以对摄影机位置设置动画。
- 辅助对象：辅助对象有助于构建场景。
- 空间扭曲对象：空间扭曲在围绕其他对象的空间中产生各种不同的扭曲效果。
- 系统：系统将对象、控制器和层次组合在一起，提供与某种行为关联的几何体。

思维点拨

很多时候读者需要创建一个对象，但是由于按钮太多，不知道在哪里可以快速找到该对象时，那么一定要首先了解该对象肯定是在【创建】面板中，因此第一步要单击【创建】按钮，然后按照其分类进行查找，这样是最快捷的，如图3-18所示。

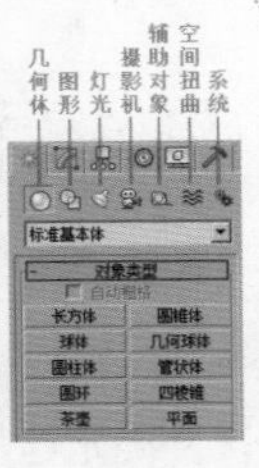

图3-18

在建模中常用的两个类型是【几何体】和【形状】，如图3-19所示。

单击（创建）|（几何体）|标准基本体|长方体按钮，在视图中单击鼠标左键并拖曳，此时我们可以创建出一个长方体模型，如图3-20所示。

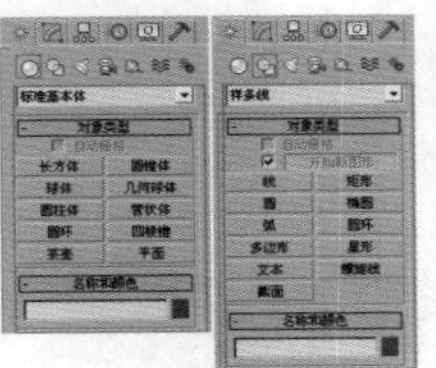
图3-19

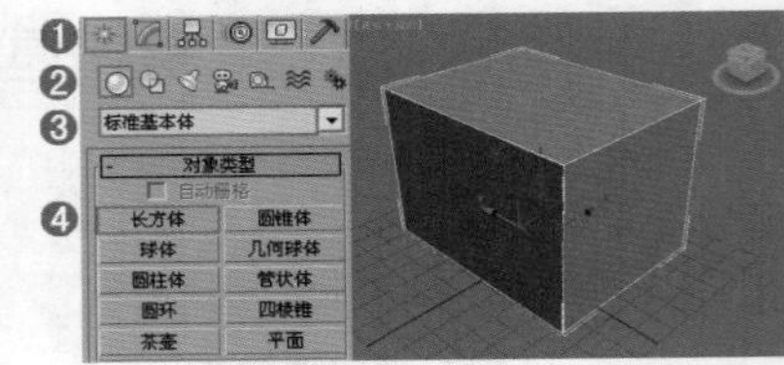
图3-20

技巧提示

由此可见，创建一个长方体模型需要4个步骤，这也代表了4个级别，分别是【创建】\【几何体】\【标准基本体】\【茶壶】，了解了这些后，我们只需要记住这4个级别就可以快速找到我们需要进行创建的对象。

3.2 创建几何基本体

在几何基本体中一共包括14种类型，分别为标准基本体、扩展基本体、复合对象、粒子系统、面片栅格、NURBS曲面、实体对象、门、窗、mental ray、AEC扩展、动力学对象、楼梯、VRay，如图3-21所示。

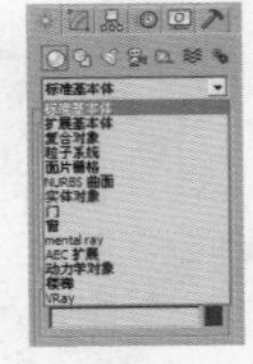
图3-21

3.2.1 标准基本体

技术速查：标准基本体是3ds Max中自带的一些标准的模型，也是最常用的基本模型，如长方体、球体、圆柱体等。在3ds Max Design 中，可以使用单个基本体对很多这样的对象建模。还可以将基本体结合到更复杂的对象中，并使用修改器进行进一步优化。

本节知识导读：

工具名称	工具用途	掌握级别
长方体	制作结构为长方形的物体，如桌子、椅子等	★★★★★
球体	制作结构为球体的物体	★★★★★
圆柱体	制作结构为圆柱体的物体	★★★★★
平面	制作形状为平面的物体，如地面、墙面等	★★★★★
圆锥体	制作形状为圆锥体的物体	★★★★☆
茶壶	制作茶壶模型	★★★★☆
几何球体	制作几何球体模型，如水晶	★★★☆☆
管状体	制作管状体模型	★★★☆☆
圆环	制作圆环模型	★★★☆☆
四棱锥	制作四棱锥模型	★★★☆☆

如图3-22所示为使用标准基本体制作的作品。

图3-22

标准基本体包含10种对象类型，分别是长方体、圆锥体、球体、几何球体、圆柱体、管状体、平面、圆环、四棱锥和茶壶，如图3-23所示。

长方体

长方体是最常用的标准基本体。使用【长方体】工具可以制作长度、宽度、高度不同的长方体。长方体的参数比较简单，包括【长度】、【高度】、【宽度】以及相对应的分段，如图3-24所示。

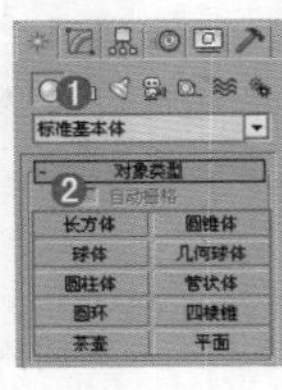
图3-23

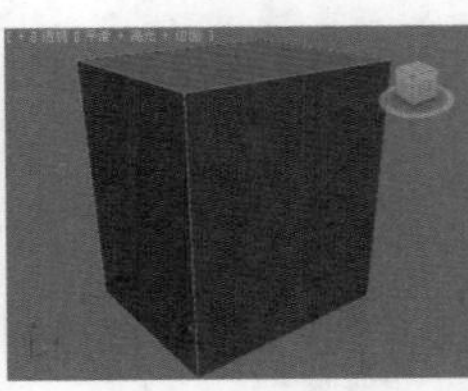
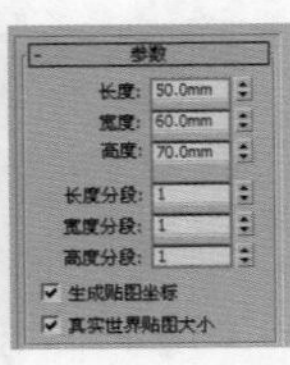
图3-24

- 长度、宽度、高度：设置长方体对象的长度、宽度和高度。默认值为0、0、0。
- 长度分段、宽度分段、高度分段：设置沿着对象每个轴的分段数量。在创建前后设置均可。

- **生成贴图坐标**：生成将贴图材质应用于长方体的坐标。默认设置为启用。
- **真实世界贴图大小**：控制应用于该对象的纹理贴图材质所使用的缩放方法。

使用【长方体】工具可以快速创建出很多简易的模型，如书架、衣柜等，如图3-25所示。

图3—25

☆ 动手学：创建一个长方体

01 单击（创建）|（几何体）|标准基本体|长方体按钮，如图3-26所示。

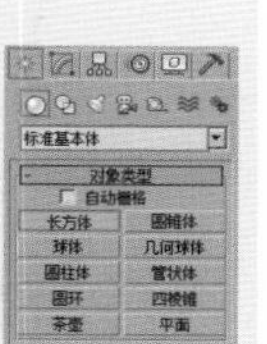

图3—26

02 单击鼠标左键并进行拖动，定义长方体底部的大小，如图3-27所示。

03 松开鼠标左键并进行拖动，定义长方体的高度，如图3-28所示。

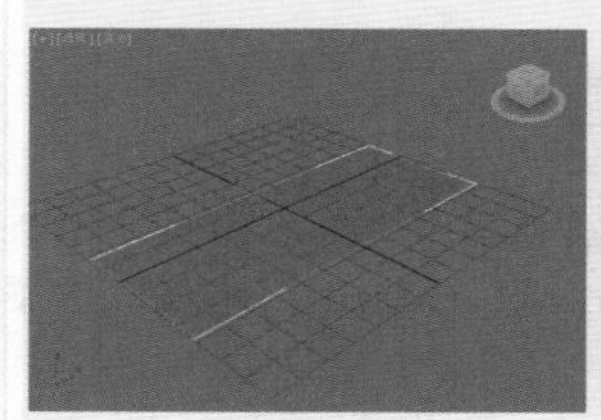

图3—27

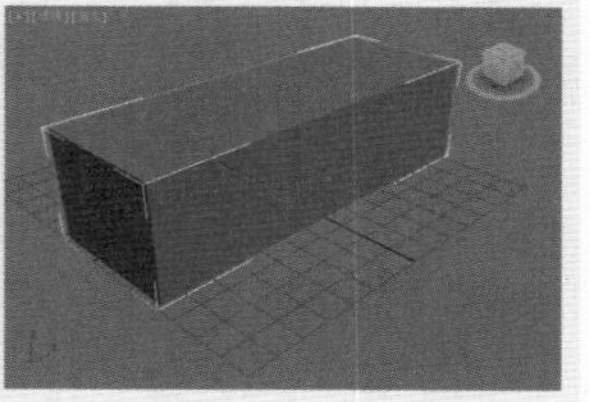

图3—28

☆ 动手学：创建具有方形底部的长方体

01 使用【长方体】工具，按住Ctrl键进行拖动，定义长方体底部的大小，如图3-29所示。

02 松开鼠标左键并进行拖动，定义长方体的高度，如图3-30所示。

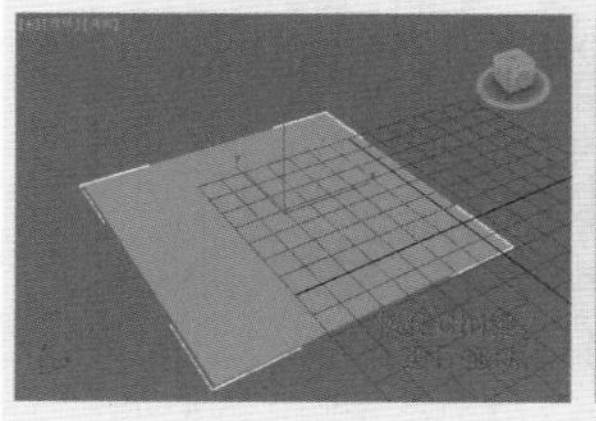

图3—29

图3—30

★ 案例实战——长方体制作创意书架

场景文件	无
案例文件	案例文件\Chapter 03\案例实战——长方体制作创意书架.max
视频教学	视频文件\Chapter 03\案例实战——长方体制作创意书架.flv
难易指数	★☆☆☆☆
技术掌握	掌握内置几何体建模下【长方体】工具的运用

实例介绍

书架是书房中常见的家具，主要用来摆放书籍和饰品等，而创意书架是近几年非常流行的书架，以简洁、创意表现不一样的风格。最终渲染和线框效果如图3-31所示。

图3—31

建模思路

01 使用【长方体】工具创建外轮廓以及隔层模型

02 使用【长方体】工具创建每个隔层竖直方向的不规则隔板模型

创意书架建模流程图如图3-32所示。

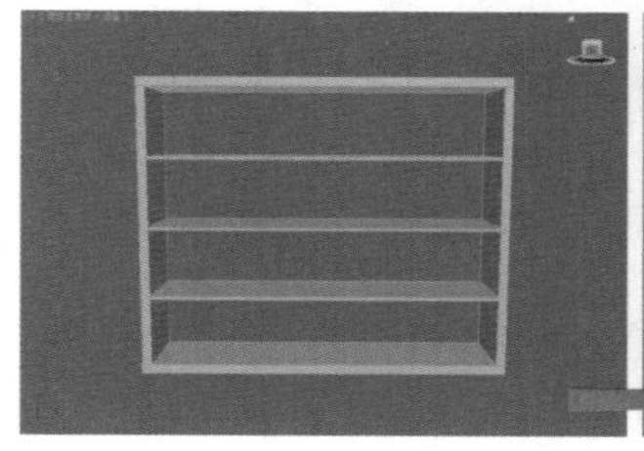
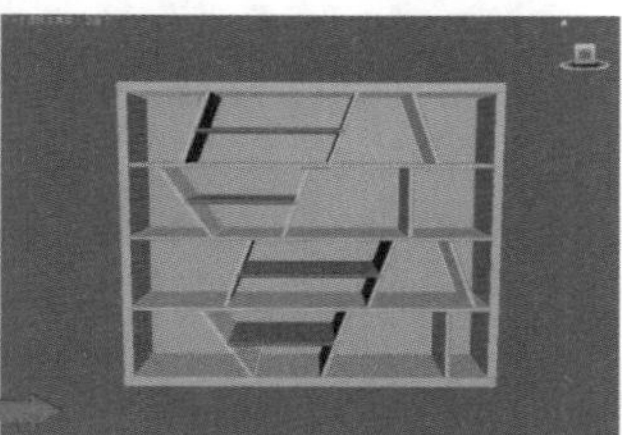

图3—32

制作步骤

Part01 使用【长方体】工具创建外轮廓以及隔层模型

01 启动3ds Max 2013中文版，选择【自定义】|【单位设置】命令，弹出【单位设置】对话框，将【显示单位比例】和【系统单位比例】设置为【毫米】，如图3-33所示。

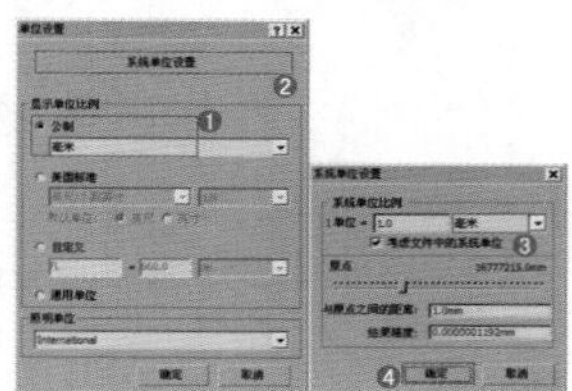

图3—33

技巧提示

在制作室内的家具等模型时，一定要进行单位设置。目的是为了尺寸更加精准，这是一个非常好的习惯。一般来说，室内的模型可以设置单位为mm（毫米），而室外以及较为大型的模型可以设置单位为cm（厘米）或m（米）。

02 单击（创建）|（几何体）| 标准基本体 | 长方体 按钮，在顶视图中创建两个长方体，并分别设置【长度】为50mm，【宽度】为1670mm，【高度】为500mm，如图3-34所示。

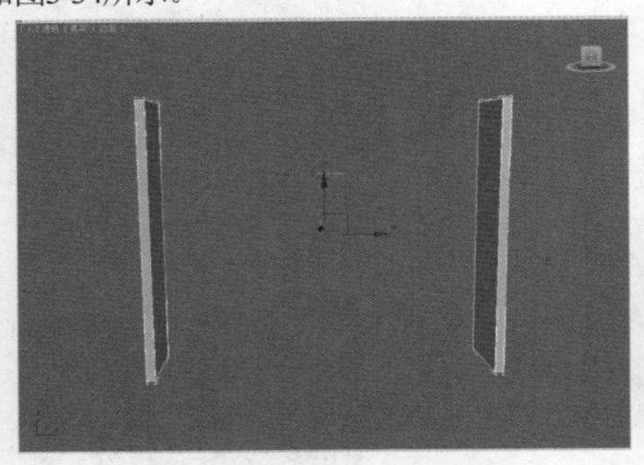

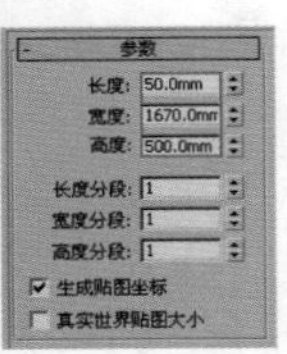

图3-34

03 最后再使用 长方体 工具创建两个长方体，参数设置及放置位置如图3-35所示。

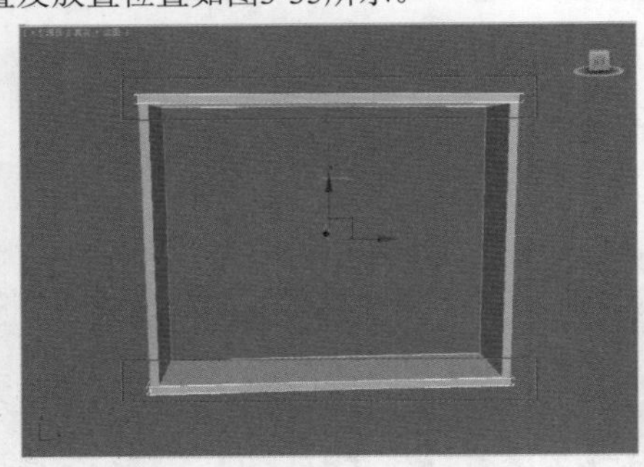

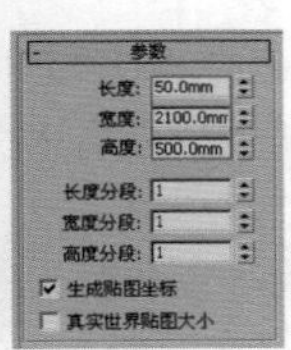

图3-35

04 最后再使用 长方体 工具创建3个长方体，参数设置及位置如图3-36所示。

图3-36

Part 02 每个隔层竖直方向的不规则隔板模型

01 使用 长方体 工具在前视图中创建一个长方体，设置【长度】为440mm，【宽度】为20mm，【高度】为500mm，并使用工具栏中的（选择并旋转）工具旋转15°，如图3-37所示。

02 保持选择上一步创建的长方体，使用工具栏中的（选择并移动）工具并按住Shift键复制5个，在弹出的【克隆选项】对话框中选中【复制】单选按钮，再利用（选择并旋转）工具在前视图任意旋转5个长方体的角度，效果如图3-38所示。

图3-37

图3-38

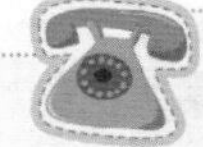

答疑解惑：在3ds Max中如何快速复制模型

在本步骤中我们将长方体进行了复制，方法非常简单，只需要按住Shift键，并配合使用、、工具即可完成复制。

03 使用 长方体 工具在顶视图中创建两个长方体，设置其中的一个【长度】为500mm，【宽度】为800mm，【高度】为20mm，另一个【长度】为500mm，【宽度】为600mm，【高度】为20mm，如图3-39所示。

图3-39

04 选择各层所有的隔板进行复制，效果如图3-40所示。

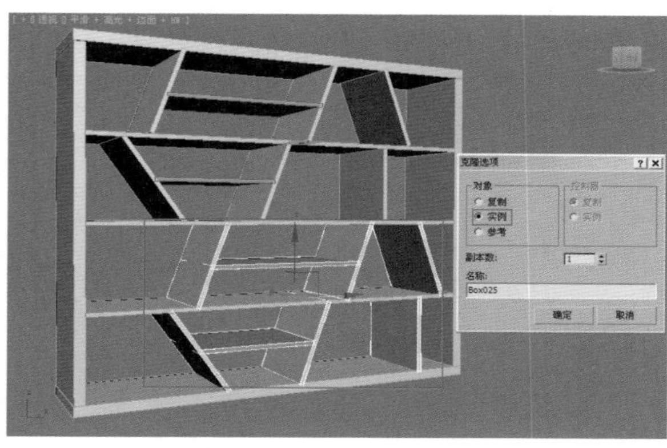

图3-40

05 再次在前视图创建一个长方体，作为创意书架的后挡板，设置参数及放置位置如图3-41所示。

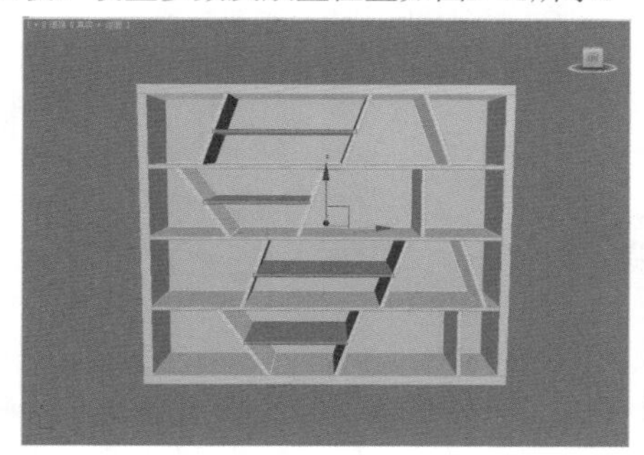

图3-41

06 最终模型效果如图3-42所示。

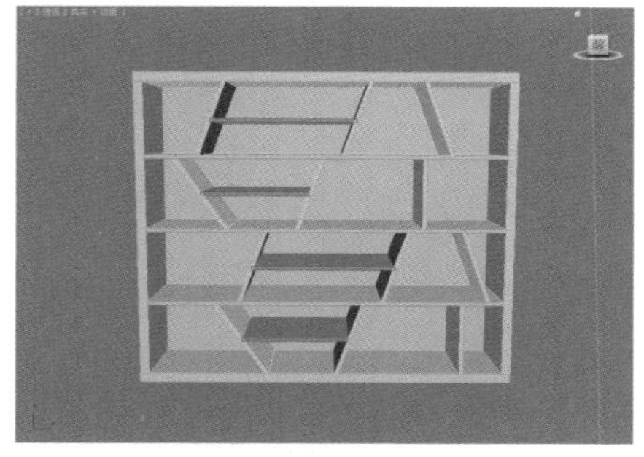

图3-42

★ 案例实战——长方体制作方形玻璃茶几

场景文件	无
案例文件	案例文件\Chapter 03\案例实战——长方体制作方形玻璃茶几.max
视频教学	视频文件\Chapter 03\案例实战——长方体制作方形玻璃茶几.flv
难易指数	★☆☆☆☆
技术掌握	掌握内置几何体建模下【长方体】工具和【切角长方体】工具的运用

实例介绍

玻璃茶几一般来说台面为钢化玻璃，辅以造型别致的仿金电镀配件以及静电喷涂钢管、不锈钢等底架，典雅华贵、简洁实用。最终渲染和线框效果如图3-43所示。

建模思路

01 使用【切角长方体】工具创建茶几面模型

02 使用【长方体】工具创建茶几腿模型

茶几建模流程如图3-44所示。

图3-43

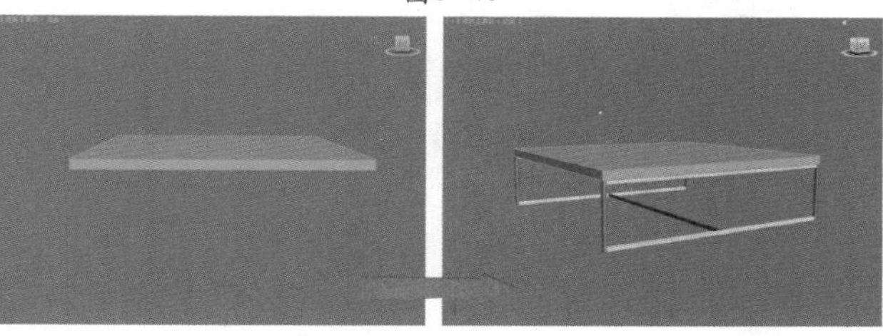

图3-44

制作步骤

Part01 创建茶几面模型

单击 （创建）| （几何体）| 扩展基本体 | 切角长方体 按钮，在顶视图中创建一个切角长方体，并在【修改】面板中设置【长度】为800mm，【宽度】为800mm，【高度】为30mm，【圆角】为1mm，【圆角分段】为3，如图3-45所示。

图3-45

Part02 创建茶几腿模型

01 利用 长方体 工具，在顶视图中创建一个长方体，并设置【长度】为10mm，【宽度】为10mm，【高度】为200mm，如图3-46所示。

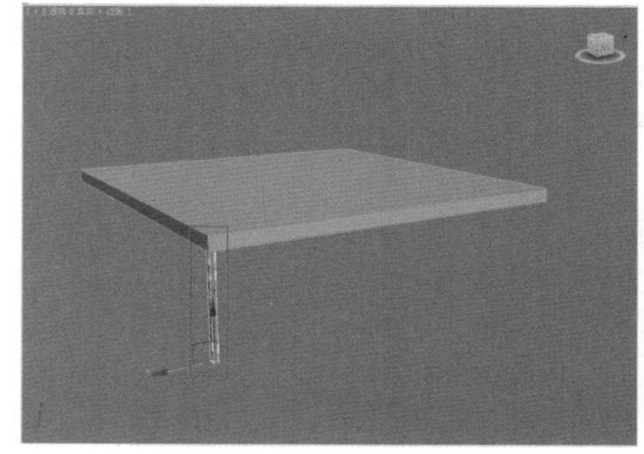

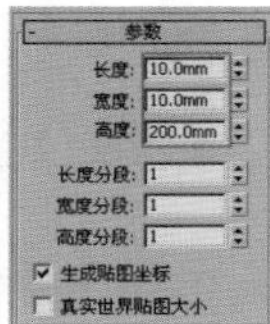

图3-46

02 选择上一步创建的长方体，使用（选择并移动）工具并按住Shift键进行复制，在弹出的【克隆选项】对话框中选中【实例】单选按钮，设置【副本数】为3，如图3-47所示。

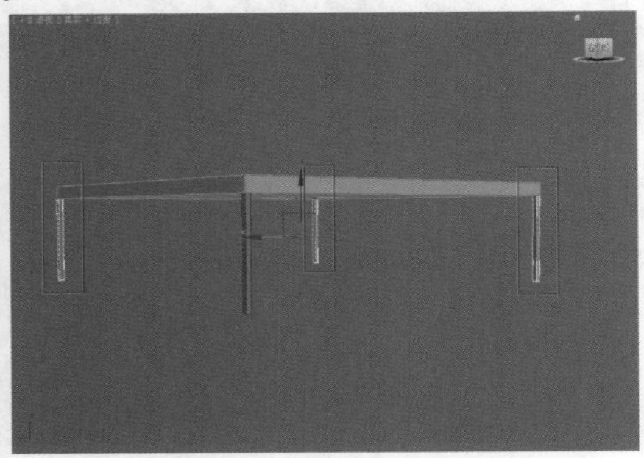

图3—47

03 使用 长方体 工具在顶视图中创建4个长方体，并设置【长度】为10mm，【宽度】为780mm，【高度】为10mm，如图3-48所示。

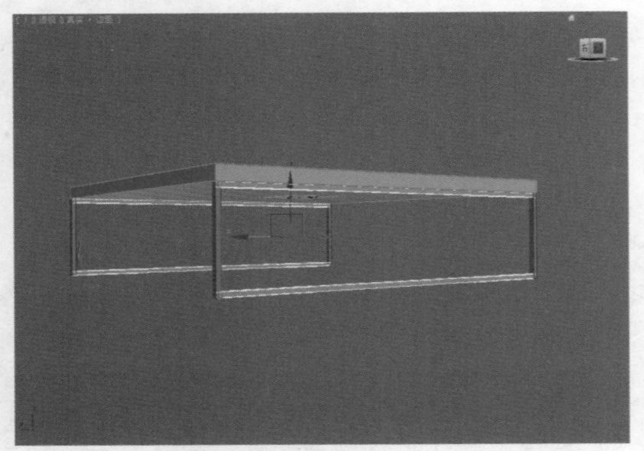

图3—48

04 使用 长方体 工具在顶视图中创建一个长方体，并设置【长度】为10mm，【宽度】为10mm，【高度】为780mm，如图3-49所示。

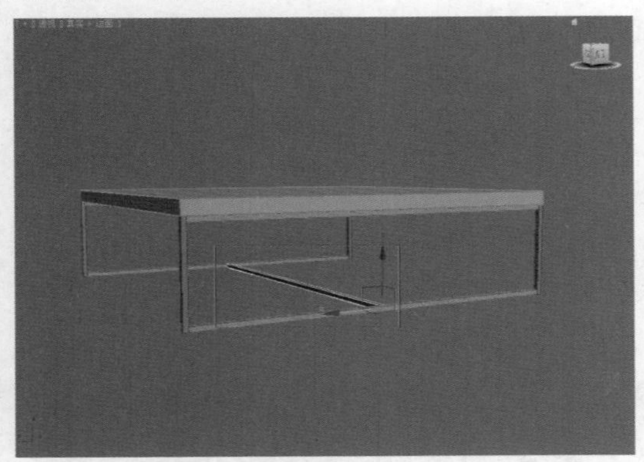

图3—49

05 最终模型效果如图3-50所示。

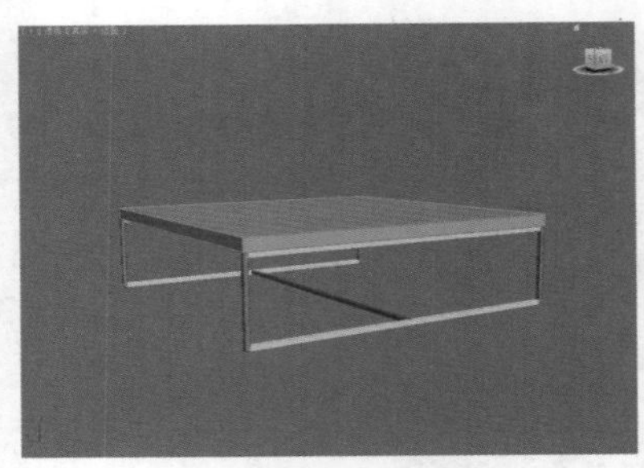

图3—50

圆锥体

【圆锥体】工具可以产生直立或倒立的完整或部分圆形圆锥体，如图3-51所示。

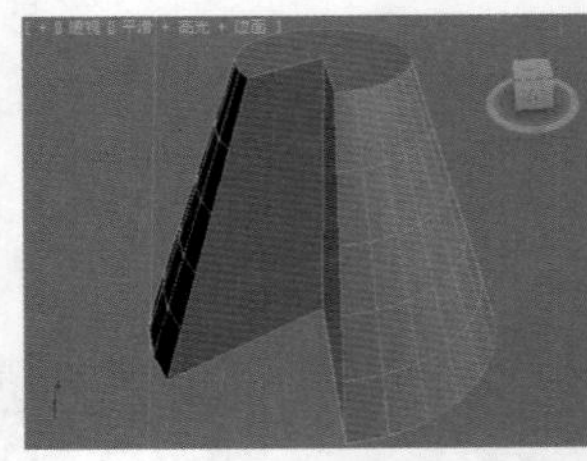

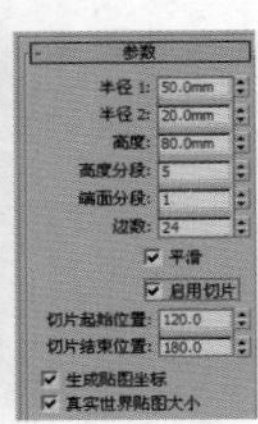

图3—51

- 半径1、半径2：设置圆锥体的第一个半径和第二个半径。两个半径的最小值都是 0.0。如果输入负值，则 3ds Max Design 会将其转换为 0。可以组合这些设置以创建直立或倒立的尖顶圆锥体和平顶圆锥体。具体设置方式与效果如表3-1所示。

表3-1

半径组合	效 果
半径 2 为 0	创建一个尖顶圆锥体
半径 1 为 0	创建一个倒立的尖顶圆锥体
半径 1 比半径 2 大	创建一个平顶的圆锥体
半径 2 比半径 1 大	创建一个倒立的平顶圆锥体

- 高度：设置沿着中心轴的维度。负值将在构造平面下面创建圆锥体。
- 高度分段、端面分段：设置沿着圆锥体主轴的分段数、围绕圆锥体顶部和底部的中心的同心分段数。
- 边数：设置圆锥体周围边数。
- 平滑：混合圆锥体的面，从而在渲染视图中创建平滑的外观。
- 启用切片：启用切片功能。默认设置为禁用状态。创建切片后，如果禁用【启用切片】选项，则将重新显示完整的圆锥体。
- 切片起始位置、切片结束位置：设置从局部 X 轴的零点开始围绕局部 Z 轴的度数。
- 生成贴图坐标：生成将贴图材质用于圆锥体的坐标。默认设置为启用。
- 真实世界贴图大小：控制应用于该对象的纹理贴图材质所使用的缩放方法。

球体

【球体】工具可以制作完整的球体、半球体或球体的其他部分，还可以围绕球体的垂直轴对其进行切片修改，如图3-52所示。

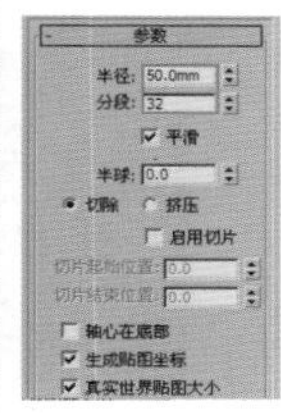

图3-52

- 半径：指定球体的半径。
- 分段：设置球体多边形分段的数目。
- 平滑：混合球体的面，从而在渲染视图中创建平滑的外观。
- 半球：过分增大该值将切断球体，如果从底部开始，将创建部分球体。
- 切除：通过在半球断开时将球体中的顶点和面切除来减少它们的数量。默认设置为选中状态。
- 挤压：保持原始球体中的顶点数和面数，将几何体向着球体的顶部挤压，直到体积越来越小。
- 启用切片：使用【从】和【到】切换可创建部分球体。
- 切片起始位置、切片结束位置：设置起始角度和停止角度。
- 轴心在底部：将球体沿着其局部Z轴向上移动，以便轴点位于其底部。

使用球体可以快速创建出很多简易的模型，如吊灯等，如图3-53所示。

图3-53

★ 案例实战——球体制作豪华水晶吊灯

场景文件	无
案例文件	案例文件\Chapter 03\案例实战——球体制作豪华水晶吊灯.max
视频教学	视频文件\Chapter 03\案例实战——球体制作豪华水晶吊灯.flv
难易指数	★★☆☆☆
技术掌握	掌握内置几何体建模下【球体】工具的运用

实例介绍

现代豪华水晶吊灯一般用于大型商场，给人以豪华和大气的感觉。最终渲染和线框效果如图3-54所示。

图3-54

建模思路

使用【球体】工具、【圆】工具制作现代豪华水晶吊灯模型

现代豪华水晶吊灯建模流程如图3-55所示。

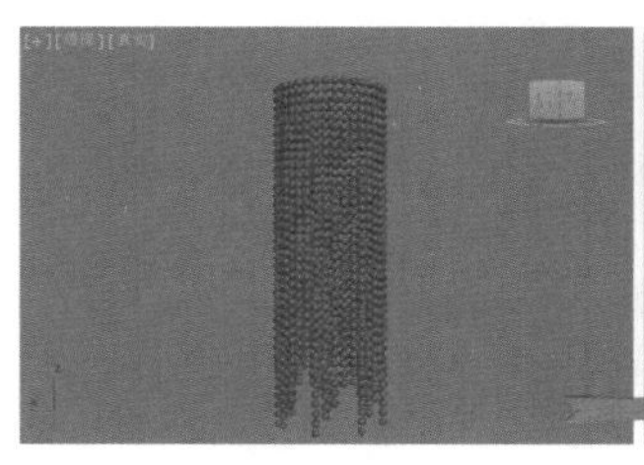
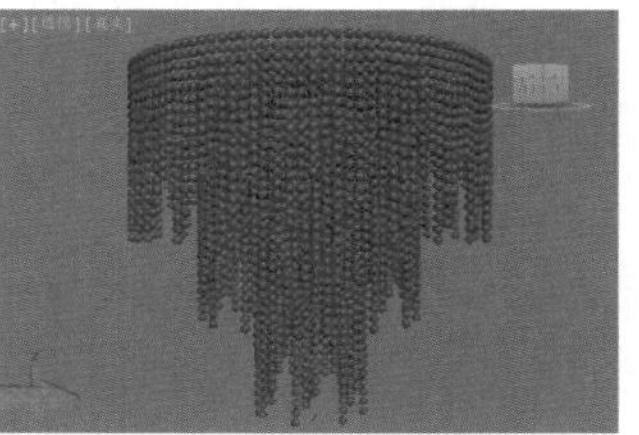

图3-55

制作步骤

01 单击（创建）|（几何体）| 标准基本体 | 球体 按钮，在顶视图中创建一个球体，设置【半径】为5mm，如图3-56所示。

02 单击（创建）|（图形）| 样条线 | 圆 按钮，在顶视图中创建一个圆，设置【半径】为60mm，如图3-57所示。

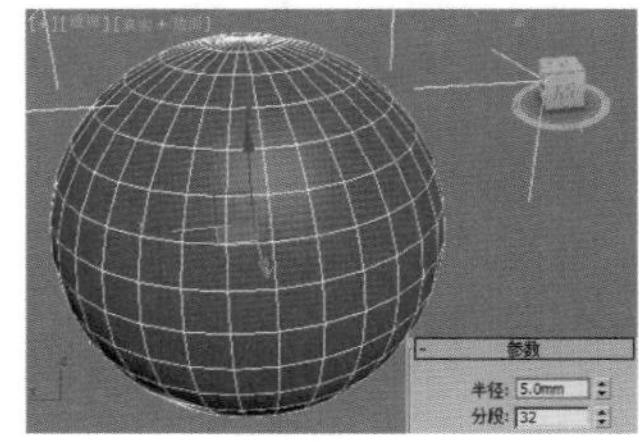
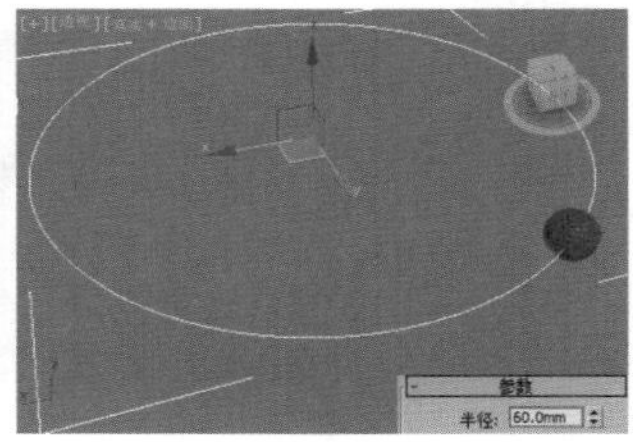

图3-56　　图3-57

03 选择如图3-58所示的模型，使用【选择并移动】工具沿Z轴并按住Shift键进行复制，并设置【对象】方式为【实例】，【副本数】为10，最后单击【确定】按钮，如图3-59所示。

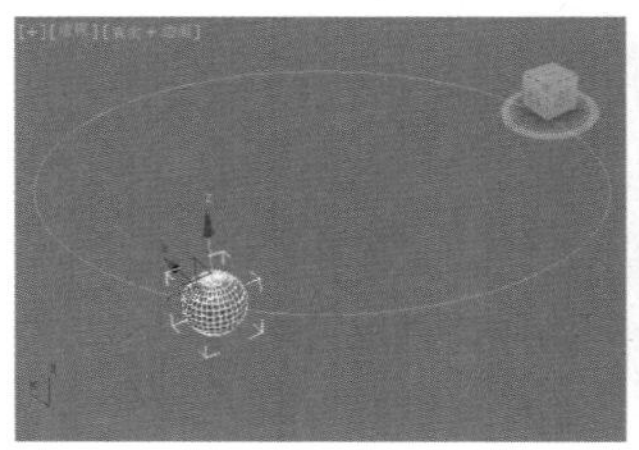
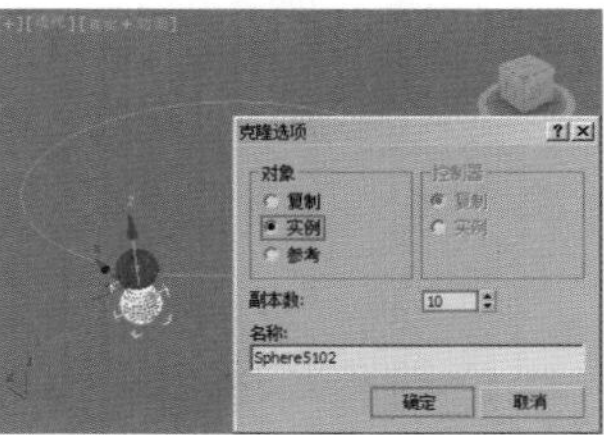

图3-58　　图3-59

04 利用同样的方法制作出多份模型，如图3-60所示。

05 选择如图3-61所示的模型，执行【组】|【成组】命令，如图3-62所示。

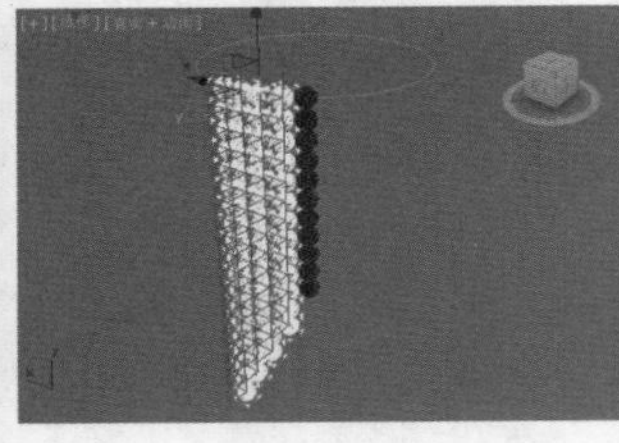
图3-60

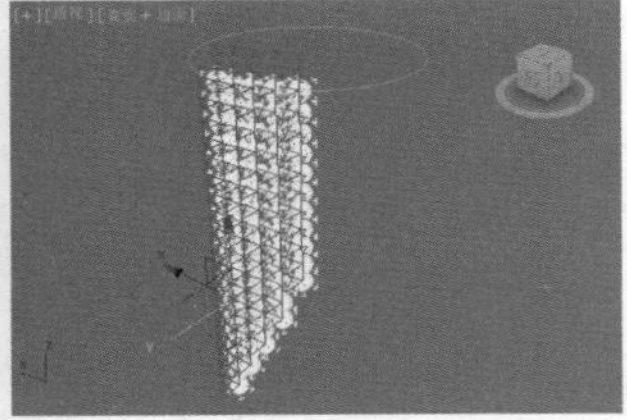
图3-61

06 选择上一步成组的模型，进入【层次】面板，单击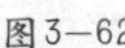按钮，在顶视图中将线的轴心移动到圆的正中心，最后再次单击 仅影响轴 按钮将其取消，如图3-63所示。

图3-62

07 选择上一步创建的模型，使用【选择并旋转】工具并按住Shift键复制7份，如图3-64所示。

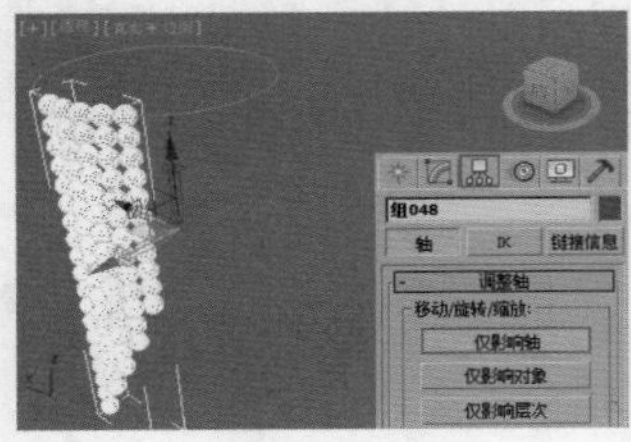
图3-63

图3-64

08 按照同样方法作出其他部分，如图3-65所示。

09 最终模型效果如图3-66所示。

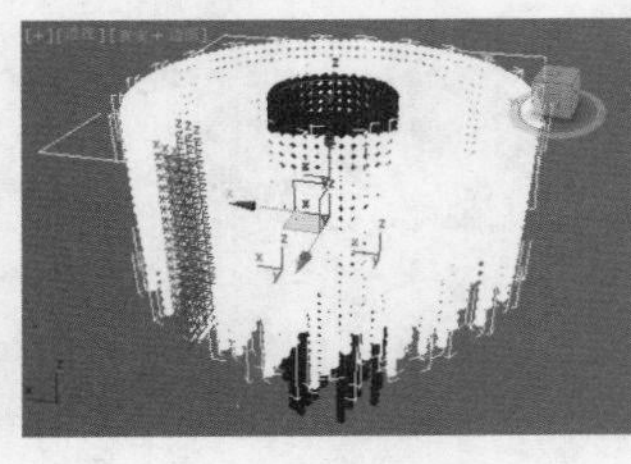
图3-65

图3-66

几何球体

【几何球体】工具可以创建三类规则多面体、球体及半球，如图3-67所示。

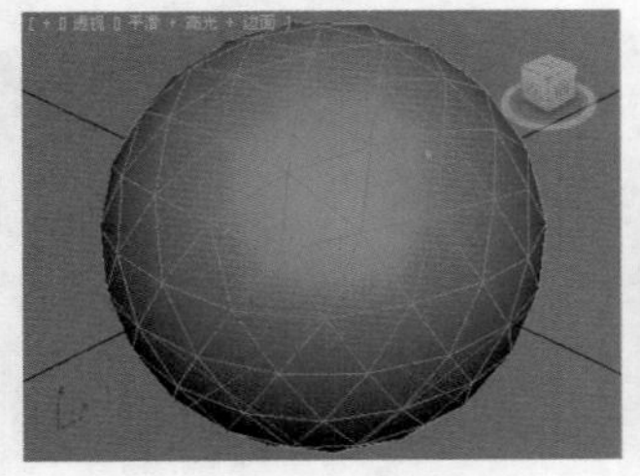
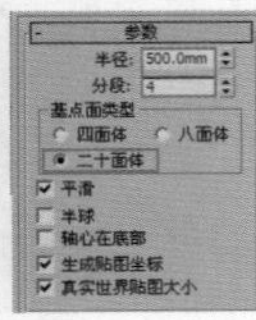
图3-67

- 半径：设置几何球体的大小。
- 分段：设置几何球体中的总面数。
- 平滑：将平滑组应用于球体的曲面。
- 半球：创建半个球体。

圆柱体

【圆柱体】工具可以创建完整或部分圆柱体，并且可以围绕其主轴进行切片修改，如图3-68所示。

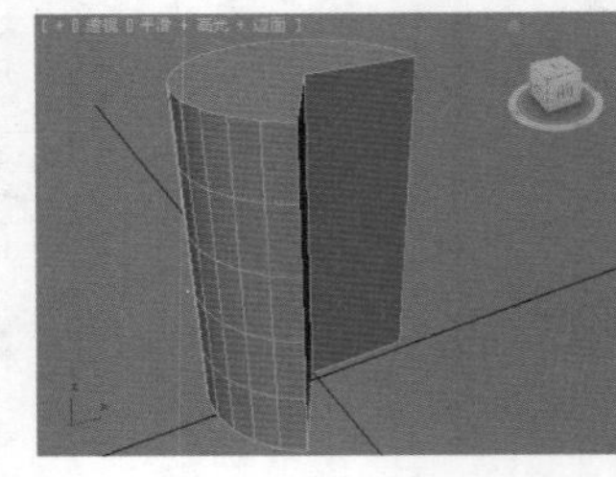
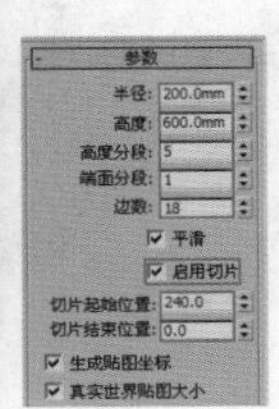
图3-68

- 半径：设置圆柱体的半径。
- 高度：设置沿着中心轴的维度。负数值将在构造平面下面创建圆柱体。
- 高度分段：设置沿着圆柱体主轴的分段数量。
- 端面分段：设置围绕圆柱体顶部和底部的中心的同心分段数量。
- 边数：设置圆柱体周围的边数。
- 平滑：将圆柱体的各个面混合在一起，从而在渲染视图中创建平滑的外观。

技巧提示

由于每个标准基本体的参数中都会有重复的参数选项，而且这些参数的含义基本一样，如【启用切片】、【切片起始位置】、【切片结束位置】、【生成贴图坐标】、【真实世界贴图大小】等，这里不再重复进行讲解。

管状体

【管状体】工具可以创建圆形和棱柱管道。管状体类似于中空的圆柱体，如图3-69所示。

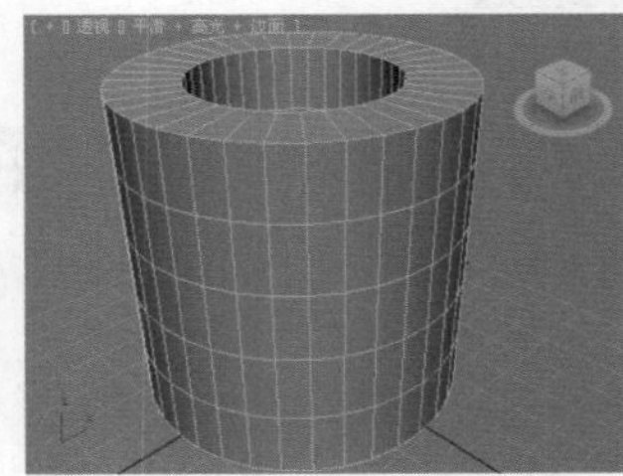
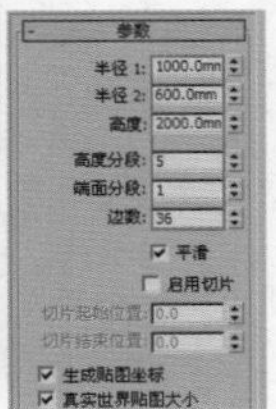
图3-69

- 半径 1、半径 2：较大的值将指定管状体的外部半径，而较小的值则指定内部半径。

- 高度：设置沿着中心轴的维度。负数值将在构造平面下面创建管状体。
- 高度分段：设置沿着管状体主轴的分段数量。
- 端面分段：设置围绕管状体顶部和底部的中心的同心分段数量。
- 边数：设置管状体周围边数。

★ 案例实战——圆柱体制作圆形沙发

场景文件	无
案例文件	案例文件\Chapter 03\案例实战——圆柱体制作圆形沙发.max
视频教学	视频文件\Chapter 03\案例实战——圆柱体制作圆形沙发.flv
难易指数	★☆☆☆☆
技术掌握	掌握内置几何体建模下【圆柱体】工具的运用

实例介绍

圆形沙发是沙发的一种，其外形为圆形，较为美观，但是这类沙发一般为单人沙发，沙发直径一般不大。最终渲染和线框效果如图3-70所示。

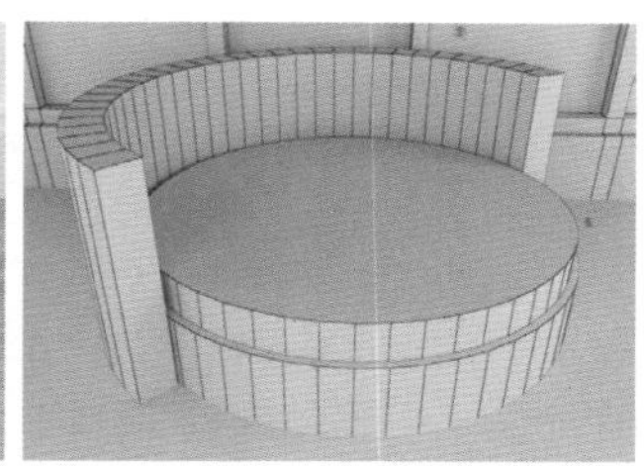

图3—70

建模思路

01 使用【圆柱体】工具创建沙发坐垫

02 使用【管状体】工具创建沙发靠背

圆形沙发建模流程，如图3-71所示。

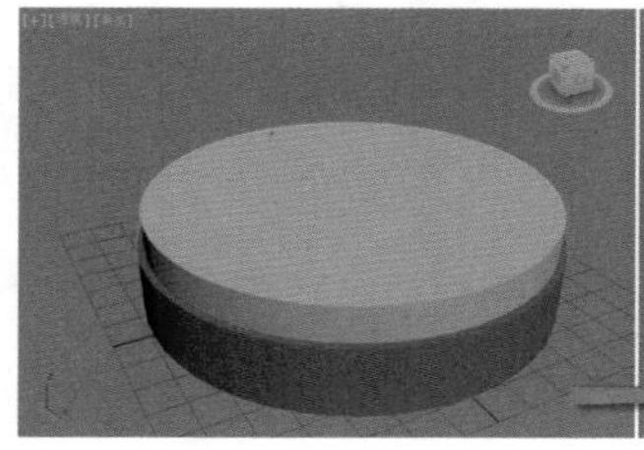
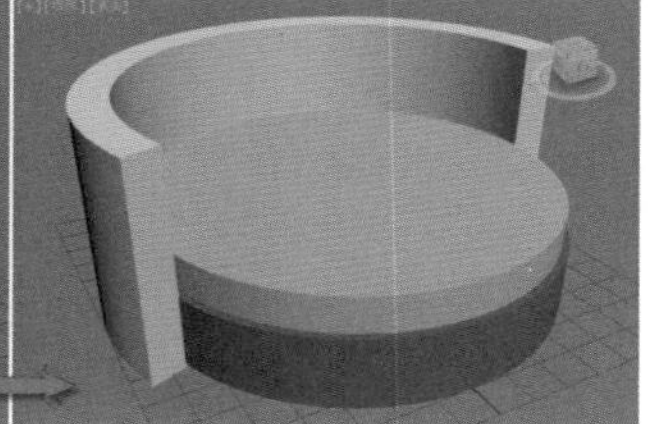

图3—71

制作步骤

01 单击（创建）|（几何体）|标准基本体|圆柱体按钮，在顶视图中创建一个圆柱体，并设置【半径】为60mm，【高度】为20mm，【边数】为52，如 图3-72所示。

02 继续在顶视图中创建一个圆柱体，并设置【半径】为58mm，【高度】为10mm，【边数】为52，如图3-73所示。

03 单击（创建）|（几何体）|标准基本体|管状体按钮，在顶视图中创建一个管状体，并设置【半径1】为70，【半径2】为60，【高度】为60mm，【边数】为32，然后选中【启用切片】复选框，最后设置【切片起始位置】为200，【切片结束位置】为0，如图3-74所示。

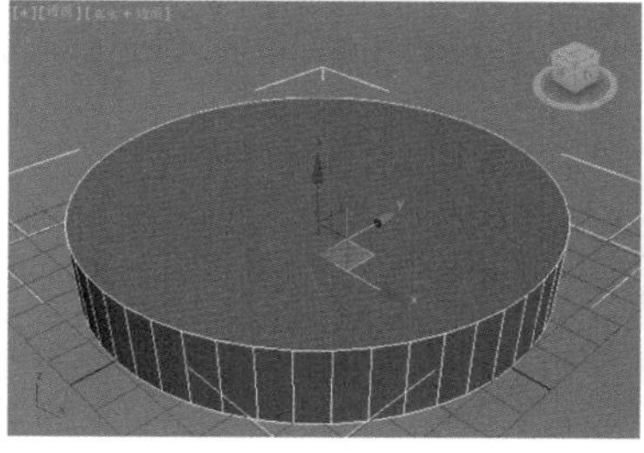
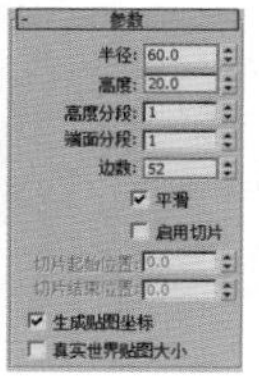

图3—72

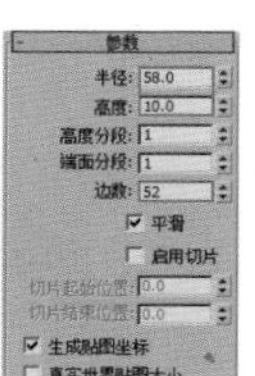

图3—73

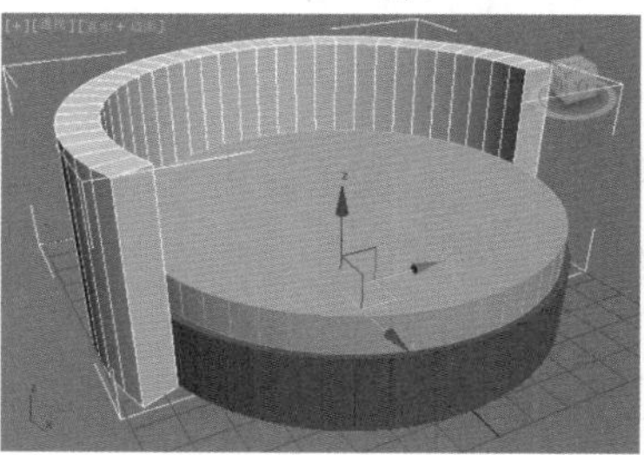
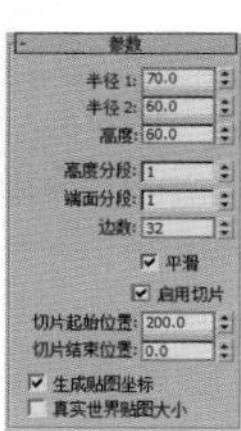

图3—74

04 最终模型效果如图3-75所示。

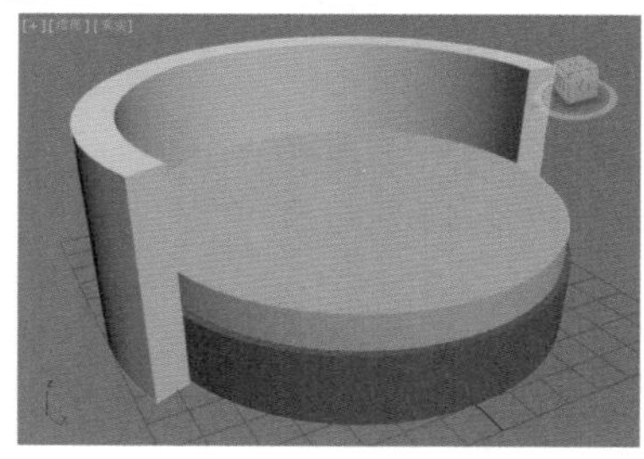

图3—75

平面

【平面】工具可以创建平面多边形网格，可在渲染时无限放大，如图3-76所示。

- 长度、宽度：设置平面对象的长度和宽度。
- 长度分段、宽度分段：设置沿着对象每个轴的分段数量。
- 缩放：指定长度和宽度在渲染时的倍增因子。将从中心向外执行缩放。
- 密度：指定长度和宽度分段数在渲染时的倍增因子。

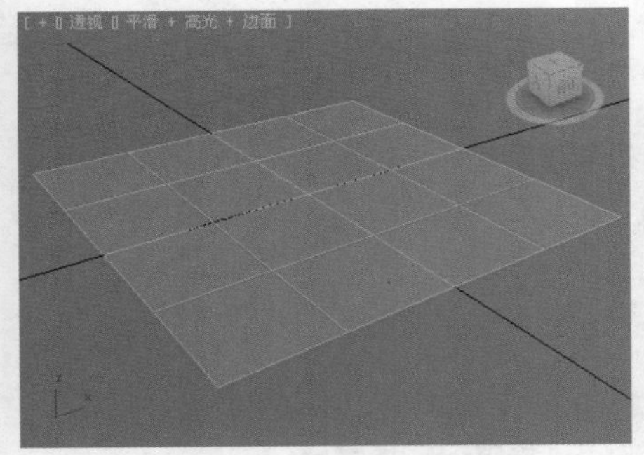

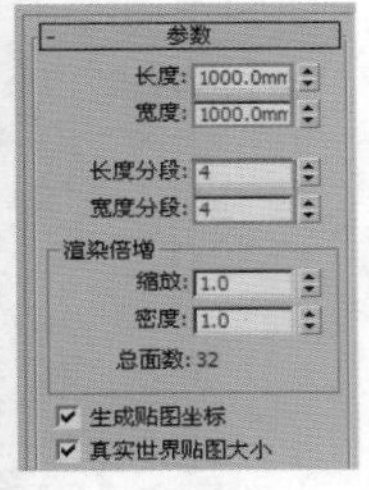

图3—76

圆环

【圆环】工具可以创建一个圆环或具有圆形横截面的环。可以将【平滑】选项与【旋转】和【扭曲】设置组合使用，以创建复杂的变体，如图3-77所示。

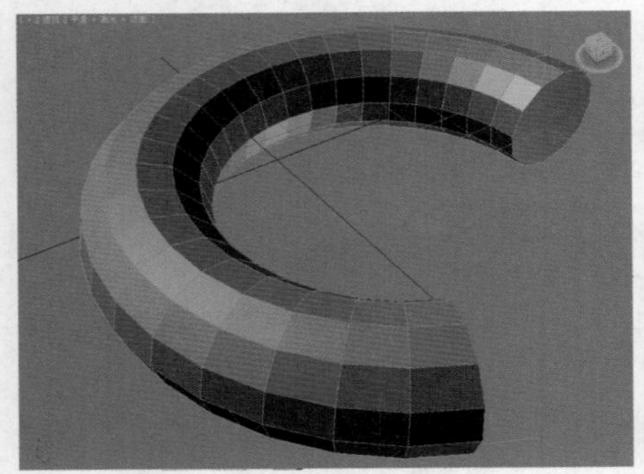

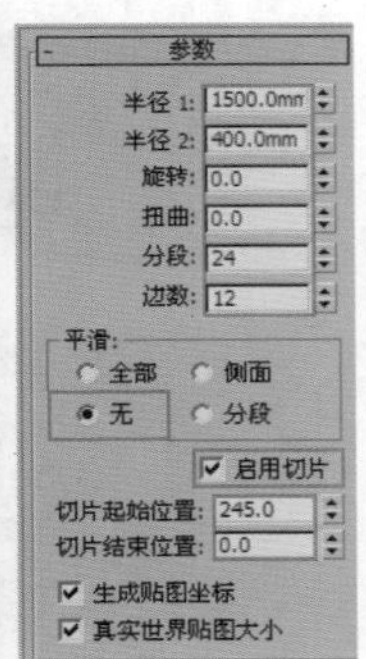

图3—77

- 半径 1：设置从环形的中心到横截面圆形的中心的距离。这是环形环的半径。
- 半径 2：设置横截面圆形的半径。每当创建环形时就会替换该值。默认设置为 10。
- 旋转、扭曲：设置旋转、扭曲的度数。
- 分段：设置围绕环形的分段数目。
- 边数：设置环形横截面圆形的边数。

四棱锥

【四棱锥】工具可以创建方形或矩形底部和三角形侧面，如图3-78所示。

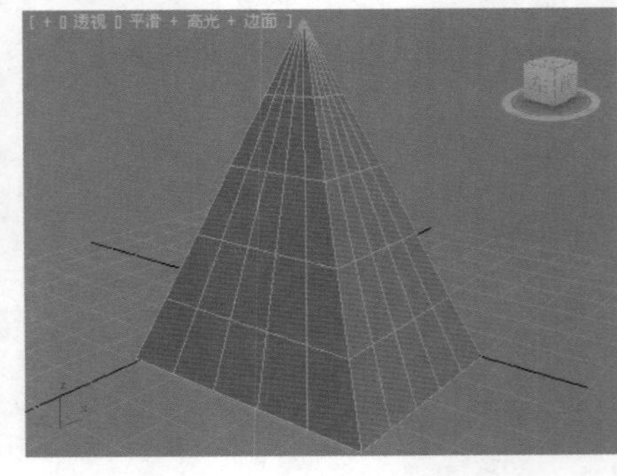

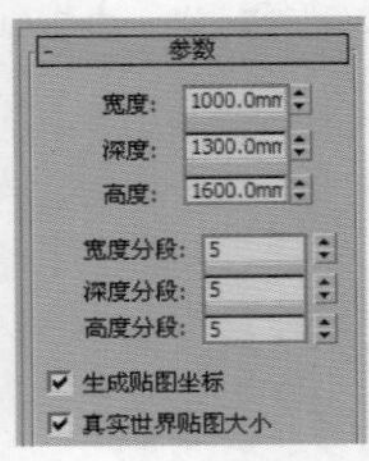

图3—78

- 宽度、深度、高度：设置四棱锥对应面的维度。
- 宽度分段、深度分段、高度分段：设置四棱锥对应面的分段数。

茶壶

茶壶在室内场景中是经常使用到的一个物体，使用【茶壶】工具可以方便快捷地创建出一个精度较低的茶壶，但是其参数可以在【修改】面板中进行修改，如图3-79所示。

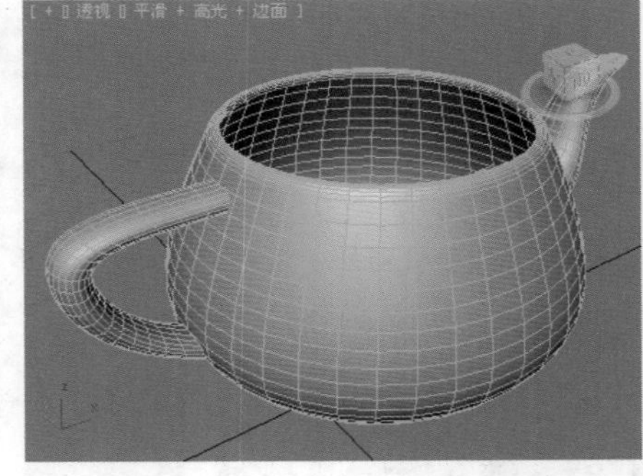

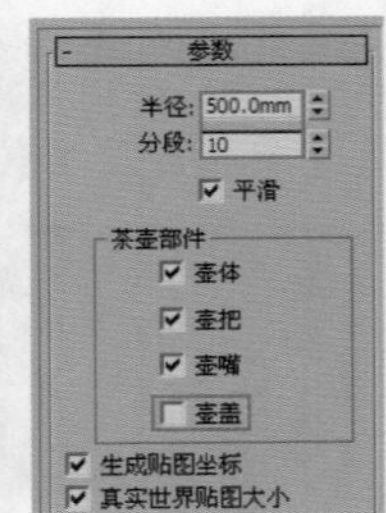

图3—79

3.2.2 扩展基本体

技术速查：扩展基本体是3ds Max Design复杂基本体的集合。其中包括13种对象类型，分别是异面体、环形结、切角长方体、切角圆柱体、油罐、胶囊、纺锤、L-Ext、球棱柱、C-Ext、环形波、棱柱、软管，如图3-80所示。

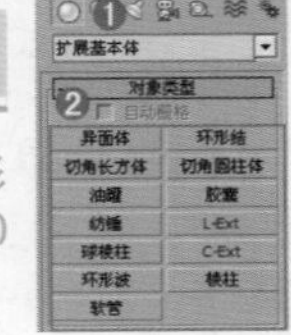

图 3—80

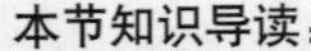

本节知识导读：

工具名称	工具用途	掌握级别
切角长方体	制作带有圆角的长方体模型，如桌子、	★★★★★
切角圆柱体	制作带有圆角的圆柱体模型，如圆形桌	★★★★★
异面体	制作如四面体、八面体、二十面体的水	★★★★☆
环形结	制作互相缠绕形状的环形结模型	★★★☆☆
油罐	制作类似油罐的模型	★★☆☆☆
胶囊	制作胶囊模型	★★☆☆☆
纺锤	制作纺锤模型	★★☆☆☆
球棱柱	制作球棱柱模型	★★☆☆☆
L-Ext	制作L形墙体模型	★★☆☆☆
C-Ext	制作C形墙体模型	★★☆☆☆
软管	制作软管模型，如饮料吸管	★★☆☆☆
棱柱	制作棱柱模型	★★☆☆☆

异面体

【异面体】工具可以创建出多面体的对象，如图3-81所示。

图3—81

- 系列：使用该选项组可选择要创建的多面体的类型。
- 系列参数：为多面体顶点和面之间提供两种方式变换的关联参数。
- 轴向比率：控制多面体一个面反射的轴。

使用【异面体】工具可以快速创建出很多复杂的模型，如水晶、饰品等，如图3-82所示。

图3—82

切角长方体

【切角长方体】工具可以创建具有倒角或圆形边的长方体，如图3-83所示。

图3—83

- 圆角：用来控制切角长方体边上的圆角效果。
- 圆角分段：设置长方体圆角边时的分段数。

使用【切角长方体】工具可以快速创建出很多边缘较为圆滑的模型，如沙发等，如图3-84所示。

图3—84

技巧提示

【切角长方体】工具的参数比【长方体】工具增加了【圆角】，因此使用【切角长方体】工具同样可以创建出长方体。我们可以对比一下设置【圆角】为0mm和设置【圆角】为20mm的效果，如图3—85所示。

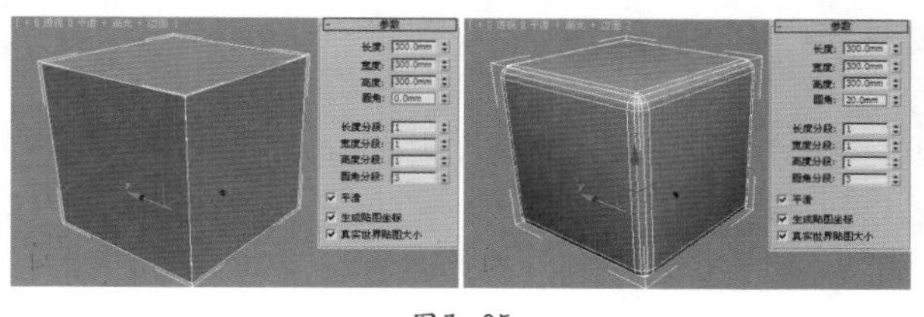

图3—85

★ 案例实战——切角长方体制作简约餐桌

场景文件	无
案例文件	案例文件\Chapter 03\案例实战——切角长方体制作简约餐桌.max
视频教学	视频文件\Chapter 03\案例实战——切角长方体制作简约餐桌.flv
难易指数	★★☆☆☆
技术掌握	掌握内置几何体建模下【切角长方体】工具、【长方体】工具和【编辑多边形】修改器的运用

实例介绍

简约餐桌一般较为简单，主要造型有圆形、方形两种。最终渲染和线框效果如图3-86所示。

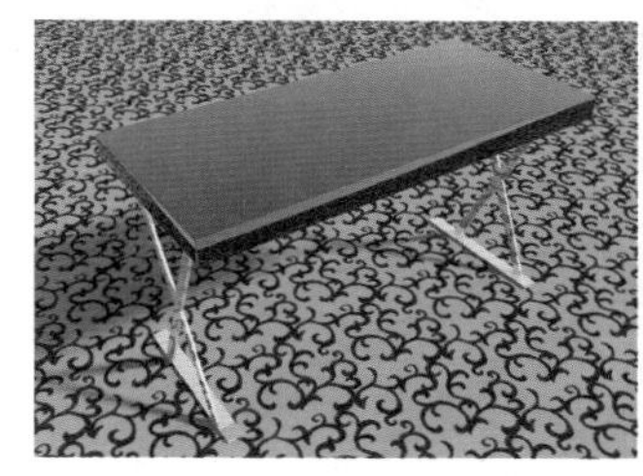
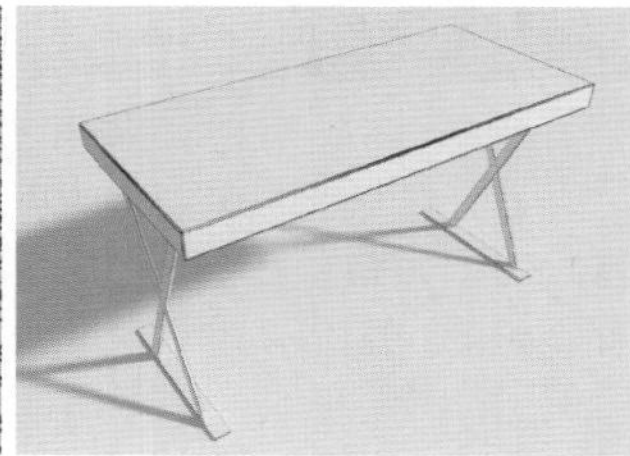

图3—86

建模思路

01 使用【切角长方体】工具制作餐桌桌面模型

02 使用【长方体】工具和【编辑多边形】修改器制作餐桌支撑模型

简约餐桌建模流程如图3-87所示。

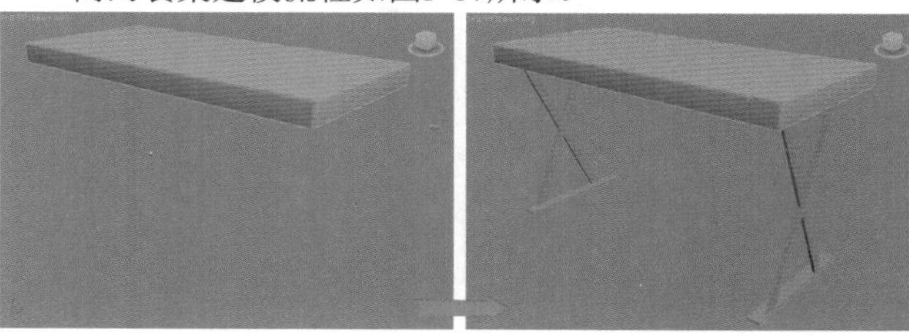

图3—87

制作步骤

01 单击（创建）|（几何体）| 扩展基本体 | 切角长方体 按钮，在顶视图中创建一个切角长方体，并设置【长度】为1300mm，【宽度】为600mm，【高度】为80mm，【圆角】为5mm，【圆角分段】为5，如图3-88所示。

02 单击 （创建）| （几何体）| 标准基本体 | 长方体 按钮，在顶视图中创建两个长方体，设置【长度】为50mm，【宽度】为520mm，【高度】为10mm，如图3-89所示。

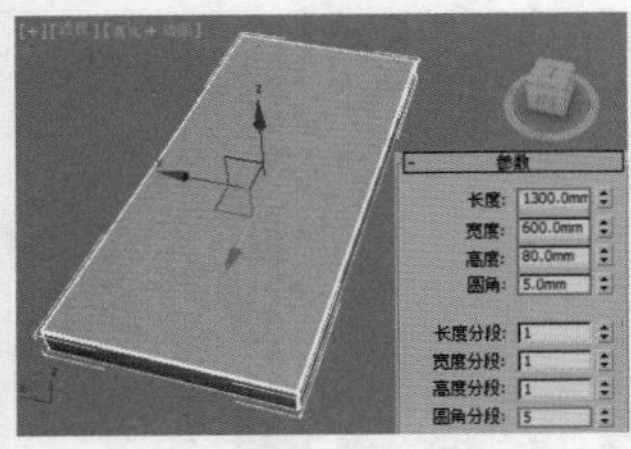
图3－88

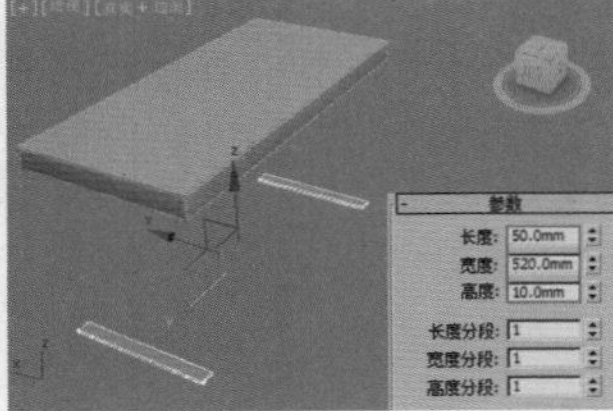
图3－89

03 继续利用 长方体 工具在左视图创建一个长方体，设置【长度】为700mm，【宽度】为40mm，【高度】为10mm，如图3-90所示。

04 选择上一步创建的模型，使用【选择并旋转】工具 沿Y轴对其进行旋转，如图3-91所示。

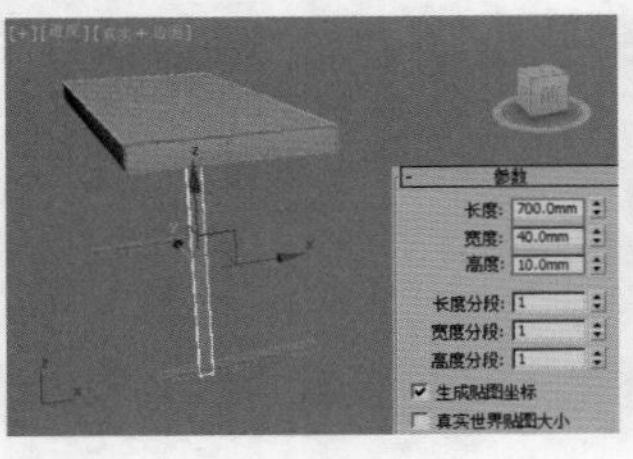
图3－90

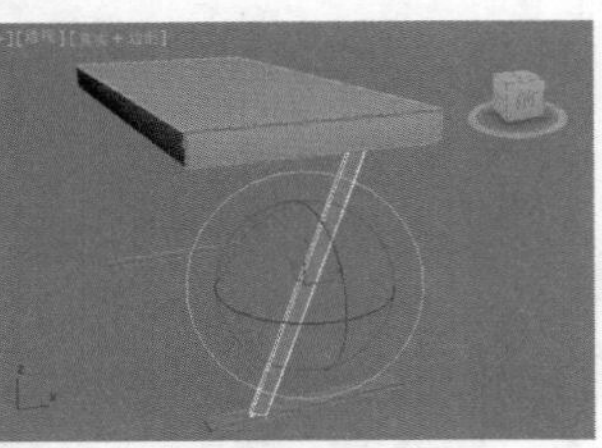
图3－91

05 选择上一步创建的模型，为其加载【编辑多边形】修改器，如图3-92所示。在【顶点】级别 下调节顶点的位置，如图3-93所示。

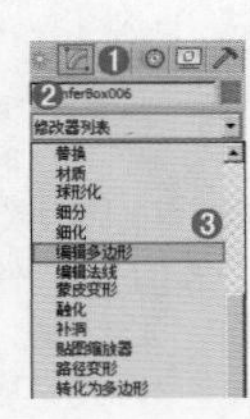
图3－92

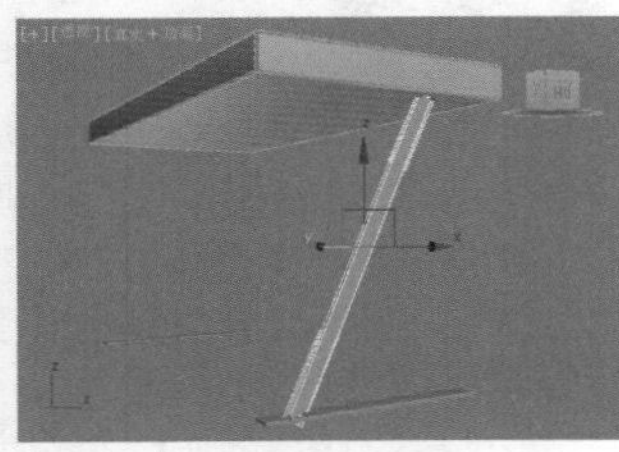
图3－93

06 选择上一步创建的模型，单击【镜像】按钮 ，并设置【镜像轴】为X轴，设置【偏移】为－44mm，【克隆当前选择】为【实例】，最后单击【确定】按钮，如图3-94所示。

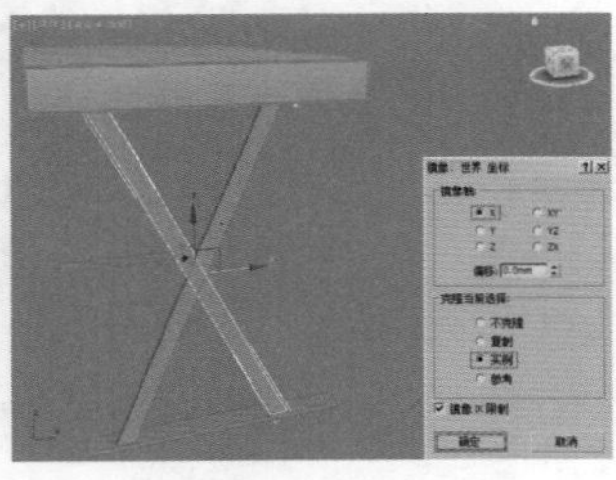
图3－94

07 选择如图3-95所示的模型，使用【选择并移动】工具 并按住Shift键复制一份，如图3-95所示。

08 最终模型效果如图3-96所示。

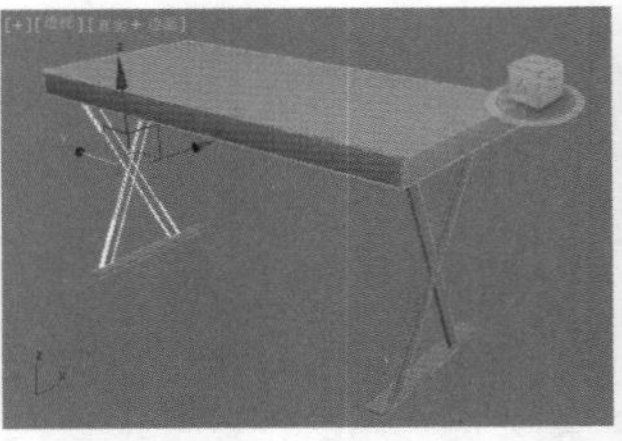
图3－95

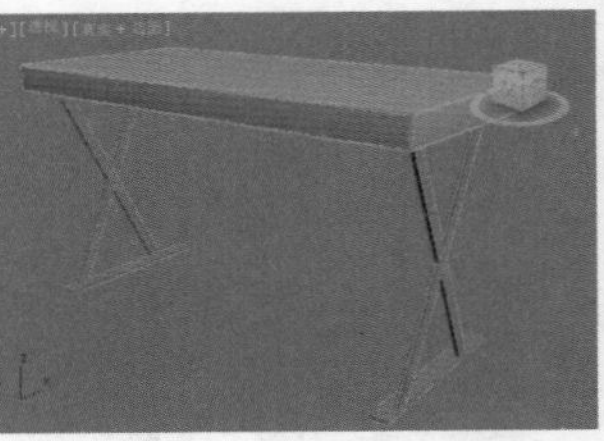
图3－96

★ 案例实战——切角长方体制作单人沙发

场景文件	无
案例文件	案例文件\Chapter 03\案例实战——切角长方体制作单人沙发.max
视频教学	视频文件\Chapter 03\案例实战——切角长方体制作单人沙发.flv
难易指数	★★☆☆☆
技术掌握	掌握内置几何体建模下【切角长方体】工具和【FFD】修改器的运用

实例介绍

现代风格单人沙发强调舒适、自然、朴素，造型相对简单。最终渲染和线框效果如图3-97所示。

图3－97

建模思路

01 使用【切角长方体】工具、FFD修改器制作沙发两侧模型

02 使用【切角长方体】工具制作沙发中间模型

单人沙发建模流程如图3-98所示。

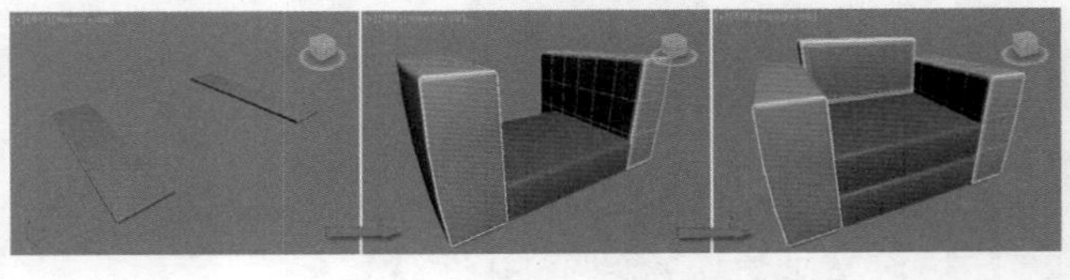
图3－98

制作步骤

01 单击 （创建）| （几何体）| 扩展基本体 | 切角长方体 按钮，在顶视图中创建一个切角长方体，并设置【长度】为210mm，【宽度】为890mm，【高度】为20mm，【圆角】为2mm，如图3-99所示。

02 选择切角长方体，然后使用【选择并移动】工具 并按住Shift键复制一份，并将其拖曳到如图3-100所示的位置。

03 使用 切角长方体 工具在顶视图中创建一个切角长方体，设置【长度】为240mm，【宽度】为910mm，【高度】为630mm，【圆角】为2mm，【长度分段】为1，【宽度分段】为6，【高度分段】为3，【圆角分段】为3，如图3-101所示。

04 选择切角长方体，然后在【修改】面板中加载【FFD3×3×3】修改器，并进入【控制点】级别，调节控制点的位置，调节后的效果如图3-102所示。

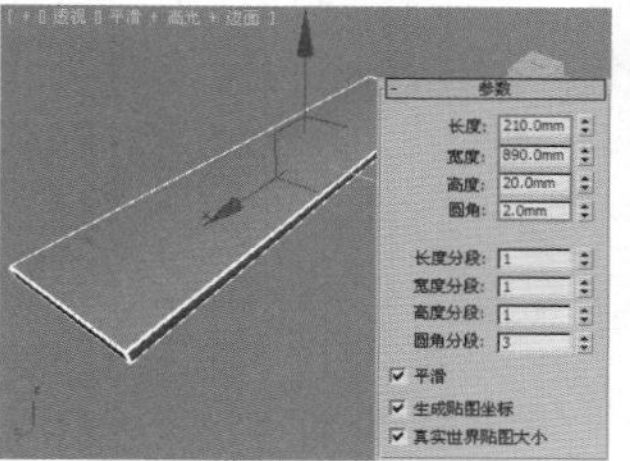
图3—99

图3—100

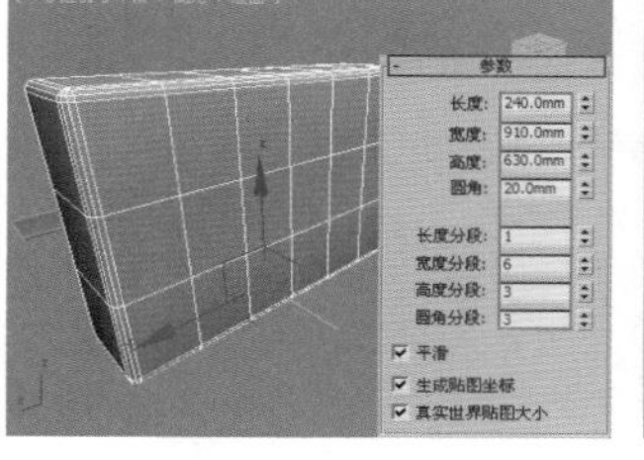
图3—101

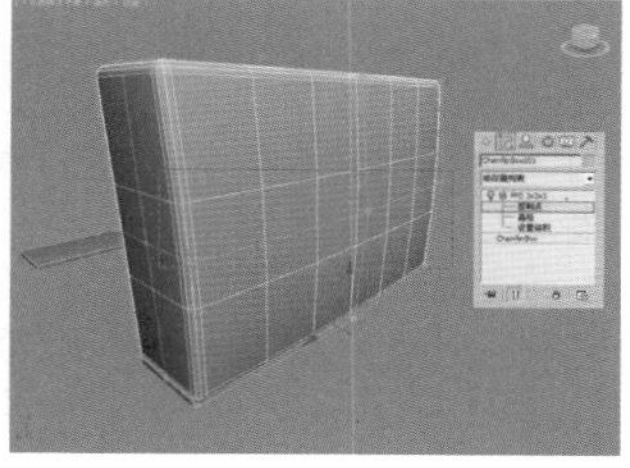
图3—102

05 选择刚创建的模型，然后单击【镜像】按钮，在弹出的【镜像 世界 坐标】对话框中设置【镜像轴】为Y轴，设置【偏移】为 - 1000mm，在【克隆当前选择】选项组中选中【实例】单选按钮，如图3-103所示。

06 使用【切角长方体】工具继续进行创建，接着设置【长度】为750mm，【宽度】为680mm，【高度】为190mm，【圆角】为20mm，如图3-104所示。

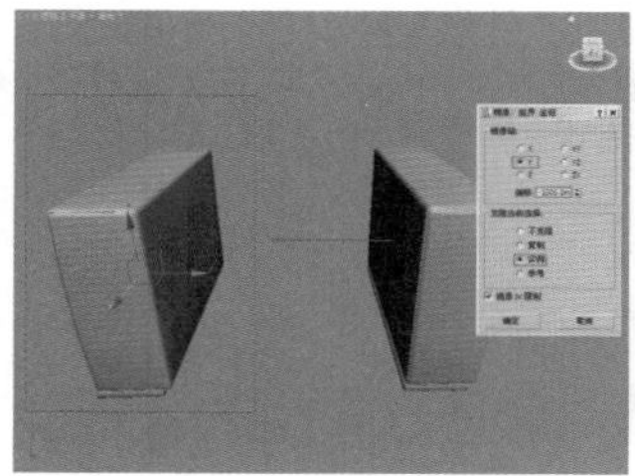
图3—103

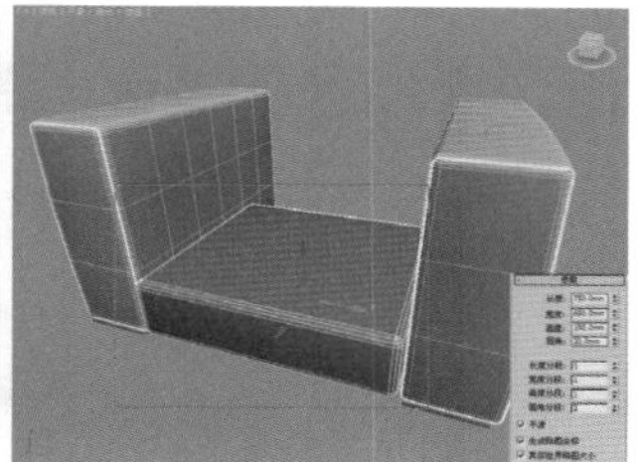
图3—104

07 选择沙发垫模型，然后将其复制一份，如图3-105所示。

08 继续在顶视图中创建切角长方体，设置【长度】为800mm，【宽度】为750mm，【高度】为230mm，【圆角】为18mm，如图3-106所示。

图3—105

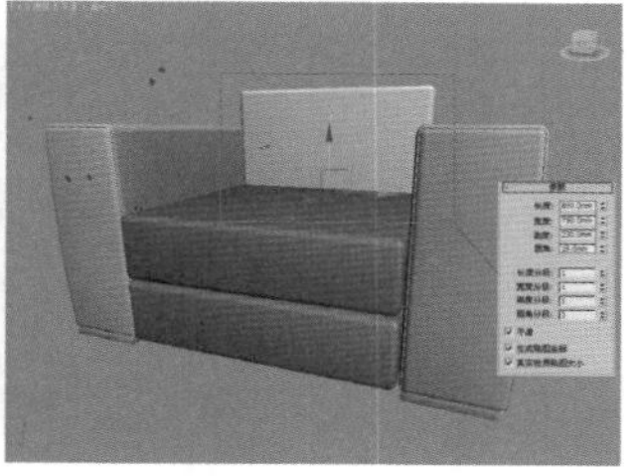
图3—106

09 继续在视图中创建切角长方体，设置【长度】为350mm，【宽度】为720mm，【高度】为40mm，【圆角】为25mm，如图3-107所示。此时沙发的最终模型效果如图3-108所示。

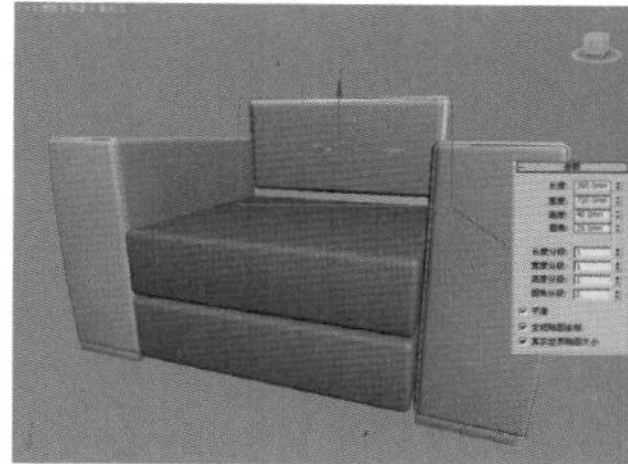
图3—107

图3—108

切角圆柱体

【切角圆柱体】工具可以创建具有倒角或圆形封口边的圆柱体，如图3-109所示。

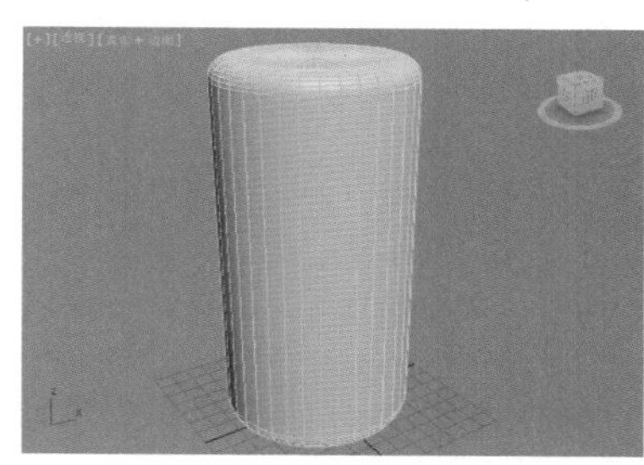
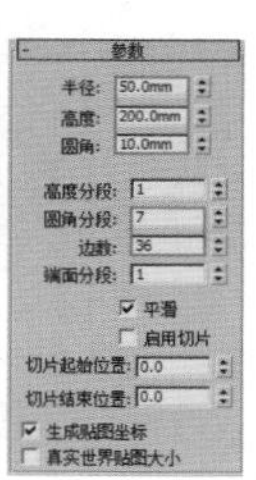
图3—109

- 圆角：斜切切角圆柱体的顶部和底部封口边。
- 圆角分段：设置圆柱体圆角边时的分段数。

★ 案例实战——切角圆柱体制作圆形茶几

场景文件	无
案例文件	案例文件\Chapter 03\案例实战——切角圆柱体制作圆形茶几.max
视频教学	视频文件\Chapter 03\案例实战——切角圆柱体制作圆形茶几.flv
难易指数	★☆☆☆☆
技术掌握	掌握【切角圆柱体】、【管状体】、【切角长方体】工具的运用

实例介绍

圆形茶几一般来说台面为钢化玻璃，辅以造型别致的仿金属电镀配件以及静电喷涂钢管、不锈钢等底架，典雅华贵、简洁实用。最终渲染和线框效果如图3-110所示。

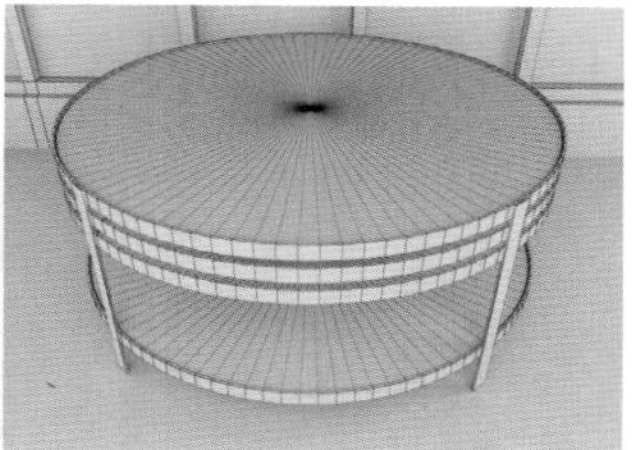
图3—110

建模思路

01 使用【切角圆柱体】工具创建茶几面模型

02 使用【管状体】和【切角长方体】工具创建茶几支撑模型

圆形茶几建模流程如图3-111所示。

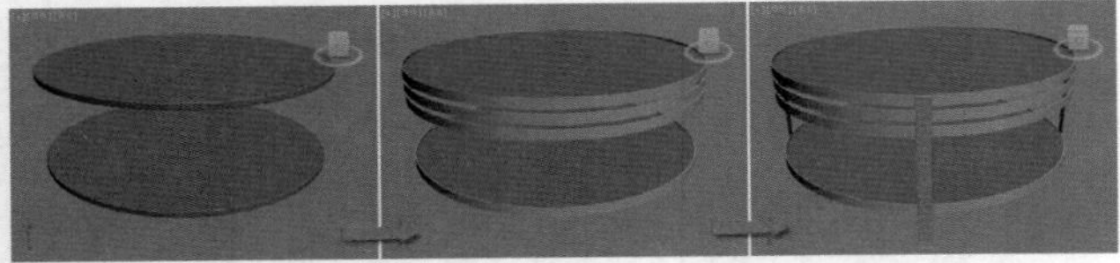

图3-111

制作步骤

01 单击 ✲（创建）| ○（几何体）| 扩展基本体 | 切角圆柱体 按钮，在顶视图中创建2个切角圆柱体，并设置【半径】为50mm，【高度】为2mm，【圆角】为0.2mm，【圆角分段】为4，禁用【平滑】选项，如图3-112所示。

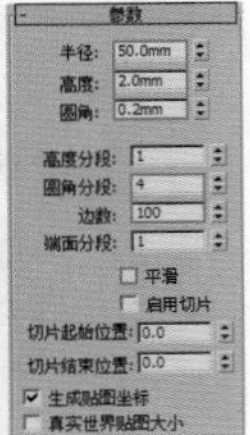

图3-112

02 单击 ✲（创建）| ○（几何体）| 标准基本体 | 管状体 按钮，在顶视图中创建4个管状体，并设置【半径1】为50mm，【半径2】为50.5mm，【高度】为3mm，【边数】为100，如图3-113所示。

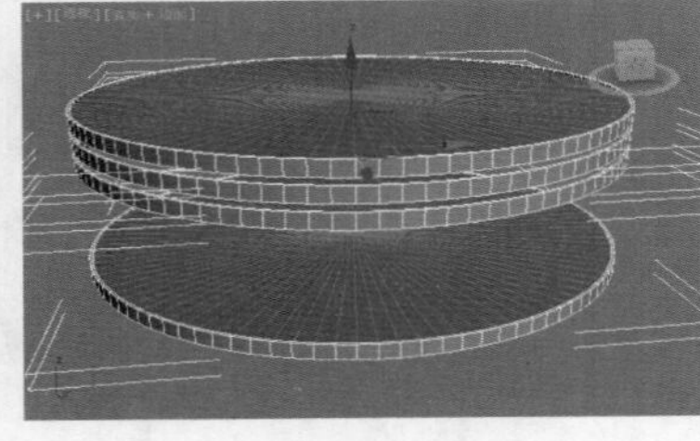

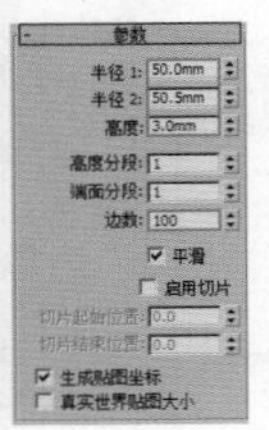

图3-113

03 单击 ✲（创建）| ○（几何体）| 扩展基本体 | 切角长方体 按钮，在顶视图中创建4个切角长方体，并设置【长度】为0.5mm，【宽度】为4mm，【高度】为45mm，【圆角】为0.1mm，禁用【平滑】选项，如图3-114所示。

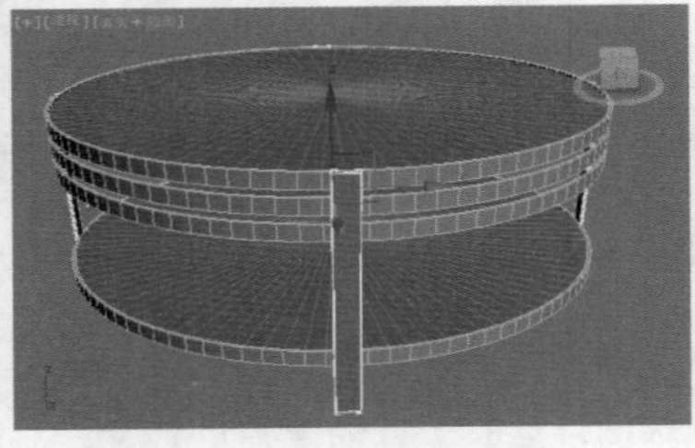

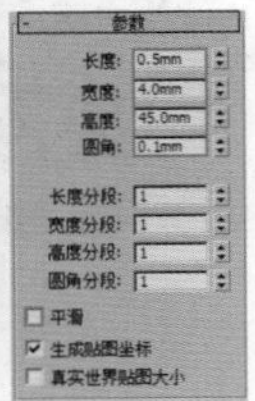

图3-114

04 最终模型效果如图3-115所示。

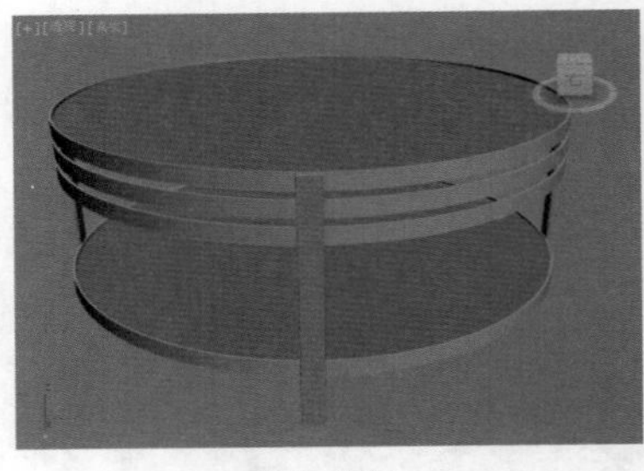

图3-115

★ 案例实战——制作简约落地灯

场景文件	无
案例文件	案例文件\Chapter 03\综合实战——制作简约落地灯.max
视频教学	视频文件\Chapter 03\综合实战——制作简约落地灯.flv
难易指数	★★☆☆☆
技术掌握	掌握【圆柱体】、【管状体】、【长方体】工具的运用

实例介绍

落地灯一般布置在客厅和休息区域，与沙发、茶几配合使用，以满足房间局部照明和点缀、装饰家庭环境的需求。但要注意不能放置在高大家具旁或妨碍活动的区域里。最终渲染和线框效果如图3-116所示。

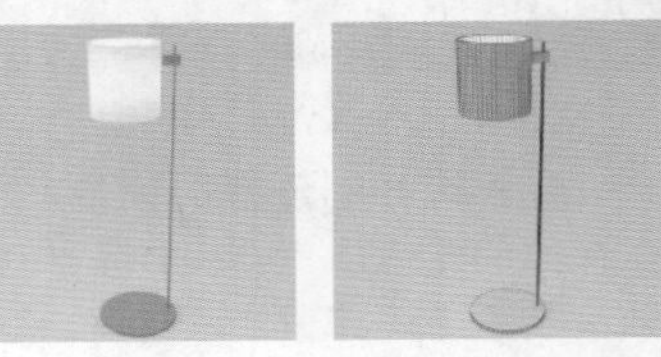

图3-116

建模思路

01 使用【圆柱体】工具创建落地灯支架模型

02 使用【管状体】和【长方体】工具制作灯罩模型

简约落地灯建模流程如图3-117所示。

图3-117

制作步骤

01 单击 ✲（创建）| ○（几何体）| 标准基本体 | 圆柱体 按钮，在视图中创建一个圆柱体，并设置【半径】为30mm，【高度】为3mm，【边数】为50，如图3-118所示。

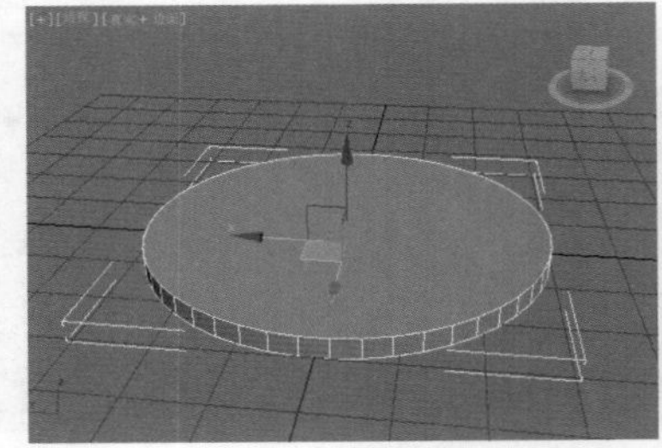

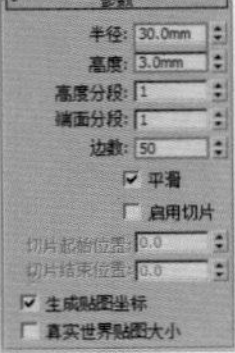

图3-118

02 单击（创建）|（几何体）| 标准基本体 | 圆柱体 按钮，在视图中创建一个圆柱体，并设置【半径】为1mm，【高度】为220mm，【边数】为18，如图3-119所示。

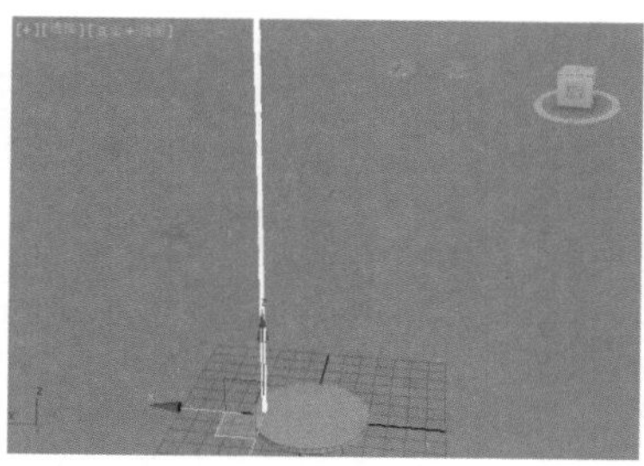
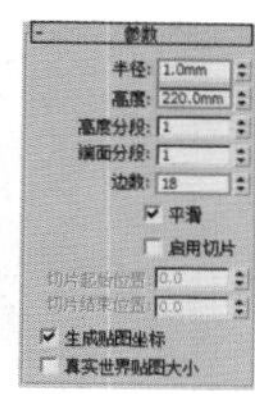

图3—119

03 单击（创建）|（几何体）| 标准基本体 | 长方体 按钮，在视图中创建一个长方体，并设置【长度】为6.9mm，【宽度】为13mm，【高度】为2.9mm，如图3-120所示。

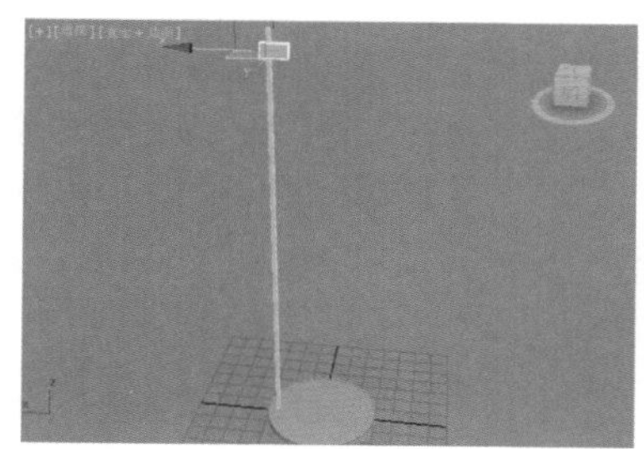

图3—120

04 单击（创建）|（几何体）| 标准基本体 | 管状体 按钮，在视图中创建一个管状体，并设置【半径1】为25mm，【半径2】为24mm，【高度】为50mm，【边数】为50，如图3-121所示。

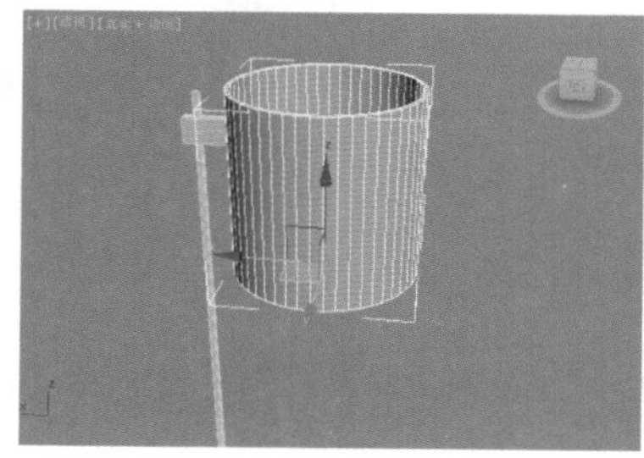
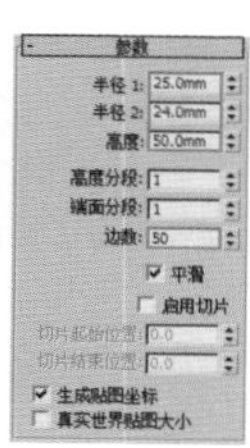

图3—121

05 最终模型效果如图3-122所示。

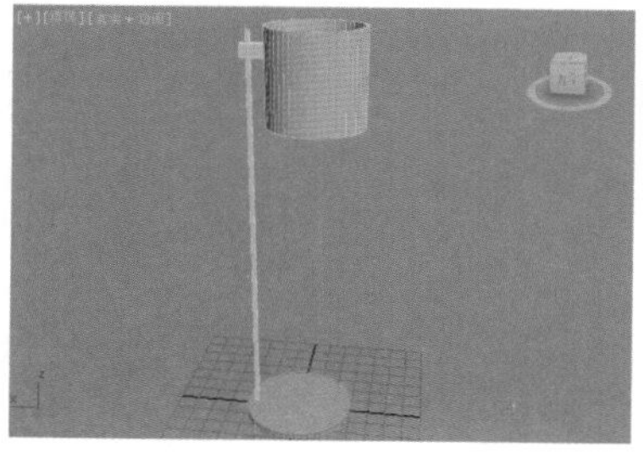

图3—122

油罐

【油罐】工具可以创建带有凸面封口的圆柱体，如图3-123所示。

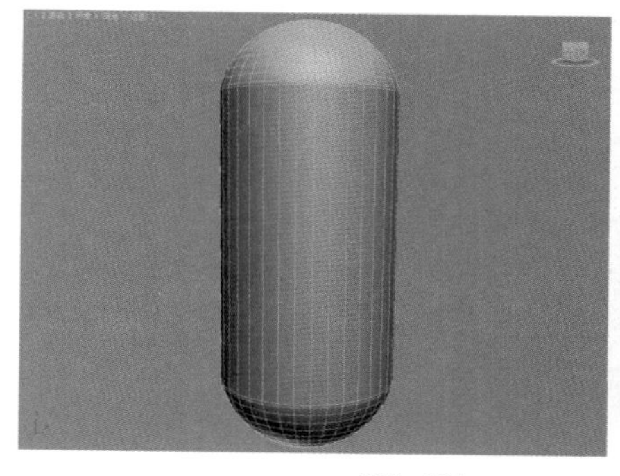

图3—123

- 半径：设置油罐的半径。
- 高度：设置沿着中心轴的维度。
- 封口高度：设置凸面封口的高度。
- 总体/中心：决定【高度】值指定的内容。
- 混合：大于0时将在封口的边缘创建倒角。
- 边数：设置油罐周围的边数。
- 高度分段：设置沿着油罐主轴的分段数量。
- 平滑：混合油罐的面，从而在渲染视图中创建平滑的外观。

胶囊

【胶囊】工具可以创建带有半球状封口的圆柱体，如图3-124所示。

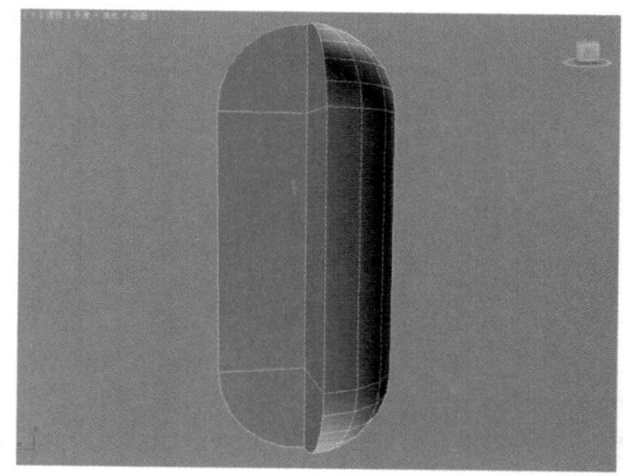

图3—124

读书笔记

纺锤

【纺锤】工具可以创建带有圆锥形封口的圆柱体，如图3-125所示。

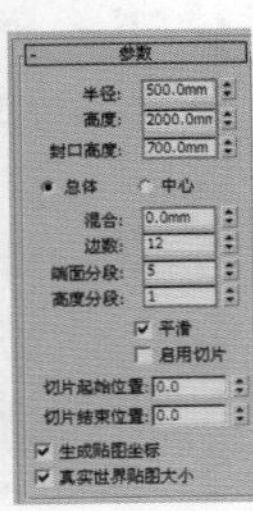
图3—125

L-Ext

L-Ext工具可以创建挤出的 L 形对象，如图3-126所示。

图3—126

- 侧面/前面长度：指定L每个脚的长度。
- 侧面/前面宽度：指定L每个脚的宽度。
- 高度：指定对象的高度。
- 侧面/前面分段：指定该对象特定脚的分段数。
- 宽度/高度分段：指定整个宽度和高度的分段数。

球棱柱

【球棱柱】工具可以创建可选的圆角面边挤出的规则面多边形，如图3-127所示。

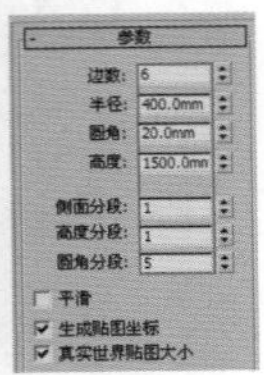
图3—127

C-Ext

C-Ext工具可以创建挤出的C形对象，如图3-128所示。

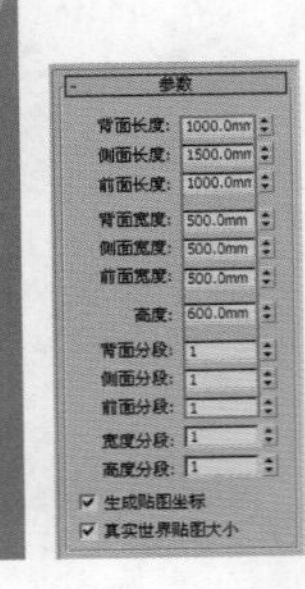
图3—128

- 背面/侧面/前面长度：指定三个侧面的每一个长度。
- 背面/侧面/前面宽度：指定三个侧面的每一个宽度。
- 高度：指定对象的总体高度。
- 背面/侧面/前面分段：指定对象特定侧面的分段数。
- 宽度/高度分段：设置该分段以指定对象的整个宽度和高度的分段数。

棱柱

【棱柱】工具可以创建带有独立分段面的三面棱柱，如图3-129所示。

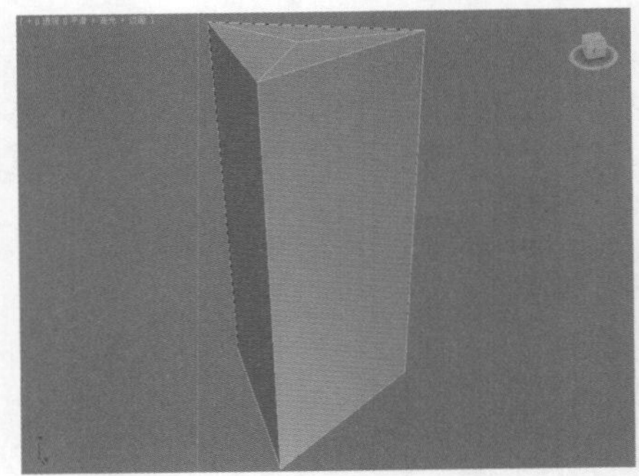
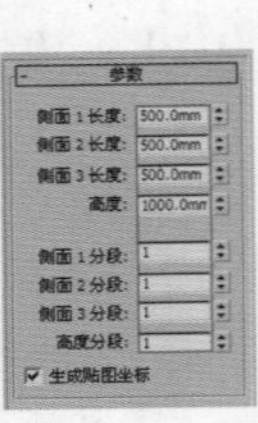
图3—129

- 侧面（1/2/3）长度：设置三角形对应面的长度（以及三角形的角度）。
- 高度：设置棱柱体中心轴的维度。
- 侧面（1/2/3）分段：指定棱柱体每个侧面的分段数。
- 高度分段：设置沿着棱柱体主轴的分段数量。

读书笔记

软管

【软管】工具可以创建类似管状结构的模型，如图3-130所示。

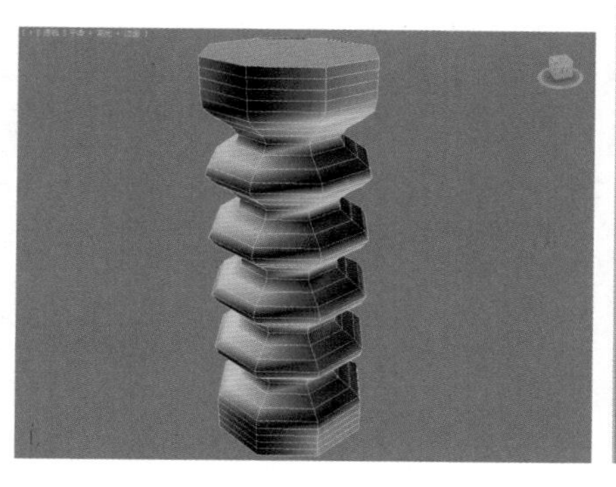
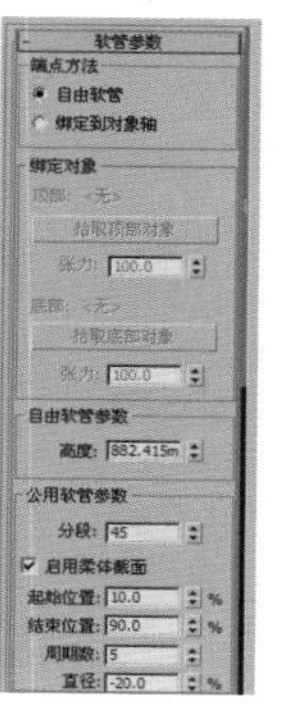

图3-130

01 端点方法

- 自由软管：如果只是将软管作为一个简单的对象，而不绑定到其他对象，则需要选中该单选按钮。
- 绑定到对象轴：如果要把软管绑定到对象中，必须选中该单选按钮。

02 绑定对象

- 顶部/底部（标签）：显示顶部/底部绑定对象的名称。
- 拾取顶部对象：单击该按钮，然后选择顶部对象。
- 张力：确定当软管靠近底部对象时顶部对象附近的软管曲线的张力。

03 自由软管参数

- 高度：用于设置软管未绑定时的垂直高度或长度。

04 公用软管参数

- 分段：软管长度中的总分段数。
- 启用柔体截面：如果启用，则可以为软管的中心柔体截面设置以下4个参数。
- 起始位置：从软管的始端到柔体截面开始处占软管长度的百分比。
- 末端：从软管的末端到柔体截面结束处占软管长度的百分比。
- 周期数：柔体截面中的起伏数目。可见周期的数目受限于分段的数目。

技巧提示

要设置合适的分段数目，首先应设置周期，然后增大分段数目，直到可见周期停止变化为止。

- 直径：周期【外部】的相对宽度。
- 平滑：定义要进行平滑处理的几何体。
- 可渲染：如果启用，则使用指定的设置对软管进行渲染。

05 软管形状

- 圆形软管：设置为圆形的横截面。
- 长方形软管：可指定不同的宽度和深度设置。
- D 截面软管：与矩形软管类似，但一个边呈圆形，形成D形状的横截面。

3.3 创建复合对象

复合对象通常将两个或多个现有对象组合成单个对象，并可以非常快速地制作出很多特殊的模型。复合对象包含12种类型，分别是变形、散布、一致、连接、水滴网格、图形合并、布尔、地形、放样、网格化、ProBoolean和ProCutter，如图3-131所示。

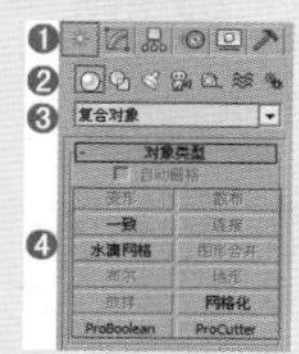

图3-131

- 变形：可以通过两个或多个物体间的形状来制作动画。
- 散布：可以将对象散布在对象的表面，也可以将对象散布在指定的物体上。
- 一致：可以将一个物体的顶点投射到另一个物体上，使被投射的物体产生变形。
- 连接：可以将两个物体连接成一个物体，同时也可以通过参数来控制这个物体的形状。
- 水滴网格：水滴网格是一种实体球，它将近距离的水滴网格融合到一起，用来模拟液体。
- 图形合并：可以将二维造型融合到三维网格物体上，还可以通过不同的参数来切掉三维网格物体的内部或外部对象。
- 布尔：运用布尔运算方法对物体进行运算。
- 地形：可以将一个或多个二维图形变成一个平面。

- 放样：可以将二维的图形转化为三维物体。
- 网格化：一般情况下都配合粒子系统一起使用。
- ProBoolean：可以将大量功能添加到传统的3ds Max布尔对象中。
- ProCutter：可以执行特殊的布尔运算，主要目的是分裂或细分体积。

技巧提示

在效果图制作中，最常用到的是【图形合并】、【布尔】、ProBoolean、【放样】四种复合物体类型，因此下面将重点讲解这几种类型。

本节知识导读：

工具名称	工具用途	掌握级别
放样	制作如石膏线、油画框、管状物体等	★★★★★
ProBoolean	制作带有凹陷或凸出的物体	★★★★★
布尔	制作带有凹陷或凸出的物体	★★★★★
图形合并	制作物体表面带有细节的物体，如戒指、桌子的花纹	★★★★☆
散布	制作一个物体散布在另外一个物体上的模型，如漫山遍野的花	★★★★☆
变形	制作变形的物体	★★★☆☆
连接	制作两个物体连接的模型	★★★☆☆
一致	制作一个物体将另一个物体包裹的模型	★★☆☆☆
水滴网格	制作水滴模型效果	★★☆☆☆
地形	制作类似山体、地形的模型	★★☆☆☆
ProCutter	制作物体和物体进行切割的模型	★★☆☆☆
网格化	可与粒子系统结合使用，该功能不常用	★☆☆☆☆

3.3.1 图形合并

技术速查：【图形合并】工具可以创建包含网格对象和一个或多个图形的复合对象。这些图形嵌入在网格中（将更改边与面的模式），或从网格中消失。可以快速制作出物体表面带有花纹的效果。

参数设置如图3-132所示。模拟出的效果如图3-133所示。

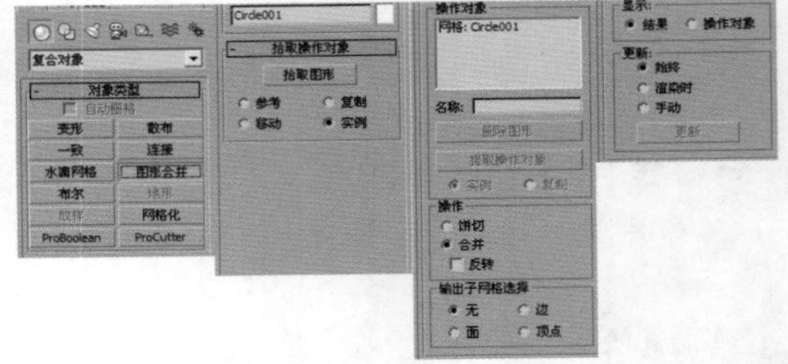

图3-132

图3-133

- 拾取图形：单击该按钮，然后单击要嵌入网格对象中的图形。
- 参考/复制/移动/实例：指定如何将图形传输到复合对象中。
- 【操作对象】列表：在复合对象中列出所有操作对象。
- 删除图形：从复合对象中删除选中图形。
- 提取操作对象：提取选中操作对象的副本或实例。在列表选择操作对象时此按钮可用。
- 实例/复制：指定如何提取操作对象。可以作为实例或副本进行提取。
- 饼切：切去网格对象曲面外部的图形。
- 合并：将图形与网格对象曲面合并。
- 反转：反转【饼切】或【合并】效果。
- 更新：当选中除【始终】之外的任一选项时更新显示。

3.3.2 布尔

技术速查：【布尔】工具是通过对两个以上的物体进行并集、差集、交集运算，从而得到新的物体形态。系统提供了5种布尔运算方式，分别是【并集】、【交集】和【差集（A-B）】、【差集（B-A）】和【切割】。

单击 布尔 按钮可以展开布尔的参数设置面板，如图3-134所示。

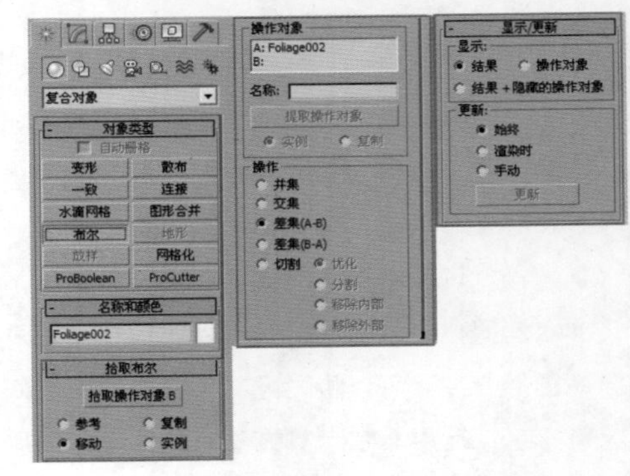

图3-134

- 拾取操作对象B：单击该按钮可以在场景中选择另一个运算物体来完成布尔运算。以下4个选项用来控制运算对象B的属性，必须在拾取运算对象B之前确定采用哪种类型。
  - 参考：将原始对象的参考复制品作为运算对象B，若在以后改变原始对象，同时也会改变布尔物体中的运算对象B，但改变运算对象B时，不会改变原始对象。

- 复制：复制一个原始对象作为运算对象B，而不改变原始对象（当原始对象还要用在其他地方时采用这种方式）。
- 移动：将原始对象直接作为运算对象B，而原始对象本身不再存在（当原始对象无其他用途时采用这种方式）。
- 实例：将原始对象的关联复制品作为运算对象B，若在以后对两者的任意一个对象进行修改时都会影响另一个。

- 操作对象：主要用来显示当前运算对象的名称。
- 操作：该选项组用于指定采用何种方式来进行布尔运算，共有以下5种。
  - 并集：将两个对象合并，相交的部分将被删除，运算完成后两个物体将合并为一个物体。
  - 交集：将两个对象相交的部分保留下来，删除不相交的部分。
  - 差集（A-B）：在A物体中减去与B物体重合的部分。
  - 差集（B-A）：在B物体中减去与A物体重合的部分。
  - 切割：用B物体切除A物体，但不在A物体上添加B物体的任何部分，共有【优化】、【分割】、【移除内部】和【移除外部】4个选项。【优化】是在A物体上沿着B物体与A物体相交的面来增加顶点和边数，以优化A物体的表面；【分割】是在B物体上切割A物体的部分边缘，并且会增加一排顶点，利用这种方法可以根据其他物体的外形将一个物体分成两部分；【移除内部】是删除A物体在B物体内部的所有片段面；【移除外部】是删除A物体在B物体外部的所有片段面。
- 显示：该选项组中的参数用来决定是否在视图中显示布尔运算的结果。
- 更新：该选项组中的参数用来决定何时进行重新计算并显示布尔运算的结果。
  - 始终：每一次操作后都立即显示布尔运算的结果。
  - 渲染时：只有在最后渲染时才重新计算更新效果。
  - 手动：选中该单选按钮可以激活下面的按钮。
  - 更新：当需要观察更新效果时，可以单击该按钮，系统将会重新进行计算。

技巧提示

在使用【布尔】工具时，一定要注意操作步骤，因为布尔运算极易出现错误，而且一旦执行布尔运算操作后，对模型修改非常不利，因此不推荐经常使用【布尔】工具。若需要使用【布尔】工具时，需将模型制作到一定精度，并确定模型不再修改时再进行操作。同时【布尔】工具与ProBoolean（超级布尔）工具十分类似，而且ProBoolean（超级布尔）工具的布线要比【布尔】工具好很多，在这里我们不重复进行讲解。

3.3.3 ProBoolean

技术速查：ProBoolean工具通过对两个或多个其他对象执行超级布尔运算将它们组合起来。ProBoolean比布尔更高级，布尔工具会产生大量杂乱的线，而ProBoolean产生杂乱的线相对比较少，推荐读者使用ProBoolean工具。

具体步骤如图3-135所示。

ProBoolean 还可以自动将布尔结果细分为四边形面，这有助于将网格平滑和涡轮平滑。同时还可以从布尔对象中的多边形上移除边，从而减少多边形数目的边百分比，如图3-136所示。

ProBoolean工具的参数设置如图3-137所示。

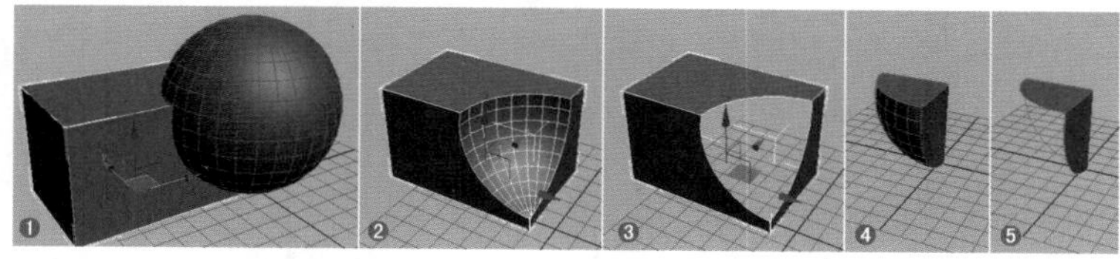

图 3—135

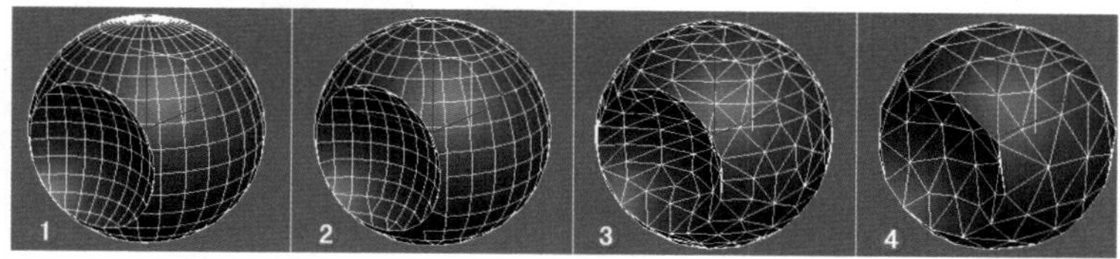

图3—136

图 3—137

- **开始拾取**：单击此按钮，然后依次单击要传输至布尔对象的每个运算对象。在拾取每个运算对象之前，可以更改【参考/复制/移动/实例化】选择、【运算】选择和【应用材质】选择。
- **运算**：这些设置确定布尔运算对象实际如何交互。
  - **并集**：将两个或多个单独的实体组合到单个布尔对象中。
  - **交集**：从原始对象之间的物理交集中创建一个新对象，移除未相交的体积。
  - **差集**：从原始对象中移除选定对象的体积。
  - **合集**：将对象组合到单个对象中，而不移除任何几何体。在相交对象的位置创建新边。
  - **附加**：将两个或多个单独的实体合并成单个布尔型对象，而不更改各实体的拓扑。
  - **插入**：先从第一个操作对象减去第二个操作对象的边界体积，然后再组合这两个对象。
  - **盖印**：将图形轮廓（或相交边）打印到原始网格对象上。
  - **切面**：切割原始网格图形的面，只影响这些面。
- **显示**：可以选择显示的模式。
  - **结果**：只显示布尔运算而非单个运算对象的结果。
  - **运算对象**：定义布尔结果的运算对象。使用该模式编辑运算对象并修改结果。
- **应用材质**：可以选择一个材质的应用模式。
  - **应用运算对象材质**：布尔运算产生的新面获取运算对象的材质。
  - **保留原始材质**：布尔运算产生的新面保留原始对象的材质。
- **子对象运算**：这些函数对在层次视图列表中高亮显示的运算对象进行运算。
  - **提取所选对象**：根据选中的单选按钮，有三种模式，分别为移除、复制、实例。
  - **重排运算对象**：在层次视图列表中更改高亮显示的运算对象的顺序。
  - **更改运算**：为高亮显示的运算对象更改运算类型。
- **更新**：这些选项确定在进行更改后，何时在布尔对象上执行更新。可以选择【始终】、【手动】、【仅限选定时】、【仅限渲染时】方式。
- **四边形镶嵌**：这些选项启用布尔对象的四边形镶嵌。
- **移除平面上的边**：此选项组确定如何处理平面上的多边形。

★ 案例实战——超级布尔运算制作水果盘

场景文件	无
案例文件	案例文件\Chapter 03\案例实战——超级布尔运算制作水果盘.max
视频教学	视频文件\Chapter 03\案例实战——超级布尔运算制作水果盘.flv
难易指数	★★☆☆☆
技术掌握	掌握【切角长方体】工具、ProBoolean工具的运用

实例介绍

水果盘是一种主要盛放水果、瓜子等物体的容器，具有方便、循环利用、时尚等特点，一般造型为两侧较高、中间较低。最终渲染和线框效果如图3-138所示。

图3—138

建模思路

01 使用【切角圆柱体】和【切角长方体】工具进行创建并摆放到正确位置

02 使用ProBoolean工具制作出果盘模型

水果盘建模流程如图3-139所示。

图3—139

制作步骤

01 单击（创建）|（几何体）|扩展基本体|切角圆柱体按钮，在顶视图中创建一个切角圆柱体，并设置【半径】为120mm，【高度】为30mm，【圆角】为3mm，【圆角分段】为5，【边数】为8，禁用【平滑】选项，如图3-140所示。

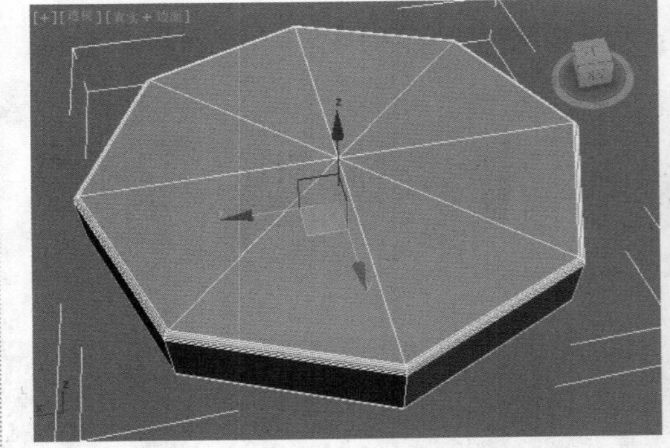
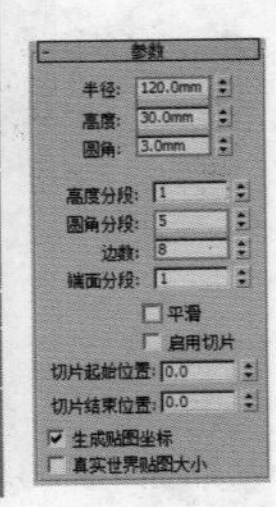

图3—140

02 单击（创建）|（几何体）|扩展基本体|切角长方体按钮，在顶视图中创建一个切角长方体，并

设置【长度】为150mm，【宽度】为150mm，【高度】为50mm，【圆角】为5mm，【圆角分段】为10，禁用【平滑】选项，如图3-141所示。

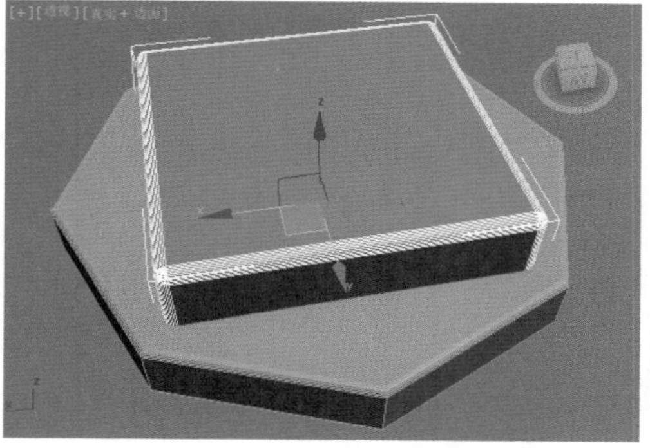

图3-141

03 选择切角圆柱体模型，并单击「复合对象」|「ProBoolean」按钮，接着单击「开始拾取」按钮，最后单击拾取刚才的切角长方体模型，如图3-142所示。

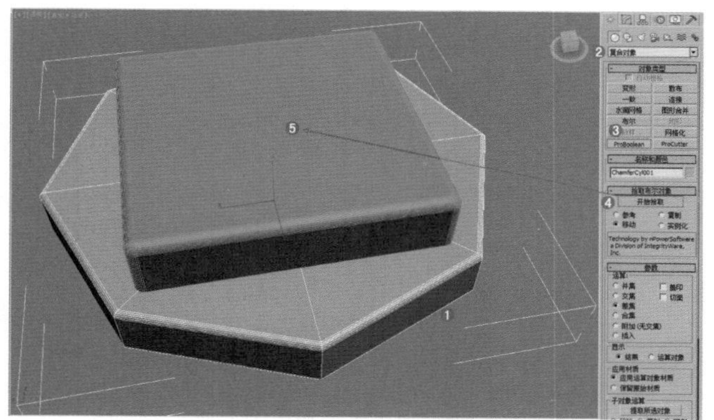

图3-142

技巧提示

在执行布尔或超级布尔运算时，一定要注意选择模型的先后顺序，选择模型的次序不同，则会出现不同的扣除效果。

04 进行超级布尔后的模型效果如图3-143所示。

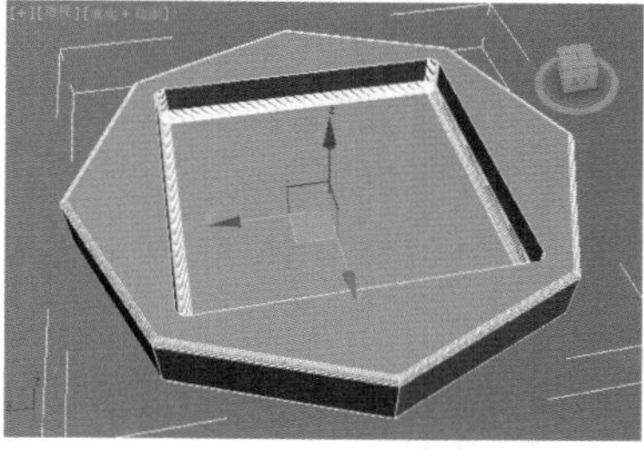

图3-143

05 继续将苹果模型制作出来，并放置到果盘中，如图3-144所示。

图3-144

06 最终模型效果如图3-145所示。

图3-145

3.3.4 放样

技术速查：【放样】工具是沿着第三个轴挤出的二维图形。从两个或多个现有样条线对象中创建放样对象，这些样条线之一会作为路径，其余的样条线会作为放样对象的横截面或图形。沿着路径排列图形时，3ds Max Design 会在图形之间生成曲面。

放样是一种特殊的建模方法，能快速地创建出多种模型，如画框、石膏线、吊顶、踢脚线等，如图3-146所示。其参数设置如图3-147所示。

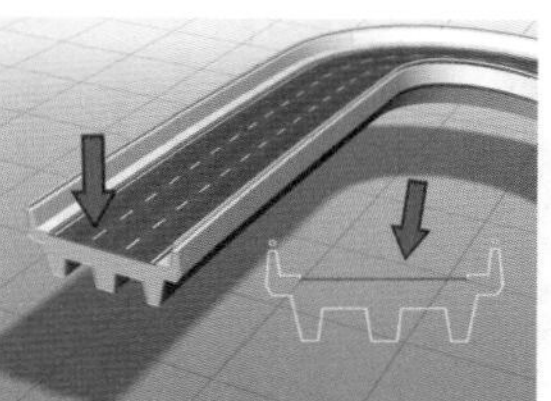

图3-146

图3-147

技巧提示

放样建模是3ds Max的一种很强大的建模方法，在放样建模中可以对放样对象进行变形编辑，包括缩放、旋转、倾斜、倒角和拟合。

★ 案例实战——放样制作油画框

场景文件	无
案例文件	案例文件\Chapter 03\案例实战——放样制作油画框.max
视频教学	视频文件\Chapter 03\案例实战——放样制作油画框.flv
难易指数	★★☆☆☆
技术掌握	掌握样条线建模下【线】工具、【矩形】工具、【放样】工具的运用

实例介绍

油画框就是具有欧式风格的画框，造型别致、细节丰富。最终渲染和线框效果如图3-148所示。

图3—148

建模思路

01 **使用【线】工具、【矩形】工具绘制图形**

02 **使用【放样】工具制作油画框模型**

油画框建模流程如图3-149所示。

图3—149

制作步骤

01 使用【线】工具在前视图中绘制一条如图3-150所示的样条线。

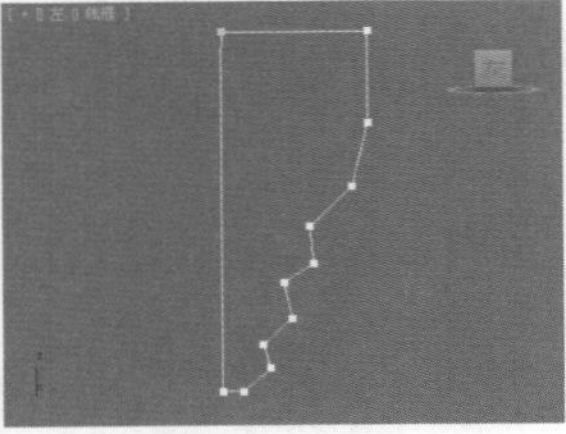

图3—150

02 在【顶点】级别下选择如图3-151所示的顶点，然后右击并在弹出的菜单中选择【平滑】命令，将选择的顶点进行圆滑处理，如图3-152所示。

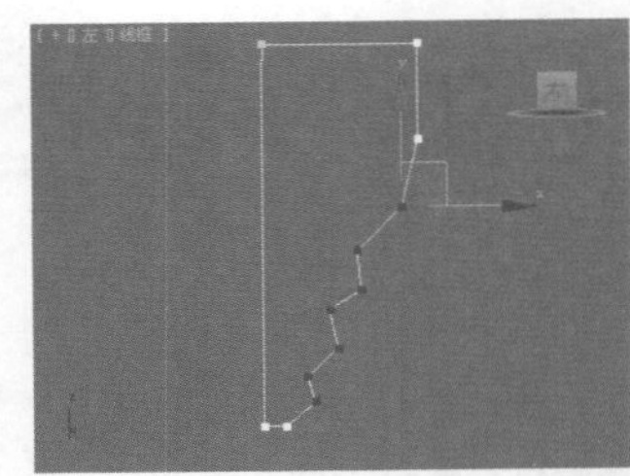

图3—151

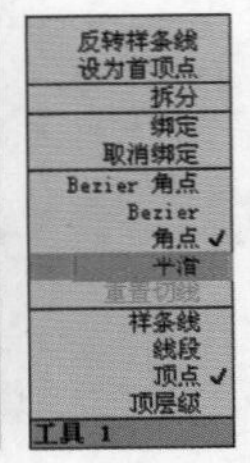

图3—152

03 使用 矩形 工具在顶视图中创建一个矩形，在【修改】面板下展开【参数】卷展栏，设置【长度】为1600mm，【宽度】为1100mm，如图3-153所示。

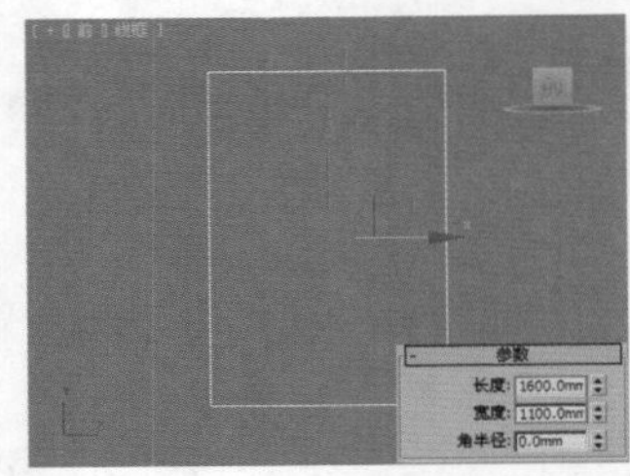

图3—153

04 选择矩形，单击（创建）|（几何体）| 复合对象 | 放样 按钮，然后单击 获取图形 按钮，并拾取场景中的样条线，如图3-154所示。

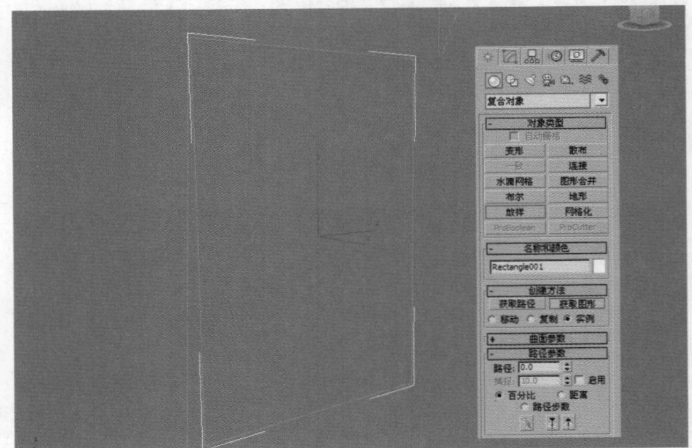

图3—154

05 放样后的模型效果如图3-155所示。

图3—155

06 选择放样后的模型，在【修改】面板中单击【图形】子级别并选择模型中的图形，如图3-156所示，使用

【选择并旋转】工具将图形按照Z轴进行旋转90°，此时模型效果如图3-157所示。

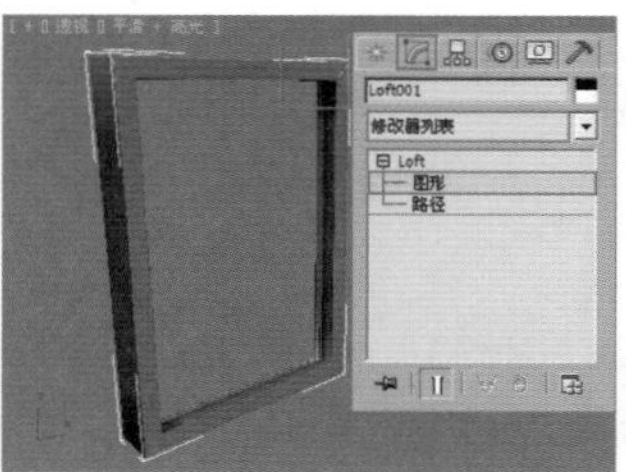
图3-156

图3-157

07 选择放样后的模型，展开【曲面参数】卷展栏，在【平滑】选项组中禁用【平滑长度】选项，如图3-158所示。

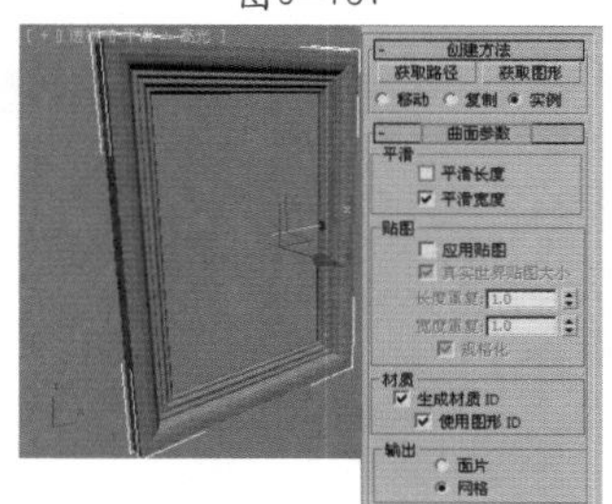
图3-158

08 使用平面工具在前视图中创建平面，进入【修改】面板中展开【参数】卷展栏，设置【长度】为1400mm，【宽度】为920mm，如图3-159所示。

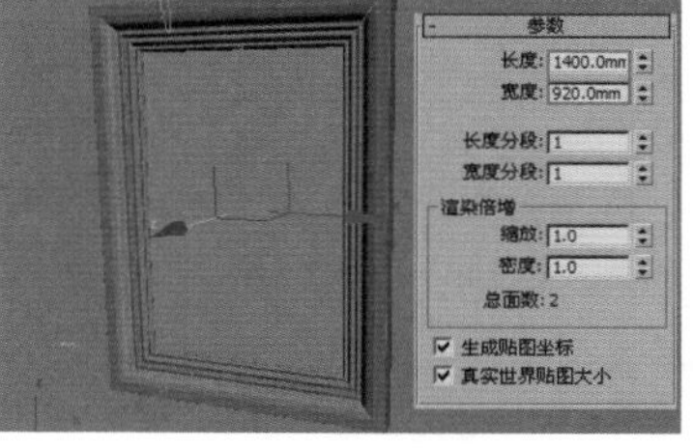
图3-159

09 最终模型效果如图3-160所示。

图3-160

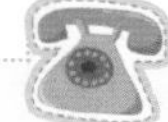

答疑解惑：为什么放样后的模型不是我们想要的？

在这个案例中使用【放样】工具制作画框模型，我们会看到默认情况下，三维截面方向是向内的，如图3-161所示。

当然我们也可以任意调整三维截面的朝向。进入【修改】面板，单击Loft下的【图形】子级别，然后选择画框的【图形】子级别，并使用【选择并旋转】工具，打开【角度捕捉】切换工具，并沿Z轴将【图形】子级别旋转90°，如图3-162所示。

当然也可以修改边框的厚度。进入【修改】面板，单击Loft下的【图形】子级别，然后选择画框的【图形】子级别，并使用【选择并均匀缩放】工具沿某一轴向（此处可以沿Y轴）进行缩放，如图3-163所示。

图3-161

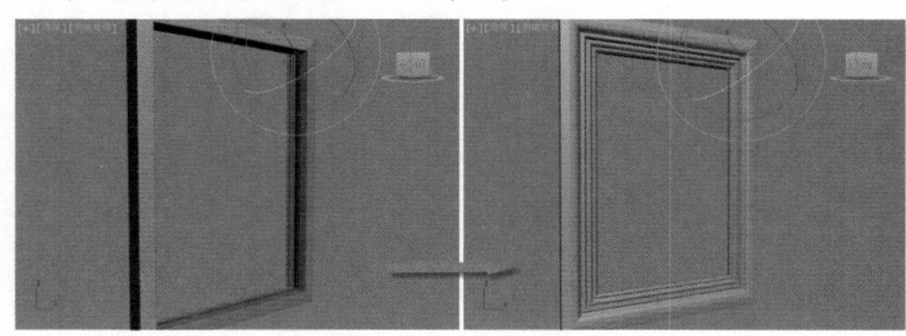
图3-162

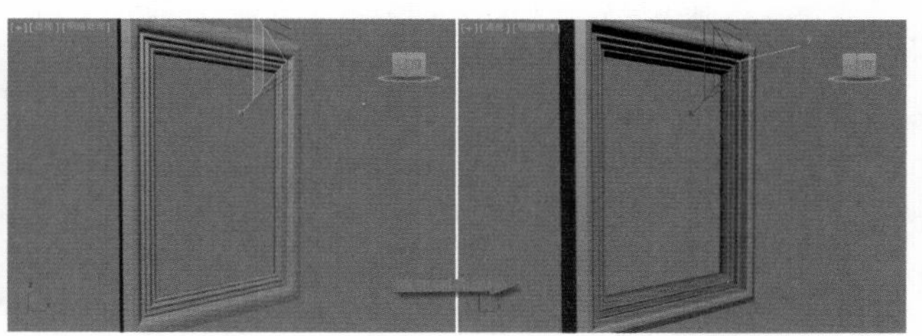
图3-163

3.4 创建建筑对象

3.4.1 AEC扩展

技术速查：【AEC扩展】对象专门用在建筑、工程和构造等领域，使用【AEC扩展】对象可以提高创建场景的效率。

【AEC扩展】对象包括【植物】、【栏杆】和【墙】3种类型，如图3-164所示。

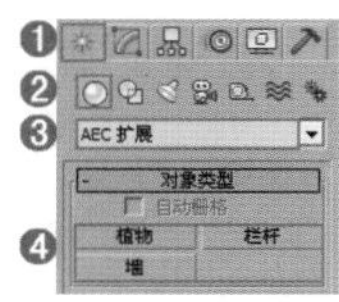
图3-164

本节知识导读：

工具名称	工具用途	掌握级别
植物	制作植物，如棕榈、松树等，但是模型不够精致	★★★★☆
栏杆	制作栏杆模型	★★★★☆
墙	制作墙体模型	★★★★☆

植物

使用 植物 工具可以快速地创建出系统内置的植物模型。植物的创建方法很简单，首先将【几何体】类型切换为【AEC扩展】类型，然后单击 植物 按钮，接着在【收藏的植物】卷展栏中选择树种，最后在视图中拖曳光标即可创建出相应的植物，如图3-165所示。植物参数如图3-166所示。

图3-165

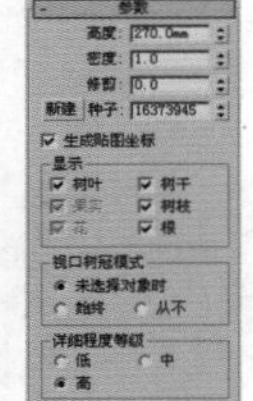

图3-166

- 高度：控制植物的近似高度，这个高度不一定是实际高度，它只是一个近似值。
- 密度：控制植物叶子和花朵的数量。值为1表示植物具有完整的叶子和花朵；值为5表示植物具有1/2的叶子和花朵；值为0表示植物没有叶子和花朵。
- 修剪：只适用于具有树枝的植物，可以用来删除与构造平面平行的不可见平面下的树枝。值为0表示不进行修剪；值为1表示尽可能修剪植物上的所有树枝。

技巧提示

3ds Max从植物上修剪植物取决于植物的种类，如果是树干，则永不进行修剪。

- 新建：显示当前植物的随机变体，其旁边是【种子】的显示数值。
- 生成贴图坐标：对植物应用默认的贴图坐标。
- 显示：该选项组中的参数主要用来控制植物的树叶、果实、花、树干、树枝和根的显示情况，启用相应选项后，与其对应的对象就会在视图中显示出来。
- 视图树冠模式：该选项组用于设置树冠在视口中的显示模式。
  - 未选择对象时：当没有选择任何对象时以树冠模式显示植物。
  - 始终：始终以树冠模式显示植物。
  - 从不：从不以树冠模式显示植物，但是会显示植物的所有特性。

技巧提示

为了节省计算机的资源，使得在对植物操作时比较流畅，我们可以选中【未选择对象时】或【始终】单选按钮，计算机配置较高的情况下可以选择【从不】单选按钮，如图3-167所示。

图3-167

- 详细程度等级：该选项组中的参数用于设置植物的渲染细腻程度。
  - 低：这种级别用来渲染植物的树冠。
  - 中：这种级别用来渲染减少了面的植物。
  - 高：这种级别用来渲染植物的所有面。

栏杆

【栏杆】对象的组件包括栏杆、立柱和栅栏。栅栏包括支柱（栏杆）或实体填充材质，如玻璃或木条。如图3-168所示为【栏杆】对象制作的模型。

图3-168

栏杆的创建方法比较简单，首先将【几何体】类型切换为【AEC扩展】类型，然后单击 栏杆 按钮，接着在视图中拖曳光标即可创建出栏杆，如图3-169所示。栏杆的参数分为【栏杆】、【立柱】和【栅栏】3个卷展栏，如图3-170所示。

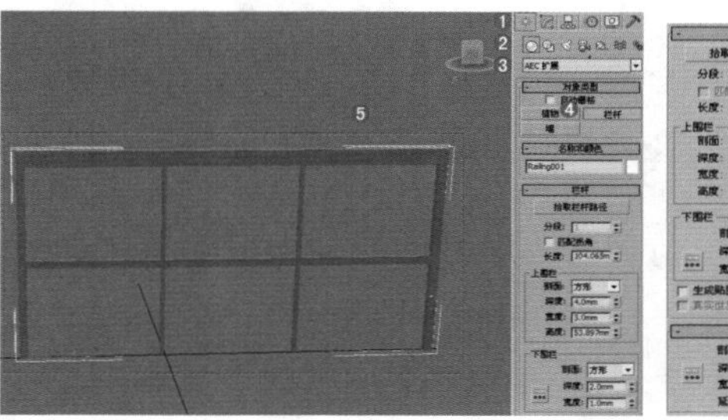

图3—169

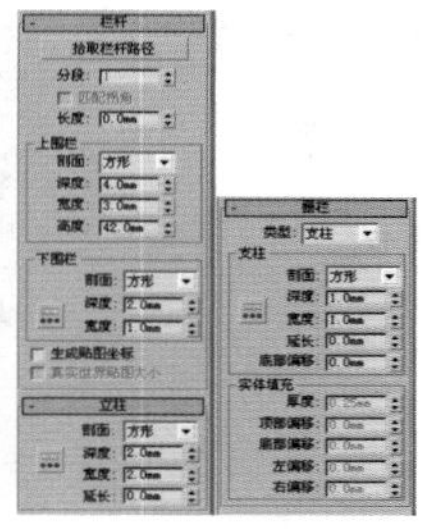

图3—170

01 栏杆

- 拾取栏杆路径：单击该按钮可以拾取视图中的样条线来作为栏杆的路径。
- 分段：设置栏杆对象的分段数（只有使用栏杆路径时才能使用该选项）。
- 匹配拐角：在栏杆中放置拐角，以匹配栏杆路径的拐角。
- 长度：设置栏杆的长度。
- 上围栏：该选项组用于设置栏杆上围栏部分的相关参数。
  - 剖面：指定上栏杆的横截面形状。
  - 深度：设置上栏杆的深度。
  - 宽度：设置上栏杆的宽度。
  - 高度：设置上栏杆的高度。
- 下围栏：该选项组用于设置栏杆下围栏部分的相关参数。
  - 剖面：指定下栏杆的横截面形状。
  - 深度：设置下栏杆的深度。
  - 宽度：设置下栏杆的宽度。
- 【下围栏间距】按钮：设置下围栏之间的间距。单击该按钮可以打开【立柱间距】对话框，在该对话框中可设置下栏杆间距的一些参数。
- 生成贴图坐标：为栏杆对象分配贴图坐标。
- 真实世界贴图大小：控制应用于对象的纹理贴图材质所使用的缩放方法。

02 立柱

- 剖面：指定立柱的横截面形状。
- 深度：设置立柱的深度。
- 宽度：设置立柱的宽度。
- 延长：设置立柱在上栏杆底部的延长量。
- 【立柱间距】按钮：设置立柱的间距。单击该按钮可以打开【立柱间距】对话框，在该对话框中可设置立柱间距的一些参数。

技巧提示

如果将【剖面】设置为【无】，那么【立柱间距】按钮将不可用。

03 栅栏

- 类型：指定立柱之间的栅栏类型，有【无】、【支柱】和【实体填充】3个选项，如图3-171所示。
- 支柱：该选项组中的参数只有当栅栏类型设置为【支柱】类型时才可用。
  - 剖面：设置支柱的横截面形状，有【方形】和【圆形】两个选项。
  - 深度：设置支柱的深度。
  - 宽度：设置支柱的宽度。
  - 延长：设置支柱在上栏杆底部的延长量。
  - 底部偏移：设置支柱与栏杆底部的偏移量。
  - 【支柱间距】按钮：设置支柱的间距。单击该按钮可以打开【立柱间距】对话框，在该对话框中可设置支柱间距的一些参数。

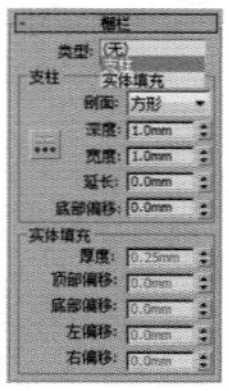

图3—171

- 实体填充：该选项组中的参数只有当栅栏类型设置为【实体填充】类型时才可用。
  - 厚度：设置实体填充的厚度。
  - 顶部偏移：设置实体填充与上栏杆底部的偏移量。
  - 底部偏移：设置实体填充与栏杆底部的偏移量。
  - 左偏移：设置实体填充与相邻左侧立柱之间的偏移量。
  - 右偏移：设置实体填充与相邻右侧立柱之间的偏移量。

墙

【墙】对象由3个子对象构成，这些对象类型可以在【修改】面板中进行修改。编辑墙的方法和样条线比较类似，可以分别对墙本身，以及其顶点、分段和轮廓进行调整。

创建墙模型的方法比较简单，首先将【几何体】类型切换为【AEC扩展】类型，然后单击 墙 按钮，接着在顶视图中拖曳光标即可创建一个墙体，如图3-172所示。墙的参数如图3-173所示。

- X\Y\Z：设置墙分段在活动构造平面中的起点的X\Y\Z轴坐标值。
- 添加点：根据输入的X\Y\Z轴坐标值来添加点。
- 关闭：结束墙对象的创建，并在最后一个分段的端点与第一个分段的起点之间创建分段，以形成闭合的墙。
- 完成：结束墙对象的创建，使之呈端点开放状态。

- 拾取样条线：单击该按钮可以拾取场景中的样条线，并将其作为墙对象的路径。
- 宽度/高度：设置墙的厚度/高度，其范围从0.01mm~100 mm。
- 对齐：该选项组指定墙的对齐方式，共有以下3种。
  - 左：根据墙基线的左侧边进行对齐。如果启用了【栅格捕捉】功能，则墙基线的左侧边将捕捉到栅格线。
  - 居中：根据墙基线的中心进行对齐。如果启用了【栅格捕捉】功能，则墙基线的中心将捕捉到栅格线。
  - 右：根据墙基线的右侧边进行对齐。如果启用了【栅格捕捉】功能，则墙基线的右侧边将捕捉到栅格线。
- 生成贴图坐标：为墙对象应用贴图坐标。
- 真实世界贴图大小：控制应用于对象的纹理贴图材质所使用的缩放方法。

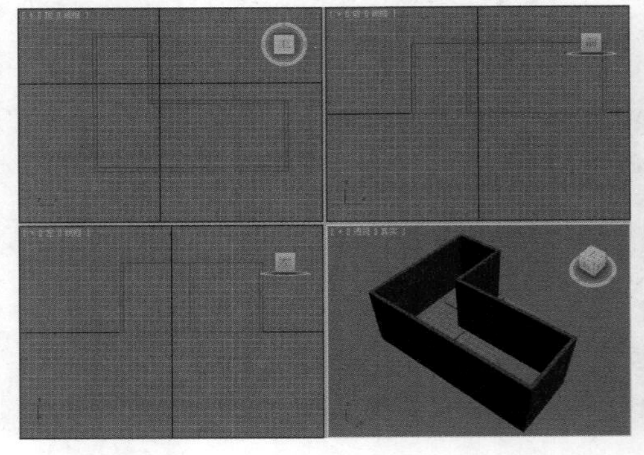
图3-171

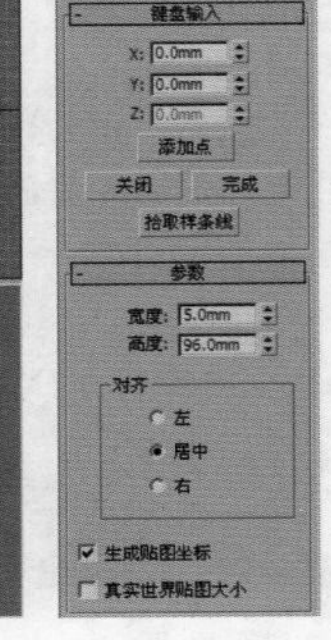
图3-172

3.4.2 楼梯

技术速查：【楼梯】类型在3ds Max 2013中提供了4种内置的参数化楼梯模型，分别是【L型楼梯】、【U型楼梯】、【直线楼梯】和【螺旋楼梯】，如图3-174所示。

以上4种楼梯都包括【参数】卷展栏、【支撑梁】卷展栏、【栏杆】卷展栏和【侧弦】卷展栏，而【螺旋楼梯】还包括【中柱】卷展栏，如图3-175所示。

本节知识导读：

工具名称	工具用途	掌握级别
直线楼梯	制作直线楼梯模型，常用在室内外效果图的建模中	★★★☆☆
L型楼梯	制作L型楼梯模型，常用在室内外效果图的建模中	★★★☆☆
U型楼梯	制作U型楼梯模型，常用在室内外效果图的建模中	★★★☆☆
螺旋楼梯	制作螺旋楼梯模型，常用在室内外效果图的建模中	★★★☆☆

【L型楼梯】、【U型楼梯】、【直线楼梯】和【螺旋楼梯】的参数如图3-176所示。

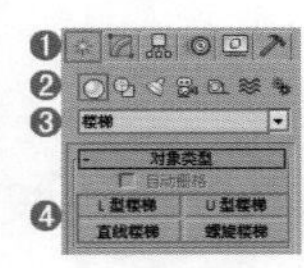
图3-174

图3-175

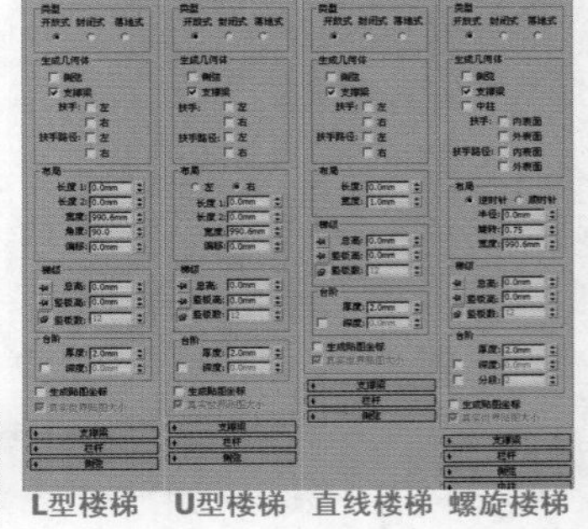

图3-176

参数

【参数】卷展栏如图3-177所示。

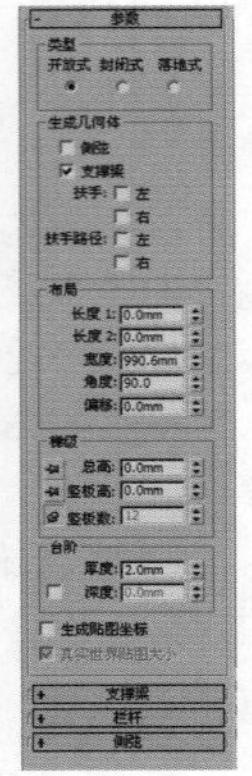
图3-177

- 类型：该选项组主要用于设置楼梯的类型，包括以下3种类型。
  - 开放式：创建一个开放式的梯级竖板楼梯。
  - 封闭式：创建一个封闭式的梯级竖板楼梯。
  - 落地式：创建一个带有封闭式梯级竖板和两侧具有封闭式侧弦的楼梯。
- 生成几何体：该选项组中的参数主要用来设置楼梯生成哪种几何体。
  - 侧弦：沿楼梯梯级的端点创建侧弦。
  - 支撑梁：在梯级下创建一个倾斜的切口梁，该梁支撑着台阶。
  - 扶手：创建左扶手和右扶手。
- 布局：该选项组中的参数主要用于设置楼梯的布局参数。
  - 长度1：设置第1段楼梯的长度。
  - 长度2：设置第2段楼梯的长度。
  - 宽度：设置楼梯的宽度，包括台阶和平台。
  - 角度：设置平台与第2段楼梯之间的角度，范围从-90°~90°。
  - 偏移：设置平台与第2段楼梯之间的距离。
- 梯级：该选项组中的参数主要用于设置楼梯的梯级参数。
  - 总高：设置楼梯级的高度。

- 竖板高：设置梯级竖板的高度。
- 竖板数：设置梯级竖板的数量（梯级竖板总是比台阶多一个，隐式梯级竖板位于上板和楼梯顶部的台阶之间）。

技巧提示

当调整这3个选项中的其中两个选项时，必须锁定剩下的一个选项，要锁定该选项，可以单击该选项前面的按钮。

- 台阶：该选项组中的参数主要用于设置楼梯的台阶参数。
  - 厚度：设置台阶的厚度。
  - 深度：设置台阶的深度。
  - 生成贴图坐标：对楼梯应用默认的贴图坐标。
  - 真实世界贴图大小：控制应用于对象的纹理贴图材质所使用的缩放方法。

支撑梁

【支撑梁】卷展栏如图3-178所示。

图3-178

- 深度：设置支撑梁离地面的深度。
- 宽度：设置支撑梁的宽度。
- 【支撑梁间距】按钮：设置支撑梁的间距。单击该按钮可以打开【支撑梁间距】对话框，在该对话框中可设置支撑梁的一些参数。
- 从地面开始：控制支撑梁是从地面开始，还是与第1个梯级竖板的开始平齐，或是否将支撑梁延伸到地面以下。

技巧提示

【支撑梁】卷展栏中的参数只有在【生成几何体】选项组中启用【支撑梁】功能时才可用。

栏杆

【栏杆】卷展栏如图3-179所示。

图3-179

- 高度：设置栏杆离台阶的高度。
- 偏移：设置栏杆离台阶端点的偏移量。
- 分段：设置栏杆中的分段数目。值越高，栏杆越平滑。
- 半径：设置栏杆的厚度。

技巧提示

【栏杆】卷展栏中的参数只有在【生成几何体】选项组中启用【扶手】功能时才可用。

侧弦

【侧弦】卷展栏如图3-180所示。

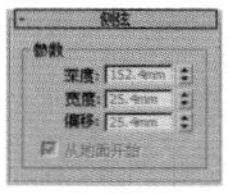

图3-180

- 深度：设置侧弦离地板的深度。
- 宽度：设置侧弦的宽度。
- 偏移：设置地板与侧弦的垂直距离。
- 从地面开始：控制侧弦是从地面开始，还是与第1个梯级竖板的开始平齐，或是否将侧弦延伸到地面以下。

技巧提示

【侧弦】卷展栏中的参数只有在【生成几何体】选项组中启用【侧弦】功能时才可用。

★ 案例实战——创建多种楼梯模型

场景文件	无
案例文件	案例文件\Chapter 03\案例实战——创建多种楼梯模型.max
视频教学	视频文件\Chapter 03\案例实战——创建多种楼梯模型.flv
难易指数	★★☆☆☆
技术掌握	掌握【直线楼梯】工具、【螺旋楼梯】工具、【L型楼梯】工具的运用

实例介绍

建筑物中作为楼层间垂直交通用的构件，用于楼层之间和高差较大时的交通联系。在设有电梯、自动梯作为主要垂直交通手段的多层和高层建筑中也要设置楼梯。最终渲染和线框效果如图3-181所示。

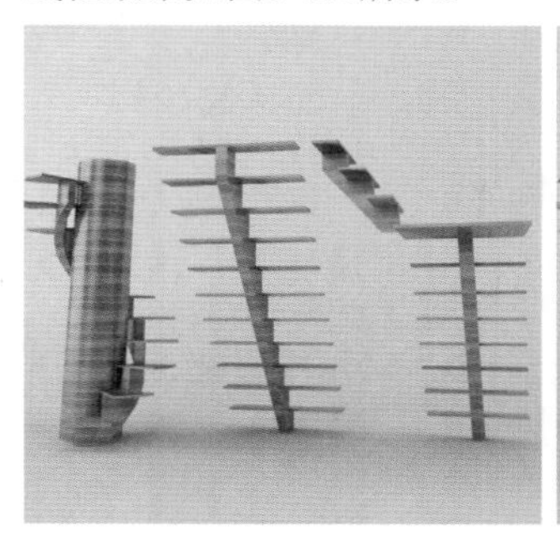

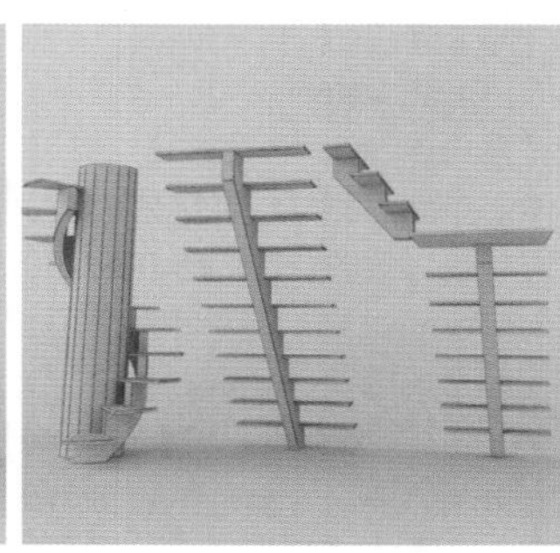

图3-181

建模思路

使用【直线楼梯】工具、【螺旋楼梯】工具、【L型楼梯】工具创建不同的楼梯

制作步骤

01 单击（创建）|（几何体）|楼梯|直线楼梯按钮，在顶视图中拖曳创建直线楼梯，如图3-182所示。

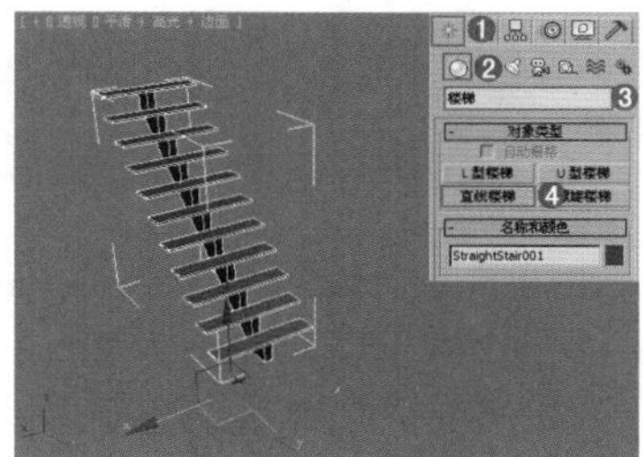

图3-182

02 在【修改】面板中设置【类型】为【开放式】，启用【支撑梁】选项，接着在【布局】选项组中设置【长度】为2400mm，【宽度】为1000mm，在【梯级】选项组中设置【总高】为2400mm，【竖板高】为200mm，在【台阶】选项组中设置【厚度】为20mm，最后设置【支撑梁】的【深度】为200mm，【宽度】为80mm，如图3-183所示。

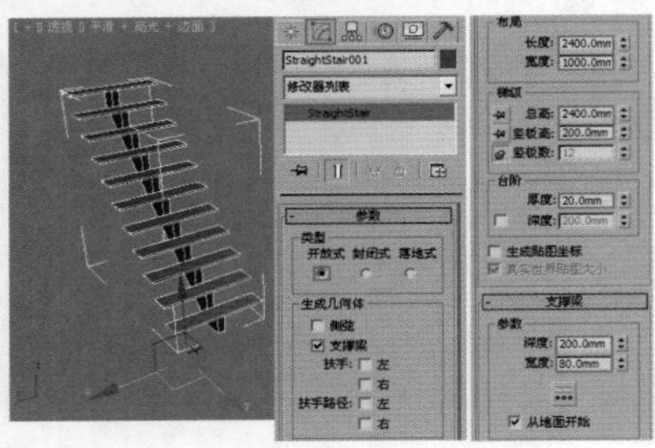

图3－183

03 此时场景如图3-184所示。

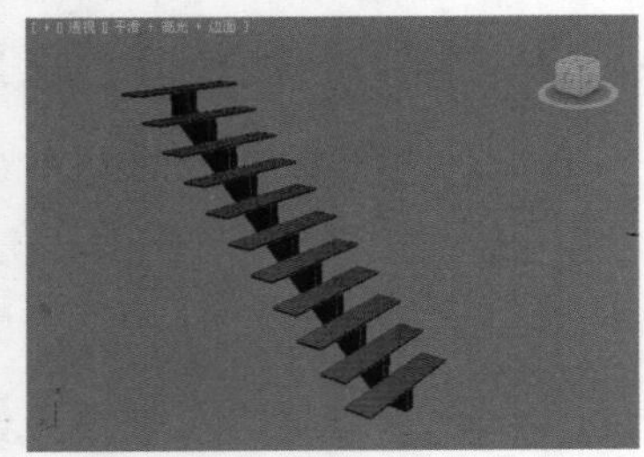

图3－184

04 单击（创建）|（几何体）|楼梯|螺旋楼梯按钮，在顶视图中拖曳创建螺旋楼梯，在【修改】面板中设置【类型】为【开放式】，在【生成几何体】选项组中启用【支撑梁】和【中柱】选项，在【布局】选项组中设置【半径】为700mm，【旋转】为1，【宽度】为650mm，在【梯级】选项组中设置【总高】为2400mm，【竖板高】为200mm，在【台阶】选项组中设置【厚度】为20mm，最后设置【支撑梁】的【深度】为200mm，【宽度】为80mm。如图3-185所示。

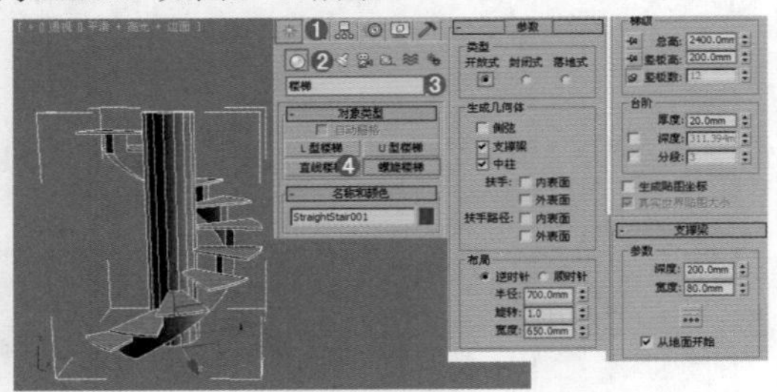

图3－185

05 此时场景效果如图3-186所示。

06 单击（创建）|（几何体）|楼梯|L型楼梯按钮，在顶视图中拖曳创建L型楼梯，在【修改】面板中设置【类型】为【开放式】，在【生成几何体】选项组中启用【支撑梁】选项，在【布局】选项组中设置【长度1】为1400mm，【长度2】为650mm，【宽度】为800mm，【角度】为-90，【偏移】为30mm，在【梯级】选项组中设置【总高】为2400mm，【竖板高】为200mm，在【台阶】选项组中设置厚度为20mm，最后设置【支撑梁】的【深度】为130mm，【宽度】为100mm，如图3-187所示。

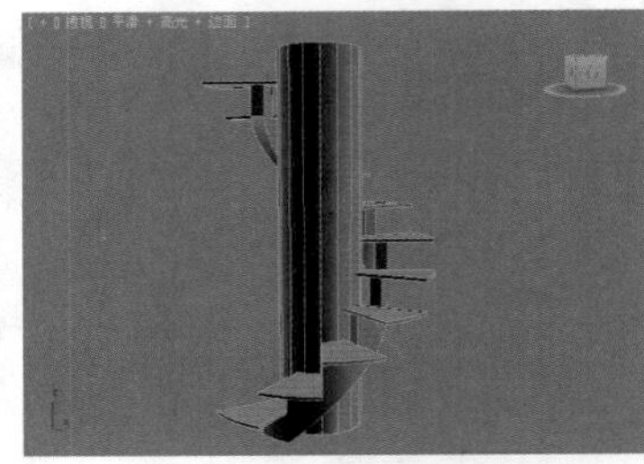

图3－186

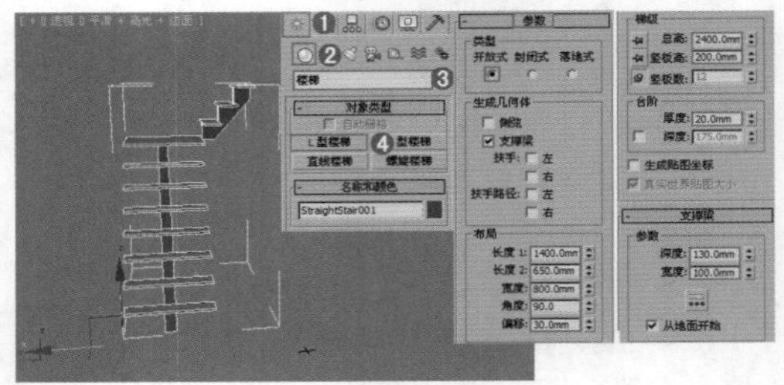

图3－187

07 此时场景效果如图3-188所示。

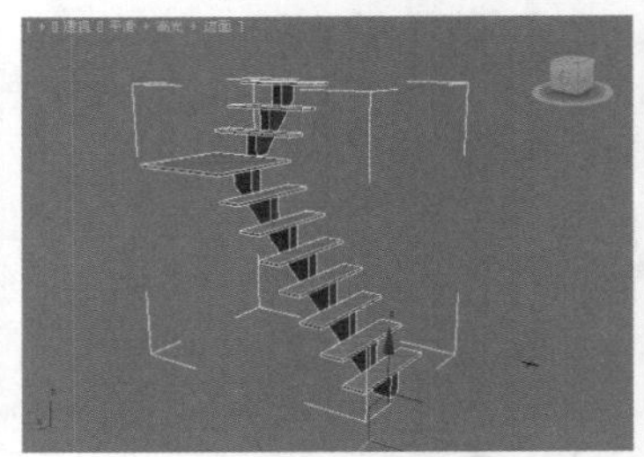

图3－188

技巧提示

这些楼梯的参数比较繁多，但是这几种类型的楼梯有很多的相同地方，因此在调节时也会相对容易一些。

08 最终场景效果如图3-189所示。

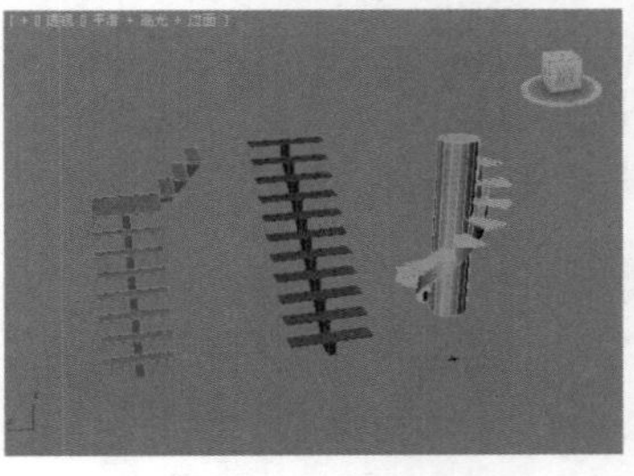

图3－189

3.4.3 门

技术速查：3ds Max 2013中提供了3种内置的门模型，分别是【枢轴门】、【推拉门】和【折叠门】，如图3-190所示。【枢轴门】是在一侧装有铰链的门；【推拉门】有一半是固定的，另一半可以推拉；【折叠门】的铰链装在中间以及侧端，就像壁橱门一样。

本节知识导读：

工具名称	工具用途	掌握级别
枢轴门	制作枢轴的门，常用在室内外效果图的建模中	★★★☆☆
推拉门	制作推拉的门，常用在室内外效果图的建模中	★★★☆☆
折叠门	制作折叠的门，常用在室内外效果图的建模中	★★★☆☆

这3种门在参数上大部分都是相同的，下面先对这3种门的相同参数进行讲解，如图3-191所示。

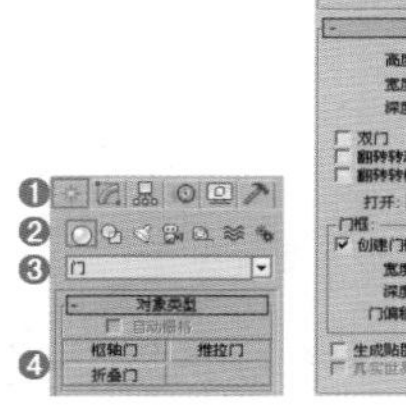

图3—190

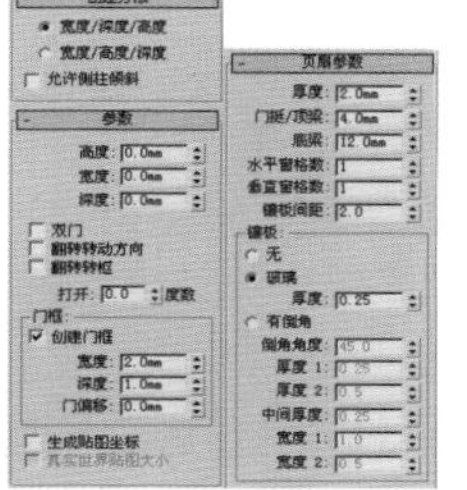

图3—191

- 宽度/深度/高度：首先创建门的宽度，然后创建门的深度，接着创建门的高度。
- 宽度/高度/深度：首先创建门的宽度，然后创建门的高度，接着创建门的深度。

技巧提示

所有的门都有高度、宽度和深度，所以在创建之前要先选择创建的顺序。

- 高度：设置门的总体高度。
- 宽度：设置门的总体宽度。
- 深度：设置门的总体深度。
- 打开：创建枢轴门时，指定以角度为单位的门打开的程度；创建推拉门和折叠门时，指定门打开的百分比。
- 门框：该选项组用于控制是否创建门框以及设置门框的宽度和深度。
  - 创建门框：控制是否创建门框。
  - 宽度：设置门框与墙平行方向的宽度（启用【创建门框】选项时才可用）。
  - 深度：设置门框从墙投影的深度（启用【创建门框】选项时才可用）。
  - 门偏移：设置门相对于门框的位置，该值可以为正，也可以为负（启用【创建门框】选项时才可用）。
- 生成贴图坐标：为门指定贴图坐标。
- 真实世界贴图大小：控制应用于对象的纹理贴图材质所使用的缩放方法。
- 厚度：设置门的厚度。
- 门挺/顶梁：设置顶部和两侧的镶板框的宽度。
- 底梁：设置门脚处的镶板框的宽度。
- 水平窗格数：设置镶板沿水平轴划分的数量。
- 垂直窗格数：设置镶板沿垂直轴划分的数量。
- 镶板间距：设置镶板之间的间隔宽度。
- 镶板：指定在门中创建镶板的方式。
  - 无：不创建镶板。
  - 玻璃：创建不带倒角的玻璃镶板。
  - 厚度：设置玻璃镶板的厚度。
  - 有倒角：创建具有倒角的镶板。
  - 倒角角度：指定门的外部平面和镶板平面之间的倒角角度。
  - 厚度1：设置镶板的外部厚度。
  - 厚度2：设置倒角从起始处的厚度。
  - 中间厚度：设置镶板内的面部分的厚度。
  - 宽度1：设置倒角从起始处的宽度。
  - 宽度2：设置镶板内的面部分的宽度。

技巧提示

除了这些公共参数外，每种类型的门还有一些细微的差别，下面依次讲解。

枢轴门

枢轴门只在一侧用铰链进行连接，也可以制作成为双门，双门具有两个门元素，每个元素在其外边缘处用铰链进行连接。枢轴门包含3个特定的参数，参数和效果如图3-192所示。

图3—192

- 双门：制作一个双门。
- 翻转转动方向：更改门转动的方向。
- 翻转转枢：在与门面相对的位置上放置门转枢（不能用于双门）。

推拉门

推拉门可以左右滑动，就像火车在轨道上前后移动一样。推拉门有两个门元素，一个保持固定，另一个可以左右滑动。推拉门包含两个特定的参数，参数和效果如图3-193所示。

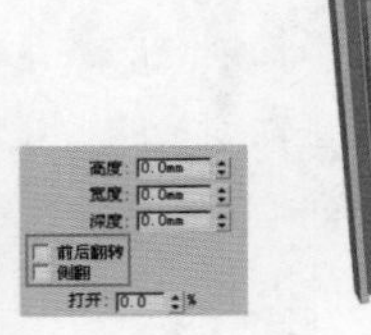

图3—193

- 前后翻转：指定哪个门位于最前面。
- 侧翻：指定哪个门保持固定。

折叠门

折叠门就是可以折叠起来的门，在门的中间和侧面有一个转枢装置，如果是双门，就有4个转枢装置。折叠门包含3个特定的参数，参数和效果如图3-194所示。

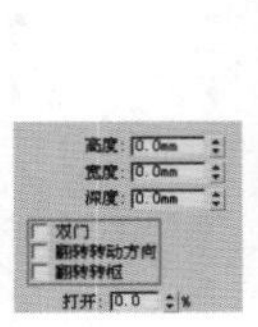

图3—194

- 双门：制作一个双门。
- 翻转转动方向：翻转门的转动方向。
- 翻转转枢：翻转侧面的转枢装置（该选项不能用于双门）。

3.4.4 窗

技术速查：3ds Max 2013中提供了6种内置的窗户模型，分别为【遮篷式窗】、【平开窗】、【固定窗】、【旋开窗】、【伸出式窗】、【推拉窗】，如图3-195所示。使用这些内置的窗户模型可以快速地创建出所需要的窗户。

图3—195

本节知识导读：

工具名称	工具用途	掌握级别
遮篷式窗	制作遮篷的窗，常用在室内外效果图的建模中	★★★☆☆
固定窗	制作固定的窗，常用在室内外效果图的建模中	★★★☆☆
伸出式窗	制作伸出的窗，常用在室内外效果图的建模中	★★★☆☆
平开窗	制作平开的窗，常用在室内外效果图的建模中	★★★☆☆
旋开窗	制作旋开的窗，常用在室内外效果图的建模中	★★★☆☆
推拉窗	制作推拉的窗，常用在室内外效果图的建模中	★★★☆☆

遮篷式窗有一扇通过铰链与其顶部相连的窗框；平开窗有一到两扇像门一样的窗框，它们可以向内或向外转动；固定窗是固定的，不能打开，如图3-196所示。

图3—196

旋开窗的轴垂直或水平位于其窗框的中心；伸出式窗有三扇窗框，其中两扇窗框打开时像反向的遮篷；推拉窗有两扇窗框，其中一扇窗框可以沿着垂直或水平方向滑动，如图3-197所示。

图3—197

这6种窗户的参数基本类似，如图3-198所示。

图3—198

- 高度：设置窗户的总体高度。
- 宽度：设置窗户的总体宽度。
- 深度：设置窗户的总体深度。
- 窗框：控制窗框的宽度和深度。
  - 水平宽度：设置窗口框架在水平方向的宽度（顶部和底部）。
  - 垂直宽度：设置窗口框架在垂直方向的宽度（两侧）。
  - 厚度：设置框架的厚度。
- 玻璃：用来指定玻璃的厚度等参数。
- 窗格：该选项控制窗格的基本参数，如窗格宽度、窗格个数。
  - 宽度：该选项用来控制窗格的宽度。
  - 窗格数：该选项用来控制窗格的个数。
- 开窗：该选项用来控制开窗的参数。【打开】选项可以通过调节开窗的百分比来控制开窗的程度。

创建VRay对象

在成功安装VRay渲染器后，在【创建】面板的几何体类型列表中就会出现VRay，如图3-199所示。VRay对象包括【VR代理】、【VR毛皮】、【VR平面】、【VR球体】4种，如图3-200所示。

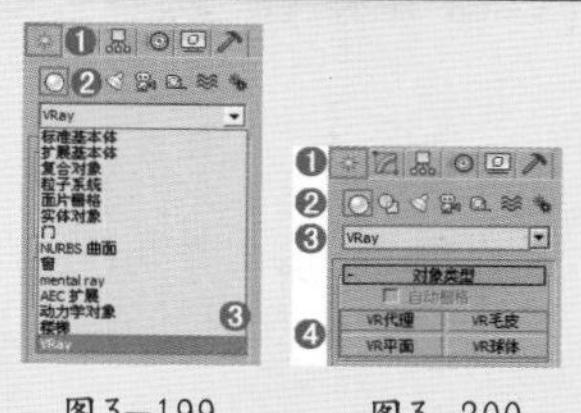

图3—199　图3—200

技术专题——加载VRay渲染器

按F10键打开【渲染设置】对话框，然后选择【公用】选项卡，展开【指定渲染器】卷展栏，接着单击第1个【选择渲染器】按钮…，最后在弹出的对话框中选择渲染器为V—Ray Adv 2.30.02（本书的VRay渲染器均采用V—Ray Adv 2.3版本），如图3—201所示。

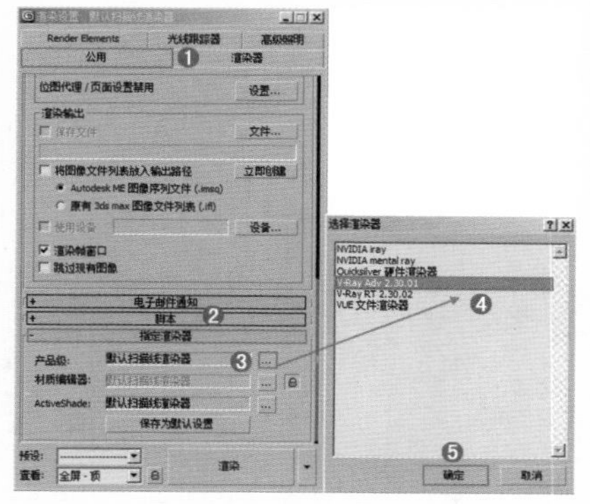

图3—201

本节知识导读：

工具名称	工具用途	掌握级别
VR毛皮	制作毛发效果，如地毯、皮毛、草地、绒毛	★★★★★
VR代理	制作大型场景，如会议室、歌剧院、楼盘、森林	★★★★★
VR平面	制作无限延伸的地面	★★★☆☆
VR球体	制作边缘无限光滑的球体	★★☆☆☆

读书笔记

3.5.1 VR代理

技术速查：【VR代理】物体在渲染时可以从硬盘中将文件（外部）导入到场景中的【VR代理】网格内，场景中的代理物体的网格是一个低面物体，可以节省大量的内存以及显示内存，一般在物体面数较多或重复较多时使用。

其使用方法是在物体上右击，然后在弹出的菜单中选择【VRay网格导出】命令，接着在弹出的【VRay网格导出】对话框中进行相应设置即可（该对话框主要用来保存VRay网格代理物体的路径），如图3-202所示。

- 文件夹：代理物体所保存的路径。
- 导出所有选中的对象在一个单一的文件上：可以将多个物体合并成一个代理物体进行导出。
- 导出每个选中的对象在一个单独的文件上：可以为每个物体创建一个文件来进行导出。
- 自动创建代理：是否自动完成代理物体的创建和导入，源物体将被删除。如果没有启用该选项，则需要增加一个步骤，就是在VRay物体中选择VR代理物体，然后从网格文件中选择已导出的代理物体来实现代理物体的导入。

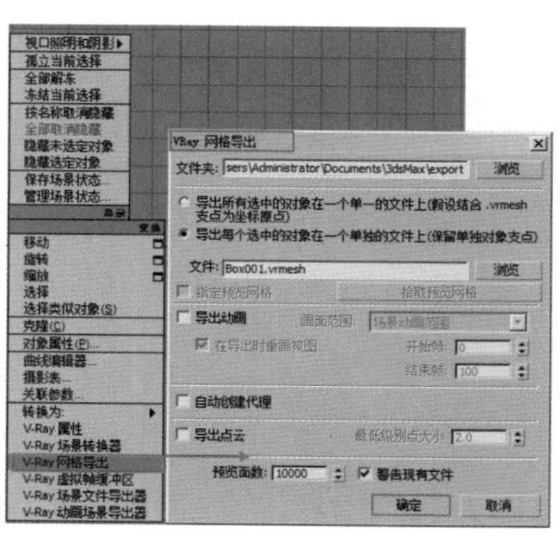

图3—202

如图3-203所示为使用【VR代理】制作的超大场景。

技巧提示

使用【VR代理】可以非常流畅地制作出超大场景，如一个会议室、一座楼群、一片树林等，非常方便，且操作和渲染速度都非常快。

图3—203

3.5.2 VR毛皮

技术速查：【VR毛皮】可以用来模拟物体数量较多的毛状物体效果，如地毯、皮草、毛巾、草地、动物毛发等。

其参数设置，如图3-204所示。制作出的效果如图3-205所示。

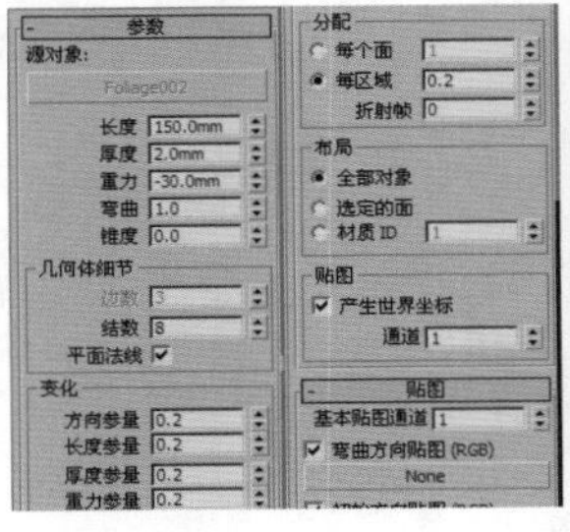

图3—204

图3—205

3.5.3 VR平面

技术速查：【VR平面】可以理解为无限延伸的、没有尽头的平面，可以为这个平面指定材质，并且可以对其进行渲染，在实际工作中一般用来模拟地面和水面等。

【VR平面】没有任何参数，如图3-206所示为使用【VR平面】模拟的海平面效果。

技巧提示

单击 VR平面 按钮后，然后在视图中单击就可以创建一个平面，如图3—207所示。

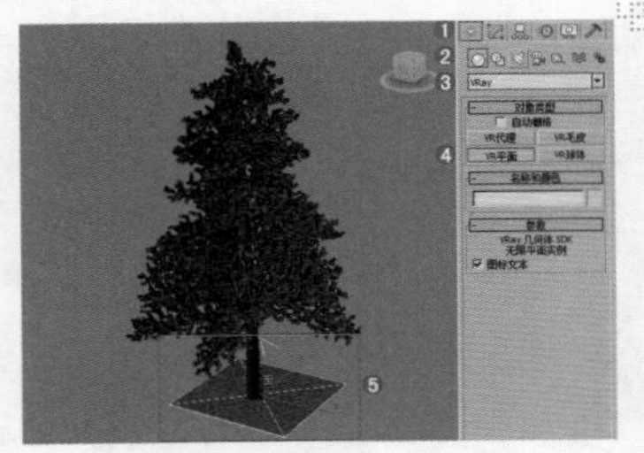

图3—207

图3—206

3.5.4 VR球体

技术速查：【VR球体】可以作为球来使用，但必须在VRay渲染器中才能渲染出来。

其参数设置如图3-208所示。

读书笔记

图3—208

课后练习

【课后练习——圆环和几何球体制作戒指】

思路解析

01 使用圆环创建戒指的环形部分

02 使用圆环和几何球体创建戒指剩余部分

本章小结

通过对本章的学习，我们可以掌握几何体建模的相关知识，如几何基本体、复合对象、建筑对象、VRay对象等。熟练掌握本章的内容可以对建模有较为清晰的理解，并且可以制作出较为简单的模型。

读书笔记

第4章

样条线建模

本章内容简介：

样条线是图形的一种，可以通过绘制样条线，并进行修改、添加修改器、放样等多种方法制作三维的模型效果，是一种较为独特、便捷的建模方法。

本章学习要点：

- 创建样条线的方法
- 编辑样条线的方法
- 使用样条线制作模型

4.1 创建样条线

4.1.1 样条线

技术速查：在通常情况下，需要使用3ds Max制作三维的物体，而不是二维的，因此样条线被很多人忽略，但是使用样条线并借助相应的方法，可以快速制作或转化出三维的模型，制作效率会非常高。而且可以返回到之前的样条线级别下，通过调节顶点、线段、样条线来方便地调整三维模型的最终效果。

在【创建】面板中单击【图形】按钮，然后设置图形类型为【样条线】，这里有12种样条线，分别是【线】、【矩形】、【圆】、【椭圆】、【弧】、【圆环】、【多边形】、【星形】、【文本】、【螺旋线】、【Egg】和【截面】，如图 4-1所示。

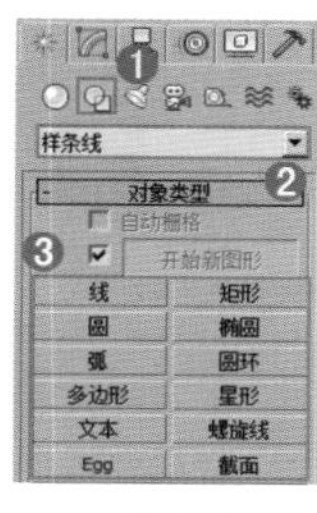

图4—1

本节知识导读：

工具名称	工具用途	掌握级别
线	制作直线、曲线或物体，是最重要的样条线类型	★★★★★
矩形	制作矩形的图形或物体	★★★★★
圆	制作圆形的或图形物体	★★★★★
文本	制作文字或三维文字	★★★★★
椭圆	制作椭圆图形或物体	★★★★☆
多边形	制作多边形图形或物体	★★★★☆
圆环	制作圆环状的图形或物体	★★★★☆
弧	制作半弧形的图形或物体	★★★★☆
螺旋线	制作螺旋的线	★★★☆☆
星形	制作星形图形或物体	★★★☆☆
截面	制作截面图形或物体	★★★☆☆
Egg	制作类似鸡蛋的图形，不太常用	★★☆☆☆

技巧提示

样条线的应用非常广泛，其建模速度相当快。在3ds Max 2013中，制作三维文字时，可以直接使用 文本 工具输入字体，然后将其转换为三维模型。同时还可以导入AI矢量图形来生成三维物体。选择相应的样条线工具后，在视图中拖曳光标就可以绘制出相应的样条线，如图4—2所示。

图4—2

线

线在建模中是最常用的一种样条线，其使用方法非常灵活，形状也不受约束，可以封闭也可以不封闭，拐角处可以是尖锐的也可以是圆滑的，如图 4-3所示。线中的顶点有4种类型，分别是【Bezier角点】、Bezier、【角点】和【平滑】。

【线】工具的参数包括5个卷展栏，分别是【渲染】卷展栏、【插值】卷展栏、【选择】卷展栏、【软选择】卷展栏和【几何体】卷展栏，如图 4-4所示。

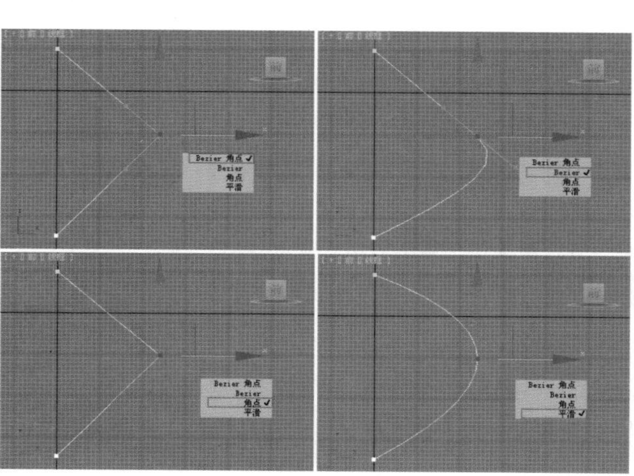

图4—3

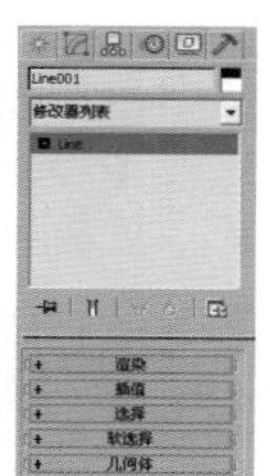

图4—4

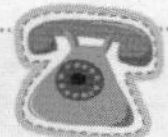

答疑解惑：如何创建直线、90°直线、曲线

在创建线时，单击鼠标左键，即可创建直线，如图4—5所示。

在创建线时，按住Shift键并单击，即可创建90° 直线，如图4—6所示。

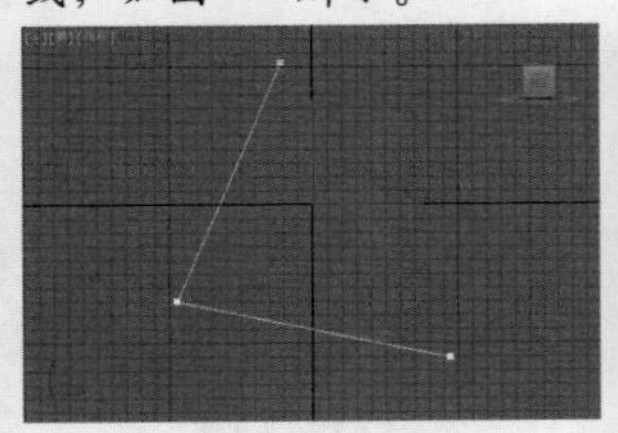

图4—5

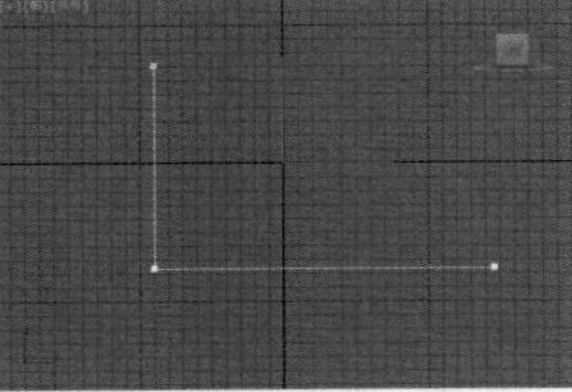

图4—6

在创建线时，单击鼠标左键并进行拖动，即可创建曲线。如图4—7所示。

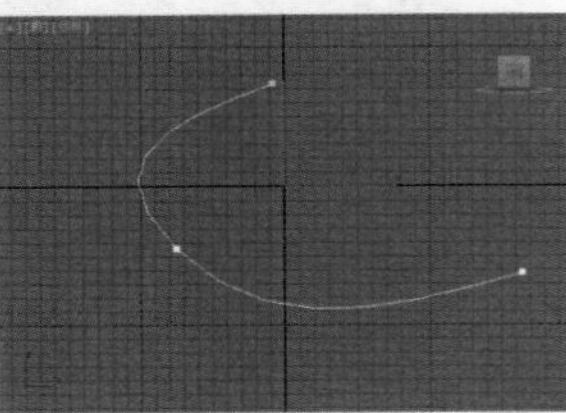

图4—7

思维点拨：如何绘制二维、三维的线

默认情况下，直接绘制线，即可绘制出二维的线，如图4—9所示。

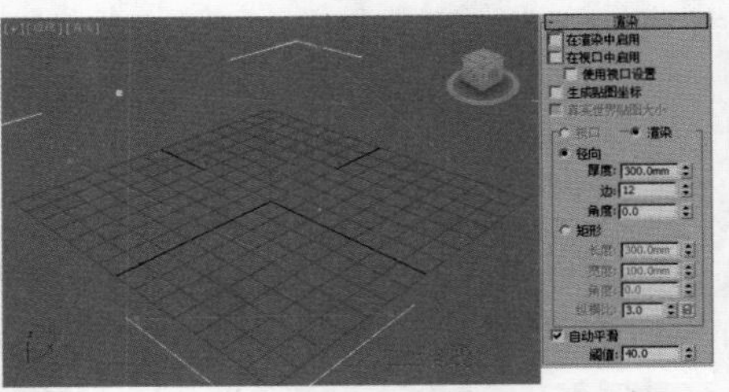

图4—9

当选中【在渲染中启用】和【在视口中启用】复选框后，即可绘制三维的线。设置方式为【径向】即可绘制截面为圆形的三维线，如图4—10所示。

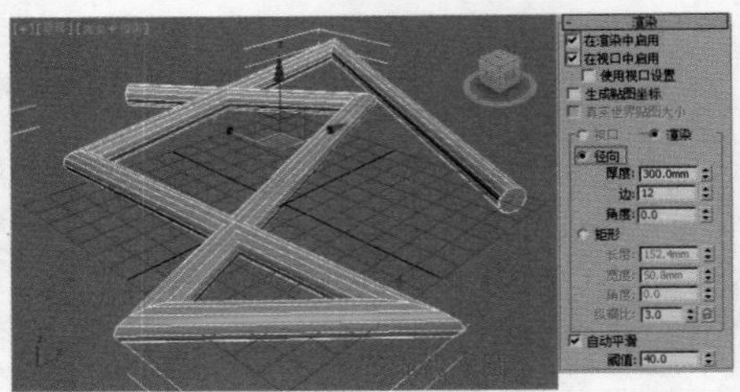

图4—10

设置方式为【矩形】即可绘制截面为方形的三维线，如图4—11所示。

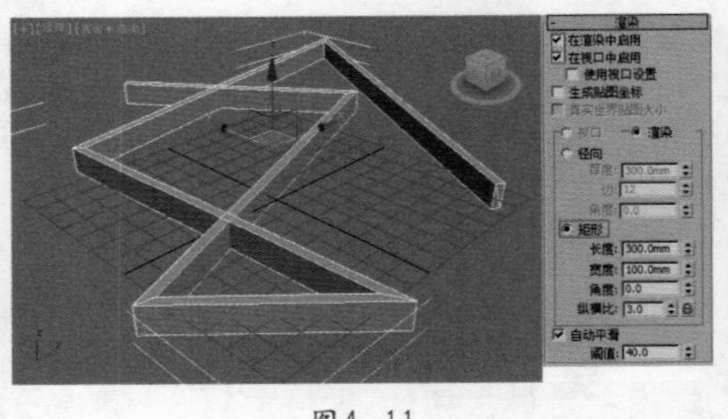

图4—11

01【渲染】卷展栏

展开【渲染】卷展栏，如图 4-8所示。

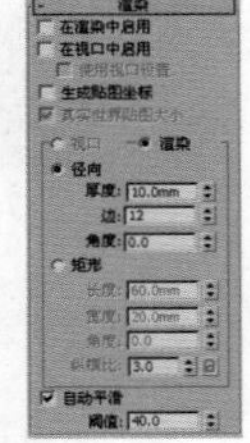

图4—8

- 在渲染中启用：选中该复选框后才能渲染出样条线；若禁用该选项，将不能渲染出样条线。
- 在视口中启用：选中该复选框后，样条线会以网格的形式显示在视图中。
- 使用视口设置：该选项只有在选中【在视口中启用】复选框时才可用，主要用于设置不同的渲染参数。
- 生成贴图坐标：控制是否应用贴图坐标。
- 真实世界贴图大小：控制应用于对象的纹理贴图材质所使用的缩放方法。
- 视口/渲染：当选中【在视口中启用】复选框时，样条线将显示在视图中；当同时选中【在视口中启用】和【渲染】复选框时，样条线在视图中和渲染中都可以显示出来。
  - 径向：将3D网格显示为圆柱形对象，其参数包括【厚度】、【边】和【角度】。【厚度】选项用于指定视图或渲染样条线网格的直径，其默认值为1，范围为0~100；【边】选项用于在视图或渲染器中为样条线网格设置边数或面数（例如值为4表示一个方形横截面）；【角度】选项用于调整视图或渲染器中横截面的旋转位置。
  - 矩形：将3D网格显示为矩形对象，其参数包括【长度】、【宽度】、【角度】和【纵横比】。【长度】选项用于设置沿局部Y轴的横截面大小；【宽度】选项用于设置沿局部X轴的横截面大小；【角度】选项用于调整视图或渲染器中横截面的旋转位置；【纵横比】选项用于设置矩形横截面的纵横比。
- 自动平滑：选中该复选框可以激活下面的【阈值】选项，调整【阈值】数值可以自动平滑样条线。

02【插值】卷展栏

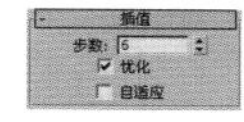

图4—12

展开【插值】卷展栏，如图4-12所示。

- 步数：手动设置每条样条线的步数。
- 优化：启用该选项后，可以从样条线的直线线段中删除不需要的步数。
- 自适应：启用该选项后，系统会自适应设置每条样条线的步数，以生成平滑的曲线。

03【选择】卷展栏

图4—13

展开【选择】卷展栏，如图4-13所示。

- 顶点：定义点和曲线切线。
- 分段：连接顶点。
- 样条线：一个或多个相连线段的组合。
- 复制：将命名选择放置到复制缓冲区。
- 粘贴：从复制缓冲区中粘贴命名选择。
- 锁定控制柄：通常，每次只能变换一个顶点的切线控制柄，即使选择了多个顶点。
- 相似：拖动传入向量的控制柄时，所选顶点的所有传入向量将同时移动。
- 全部：移动的任何控制柄将影响选中的所有控制柄，无论它们是否已断裂。
- 区域选择：允许用户自动选择所单击顶点的特定半径中的所有顶点。
- 线段端点：通过单击线段选择顶点。
- 选择方式：选择所选样条线或线段上的顶点。
- 显示顶点编号：启用后，3ds Max Design 将在任何子对象层级的所选样条线的顶点旁边显示顶点编号。
- 仅选定：启用后，仅在所选顶点旁边显示顶点编号。

04【软选择】卷展栏

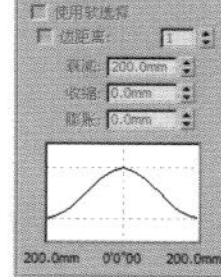

图4—14

展开【软选择】卷展栏，如图4-14所示。

- 使用软选择：在可编辑对象或【编辑】修改器的子对象层级上影响【移动】、【旋转】和【缩放】功能的操作。
- 边距离：启用该选项后，将软选择限制到指定的面数，该选择在进行选择的区域和软选择的最大范围之间。
- 影响背面：启用该选项后，那些法线方向与选定子对象平均法线方向相反的、取消选择的面就会受到软选择的影响。
- 衰减：用于定义影响区域的距离，它是用当前单位表示的从中心到球体的边的距离。
- 收缩：沿着垂直轴提高并降低曲线的顶点。
- 膨胀：沿着垂直轴展开和收缩曲线。

05【几何体】卷展栏

展开【几何体】卷展栏，如图4-15所示。

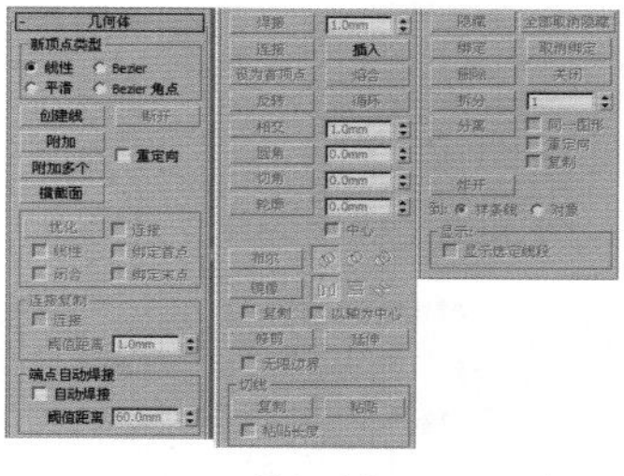

图4—15

- 创建线：向所选对象添加更多样条线。
- 断开：在选定的一个或多个顶点拆分样条线。
- 附加：将场景中的其他样条线附加到所选样条线。
- 附加多个：单击此按钮可以显示【附加多个】对话框，它包含场景中所有其他图形的列表。
- 横截面：在横截面形状外面创建样条线框架。
- 优化：允许添加顶点，而不更改样条线的曲率值，相当于添加点的工具，如图4-16所示。

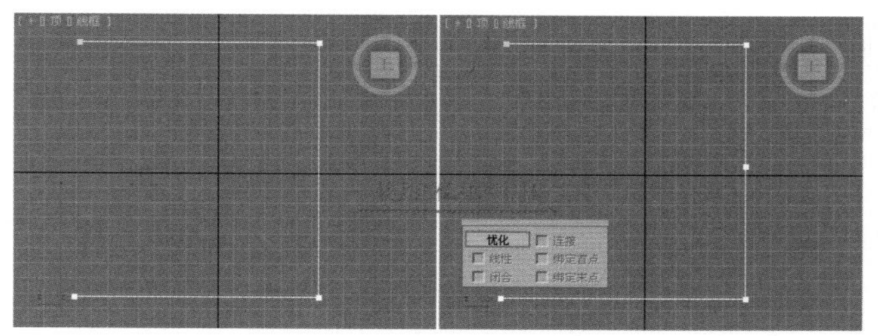

图4—16

- 连接：启用时，通过连接新顶点创建一个新的样条线子对象。
- 自动焊接：启用【自动焊接】后，会自动焊接在一定阈值距离范围内的顶点。
- 阈值：【阈值距离】数值框是一个近似设置，用于控制在自动焊接顶点之前，两个顶点接近的程度。
- 焊接：将两个端点顶点或同一样条线中的两个相邻顶点转化为一个顶点，如图4-17所示。

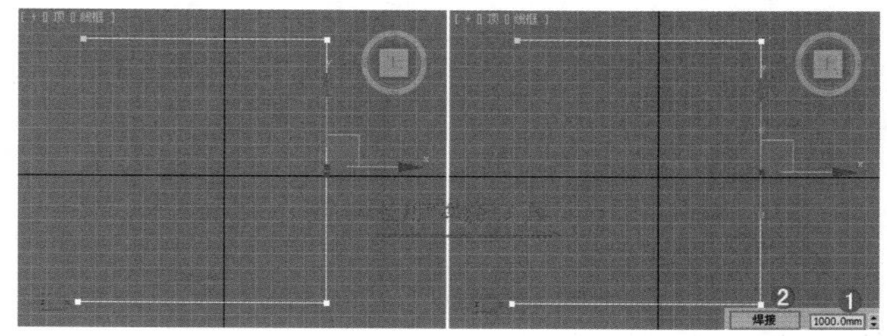

图4—17

- 连接：连接两个端点顶点以生成一个线性线段，而无论端点顶点的切线值是多少。
- 设为首顶点：指定所选形状中的哪个顶点是第一个顶点。
- 熔合：将所有选定顶点移至它们的平均中心位置。
- 反转：单击该按钮可以将选择的样条线进行反转。
- 循环：单击该按钮可以选择循环的顶点。
- 圆：选择连续的重叠顶点。

- **相交**：在属于同一个样条线对象的两个样条线的相交处添加顶点。
- **圆角**：允许在线段会合的地方设置圆角，添加新的控制点，如图4-18所示

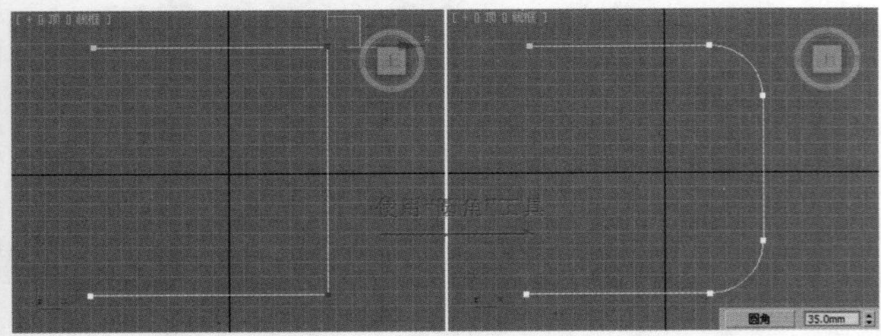

图4—18

- **切角**：允许使用【切角】功能设置形状角部的倒角。
- **复制**：启用此按钮，然后选择一个控制柄。此操作将把所选控制柄切线复制到缓冲区。
- **粘贴**：启用此按钮，然后单击一个控制柄。此操作将把控制柄切线粘贴到所选顶点。
- **粘贴长度**：启用此按钮后，还会复制控制柄长度。
- **隐藏**：隐藏所选顶点和任何相连的线段。选择一个或多个顶点，然后单击【隐藏】按钮即可。
- **全部取消隐藏**：显示所有隐藏的子对象。
- **绑定**：允许创建绑定顶点。
- **取消绑定**：允许断开绑定顶点与所附加线段的连接。
- **删除**：删除所选的一个或多个顶点，以及与每个要删除的顶点相连的那条线段。
- **显示选定线段**：启用后，顶点子对象层级的任何所选线段将高亮显示为红色。

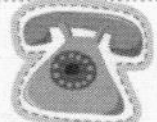

答疑解惑：如何多次创建多条线和一条线

在创建样条线时，如果需要多次创建多条线，那么需要启用【开始新图形】选项，如图4—19所示。此时多次创建样条线，会发现每次创建的样条线是独立的，如图4—20所示。

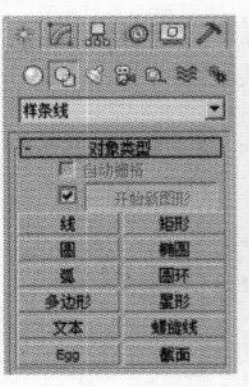

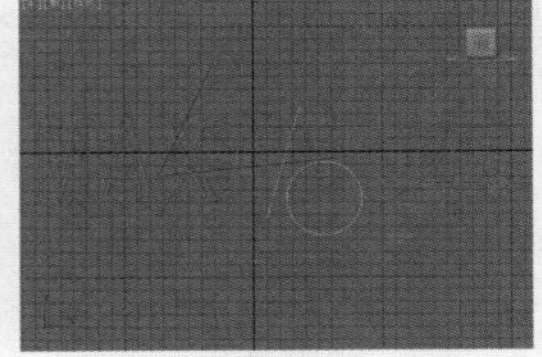

图4—19　图4—20

在创建样条线时，如果需要多次创建一条线，那么需要禁用【开始新图形】选项，如图4—21所示。此时多次创建样条线，会发现每次创建的样条线都是一条，如图4—22所示。

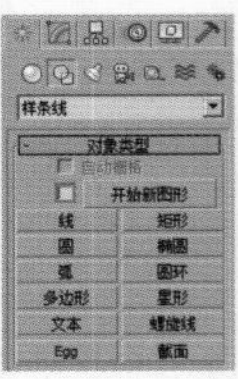

图4—21　图4—22

★ 案例实战——线、多边形制作茶几

场景文件	无
案例文件	案例文件\Chapter 04\案例实战——线、多边形制作茶几.max
视频教学	视频文件\Chapter 04\案例实战——线、多边形制作茶几.flv
难易指数	★★☆☆☆
技术掌握	掌握【线】、【多边形】工具以及【挤出】修改器的运用

实例介绍

茶几一般都是放在客厅中沙发的附近，主要用于放置茶杯、泡茶用具、酒杯、水果、水果刀、烟灰缸、花等。本案例的最终渲染和线框效果如图4-23所示。

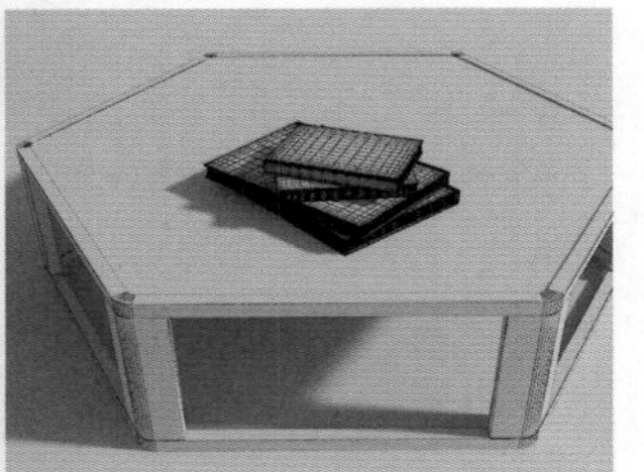

图4—23

建模思路

01 使用【多边形】工具和【挤出】修改器制作茶几顶部

02 使用【线】工具制作茶几中间部分

茶几建模流程如图4-24所示。

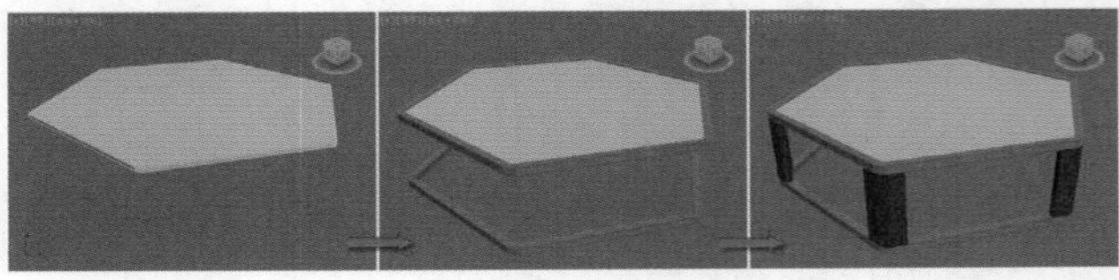

图4—24

制作步骤

01 利用 多边形 工具在顶视图中创建一个多边形，如图4-25所示。设置【半径】为48.47mm，【边数】为6，【角半径】为2mm，如图4-26所示。

02 选择刚创建的多边形，单击【修改】按钮，为其添加【挤出】修改器，并设置【数量】为1mm，如图4-27所示。

03 此时模型效果如图4-28所示。

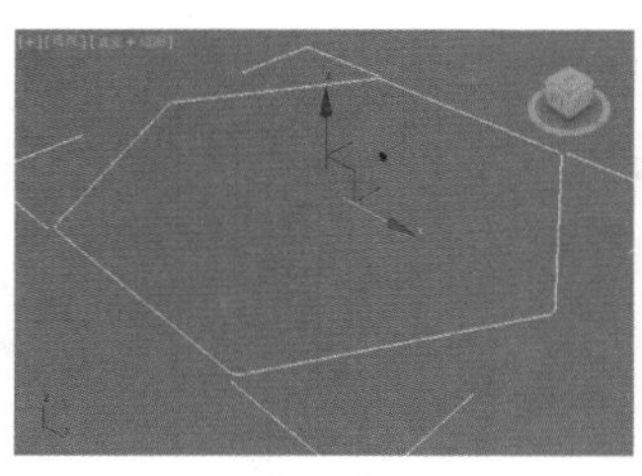

图4-25

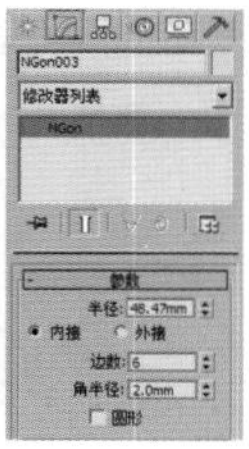

图4-26

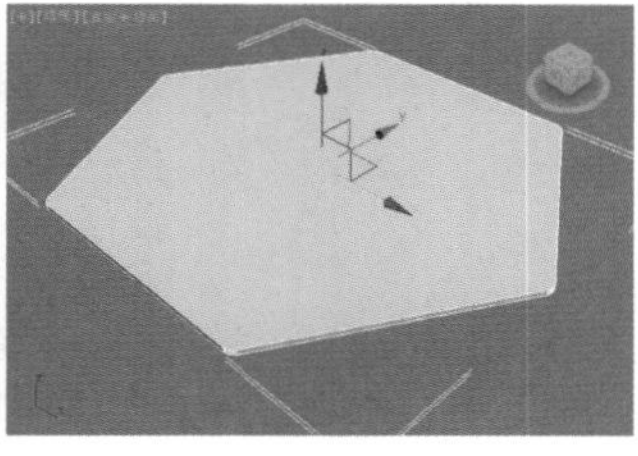

图4-27

图4-28

04 继续使用 多边形 工具在视图中创建一个多边形，如图4-29所示。并选中【在渲染中启用】和【在视口中启用】复选框，设置方式为【矩形】，【长度】为2mm，【宽度】为2mm，最后设置【半径】为48.47mm，【边数】为6，【角半径】为2mm，如图4-30所示。

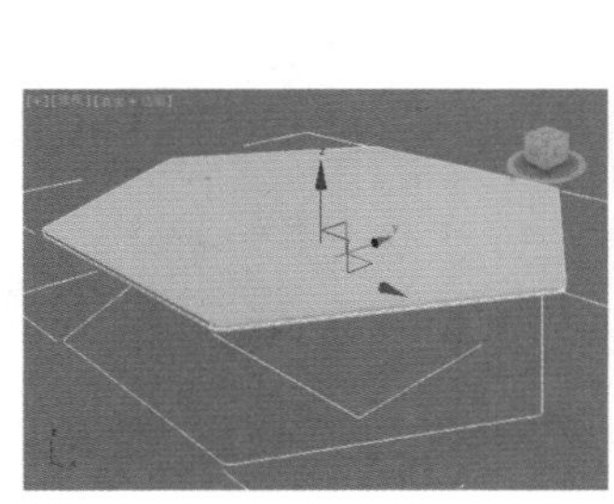

图4-29

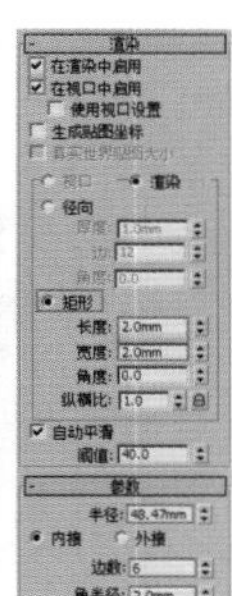

图4-30

05 此时的模型效果如图4-31所示。

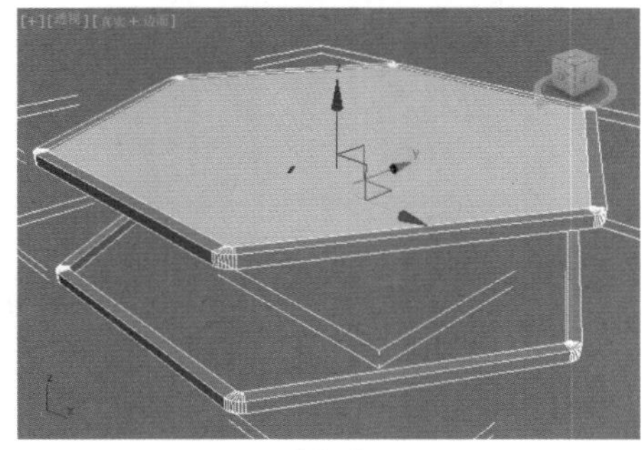

图4-31

06 使用 线 工具，在顶视图中绘制如图4-32所示的样条线。

07 进入到【顶点】级别，并选择中间的一个顶点，在【圆角】后面的文本框中输入1mm，并按Enter键结束，如图4-33所示。此时的线出现了圆角的效果，如图4-34所示。

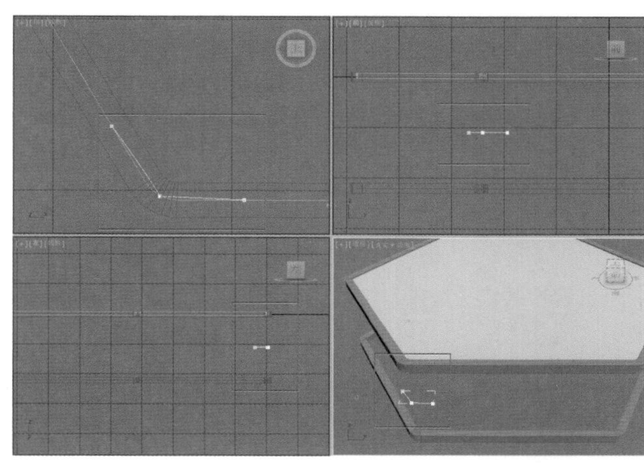

图4-32

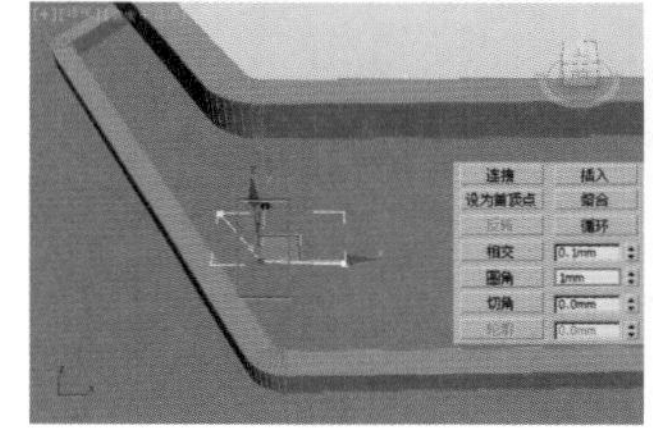

图4-33

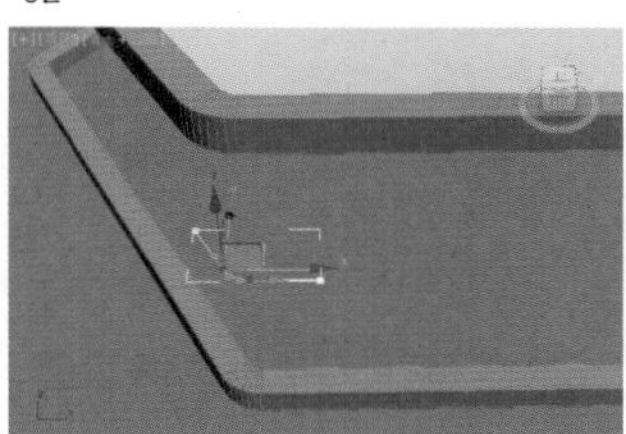

图4-34

08 选择上一步创建的线，并在【渲染】卷展栏中选中【在渲染中启用】和【在视图中启用】复选框，选中【矩形】单选按钮，并设置【长度】为20mm，【宽度】为2mm，如图4-35所示。

09 此时的茶几腿模型效果如图4-36所示。

图4-35

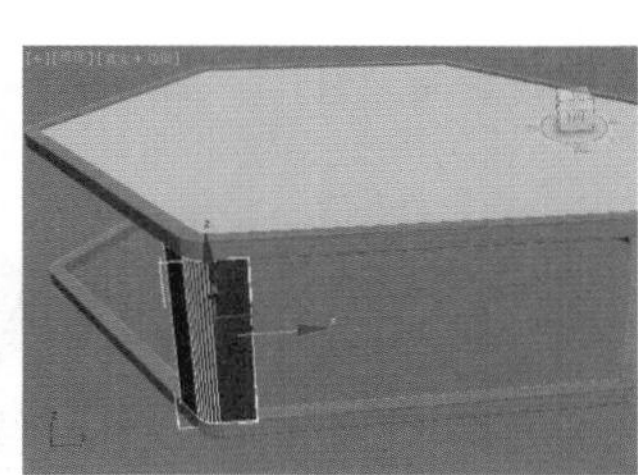

图4-36

10 复制出另外5个茶几腿的部分，并放置到正确的位置，如图4-37所示。

11 最终模型效果如图4-38所示。

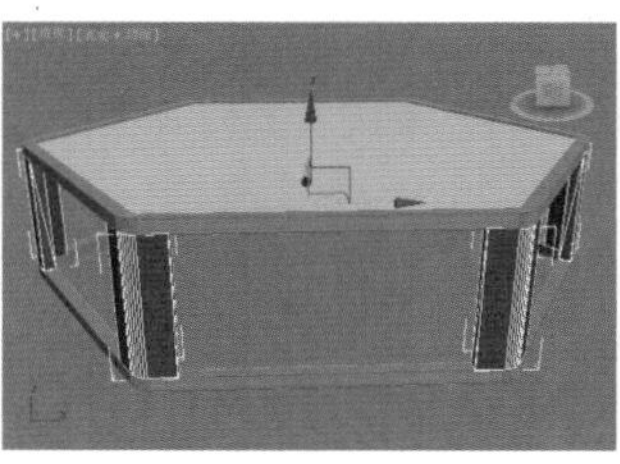

图4-37

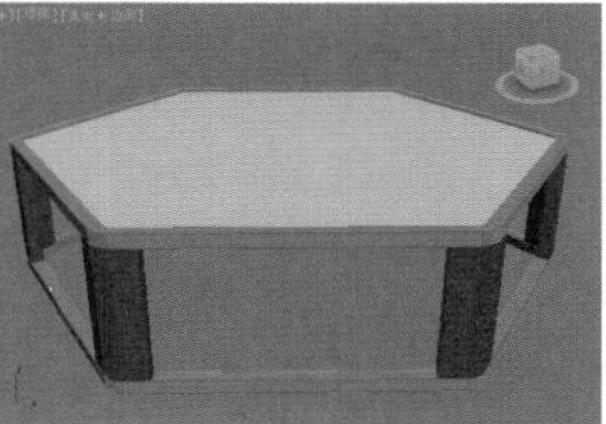

图4-38

★ 案例实战——线制作字母椅子

场景文件	无
案例文件	案例文件\Chapter 04\案例实战——线制作字母椅子.max
视频教学	视频文件\Chapter 04\案例实战——线制作字母椅子.flv
难易指数	★★☆☆☆
技术掌握	掌握【线】工具和【挤出】修改器的使用方法

实例介绍

字母椅子属于创意椅子的一种，因为其外形的特殊、有创意而广受年轻人喜欢。本例将以制作一个字母椅子模型为例来讲解样条线【挤出】修改器的使用方法，效果如图4-39所示。

图4—39

建模思路

使用样条线并加载【挤出】修改器创建字母椅子模型

字母椅子建模流程如图4-40所示。

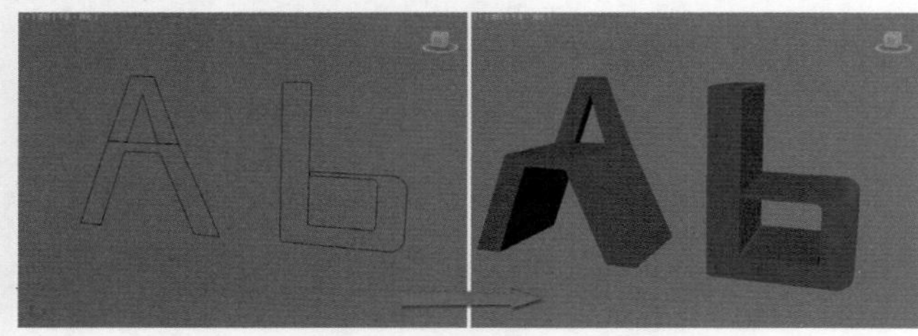

图4—40

制作步骤

01 使用 线 工具，在前视图中绘制如图4-41所示的样条线。在【修改】面板下加载【挤出】修改器，并设置【数量】为50mm，如图4-42所示。

图4—41

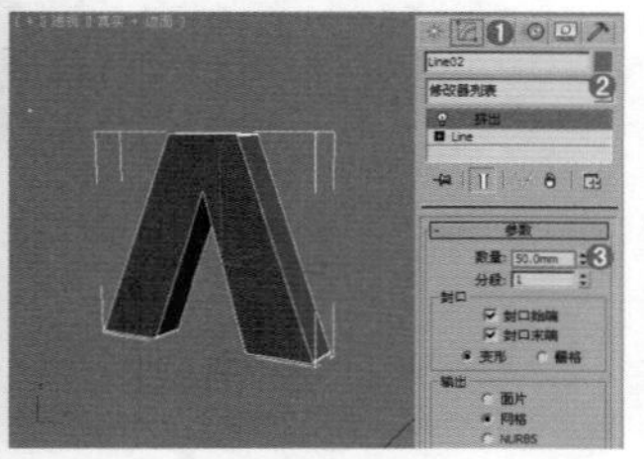

图4—42

02 继续使用 线 工具，在前视图中绘制如图4-43所示的样条线。在【修改】面板下加载【挤出】修改器，并设置【数量】为400mm，如图4-44所示。

03 继续使用 线 工具，在前视图中绘制如图4-45所示的样条线。在【修改】面板下加载【挤出】修改器，并设置【数量】为400mm，如图4-46所示。

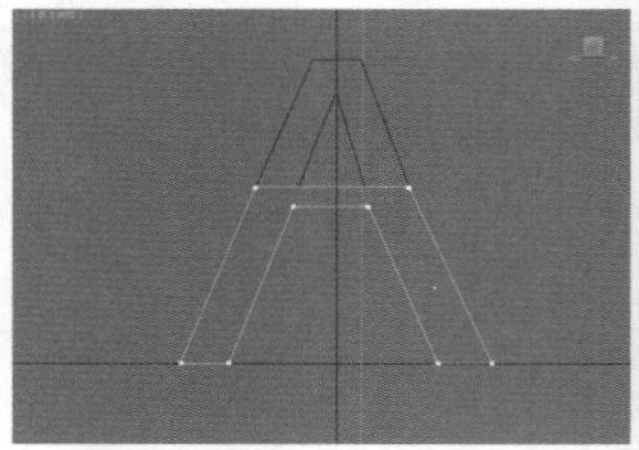

图4—43

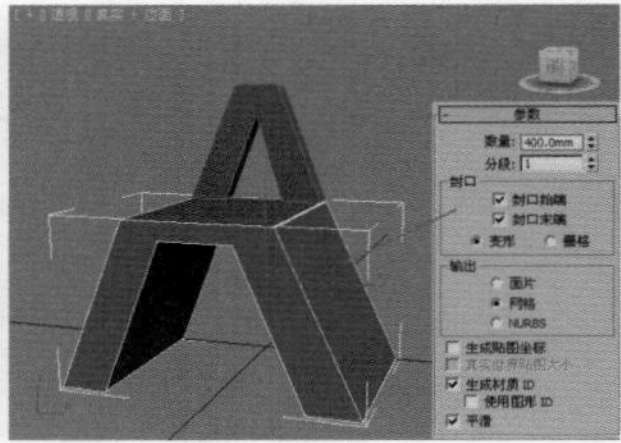

图4—44

图4—45

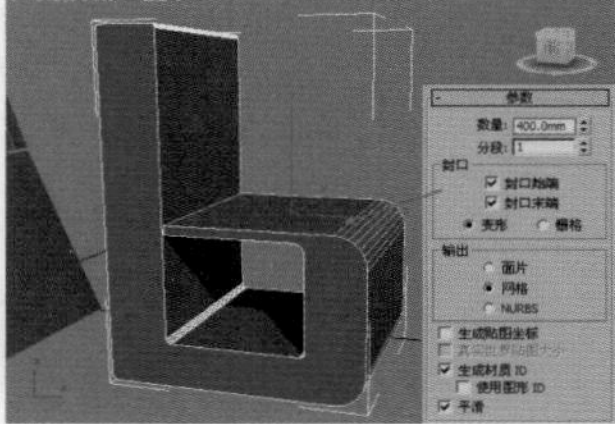

图4—46

技巧提示

在【封口】选项组中禁用【封口末端】选项时，挤出后的模型末端端面会消失，如图4—47和图4—48所示分别为启用和禁用【封口末端】选项时的对比效果。

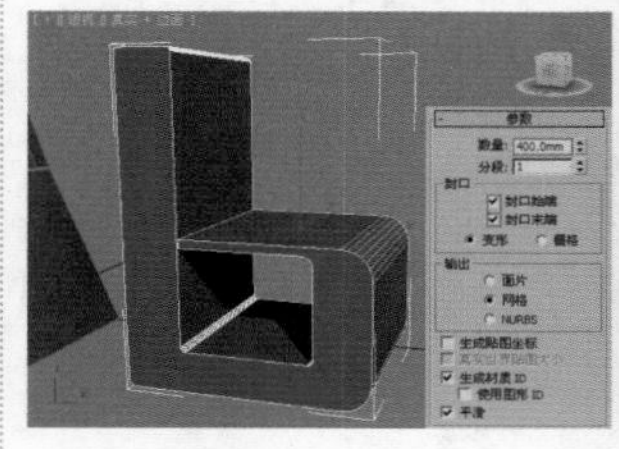

图4—47

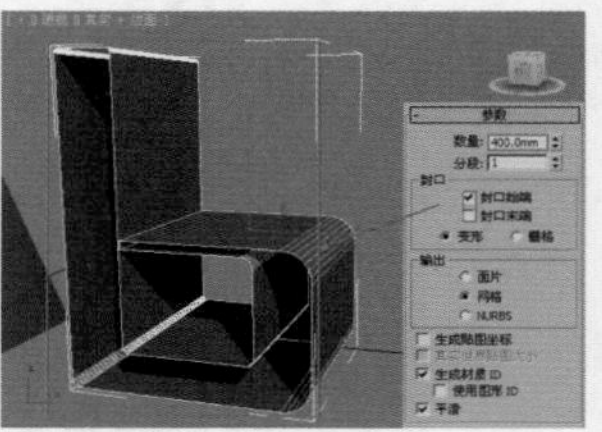

图4—48

04 最终模型效果如图4-49所示。

图4—49

★ 案例实战——线制作美式铁艺栅栏

场景文件	无
案例文件	案例文件\Chapter 04\案例实战——线制作美式铁艺栅栏.max
视频教学	视频文件\Chapter 04\案例实战——线制作美式铁艺栅栏.flv
难易指数	★★☆☆☆
技术掌握	掌握样条线建模下【线】工具、【挤出】修改器和【编辑多边形】修改器的运用

实例介绍

美式铁艺栅栏是使用铁条等做成的阻拦物，主要用于住宅区、宾馆、酒店、超市、娱乐场所的防护与装饰。本案例的最终渲染和线框效果如图4-50所示。

图4—50

建模思路

01 使用【线】工具、【挤出】修改器和【编辑多边形】修改器制作美式铁艺栅栏整体框架模型

02 使用【线】工具、【挤出】修改器和【编辑多边形】修改器制作美式铁艺栅栏装饰部分模型

美式铁艺栅栏建模流程如图4-51所示。

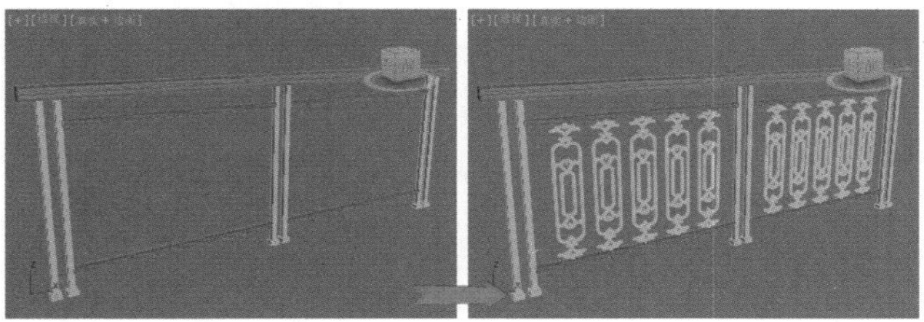

图4—51

制作步骤

Part 01 制作美式铁艺栅栏整体框架模型

01 单击（创建）|（图形）| 样条线 | 线，在左视图中绘制一个图形，如图4-52所示。

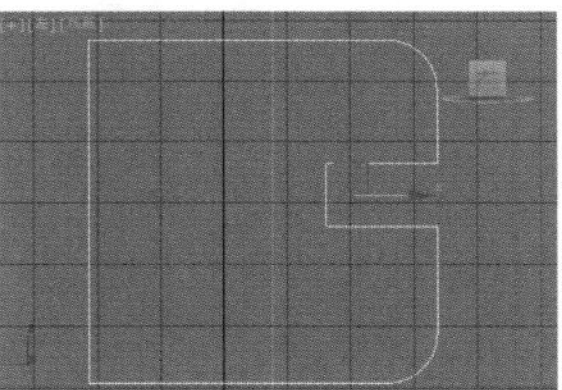

图4—52

02 选择上一步创建的图形，为其加载【挤出】修改器，如图4-53所示。在【参数】卷展栏中设置【数量】为2300mm，如图4-54所示。

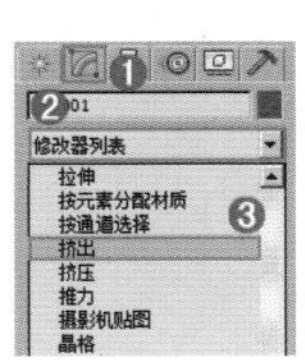

图4—53

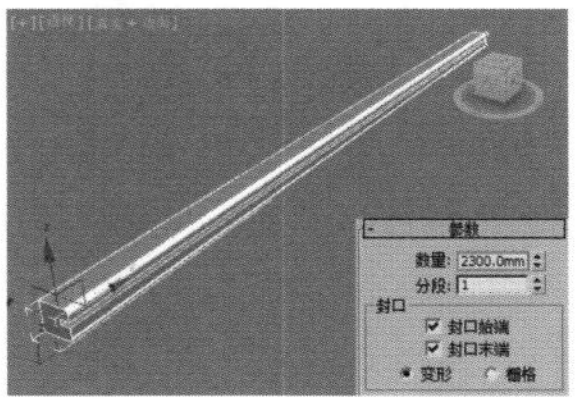

图4—54

03 利用 线 工具在前视图中绘制一条样条线，如图4-55所示。

04 选择上一步创建的模型，在【修改】面板的【渲染】选项组中分别选中【在渲染中启用】和【在视口中启用】复选框，选中【矩形】单选按钮，设置【长度】为20mm，【宽度】为20mm，如图4-56所示。

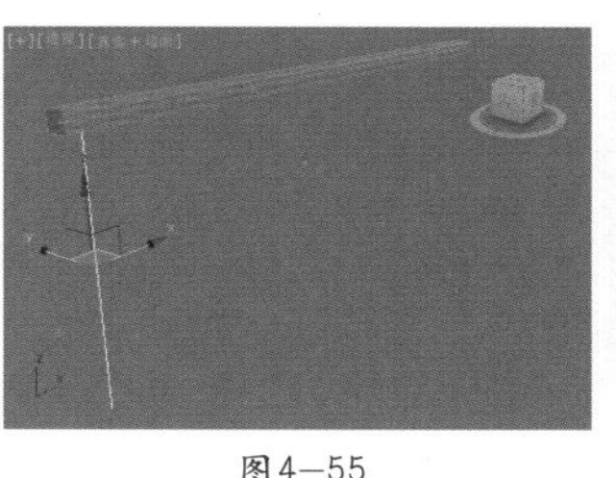

图4—55

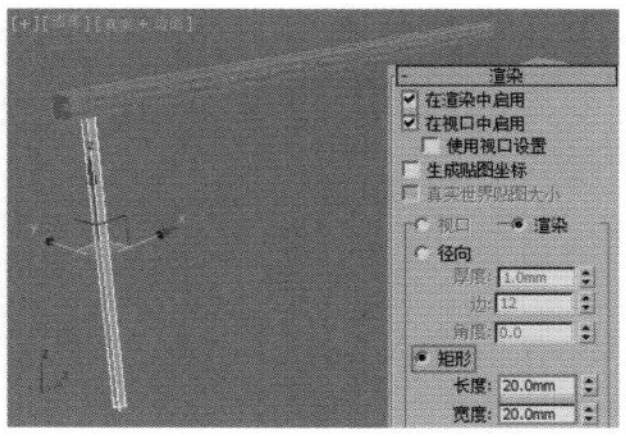

图4—56

05 选择上一步创建的模型，为其加载【编辑多边形】修改器，如图4-57所示。

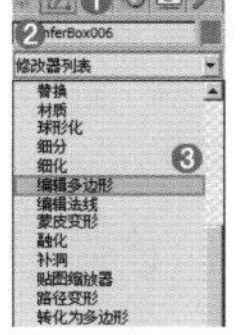

图4—57

06 在【多边形】级别下选择如图4-58所示的多边形，单击 倒角 按钮后面的【设置】按钮，并设置【轮廓】为10mm，如图4-59所示。

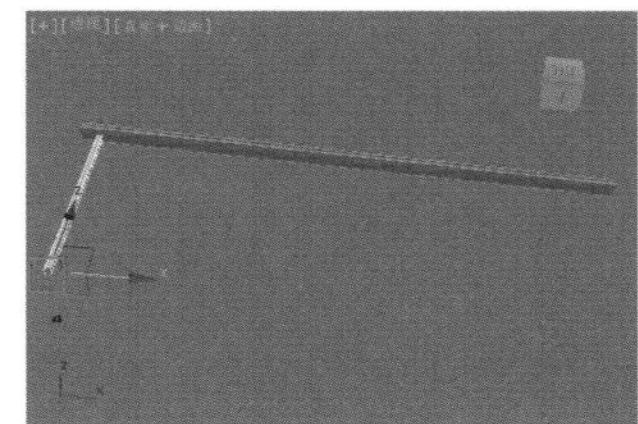

图4—58

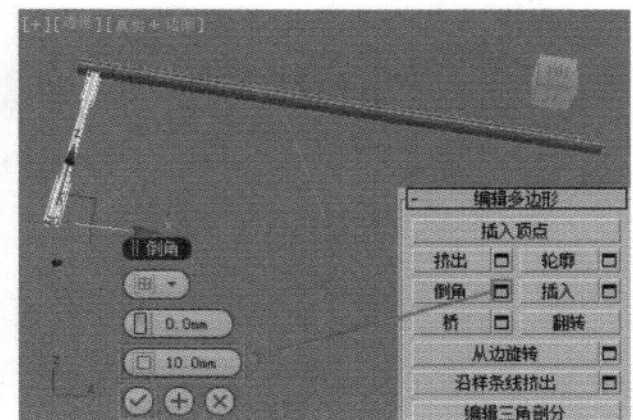

图4—59

07 保持选择上一步选择的多边形，单击 挤出 按钮后面的【设置】按钮，并设置【高度】为20mm，如图4-60所示。

08 选择上一步创建的模型，复制5份，如图4-61所示。

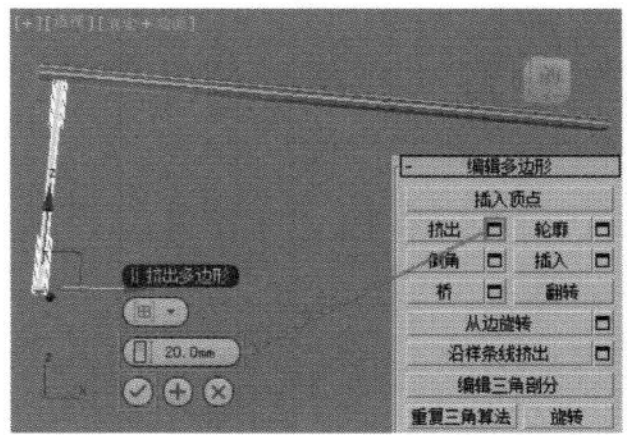

图4—60

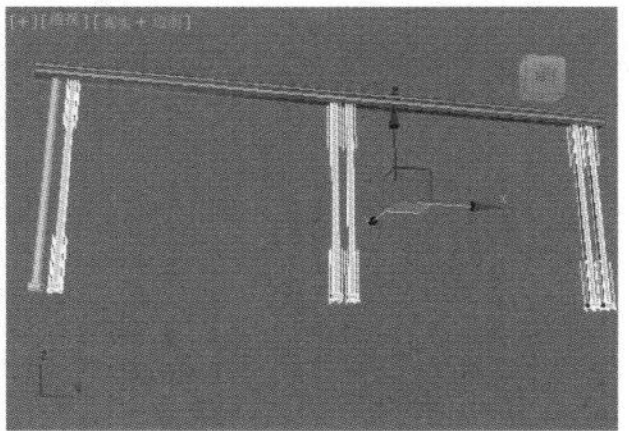

图4—61

09 利用 线 工具在前视图中绘制一条样条线，如图4-62所示。

10 选择上一步创建的模型，在【修改】面板的【渲染】选项组中分别选中【在渲染中启用】和【在视口中启用】复选框，选中【矩形】单选按钮，设置【长度】为20mm，【宽度】为20mm，如图4-63所示。

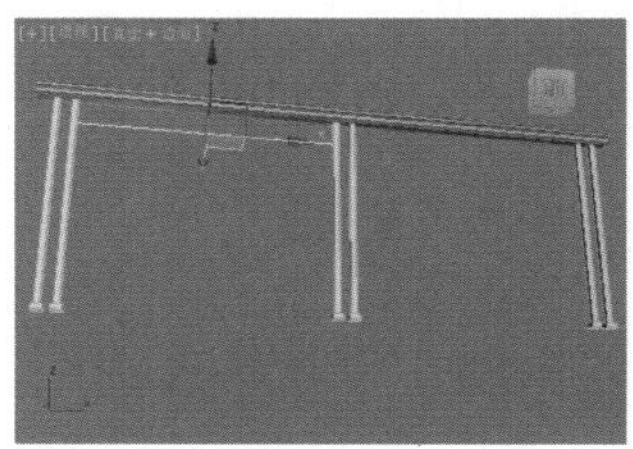

图4—62

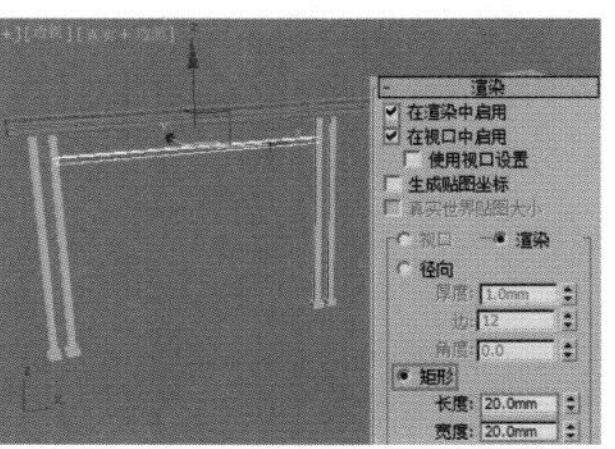

图4—63

11 选择上一步创建的模型，复制3份，如图4-64所示。

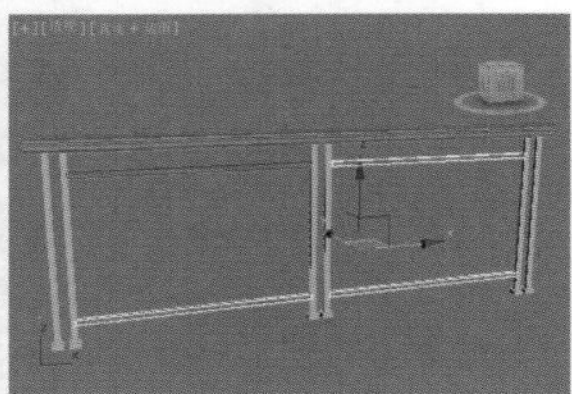
图4-64

Part 02 制作美式铁艺栅栏装饰部分模型

01 利用 线 工具在前视图中绘制出如图4-65所示的形状。局部效果图如图4-66所示。

图4-65

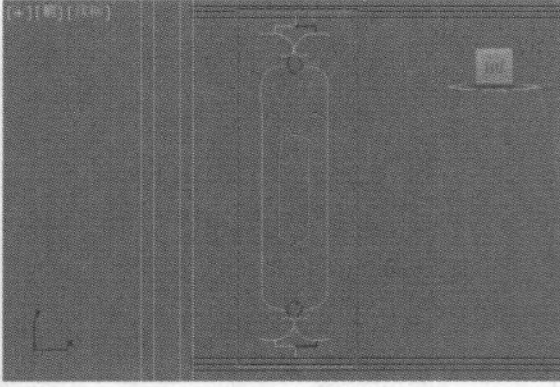
图4-66

02 选择如图4-67所示的样条线，在【修改】面板【几何体】卷展栏下单击 附加 按钮，然后逐个单击上一步创建的样条线，如图4-68所示。

图4-67

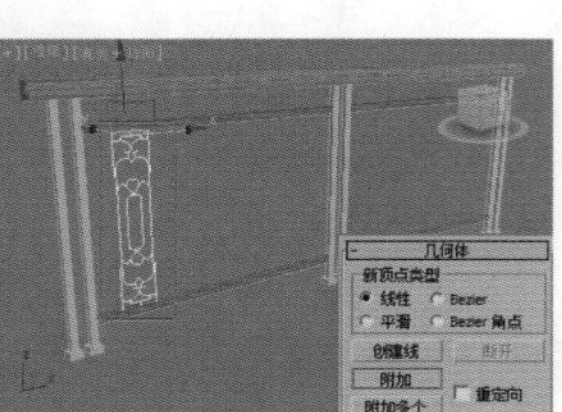
图4-68

03 选择上一步创建的模型，在【修改】面板的【渲染】选项组中分别选中【在渲染中启用】和【在视口中启用】复选框，选中【矩形】单选按钮，设置【长度】为10mm，【宽度】为10mm，如图4-69所示。

04 选择上一步创建的模型，复制9份，如图4-70所示。

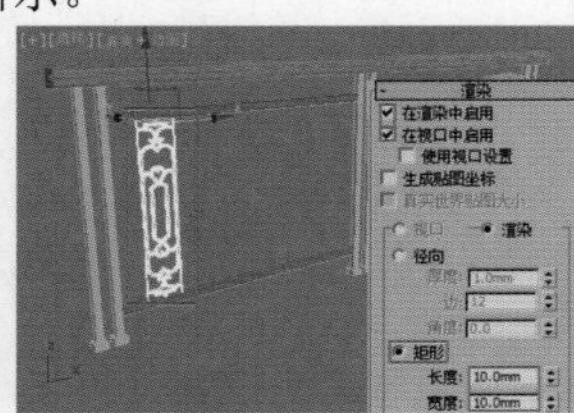
图4-69

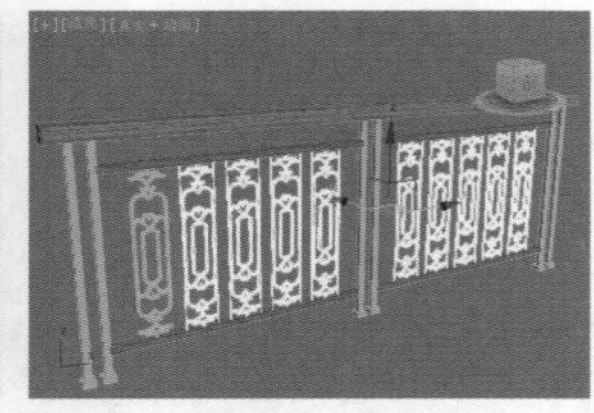
图4-70

05 最终模型的效果如图4-71所示。

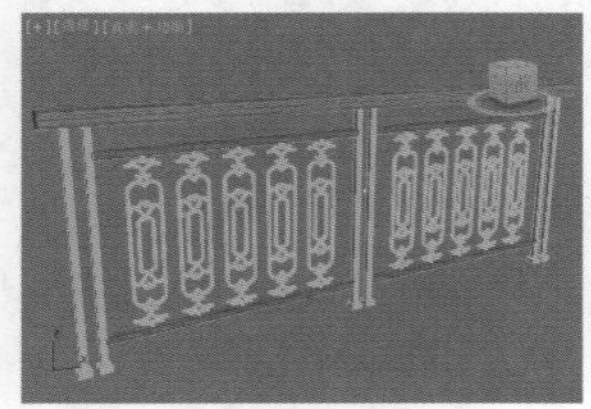
图4-71

矩形

使用【矩形】工具可以创建方形和矩形样条线。【矩形】工具的参数包括【渲染】、【插值】和【参数】3个卷展栏，如图4-72所示。

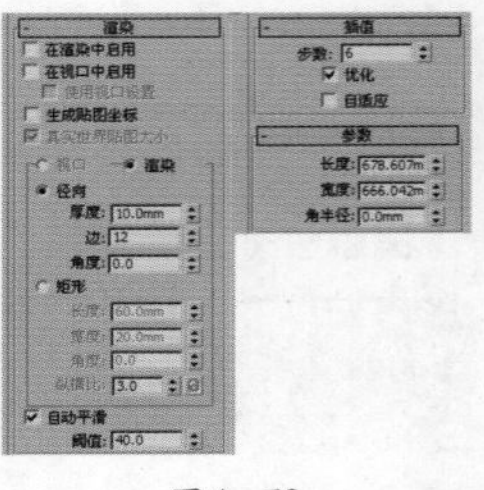
图4-72

圆形

使用【圆形】工具可以创建由4个顶点组成的闭合圆形样条线。【圆】工具的参数包括【渲染】、【插值】和【参数】3个卷展栏，如图4-73所示。

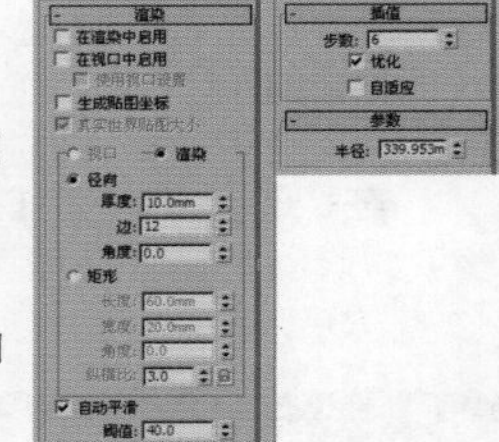
图4-73

文本

使用【文本】工具样条线可以很方便地在视图中创建出文字模型，并且可以更改字体类型和字体大小，如图4-74所示，其参数如图4-75所示（【渲染】和【插值】两个卷展栏中的参数与【线】工具的参数相同）。

图4-74

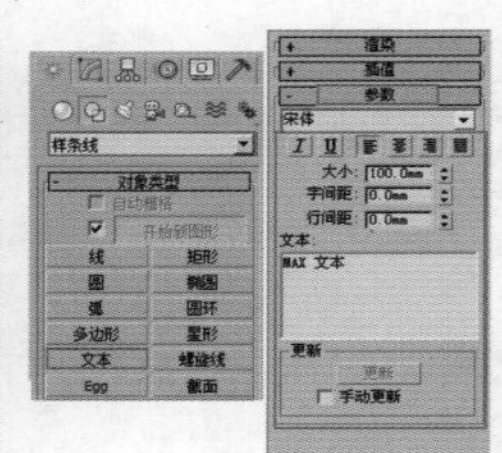
图4-75

- 【斜体样式】按钮 I：单击该按钮可以将文本切换为斜体文本。
- 【下画线样式】按钮 U：单击该按钮可以将文本切换为下画线文本。
- 【左对齐】按钮：单击该按钮可以将文本对齐到边界框的左侧。
- 【居中】按钮：单击该按钮可以将文本对齐到边界框的中心。
- 【右对齐】按钮：单击该按钮可以将文本对齐到边界框的右侧。
- 【对正】按钮：分隔所有文本行以填充边界框的范围。
- 大小：设置文本高度，其默认值为100mm。
- 字间距：设置文字间的间距。
- 行间距：调整字行间的间距。
- 文本：在此可以输入文本，若要输入多行文本，可以按

Enter键切换到下一行。

- 更新按钮 更新 ：单击该按钮可以将文本编辑框中修改的文字显示在视图中。
- 手动更新：选中该复选框可以激活 更新 按钮。

技巧提示

剩下的几种样条线类型与【线】和【文本】工具的使用方法基本相同，这里就不多讲解了。

★ 案例实战——线、圆、文本制作钟表

场景文件	无
案例文件	案例文件\Chapter 04\案例实战——线、圆、文本制作钟表.max
视频教学	视频文件\Chapter 04\案例实战——线、圆、文本制作钟表.flv
难易指数	★★★☆☆
技术掌握	掌握【线】、【圆】、【文本】工具以及【挤出】修改器的运用

实例介绍

现代钟表不仅可以作为记录时间的工具，更重要的是可以起到装饰的作用。本案例最终渲染和线框效果如图4-76所示。

图4—76

建模思路

使用【线】、【圆】、【文本】工具以及【挤出】修改器制作钟表

钟表建模流程如图4-77所示。

图4—77

制作步骤

01 利用 圆 工具在顶视图中创建一个圆形，如图4-78所示。设置【半径】为100mm，如图4-79所示。

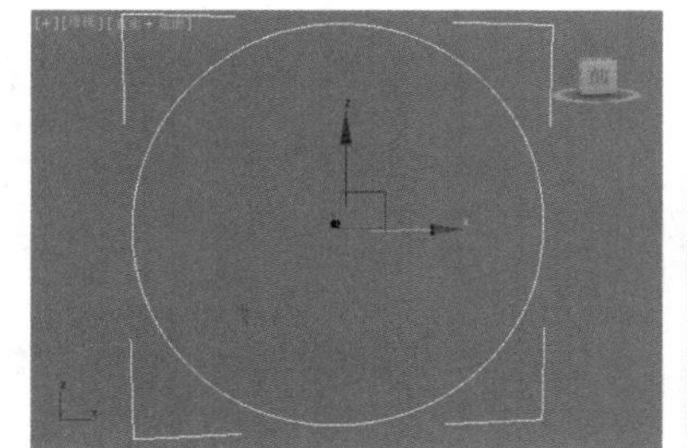

图4—78

图4—79

02 选择上一步创建的圆形，并在【修改】面板中为其添加【挤出】修改器，设置【数量】为5mm，如图4-80所示。此时的模型效果如图4-81所示。

图4—80

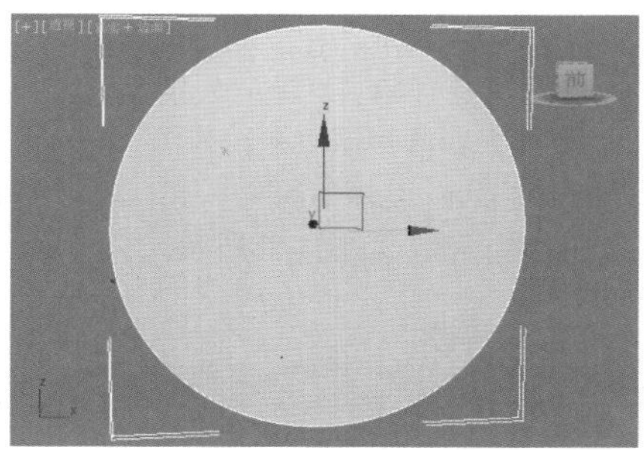

图4—81

03 单击（创建）|（图形）| 样条线 | 文本 工具，如图4-82所示，在前视图中绘制12组文字，如图4-83所示。

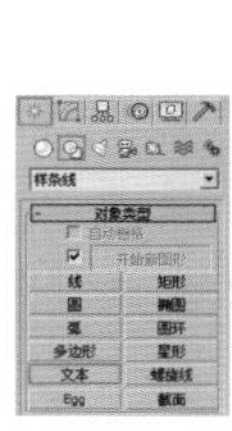

图4—82

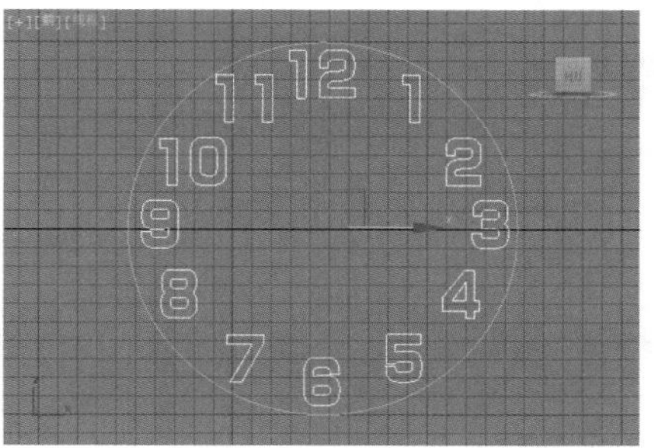

图4—83

技巧提示

此处的文字，不仅可以使用【文本】工具进行制作，也可以使用【线】工具进行制作。

04 选择上一步创建的12组文字，并在【修改】面板中为其添加【挤出】修改器，设置【数量】为7mm，如图4-84所示。此时模型效果如图4-85所示。

图4—84

05 继续使用 线 工具和 圆 工具制作出剩余的指针部分，最终模型效果如图4-86所示。

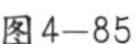

图4—85

图4—86

4.1.2 扩展样条线

技术速查：扩展样条线，相当于样条线的扩展版，扩展了5种较为常用的图形。

扩展样条线有5种类型，分别是【墙矩形】、【通道】、【角度】、【T形】和【宽法兰】，如图4-87所示。

图4—87

选择相应的扩展样条线工具后，在视图中拖曳光标就可以创建出不同的扩展样条线，如图4-88所示。

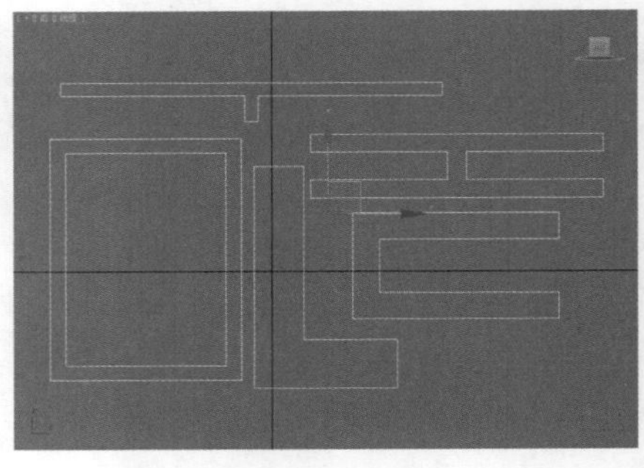

图4—88

本节知识导读：

工具名称	工具用途	掌握级别
墙矩形	制作回字形的图形，可用来制作墙体	★★★☆☆
通道	制作通道形状的图形，可用来制作墙体	★★★☆☆
角度	制作L形的图形，可用来制作墙体	★★★☆☆
T形	制作T形的图形，可用来制作墙体	★★★☆☆
宽法兰	制作I形的图形，可用来制作墙体	★★★☆☆

技巧提示

扩展样条线的创建方法和参数设置比较简单，与样条线的使用方法基本相同，因此在这里就不多加讲解了。

4.2 编辑样条线

技术速查：虽然3ds Max 2013提供了很多种二维图形，但是也不能满足创建复杂模型的需求，因此就需要对样条线的形状进行修改，并且由于绘制出来的样条线都是参数化物体，只能对参数进行调整，所以这就需要将样条线转换为可编辑样条线。

4.2.1 动手学：转换成可编辑样条线

将样条线转换成可编辑样条线的方法有两种。

● 选择二维图形，然后右击，接着在弹出的菜单中选择【转换为/转换为可编辑样条线】命令，如图 4-89所示。

技巧提示

将二维图形转换为可编辑样条线后，在【修改】面板的修改器堆栈中就只剩下【可编辑样条线】修改器，并且没有了【参数】卷展栏，增加了【选择】、【软选择】和【几何体】卷展栏，如图4—90所示。

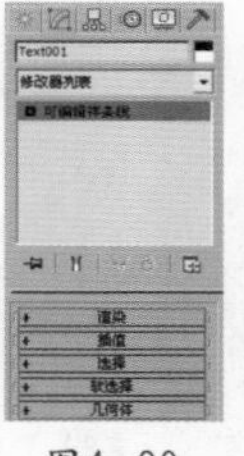

图4—90

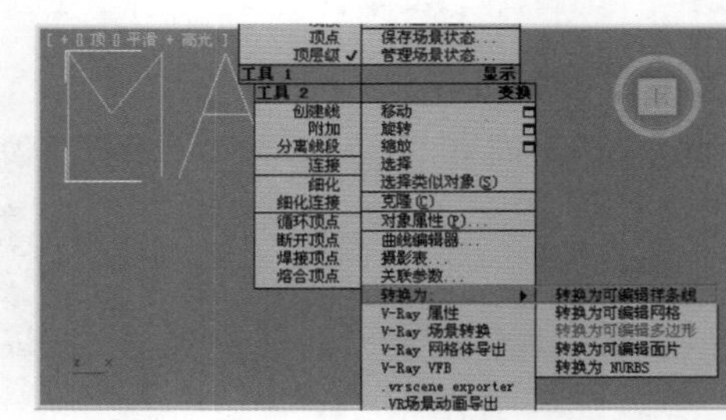

图4—89

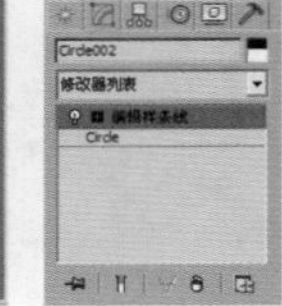

图4—91

● 选择二维图形，然后在【修改器列表】面板的修改器堆栈中为其加载一个【编辑样条线】修改器，如图4-91所示。

技巧提示

与第1种方法相比，第2种方法的修改器堆栈中不只包含【编辑样条线】修改器，同时还保留了原始的二维图形。当选择【编辑样条线】修改器时，其卷展栏包含【选择】、【软选择】和【几何体】卷展栏，如图4—92所示；当选择二维图形选项时，其卷展栏包括【渲染】、【插值】和【参数】卷展栏，如图4—93所示。

图4—92　图4—93

4.2.2 调节可编辑样条线

将样条线转换为可编辑样条线后，在修改器堆栈中单击【可编辑样条线】修改器前面的■按钮，可以展开样条线的子对象层次，包括【顶点】、【线段】和【样条线】，如图 4-94所示。

通过【顶点】、【线段】和【样条线】子对象层级可以分别对顶点、线段和样条线进行编辑。下面以【顶点】层级为例来讲解可编辑样条线的调节方法。选择【顶点】层级后，在视图中就会出现图形的可控制点，如图 4-95所示。

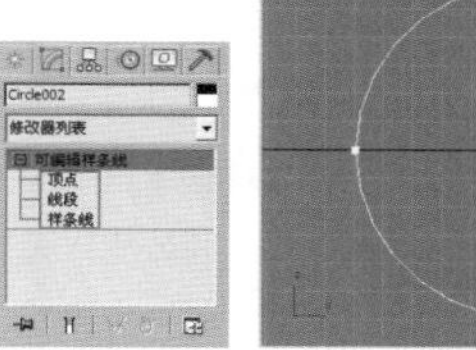

图4—94

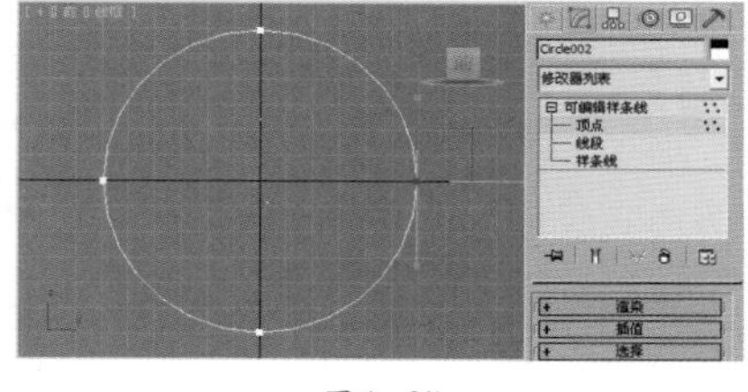

图4—95

使用【选择并移动】工具、【选择并旋转】工具和【选择并均匀缩放】工具可以对顶点进行移动、旋转和缩放调整，如图 4-96所示。

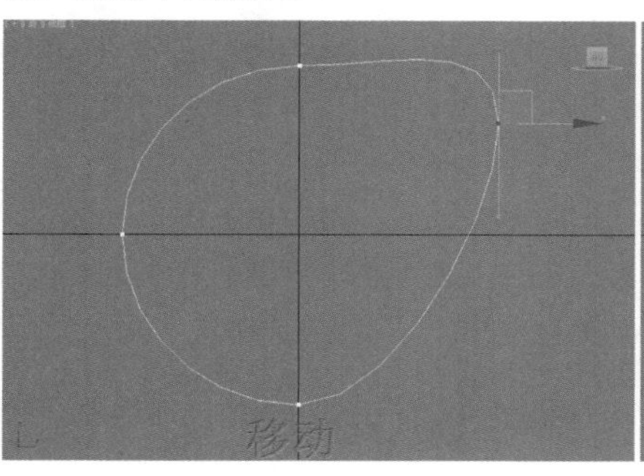

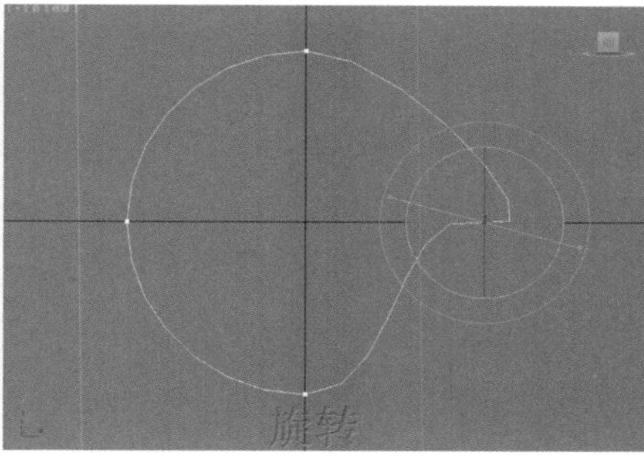

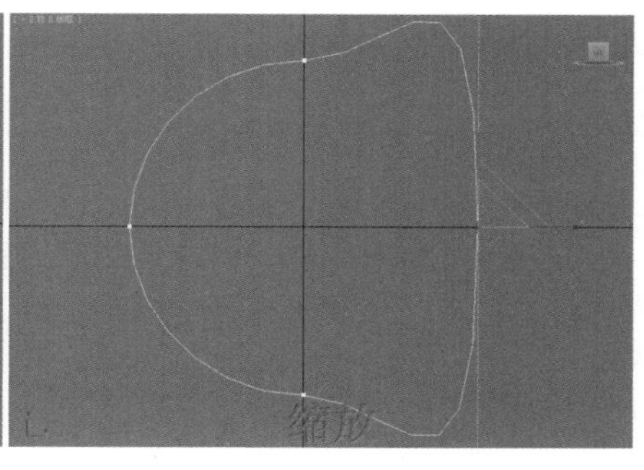

图4—96

顶点的类型有4种，分别是Bezier角点、Bezier、【角点】和【平滑】，可以通过四元菜单中的命令来转换顶点类型，其操作方法就是在顶点上右击，然后在弹出的菜单中选择相应的类型即可，如图4-97所示。如图4-98所示是这4种不同类型的顶点。

- Bezier角点：带有两个不连续的控制柄，通过这两个控制柄可以调节转角处的角度。
- Bezier：带有两个连续的控制柄，用于创建平滑的曲线，顶点处的曲率由控制柄的方向和量级确定。
- 角点：创建尖锐的转角，角度的大小不可以调节。
- 平滑：创建平滑的圆角，圆角的大小不可以调节。

图4—97

图4—98

4.2.3 动手学：将二维图形转换成三维模型

01 首先需要创建出需要的二维图形，如图4-99所示。

02 为二维图形加载修改器，如【挤出】、【倒角】或【车削】等，如图4-100所示是为二维文字加载【倒角】修改器后转换为三维文字的效果。

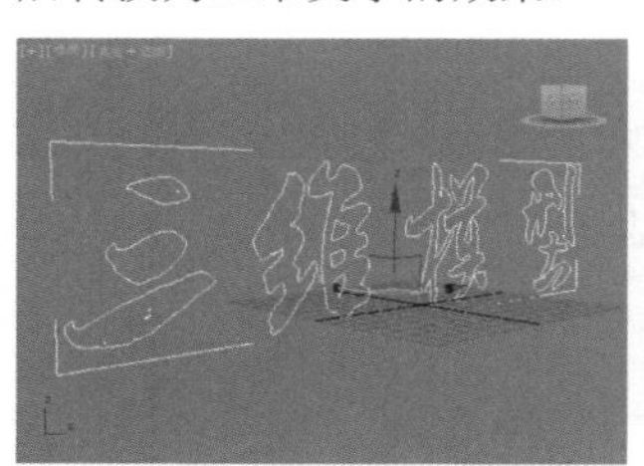

图4—99

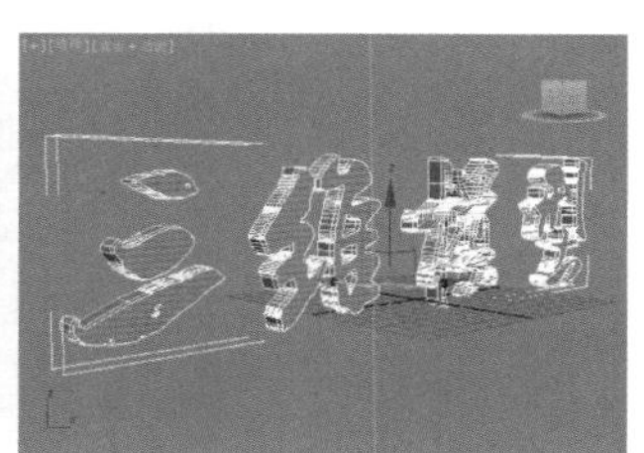

图4—100

★ 案例实战——编辑样条线制作顶棚

场景文件	无
案例文件	案例文件\Chapter 04\综合实战——编辑样条线制作顶棚.max
视频教学	视频文件\Chapter 04\综合实战——编辑样条线制作顶棚.flv
难易指数	★★★☆☆
技术掌握	掌握样条线建模下【矩形】工具、【星形】工具、【编辑样条线】修改器和【编辑多边形】修改器的运用

实例介绍

顶棚的整体框架是由若干梁和柱连接而成的能承受垂直和水平荷载的平面结构或空间结构。最终渲染和线框效果如图4-101所示。

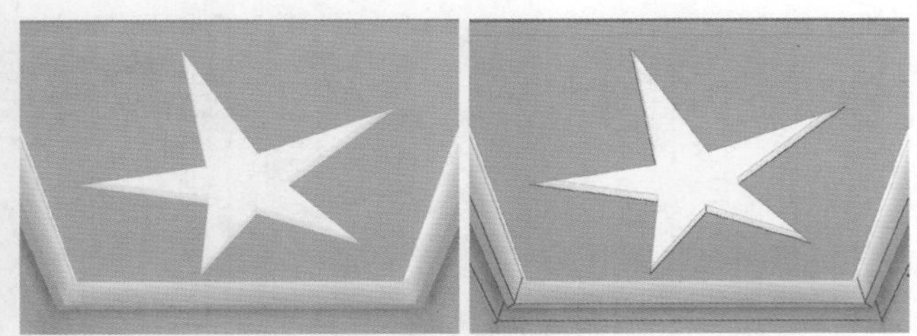

图4—101

建模思路

01 使用【矩形】工具、【星形】工具创建整体框架顶棚模型

02 使用【矩形】工具、【编辑样条线】修改器、【编辑多边形】修改器创建整体框架墙壁模型

整体框架建模流程如图4-102所示。

图4—102

制作步骤

01 利用 矩形 工具在顶视图中创建一个矩形，如图4-103所示。设置【长度】为3000mm，【宽度】为3500mm，如图4-104所示。

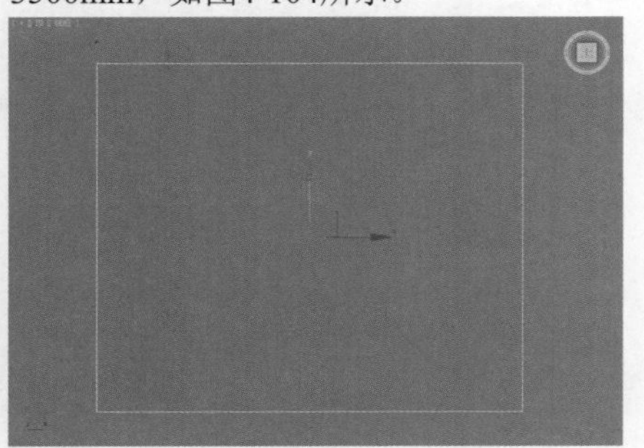

图4—103　　图4—104

02 使用 星形 工具创建一个星形，如图4-105所示。设置【半径1】为1450mm，【半径2】为400mm，【点】为5，如图4-106所示。

图4—105　　图4—106

03 保持选择上一步创建的星形，为其加载【编辑样条线】修改器，单击 附加 按钮，再单击矩形，最后再次单击 附加 按钮，将其取消，如图4-107所示。附加后的效果如图4-108所示。

图4—107　　图4—108

在创建线时，有时需要将多条线转换成为一条线，这样不仅选择起来方便，而且为其执行操作也很方便。因此可以使用【附加】工具，将多条线附加为一条。

04 保持选择上一步创建的图形，加载【挤出】修改器，设置【数量】为100mm，如图4-109所示。此时模型效果如图4-110所示。

图4—109　　图4—110

05 利用 矩形 工具在顶视图中创建一个矩形，设置【长度】为3300mm，【宽度】为3800mm，并选中【在渲染中启用】和【在视口中启用】复选框，选中【矩形】单选按钮，设置【长度】为350mm，【宽度】为100mm，如图4-111所示。此时模型效果如图4-112所示。

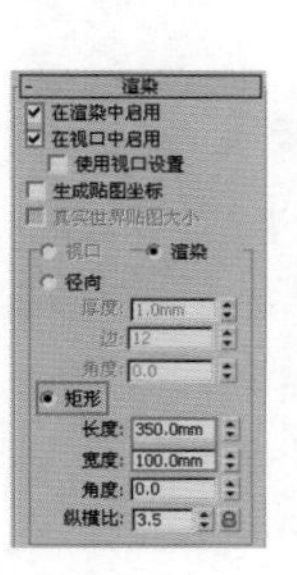

图4—111　　图4—112

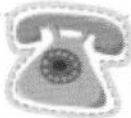

答疑解惑：为什么有时候制作出的镂空效果是相反的

很多时候读者在使用【线】工具和【挤出】修改器制作三维模型，如顶棚等模型时，会发现最终的模型效果不是自己需要的，该镂空的地方却封闭，该封闭的地方却镂空。这是非常常见的一个问题，下面以图4—113为例进行详细地剖析和总结。

通过观察图4—113可以得出结论：线是偶数层（如2层、4层、6层等）时，添加【挤出】修改器后出现的效果为模型中间镂空；线是奇数层（如1层、3层、5层等）时，添加【挤出】修改器后出现的效果为模型中间封闭。

图4—113

06 利用 矩形 工具在顶视图中创建一个矩形，设置【长度】为3700mm，【宽度】为4200mm，并选中【在渲染中启用】和【在视图中启用】复选框，选中【矩形】单选按钮，设置【长度】为450mm，【宽度】为100mm，如图4-114所示。此时模型效果如图4-115所示。

图4—114

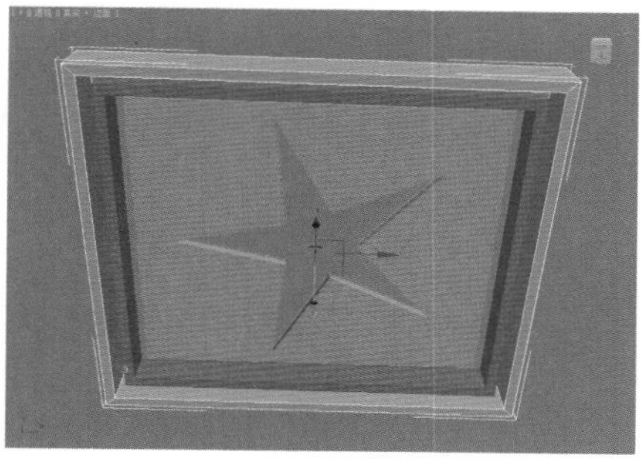

图4—115

07 再次利用 矩形 工具在顶视图中创建一个矩形，并设置【长度】为3800mm，【宽度】为4300mm，如图4-116所示。此时模型效果如图4-117所示。

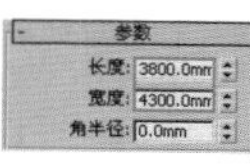

图4—116

图4—117

08 为其加载【挤出】修改器，设置【数量】为100mm，如图4-118所示。最终模型效果如图4-119所示。

图4—118

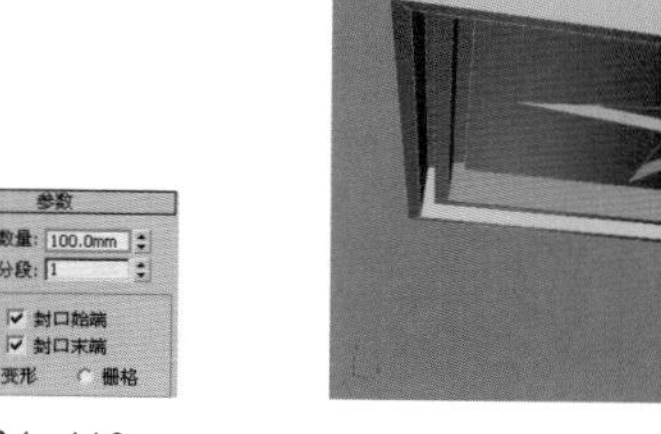

图4—119

技术拓展：闭合与不闭合的线对于【挤出】修改器而言，差别很大

一条封闭的线添加【挤出】修改器后的效果会是封闭的三维模型效果，而一条带有缺口的线添加【挤出】修改器后的效果仍然是不封闭的，但是在线的四周出现了一定的厚度，如图4—120所示。

如何将带有缺口的线闭合？

非常简单，只需要一个工具，那就是【焊接】。如图4—121所示，选择两个点，将 焊接 工具后面的数值尽量增大，并单击 焊接 按钮，如图4—122所示。

此时即可将2个点焊接为1个点，如图4—123所示。

图4—120

图4—121

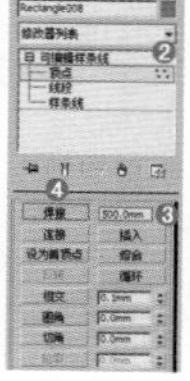

图4—122

图4—123

课后练习

【课后练习——使用样条线制作吊灯】

思路解析

01 使用样条线绘制吊灯的一侧线

02 使用【车削】修改器制作出吊灯模型

本章小结

通过对本章的学习，我们可以掌握样条线建模的技巧，包括样条线、扩展样条线、编辑样条线等。熟练掌握本章的知识可以模拟制作出很多线形的模型，并且使用线和修改器结合也可以模拟制作出很多特殊的模型。

读书笔记

第5章 修改器建模

本章内容简介：

修改器建模是在已有基本模型的基础上，在【修改】面板中添加相应的修改器，将模型进行塑形或编辑。这种方法可以快速打造特殊的模型效果，如扭曲、晶格等。修改器不仅可以应用到三维模型上，而且也可以应用到二维图形上，是一种较为特殊的建模方式。

本章学习要点：

- 什么是修改器
- 常用修改器的种类
- 使用修改器制作模型

修改器

5.1.1 什么是修改器

技术速查：修改器（或简写为“堆栈”）是【修改】面板上的列表。它包含累积历史记录，上面有选定的对象，以及应用于它的所有修改器。

从【创建】面板中添加对象到场景中之后，通常会进入到【修改】面板，来更改对象的原始创建参数，这种方法只可以调整物体的基本参数，如长度、宽度、高度等，但是无法对模型的本身做出大的改变。因此可以使用【修改】面板中的修改器堆栈。如图5-1所示，创建一个长方体【Box001】，并单击【修改】面板，最后在修改器列表中添加【弯曲（Bend）】和【晶格】修改器。

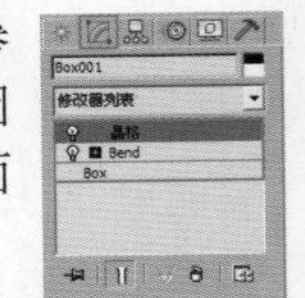

图5—1

- 【锁定堆栈】按钮：激活该按钮可将堆栈和【修改】面板的所有控件锁定到选定对象的堆栈中。即使在选择了视图中的另一个对象之后，也可以继续对锁定堆栈的对象进行编辑。
- 【显示最终结果】按钮：激活该按钮后，会在选定的对象上显示整个堆栈的效果。
- 【使唯一】按钮：激活该按钮可将关联的对象修改成独立对象，这样可以对选择集中的对象单独进行编辑（只有在场景中拥有选择集时该按钮才可用）。
- 【从堆栈中移除修改器】按钮：若堆栈中存在修改器，单击该按钮可删除当前修改器，并清除该修改器引发的所有更改。
- 【配置修改器集】按钮：单击该按钮可弹出一个菜单，该菜单中的命令主要用于配置在【修改】面板中如何显示和选择修改器。

技巧提示

如果想要删除某个修改器，不可以在选中某个修改器后按Delete键，那样会删除对象本身。

5.1.2 动手学：为对象加载修改器

01 使用修改器之前，一定要有已创建好的基础对象，如几何体、图形、多边形模型等，如图5-2所示，我们创建一个圆柱体模型，并设置合适的分段数值。

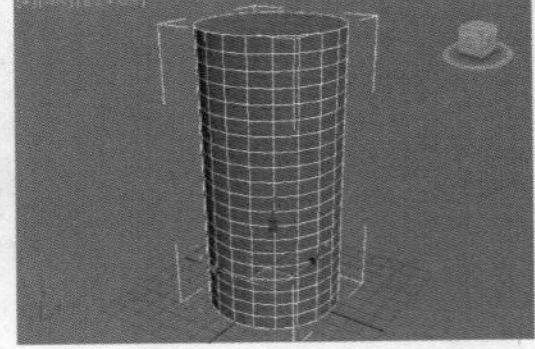

图5—2

02 选择创建出的圆柱，然后单击【修改】按钮进入【修改】面板，接着在修改器列表下拉列表框中选择【弯曲】修改器，如图5-3所示。

03 此时【弯曲】修改器已经添加给了圆柱体，然后在【修改】面板中将其参数进行适当设置，如图5-4所示。

04 继续进入【修改】面板，接着在修改器列表下拉列表框中选择【晶格】修改器，如图5-5所示。

05 此时圆柱体上新增了一个【晶格】修改器，而且最后加载的修改器在最开始加载的修改器的上方。在【修改】面板中将其参数进行适当设置，如图5-6所示。

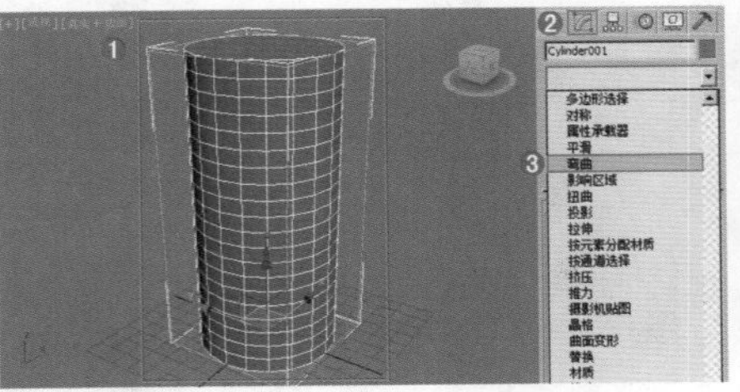

图5—3

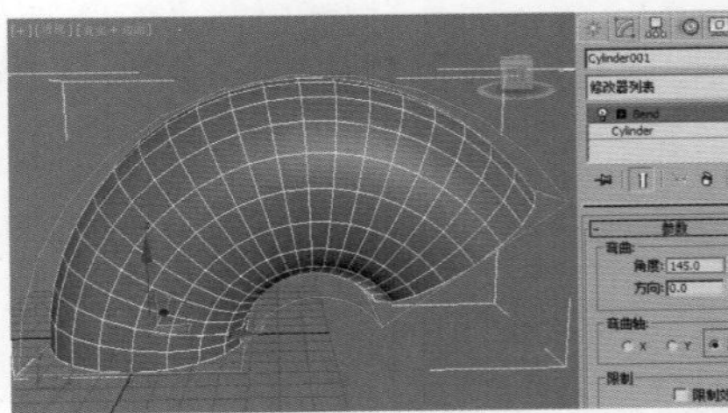

图5—4

技巧提示

在添加修改器时一定要注意添加的次序，否则将会出现不同的效果。

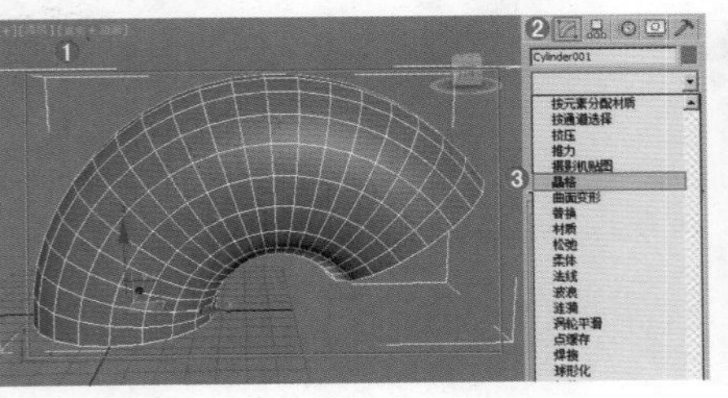

图5—5

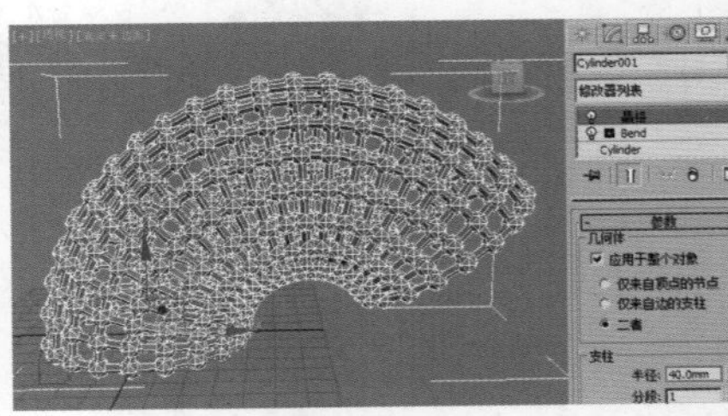

图5—6

5.1.3 动手学：为对象加载多个修改器

01 创建一个模型，比如一个茶壶，如图5-7所示。

02 在【修改】面板中添加【晶格】修改器，如图5-8所示。

03 继续添加【弯曲】修改器，如图5-9所示。

04 再次添加【扭曲（Twist）】修改器，如图5-10所示。

图5—7

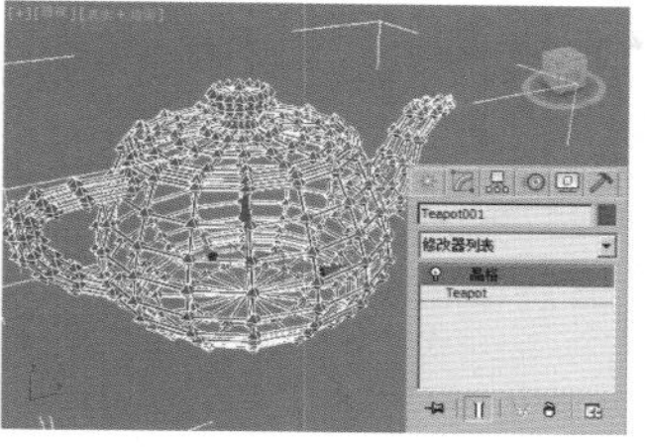
图5—8

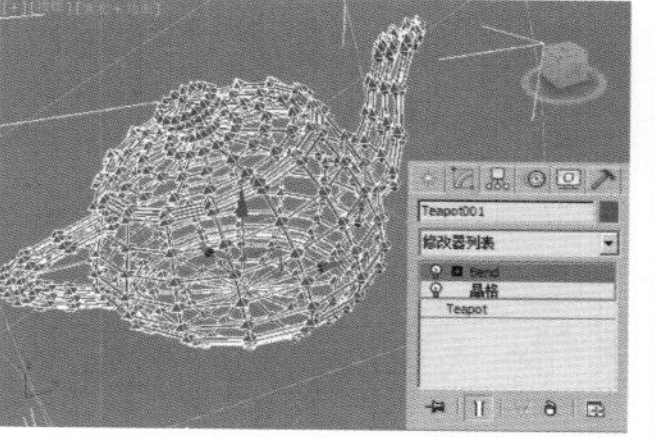
图5—9

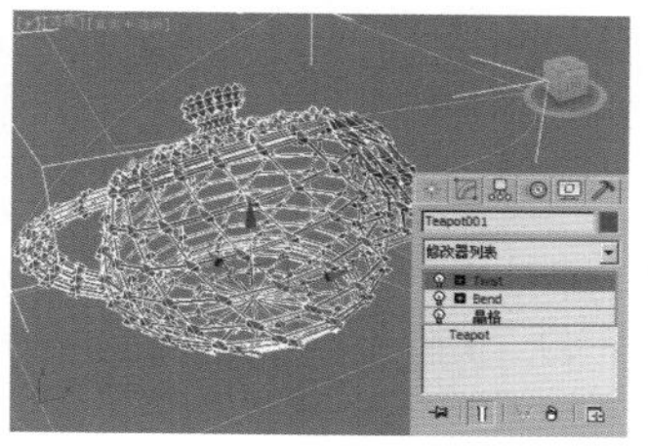
图5—10

5.1.4 动手学：更换修改器的顺序

修改器对于次序而言遵循“据后”原则，即后添加的修改器，会在修改器堆栈的顶部，从而作用于它下方的所有修改器和原始模型；而最先添加的修改器，会在修改器堆栈的底部，从而只能作用于它下方的原始模型。如图5-11所示为创建模型后，先添加【弯曲】修改器，后添加【晶格】修改器的模型效果。

如图5-12所示为创建模型后，先添加【晶格】修改器，后添加【弯曲】修改器的模型效果。

不难发现，将修改器的次序更改，会对最终的模型产生影响。但这不是绝对的，有些情况下，将修改器次序更改，不会产生任何效果。

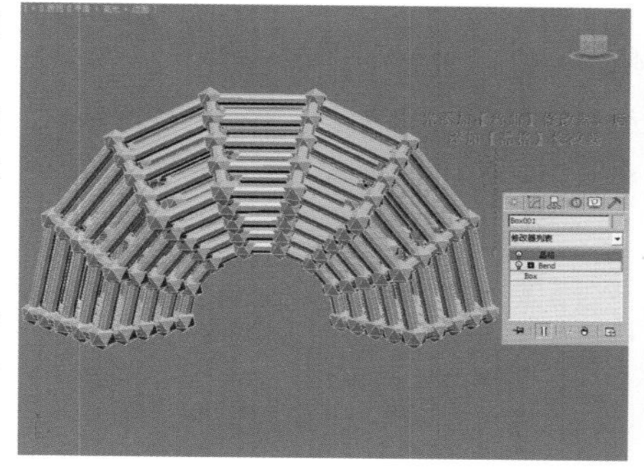
图5—11

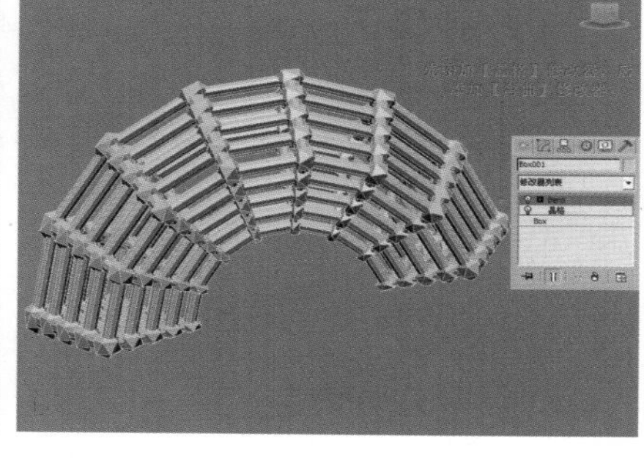
图5—12

5.1.5 编辑修改器

在修改器堆栈上右击会弹出一个修改器堆栈菜单，这个菜单中的命令可以用来编辑修改器，如图5-13所示。

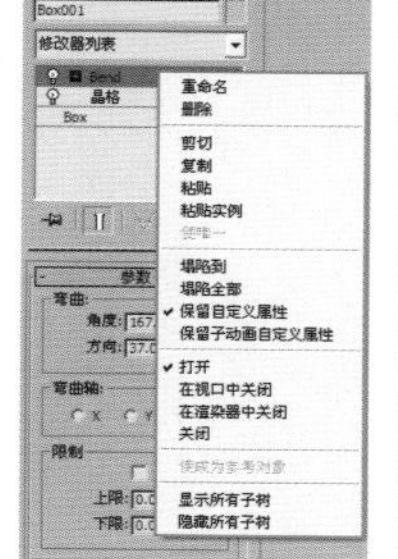
图5—13

技巧提示

从修改器堆栈菜单中可以看出修改器可以复制到另外的物体上，其操作方法有以下两种。

● 在修改器上右击，然后在弹出的菜单中选择【复制】命令，接着在另外的物体上右击，并在弹出的菜单中选择【粘贴】命令，如图5—14所示。

● 使用左键将修改器拖曳到视图中的某一物体上。

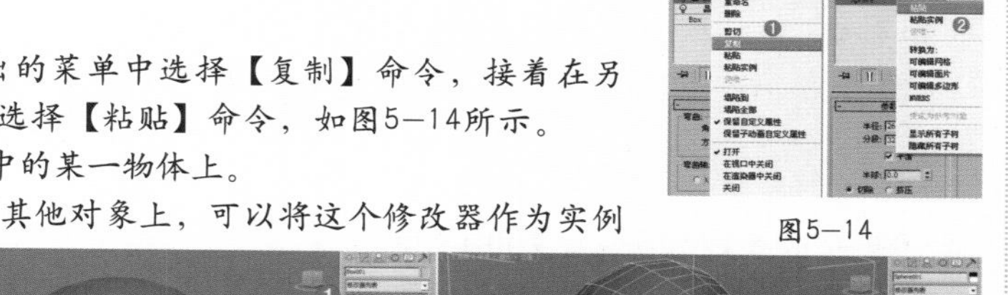
图5—14

按住Ctrl键的同时将修改器拖曳到其他对象上，可以将这个修改器作为实例进行粘贴，即相当于关联复制；按住Shift键的同时将修改器拖曳到其他对象上，可将源对象中的修改器剪切到其他对象上，如图5—15所示。

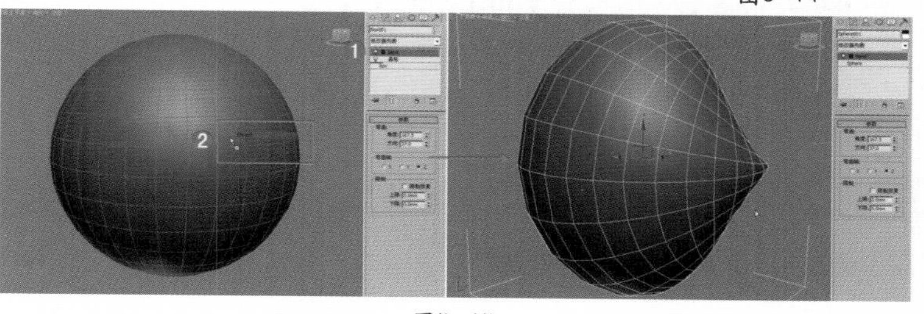
图5—15

5.1.6 塌陷修改器

可以使用【塌陷全部】或【塌陷到】命令分别将对象堆栈的全部或部分塌陷为可编辑的对象，该对象可以保留基础对象上塌陷的修改器的累加效果。通常塌陷修改器堆栈的原因有以下3种：

- 如果完成修改对象并保持不变；
- 要丢弃对象的动画轨迹，或者可以通过Alt+右击选定的对象，然后选择【删除选定的动画】命令；
- 要简化场景并保存内存。

技巧提示

多数情况下，塌陷所有或部分堆栈将保存内存。然而，塌陷一些修改器，例如【倒角】命令将增加文件大小和内存。塌陷对象堆栈之后，不能再以参数方式调整其创建参数或受塌陷影响的单个修改器。指定给这些参数的动画堆栈将随之消失。塌陷堆栈并不影响对象的变换，它只在使用【塌陷到】命令时影响世界空间绑定。如果堆栈不含有修改器，塌陷堆栈将不保存内存。

【塌陷到】命令

使用【塌陷到】命令，可以将选择的修改器以下的修改器和基础物体进行塌陷。如图5-16所示为模型【Sphere】，并依次加载【弯曲（Bend）】修改器、【噪波（Noise）】修改器、【扭曲（Twist）】修改器和【网格平滑】修改器。

单击【噪波（Noise）】修改器，并在该修改器上右击，接着在弹出的菜单中选择【塌陷到】命令，此时会弹出一个警告对话框，提示是否对修改器进行相应操作，这里直接单击【是】按钮，如图5-17所示。

图5-16

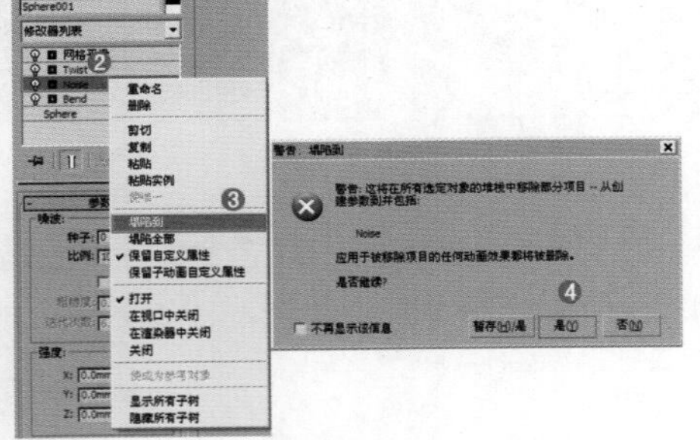

图5-17

- 暂存(H)/是：单击该按钮可将当前对象的状态保存到暂存缓冲区，然后才应用【塌陷到】命令，如果要撤销刚才的操作，可执行【编辑】/【取回】菜单命令，这样就可以恢复到塌陷前的状态。
- 是(Y)：单击该按钮可执行塌陷操作。
- 否(N)：单击该按钮可取消塌陷操作。

当执行塌陷操作后，在修改器堆栈中只剩下位于【噪波（Noise）】修改器上方的【扭曲（Twist）】修改器和【网格平滑】修改器，而下方的修改器已经全部消失，并且基础物体已经变成了【可编辑网格】物体，如图5-18所示。

图5-18

【塌陷全部】命令

使用【塌陷全部】命令，可以将所有的修改器和基础物体全部塌陷。

若要塌陷全部的修改器，可在其中的任意一个修改器上右击，然后在弹出的菜单中选择【塌陷全部】命令，如图5-19所示。

当塌陷全部的修改器后，修改器堆栈中就没有任何修改器，只剩下【可编辑多边形】。因此该操作与直接在该模型上右击，选择【转换为可编辑多边形】命令的最终结果是一样的，如图5-20所示。

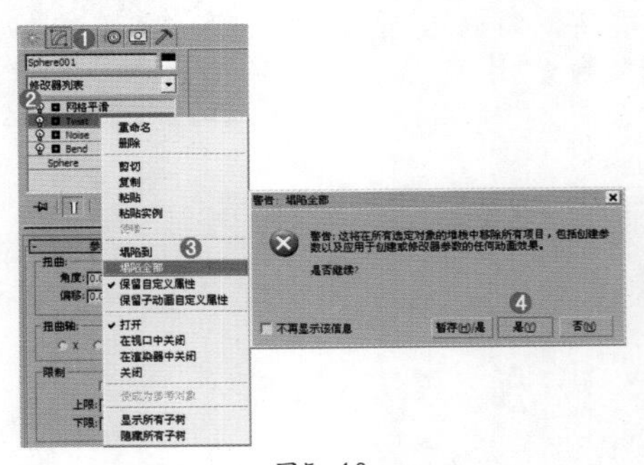

图5-19

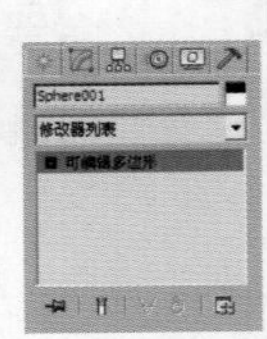

图5-20

读书笔记

5.1.7 修改器的分类

选择三维模型对象，然后单击按钮进入【修改】面板，接着单击修改器列表下拉列表框，此时会看到很多种修改器，如图5-21所示。

当选择二维图像对象，然后在【修改】面板中单击修改器列表下拉列表框，此时也会看到很多种修改器，如图5-22所示。但是我们会发现这两者是有不同的，这是因为三维物体有相对应的修改器，而二维图像也有其相对应的修改器。

修改器类型很多，有几十种，若安装了部分插件，修改器也可能会相应的增加。这些修改器被放置在几个不同类型的修改器集合中，分别转化修改器、世界空间修改器和对象空间修改器，如图5-23所示。

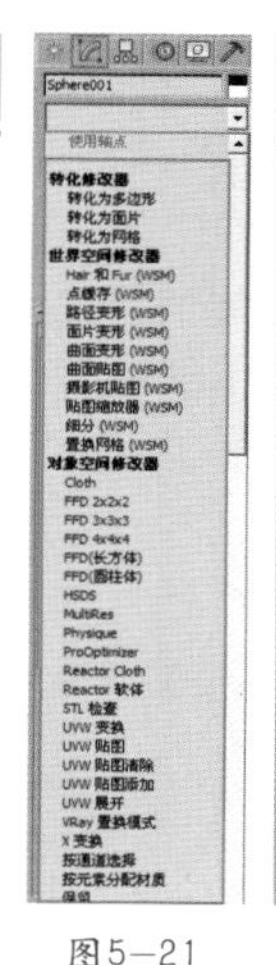

图5-21

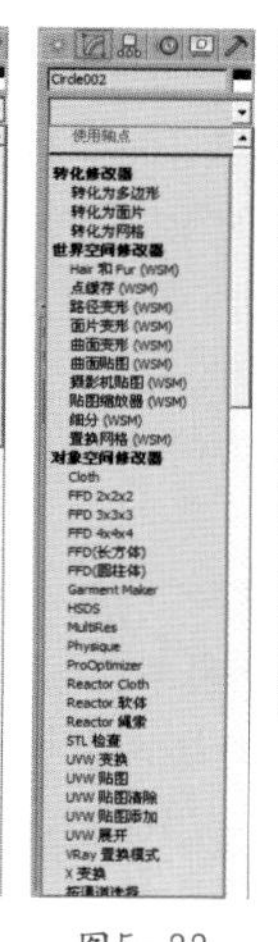

图5-22

图5-23

转化修改器

- 转化为多边形：该修改器允许在修改器堆栈中应用对象转化。
- 转化为面片：该修改器允许在修改器堆栈中应用对象转化。
- 转化为网格：该修改器允许在修改器堆栈中应用对象转化。

世界空间修改器

- Hair和Fur（WSM）：用于为物体添加毛发。
- 点缓存（WSM）：使用该修改器可将修改器动画存储到磁盘中，然后使用磁盘文件中的信息来播放动画。
- 路径变形（WSM）：可根据图形、样条线或NURBS曲线路径将对象进行变形。
- 面片变形（WSM）：可根据面片将对象进行变形。
- 曲面变形（WSM）：其工作方式与【路径变形（WSM）】修改器相同，只是它使用NURBS点或CV曲面来进行变形。
- 曲面贴图（WSM）：将贴图指定给NURBS曲面，并将其投射到修改的对象上。
- 摄影机贴图（WSM）：使摄影机将UVW贴图坐标应用于对象。
- 贴图缩放器（WSM）：用于调整贴图的大小并保持贴图的比例。
- 细分（WSM）：提供用于光能传递创建网格的一种算法，光能传递的对象要尽可能接近等边三角形。
- 置换网格（WSM）：用于查看置换贴图的效果。

技巧提示

对象空间修改器下面包含的修改器最多，也是应用最为广泛的，是应用于单独对象的修改器。在5.2常用的修改器小节中会细致地进行讲解。

5.2 常用的修改器

5.2.1 【车削】修改器

技术速查：【车削】修改器可以通过绕轴旋转一个图形或 NURBS 曲线来创建3D对象。

其参数设置如图5-24所示。

图5-24

- 度数：确定对象绕轴旋转多少度（范围为0 ～360，默认值是 360）。可以给【度数】设置关键点，来设置车削对象圆环增强的动画。【车削】轴自动将尺寸调整到与要车削图形同样的高度。
- 焊接内核：通过将旋转轴中的顶点焊接来简化网格。如果要创建一个变形目标，禁用此选项。
- 翻转法线：依赖图形上顶点的方向和旋转方向，旋转对象可能会内部外翻。切换【翻转法线】复选框来修正它。

- 分段：在起始点之间，确定在曲面上创建多少插补线段。此参数也可设置动画。默认值为 16。
- 封口始端：封口设置的小于 360 度的车削对象的始点，并形成闭合图形。
- 封口末端：封口设置的小于 360 度的车削对象的终点，并形成闭合图形。
- 变形：按照创建变形目标所需的可预见且可重复的模式排列封口面。渐进封口可以产生细长的面，而不像栅格封口需要渲染或变形。如果要车削出多个渐进目标，主要使用渐进封口的方法。
- 栅格：在图形边界上的方形修剪栅格中安排封口面。此方法产生尺寸均匀的曲面，可使用其他修改器方便的将这些曲面变形。
- X/Y/Z：相对对象轴点，设置轴的旋转方向。
- 最小/中心/最大：将旋转轴与图形的最小、中心或最大范围对齐。
- 面片：产生一个可以折叠到面片对象中的对象。
- 网格：产生一个可以折叠到网格对象中的对象。
- NURBS：产生一个可以折叠到 NURBS 对象中的对象。
- 生成贴图坐标：将贴图坐标应用到车削对象中。当【度数】的值小于 360 并选中【生成贴图坐标】复选框时，将另外的图坐标应用到末端封口中，并在每一封口上放置一个 1×1 的平铺图案。
- 真实世界贴图大小：控制应用于该对象的纹理贴图材质所使用的缩放方法。缩放值由位于应用材质的坐标卷展栏中的【使用真实世界比例】设置控制。默认设置为启用。
- 生成材质 ID：将不同的材质 ID 指定给挤出对象侧面与封口。具体情况为，侧面接收 ID 3，封口（当【度数】小于 360 且车削图形闭合时）接收 ID 1 和 ID 2。默认设置为启用。
- 使用图形 ID：将材质 ID 指定给在挤出产生的样条线中的线段，或指定给在NURBS 挤出产生的曲线子对象。仅当选中【生成材质 ID】复选框时，【使用图形 ID】复选框才可用。
- 平滑：给车削图形应用平滑。

★ 案例实战——车削修改器制作台灯

场景文件	无
案例文件	案例文件\Chapter 05\案例实战——车削修改器制作台灯.max
视频教学	视频文件\Chapter 05\案例实战——车削修改器制作台灯.flv
难易指数	★★☆☆☆
技术掌握	掌握【车削】修改器的使用方法

实例介绍

台灯是人们生活中用来照明的一种家用电器。本例将以制作一个台灯模型为例来讲解【车削】修改器的使用方法，效果如图5-25所示。

图5—25

建模思路

01 使用样条线创建台灯灯罩部分的模型

02 创建台灯底座的模型

台灯建模流程如图5-26所示。

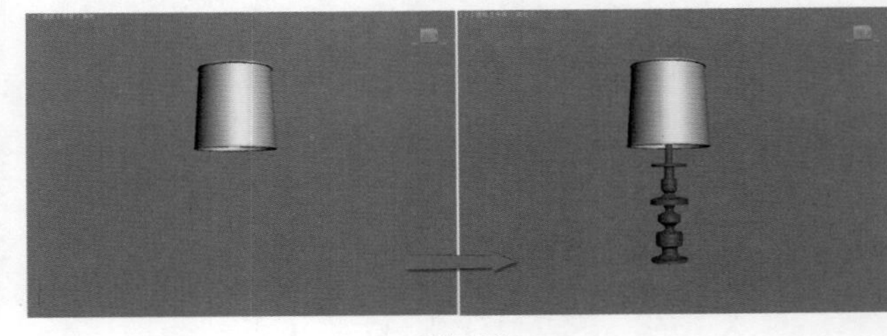

图5—26

制作步骤

Part 01 使用样条线创建台灯灯罩部分的模型

01 启动3ds Max 2013中文版，选择【自定义】|【单位设置】命令，此时将弹出【单位设置】对话框，将【显示单位比例】和【系统单位比例】设置为【毫米】，如图5-27所示。

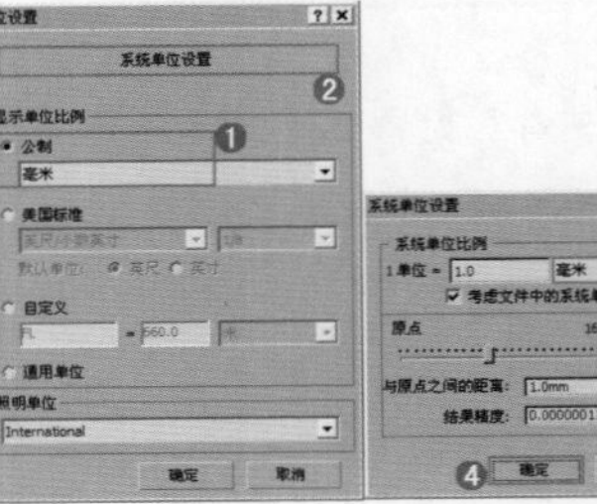

图5—27

02 使用【线】工具在前视图中绘制出如图5-28所示的样条线。

03 选择刚创建的样条线，然后在【修改】面板中加载【车

削】修改器，展开【参数】卷展栏，设置【度数】为360，【分段】为32，【对齐】方式为【最大】，如图5-29所示。

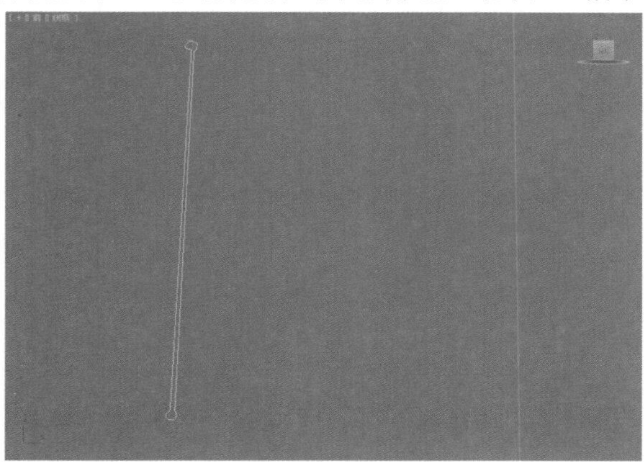

图5—28

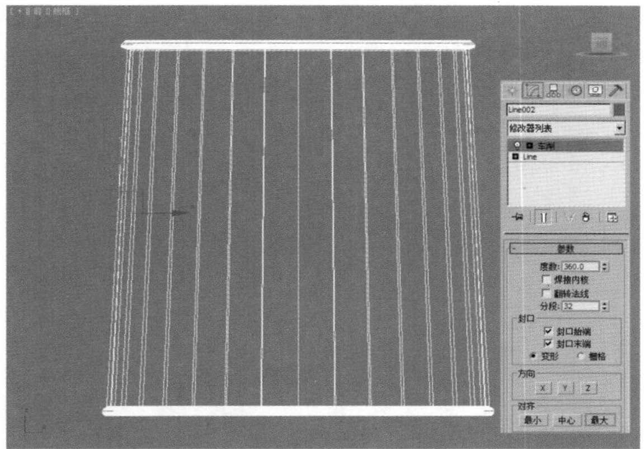

图5—29

技巧提示

当加载【车削】修改器并设置【对齐】的方式为【最大】后效果仍然不是我们需要的，可以在修改器堆栈下单击激活【轴】，如图5—30所示。然后将车削的轴进行适当的拖曳移动，最后调节成我们所需要的效果即可，如图5—31所示。

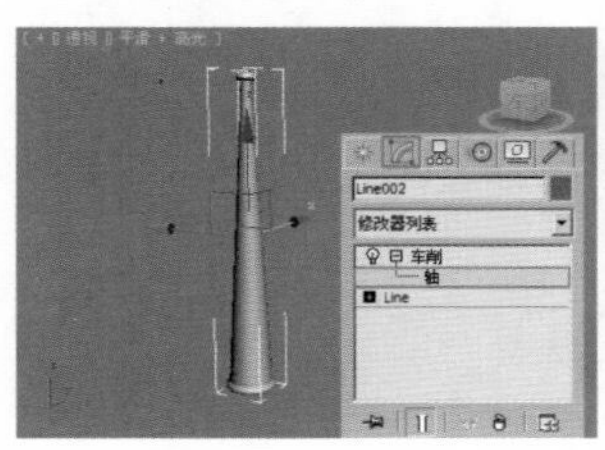

图5—30

图5—31

读书笔记

Part 02 使用样条线创建台灯底座部分的模型

01 使用【线】工具在前视图中创建如图5-32所示的样条线。

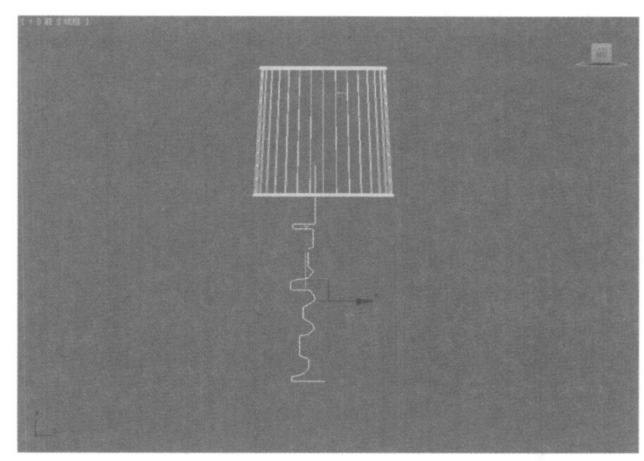

图5—32

02 选择样条线，然后在【修改】面板中加载【车削】修改器，设置【分段】为32，设置【方向】为Y轴，设置【对齐】方式为【最大】，如图5-33所示。最终模型效果如图5-34所示。

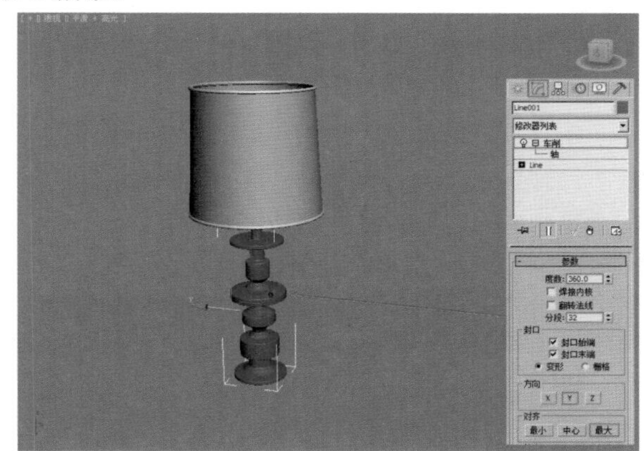

图5—33

图5—34

★ 案例实战——车削修改器制作烛台

场景文件	无
案例文件	案例文件\Chapter 05\案例实战——车削修改器制作烛台.max
视频教学	视频文件\Chapter 05\案例实战——车削修改器制作烛台.flv
难易指数	★★☆☆☆
技术掌握	掌握【车削】修改器的使用方法

实例介绍

烛台是照明器具之一，指带有尖钉或空穴以托住一支蜡烛的无饰或带饰的器具。本例将以制作一个烛台模型为例来讲解【车削】修改器的使用方法，效果如图5-35所示。

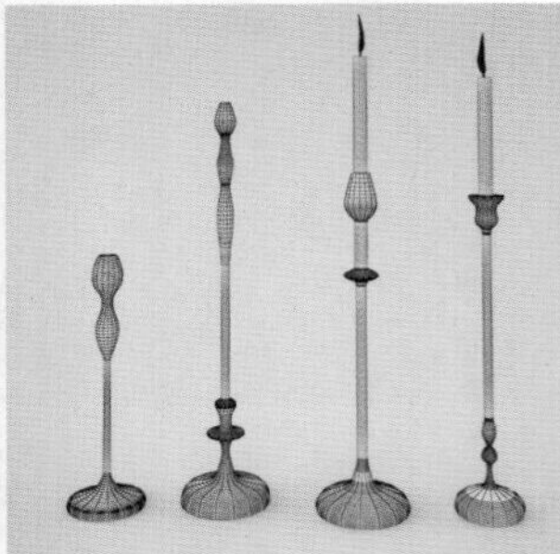

图5—35

建模思路

01 使用样条线和【车削】修改器创建烛台的模型

02 使用样条线和【车削】修改器创建剩余烛台的模型

烛台的建模流程如图5-36所示。

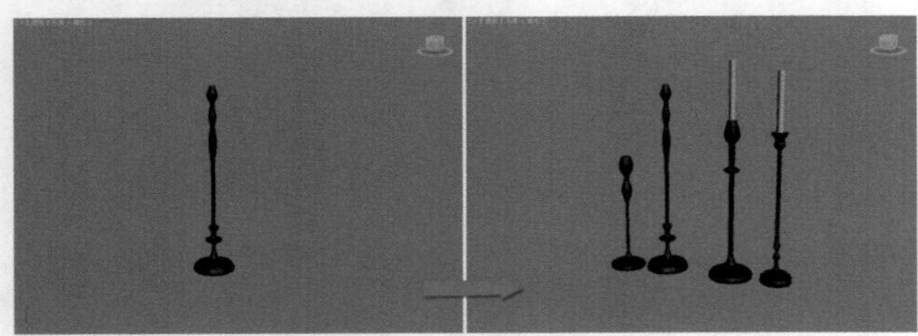

图5—36

操作步骤

Part 01 使用样条线和【车削】修改器创建烛台的模型

01 使用【线】工具在前视图中绘制出烛台的外轮廓，具体的样条线形状如图5-37所示。

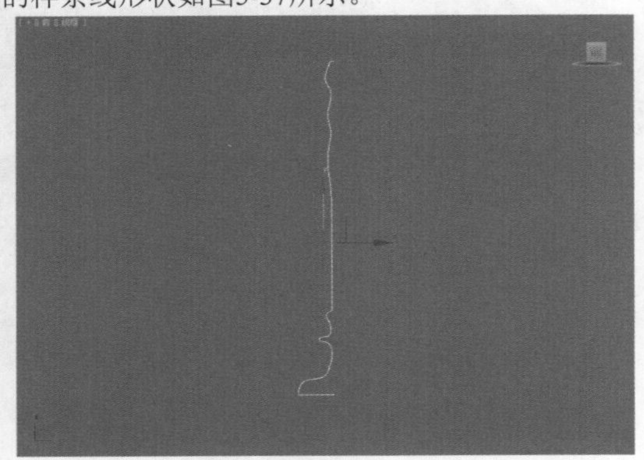

图5—37

技巧提示

创建时可能很多的点不是很圆滑，在【顶点】级别下选择需要圆滑的点，然后单击【圆角】工具可将点进行圆角，如图5—38所示。

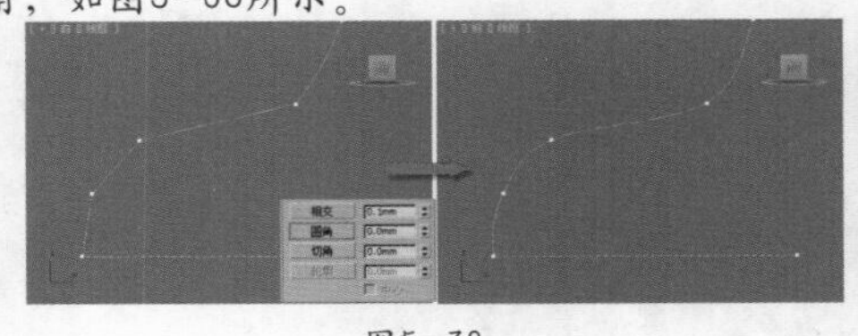

图5—38

02 选择样条线，然后在【修改】面板中加载【车削】修改器，展开【参数】卷展栏，并设置【方向】为Y轴，设置【对齐】方式为【最大】，如图5-39所示。此时效果如图5-40所示。

图5—39

图5—40

读书笔记

Part 02 使用样条线和【车削】修改器创建剩余烛台的模型

01 使用样条线创建出剩余烛台的外轮廓，具体形状如图5-41所示。

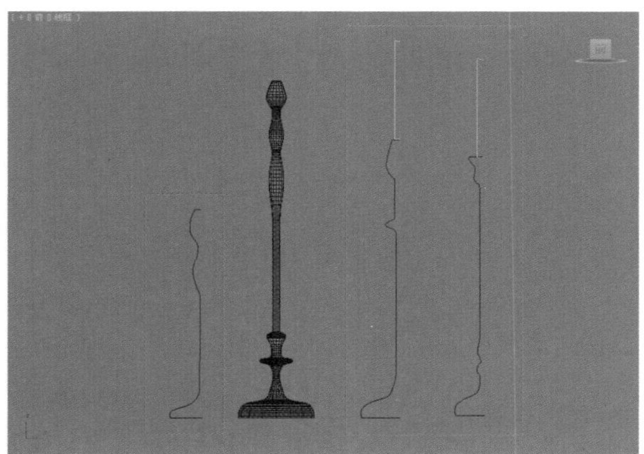

图5—41

02 分别为样条线加载【车削】修改器，然后设置【方向】为【Y】，设置【对齐】方式为【最大】，如图5-42所示。最终模型效果如图5-43所示。

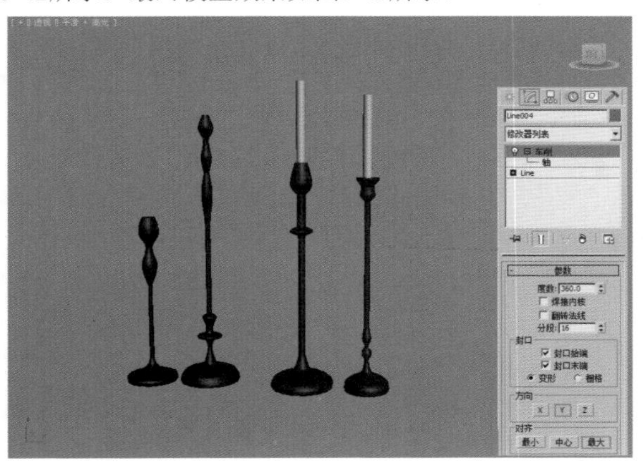

图5—42

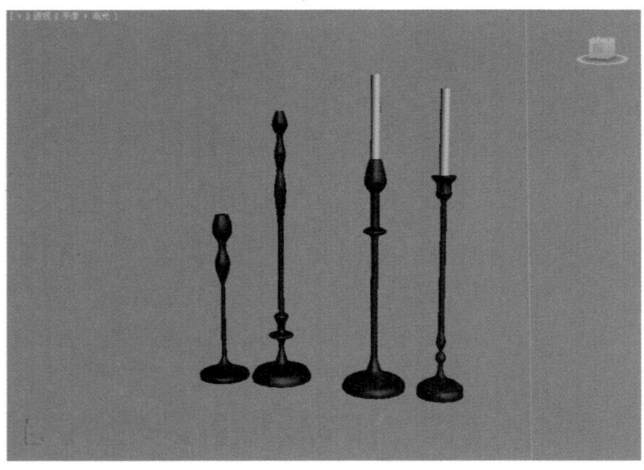

图5—43

★ 案例实战——车削修改器制作欧式吊灯

场景文件	无
案例文件	案例文件\Chapter 05\综合实战——车削修改器制作欧式吊灯.max
视频教学	视频文件\Chapter 05\综合实战——车削修改器制作欧式吊灯.flv
难易指数	★★☆☆☆
技术掌握	掌握样条线建模下【线】工具和【车削】修改器的运用

实例介绍

欧式吊灯比较有层次感，富有理性主义，主要应用在比较华丽、高贵的场所。本案例就来制作欧式吊灯，最终渲染和线框效果如图5-44所示。

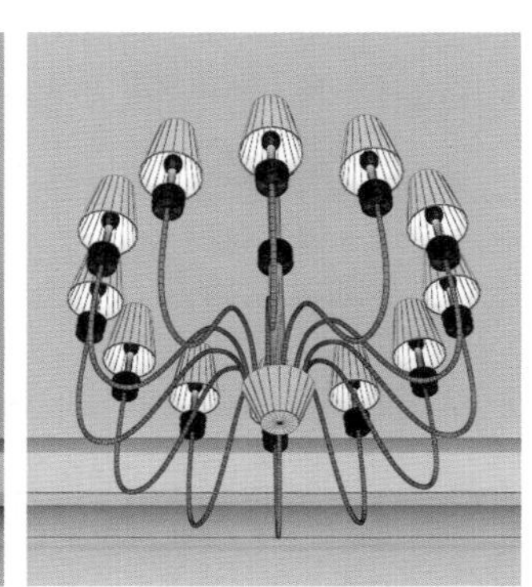

图5—44

建模思路

使用【线】工具和【车削】修改器制作欧式吊灯模型

欧式吊灯建模流程如图5-45所示。

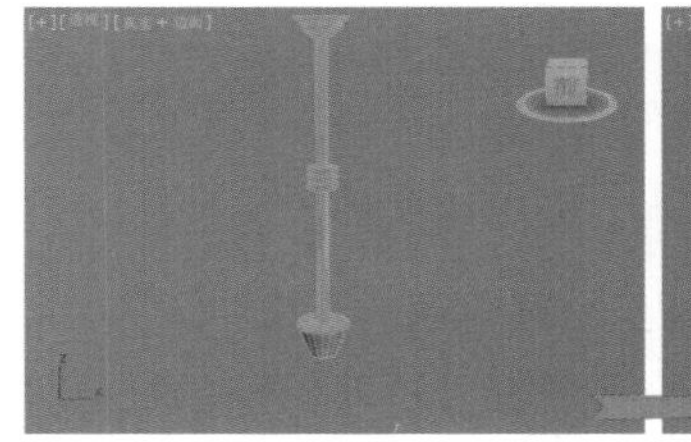

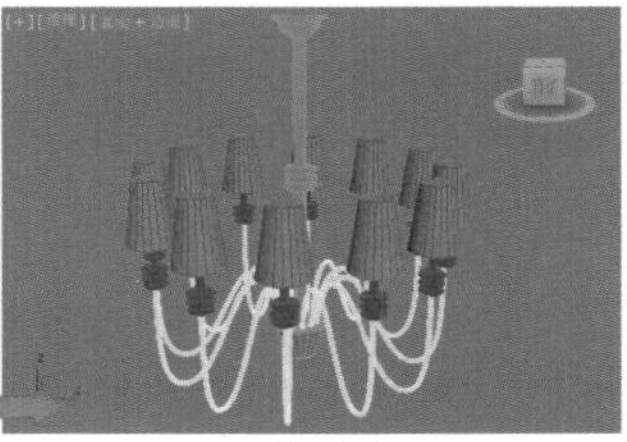

图5—45

制作步骤

01 单击（创建）|（图形）| 样条线 | 线 按钮，在前视图中绘制一个图形，如图5-46所示。

02 选择上一步创建的模型，为其加载【车削】修改器，如图5-47所示。在【参数】卷展栏中选中【焊接内核】复选框，设置【分段】为30，设置【对齐】方式为【最大】，如图5-48所示。

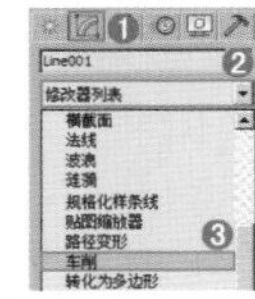

图5—47

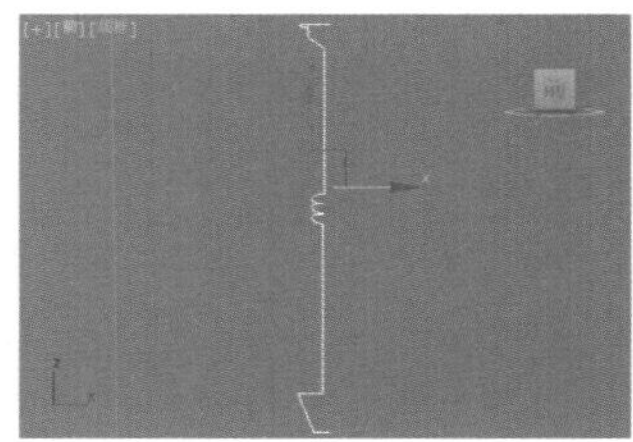

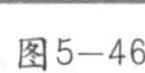

图5—46

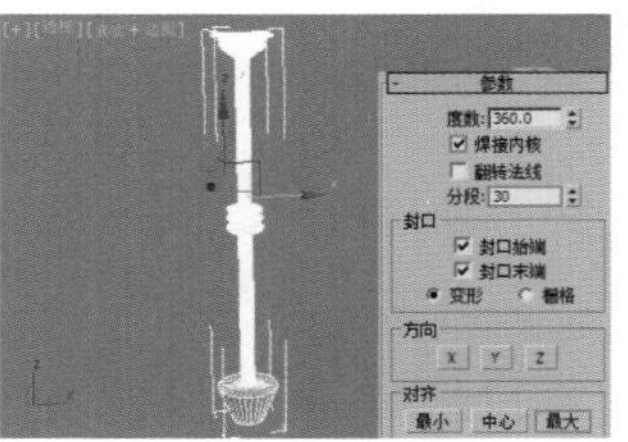

图5—48

03 利用 线 工具在前视图中绘制一条样条线，如图5-49所示。

04 选择上一步创建的模型，在【修改】面板的【渲染】选项组中分别选中【在渲染中启用】和【在视口中启用】复选框，激活【径向】选项组，设置【厚度】为4mm，如图5-50所示。

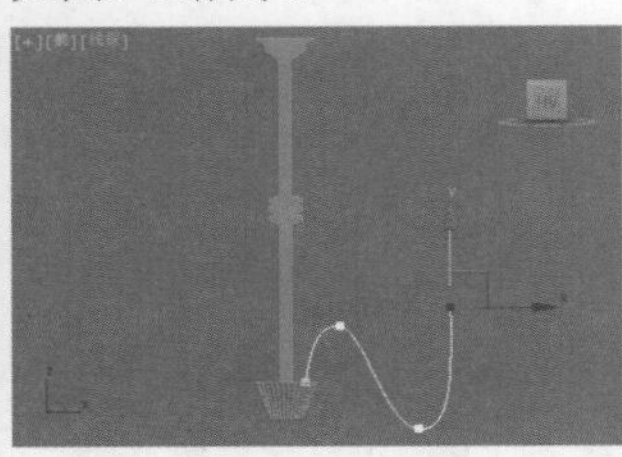
图5-49

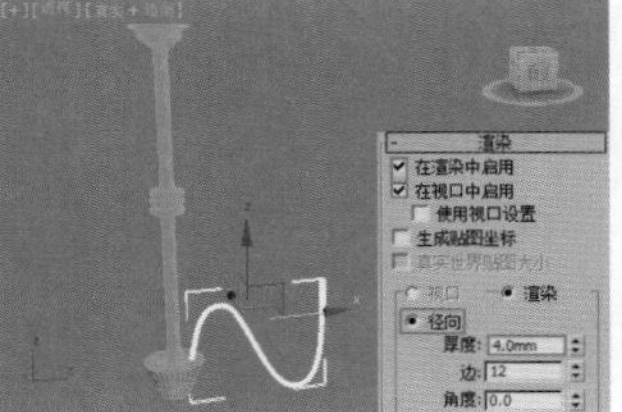
图5-50

05 再次利用 线 工具在前视图中绘制一条样条线，如图5-51所示。

06 选择上一步创建的模型，为其加载【车削】修改器，在【参数】卷展栏中选中【焊接内核】复选框，设置【分段】为20，设置【对齐】方式为【最大】，如图5-52所示。

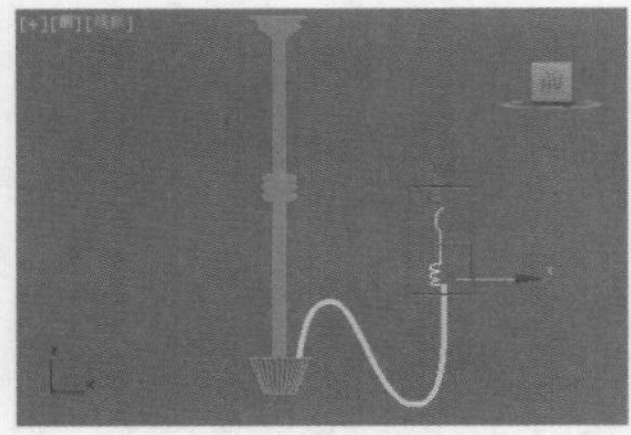
图5-51

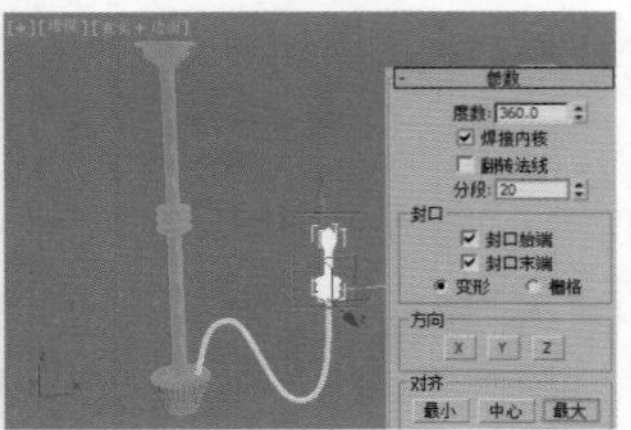
图5-52

07 继续利用 线 工具在前视图中绘制一条样条线，如图5-53所示。局部效果图如图5-54所示。

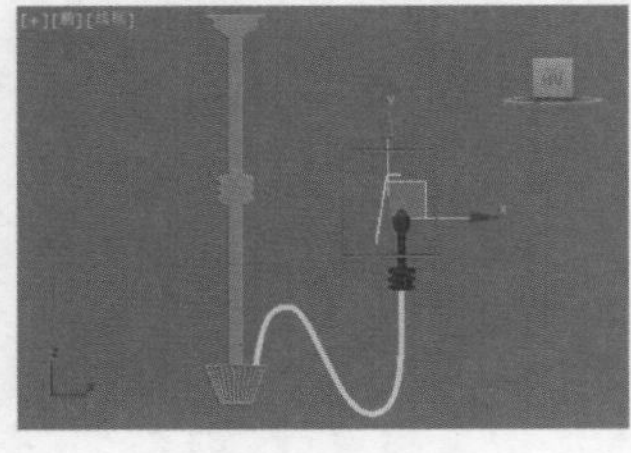
图5-53

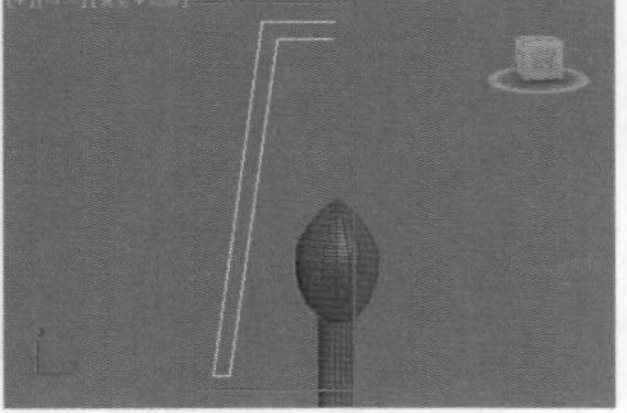
图5-54

08 在【修改】面板中，进入Line下的【样条线】级别，在 轮廓 按钮后面的文本框中输入3mm，并按Enter键结束，如图5-55所示。

09 进入【线段】级别，选择如图5-56所示的线段。

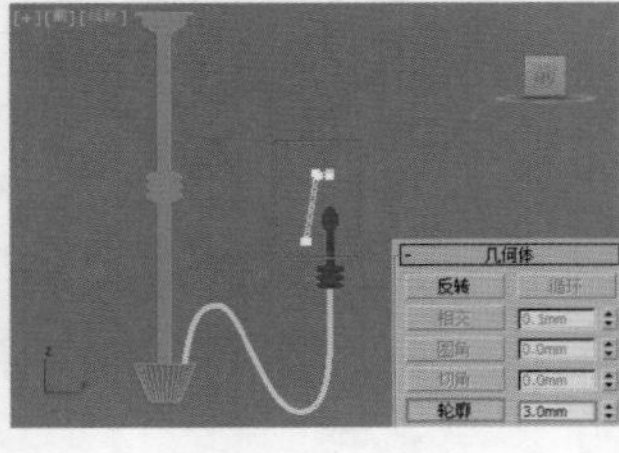
图5-55

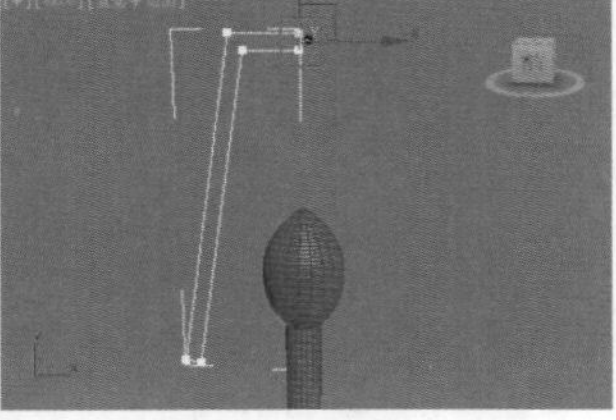
图5-56

10 选择上一步创建的模型，为其加载【车削】修改器，在【参数】卷展栏中选中【焊接内核】复选框，设置【分段】为20，设置【对齐】方式为【最大】，如图5-57所示。

11 选择如图5-58所示的模型，并执行【组】|【成组】命令，如图5-59所示。

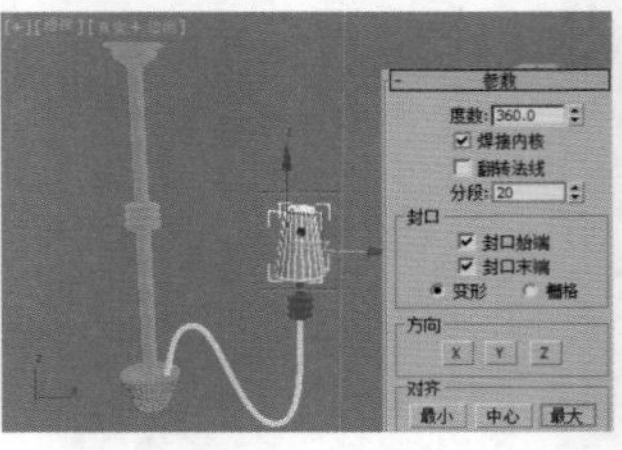
图5-57

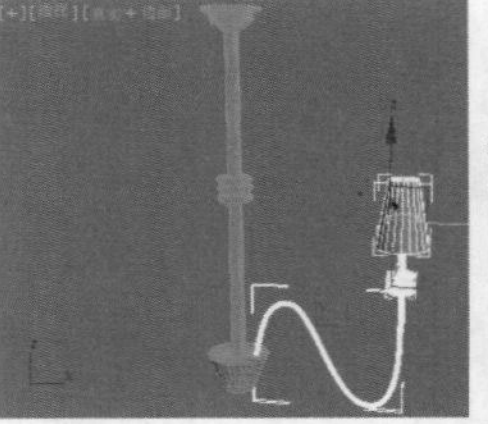
图5-58　图5-59

12 选择上一步成组的模型，单击按钮进入【层次】面板，单击 仅影响轴 按钮，在顶视图中将线的轴心移动到圆的正中心，最后再次单击 仅影响轴 按钮，将其取消，如图5-60所示。

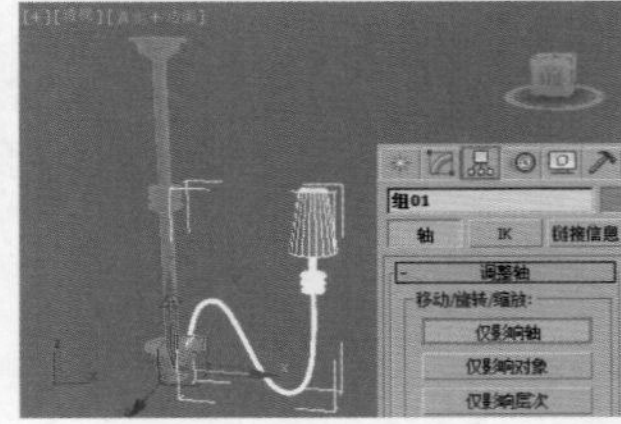
图5-60

13 选择上一步创建的模型，单击【角度捕捉切换】工具，再单击【选择并旋转】工具，按下Shift键，沿Z轴旋转30°，复制11份，如图5-61所示。

14 最终模型效果如图5-62所示。

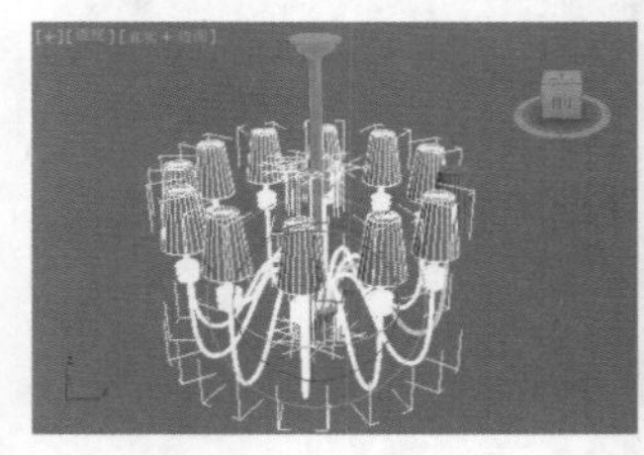
图5-61

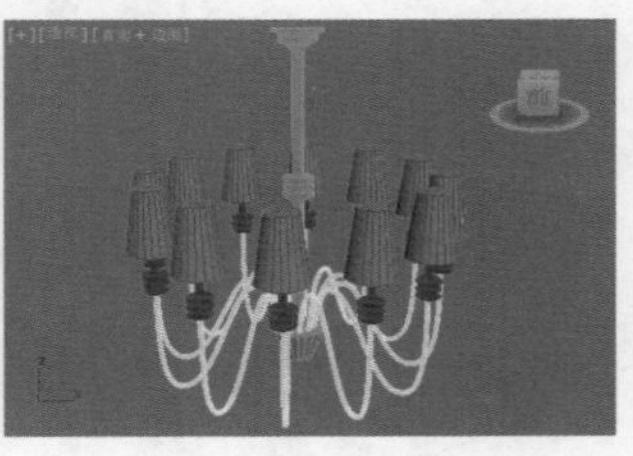
图5-62

读书笔记

5.2.2 【挤出】修改器

技术速查：【挤出】修改器将深度添加到图形中，并使其成为一个参数对象。

其参数设置如图5-63所示。

- 数量：设置挤出的深度。
- 分段：指定将要在挤出对象中创建线段的数目。

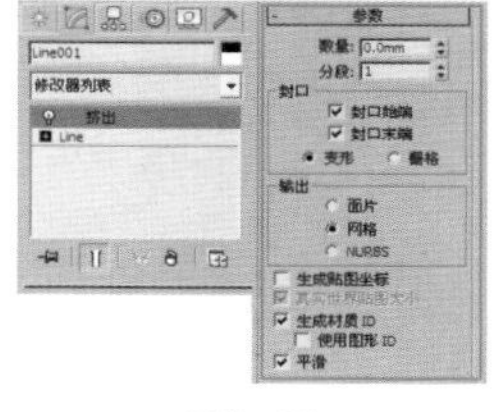

图5-63

技巧提示

【挤出】修改器和【车削】修改器的参数大部分都一样，因此对该部分不重复进行讲解。

★ 案例实战——挤出修改器制作简约落地灯

场景文件	无
案例文件	案例文件\Chapter 05\案例实战——挤出修改器制作简约落地灯.max
视频教学	视频文件\Chapter 05\案例实战——挤出修改器制作简约落地灯.flv
难易指数	★★☆☆☆
技术掌握	掌握样条线建模下【线】工具、【矩形】工具、【车削】修改器、【挤出】修改器和【编辑多边形】修改器的运用

实例介绍

简约落地灯一般布置在客厅和休息区域里，与沙发、茶几配合使用，以满足房间局部照明和点缀装饰家庭环境的需求。本例制作的简约落地灯的最终渲染和线框效果如图5-64所示。

图5－64

建模思路

01 使用【线】工具、【车削】修改器制作简约落地灯灯罩模型

02 使用【线】工具、【矩形】工具、【车削】修改器、【挤出】修改器和【编辑多边形】修改器制作简约落地灯其他模型

简约落地灯建模流程如图5-65所示。

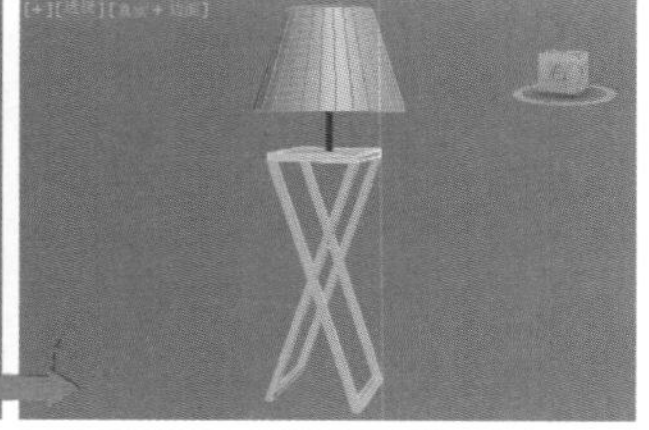

图5－65

制作步骤

Part 01 制作简约落地灯灯罩模型

01 单击（创建）|（图形）| 样条线 | 线 按钮，在前视图中绘制一条样条线，如图5-66所示。

02 在【修改】面板中，进入Line下的【样条线】级别，在 轮廓 按钮后面的文本框中输入3mm，并按Enter键结束，如图5-67所示。

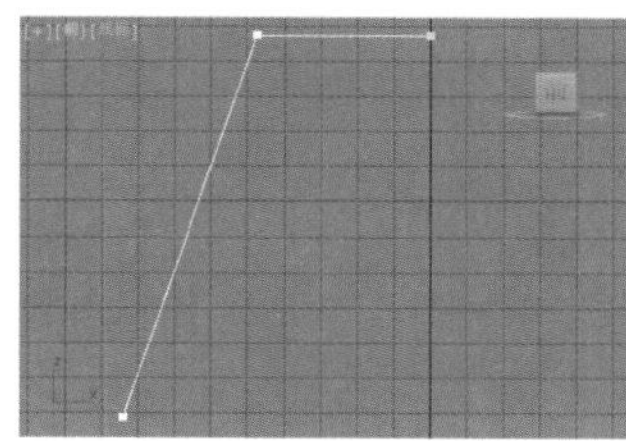

图5－66

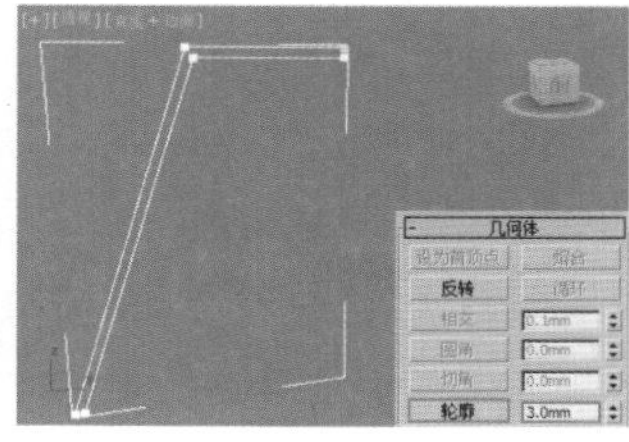

图5－67

03 选择上一步创建的样条线，为其加载【车削】修改器，如图5-68所示。在【参数】卷展栏中选中【焊接内核】复选框，设置【分段】为30，设置【对齐】方式为【最大】，如图5-69所示。

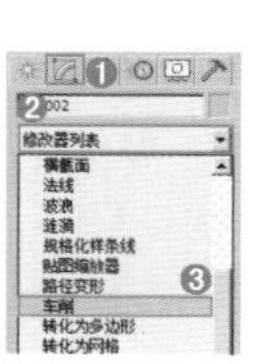

图5－68

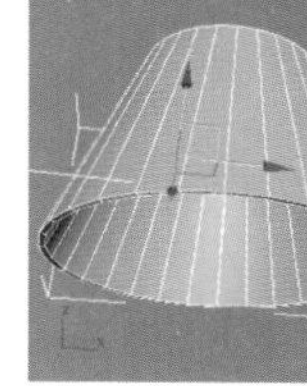

图5－69

Part 02 制作简约落地灯灯柱和底座模型

01 再次利用 线 工具在前视图中绘制一条样条线，如图5-70所示。

02 选择上一步创建的样条线，在【修改】面板的【渲染】选项组中选中【在渲染中启用】和【在视口中启用】复选框，激活【径口】选项组，设置【厚度】为5.5mm，如图5-71所示。

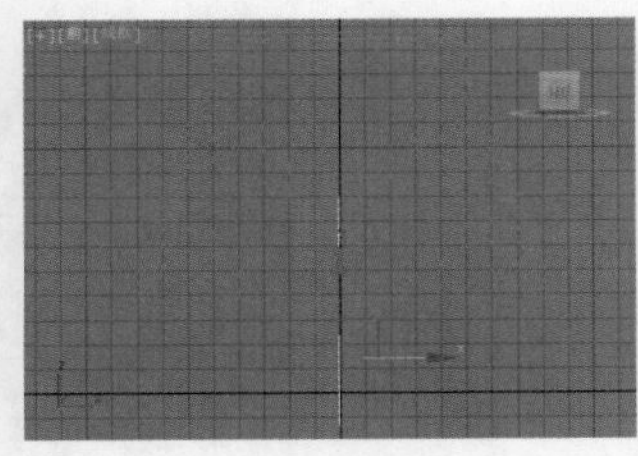
图5-70

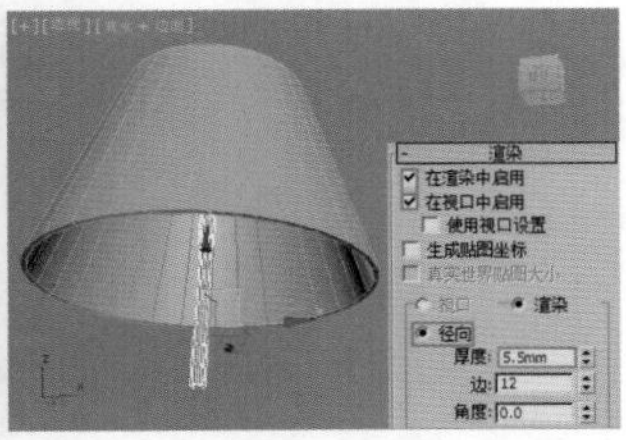

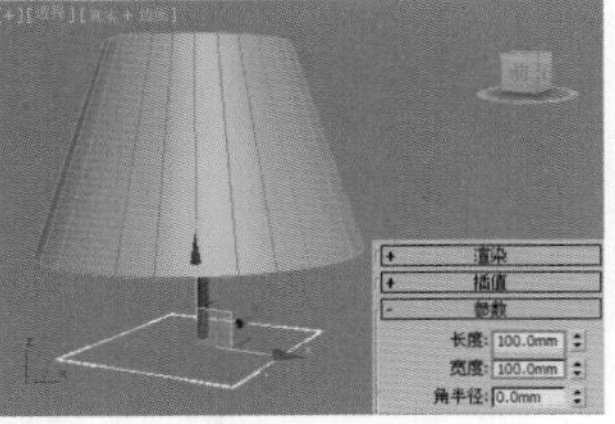
图5-71

03 单击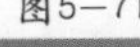（创建）|（图形）| 样条线 | 矩形 按钮，在顶视图中创建一个矩形，并设置【长度】为100mm，【宽度】为100mm，如图5-72所示。

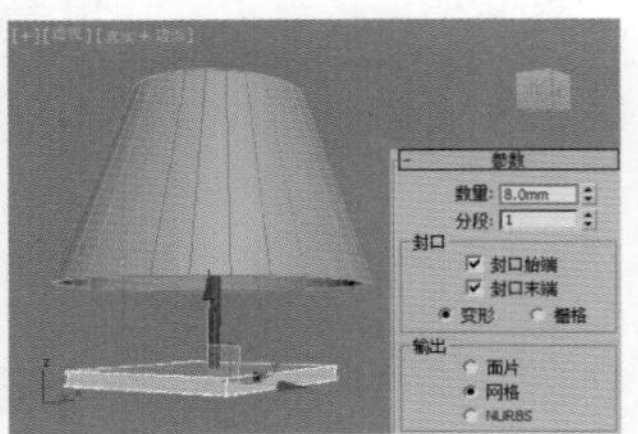
图5-72

04 选择上一步创建的模型，为其加载【挤出】修改器，如图5-73所示。在【参数】卷展栏中设置【数量】为8mm，如图5-74所示。

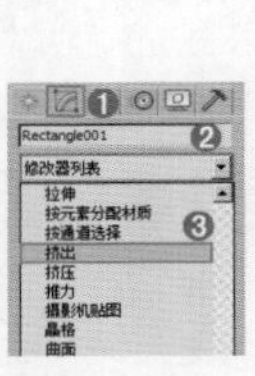
图5-73

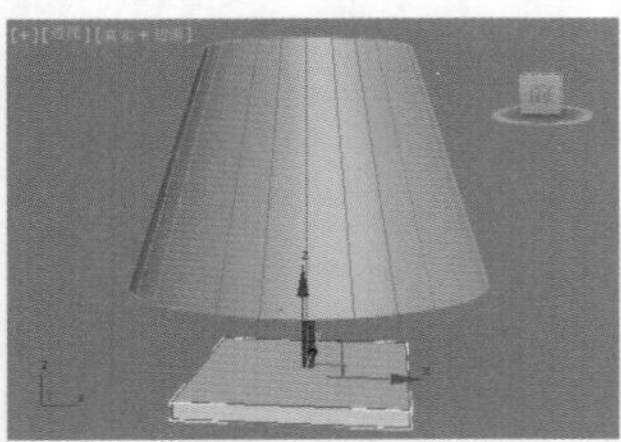
图5-74

05 选择上一步创建的模型，为其加载【编辑多边形】修改器，如图5-75所示。在【边】级别下选择如图5-76所示的边。

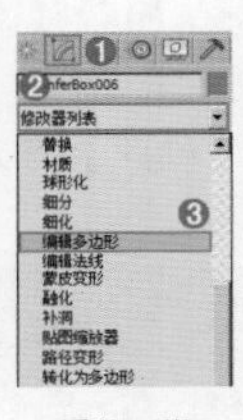
图5-75

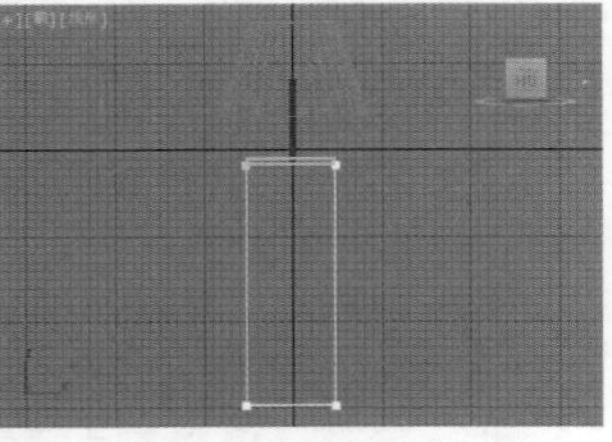
图5-76

06 单击 切角 按钮后面的【设置】按钮，并设置【数量】为1mm，【分段】为3，如图5-77所示。

07 再次利用 线 工具在前视图中绘制一条样条线，如图5-78所示。

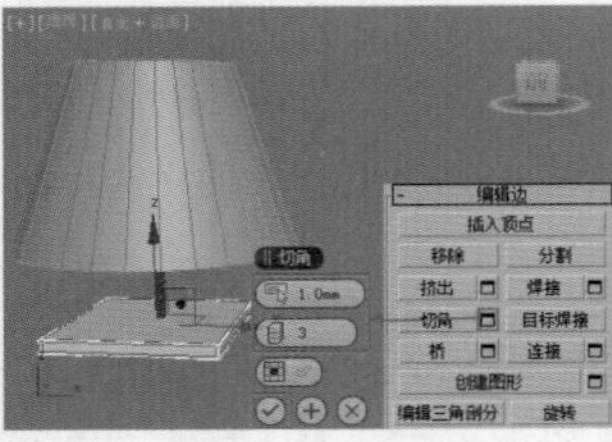
图5-77

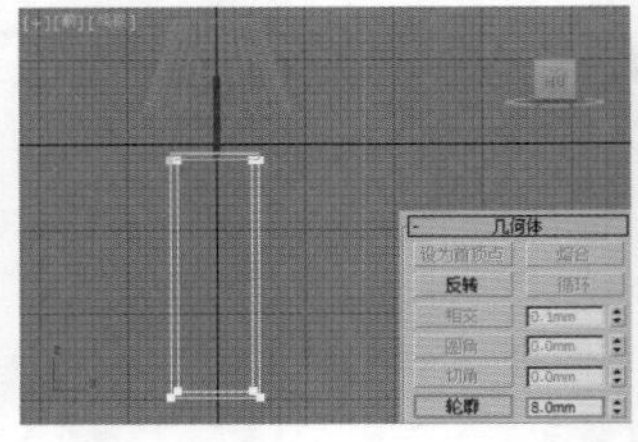
图5-78

08 在【修改】面板中，进入Line下的【样条线】级别，在 轮廓 按钮后面的文本框中输入8mm，并按Enter键结束，如图5-79所示。

09 选择上一步创建的模型，为其加载【挤出】修改器，在【参数】卷展栏中设置【数量】为7mm，如图5-80所示。

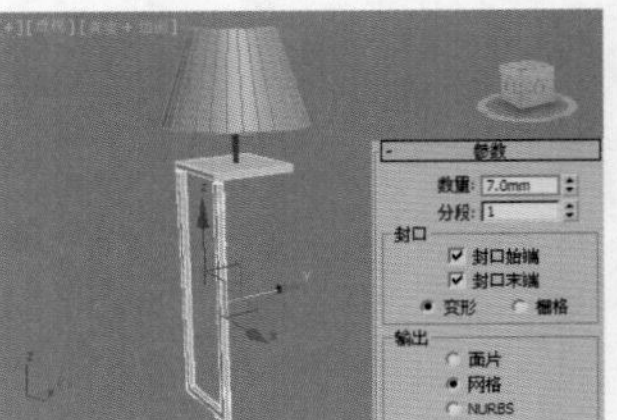
图5-79

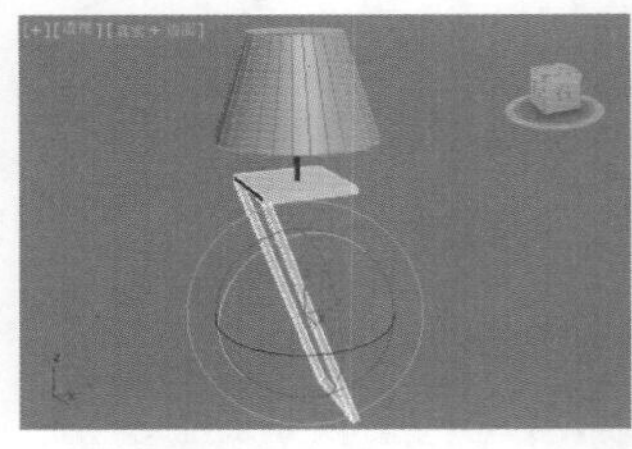
图5-80

10 选择上一步创建的模型，使用【选择并旋转】工具沿X轴旋转，如图5-81所示。

11 选择上一步创建的模型，为其加载【编辑多边形】修改器，进入【顶点】级别，在左视图中调节顶点的位置，如图5-82所示。

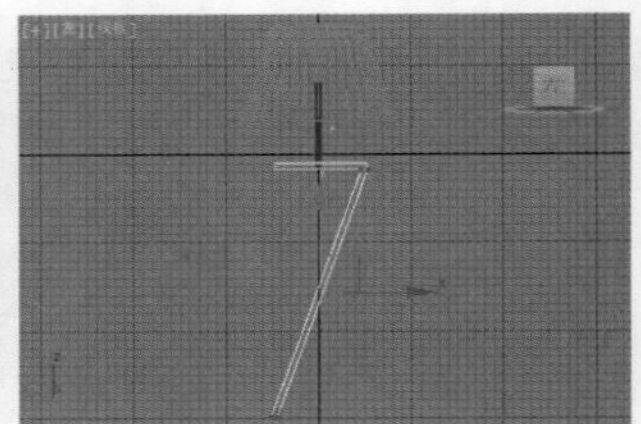
图5-81

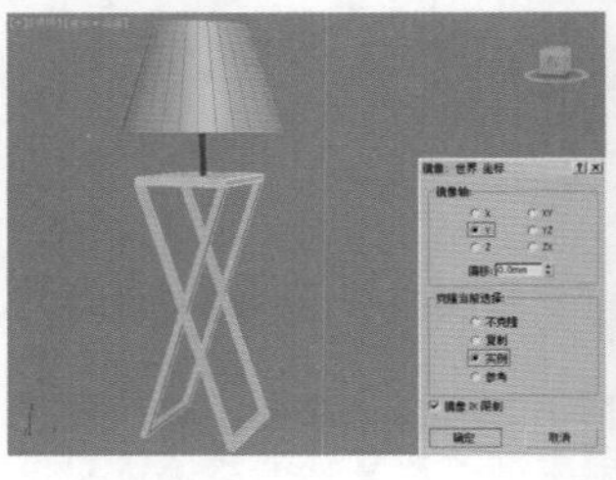
图5-82

12 选择上一步创建的模型，单击【镜像】按钮，并设置【镜像轴】为【Y】，【克隆当前选择】为【实例】，最后单击 确定 按钮，如图5-83所示。

13 最终模型效果如图5-84所示。

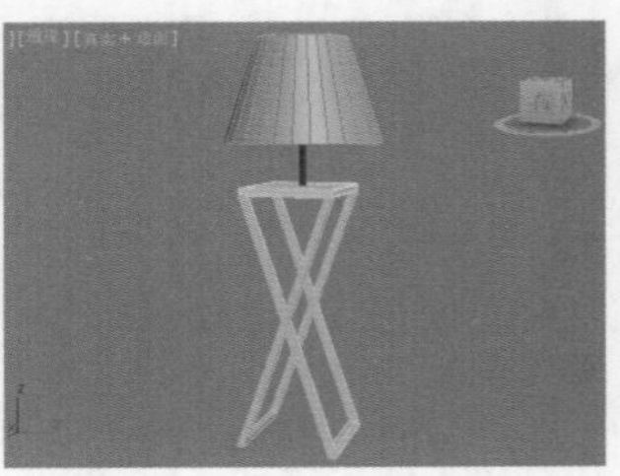
图5-83

图5-84

读书笔记

5.2.3 【倒角】修改器

技术速查：【倒角】修改器将图形挤出为3D对象并在边缘应用平或圆的倒角。

其参数设置如图5-85所示。

图5-85

【参数】卷展栏中各参数含义如下：

- 始端：用对象的最低局部Z值（底部）对末端进行封口。取消选中该复选框后，底部为打开状态。
- 末端：用对象的最高局部Z值（底部）对末端进行封口。取消选中该复选框后，底部不再打开。
- 变形：为变形创建适合的封口曲面。
- 栅格：在栅格图案中创建封口曲面。封装类型的变形和渲染要比渐进变形封装效果好。
- 线性侧面：选中该单选按钮后，级别之间会沿着一条直线进行分段插补。
- 曲线侧面：选中该单选按钮后，级别之间会沿着一条Bezier曲线进行分段插补。对于可见曲率，使用曲线侧面的多个分段。
- 分段：在每个级别之间设置中级分段的数量。
- 级间平滑：选中该单选按钮后，对侧面应用平滑组，侧面显示为弧状。取消选中该复选框后不应用平滑组，侧面显示为平面倒角。
- 生成贴图坐标：选中该单选按钮后，将贴图坐标应用于倒角对象。
- 真实世界贴图大小：控制应用于该对象的纹理贴图材质所使用的缩放方法。
- 避免线相交：防止轮廓彼此相交。它通过在轮廓中插入额外的顶点并用一条平直的线段覆盖锐角来实现。

【倒角值】卷展栏中各参数含义如下：

- 起始轮廓：设置轮廓从原始图形的偏移距离。非零设置会改变原始图形的大小。
- 高度：设置级别1在起始级别之上的距离。
- 轮廓：设置级别1的轮廓到起始轮廓的偏移距离。

5.2.4 【倒角剖面】修改器

【倒角剖面】修改器使用另一个图形路径作为倒角截剖面来挤出一个图形。它是【倒角】修改器一种变量，如图5-86所示。

图5-86

- 拾取剖面：选中一个图形或NURBS曲线来用于剖面路径。
- 生成贴图坐标：指定UV坐标。
- 真实世界贴图大小：控制应用于该对象的纹理贴图材质所使用的缩放方法。缩放值由位于应用材质的【坐标】卷展栏中的【使用真实世界比例】设置控制。默认设置为选中状态。
- 始端：对挤出图形的底部进行封口。
- 末端：对挤出图形的顶部进行封口。
- 变形：选中一个确定性的封口方法，它为对象间的变形提供相等数量的顶点。
- 栅格：创建更适合封口变形的栅格封口。
- 避免线相交：防止倒角曲面自相交。这需要更多的处理器计算，而且在复杂几何体中非常消耗时间。
- 分离：设定侧面为防止相交而分开的距离。

5.2.5 【弯曲】修改器

技术速查：【弯曲】修改器可以将物体在任意3个轴上进行弯曲处理，可以调节弯曲的角度和方向，以及限制对象在一定的区域内的弯曲程度。

其参数设置如图5-87所示。

图5-87

- 角度：设置围绕垂直于坐标轴方向的弯曲量。
- 方向：使弯曲物体的任意一端相互靠近。数值为负时，对象弯曲会与Gizmo中心相邻；数值为正时，对象弯曲会远离Gizmo中心；数值为0时，对象将进行均匀弯曲。
- 弯曲轴X/Y/Z：指定弯曲所沿的坐标轴。
- 限制效果：对弯曲效果应用限制约束。
- 上限：设置弯曲效果的上限。
- 下限：设置弯曲效果的下限。

★ 案例实战——弯曲修改器制作变形台灯

场景文件	无
案例文件	案例文件\Chapter 05\案例实战——弯曲修改器制作变形台灯.max
视频教学	视频文件\Chapter 05\案例实战——弯曲修改器制作变形台灯.flv
难易指数	★★☆☆☆
技术掌握	掌握【线】工具、【车削】修改器和【弯曲】修改器的运用

实例介绍

变形台灯是人们生活中用来照明、外形弯曲变形的一种家用电器。本例制作的变形台灯最终渲染和线框效果如图5-88所示。

图5－88

建模思路

01 使用【长方体】工具创建变形台灯底座模型

02 使用【线】工具、【车削】修改器和【弯曲】修改器创建变形台灯模型

变形台灯建模流程如图5-89所示。

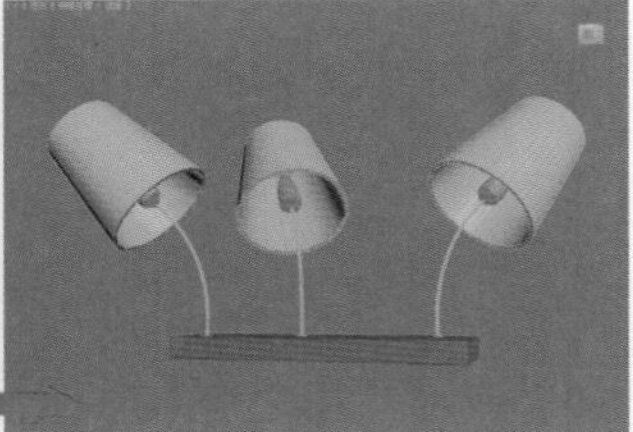

图5－89

制作步骤

Part01 创建变形台灯底座模型

使用 长方体 工具在顶视图中创建一个长方体，并设置【长度】为150mm，【宽度】为440mm，【高度】为20mm，如图5-90和图5-91所示。

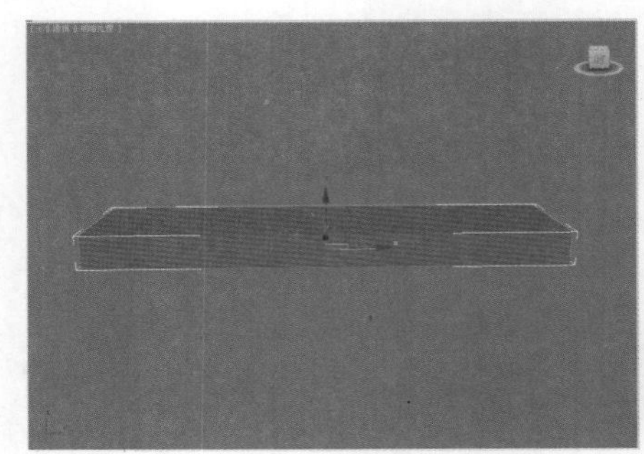

图5－90

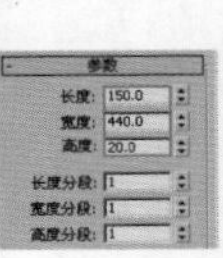

图5－91

Part02 创建变形台灯模型

01 使用 线 工具在前视图中绘制一条线，如图5-92所示。

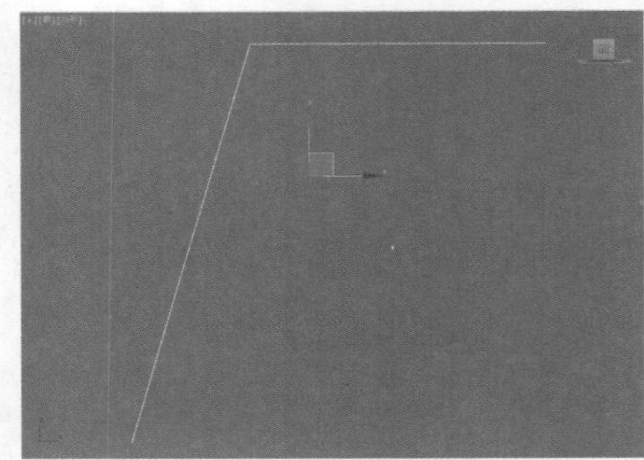

图5－92

02 单击按钮进入【修改】面板，再进入Line下的【样条线】级别，在 轮廓 按钮后面的文本框中输入5mm，并按Enter键结束，如图5-93和图5-94所示。

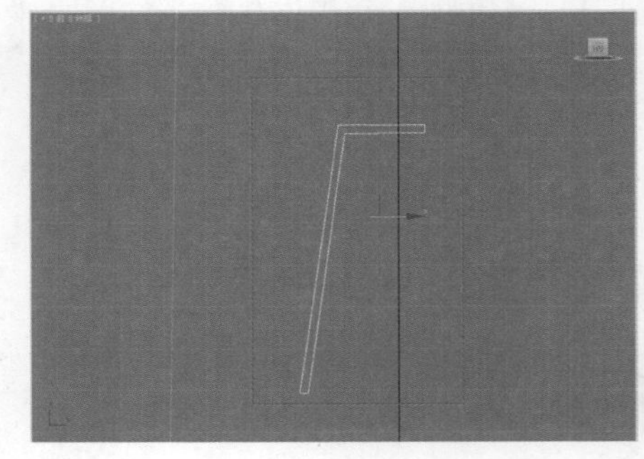

图5－93

图5－94

03 在【修改】面板中进入Line下的【线段】级别，删除如图5-95所示的线段。

04 选择上一步中的样条线，为其加载【车削】修改器，如图5-96和图5-97所示。

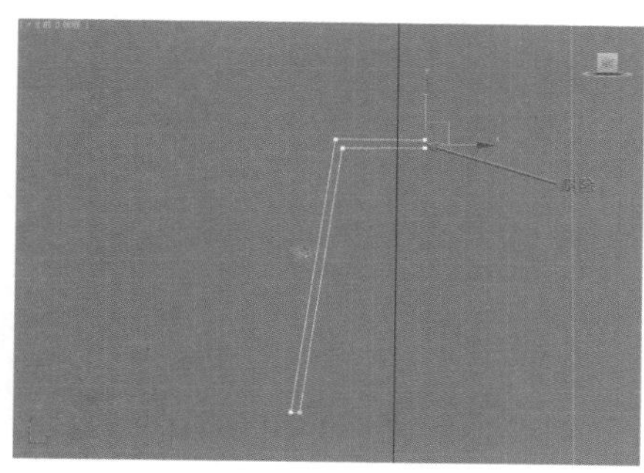
图5—95

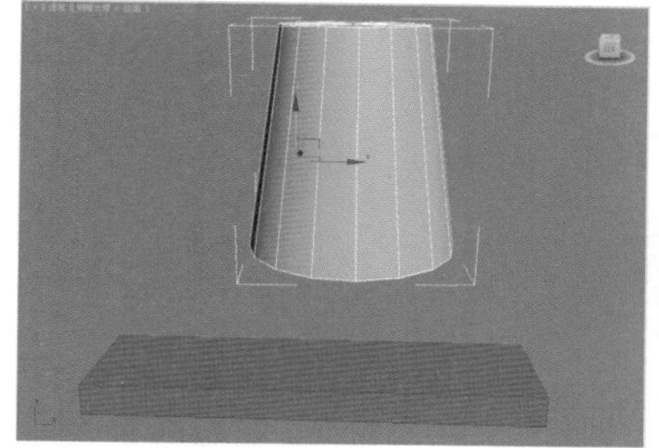
图5—96

图5—97

05 使用 线 工具在顶视图中绘制如图5-98所示的图形，并加载【车削】修改器，如图5-99所示。

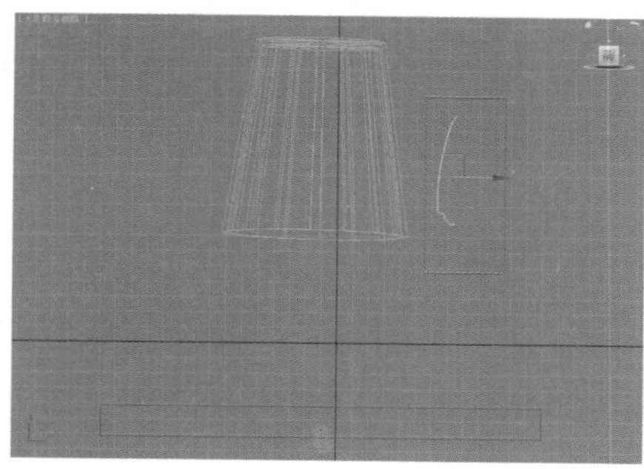
图5—98

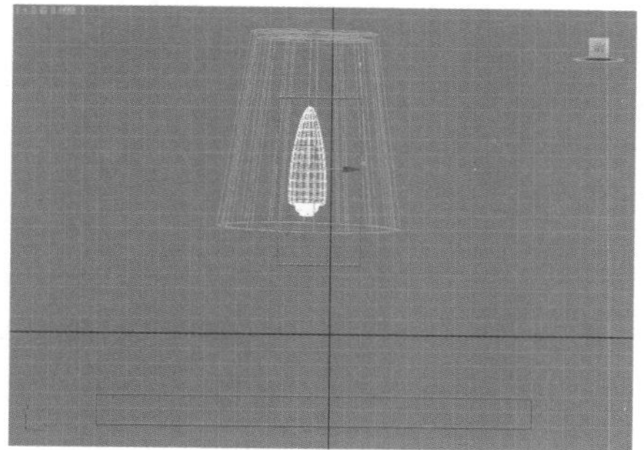
图5—99

06 使用 圆柱体 工具创建一个圆柱体，设置【半径】为2mm，【高度】为150mm，【高度分段】为10mm，并加载【弯曲】修改器，设置【角度】为60，如图5-100和图5-101所示。

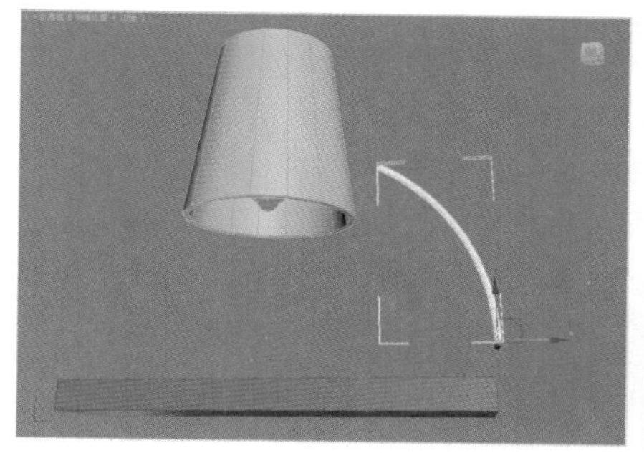
图5—100

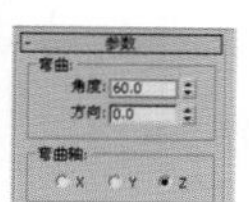
图5—101

07 在前视图中，单击（选择并旋转）工具，旋转灯罩和内部台灯至正确的位置，如图5-102所示。

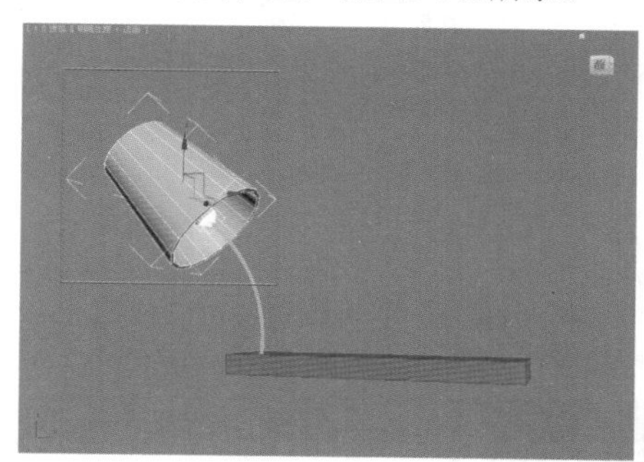
图5—102

08 使用 圆柱体 工具在顶视图中创建一个圆柱体，并设置【半径】为5，【高度】为5，如图5-103所示。

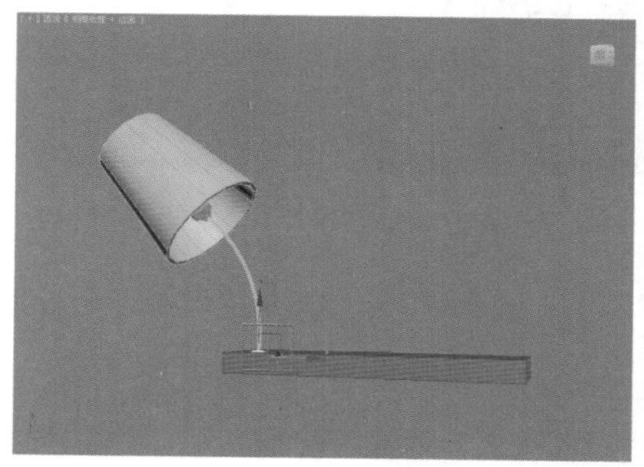
图5—103

09 复制2个台灯，最终模型效果如图5-104所示。

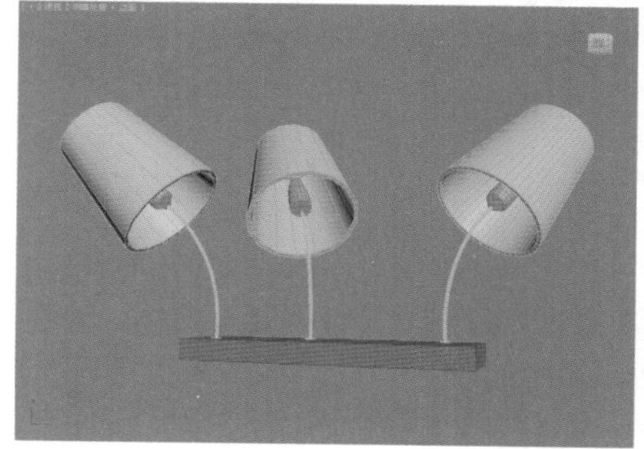
图5—104

5.2.6 【扭曲】修改器

技术速查：【扭曲】修改器可在对象的几何体中心进行旋转（就像拧湿抹布），使其产生扭曲的特殊效果。

其参数设置与【弯曲】修改器参数设置基本相同，如图5-105所示。

- 角度：设置围绕垂直于坐标轴方向的扭曲量。
- 偏移：使扭曲物体的任意一端相互靠近。
- 扭曲轴X/Y/Z：指定扭曲所沿的坐标轴。
- 限制效果：对扭曲效果应用限制约束。
- 上限：设置扭曲效果的上限。
- 下限：设置扭曲效果的下限。

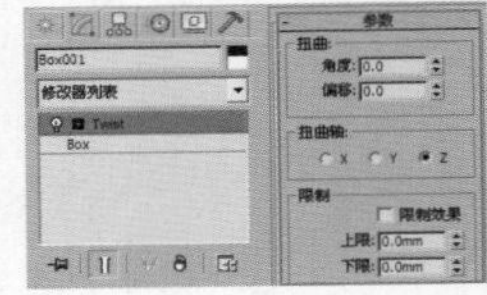

图5—105

★ 案例实战——扭曲修改器制作创意花瓶

场景文件	无
案例文件	案例文件\Chapter 05\案例实战——扭曲修改器制作创意花瓶.max
视频教学	视频文件\Chapter 05\案例实战——扭曲修改器制作创意花瓶.flv
难易指数	★★★☆☆
技术掌握	掌握【扭曲】修改器的运用

实例介绍

创意花瓶是一种器皿，多为陶瓷或玻璃制成，外表美观光滑，造型多样，是居住空间具有特色的装饰品。本例制作的创意花瓶最终渲染和线框效果如图5-106所示。

图5—106

建模思路

使用【车削】修改器、【扭曲】修改器、【网格平滑】修改器创建创意花瓶模型

创意花瓶建模流程如图5-107所示。

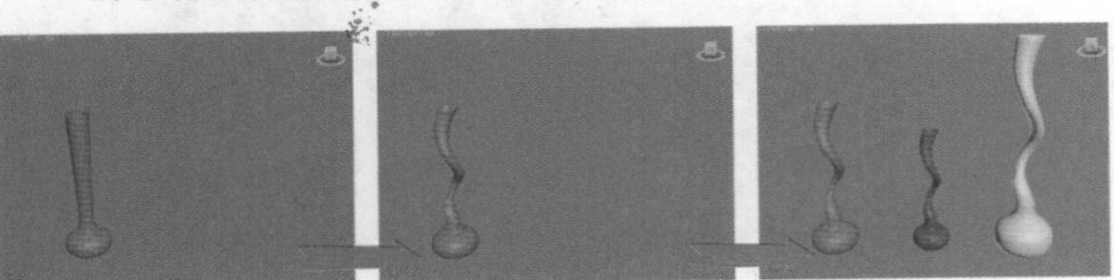

图5—107

制作步骤

01 利用 线 工具在前视图中绘制一条线，如图5-108所示。

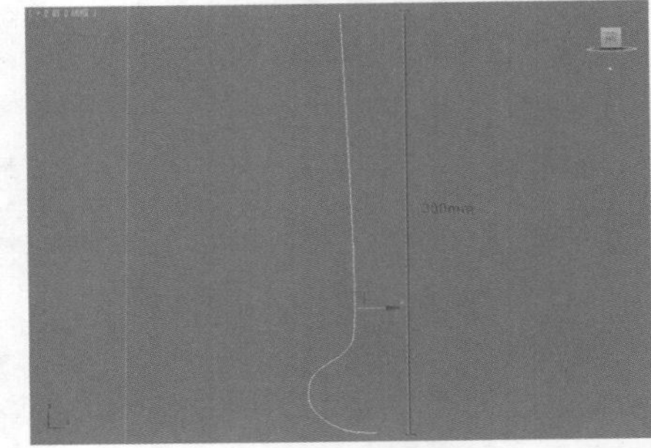

图5—108

02 进入【修改】面板中Line下的【样条线】级别，在 轮廓 按钮后面的文本框中输入3mm，并按Enter键结束，如图5-109所示。

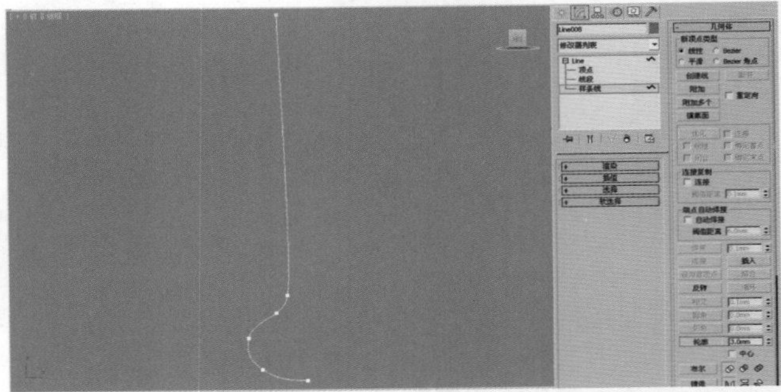

图5—109

03 进入【修改】面板中Line下的【线段】级别，删除如图5-110所示的线段。

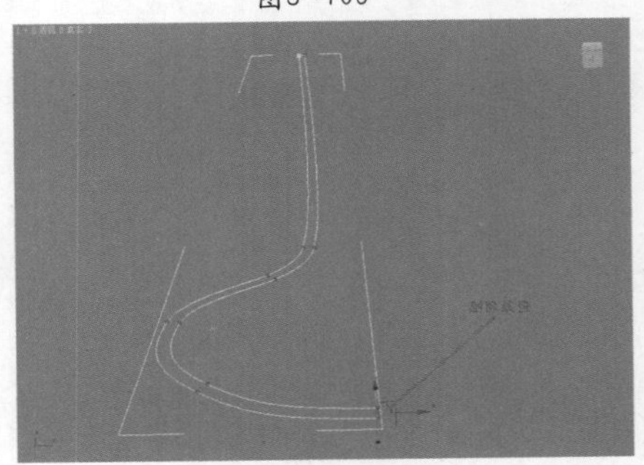

图5—110

04 选择上一步中的样条线，为其加载【车削】修改器，并单击 最大 按钮，设置【分段】为50，如图5-111所示。

05 保持选择上一步中的模型，为其加载【扭曲】修改器，并设置【角度】为800，【偏移】为－30，【扭曲轴】选择Y轴，选中【限制效果】复选框，设置【上限】为200mm，【下限】为10mm，如图5-112所示。

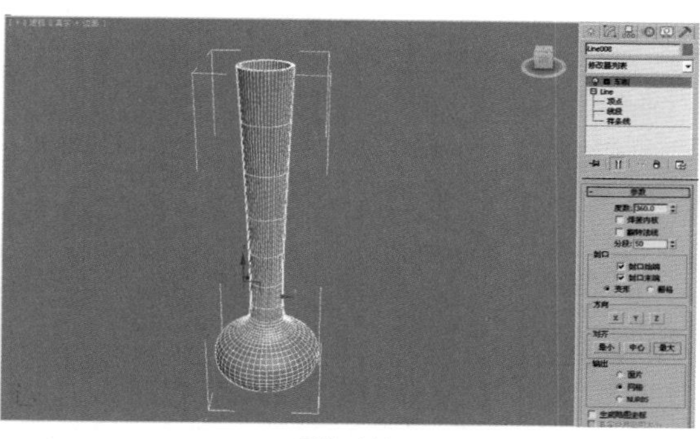

图5—111

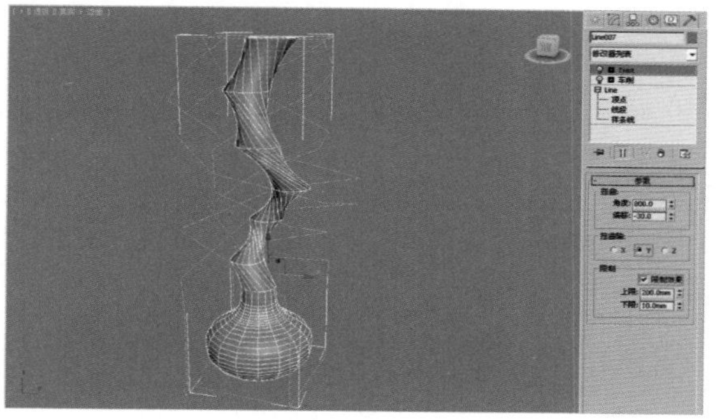

图5—112

06 再为其加载【扭曲】修改器，并设置【迭代次数】为2，如图5-113所示。

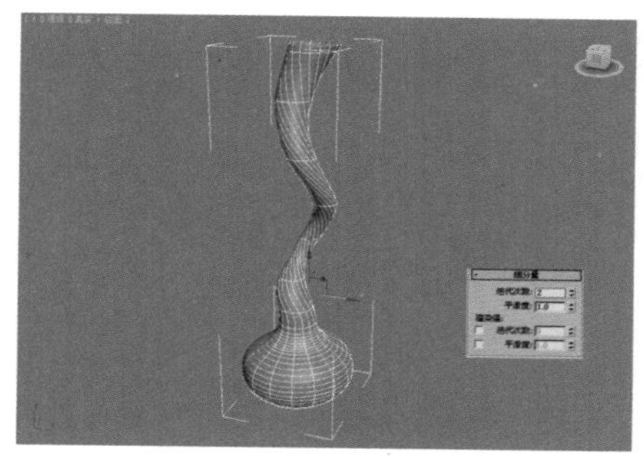

图5—113

07 按照以上方法做出其他花瓶模型，最终模型效果如图5-114所示。

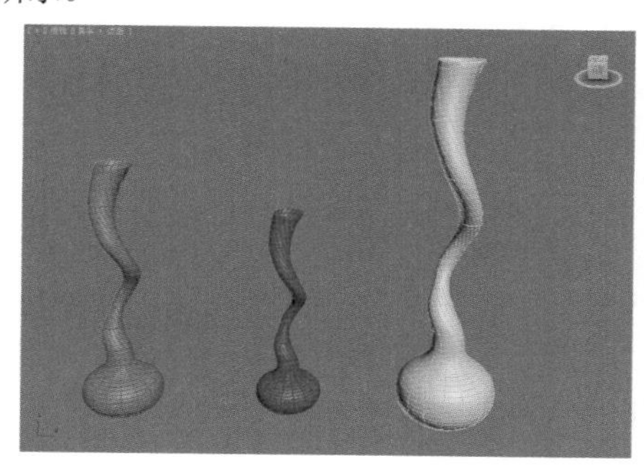

图5—114

5.2.7 【晶格】修改器

技术速查：【晶格】修改器可以将图形的线段或边转换为圆柱形结构，并在顶点上产生可选择的关节多面体，多用来制作水晶灯模型、医用分子结构模型等。

其参数设置如图5-115所示。

图5—115

【几何体】组

- 应用于整个对象：将【晶格】修改器应用到对象的所有边或线段上。
- 仅来自顶点的节点：仅显示由原始网格顶点产生的关节（多面体）。
- 仅来自边的支柱：仅显示由原始网格线段产生的支柱（多面体）。
- 二者：显示支柱和关节。

【支柱】组

- 半径：指定结构半径。
- 分段：指定沿结构的分段数目。
- 边数：指定结构边界的边数目。
- 材质ID：指定用于结构的材质ID，使结构和关节具有不同的材质ID。
- 忽略隐藏边：仅生成可视边的结构。如果取消选中该复选框，将生成所有边的结构，包括不可见边。
- 末端封口：将末端封口应用于结构。
- 平滑：将平滑应用于结构。

【节点】组

- 基点面类型：指定用于关节的多面体类型，包括【四面体】、【八面体】和【二十面体】3种类型。
- 半径：设置关节的半径。
- 分段：指定关节中的分段数目。分段数越多，关节形状越接近球形。
- 材质ID：指定用于结构的材质ID。
- 平滑：将平滑应用于关节。

【贴图坐标】组

- 无：不指定贴图。
- 重用现有坐标：将当前贴图指定给对象。
- 新建：将圆柱形贴图应用于每个结构和关节。

★ 案例实战——晶格修改器制作水晶吊灯

场景文件	无
案例文件	案例文件\Chapter 05\案例实战——晶格修改器制作水晶吊灯.max
视频教学	视频文件\Chapter 05\案例实战——晶格修改器制作水晶吊灯.flv
难易指数	★★★☆☆

技术掌握	掌握【晶格】修改器的运用

实例介绍

水晶吊灯多为水晶或玻璃制成，外表华丽璀璨，造型多样，是居住空间具有特色的装饰品，本例制作的水晶吊灯最终渲染和线框效果如图5-116所示。

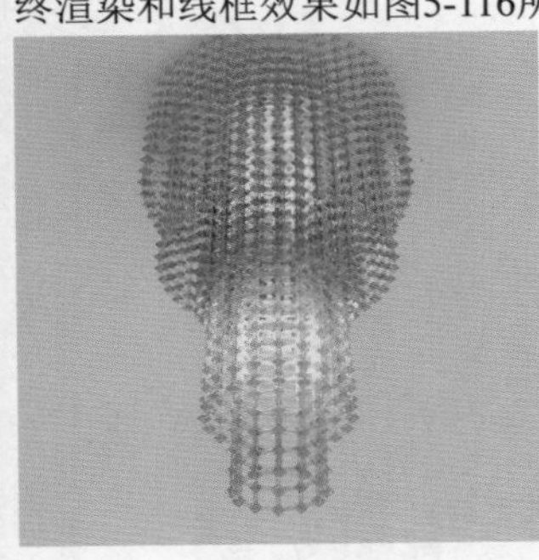
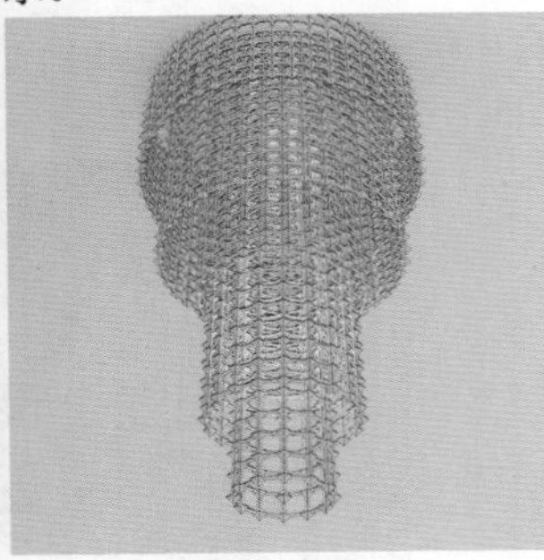

图5-116

建模思路

01 使用【圆柱体】工具制作水晶灯基础模型

02 使用【晶格】修改器制作水晶效果

水晶吊灯建模流程如图5-117所示。

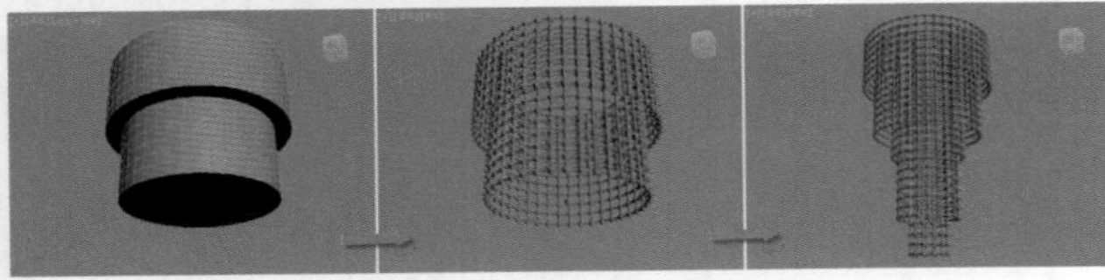

图5-117

制作步骤

01 单击（创建）|（几何体）| 标准基本体 | 圆柱体 按钮，在视图中创建一个圆柱体，并设置【半径】为55mm，【高度】为40mm，【高度分段】为6，【边数】为50，如图5-118和图5-119所示。

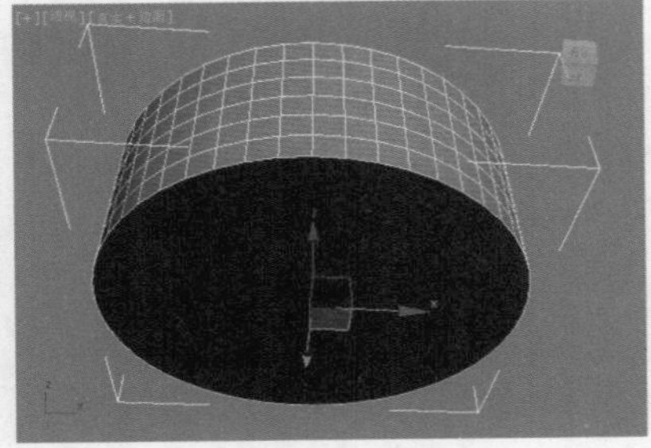

图5-118

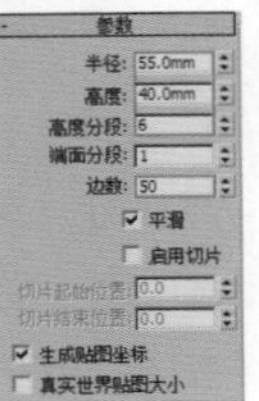

图5-119

02 进入【修改】面板，并为圆柱体添加【晶格】修改器，设置【支柱】的【半径】为0.8mm，【节点】的【半径】为2.5mm，如图5-120所示。此时的模型效果如图5-121所示。

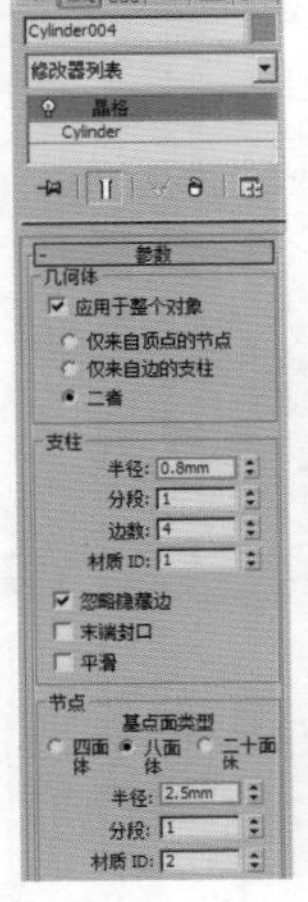

图5-120

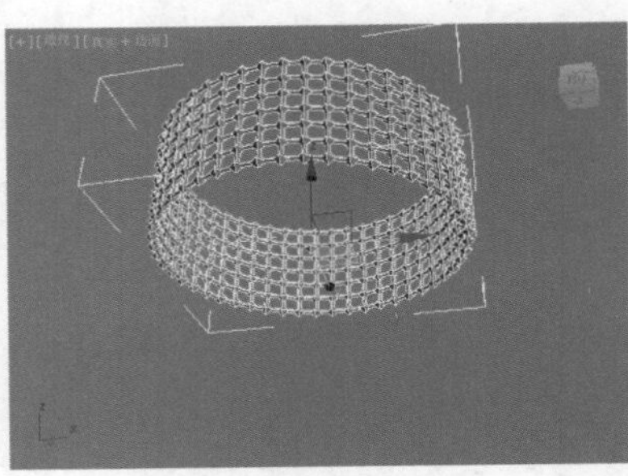

图5-121

03 继续创建一个圆柱体，如图5-122所示。并设置【半径】为45mm，【高度】为80mm，【高度分段】为12，【边数】为40，如图5-123所示。

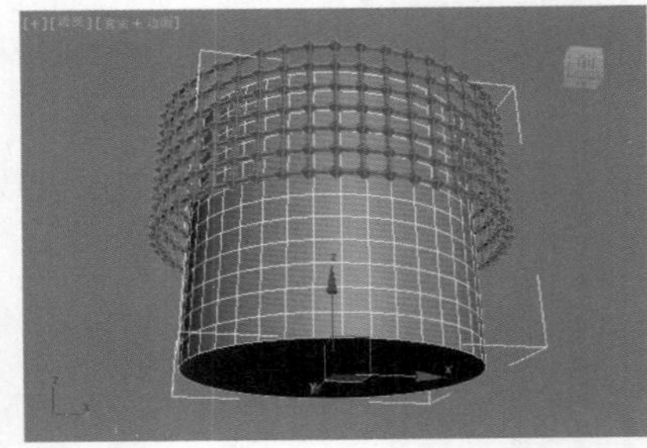

图5-122

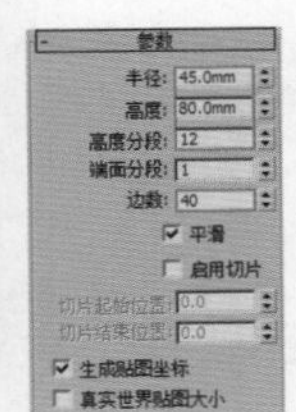

图5-123

04 进入【修改】面板，并为圆柱体添加【晶格】修改器，设置【支柱】的【半径】为0.8mm，【节点】的【半径】为2.5mm，如图5-124所示。此时的模型效果如图5-125所示。

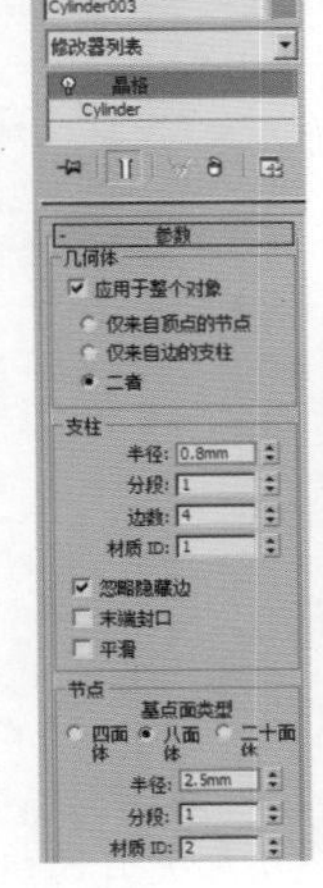

图5-124

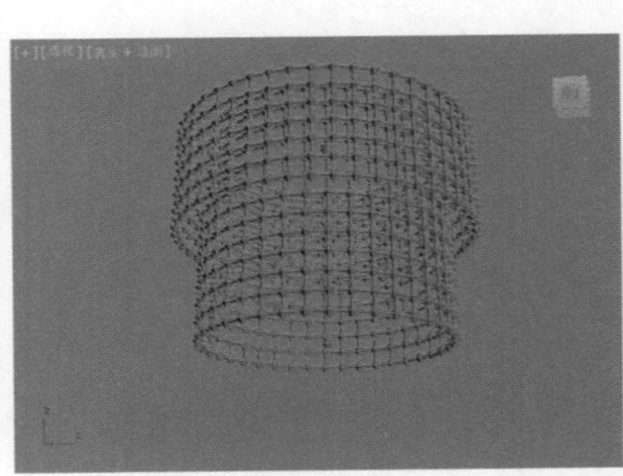

图5-125

05 用同样的方法制作出剩余的三部分水晶灯，如图5-126所示。

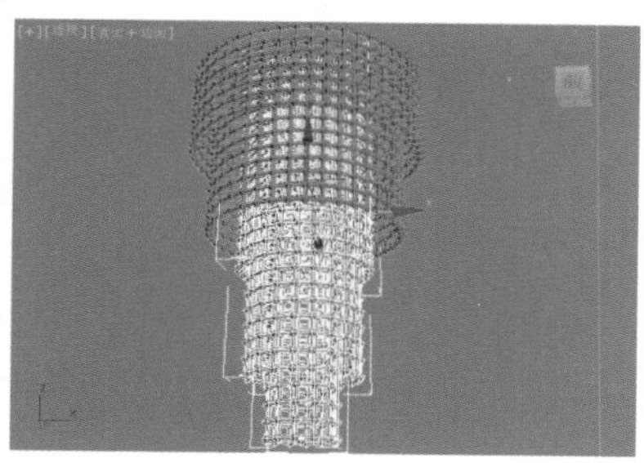

图5-126

06 最终模型效果如图5-127所示。

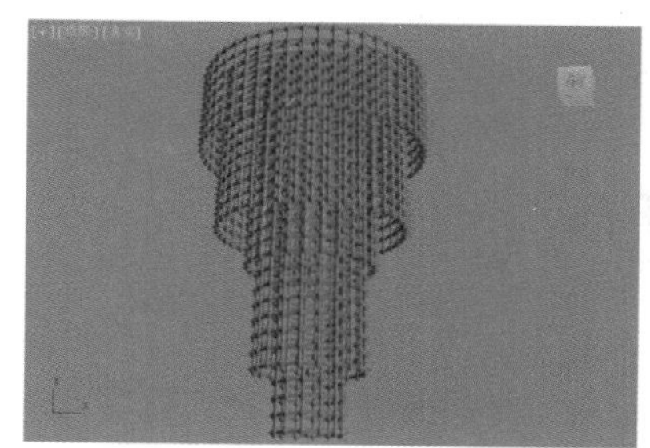

图5-127

5.2.8 【壳】修改器

技术速查：【壳】修改器通过添加一组朝向现有面相反方向的额外面而产生厚度，无论曲面在原始对象中的任何地方消失，边将连接内部和外部曲面。可以为内部和外部曲面、边的特性、材质 ID 以及边的贴图类型指定偏移距离。

其参数设置如图5-128所示。

如图5-129所示为加载【壳】修改器前后的对比效果。

- 内部量/外部量：通过使用 3ds Max Design 通用单位的距离，将内部曲面从原始位置向内移动，将外部曲面从原始位置向外移动。默认设置为 0.0/1.0。
- 分段：每一边的细分值。默认值为 1。
- 倒角边：启用该选项后，并指定【倒角样条线】，3ds Max Design 会使用样条线定义边的剖面和分辨率。默认设置为禁用状态。

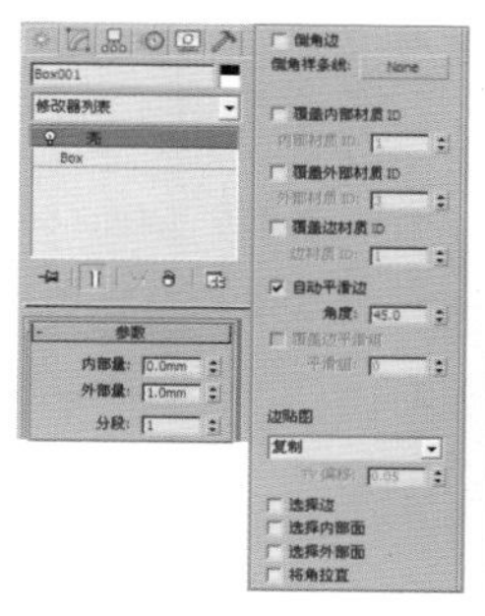

图5-128

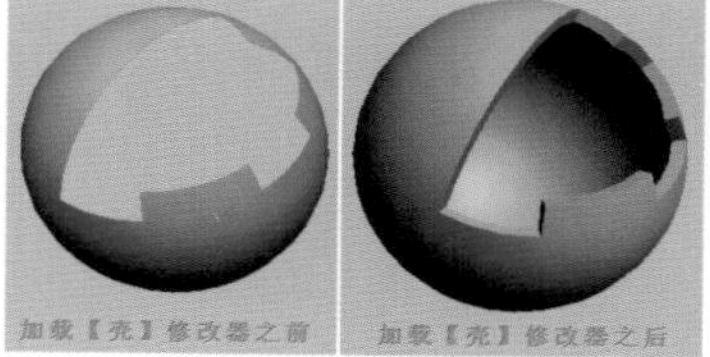

图5-129

- 倒角样条线：单击后面的按钮，可以选择打开样条线定义边的形状和分辨率。其对圆形或星形这样闭合的形状将不起作用。
- 覆盖内部材质 ID：启用此选项，使用【内部材质 ID】参数，为所有的内部曲面多边形指定材质 ID。默认设置为禁用状态。如果没有指定材质 ID，曲面会使用同一材质 ID 或者和原始面一样的 ID。
- 内部材质 ID：为内部面指定材质 ID。只在选中【覆盖内部材质 ID】复选框后可用。
- 覆盖外部材质 ID：启用此选项，使用【外部材质 ID】参数，为所有的外部曲面多边形指定材质 ID。默认设置为禁用状态。
- 外部材质 ID：为外部面指定材质 ID。只在选中【覆盖外部材质 ID】复选框后可用。
- 覆盖边材质 ID：启用此选项，使用【边材质 ID】参数，为所有边的多边形指定材质 ID。默认设置为禁用状态。
- 边材质 ID：为边的面指定材质 ID。只在选中【覆盖边材质 ID】复选框后可用。
- 自动平滑边：使用【角度】参数，应用自动、基于角平滑到边面。禁用此选项后，不再应用平滑。默认设置为启用。这不适用于平滑到边面与外部/内部曲面之间的连接。
- 角度：在边面之间指定最大角，该边面由自动平滑边平滑。只在选中【自动平滑边】复选框之后可用。默认设置为 45.0。
- 覆盖平滑组：使用【平滑组】设置，用于为新边多边形指定平滑组。只在取消选中【自动平滑边】复选框之后可用。默认设置为禁用状态。
- 平滑组：为边多边形设置平滑组。只在选中【覆盖平滑组】复选框后可用。默认值为 0。
- 边贴图：指定应用于新边的纹理贴图类型。从下拉列表框中选择贴图类型。
- TV 偏移：确定边的纹理顶点间隔。只在【边贴图】下拉列表框中选择【剥离】和【插补】时才可用。默认设置为 0.05。

- **选择边**：从其他修改器的堆栈上传递此选择。默认设置为禁用状态。
- **选择内部面**：从其他修改器的堆栈上传递此选择。默认设置为禁用状态。
- **选择外部面**：从其他修改器的堆栈上传递此选择。默认设置为禁用状态。
- **将角拉直**：调整角顶点以维持直线边。

5.2.9 FFD修改器

技术速查：FFD修改器即自由变形修改器。这种修改器使用晶格框包围住选中的几何体，然后通过调整晶格的控制点来改变封闭几何体的形状。

其参数设置如图5-130所示。

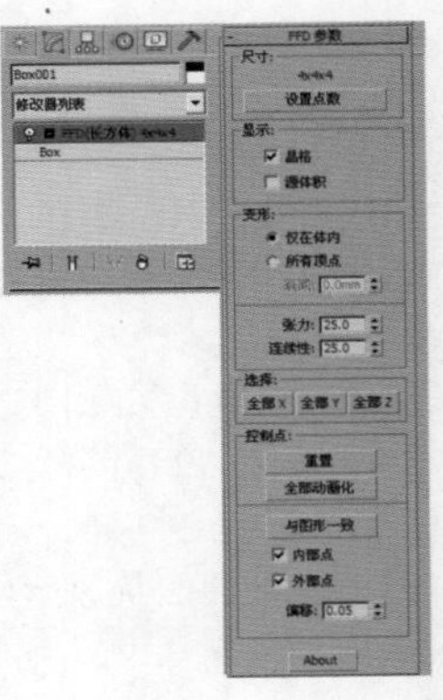
图5-130

技巧提示

在修改器列表中共有5个FFD的修改器，分别为FFD2×2×2（自由变形2×2×2）、FFD3×3×3（自由变形3×3×3）、FFD 4×4×4（自由变形4×4×4）、FFD（长方体）和FFD（圆柱体）修改器，这些都是自由变形修改器，都可以通过调节晶格控制点的位置来改变几何体的形状。

【尺寸】组

- **晶格尺寸**：显示晶格中当前的控制点数目，例如4×4×4。
- **设置点数**：单击该按钮可打开【设置FFD尺寸】对话框，在该对话框中可以设置晶格中所需控制点的数目。

【显示】组

- **晶格**：控制是否让连接控制点的线条形成栅格。
- **源体积**：开启该选项可将控制点和晶格以未修改的状态显示出来。

【变形】组

- **仅在体内**：只有位于源体积内的顶点会变形。
- **所有顶点**：所有顶点都会变形。
- **衰减**：决定FFD的效果减为0时离晶格的距离。
- **张力/连续性**：调整变形样条线的张力和连续性。

【选择】组

- **全部X/全部Y/全部Z**：选中由这3个按钮指定的轴向的所有控制点。

【控制点】组

- **重置**：将所有控制点恢复到原始位置。
- **全部动画化**：单击该按钮可将控制器指定给所有的控制点，使它们在轨迹视图中可见。
- **与图形一致**：在对象中心与控制点位置之间沿直线方向来延长线条，可将每一个FFD控制点移到修改对象的交叉点上。
- **内部点**：仅控制受【与图形一致】影响的对象内部的点。
- **外部点**：仅控制受【与图形一致】影响的对象外部的点。
- **偏移**：设置控制点偏移对象曲面的距离。
- **About**：显示版权和许可信息。

答疑解惑：为什么有些时候为模型加载了FFD等修改器，并调整控制点，但是效果却不正确？

在使用FFD修改器、【弯曲】修改器、【扭曲】修改器等时，一定要注意模型的分段数，假如模型的分段数过少，可能会影响到加载修改器后的效果。假如设置长方体的【高度分段】为1，当移动控制点时，可以看到长方体中间没有弯曲的效果，如图5-131所示。而假如设置长方体的【高度分段】为12，当移动控制点时，可以看到长方体中间有弯曲的效果，如图5-132所示。

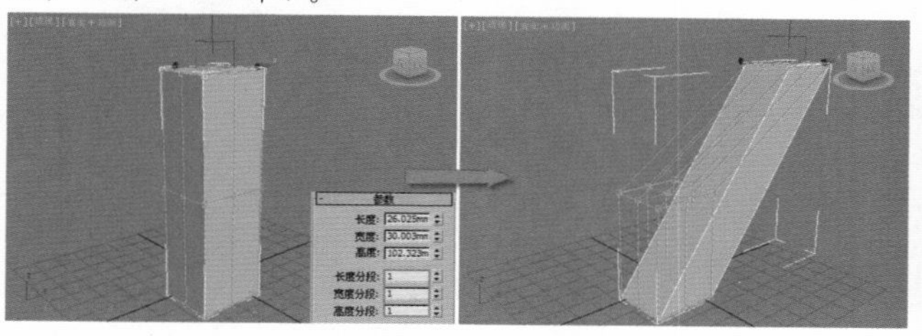

图5-131

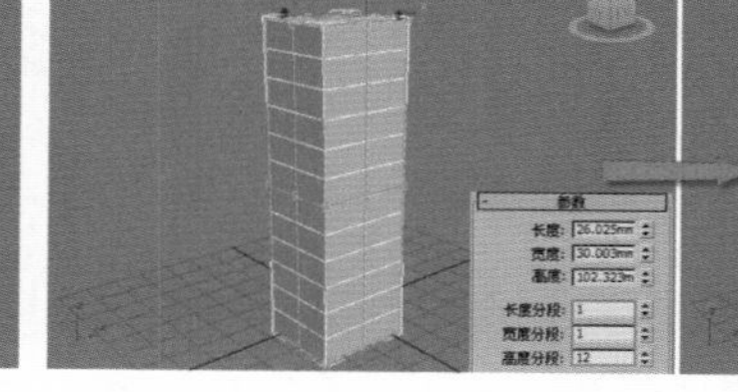

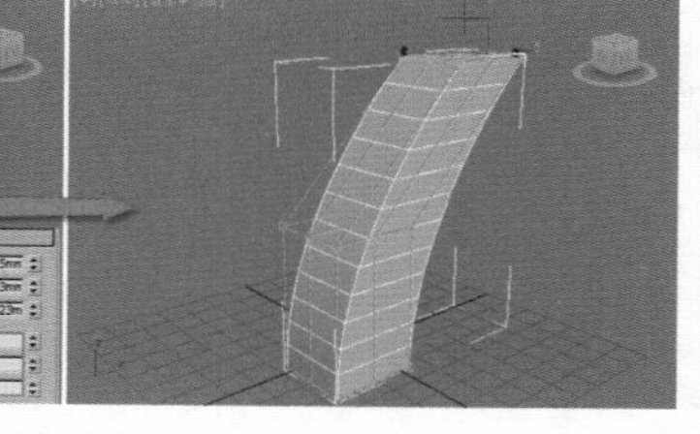

图5-132

★ 案例实战——FFD修改器制作竹藤椅子

场景文件	无
案例文件	案例文件\Chapter 05\案例实战——FFD修改器制作竹藤椅子.max
视频教学	视频文件\Chapter 05\案例实战——FFD修改器制作竹藤椅子.flv
难易指数	★★★☆☆
技术掌握	掌握FFD、【晶格】修改器的运用

实例介绍

竹藤椅子是竹藤类家具的一种，主要由竹藤编制而成，具有很强的风格。本例制作的竹藤椅子最终渲染和线框效果如图5-133所示。

图5-133

建模思路

01 使用【球体】工具创建椅子基础模型

02 使用FFD和【晶格】修改器制作竹藤效果

竹藤椅子建模流程如图5-134所示。

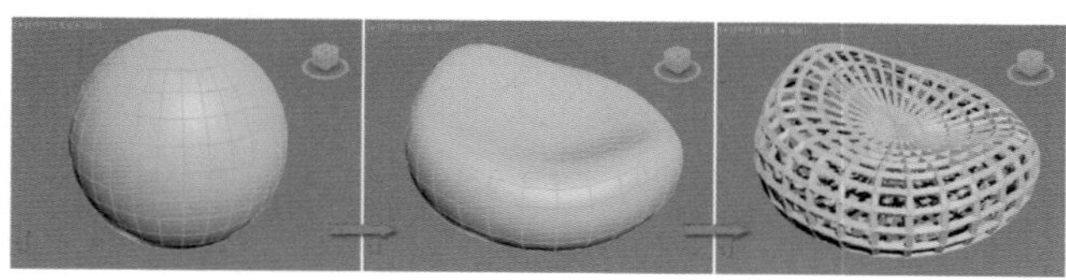

图5-134

制作步骤

01 单击（创建）|（几何体）| 标准基本体 | 球体 按钮，在视图中创建一个球体，并设置【半径】为37mm，【分段】为32，如图5-135和图5-136所示。

02 进入【修改】面板，为圆柱体添加【FFD 4×4×4】修改器，并进入到【控制点】级别，如图5-137所示。选择如图5-138所示的控制点并进行移动。

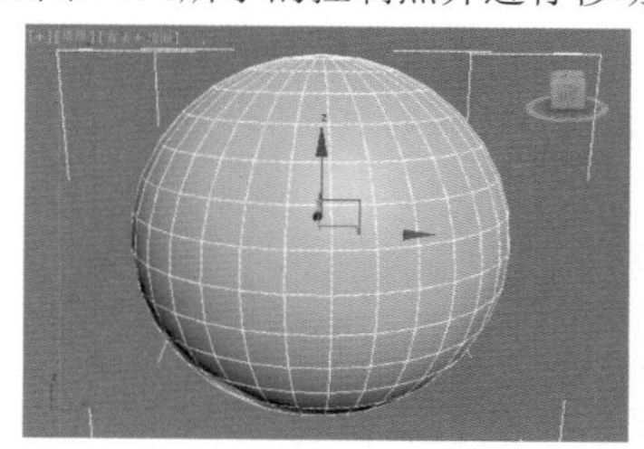

图5-135

图5-136　图5-137

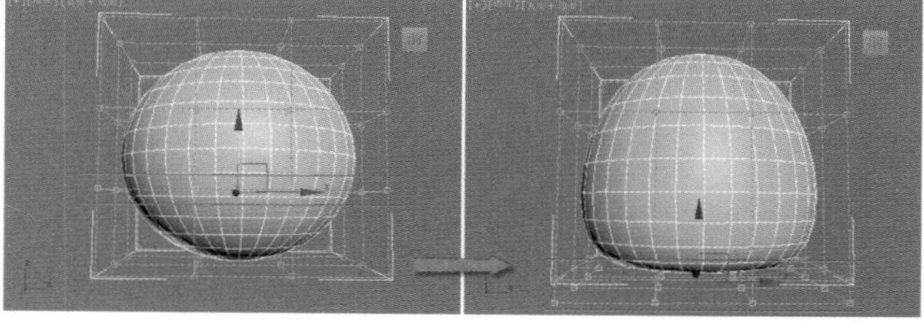

图5-138

03 继续选择如图5-139所示的控制点并进行移动。

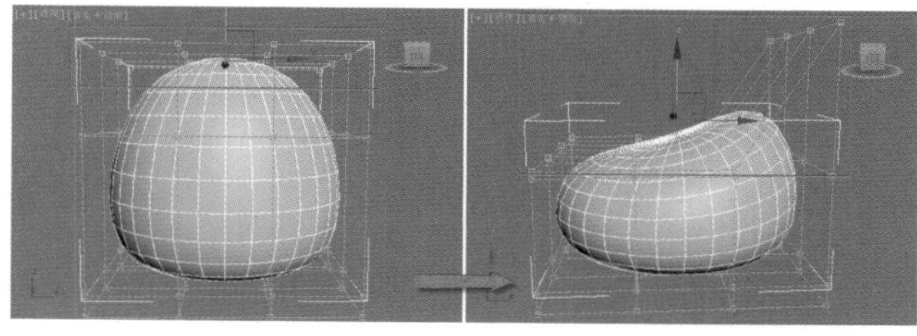

图5-139

04 继续选择如图5-140所示的控制点并进行移动。

05 再次选择如图5-141所示的控制点并进行移动。

06 选择模型，并在【修改】面板中为其添加【晶格】修改器，设置【支柱】的【半径】为1mm，【节点】的【半径】为0mm，如图5-142所示。此时的模型效果如图5-143所示。

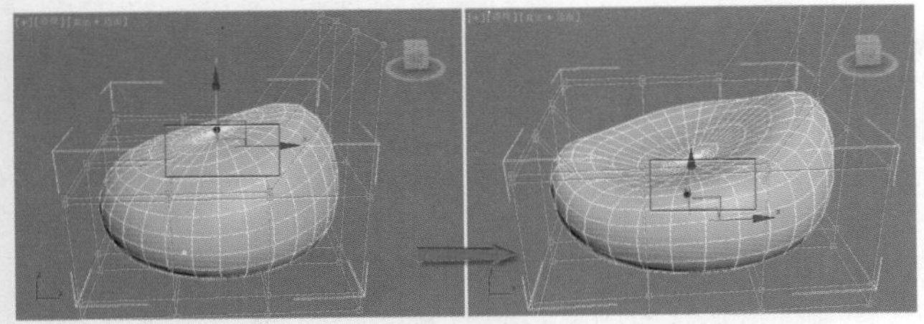
图5—140

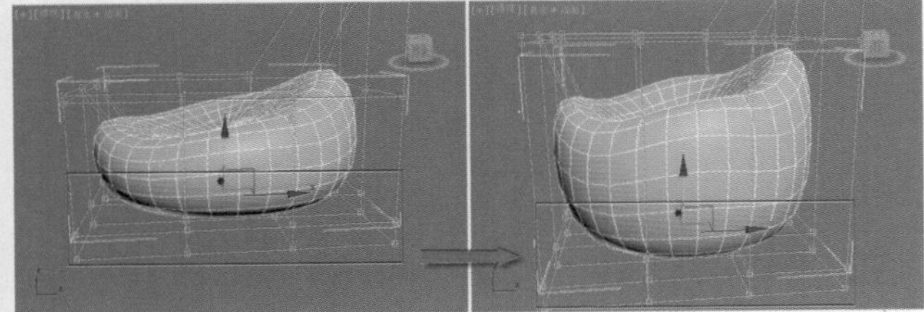
图5—141

技巧提示

在制作一个模型时，很多时候需要使用多个修改器，因此修改器类型的选择和使用的前后顺序也是很重要的。

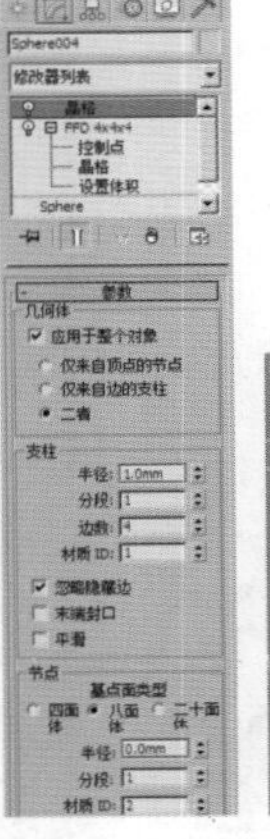
图5—142

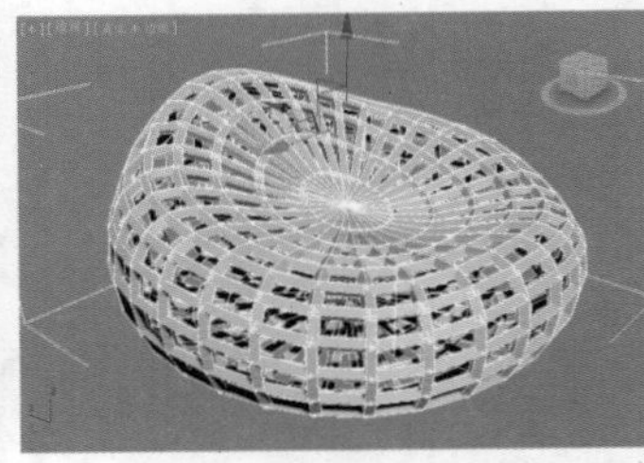
图5—143

07 最终模型效果如图5-144所示。

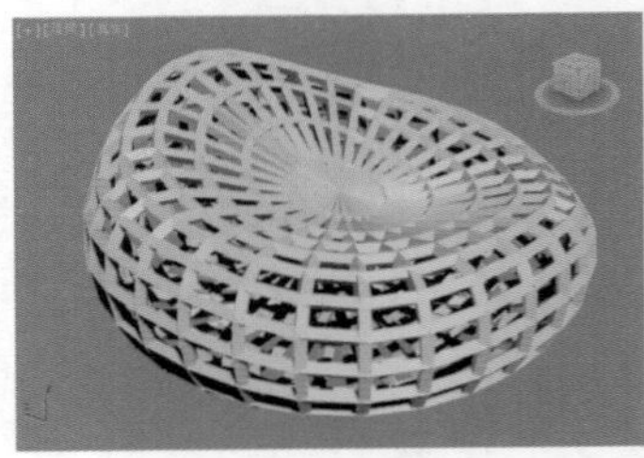
图5—144

5.2.10 【编辑多边形】和【编辑网格】修改器

技术速查：【编辑多边形】修改器为选定的对象（顶点、边、边界、多边形和元素）提供显式编辑工具。【编辑多边形】修改器包括基础可编辑多边形对象的大多数功能，但【顶点颜色】信息、【细分曲面】卷展栏、【权重和折逢】设置和【细分置换】卷展栏除外。

其参数设置如图5-145所示。

技术速查：【编辑网格】修改器为选定的对象（顶点、边和面/多边形/元素）提供显式编辑工具。【编辑网格】修改器与基础可编辑网格对象的所有功能相匹配，只是不能在【编辑网格】修改器中设置子对象动画。

其参数设置如图5-146所示。

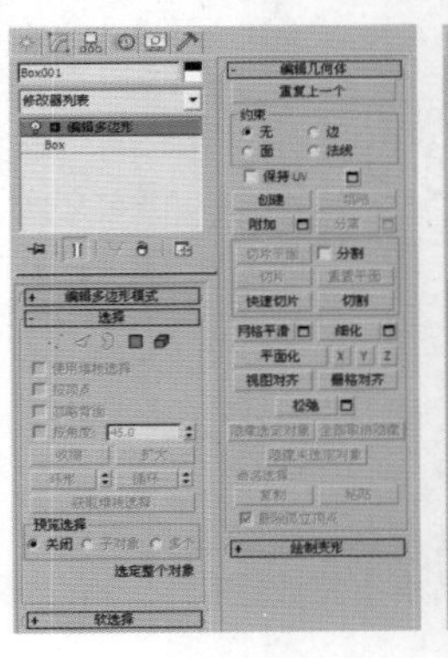
图5—145

图5—146

技巧提示

由于【编辑多边形】修改器、【编辑网格】修改器的参数与可编辑多边形、可编辑网格的参数基本一致，因此我们会在后面的章节中进行重点讲解。

使用【编辑多边形】修改器或【编辑网格】修改器，可以同样达到使用多边形建模或网格建模的作用，而且不会将原始模型破坏，即使模型出现制作错误，也可以及时通过删除该修改器返回到原始模型的状态，因此习惯使用多边形建模或网格建模的用户，不妨尝试一下使用【编辑多边形】修改器或【编辑网格】修改器。

如图5-147所示，将模型直接执行右键菜单命令【转换为可编辑多边形】，并进行【挤出】，如图5-148所示，但会发现原始的模型信息在执行【转换为可编辑多边形】命令后都没有了。

图5−147

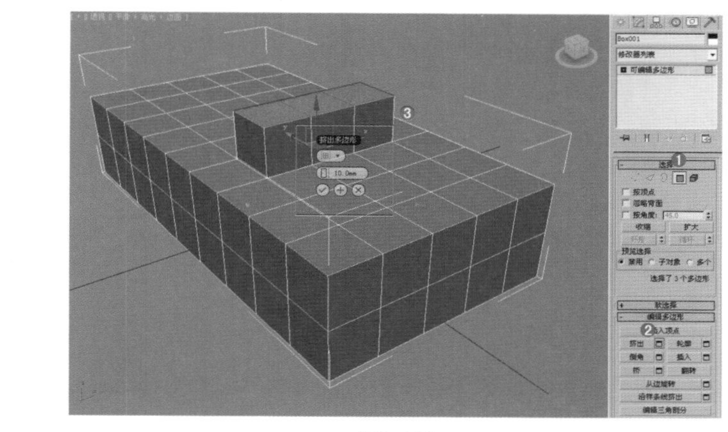

图5−148

下面我们使用另外一个方法。为模型加载【编辑多边形】修改器，并进行【挤出】，此时我们发现原始的模型信息都没有被破坏，如图5-149和图5-150所示。

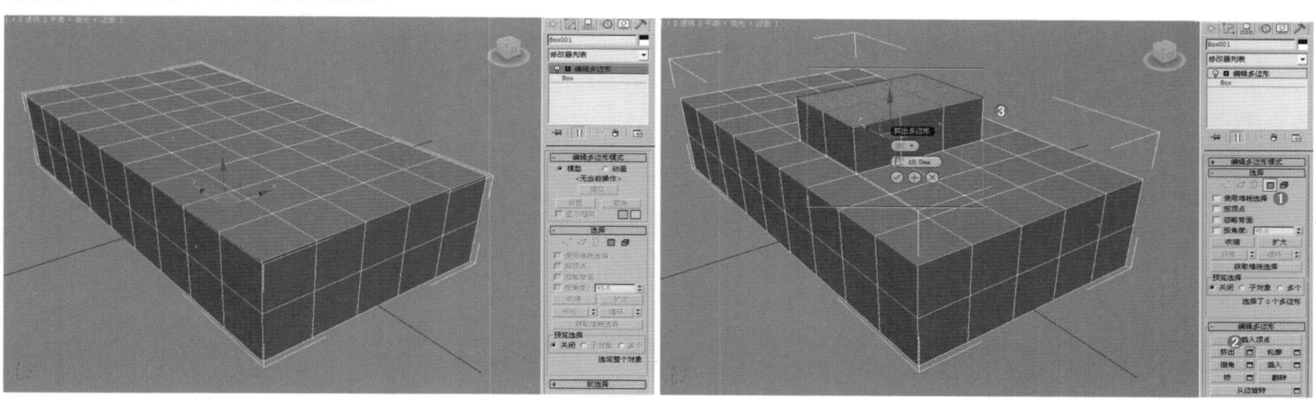

图5−149　　图5−150

而且当我们发现步骤有错误时还可以删除该修改器，原来的模型仍然存在，如图5-151和图5-152所示。

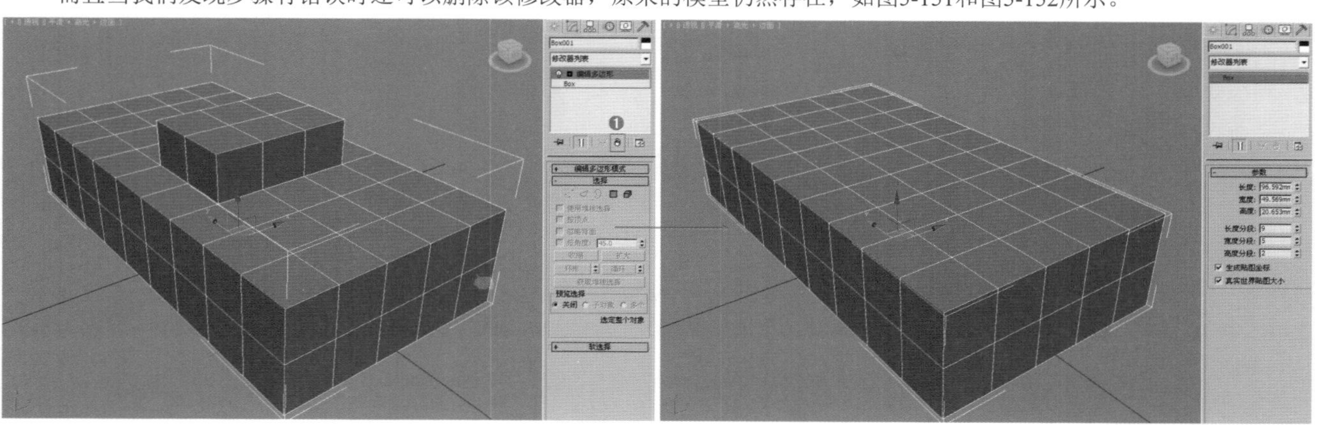

图5−151　　图5−152

读书笔记

技巧提示

为了在制作模型时，避免因为误操作产生制作的错误，应养成好的习惯。下面我们总结了4点经验以供参考。

01 一定要记得保存正在使用的3ds Max文件。

02 当突然遇到停电、3ds Max严重出错等问题时，记得马上找到自动保存的文件，并将该文件复制出来。自动保存的文件路径为【我的文档\3ds Max Design\autoback】。

03 在制作模型时，注意要养成多复制的好习惯，即确认该步骤之前没有模型错误，最好可以将该文件复制，也可以在该文件中按住Shift键进行复制，这样我们可以随时找到对的模型，而不用重新再做。

04 可以使用现在添加的【编辑多边形】修改器，而且要在确认该步骤之前没有模型错误后，再次添加该修改器，然后后面重复此操作，这样也可以随时找到对的模型，而不用重新再做。

5.2.11 【UVW贴图】修改器

技术速查：通过将贴图坐标应用于对象，【UVW 贴图】修改器控制在对象曲面上如何显示贴图材质和程序材质。贴图坐标指定如何将位图投影到对象上。UVW坐标系与 XYZ 坐标系相似，位图的U和V轴对应于X和Y轴，对应于Z轴的W轴一般仅用于程序贴图。可在材质编辑器中将位图坐标系切换到VW或WU，在这些情况下，位图被旋转和投影，以使其与该曲面垂直。

其参数设置如图5-153所示。

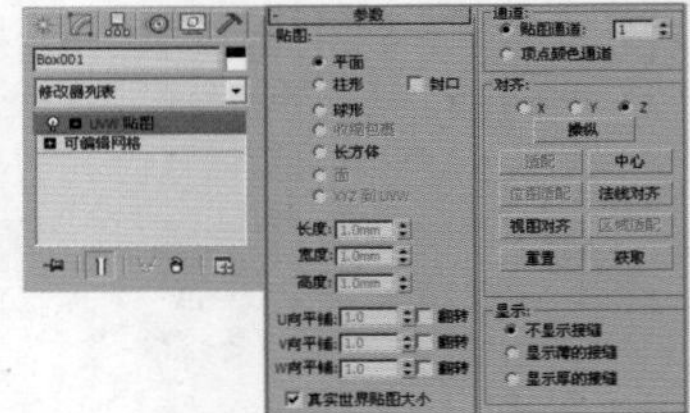

图5—153

【贴图】组

- 贴图方式：确定所使用的贴图坐标的类型。通过贴图在几何上投影到对象上的方式以及投影与对象表面交互的方式，来区分不同种类的贴图。其中包括【平面】、【柱形】、【球形】、【收缩包裹】、【长方体】、【面】、【XYZ到UVW】等方式，如图5-154所示。

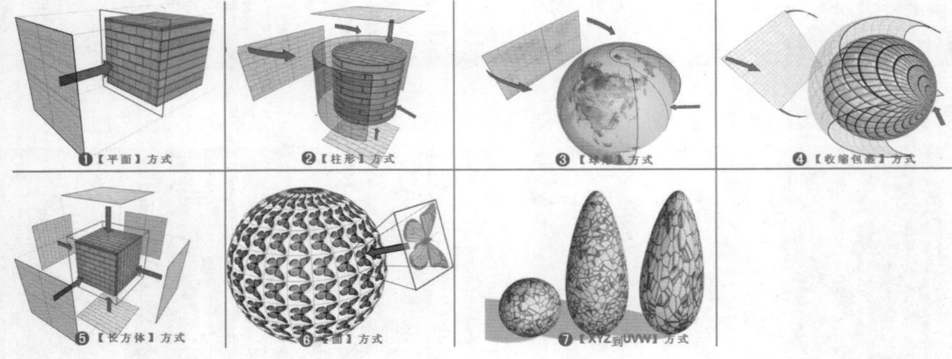

图5—154

- 长度、宽度、高度：指定【UVW 贴图】的Gizmo 尺寸。在应用修改器时，贴图图标的默认缩放由对象的最大尺寸定义。
- U 平铺、V 平铺、W 平铺：用于指定 UVW 贴图的尺寸以便平铺图像。这些是浮点值，可设置动画以便随时间移动贴图的平铺。
- 翻转：绕给定轴反转图像。
- 真实世界贴图大小：启用后，对应用于对象上的纹理贴图材质使用真实世界贴图。

【通道】组

- 贴图通道：设置贴图通道。
- 顶点颜色通道：通过选中此单选按钮，可将通道定义为顶点颜色通道。

【对齐】组

- X/Y/Z：选择其中之一，可翻转贴图 Gizmo 的对齐。每项指定 Gizmo 的哪个轴与对象的局部 Z 轴对齐。

- 操纵：启用时，Gizmo 出现在能让您改变视口中的参数的对象上。
- 适配：将 Gizmo 适配到对象的范围并使其居中，以使其锁定到对象的范围。
- 中心：移动 Gizmo，使其中心与对象的中心一致。
- 位图适配：显示标准的位图文件浏览器，可以拾取图像。在选中【真实世界贴图大小】复选框时不可用。
- 法线对齐：单击并在要应用修改器的对象曲面上拖动。
- 视图对齐：将贴图 Gizmo 重定向为面向活动视口。图标大小不变。
- 区域适配：激活一个模式，从中可在视口中拖动以定义贴图 Gizmo 的区域。
- 重置：删除控制 Gizmo 的当前控制器，并插入使用【拟合】功能初始化的新控制器。
- 获取：在拾取对象以从中获得 UVW 时，从其他对象有效复制 UVW 坐标，一个对话框会提示选择是以绝对方式还是相对方式完成获得。

【显示】组

- 不显示接缝：视口中不显示贴图边界。这是默认选择。
- 显示薄的接缝：使用相对细的线条，在视口中显示对象曲面上的贴图边界。
- 显示厚的接缝：使用相对粗的线条，在视口中显示对象曲面上的贴图边界。

通过变换【UVW贴图】的Gizmo可以产生不同的贴图效果，如图5-155所示。

图5-155

未添加【UVW贴图】修改器和正确添加【UVW贴图】修改器的对比效果如图5-156和图5-157所示。

图5-156

图5-157

5.2.12 【平滑】、【网格平滑】、【涡轮平滑】修改器

技术速查：平滑修改器主要包括【平滑】修改器、【网格平滑】修改器和【涡轮平滑】修改器。这3个修改器都可以用于平滑几何体，但是在平滑效果和可调性上有所差别。对于相同物体来说，【平滑】修改器的参数比较简单，但是平滑的程度不强；【网格平滑】修改器与【涡轮平滑】修改器使用方法比较相似，但是后者能够更快并更有效率地利用内存。

其参数设置如图5-158所示。

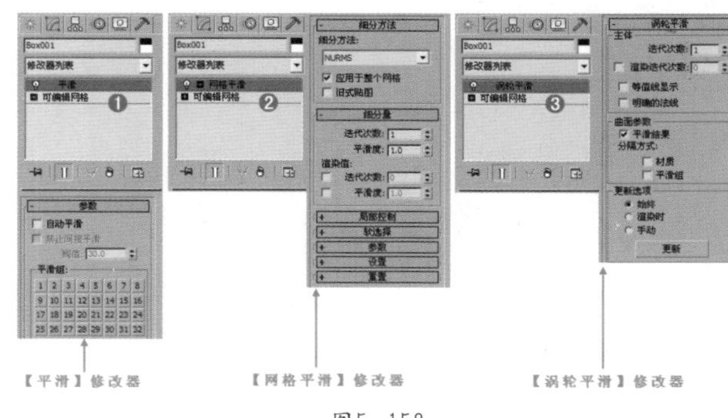

图5-158

- 【平滑】修改器：【平滑】修改器基于相邻面的角提供自动平滑，可以将新的平滑效果应用到对象上。
- 【网格平滑】修改器：使用【网格平滑】修改器会使对象的角和边变得圆滑，变圆滑后的角和边就像被锉平或刨平一样。
- 【涡轮平滑】修改器：【涡轮平滑】修改器是一种使用高分辨率模式来提高性能的极端优化平滑算法，可以大大提升高精度模型的平滑效果。

5.2.13 【对称】修改器

技术速查：【对称】修改器可以快速地创建出模型的另外一部分，因此在制作角色模型、人物模型、家具模型等对称模型时，可以制作模型的一半，并使用【对称】修改器制作另外一半。

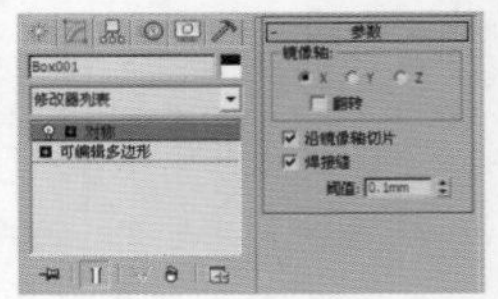
图5—159

其参数设置如图5-159所示。

【镜像轴】组

- X、Y、Z：指定执行对称所围绕的轴。可以在选中轴的同时在视口中观察效果。
- 翻转：如果想要翻转对称效果的方向，可启用此选项。默认设置为禁用状态。
- 沿镜像轴切片：启用该选项使镜像Gizmo 在定位于网格边界内部时作为一个切片平面。当 Gizmo 位于网格边界外部时，对称反射仍然作为原始网格的一部分来处理。如果禁用该选项，对称反射会作为原始网格的单独元素来进行处理。默认设置为启用。
- 焊接缝：启用该选项确保沿镜像轴的顶点在阈值以内时会自动焊接。默认设置为启用。
- 阈值：该选项设置的值代表顶点在自动焊接起来之前的接近程度。默认设置是 0.1。

5.2.14 【细化】修改器

技术速查：【细化】修改器会对当前选择的曲面进行细分。它在渲染曲面时特别有用，可为其他修改器创建附加的网格分辨率。如果子对象选择拒绝了堆栈，那么整个对象会被细化。

其参数设置如图5-160所示。

图5—160

- 操作于：指定是否将细化操作于三角形面或多边形面（可见边包围的区域）。
- 边：从多边形或曲面的中心到每条边的中点进行细分。
- 面中心：从中心到顶点角的曲面进行细分。
- 张力：决定新曲面在经过边缘细化后是平面、凹面还是凸面。
- 迭代次数：指定应用细化的次数，数值越大，模型面数越多，但是会占用较大的内存。
- 始终：无论何时改变了基本几何体都对细化进行更新。
- 渲染时：仅在对象渲染后进行细化的更新。
- 手动：仅在用户单击【更新】按钮时对细化进行更新。
- 更新：单击更新细化。如果未启用手动为活动更新选项，该按钮无效。

为模型添加【细化】修改器后，也就是为模型增加了网格的面数，使得模型可以进行更加细致的调节，如图5-161所示。

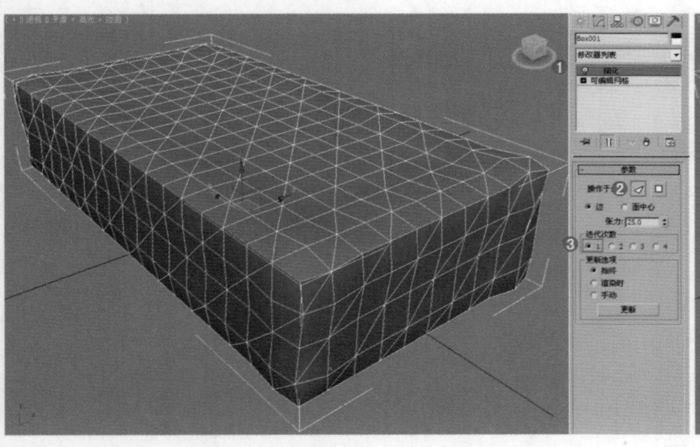
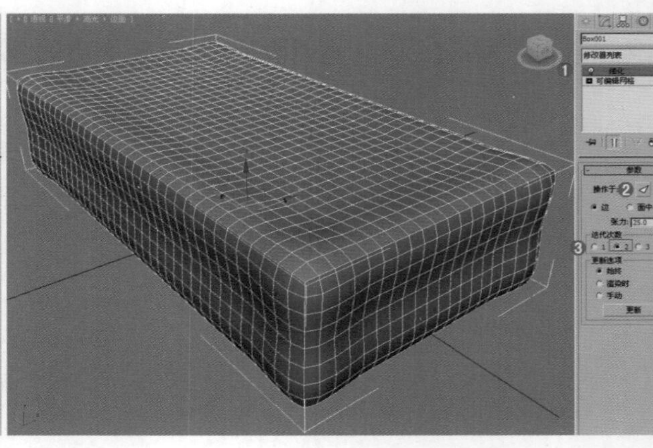

图5—161

5.2.15 【优化】修改器

技术速查：【优化】修改器可以减少模型的面和顶点的数目，大大节省了计算机占用的资源，使得操作起来更流畅。

其参数设置如图5-162所示。

图5-162

【详细信息级别】组

- 渲染器：设置默认扫描线渲染器的显示级别。
- 视口：同时为视口和渲染器设置优化级别。

【优化】组

- 面阈值：设置用于决定哪些面会塌陷的阈值角度。
- 边阈值：为开放边（只绑定了一个面的边）设置不同的阈值角度。
- 偏移：帮助减少优化过程中产生的三角形，从而避免模型产生错误。
- 最大边长度：指定边的最大长度。
- 自动边：控制是否启用任何开放边。

【保留】组

- 材质边界：保留跨越材质边界的面塌陷。
- 平滑边界：优化对象并保持平滑效果。

【更新】组

- 更新：单击该按钮可使用当前优化设置来更新视图。
- 手动更新：开启该选项后才能使用上面的【更新】按钮。

5.2.16 【噪波】修改器

技术速查：【噪波】修改器可以使对象表面的顶点进行随机变动，从而让表面变得起伏不规则，常用于制作复杂的地形、地面和水面效果，并且【噪波】修改器可以应用在任何类型的对象上。

其参数设置如图5-163所示。

图5-163

【噪波】组

- 种子：从设置的数值中生成一个随机起始点。该参数在创建地形时非常有用，因为每种设置都可以生成不同的效果。
- 比例：设置噪波影响（不是强度）的大小。较大的值可产生平滑的噪波，较小的值可产生锯齿现象非常严重的噪波。
- 分形：控制是否产生分形效果。
- 粗糙度：决定分形变化的程度。
- 迭代次数：控制分形功能所使用的迭代数目。

【强度】组

- X/Y/Z：设置噪波在X/Y/Z坐标轴上的强度。

【动画】组

- 动画噪波：调节噪波和强度参数的组合效果。
- 频率：调节噪波效果的速度。较高的频率可使噪波振动的更快；较低的频率可产生较为平滑或更温和的噪波。
- 相位：移动基本波形的开始和结束点。

课后练习

【课后练习——使用【扭曲】修改器制作书架】

思路解析

01 使用【长方体】和【切角圆柱体】工具制作书架基本模型

02 使用【扭曲】修改器制作扭曲的书架模型

本章小结

通过对本章的学习，我们可以掌握修改器的知识，如【车削】修改器、【弯曲】修改器、【倒角】修改器、【晶格】修改器等，这些修改器不仅可以为三维模型添加，而且部分修改器可以为二维图形添加，可以快速地模拟出很多特殊的模型效果。修改器建模是建模中非常方便的建模方式。

读书笔记

第6章

多边形建模

本章内容简介：

多边形（Polygon）建模，是目前三维软件两大流行建模方法之一（另一个是曲面建模），用这种方法创建的物体表面由直线组成。这种建模方法在建筑方面应用较多，例如室内设计、环境艺术设计等。

本章学习要点：

- 掌握多边形建模的基本工具
- 掌握多边形建模的高级应用技法

6.1 多边形建模

6.1.1 动手学：将模型转换为多边形对象

在编辑多边形对象之前首先要明确多边形物体不是创建出来的，而是塌陷出来的。将物体塌陷为多边形的方法主要有以下4种。

01 在物体上右击，然后在弹出的菜单中选择【转换为/转换为可编辑多边形】命令，如图6-1所示。

02 使用选中物体，然后在【Graphite建模工具】工具栏中单击 多边形建模 按钮，然后在弹出的菜单中选择【转化为多边形】命令，如图6-2所示。

03 使用为物体加载【编辑多边形】修改器，如图6-3所示。

04 使用在修改器堆栈中选中物体，然后右击，接着在弹出的菜单中选择【可编辑多边形】命令，如图6-4所示。

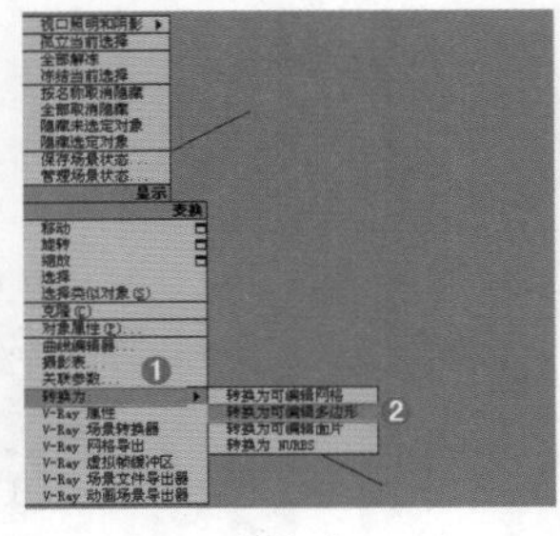

图6—1

图6—2

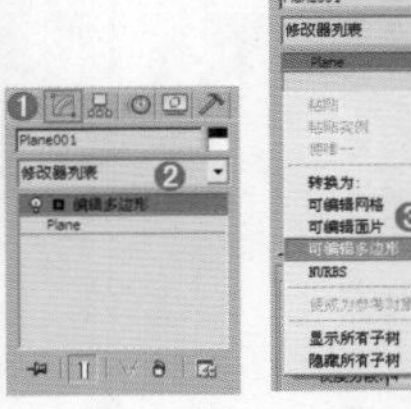

图6—3

图6—4

6.1.2 编辑多边形对象

当物体变成可编辑多边形对象后，可以观察到可编辑多边形对象有【顶点】、【边】、【边界】、【多边形】和【元素】5种子对象，如图6-5所示。多边形参数设置面板包括6个卷展栏，分别是【选择】卷展栏、【软选择】卷展栏、【编辑几何体】卷展栏、【细分曲面】卷展栏、【细分置换】卷展栏和【绘制变形】卷展栏，如图6-6所示，展开后如图6-7所示。

选择

【选择】卷展栏中的参数主要用来选择对象和子对象，如图6-8所示。

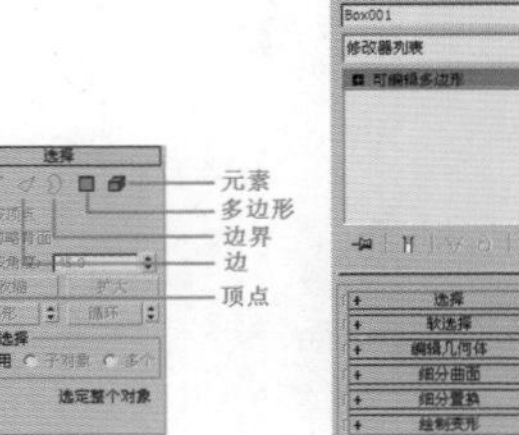

图6—5

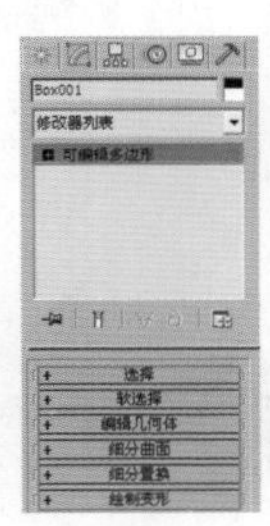

图6—6

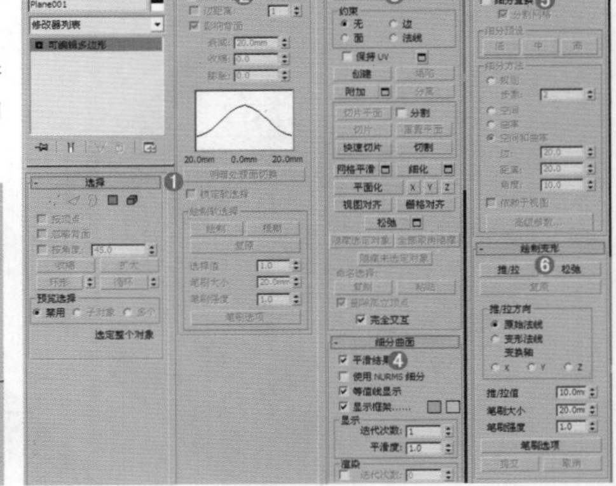

图6—7

- 次物体级别：包括【顶点】、【边】、【边界】、【多边形】和【元素】5种级别。
- 按顶点：除了【顶点】级别外，该选项可以在其他4种级别中使用。启用该选项后，只有选择所用的顶点才能选择子对象。
- 忽略背面：启用该选项后，只能选中法线指向当前视图的子对象。
- 按角度：启用该选项后，可以根据面的转折度数来选择子对象。
- 收缩：单击该按钮可以在当前选择范围中向内减少一圈对象。
- 扩大：与【收缩】按钮相反，单击该按钮可以在当前选择范围中向外增加一圈对象。
- 环形：该按钮只能在【边】和【边界】级别中使用。在选中一部分子对象后单击该按钮可以自动选择平行于当前对象的其他对象。
- 循环：该按钮只能在【边】和【边界】级别中使用。在选中一部分子对象后单击该按钮可以自动选择与当前对象在同一曲线上的其他对象。
- 预览选择：选择对象之前，通过这里的选项可以预览光标滑过位置的子对象，有【禁用】、【子对象】和【多个】3个选项可供选择。

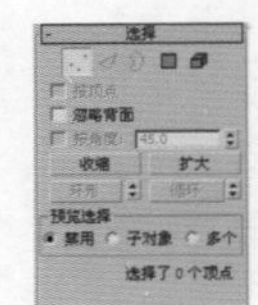

图6—8

软选择

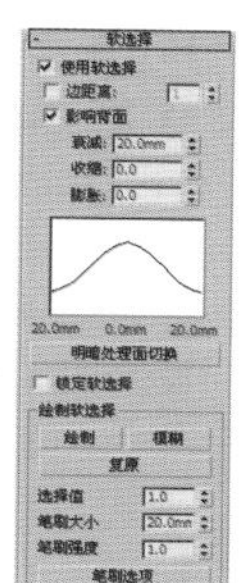

图6—9

软选择是以选中的子对象为中心向四周扩散，可以通过控制【衰减】、【收缩】和【膨胀】的数值来控制所选子对象区域的大小及对子对象控制力的强弱，并且【软选择】卷展栏还包括了绘制软选择的工具，这一部分与【绘制变形】卷展栏的用法相似，如图6-9所示。

编辑几何体

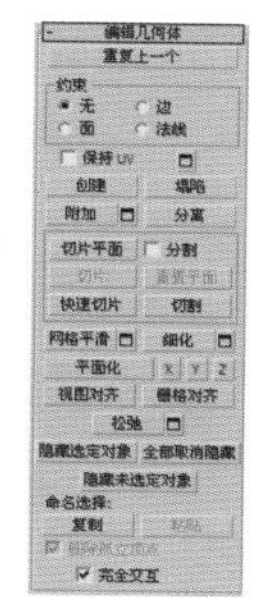

图6—10

【编辑几何体】卷展栏中提供了多种用于编辑多边形的工具，这些工具在所有次物体级别下都可用，如图6-10所示。

- 重复上一个按钮：单击该按钮可以重复使用上一次使用的命令。
- 约束：使用现有的几何体来约束子对象的变换效果，共有【无】、【边】、【面】和【法线】4种方式可供选择。
- 保持UV：启用该选项后，可以在编辑子对象的同时不影响该对象的UV贴图。
- 创建：创建新的几何体。
- 塌陷：该工具类似于焊接工具，但是不需要设置【阈值】参数就可以直接塌陷在一起。
- 附加：使用该工具可以将场景中的其他对象附加到选定的可编辑多边形中。
- 分离：将选定的子对象作为单独的对象或元素分离出来。
- 切片平面：使用该工具可以沿某一平面分开网格对象。
- 分割：启用该选项后，可以通过快速切片工具和切割工具在划分边的位置处创建出两个顶点集合。
- 切片：可以在切片平面位置处执行切割操作。
- 重置平面：将执行过【切片】操作的平面恢复到之前的状态。
- 快速切片：可以将对象进行快速切片，切片线沿着对象表面，所以可以更加准确地进行切片。
- 切割：可以在一个或多个多边形上创建出新的边。
- 网格平滑：使选定的对象产生平滑效果。
- 细化：增加局部网格的密度，从而方便处理对象的细节。
- 平面化：强制所有选定的子对象成为共面。
- 视图对齐：使对象中的所有顶点与活动视图所在的平面对齐。
- 栅格对齐：使选定对象中的所有顶点与活动视图所在的平面对齐。
- 松弛：使当前选定的对象产生松弛现象。
- 隐藏选定对象：隐藏所选定的子对象。
- 全部取消隐藏：将所有的隐藏对象还原为可见对象。
- 隐藏未选定对象：隐藏未选定的任何子对象。
- 命名选择：用于复制和粘贴子对象的命名选择集。
- 删除孤立顶点：启用该选项后，选择连续子对象时会删除孤立顶点。
- 完全交互：启用该选项后，如果更改数值，将直接在视图中显示最终的结果。

技巧提示

3ds Max 2013的编辑多边形的部分面板发生了变化。例如使用【多边形】级别，并进行【挤出】操作，在之前的版本都是会弹出长方形的参数面板，而3ds Max 2013版本会弹出更小的菜单，如图6—11所示。

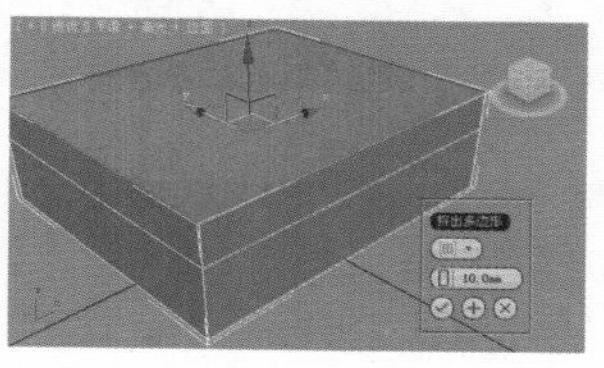

图6—11

细分曲面

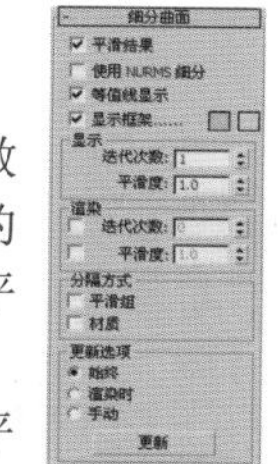

图6—12

【细分曲面】卷展栏中的参数可以将细分效果应用于多边形对象，以便可以对分辨率较低的【框架】网格进行操作，同时还可以查看更为平滑的细分结果，如图6-12所示。

- 平滑结果：对所有的多边形应用相同的平滑组。
- 使用NURMS细分：通过NURMS方法应用平滑效果。
- 等值线显示：启用该选项后，只显示等值线。
- 显示框架：在修改或细分之前，切换可编辑多边形对象的两种颜色线框的显示方式。
- 显示：包括【迭代次数】和【平滑度】两个选项。
  - 迭代次数：用于控制平滑多边形对象时所用的迭代次数。
  - 平滑度：用于控制多边形的平滑程度。
- 渲染：用于控制渲染时的迭代次数与平滑度。
- 分隔方式：包括【平滑组】与【材质】两个选项。
- 更新选项：设置手动或渲染时的更新选项。

细分置换

【细分置换】卷展栏中的参数主要用于细分可编辑的多边形，其中包括【细分预设】和【细分方法】设置等，如图6-13所示。

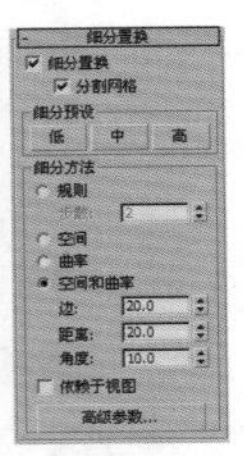

图6—13

绘制变形

【绘制变形】卷展栏可以对物体上的子对象进行推、拉操作，或者在对象曲面上拖曳光标来影响顶点，如图6-14所示。在对象层级中，【绘制变形】可以影响选定对象中的所有顶点；在子对象层级中，【绘制变形】仅影响所选定的顶点。

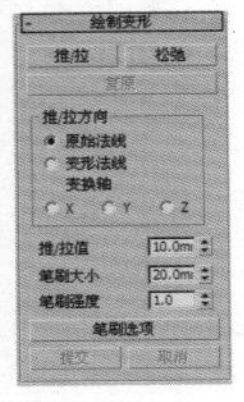

图6—14

技巧提示

上面所讲的6个卷展栏在任何子对象级别中都存在，而选择任何一个次物体级别后都会增加相应的卷展栏，如选择【顶点】级别会出现【编辑顶点】和【顶点属性】两个卷展栏，如图6—15所示为切换到【顶点】和【多边形】级别的效果。

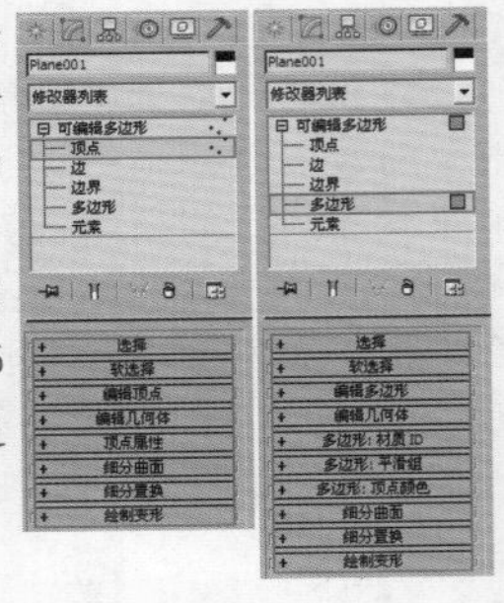

图6—15

6.2 多边形建模经典实例

★ 案例实战——多边形建模制作木质椅子

场景文件	无
案例文件	案例文件\Chapter 06\案例实战——多边形建模制作木质椅子.max
视频教学	视频文件\Chapter 06\案例实战——多边形建模制作木质椅子.flv
难易指数	★★☆☆☆
技术掌握	掌握多边形建模下【长方体】工具、【切角长方体】工具和【编辑多边形】修改器的运用

实例介绍

木质椅子比较适合安放在具有古典气息的客厅、餐厅及书房等场所。木质椅子配合古典装修风格，能在一定程度上彰显主人的品味。本例制作的木质椅子的最终渲染和线框效果如图6-16所示。

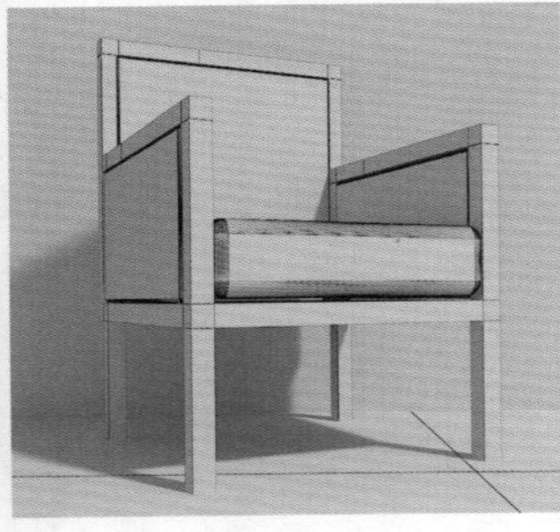

图6—16

建模思路

01 使用【长方体】工具和【编辑多边形】修改器制作木质椅子木框模型

02 使用【切角长方体】工具制作木质椅子软垫模型

木质椅子建模流程如图6-17所示。

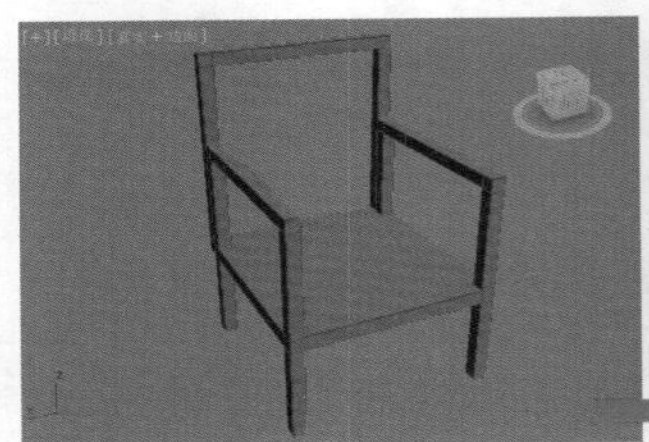

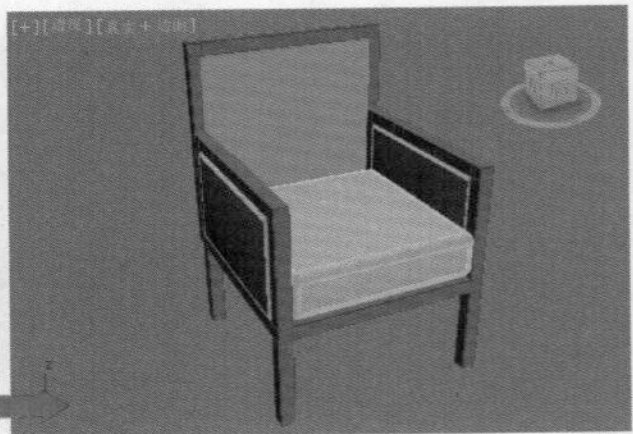

图6—17

制作步骤

Part01 制作木质椅子木框模型

01 启动3ds Max 2013中文版，选择【自定义】|【单位设置】命令，弹出【单位设置】对话框，将【显示单位比例】和【系统单位比例】设置为【毫米】，如图6-18所示。

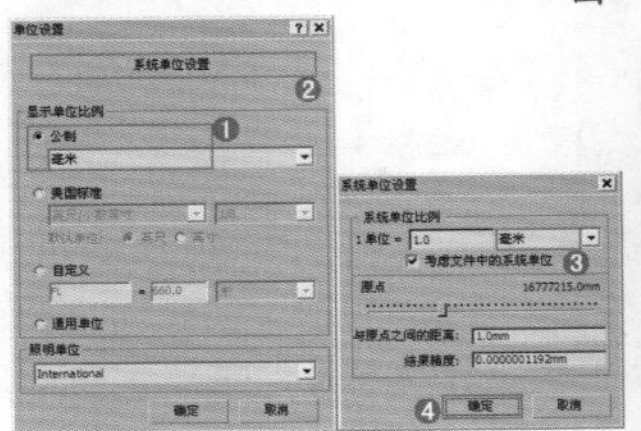

图6—18

02 单击（创建）|（几何体）|标准基本体|，在顶视图中创建一个长方体，并设置【长度】为450mm，【宽度】为450mm，【高度】为30mm，如图6-19所示。

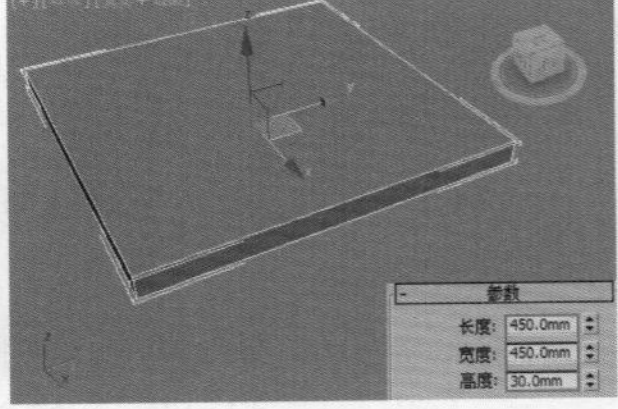

图6—19

读书笔记

03 选择上一步创建的模型，并为其加载【编辑多边形】修改器，如图6-20所示。

在【边】级别下，选择如图6-21所示的边。

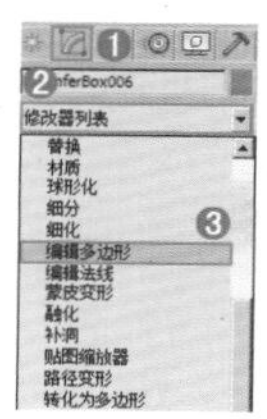

图6-20

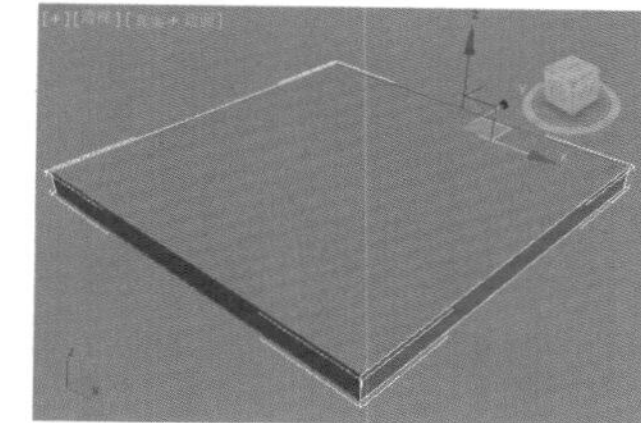

图6-21

04 单击 连接 按钮后面的【设置】按钮，并设置【分段】为2，【收缩】为84，如图6-22所示。

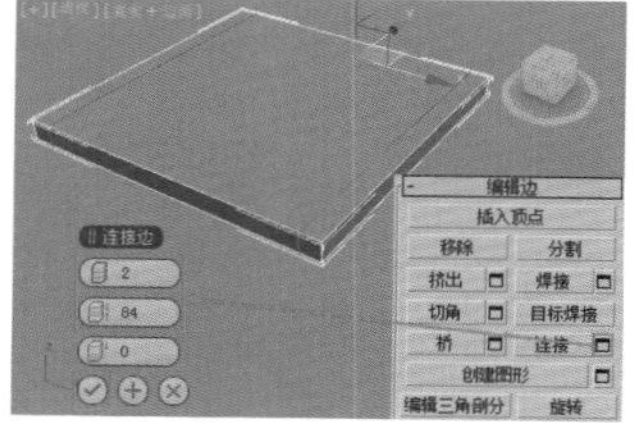

图6-22

05 选择如图6-23所示的边。单击 连接 按钮后面的【设置】按钮，并设置【分段】为2，【收缩】为84，如图6-24所示。

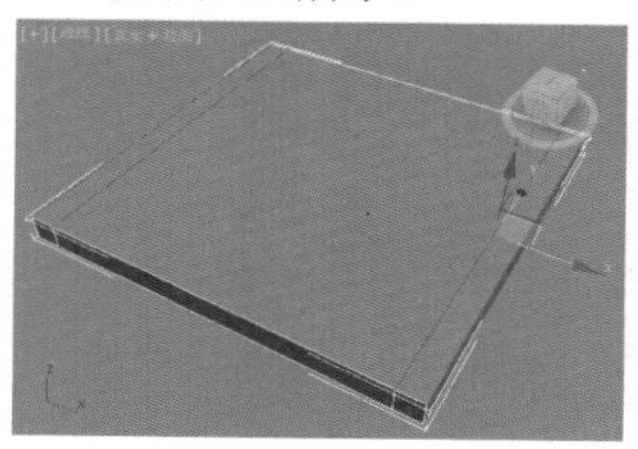

图6-23

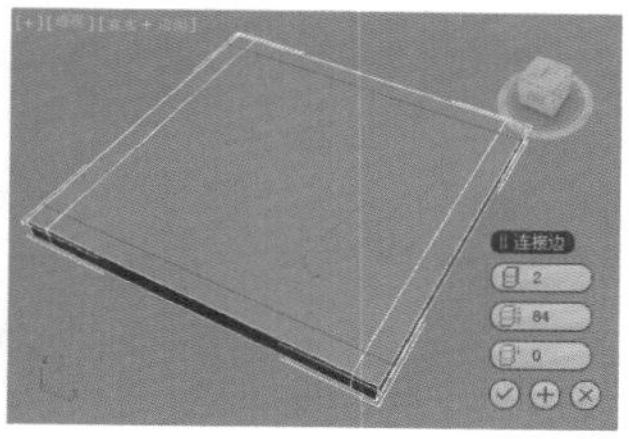

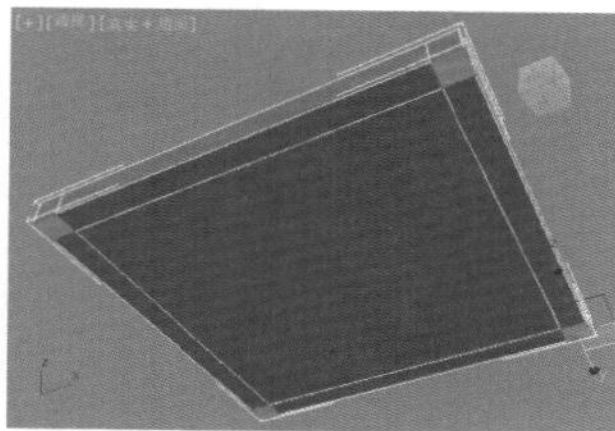

图6-24

06 在【多边形】级别下，选择如图6-25所示的多边形。单击 挤出 按钮后面的【设置】按钮，并设置【高度】为200mm，如图6-26所示。

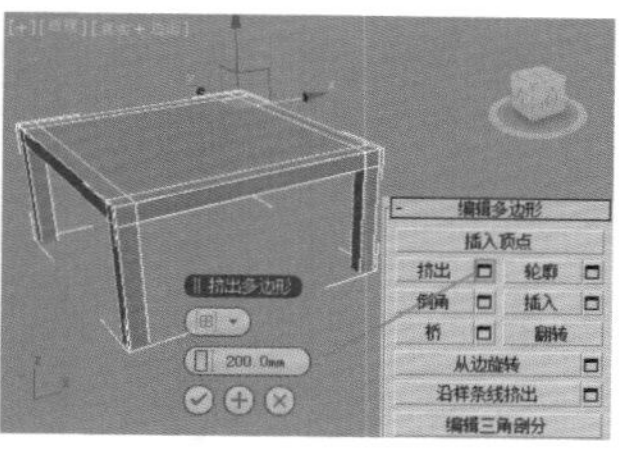

图6-25

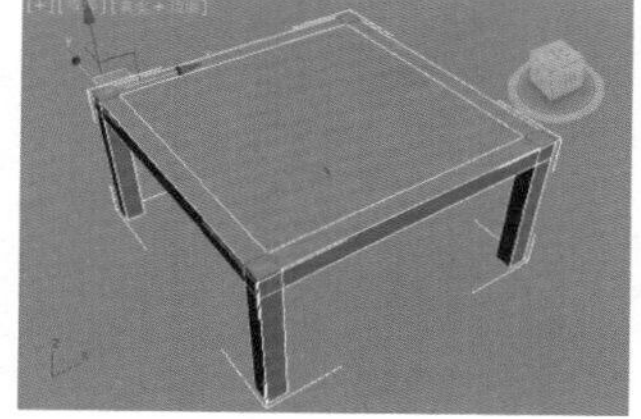

图6-26

07 选择如图6-27所示的多边形。单击 挤出 按钮后面的【设置】按钮，并设置【高度】为250mm，如图6-28所示。

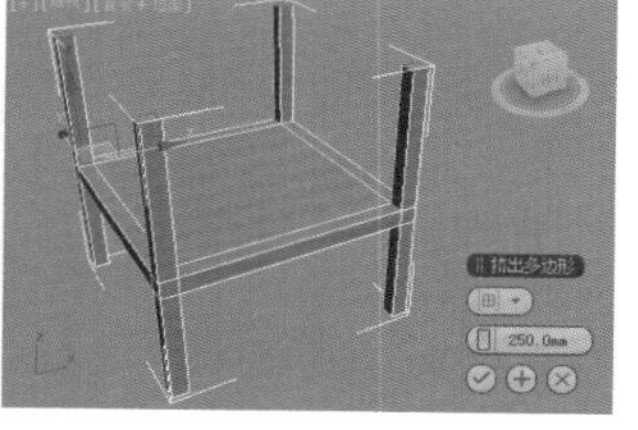

图6-27

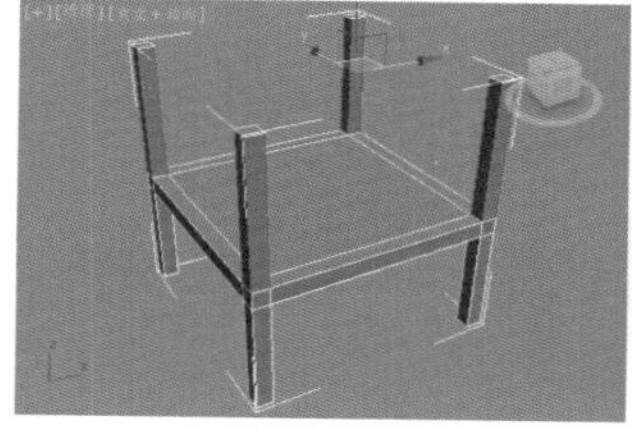

图6-28

08 在【边】级别下，选择如图6-29所示的边。单击 连接 按钮后面的【设置】按钮，并设置【分段】为1，【收缩】为78，如图6-30所示。

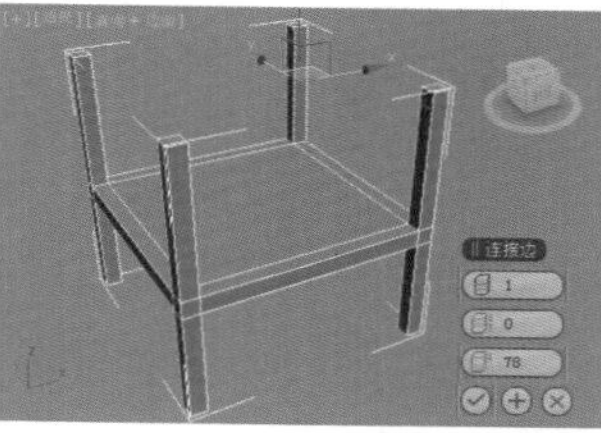

图6-29

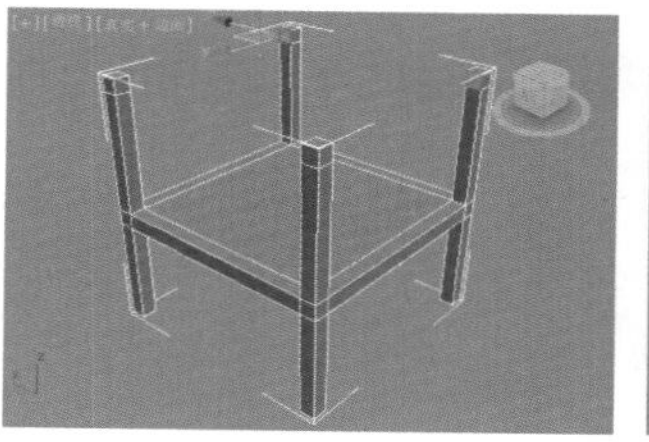

图6-30

09 在【多边形】级别下，选择如图6-31所示的多边形。单击 挤出 按钮后面的【设置】按钮，并设置【高度】为100mm，如图6-32所示。

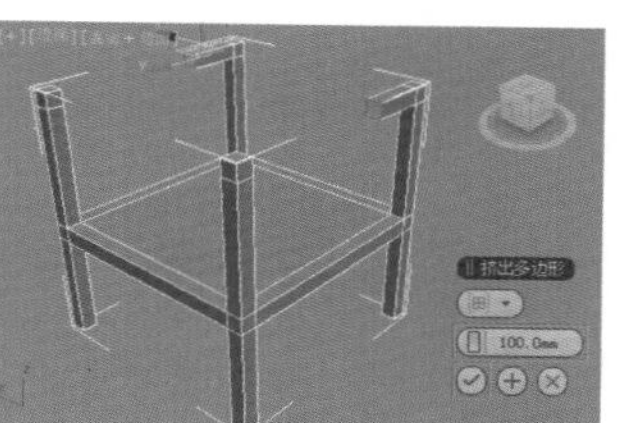

图6-31

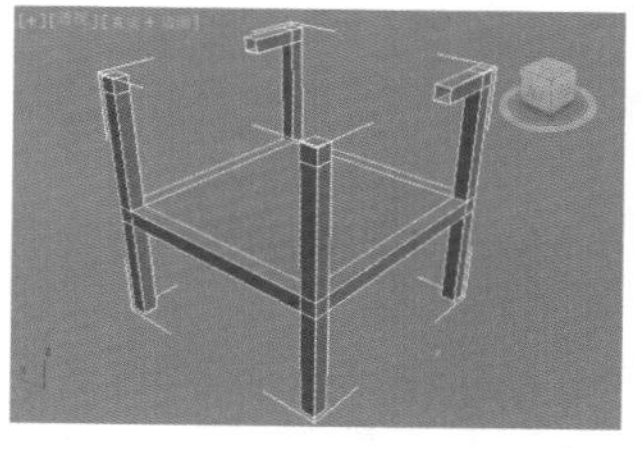

图6-32

10 保持选择上一步创建的模型，按Delete键将其删除，如图6-33所示。

图6-33

11 选择如图6-34所示的多边形。单击 挤出 按钮后面的【设置】按钮，并设置【高度】为250mm，如图6-35所示。

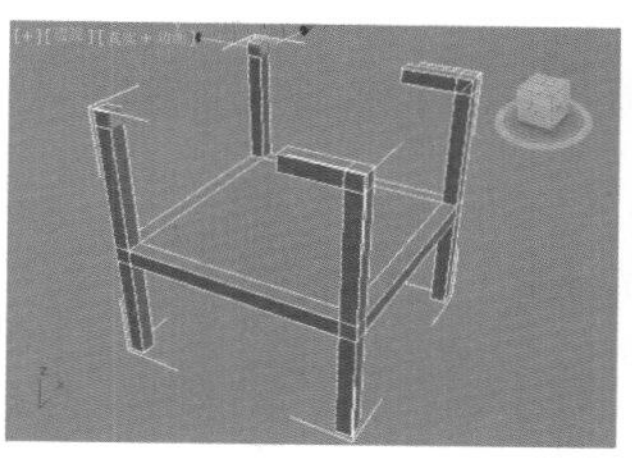

图6-34

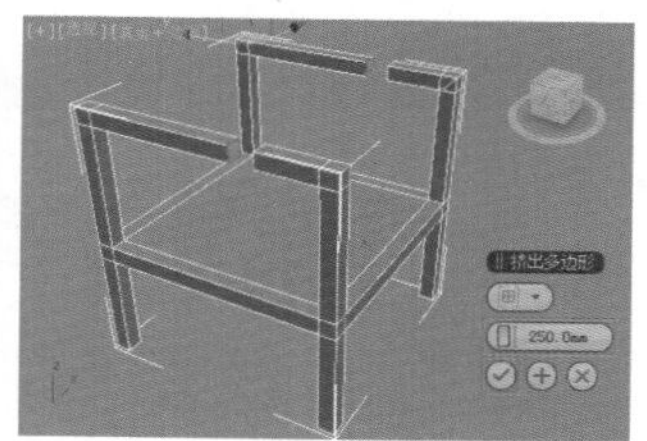

图6-35

12 保持选择上一步创建的模型，按Delete键将其删除，如图6-36所示。

13 在【边】级别下，单击 目标焊接 按钮连接边，如图6-37所示。

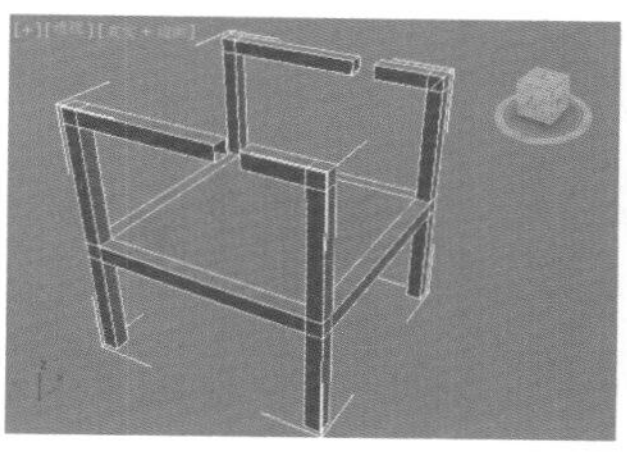

图6-36

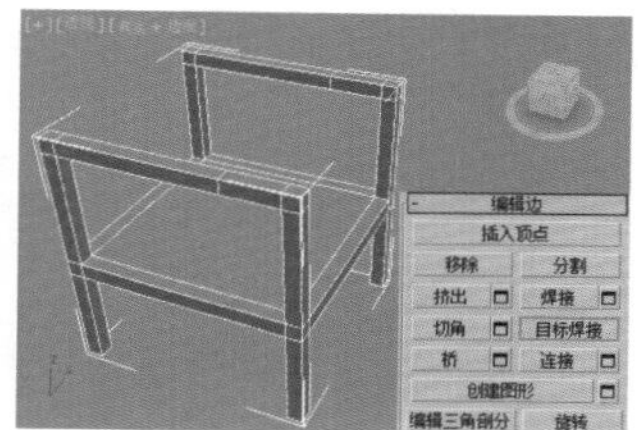

图6-37

14 在【多边形】级别下，选择如图6-38所示的多边形。单击 挤出 按钮后面的【设置】按钮，并设置【高度】为30mm，如图6-39所示。

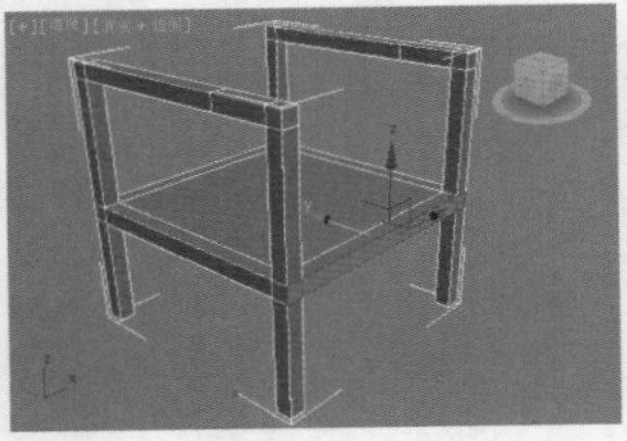
图6-38

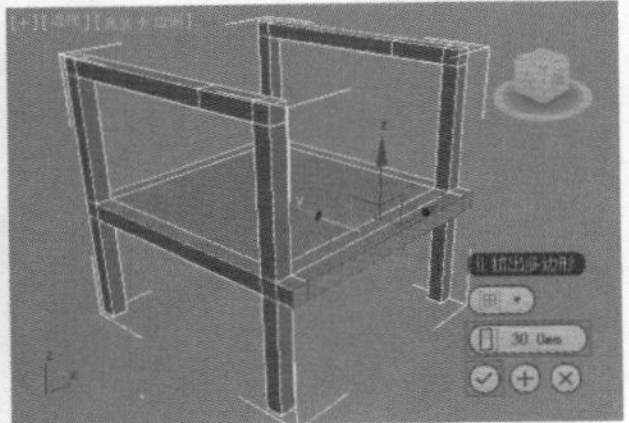
图6-39

15 选择如图6-40所示的多边形。单击 挤出 按钮后面的【设置】按钮，并设置【高度】为450mm，如图6-41所示。

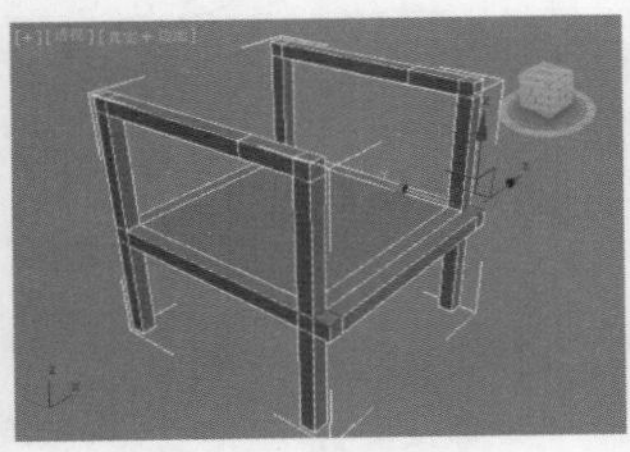
图6-40

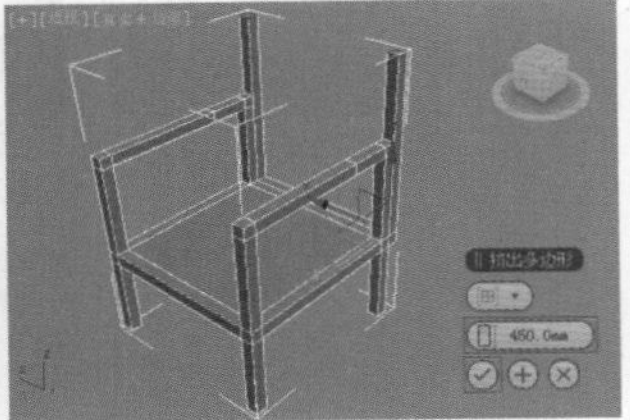
图6-41

16 在【边】级别下，选择如图6-42所示的边。单击 连接 按钮后面的【设置】按钮，并设置【分段】为1，【收缩】为88，如图6-43所示。

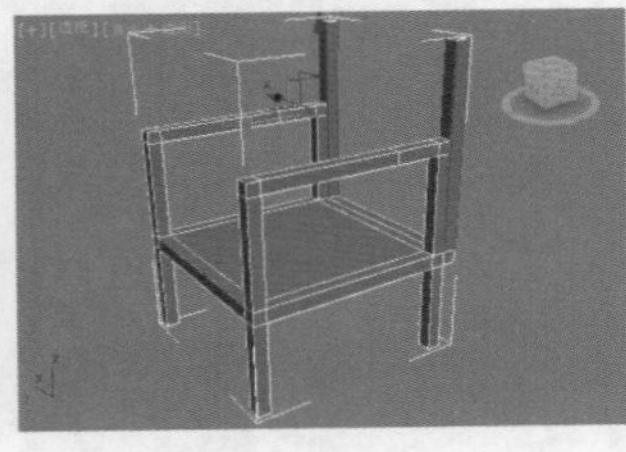
图6-42

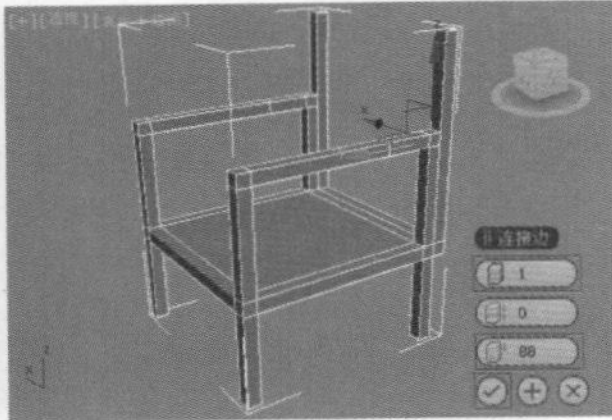
图6-43

17 在【多边形】级别下，选择如图6-44所示的多边形。单击 挤出 按钮后面的【设置】按钮，并设置【高度】为100mm，如图6-45所示。

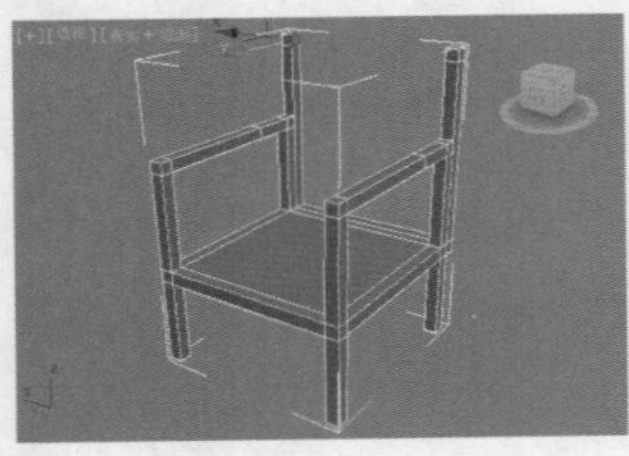
图6-44

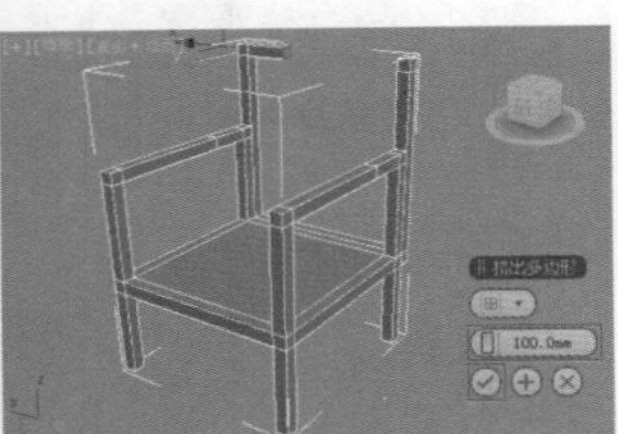
图6-45

18 保持选择上一步创建的模型，按Delete键将其删除，如图6-46所示。

19 选择如图6-47所示的多边形。单击 挤出 按钮后面的【设置】按钮，并设置【高度】为250mm，如图6-48所示。

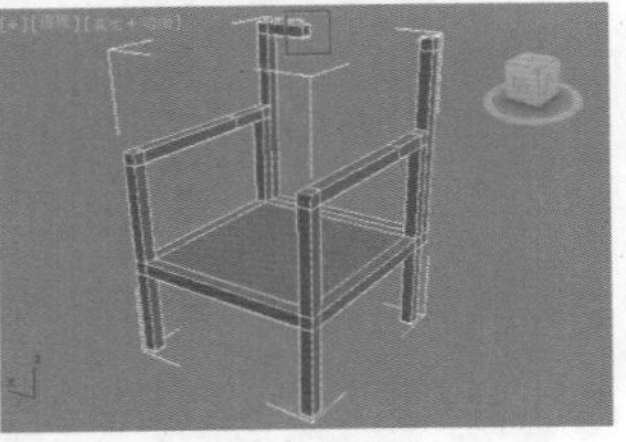
图6-46

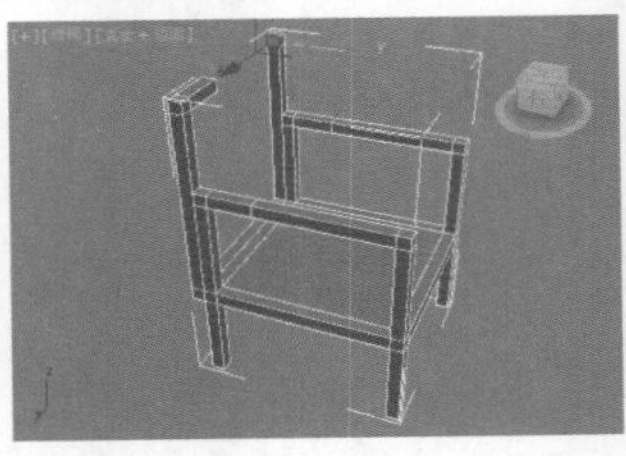
图6-47

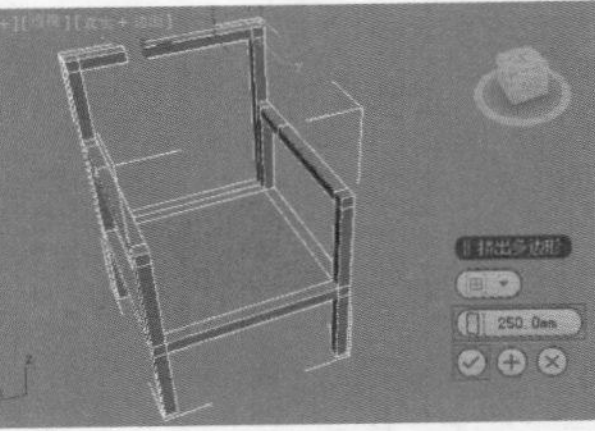
图6-48

20 保持选择上一步创建的模型，按Delete键将其删除，如图6-49所示。

21 在【边】级别下，单击 目标焊接 按钮连接边，如图6-50所示。

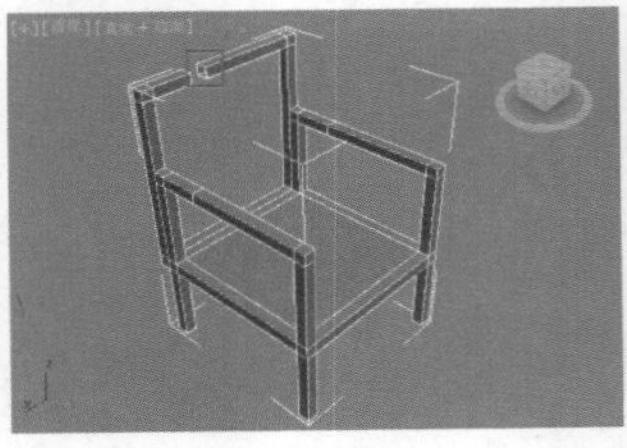
图6-49

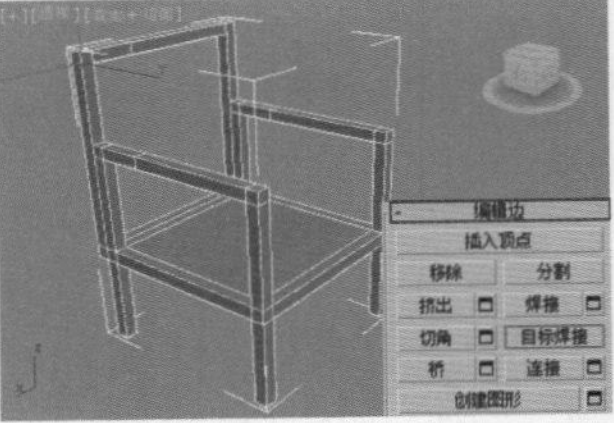

图6-50

Part 02 制作木质椅子软垫模型

01 单击（创建）|（几何体）| 扩展基本体 | 切角长方体 按钮，在顶视图中创建一个切角长方体，并设置【长度】为420mm，【宽度】为400mm，【高度】为100mm，【圆角】为20mm，【圆角分段】为15，如图6-51所示。

02 继续利用 切角长方体 工具在左视图中创建两个切角长方体，并设置【长度】为220mm，【宽度】为400mm，【高度】为35mm，【圆角】为5mm，【圆角分段】为10，如图6-52所示。

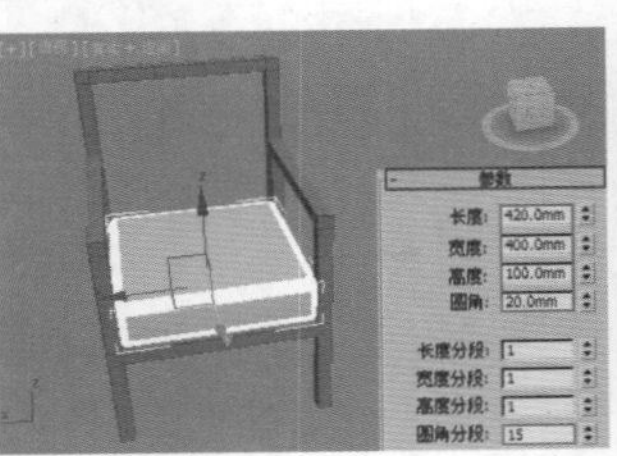
图6-51

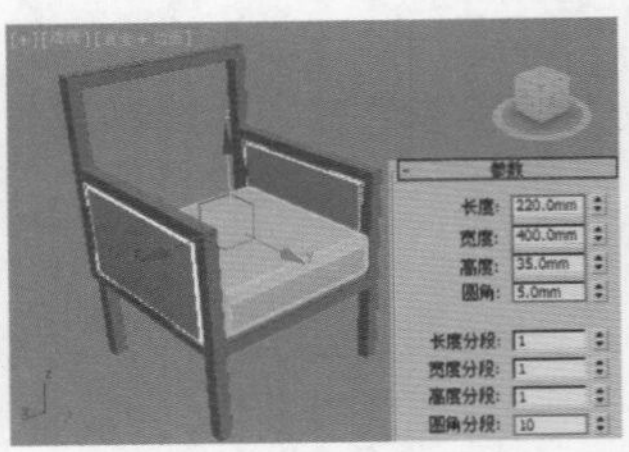
图6-52

03 继续利用 切角长方体 工具在左视图中创建两个切角长方体，并设置【长度】为220mm，【宽度】为400mm，【高度】为35mm，【圆角】为5mm，【圆角分段】为10，如图6-53所示。

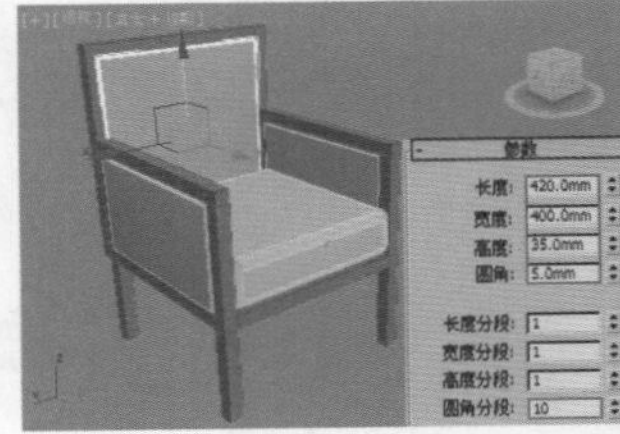
图6-53

04 最终模型的效果如图6-54所示。

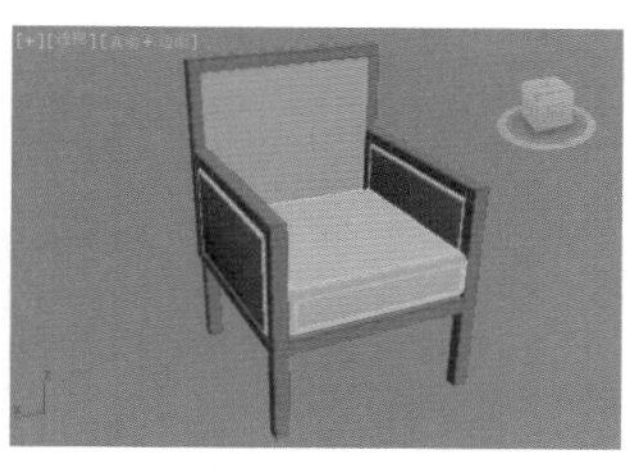

图6-54

思维点拨

在3ds Max 2013中可以使用【Graphite建模工具】工具栏进行建模，建模方式与多边形建模基本一致。该工具栏包含【Graphite建模工具】、【自由形式】、【选择】和【对象绘制】4个选项卡，其中每个选项卡下都包含许多工具（这些工具的显示与否取决于当前建模的对象及需要），如图6-55所示。

图6-55

在默认情况下，首次启动3ds Max 2013时，【Graphite建模工具】工具栏会自动出现在操作界面中，位于主工具栏的下方。在主工具栏上单击【Graphite建模工具】按钮，即可切换打开和关闭其窗口，如图6-56所示。

图6-56

★ 案例实战——多边形建模制作书桌

场景文件	无
案例文件	案例文件\Chapter 06\案例实战——多边形建模制作书桌.max
视频教学	视频文件\Chapter 06\案例实战——多边形建模制作书桌.flv
难易指数	★★☆☆☆
技术掌握	掌握多边形建模工具的运用

实例介绍

书桌是供书写或阅读用的桌子，通常配有抽屉、分格和文件架、最终渲染和线框效果如图6-57所示。

图6-57

建模思路

使用多边形建模的【插入】、【挤出】、【连接】、【分离】等工具制作书桌

书桌建模流程如图6-58所示。

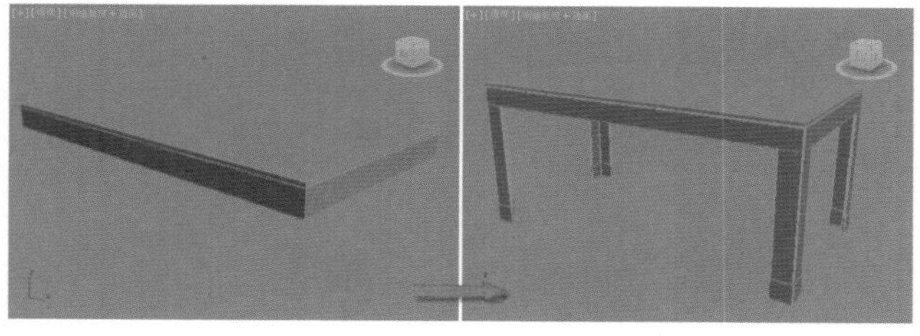

图6-58

制作步骤

01 使用【长方体】工具在顶视图中创建一个长方体，展开【参数】卷展栏，设置【长度】为1100mm，【宽度】为2100mm，【高度】为20mm，如图6-59所示。

02 继续使用【长方体】工具在顶视图中创建一个长方体，设置【长度】为1100mm，【宽度】为2100mm，【高度】为120mm，如图6-60所示。

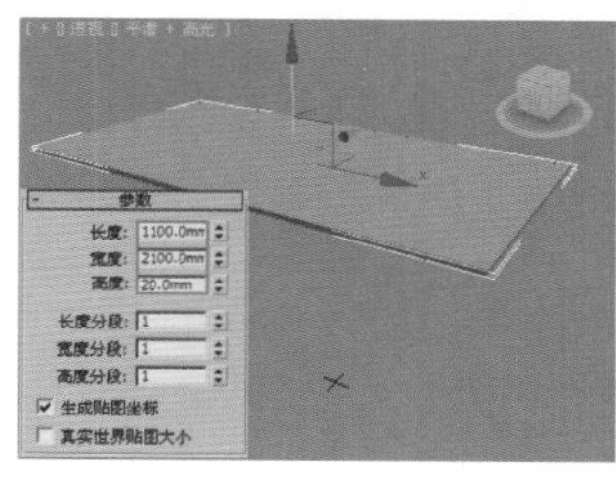

图6-59

图6-60

03 选择刚创建的长方体，然后将其转换为可编辑多边形，如图6-61所示。

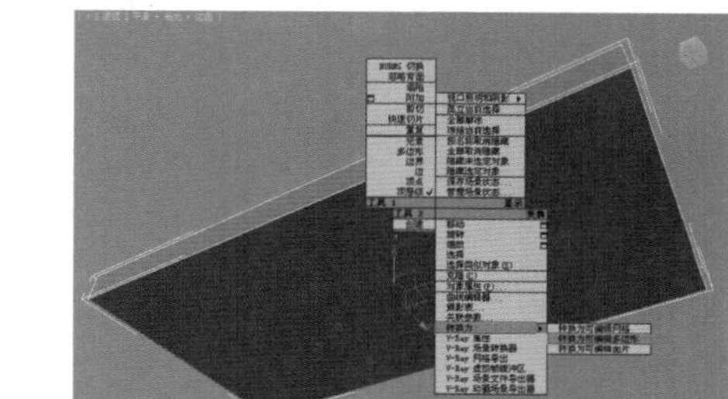

图6-61

04 在【多边形】级别下选择如图6-62所示的多边形，接着单击 插入 按钮后面的【设置】按钮，并设置【数量】为15mm，如图6-63所示。

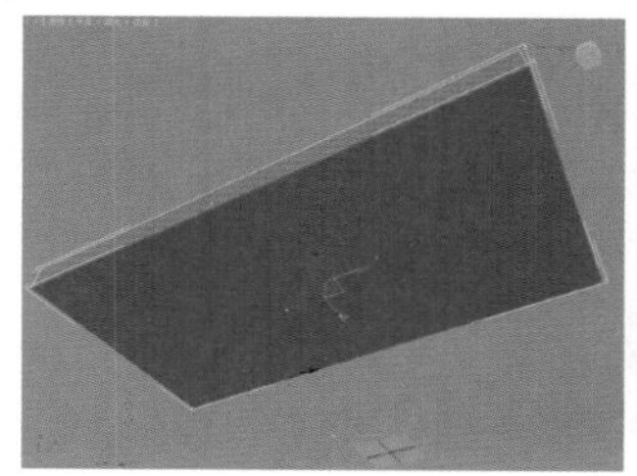

图6-62

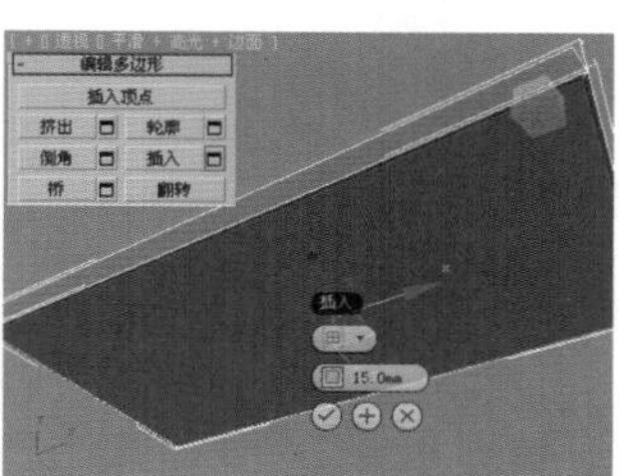

图6-63

05 在【多边形】级别下选择如图6-64所示的多边形，

然后单击 挤出 按钮后面的【设置】按钮□，并设置挤出【数量】为 - 100mm，如图6-65所示。

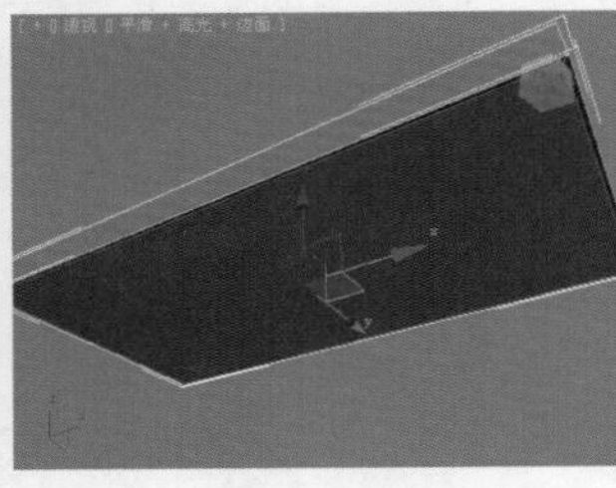

图6—64

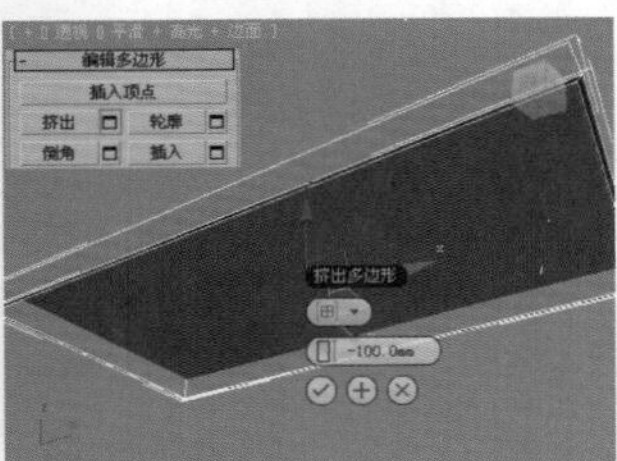

图6—65

06 在【边】级别下选择如图6-66所示的边，然后单击【连接】按钮后面的【设置】按钮□，并设置【分段】为2，【收缩】为88，如图6-67所示。

图6—66

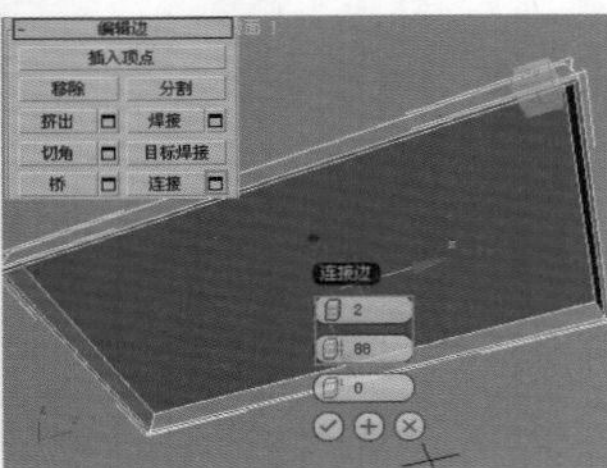

图6—67

07 在【多边形】级别下选择如图6-68所示的多边形，然后单击 挤出 按钮后面的【设置】按钮□，并设置挤出【数量】为820mm，如图6-69所示。

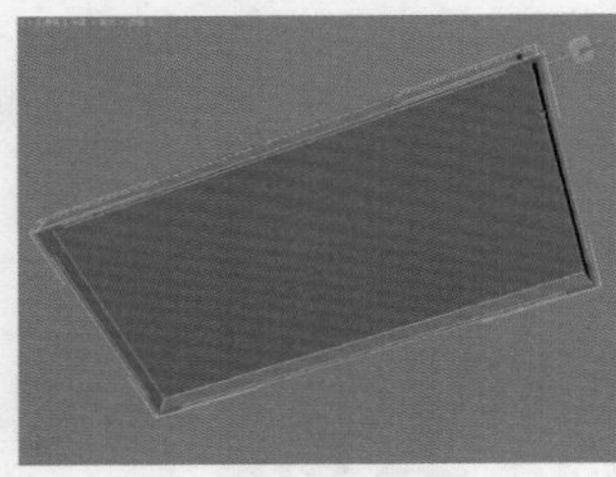

图6—68

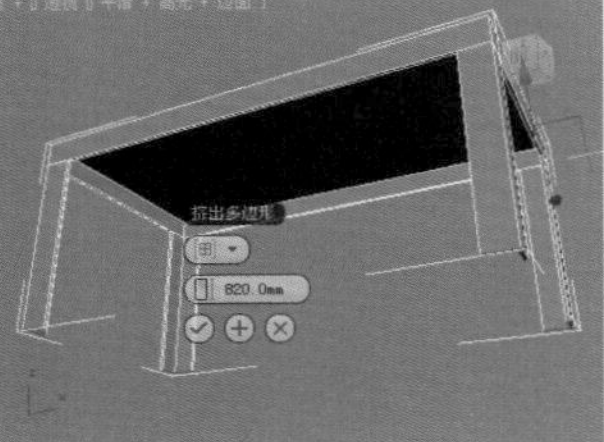

图6—69

08 在【边】级别下选择如图6-70所示的边，单击 连接 按钮后面的【设置】按钮□，并设置【滑块】为71，如图6-71所示。

图6—70

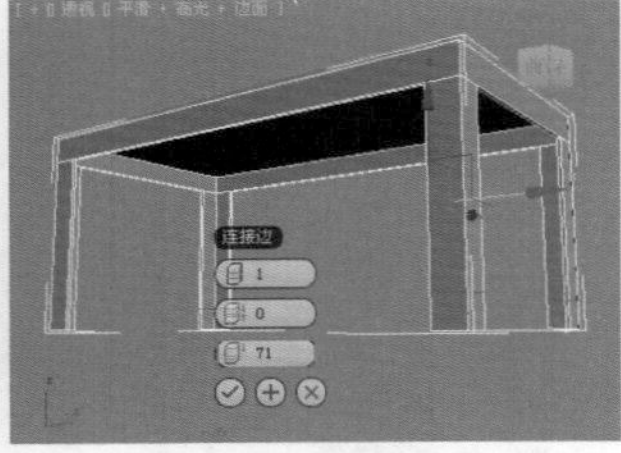

图6—71

09 选择如图6-72所示的多边形，然后单击 挤出 按钮后面的【设置】按钮□，并设置挤出【数量】为4mm，如图6-73所示。

10 保持对多边形的选择不变，如图6-74所示，然后单击 分离 按钮，将选择的多边形分离出来，如图6-75所示。

图6—72

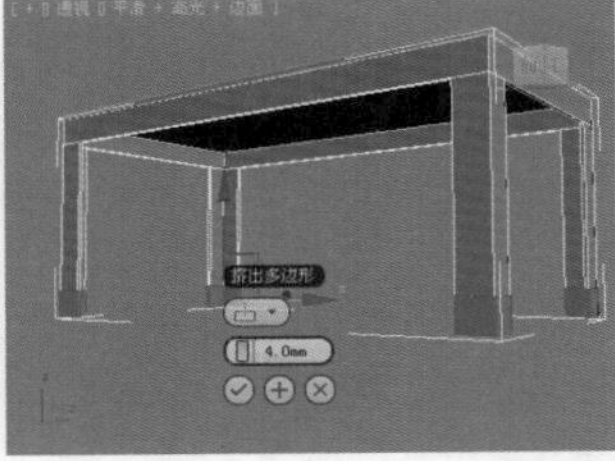

图6—73

图6—74

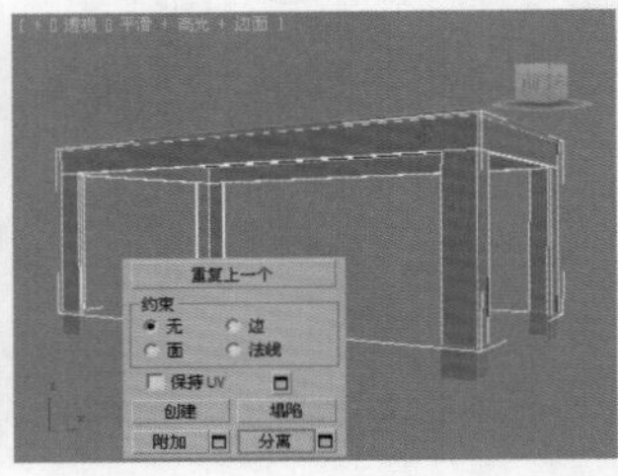

图6—75

技巧提示

此处单击【分离】按钮，目的是需要将选择的多边形单独分离出来，变成一个单独的模型，这样可以对其进行编辑。

11 选择如图6-76所示的边，然后单击【切角】按钮后面的【设置】按钮□，并设置【数量】为3mm，【分段】为2，如图6-77所示。

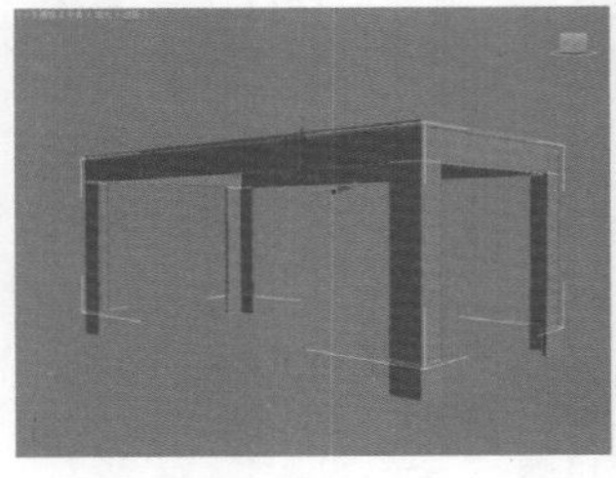

图6—76

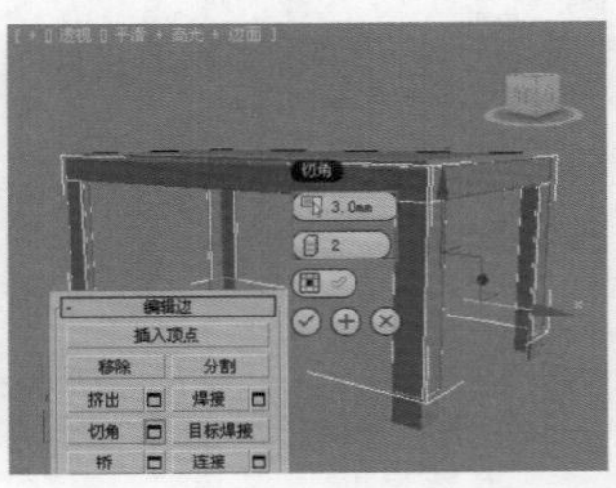

图6—77

12 书桌最终模型效果如图6-78所示。

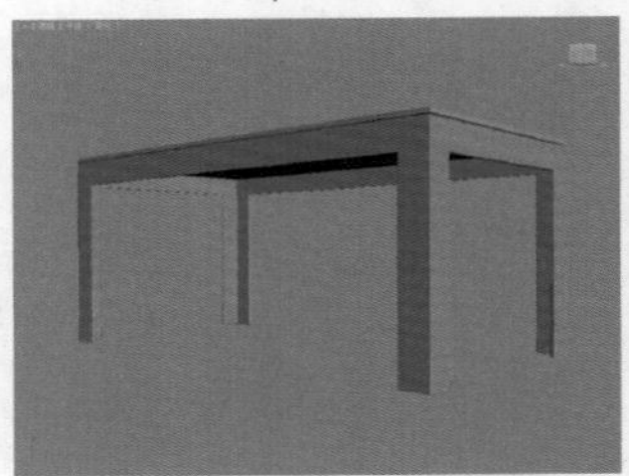

图6—78

读书笔记

★ 案例实战——多边形建模制作欧式装饰柜

场景文件	无
案例文件	案例文件\Chapter 06\案例实战——多边形建模制作欧式装饰柜.max
视频教学	视频文件\Chapter 06\案例实战——多边形建模制作欧式装饰柜.flv
难易指数	★★☆☆☆
技术掌握	掌握多边形建模下【长方体】工具、【球体】工具、【网格平滑】修改器和【编辑多边形】修改器的运用

实例介绍

欧式装饰柜是具有欧式风格、用于摆设工艺品及物品的柜子。最终渲染和线框效果如图6-79所示。

图6—79

建模思路

01 使用【长方体】工具和【编辑多边形】修改器制作欧式装饰柜模型

02 使用【长方体】工具、【球体】工具、【网格平滑】修改器和【编辑多边形】修改器制作欧式装饰柜其他部分模型

欧式装饰柜建模流程如图6-80所示。

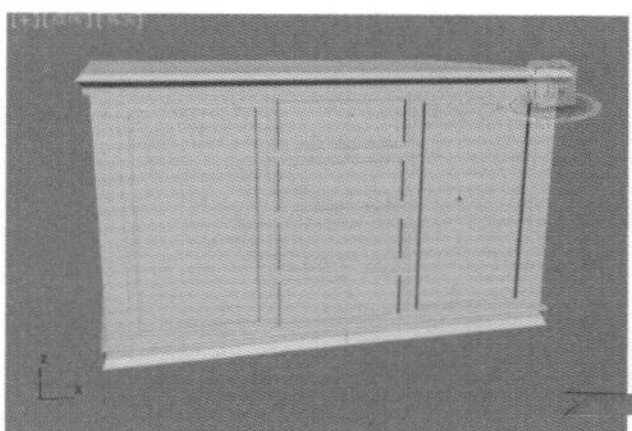

图6—80

制作步骤

Part 01 制作欧式装饰柜模型

01 单击（创建）|（几何体）| 标准基本体 | 长方体 按钮，在顶视图中创建一个长方体，并设置【长度】为1000mm，【宽度】为1700mm，【高度】为850mm，如图6-81所示。

02 选择上一步创建的模型，并为其加载【编辑多边形】修改器，如图6-82所示。

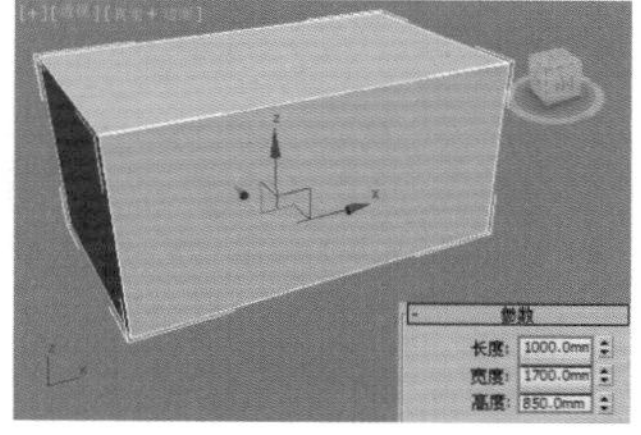
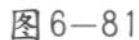

图6—81

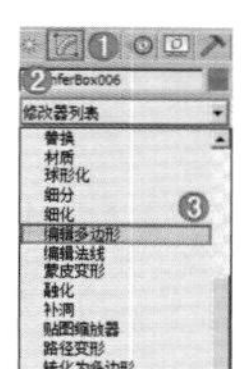

图6—82

技巧提示

使用多边形建模的方法制作模型的思路是：创建基础模型，进行多边形编辑处理。也就是说在制作模型之前首先需要确定该模型大致的外观与哪种模型相似，如与长方体相似，那么就可以使用【长方体】工具进行创建，然后将其转换为可编辑多边形，并进行处理。

03 在【多边形】级别下，选择如图6-83所示的多边形，单击 倒角 按钮后面的【设置】按钮，并设置【轮廓】为20mm。

04 保持选择上一步选择的多边形，单击 挤出 按钮后面的【设置】按钮，并设置【高度】为20mm，如图6-84所示。

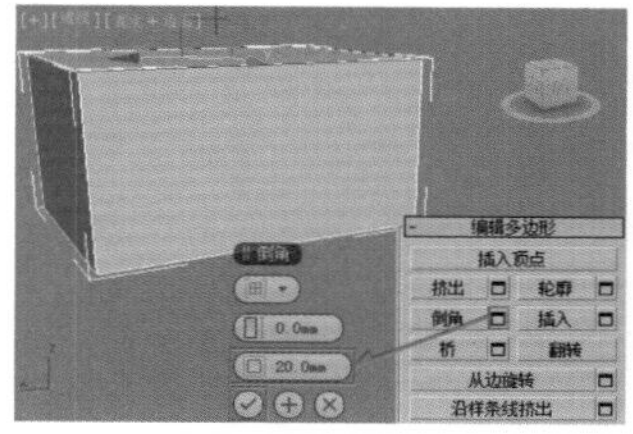

图6—83

图6—84

05 保持选择上一步选择的多边形，单击 倒角 按钮后面的【设置】按钮，并设置【高度】为20mm，【轮廓】为20mm，如图6-85所示。再次单击 倒角 按钮后面的【设置】按钮，并设置【高度】为20mm，【轮廓】为－20mm，如图6-86所示。

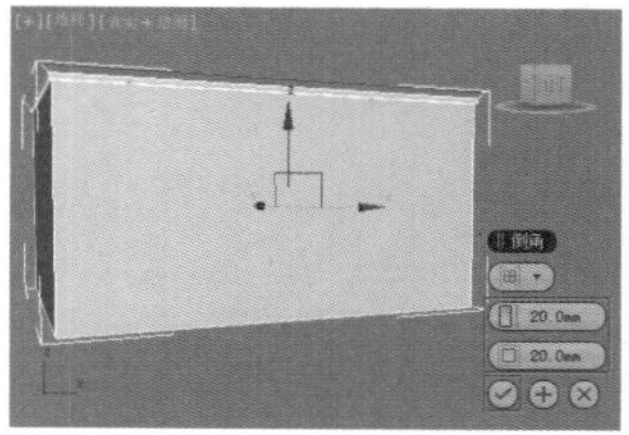

图6—85

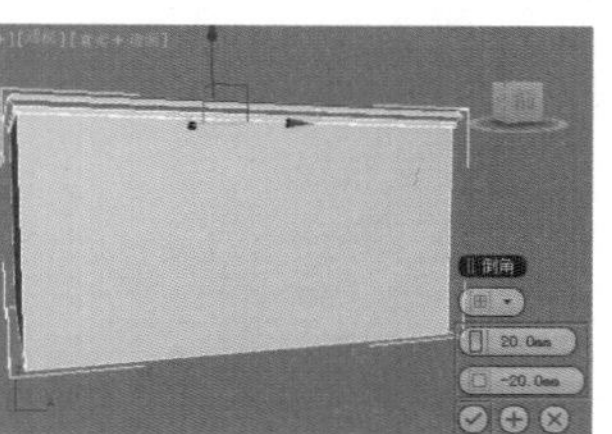

图6—86

06 选择如图6-87所示的多边形，单击 倒角 按钮后面的【设置】按钮，并设置【轮廓】为20mm。再单击 挤出 按钮后面的【设置】按钮，并设置【高度】为10mm，如图6-88所示。

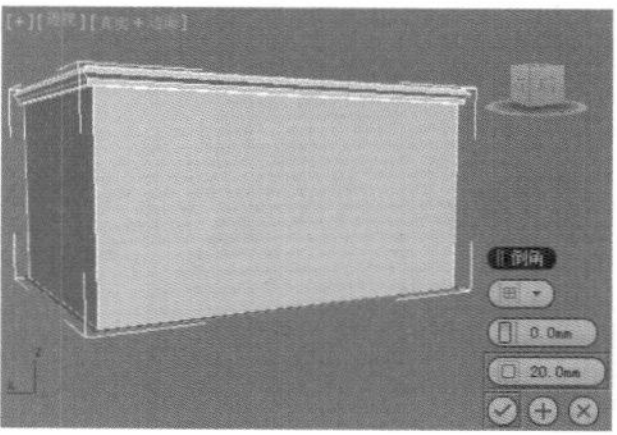

图6—87

图6—88

07 保持选择上一步选择的多边形，单击 插入 按钮后面的【设置】按钮，并设置【数量】为20mm，如图6-89

所示。单击挤出按钮后面的【设置】按钮，并设置【高度】为30mm，如图6-90所示。

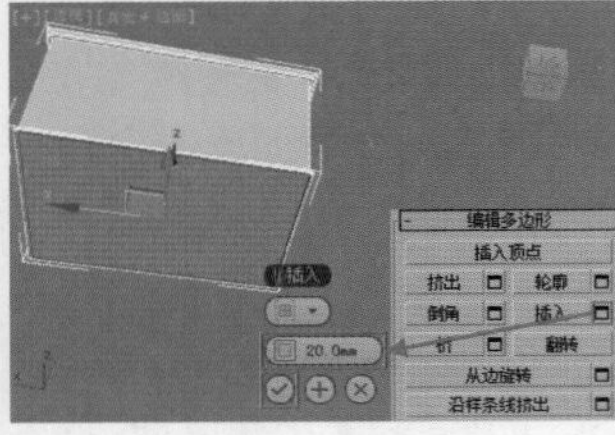

图6–89

图6–90

08 保持选择上一步选择的多边形，单击倒角按钮后面的【设置】按钮，并设置【轮廓】为10mm，如图6-91所示。再次单击倒角按钮后面的【设置】按钮，并设置【高度】为30mm，【轮廓】为10mm，如图6-92所示。

图6–91

图6–92

09 在【边】级别下，选择如图6-93所示的边。单击切角按钮后面的【设置】按钮，并设置【数量】为5mm，【分段】为5，如图6-94所示。

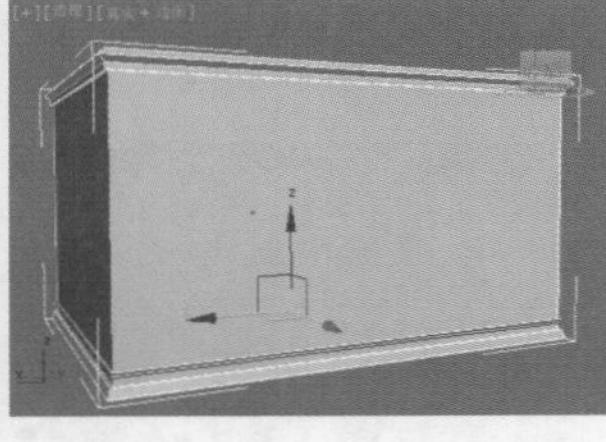

图6–93

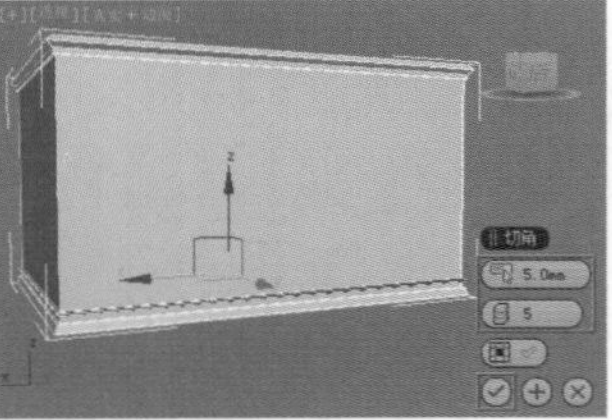

图6–94

10 选择如图6-95所示的边。单击连接按钮后面的【设置】按钮，并设置【分段】为2，【收缩】为90，如图6-96所示。

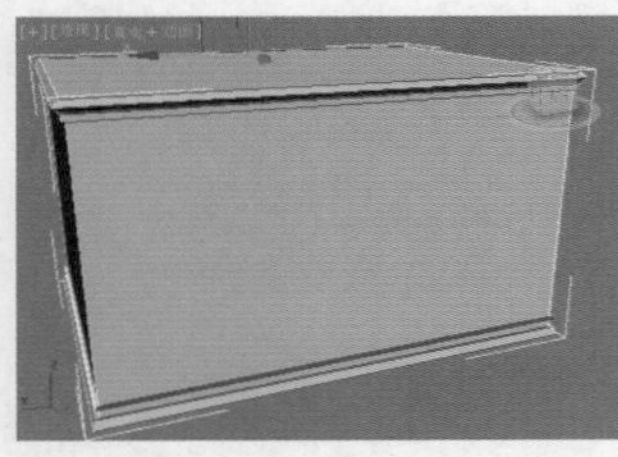

图6–95

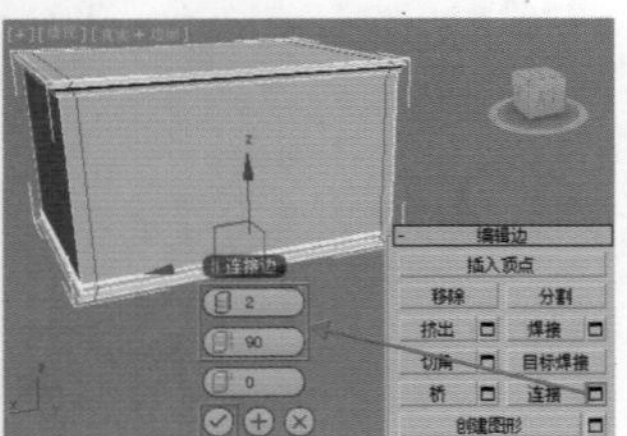

图6–96

11 选择如图6-97所示的边。单击连接按钮后面的【设置】按钮，并设置【分段】为2，如图6-98所示。

12 选择如图6-99所示的边。单击连接按钮后面的【设置】按钮，并设置【分段】为3，如图6-100所示。

技巧提示

此处反复使用了【连接】工具，目的是为模型增加一定的分段，这样更容易进行编辑处理。为模型增加分段的方法还有很多，如使用【切角】工具等。

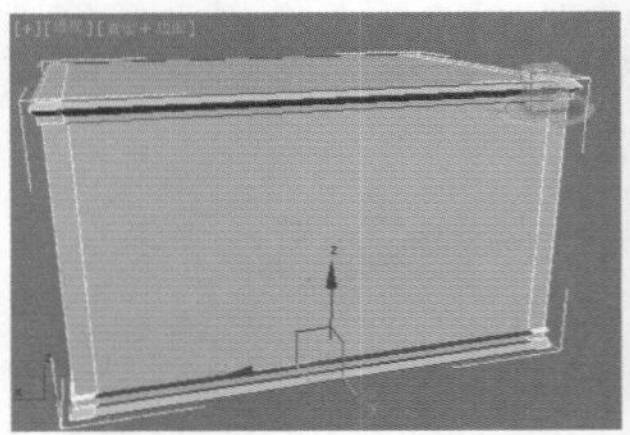

图6–97

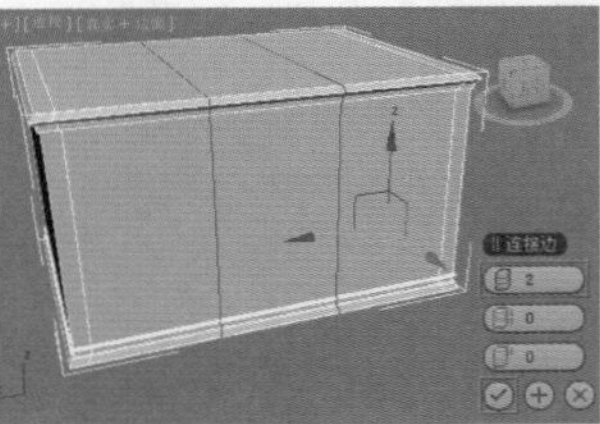

图6–98

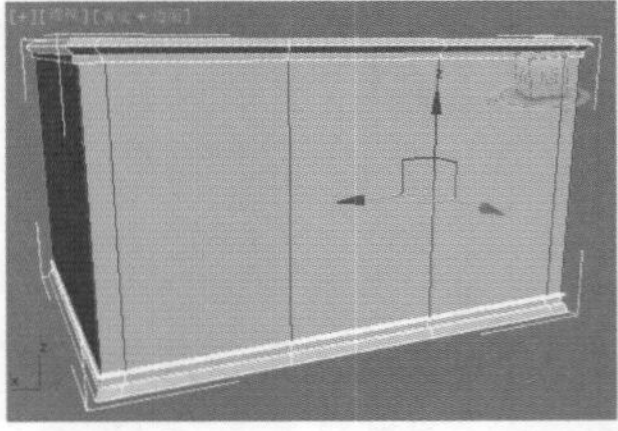

图6–99

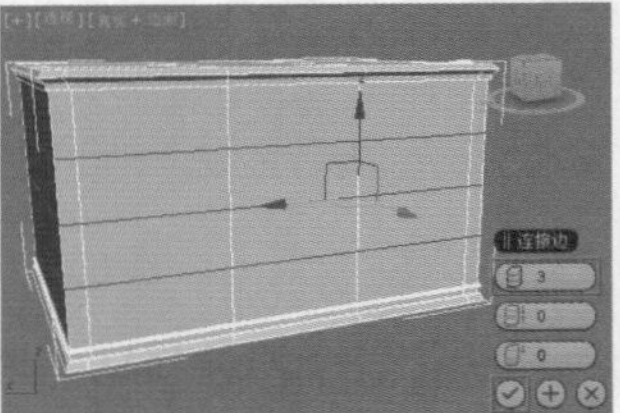

图6–100

13 在【多边形】级别下，选择如图6-101所示的多边形。单击挤出按钮后面的【设置】按钮，并设置【高度】为10mm，如图6-102所示。

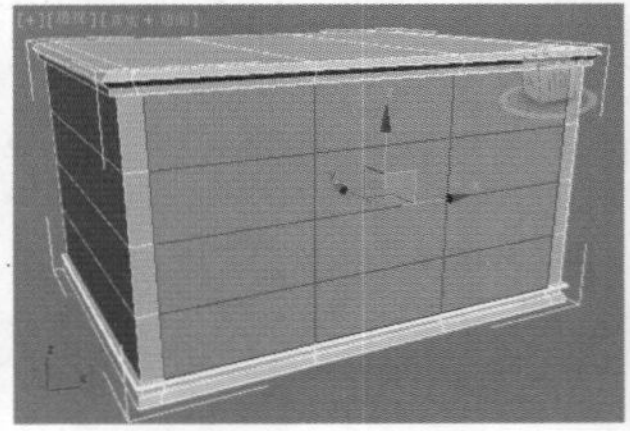

图6–101

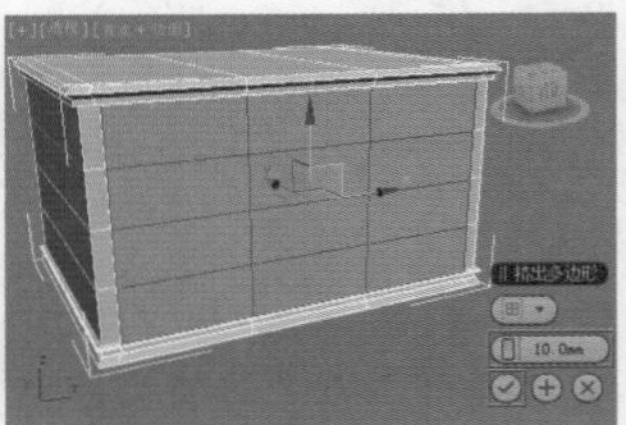

图6–102

14 选择如图6-103所示的多边形。单击插入按钮后面的【设置】按钮，并设置【数量】为10mm，如图6-104所示。

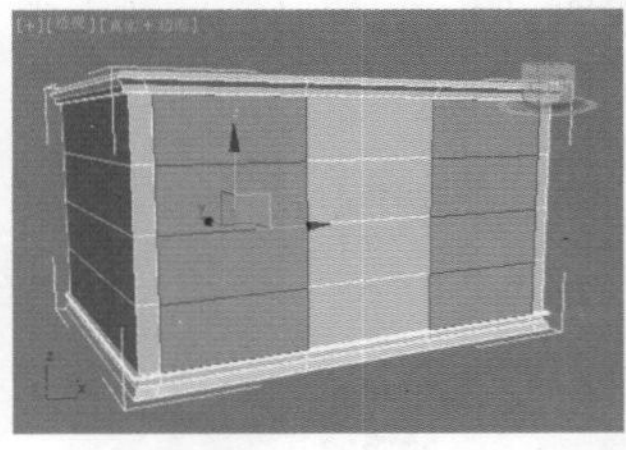

图6–103

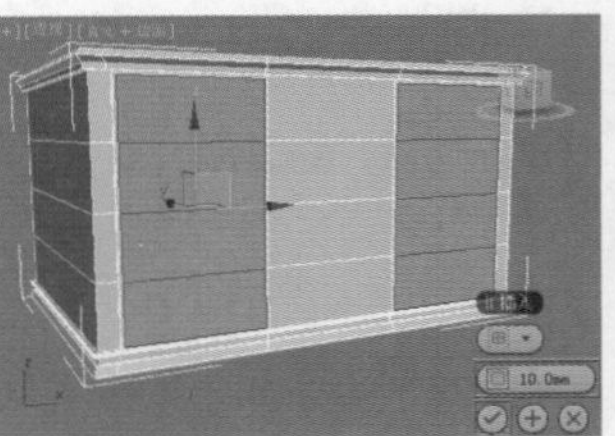

图6–104

15 选择如图6-105所示的多边形。单击插入按钮后面的【设置】按钮，并设置为【按多边形】，设置【数量】为10mm，如图6-106所示。

16 在【边】级别下，选择如图6-107所示的边。单

击 挤出 按钮后面的【设置】按钮▣，并设置【高度】为 - 1mm，【宽度】为1mm，如图6-108所示。

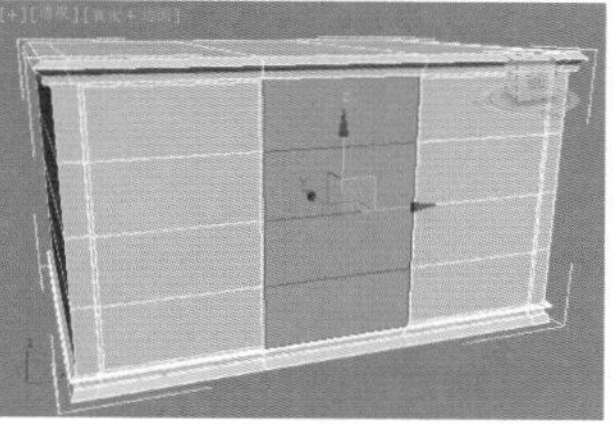

图6—105

图6—106

图6—107

图6—108

17 在【多边形】级别▣下，选择如图6-109所示的多边形。单击 插入 按钮后面的【设置】按钮▣，并设置【数量】为30mm，如图6-110所示。

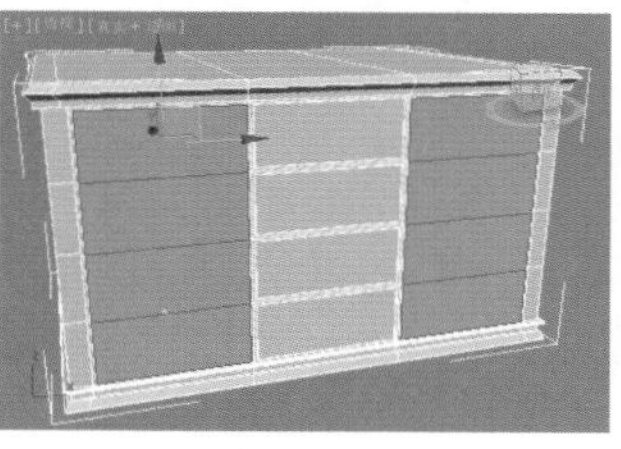

图6—109

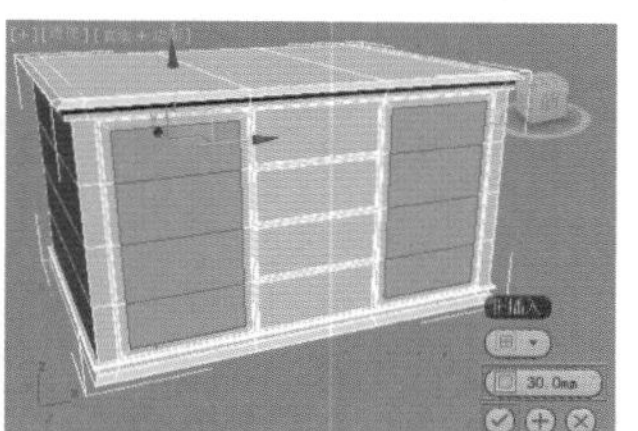

图6—110

18 保持选择上一步选择的多边形。单击 挤出 按钮后面的【设置】按钮▣，并设置【高度】为20mm，如图6-111所示。再单击 插入 按钮后面的【设置】按钮▣，并设置【数量】为10mm，如图6-112所示。

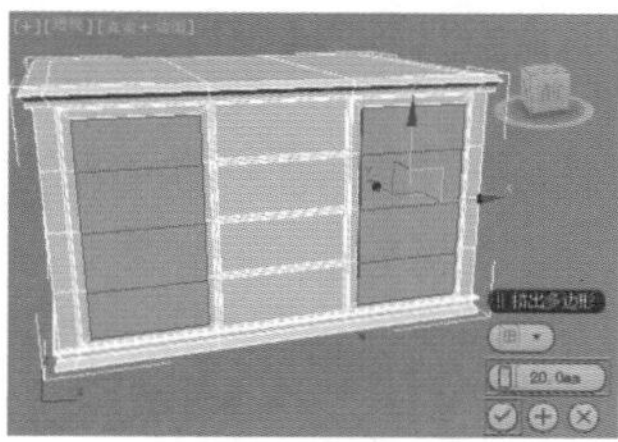

图6—111

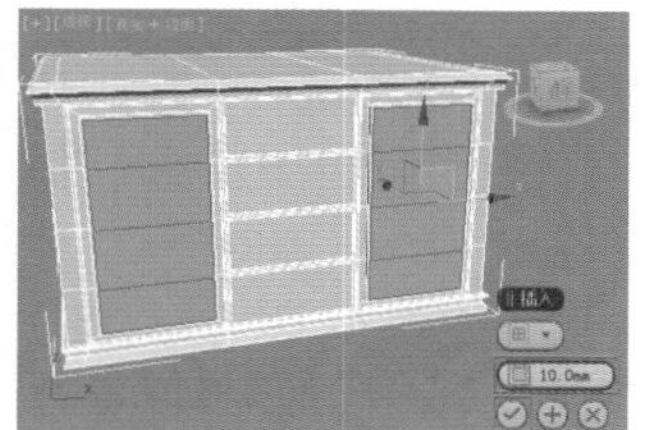

图6—112

19 保持选择上一步选择的多边形，单击 挤出 按钮后面的【设置】按钮▣，并设置【高度】为 - 20mm，如图6-113所示。

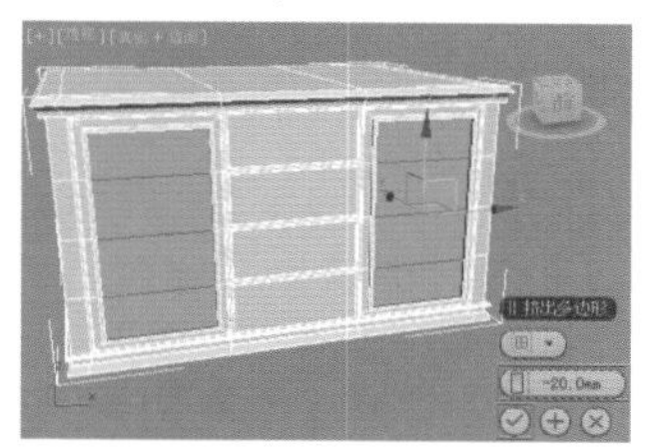

图6—113

20 选择如图6-114所示的多边形。单击 插入 按钮后面的【设置】按钮▣，并设置【数量】为10mm，如图6-115所示。

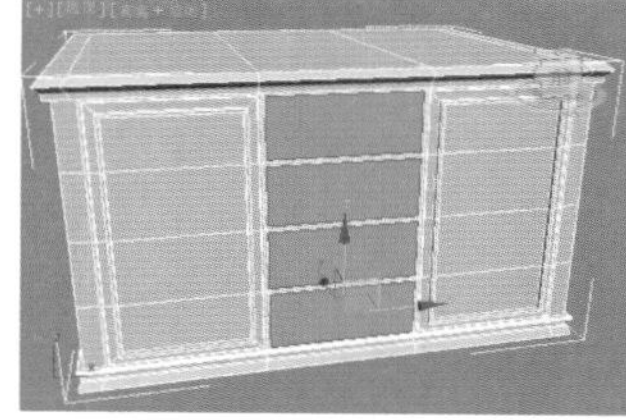

图6—114

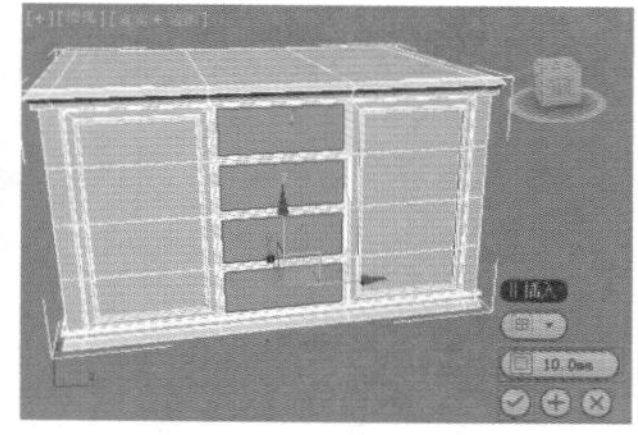

图6—115

21 保持选择上一步选择的多边形，单击 挤出 按钮后面的【设置】按钮▣，并设置【高度】为20mm，如图6-116所示。单击 插入 按钮后面的【设置】按钮▣，并设置【数量】为10mm，如图6-117所示。

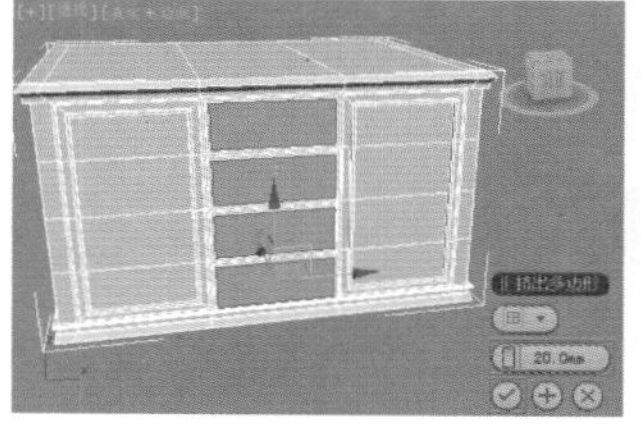

图6—116

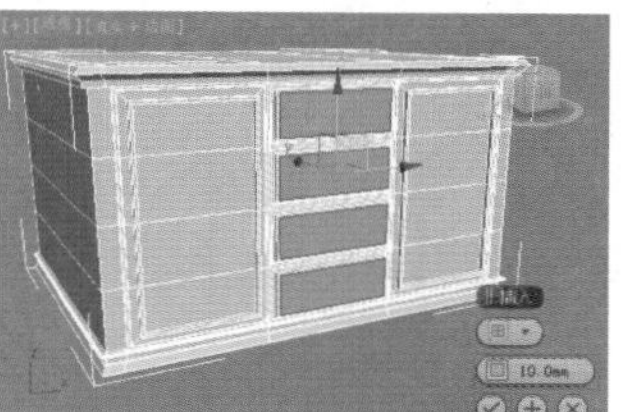

图6—117

22 保持选择上一步选择的多边形，单击 挤出 按钮后面的【设置】按钮▣，并设置【高度】为 - 20mm，如图6-118所示。

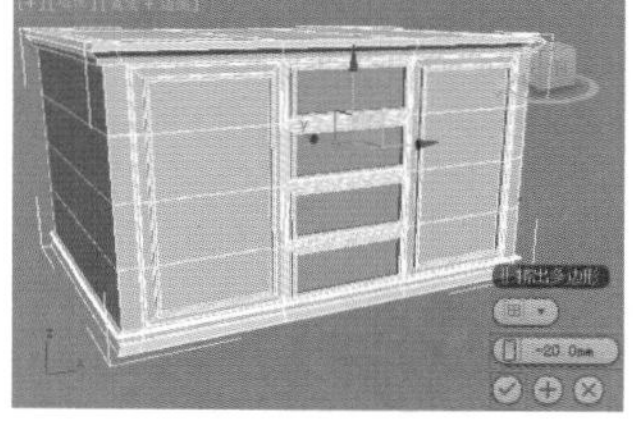

图6—118

23 在【边】级别◁下，选择如图6-119所示的边。单击 切角 按钮后面的【设置】按钮▣，并设置【数量】为3mm，【分段】为8，如图6-120所示。

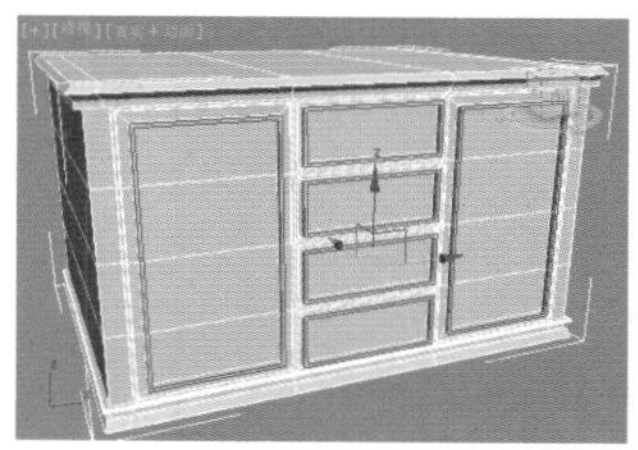

图6—119

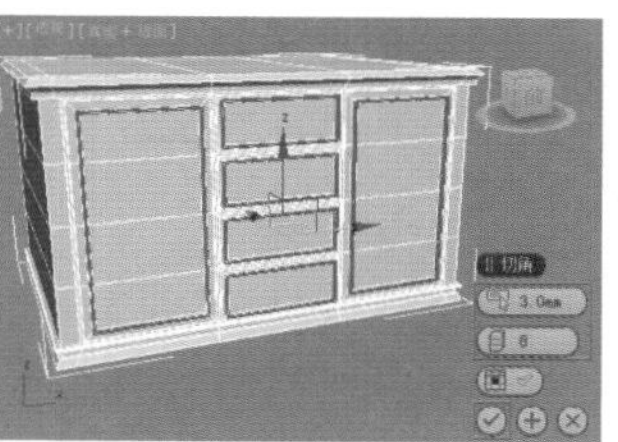

图6—120

Part 02 制作欧式装饰柜其他部分模型

01 利用 长方体 工具在顶视图中创建一个长方体，设置【长度】为1200mm，【宽度】为1600mm，【高度】为100mm，【长度分段】为6，【宽度分段】为8，如图6-121所示。

02 选择上一步创建的模型，为其加载【编辑多边形】

修改器，在【多边形】级别■下，选择如图6-122所示的多边形，按Delete键将其删除，如图6-123所示。

03 在【顶点】级别⁚下，调节点的位置，如图6-124所示。

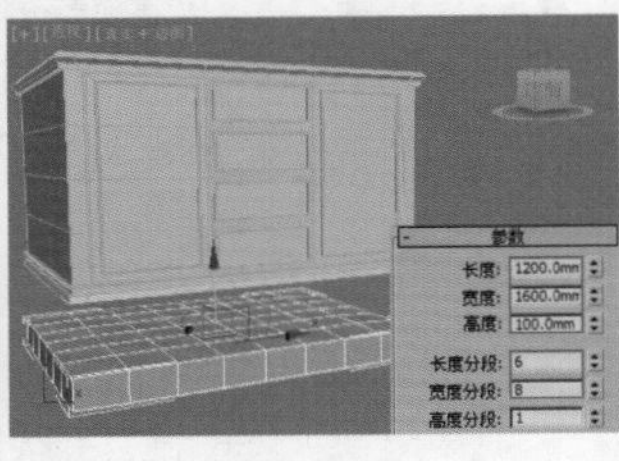

图6-121

图6-122

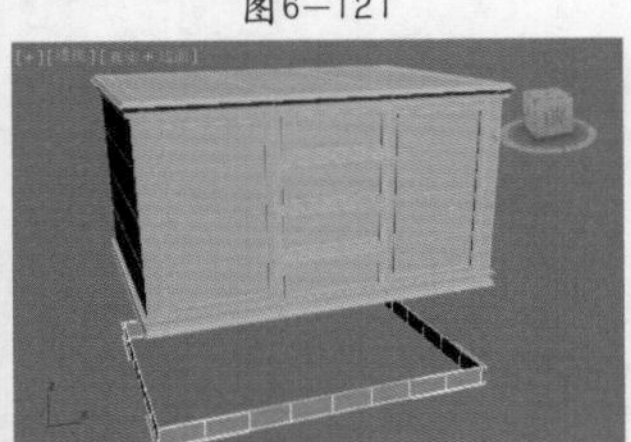

图6-123

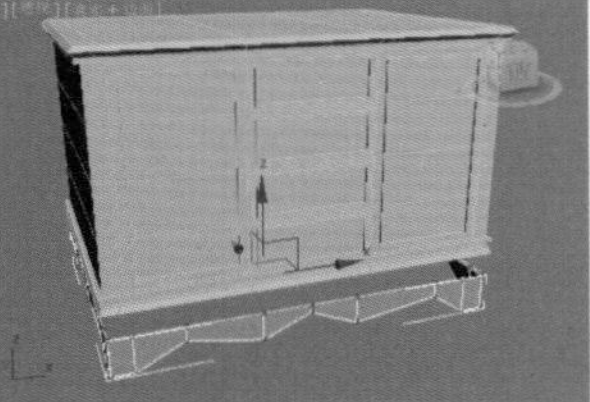

图6-124

04 选择上一步创建的模型，为其加载【网格平滑】修改器，如图6-125所示。展开【细分量】卷展栏，设置【迭代次数】为2，如图6-126所示。

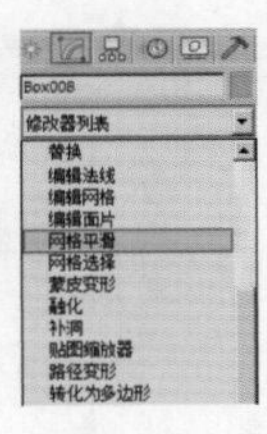

图6-125

图6-126

技巧提示

在设置【迭代次数】参数时一定要慎重，因为当【迭代次数】数值大于3时，运行3ds Max会感到有卡的现象，因此一般可以将该数值设置为1、2或3。若设置该数值为1、2或3，还感觉有卡的现象，可以单击💡按钮，将该修改器暂时关闭应用，这样操作起来就非常流畅了，在需要使用修改器时，再次单击💡按钮即可，如图6-127所示。

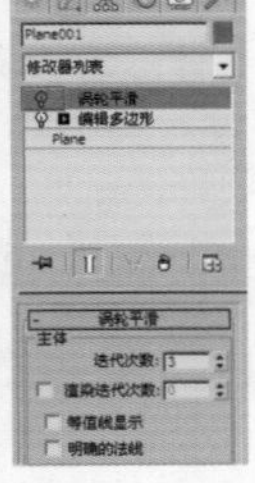

图6-127

05 选择上一步创建的模型，为其加载【壳】修改器，如图6-128所示。展开【参数】卷展栏，设置【外部量】为30mm，如图6-129所示。

06 利用 球体 工具在前视图中创建一个球体，并设置【半径】为20，【分段】为20mm，【半球】为0.6，如图6-130所示。局部效果如图6-131所示。

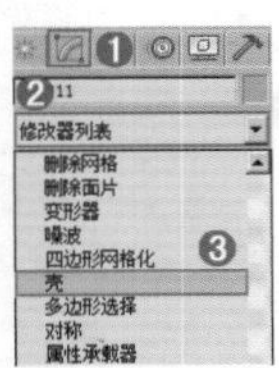

图6-128

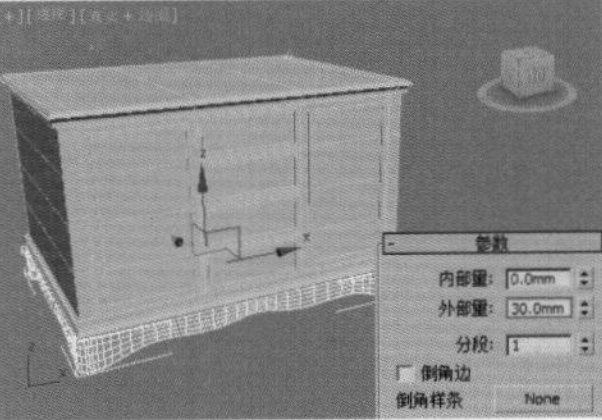

图6-129

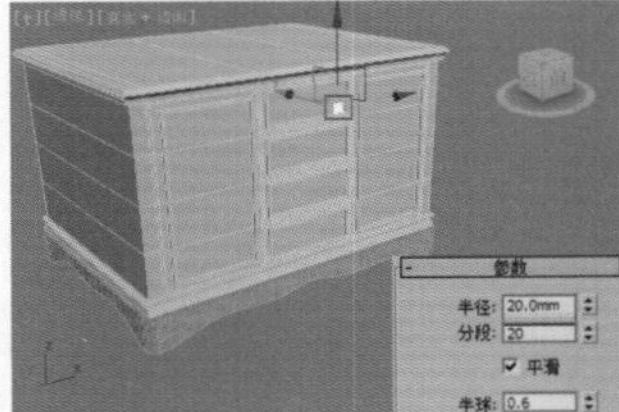

图6-130

图6-131

07 选择上一步创建的模型，为其加载【编辑多边形】修改器，在【顶点】级别⁚下，选择如图6-132所示的点，调节其位置，如图6-133所示。

图6-132

图6-133

08 在【边】级别◁下，选择如图6-134所示的边。单击 切角 按钮后面的【设置】按钮■，并设置【数量】为-3mm，【分段】为2，如图6-135所示。

图6-134

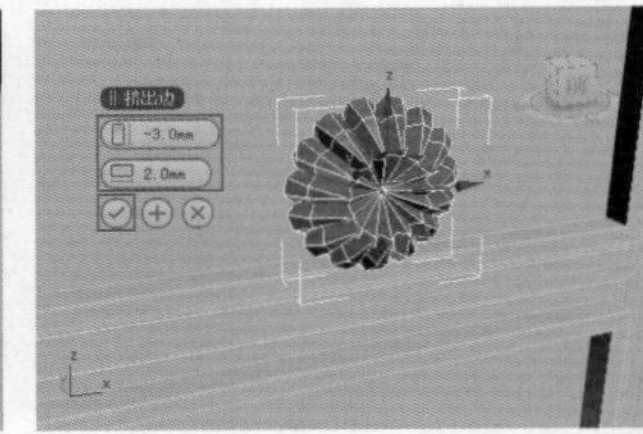

图6-135

09 选择上一步创建的模型，为其加载【网格平滑】修改器，并设置【迭代次数】为2，如图6-136所示。

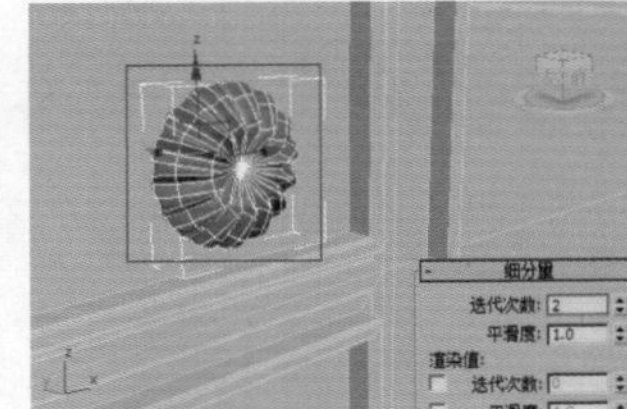

图6-136

10 选择上一步创建的模型，复制多份，如图6-137所示。

11 最终模型效果如图6-138所示。

图6—137

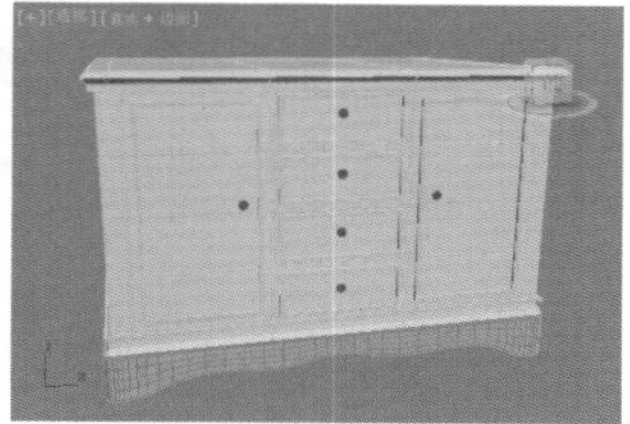
图6—138

★ 案例实战——多边形建模制作现代白漆电视柜

场景文件	无
案例文件	案例文件\Chapter 06\案例实战——多边形建模制作现代白漆电视柜.max
视频教学	视频文件\Chapter 06\案例实战——多边形建模制作现代白漆电视柜.flv
难易指数	★★☆☆☆
技术掌握	掌握内置几何体建模下【线】工具、【长方体】工具、【挤出】修改器和【编辑多边形】修改器的运用

实例介绍

电视柜是家具中的一种，是因人们不满足把电视随意摆放而产生的家具，也称为视听柜。最终渲染和线框效果如图6-139所示。

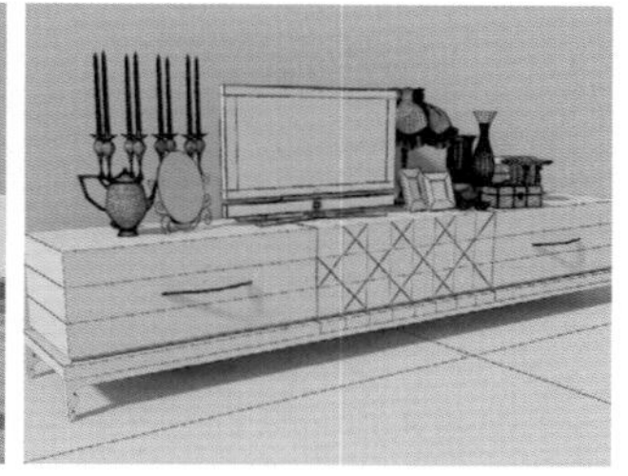
图6—139

建模思路

01 使用【长方体】工具和【编辑多边形】修改器制作现代白漆电视柜柜子模型

02 使用【线】工具、【挤出】修改器制作现代白漆电视柜其他部分模型

现代白漆电视柜建模流程如图6-140所示。

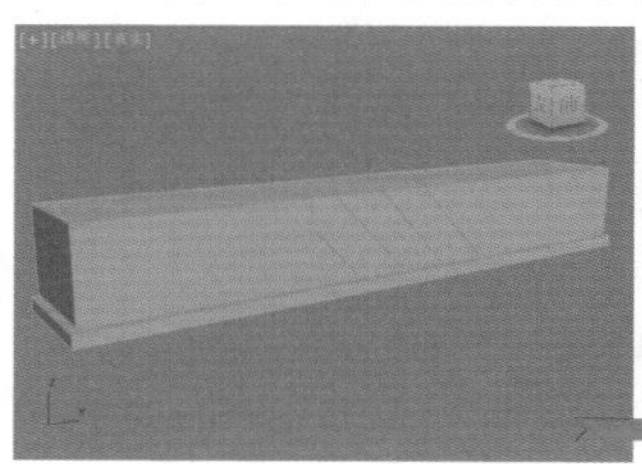

图6—140

制作步骤

Part 01 制作现代白漆电视柜柜子模型

01 单击 （创建）| （几何体）| 标准基本体 | 长方体 按钮，在视图中创建一个长方体，设置【长度】为400mm，【宽度】为2400mm，【高度】为300mm，【宽度分段】为3，如图6-141所示。

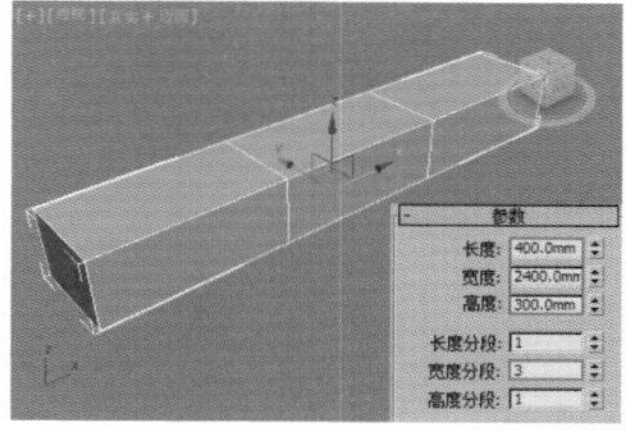

图6—141

02 选择上一步创建的模型，并为其加载【编辑多边形】修改器，如图6-142所示。然后在【多边形】级别下，选择如图6-143所示的多边形。

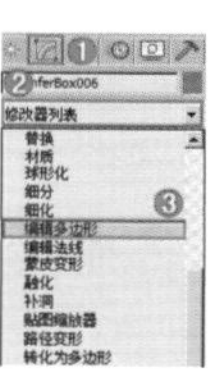
图6—142

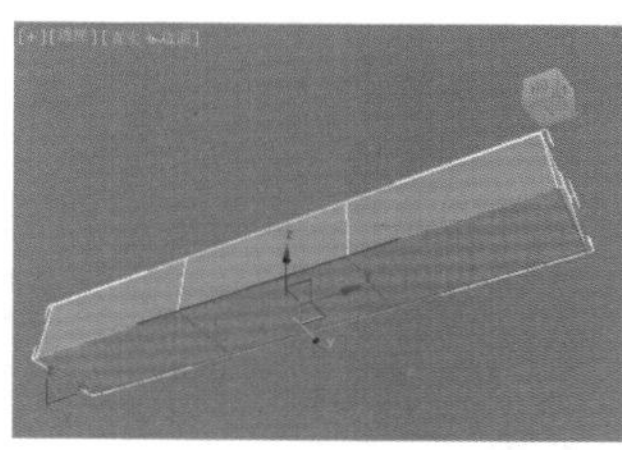
图6—143

03 单击 插入 按钮后面的【设置】按钮，并设置【数量】为20mm，如图6-144所示。单击 挤出 按钮后面的【设置】按钮，并设置【高度】为15mm，如图6-145所示。

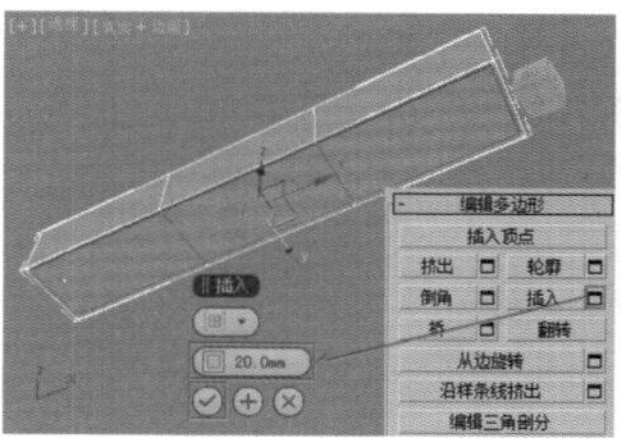
图6—144

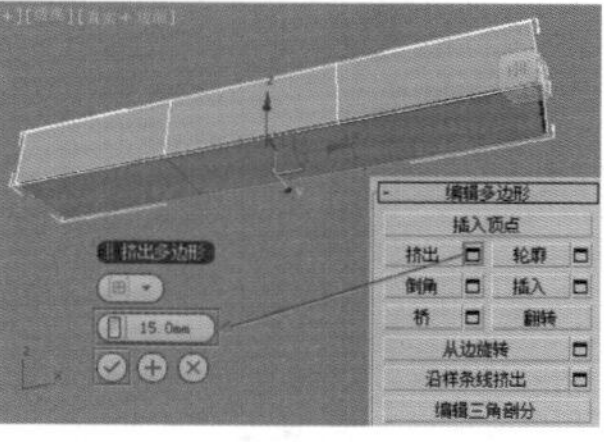
图6—145

04 单击 倒角 按钮后面的【设置】按钮，并设置【轮廓】为40mm，如图6-146所示。单击 挤出 按钮后面的【设置】按钮，并设置【高度】为40mm，如图6-147所示。

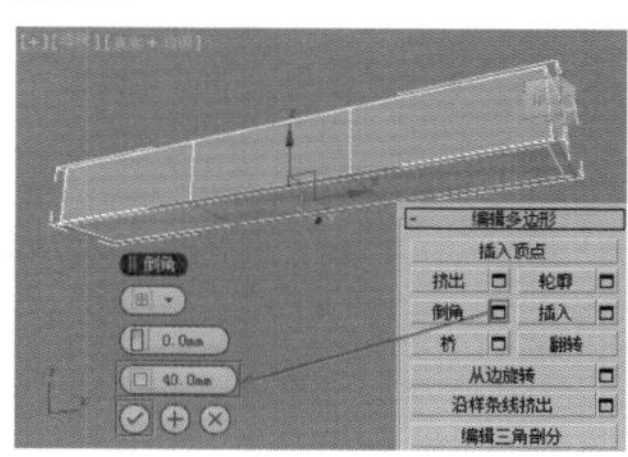
图6—146

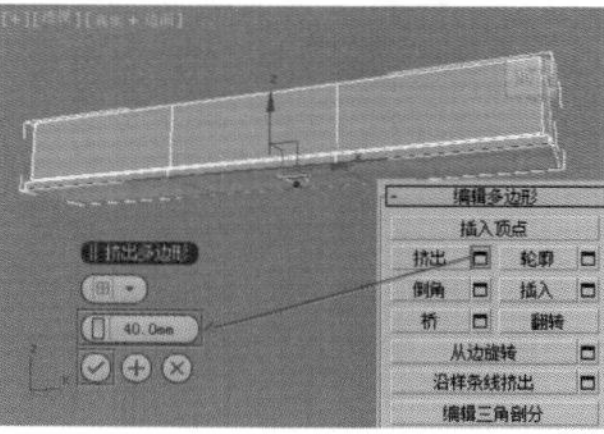
图6—147

05 在【边】级别下，选择如图6-148所示的边。单击 连接 按钮后面的【设置】按钮，并设置【分段】为2，如图6-149所示。

图6—148

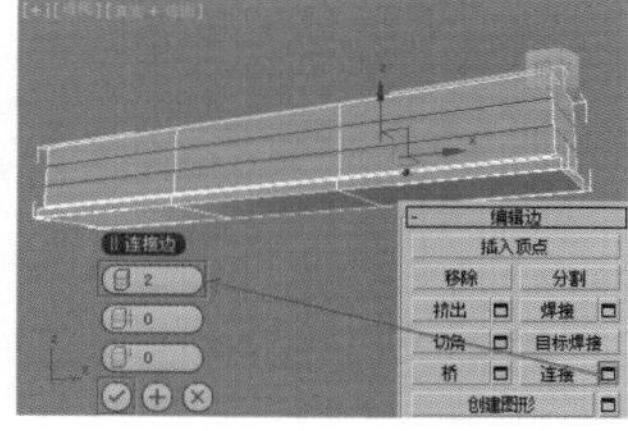
图6—149

答疑解惑：【切角】工具和【连接】工具有什么区别？

很多读者会混淆概念，由于【切角】和【连接】工具都可以增加分段，因此不知道什么时候该使用哪一个。其实非常简单，我们可以将其进行一个简单的总结：【切角】即平行，【连接】即垂直。

也就是说选择边以后，使用【切角】工具增加的分段是与之前选择的边是平行的，如图6-150所示。

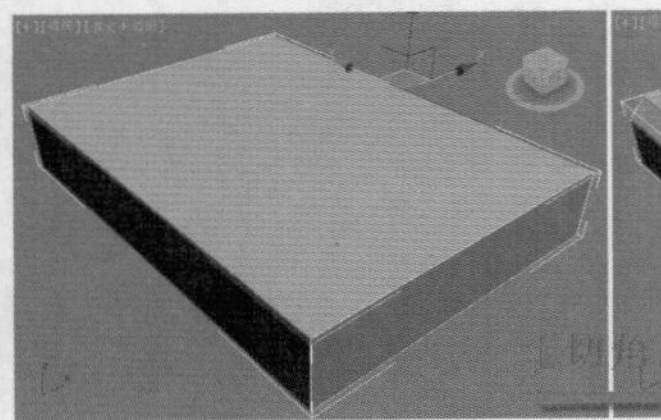

图6-150

而选择边以后，使用【连接】工具增加的分段与之前选择的边是垂直的，如图6-151所示。

图6-151

06 选择如图6-152所示的边。单击 连接 按钮后面的【设置】按钮，并设置【分段】为7，如图6-153所示。

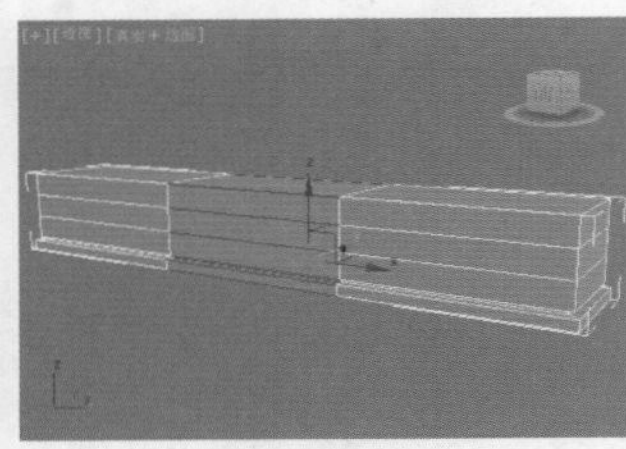

图6-152

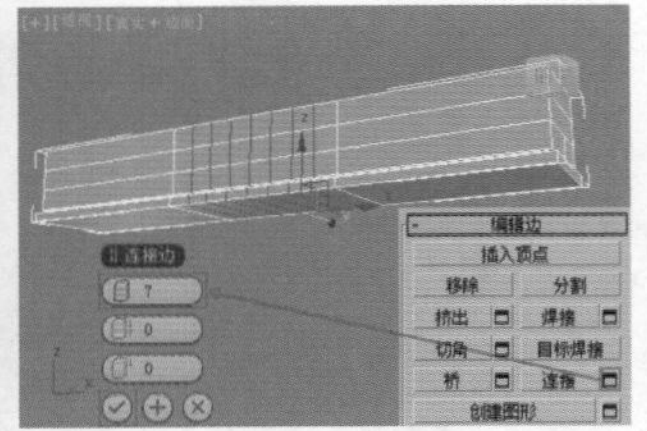

图6-153

07 在【顶点】级别下，单击 切割 按钮，并使用【捕捉工具】工具对点进行切割，切割出很多条倾斜的线，如图6-154所示。

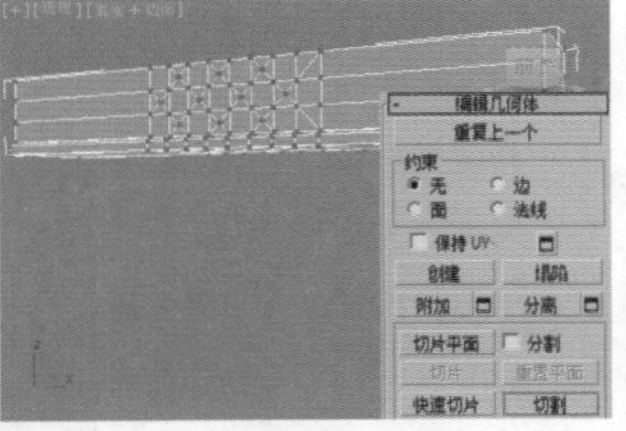

图6-154

08 选择如图6-155所示的顶点。单击 切角 按钮后面的【设置】按钮，并设置【数量】为5mm，如图6-156所示。

09 在【多边形】级别下，选择如图6-157所示的多边形。单击 倒角 按钮后面的【设置】按钮，并设置【高度】为-3mm，【轮廓】为-2mm，如图6-158所示。

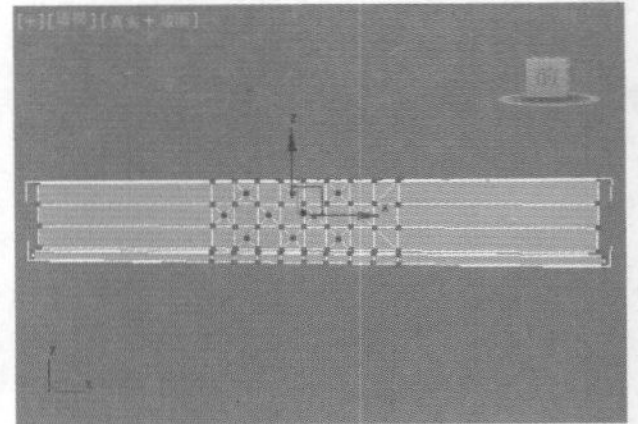

图6-155

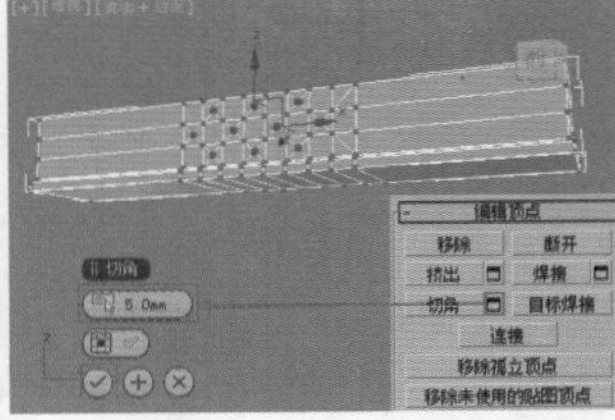

图6-156

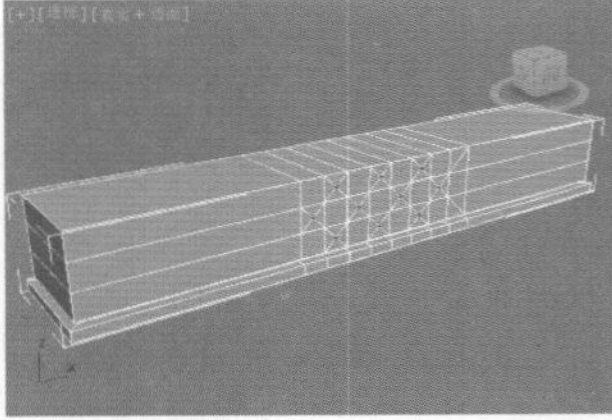

图6-157

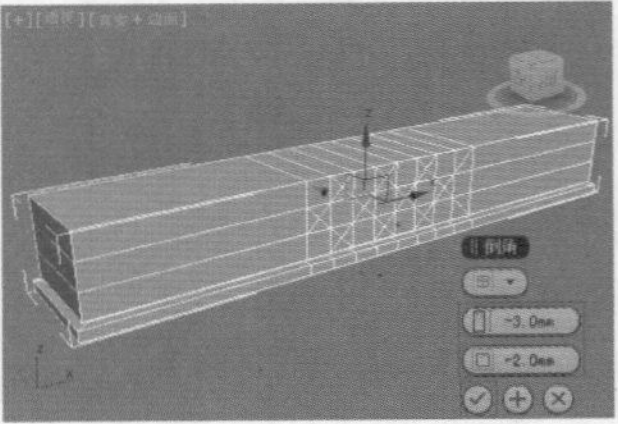

图6-158

10 在【边】级别下，选择如图6-159所示的边。单击 切角 按钮后面的【设置】按钮，并设置【数量】为2mm，如图6-160所示。

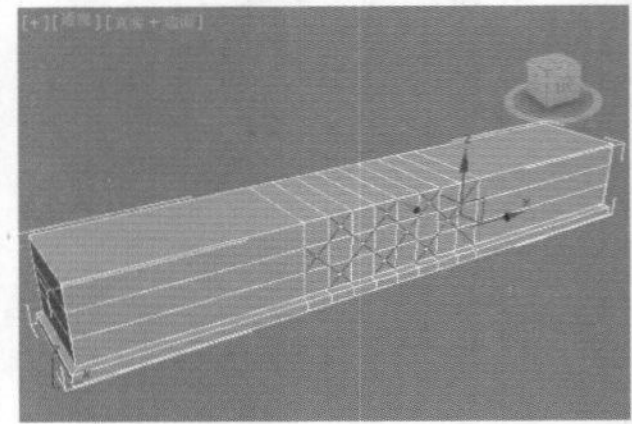

图6-159

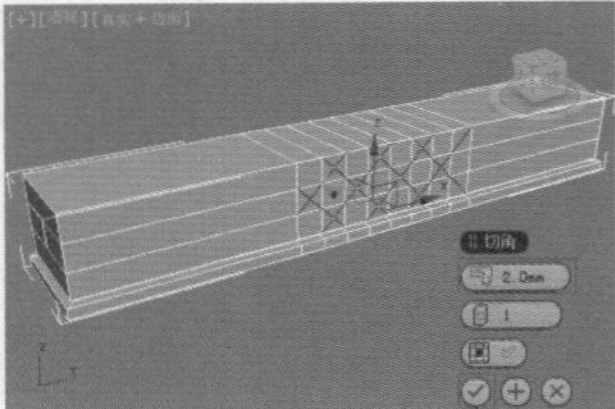

图6-160

11 在【边】级别下，选择如图6-161所示的边。单击 连接 按钮后面的【设置】按钮，并设置【分段】为1，【滑块】为99，如图6-162所示。

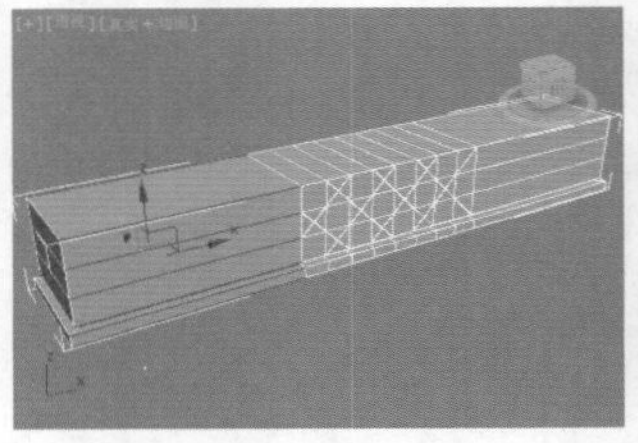

图6-161

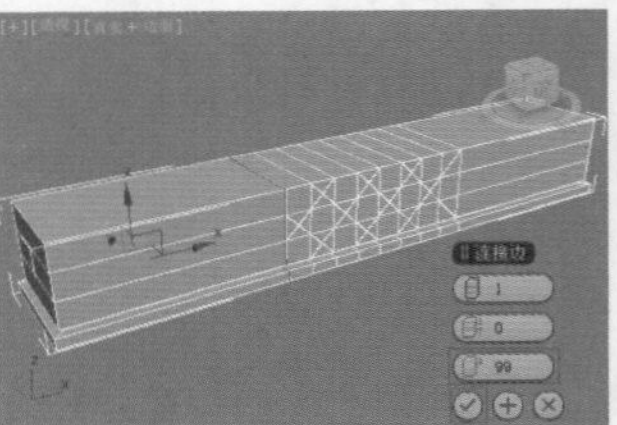

图6-162

12 在【边】级别下，选择如图6-163所示的边。单击 连接 按钮后面的【设置】按钮，并设置【分段】为1，【滑块】为-99，如图6-164所示。

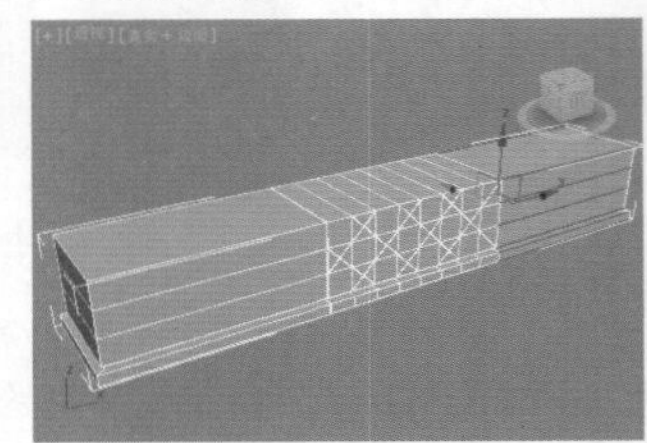

图6-163

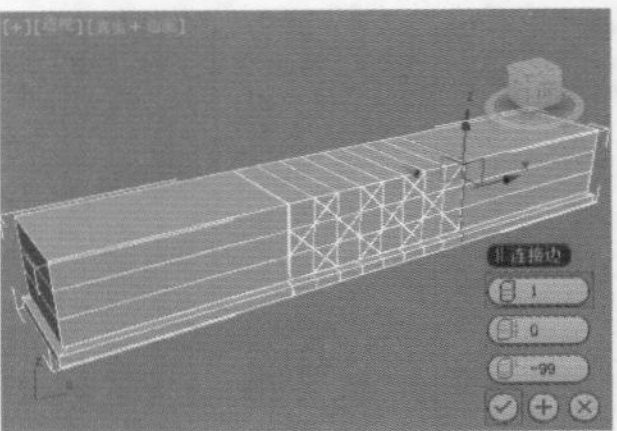

图6-164

13 在【多边形】级别■下，选择如图6-165所示的多边形。单击 切角 按钮后面的【设置】按钮■，并设置【高度】为-3mm，【轮廓】为-2mm，如图6-166所示。

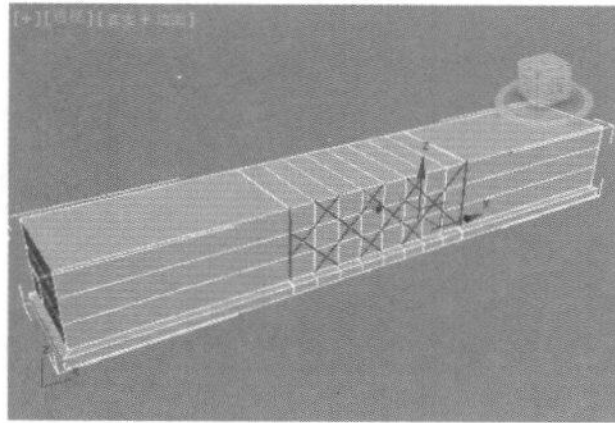

图6-165

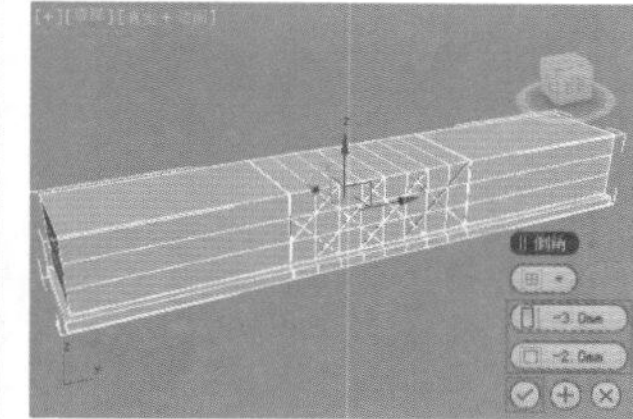

图6-166

Part 02 制作现代白漆电视柜其他部分模型

01 单击（创建）|（图形）| 样条线 | 线 按钮，在顶视图中绘制两个图形，如图6-167所示。

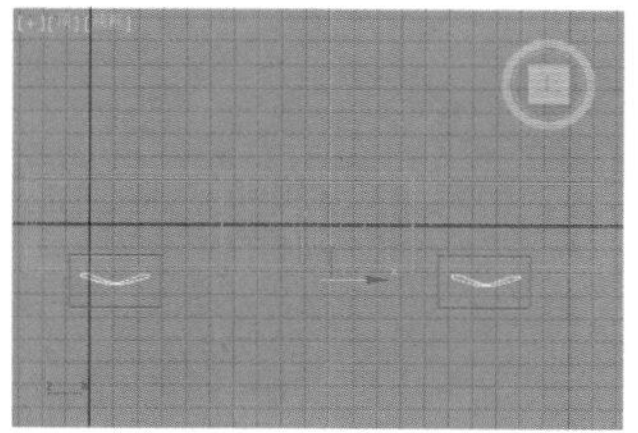

图6-167

02 选择上一步创建的模型，为其加载【挤出】修改器，如图6-168所示。在【参数】卷展栏下设置【数量】为40mm，如图6-169所示。

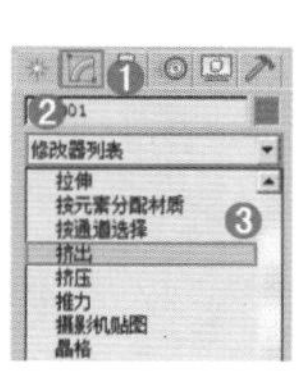

图6-168

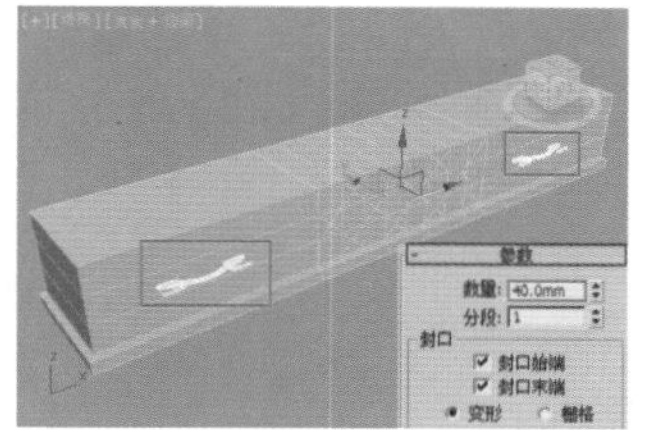

图6-169

03 选择上一步创建的模型，为其加载【编辑多边形】修改器，在【边】级别下，选择如图6-170所示的边。

04 单击 切角 按钮后面的【设置】按钮■，并设置【数量】为20mm，【分段】为10，如图6-171所示。

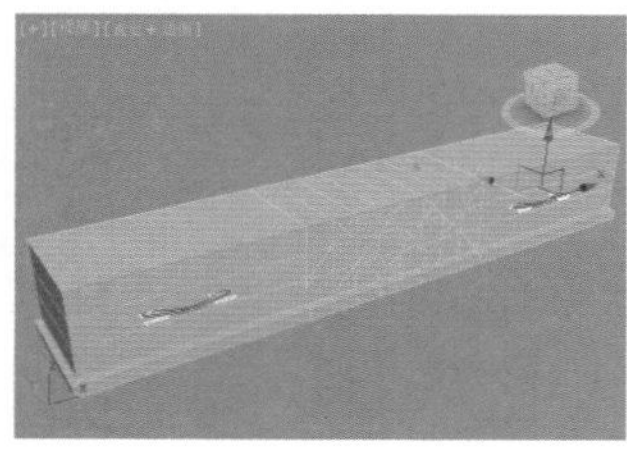

图6-170

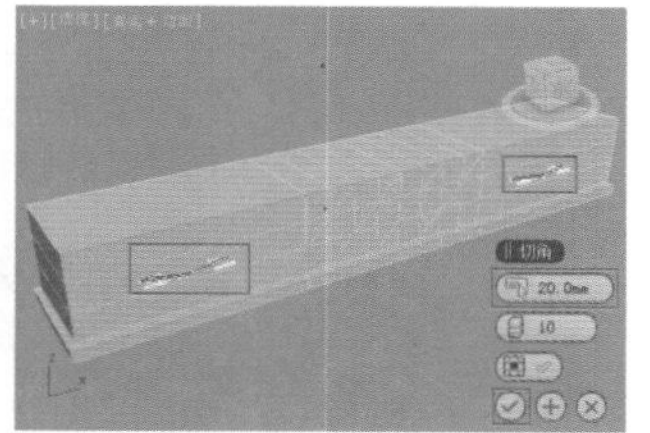

图6-171

05 利用 线 工具在前视图中绘制一个图形，如图6-172所示。

06 选择上一步创建的模型，为其加载【挤出】修改器，在【参数】卷展栏中设置【数量】为30mm，如图6-173所示。

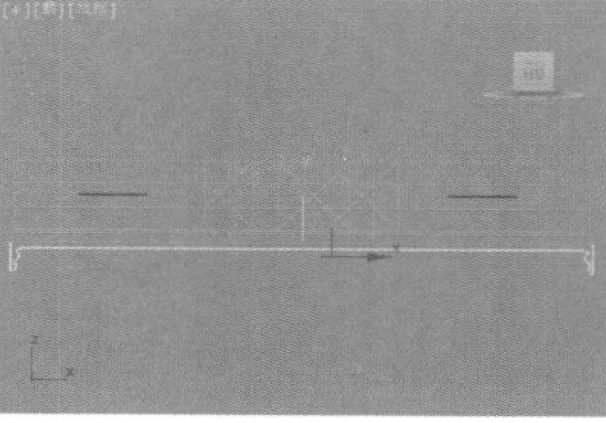

图6-172

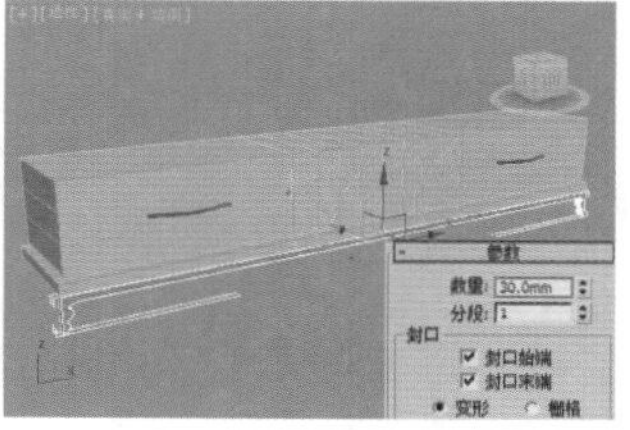

图6-173

07 选择上一步创建的模型，复制一份，如图6-174所示。

08 最终模型效果如图6-175所示。

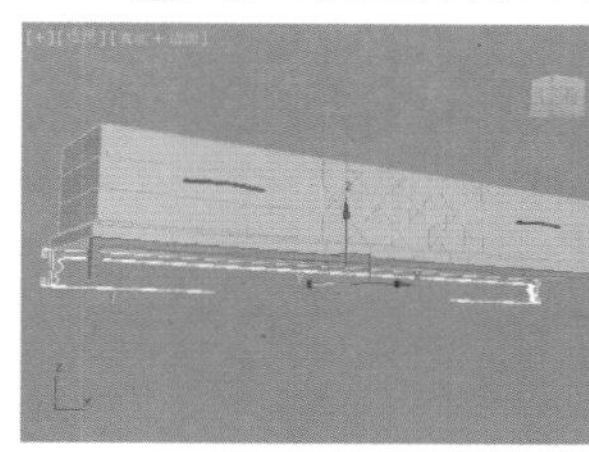

图6-174

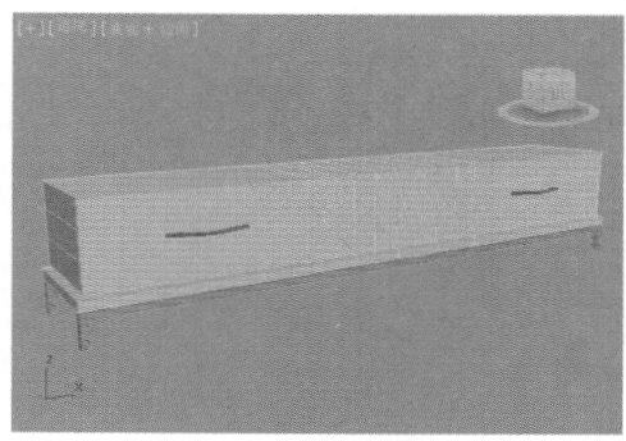

图6-175

★ 案例实战——多边形建模制作现代风格矮柜

场景文件	无
案例文件	案例文件\Chapter 06\案例实战——多边形建模制作现代风格矮柜.max
视频教学	视频文件\Chapter 06\案例实战——多边形建模制作现代风格矮柜.flv
难易指数	★★☆☆☆
技术掌握	掌握内置几何体建模下【线】工具、【切角长方体】工具、【挤出】修改器和【编辑多边形】修改器的运用

实例介绍

现代风格矮柜虽是空间的小配角，但它在居家的空间中，往往能够塑造出多姿多彩、生动活泼的感觉。本例制作的现代风格矮柜的最终渲染和线框效果如图6-176所示。

图6-176

建模思路

使用【线】工具、【切角长方体】工具、【挤出】修改器和【编辑多边形】修改器制作现代风格矮柜模型

现代风格矮柜建模流程如图6-177所示。

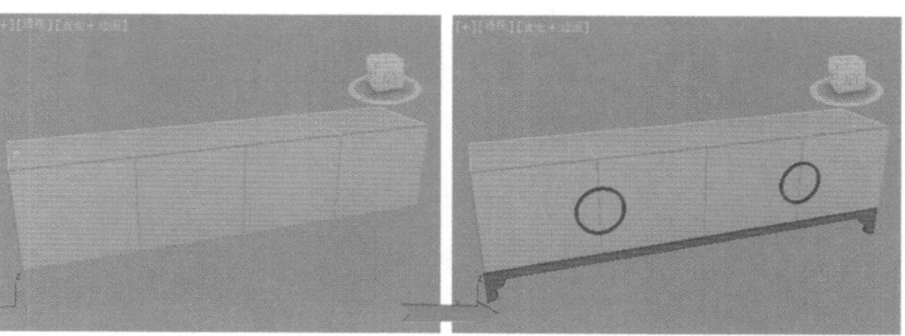

图6-177

制作步骤

01 单击（创建）|（几何体）| 扩展基本体 | 切角长方体 按钮，在视图中创建一个切角长方体，设置【长度】为400mm，【宽度】为2000mm，【高度】为450mm，【圆角】为3mm，【宽度分段】为4，【圆角分段】为8，如图6-178所示。

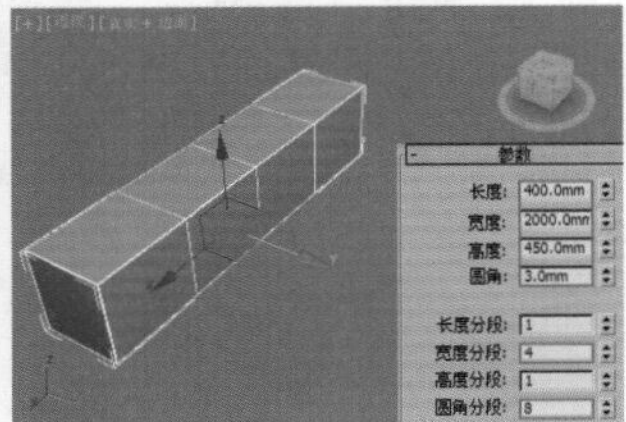

图6-178

02 选择上一步创建的模型，并为其加载【编辑多边形】修改器，如图6-179所示。在【边】级别下，选择如图6-180所示的边。

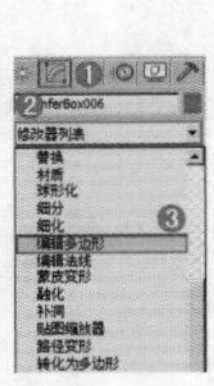

图6-179

图6-180

03 单击 切角 按钮后面的【设置】按钮，并设置【数量】为3mm，如图6-181所示。

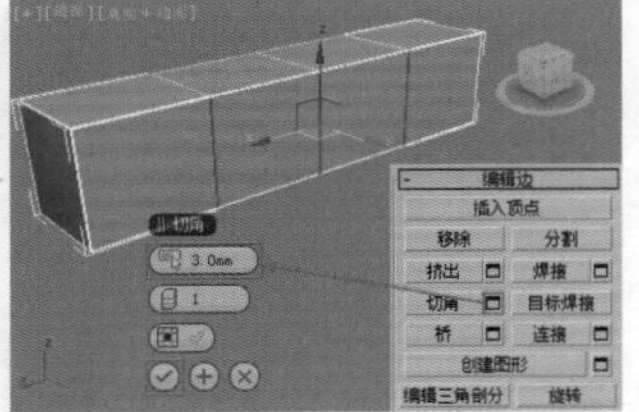

图6-181

04 在【多边形】级别下，选择如图6-182所示的多边形。单击 挤出 按钮后面的【设置】按钮，并设置【数量】为-5mm，如图6-183所示。

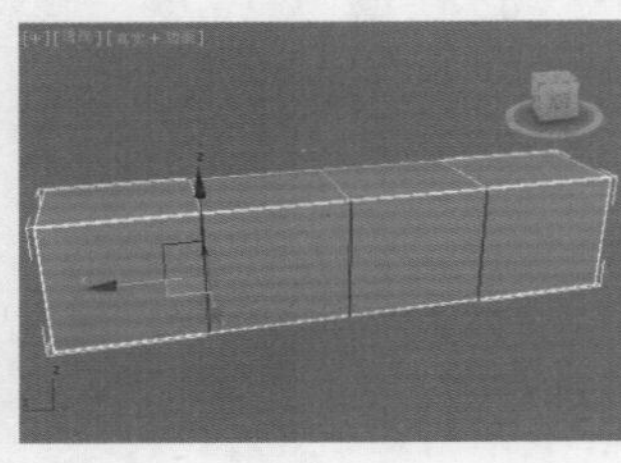

图6-182

图6-183

05 单击（创建）|（图形）| 样条线 | 线 按钮，在前视图中绘制一条样条线，并设置【步数】为30，如图6-184所示。

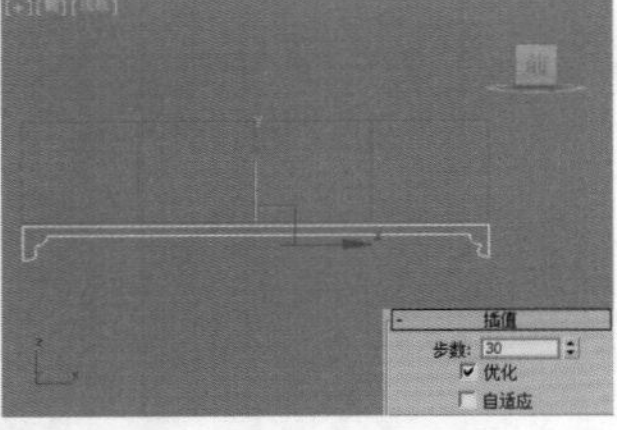

图6-184

06 选择上一步创建的样条线，为其加载【挤出】修改器，如图6-185所示。在【参数】卷展栏中设置【数量】为30mm，如图6-186所示。

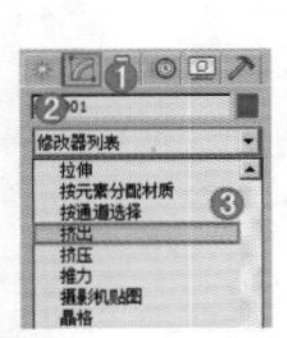

图6-185

图6-186

07 选择上面创建的模型，然后使用【选择并移动】工具，并按住Shift键将其复制一份，放至如图6-187所示的位置。

08 单击（创建）|（几何体）| 标准基本体 | 管状体 按钮，在前视图创建两个管状体，并设置【半径1】为110mm，【半径2】为100mm，【高度】为10mm，【边数】为40，如图6-188所示。

图6-187

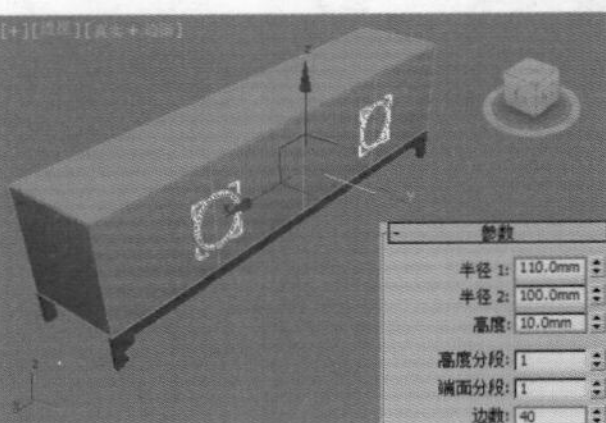

图6-188

09 最终模型的效果如图6-189所示。

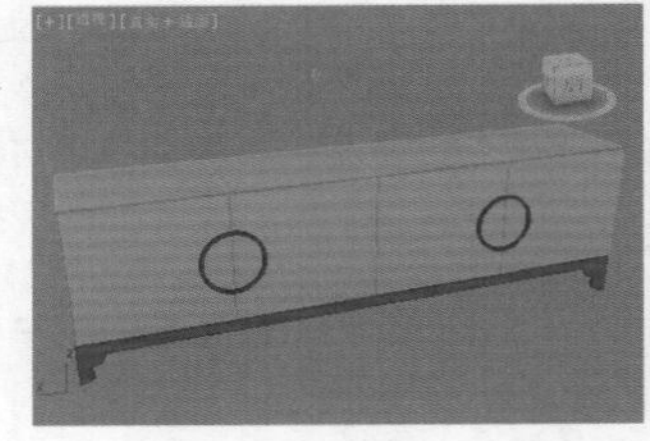

图6-189

★ 案例实战——多边形建模制作现代风格餐椅

场景文件	无
案例文件	案例文件\Chapter 06\案例实战——多边形建模制作现代风格餐椅.max
视频教学	视频文件\Chapter 06\案例实战——多边形建模制作现代风格餐椅.flv
难易指数	★★☆☆☆
技术掌握	掌握修改器建模下【长方体】工具、【编辑多边形】修改器、【网格平滑】修改器和【FFD 4×4×4】修改器的运用

实例介绍

现代风格餐椅具有很强的实用性，可在各个房间出现，其主要功能就是便于人们休息，所以舒适度是衡量一个椅子好坏的主要标准。最终渲染和线框效果如图6-190所示。

建模思路

01 使用【长方体】工具、【编辑多边形】修改器、【网格平滑】修改器和【FFD 4×4×4】修改器制作现代风格餐椅靠背部分模型

02 使用【长方体】工具、【编辑多边形】修改器、【网格平滑】修改器和【FFD 4×4×4】修改器制作现代风格餐椅椅腿模型

现代风格餐椅建模流程如图6-191所示。

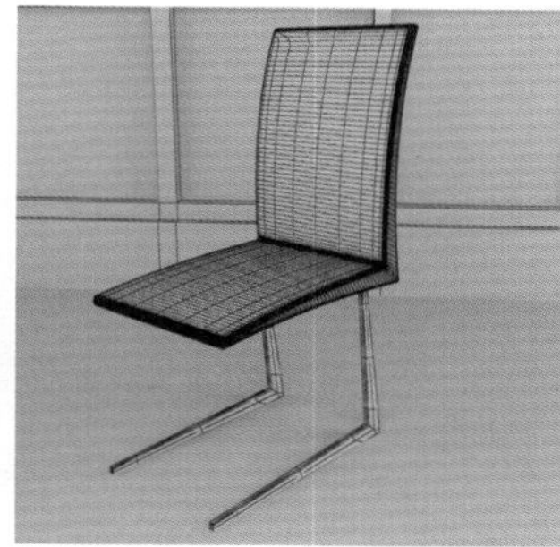

图6-190

图6-191

制作步骤

Part01 制作现代风格餐椅靠背部分模型

01 单击（创建）|（几何体）| 标准基本体 | 长方体 按钮，在顶视图中创建一个长方体，并设置【长度】为350mm，【宽度】为500mm，【高度】为20mm，如图6-192所示。

02 选择上一步创建的模型，并为其加载【编辑多边形】修改器，如图6-193所示。

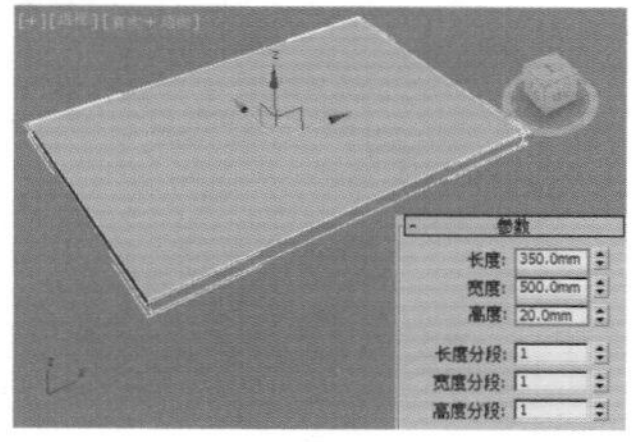

图6-192

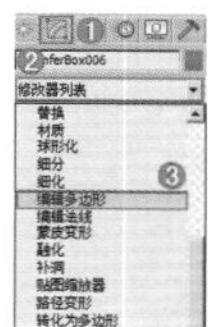

图6-193

03 在【边】级别下，选择如图6-194所示的边。单击 连接 按钮后面的【设置】按钮，并设置【分段】为1，【滑块】为-90，如图6-195所示。

图6-194

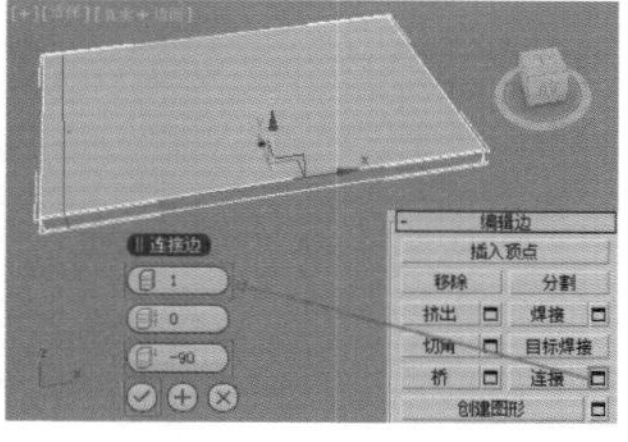

图6-195

04 在【多边形】级别下，选择如图6-196所示的多边形。单击 挤出 按钮后面的【设置】按钮，并设置【高度】为500mm，如图6-197所示。

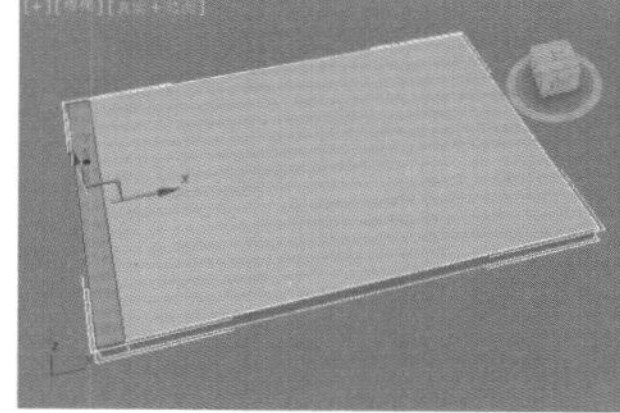

图6-196

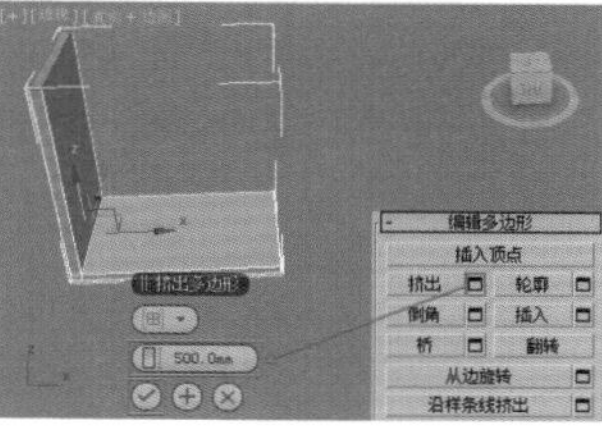

图6-197

05 在【顶点】级别下，选择如图6-198所示的顶点，调节点的位置，如图6-199所示。

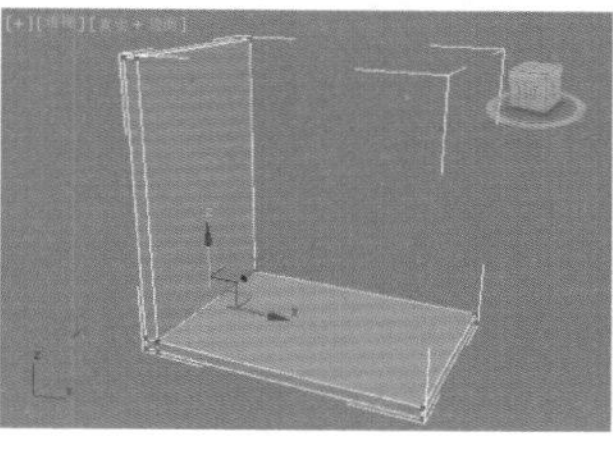

图6-198

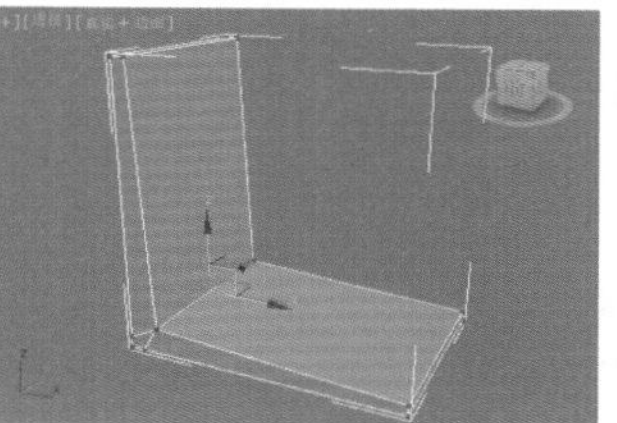

图6-199

06 在【边】级别下，选择如图6-200所示的边。单击 切角 按钮后面的【设置】按钮，并设置【数量】为8mm，【分段】为15，如图6-201所示。

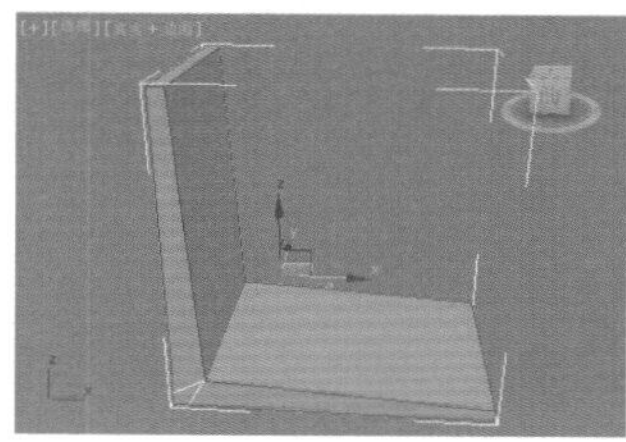

图6-200

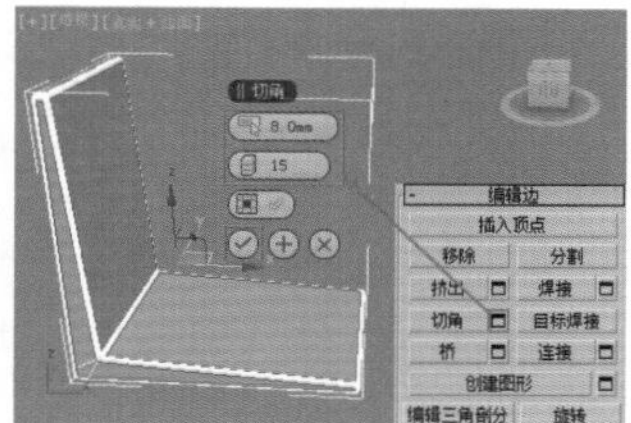

图6-201

07 在【边】级别下，选择如图6-202所示的边。单击 连接 按钮后面的【设置】按钮，并设置【分段】为10mm，如图6-203所示。

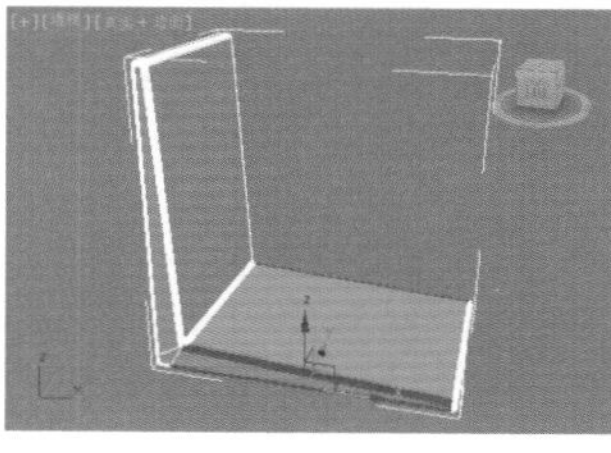

图6-202

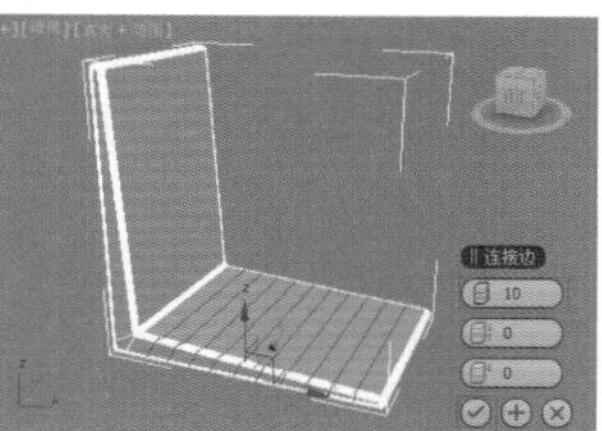

图6-203

08 在【边】级别下，选择如图6-204所示的边。单击 连接 按钮后面的【设置】按钮，并设置【分段】为10，如图6-205所示。

09 选择上一步创建的模型，为其加载【FFD 4×4×4】修改器，如图6-206所示。

10 在【修改】面板中进入【控制点】级别，然后调节控制点的位置，调节后的效果如图6-207所示。

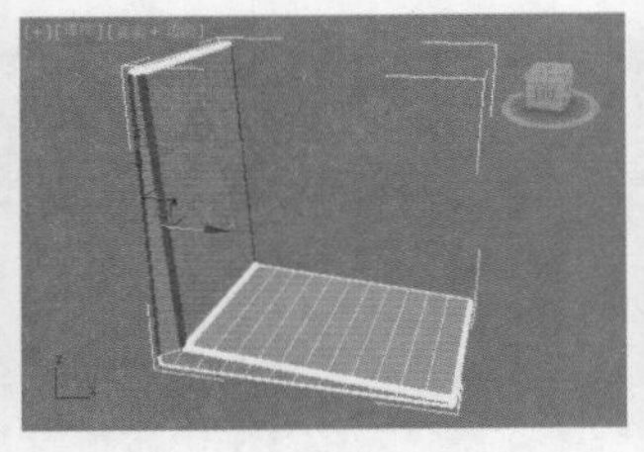
图6-204

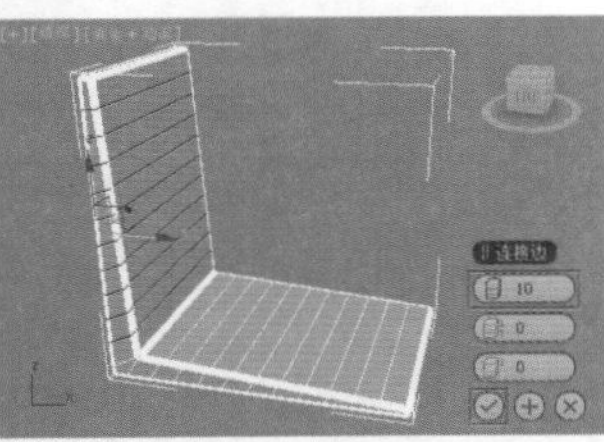
图6-205

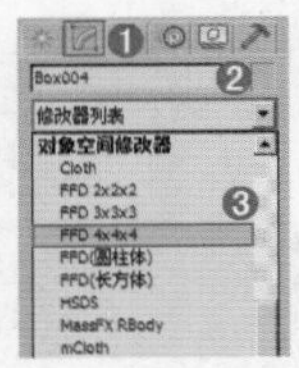
图6-206

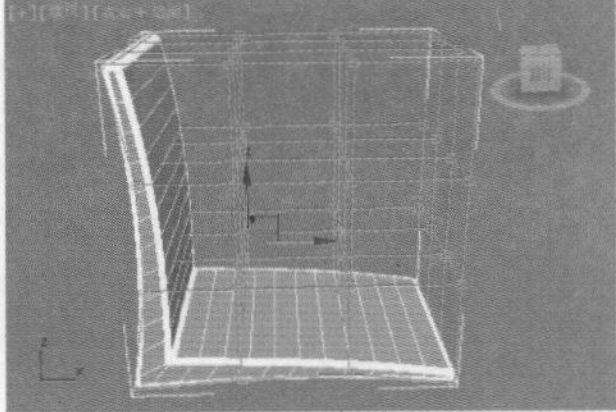
图6-207

11 选择上一步创建的模型，为其加载【网格平滑】修改器，如图6-208所示。在【修改】面板中展开【细分量】卷展栏，设置【迭代次数】为2，如图6-209所示。

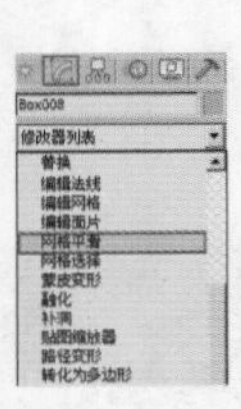
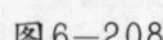
图6-208

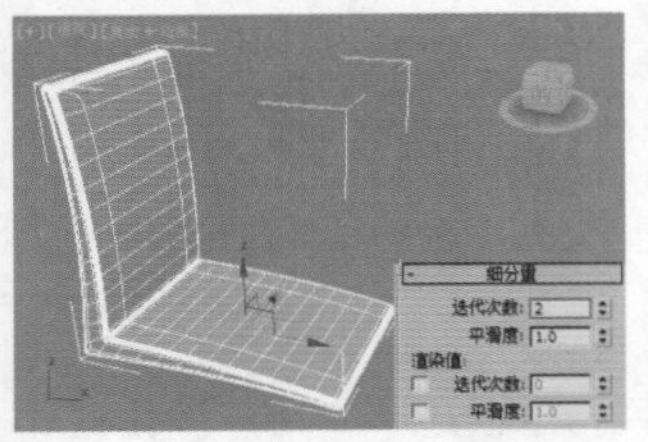
图6-209

Part 02 制作现代风格餐椅椅腿模型

01 利用 长方体 工具在顶视图中创建一个长方体，并设置【长度】为10mm，【宽度】为500mm，【高度】为25mm，如图6-210所示。

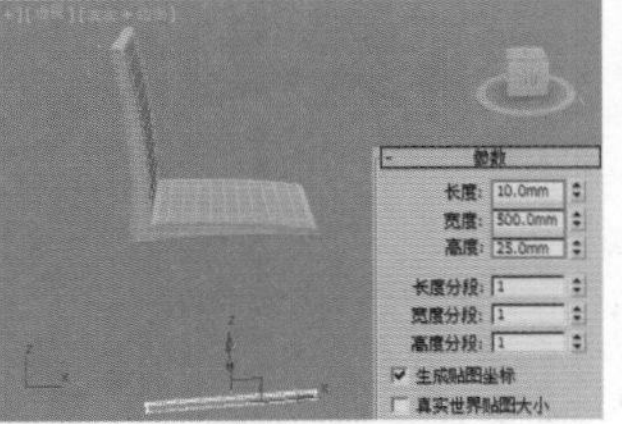
图6-210

02 选择上一步创建的模型，为其加载【编辑多边形】修改器，在【边】级别下，选择如图6-211所示的边。单击 连接 按钮后面的【设置】按钮，并设置【分段】为1，【滑块】为-90，如图6-212所示。

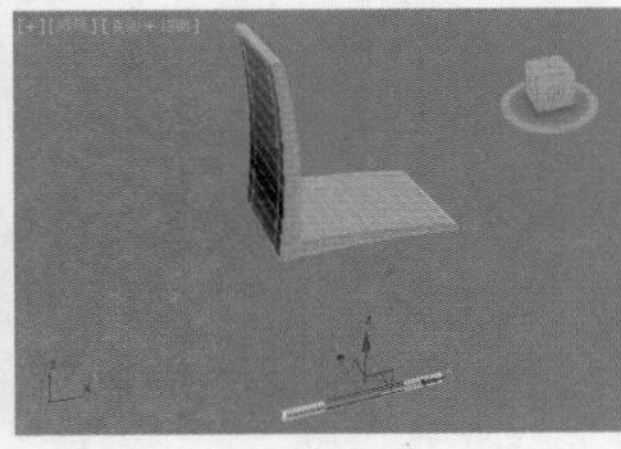
图6-211

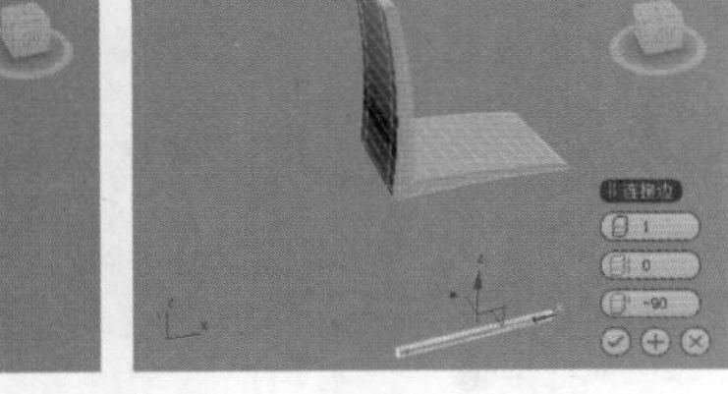
图6-212

03 在【多边形】级别下，选择如图6-213所示的多边形。单击 挤出 按钮后面的【设置】按钮，并设置【高度】为350mm，如图6-214所示。

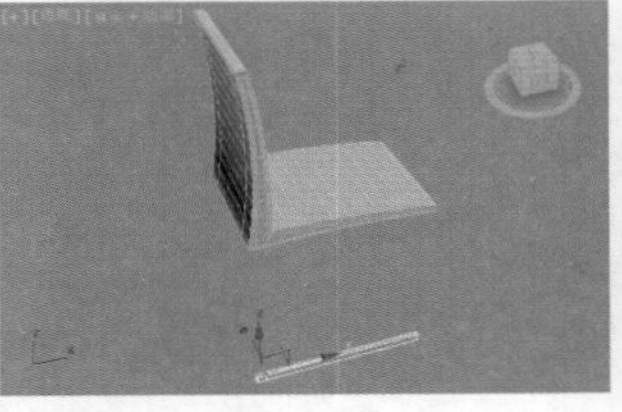
图6-213

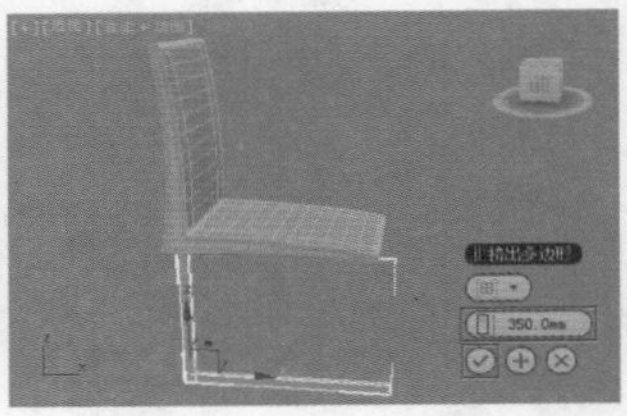

图6-214

04 在【顶点】级别下，选择如图6-215所示的顶点，调节点的位置，如图6-216所示。

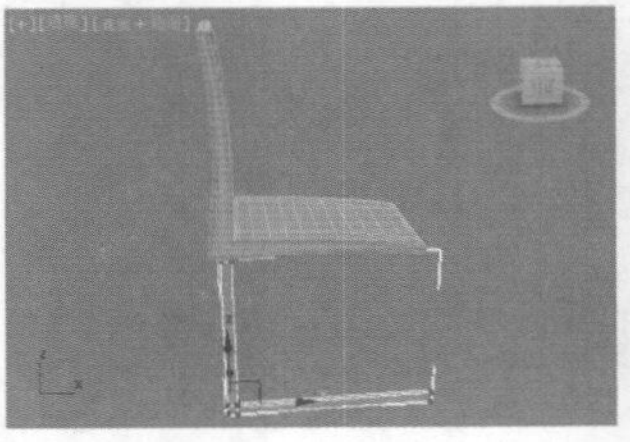
图6-215

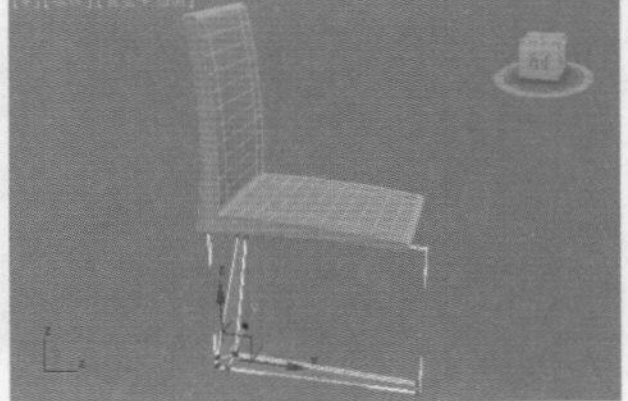
图6-216

05 在【边】级别下，选择如图6-217所示的边。单击 切角 按钮后面的【设置】按钮，并设置【数量】为0.1mm，如图6-218所示。

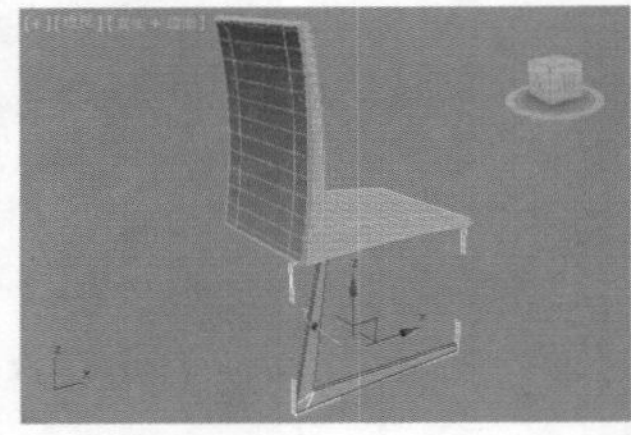
图6-217

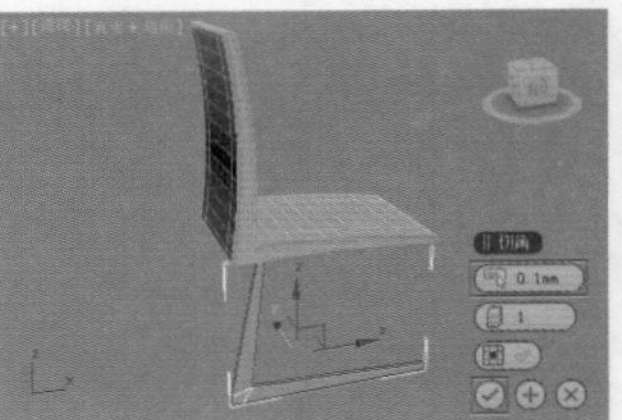
图6-218

06 保持选择上一步中创建的模型，为其加载【网格平滑】修改器，在【修改】面板中展开【细分量】卷展栏，设置【迭代次数】为1，如图6-219所示。

07 选择上一步创建的模型，复制一份，如图6-220所示。

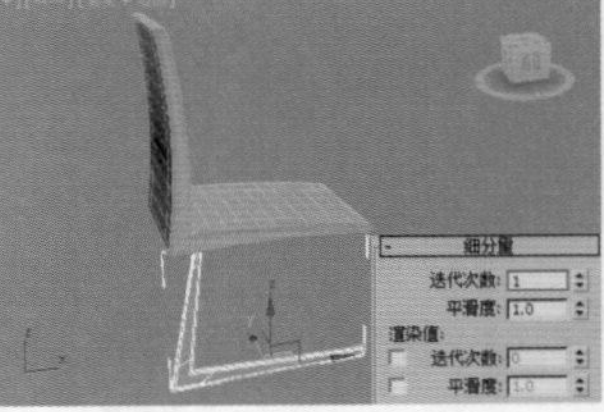
图6-219

08 最终模型效果如图6-221所示。

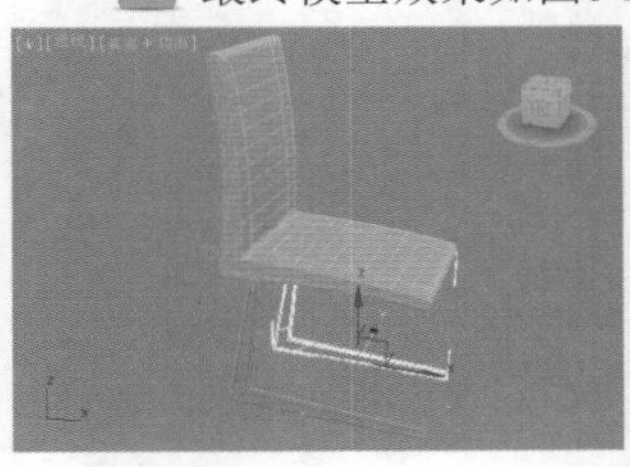
图6-220

图6-221

★ 案例实战——多边形建模制作简约茶几

场景文件	无
案例文件	案例文件\Chapter 06\案例实战——多边形建模制作简约茶几.max
视频教学	视频文件\Chapter 06\案例实战——多边形建模制作简约茶几.flv
难易指数	★★☆☆☆
技术掌握	掌握多边形建模下【圆柱体】工具、【球体】工具、【编辑多边形】修改器和【网格平滑】修改器的运用

实例介绍

简约茶几一般都是放在客厅中沙发的旁边，主要用于放置茶杯、泡茶用具、酒杯、水果、水果刀、烟灰缸、花等。最终渲染和线框效果如图6-222所示。

图6—222

建模思路

使用【圆柱体】工具、【球体】工具、【编辑多边形】修改器和【网格平滑】修改器制作简约茶几模型

简约茶几建模流程如图6-223所示。

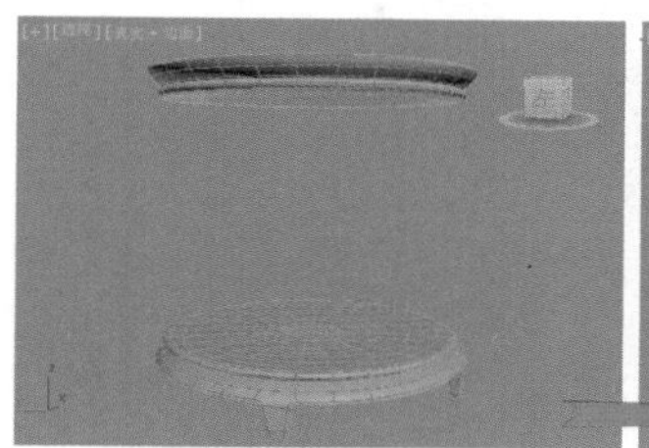
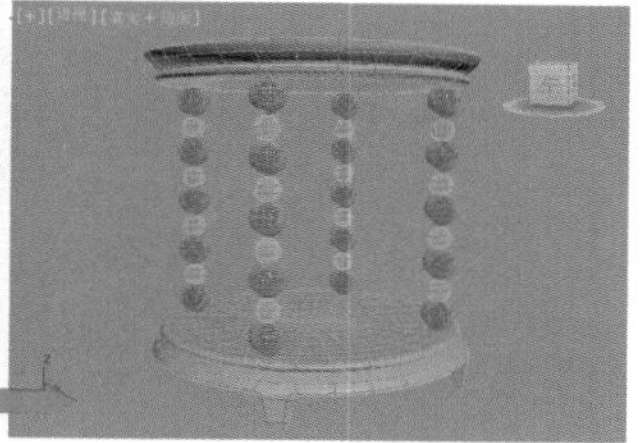

图6—223

制作步骤

01 单击（创建）|（几何体）| 标准基本体 | 圆柱体 按钮，在顶视图中创建一个圆柱体，并设置【半径】为100mm，【高度】为20mm，【高度分段】为4，【边数】为30，如图6-224所示。

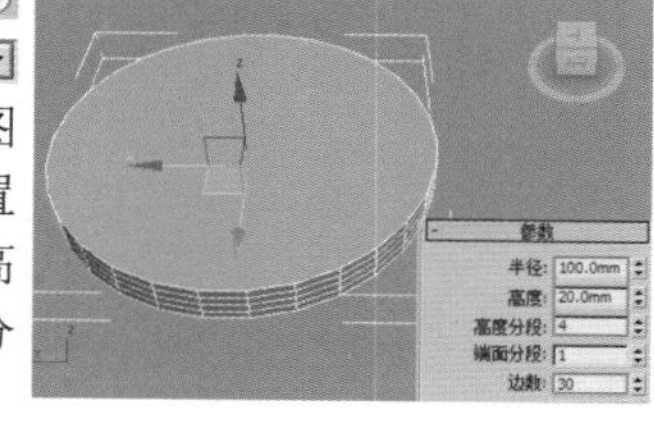

图6—224

02 选择上一步创建的模型，为其加载【编辑多边形】修改器，如图6-225所示。在【顶点】级别下，调节顶点的位置，如图6-226所示。

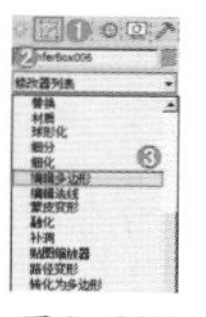

图6—225

03 在【边】级别下，选择如图6-227所示的边。单击 切角 按钮后面的【设置】按钮，并设置【数量】为0.1mm，如图6-228所示。

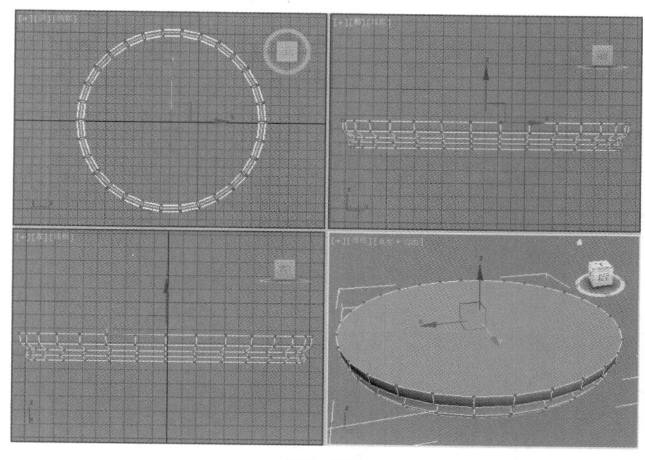

图6—226

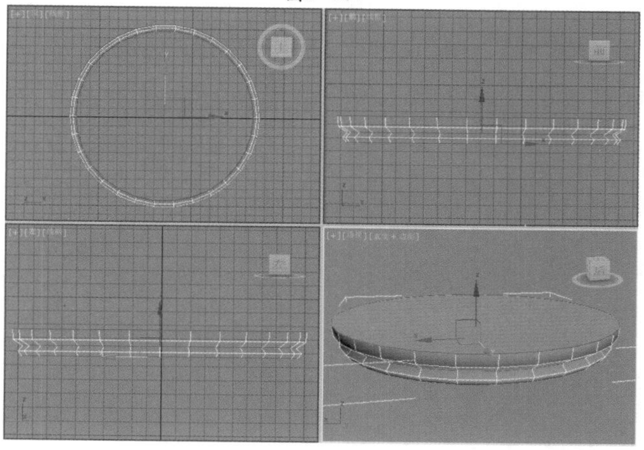

图6—227

04 选择上一步创建的模型，为其加载【网格平滑】修改器，如图6-229所示。在【修改】面板中展开【细分量】卷展栏，设置【迭代次数】为2，如图6-230所示。

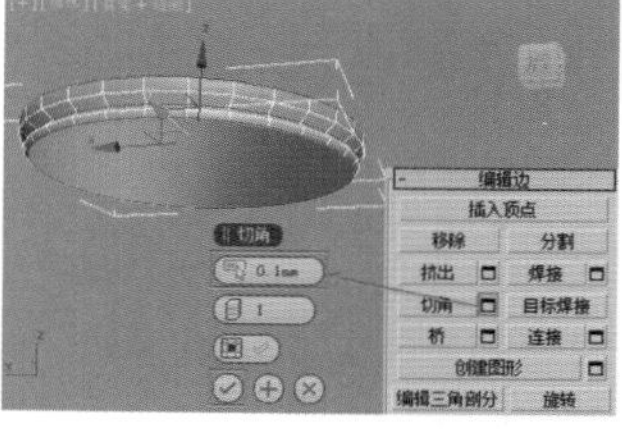

图6—228

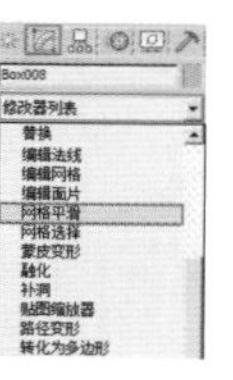

图6—229

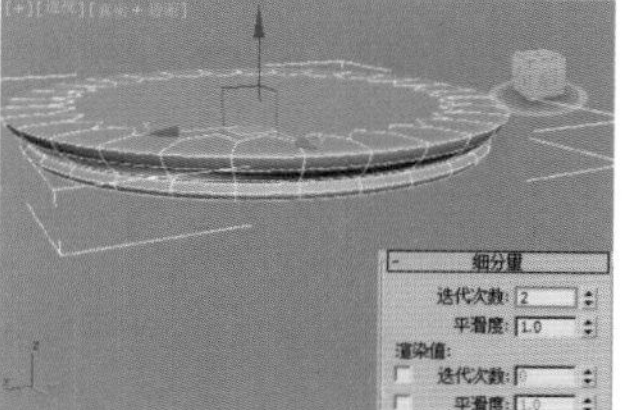

图6—230

05 利用 圆柱体 工具在顶视图中创建一个圆柱体，并设置【半径】为100mm，【高度】为20mm，【高度分段】为4，【端面分段】为10，【边数】为30，如图6-231所示。

06 为上一步创建的圆柱体加载【编辑多边形】修改

器，在【顶点】级别下，调节顶点的位置，如图6-232所示。

07 在【多边形】级别下，选择如图6-233所示的多边形。单击 挤出 按钮后面的【设置】按钮，并设置【高度】为20mm，如图6-234所示。

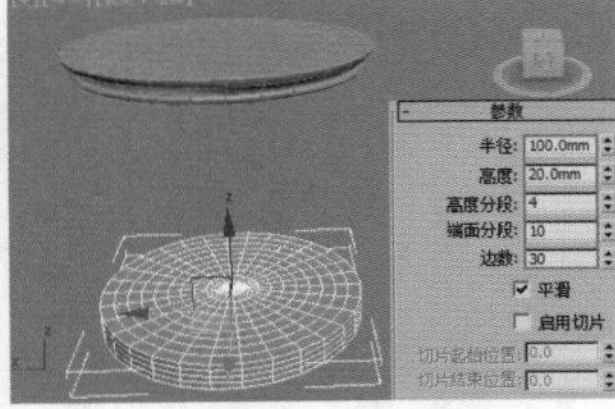

图6-231

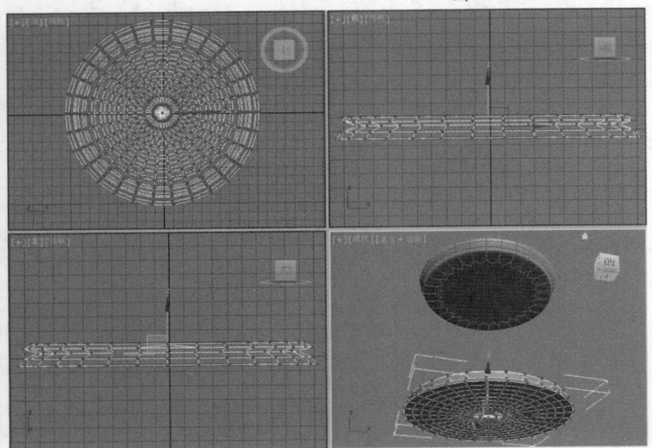

图6-232

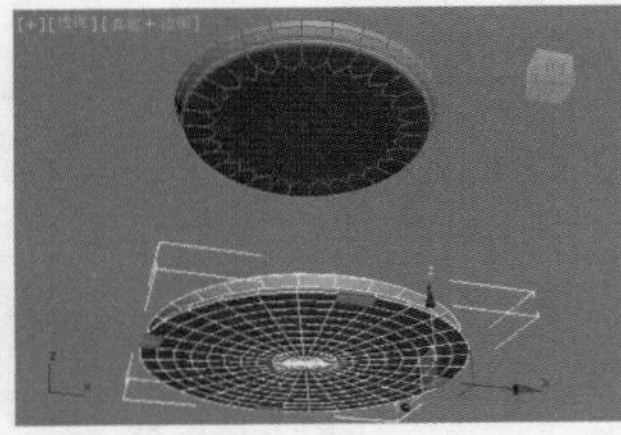

图6-233

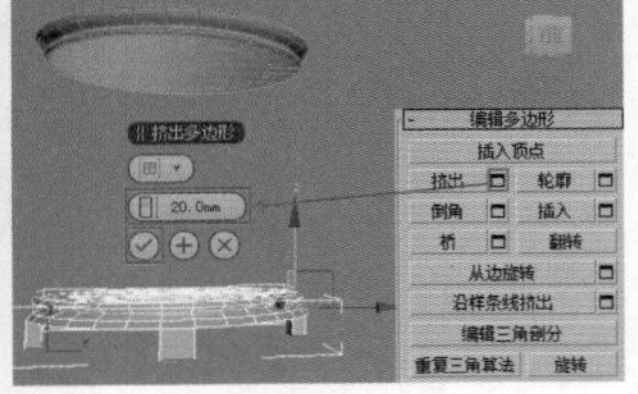

图6-234

08 保持选择上一步选择的多边形，使用【选择并均匀缩放】工具，在透视图中将模型沿X、Y轴缩放，如图6-235所示。

09 在【边】级别下，选择如图6-236所示的边。单击 切角 按钮后面的【设置】按钮，并设置【数量】为0.1mm，如图6-237所示。

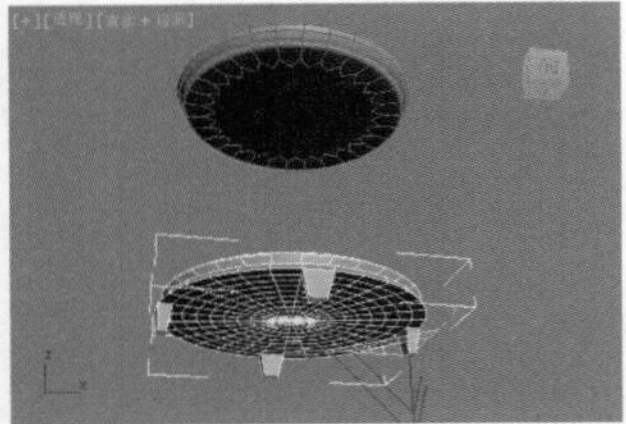

图6-235

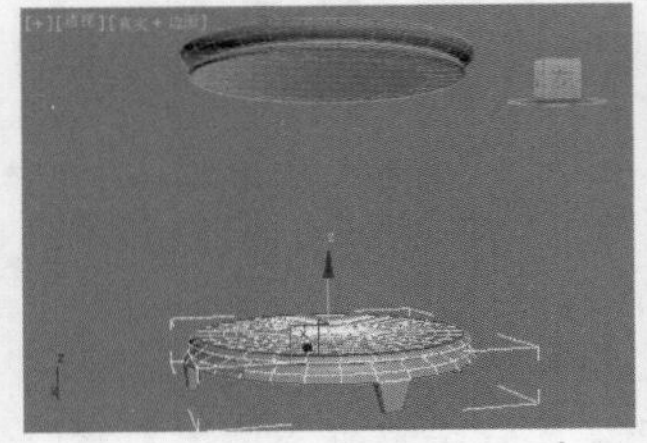

图6-236

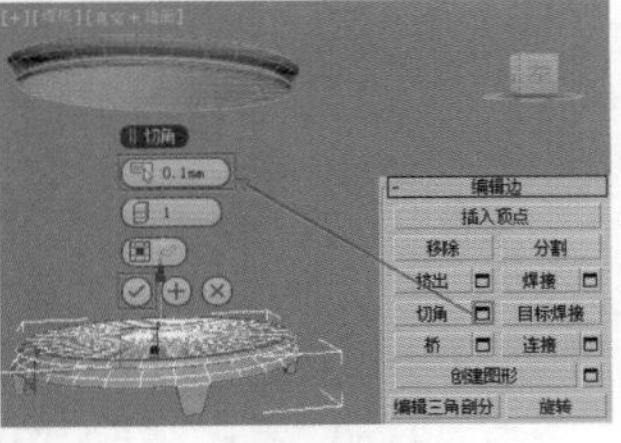

图6-237

10 选择上一步创建的模型，为其加载【网格平滑】修改器，在【修改】面板中展开【细分量】卷展栏，设置【迭代次数】为2，如图6-238所示。

11 单击（创建）|（几何体）| 标准基本体 | 球体 按钮，在顶视图中创建一个球体，并设置【半径】为10mm，如图6-239所示。

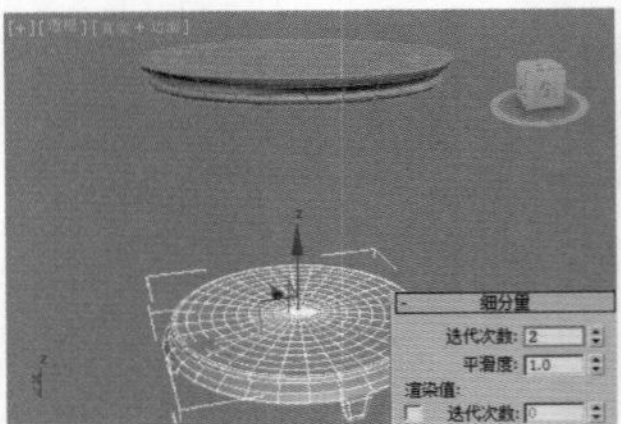

图6-238

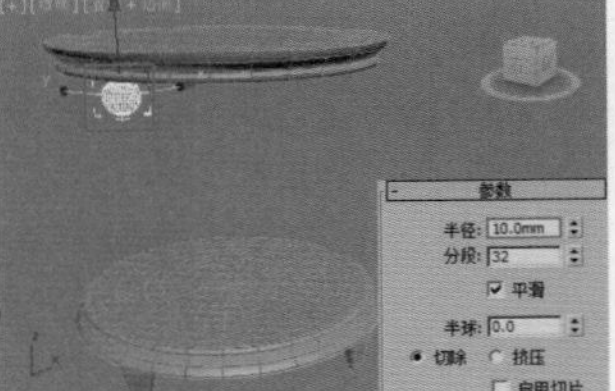

图6-239

12 继续利用 球体 工具在顶视图创建一个球体，并设置【半径】为7mm，如图6-240所示。

13 选择如图6-241所示的模型，并将其复制多份，如图6-242所示。

14 最终模型效果如图6-243所示。

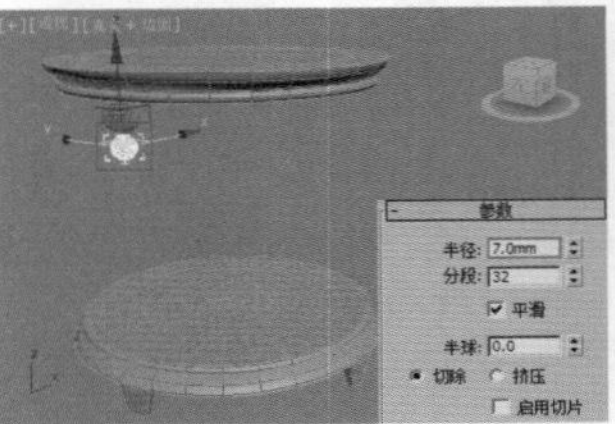

图6-240

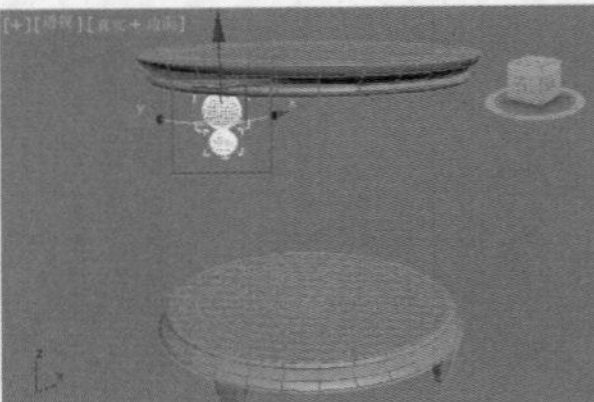

图6-241

图6-242

图6-243

★ 案例实战——多边形建模制作铜镜子

场景文件	无
案例文件	案例文件\Chapter 06\案例实战——多边形建模制作铜镜子.max
视频教学	视频文件\Chapter 06\案例实战——多边形建模制作铜镜子.flv
难易指数	★★☆☆☆
技术掌握	掌握多边形建模下【线】工具、【圆】工具、【管状体】工具、【挤出】修改器、【网格平滑】修改器和【编辑多边形】修改器的运用

实例介绍

铜镜子是铜制的镜子，起到整理仪容的作用，更能起到装饰的目的。最终渲染和线框效果如图6-244所示。

建模思路

使用【线】工具、【圆】工具、【管状体】工具、【挤出】修改器、【网格平滑】修改器和【编辑多边形】修改器制作铜镜子模型

铜镜子建模流程如图6-245所示。

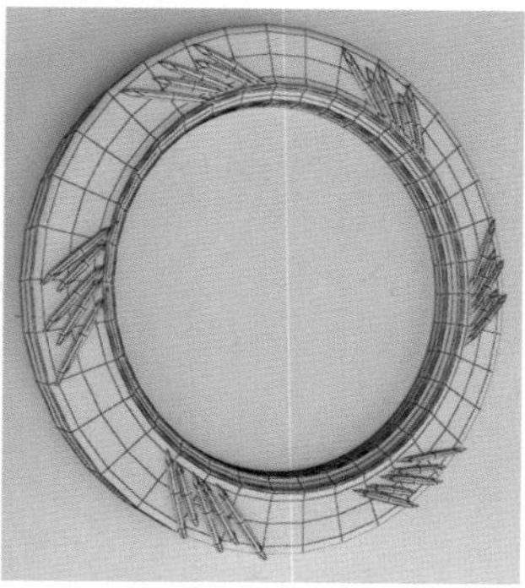

图6-244

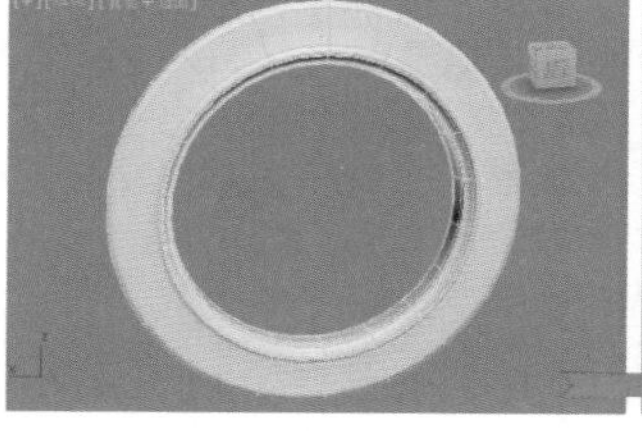
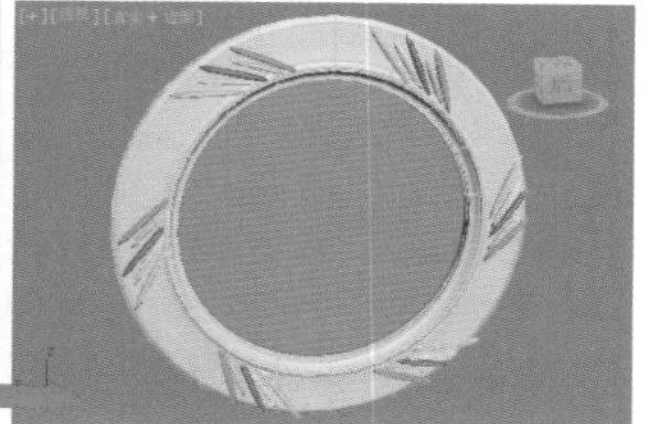

图6-245

制作步骤

01 单击（创建）|（几何体）| 标准基本体 | 管状体 按钮，在前视图中创建一个管状体，并设置【半径1】为60mm，【半径2】为43mm，【高度】为10mm，如图6-246所示。

02 选择上一步创建的模型，为其加载【编辑多边形】修改器，如图6-247所示。

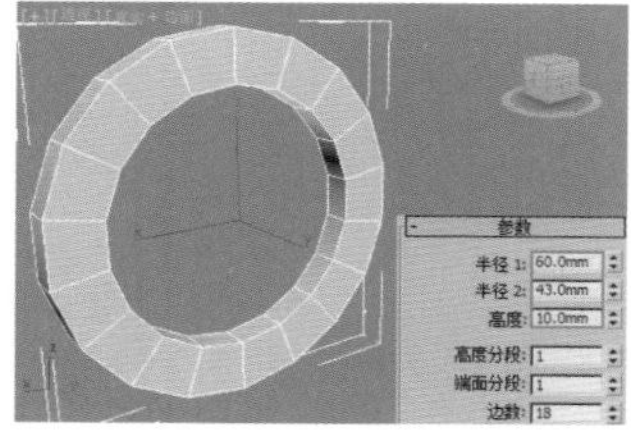

图6-246

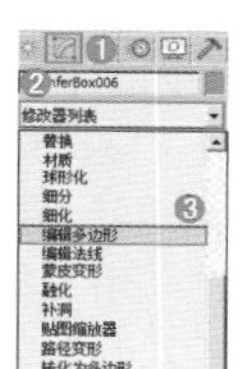

图6-247

03 在【边】级别下，选择如图6-248所示的边。单击 切角 按钮后面的【设置】按钮，并设置【数量】为3mm。

04 保持选择上一步选择的边，单击 切角 按钮后面的【设置】按钮，并设置【数量】为0.5mm，如图6-249所示。

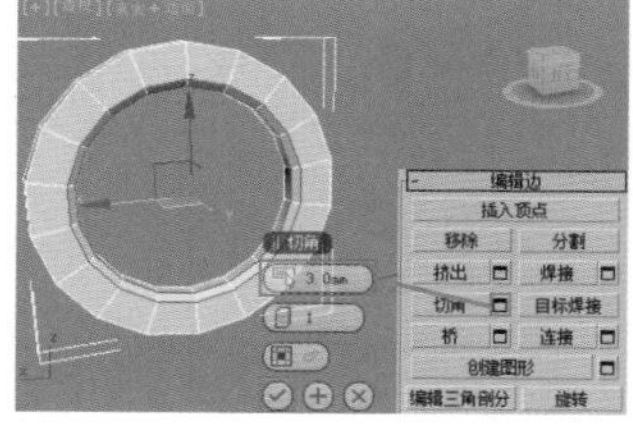

图6-248

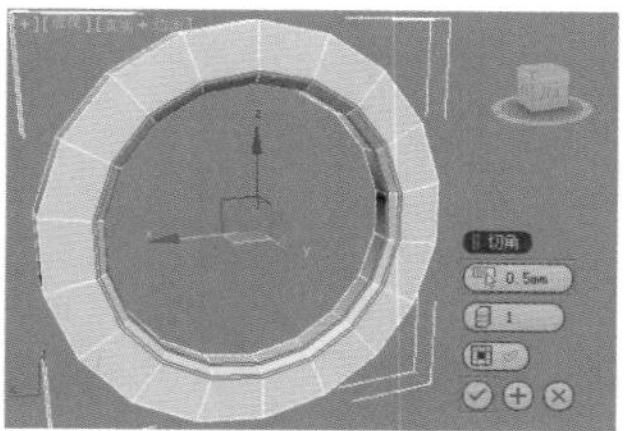

图6-249

05 在【多边形】级别下，选择如图6-250所示的多边形。单击 挤出 按钮后面的【设置】按钮，并设置【数量】为1mm，如图6-251所示。

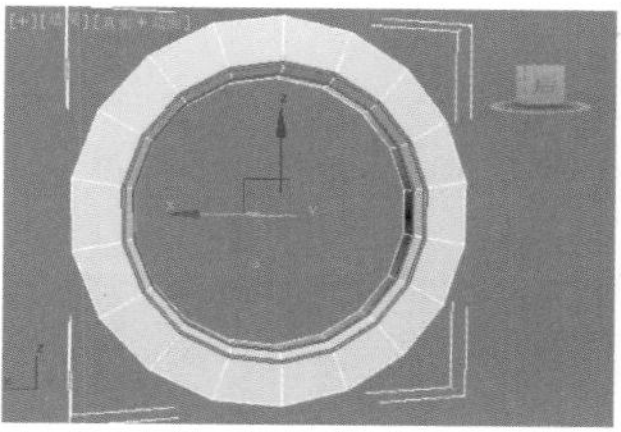

图6-250

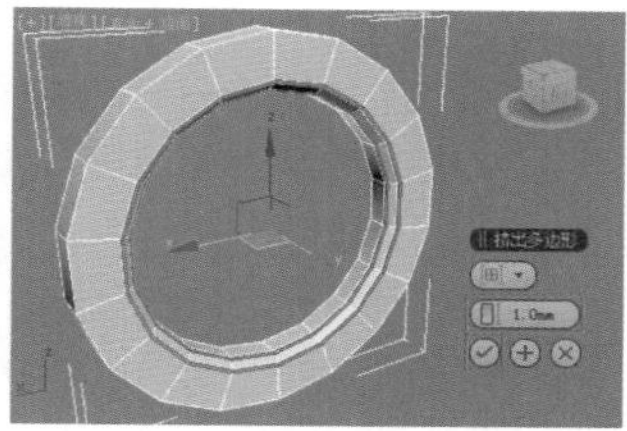

图6-251

06 在【边】级别下，选择如图6-252所示的边。单击 切角 按钮后面的【设置】按钮，并设置【数量】为0.1mm，如图6-253所示。

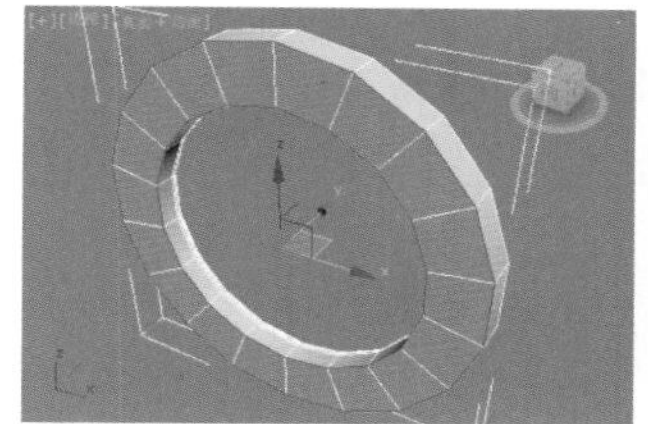

图6-252

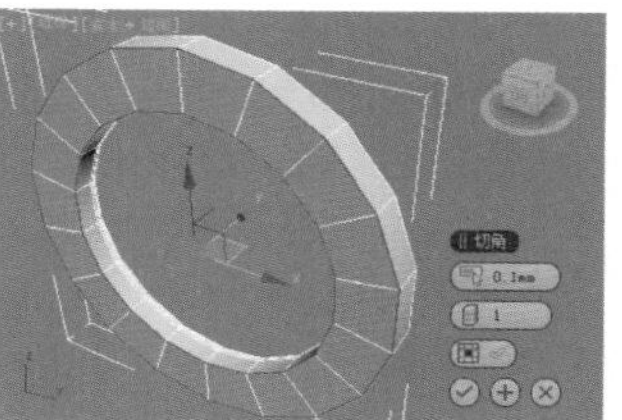

图6-253

07 选择上一步创建的模型，为其加载【网格平滑】修改器，如图6-254所示。展开【细分量】卷展栏，设置【迭代次数】为1，如图6-255所示。

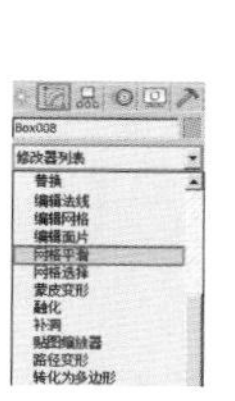

图6-254

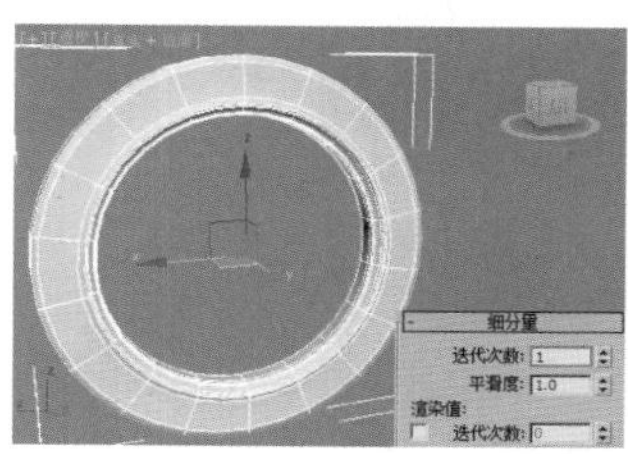

图6-255

08 单击（创建）|（图形）| 样条线 | 线 按钮，在前视图中绘制3条样条线，并在【修改】面板的【渲染】卷展栏中分别启用【在渲染中启用】和【在视口中启用】选项，选中【矩形】单选按钮，设置【长度】为3mm，【宽度】为2mm，如图6-256所示。

09 选择上一步创建的模型，为其加载【网格平滑】修改器，并展开【细分量】卷展栏，设置【迭代次数】为1，如图6-257所示。

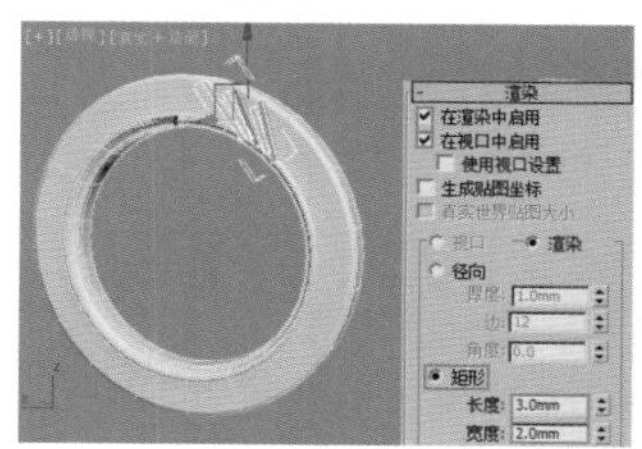

图6-256

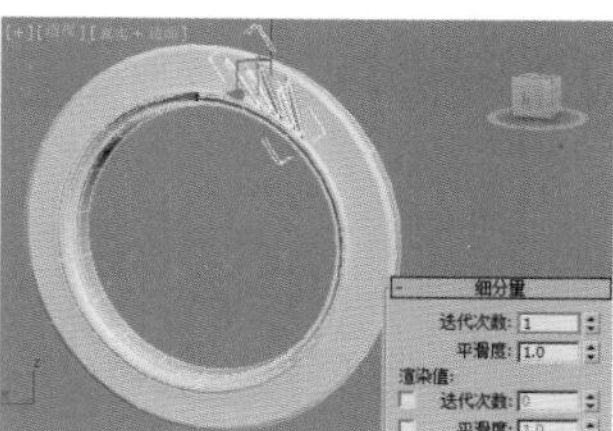

图6-257

10 选择上一步创建的模型，单击按钮进入【层次】面板，单击标准基本体按钮，在顶视图中将线的轴心移动到圆的正中心，最后再次单击 长方体 按钮，将其取消，如图6-258所示。

11 保持选择上一步选择的模型，单击【选择并旋转】工具，按下Shift键，沿Y轴旋转复制5份，如图6-259所示。

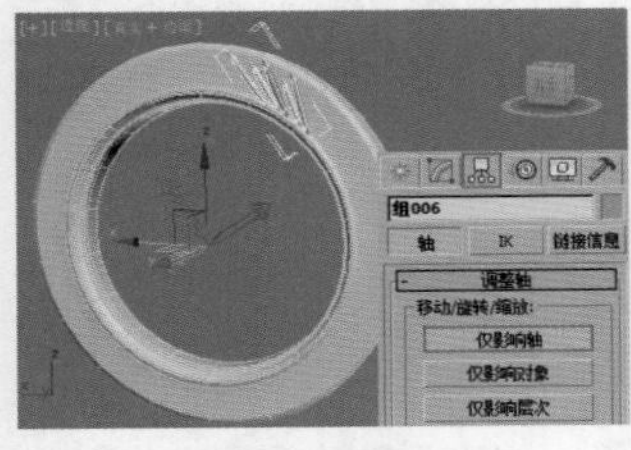

图6—258

图6—259

12 单击（创建）|（图形）|样条线| 圆 按钮，在前视图中创建一个圆，并设置【半径】为42mm，如图6-260所示。

13 选择上一步创建的模型，为其加载【挤出】修改器，如图6-261所示。

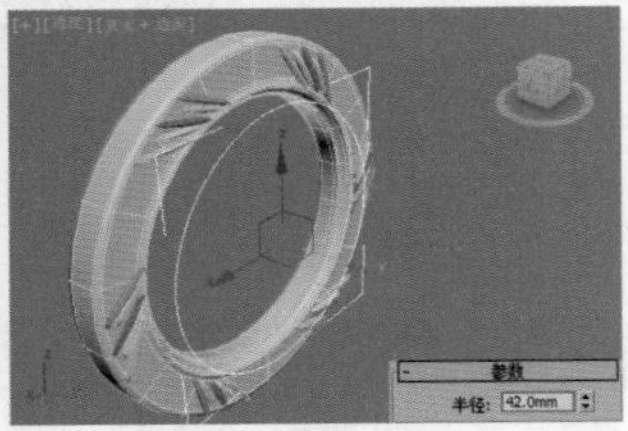

图6—260

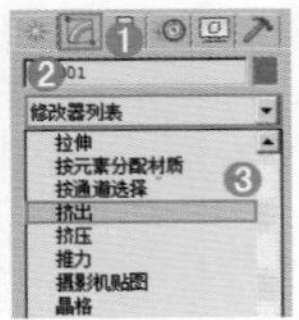

图6—261

14 展开【参数】卷展栏，设置【数量】为1mm，如图6-262所示。

15 最终模型效果如图6-263所示。

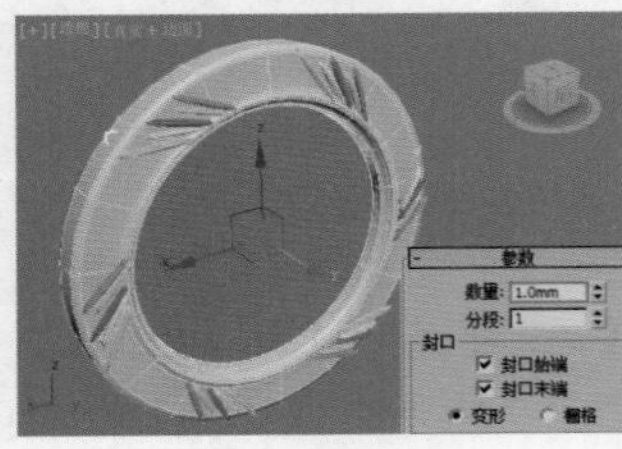

图6—262

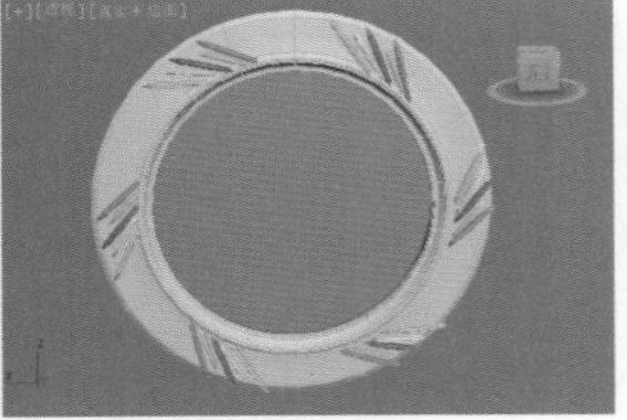

图6—263

★ 案例实战——多边形建模制作简约风格椅子

场景文件	无
案例文件	案例文件\Chapter 06\案例实战——多边形建模制作简约风格椅子.max
视频教学	视频文件\Chapter 06\案例实战——多边形建模制作简约风格椅子.flv
难易指数	★★★☆☆
技术掌握	掌握修改器建模下【长方体】工具、【线】工具、【平面】工具、【图形合并】工具、【壳】修改器、【弯曲】修改器、【编辑多边形】修改器和【网格平滑】修改器的运用

实例介绍

简约风格椅子是供人们休息的家具，主要特点是结构较为简单、大气。最终渲染和线框效果如图6-264所示。

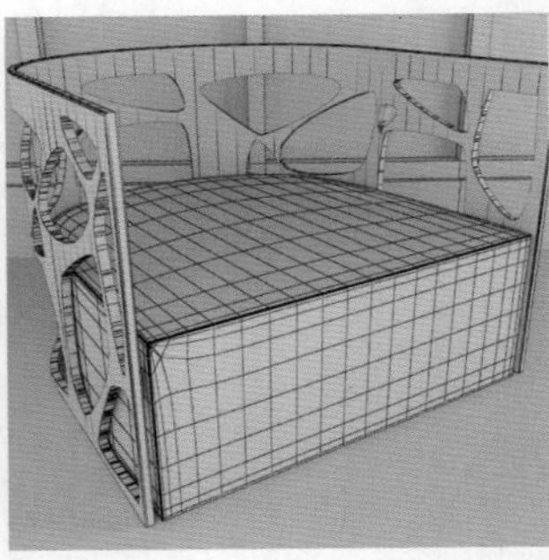

图6—264

建模思路

01 使用【长方体】工具、【编辑多边形】修改器和【网格平滑】修改器制作简约风格椅子椅垫模型

02 使用【线】工具、【平面】工具、【图形合并】工具、【壳】修改器、【弯曲】修改器和【编辑多边形】修改器制作简约风格椅子靠背部分模型

简约风格椅子建模流程如图6-265所示。

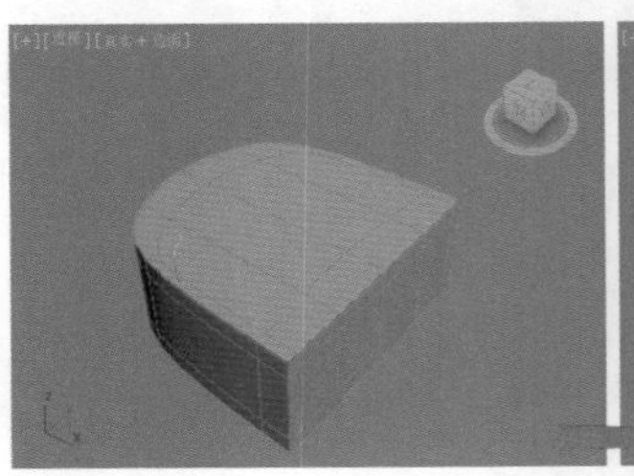

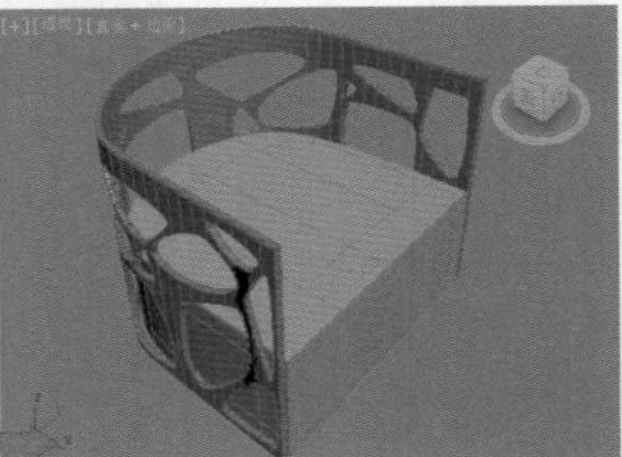

图6—265

制作步骤

Part 01 制作简约风格椅子椅垫模型

01 单击（创建）|（几何体）|标准基本体| 长方体 按钮，在顶视图中创建一个长方体，并设置【长度】为500mm，【宽度】为400mm，【高度】为200mm，【长度分段】为4，如图6-266所示。

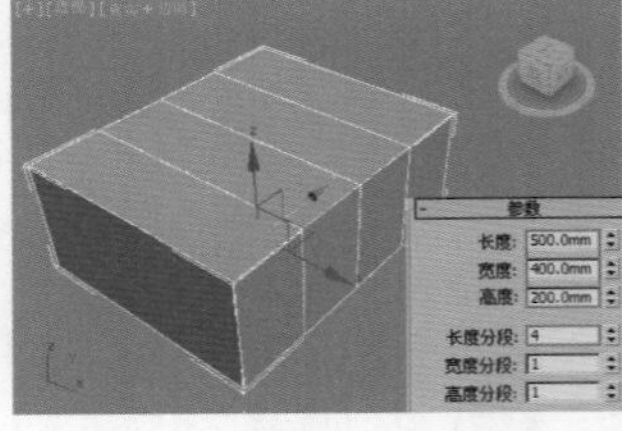

图6—266

02 选择上一步创建的模型，并为其加载【编辑多边形】修改器，如图6-267所示。在【顶点】级别下，调节顶点的位置，如图6-268所示。

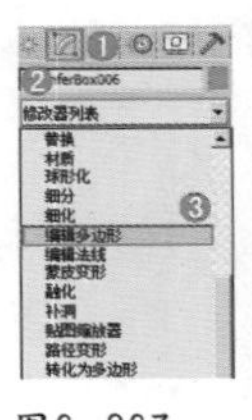

图6—267

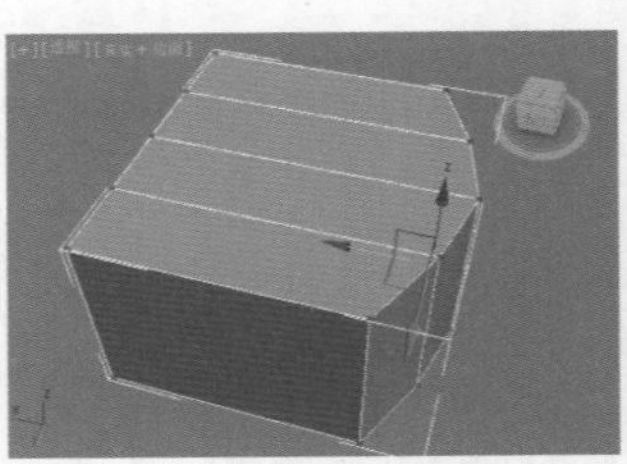

图6—268

03 在【边】级别下，选择如图6-269所示的边。单

击 切角 按钮后面的【设置】按钮，并设置【数量】为3mm，【分段】为3，如图6-270所示。

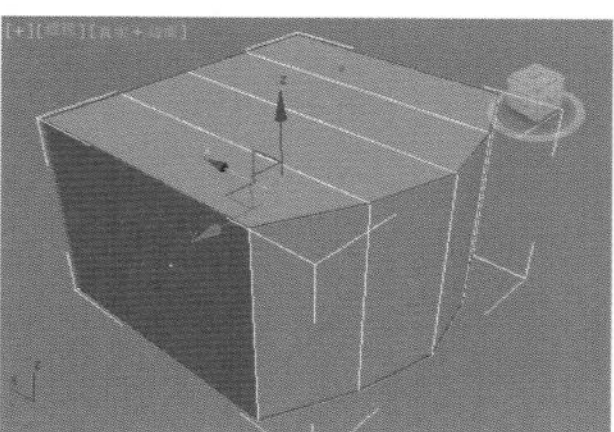

图6-269

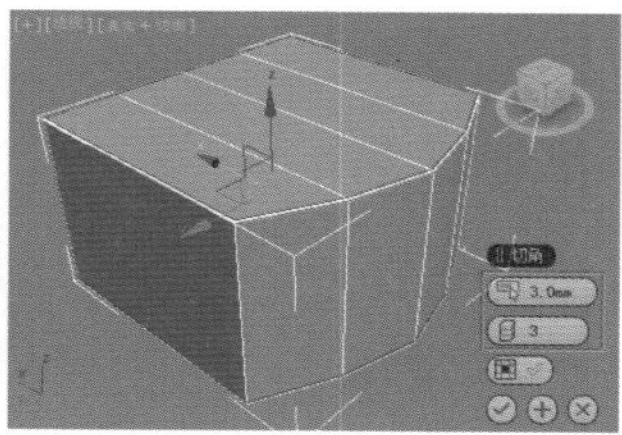

图6-270

04 选择上一步创建的模型，为其加载【网格平滑】修改器，如图6-271所示。在【修改】面板中展开【细分量】卷展栏，设置【迭代次数】为2，如图6-272所示。

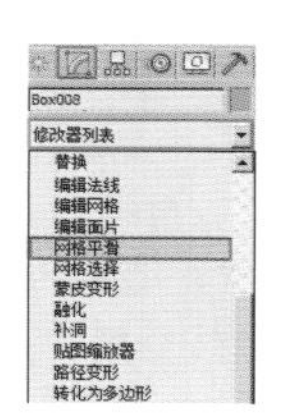

图6-271

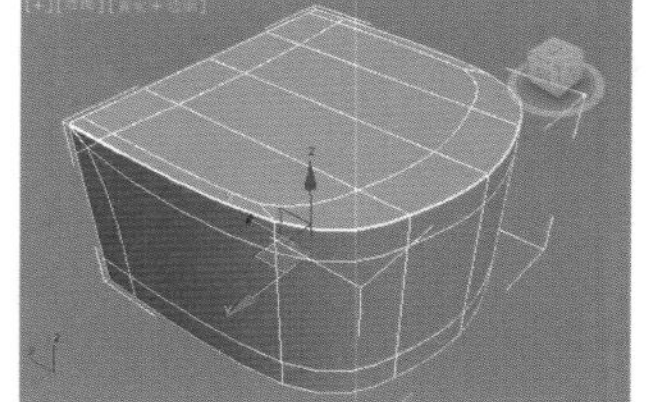

图6-272

Part 02 制作简约风格椅子靠背部分模型

01 单击（创建）|（几何体）| 标准基本体 | 平面 按钮，在左视图中创建一个平面，并设置【长度】为400mm，【宽度】为1500mm，【宽度分段】为25，如图6-273所示。

02 单击（创建）|（图形）| 样条线 | 线 按钮，在顶视图中绘制出如图6-274所示的形状。

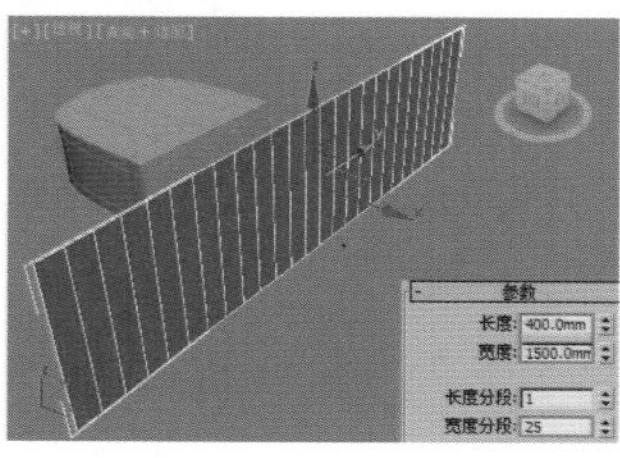

图6-273

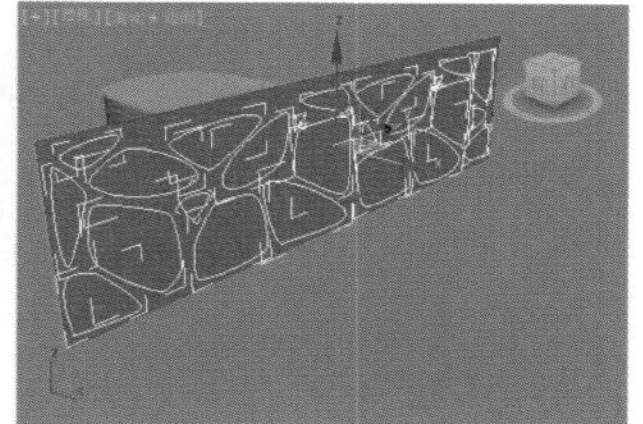

图6-274

03 选择如图6-275所示的模型，单击（创建）|（图形）| 复合对象 | 图形合并 按钮，如图6-276所示。

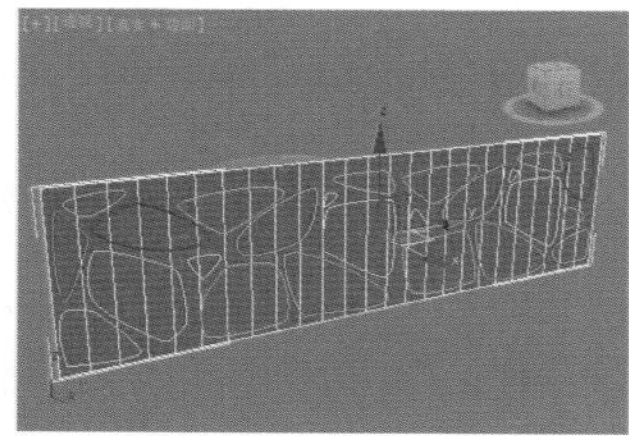

图6-275

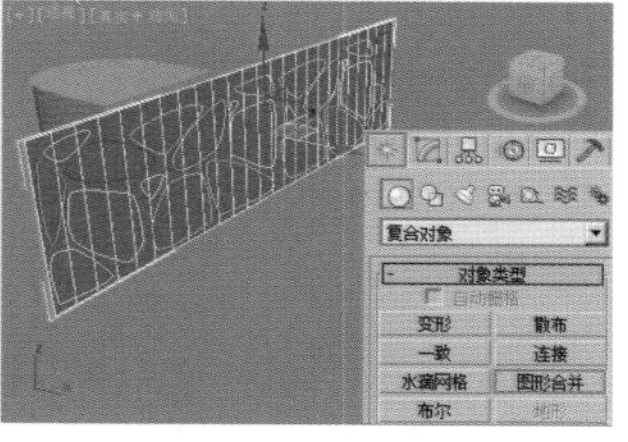

图6-276

04 展开【拾取操作对象】卷展栏，单击 拾取图形 按钮，选中【移动】单选按钮，并分别单击拾取各个形状，此时图形合并后效果如图6-277所示。

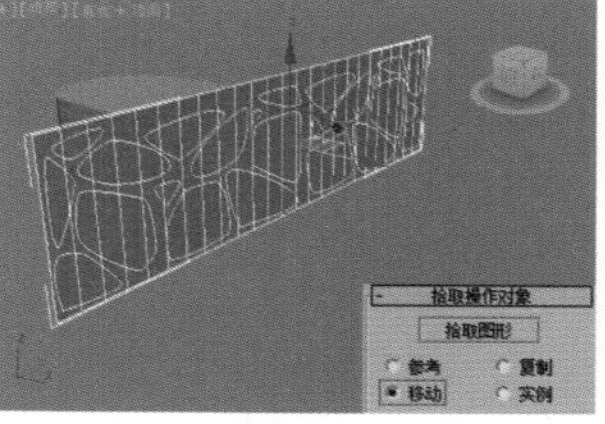

图6-277

05 保持选择上一步中创建的模型，为其加载【编辑多边形】修改器，在【多边形】级别下，选择如图6-278所示的多边形，并按Delete键将其删除，如图6-279所示。

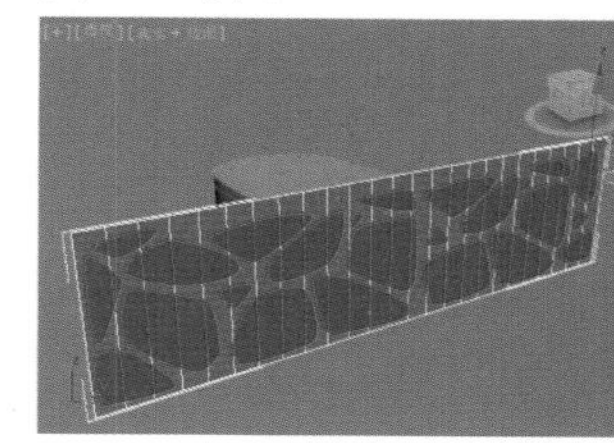

图6-278

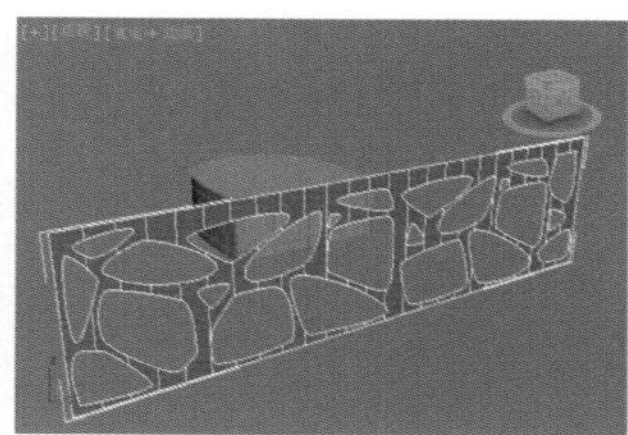

图6-279

06 保持选择上一步中创建的模型，为其加载【弯曲】修改器，如图6-280所示。在【修改】面板中展开【参数】卷展栏，在【弯曲】选项组中设置【角度】为173，在【弯曲轴】选项组中激活X轴，在【限制】选项组中启用【限制效果】选项，设置【上限】为354mm，【下限】为-362mm，如图6-281所示。

图6-280

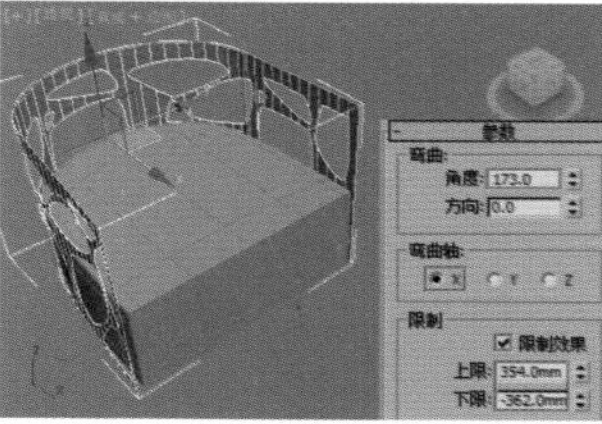

图6-281

技巧提示

在制作一个模型之前，一定要考虑使用什么建模方法进行模型的制作，而且有些情况下是多种建模方式搭配使用的。比如该实例中，我们使用了非常独特的方法，即用【图形合并】工具、多边形建模将模型制作出镂空效果，并使用【弯曲】修改器制作出弯曲的弧度效果，这是制作该模型最便捷的方法。假如只使用单一的方法进行制作，那么工作量可能会大大地增加。

07 保持选择上一步中创建的模型，为其加载【壳】修改器，如图6-282所示。展开【参数】卷展栏，设置【外部量】为10mm，如图6-283所示。

08 为模型加载【编辑多边形】修改器，在【边】级别下，选择如图6-284所示的边。单击 切角 按钮后面的【设置】按钮，并设置【数量】为2mm，【分段】为3，如图6-285所示。

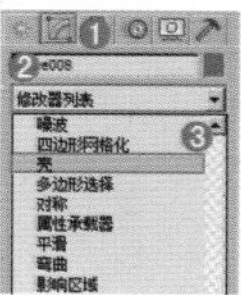

图6-282

09 最终模型效果如图6-286所示。

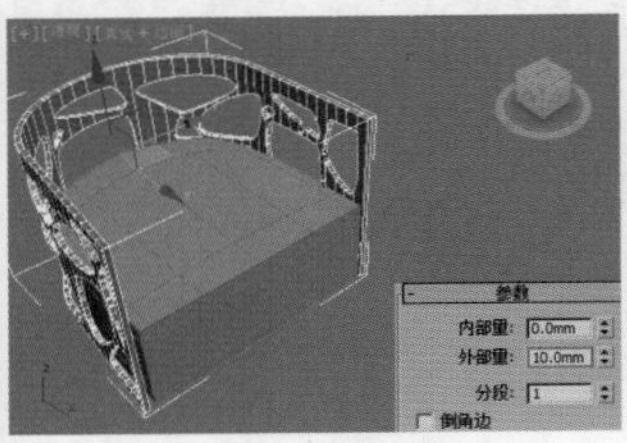

图6-283

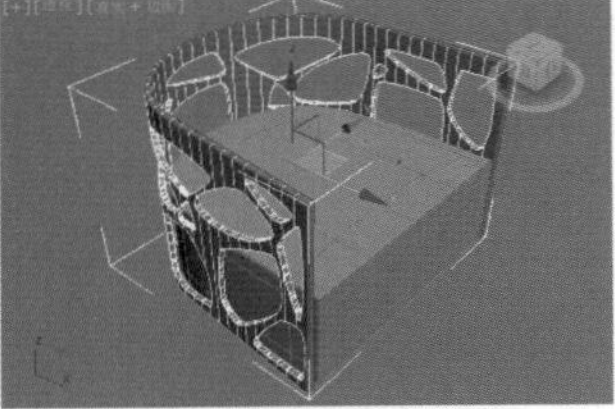

图6-284

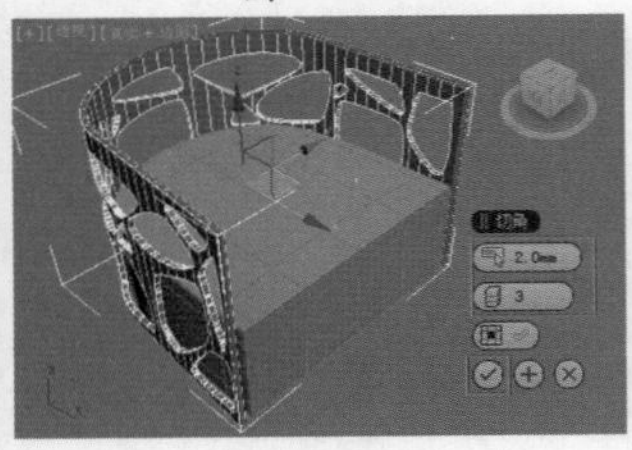

图6-285

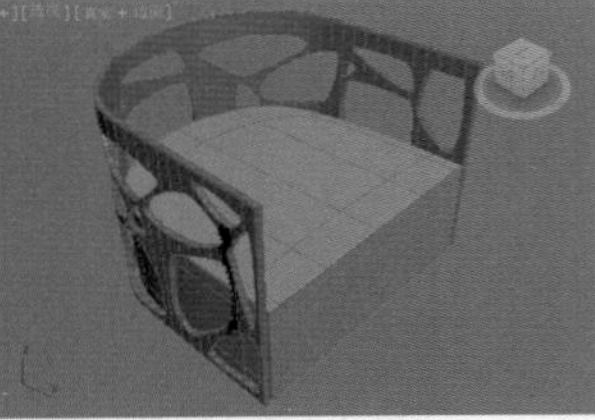

图6-286

★ 案例实战——多边形建模制作洗面盆

场景文件	无
案例文件	案例文件\Chapter 06\案例实战——多边形建模制作洗面盆.max
视频教学	视频文件\Chapter 06\案例实战——多边形建模制作洗面盆.flv
难易指数	★★☆☆☆
技术掌握	掌握多边形建模下【圆柱体】工具、【编辑多边形】修改器和【网格平滑】修改器的运用

实例介绍

洗面盆比较适合安装于面积较大的卫生间，可制作天然石材或人造石材的台面与之配合使用，还可以在台面下订做浴室柜，盛装卫浴用品，美观、实用。最终渲染和线框效果如图6-287所示。

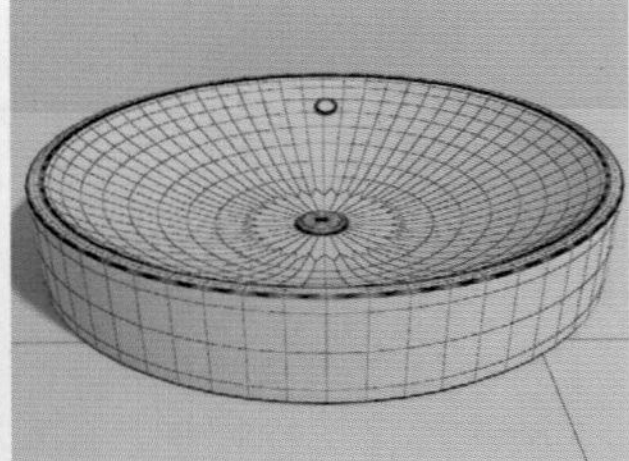

图6-287

建模思路

01 使用【圆柱体】工具、【编辑多边形】修改器和【网格平滑】修改器制作洗面盆模型

02 使用【圆柱体】工具、【编辑多边形】修改器和【网格平滑】修改器制作洗面盆其他模型

洗面盆建模流程如图6-288所示。

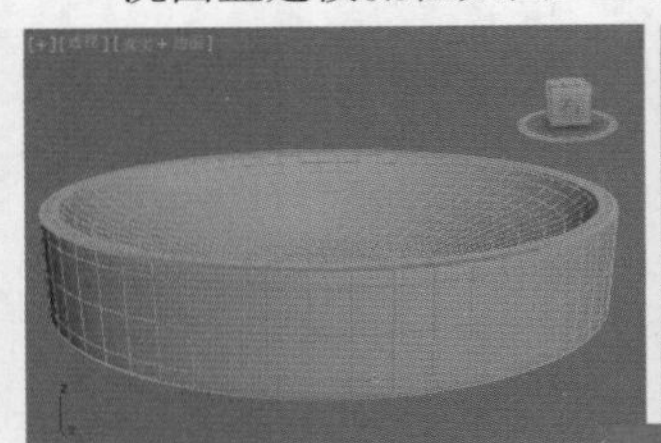

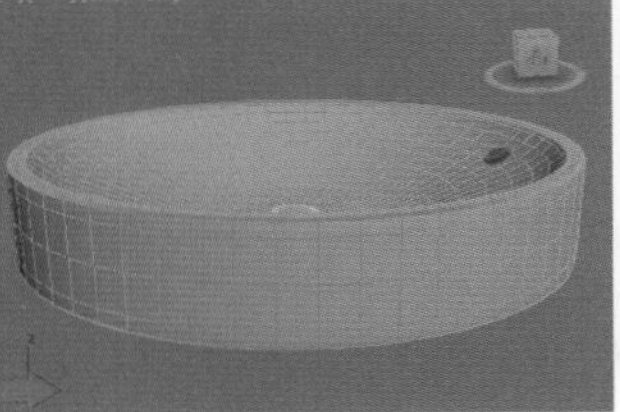

图6-288

制作步骤

Part 01 制作洗面盆模型

01 单击（创建）|（几何体）| 标准基本体 | 圆柱体 按钮，在顶视图中创建一个圆柱体，并设置【半径】为100mm，【高度】为35mm，【边数】为30，如图6-289所示。

02 选择上一步创建的模型，并为其加载【编辑多边形】修改器，如图6-290所示。

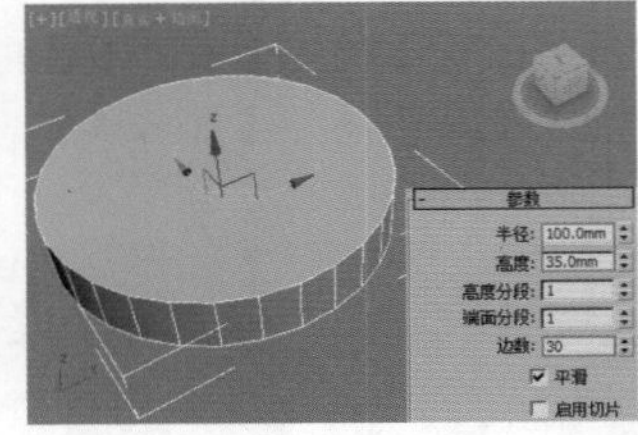

图6-289

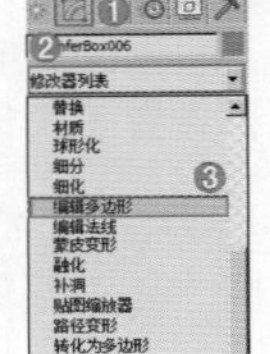

图6-290

03 在【多边形】级别下，选择如图6-291所示的多边形。单击 插入 按钮后面的【设置】按钮，并设置【数量】为5mm，如图6-292所示。

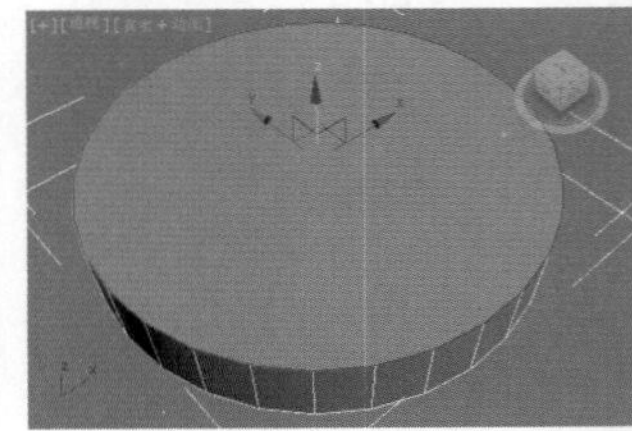

图6-291

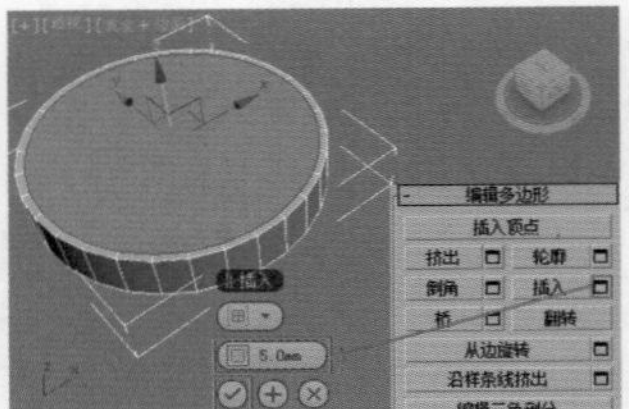

图6-292

04 保持选择上一步选择的多边形，单击 插入 按钮后面的【设置】按钮，并设置【数量】为10mm，如图6-293所示。然后沿Z轴调整多边形的位置，如图6-294所示。

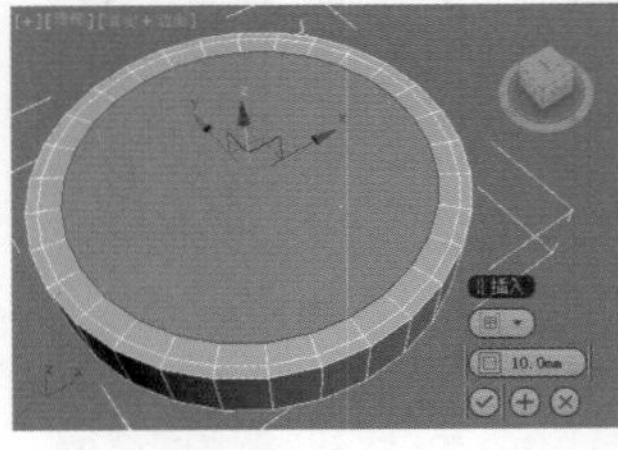

图6-293

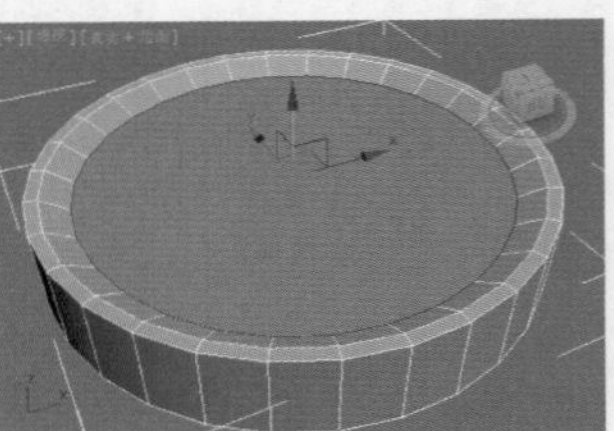

图6-294

05 保持选择上一步选择的多边形，单击 插入 按钮后面的【设置】按钮，并设置【数量】为15mm，如图6-295所示。然后沿Z轴调整多边形的位置，如图6-296所示。

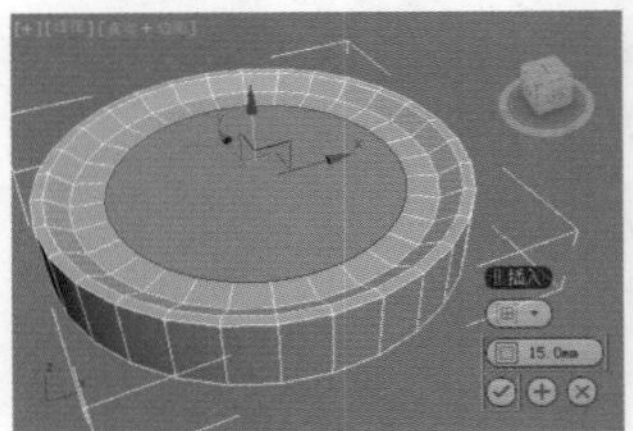

图6-295

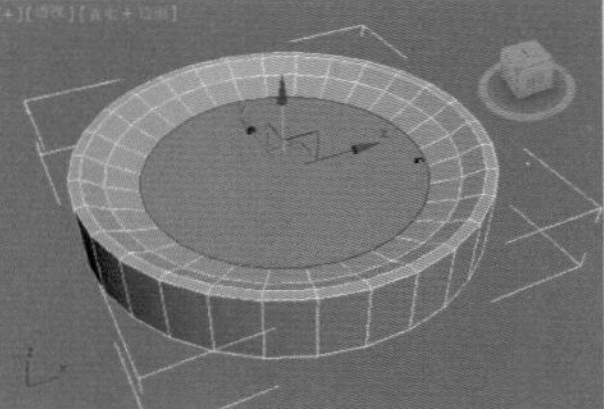

图6-296

06 保持选择上一步选择的多边形，单击 插入 按钮后面的【设置】按钮，并设置【数量】为20mm，如图6-297所示。然后沿Z轴调整多边形的位置，如图6-298所示。

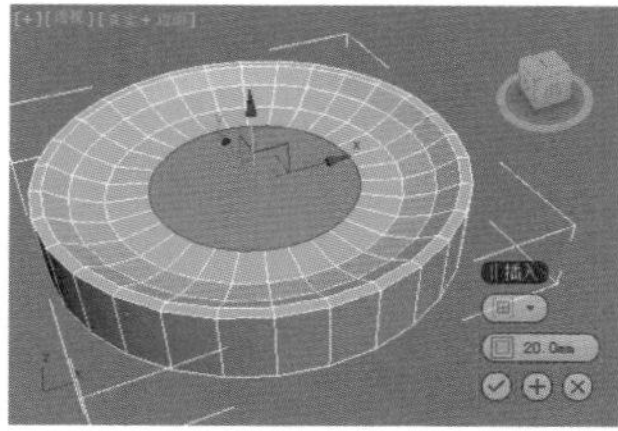

图6－297

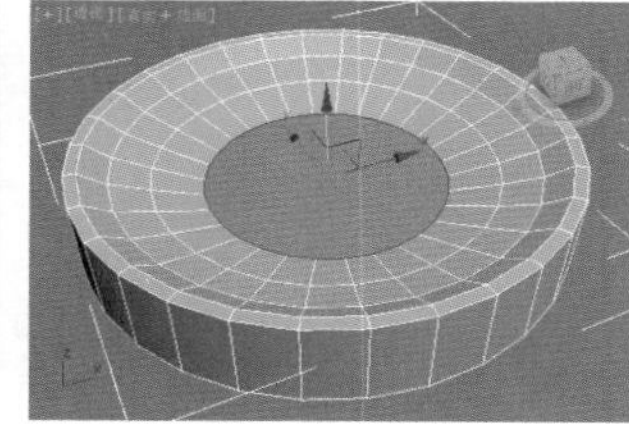

图6－298

07 保持选择上一步选择的多边形，单击 插入 按钮后面的【设置】按钮，并设置【数量】为20mm，如图6-299所示。然后沿Z轴调整多边形的位置，如图6-300所示。

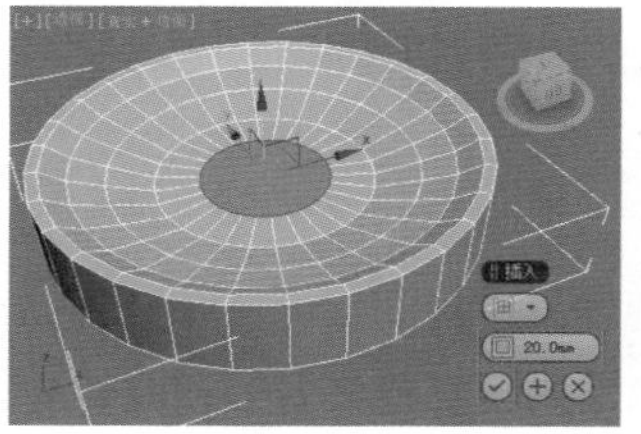

图6－299

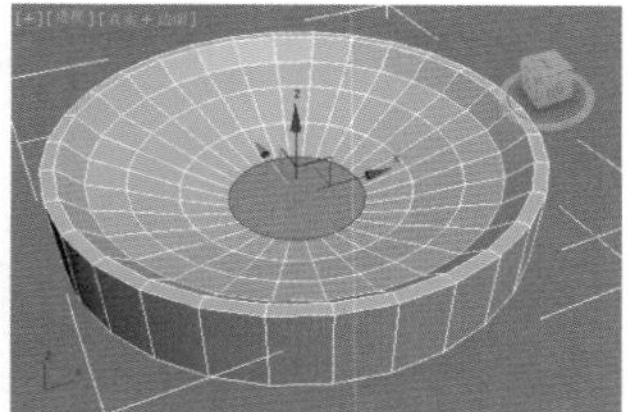

图6－300

08 在【边】级别下，选择如图6-301所示的边。单击 切角 按钮后面的【设置】按钮，并设置【数量】为1mm，【分段】为5，如图6-302所示。

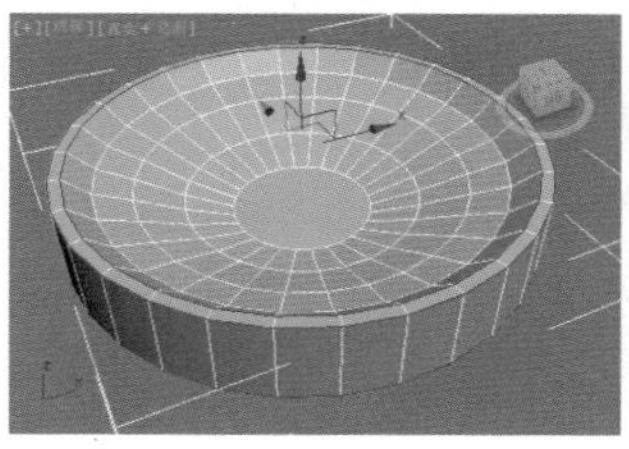

图6－301

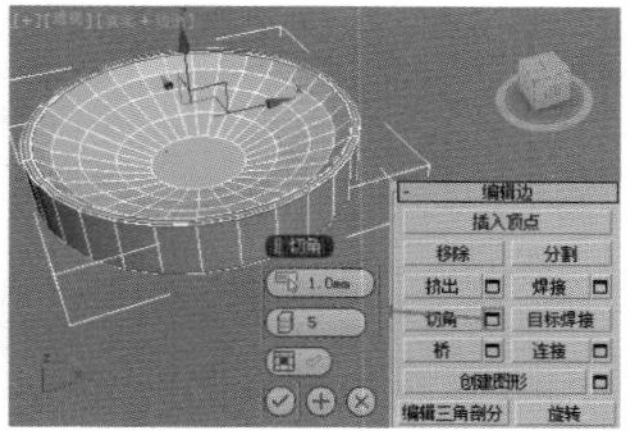

图6－302

09 选择上一步创建的模型，为其加载【网格平滑】修改器，如图6-303所示。在【修改】面板中展开【细分量】卷展栏，设置【迭代次数】为1，如图6-304所示。

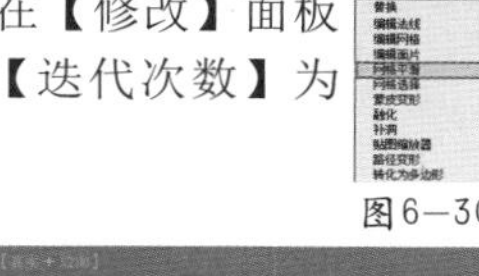

图6－303

技巧提示

不难发现，在使用多边形建模时，很多情况下都会使用【切角】工具，将模型的边缘设置出一个很小的边缘，这样在加载【网格平滑】修改器后，会出现一个非常平滑的过渡效果。

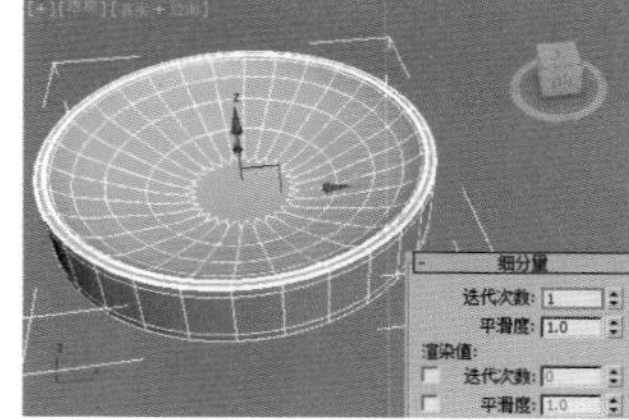

图6－304

Part 02 制作洗面盆其他模型

01 利用 圆柱体 工具在顶视图创建一个圆柱体，并设置【半径】为10mm，【高度】为2mm，【边数】为30，如图6-305所示。

02 选择上一步创建的模型，为其加载【编辑多边形】修改器，在【多边形】级别下，选择如图6-306所示的多边形。单击 插入 按钮后面的【设置】按钮，并设置【数量】为1mm，如图6-307所示。

03 保持选择上一步选择的多边形。单击 挤出 按钮后面的【设置】按钮，并设置【高度】为1mm，如图6-308所示。

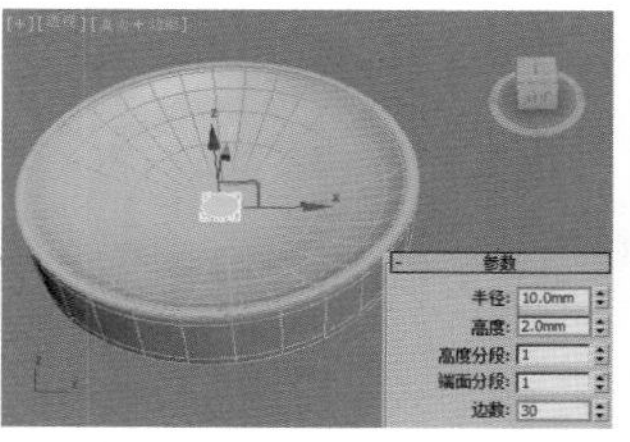

图6－305

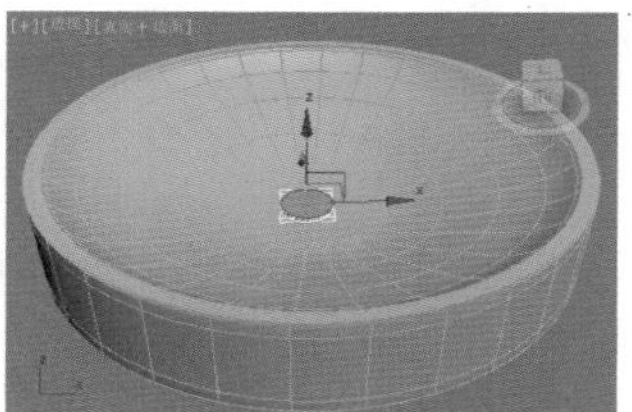

图6－306

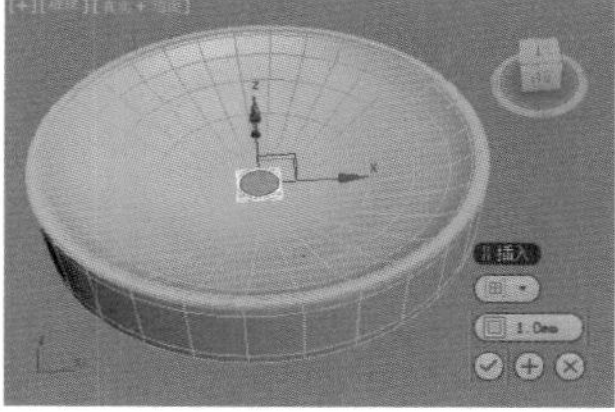

图6－307

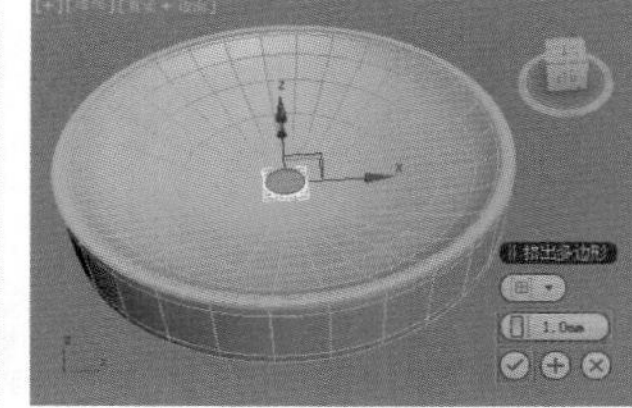

图6－308

04 在【边】级别下，选择如图6-309所示的边。所选边局部图如图6-310所示。

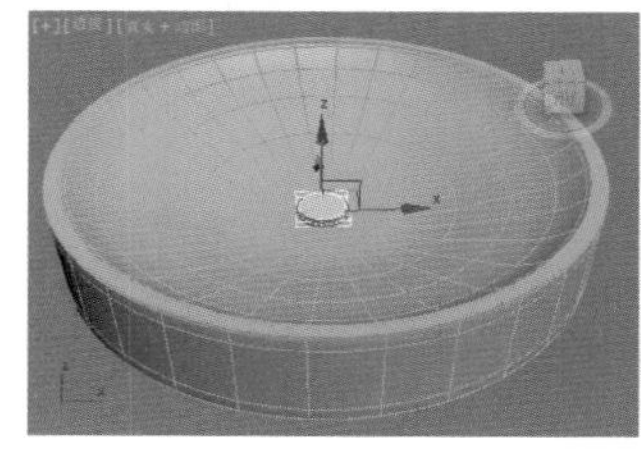

图6－309

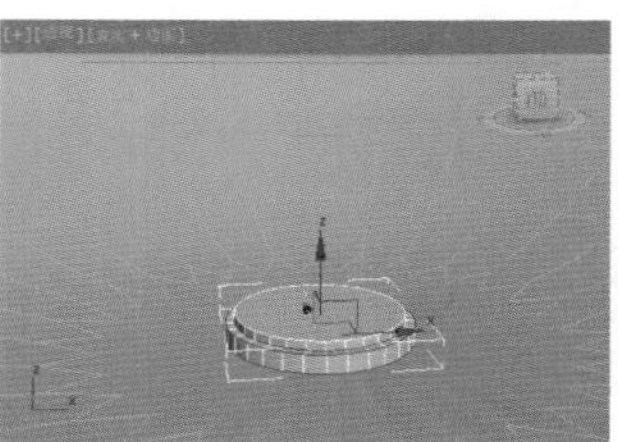

图6－310

05 保持选择上一步选择的边，单击 切角 按钮后面的【设置】按钮，并设置【数量】为0.1mm，如图6-311所示。所选边局部效果如图6-312所示。

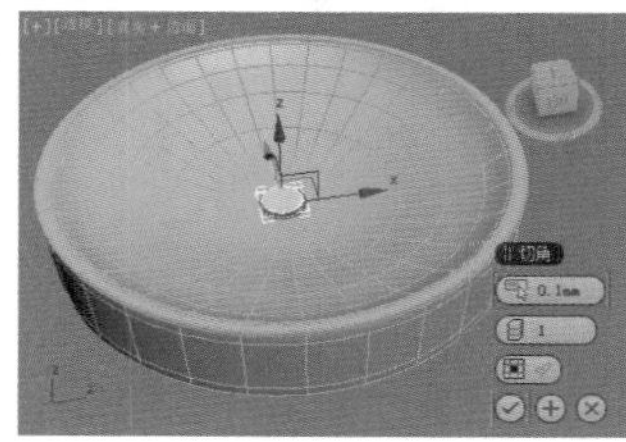

图6－311

图6－312

06 选择上一步创建的模型，为其加载【网格平滑】修改器，在【修改】面板中展开【细分量】卷展栏，设置【迭代次数】为1，如图6-313所示。

07 利用 圆柱体 工具在顶视图中创建一个圆柱体，并设置【半径】为4mm，【高度】为2mm，【边数】为30，如图6-314所示。

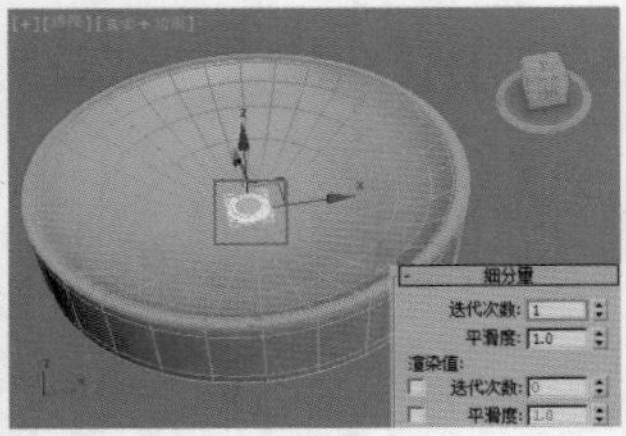

图6-313

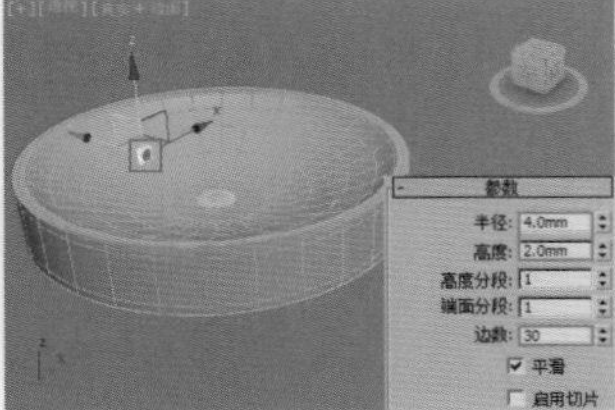

图6-314

08 选择上一步创建的模型，为其加载【编辑多边形】修改器，在【多边形】级别下，选择如图6-315所示的多边形。单击 倒角 按钮后面的【设置】按钮，并设置【轮廓】为1mm，如图6-316所示。

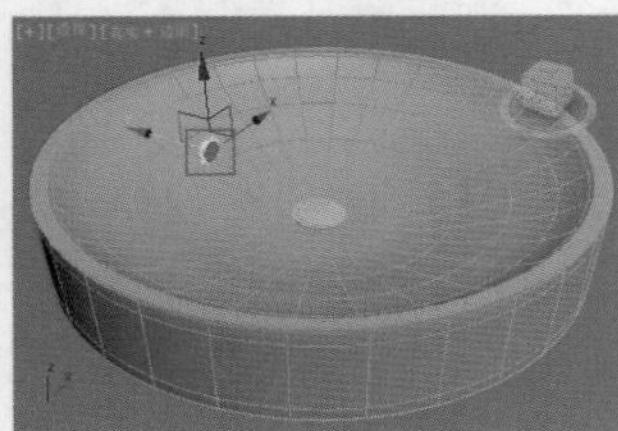

图6-315

图6-316

09 保持选择上一步选择的多边形，单击 挤出 按钮后面的【设置】按钮，并设置【数量】为1.5mm，如图6-317所示。局部效果图如图6-318所示。

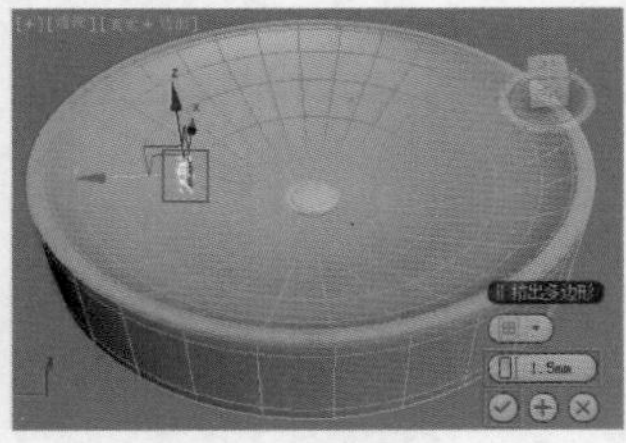

图6-317

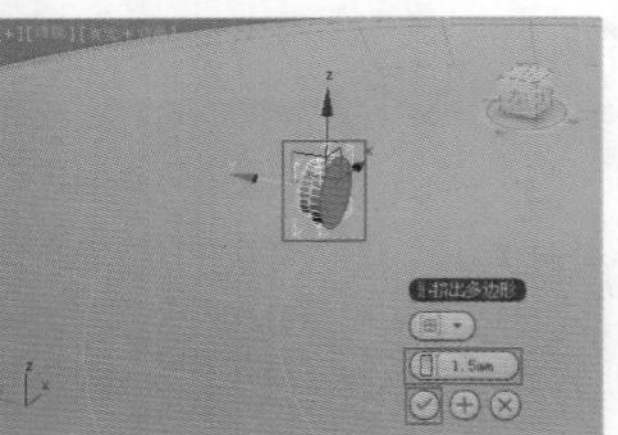

图6-318

10 在【边】级别下，选择如图6-319所示的边。所选边局部效果如图6-320所示。

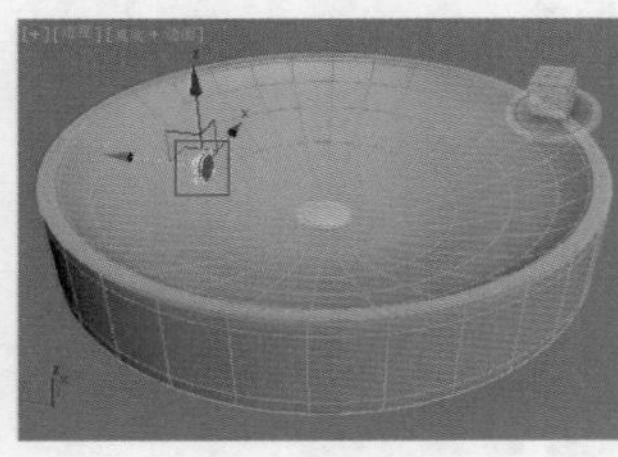

图6-319

图6-320

11 保持选择上一步选择的边，单击 切角 按钮后面的【设置】按钮，并设置【数量】为0.8mm，【分段】为5，如图6-321所示。所选边局部效果如图6-322所示。

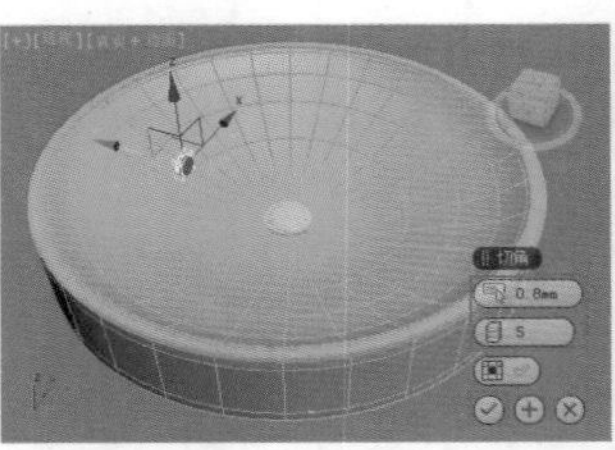

图6-321

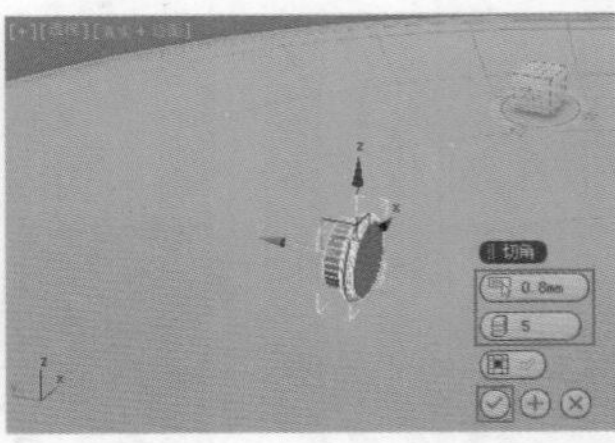

图6-322

12 在【多边形】级别下，选择如图6-323所示的多边形。单击 插入 按钮后面的【设置】按钮，并设置【数量】为0.5mm，如图6-324所示。

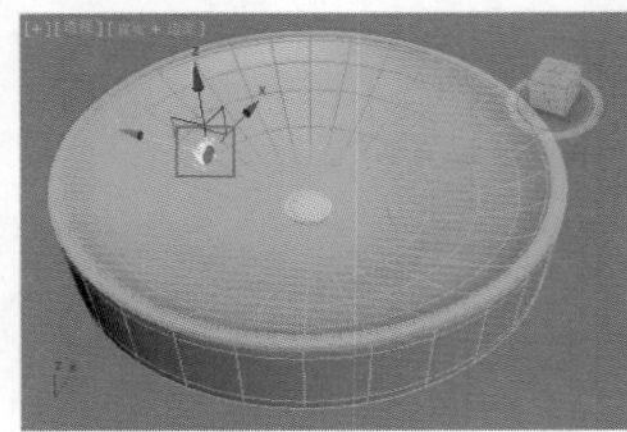

图6-323

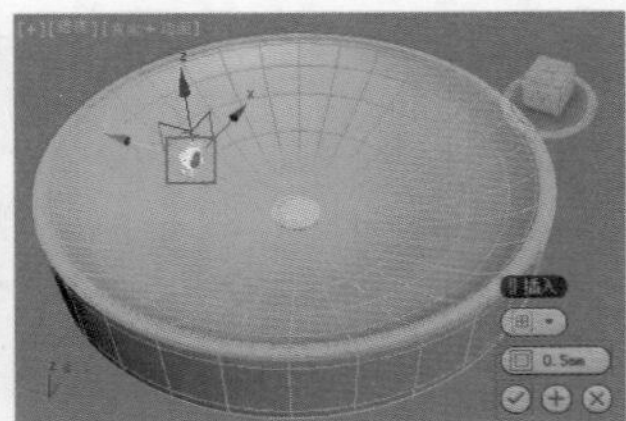

图6-324

13 保持选择上一步选择的多边形，单击 挤出 按钮后面的【设置】按钮，并设置【数量】为-1mm，如图6-325所示。局部效果图如图6-326所示。

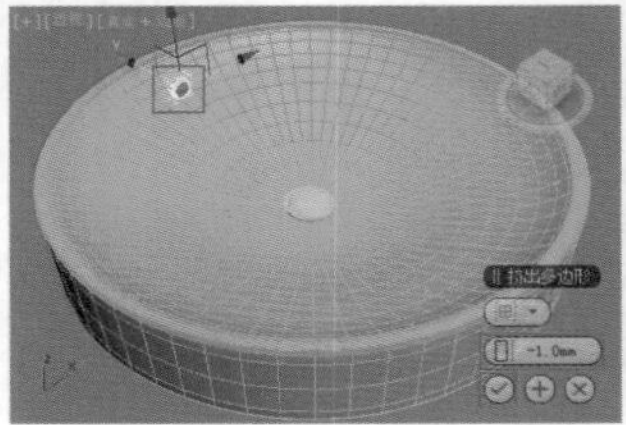

图6-325

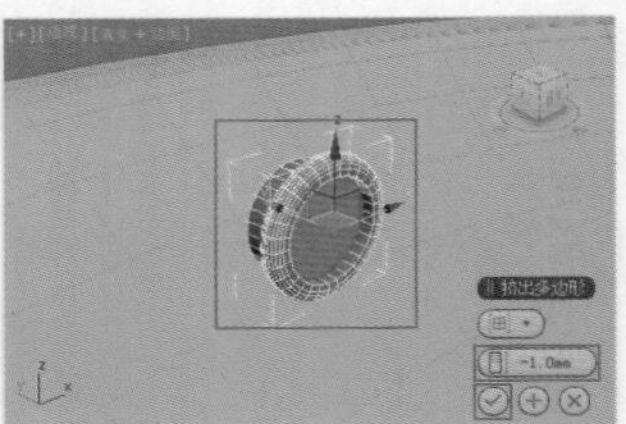

图6-326

14 选择上一步创建的模型，使用【选择并旋转】工具和【选择并移动】工具调节其位置，如图6-327所示。

15 最终模型效果如图6-328所示。

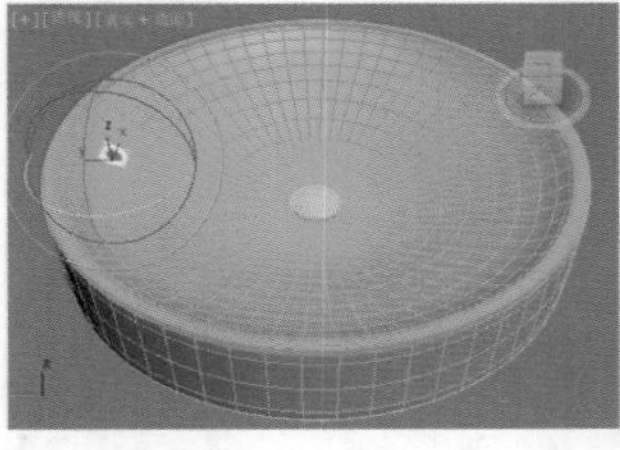

图6-327

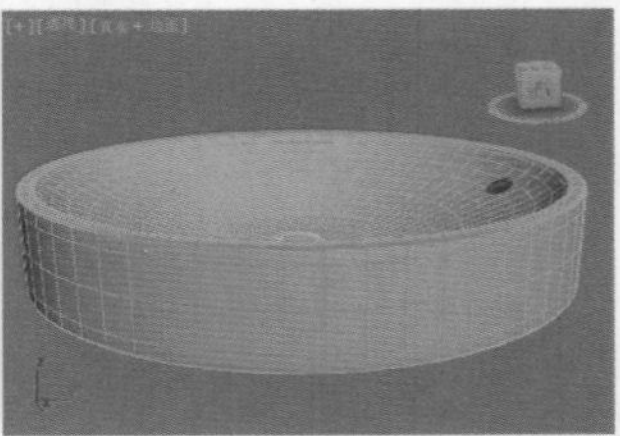

图6-328

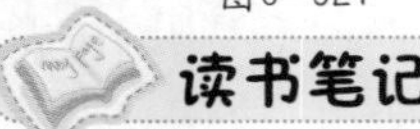

★ 案例实战——多边形建模制作时尚椅子模型

场景文件	无
案例文件	案例文件\Chapter 06\案例实战——多边形建模制作时尚椅子模型.max
视频教学	视频文件\Chapter 06\案例实战——多边形建模制作时尚椅子模型.flv
难易指数	★★☆☆☆
技术掌握	掌握【挤出】、【FFD 4×4×4】、【编辑多边形】、【壳】、【网格平滑】修改器的运用

实例介绍

时尚椅子造型较为新潮，材料为玻璃钢，线形相当优美，经典的设计风靡全球。最终渲染和线框效果如图6-329所示。

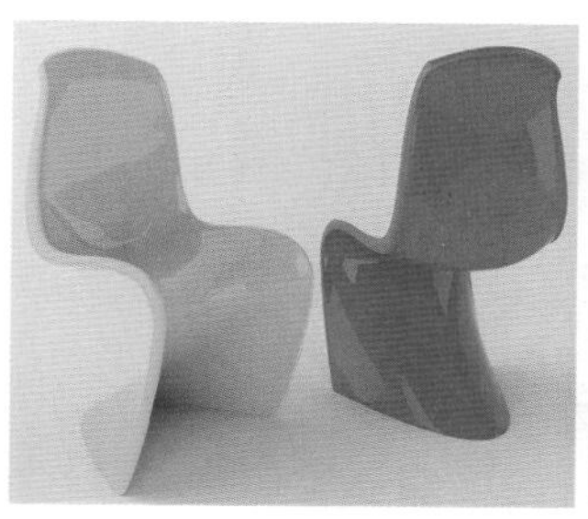
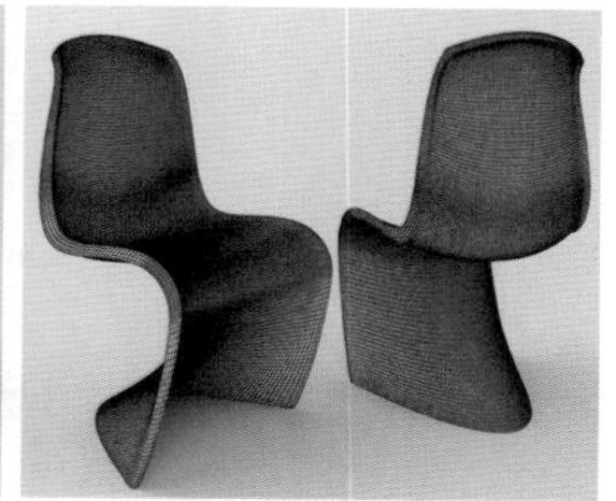

图6—329

建模思路

使用【线】工具、【挤出】修改器、【FFD 4×4×4】修改器、【编辑多边形】修改器、【壳】修改器和【网格平滑】修改器制作椅子模型

时尚椅子建模流程如图6-330所示。

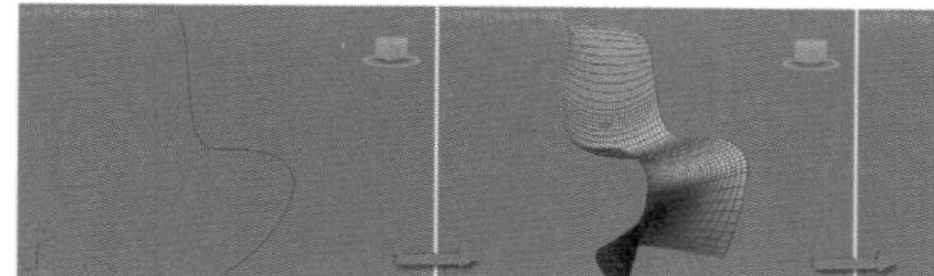

图6—330

制作步骤

01 在【创建】面板中使用【线】工具在左视图中创建一条样条线，如图6-331所示。

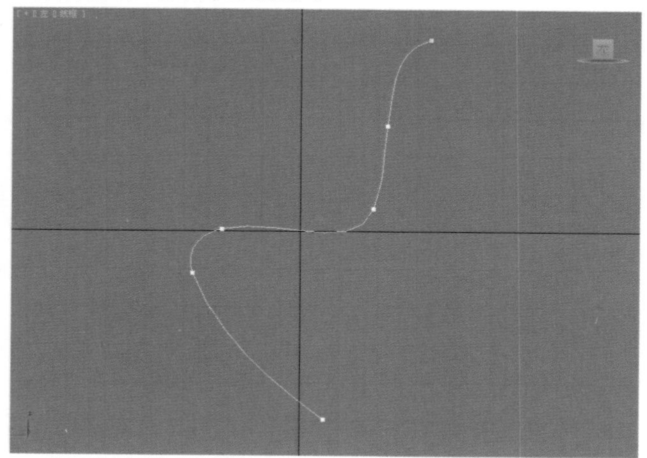

图6—331

02 选择上一步创建的线，并为其添加【挤出】修改器，然后设置【数量】为550mm，【分段】为29，如图6-332所示。

03 此时的模型效果如图6-333所示。

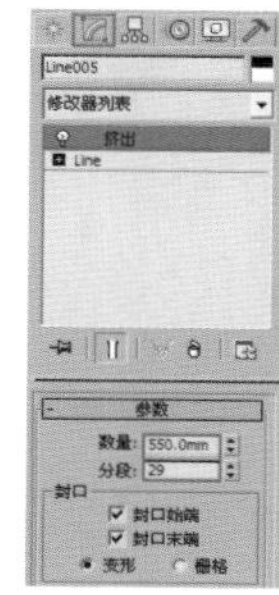

图6—332

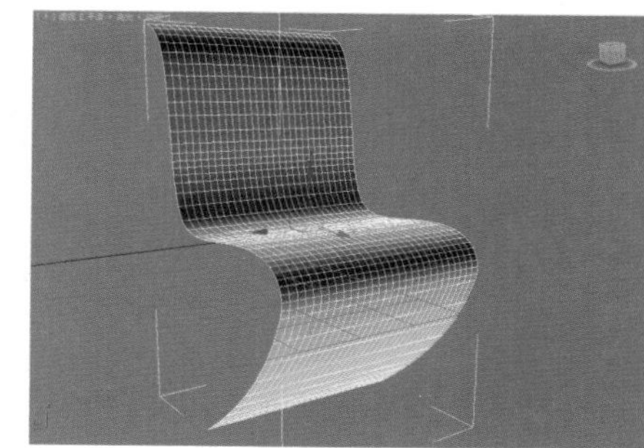

图6—333

04 选择上一步创建的模型，然后为其加载【FFD 4×4×4】修改器，如图6-334所示。

05 单击进入【控制点】级别，并将控制点的位置进行调整，如图6-335所示。

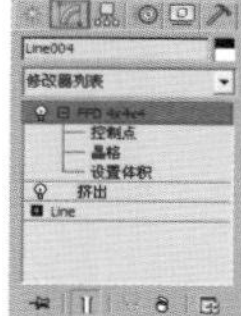

图6—334

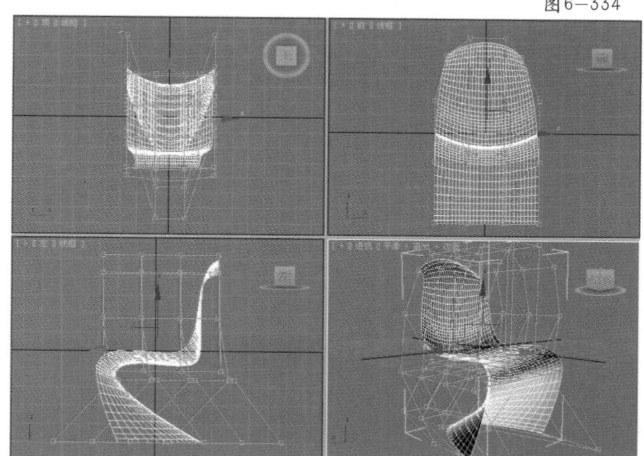

图6—335

06 继续为其加载【编辑多边形】修改器，如图6-336所示。

07 单击进入【顶点】级别，并将部分顶点进行适当地调整，如图6-337所示。

图6—336

图6—337

08 继续为模型加载【壳】修改器，设置【外部量】为

15mm，如图6-338所示。

09 此时模型效果如图6-339所示。

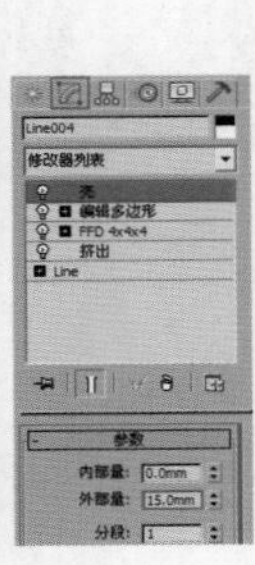

图6-338

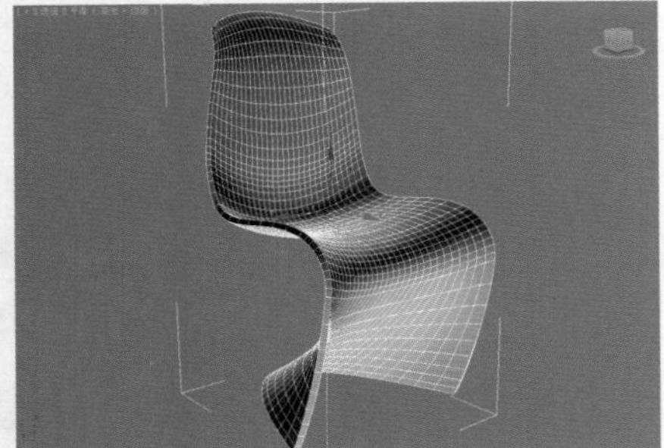

图6-339

10 继续为模型加载【编辑多边形】修改器，并单击进入【顶点】级别，如图6-340所示。

11 将顶点的位置进行适当地调整，如图6-341所示。

图6-340

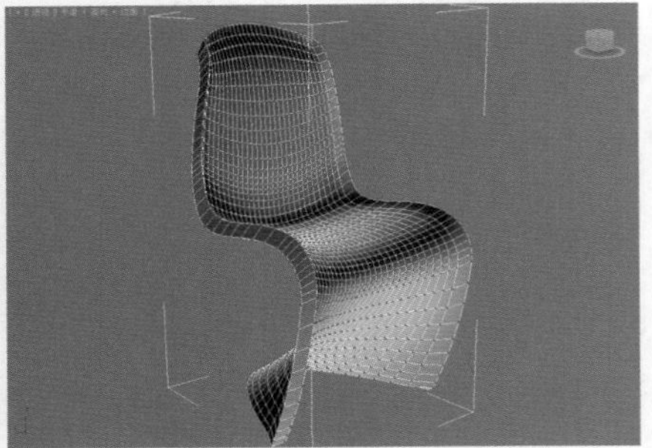

图6-341

12 继续为模型加载【网格平滑】修改器，设置【迭代次数】为2，如图6-342所示。

13 此时模型效果如图6-343所示。

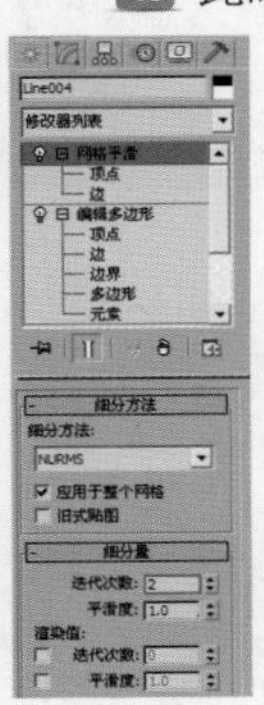

图6-342

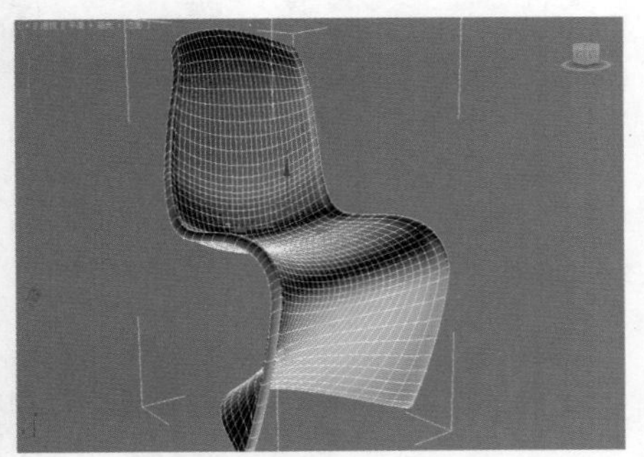

图6-343

14 继续单击修改，进入【顶点】级别，如图6-344所示。

15 此时将部分顶点进行位置的调整，如图6-345所示。

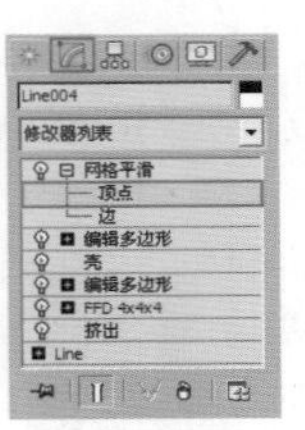

图6-344

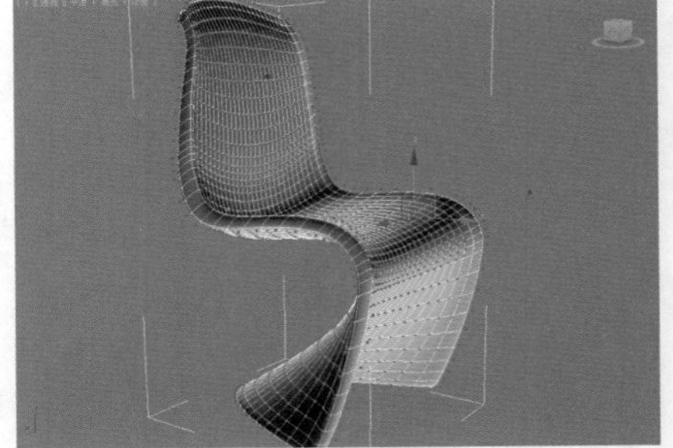

图6-345

16 模型最终效果如图6-346所示。

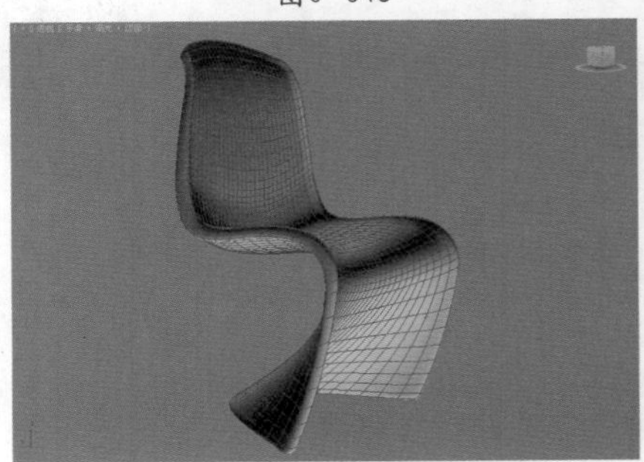

图6-346

★ 案例实战——多边形建模制作后现代台灯

场景文件	无
案例文件	案例文件\Chapter 06\案例实战——多边形建模制作后现代台灯.max
视频教学	视频文件\Chapter 06\案例实战——多边形建模制作后现代台灯.flv
难易指数	★★☆☆☆
技术掌握	掌握修改器建模下【球体】工具、【圆】工具、【挤出】修改器、【优化】修改器、【细分】修改器和【编辑多边形】修改器的运用

实例介绍

后现代台灯是完全抛弃了现代主义的严肃与简朴，往往具有一种历史隐喻性，充满大量的装饰细节，刻意制造出一种含混不清、令人迷惑的情绪，强调与空间的联系的一种台灯风格。最终渲染和线框效果如图6-347所示。

图6-347

建模思路

01 使用【圆】工具、【挤出】修改器和【编辑多边形】修改器制作后现代台灯灯罩模型

02 使用【球体】工具、【优化】修改器、【细分】修改器和【编辑多边形】修改器制作后现代台灯灯柱模型

后现代台灯建模流程如图6-348所示。

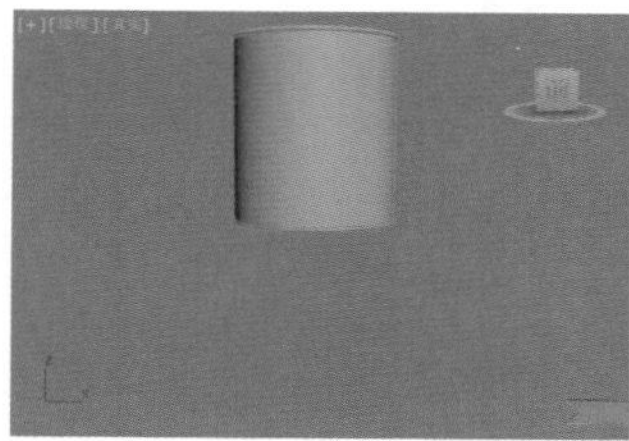

图6-348

制作步骤

Part01 制作后现代台灯灯罩模型

01 单击（创建）|（图形）| 样条线 | 圆 按钮，在顶视图中创建一个圆，如图6-349所示。

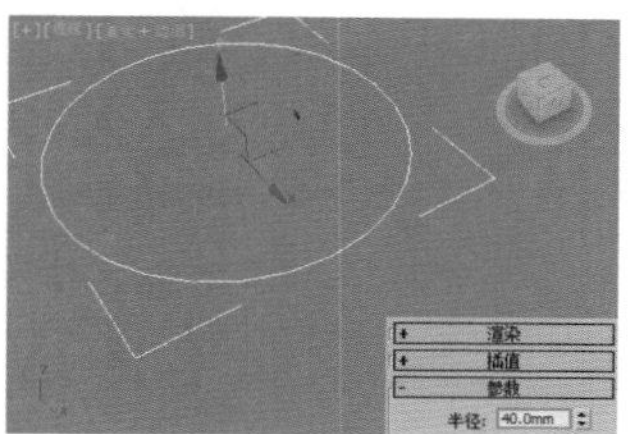

图6-349

02 选择上一步创建的模型，为其加载【挤出】修改器，如图6-350所示。展开【参数】卷展栏，设置【数量】为100mm，禁用【封口始端】选项，如图6-351所示。

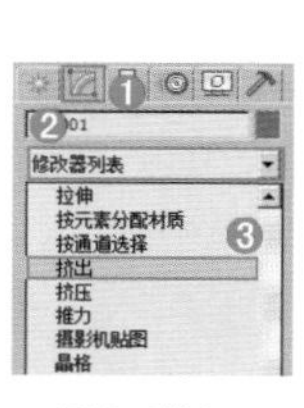

图6-350

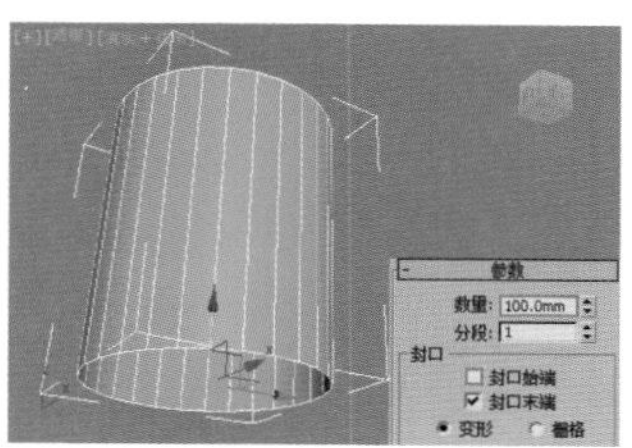

图6-351

03 选择上一步创建的模型，为其加载【编辑多边形】修改器，如图6-352所示。在【边】级别下，选择如图6-353所示的边。

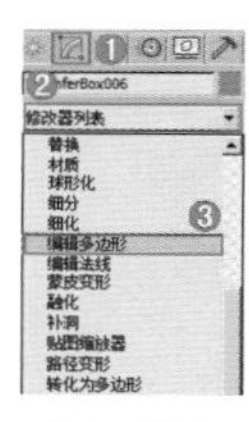

图6-352

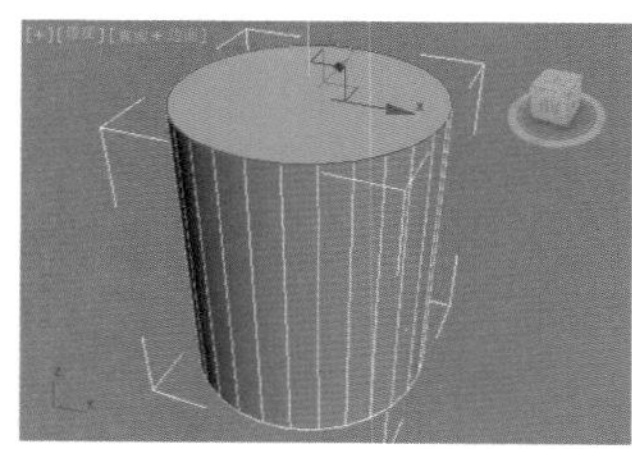

图6-353

04 保持选择上一步选择的边，单击 创建图形 按钮后面的【设置】按钮，在弹出的对话框中设置【图形类型】为【平滑】，如图6-354所示。

05 选择如图6-355所示的模型，在【修改】面板的【渲染】卷展栏中选中【在渲染中启用】和【在视口中启用】复选框，选中【径向】单选按钮，设置【厚度】为2mm，如图6-356所示。

06 选择上一步创建的样条线，按Shift键复制一条，如图6-357所示。

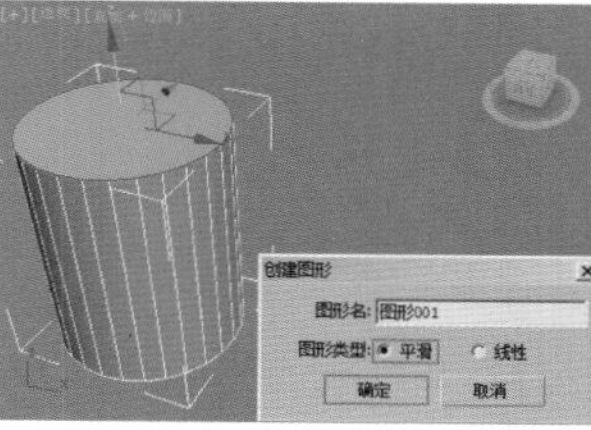

图6-354

图6-355

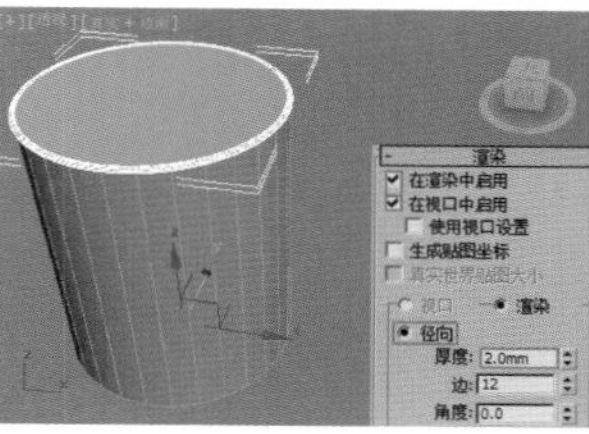

图6-356

图6-357

Part02 制作后现代台灯灯柱模型

01 单击（创建）|（几何体）| 标准基本体 | 球体 按钮，在顶视图中创建一个球体，并设置【半径】为40mm，如图6-358所示。

02 选择上一步创建的球体，为其加载【细分】修改器，在【修改】面板中展开【参数】卷展栏，设置【大小】为6.5mm，如图6-359所示。

图6-358

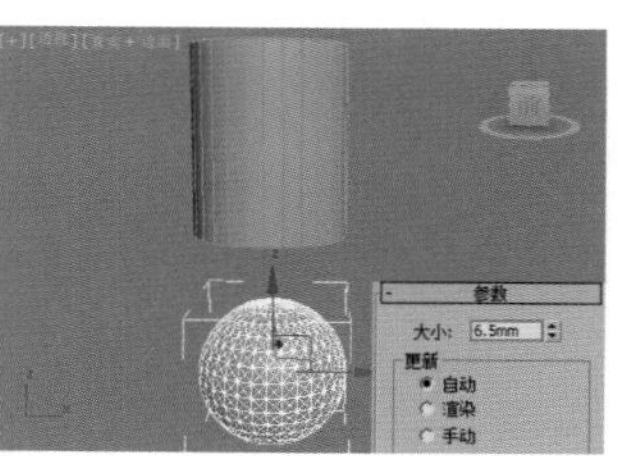

图6-359

03 选择上一步创建的球体，为其加载【优化】修改器，如图6-360所示。在【修改】面板中展开【参数】卷展栏，设置【面阈值】为9，如图6-361所示。

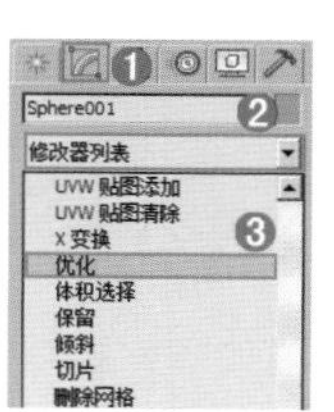

图6-360

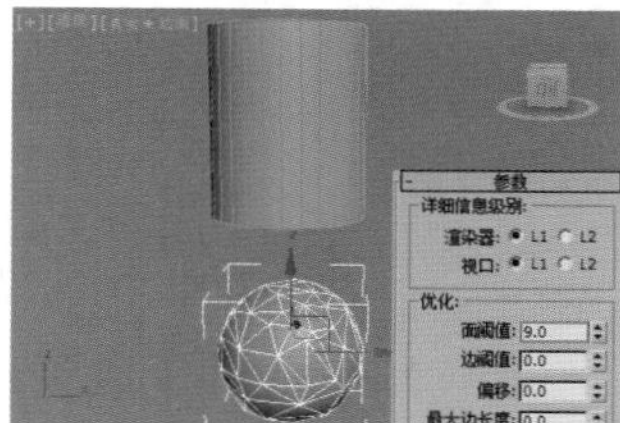

图6-361

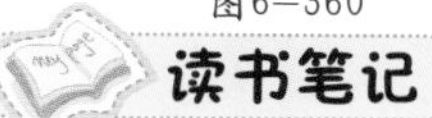

技巧提示

该步骤中为模型加载了【优化】修改器，真正的目的不是为了减少模型的面数，节省内存，而是使用【优化】修改器将模型表面的多边形大小变得随机，使其有大有小。这样在后面操作时会制作出非常随机的、真实的模型效果。

04 选择上一步创建的模型，为其加载【编辑多边形】修改器，在【多边形】级别下，选择如图6-362所示的多边形。单击 插入 按钮后面的【设置】按钮，并设置为【按多边形】，设置【数量】为1mm，如图6-363所示。

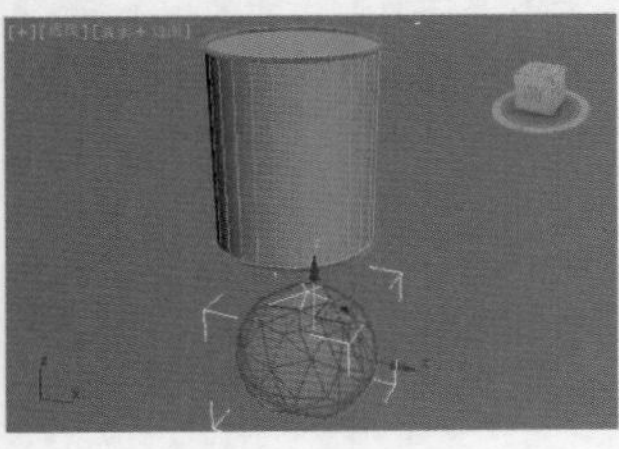
图6-362

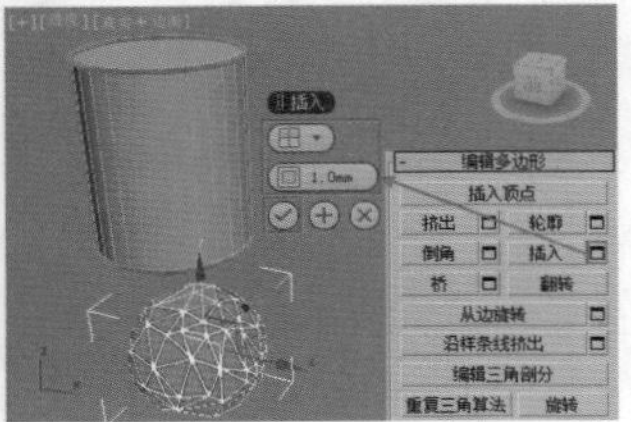
图6-363

05 保持选择上一步选择的多边形，按Delete键将其删除，如图6-364所示。

06 在【多边形】级别下，选择如图6-365所示的多边形。单击 插入 按钮后面的【设置】按钮，并设置【数量】为3mm，如图6-366所示。

07 在【顶点】级别下调节点的位置，如图6-367所示。

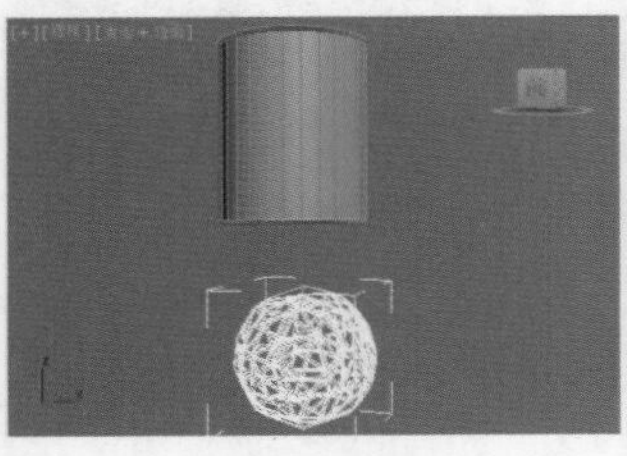
图6-364

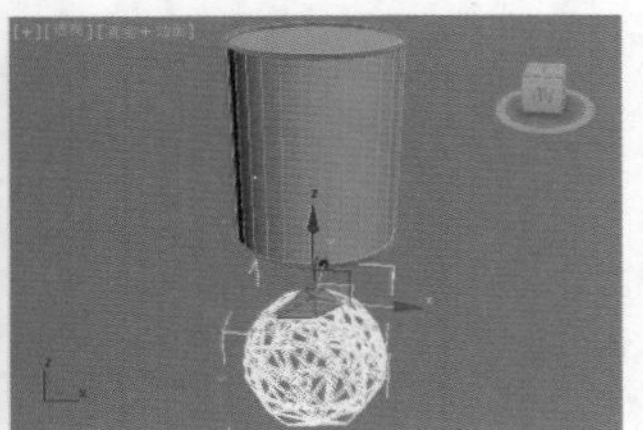
图6-365

图6-366

图6-367

08 在【多边形】级别下，选择如图6-368所示的多边形。单击 挤出 按钮后面的【设置】按钮，并设置【数量】为40mm，如图6-369所示。

09 在【边】级别下，选择如图6-370所示的边。单击 切角 按钮后面的【设置】按钮，并设置【数量】为0.1mm，如图6-371所示。

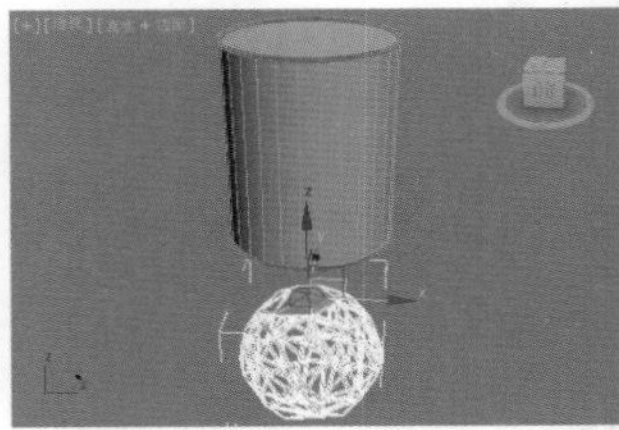
图6-368

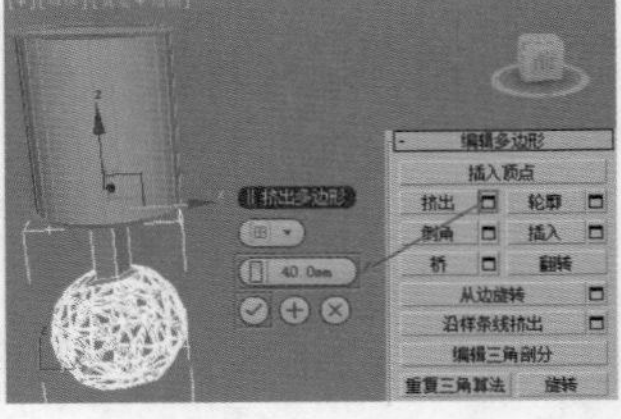
图6-369

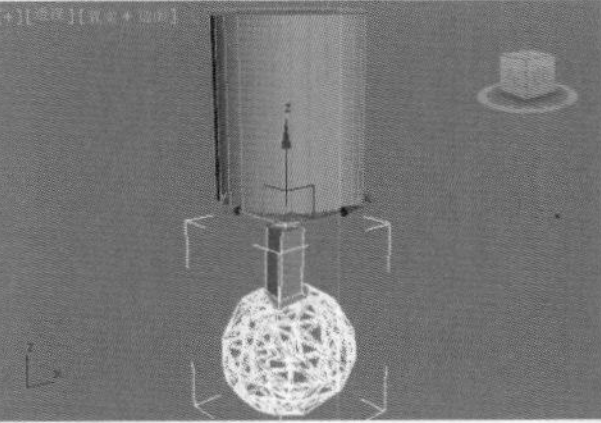
图6-370

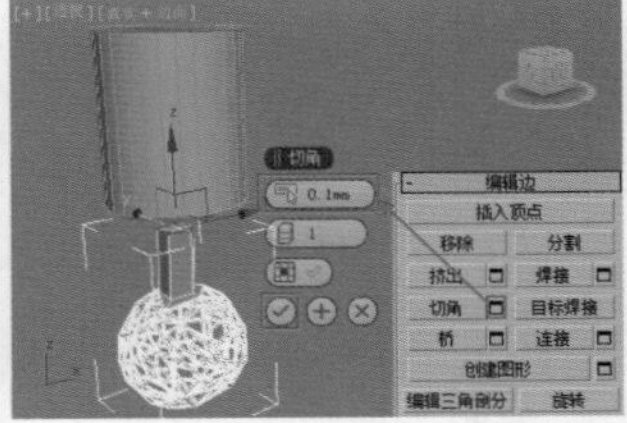
图6-371

10 选择上一步创建的模型，为其加载【壳】修改器，如图6-372所示。在【修改】面板中展开【参数】卷展栏，设置【外部量】为2mm，如图6-373所示。

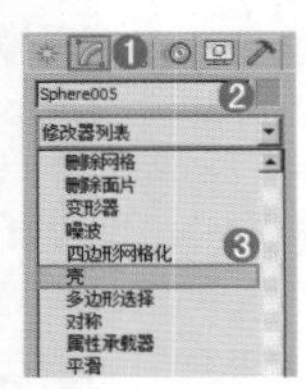
图6-372

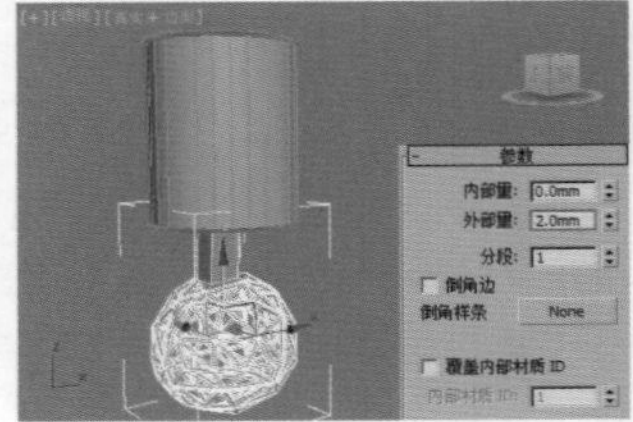
图6-373

11 选择上一步创建的模型，为其加载【网格平滑】修改器，如图6-374所示。在【修改】面板中展开【细分量】卷展栏，设置【迭代次数】为3，如图6-375所示。

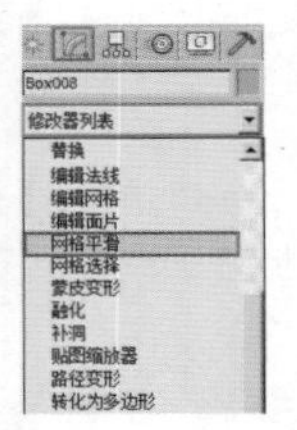
图6-374

图6-375

12 最终模型效果如图6-376所示。

图6-376

★ 案例实战——多边形建模制作美式门

场景文件	无
案例文件	案例文件\Chapter 06\案例实战——多边形建模制作美式门.max
视频教学	视频文件\Chapter 06\案例实战——多边形建模制作美式门.flv
难易指数	★★★☆☆
技术掌握	掌握内置几何体建模下【线】工具、【长方体】工具、【圆柱体】工具、【挤出】修改器和【编辑多边形】修改器的运用

实例介绍

美式门是指建筑物的出入口或安装在出入口能开关的装置。最终渲染和线框效果如图6-377所示。

图6-377

建模思路

01 使用【线】工具、【长方体】工具、【挤出】修改器和【编辑多边形】修改器制作美式门模型

02 使用【圆柱体】工具、【线】工具、【挤出】修改器和【编辑多边形】修改器制作美式门把手模型

美式门建模流程如图6-378所示。

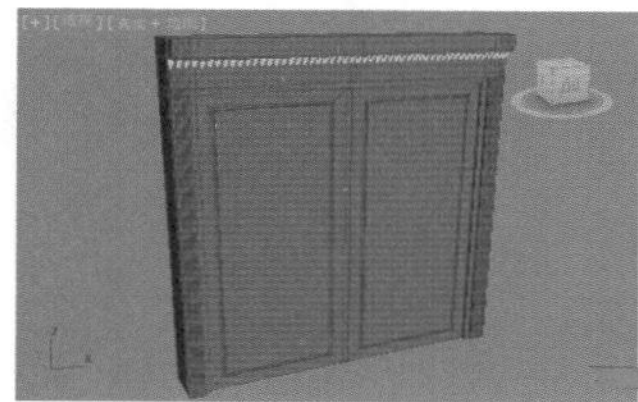

图6-378

制作步骤

Part 01 制作美式门模型

01 单击（创建）|（几何体）| 标准基本体 | 长方体 按钮，在顶视图中创建一个长方体，并设置【长度】为2000mm，【宽度】为1800mm，【高度】为200mm，如图6-379所示。

02 选择上一步创建的模型，并为其加载【编辑多边形】修改器，如图6-380所示。在【边】级别下，选择如图6-381所示的边。

03 单击 连接 按钮后面的【设置】按钮，并设置【分段】为2，【收缩】为-90，【滑块】为2000，如图6-382所示。

04 选择如图6-383所示的边。单击 连接 按钮后面的【设置】按钮，并设置【分段】为2，【收缩】为-90，【滑块】为2400，如图6-384所示。

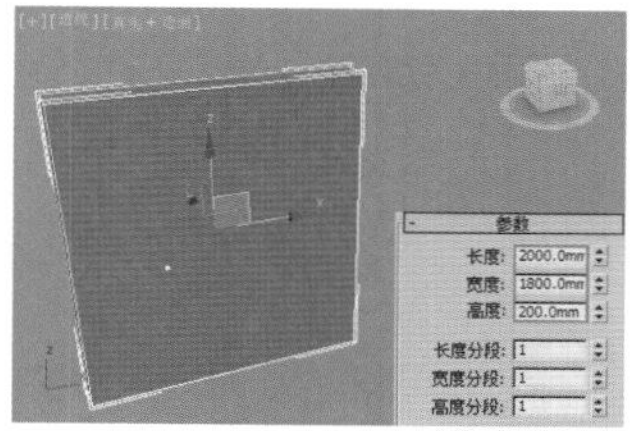
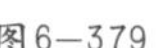

图6-379

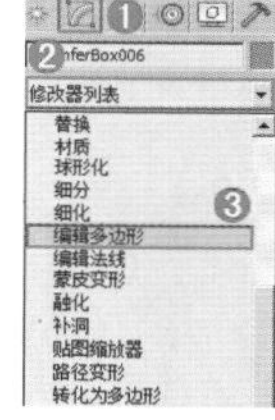

图6-380

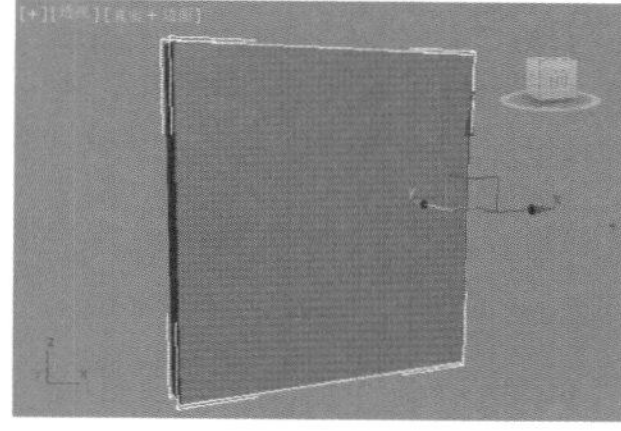

图6-381

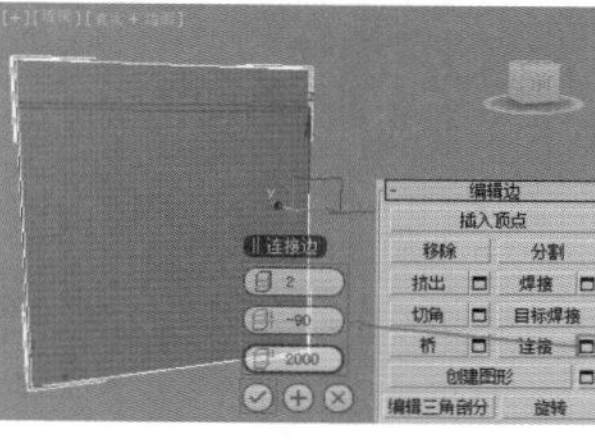

图6-382

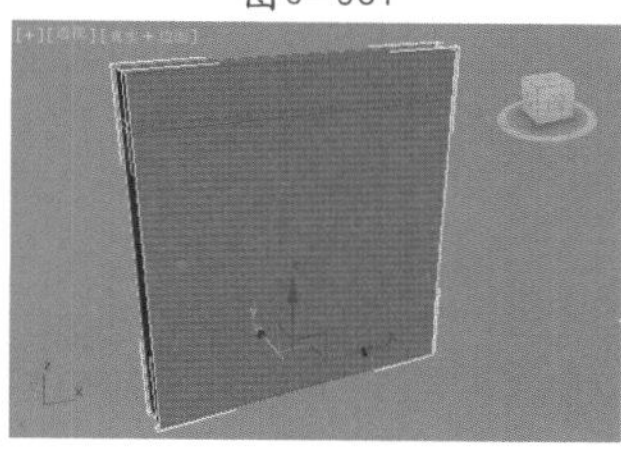

图6-383

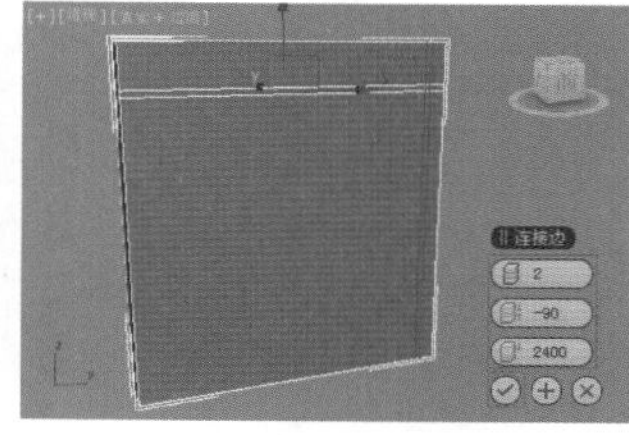

图6-384

05 选择如图6-385所示的边。单击 连接 按钮后面的【设置】按钮，并设置【分段】为2，【收缩】为-90，【滑块】为-2400，如图6-386所示。

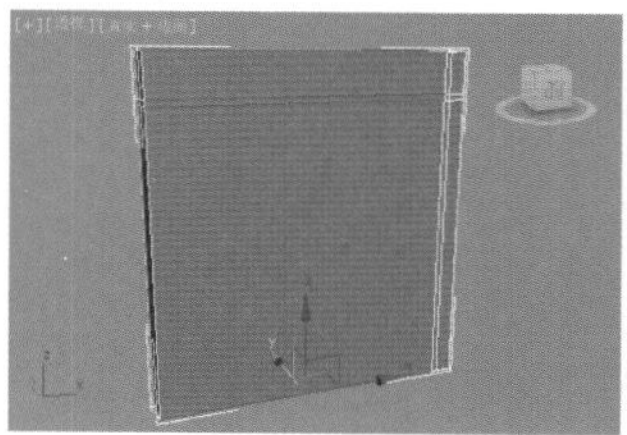

图6-385

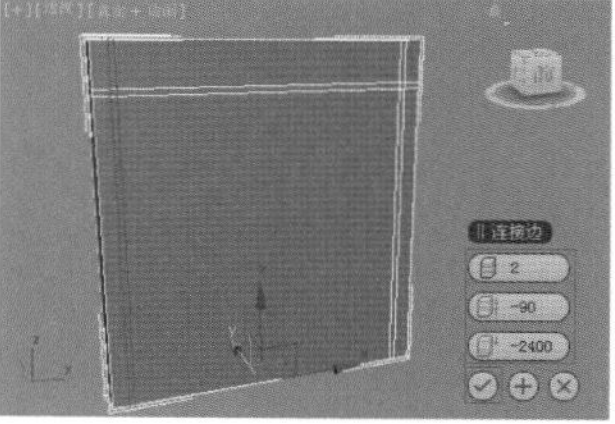

图6-386

06 在【多边形】级别下，选择如图6-387所示的多边形。单击 挤出 按钮后面的【设置】按钮，并设置【高度】为20mm，如图6-388所示。

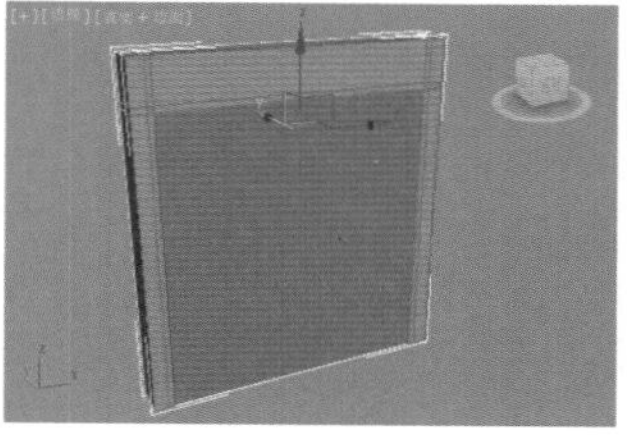

图6-387

图6-388

07 选择如图6-389所示的多边形。单击 挤出 按钮后面的【设置】按钮，并设置【高度】为20mm，如图6-390所示。

08 在【边】级别下，选择如图6-391所示的边。单

击 连接 按钮后面的【设置】按钮▣，并设置【分段】为2，【收缩】为－90，如图6-392所示。

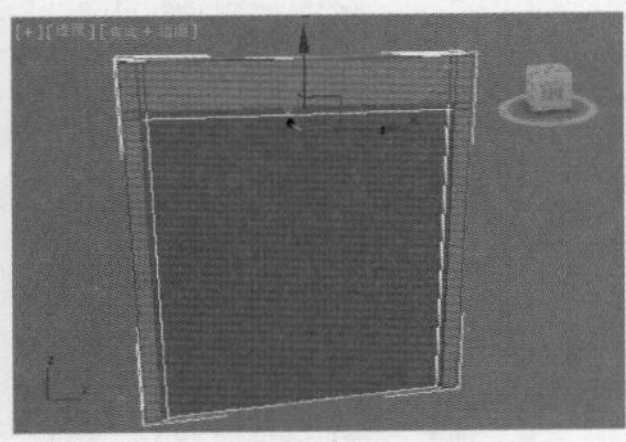
图6－389

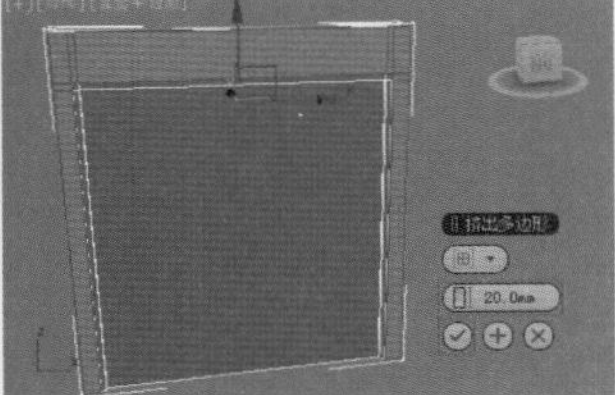
图6－390

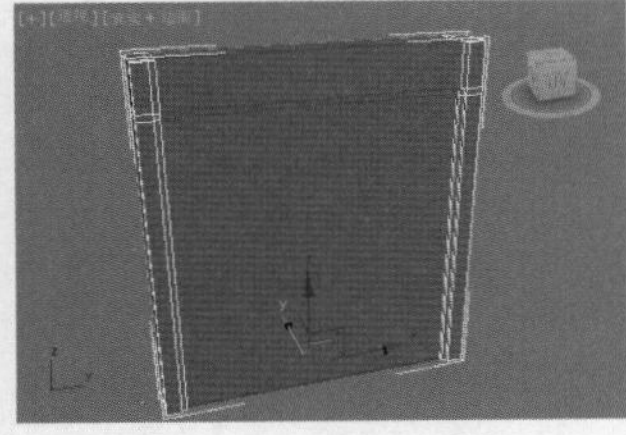
图6－391

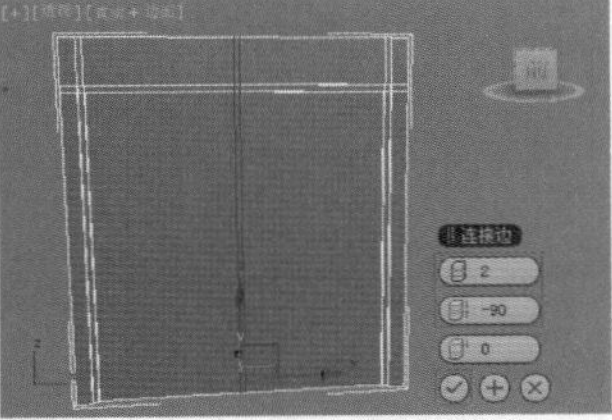
图6－392

09 在【多边形】级别▣下，选择如图6-393所示的多边形。单击 挤出 按钮后面的【设置】按钮▣，并设置【高度】为－5mm，如图6-394所示。

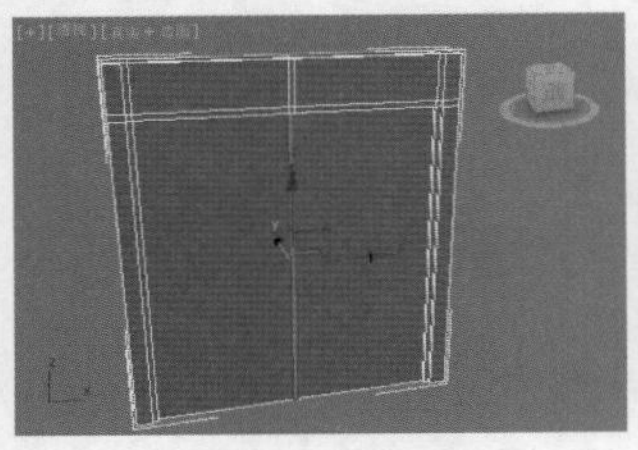
图6－393

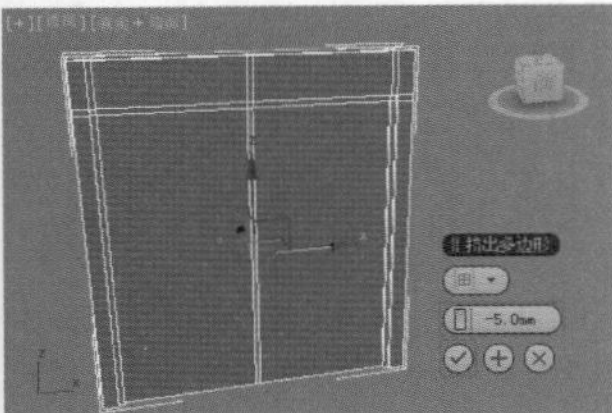
图6－394

10 选择如图6-395所示的多边形。单击 插入 按钮后面的【设置】按钮▣，并设置为【按多边形】，设置【数量】为70mm，如图6-396所示。

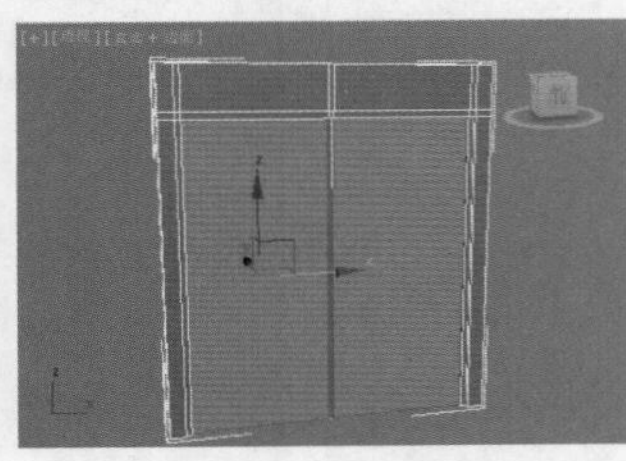
图6－395

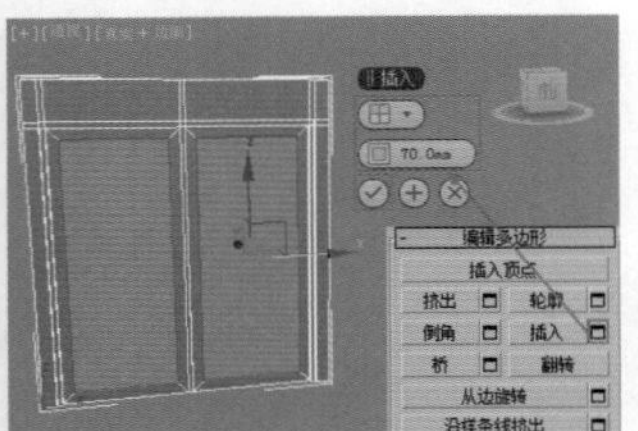
图6－396

11 保持选择上一步选择的多边形，单击 挤出 按钮后面的【设置】按钮▣，并设置【高度】为－5mm，如图6-397所示。

图6－397

12 继续保持选择上一步选择的多边形，单击 插入 按钮后面的【设置】按钮▣，并设置为【按多边形】，设置【数量】为10mm，如图6-398所示。单击 倒角 按钮后面的【设置】按钮▣，并设置【高度】为8mm，【轮廓】为－5mm，如图6-399所示。

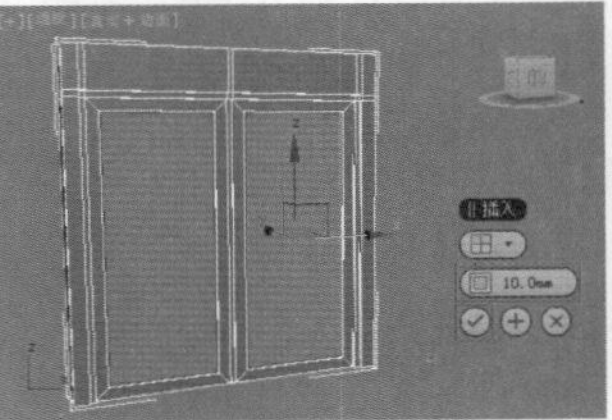
图6－398

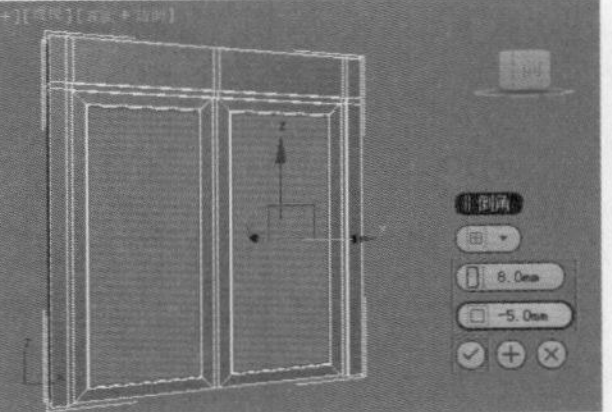
图6－399

13 在【边】级别◁下，选择如图6-400所示的边。单击 切角 按钮后面的【设置】按钮▣，并设置【数量】为2mm，【分段】为5，如图6-401所示。

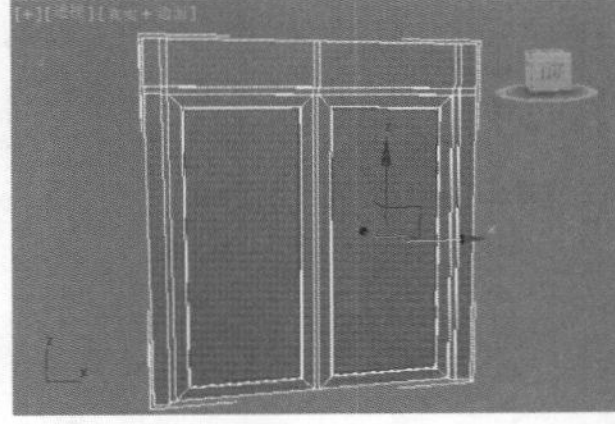
图6－400

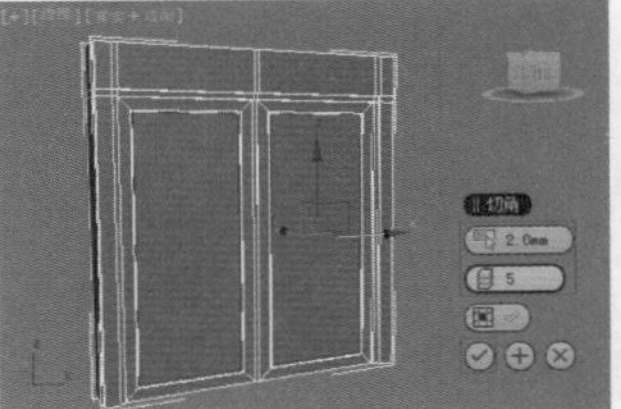
图6－401

14 选择如图6-402所示的边。单击 连接 按钮后面的【设置】按钮▣，并设置【分段】为2，【收缩】为－80，【滑块】为－280，如图6-403所示。

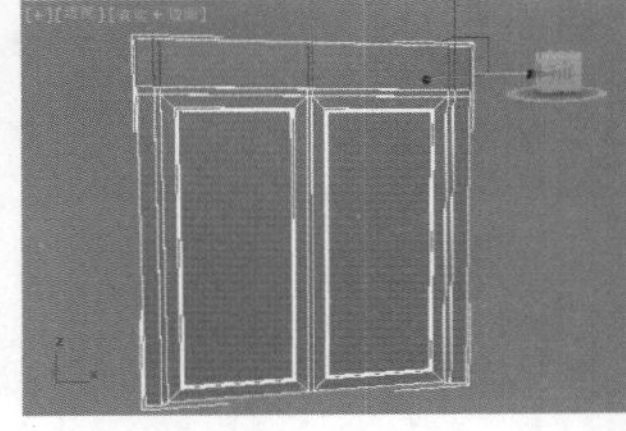
图6－402

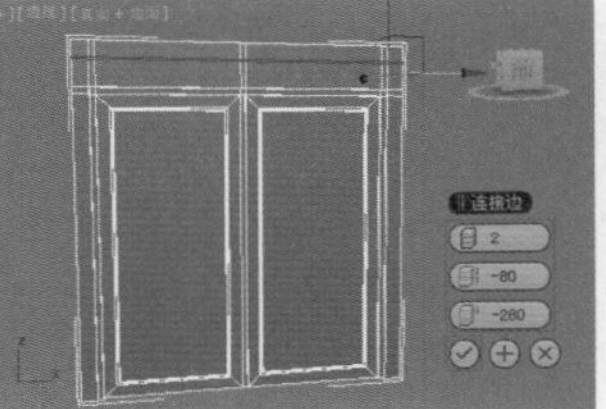
图6－403

15 在【多边形】级别▣下，选择如图6-404所示的多边形。单击 挤出 按钮后面的【设置】按钮▣，并设置【高度】为60mm，如图6-405所示。

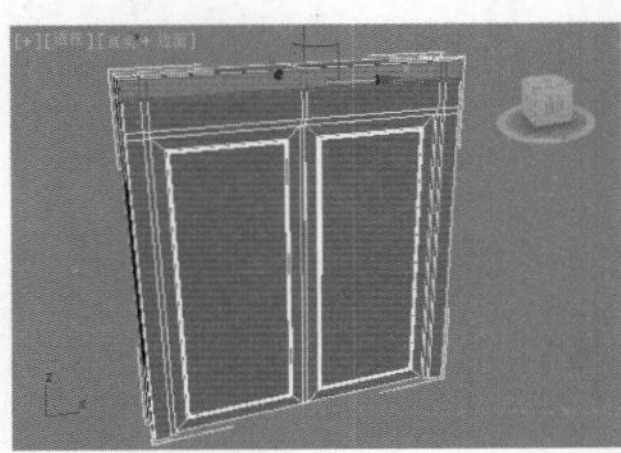
图6－404

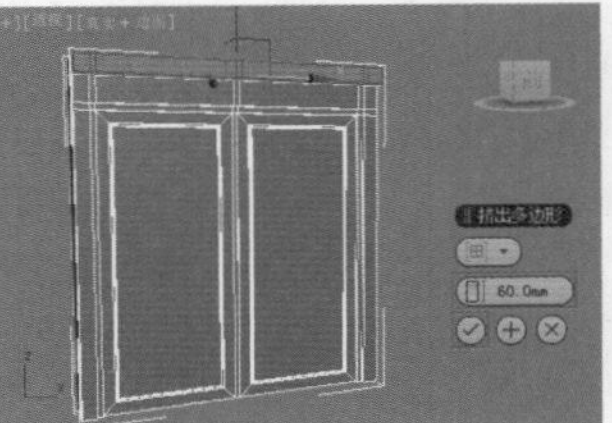
图6－405

16 选择如图6-406所示的多边形。所选多边形局部效果如图6-407所示。

17 单击 挤出 按钮后面的【设置】按钮▣，并设置【高度】为10mm，如图6-408所示。局部效果如图6-409所示。

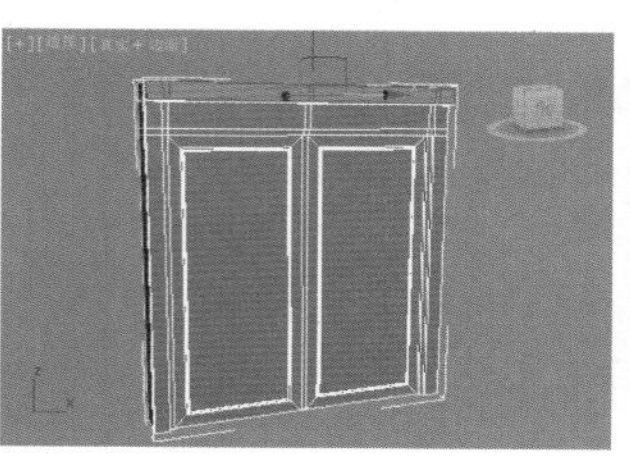

图6－406

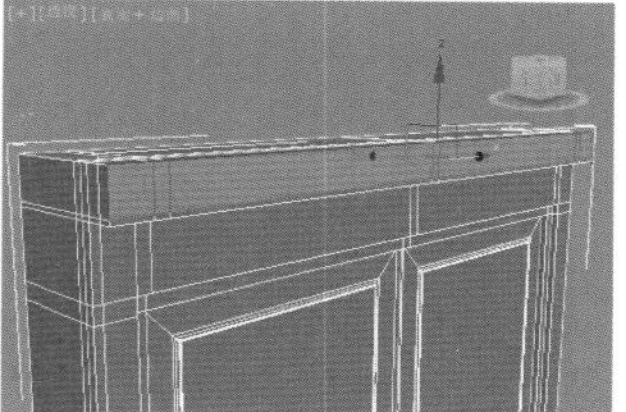

图6－407

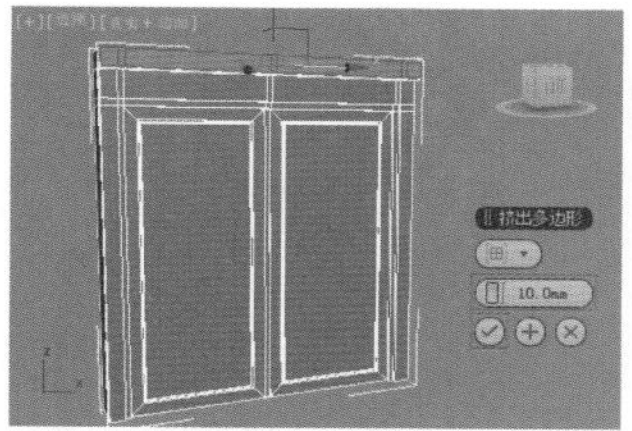

图6－408

图6－409

18 在【边】级别下，选择如图6-410所示的边。单击 连接 按钮后面的【设置】按钮，并设置【分段】为5，如图6-411所示。

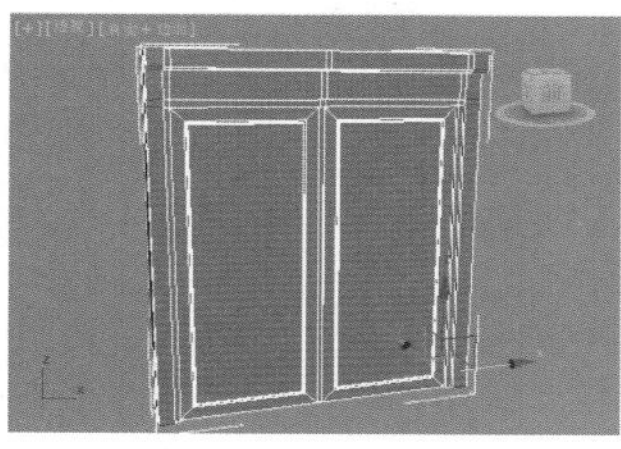

图6－410

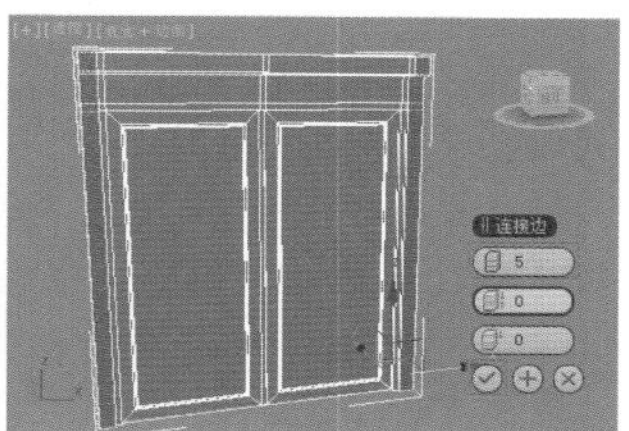

图6－411

19 选择如图6-412所示的边。单击 挤出 按钮后面的【设置】按钮，并设置【高度】为－5mm，【宽度】为3mm，如图6-413所示。

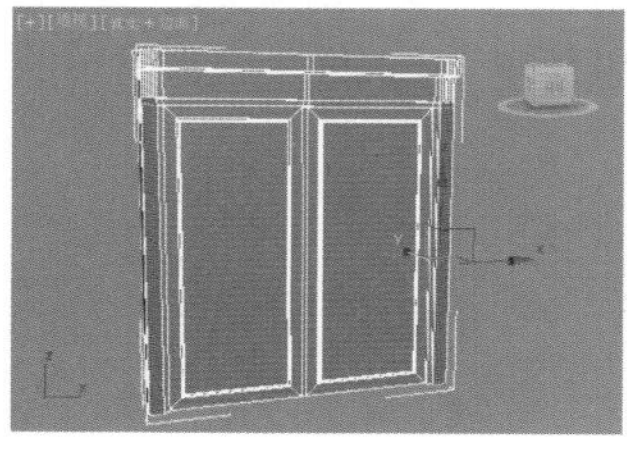

图6－412

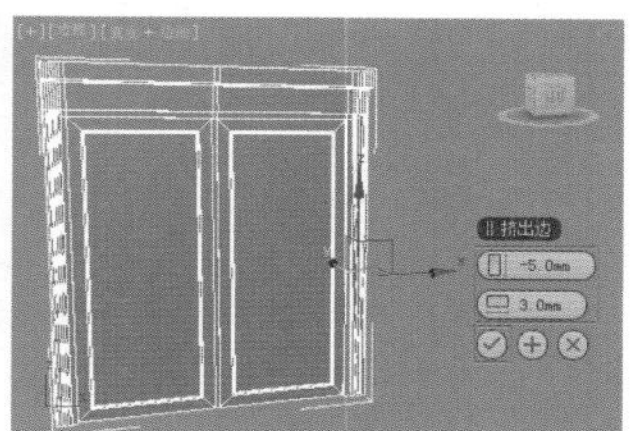

图6－413

20 单击（创建）|（图形）| 样条线 | 线 按钮，在左视图中绘制一个三角形，如图6-414所示。

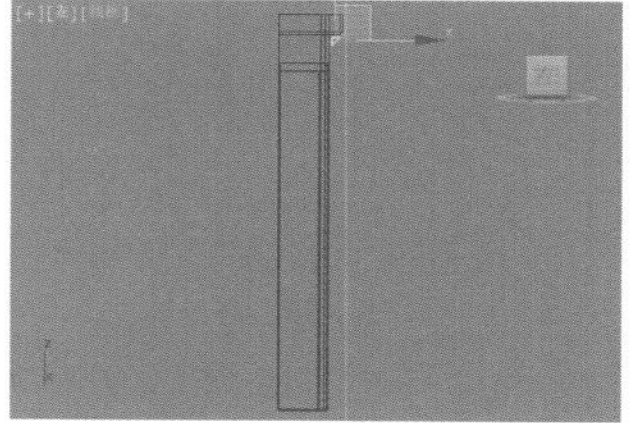

图6－414

21 选择上一步创建的模型，为其加载【挤出】修改器，如图6-415所示。在【修改】面板中展开【参数】卷展栏，设置【数量】为10mm，如图6-416所示。

22 选择上一步创建的模型，为其加载【编辑多边形】修改器，在【边】级别下，选择所有的边。单击 挤出 按钮后面的【设置】按钮，并设置【高度】为2mm，【分段】为5，如图6-417所示。局部效果如图6-418所示。

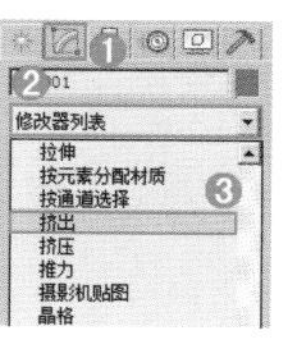

图6－415

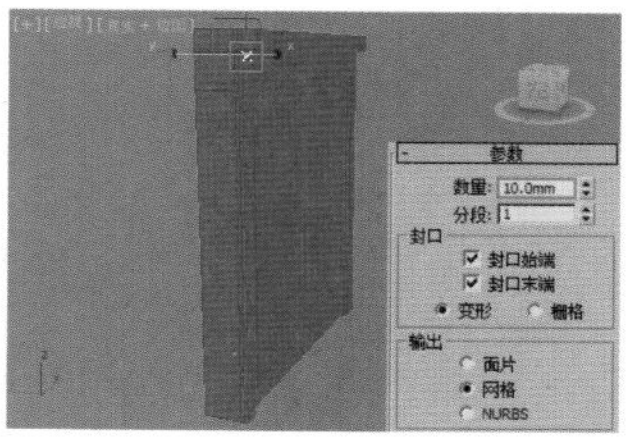

图6－416

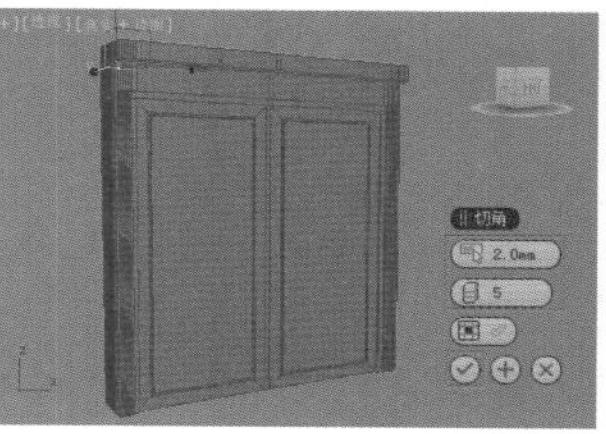

图6－417

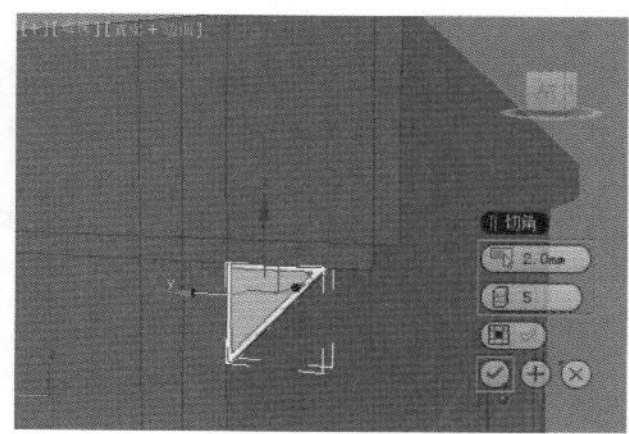

图6－418

23 选择上一步创建的模型，按Shift键复制多份，如图6-419所示。

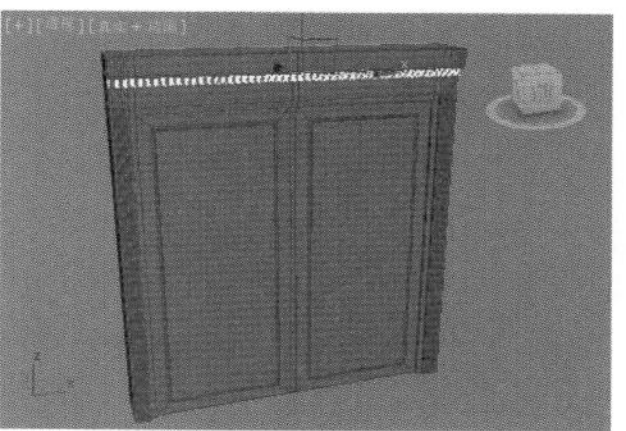

图6－419

Part 02 制作美式门把手模型

01 单击（创建）|（图形）| 样条线 | 圆 按钮，在前视图创建两个圆，并设置【半径】为30mm，如图6-420所示。

02 选择上一步创建的模型，为其加载【挤出】修改器，在【参数】卷展栏中设置【数量】为20mm，如图6-421所示。

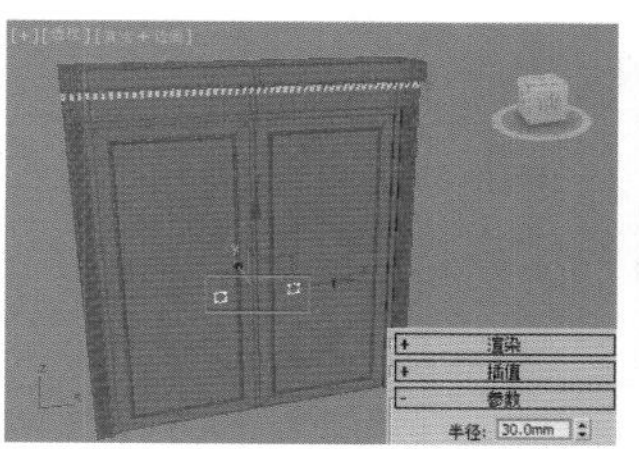

图6－420

图6－421

03 继续利用 圆 工具在前视图中创建两个圆，并设置【半径】为50mm，如图6-422所示。

04 选择上一步创建的模型，为其加载【挤出】修改器，在【参数】卷展栏中设置【数量】为20mm，如图6-423所示。

05 利用 线 工具在顶视图中绘制两个图形，如图6-424所示。

06 选择上一步创建的模型，为其加载【挤出】修改器，在【参数】卷展栏中设置【数量】为20mm，如图6-425所示。

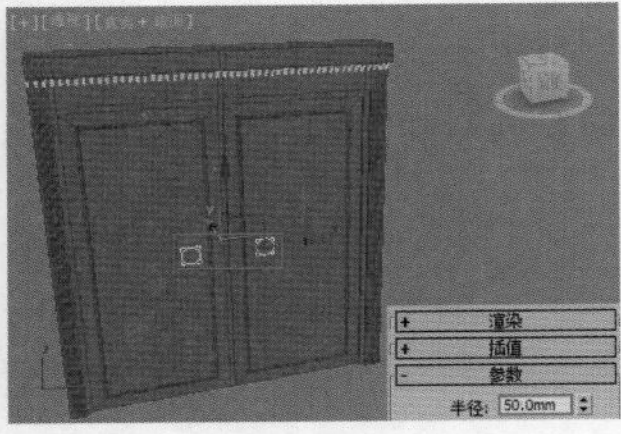
图6—422

图6—423

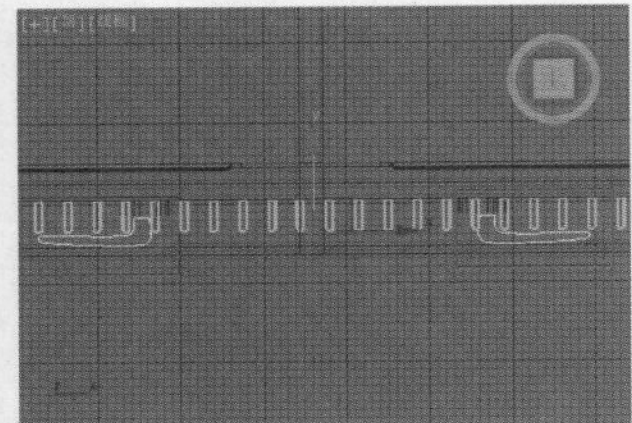
图6—424

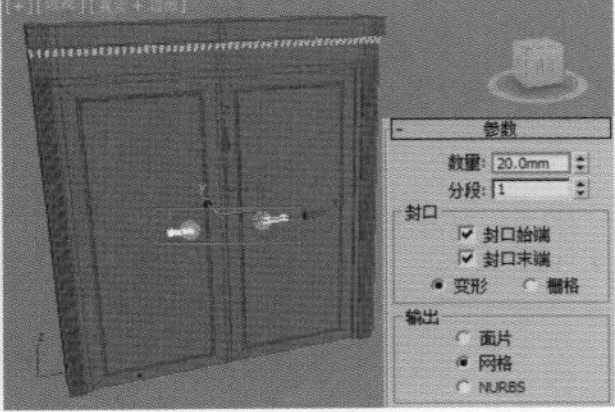
图6—425

07 选择上一步创建的模型，为其加载【编辑多边形】修改器，在【边】级别下，选择如图6-426所示的边。所选边局部效果如图6-427所示。

图6—426

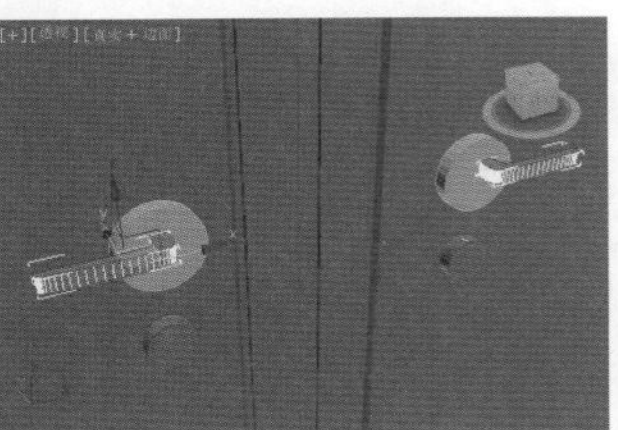
图6—427

08 单击 切角 按钮后面的【设置】按钮，并设置【数量】为2mm，【分段】为5，如图6-428所示。局部效果如图6-429所示。

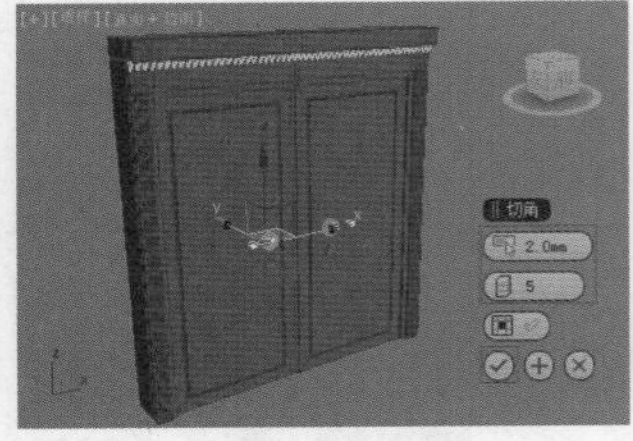
图6—428

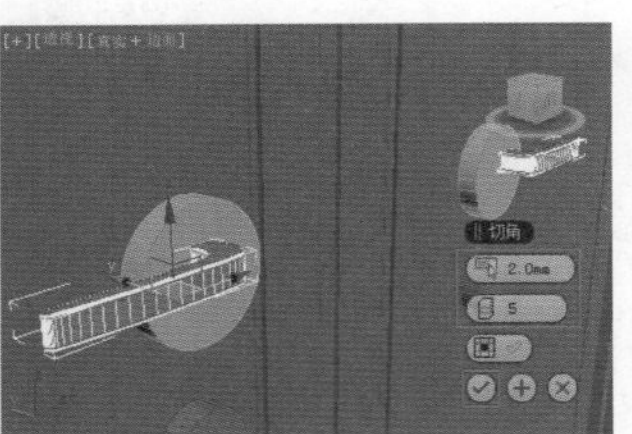
图6—429

09 最终模型效果如图6-430所示。

图6—430

★ 案例实战——多边形建模制作饰品组合

场景文件	无
案例文件	案例文件\Chapter 06\案例实战——多边形建模制作饰品组合.max
视频教学	视频文件\Chapter 06\案例实战——多边形建模制作饰品组合.flv
难易指数	★★★☆☆
技术掌握	掌握可编辑多边形下【切角】工具、【倒角】工具和【优化】修改器的使用

实例介绍

本例是一个饰品组合的模型，主要使用可编辑多边形下的【切角】工具、【倒角】工具和【优化】修改器，最终模型效果如图6-431所示。

图6—431

建模思路

01 使用可编辑多边形下的【切角】工具、【倒角】工具和【优化】修改器制作饰品花瓶

02 使用【圆环】工具、【管状体】工具创建剩余部分的饰品模型

饰品组合的建模流程如图6-432所示。

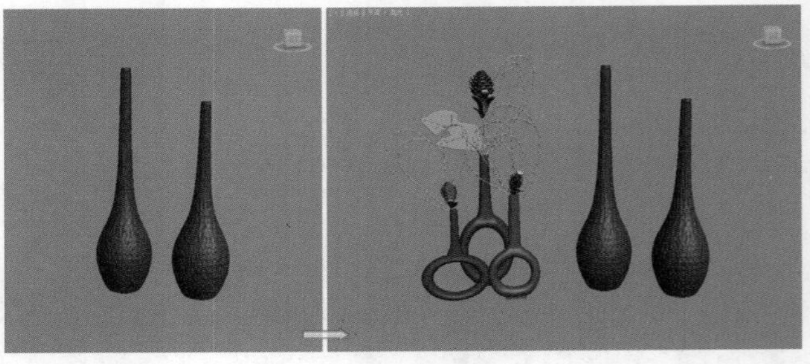
图6—432

操作步骤

Part01 使用可编辑多边形下的【切角】工具、【倒角】工具和【优化】修改器制作饰品花瓶

01 使用 圆柱体 工具，在顶视图中创建一个圆柱体，然后设置【半径】为40mm，【高度】为250mm，【高度分段】为5，如图6-433所示。

02 在【修改】面板中为上一步创建的圆柱体加载【编辑多边形】修改器，如图6-434所示。

03 单击【顶点】按钮进入【顶点】级别，然后使用【选择并均匀缩放】工具将点进行调节，调节后的效果如图6-435所示。

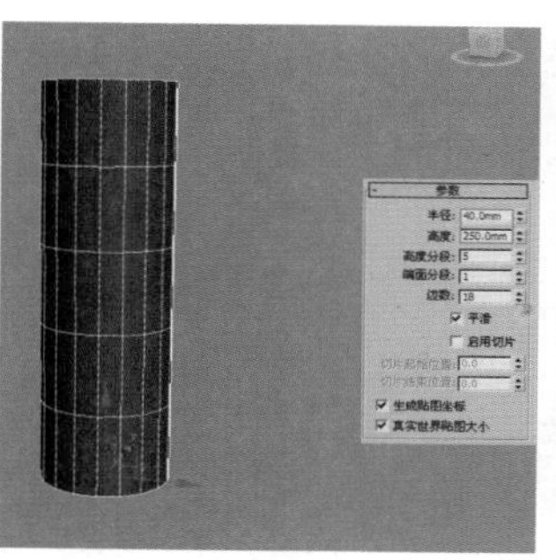

图6—433

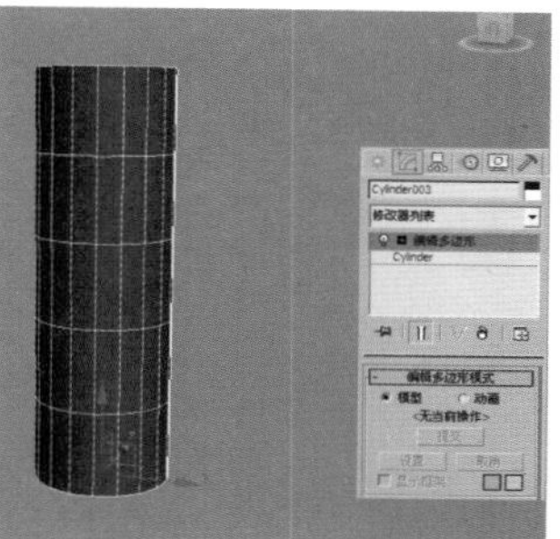

图6—434

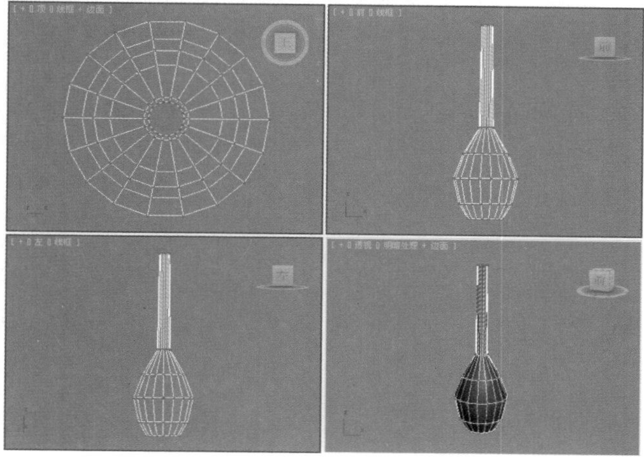

图6—435

04 单击【边】按钮，进入【边】级别，然后选择如图6-436所示的边。然后单击 切角 按钮后面的【设置】按钮，并设置【边切角量】为1mm，如图6-437所示。

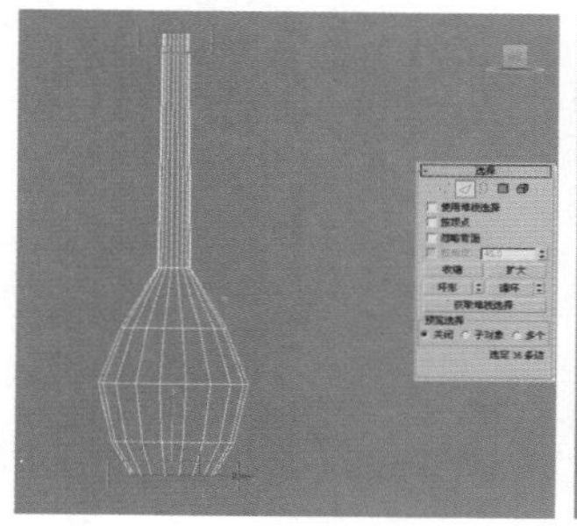

图6—436

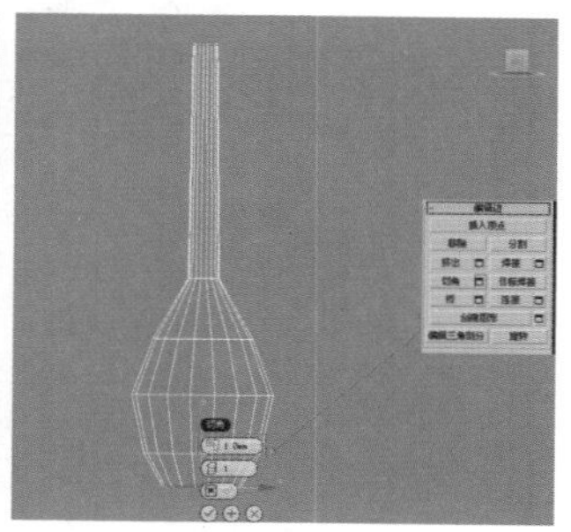

图6—437

05 选择切角后的模型，然后在【修改】面板中加载【网格平滑】修改器，并设置【迭代次数】为2，如图6-438所示。

06 选择网格平滑后的模型，然后在【修改】面板中加载【优化】修改器，并设置【面阈值】为3，如图6-439所示。

读书笔记

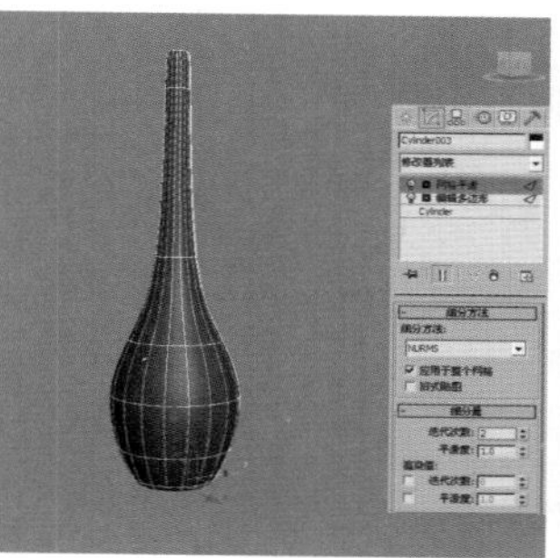

图6—438

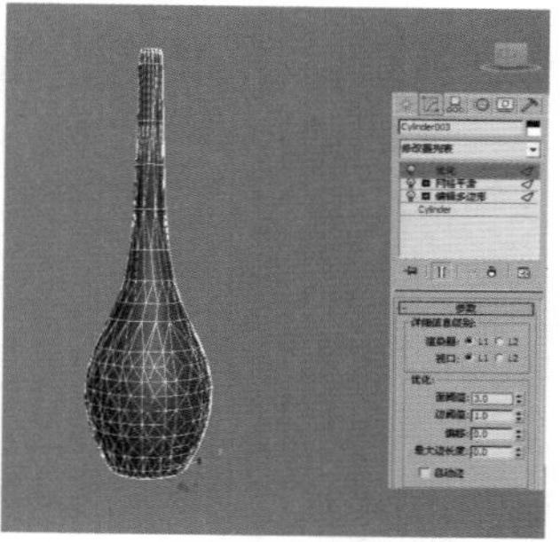

图6—439

技巧提示

由于花瓶模型表面有很多不规则的凹凸效果，需要模型表面拥有不规则的多边形，所以为模型加载了一个【优化】修改器，这样可以破坏原有的规则多边形。如图6—440所示为优化前后的模型对比效果。

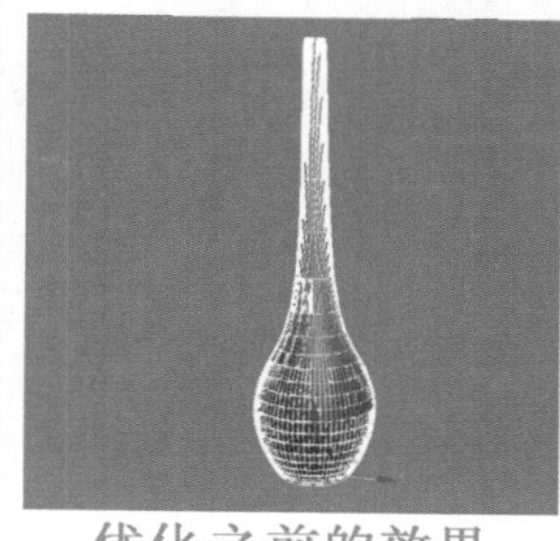

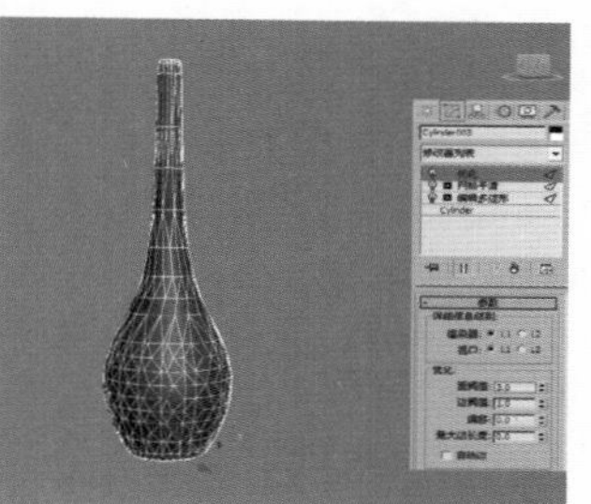

优化之前的效果　优化之后的效果

图6—440

07 将优化后的模型转换为可编辑多边形，接着单击【多边形】按钮进入【多边形】级别，然后选择如图6-441所示的多边形。

08 保持对多边形的选择，然后单击 倒角 按钮后面的【设置】按钮，并设置倒角类型为【按多边形】，设置【高度】为-0.5mm，【轮廓】为-0.3mm，如图6-442所示。

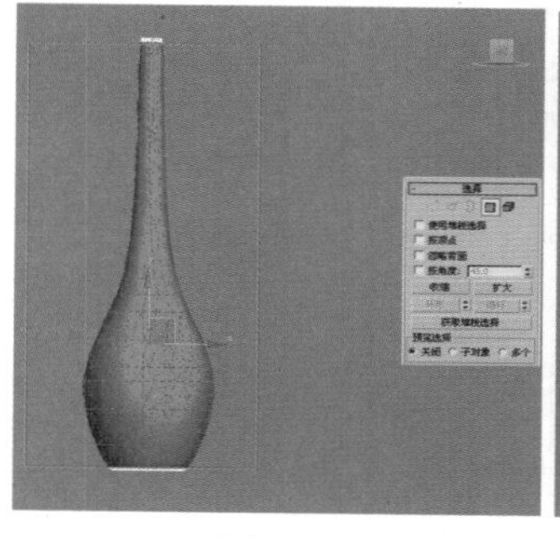

图6—441

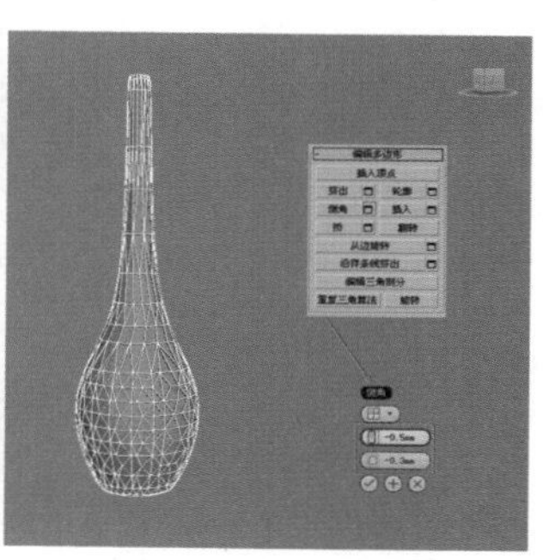

图6—442

09 选择倒角后的模型，然后在【修改】面板中加载【涡轮平滑】修改器，并设置【迭代次数】为2，如图6-443所示。

10 使用同样的方法制作出另外一个饰品花瓶的模型，如图6-444所示。

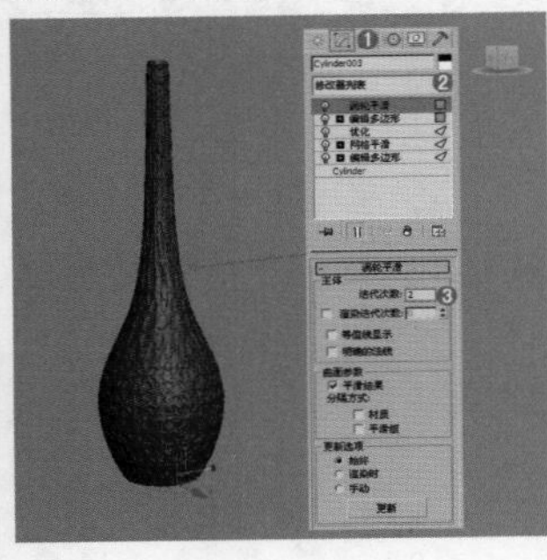
图6-443

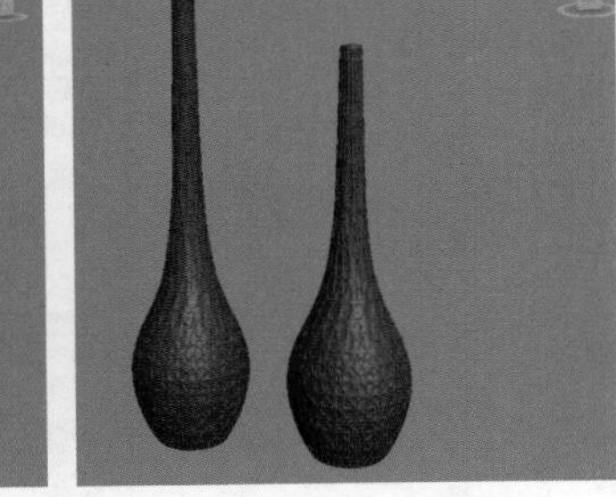
图6-444

Part02 使用【圆环】工具、【管状体】工具创建剩余部分的饰品模型

01 使用 圆环 工具，在前视图中创建一个圆环，然后展开【参数】卷展栏，并设置【半径1】为35mm，【半径2】为7mm，如图6-445所示。

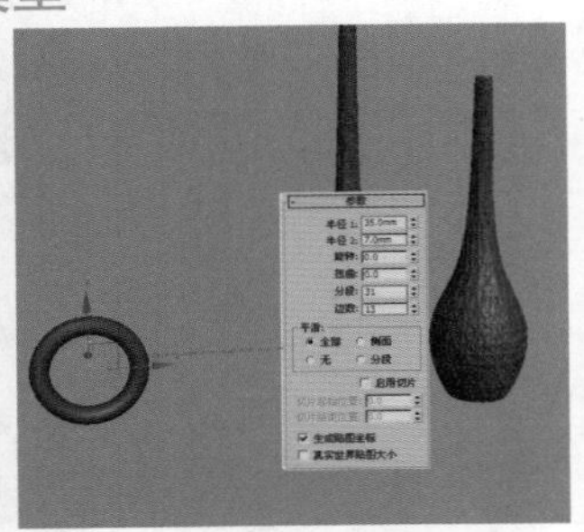
图6-445

02 使用【选择并均匀缩放】工具在前视图中沿Z轴将圆环进行适当地缩放，使其变成椭圆的形状，如图6-446所示。

图6-446

03 将上一步中创建的圆环转化为可编辑多边形，然后单击【多边形】按钮进入【多边形】级别，选择如图6-447所示的多边形，并按Delete键将其删除，如图6-448所示。

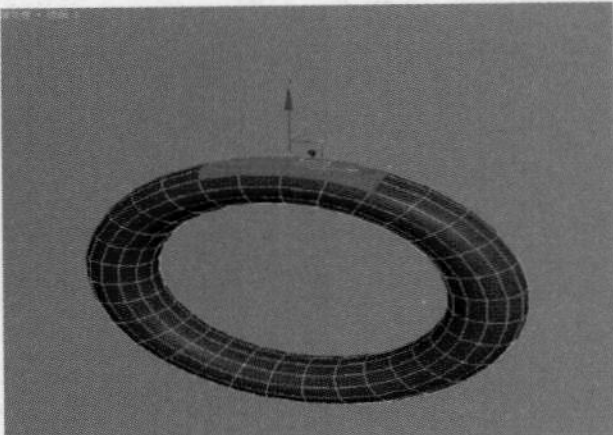
图6-447

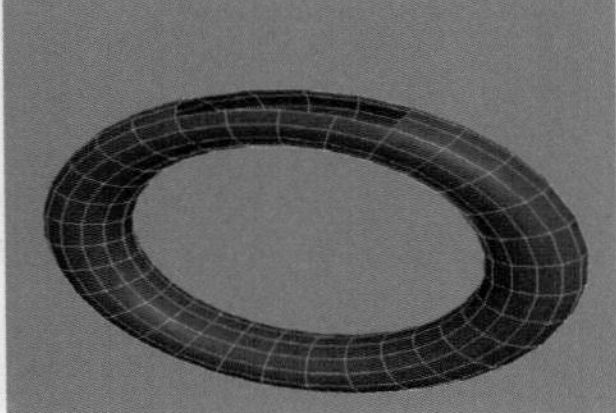
图6-448

04 单击【边】按钮进入【边】级别，然后选择如图6-449所示的边。单击【选择并移动】工具，并按住Shift键，沿Z轴向上进行拖曳，并使用【选择并均匀缩放】工具进行适当地缩放，如图6-450所示。

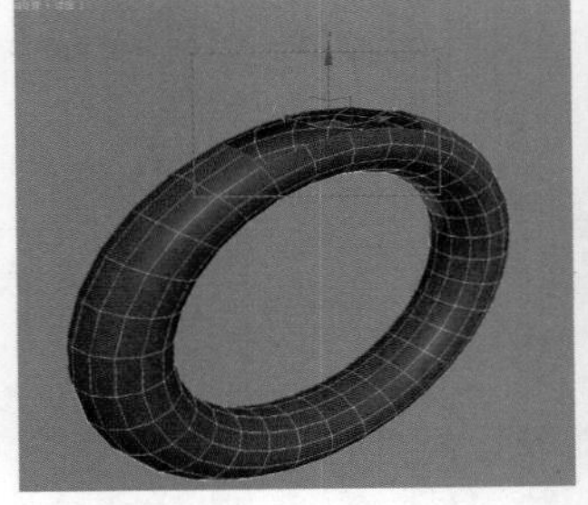
图6-449

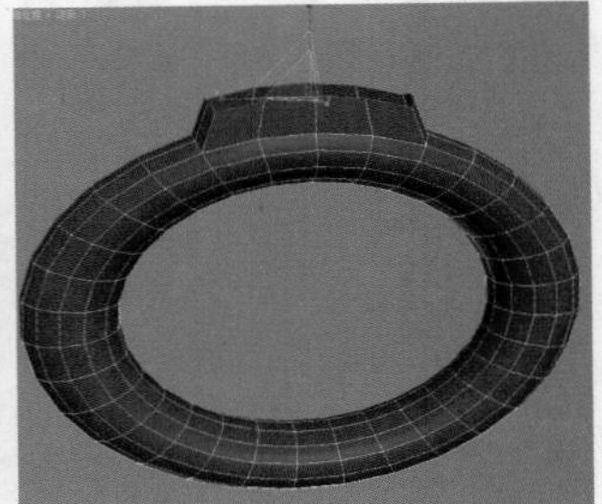
图6-450

05 继续重复这样的操作，如图6-451所示。

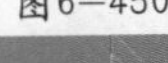
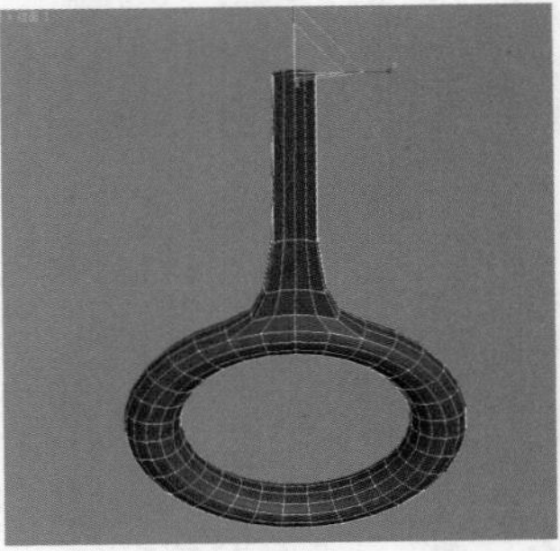
图6-451

06 单击【顶点】按钮进入【顶点】级别，调整顶点的位置，如图6-452所示。

07 选择上一步中的模型，在【修改】面板中为其添加【壳】修改器，并设置【外部量】为1mm，如图6-453所示。

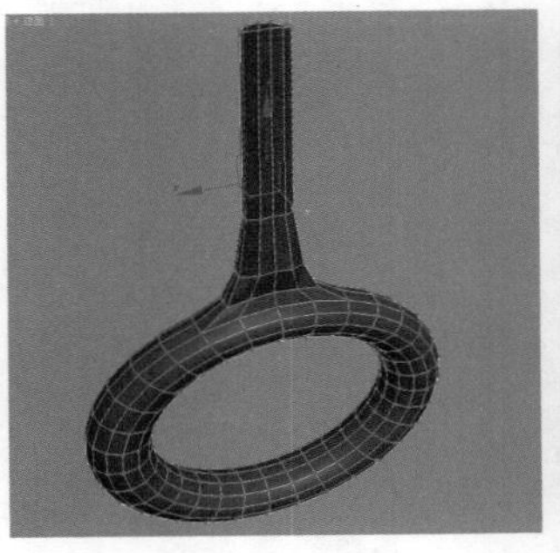
图6-452

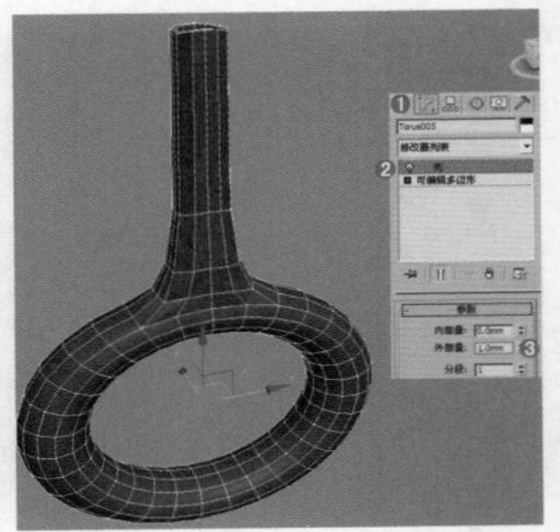
图6-453

08 继续将模型转化为可编辑多边形，然后单击【边】按钮进入【边】级别，然后选择如图6-454所示的边。单击 切角 按钮后面的【设置】按钮，并设置【边切角量】为0.1mm，如图6-455所示。

09 选择上一步中的模型，然后为其添加【网格平滑】修改器，并设置【迭代次数】为2，如图6-456所示。此时的模型效果如图6-457所示。

10 使用同样的方法将其他模型创建出来，如图6-458所示。继续使用多边形建模的方法创建出花朵模型，最终模型效果如图6-459所示。

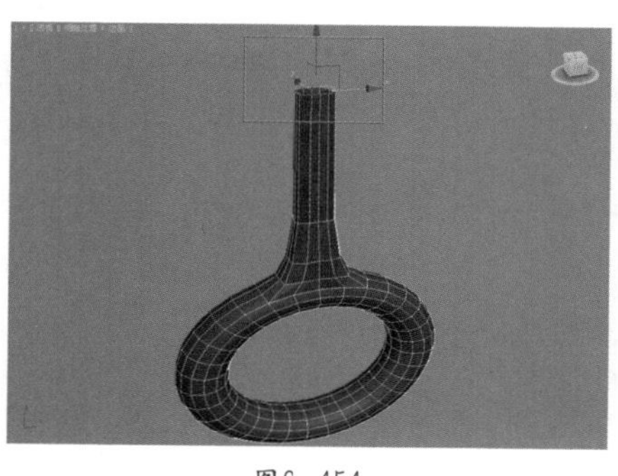
图6—454

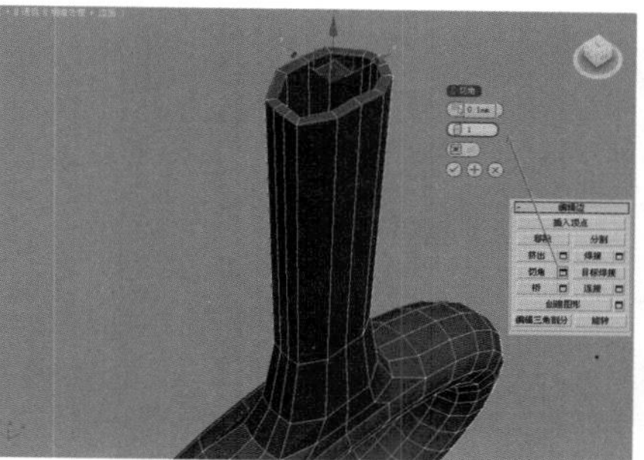
图6—455

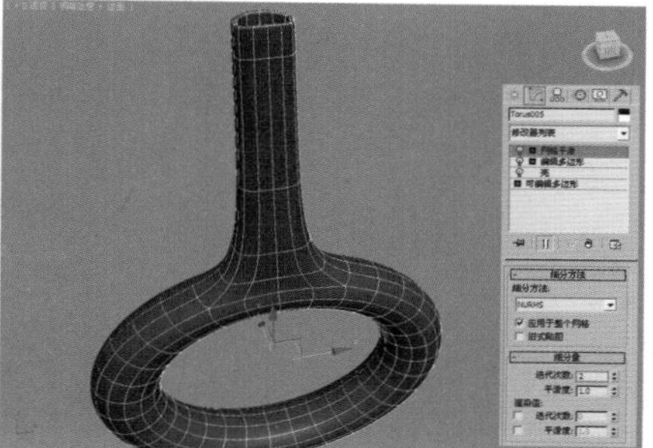
图6—456

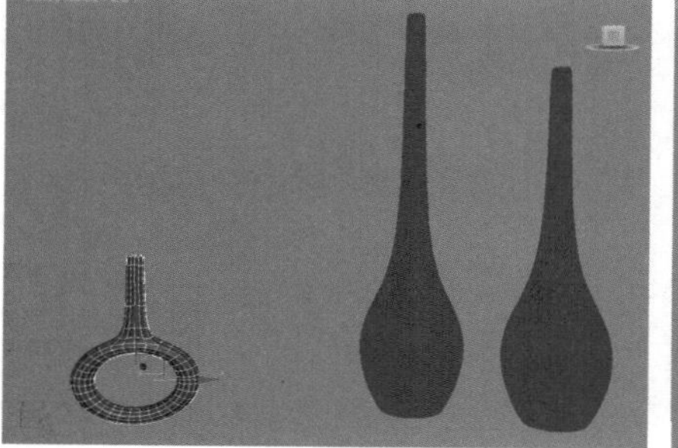
图6—457

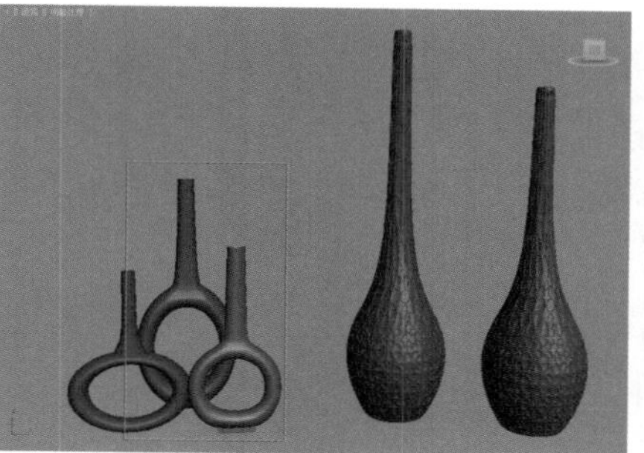
图6—458

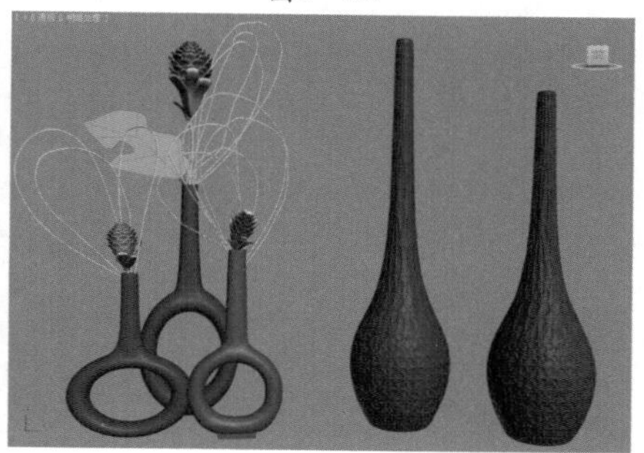
图6—459

课后练习

【课后练习——多边形建模制作布艺沙发】

思路解析

01 使用【长方体】工具、【编辑多边形】修改器制作布艺沙发扶手模型

02 使用【长方体】工具、【切角长方体】工具、【编辑多边形】修改器制作布艺沙发其他部分模型

本章小结

通过对本章的学习，我们可以掌握多边形建模工具和Graphite建模工具的使用方法，使用多边形建模可以制作出几乎所有我们能想象到的模型，因此该建模方式是最为强大的，熟练地掌握该工具下的一些常用小工具是非常有必要的。

读书笔记

第7章

网格建模和NURBS建模

本章内容简介：

网格建模是3ds Max高级建模中非常重要的一种，与多边形建模的制作思路比较类似。使用网格建模可以进入到网格对象的【顶点】、【边】、【面】、【多边形】和【元素】级别下编辑对象。NURBS建模是专门制作曲面物体的一种造型方法。NURBS由曲线和曲面来定义，因此可以制作各种复杂的曲面造型和表现特殊的效果，如人的皮肤、跑车等。

本章学习要点：

- 使用网格建模制作模型
- 使用NURBS建模制作模型

7.1 网格建模

7.1.1 动手学：转换网格对象

与多边形对象一样，网格对象也不是创建出来的，而是经过转换而成的。将物体转换为网格对象的方法主要有以下4种。

01 在物体上右击，然后在弹出的菜单中选择【转换为】|【转换为可编辑网格】命令，如图7-1所示。转换为可编辑网格对象后，在修改器列表中可以观察到物体已经变成了【可编辑网格】对象，如图7-2所示。通过这种方法转换成的可编辑网格对象的创建参数将全部丢失。

02 选中对象，然后进入【修改】面板，接着在修改器列表中的对象上右击，最后在弹出的菜单中选择【可编辑网格】命令，如图7-3所示。这种方法与第1种方法一样，转换成的可编辑网格对象的创建参数将全部丢失。

03 选中对象，然后为其加载一个【编辑网格】修改器，如图7-4所示。通过这种方法转换成的可编辑网格对象的创建参数不会丢失，仍然可以调整。

04 单击【创建】面板中的【工具】按钮，然后单击 塌陷 按钮，接着在【塌陷】卷展栏中设置【输出类型】为【网格】，再选择需要塌陷的物体，最后单击 塌陷选定对象 按钮，如图7-5所示。

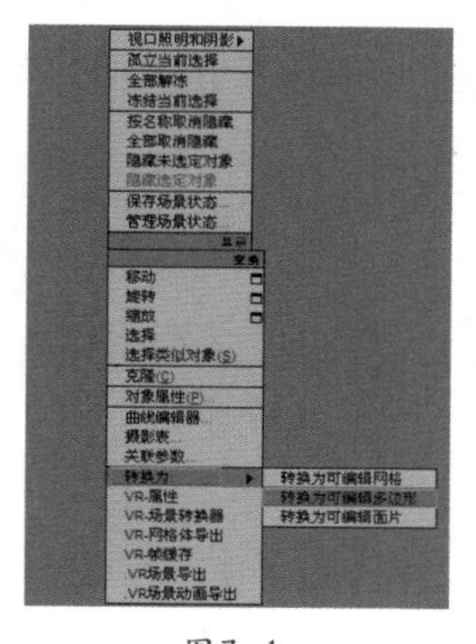
图7—1

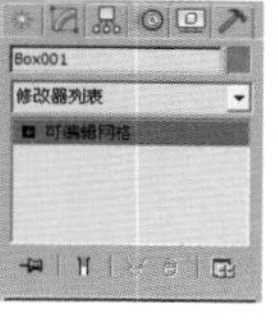
图7—2

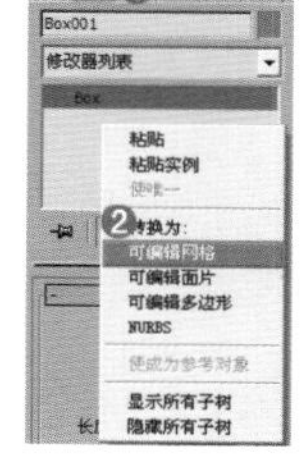
图7—3

图7—4

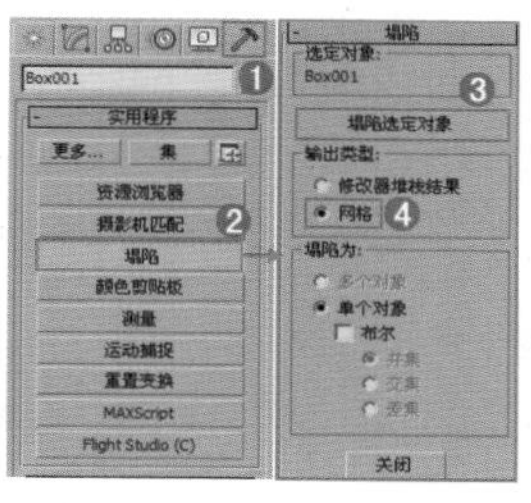
图7—5

7.1.2 编辑网格对象

技术速查：网格建模是一种能够基于子对象进行编辑的建模方法，网格子对象包含顶点、边、面、多边形和元素5种。网格对象的参数设置包括4个卷展栏，分别是【选择】、【软选择】、【编辑几何体】和【曲面属性】卷展栏，如图7-6所示。

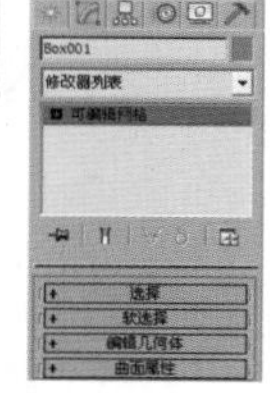
图7—6

★ 案例实战——网格建模制作床头柜

场景文件	无
案例文件	案例文件\Chapter 07\案例实战——网格建模制作床头柜.max
视频教学	视频文件\Chapter 07\案例实战——网格建模制作床头柜.flv
难易指数	★★☆☆☆
技术掌握	掌握网格建模下【长方体】工具、【编辑网格】修改器的运用

实例介绍

床头柜是置于床头，用于存放零物的柜子。最终渲染和线框效果如图7-7所示。

图7—7

建模思路

01 使用【长方体】工具、【编辑网格】修改器制作床头柜模型

02 使用【长方体】工具、【编辑网格】修改器制作床头柜把手模型

床头柜建模流程图，如图7-8所示。

读书笔记

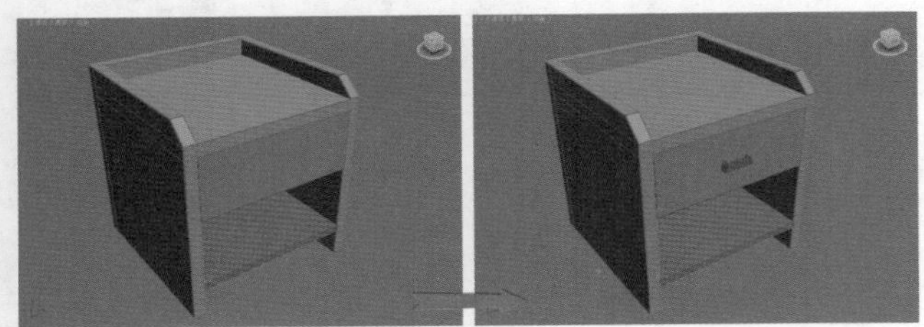

图7—8

制作步骤

Part 01 制作床头柜模型

01 启动3ds Max 2013中文版，选择菜单栏中的【自定义】|【单位设置】命令，此时将弹出【单位设置】对话框，将【显示单位比例】和【系统单位比例】设置为【毫米】，如图7-9所示。

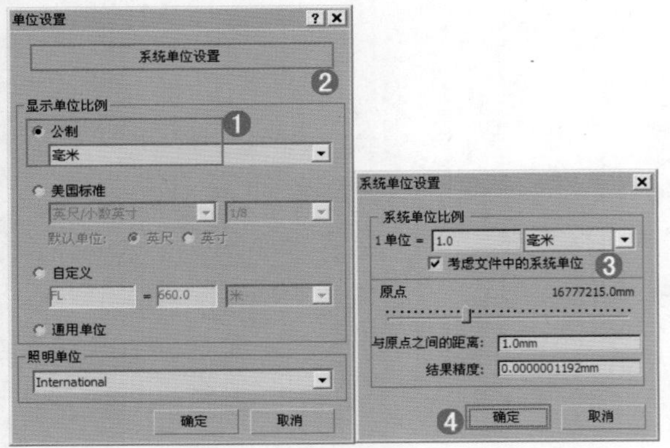

图7—9

02 利用 长方体 工具在顶视图中创建一个长方体，并设置【长度】为500mm，【宽度】为500mm，【高度】为500mm，【长度分段】为2，【宽度分段】为3，【高度分段】为2，如图7-10和图7-11所示。

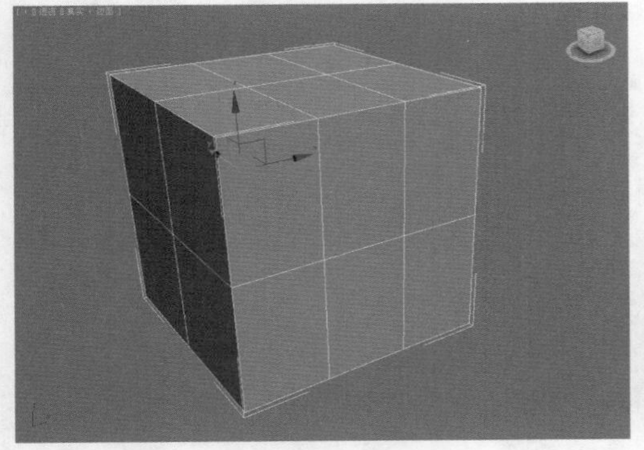

图7—10　　图7—11

03 选择上一步创建的长方体，为其加载【编辑网格】修改器，接着在【顶点】级别下调节顶点的位置，如图7-12所示。

图7—12

04 进入【多边形】级别下，选择如图7-13所示的多边形。

图7—13

05 在 挤出 按钮后面的数值框中输入－470mm，并按Enter键结束，此时的效果如图7-14和图7-15所示。

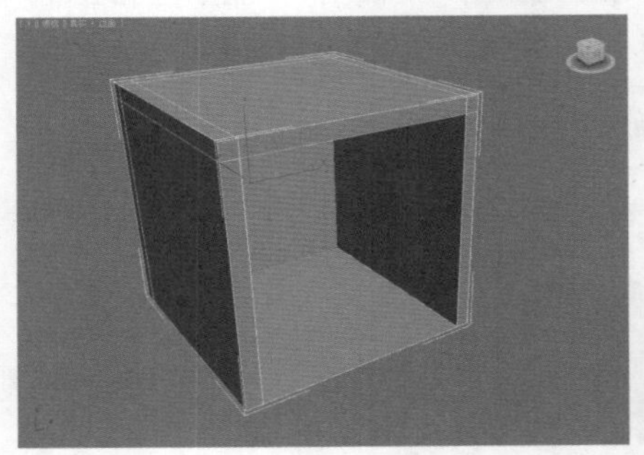

图7—14　　图7—15

06 选择如图7-16所示的多边形，按Delete键将其删除，如图7-17所示。

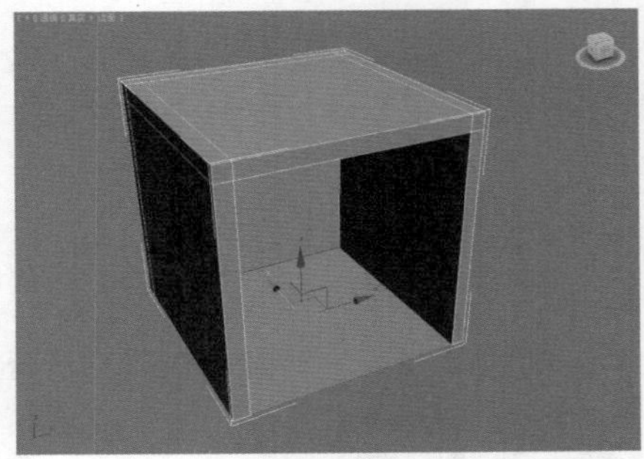

图7—16

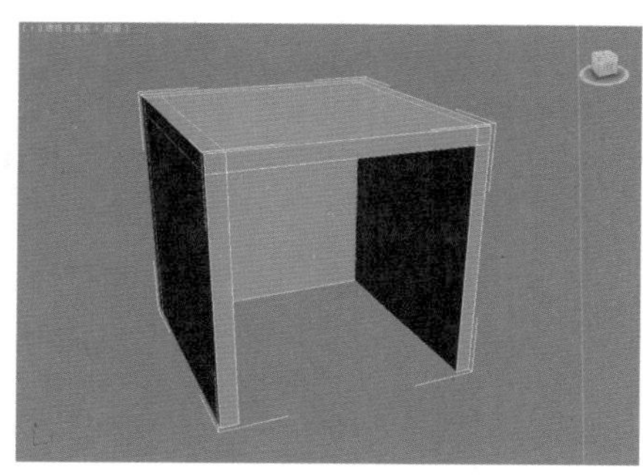

图7—17

07 选择如图7-18所示的多边形。

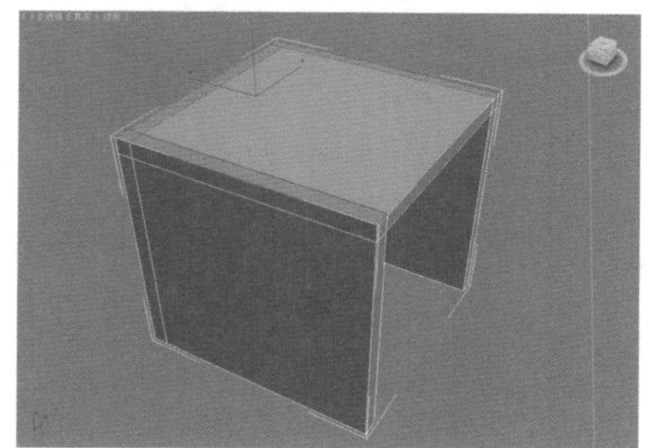

图7—18

08 在 挤出 按钮后面的数值框中输入50mm，并按Enter键结束，此时的效果如图7-19和图7-20所示。

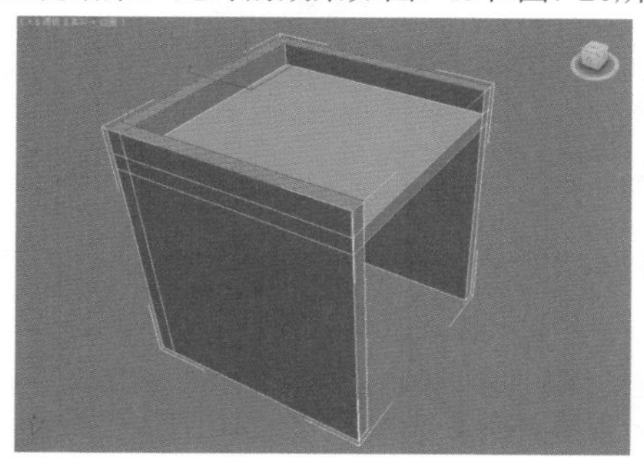

图7—19

图7—20

09 进入【边】级别 下，选择如图7-21所示的边。

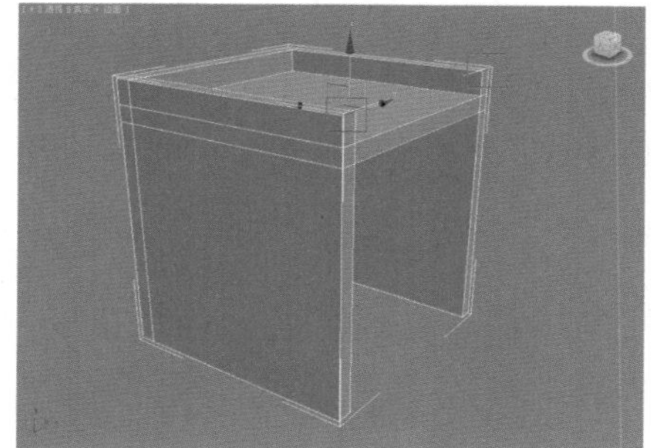

图7—21

10 在 切角 按钮后面的数值框中输入50mm，并按Enter键结束，此时的效果如图7-22和图7-23所示。

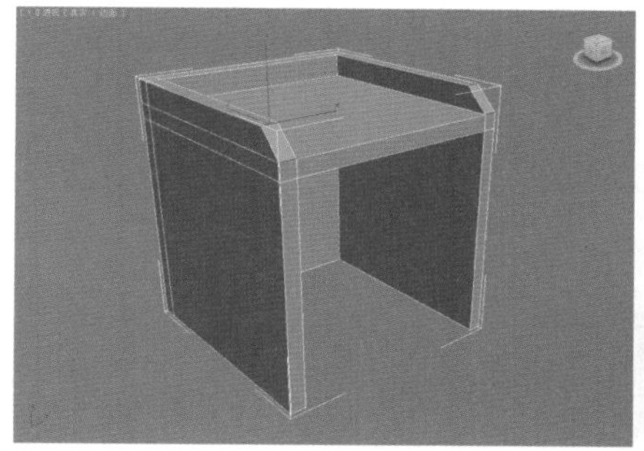

图7—22

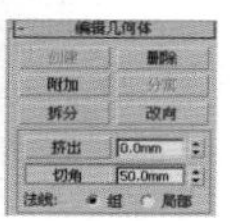

图7—23

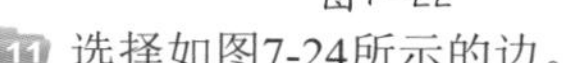

11 选择如图7-24所示的边。

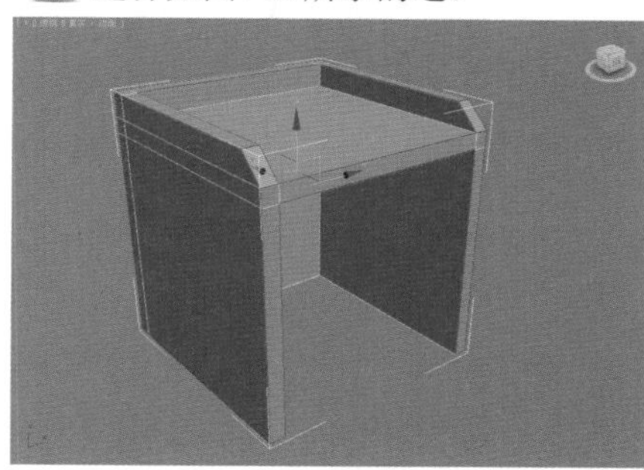

图7—24

12 在 切角 按钮后面的数值框中输入1mm，并按Enter键结束，此时的效果如图7-25和图7-26所示。

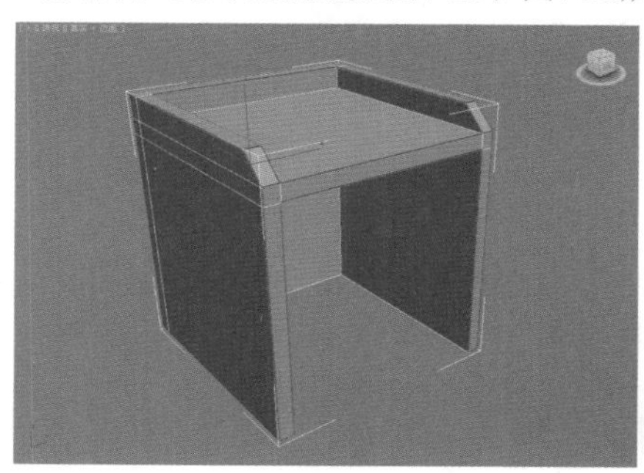

图7—25

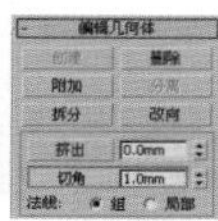

图7—26

13 再次在 切角 按钮后面的数值框中输入0.5mm，并按Enter键结束，此时的效果如图7-27和图7-28所示。

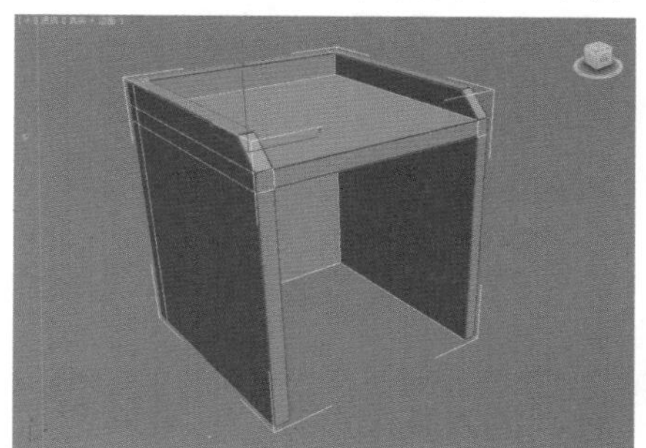

图7—27

图7—28

14 利用 长方体 工具创建一个长方体，并设置【长度】为170mm，【宽度】为440mm，【高度】为470mm，如图7-29和图7-30所示。

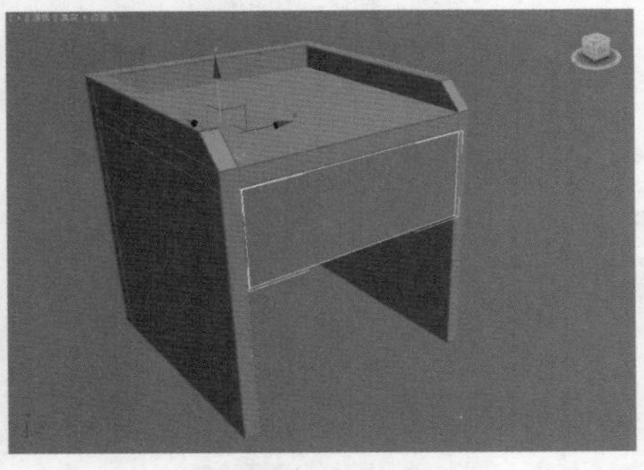

图7—29

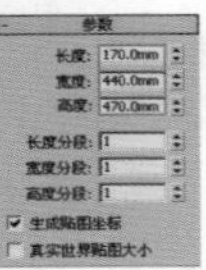

图7—30

15 利用 长方体 工具再次创建一个长方体，并设置【长度】为20mm，【宽度】为440mm，【高度】为470mm，如图7-31和7-32所示。

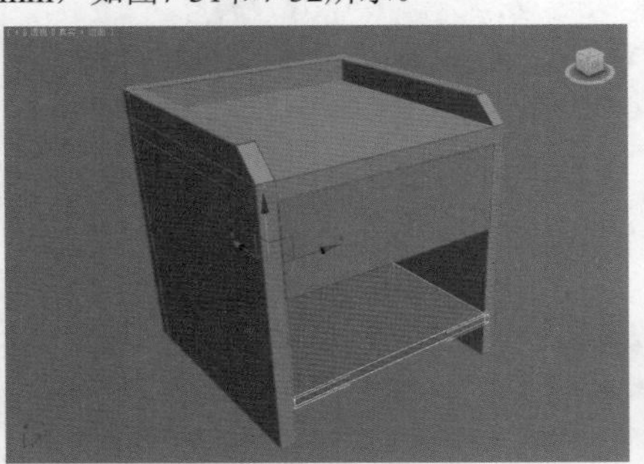

图7—31

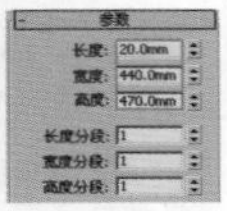

图7—32

Part 02 制作床头柜把手模型

01 利用 长方体 工具再次创建一个长方体，并设置【长度】为20mm，【宽度】为5mm，【高度】为80mm，【高度分段】为3，如图7-33和图7-34所示。

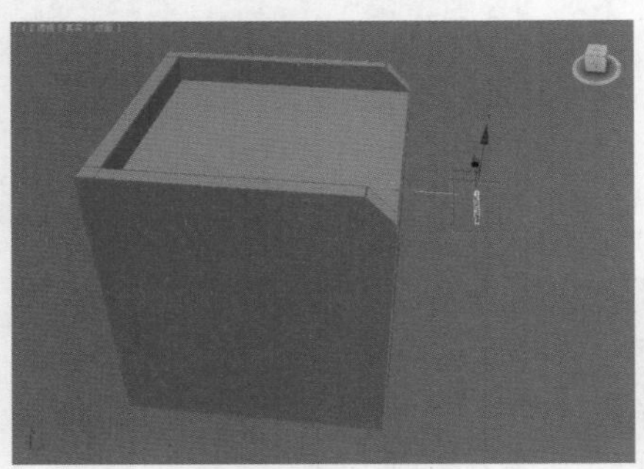

图7—33

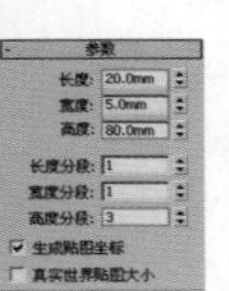

图7—34

02 为其加载【编辑网格】修改器，在【边】级别下，调节边的位置如图7-35所示。

03 在【多边形】级别下，选择如图7-36所示的多边形。

04 在 挤出 按钮后面的数值框中输入15mm，并按Enter键结束，此时的效果如图7-37和图7-38所示。

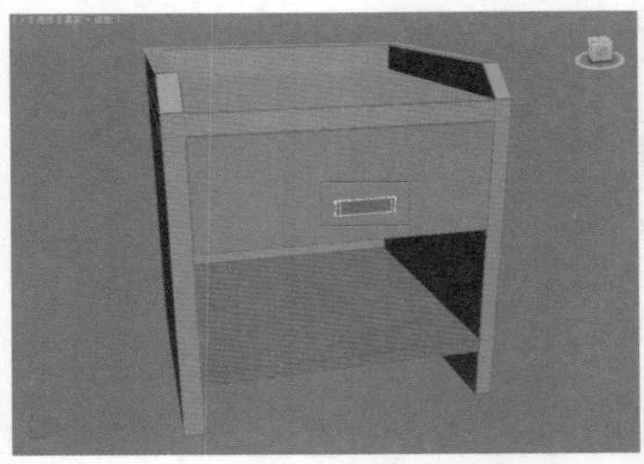

图7—35

图7—36

图7—37

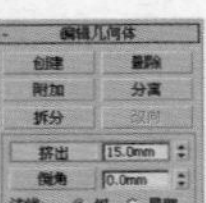

图7—38

05 选择上一步创建的模型，在【顶点】级别下选择如图7-39所示的顶点，使用【选择并均匀缩放】工具沿X轴对其进行缩放。

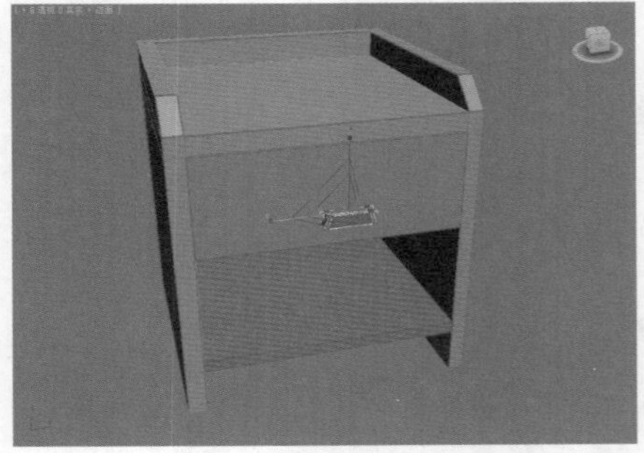

图7—39

读书笔记

06 最终模型效果如图7-40所示。

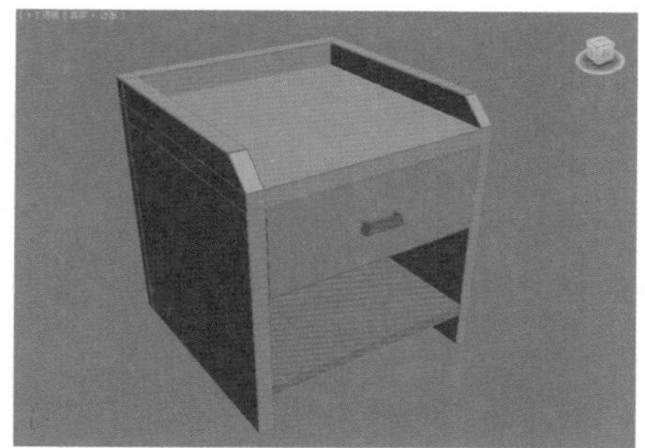

图7—40

★ 案例实战——网格建模制作单人沙发

场景文件	无
案例文件	案例文件\Chapter 07\案例实战——网格建模制作单人沙发.max
视频教学	视频文件\Chapter 07\案例实战——网格建模制作单人沙发.flv
难易指数	★★★☆☆
技术掌握	掌握网格建模下的【挤出】、【切角】、【由边创建图形】工具的使用方法

实例介绍

单人沙发是装有弹簧或厚泡沫塑料等的靠背椅，两边带有扶手。本例将以制作一个简约单人沙发模型为例来讲解网格建模下的【挤出】、【切角】、【由边创建图形】工具的使用方法，效果如图7-41所示。

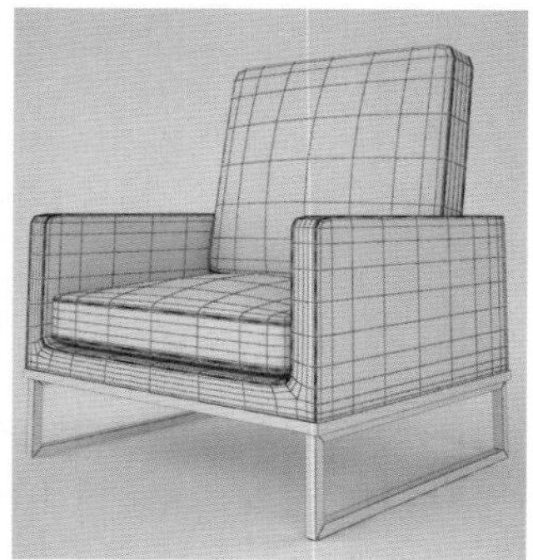

图7—41

建模思路

01 使用网格建模下的【挤出】、【切角】、【由边创建图形】工具制作沙发的主体模型

02 使用样条线的可渲染创建沙发腿部分模型

简约单人沙发建模流程如图7-42所示。

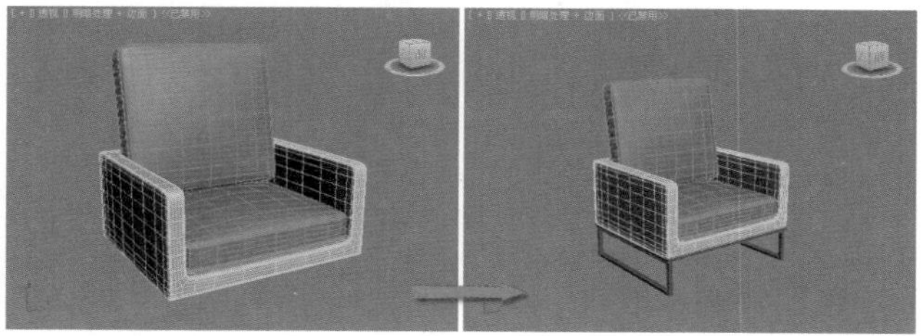

图7—42

操作步骤

Part 01 使用网格建模下的【挤出】、【切角】、【由边创建图形】工具制作沙发的主体模型

01 使用 长方体 工具在顶视图中创建一个长方体，然后展开【参数】卷展栏，设置【长度】为600mm，【宽度】为650mm，【高度】为60mm，【长度分段】为1，【宽度分段】为1，【高度分段】为1，如图7-43所示。

02 在【修改】面板中为上一步创建的长方体加载【编辑网格】修改器，如图7-44所示。

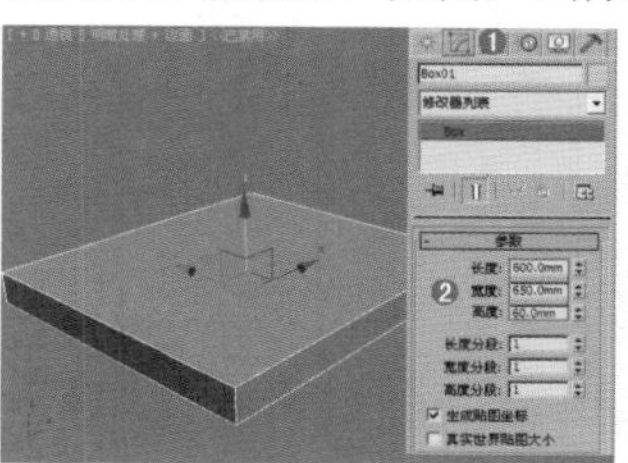

图7—43

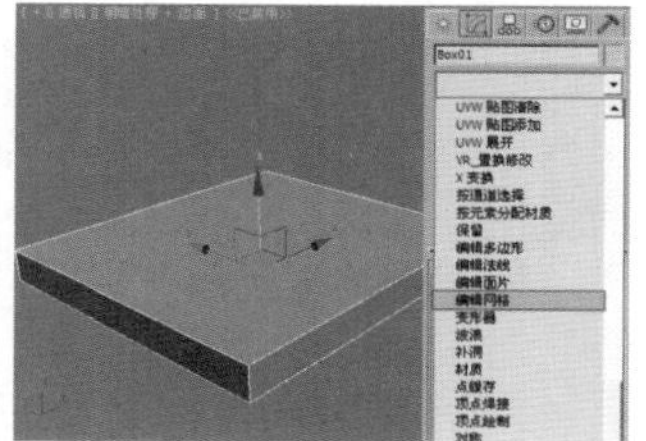

图7—44

03 在【修改】面板中展开【选项】卷展栏，进入【多边形】级别■，选择如图7-45所示的多边形。然后在 挤出 按钮后面的数值框中输入60mm，并按Enter键结束，如图7-46所示。

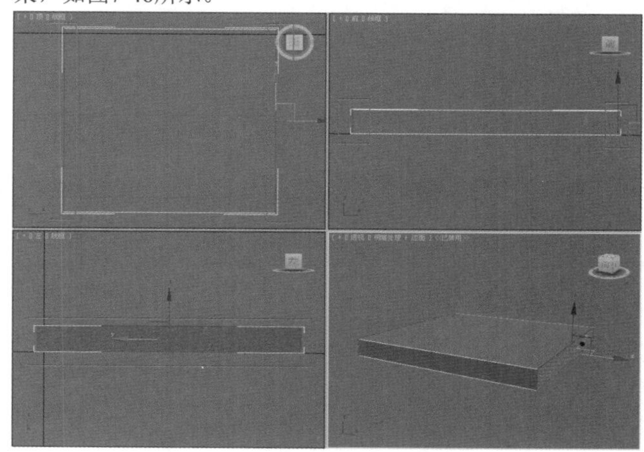

图7—45

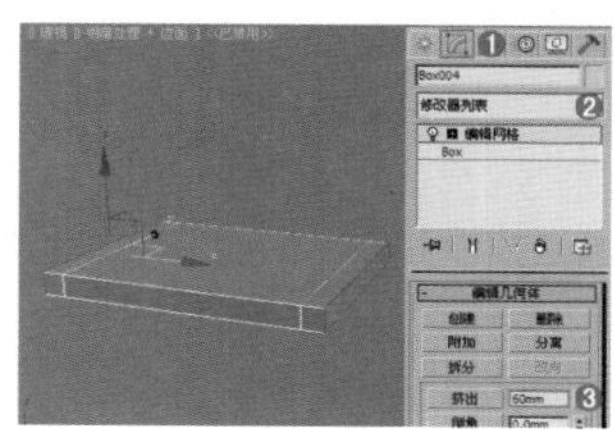

图7—46

技巧提示

在多边形建模中工具后面一般都会有【设置】按钮▣，而在网格建模中却没有，因此只能通过输入数值，并按Enter键来实现操作。而且这样会有个弊端，若在【挤出】按钮后面的数值框中输入50mm，然后按Enter键或在场景中单击了一下鼠标左键，都会出现挤出50mm的效果，但是此时【挤出】后面的数值框中却显示0mm，因此读者一定不要认为刚才没有挤出，如图7-47所示。

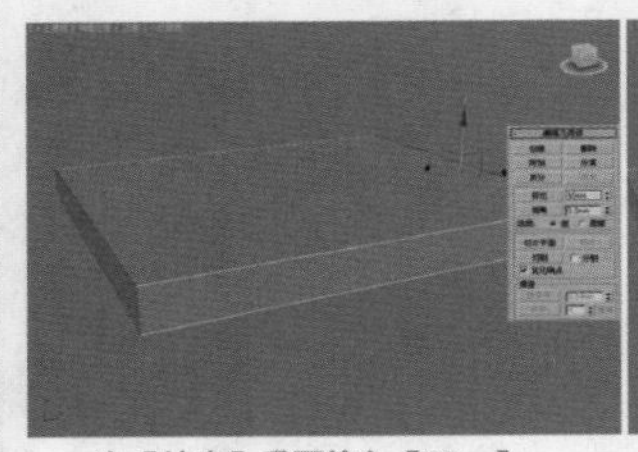
在【挤出】后面输入【50mm】

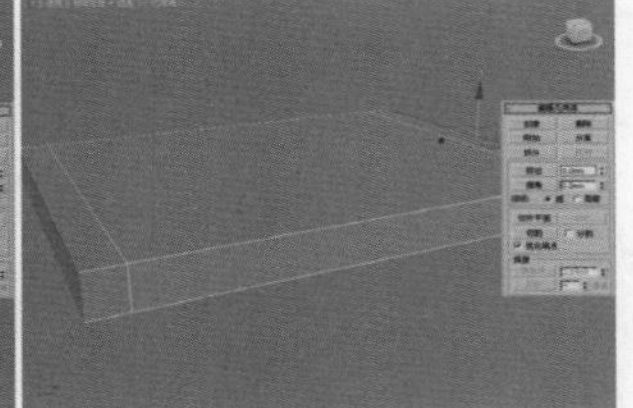
按键盘上的Enter键

图7-47

04 选择如图7-48所示的多边形，然后在 挤出 按钮后面的数值框中输入60mm，并按Enter键结束，如图7-49所示。

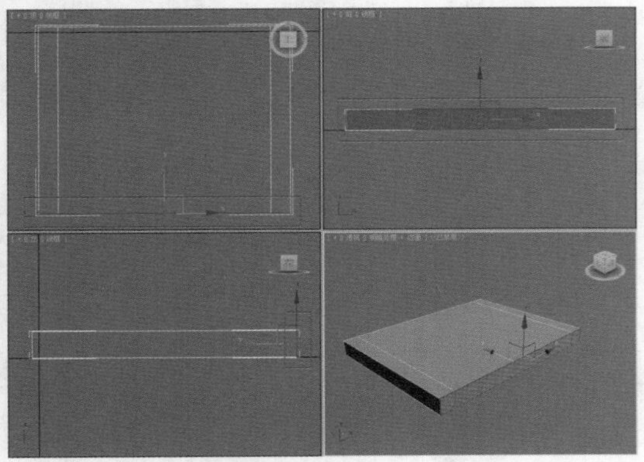

图7-48

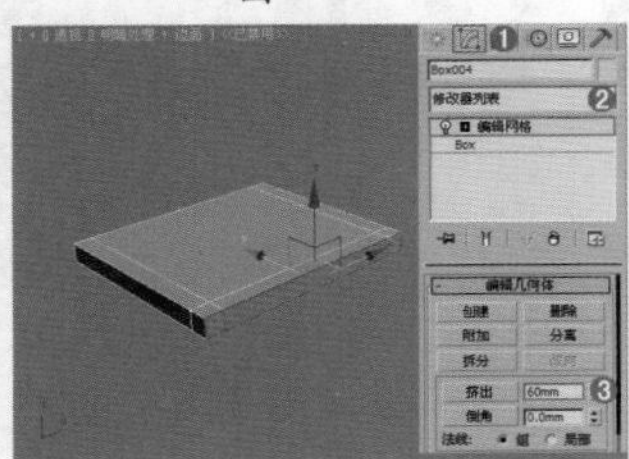

图7-49

05 选择如图7-50所示的多边形，然后在 挤出 按钮后面的数值框中输入280mm，并按Enter键结束，如图7-51所示。

06 进入【边】级别，选择如图7-52所示的边，然后在 切角 按钮后面的数值框中输入3mm，并按Enter键结束，如图7-53所示。

07 选择上一步中的模型，然后在【修改】面板中为其加载【涡轮平滑】修改器，并设置【迭代次数】为2，如图7-54所示。

08 选择涡轮平滑后的模型，然后再次转换为可编辑网格。并进入【边】级别，选择如图7-55所示的边，接着单击 由边创建图形 按钮，并在弹出的对话框中设置【图形类型】为【线性】。

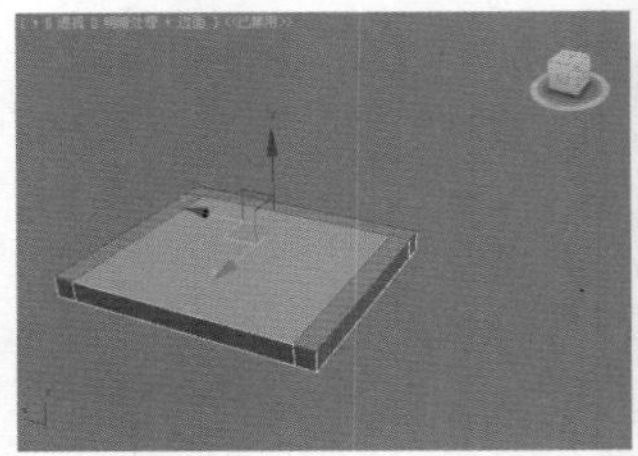

图7-50

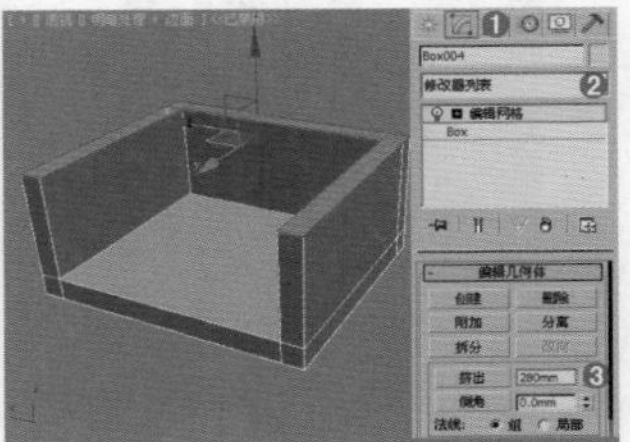

图7-51

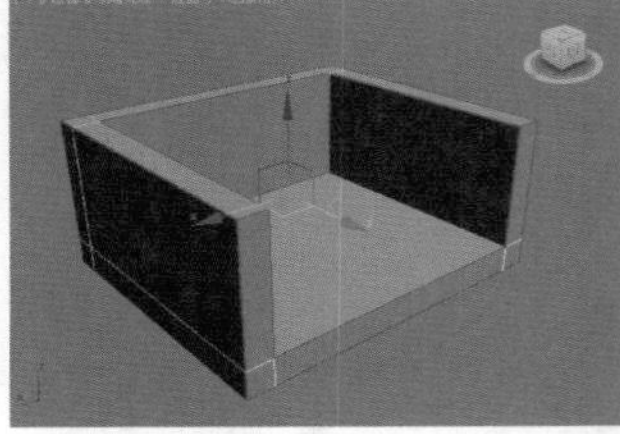

图7-52

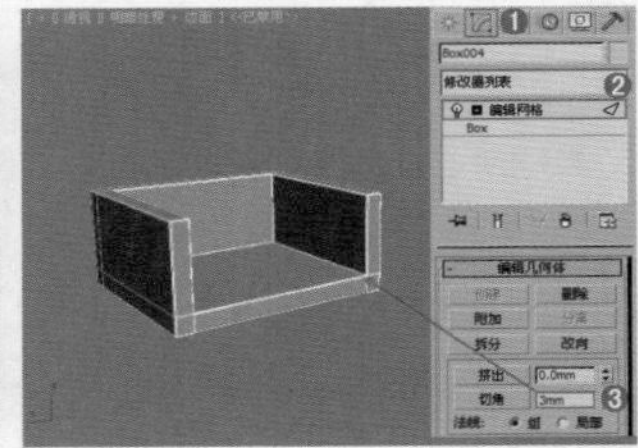

图7-53

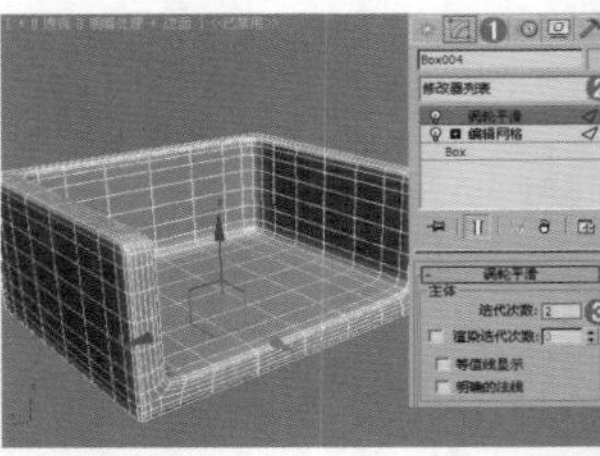

图7-54

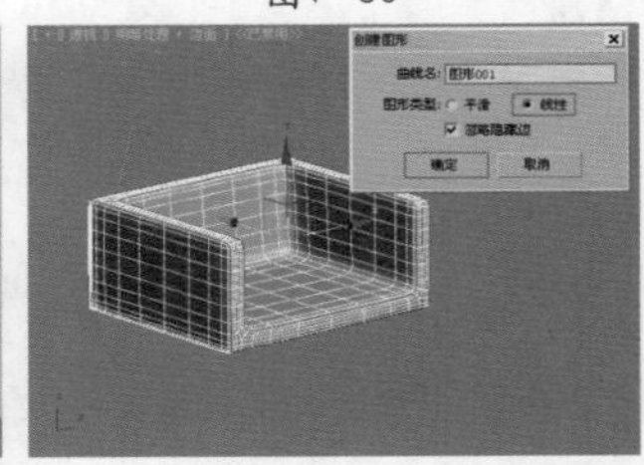

图7-55

09 选择上一步创建出的图形，然后在【修改】面板中展开【渲染】卷展栏，并选中【在渲染中启用】和【在视口中启用】复选框，接着选中【径向】单选按钮，设置【厚度】为4mm，如图7-56所示。

10 继续使用 长方体 工具在顶视图中创建一个长方体，然后展开【参数】卷展栏，并设置【长度】为580mm，【宽度】为640mm，【高度】为90mm，如图7-57所示。

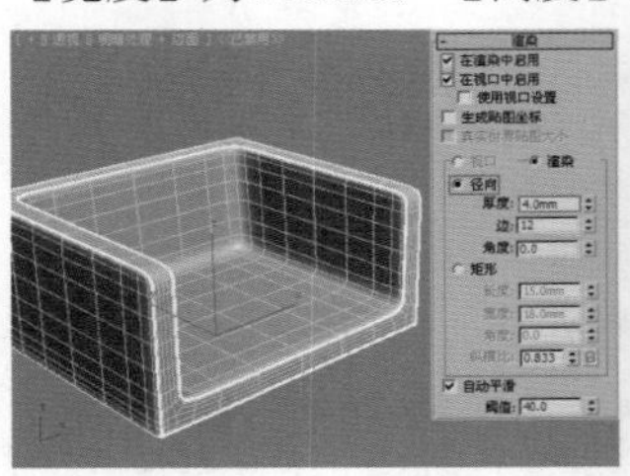

图7-56

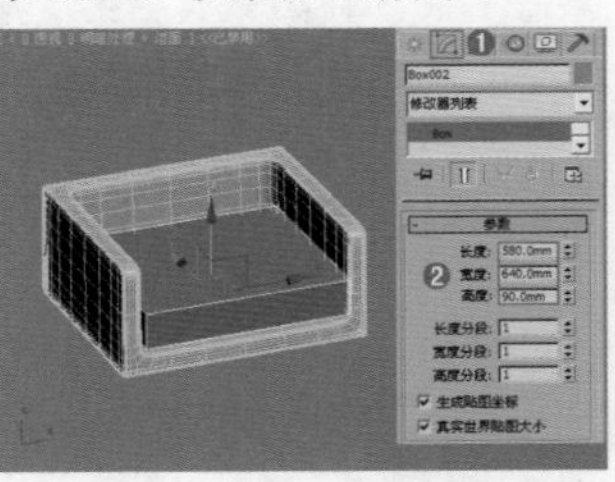

图7-57

11 将刚创建的长方体转换为可编辑网格，并进入【边】级别，选择如图7-58所示的边。在 切角 按钮后面的数值框中输入3mm，并按Enter键结束，如图7-59所示。

12 选择切角后的模型，然后在【修改】面板中加载

【涡轮平滑】修改器，并设置【迭代次数】为2，如图7-60所示。

13 选择场景中上一步创建的模型，然后在【修改】面板中加载【FFD 3×3×3】修改器，并在修改器列表下选择【控制点】级别，选择中间部分的控制点并将其沿Z轴向上拖曳一段距离，使其中间部分凸起，此时的效果如图7-61所示。

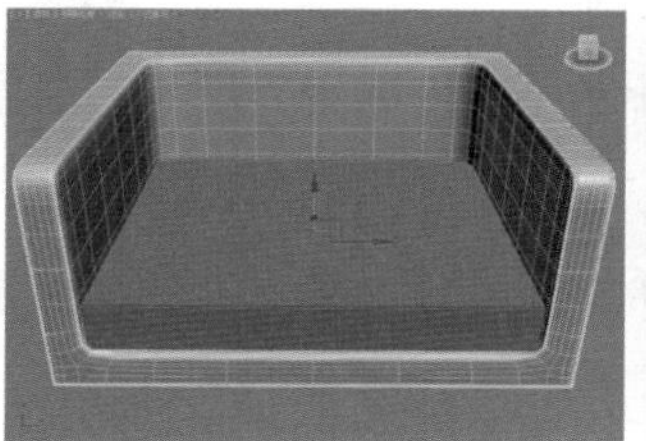
图7—58

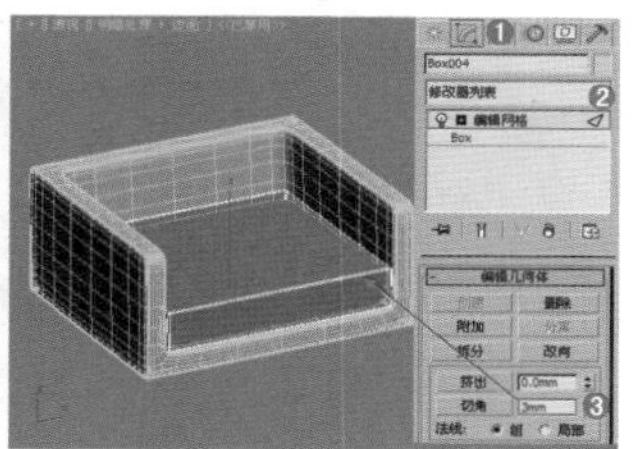
图7—59

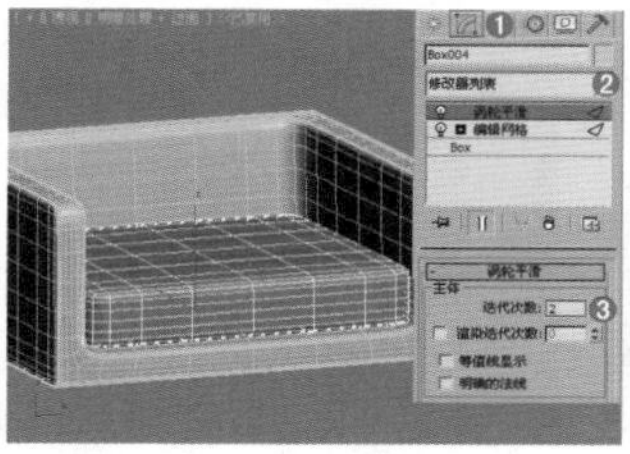

图7—60

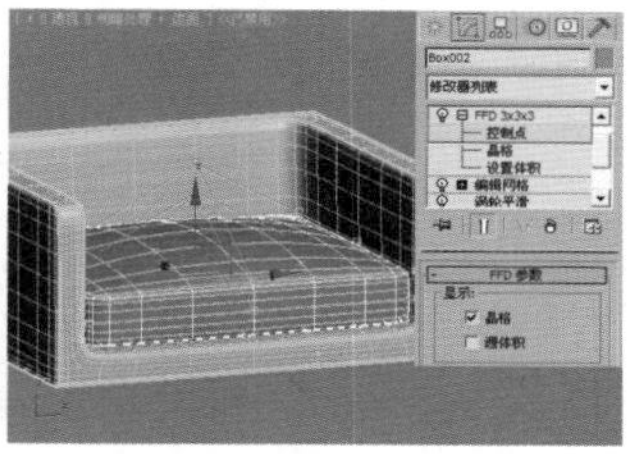

图7—61

14 选择场景中上一步创建的模型，然后再次为其加载【编辑网格】修改器。进入【边】级别，然后选择如图7-62所示的边，接着单击 由边创建图形 按钮，并在弹出的对话框中设置【图形类型】为【线性】。

15 选择创建出的图形，并在【修改】面板中选中【在渲染中启用】和【在视口中启用】复选框，接着激活【径向】单选按钮，设置【厚度】为4mm，如图图7-63所示。

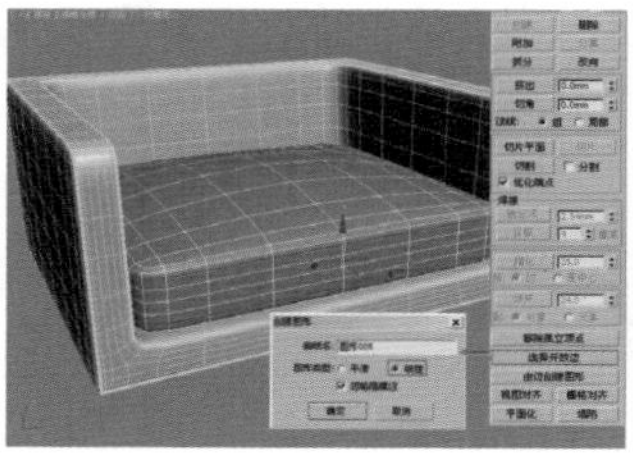
图7—62

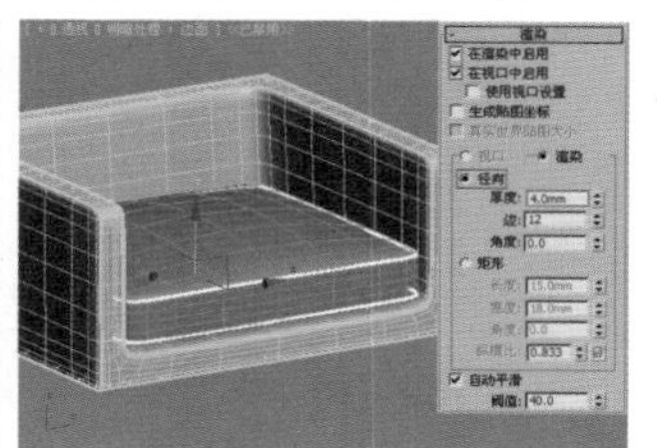
图7—63

16 选中上一步制作的沙发坐垫部分，使用【选择并移动】工具将其移动复制一个作为沙发靠垫，并使用【选择并旋转】工具将其旋转一定的角度，如图7-64所示。

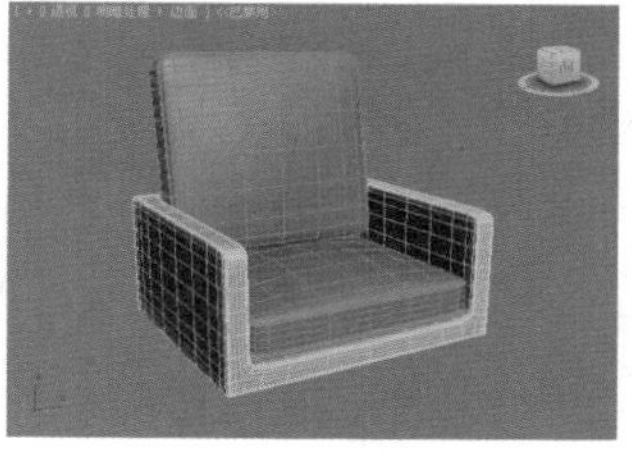
图7—64

Part 02 使用样条线的可渲染创建沙发腿部分模型

01 使用 矩形 工具在顶视图中创建一个矩形，并设置【长度】为600mm，【宽度】为700mm，接着展开【渲染】卷展栏，选中【在渲染中启用】和【在视口中启用】复选框，选中【矩形】单选按钮，设置【长度】为20mm，【宽度】为30mm，如图7-65所示。

02 继续使用样条线可渲染的方法创建两个矩形，具体的参数设置如图7-66所示。

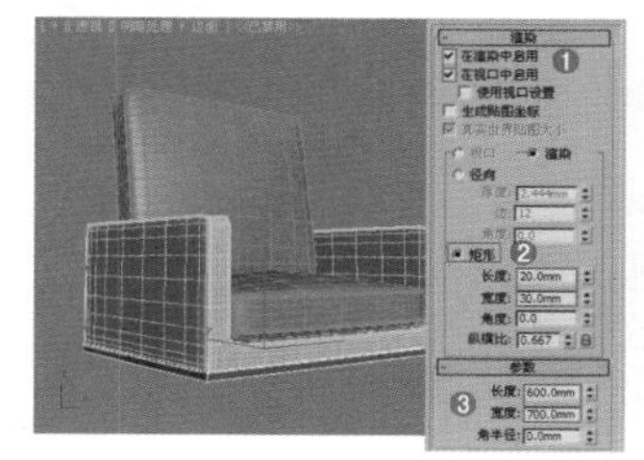
图7—65

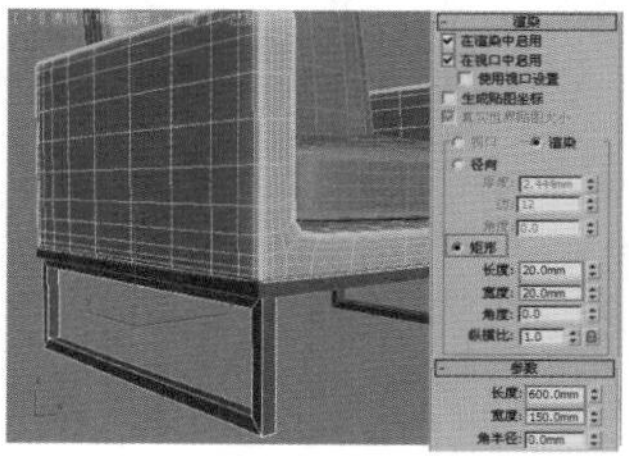

图7—66

03 最终模型效果如图7-67所示。

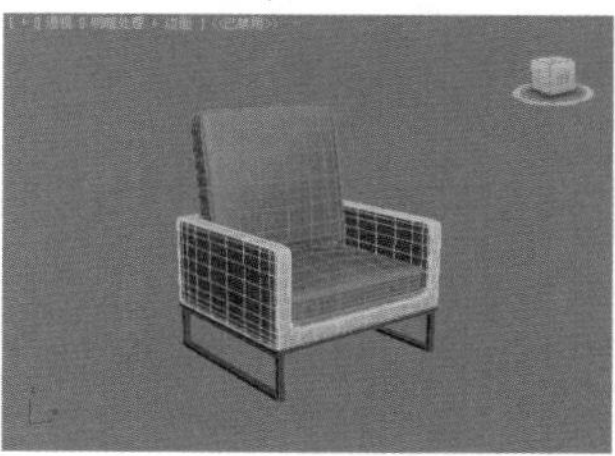
图7—67

读书笔记

7.2 NURBS建模

技术速查：NURBS建模是一种高级建模方法，所谓NURBS就是Non–Uniform Rational B-Spline（非均匀有理B样条曲线），NURBS建模适合于创建一些复杂的弯曲曲面。

如图7-68所示是一些比较优秀的NURBS建模作品。

图7—68

7.2.1 NURBS对象类型

NURBS对象包含NURBS曲面和NURBS曲线两种，如图7-69所示。

图7—69

NURBS曲面

NURBS曲面包含【点曲面】和【CV曲面】两种，如图7-70所示。

图7—70

01 点曲面

【点曲面】由点来控制模型的形状，每个点始终位于曲面的表面上，如图7-71所示。

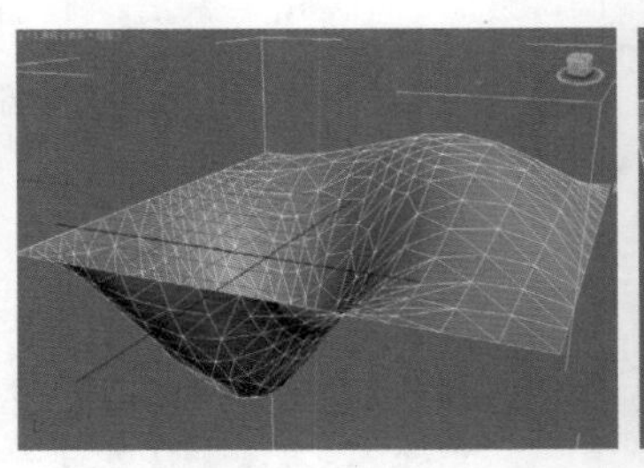
图7—71

02 CV曲面

【CV曲面】由控制顶点（CV）来控制模型的形状，CV形成围绕曲面的控制晶格，而不是位于曲面上，如图7-72所示。

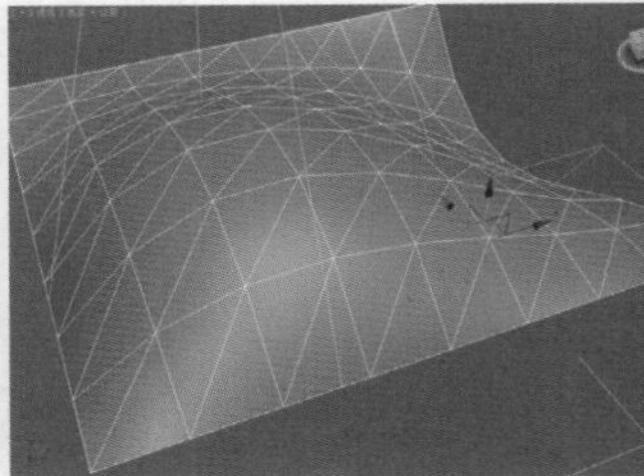
图7—72

NURBS曲线

NURBS曲线包含【点曲线】和【CV曲线】两种，如图7-73所示。

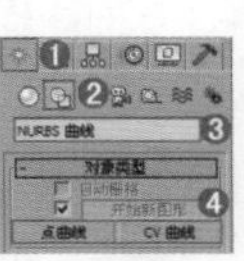
图7—73

01 点曲线

【点曲线】由点来控制曲线的形状，每个点始终位于曲线上，如图7-74所示。

图7—74

02 CV曲线

【CV曲线】由控制顶点（CV）来控制曲线的形状，这些控制顶点不必位于曲线上，如图7-75所示。

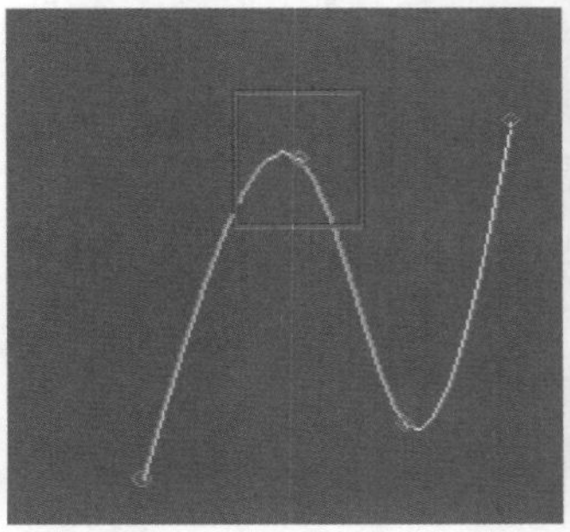

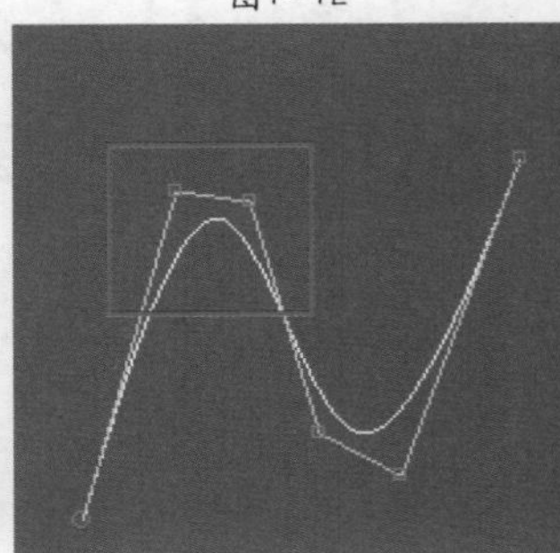
图7—75

7.2.2 创建NURBS对象

创建NURBS对象的方法很简单，如果要创建NURBS曲面，可以将几何体类型切换为【NURBS曲面】，然后使用 点曲面 工具和 CV 曲面 工具即可创建出相应的曲面对象；如果要创建NURBS曲线，可以将图形类型切换为【NURBS曲线】，然后使用 点曲线 工具和 CV 曲线 工具即可创建出相应的曲线对象。

7.2.3 动手学：转换NURBS对象

NURBS对象可以直接创建出来，也可以通过转换的方法将对象转换为NURBS对象。将对象转换为NURBS对象的方法主要有以下3种。

01 选择对象，然后右击，接着在弹出的菜单中选择【转换为/转换为NURBS】命令，如图7-76所示。

02 选择对象，然后进入【修改】面板，接着在修改器列表中的对象上右击，最后在弹出的菜单中选择NURBS命令，如图7-77所示。

03 为对象加载【挤出】或【车削】修改器，然后设置【输出】为NURBS，如图7-78所示。

读书笔记

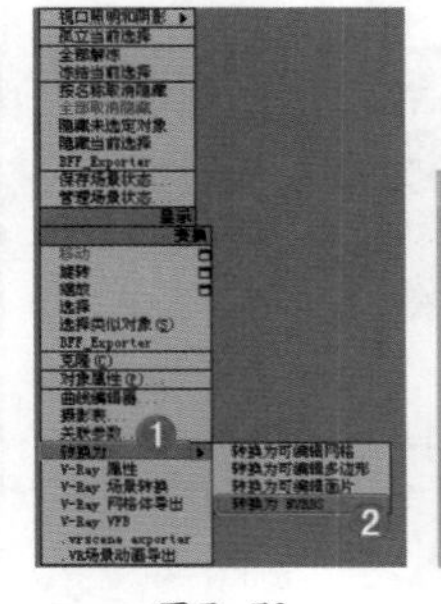
图7—76

图7—77

图7—78

7.2.4 编辑NURBS对象

NURBS对象的参数设置共有7个卷展栏（以NURBS曲面对象为例），分别是【常规】、【显示线参数】、【曲面近似】、【曲线近似】、【创建点】、【创建曲线】和【创建曲面】卷展栏，如图7-79所示。

常规

【常规】卷展栏中包含【附加】工具、【导入】工具、显示方式以及NURBS工具箱，如图7-80所示。

显示线参数

【显示线参数】卷展栏中的参数主要用来指定显示NURBS曲面所用的【U向线数】和【V向线数】数值，如图7-81所示。

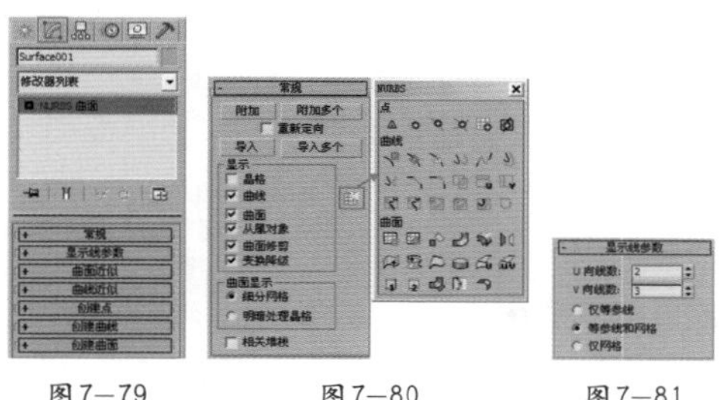

图7—79　图7—80　图7—81

曲面近似

【曲面近似】卷展栏中的参数主要用于控制视图和渲染器的曲面细分，可以根据不同的需要来选择【高】、【中】、【低】3种不同的细分预设，如图7-82所示。

曲线近似

【曲线近似】卷展栏与【曲面近似】卷展栏相似，主要用于控制曲线的步数及曲线细分的级别，如图7-83所示。

创建点/曲线/曲面

【创建点】、【创建曲线】和【创建曲面】卷展栏中的工具与NURBS工具箱中的工具相对应，主要用来创建点、曲线和曲面对象，如图7-84所示。

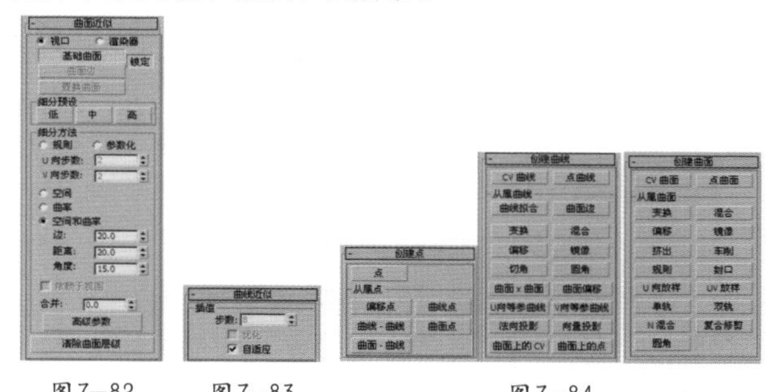

图7—82　图7—83　图7—84

7.2.5 NURBS工具箱

在【常规】卷展栏中单击【NURBS创建工具箱】按钮，打开NURBS工具箱，如图7-85所示。NURBS工具箱中包含用于创建NURBS对象的所有工具，主要分为3个功能区，分别是【点】功能区、【曲线】功能区和【曲面】功能区。

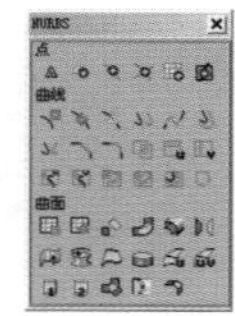

图7—85

点

- 【创建点】按钮：创建一个单独的点。
- 【创建偏移点】按钮：根据一个偏移量创建一个点。
- 【创建曲线点】：创建一个从属于曲线上的点。
- 【创建曲线-曲线点】按钮：创建一个从属于【曲线-曲线】的相交点。
- 【创建曲面点】按钮：创建一个从属于曲面上的点。
- 【创建曲面-曲线点】：创建一个从属于【曲面-曲线】的相交点。

曲线

- 【创建CV曲线】按钮：创建一条独立的CV曲线子对象。
- 【创建点曲线】按钮：创建一条独立的点曲线子对象。
- 【创建拟合曲线】按钮：创建一条从属的拟合曲线。
- 【创建变换曲线】按钮：创建一条从属的变换曲线。
- 【创建混合曲线】按钮：创建一条从属的混合曲线。
- 【创建偏移曲线】按钮：创建一条从属的偏移曲线。
- 【创建镜像曲线】按钮：创建一条从属的镜像曲线。
- 【创建切角曲线】按钮：创建一条从属的切角曲线。
- 【创建圆角曲线】按钮：创建一条从属的圆角曲线。
- 【创建曲面-曲面相交曲线】按钮：创建一条从属于【曲面-曲面】的相交曲线。
- 【创建U向等参曲线】按钮：创建一条从属的U向等参曲线。

- 【创建V向等参曲线】按钮：创建一条从属的V向等参曲线。
- 【创建法线投影曲线】按钮：创建一条从属于法线方向的投影曲线。
- 【创建向量投影曲线】按钮：创建一条从属于向量方向的投影曲线。
- 【创建曲面上的CV曲线】按钮：创建一条从属于曲面上的CV曲线。
- 【创建曲面上的点曲线】按钮：创建一条从属于曲面上的点曲线。
- 【创建曲面偏移曲线】按钮：创建一条从属于曲面上的偏移曲线。
- 【创建曲面边曲线】按钮：创建一条从属于曲面上的边曲线。

曲面

- 【创建CV曲线】按钮：创建独立的CV曲面子对象。
- 【创建点曲面】按钮：创建独立的点曲面子对象。
- 【创建变换曲面】按钮：创建从属的变换曲面。
- 【创建混合曲面】按钮：创建从属的混合曲面。
- 【创建偏移曲面】按钮：创建从属的偏移曲面。
- 【创建镜像曲面】按钮：创建从属的镜像曲面。
- 【创建挤出曲面】按钮：创建从属的挤出曲面。
- 【创建车削曲面】按钮：创建从属的车削曲面。
- 【创建规则曲面】按钮：创建从属的规则曲面。
- 【创建封口曲面】按钮：创建从属的封口曲面。
- 【创建U向放样曲面】按钮：创建从属的U向放样曲面。
- 【创建UV放样曲面】按钮：创建从属的UV向放样曲面。
- 【创建单轨扫描】按钮：创建从属的单轨扫描曲面。
- 【创建双轨扫描】按钮：创建从属的双轨扫描曲面。
- 【创建多边混合曲面】按钮：创建从属的多边混合曲面。
- 【创建多重曲线修剪曲面】按钮：创建从属的多重曲线修剪曲面。
- 【创建圆角曲面】按钮：创建从属的圆角曲面。

★ 案例实战——NURBS建模制作抱枕

场景文件	无
案例文件	案例文件\Chapter 07\案例实战——NURBS建模制作抱枕.max
视频教学	视频文件\Chapter 07\案例实战——NURBS建模制作抱枕.flv
难易指数	★★☆☆☆
技术掌握	掌握NURBS建模下【CV曲面】工具、【对称】修改器的运用

实例介绍

抱枕是家居生活中常见用品，类似枕头，常见的仅有一般枕头的一半大小，抱在怀中可以保暖并有一定的保护作用，也给人温馨的感觉，如今已慢慢成为家居装饰和使用的常见饰物。最终渲染和线框效果如图7-86所示。

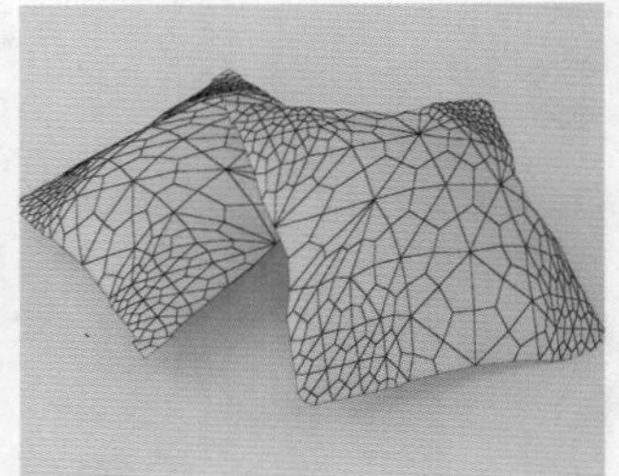

图7-86

建模思路

使用【CV曲面】工具、【对称】修改器制作精致抱枕模型

精致抱枕建模流程如图7-87所示。

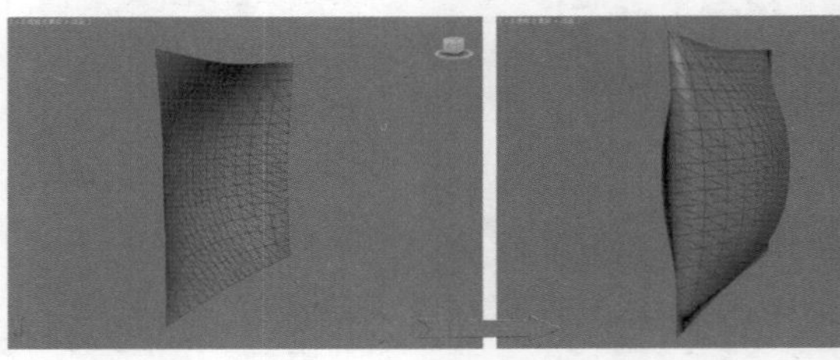

图7-87

制作步骤

01 创建一个平面，然后单击（创建）|（几何体）| NURBS 曲面 | CV 曲面 按钮，在前视图中创建一个CV曲面，如图7-88和图7-89所示。

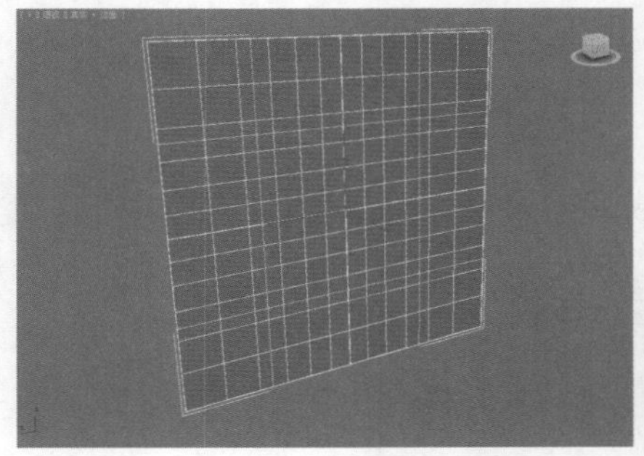

图7-88

图7-89

02 在【修改】面板中的【创建参数】卷展栏中设置【长度】为350mm，【宽度】为350mm，【长度CV数】为5，【宽度CV数】为5，如图7-90所示。

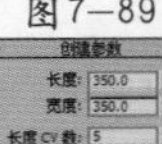

图7-90

03 进入【修改】面板，在【NURBS曲面】的【曲面CV】级别下（如图7-91所示），调节CV控制点的位置，如图7-92所示。

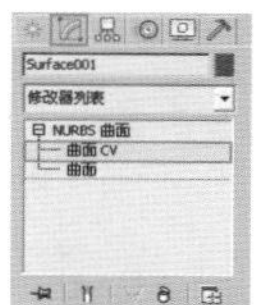

图7—91

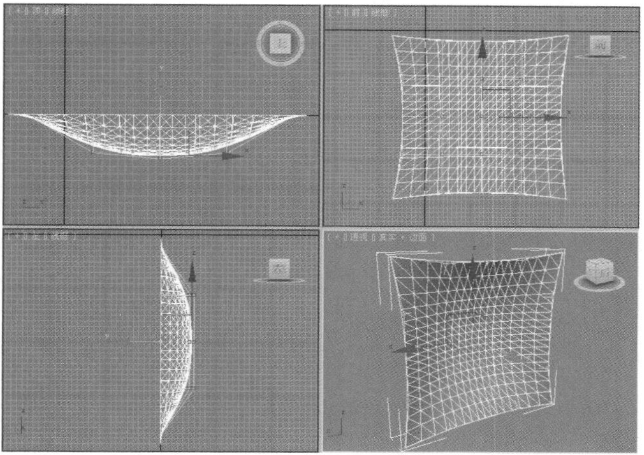

图7—92

04 选择上一步创建的模型，为其加载【对称】修改器，并设置【镜像轴】为Z轴，取消选中【沿镜像轴切片】复选框，设置【阈值】为0.1，如图7-93和图7-94所示。

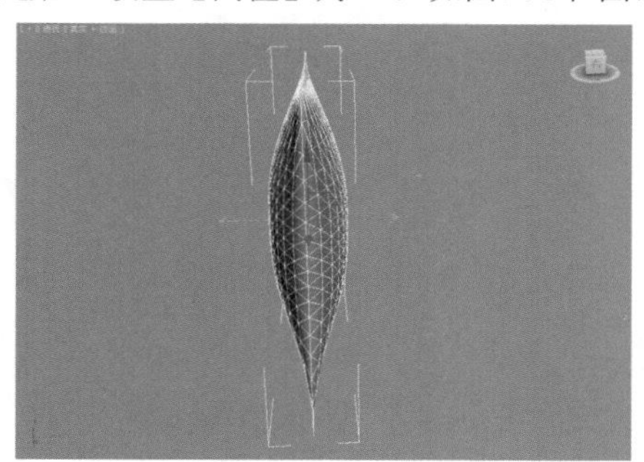

图7—93

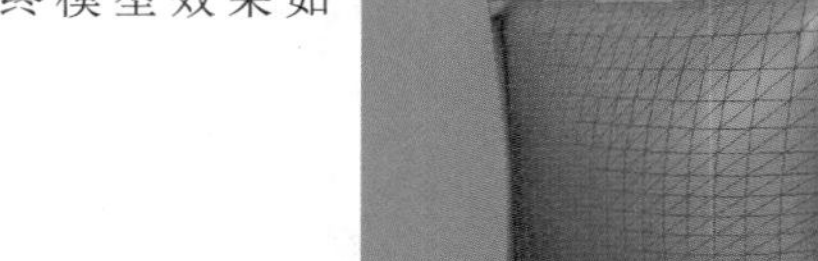

图7—94

05 最终模型效果如图7-95所示。

图7—95

★ 案例实战——NURBS建模制作陶瓷花瓶

场景文件	无
案例文件	案例文件\Chapter 07\案例实战——NURBS建模制作陶瓷花瓶.max
视频教学	视频文件\Chapter 07\案例实战——NURBS建模制作陶瓷花瓶.flv
难易指数	★★☆☆☆
技术掌握	掌握NURBS建模下【创建车削曲面】工具的运用

实例介绍

陶瓷花瓶是利用陶瓷材料制作的、盛放鲜花的室内装饰品。最终渲染和线框效果如图7-96所示。

图7—96

建模思路

使用【创建车削曲面】工具制作陶瓷花瓶模型

陶瓷花瓶建模流程如图7-97所示。

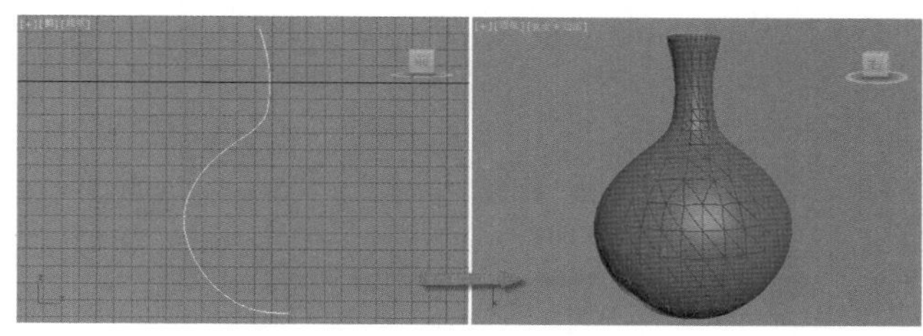

图7—97

制作步骤

01 单击（创建）|（几何体）|NURBS 曲面 |点曲线按钮，在前视图中创建一个点曲线，如图7-98和图7-99所示。

02 进入【修改】面板，然后在【常规】卷展栏下单击【NURBS创建工具箱】按钮，打开NURBS工具箱，如图7-100所示。

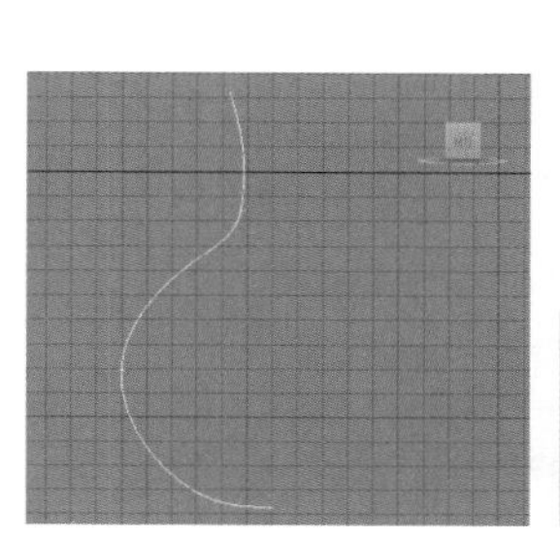

图7—98

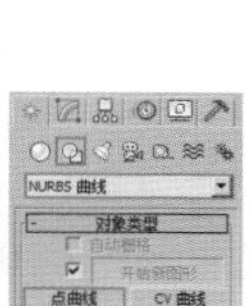

图7—99

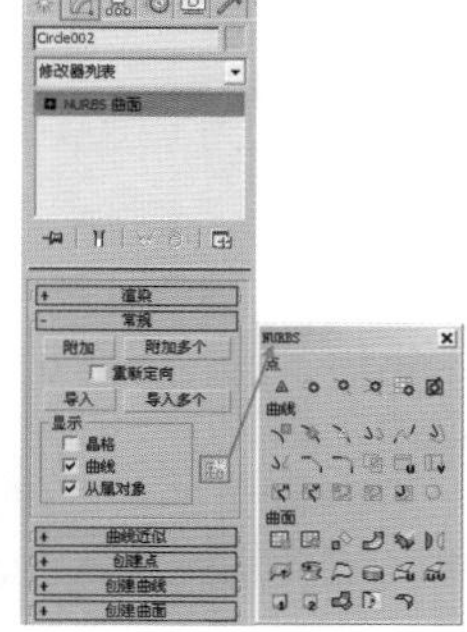

图7—100

03 在NURBS工具箱中单击【创建车削曲面】按钮，然后在视图中从上到下依次单击点曲线，然后单击最大按钮，选中【翻转法线】复选框，如图7-101和图7-102所示。

图7-101

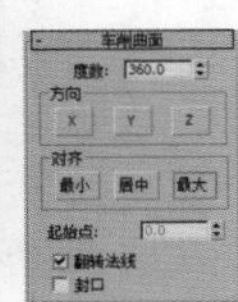

图7-102

04 选择模型，为其添加【壳】修改器，并设置【外部量】为1mm，如图7-103所示。此时模型效果如图7-104所示。

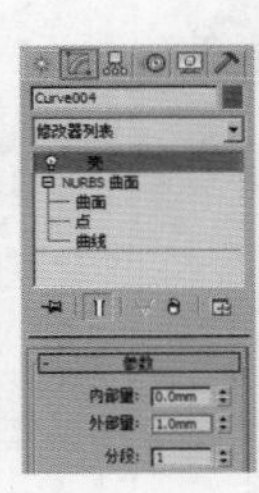

图7-103

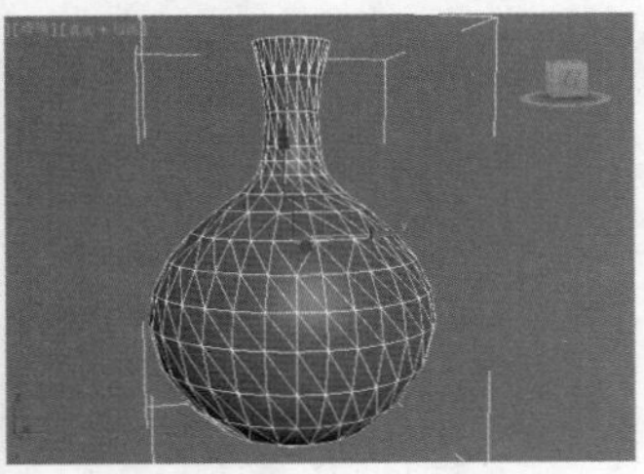

图7-104

05 选择模型，为其添加【网格平滑】修改器，并设置【迭代次数】为1，如图7-105所示。最终模型效果如图7-106所示。

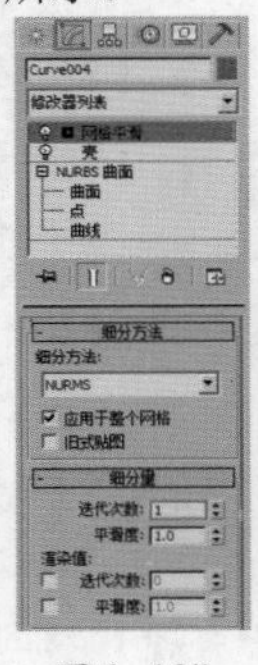

图7-105

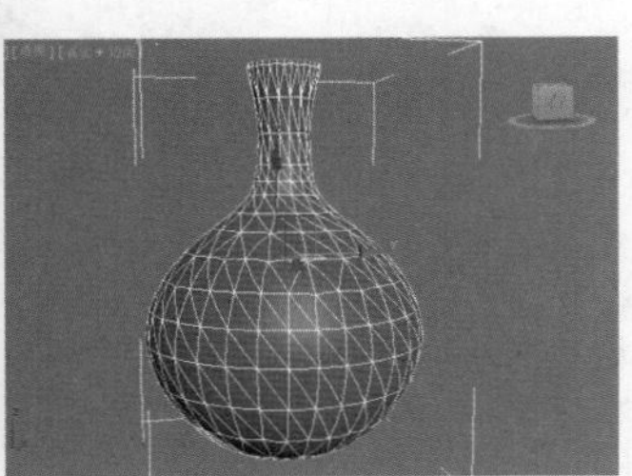

图7-106

读书笔记

★ 案例实战——NUBRS建模制作创意椅子

场景文件	无
案例文件	案例文件\Chapter 07\案例实战——NUBRS建模制作创意椅子.max
视频教学	视频文件\Chapter 07\案例实战——NUBRS建模制作创意椅子.flv
难易指数	★★☆☆☆
技术掌握	【创建曲面上的点曲线】工具、【分离】工具的运用

实例介绍

藤制椅子是主体由藤制材料制成的创意的、随意的家具。最终渲染和线框效果如图7-107所示。

建模思路

01 使用【点曲线】工具创建椅子基本模型

02 使用【创建曲面上的点曲线】工具创建藤椅

创意椅子建模流程如图7-108所示。

图7-107

图7-108

制作步骤

01 单击（创建）|（几何体）|NURBS 曲面 |点曲线按钮，在顶视图中创建点曲线，并设置【长度】为100mm，【宽度】为50mm，【长度点数】为5，【宽度点数】为5，如图7-109所示。此时的模型效果如图7-110所示。

02 选择刚才创建的点曲线，在【修改】面板进入【曲面CV】级别，如图7-111所示。

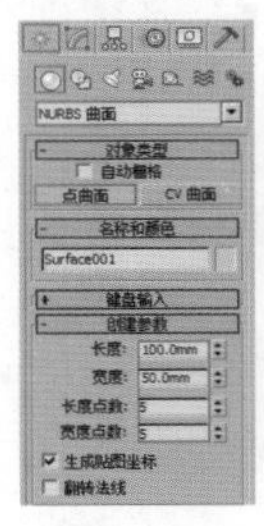

图7-109

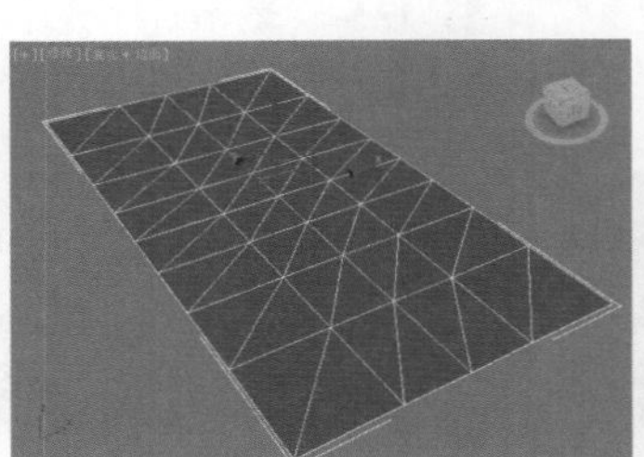

图7-110

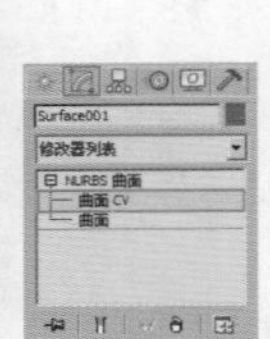

图7-111

03 选择部分曲面CV的顶点，并将其位置进行移动，如图7-112所示。

图7-112

04 继续选择部分曲面CV的顶点，并将其位置进行移动，如图7-113所示。

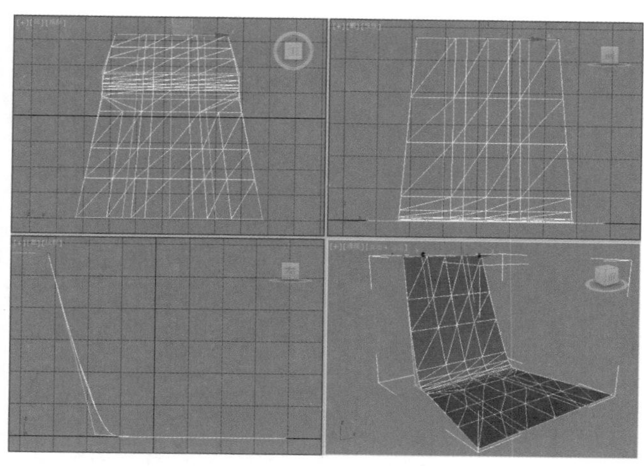

图7—113

05 选择模型，然后单击【NURBS创建工具箱】按钮，此时会弹出NURBS工具箱，如图7-114所示。

06 单击【创建曲面上的点曲线】按钮，此时可以在模型上单击，我们会看到出现了曲线，同时可以结合Alt键将视图进行旋转，继续多次单击。最后右击结束。此时出现了绿色的线，就是刚才我们在球体表面绘制的点曲线。如图7-115所示。

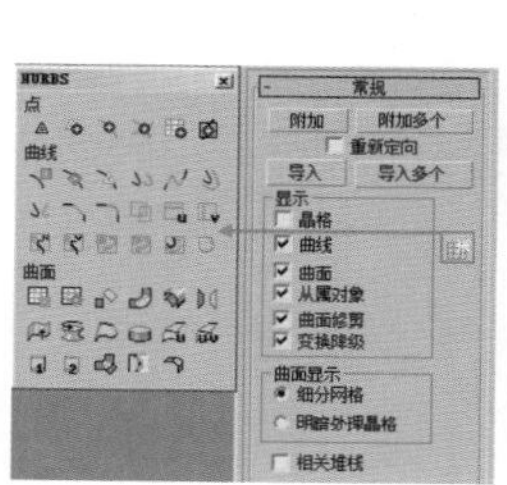

图7—114

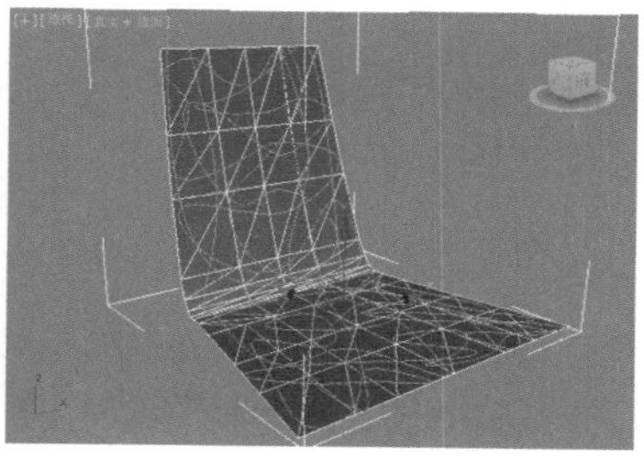

图7—115

07 此时在【修改】中单击NURBS曲面下的【曲线】级别，并在模型表面单击刚才绘制的曲线，如图7-116所示。

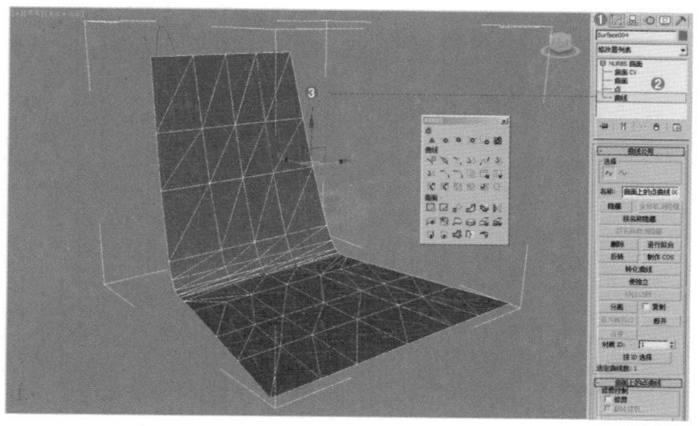

图7—116

08 接着单击按钮，并在弹出的【分离】对话框中禁用【相关】选项，并单击【确定】按钮，如图7-117所示。

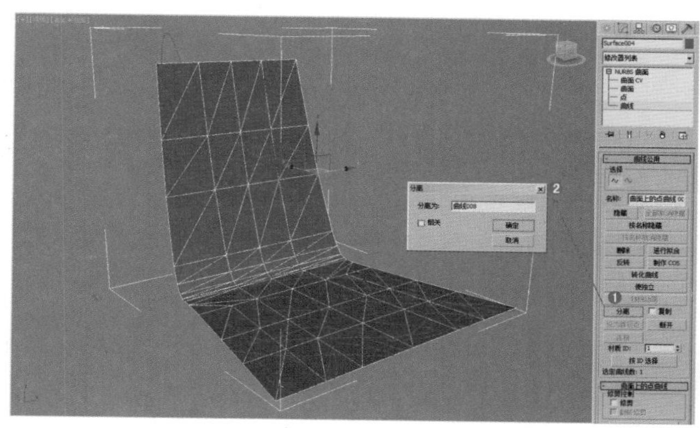

图7—117

09 选择之前的模型，并右击选择【隐藏选定对象】命令，此时将球体隐藏，如图7-118所示。

10 选择上一步分离出的NURBS曲线，并在【修改】面板中选中【在渲染中启用】和【在视口中启用】复选框，最后设置方式为【径向】，设置【厚度】为0.8mm，如图7-119所示。

11 继续复制上一步中的NURBS曲线，如图7-120所示。

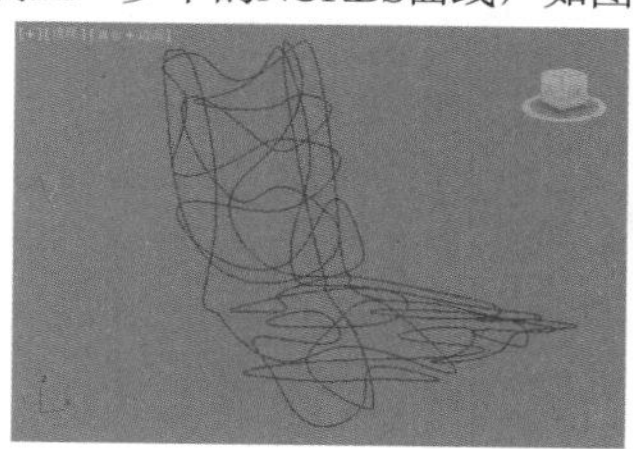

图7—118

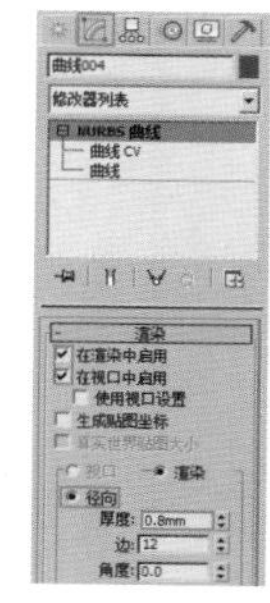

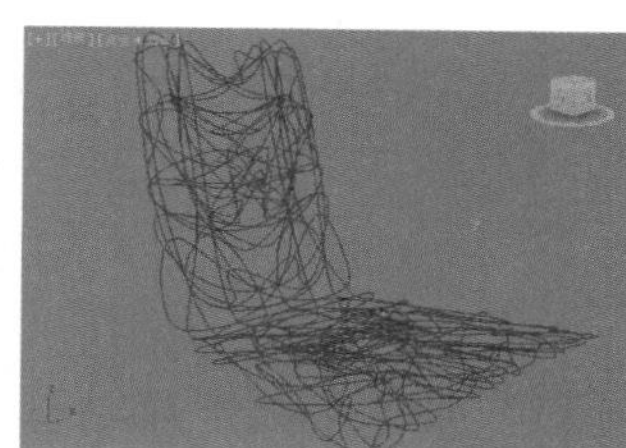

图7—119

图7—120

12 继续使用NURBS曲线制作出剩余的部分，如图7-121所示。

13 最终模型效果如图7-122所示。

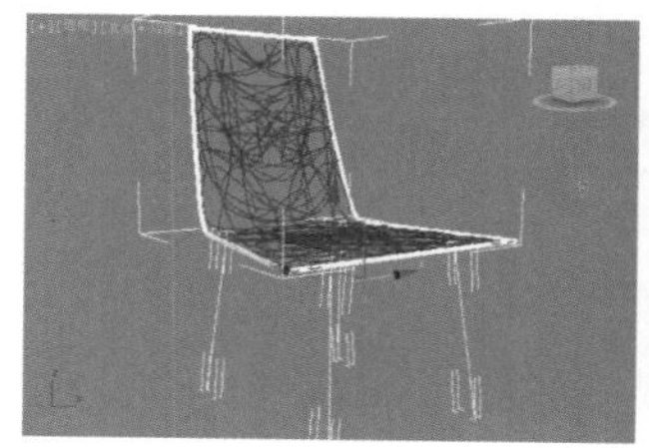

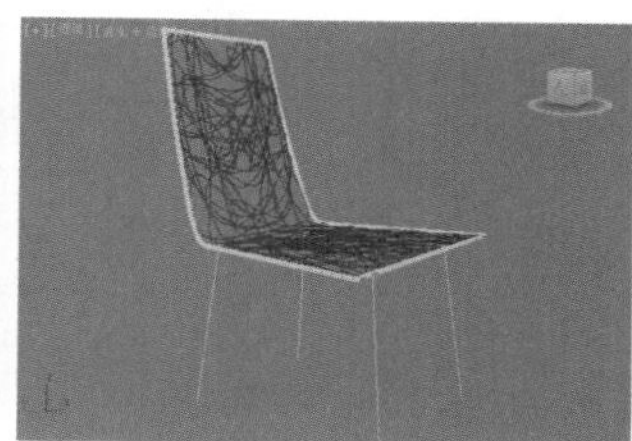

图7—121

图7—122

课后练习

【课后练习——NURBS建模制作藤艺灯】

思路解析

01 创建一个球体，并执行【转换为/转换为NURBS】命令

02 使用【创建曲面上的点曲线】工具，并在球体表面多次单击

03 将创建的线分离出来

本章小结

通过对本章的学习，我们可以掌握网格建模和NURBS建模的相关知识。可以使用网格建模制作很多模型，如桌子、沙发等；可以使用NURBS建模制作很多有趣的模型，如花瓶、抱枕、藤艺灯等。

读书笔记

第8章

灯光技术

本章内容简介：

光是我们能看见绚丽世界的前提条件，假若没有光的存在，一切将不再美好。室内设计中，室内照明对造型有较大的影响，照明的光线可以减弱和加强造型的装饰效果，同时还可以利用光影效果对室内空间进行光影造型，用光影去创造室内的层次感和韵律感。

本章学习要点：

- 效果图常用灯光的类型
- 常用灯光的使用方法
- 灯光的高级综合运用

8.1 灯光常识

8.1.1 什么是灯光

灯光主要分为两种，直接灯光和间接灯光。

直接灯光泛指那些直射式的光线，如太阳光等，光线直接散落在指定的位置上，并产生投射，直接、简单，如图8-1所示。

间接灯光在气氛营造上则能发挥独特的功能性，营造出不同的意境。它的光线不会直射至地面，而是被置于灯罩、天花背后，光线被投射至墙上再反射至沙发和地面，柔和的灯光仿佛轻轻地洗刷整个空间，温柔而浪漫，如图8-2所示。

这两种灯光需要适当配合，才能缔造出完美的空间意境。有一些明亮活泼，有一些柔和蕴藉，才能透过当中的对比表现出灯光的特殊魅力，散发出不凡的艺韵，如图8-3所示。

图8—1

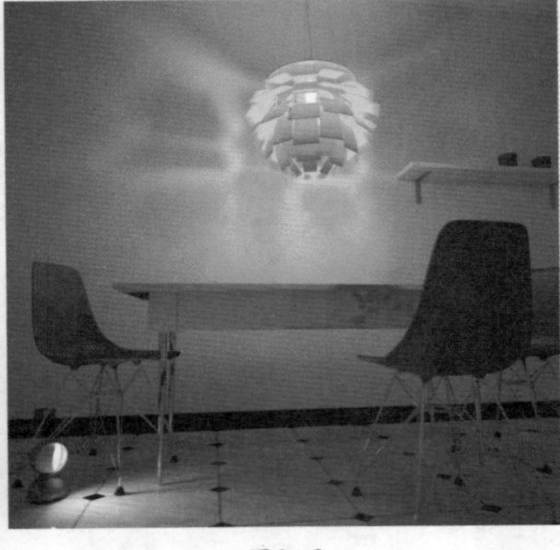

图8—2

图8—3

所有的光，无论是自然光或人工室内光，都有其共同特点：

- 强度：强度表示光的强弱，它随光源能量和距离的变化而变化。
- 方向：光的方向决定物体的受光、背光以及阴影的效果。
- 色彩：灯光由不同的颜色组成，多种灯光搭配到一起会产生多种变化和气氛。

8.1.2 为什么要使用灯光

- 用光渲染环境气氛。在3ds Max中使用灯光不仅是为了照明，更多的是为了渲染环境气氛，如图8-4所示。
- 刻画主体物形象。使用合理的灯光搭配和设置可以将灯光锁定到某个主体物上，起到凸显主体物的作用，如图8-5所示。
- 表达作品的情感。作品的最高境界，不是技术多么娴熟，而是可以通过技术和手法去传达作品的情感，如图8-6所示。

图8—4

图8—5

图8—6

8.1.3 动手学：灯光的常用思路

3ds Max灯光的设置需要有合理的步骤，这样才会节省时间、提高效率。经验告诉我们灯光的设置步骤主要分为以下3步：

01 先定主体光的位置与强度，如图8-7所示。

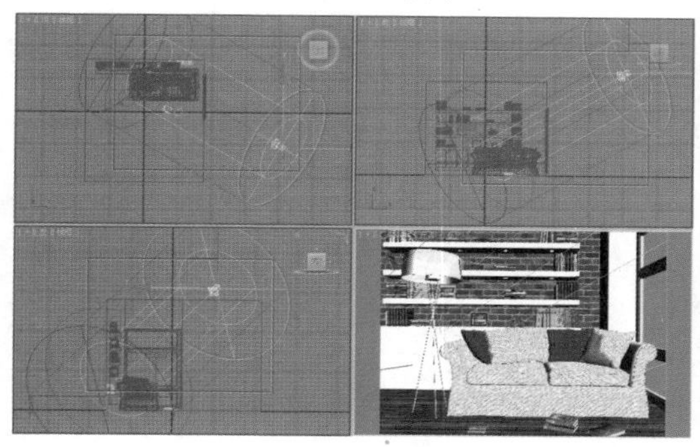

图8—7

02 决定辅助光的强度与角度，如图8-8所示。

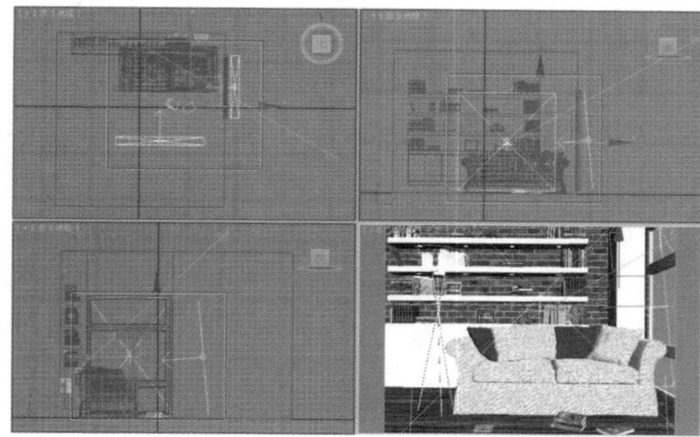

图8—8

03 分配背景光与装饰光。这样产生的布光效果应该能达到主次分明，互相补充，如图8-9所示。

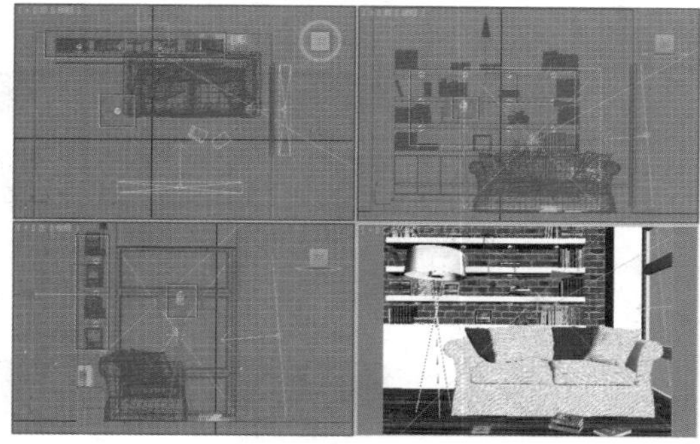

图8—9

8.1.4 效果图常用灯光类型

在【创建】面板中单击【灯光】按钮，在其下拉列表框中可以选择灯光的类型，3ds Max 2013包含3种灯光类型，分别是【标准】灯光、【光度学】灯光和VRay灯光，如图8-10所示。

若没有安装VRay渲染器，3ds Max中只有【光度学】灯光和【标准】灯光两种灯光类型。

图8—10

第8章 灯光技术

对于效果图制作领域而言，【光度学】灯光下的【目标灯光】，【标准】灯光下的【目标聚光灯】、【自由平行光】、【泛光灯】，VRay灯光下的【VR灯光】、【VR太阳】使用最为广泛。

8.1.5 动手学：创建一盏灯光

01 创建一组模型，如图8-11所示。

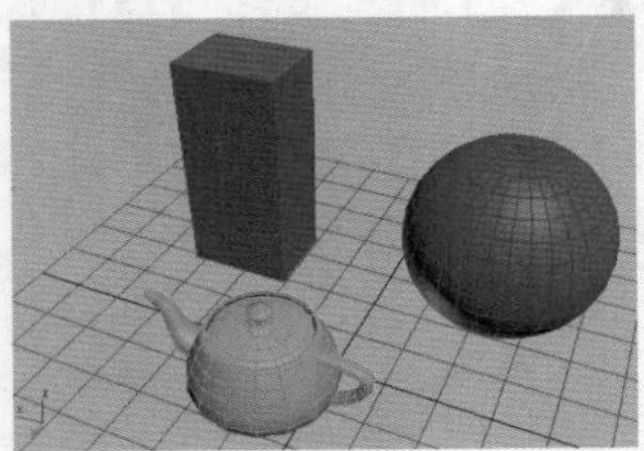

图8-11

02 单击（创建）|（灯光）|标准|目标聚光灯按钮，如图8-12所示。

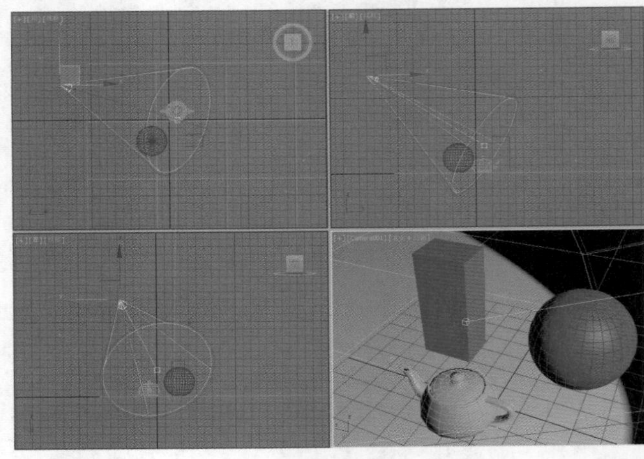

图8-12

03 进入【修改】面板，选中【阴影】栏中的【启用】复选框，即可开启阴影效果，如图8-13所示。

04 此时的光照效果如图8-14所示。

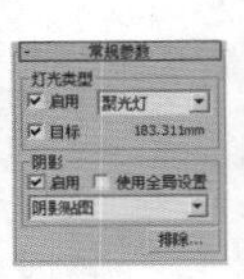

图8-13

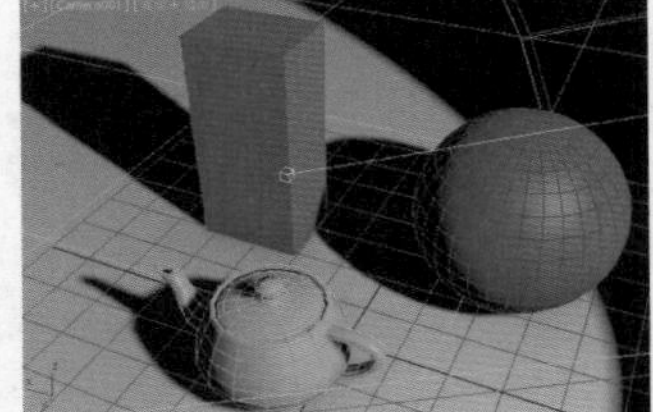

图8-14

读书笔记

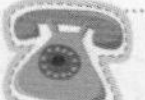

答疑解惑：如何在视图中开启和关闭阴影？

有时我们需要在视图中开启阴影效果，这样可以方便查看最基本的光影感觉。但是有时我们不需要在视图中开启阴影效果，因为可能会遮挡场景中的模型，影响操作，所以这时需要进行关闭。

01 默认情况下，在使用3ds Max 2013创建灯光后，视图中会自动显示阴影效果，但是效果并不好，只能显示最基本的效果，如图8-15所示。

02 需要将阴影关闭时，只需要在视图左上角的[真实+边面]位置右击，取消选择【照明和阴影】命令中的【阴影】子命令即可，如图8-16所示。

03 此时可以看到视图中物体的阴影已经没有了，如图8-17所示。

04 再次在视图左上角的[真实+边面]位置右击，取消选择【照明和阴影】命令中的【环境光阻挡】子命令，如图8-18所示。

05 此时可以看到视图中物体的软阴影也已经没有了，如图8-19所示。

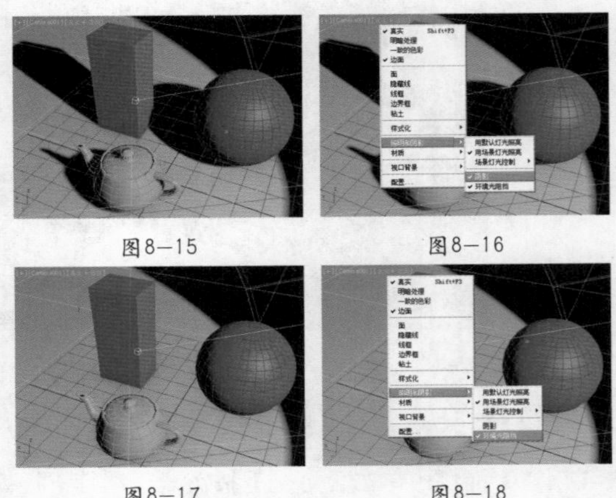

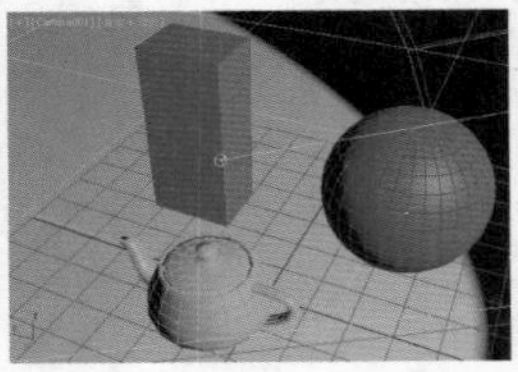

图8-15 图8-16

图8-17 图8-18

图8-19

8.2 光度学灯光

【光度学】灯光是系统默认的灯光，共有3种类型，分别是【目标灯光】、【自由灯光】和【mr 天空门户】，如图8-20所示。

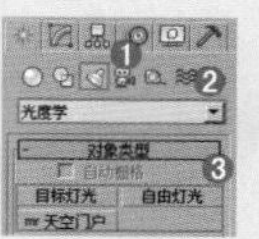

图8—20

本节知识导读：

工具名称	工具用途	掌握级别
目标灯光	常用来模拟射灯、筒灯效果，俗称光域网	★★★★★
自由灯光	与目标灯光基本一样，可用制作射灯、筒灯	★★★★☆
mr 天空门户	只有在mr渲染器下才可用，使用次数很少	★★☆☆☆

8.2.1 目标灯光

技术速查：目标灯光可以用于指向灯光的目标子对象，常用来模拟制作射灯效果。

如图8-21所示为使用目标灯光制作的作品。

图8—21

单击 目标灯光 按钮，在视图中创建一盏【目标灯光】，其参数设置如图8-22所示。

图8—22

当修改【阴影】类型和【灯光分布（类型）】时，会发现参数卷展栏发生了相应的变化，如图8-23所示。

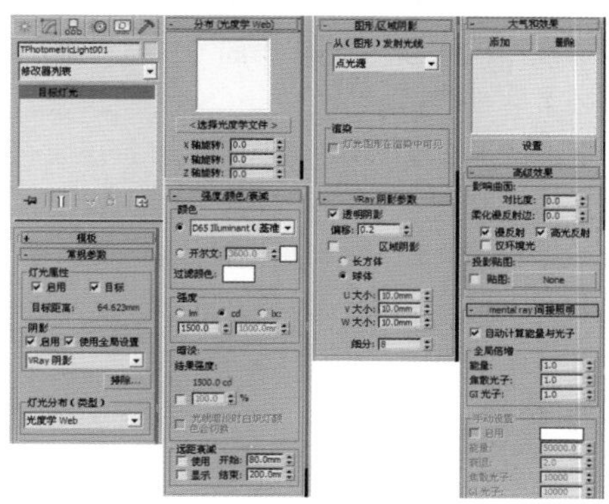

图8—23

技巧提示

目标灯光在3ds Max灯光中是最为常用的灯光类型之一，主要用来模拟室内外的光照效果。我们常会听到很多的名词，如【光域网】、【射灯】就是描述该灯光的。

技巧提示

【光度学】灯光在第一次使用时，会自动弹出【创建光度学灯光】对话框，此时直接单击【否】按钮即可，如图8-24所示。因为在效果图制作中我们使用最多的是VRay渲染器，所以不需要设置关于mr渲染器的选项。

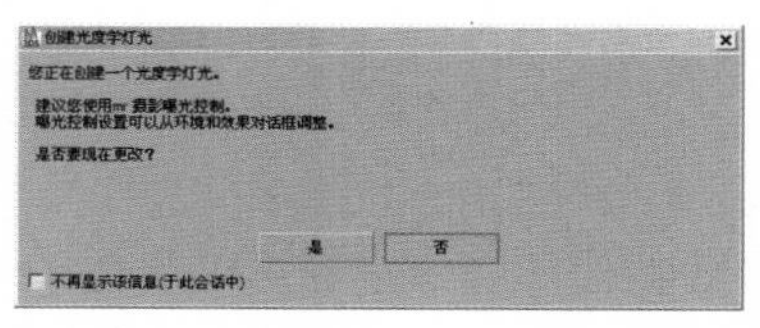

图8—24

常规参数

展开【常规参数】卷展栏，如图8-25所示。

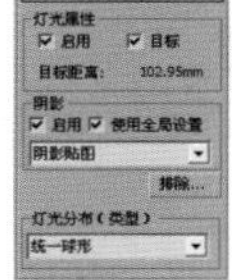

图8—25

01 灯光属性

- 启用：控制是否开启灯光。
- 目标：启用该选项后，目标灯光才有目标点。如果禁用该选项，目标灯光将变成自由灯光，如图8-26所示。
- 目标距离：用来显示目标的距离。

读书笔记

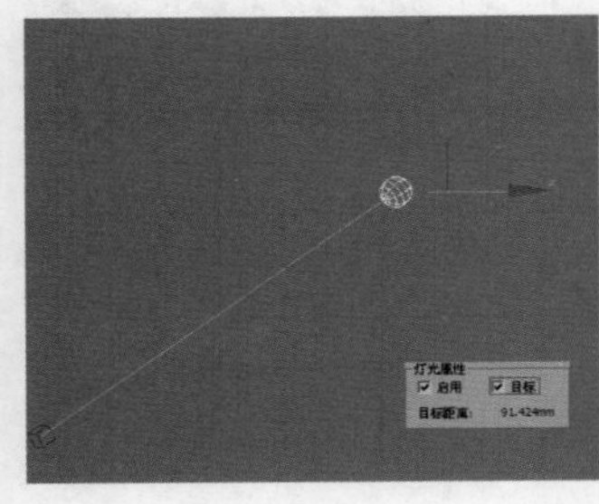

图8-26

02 阴影

- 启用：控制是否开启灯光的阴影效果。
- 使用全局设置：如果启用该选项，该灯光投射的阴影将影响整个场景的阴影效果；如果关闭该选项，则必须选择渲染器使用哪种方式来生成特定的灯光阴影。
- 阴影类型：设置渲染器渲染场景时使用的阴影类型，包括【mental ray阴影贴图】、【高级光线跟踪】、【区域阴影】、【阴影贴图】、【光线跟踪阴影】、【VRay阴影】和【VRay阴影贴图】等类型，如图8-27所示。

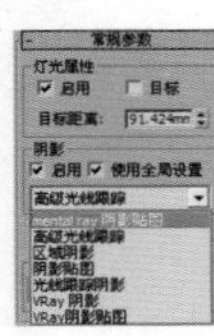

图8-27

- 排除...：将选定的对象排除于灯光效果之外。

03 灯光分布（类型）

用于设置灯光的分布类型，包含【光度学Web】、【聚光灯】、【统一漫反射】和【统一球形】4种类型。

强度/颜色/衰减

展开【强度/颜色/衰减】卷展栏，如图8-28所示。

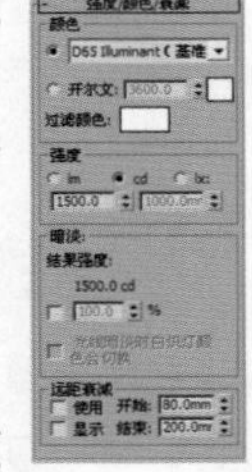

图8-28

- 灯光：挑选公用灯光，以近似灯光的光谱特征。
- 开尔文：通过调整色温微调器来设置灯光的颜色。
- 过滤颜色：使用颜色过滤器来模拟置于光源上的过滤色效果。
- 强度：控制灯光的强弱程度。
- 结果强度：用于显示暗淡所产生的强度。
- 暗淡百分比：启用该选项后，该值会指定用于降低灯光强度的倍增。
- 光线暗淡时白炽灯颜色会切换：启用该选项后，灯光可以在暗淡时通过产生更多的黄色来模拟白炽灯。
- 使用：启用灯光的远距衰减。
- 显示：在视口中显示远距衰减的范围设置。
- 开始：设置灯光开始淡出的距离。
- 结束：设置灯光减为0时的距离。

图形/区域阴影

展开【图形/区域阴影】卷展栏，如图8-29所示。

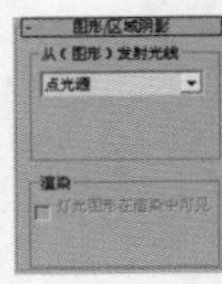

图8-29

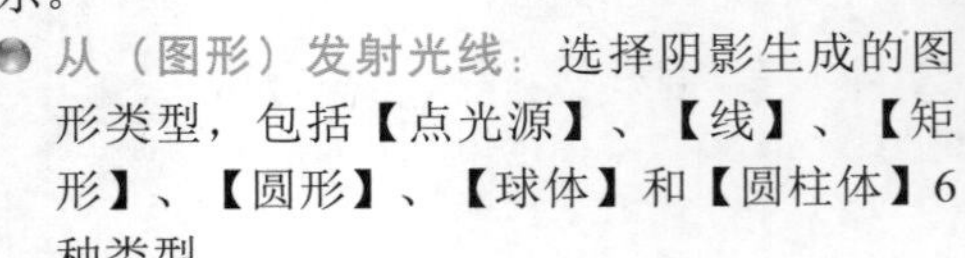

- 从（图形）发射光线：选择阴影生成的图形类型，包括【点光源】、【线】、【矩形】、【圆形】、【球体】和【圆柱体】6种类型。
- 灯光图形在渲染中可见：启用该选项后，如果灯光对象位于视野之内，那么灯光图形在渲染中会显示为自供照明（发光）的图形。

阴影贴图参数

展开【阴影贴图参数】卷展栏，如图8-30所示。

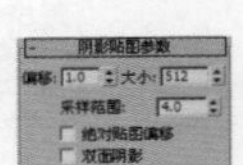

图8-30

- 偏移：将阴影移向或移离投射阴影的对象。
- 大小：设置用于计算灯光的阴影贴图的大小。
- 采样范围：决定阴影内平均有多少个区域。
- 绝对贴图偏移：启用该选项后，阴影贴图的偏移是不标准化的，但是该偏移在固定比例的基础上会以3ds Max中设置的单位来表示。
- 双面阴影：启用该选项后，计算阴影时物体的背面也将产生阴影。

VRay阴影参数

展开【VRay阴影参数】卷展栏，如图8-31所示。

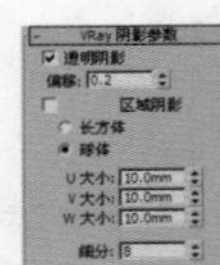

图8-31

- 透明阴影：控制透明物体的阴影，必须使用VRay材质并选择材质中的【影响阴影】时才能产生效果。
- 偏移：控制阴影与物体的偏移距离，一般可保持默认值。
- 区域阴影：控制物体阴影效果，使用时会降低渲染速度，有【长方体】和【球体】两种模式。
- 长方体/球体：用来控制阴影的方式，一般默认设置为【球体】即可。
- U/V/W大小：值越大阴影越模糊，并且还会产生杂点，降低渲染速度。
- 细分：该数值越大，阴影越细腻，噪点越少，渲染速度越慢。

读书笔记

技术拓展：光域网（射灯或筒灯）的高级设置方法

01 创建灯光，并调节灯光的位置，如图8－32所示。

02 选择灯光，在【修改】面板中设置【阴影】方式为【VRay阴影】，设置【灯光分布（类型）】为【光度学Web】方式，最后在【分布（光度学）Web】卷展栏中添加一个.ies光域网文件，如图8－33所示。

03 设置【过滤颜色】，并设置【强度】，然后启用【区域阴影】选项，最后设置【U大小】、【V大小】、【W大小】和【细分】数值，如图8－34所示。

04 此时得到最终效果，如图8－35所示。

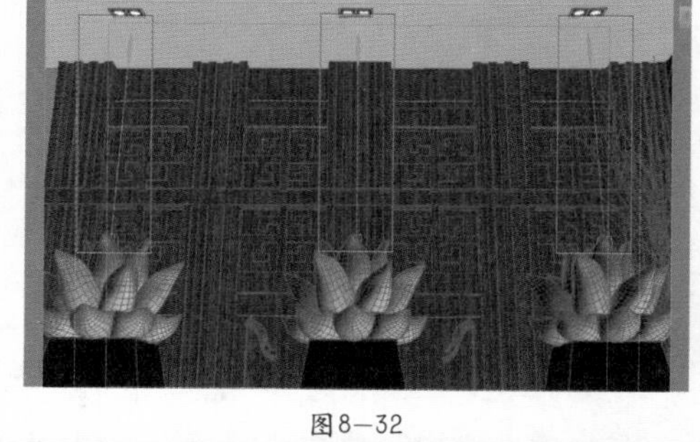

图8－32

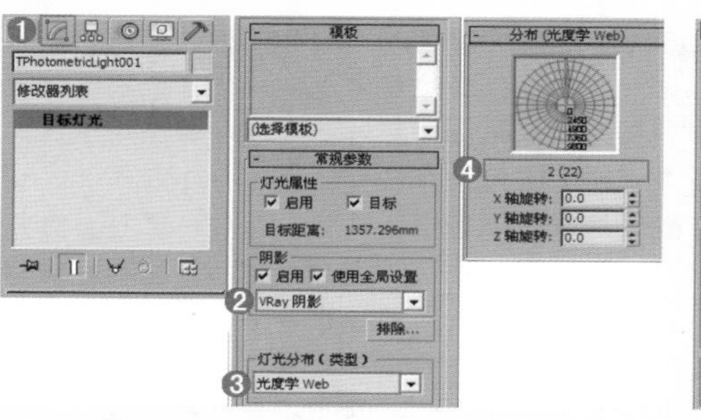

图8－33

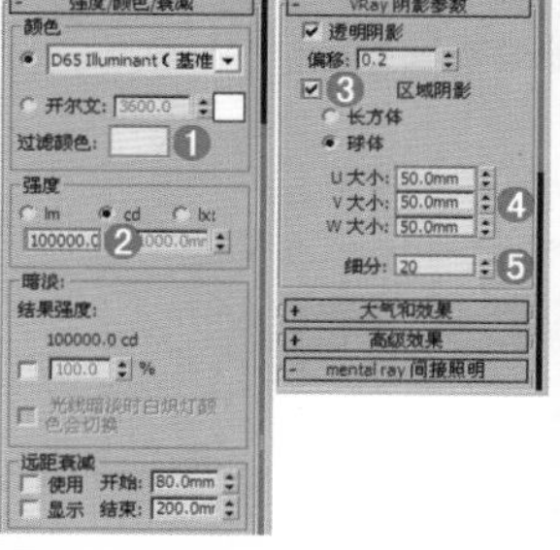

图8－34

图8－35

★ 案例实战——目标灯光制作射灯

场景文件	01.max
案例文件	案例文件\Chapter 08\案例实战——目标灯光制作射灯.max
视频教学	视频文件\Chapter 08\案例实战——目标灯光制作射灯.flv
难易指数	★★☆☆☆
灯光方式	目标灯光、VR灯光
技术掌握	掌握目标灯光、VR灯光的运用

实例介绍

射灯是一种嵌入到天花板内、光线下射式的照明灯具。它的最大特点就是能保持建筑装饰的整体统一与完美，不会因为灯具的设置而破坏吊顶艺术的完美统一，一般在酒店、家庭、咖啡厅使用较多。在这个室内场景中，主要使用目标灯光模拟射灯的光源，其次使用VR灯光模拟辅助光源，灯光效果如图8-36所示。

图8－36

操作步骤

Part 01 使用目标灯光模拟射灯的光源

01 打开本书配套光盘中的【场景文件\Chapter08\01.max】文件，如图8-37所示。

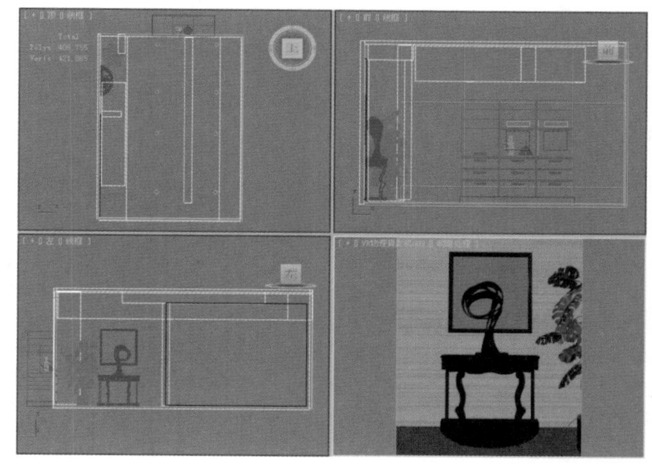

图8－37

02 单击（创建）|（灯光）| 光度学 | 目标灯光 按钮，如图8-38所示。

图8－38

03 在前视图中拖曳创建1盏目标灯光，具体位置如图8-39所示。

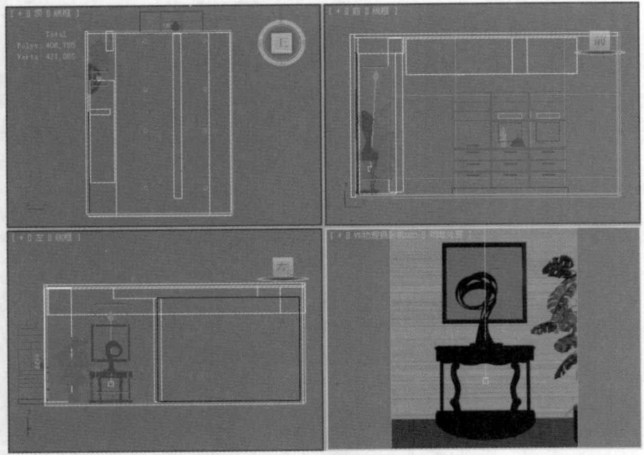

图8-39

04 选择上一步创建的目标灯光，然后在【修改】面板中设置其具体的参数，如图8-40所示。

- 展开【常规参数】卷展栏，选中【启用】复选框，设置【阴影】类型为【VRay阴影】，设置【灯光分布（类型）】为【光度学Web】；接着展开【分布（光度学Web）】卷展栏，并在通道上加载【射灯.ies】。
- 展开【强度/颜色/衰减】卷展栏，设置【强度】为1500；展开【VRay阴影参数】卷展栏，选中【区域阴影】复选框，设置【U大小】、【V大小】、【W大小】为100，设置【细分】为20。

05 按Shift+Q组合键，快速渲染摄影机视图，其渲染效果如图8-41所示。

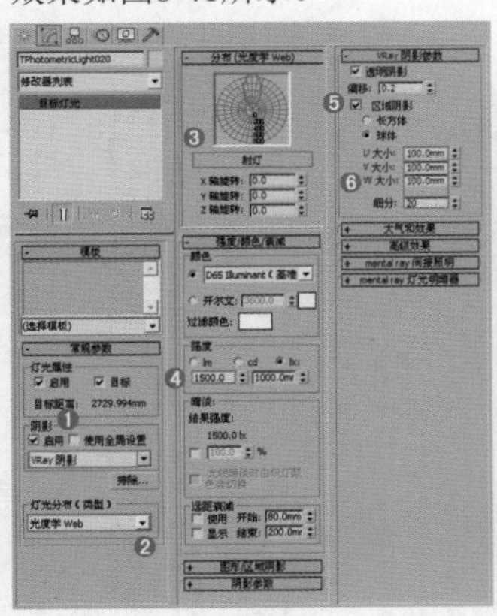

图8-40

图8-41

读书笔记

技术拓展：什么是光域网

光域网是一种关于光源亮度分布的三维表现形式，存储于IES文件当中。这种文件通常可以从灯光的制造厂商那里获得，格式主要有IES、LTLI或CIBSE。光域网是灯光的一种物理性质，确定光在空气中发散的方式，不同的灯在空气中的发散方式是不一样的，如手电筒，它会发一个光束，还有一些壁灯、台灯，那些不同形状图案就是光域网造成的。之所以会有不同的图案，是因每个灯在出厂时，厂家对每个灯都指定了不同的光域网。

在三维软件里，如果给灯光指定一个特殊的文件，就可以产生与现实生活相同的发散效果，这个特殊的文件，标准格式是.IES，很多地方都可以下载。光域网分布（Web Distribution）方式通过指定光域网文件来描述灯光亮度的分布状况。光域网是室内灯光设计的专业名词，表示光线在一定的空间范围内所形成的特殊效果。光域网类型有模仿灯带的、有模仿筒灯、射灯、壁灯、台灯的。最常用的是模仿筒灯、壁灯、台灯的光域网，模仿灯带的不常用。每种光域网的形状都不太一样，用户根据情况选择调用，如图8-42所示。

图8-42

Part 02 使用VR灯光模拟辅助光源

01 单击（创建）|（灯光）| VRay | VR灯光 按钮，在前视图中创建1盏VR灯光，放置到场景的右侧，如图8-43所示。

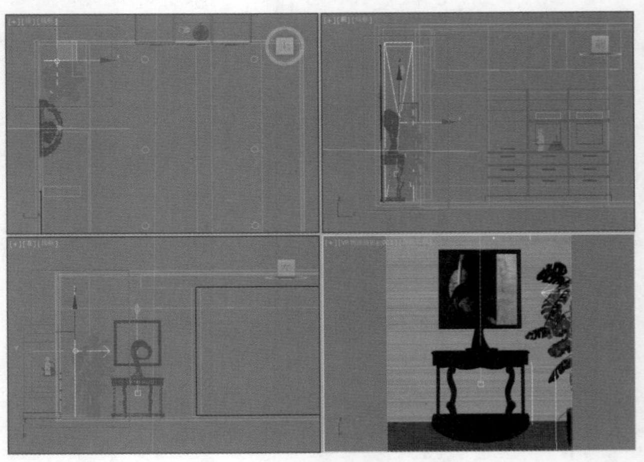

图8-43

02 选择上一步创建的VR灯光，然后在【修改】面板中设置其具体的参数，如图8-44所示。

- 在【常规】选项组中设置【类型】为【平面】，在【强度】选项组中调节【倍增】为5，调节【颜色】为浅蓝色（红：215，绿：222，蓝：253），在【大小】选项组中设置【半长度】为350mm，【半宽度】为2000mm。
- 在【选项】选项组中选中【不可见】复选框，在【采样】选项组中设置【细分】为12。

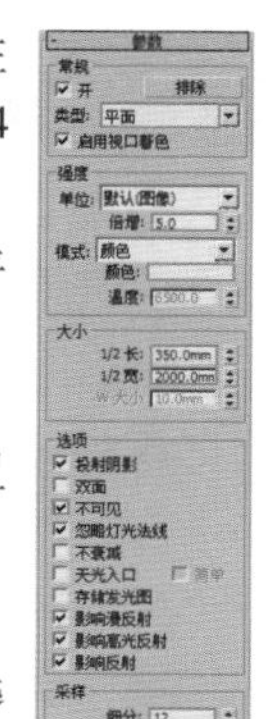

图8—44

03 按Shift+Q组合键，快速渲染摄影机视图，其最终渲染效果如图8-45所示。

图8—45

读书笔记

8.2.2 自由灯光

技术速查：自由灯光没有目标对象，参数与目标灯光基本一致。

自由灯光的参数设置如图8-46所示。

图8—46

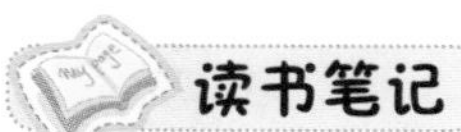

读书笔记

技巧提示

默认创建的自由灯光没有照明方向，但是可以指定照明方向，其操作方法就是在【修改】面板的【常规参数】卷展栏中选中【目标】复选框。开启照明方向后，可以通过目标点来调节灯光的照明方向，如图8—47所示。

如果自由灯光没有目标点，可以使用【选择并移动】工具和【选择并旋转】工具将其进行任意移动或旋转，如图8—48所示。

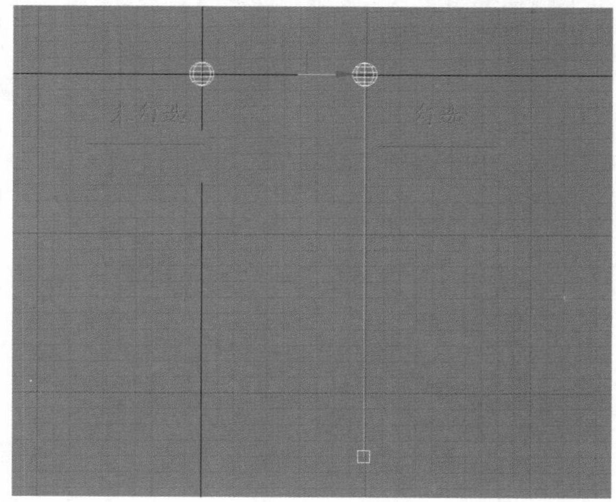

图8—47

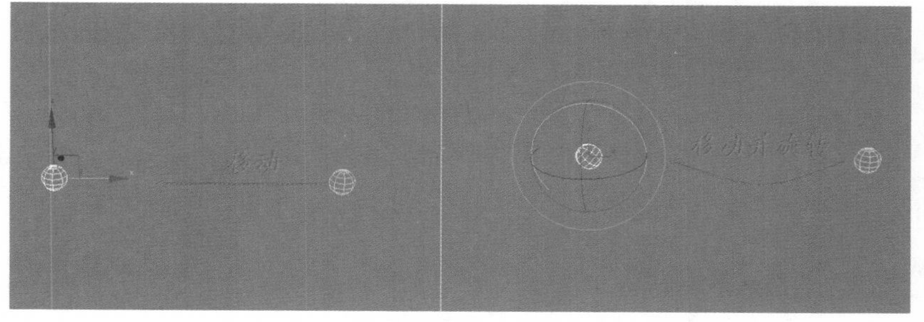

图8—48

8.3 标准灯光

将灯光类型切换为【标准】灯光，可以观察到【标准】灯光一共有8种类型，分别是【目标聚光灯】、Free Spot、【目标平行光】、【自由平行光】、【泛光灯】、【天光】、mr Area Omni和mr Area Spot，如图8-49所示。

图8-49

本节知识导读：

工具名称	工具用途	掌握级别
目标聚光灯	模拟聚光灯效果，如射灯、手电筒光	★★★★★
目标平行光	模拟太阳光效果，比较常用	★★★★★
泛光	模拟点光源效果，如烛光、点光	★★★★★
Free Spot	与目标聚光灯类似，掌握目标聚光灯即可	★★★★☆
自由平行光	与目标平行光类似，掌握目标平行光即可	★★★☆☆
天光	模拟制作柔和的天光效果，不太常使用	★★★☆☆
mr Area Omni	需要mr渲染器才可以使用，基本不使用，了解即可	★★☆☆☆
mr Area Spot	需要mr渲染器才可以使用，基本不使用，了解即可	★★☆☆☆

8.3.1 目标聚光灯

技术速查：目标聚光灯可以产生一个锥形的照射区域，区域以外的对象不会受到灯光的影响。目标聚光灯由透射点和目标点组成，其方向性非常好，对阴影的塑造能力也很强，是标准灯光中最为常用的一种。

目标聚光灯产生的效果，如图8-50所示。

图8-50

进入【修改】面板，首先讲解【常规参数】卷展栏的参数，如图8-51所示。

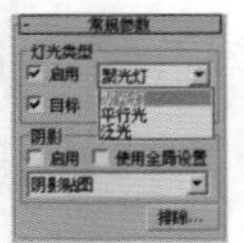

图8-51

- 灯光类型：设置灯光的类型，共有3种类型可供选择，分别是【聚光灯】、【平行光】和【泛光】，如图8-52所示。
  - 启用：是否开启灯光。
  - 目标：启用该选项后，灯光将成为目标灯光，关闭则成为自由灯光。

图8-52

技巧提示

切换不同的灯光类型可以很直接地观察到灯光外观的变化，但是切换灯光类型后，场景中的灯光就会变成当前所选择的灯光。

技巧提示

当选中【目标】复选框后，灯光为目标聚光灯，而关闭该选项后，原来创建的目标聚光灯会变成自由聚光灯。

- 阴影：控制是否开启灯光阴影以及设置阴影的相关参数。
  - 使用全局设置：启用该选项后可以使用灯光投射阴影的全局设置。如果未使用全局设置，则必须选择渲染器使用哪种方式来生成特定的灯光阴影。
  - 阴影贴图：切换阴影的方式来得到不同的阴影效果。
  - 排除...：可以将选定的对象排除于灯光效果之外。

下面讲解【强度/颜色/衰减】卷展栏中的参数，如图8-53所示。

图8-53

- 倍增：控制灯光的强弱程度。
- 颜色：用来设置灯光的颜色。
- 衰退：该选项组中的参数用来设置灯光衰退的类型和起始距离。
  - 类型：指定灯光的衰退方式。【无】为不衰退；【倒数】为反向衰退；【平方反比】以平方反比的方式进行衰退。

技巧提示

如果【平方反比】衰退方式使场景太暗，可以尝试使用【环境和效果】对话框来增加【全局照明级别】数值。

  - 开始：设置灯光开始衰减的距离。
  - 显示：在视图中显示灯光衰减的效果。
- 近距衰减：该选项组用来设置灯光近距衰减的参数。
  - 使用：启用灯光近距衰减。

- 显示：在视图中显示近距衰减的范围。
- 开始：设置灯光开始淡出的距离。
- 结束：设置灯光达到衰减最远处的距离。

● 远距衰减：该选项组用来设置灯光远距衰减的参数。

- 使用：启用灯光远距衰减。
- 显示：在视图中显示远距衰减的范围。
- 开始：设置灯光开始淡出的距离。
- 结束：设置灯光衰减为0时的距离。

下面讲解【聚光灯参数】卷展栏中的参数，如图8-54所示。

图8—54

● 显示光锥：是否开启圆锥体显示效果。

● 泛光化：启用该选项时，灯光将在各个方向投射光线。

● 聚光区/光束：用来调整圆锥体灯光的角度。

● 衰减区/区域：设置灯光衰减区的角度。

● 圆/矩形：指定聚光区和衰减区的形状。

● 纵横比：设置矩形光束的纵横比。

● 位图拟合：若灯光阴影的纵横比为矩形，可以单击此按钮来设置纵横比，以匹配特定的位图。

下面讲解【高级效果】卷展栏中的参数，如图8-55所示。

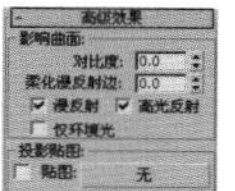

图8—55

● 对比度：调整漫反射区域和环境光区域的对比度。

● 柔化漫反射边：增加该数值可以柔化曲面的漫反射区域和环境光区域的边缘。

● 漫反射：启用该选项后，灯光将影响曲面的漫反射属性。

● 高光反射：启用该选项后，灯光将影响曲面的高光属性。

● 仅环境光：启用该选项后，灯光只影响照明的环境光。

● 贴图：为阴影添加贴图。

下面讲解【阴影参数】卷展栏中的参数，如图8-56所示。

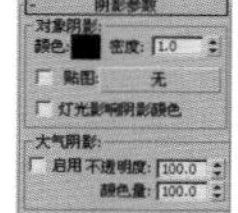

图8—56

● 颜色：设置阴影的颜色，默认为黑色。

● 密度：设置阴影的密度。

● 贴图：为阴影指定贴图。

● 灯光影响阴影颜色：启用该选项后，灯光颜色将与阴影颜色混合在一起。

● 启用：启用该选项后，大气可以穿过灯光投射阴影。

● 不透明度：调节阴影的不透明度。

● 颜色量：调整颜色和阴影颜色的混合量。

下面讲解【VRay阴影参数】卷展栏中的参数，如图8-57所示。

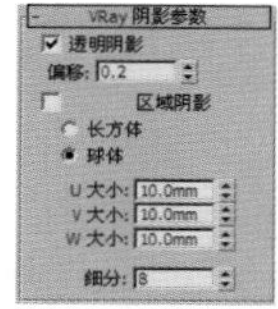

图8—57

● 透明阴影：控制透明物体的阴影，必须使用VRay材质并选择材质中的【影响阴影】时才能产生效果。

● 偏移：控制阴影与物体的偏移距离，一般可保持默认值。

● 区域阴影：控制物体阴影效果，使用时会降低渲染速度，有【长方体】和【球体】两种模式。

● 长方体/球体：用来控制阴影的方式，一般默认设置为【球体】即可。

● U/V/W大小：值越大阴影越模糊，并且还会产生杂点，降低渲染速度。

● 细分：该数值越大，阴影越细腻，噪点越少，渲染速度越慢。

下面讲解【大气和效果】卷展栏中的参数，如图8-58所示。

图8—58

● 添加：为场景加载【体积光】或【镜头效果】。

● 删除：删除加载的特效。

● 设置：创建特效后，单击该按钮可以在弹出的对话框中设置特效的特性。

技巧提示

【体积光】和【镜头效果】也可以在【环境和效果】对话框中进行添加，按8键可以打开【环境和效果】对话框。

★ 案例实战——目标聚光灯制作台灯

场景文件	02.max
案例文件	案例文件\Chapter 08\案例实战——目标聚光灯制作台灯.max
视频教学	视频文件\Chapter 08\案例实战——目标聚光灯制作台灯.flv
难易指数	★★☆☆☆
灯光方式	目标聚光灯、VR灯光
技术掌握	掌握目标聚光灯、VR灯光的运用

实例介绍

台灯，根据使用功能分为阅读台灯、装饰台灯。装饰台灯外观豪华，材质与款式多样，灯体结构复杂，用于点缀空间效果，装饰功能与照明功能同等重要。居室的台灯已经远远超越了台灯本身的价值，台灯已经变成了一个不可多得的艺术品。在这个室内场景中，主要使用目标聚光灯模拟台灯的光源，其次使用VR灯光模拟辅助光源，灯光效果如图8-59所示。

图8—59

操作步骤

Part 01 使用目标聚光灯模拟台灯的光源

01 打开本书配套光盘中的【场景文件\Chapter08\02.max】文件，如图8-60所示。

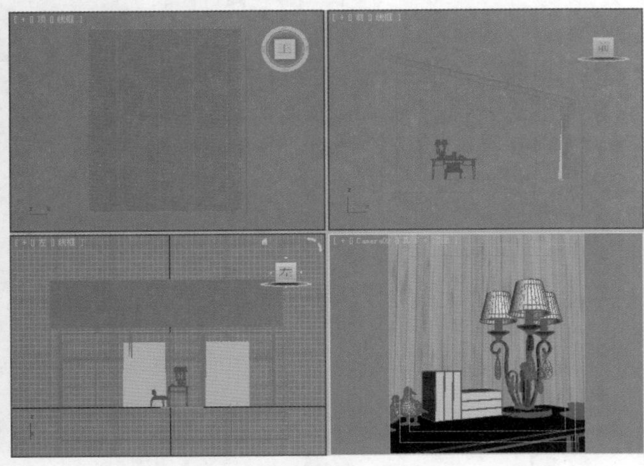

图8-60

02 单击（创建）|（灯光）| 标准 | 目标聚光灯 按钮，如图8-61所示。

图8-61

03 在前视图中拖曳创建6盏目标聚光灯，具体位置如图8-62所示。

图8-62

04 选择上一步创建的目标聚光灯，然后在【修改】面板中设置其具体的参数，如图8-63所示。

- 展开【常规参数】卷展栏，然后在【阴影】选项组中选中【启用】复选框，最后设置【阴影】类型为【VRay阴影】。
- 展开【强度/颜色/衰减】卷展栏，调节【倍增】为3，调节颜色为橘黄色（红：227，绿：158，蓝：170），接着在【远距衰减】选项组中选中【使用】复选框，最后设置【开始】为23mm，【结束】为72mm。
- 展开【聚光灯参数】卷展栏，设置【聚光区/光束】为0.5，【衰减区/区域】为80。展开【VRay阴影参数】卷展栏，启用【区域阴影】选项，设置【U大小】、【V大小】、【W大小】为20mm，【细分】为15。

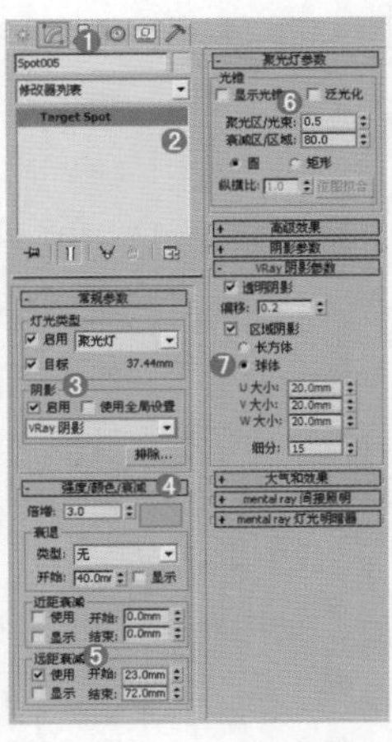

图8-63

05 使用【VR灯光】工具在顶视图中拖曳创建3盏VR灯光，将其移动到台灯灯罩中，具体位置如图8-64所示。

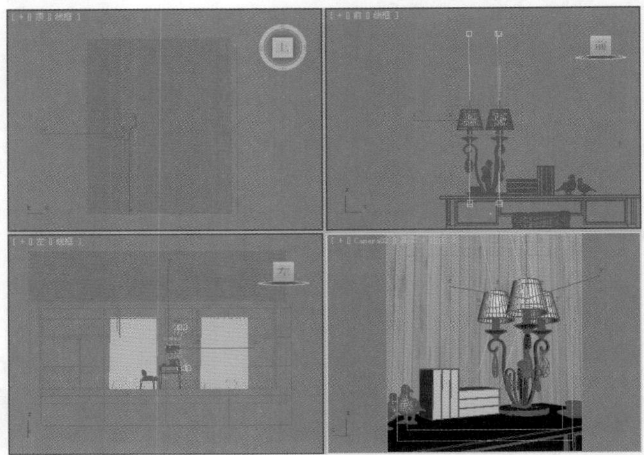

图8-64

06 选择上一步创建的VR灯光，然后在【修改】面板中设置其具体的参数，如图8-65所示。

- 在【基本】选项组中设置【类型】为【球体】，在【亮度】选项组中调节【倍增器】为36，调节【颜色】为浅橘黄色（红：255，绿：212，蓝：144），在【大小】选项组中设置【半径】为2mm。
- 在【选项】选项组选中【不可见】复选框，在【采样】选项组中设置【细分】为20。

07 按Shift+Q组合键，快速渲染摄影机视图，其渲染效果如图8-66所示。

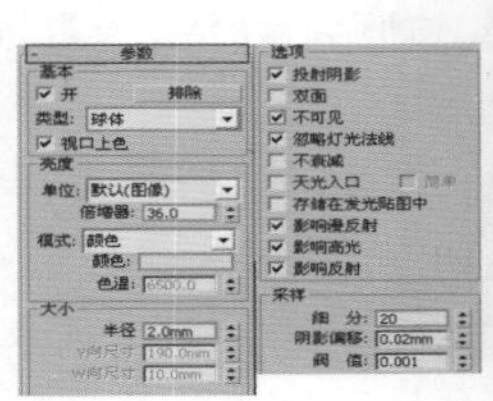

图8-65

图8-66

Part 02 使用VR灯光模拟辅助光源

01 单击（创建）|（灯光）| VRay | VR灯光 按钮，在前视图中创建1盏VR灯光，具体位置如图8-67所示。

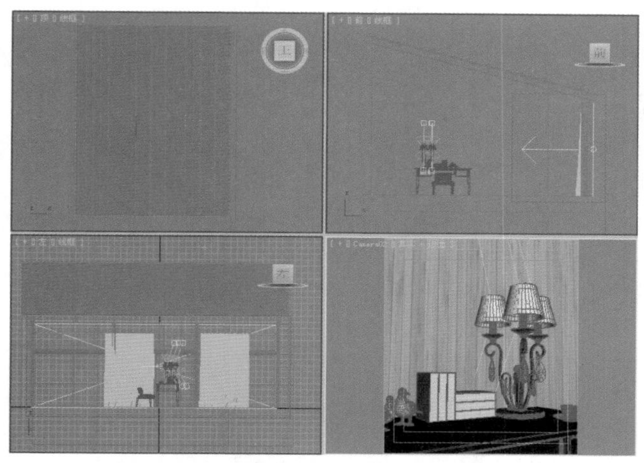

图8—67

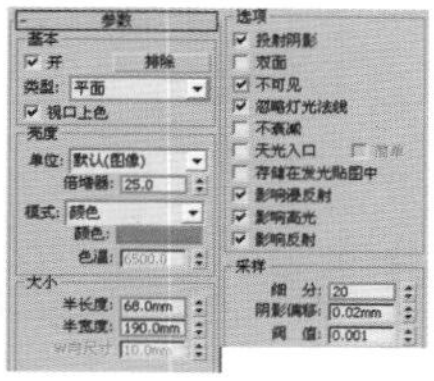

02 选择上一步创建的VR灯光，然后在【修改】面板中设置其具体的参数，如图8-68所示。

图8—68

- 在【基本】选项组中设置【类型】为【平面】，在【亮度】选项组中调节【倍增器】为25，调节【颜色】为蓝色（红：90，绿：110，蓝：162），在【大小】选项组中设置【半长度】为68mm，【半宽度】为190mm。
- 在【选项】选项组中启用【不可见】选项，在【采样】选项组中设置【细分】为20。

03 使用【VR灯光】工具在左视图中拖曳创建1盏VR灯光，具体位置如图8-69所示。

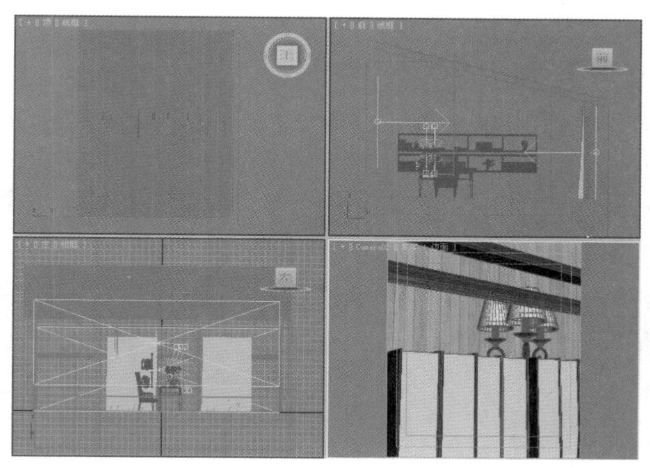

图8—69

04 选择上一步创建的VR灯光，然后在【修改】面板中设置其具体的参数，如图8-70所示。

- 在【基本】选项组中设置【类型】为【平面】，在【亮度】选项组中调节【倍增器】为0.8，调节【颜色】为蓝色（红：85，绿：112，蓝：154），在【大小】选项组中设置【半长度】为68mm，【半宽度】为190mm。
- 在【选项】选项组中启用【不可见】选项，在【采样】选项组中设置【细分】为20。

05 按Shift+Q组合键，快速渲染摄影机视图，其最终渲染效果如图8-71所示。

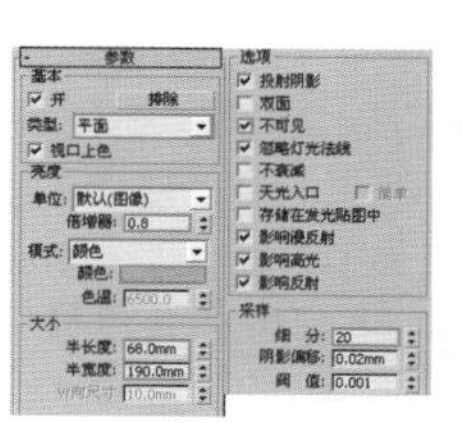

图8—70

图8—71

8.3.2 自由聚光灯

技术速查：自由聚光灯与目标聚光灯基本一样，只是它无法对发射点和目标点分别进行调节。

自由聚光灯特别适合于模仿一些动画灯光，如舞台上的射灯等，如图8-72所示。

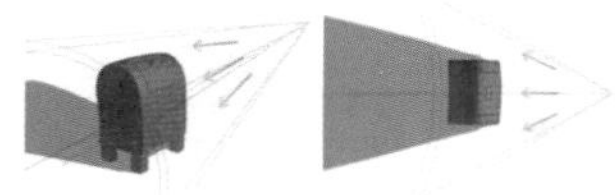

图8—72

读书笔记

技巧提示

自由聚光灯的参数和目标聚光灯的参数基本相同，只是自由聚光灯没有目标点，如图8-73所示。

可以使用【选择并移动】工具和【选择并旋转】工具对自由聚光灯进行移动和旋转操作，如图8-74所示。

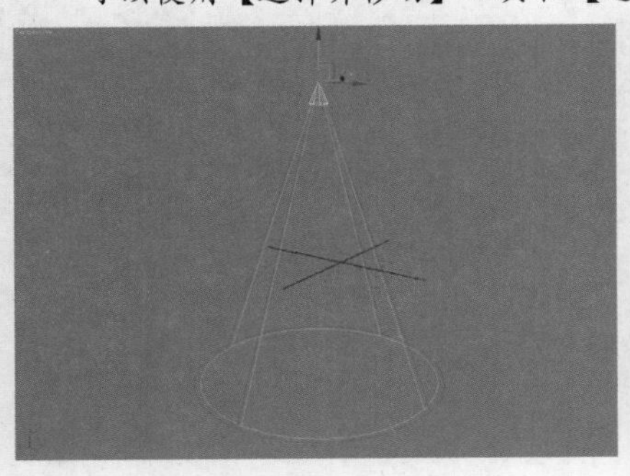

图8-73

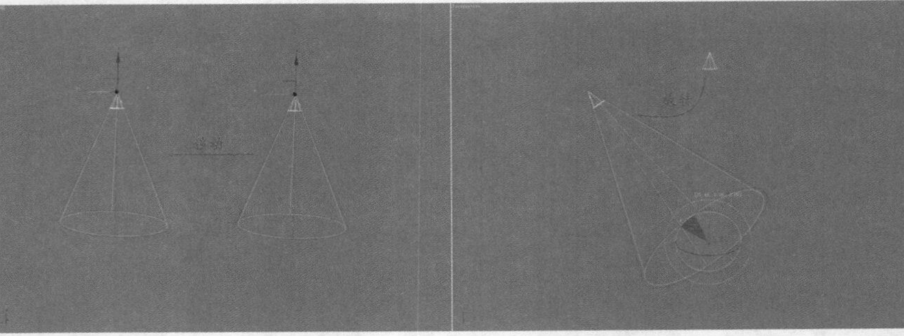

图8-74

8.3.3 目标平行光

技术速查：目标平行光可以产生一个照射区域，主要用来模拟自然光线的照射效果，常用该灯光模拟室内外日光效果。

目标平行光产生的效果如图8-75所示。

图8-75

虽然目标平行光可以用来模拟太阳光，但是它与目标聚光灯的灯光类型却不相同。目标聚光灯的灯光类型是【聚光灯】，而目标平行光的【灯光类型】是【平行光】，从外形上看，目标聚光灯更像锥形，目标平行光更像筒形，如图8-76所示。

目标平行光的参数如图8-77所示。

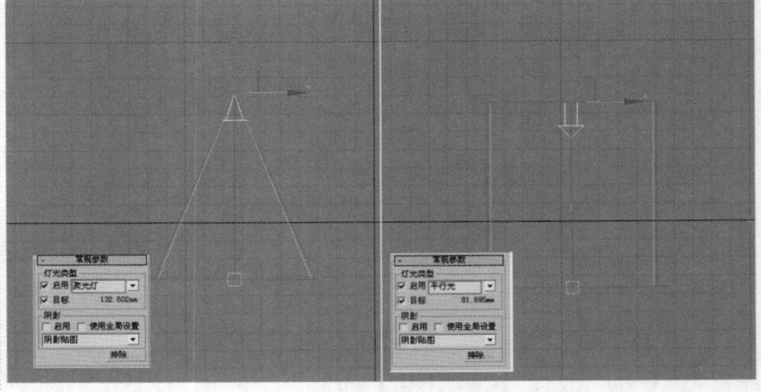

图8-76

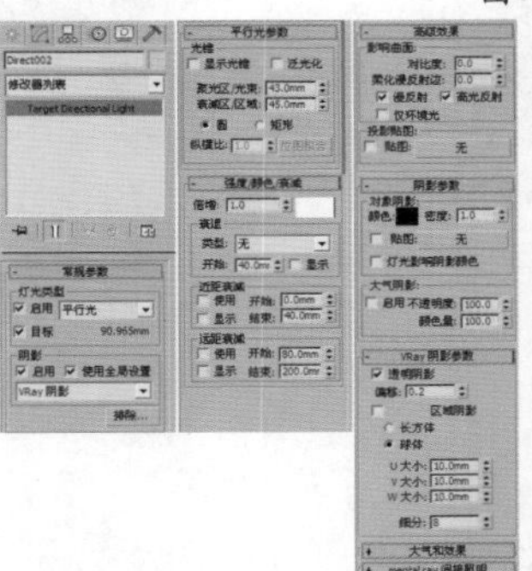

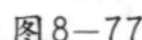

图8-77

读书笔记

8.3.4 自由平行光

技术速查：自由平行光没有目标点，其参数与目标平行光的参数基本一致。

自由平行光的参数如图8-78所示。

技巧提示

当启用【目标点】选项时自由平行光会自动由自由平行光类型切换为目标平行光，因此这两种灯光之间是相关联的。

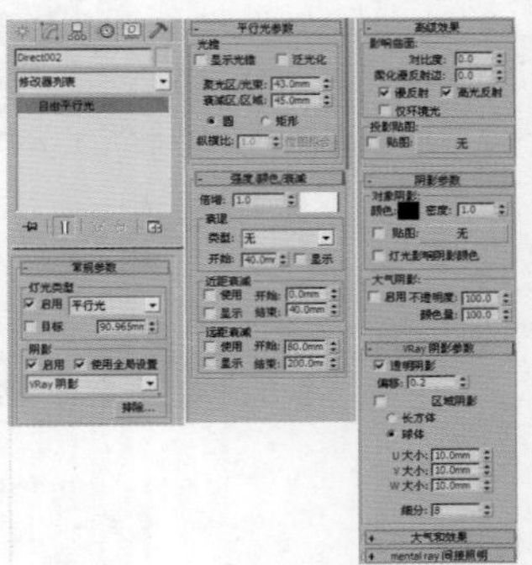

图8-78

8.3.5 泛光

技术速查：泛光灯可以向周围发散光线，它的光线可以到达场景中无限远的地方。泛光灯比较容易创建和调节，能够均匀地照射场景，但是在一个场景中如果使用太多泛光灯可能会导致场景明暗层次变暗，缺乏对比。

泛光灯的参数如图8-79所示。

如图8-80所示为泛光灯产生的画面效果。

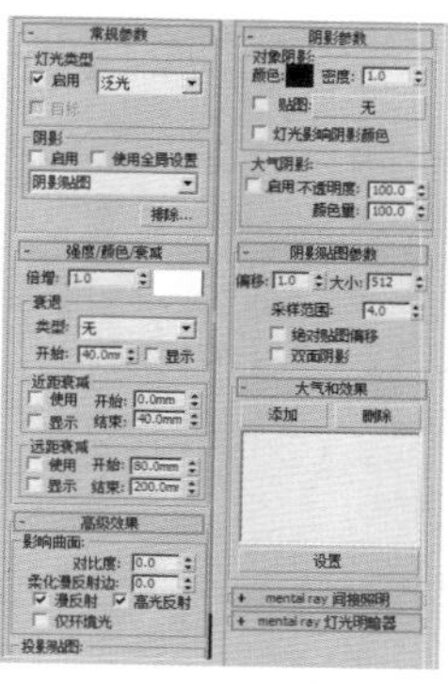

图8-79

图8-80

★ 案例实战——泛光灯、目标聚光灯制作烛光

场景文件	03.max
案例文件	案例文件\Chapter 08\案例实战——泛光灯、目标聚光灯制作烛光.max
视频教学	视频文件\Chapter 08\案例实战——泛光灯、目标聚光灯制作烛光.flv
难易指数	★★★☆☆
灯光方式	泛光灯、目标聚光灯
技术掌握	掌握泛光灯、目标聚光灯的运用

实例介绍

烛光是为了烘托气氛而产生的灯光类型，不具备太强的照明性，但其新颖性、装饰性、观赏性是最为重要的。在这个室内场景中，主要使用泛光灯模拟蜡烛的光源，其次使用目标聚光灯模拟辅助光源，灯光效果如图8-81所示。

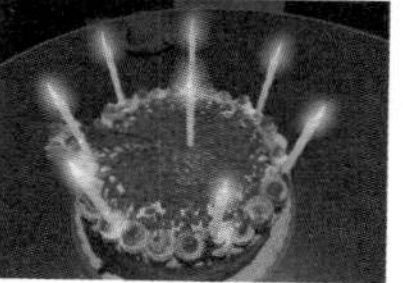

图8-81

操作步骤

Part 01 使用泛光灯模拟蜡烛的光源

01 打开本书配套光盘中的【场景文件\Chapter08\03.max】文件，如图8-82所示。

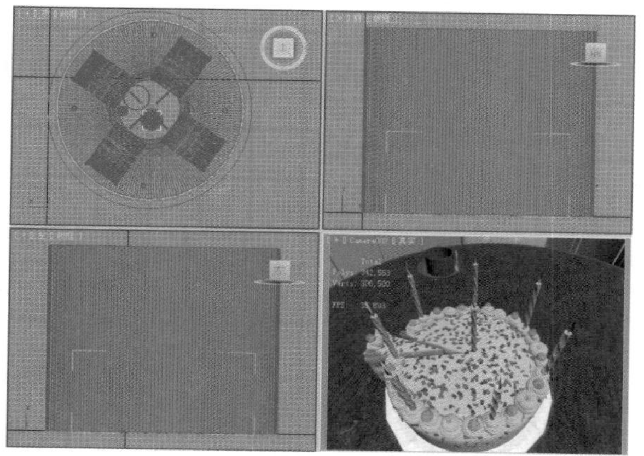

图8-82

02 单击（创建）|（灯光）| 标准 | 泛光灯 按钮，如图8-83所示。

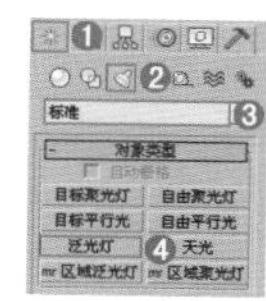

图8-83

03 在顶视图中拖曳创建1盏泛光灯，单击【选择并移动】按钮，并按住Shift键复制15盏，如图8-84所示。

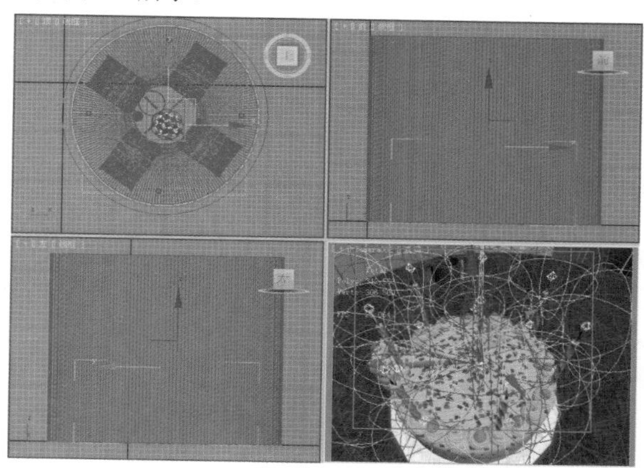

图8-84

04 选择上一步创建的泛光灯，然后在【修改】面板中设置其具体的参数，如图8-85所示。

图8-85

- 在【阴影】选项组中选中【启用】复选框，设置【阴影】类型为【VRay Shadow】。
- 在【强度/颜色/衰减】卷展栏下调节【倍增】为15，颜色为橘黄色（红：255，绿：163，蓝：81）；在【衰退】卷展栏中设置【类型】为【平方反比】，【开始】为6mm。
- 在【远距衰减】选项组中选中【使用】、【显示】复选框，设置【开始】为70mm，【结束】为150mm。

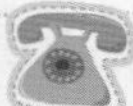

答疑解惑：如何隐藏或显示灯光？

很多时候由于场景较为复杂或灯光层次比较多，场景中的灯光个数也会非常多，可能会遮挡部分模型，那么如何快速隐藏或显示灯光呢？非常简单，只需要按Shift+L组合键即可，如图8-86所示。

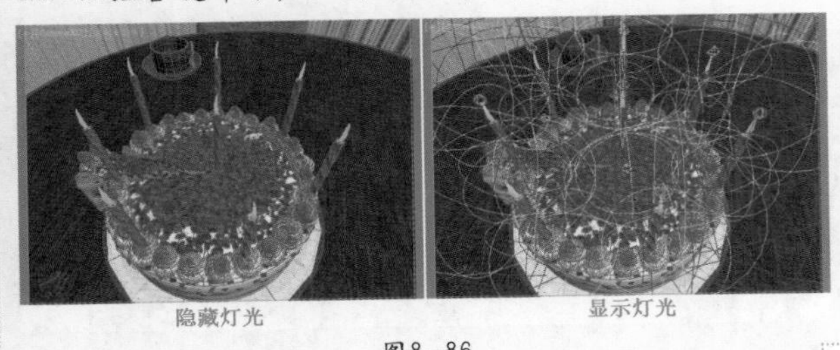

隐藏灯光　　显示灯光

图8-86

05 按Shift+Q组合键，快速渲染摄影机视图，其渲染效果如图8-87所示。

图8-87

06 按M键，打开材质编辑器，选择第一个材质球，单击 Standard （标准）按钮，在弹出的【材质/贴图浏览器】对话框中选择【标准】材质，如图8-88所示。

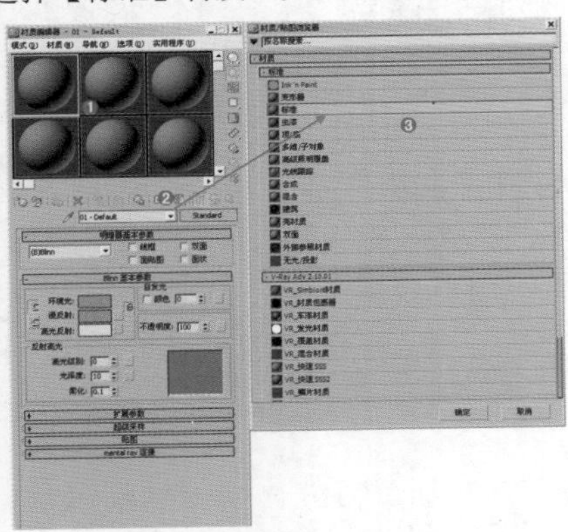

图8-88

07 将材质命名为【火焰】，修改材质ID通道0为ID通道8，如图8-89所示。

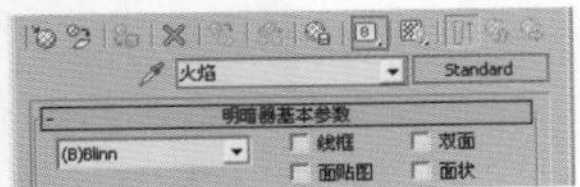

图8-89

08 展开【明暗器基本参数】卷展栏，选中【双面】复选框。展开【Blinn基本参数】卷展栏，在【漫反射】选项后面的通道上加载【混合】程序贴图，在【颜色#1】后边的通道下加载【渐变坡度】程序贴图，设置【角度W】为90，并设置6个黄色和白色的渐变颜色；调节【颜色#2】颜色为橘黄色（红：220，绿：105，蓝：65）；在【混合量】后边的通道加载【衰减】程序贴图，在第2个颜色后面的通道上加载【渐变坡度】程序贴图，并设置6个黑色、灰色和白色的渐变颜色，然后设置【衰减类型】为【垂直/平行】；最后展开【混合曲线】卷展栏并调节曲线，如图8-90所示。

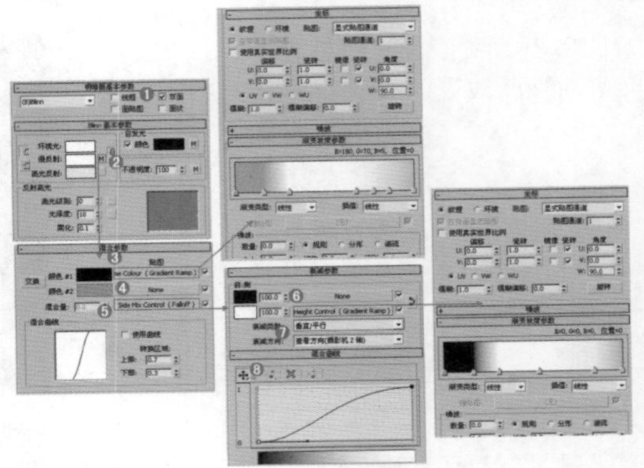

图8-90

09 展开【贴图】卷展栏，并在【自发光】后面的通道上加载【Mix（混合）】程序贴图，如图8-91所示。

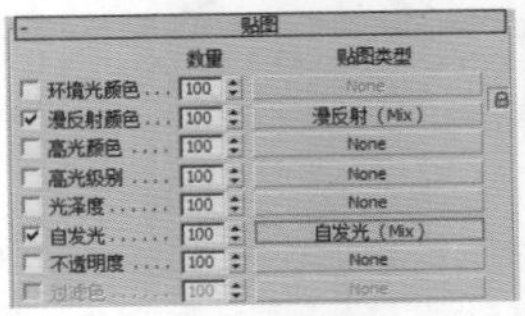

	数量	贴图类型
环境光颜色	100	None
☑ 漫反射颜色	100	漫反射 (Mix)
高光颜色	100	None
高光级别	100	None
光泽度	100	None
☑ 自发光	100	自发光 (Mix)
不透明度	100	None
过滤色	100	None

图8-91

10 在【漫反射颜色】后面的通道上右击选择【复制】命令，然后进入【自发光】后面的通道，并且在【颜色#1】后面的通道右击选择【粘贴（复制）】命令，最后设置【颜色#2】为紫色（红：130，绿：110，蓝：195），如图8-92所示。

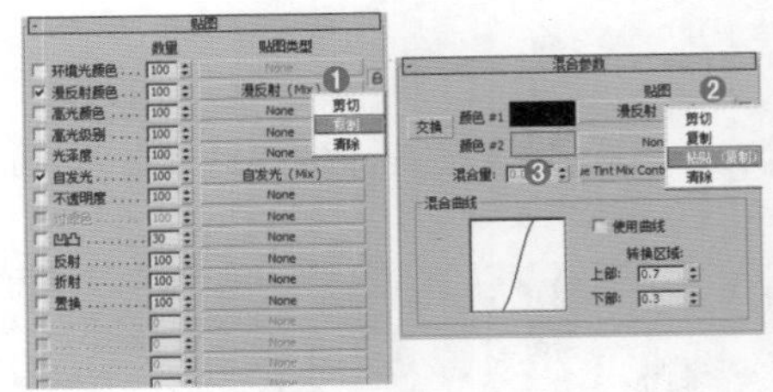

图8-92

11 在【混合量】后面的通道上加载【衰减】程序贴图，并在第2个颜色后面的通道上加载【渐变坡度】程序贴图，并设置4个黑色、灰色和白色的渐变颜色，如图8-93所示。

12 在【不透明度】后边的通道上加载【混合】程序贴图，在【颜色#1】后边的通道下加载【渐变坡度】程序贴图，设置【角度W】为90，并设置5个黑色、灰色和白色的渐变颜色；在【混合量】后边的通道下加载【衰减】程序贴图；在第2个颜色后面的通道上加载【渐变坡度】程序贴图，并设置4个黑色、灰色和白色的渐变颜色，然后设置

【衰减类型】为【垂直/平行】；最后展开【混合曲线】卷展栏，调节曲线，如图8-94所示。

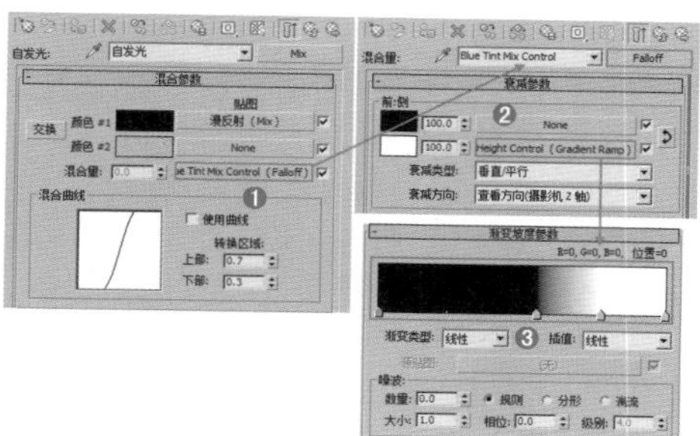

图8—93

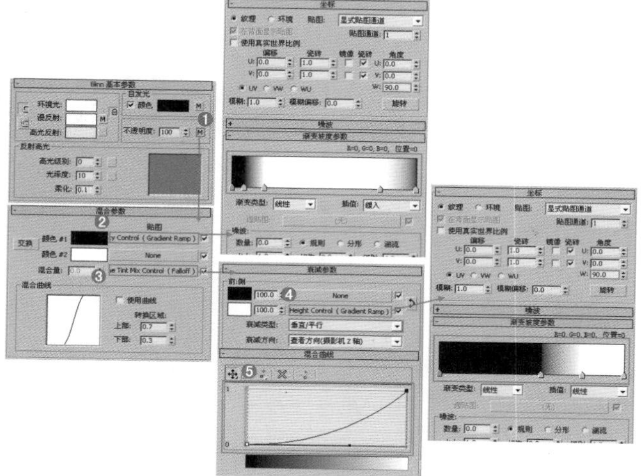

图8—94

13 在【反射高光】选项组中设置【高光级别】为0，【光泽度】为10，如图8-95所示。

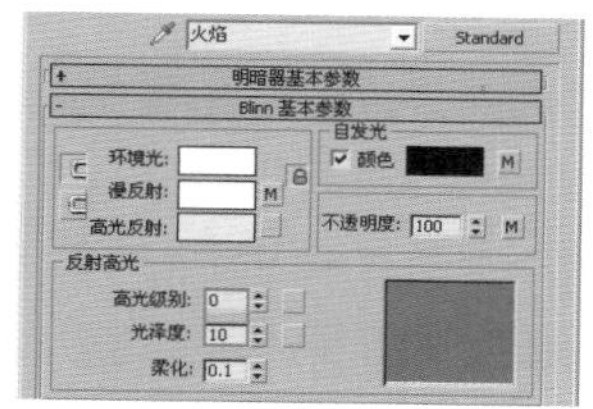

图8—95

14 将调节好的火焰材质赋给场景中所有的烛光模型，如图8-96所示。

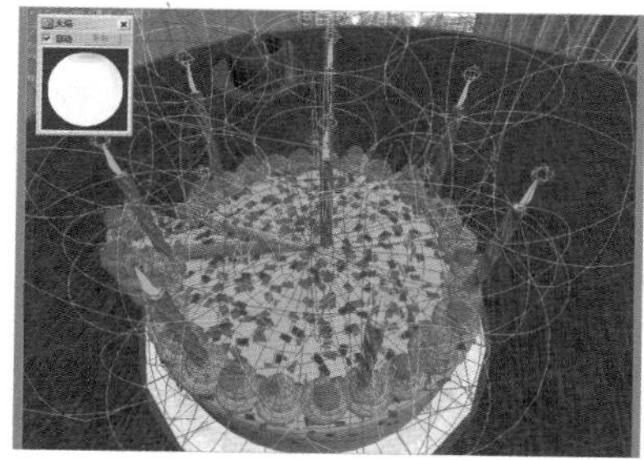

图8—96

15 按下键盘上的8键，打开【环境和效果】窗口，在【效果】选项卡中单击 添加... 按钮，在打开的对话框中选择【模糊】选项，为其添加模糊效果，如图8-97所示。

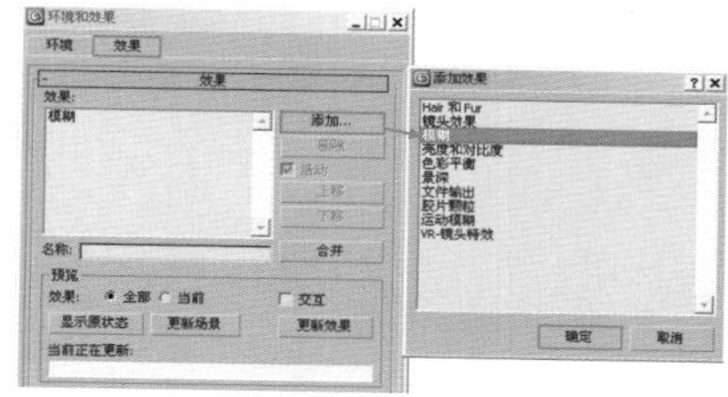

图8—97

16 单击【模糊】选项展开【模糊参数】卷展栏，选择【像素选择】选项卡，选中【材质ID】复选框，并添加8ID，设置【最小亮度（%）】为60，【加亮（%）】为300，【混合（%）】为60，【羽化半径（%）】为6，如图8-98所示。

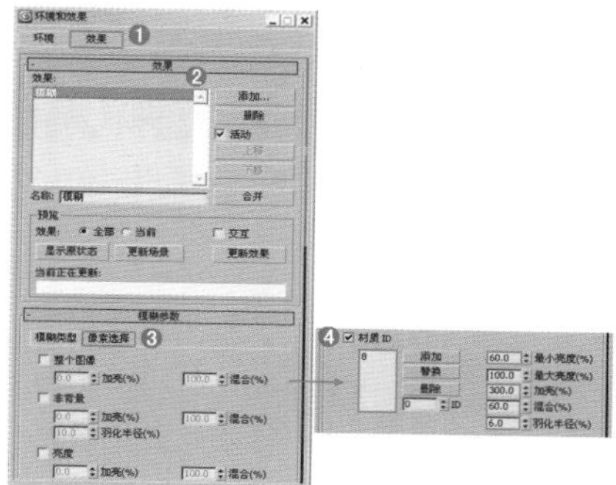

图8—98

技巧提示

在该步骤中，在【效果】选项卡中添加了【模糊】效果，并设置了相应的参数，目的是使场景中带有蜡烛火焰的材质产生模糊效果，这样会更加真实。

17 按Shift+Q组合键，快速渲染摄影机视图，其渲染效果如图8-99所示。

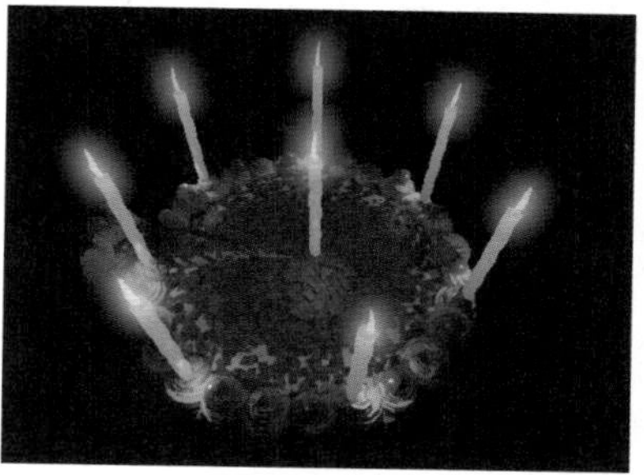

图8—99

读书笔记

Part 02 使用目标聚光灯模拟辅助光源

01 单击（创建）|（灯光）| 标准 | 目标聚光灯 按钮，如图8-100 所示。

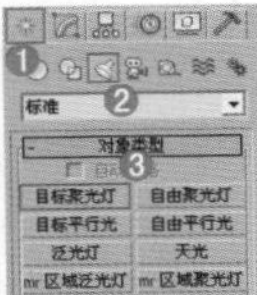

图8-100

02 在前视图中拖曳创建1盏目标聚光灯，用来照亮蛋糕，具体位置如图8-101所示。

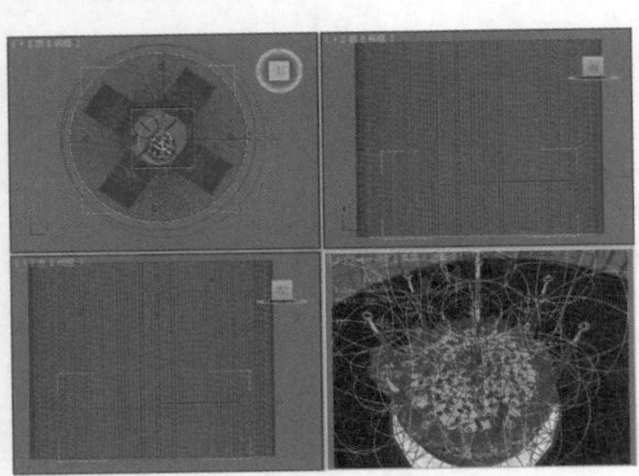

图8-101

03 选择上一步创建的目标聚光灯，然后在【修改】面板中设置其具体的参数，如图8-102所示。

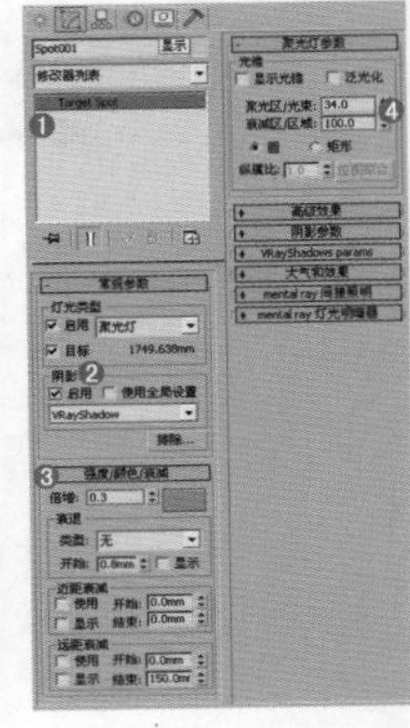

图8-102

- 展开【常规参数】卷展栏，然后在【阴影】选项组中选中【启用】复选框，最后设置【阴影】类型为【VRay Shadow】。
- 展开【强度/颜色/衰减】卷展栏，设置【倍增】为0.3，调节颜色为蓝色（红：227，绿：158，蓝：170）。
- 展开【聚光灯参数】卷展栏，设置【聚光区/光束】为34，【衰减区/区域】为100。

04 按Shift+Q组合键，快速渲染摄影机视图，其最终渲染效果如图8-103所示。

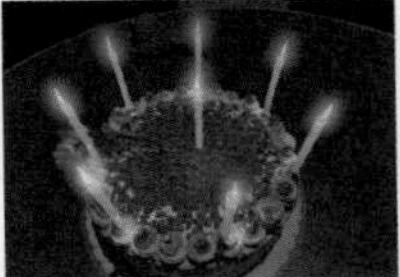

图8-103

8.3.6 天光

技术速查：天光不是基于物理学，可以用于所有需要基于物理数值的场景。天光可以作为场景中唯一的光源，也可以与其他灯光配合使用，实现高光和投射锐边阴影。

天光用于模拟天空光，它以穹顶方式发光，如图8-104所示。

图8-104

天光的参数比较简单，只有一个【天光参数】卷展栏，如图8-105所示。

图8-105

- 启用：是否开启天光。
- 倍增：控制天光的强弱程度。
- 使用场景环境：使用【环境与特效】对话框中设置的灯光颜色。
- 天空颜色：设置天光的颜色。
- 贴图：指定贴图来影响天光颜色。
- 投影阴影：控制天光是否投影阴影。
- 每采样光线数：计算落在场景中每个点的光子数目。
- 光线偏移：设置光线产生的偏移距离。

8.4 VRay灯光

安装好VRay渲染器后，在【创建】面板中就可以选择VRay灯光。VRay灯光包含4种类型，分别是【VR灯光】、VRayIES、【VR环境灯光】和【VR太阳】，如图8-106所示。

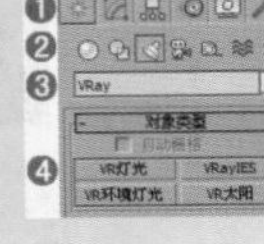

图8-106

- VR灯光：主要用来模拟室内光源。
- VRayIES：VRayIES是一个V型的射线光源插件，可以用来加载IES灯光，能使现实中的灯光分布更加逼真。
- VR环境灯光：VR环境灯光与【标准灯光】下的【天光】类似，主要用来控制整体环境的效果。
- VR阳光：主要用来模拟真实的室外太阳光。

技巧提示

要想正常使用VRay灯光需要设置渲染器为VRay渲染器。具体设置方法如图8—107所示。

具体参数会在后面渲染章节中详细进行讲解，在这里我们不做过多介绍。

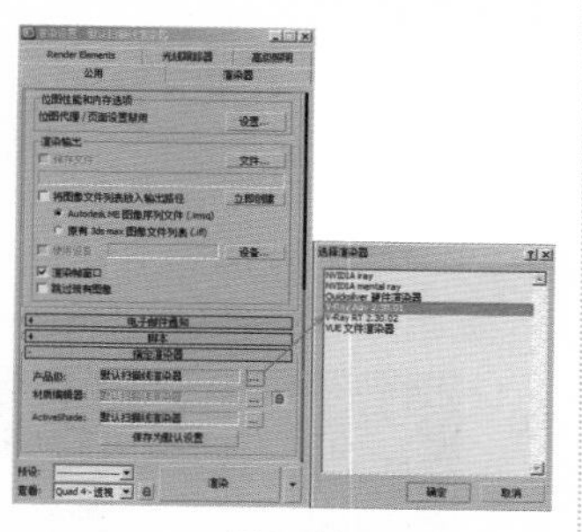

图8—107

本节知识导读：

工具名称	工具用途	掌握级别
VR灯光	可以模拟制作主光源、辅助光源，效果比较柔和，是最为常用的灯光之一，必须完全掌握	★★★★★
VR太阳	可以模拟真实的太阳光效果，必须完全掌握	★★★★★
VRayIES	可以模拟类似射灯的效果	★★★☆☆
VR环境灯光	可以模拟环境灯光效果，不太常用	★★★☆☆

读书笔记

8.4.1 VR灯光

技术速查：VR灯光是最常用的灯光之一，参数比较简单，但是非常真实。一般常用来模拟柔和的灯光、灯带、台灯灯光、补光灯。

具体参数如图8-108所示。

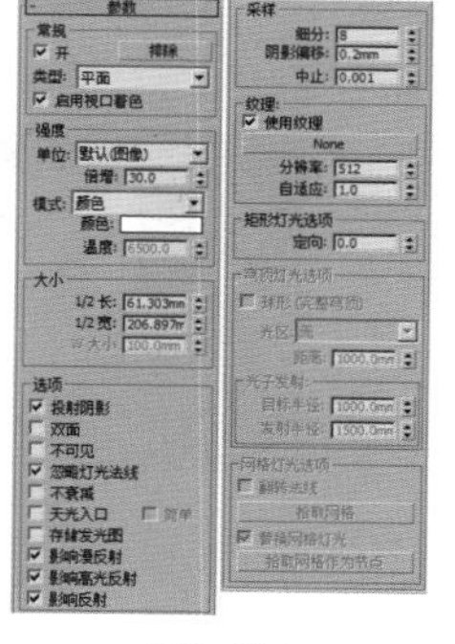

图8—108

常规

- 开：控制是否开启VR灯光。
- ：用来排除灯光对物体的影响。
- 类型：指定VR灯光的类型，共有【平面】、【穹顶】、【球体】和【网格】4种类型，如图8-109所示。
  - 平面：将VR灯光设置成平面形状。
  - 穹顶：将VR灯光设置成穹顶状，类似于3ds Max的天光物体，光线来自于位于光源Z轴的半球体状圆顶。
  - 球体：将VR灯光设置成球体形状。
  - 网格：是一种以网格为基础的灯光。

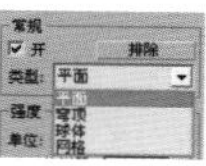

图8—109

技巧提示

设置类型为【平面】时比较适合于室内灯带等光照效果，设置类型为【球体】时比较适合于灯罩内的光照效果，如图8—110所示。

图8—110

强度

- 单位：指定VR灯光的发光单位，共有【默认（图像）】、【发光率（lm）】、【亮度lm/ m²/sr）】、【辐射功率（W）】和【辐射（W/m²/sr）】5种，如图8-111所示。
  - 默认（图像）：VRay默认单位，依靠灯光的颜色和亮度来控制灯光的强弱，如果忽略曝光类型的因素，灯光色彩将是物体表面受光的最终色彩。
  - 发光率（lm）：当选择该单位时，灯光的亮度将和灯光的大小无关（100W的亮度大约等于1500lm）。
  - 亮度（lm/ m²/sr）：当选择该单位时，灯光的亮度和它的大小有关系。
  - 辐射功率（W）：当选择该单位时，灯光的亮度和灯光的大小无关。注意，这里的W和物理上的瓦特不一样，如这里的100W大约等于物理上的2~3瓦特。
  - 辐射（W/m²/sr）：当选择该单位时，灯光的亮度和它的大小有关系。

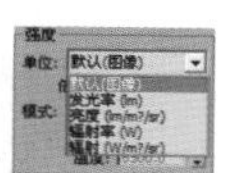

图8—111

- 颜色：指定灯光的颜色。
- 倍增：设置灯光的强度。

大小

- 1/2长：设置灯光的长度。
- 1/2宽：设置灯光的宽度。
- U/V/W向尺寸：当前这个参数还未被激活。

选项

- 投射阴影：控制是否对物体的光照产生阴影，如图8-112所示。

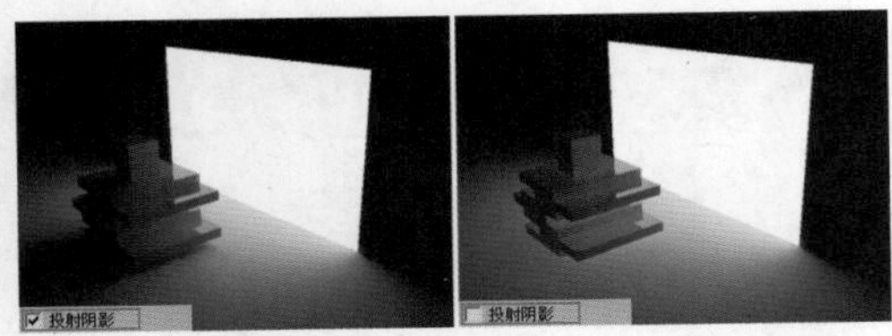

图8—112

- 双面：用来控制灯光的双面都产生照明效果，对比效果如图8-113所示。

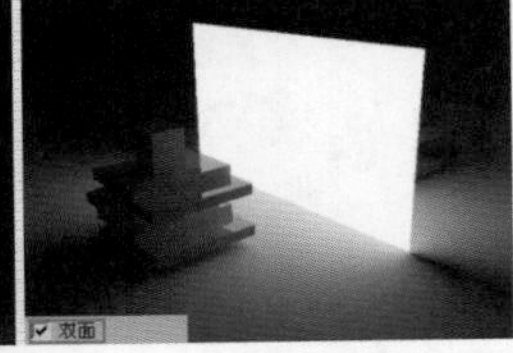

图8—113

- 不可见：该选项用来控制最终渲染时是否显示VR灯光的形状，对比效果如图8-114所示。

图8—114

- 忽略灯光法线：该选项控制灯光的发射是否按照光源的法线进行发射。
- 不衰减：在物理世界中，所有的光线都是有衰减的。如果启用该选项，VRay将不计算灯光的衰减效果，对比效果如图8-115所示。

图8—115

- 天光入口：该选项是把VRay灯转换为天光，这时的VR灯光就变成了【间接照明（GI）】，失去了直接照明。当启用该选项时，【投射阴影】、【双面】、【不可见】等参数将不可用，这些参数将被VRay的天光参数所取代。
- 存储发光图：启用该选项，同时【间接照明（GI）】中的【首次反弹】引擎选择【发光贴图】时，VR灯光的光照信息将保存在发光贴图中。在渲染光子时将变得更慢，但是在渲染出图时，渲染速度会提高很多。当渲染完光子后，可以关闭或删除这个VR灯光，它对最后的渲染效果没有影响，因为它的光照信息已经保存在了发光贴图中。
- 影响漫反射：该选项决定灯光是否影响物体材质属性的漫反射。
- 影响高光反射：该选项决定灯光是否影响物体材质属性的高光。
- 影响反射：启用该选项时，灯光将对物体的反射区进行光照，物体可以将光源进行反射，如图8-116所示。

图8—116

采样

- 细分：该参数控制VR灯光的采样细分。数值越小，渲染杂点越多，渲染速度越快；数值越大，渲染杂点越少，渲染速度越慢，如图8-117所示。

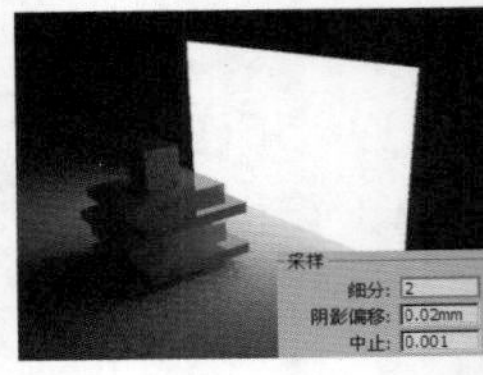

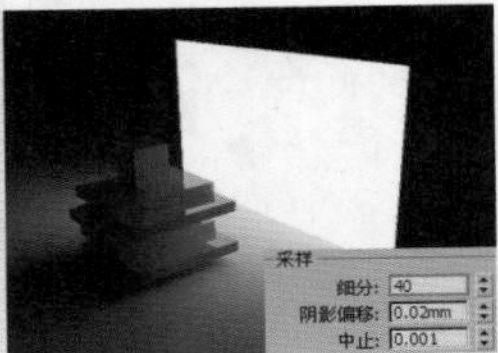

图8—117

- 阴影偏移：该参数用来控制物体与阴影的偏移距离，较高的值会使阴影向灯光的方向偏移。对比效果如图8-118所示。

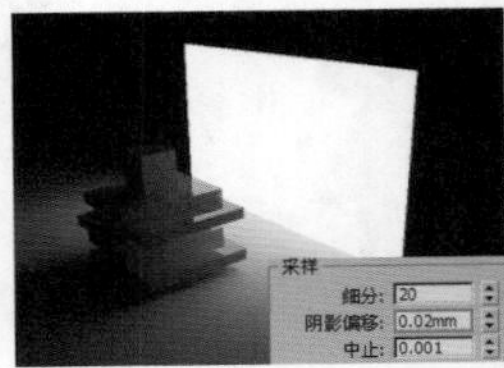

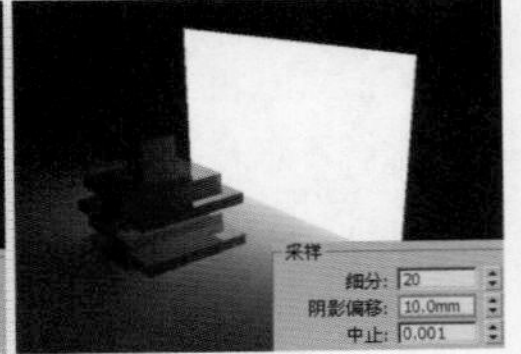

图8—118

- 中止：控制灯光中止的数值，一般情况下不用修改该参数。

纹理

- 使用纹理：控制是否用纹理贴图作为半球光源。
- None（无）：选择贴图通道。
- 分辨率：设置纹理贴图的分辨率，最高为2048。
- 自适应：控制纹理的自适应数值，一般情况下使用默认数值即可。

★ 案例实战——VR灯光制作壁灯灯光

场景文件	04.max
案例文件	案例文件\Chapter 08\案例实战——VR灯光制作壁灯灯光.max
视频教学	视频文件\Chapter 08\案例实战——VR灯光制作壁灯灯光.flv
难易指数	★★☆☆☆
灯光方式	VR灯光（平面）、VR灯光（球体）
技术掌握	使用VR灯光（平面）和VR灯光（球体）制作壁灯灯光的方法

实例介绍

壁灯是安装在室内墙壁上的辅助照明装饰灯具，光线淡雅和谐，可把环境点缀得优雅、富丽。在这个场景中，主要使用VR灯光（平面）和VR灯光（球体）模拟壁灯灯光，最终渲染效果如图8-119所示。

图8—119

操作步骤

Part01 使用VR灯光（平面）模拟环境光

01 打开本书配套光盘中的【场景文件\Chapter08\04.max】文件，如图8-120所示。

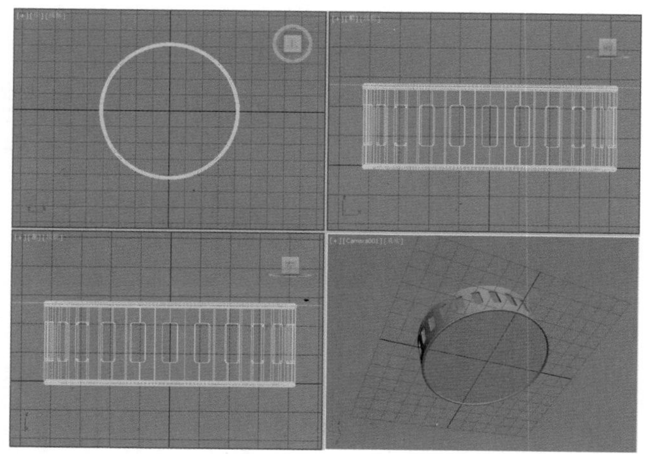

图8—120

02 单击（创建）|（灯光）| VRay | VR灯光 按钮，在顶视图中拖曳创建1盏VR灯光，具体的位置如图8-121所示。

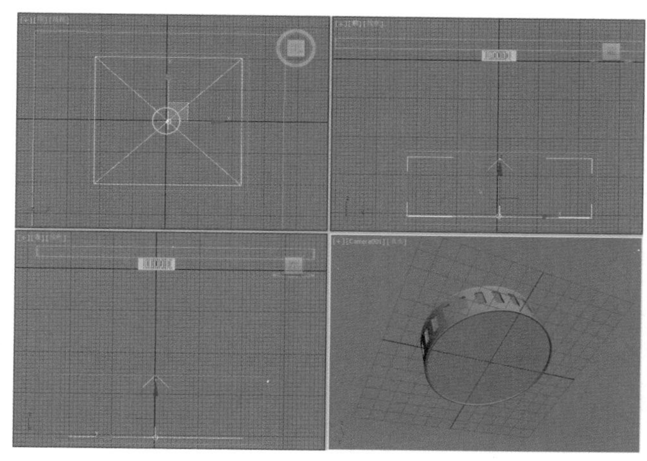

图8—121

03 选择上一步创建的VR灯光，然后在【修改】面板中设置其具体的参数，如图8-122所示。

- 在【常规】选项组中设置【类型】为【平面】，在【强度】选项组中调节【倍增】为1，调节【颜色】为白色，在【大小】选项组中设置【1/2长】为224mm，【1/2宽】为203mm。
- 在【选项】选项组中选中【不可见】复选框，在【采样】选项组中设置【细分】为50。

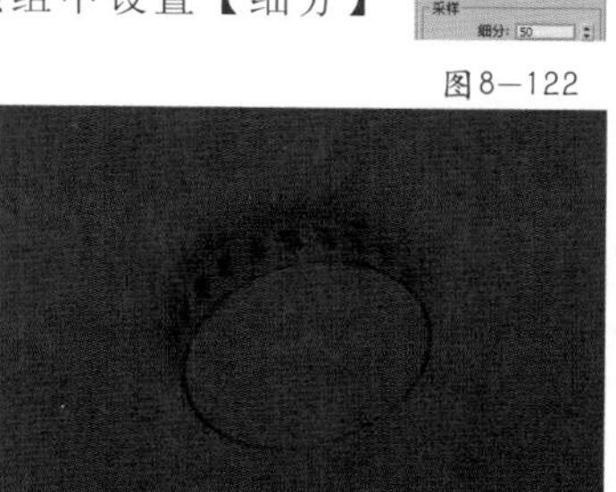

图8—122

04 按Shift+Q组合键，快速渲染摄影机视图，其渲染效果如图8-123所示。

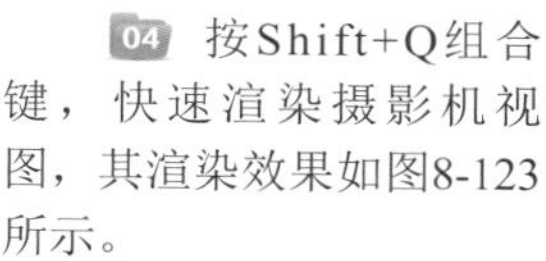

图8—123

Part02 使用VR灯光（平面）和VR灯光（球体）模拟壁灯灯光

01 使用【VR灯光】工具在顶视图中拖曳创建1盏VR灯光，并将其进行适当的缩放，如图8-124所示。

02 选择上一步创建的VR灯光，然后在【修改】面板中设置其具体的参数，如图8-125所示。

- 在【常规】选项组中设置【类型】为【球体】，在【强度】选项组中调节【倍增】为30，调节【颜色】为浅黄色（红：253，绿：213，蓝：178），在【大小】选项组中设置【半径】为10mm。
- 在【选项】选项组中选中【不可见】复选框，在【采样】选项组中设置【细分】为50。

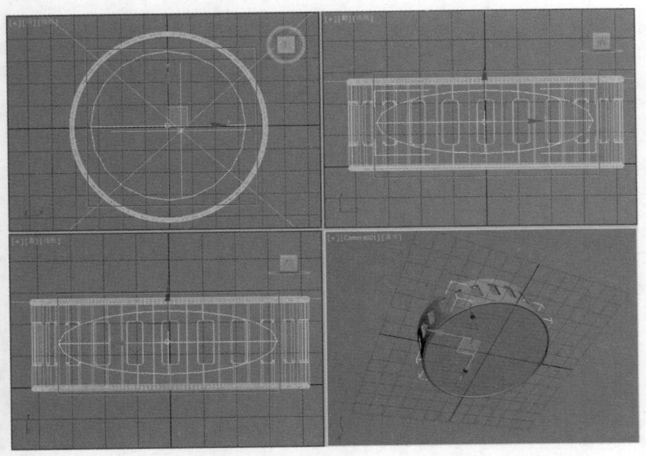

图8－124

03 再次创建24个VR灯光，并将其放置在壁灯内部，灯光的方向调整为向外照射，如图8-126所示。

04 选择上一步创建的VR灯光，然后在【修改】面板中设置其具体的参数，如图8-127所示。

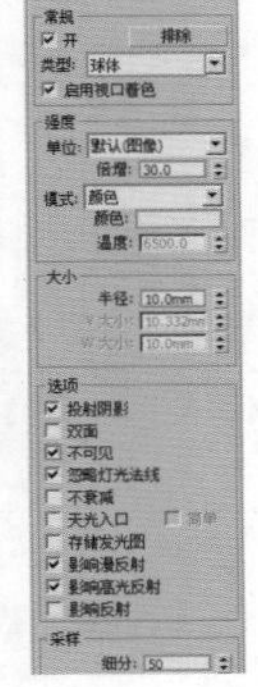

图8－125

- 在【常规】选项组中设置【类型】为【平面】，在【强度】选项组中调节【倍增】为1.4，调节【颜色】为浅黄色（红：253，绿：213，蓝：178），在【大小】选项组中设置【1/2长】为3mm，【1/2宽】为8mm。
- 在【选项】选项组中选中【不可见】复选框，在【采样】选项组中设置【细分】为50。

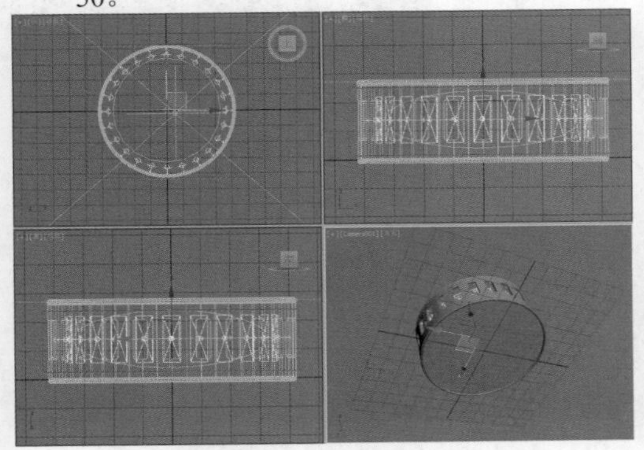

图8－126

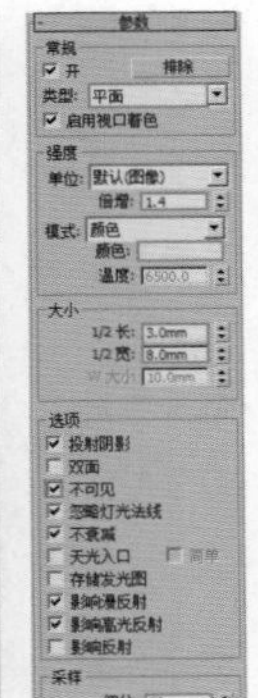

图8－127

技巧提示

由于该案例的灯光个数非常多，而且灯光亮度较亮，因此为了渲染的效果更加细致、噪点更少，我们将灯光的【细分】数值增大，这样会大大提高渲染的精度，但是渲染的速度也会相应地变慢。

05 按Shift+Q组合键，快速渲染摄影机视图，最终渲染效果如图8-128所示。

图8－128

★ 案例实战——VR灯光制作柔和日光

场景文件	05.max
案例文件	案例文件\Chapter 08\案例实战——VR灯光制作柔和日光.max
视频教学	视频文件\Chapter 08\案例实战——VR灯光制作柔和日光.flv
难易指数	★★★☆☆
灯光方式	VR灯光（平面）、VR灯光（球体）
技术掌握	使用VR灯光（平面）、VR灯光（球体）制作柔和日光的方法

实例介绍

柔和日光是太阳光光线较为柔和时产生的照明效果，这种光线下对室内环境影响较小。在这个场景中，主要使用VR灯光（平面）模拟柔和日光效果，使用VR灯光（球体）制作灯泡灯光，最终渲染效果如图8-129所示。

图8－129

操作步骤

Part 01 使用VR灯光（平面）模拟柔和日光效果

01 打开本书配套光盘中的【场景文件\Chapter08\05.max】文件，如图8-130所示。

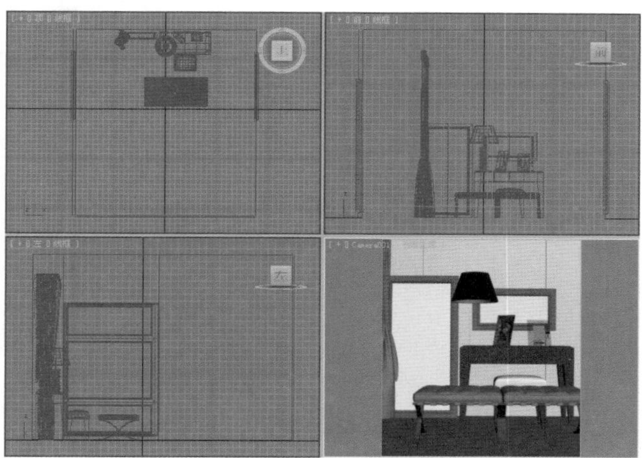

图8-130

02 单击（创建）|（灯光）| VRay | VR灯光按钮，在顶视图中拖曳创建1盏VR灯光，具体位置如图8-131所示。

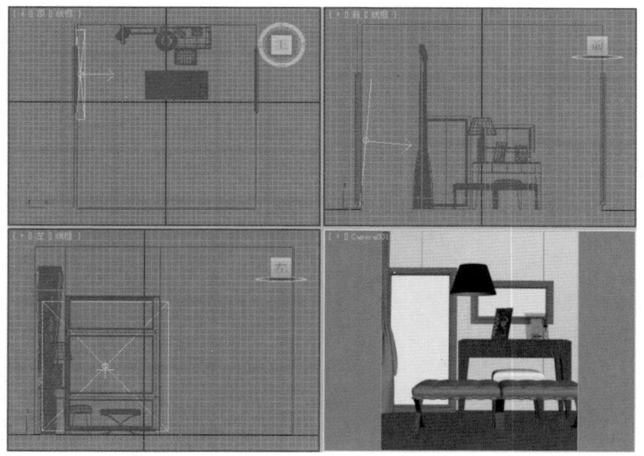

图8-131

03 选择上一步创建的VR灯光，然后在【修改】面板中设置其具体的参数，如图8-132所示。

- 在【基本】选项组中设置【类型】为【平面】，在【强度】选项组中调节【倍增器】为10，调节【颜色】为橘黄色（红：255，绿：172，蓝：104），在【大小】选项组中设置【半长度】为970mm，【半宽度】为920mm。
- 在【选项】选项组中选中【不可见】复选框，在【采样】选项组中设置【细分】为15。

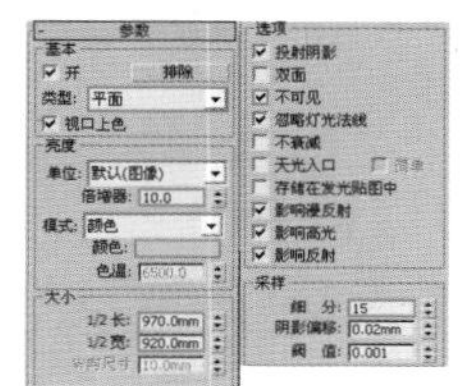

图8-132

04 使用【VR灯光】工具在顶视图中拖曳创建1盏VR灯光，具体位置如图8-133所示。

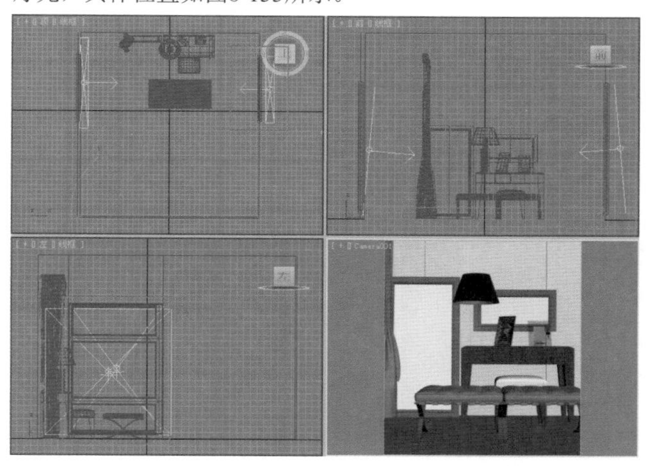

图8-133

05 选择上一步创建的VR灯光，然后在【修改】面板中设置其具体的参数，如图8-134所示。

- 在【基本】选项组中设置【类型】为【平面】，在【强度】选项组中调节【倍增器】为6，调节【颜色】为蓝色（红：85，绿：112，蓝：154），在【大小】选项组中设置【半长度】为970mm，【半宽度】为680mm。
- 在【选项】选项组中选中【不可见】复选框，在【采样】选项组中设置【细分】为20。

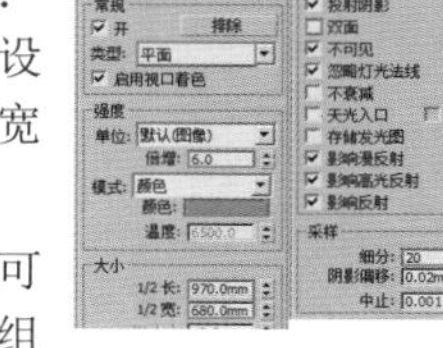

图8-134

06 使用【VR灯光】工具在前视图中拖曳创建1盏VR灯光，具体位置如图8-135所示。

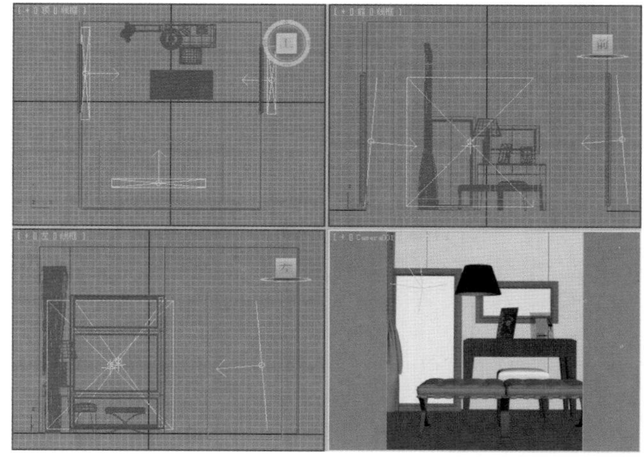

图8-135

07 选择上一步创建的VR灯光，然后在【修改】面板中设置其具体的参数，如图8-136所示。

- 在【常规】选项组中设置【类型】为【平面】，在【强度】选项组中调节【倍增器】为2，调节【颜色】为浅蓝色（红：213，绿：223，蓝：243），在【大小】选项组中设置【1/2长】为970mm，【1/2宽】为920mm。

- 在【选项】选项组中选中【不可见】复选框，取消选中【影响反射】复选框，在【采样】选项组中设置【细分】为15。

08 按Shift+Q组合键，快速渲染摄影机视图，其渲染效果如图8-137所示。

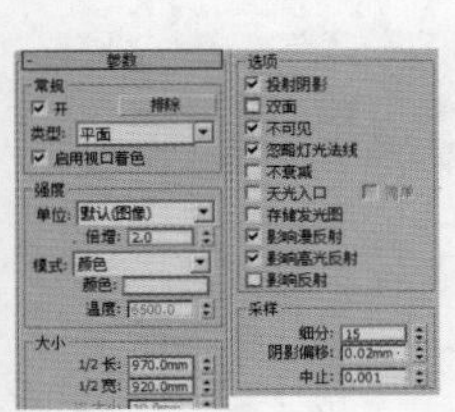

图8-136

图8-137

思维点拨：颜色对于效果图的影响

颜色的冷暖对比可以产生丰富的色彩情感，增大画面的层次感。若在制作效果图时，只采用单一的颜色，那么画面会较为单一。因此在制作效果图时，灯光的颜色要遵循有主有次、层次分明的原则，如图8-138所示。

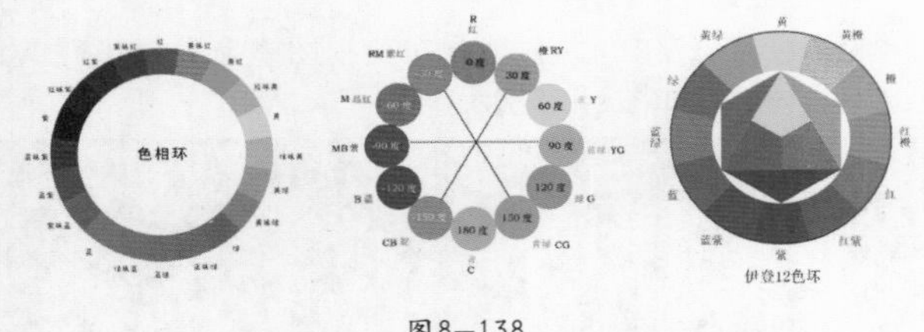

图8-138

Part 02 使用VR灯光（球体）制作灯泡灯光

01 单击（创建）|（灯光）| VRay | VR灯光 按钮，在顶视图中拖曳创建1盏VR灯光，如图8-139所示。

02 选择上一步创建的VR灯光，然后在【修改】面板中设置其具体的参数，如图8-140所示。

- 在【基本】选项组中设置【类型】为【球体】，在【强度】选项组中调节【倍增器】为30，调节【颜色】为橘黄色（红：255，绿：218，蓝：154），在【大小】选项组中设置【半径】为100mm。
- 在【选项】选项组选中【不可见】复选框，在【采样】选项组中设置【细分】为11。

03 按Shift+Q组合键，快速渲染摄影机视图，最终渲染效果如图8-141所示。

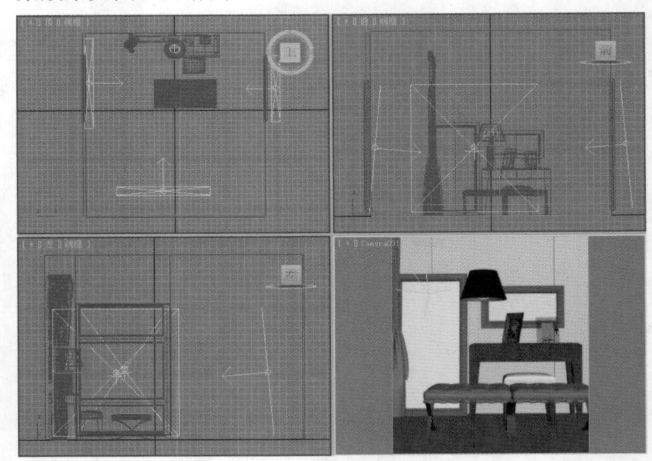

图8-139

图8-140

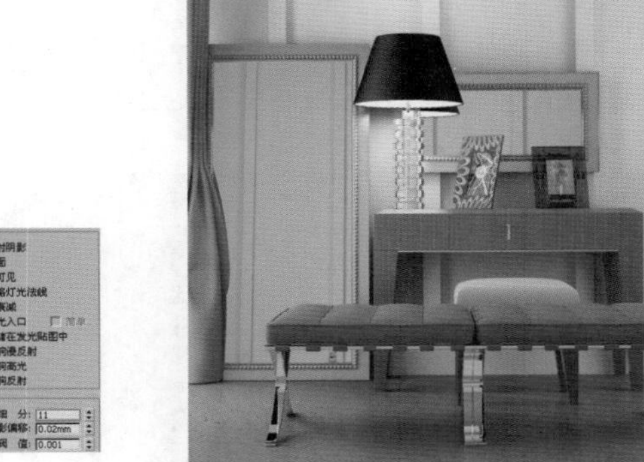

图8-141

★ 案例实战——VR灯光制作地灯

场景文件	06.max
案例文件	案例文件\Chapter 08\案例实战——VR灯光制作地灯.max
视频教学	视频文件\Chapter 08\案例实战——VR灯光制作地灯.flv
难易指数	★☆☆☆☆
灯光方式	VR灯光（球体）
技术掌握	VR灯光（球体）制作地灯的方法

实例介绍

地灯又称地埋灯或藏地灯，是镶嵌在地面上的照明设施。地灯对地面、地上植被等进行照明，能使景观更美丽，行人通过更安全。在这个场景中，主要使用VR灯光（球体）制作地灯灯泡光源，最终渲染效果如图8-142所示。

操作步骤

01 打开本书配套光盘中的【场景文件\Chapter08\06.max】文件，如图8-143所示。

02 单击（创建）|（灯光）| VRay | VR灯光 按钮，在顶视图中拖曳创建1盏VR灯光，具体位置如图8-144所示。

图8—142

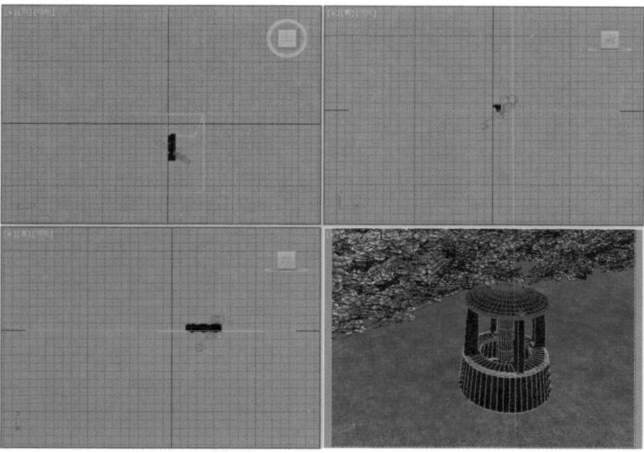

图8—143

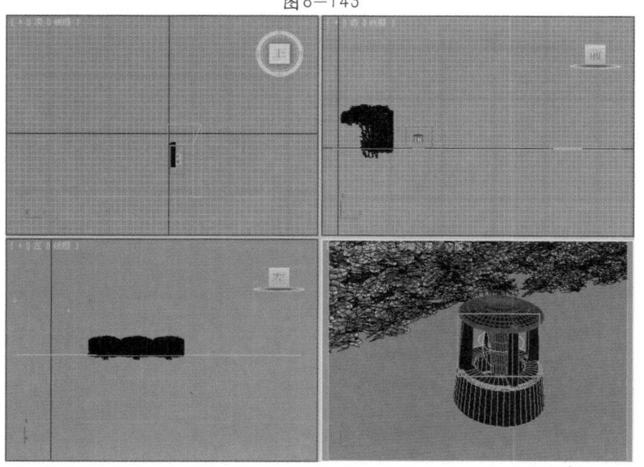

图8—144

03 选择上一步创建的VR灯光，然后在【修改】面板中设置其具体的参数，如图8-145所示。

在【基本】选项组中设置【类型】为【球体】，在【强度】选项组中调节【倍增器】为500，调节【颜色】为橘黄色（红：231，绿：190，蓝：154），在【大小】选项组中设置【半径】为60mm。

04 按Shift+Q组合键，快速渲染摄影机视图，其最终渲染的效果如图8-146所示。

图8—145

图8—146

★ 案例实战——VR灯光、目标灯光制作灯带

场景文件	07.max
案例文件	案例文件\Chapter 08\案例实战——VR灯光、目标灯光制作灯带.max
视频教学	视频文件\Chapter 08\案例实战——VR灯光、目标灯光制作灯带.flv
难易指数	★★☆☆☆
灯光方式	VR灯光、目标灯光
技术掌握	VR灯光、目标灯光制作灯带灯光的方法

实例介绍

灯带是指把LED灯用特殊的加工工艺焊接在铜线或者带状柔性线路板上面，再连接上电源发光，因其发光时形状如一条光带而得名。在这个场景中，主要使用VR灯光模拟灯带、吊灯灯泡和辅助灯光效果，使用目标灯光制作筒灯灯光，最终渲染效果如图8-147所示。

图8—147

操作步骤

Part 01 使用VR灯光（平面）模拟顶棚灯带效果

01 打开本书配套光盘中的【场景文件\Chapter08\07.max】文件，如图8-148所示。

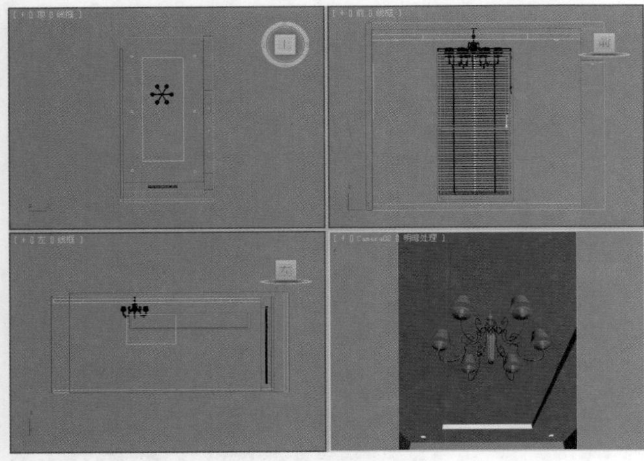

图8—148

02 单击（创建）|（灯光）| VRay | VR灯光 按钮，在顶视图中拖曳创建两盏VR灯光，具体的位置如图8-149所示。

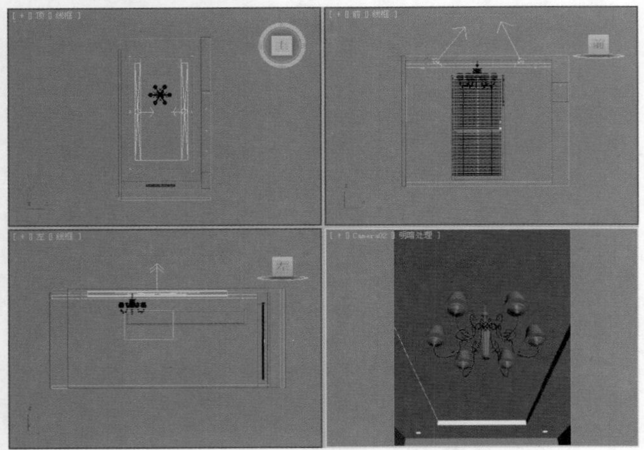

图8—149

03 选择上一步创建的VR灯光，分别在【修改】面板设置其具体的参数，如图8-150所示。

- 在【基本】选项组中设置【类型】为【平面】，在【强度】选项组中调节【倍增器】为7，调节【颜色】为浅黄色（红：252，绿：247，蓝：239），在【大小】选项组中设置【1/2长】为135mm，【1/2宽】为2000mm。
- 在【选项】选项组中选中【不可见】复选框，在【采样】选项组中设置【细分】为20。

图8—150

04 继续使用【VR灯光】工具在顶视图中拖曳创建两盏VR灯光，具体位置如图8-151所示。

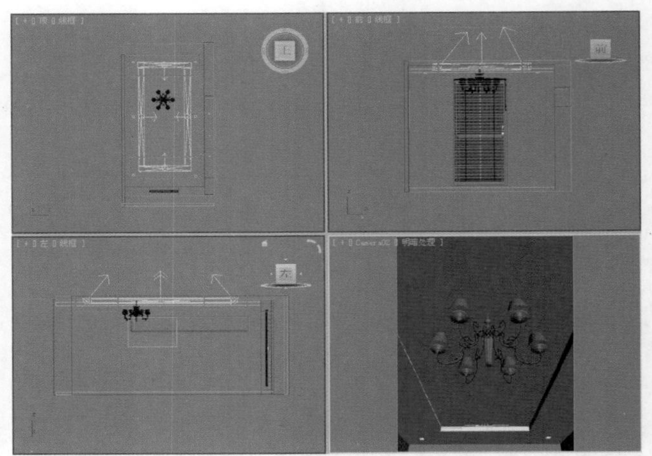

图8—151

05 选择上一步创建的VR灯光，然后在【修改】面板中设置其具体的参数，如图8-152所示。

- 在【基本】选项组中设置【类型】为【平面】，在【强度】选项组中调节【倍增器】为7，调节【颜色】为浅黄色（红：252，绿：247，蓝：239），在【大小】选项组中设置【1/2长】为135mm，【1/2宽】为1000mm。
- 在【选项】选项组中选中【不可见】复选框，在【采样】选项组中设置【细分】为20。

06 按Shift+Q组合键，快速渲染摄影机视图，其渲染效果如图8-153所示。

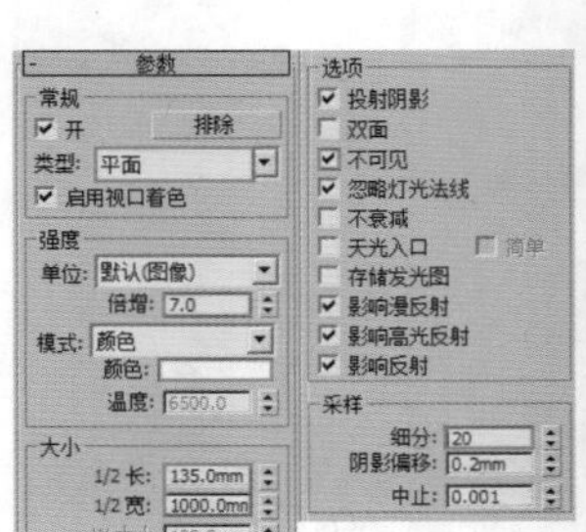

图8—152

图8—153

答疑解惑：制作灯光应遵循一定的顺序

制作灯光与建模一样，都需要遵循一定的顺序，尽量遵循从主到次，当然也可以按类型来确定制作的先后顺序，如先制作灯带部分，然后制作射灯部分。这样做的目的是可以很好地测试出需要的效果，假如不按照顺序随便创建灯光，那么后期修改起来会非常麻烦。

Part 02 使用VR灯光（球体）制作灯泡灯光

01 单击（创建）|（灯光）| VRay | VR灯光 按钮，在顶视图中拖曳创建6盏VR灯光，将其移动到台灯灯罩中，如图8-154所示。

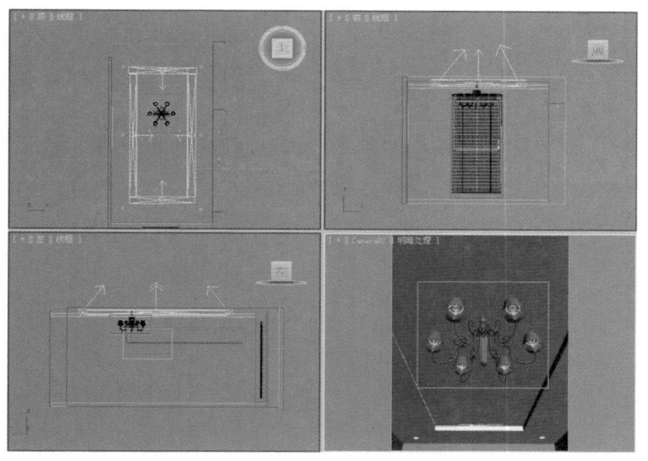

图8-154

02 选择上一步创建的VR灯光，然后分别在【修改】面板中设置其具体的参数，如图8-155所示。

- 在【基本】选项组中设置【类型】为【球体】，在【强度】选项组中调节【倍增器】为30，调节【颜色】为橘黄色（红：255，绿：228，蓝：181），在【大小】选项组中设置【半径】为45mm。
- 在【选项】选项组中选中【不可见】复选框，在【采样】选项组中设置【细分】为8。

03 按Shift+Q组合键，快速渲染摄影机视图，其渲染效果如图8-156所示。

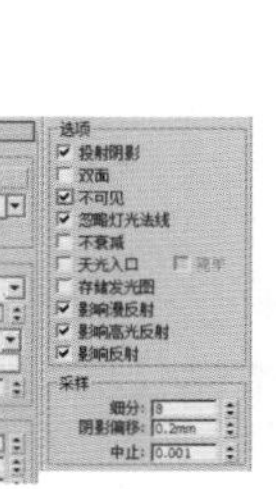

图8-155

图8-156

Part 03 使用目标灯光模拟筒灯灯光

01 单击（创建）|（灯光）| 光度学 | 目标灯光 按钮，如图8-157所示。

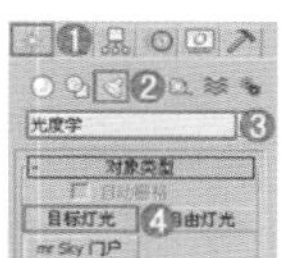

图8-157

02 在前视图中拖曳创建6盏目标灯光，具体位置如图8-158所示。

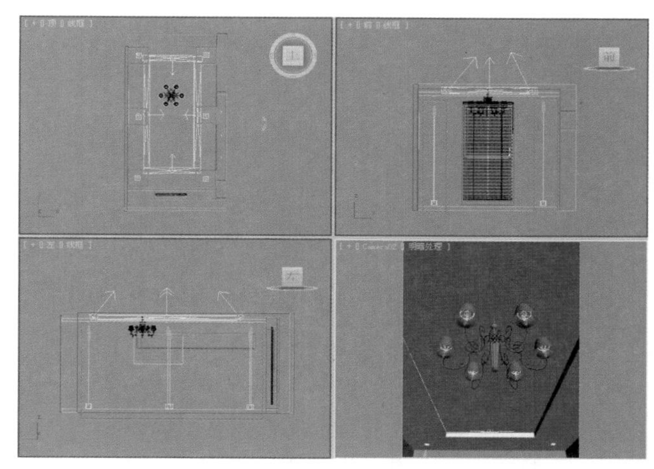

图8-158

03 选择上一步创建的目标灯光，然后在【修改】面板中设置其具体的参数，如图8-159所示。

- 展开【常规参数】卷展栏，选中【启用】复选框，设置【阴影】类型为【VRay阴影】，设置【灯光分布（类型）】为【光度学Web】，接着展开【分布（光度学Web）】卷展栏，并在通道上加载TD-045.ies。
- 展开【强度/颜色/衰减】卷展栏，设置【强度】为19500；展开【VRay阴影参数】卷展栏，启用【区域阴影】选项，设置【U大小】、【V大小】、【W大小】为100mm，设置【细分】为15。

04 按Shift+Q组合键，快速渲染摄影机视图，其渲染效果如图8-160所示。

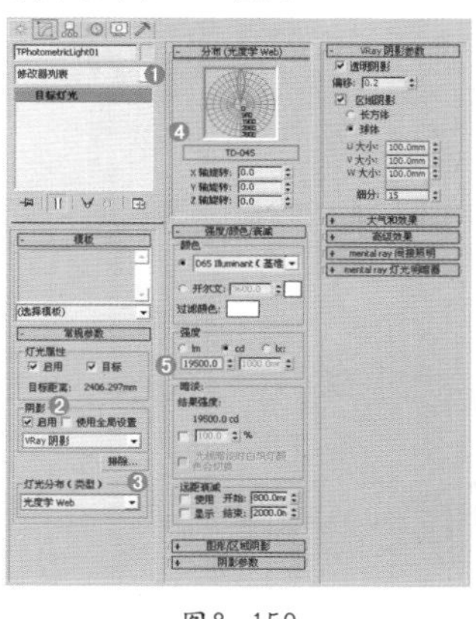

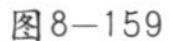

图8-159

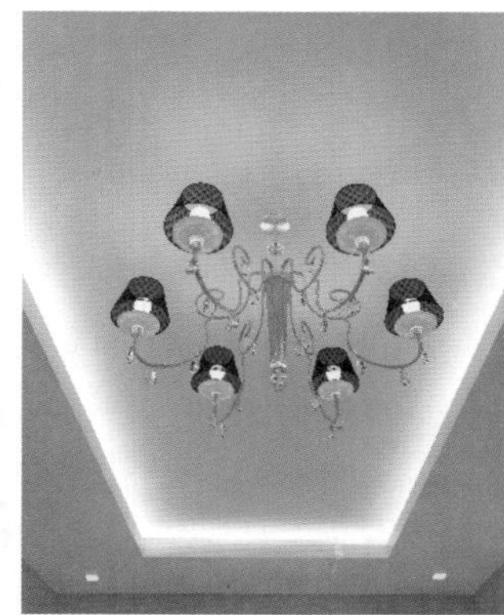

图8-160

技巧提示

启用【区域阴影】选项后灯光产生的阴影效果会非常柔和，而将【U大小】、【V大小】、【W大小】增大后阴影效果会更加柔和、真实。假如取消选中【区域阴影】复选框，那么产生的阴影效果过渡会非常生硬。

Part 04 使用VR灯光（平面）模拟辅助灯光

01 使用【VR灯光】工具在前视图中拖曳创建1盏VR灯光，具体位置如图8-161所示。

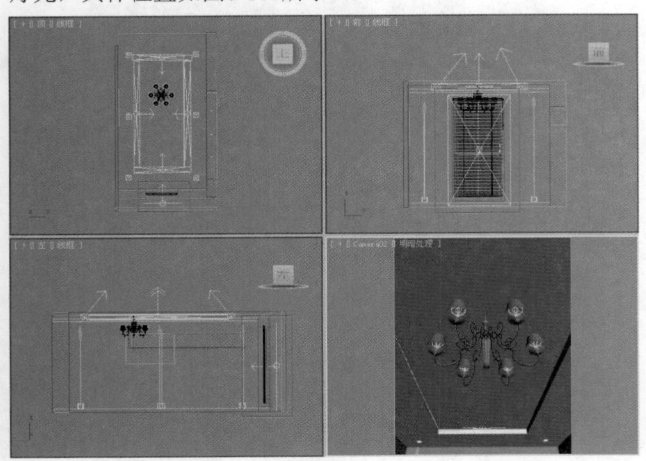

图8-161

02 选择上一步创建的VR灯光，然后在【修改】面板中设置其具体的参数，如图8-162所示。

- 在【基本】选项组中设置【类型】为【平面】，在【强度】选项组中调节【倍增器】为25，调节【颜色】为浅蓝色（红：206，绿：225，蓝：225），在【大小】选项组中设置【1/2长】为700mm，【1/2宽】为1300mm。
- 在【选项】选项组中选中【不可见】复选框，取消选中【影响反射】复选框，在【采样】选项组中设置【细分】为20。

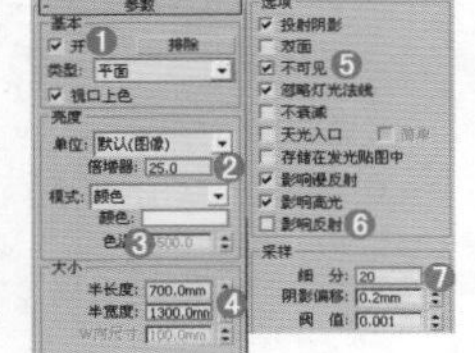

图8-162

03 按Shift+Q组合键，快速渲染摄影机视图，其渲染的最终效果如图8-163所示。

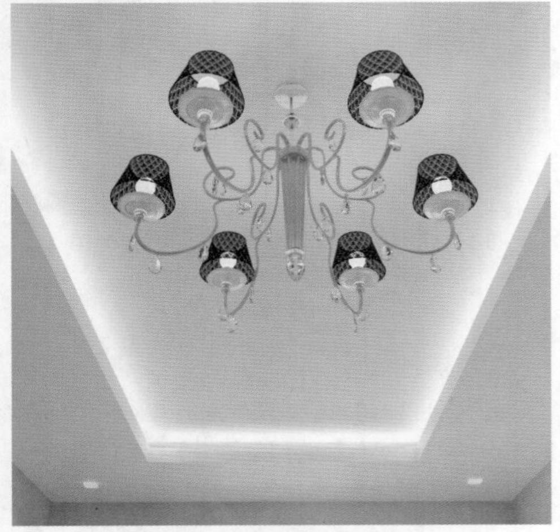

图8-163

★案例实战——VR灯光、目标灯光制作水族箱灯光

场景文件	08.max
案例文件	案例文件\Chapter 08\案例实战——VR灯光、目标灯光制作水族箱灯光.max
视频教学	视频文件\Chapter 08\案例实战——VR灯光、目标灯光制作水族箱灯光.flv
难易指数	★★☆☆☆
灯光方式	VR灯光、目标灯光
技术掌握	VR灯光、目标灯光制作水族箱灯光的方法

实例介绍

水族箱是用来饲养热带鱼或者金鱼的玻璃器具，起到观赏的作用。其灯光一般为蓝色，能够产生海洋般神秘的感觉。在这个场景中，主要使用VR灯光模拟顶棚灯带效果，使用VR灯光、目标灯光制作水族箱灯光，使用VR灯光制作辅助灯光，最终渲染效果如图8-164所示。

图8-164

操作步骤

Part 01 使用VR灯光制作顶棚灯带

01 打开本书配套光盘中的【场景文件\Chapter08\08.max】文件，如图8-165所示。

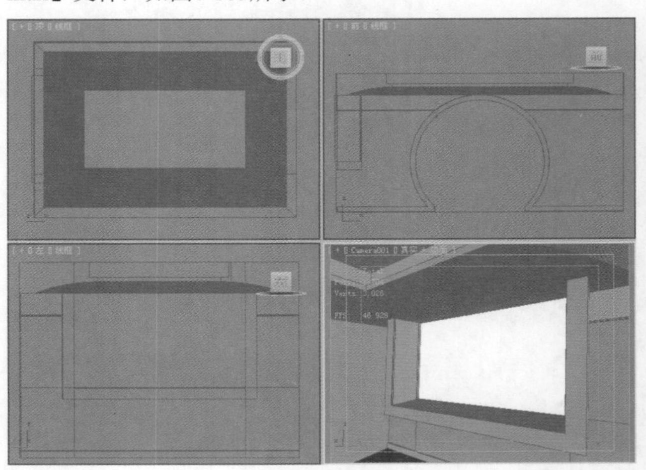

图8-165

02 单击（创建）|（灯光）| VRay | VR灯光 按钮，在顶视图中拖曳创建2盏VR灯光，具体位

置如图8-166所示。

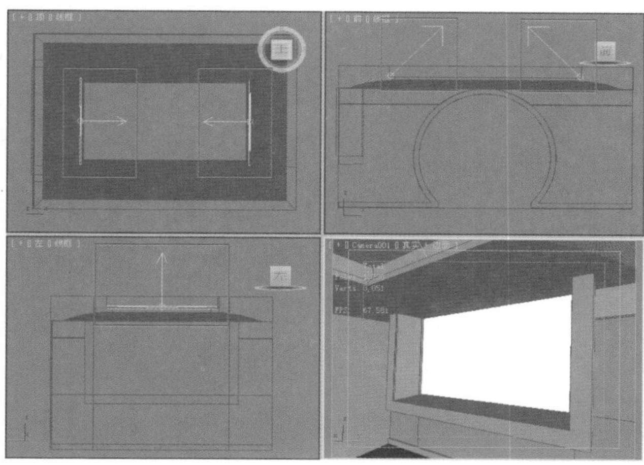

图8－166

03 选择上一步创建的VR灯光，在【修改】面板中设置其具体的参数，如图8-167所示。

- 在【基本】选项组中设置【类型】为【平面】，在【强度】选项组中调节【倍增器】为20，调节【颜色】为蓝色（红：39，绿：125，蓝：242），在【大小】选项组中设置【1/2长】为30mm，【1/2宽】为900mm。
- 在【选项】选项组中选中【不可见】复选框，取消选中【影响反射】复选框，在【采样】选项组中设置【细分】为20。

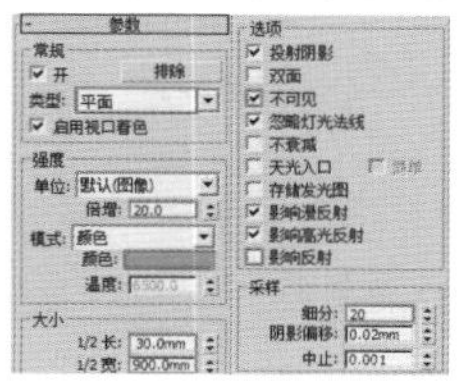

图8－167

04 继续使用【VR灯光】工具在顶视图中拖曳创建2盏VR灯光，如图8-168所示。

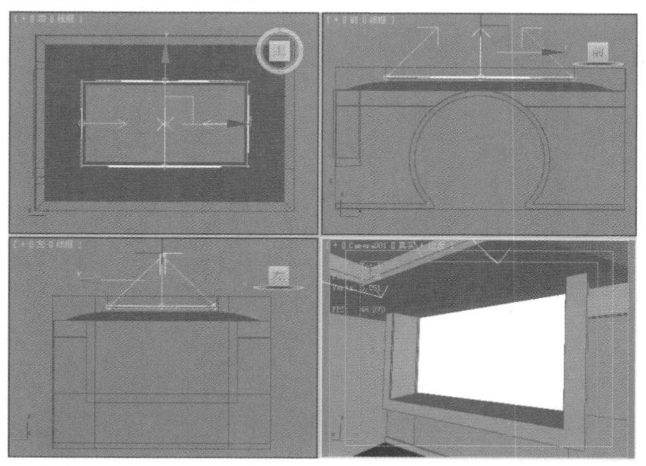

图8－168

05 选择上一步创建的VR灯光，然后在【修改】面板中设置其具体的参数，如图8-169所示。

- 在【基本】选项组中设置【类型】为【平面】，在【强度】选项组中调节【倍增器】为20，调节【颜色】为蓝色（红：39，绿：125，蓝：242），在【大小】选项组中设置【1/2长】为1600mm，【1/2宽】为30mm。
- 在【选项】选项组中选中【不可见】复选框，取消选中【影响反射】复选框，在【采样】选项组中设置【细分】为20。

06 按Shift+Q组合键，快速渲染摄影机视图，其渲染效果如图8-170所示。

图8－169

图8－170

SPECIAL 技术拓展：效果图中的色彩心理学

不同的颜色会给人不同的视觉感受，这种感受称之为色彩心理学。比如红色体现热情；黑色代表稳重；蓝色代表永恒，具有深远而纯洁的意味，给人以强烈的纯净感，是最冷的色彩，能够令人联想到深邃的海洋与广阔的天空。室内装修中运用蓝色能够达到冷静沉稳的效果，营造深沉而纯净的视觉效果，给人以开阔的视觉印象，同时具有干净而清凉的视觉效果，如图8－171所示。

图8－171

Part 02 使用VR灯光，目标灯光制作水族箱灯光

01 单击（创建）|（灯光）| 光度学 | 目标灯光 按钮，如图8-172 所示。

02 在前视图中拖曳创建2盏目标灯光，具体位置如图8-173所示。

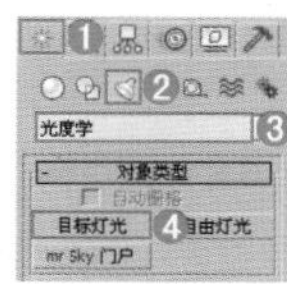

图8－172

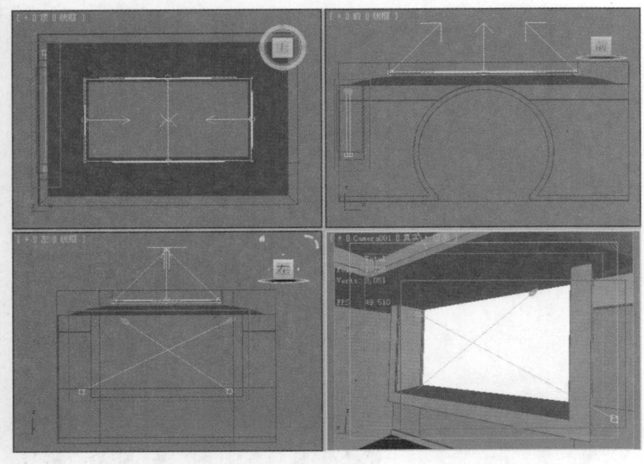

图8-173

03 选择上一步创建的目标灯光，然后在【修改】面板中设置其具体的参数，如图8-174所示。

- 展开【常规参数】卷展栏，选中【启用】复选框，设置【阴影】类型为【VRay阴影】，设置【灯光分布（类型）】为【光度学Web】，接着展开【分布（光度学Web）】卷展栏，并在通道上加载【射灯.ies】。
- 展开【强度/颜色/衰减】卷展栏，设置【强度】为2000；展开【VRay阴影参数】卷展栏，选中【区域阴影】复选框，设置【U大小】、【V大小】、【W大小】为150mm，【细分】为50。

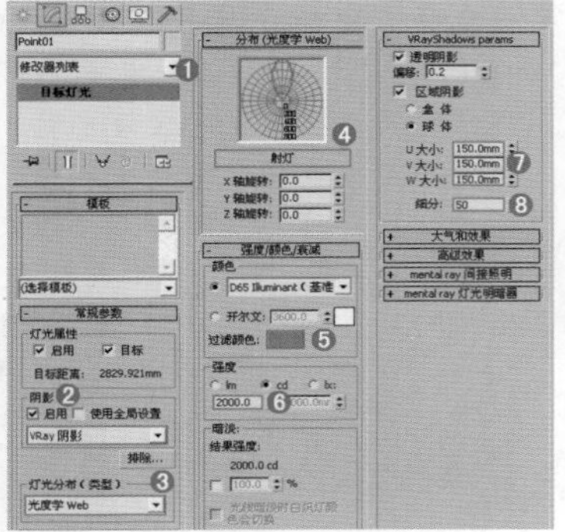

图8-174

04 使用【VR灯光】工具在左视图中拖曳创建1盏VR灯光，具体位置如图8-175所示。

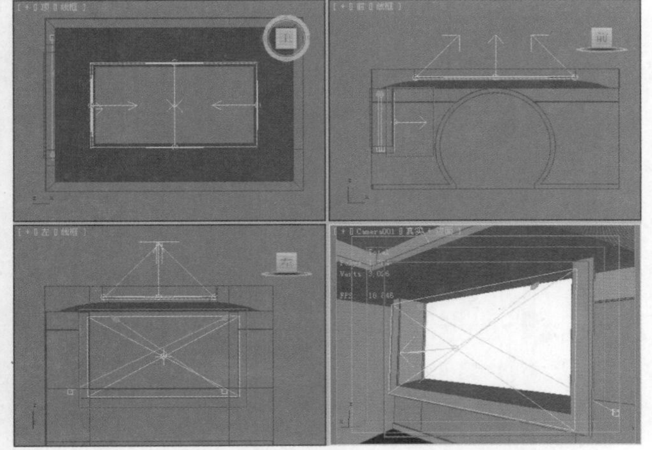

图8-175

05 选择上一步创建的VR灯光，然后在【修改】面板中设置其具体的参数，如图8-176所示。

- 在【基本】选项组中设置【类型】为【平面】，在【强度】选项组中调节【倍增器】为4，调节【颜色】为浅蓝色（红：143，绿：185，蓝：238），在【大小】选项组中设置【1/2长】为1200mm，【1/2宽】为650mm。
- 在【选项】选项组中选中【不可见】复选框，取消选中【影响反射】复选框，在【采样】选项组中设置【细分】为20。

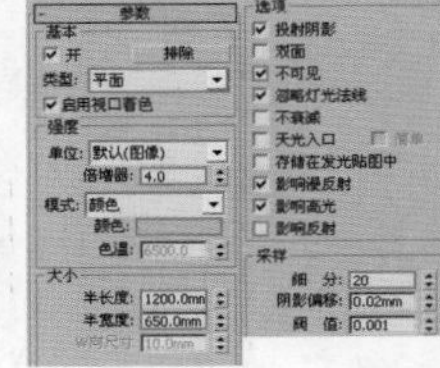

图8-176

06 再次使用【VR灯光】工具在顶视图中拖曳创建1盏VR灯光，如图8-177所示。

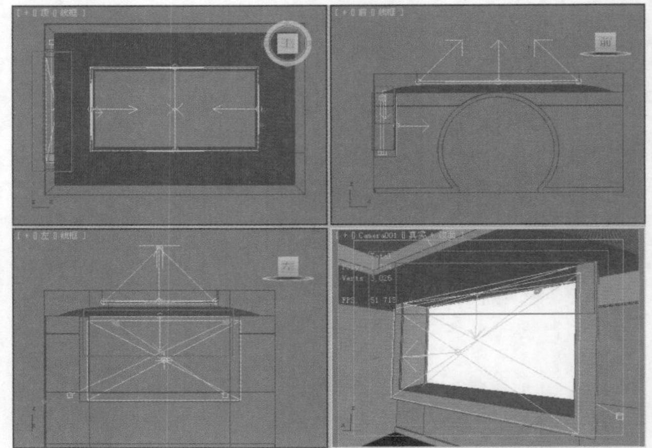

图8-177

07 选择上一步创建的VR灯光，然后在【修改】面板中设置其具体的参数，如图8-178所示。

- 在【基本】选项组中设置【类型】为【平面】，在【强度】选项组中调节【倍增器】为8，调节【颜色】为蓝色（红：0，绿：97，蓝：217），在【大小】选项组中设置【1/2长】为1100mm，【1/2宽】为200mm。
- 在【选项】选项组中选中【不可见】复选框，取消选中【影响反射】复选框，在【采样】选项组中设置【细分为20。

08 按Shift+Q组合键，快速渲染摄影机视图，其渲染效果如图8-179所示。

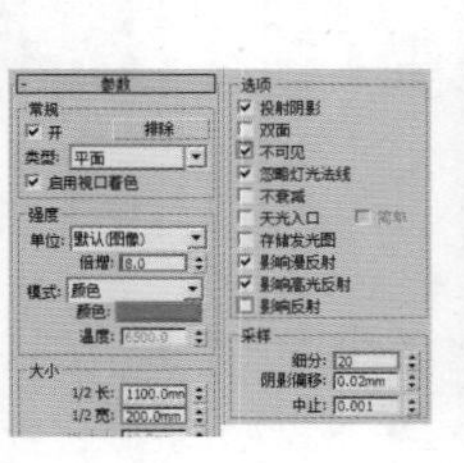

图8-178

图8-179

Part 03 使用VR灯光模拟辅助灯光

01 使用【VR灯光】工具在顶视图中拖曳创建1盏VR灯光，如图8-180所示。

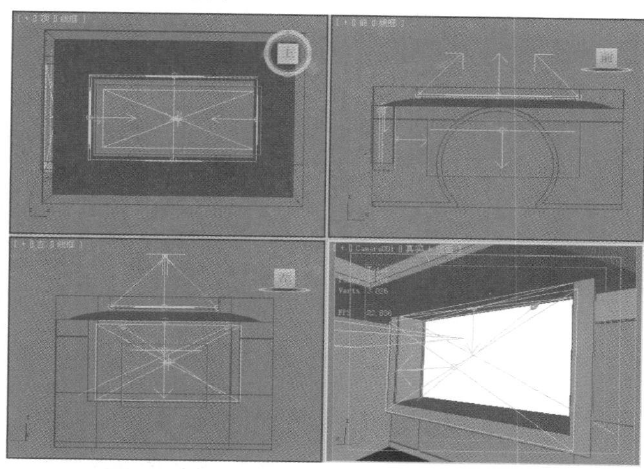

图8—180

02 选择上一步创建的VR灯光，然后在【修改】面板中设置其具体的参数，如图8-181所示。

- 在【基本】选项组中设置【类型】为【平面】，在【强度】选项组中调节【倍增器】为6，调节【颜色】为浅橘黄色（红：249，绿：185，蓝：134），在【大小】选项组中设置【1/2长】为1500mm，【1/2宽】为600mm。
- 在【选项】选项组中选中【不可见】复选框，取消选中【影响反射】复选框，在【采样】选项组中设置【细分】为20。

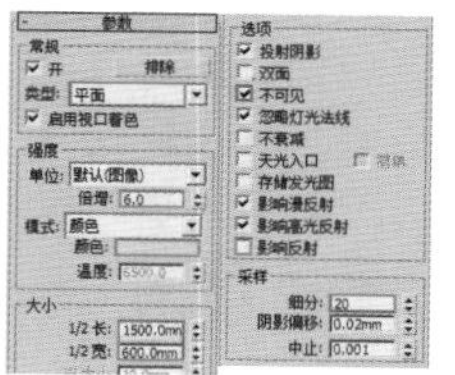

图8—181

03 按Shift+Q组合键，快速渲染摄影机视图，其渲染最终效果如图8-182所示。

图8—182

★ 案例实战——VR灯光制作休闲室灯光

场景文件	09.max
案例文件	案例文件\Chapter 08\案例实战——VR灯光制作休闲室灯光.max
视频教学	视频文件\Chapter 08\案例实战——VR灯光制作休闲室灯光.flv
难易指数	★★☆☆☆
灯光方式	VR灯光
技术掌握	利用VR灯光制作休闲室灯光

实例介绍

休闲室白天的灯光一般是比较自然的，一般光线都是由窗外照向室内。在这个场景中，主要使用VR灯光模拟休闲室灯光，最终渲染效果如图8-183所示。

图8—183

操作步骤

01 打开本书配套光盘中的【场景文件\Chapter08\09.max】文件，如图8-184所示。

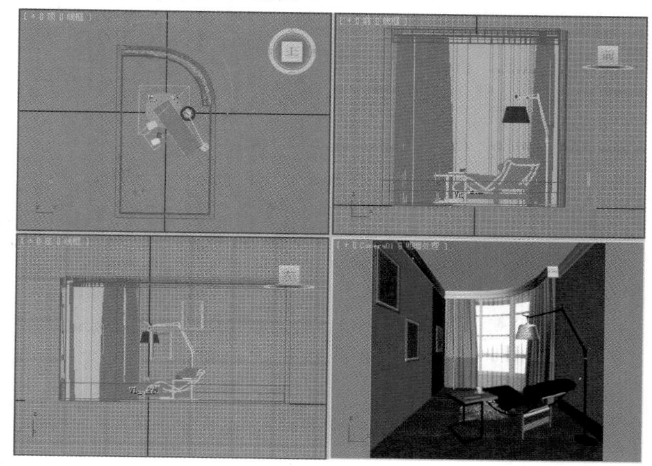

图8—184

02 单击（创建）|（灯光）| VRay | VR灯光 按钮，在前视图中拖曳创建1盏VR灯光，具体位置如图8-185所示。

03 选择上一步创建的VR灯光，然后在【修改】面板中设置其具体的参数，如图8-186所示。

- 在【基本】选项组中设置【类型】为【平面】，在【强度】选项组中调节【倍增器】为2，调节【颜色】为浅蓝色（红：252，绿：247，蓝：239），在【大小】选项组中设置【1/2长】为1300mm，【1/2宽】为1200mm。
- 在【选项】选项组中选中【不可见】复选。

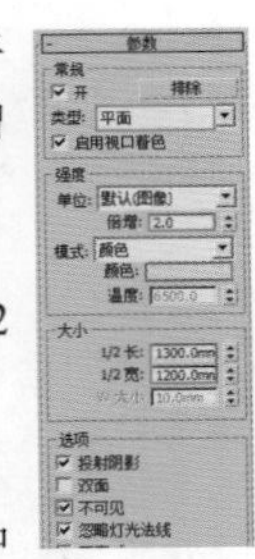
图8－186

04 再次使用【VR灯光】工具在前视图中拖曳创建1盏VR灯光，如图8-187所示。

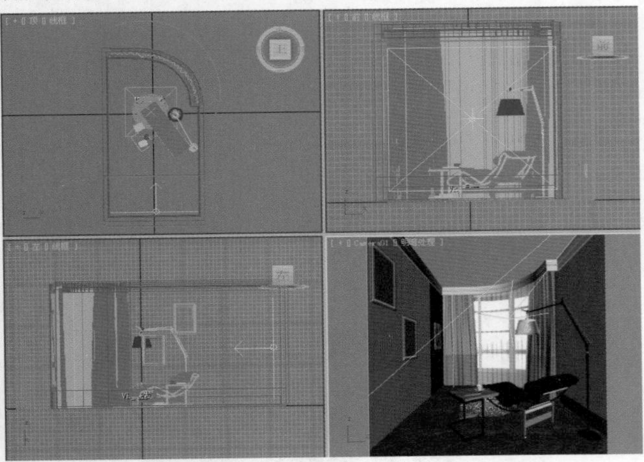
图8－185

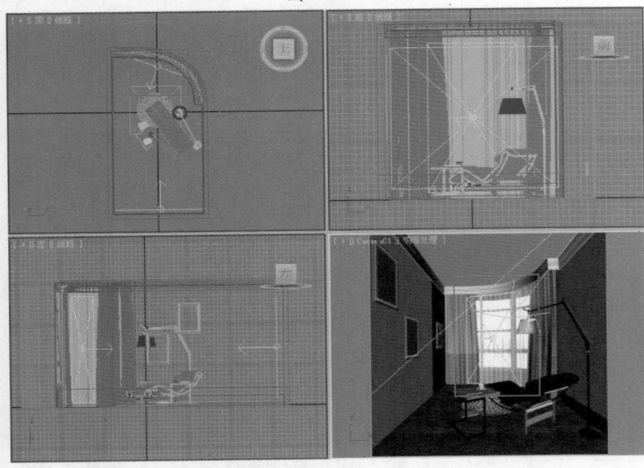
图8－187

05 选择上一步创建的VR灯光，然后在【修改】面板中设置其具体的参数，如图8-188所示。

- 在【基本】选项组中设置【类型】为【平面】，在【强度】选项组中调节【倍增器】为6，调节【颜色】为浅蓝色（红：188，绿：203，蓝：249），在【大小】选项组中设置【1/2长】为770mm，【1/2宽】为1300mm。

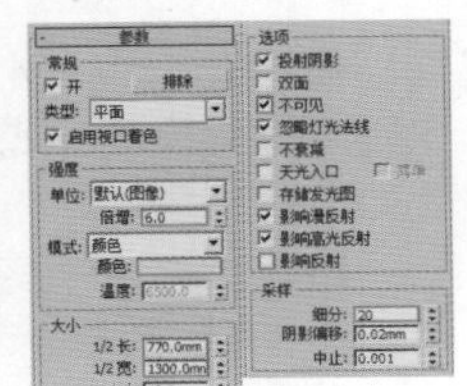
图8－188

- 在【选项】选项组中选中【不可见】复选框，取消选中【影响反射】复选框，在【采样】选项组中设置【细分】为20。

06 再次使用【VR灯光】工具在前视图中拖曳创建1盏VR灯光，如图8-189所示。

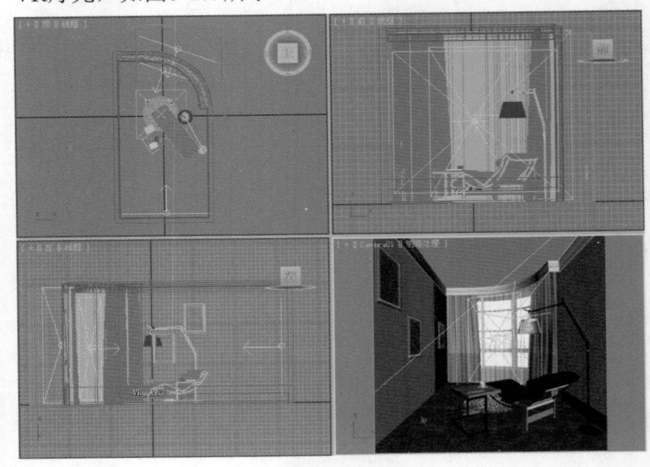
图8－189

07 选择上一步创建的VR灯光，然后在【修改】面板中设置其具体的参数，如图8-190所示。

- 在【常规】选项组中设置【类型】为【平面】，在【强度】选项组中调节【倍增器】为18，调节【颜色】为橘黄色（红：188，绿：203，蓝：249），在【大小】选项组中设置【1/2长】为1270mm，【1/2宽】为1450mm。
- 在【选项】选项组中选中【不可见】复选框，在【采样】选项组中设置【细分】为15。

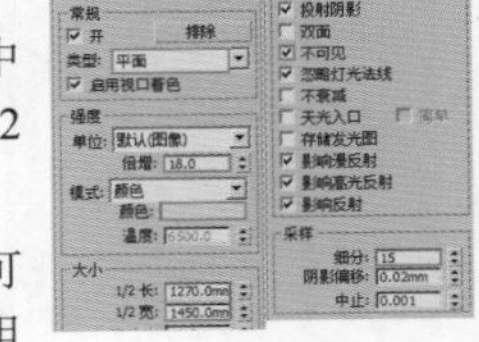
图8－190

08 按Shift+Q组合键，快速渲染摄影机视图，其渲染效果如图8-191所示。

图8－191

技巧提示

效果图的灯光主要分为2种，室内灯光和室外灯光。一般室外灯光变化较大时会出现不同的灯光效果，比如清晨、中午、黄昏、夜晚，这大部分都是由窗外的颜色所决定的。而本案例是需要在窗口位置创建灯光，目的是在渲染时窗口处出现室外强烈的光线感觉，因此可以在窗口位置创建VR灯光。

读书笔记

8.4.2 VRayIES

技术速查：VRayIES是一个V型射线特定光源插件，可用来加载IES灯光，以使现实世界的光分布更加逼真。VRayIES和3ds Max中的光度学中的灯光类似，而专门优化的VRayIES比通常的要快。

其参数如图8-192所示。

- 激活：打开和关闭VRayIES光。
- 目标：使VRayIES有针对性。
- IES文件：指定的定义的光分布。
- 中止：该参数指定了一个光的强度，低于该强度的灯光将无法计算。
- 阴影偏移：该数值控制阴影的偏移距离。
- 投射阴影：光投射阴影。禁用此选项后将禁止光线阴影投射。
- 使用灯光图形：该选项控制是否使用灯光的图形。
- 图形细分：该值控制的VRay需要计算照明的样本数量。
- 颜色模式：控制颜色的模式，包括颜色和温度。
- 颜色：颜色模式设置为【颜色】时，该选项决定了光的颜色。
- 色温：当颜色模式设置为【温度】时，该选项决定了光的颜色温度（开尔文）。
- 功率：确定流明光的强度。
- 区域高光：该选项控制是否使用区域高光。
- 排除...：该选项可以控制让部分模型不受到该灯光的照射。

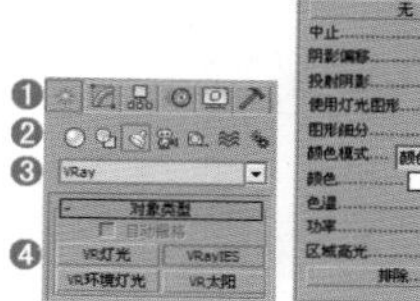

图8—192

8.4.3 VR环境灯光

技术速查：VR环境灯光与标准灯光下的天光类似，主要用来控制整体环境的效果。

其参数设置如图8-193所示。

- 激活：打开和关闭VR环境光。
- 颜色：指定哪些射线是由VR环境光影响。
- 强度：控制VR环境光的强度。
- 灯光贴图：指定VR环境光的贴图。
- 补偿曝光：VR环境光和VR物理摄影机一起使用时，此选项生效。

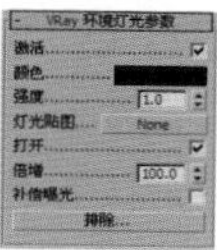

图8—193

8.4.4 VR阳光

技术速查：VR太阳是VR灯光中非常重要的灯光类型，主要用来模拟日光的效果，参数较少、调节方便，但是效果非常逼真。

在单击创建【VR太阳】按钮时会弹出【VR太阳】对话框，此时单击【是】按钮即可，如图8-194所示。

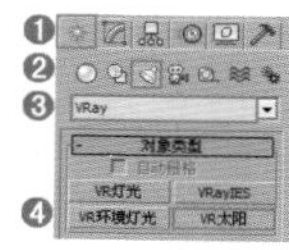

图8—194

【VR太阳】工具的具体参数如图8-195所示。

- 启用：控制灯光开启与关闭。
- 不可见：控制灯光的可见与不可见。对比效果如图8-196所示。
- 影响漫反射：该选项用来控制是否影响漫反射。
- 影响高光：该选项用来控制是否影响高光。

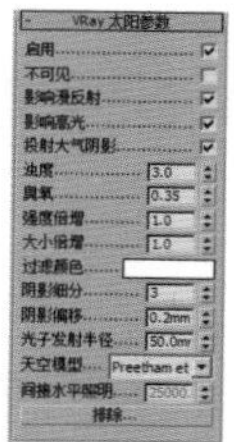

图8—195

- 投射大气阴影：该选项用来控制是否投射大气阴影效果。
- 浊度：控制空气中的清洁度，数值越大阳光就越暖，一般情况下白天正午时数值为3到5，下午时为6到9，傍晚时可以为15。当然阳光的冷暖也和自身和地面的角度有关，角度越垂直越冷，角度越小越暖，如图8-197所示。

图8—196

图8—197

- 臭氧：用来控制大气臭氧层的厚度，数值越大颜色越浅，数值越小颜色越深，如图8-198所示。

图8—198

- 强度倍增：该数值用来控制灯光的强度，数值越大灯光越亮，数值越小灯光越暗，如图8-199所示。

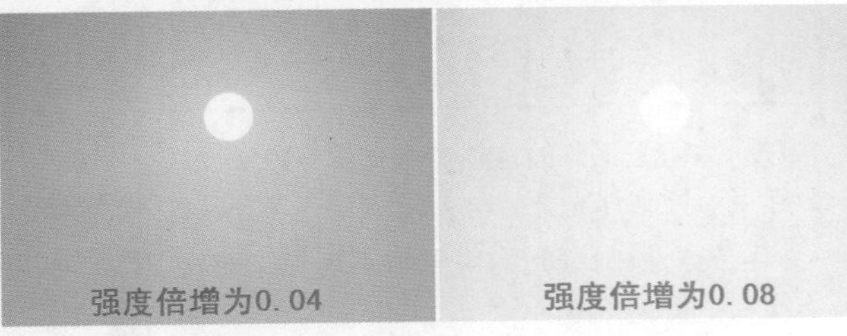

图8—199

- 大小倍增：该数值控制太阳的大小，数值越大太阳就越大，就会产生越虚的阴影效果，如图8-200所示。
- 过滤颜色：用来控制灯光的颜色，这也是VRay 2.30版本的一个新增功能。如图8-201所示，可以任意的设置灯光的颜色。

图8—200

图8—201

- 阴影细分：该数值控制阴影的细腻程度，数值越大阴影噪点越少，数值越小阴影噪点越多，如图8-202所示。

图8—202

- 阴影偏移：该数值用来控制阴影的偏移位置，如图8-203所示。

图8—203

- 光子发射半径：用来控制光子发射的半径大小。
- 天空模型：该选项控制天空模型的方式，包括Preetham et al.、【CIE清晰】、【CIE阴天】3种方式。
- 间接水平照明：该选项只有在天空模型方式选择为【CIE清晰】、【CIE阴天】时才用。

技巧提示

在使用【VR太阳】工具时会涉及一个知识点——【VR天空】贴图。在第一次创建VR太阳时，会提醒我们是否添加VR天空环境贴图，如图8-204所示。

图8-204

当我们单击【是】按钮时，在改变VR太阳中的参数时，VR天空的参数会自动跟随发生变化。此时按键盘上数字键8可以打开【环境和效果】控制面板，然后将【VR天空】贴图拖曳到一个空白材质球上，并选择【实例】方式，最后单击【确定】按钮，如图8-205所示。

如果选中【手动太阳节点】复选框，并设置相应的参数，则可以单独控制VR天空的效果，如图8-206所示。

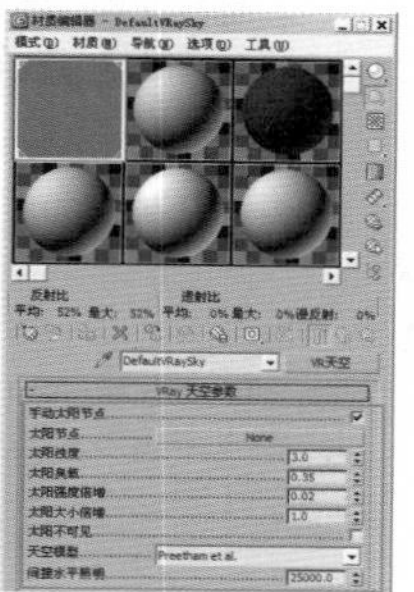

图8-205　　图8-206

★ 案例实战——VR太阳制作室内阳光

场景文件	10.max
案例文件	案例文件\Chapter 08\案例实战——VR太阳制作室内阳光.max
视频教学	视频文件\Chapter 08\案例实战——VR太阳制作室内阳光.flv
难易指数	★★☆☆☆
灯光方式	VR太阳、VR灯光
技术掌握	掌握VR太阳、VR灯光的参数

实例介绍

中午的太阳光照射比较强烈，会产生较为刺眼的光芒。在这个休息室场景中，主要使用VR太阳模拟太阳光光照，然后使用VR灯光（平面）创建辅助光源，最终渲染效果如图8-207所示。

图8-207

操作步骤

Part 01 使用VR太阳模拟太阳光光照

01 打开本书配套光盘中的【场景文件\Chapter08\10.max】文件，如图8-208所示。

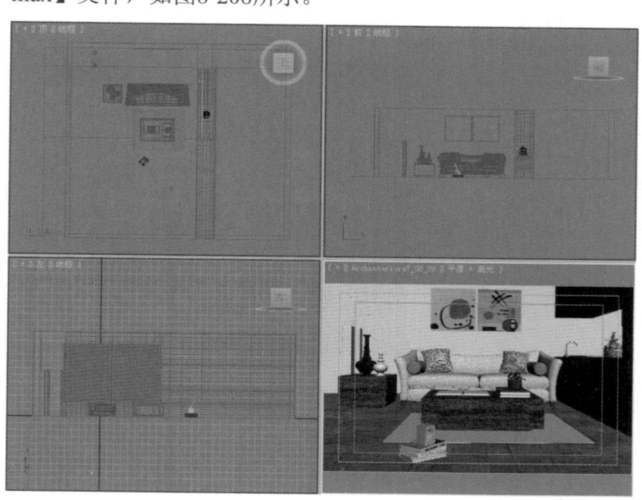

图8-208

02 单击（创建）|（灯光）| VRay | VR太阳 按钮，如图8-209所示。

图8-209

03 在前视图中拖曳创建一盏VR太阳，其位置如图8-210所示。此时会弹出的V-Ray Sun对话框，单击【否】按钮即可，如图8-211所示。

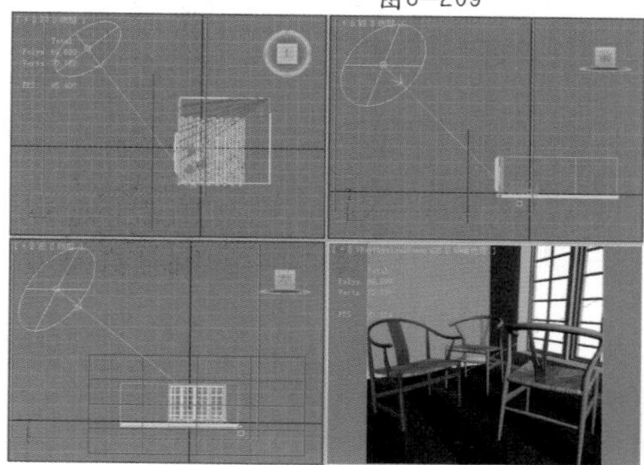

图8-210　　图8-211

技巧提示

该步骤在创建VR太阳时，我们在弹出的对话框中单击了【否】按钮，这也就意味着在【环境和效果】面板中将不会被自动添加【VR天空】贴图，这么做的原因是我们需要在【环境和效果】面板中添加一张背景贴图。

04 选择上一步创建的VR太阳，然后在【修改】面板中设置其具体的参数，如图8-212所示。

- 设置【强度倍增】为1，【大小倍增】为4，【阴影细分】为20。

05 按Shift+Q组合键，快速渲染摄影机视图，其渲染效果如图8-213所示。

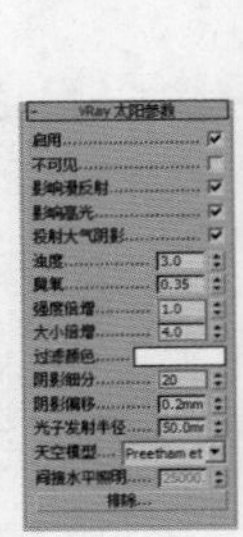

图8-212

图8-213

Part 02 使用VR灯光（平面）创建辅助光源

01 单击（创建）|（灯光）| VRay | VR灯光 按钮，在左视图中创建1盏VR灯光，并使用【选择并移动】工具将其拖曳到窗口处，具体位置如图8-214所示。

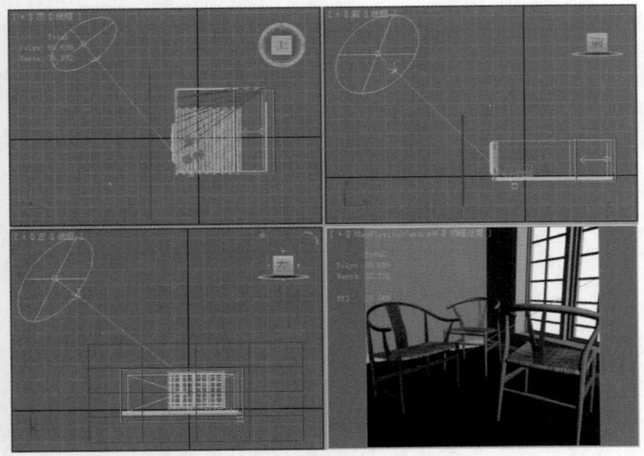

图8-214

02 选择上一步创建的VR灯光，然后在【修改】面板中设置其参数，如图8-215所示。

- 在【基本】选项组中设置【类型】为【平面】，在【强度】选项组中调节【倍增器】为9，在【大小】选项组中设置【1/2长】为3300mm，【1/2宽】为1100mm。
- 在【选项】选项组中选中【不可见】复选框，在【采样】选项组中设置【细分】为15。

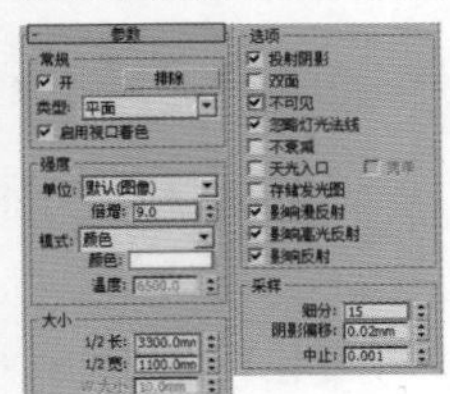

图8-215

03 按Shift+Q组合键，快速渲染摄影机视图，其最终渲染效果如图8-216所示。

图8-216

★ 案例实战——VR太阳制作阳光

场景文件	11.max
案例文件	案例文件\Chapter 08\案例实战——VR太阳制作阳光.max
视频教学	视频文件\Chapter 08\案例实战——VR太阳制作阳光.flv
难易指数	★★☆☆☆
灯光方式	VR太阳、VR灯光
技术掌握	掌握VR太阳、VR灯光的参数

实例介绍

柔和阳光照射到室内后，物体会较为柔和，并且阴影也会比较柔和。在这个室内场景中，主要使用VR太阳模拟太阳光光照，然后使用VR灯光（平面）创建辅助光源，最终渲染效果如图8-217所示。

图8-217

操作步骤

Part 01 使用VR太阳模拟太阳光光照

01 打开本书配套光盘中的【场景文件\Chapter08\11.

max】文件，如图8-218所示。

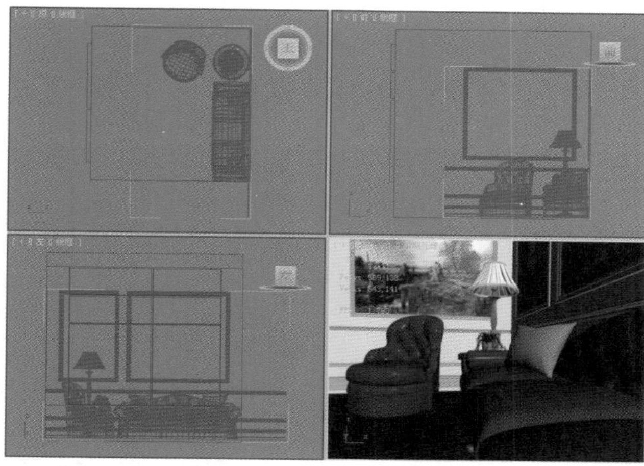

图8-218

02 单击（创建）|（灯光）| VRay | VR太阳 按钮，如图8-219所示。

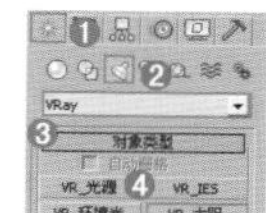

图8-219

03 在前视图中拖曳创建1盏VR太阳，其位置如图8-220所示。此时会弹出的V-Ray Sun对话框，单击【是】按钮即可，如图8-221所示。

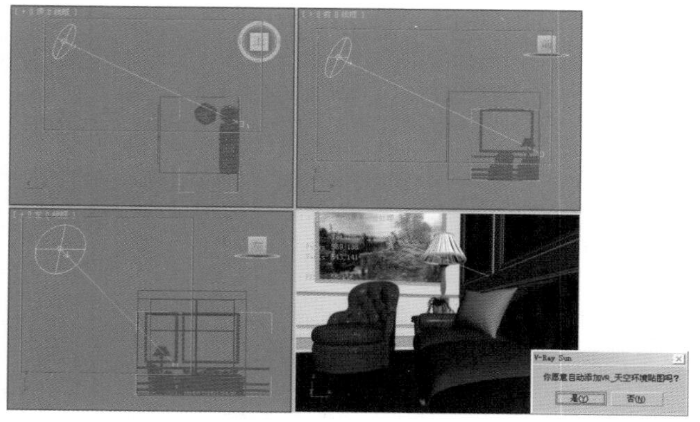

图8-220 图8-221

04 选择上一步创建的VR太阳，然后在【修改】面板中设置其具体的参数，如图8-222所示。

设置【浊度】为5，【强度倍增】为0.05，【大小倍增】为2，【阴影细分】为20。

05 按Shift+Q组合键，快速渲染摄影机视图，其渲染效果如图8-223所示。

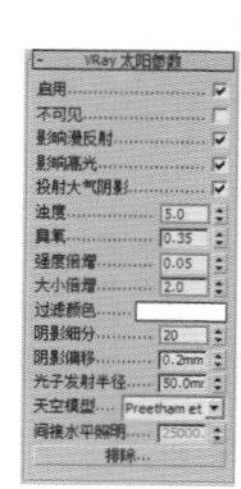

图8-222

图8-223

思维点拨：VR太阳的位置对效果的影响

VR太阳是一个非常真实的灯光，它的真实体现在方方面面，该灯光就是模拟了真实的太阳。因此灯光的位置也会直接决定灯光的效果，灯光与水平面越垂直，效果越接近正午阳光；灯光与水平面越平行，效果越接近黄昏的效果。简言之，可以把VR太阳想象成一个太阳，太阳落山时，那么效果肯定会出现黄昏的效果。如图8-224和图8-225所示为不同的VR太阳位置出现的不同效果。

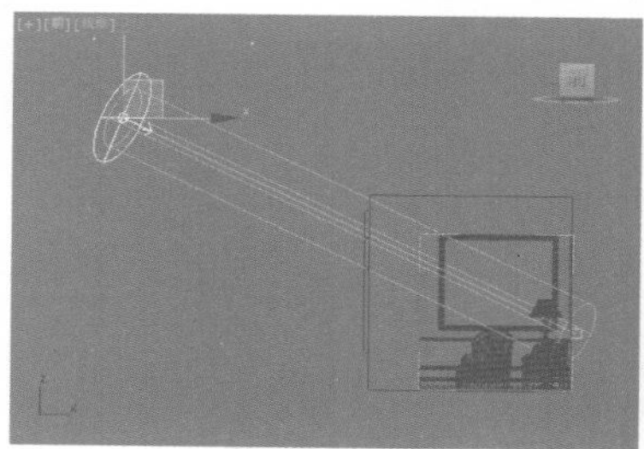

图8-224

图8-225

Part02 使用VR灯光（平面）创建辅助光源

01 单击（创建）|（灯光）| VRay | VR灯光 按钮，在左视图中创建1盏VR灯光，并使用【选择并移动】工具将其拖曳到窗口处，如图8-226所示。

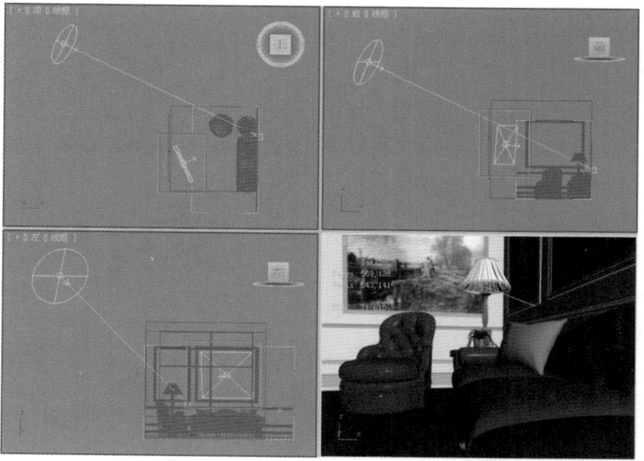

图8-226

02 选择上一步创建的VR灯光，然后在【修改】面板中设置其参数，如图8-227所示。

- 在【基本】选项组中设置【类型】为【平面】，在【强度】选项组中调节【倍增器】为9，调节【颜色】为淡黄色（红：217，绿：190，蓝：148），在【大小】选项组中设置【1/2长】为60mm，【1/2宽】为70mm。
- 在【选项】选项组中选中【不可见】复选框，取消选中【影响高光反射】和【影响反射】复选框。

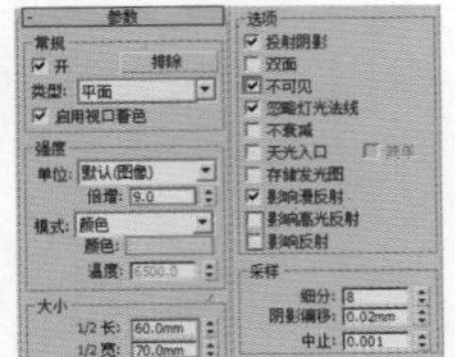

图8-227

03 按Shift+Q组合键，快速渲染摄影机视图，其最终渲染效果如图8-228所示。

图8-228

★ 案例实战——VR太阳制作黄昏光照

场景文件	12.max
案例文件	案例文件\Chapter 08\案例实战——VR太阳制作黄昏光照.max
视频教学	视频文件\Chapter 08\案例实战——VR太阳制作黄昏光照.flv
难易指数	★★☆☆☆
灯光方式	VR太阳、VR灯光
技术掌握	掌握VR太阳、VR灯光的运用

实例介绍

黄昏是太阳即将落山前的效果，一般颜色偏暖色。在这个室内场景中，主要使用VR太阳灯光模拟阳光效果，其次使用VR灯光模拟辅助光源，灯光效果如图8-229所示。

图8-229

操作步骤

Part 01 使用VR太阳灯光模拟阳光效果

01 打开本书配套光盘中的【场景文件\Chapter08\12.max】文件，如图8-230所示。

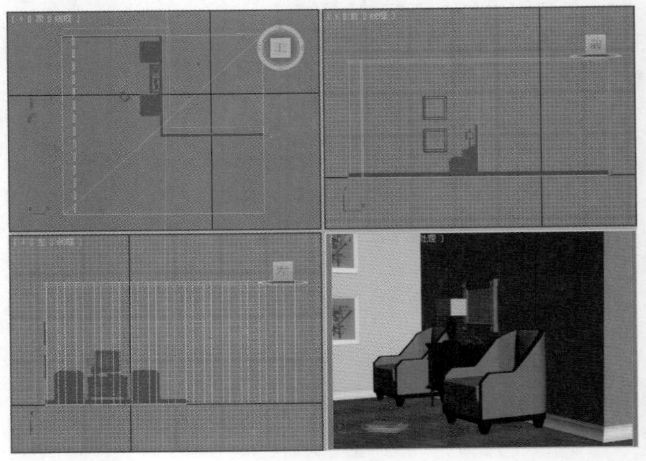

图8-230

02 单击（创建）|（灯光）| VRay | VR太阳 按钮，如图8-231所示。

03 在视图中拖曳创建1盏VR太阳，其位置如图8-232所示。此时会弹出的V-Ray Sun对话框，单击【是】按钮即可，如图8-233所示。

04 选择上一步创建的VR太阳灯光，然后在【修改】面板中设置其具体的参数，如图8-234所示。

设置【混浊度】为4，【强度倍增】为0.08，【尺寸倍增】为5，【阴影细分】为30。

05 按Shift+Q组合键，快速渲染摄影机视图，其渲染效果如图8-235所示。

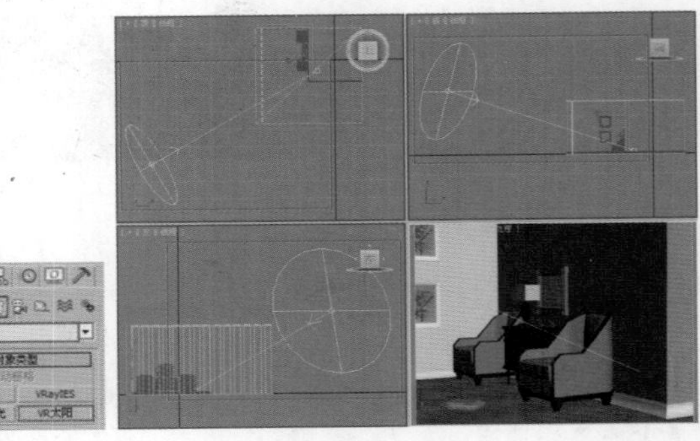

图8-231　图8-232

图8-233

图8－234　　图8－235

Part 02 使用VR灯光模拟辅助光源

01 单击（创建）|（灯光）| VRay | VR灯光 按钮，在左视图中创建1盏VR灯光，并使用【选择并移动】工具将其拖曳到窗口处，具体位置如图8-236所示。

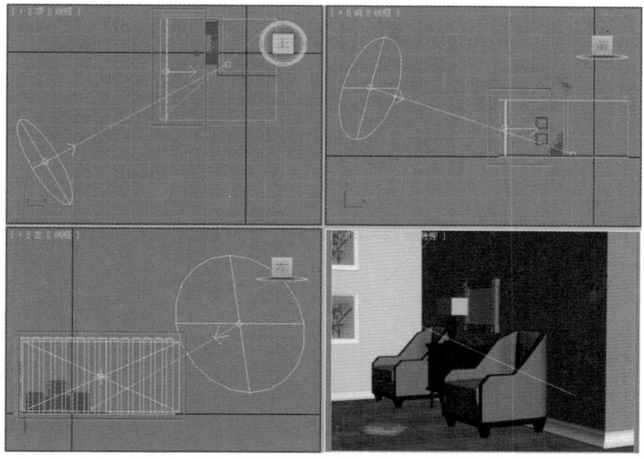

图8－236

02 选择上一步创建的VR灯光，然后在【修改】面板中设置其具体的参数，如图8-237所示。

- 在【基本】选项组中设置【类型】为【平面】，在【强度】选项组中调节【倍增器】为6，调节【颜色】为橘黄色（红：238，绿：137，蓝：61），在【大小】选项组中设置【1/2长】为1300mm，【1/2宽】为2800mm。
- 在【选项】选项组中选中【不可见】复选框，在【采样】选项组中设置【细分】为20。

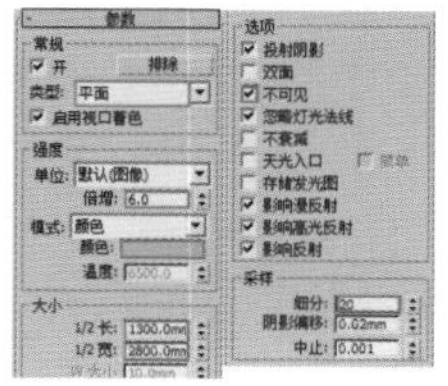

图8－237

03 继续使用【VR灯光】工具在前视图中创建VR灯光，具体位置如图8-238所示。

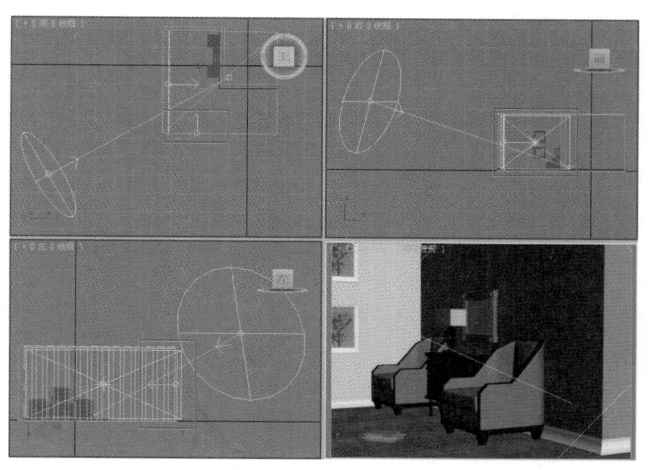

图8－238

04 选择上一步创建的VR灯光，然后在【修改】面板中设置其具体的参数，如图8-239所示。

- 在【基本】选项组中设置【类型】为【平面】，在【强度】选项组中调节【倍增器】为3，调节【颜色】为橘黄色（红：235，绿：152，蓝：107），在【大小】选项组中设置【1/2长】为1300mm，【1/2宽】为1650mm。
- 在【选项】选项组中选中【不可见】复选框，取消选中【影响高光】复选框和【影响反射】复选框，在【采样】选项组中设置【细分】为20。

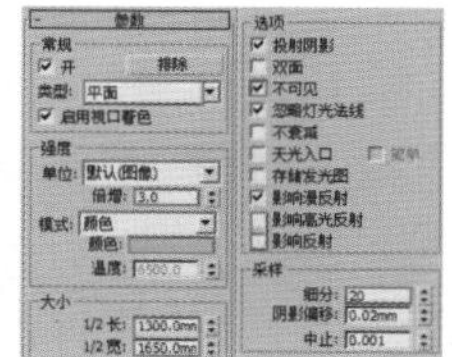

图8－239

05 按Shift+Q组合键，快速渲染摄影机视图，其最终渲染效果如图8-240所示。

图8－240

★ 案例实战——目标聚光灯、目标灯光、VR灯光制作舞台灯光

场景文件	13.max
案例文件	案例文件\Chapter 08\案例实战——目标聚光灯、目标灯光、VR灯光制作舞台灯光.max
视频教学	视频文件\Chapter 08\案例实战——目标聚光灯、目标灯光、VR灯光制作舞台灯光.flv
难易指数	★★★☆☆
灯光方式	目标聚光灯、目标灯光、VR灯光
技术掌握	掌握目标聚光灯、目标灯光、VR灯光的运用

实例介绍

舞台灯光较为绚丽，主要用来照射物体上的人或物，用来突出他们。在这个室内场景中，主要使用目标聚光灯、目

标灯光模拟舞台射灯的光源，其次使用VR灯光模拟辅助光源，灯光效果如图8-241所示。

图8-241

操作步骤

Part01 目标聚光灯模拟舞台射灯的光源

01 打开本书配套光盘中的【场景文件\Chapter08\13.max】文件，如图8-242所示。

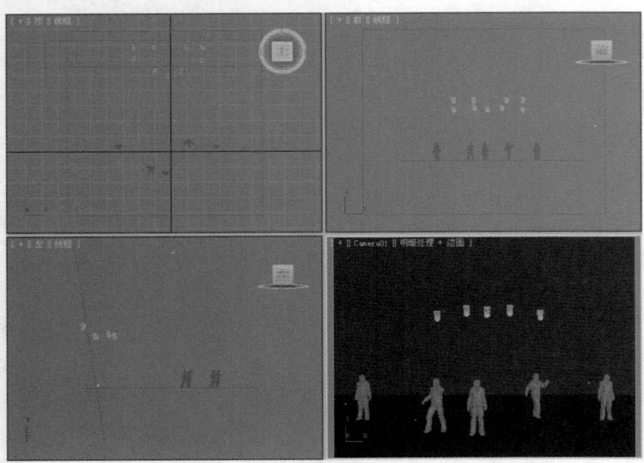

图8-242

02 单击（创建）|（灯光）|标准|目标聚光灯按钮，如图8-243所示。

图8-243

03 在前视图中拖曳创建10盏目标聚光灯，具体位置如图8-244所示。

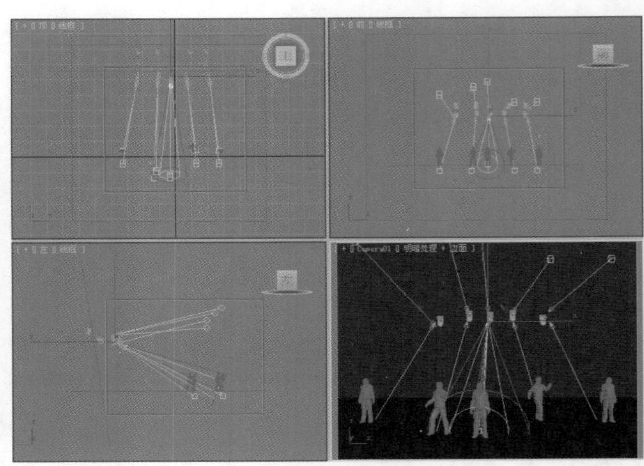

图8-244

04 选择上一步创建的目标聚光灯，然后在【修改】面板中设置其具体的参数，如图8-245所示。

- 展开【常规参数】卷展栏，然后在【阴影】选项组中选项【启用】复选框，最后设置【阴影】类型为【阴影贴图】。
- 展开【强度/颜色/衰减】卷展栏，然后设置【倍增】为0.8，调节颜色为蓝色（红：227，绿：158，蓝：170）。
- 展开【聚光灯参数】卷展栏，设置【聚光区/光束】为10，【衰减区/区域】为17。

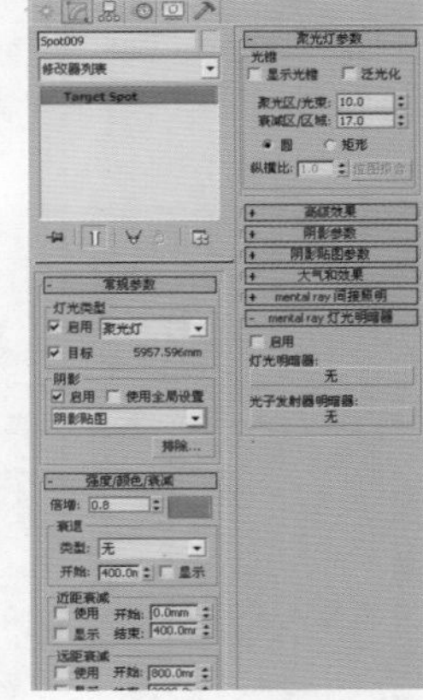

图8-245

05 在左视图中拖曳创建1盏目标聚光灯，具体位置如图8-246所示。

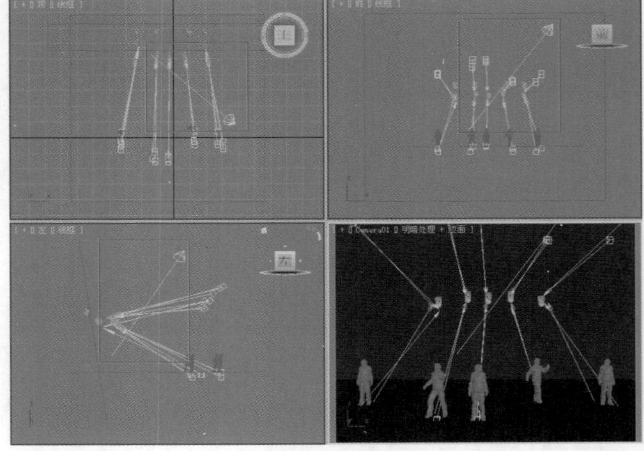

图8-246

06 选择上一步创建的目标聚光灯，然后在【修改】面板中设置其具体的参数。展开【聚光灯参数】卷展栏，设置【聚光区/光束】为10，【衰减区/区域】为60，如图8-247所示。

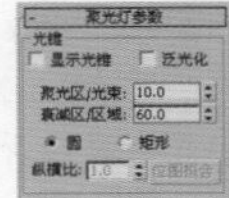

图8-247

07 按Shift+Q组合键，快速渲染摄影机视图，其渲染效果如图8-248所示。

图8—248

Part 02 目标灯光模拟舞台射灯的光源

01 单击 （创建）｜ （灯光）｜ 光度学 ｜ 目标灯光 按钮，如图8-249 所示。

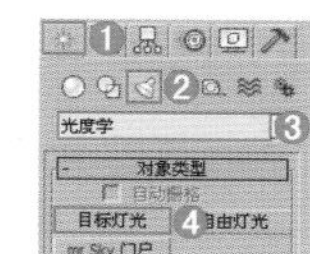

图8—249

02 在前视图中拖曳创建10盏目标灯光，具体位置如图8-250所示。

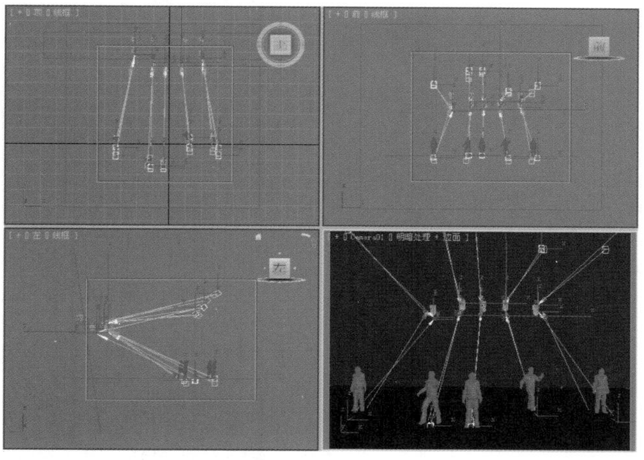

图8—250

03 选择上一步创建的目标灯光，然后分别在【修改】面板中设置其具体的参数，如图8-251所示。

- 展开【常规参数】卷展栏，设置【灯光分布（类型）】为【聚光灯】。
- 展开【强度/颜色/衰减】卷展栏，调节【过滤颜色】为蓝色（红：123，绿：116，蓝：255），设置【强度】为3500。

04 按Shift+Q组合键，快速渲染摄影机视图，其渲染效果如图8-252所示。

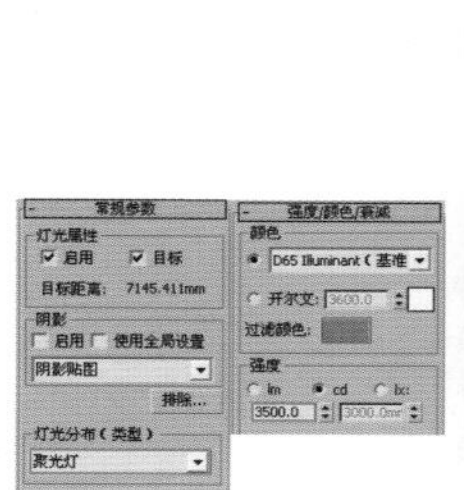

图8—251

图8—252

05 按下键盘上的8键，打开【环境和效果】面板，在【环境】选项卡中单击 添加... 按钮，选择【体积光】选项，为其添加体积光环境，单击【体积光】选项展开【体积光参数】卷展栏，单击 拾取灯光 按钮，选择如图8-253所示的灯光。

06 再次单击 添加... 按钮，选择【体积光】选项，为其添加体积光环境，单击【体积光】选项展开【体积光参数】卷展栏，单击 拾取灯光 按钮，选择如图灯光，并设置【密度】为4，【衰减倍增】为1，如图8-254所示。

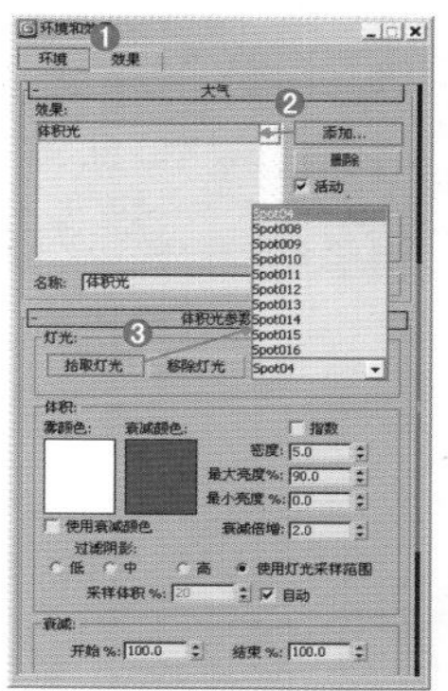

图8—253

图8—254

技巧提示

此处在【环境】选项卡中添加了【体积光】，目的是在渲染时不仅能出现真实的光照效果，而且会出现灯光产生的体积光效果，突出灯光的层次感。这种方法经常应用在制作舞台灯光、KTV灯光等绚丽的场景中。

07 按Shift+Q组合键，快速渲染摄影机视图，其渲染效果如图8-255所示。

图8—255

Part 03 使用VR灯光模拟辅助光源

01 单击 （创建）｜ （灯光）｜ VRay ｜ VR灯光 按钮，在前视图中拖曳创建5盏VR灯光，具体位置如图8-256所示。

02 选择上一步创建的VR灯光，然后分别在【修改】面板中设置其具体的参数，如图8-257所示。

- 在【基本】选项组中设置【类型】为【球体】，在【强度】选项组中调节【倍增】为10，在【大小】选项组中设置【半径】为260mm。
- 在【选项】选项组中选中【不可见】复选框。

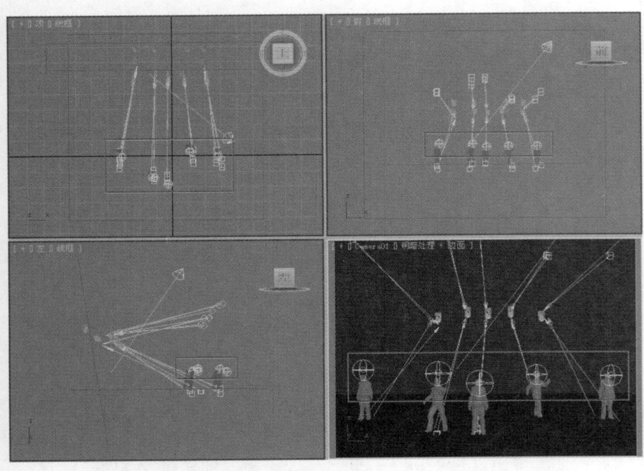

图8-256

03 按Shift+Q组合键，快速渲染摄影机视图，其最终渲染效果如图8-258所示。

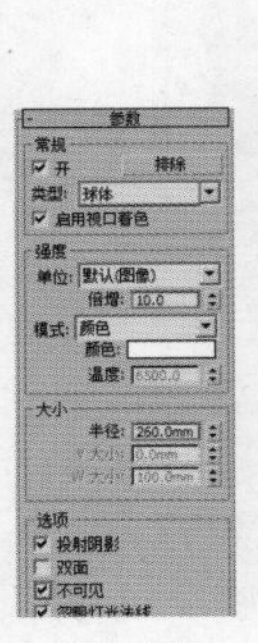

图8-257

图8-258

★ 案例实战——VR灯光、目标灯光制作玄关灯光

场景文件	14.max
案例文件	案例文件\Chapter 08\案例实战——VR灯光、目标灯光制作玄关灯光.max
视频教学	视频文件\Chapter 08\案例实战——VR灯光、目标灯光制作玄关灯光.flv
难易指数	★★★☆☆
灯光方式	VR灯光、目标灯光
技术掌握	利用VR灯光、目标灯光制作夜晚灯光

实例介绍

玄关主要使用射灯进行照明，在玄关附近会出现非常漂亮的光影效果。在这个场景中，主要使用VR灯光模拟柔和光照效果，使用目标灯光制作射灯灯光，效果如图8-259所示。

图8-259

操作步骤

Part 01 使用VR灯光模拟柔和光照

01 打开本书配套光盘中的【场景文件\Chapter08\14.max】文件，如图8-260所示。

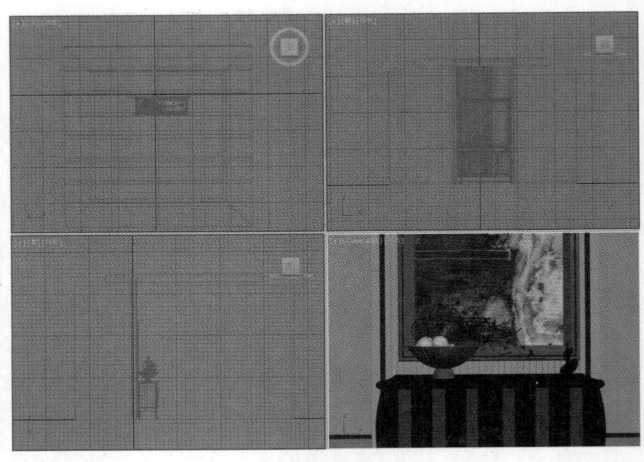

图8-260

02 单击（创建）|（灯光）| VRay | VR灯光按钮，在前视图中拖曳创建1盏VR灯光，具体位置如图8-261所示。

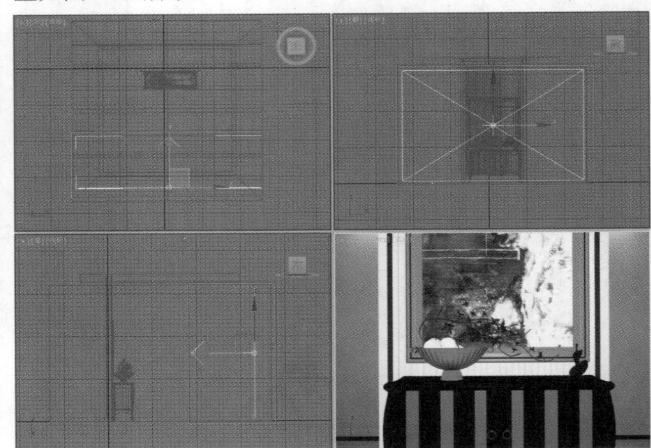

图8-261

03 选择上一步创建的VR灯光，然后在【修改】面板中设置其具体的参数，如图8-262所示。

- 在【常规】选项组中设置【类型】为【平面】，在【强度】选项组中调节【倍增】为5，调节【颜色】为白色，在【大小】选项组中设置【1/2长】为2400mm，【1/2宽】为1530mm。
- 在【选项】选项组中选中【不可见】复选框。

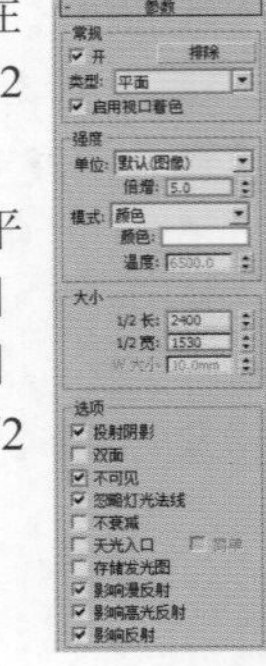

图8-262

04 按Shift+Q组合键，快速渲染摄影机视图，其渲染效果如图8-263所示。

图8-263

Part 02 使用目标灯光模拟射灯

01 使用【目标灯光】工具在视图中拖曳创建2盏目标灯光，具体位置如图8-264所示。

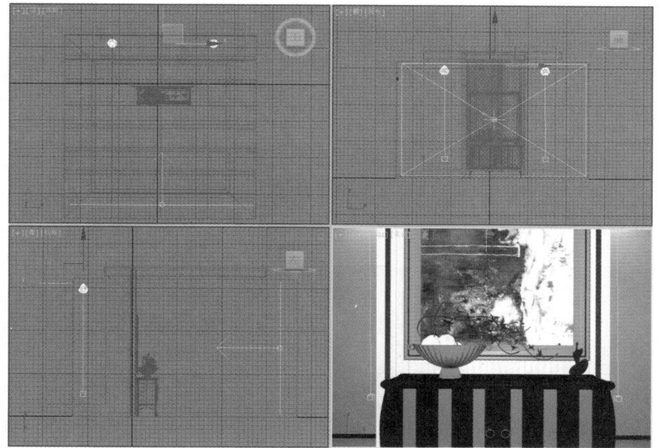

图8-264

02 选择上一步创建的目标灯光，然后分别在【修改】面板中设置其具体的参数，如图8-265所示。

- 展开【常规参数】卷展栏，选中【启用】复选框，设置【阴影】类型为【VRay阴影】，设置【灯光分布（类型）】为【光度学Web】，接着展开【分布（光度学Web）】卷展栏，并在通道上加载【射灯01.ies】。
- 展开【强度/颜色/衰减】卷展栏，设置【过滤颜色】为黄色（红：254，绿：193，蓝：143），设置【强度】为1654。

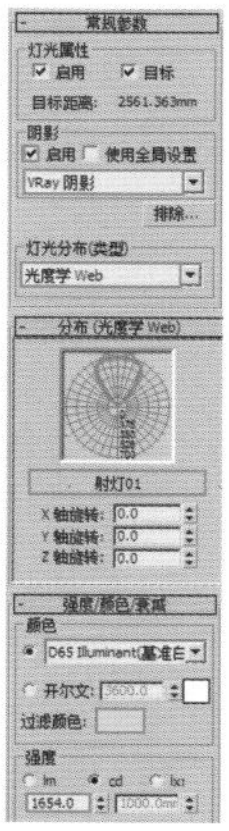

图8-265

03 再次使用【目标灯光】工具在视图中拖曳创建3盏目标灯光，具体位置如图8-266所示。

04 选择上一步创建的目标灯光，然后在【修改】面板中设置其具体的参数，如图8-267所示。

- 展开【常规参数】卷展栏，选中【启用】复选框，设置【阴影】类型为【VRay阴影】，设置【灯光分布（类型）】为【光度学Web】，接着展开【分布（光度学Web）】卷展栏，并在通道上加载【射灯02.ies】。

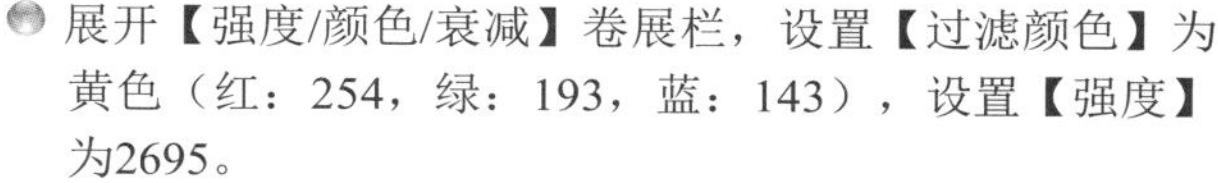

- 展开【强度/颜色/衰减】卷展栏，设置【过滤颜色】为黄色（红：254，绿：193，蓝：143），设置【强度】为2695。

05 按Shift+Q组合键，快速渲染摄影机视图，其最终渲染效果如图8-268所示。

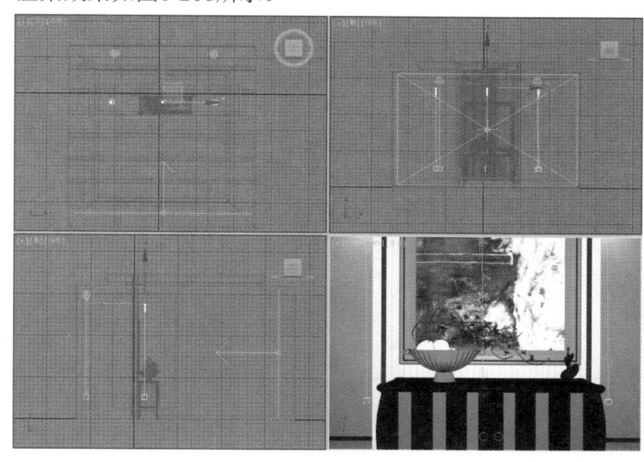

图8-266

图8-267

图8-268

技巧提示

一般来说制作灯光时，需要注意灯光的强弱程度，只有遵循这种秩序，效果图的灯光才不会乱。简单来说，一般越靠近镜头的灯光需要更强，越远离镜头的灯光需要越暗，这样会很大程度上拉大画面的空间感。

读书笔记

★ 案例实战——VR灯光、目标灯光、目标聚光灯制作夜晚灯光

场景文件	15.max
案例文件	案例文件\Chapter 08\综合实战——VR灯光、目标灯光、目标聚光灯制作夜晚灯光.max
视频教学	视频文件\Chapter 08\综合实战——VR灯光、目标灯光、目标聚光灯制作夜晚灯光.flv
难易指数	★★★★☆
灯光方式	VR灯光、目标灯光、目标聚光灯
技术掌握	利用VR灯光、目标灯光、目标聚光灯制作夜晚灯光

实例介绍

夜晚室外变为深蓝色，而室内一般为暖色的颜色，因此会产生冷暖对比，从而更加体现夜晚家的温馨。在这个场景中，主要使用VR灯光模拟主光源、吊灯灯泡灯光效果，使用目标灯光制作筒灯灯光，使用目标聚光灯模拟辅助灯光，最终渲染效果如图8-269所示。

图8-269

操作步骤

Part 01 使用VR灯光模拟主光源

01 打开本书配套光盘中的【场景文件\Chapter08\15.max】文件，如图8-270所示。

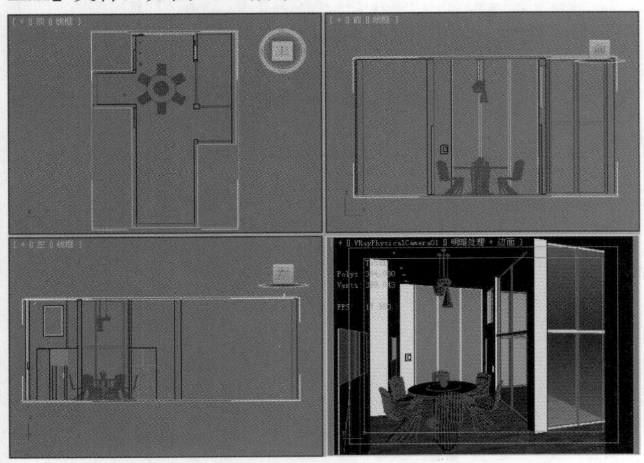

图8-270

02 单击（创建）|（灯光）| VRay | VR灯光 按钮，在前视图中拖曳创建1盏VR灯光，具体位置如图8-271所示。

03 选择上一步创建的VR灯光，分别在【修改】面板中设置其具体的参数，如图8-272所示。

- 在【基本】选项组中设置【类型】为【平面】，在【强度】选项组中调节【倍增器】为2，调节【颜色】为蓝色（红：72，绿：84，蓝：178），在【大小】选项组中设置【1/2长】为920mm，【1/2宽】为2400mm。

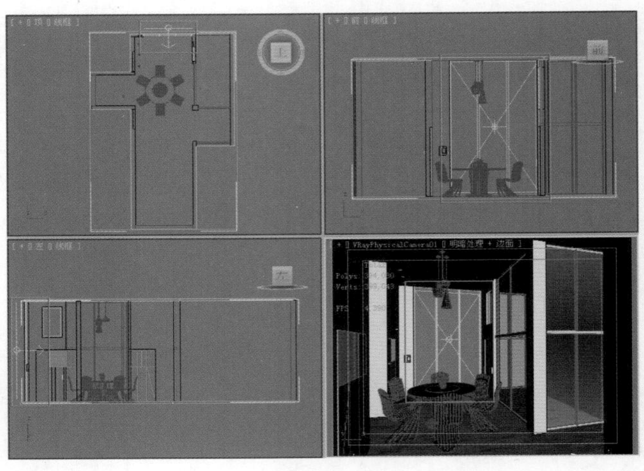

图8-271

- 在【选项】选项组中选中【不可见】复选框，在【采样】选项组中设置【细分】为30。

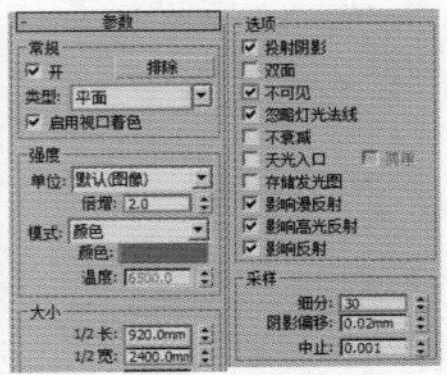

图8-272

04 再次使用【VR灯光】工具在左视图中拖曳创建2盏VR灯光，具体位置如图8-273所示。

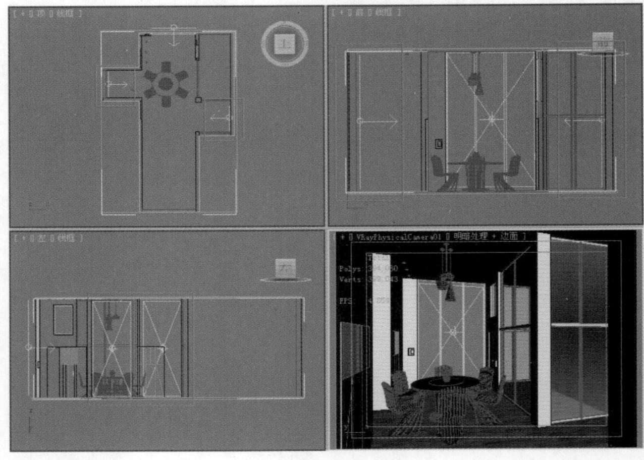

图8-273

05 选择上一步创建的VR灯光，然后在【修改】面板中设置其具体的参数，如图8-274所示。

图8-274

- 在【基本】选项组中设置【类型】为【平面】，在【强度】选项组中调节【倍增器】为2，调节【颜色】为蓝色（红：72，绿：84，蓝：178），在【大小】选项组中设置【1/2长】为920mm，【1/2宽】为2400mm。
- 在【选项】选项组中选中【不可见】复选框，在【采样】选项组中设置【细分】为30。

06 再次使用【VR灯光】工具在顶视图中拖曳创建2盏VR灯光，具体位置如图8-275所示。

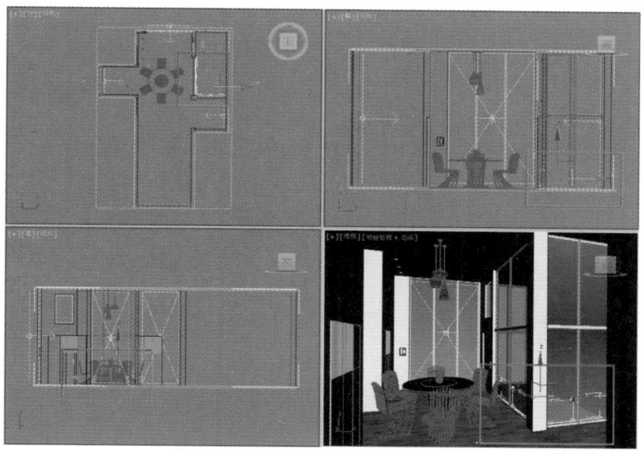

图8—275

07 选择上一步创建的VR灯光，然后在【修改】面板中设置其具体的参数，如图8-276所示。

- 在【基本】选项组中设置【类型】为【平面】，在【强度】选项组中调节【倍增器】为100，调节【颜色】为橘黄色（红：220，绿：138，蓝：50），在【大小】选项组中设置【1/2长】为31mm，【1/2宽】为1380mm。
- 在【选项】选项组中选中【不可见】复选框，在【采样】选项组中设置【细分】为30。

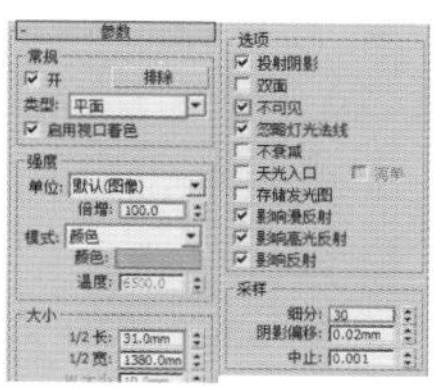

图8—276

08 再次使用【VR灯光】工具在前视图中拖曳创建1盏VR灯光，具体位置如图8-277所示。

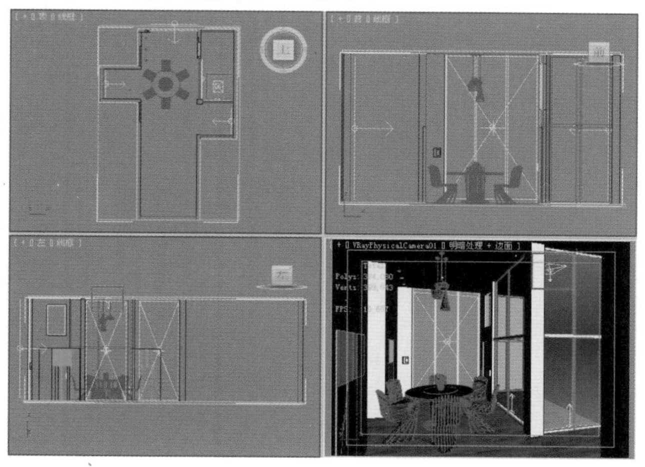

图8—277

09 选择上一步创建的VR灯光，然后在【修改】面板中设置其具体的参数，如图8-278所示。

- 在【基本】选项组中设置【类型】为【平面】，在【强度】选项组中调节【倍增器】为100，调节【颜色】为蓝色（红：101，绿：114，蓝：216），在【大小】选项组中设置【1/2长】为520mm，【1/2宽】为630mm。
- 在【采样】选项组中设置【细分】为30。

10 按Shift+Q组合键，快速渲染摄影机视图，其渲染效果如图8-279所示。

图8—278

图8—279

Part 02 使用VR灯光（球体）制作灯泡灯光

01 单击（创建）|（灯光）| VRay | VR灯光 按钮，在顶视图中拖曳创建3盏VR灯光，具体位置如图8-280所示。

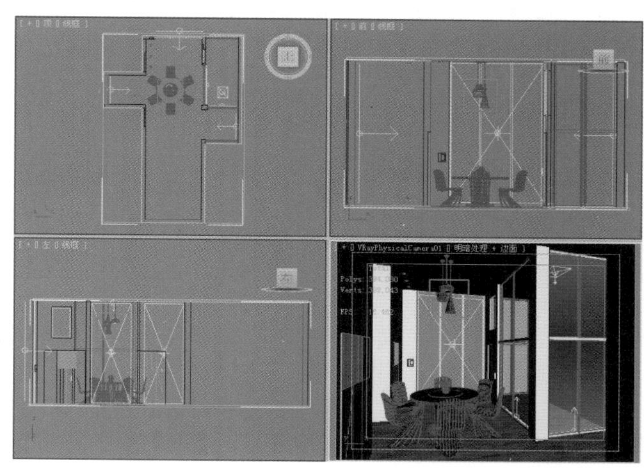

图8—280

02 选择上一步创建的VR灯光，然后在【修改】面板中设置其具体的参数，如图8-281所示。

- 在【基本】选项组中设置【类型】为【球体】，在【强度】选项组中调节【倍增器】为30，调节【颜色】为浅橘黄色（红：253，绿：221，蓝：171），在【大小】选项组中设置【半径】为60mm。
- 在【选项】选项组中选中【不可见】复选框，在【采样】选项组中设置【细分】为15。

03 按Shift+Q组合键，快速渲染摄影机视图，其渲染效果如图8-282所示。

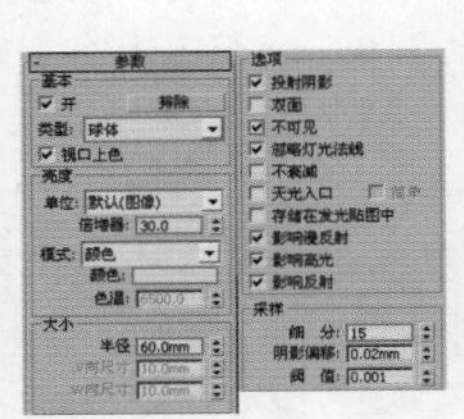

图8-281

图8-282

Part03 使用目标灯光模拟筒灯灯光

01 单击（创建）|（灯光）| 光度学 | 目标灯光 按钮，如图8-283所示。

图8-283

02 在前视图中拖曳创建5盏目标灯光，具体位置如图8-284所示。

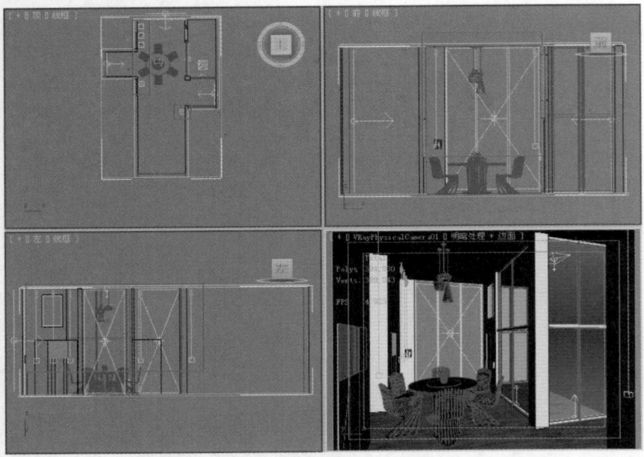

图8-284

03 选择上一步创建的目标灯光，然后在【修改】面板中设置其具体的参数，如图8-285所示。

- 展开【常规参数】卷展栏，启用【启用】选项，设置【阴影】类型为【VRay阴影】，设置【灯光分布（类型）】为【光度学Web】，接着展开【分布（光度学Web）】卷展栏，并在通道上加载0.ies。
- 展开【强度/颜色/衰减】卷展栏，设置【强度】为4000；展开【VRay Shadows params】卷展栏，选中【区域阴影】复选框，设置【细分】为30。

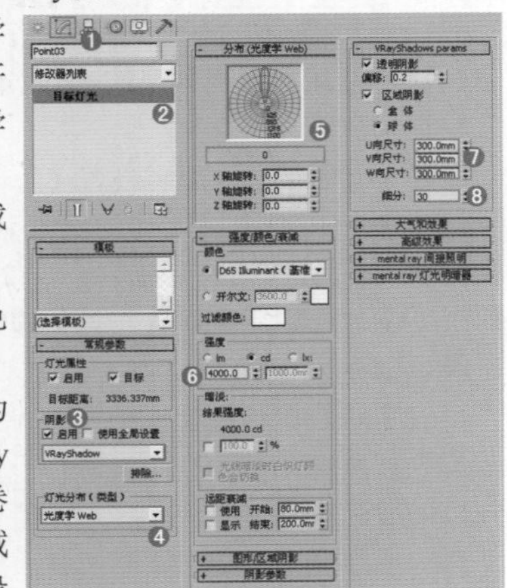

图8-285

04 按Shift+Q组合键，快速渲染摄影机视图，其渲染效果如图8-286所示。

05 按下键盘上的8键，打开【环境和效果】面板，在【效果】选项卡中的【环境贴图】通道上加载G17b.jpg贴图文件，如图8-287所示。

图8-286

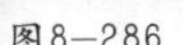

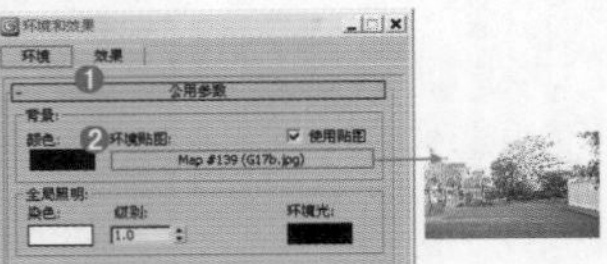

图8-287

06 按Shift+Q组合键，快速渲染摄影机视图，其渲染效果如图8-288所示。

图8-288

Part04 使用目标聚光灯模拟辅助灯光

01 单击（创建）|（灯光）| 标准 | 目标聚光灯 按钮，如图8-289所示。

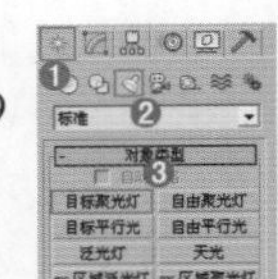

图8-289

02 在前视图中拖曳创建1盏目标聚光灯，具体如图8-290所示。

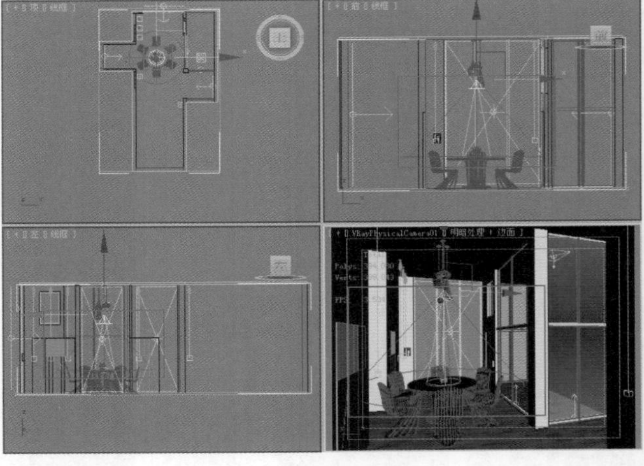

图8-290

03 选择上一步创建的目标聚光灯，然后在【修改】面板中设置其具体的参数，如图8-291所示。

- 展开【常规参数】卷展栏，然后在【阴影】选项组中选中【启用】复选框，最后设置【阴影】类型为【VRay阴影】。

- 展开【强度/颜色/衰减】卷展栏，然后设置【倍增】为2。
- 展开【聚光灯参数】卷展栏，设置【聚光区/光束】为20，【衰减区/区域】为80。
- 展开【VRay Shadows params】卷展栏，选中【区域阴影】复选框，设置【U大小】、【V大小】、【W大小】为80mm，设置【细分】为12。

04 按Shift+Q组合键，快速渲染摄影机视图，其渲染的最终效果如图8-292所示。

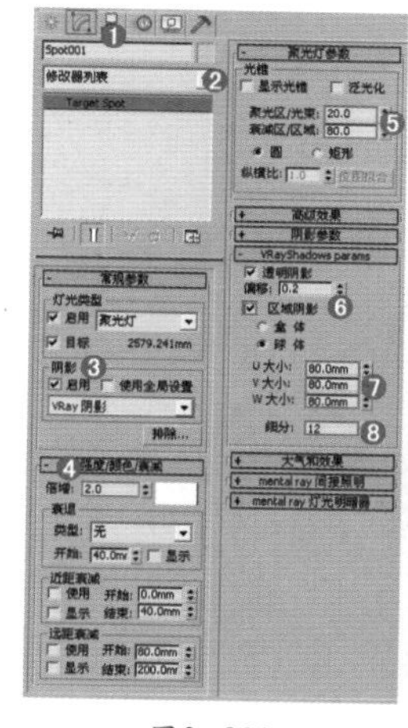

图8—291

图8—292

课后练习

【课后练习——目标灯光综合制作休闲室灯光】

思路解析

01 使用目标灯光创建休闲室射灯的光源

02 使用VR灯光创建休闲室窗户外的光源

03 使用目标灯光和VR灯光创建落地灯的光源

本章小结

通过对本章的学习，我们可以掌握灯光的知识，包括光度学灯光、标准灯光、VRay灯光等。熟练掌握本章知识，可以模拟室内外的灯光效果，同时可以模拟清晨、正午、下午、黄昏、夜晚的光照效果。

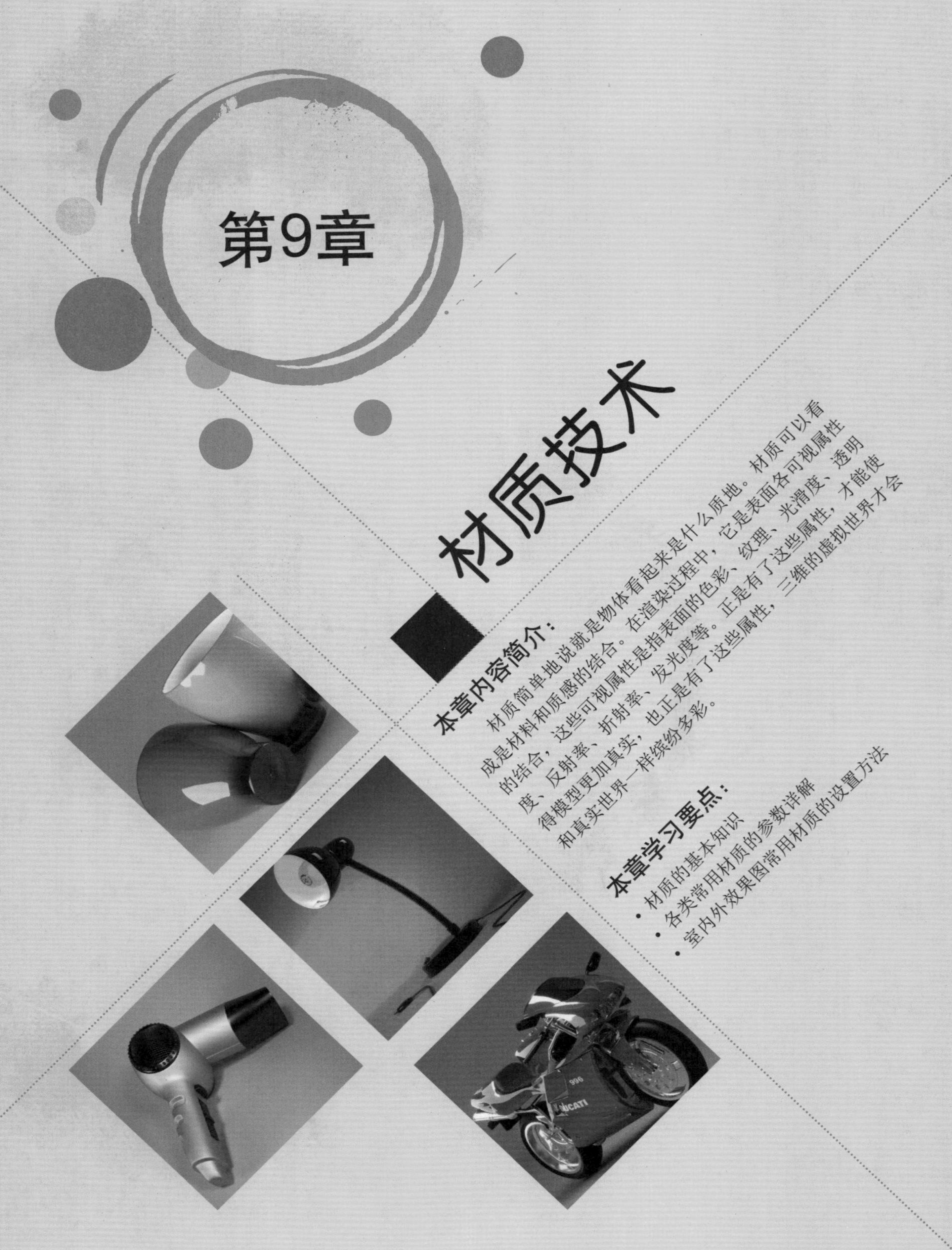

第9章

材质技术

本章内容简介：

材质简单地说就是物体看起来是什么质地。材质可以看成是材料和质感的结合。在渲染过程中，它是表面各可视属性的结合，这些可视属性是指表面的色彩、纹理、光滑度、透明度、反射率、折射率、发光度等。正是有了这些属性，才能使得模型更加真实，也正是有了这些属性，三维的虚拟世界才会和真实世界一样缤纷多彩。

本章学习要点：

- 材质的基本知识
- 各类常用材质的参数详解
- 室内外效果图常用材质的设置方法

9.1 初识材质

9.1.1 什么是材质

技术速查：材质是指物体的质地。简单地说就是物体是什么制成的，如桌子是木材制成的、戒指是金属制成的、酒瓶是玻璃制成的。

通过设置这些材质，可以完美地诠释空间的设计感、色彩感和质感，如图9-1所示。

图9－1

9.1.2 为什么要设置材质

- 突出质感。这是材质最主要的用途，设置合适的材质，可以使我们一眼即可看出物体是什么材料做的，如图9-2所示。
- 用材质刻画模型细节。很多情况下材质可以使得模型的最终渲染效果看起来更有细节，如图9-3所示。
- 表达作品的情感。作品的最高境界，不是技术多么娴熟，而是可以通过技术和手法去传达作品的情感，如图9-4所示。

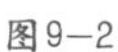

图9－2

图9－3

图9－4

9.1.3 动手学：材质的设置思路

3ds Max材质的设置需要有合理的步骤，这样才会节省时间、提高效率。

通常，在制作新材质并将其应用于对象时，应该遵循以下步骤：

01 指定材质的名称。

02 选择材质的类型。

03 对于标准或光线追踪材质，应选择着色类型。

04 设置漫反射颜色、光泽度和不透明度等各种参数。

05 将贴图指定给要设置贴图的材质通道，并调整参数。

06 将材质应用于对象。

07 如有必要，应调整UV贴图坐标，以便正确定位对象的贴图。

08 保存材质。

如图9-5所示为从模型制作到赋予材质到渲染的过程示意图。

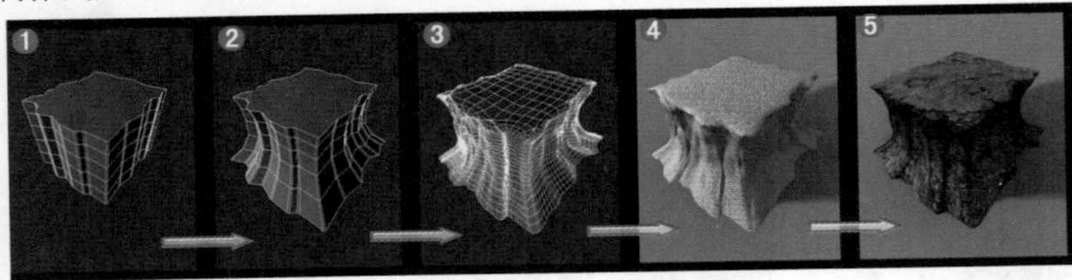

图9—5

9.2 材质编辑器

3ds Max中设置材质的过程都是在材质编辑器中进行的。材质编辑器是用于创建、改变和应用场景中的材质的地方。

9.2.1 精简材质编辑器

技术速查：精简材质编辑器是3ds Max最原始的材质编辑器，是以层级为主要模式的编辑器，对于3ds Max的老用户而言是非常熟悉的。后来3ds Max推出了Slate材质的节点式编辑器。

菜单栏

菜单栏可以控制模式、材质、导航、选项、实用程序的相关参数，如图9-6所示。

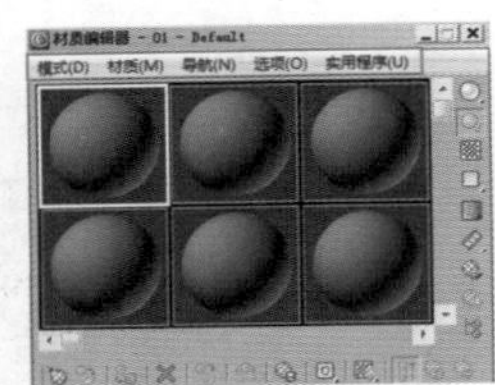

图9—6

01 【模式】菜单

【模式】菜单主要用于切换材质编辑器的方式，包括【精简材质编辑器】和【Slate 材质编辑器】两种。并且可以互相切换，如图9-7和图9-8所示。

图9—7

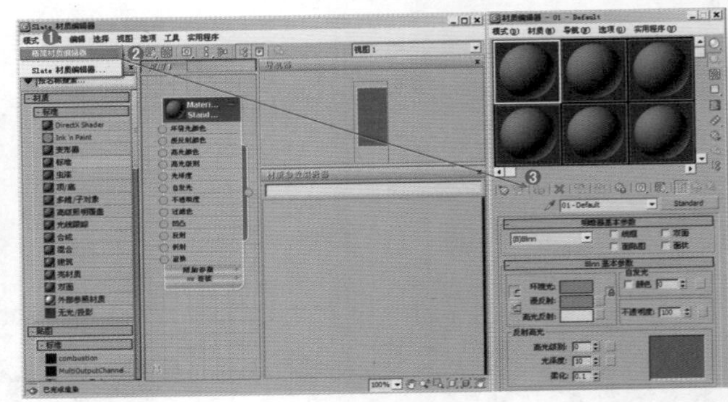

图9—8

技巧提示

Slate材质编辑器是新增的一个材质编辑器工具，对于3ds Max的老用户来说，该工具不太方便，因为Slate材质编辑器是一种节点式的调节方式，而之前版本中的材质编辑器都是层级式的调节方式。但是对于习惯节点式软件的用户来说非常方便，其调节速度较快，设置较为灵活。

读书笔记

02【材质】菜单

展开【材质】菜单，如图9-9所示。

- 获取材质：执行该命令可打开【材质/贴图浏览器】面板，在该面板中可以选择材质或贴图。
- 从对象选取：执行该命令可以从场景对象中选择材质。
- 按材质选择：执行该命令可以基于【材质编辑器】对话框中的活动材质来选择对象。
- 在ATS对话框中高亮显示资源：如果材质使用的是已跟踪资源的贴图，执行该命令可以打开【跟踪资源】对话框，同时资源会高亮显示。

图9—9

- 指定给当前选择：执行该命令可将活动示例窗中的材质应用于场景中的选定对象。
- 放置到场景：在编辑完成材质后，执行该命令更新场景中的材质。
- 放置到库：执行该命令可将选定的材质添加到当前的库中。
- 更改材质/贴图类型：执行该命令将更改材质/贴图的类型。
- 生成材质副本：通过复制自身的材质来生成材质副本。
- 启动放大窗口：将材质示例窗口放大并在一个单独的窗口中进行显示（双击材质球也可以放大窗口）。
- 另存为FX文件：将材质另存为FX文件。
- 生成预览：使用动画贴图为场景添加运动，并生成预览。
- 查看预览：使用动画贴图为场景添加运动，并查看预览。
- 保存预览：使用动画贴图为场景添加运动，并保存预览。
- 显示最终结果：查看所在级别的材质。
- 视口中的材质显示为：执行该命令可在视图中显示物体表面的材质效果。
- 重置示例窗旋转：使活动的示例窗对象恢复到默认方向。
- 更新活动材质：更新示例窗中的活动材质。

读书笔记

03【导航】菜单

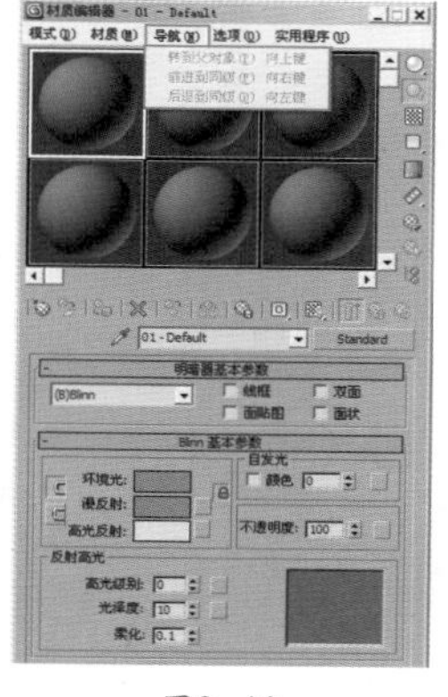

图9—10

展开【导航】菜单，如图9-10所示。

- 转到父对象：在当前材质中向上移动一个层级。
- 前进到同级：移动到当前材质中相同层级的下一个贴图或材质。
- 后退到同级：与【前进到同级】命令类似，只是导航到前一个同级贴图，而不是导航到后一个同级贴图。

04【选项】菜单

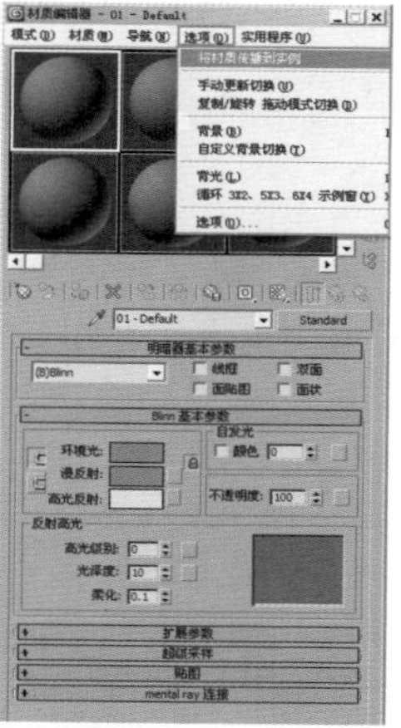

图9—11

展开【选项】菜单，如图9-11所示。

- 将材质传播到实例：将指定的任何材质传播到场景对象中的所有实例。
- 手动更新切换：使用手动的方式进行更新切换。
- 复制/旋转 拖动模式切换：切换复制/旋转 拖动的模式。
- 背景：将多颜色的方格背景添加到活动示例窗中。
- 自定义背景切换：如果已指定了自定义背景，该命令可切换背景的显示效果。
- 背光：将背光添加到活动示例窗中。
- 循环3×2、5×3、6×4示例窗：切换材质球显示的3种方式。
- 选项：打开【材质编辑器选项】对话框。

05【实用程序】菜单

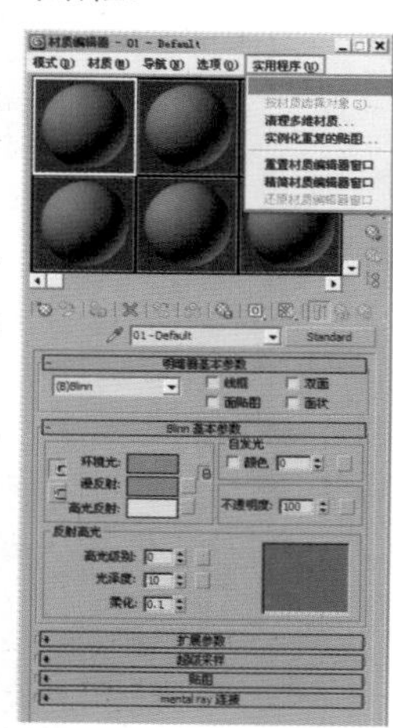

图9—12

展开【实用程序】菜单，如图9-12所示。

- 渲染贴图：对贴图进行渲染。
- 按材质选择对象：可以基于材质编辑器中的活动材质来选择对象。
- 清理多维材质：对【多维/子对象】材质进行分析，然后在场景中显示所有包含未分配任何材质ID的材质。
- 实例化重复的贴图：在整个场景中查找具有重复【位图】贴图的材质，并提供将它们关联化的选项。

- 重置材质编辑器窗口：用默认的材质类型替换材质编辑器中的所有材质。
- 精简材质编辑器窗口：将材质编辑器中所有未使用的材质设置为默认类型。
- 还原材质编辑器窗口：利用缓冲区的内容还原编辑器的状态。

材质球示例窗

材质球示例窗用来显示材质效果，它可以很直观地显示出材质的基本属性，如反光、纹理和凹凸等，如图9-13所示。

图9—13

技巧提示

双击材质球后会弹出一个独立的材质球显示窗口，可以将该窗口进行放大或缩小来观察当前设置的材质，如图9—14所示；同时也可以在材质球上右击，然后在弹出的菜单中选择【放大】命令。

图9—14

材质球示例窗中一共有24个材质球，可以设置3种显示方式，但是无论哪种显示方式，材质球总数都为24个，如图9-15所示。

材质球显示方式1

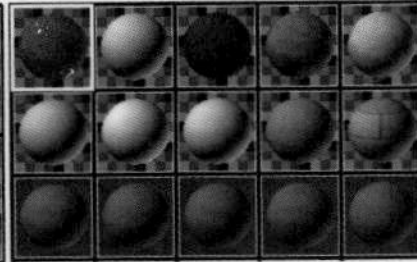

材质球显示方式2

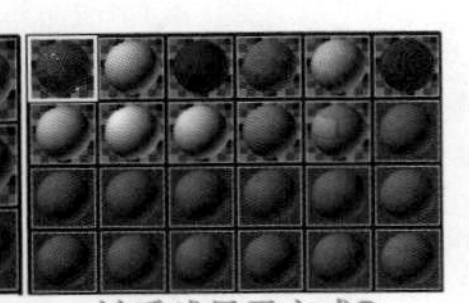

材质球显示方式3

图9—15

右击材质球，可以调节多种参数，如图9-16所示。

图9—16

使用鼠标左键可以将材质球中的材质拖曳到场景中的物体上。当材质赋予物体后，材质球上会显示出4个缺角的符号，如图9-17所示。

图9—17

技巧提示

示例窗的4个角的位置，表明了材质是否是当前选中的模型的材质。

- 没有三角形：表示场景中没有使用的材质，如图9—18所示。
- 轮廓为白色三角形：表示场景中该材质已经赋给了某些模型，但是没有赋给当前选择的模型，如图9—19所示。
- 实心白色三角形：表示场景中该材质已经赋给了某些模型，而且赋给了当前选择的模型，如图9—20所示。

图9—18

图9—19

图9—20

工具按钮栏

下面讲解材质编辑器中的两排材质工具按钮，如图9-21所示。

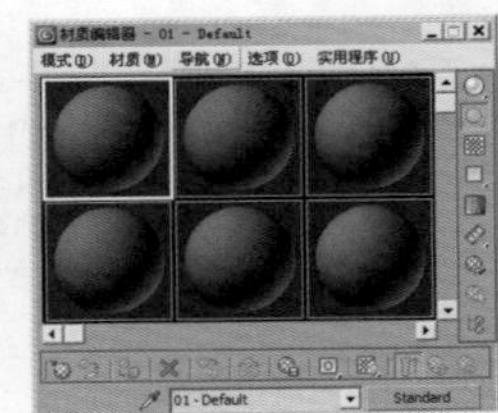

图9—21

- 【获取材质】按钮：为选定的材质打开【材质/贴图浏览器】面板。
- 【将材质放入场景】按钮：在编辑好材质后，单击该按钮可更新已应用于对象的材质。
- 【将材质指定给选定对象】按钮：将材质赋予选定的对象。
- 【重置贴图/材质为默认设置】按钮：删除修改的所有属性，将材质属性恢复到默认值。
- 【生成材质副本】按钮：在选定的示例图中创建当前材质的副本。
- 【使唯一】按钮：将实例化的材质设置为独立的材质。
- 【放入库】按钮：重新命名材质并将其保存到当前打开的库中。
- 【材质ID通道】按钮：为应用后期制作效果设置唯一的通道ID。
- 【在视口中显示标准贴图】按钮：在视口的对象上显示2D材质贴图。
- 【显示最终结果】按钮：在实例图中显示材质以及应用的所有层次。
- 【转到父对象】按钮：将当前材质上移一级。
- 【转到下一个同级项】按钮：选定同一层级的下一贴图或材质。
- 【采样类型】按钮：控制示例窗显示的对象类型，默认为球体类型，还有圆柱体和立方体类型。

- 【背光】按钮：打开或关闭选定示例窗中的背景灯光。
- 【背景】按钮：在材质后面显示方格背景图像，在观察透明材质时非常有用。
- 【采样UV平铺】按钮：为示例窗中的贴图设置UV平铺显示。
- 【视频颜色检查】按钮：检查当前材质中NTSC和PAL制式不支持的颜色。
- 【生成预览】按钮：用于产生、浏览和保存材质预览渲染。
- 【选项】按钮：打开【材质编辑器选项】对话框，该对话框中包含启用材质动画、加载自定义背景、定义灯光亮度或颜色以及设置示例窗数目的一些参数。
- 【按材质选择】按钮：选定使用当前材质的所有对象。
- 【材质/贴图导航器】按钮：单击该按钮将打开【材质/贴图导航器】对话框，其中显示了当前材质的所有层级。

参数控制区

01 明暗器基本参数

展开【明暗器基本参数】卷展栏，其中共有8种明暗器类型可以选择，还可以设置线框、双面、面贴图和面状等参数，如图9-22所示。

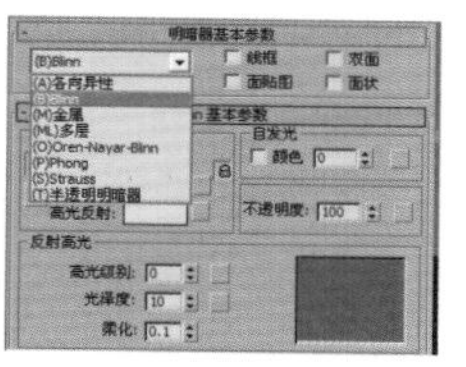

图9-22

- 明暗器列表：明暗器包含8种类型。
  - （A）各向异性：用于产生磨砂金属或头发的效果。可创建拉伸并成角的高光，而不是标准的圆形高光，如图9-23所示。
  - （B）Blinn：这种明暗器以光滑的方式渲染物体表面，是最常用的一种明暗器，如图9-24所示。

图9-23

图9-24

  - （M）金属：这种明暗器适用于金属表面，它能提供金属所需的强烈反光，如图9-25所示。
  - （ML）多层：【（ML）多层】明暗器与【（A）各向异性】明暗器很相似，但【（ML）多层】可以控制两个高亮区，因此【（ML）多层】明暗器拥有对材质更多的控制，第1高光反射层和第2高光反射层具有相同的参数控制，可以对这些参数使用不同的设置，如图9-26所示。

图9-25

图9-26

  - （O）Oren-Nayar-Blinn：这种明暗器适用于无光表面（如纤维或陶土），与（B）Blinn明暗器几乎相同，通过它附加的【漫反射级别】和【粗糙度】两个参数可以实现无光效果，如图9-27所示。
  - （P）Phong：这种明暗器可以平滑面与面之间的边缘，适用于具有强度很高的表面和具有圆形高光的表面，如图9-28所示。

图9-27

图9-28

  - （S）Strauss：这种明暗器适用于金属和非金属表面，与【（M）金属】明暗器十分相似，如图9-29所示。
  - （T）半透明明暗器：这种明暗器与（B）Blinn明暗器类似，两者最大的区别在于它能够设置半透明效果，使光线能够穿透这些半透明的物体，并且在穿过物体内部时离散，如图9-30所示。

图9-29

图9-30

- 线框：以线框模式渲染材质，用户可以在扩展参数上设置线框的大小，如图9-31所示。
- 双面：将材质应用到选定的面，使材质成为双面。
- 面贴图：将材质应用到几何体的各个面。如果材质是贴

图材质，则不需要贴图坐标，因为贴图会自动应用到对象的每一个面。

- 面状：使对象产生不光滑的明暗效果，把对象的每个面作为平面来渲染，可以用于制作加工过的钻石、宝石或任何带有硬边的表面。

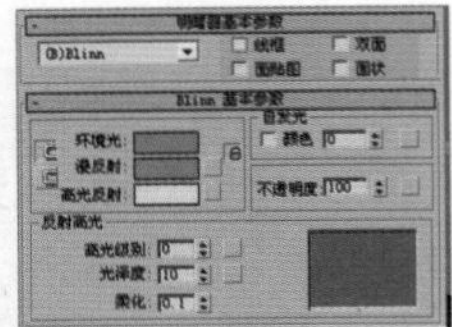

图9—31

02 Blinn基本参数

下面以（B）Blinn明暗器来讲解明暗器的基本参数。展开【Blinn基本参数】卷展栏，在这里可以设置【环境光】、【漫反射】、【高光反射】、【自发光】、【不透明度】、【高光级别】、【光泽度】和【柔化】等属性，如图9-32所示。

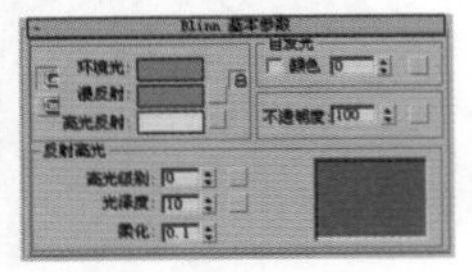

图9—32

- 环境光：环境光用于模拟间接光，比如室外场景的大气光线，也可以用来模拟光能传递。
- 漫反射：【漫反射】是在光照条件较好的情况下（比如在太阳光和人工光直射的情况下），物体反射出来的颜色，又被称作物体的固有色，也就是物体本身的颜色。
- 高光反射：物体发光表面高亮显示部分的颜色。
- 自发光：使用【漫反射】颜色替换曲面上的任何阴影，从而创建出白炽效果。
- 不透明度：控制材质的不透明度。
- 高光级别：控制反射高光的强度。数值越大，反射强度越高。
- 光泽度：控制镜面高亮区域的大小，即反光区域的尺寸。数值越大，反光区域越小。
- 柔化：影响反光区和不反光区衔接的柔和度。0表示没有柔化；1表示应用最大量的柔化效果。

9.2.2 Slate材质编辑器

技术速查：Slate材质编辑器是一个材质编辑器界面，它在设计和编辑材质时使用节点和关联以图形方式显示材质的结构。

Slate材质编辑器界面是具有多个元素的图形界面，如图9-33所示。其最突出的特点包括：材质/贴图浏览器，可以在其中浏览材质、贴图和基础材质和贴图类型；当前活动视图，可以在其中组合材质和贴图；参数编辑器，可以在其中更改材质和贴图设置。

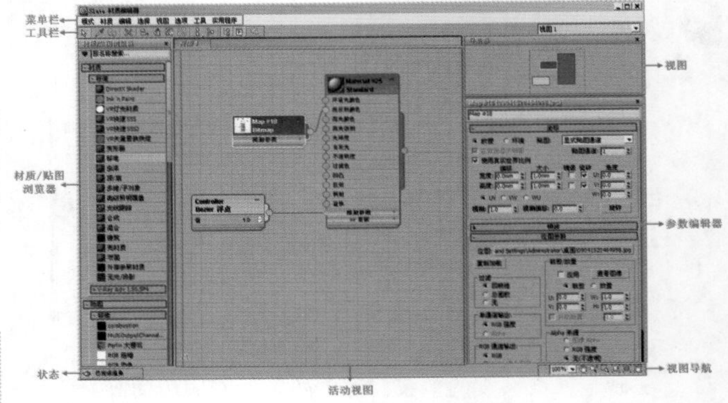

图9—33

技巧提示

Slate材质编辑器我们不进行详细讲解，其参数与精简材质编辑器基本一致。

9.3 材质/贴图浏览器

技术速查：【材质/贴图浏览器选项】菜单提供用于管理库、组和浏览器自身的多数选项。通过单击【材质/贴图浏览器选项】按钮▼或右击【材质/贴图浏览器选项】的空白处，即可访问【材质/贴图浏览器选项】菜单。

如图9-34所示，在浏览器中右击组的标题栏时，即会显示该特定类型组的选项，如图9-35所示。

图9—34

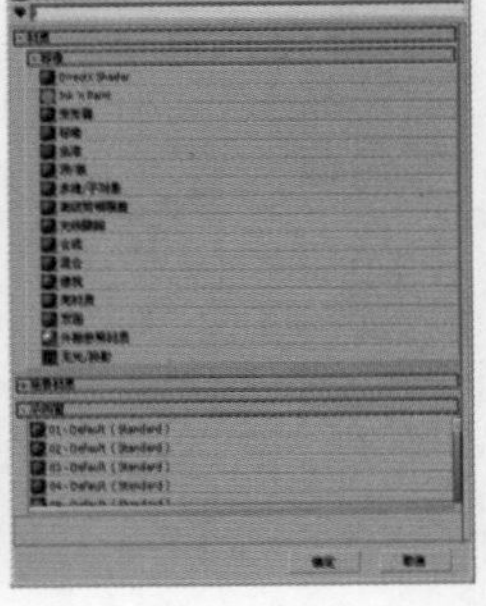

图9—35

读书笔记

9.4 材质资源管理器

技术速查：材质资源管理器是从3ds Max 2010版本开始的一个新增功能，主要用来浏览和管理场景中的所有材质。

执行【渲染】|【材质资源管理器】菜单命令，如图9-36所示，即可打开【材质管理器】对话框。

【材质管理器】对话框分为【场景】面板和【材质】面板两大部分，如图9-37所示。【场景】面板主要用来显示场景对象的材质，而【材质】面板主要用来显示当前材质的属性和纹理大小。

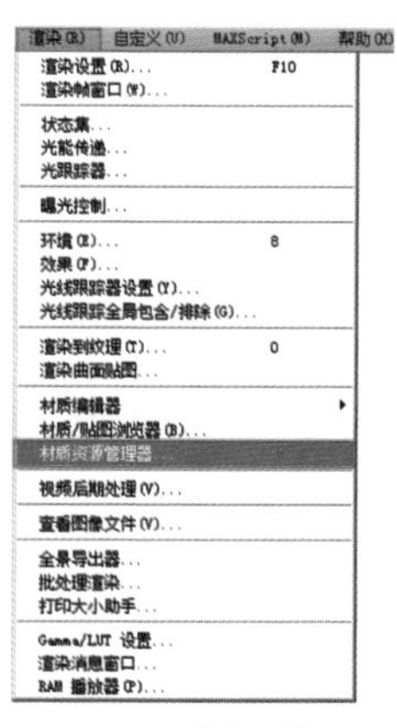

图9—36

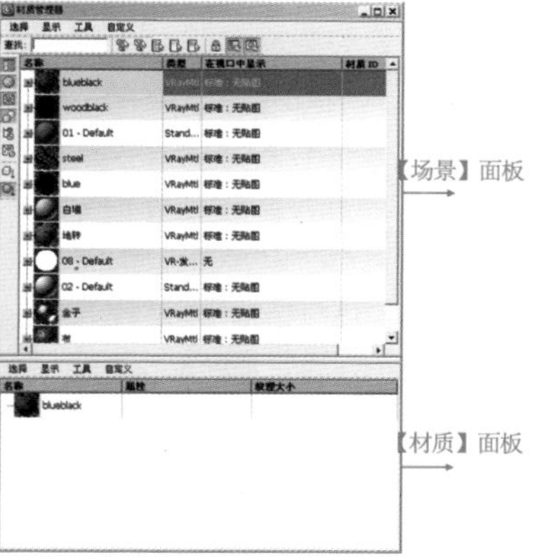

图9—37

> **技巧提示**
>
> 【材质管理器】对话框非常有用，使用它可以直观地观察到场景对象的所有材质，比如在图9—38中，可以观察到场景中的对象包含两个材质。在【场景】面板中选择一个材质以后，在下面的【材质】面板中就会显示出该材质的相关属性以及加载的外部纹理（即贴图）的大小，如图9—39所示。
>
> 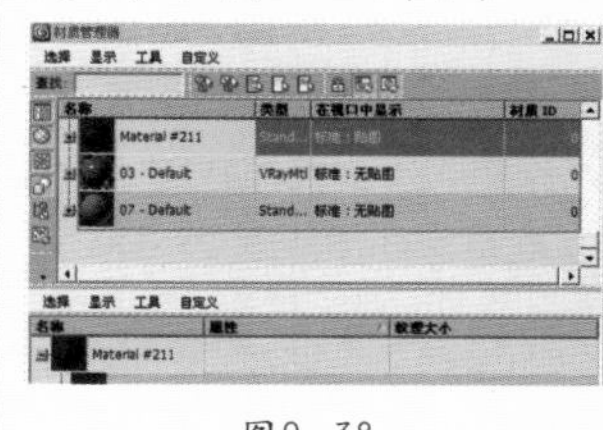
>
> 图9—38
>
> 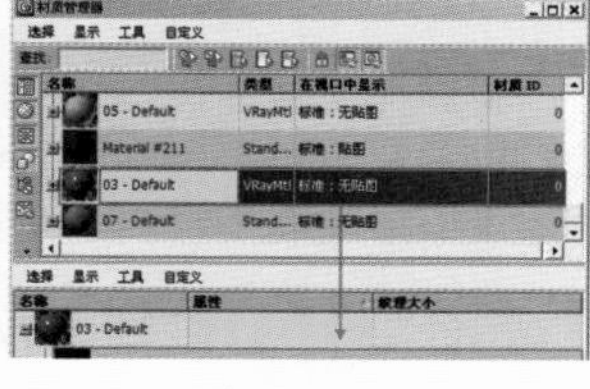
>
> 图9—39

9.4.1 【场景】面板

【场景】面板包括菜单栏、工具栏、显示按钮和列4大部分，如图9-40所示。

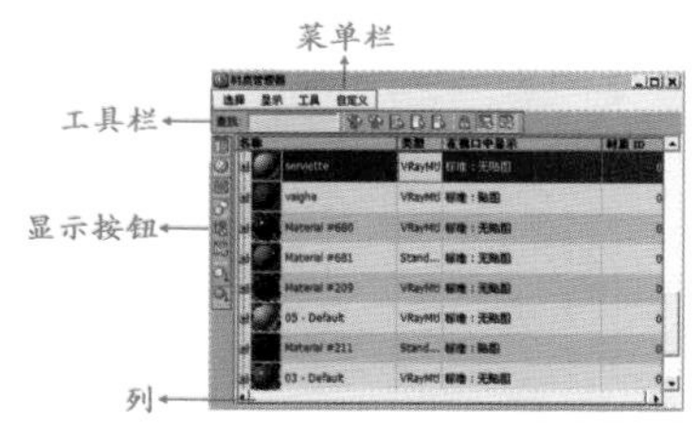

图9—40

菜单栏

01【选择】菜单

展开【选择】菜单，如图9-41所示。

图9—41

- 全部选择：选择场景中的所有材质和贴图。
- 选定所有材质：选择场景中的所有材质。
- 选定所有贴图：选择场景中的所有贴图。
- 全部不选：取消选择的所有材质和贴图。
- 反选：颠倒当前选择，即取消当前选择的所有对象，而选择前面未选择的对象。
- 选择子对象：该命令只起到切换的作用。
- 查找区分大小写：通过搜索字符串的大小写来查处对象，比如house与House。
- 使用通配符查找：通过搜索字符串中的字符来查找对象，比如*和?等。
- 使用正则表达式查找：通过搜索正则表达式的方式来查找对象。

02【显示】菜单

展开【显示】菜单，如图9-42所示。

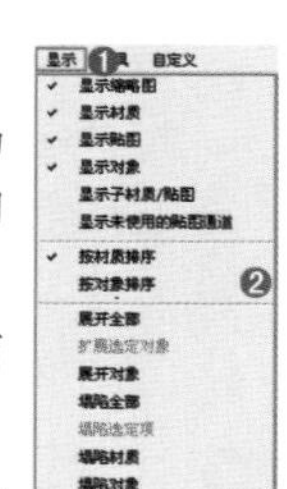

图9—42

- 显示缩略图：启用该选项之后，【场景】面板中将显示出每个材质和贴图的缩略图。
- 显示材质：启用该选项之后，【场景】面板中将显示出每个对象的材质。
- 显示贴图：启用该选项之后，每个材质的层次下面都包括该材质所使用到的所有贴图。
- 显示对象：启用该选项之后，每个材质的层次下面都会显示出该材质所应用到的对象。
- 显示子材质/贴图：启用该选项之后，每个材质的层次下面都会显示用于材质通道的子材质和贴图。

- 显示未使用的贴图通道：启用该选项之后，每个材质的层次下面还会显示出未使用的贴图通道。
- 按材质排序：启用该选项之后，层次将按材质名称进行排序。
- 按对象排序：启用该选项之后，层次将按对象进行排序。
- 展开全部：展开层次以显示出所有的条目。
- 展开选定对象：展开包含所选条目的层次。
- 展开对象：展开包含所有对象的层次。
- 塌陷全部：折叠整个层次。
- 塌陷选定项：折叠包含所选条目的层次。
- 塌陷材质：折叠包含所有材质的层次。
- 塌陷对象：折叠包含所有对象的层次。

03 【工具】菜单

展开【工具】菜单，如图9-43所示。

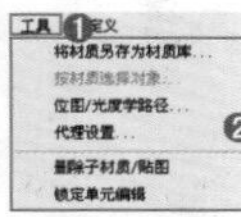

图9-43

- 将材质另存为材质库：选择该命令将打开将材质另存为材质库（即.mat文件）文件的对话框。
- 按材质选择对象：根据材质来选择场景中的对象。
- 位图/光度学路径：打开【位图/光度学路径编辑器】对话框，在该对话框中可以管理场景对象的位图的路径。
- 代理设置：打开【全局设置和位图代理的默认】对话框，可以使用该对话框来管理3ds Max创建和并入到材质中的位图的代理版本。
- 删除子材质/贴图：删除所选材质的子材质或贴图。
- 锁定单元编辑：启用该选项之后，可以禁止在【材质管理器】对话框中编辑单元。

04 【自定义】菜单

展开【自定义】菜单，如图9-44所示。

图9-44

- 配置行：打开【配置行】对话框，在该对话框中可以为【场景】面板添加队列。
- 工具栏：选择要显示的工具栏。
- 将当前布局保存为默认设置：保存当前【材质管理器】对话框中的布局方式，并将其设置为默认设置。

工具栏

工具栏中主要是一些对材质进行基本操作的工具，如图9-45所示。

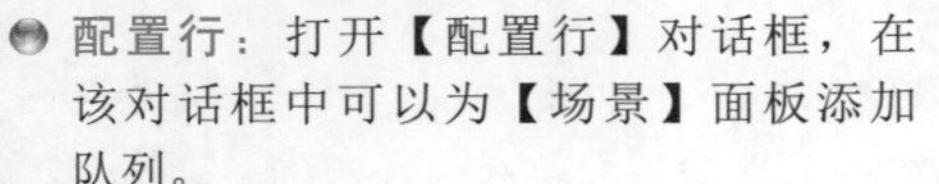

图9-45

- 【查找】框：通过输入文本来查找对象。
- 【选择所有材质】按钮：选择场景中的所有材质。
- 【选择所有贴图】按钮：选择场景中的所有贴图。
- 【全选】按钮：选择场景中的所有材质和贴图。
- 【全部不选】按钮：取消选择场景中的所有材质和贴图。
- 【反选】按钮：颠倒当前选择。
- 【锁定单元编辑】按钮：激活该按钮后，可以禁止在【材质管理器】对话框中编辑单元。
- 【同步到材质资源管理器】按钮：激活该按钮后，【材质】面板中的所有材质操作将与【场景】面板保持同步。
- 【同步到材质级别】按钮：激活该按钮后，【材质】面板中的所有子材质操作将与【场景】面板保持同步。

显示按钮

显示按钮主要用来控制材质和贴图的显示方法，与【显示】菜单相对应，如图9-46所示。

图9-46

- 【显示缩略图】按钮：激活该按钮后，【场景】面板中将显示出每个材质和贴图的缩略图。
- 【显示材质】按钮：激活该按钮后，【场景】面板中将显示出每个对象的材质。
- 【显示贴图】按钮：激活该按钮后，每个材质的层次下面都包括该材质所使用到的所有贴图。
- 【显示对象】按钮：激活该按钮后，每个材质的层次下面都会显示出该材质所应用到的对象。
- 【显示子材质/贴图】按钮：激活该按钮后，每个材质的层次下面都会显示用于材质通道的子材质和贴图。
- 【显示未使用的贴图通道】按钮：激活该按钮后，每个材质的层次下面还会显示出未使用的贴图通道。
- 【按对象排序】按钮/【按材质排序】按钮：让层次以对象或材质的方式来进行排序。

列

列主要用来显示场景材质的名称、类型、在视口中的显示方式以及材质的ID号，如图9-47所示。

图9-47

- 名称：显示材质、对象、贴图和子材质的名称。
- 类型：显示材质、贴图或子材质的类型。
- 在视口中显示：注明材质和贴图在视口中的显示方式。
- 材质ID：显示材质的 ID号。

9.4.2 【材质】面板

【材质】面板包括菜单栏和列两大部分，如图9-48所示。

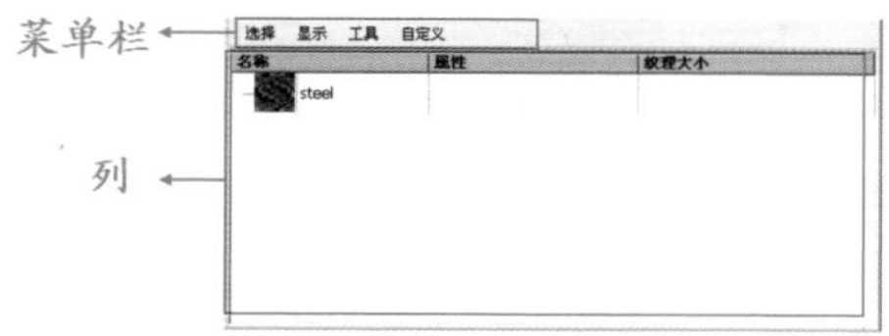

图9-48

技巧提示

【材质】面板中的命令含义可以参考【场景】面板中的命令。

9.5 材质类型

材质将使场景更加具有真实感。材质详细描述对象如何反射或透射灯光。可以将材质指定给单独的对象或者选择集；单独场景也能够包含很多不同材质。不同的材质有不同的用途。安装VRay渲染器后，材质类型大致可分为28种。单击【材质类型】按钮，然后在弹出的【材质/贴图浏览器】对话框中可以观察到这28种材质类型，如图9-49所示。

图9-49

- DirectX Shader：该材质可以保存为fx文件，并且在启用了DirectxX3D显示驱动程序后才可用。
- Ink′n Paint：通常用于制作卡通效果。
- VR灯光材质：可以制作发光物体的材质效果。
- VR快速SSS：可以制作半透明的SSS物体材质效果，如玉石。
- VR快速SSS2：可以制作半透明的SSS物体材质效果，如皮肤。
- VR矢量置换烘焙：可以制作矢量的材质效果。
- 变形器：配合【变形器】修改器一起使用，能产生材质融合的变形动画效果。
- 标准：系统默认的材质。
- 虫漆：用来控制两种材质混合的数量比例。
- 顶/底：为一个物体指定不同的材质，一个在顶端，一个在底端，中间交互处可以产生过渡效果，并且可以调节这两种材质的比例。
- 多维/子对象：将多个子材质应用到单个对象的子对象。
- 高级照明覆盖：配合光能传递使用的一种材质，能很好地控制光能传递和物体之间的反射比。
- 光线跟踪：可以创建真实的反射和折射效果，并且支持雾、颜色浓度、半透明和荧光等效果。
- 合成：将多个不同的材质叠加在一起，包括一个基本材质和10个附加材质，通过添加排除和混合能够创造出复杂多样的物体材质，常用来制作动物和人体皮肤、生锈的金属以及复杂的岩石等物体。
- 混合：将两个不同的材质融合在一起，根据融合度的不同来控制两种材质的显示程度，可以利用这种特性来制作材质变形动画，也可以用来制作一些质感要求较高的物体，如打磨的大理石、上蜡的地板。
- 建筑：主要用于表现建筑外观的材质。
- 壳材质：专门配合【渲染到贴图】命令一起使用，其作用是将【渲染到贴图】命令产生的贴图再贴回物体造型中。
- 双面：可以为物体内外或正反表面分别指定两种不同的材质，并且可以通过控制它们彼此间的透明度来产生特殊效果，经常用在一些需要在双面显示不同材质的动画中，如纸牌和杯子等。
- 外部参照材质：参考外部对象或参考场景相关运用资料。
- 无光/投影：主要作用是隐藏场景中的物体，渲染时也观察不到，不会对背景进行遮挡，但可遮挡其他物

体，并且能产生自身投影和接受投影的效果。

- VRSimbiont材质：该材质可以呈现出VRay程序的DarkTree着色器效果。
- VR材质包裹器：该材质可以有效地避免色溢现象。
- VR车漆材质：它是一种模拟金属汽车漆的材质。这是一个4层的复合材料，分别是基地扩散层、基地光泽层、金属薄片层、清漆层。
- VR覆盖材质：该材质可以让用户更广泛地去控制场景的色彩融合、反射、折射等。
- VR混合材质：常用来制作两种材质混合在一起的效果，比如带有花纹的玻璃。
- VR鳞片材质：它只包含VR车漆材质的薄片层，其的目的是用于VR混合材质，产生更多复杂的多层材料。
- VR双面材质：可以模拟带有双面属性的材质效果。
- VRayMtl：VRayMtl材质是使用范围最广泛的一种材质，常用于制作室内外效果图。其中制作反射和折射的材质非常出色。

本节知识导读：

工具名称	工具用途	掌握级别
标准	可以模拟较为简单的材质，是最常用的材质	★★★★★
VRayMtl	适合模拟带有强烈反射、折射质感的材质	★★★★★
混合	可以模拟带有两种不同材质构成的花纹材质	★★★★★
VR灯光材质	可以模拟物体发光的材质，如霓虹灯	★★★★★
多维/子对象	可以模拟一个包含很多子材质的材质，如汽车	★★★★★
虫漆	可以用来模拟汽车材质	★★★★☆
光线跟踪	可以模拟表面较为光滑的材质	★★★★☆
双面	可以模拟带有双面属性的材质	★★★☆☆
VR覆盖材质	可以模拟材质被包裹的效果	★★★☆☆
顶/底	可以模拟顶底不同的效果，如雪山	★★★☆☆
合成	可以将多种材质进行合作，模拟混合效果	★★★☆☆
无光/投影	可以制作一个物体在地面投射阴影，而本身不被渲染的效果	★★☆☆☆

9.5.1 标准材质

技术速查：标准材质是材质类型中比较基础的一种，在3ds Max 2009版本之前是作为默认的材质类型出现的。

单击 Standard 按钮，然后选择【标准】，最后单击【确定】即可切换到标准材质，如图9-50所示。

切换到标准材质后，我们会发现该材质球发生了变化，其参数也对应发生了变化，如 图9-51所示。

图9—50

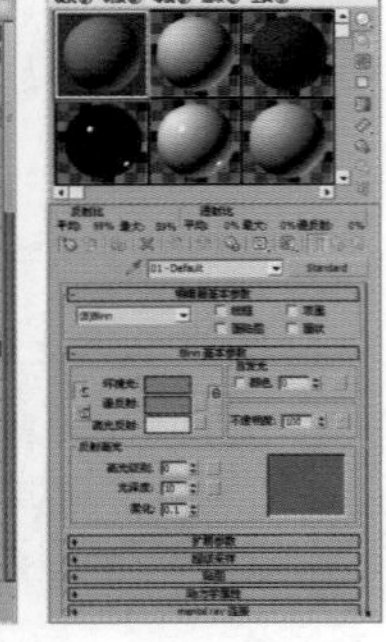

图9—51

★ 案例实战——标准材质和VRayMtl 材质制作乳胶漆

场景文件	01.max
案例文件	案例文件\Chapter 09\案例实战——标准材质和VRayMtl材质制作乳胶漆.max
视频教学	视频文件\Chapter 09\案例实战——标准材质和VRayMtl材质制作乳胶漆.flv
难易指数	★★☆☆☆
材质类型	标准材质、VRayMtl材质
技术掌握	掌握标准材质和VRayMtl材质的运用

实例介绍

乳胶漆又称为合成树脂乳液涂料，是有机涂料的一种，是以合成树脂乳液为基料并加入颜料、填料及各种助剂配制而成的一类水性涂料。根据生产原料的不同，乳胶漆主要有聚醋酸乙烯乳胶漆、乙丙乳胶漆、纯丙烯酸乳胶漆、苯丙乳胶漆等品种；根据产品适用环境的不同，分为内墙乳胶漆和外墙乳胶漆两种；根据装饰的光泽效果又可分为无光、哑光、半光、丝光和有光等类型。在这个天花场景中，主要是使用标准材质制作的乳胶漆-哑光材质和使用VRayMtl材质制作的乳胶漆-反光材质，最终渲染效果如图9-52所示。

图9—52

其基本属性主要有以下2点：

- 漫反射颜色是白色
- 菲涅耳反射效果

操作步骤

Part 01 乳胶漆-哑光材质的制作

01 打开本书配套光盘中的【场景文件\Chapter09\01.max】文件，此时场景效果如图9-53所示。

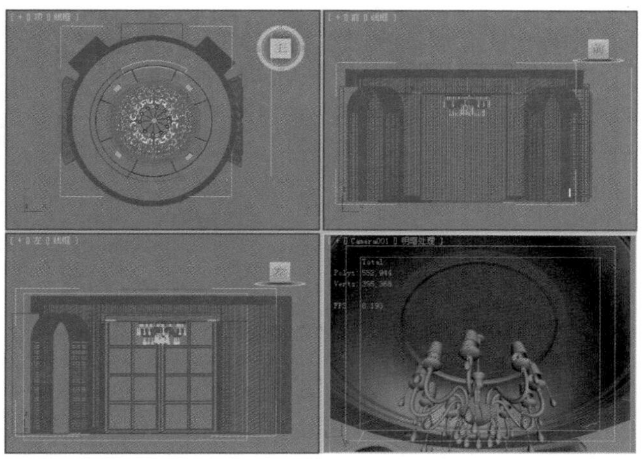

图9—53

02 按M键，打开【材质编辑器】对话框，选择第一个材质球，单击 Standard 按钮，在弹出的【材质/贴图浏览器】对话框中选择【标准】材质，如图9-54所示。

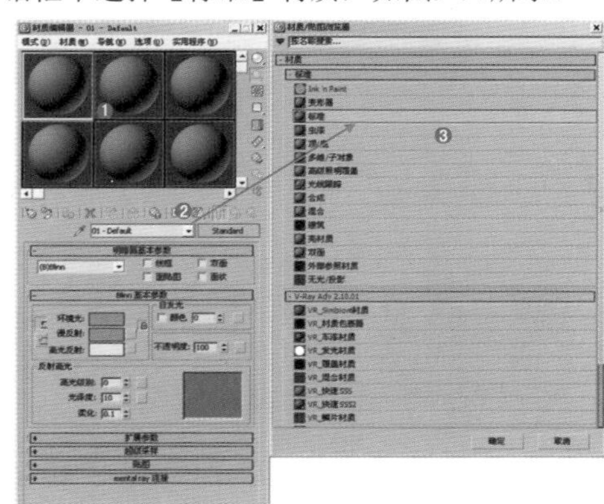

图9—54

03 将材质命名为【乳胶漆-哑光】，调节的具体参数如图9-55所示。

- 展开【Blinn基本参数】卷展栏，调节【环境光】颜色为（红：240，绿：240，蓝：240），【漫反射】颜色为（红：240，绿：240，蓝：240），在【反射高光】选项组中设置【高光级别】为0，【光泽度】为10。

04 双击查看此时的材质球效果，如图9-56所示。

05 将制作完毕的乳胶漆-哑光材质赋给场景中天花的外圈模型，如图9-57所示。

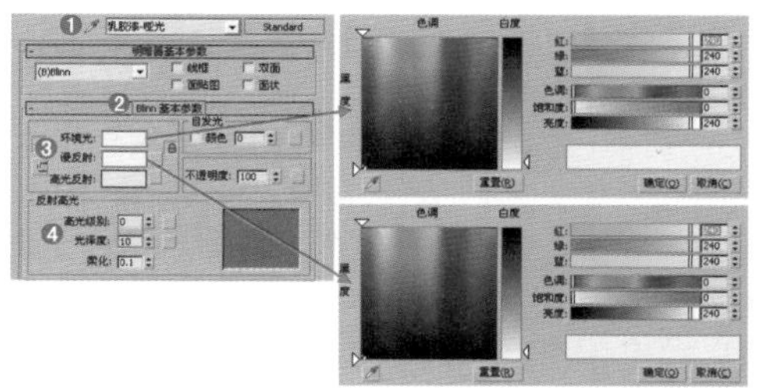

图9—55

图9—56

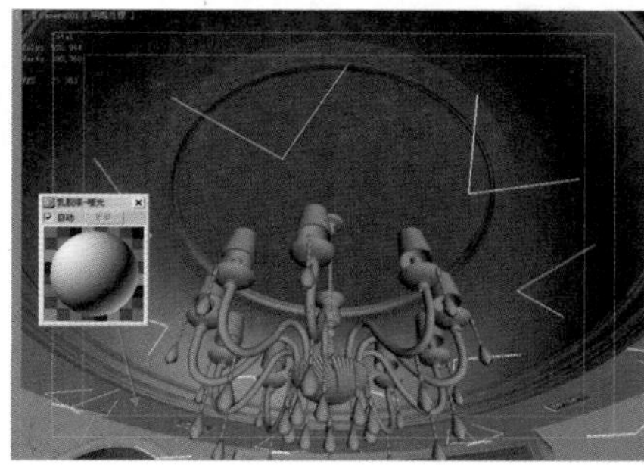

图9—57

思维点拨

【标准】材质是3ds Max最原始、最经典的材质，即使不安装VRay渲染器，依然可以使用，并且在所有的渲染器中都可以使用该材质，由此可见【标准】材质的重要性。但是有些用户在使用了VRay渲染器后，发现VRayMtl材质更方便，便忽略了【标准】材质。其实使用【标准】材质仍然可以制作出很多漂亮的材质效果，要记住学习3ds Max材质，一定要从【标准】材质开始学起，这样能更好地理解材质。

Part 02 乳胶漆-反光材质的制作

01 选择第二个材质球，单击 Standard 按钮，在弹出的【材质/贴图浏览器】对话框中选择VRayMtl材质，如图9-58所示。

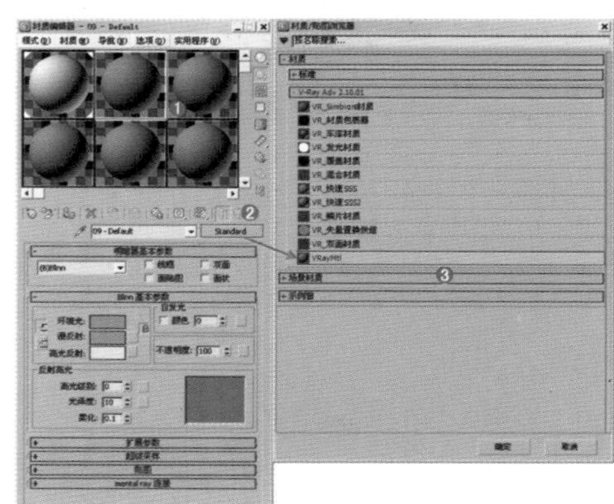

图9—58

02 将材质命名为【乳胶漆-反光】，并进行详细地调节，调节的具体参数如图9-59所示。

调节【漫反射】颜色为浅灰色（红：238，绿：238，蓝：238），调节【反射】颜色为深灰色（红：62，绿：62，蓝：62），然后选中【菲涅耳反射】复选框，最后设置【反射光泽度】为0.7，【细分】为20。

03 双击查看此时的材质球效果，如图9-60所示。

图9-59

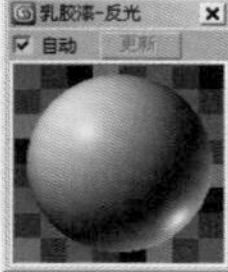

图9-60

04 将制作完毕的乳胶漆-反光材质赋给场景中天花内部的模型，如图9-61所示。接着制作出剩余部分模型的材质，最终场景效果如图9-62所示。

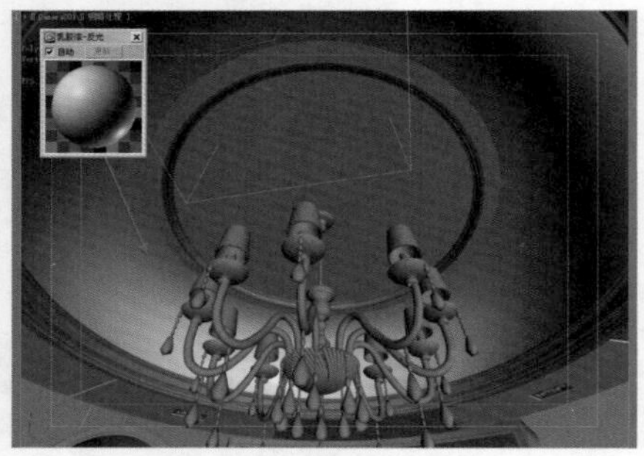

图9-61

图9-62

05 最终渲染效果如图9-63所示。

图9-63

技术拓展：如何保存材质？

在材质制作过程中，有时需要将制作好的材质保存，等下一次用到该材质时，直接调用就可以了，这在3ds Max 2013中完全可以实现。下面开始讲解如何保存材质：

01 单击我们制作好的材质球，并命名为【红漆】，如图9-64所示。

02 选择菜单栏中的【材质】|【获取材质】命令，此时会弹出【材质/贴图浏览器】对话框，如图9-65所示。

图9-64　图9-65

03 单击▼按钮，然后选择【新材质库】命令，在打开的对话框中将其命名为【新库.mat】，最后单击【保存】按钮，如图9-66所示。

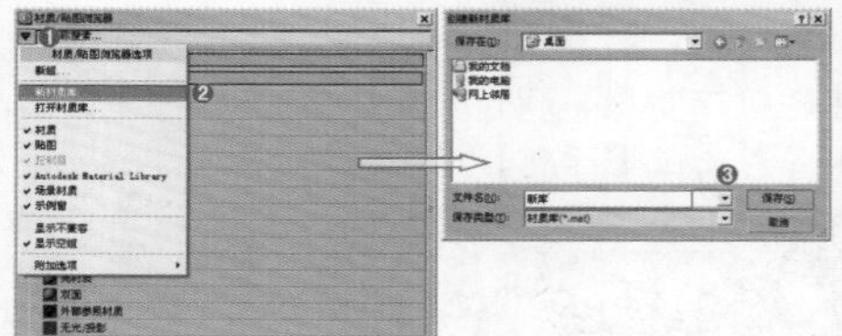

图9-66

04 单击该材质球，并将其拖曳到【新库】下方，如图9-67所示。

图9-67

05 此时【新库】下方出现了我们刚才的【红漆】材质，如图9-68所示。

06 在【新库】上右击，并选择【保存】命令，如图9-69所示。

07 此时材质球文件保存成功，如图9-70所示。

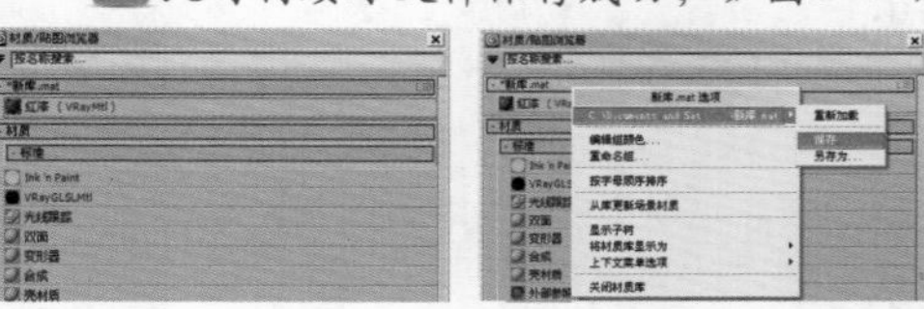

图9-68　图9-69　图9-70

技术拓展：如何调用材质?

制作好的材质保存好后在下一次用到该材质时，直接调用就可以使用。下面开始讲解如何保存材质：

01 当需要使用刚才保存的材质文件时，单击一个空白的材质球，如图9－71所示。

02 选择【材质】|【获取材质】命令，如图9－72所示。

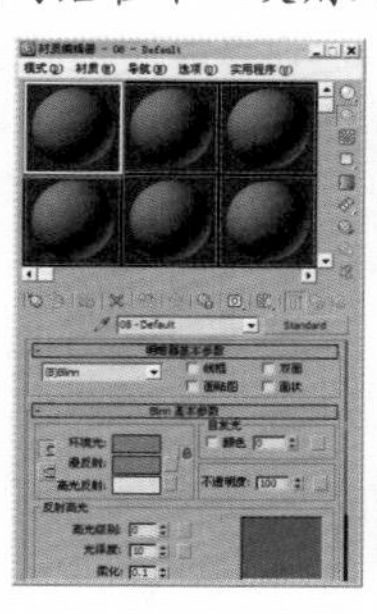

图9－71

图9－72

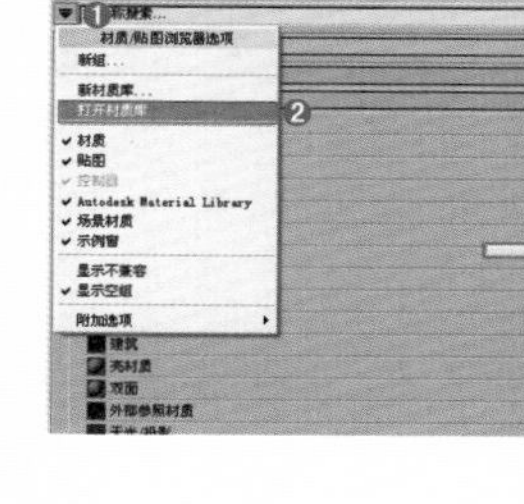

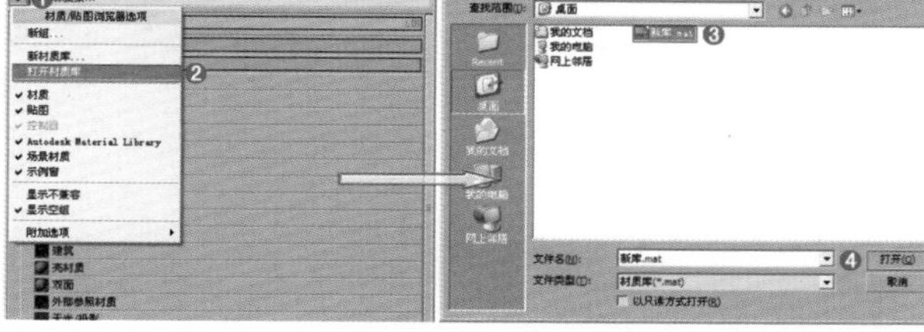

图9－73

03 在打开的【材质/贴图浏览器】对话框中单击按钮，然后选择【打开材质库】命令，在打开的对话框中选择刚才保存的【新库.mat】文件，最后单击【打开】按钮，如图9－73所示。

04 此时【新库】中出现了【红漆】选项，按住鼠标左键将其拖曳到一个空白的材质球上，如图9－74所示。

05 此时该材质球便变成了我们调用的材质，如图9－75所示。

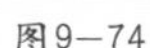

图9－74

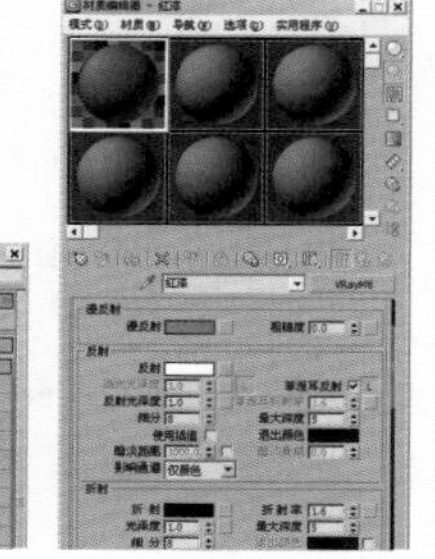

图9－75

9.5.2 VRayMtl

技术速查：VRayMtl是使用范围最广泛的一种材质，常用于制作室内外效果图，由于该材质参数调节简单、容易掌握，并且效果逼真，因而深受用户喜欢。

VRayMtl除了能完成一些反射和折射效果外，还能出色地表现出SSS以及BRDF等效果，其参数设置，如图9-76所示。

图9－76

基本参数

展开【基本参数】卷展栏，如图9-77所示。

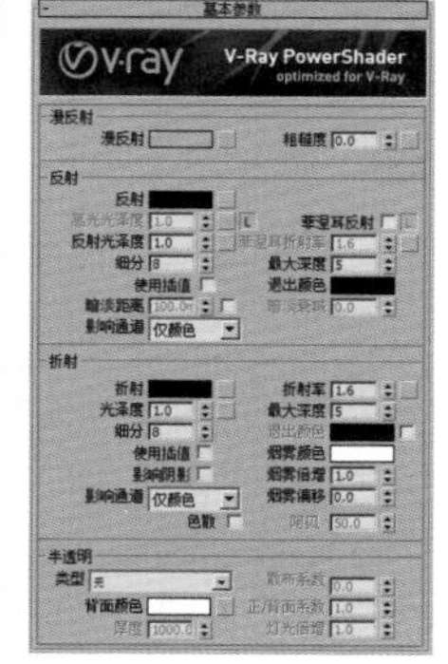

图9－77

01 漫反射

- 漫反射：物体的漫反射用来决定物体的表面颜色。通过单击它的色块，可以调整自身的颜色。单击右边的按钮可以选择不同的贴图类型。
- 粗糙度：数值越大，粗糙效果越明显，可以用该选项来模拟绒布的效果。

技巧提示

漫反射被称为固有色，用来控制物体的基本颜色，当在【漫反射】选项右边的按钮上添加贴图时，漫反射颜色将不再起作用。

02 反射

- 反射：这里的反射是靠颜色的灰度来控制，颜色越白反射越亮，越黑反射越弱 。而这里选择的颜色则是反射出来的颜色，和反射的强度是分开来计算的。单击旁边的按钮，可以使用贴图的灰度来控制反射的强弱。
- 菲涅耳反射：启用该选项后，反射强度会与物体的入射角度有关系，入射角度越小，反射越强烈。当垂直入射时，反射强度最弱。同时，菲涅耳反射的效果也和下面的【菲涅耳折射率】有关。当设置【菲涅耳折射率】为0或100时，将产生完全反射；而当【菲涅耳折射率】从1变化到0时，反射越强烈；同样，当【菲涅耳折射率】从1变化到100时，反射也越强烈。

技巧提示

菲涅耳反射是模拟真实世界中的一种反射现象，反射的强度与摄影机的视点和具有反射功能的物体的角度有关。角度值接近0时，反射最强；当光线垂直于表面时，反射最弱，这也是物理世界中的现象。

● 菲涅耳折射率：在菲涅耳反射中，菲涅耳现象的强弱衰减率可以用该选项来调节。

● 高光光泽度：控制材质的高光大小，默认情况下和【反射光泽度】一起关联控制，可以通过单击旁边的【锁】按钮L来解除锁定，从而可以单独调整高光的大小。

● 反射光泽度：通常也被称为反射模糊。物理世界中所有的物体都有反射光泽度，只是或多或少而已。默认值1表示没有模糊效果，而比较小的值表示模糊效果越强烈。单击右边的■按钮，可以通过贴图的灰度来控制反射模糊的强弱。

● 细分：用来控制【反射光泽度】的品质，较高的值可以取得较平滑的效果，而较低的值可以让模糊区域产生颗粒效果。注意，细分值越大，渲染速度越慢。

● 使用插值：当启用该选项时，VRay能够使用类似于发光贴图的缓存方式来加快反射模糊的计算。

● 最大深度：是指反射的次数，数值越高效果越真实，但渲染时间也更长。

● 退出颜色：当物体的反射次数达到最大次数时就会停止计算反射，这时由于反射次数不够造成的反射区域的颜色就用退出色来代替。

● 暗淡距离：该选项用来控制暗淡距离的数值。

● 暗淡衰减：该选项用来控制暗淡衰减的数值。

● 影响通道：该选项用来控制是否影响通道。

03 折射

● 折射：和反射的原理一样，颜色越白，物体越透明，进入物体内部产生折射的光线也就越多；颜色越黑，物体越不透明，产生折射的光线也就越少。单击右边的■按钮，可以通过贴图的灰度来控制折射的强弱。

● 折射率：设置透明物体的折射率。

> **技巧提示**
>
> 真空的折射率是1，水的折射率是1.33，玻璃的折射率是1.5，水晶的折射率是2，钻石的折射率是 2.4，这些都是制作效果图常用的折射率。

● 光泽度：用来控制物体的折射模糊程度。值越小，模糊程度越明显；默认值1不产生折射模糊。单击右边的按钮■，可以通过贴图的灰度来控制折射模糊的强弱。

● 细分：用来控制折射模糊的品质，较高的值可以得到比较光滑的效果，但是渲染速度会变慢；而较低的值可以使模糊区域产生杂点，但是渲染速度会变快。

● 使用插值：当启用该选项时，VRay能够使用类似于发光贴图的缓存方式来加快光泽度的计算。

● 影响阴影：该选项用来控制透明物体产生的阴影。启用该选项时，透明物体将产生真实的阴影。注意，该选项仅对【VRay光源】和【VRay阴影】有效。

● 烟雾颜色：该选项可以让光线通过透明物体后使光线变少，就好像和物理世界中的半透明物体一样。这个颜色值和物体的尺寸有关，厚的物体颜色需要设置谈一点才有效果。

● 烟雾倍增：可以理解为烟雾的浓度。值越大，雾越浓，光线穿透物体的能力越差。不推荐使用大于1的值。

● 烟雾偏移：控制烟雾的偏移，较低的值会使烟雾向摄影机的方向偏移。

04 半透明

● 类型：半透明效果（也叫3S效果）的类型有3种，一种是【硬（蜡）模型】，比如蜡烛；一种是【软（水）模型】，比如海水；还有一种是【混合模型】。

● 背面颜色：用来控制半透明效果的颜色。

● 厚度：用来控制光线在物体内部被追踪的深度，也可以理解为光线的最大穿透能力。较大的值，会让整个物体都被光线穿透；较小的值，可以让物体比较薄的地方产生半透明现象。

● 散布系数：物体内部的散射总量。0表示光线在所有方向被物体内部散射；1表示光线在一个方向被物体内部散射，而不考虑物体内部的曲面。

● 正/背面系数：控制光线在物体内部的散射方向。0表示光线沿着灯光发射的方向向前散射；1表示光线沿着灯光发射的方向向后散射；0.5表示这两种情况各占一半。

● 灯光倍增：设置光线穿透能力的倍增值。值越大，散射效果越强。

双向反射分布函数

展开【双向反射分布函数】卷展栏，如图9-78所示。

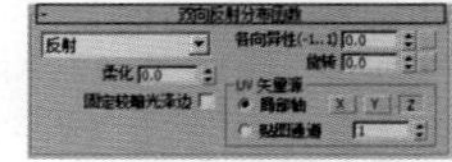

图9—78

● 明暗器列表：包含3种明暗器类型，分别是【多面】、【反射】和【沃德】。【多面】适合硬度很高的物体，高光区很小；【反射】适合大多数物体，高光区适中；【沃德】适合表面柔软或粗糙的物体，高光区最大。

● 各向异性：控制高光区域的形状，可以用该参数来设置拉丝效果。

● 旋转：控制高光区的旋转方向。

● UV矢量源：控制高光形状的轴向，也可以通过贴图通道来设置。

- 局部轴：有X、Y、Z3个轴可供选择。
- 贴图通道：可以使用不同的贴图通道与UVW贴图进行关联，从而实现一个物体在多个贴图通道中使用不同的UVW贴图，这样可以得到各自相对应的贴图坐标。

技巧提示

关于双向反射分布现象，在物理世界中随处可见。双向反射主要可以控制高光的形状和方向，常在金属、玻璃、陶瓷等制品中看到。如图9—79所示为不同双向反射参数的对比效果。

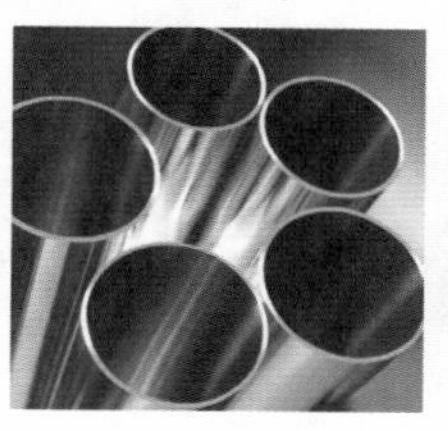

图9—79

如图9—80所示为默认双向反射分布函数和更改双向反射分布函数的材质球对比效果。

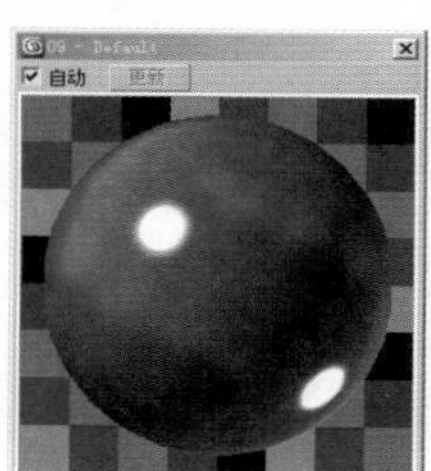

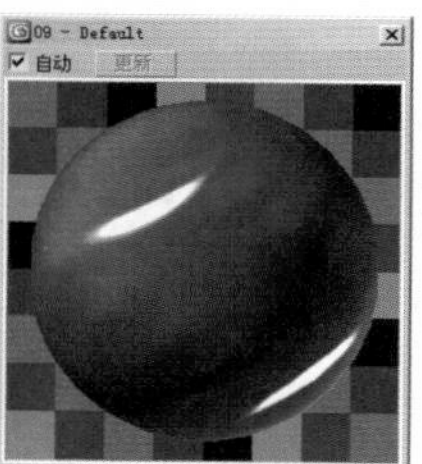

图9—80

选项

展开【选项】卷展栏，如图9-81所示。

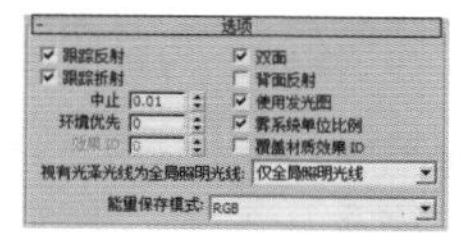

图9—81

- 跟踪反射：控制光线是否追踪反射。如果禁用该选项，VRay将不渲染反射效果。
- 跟踪折射：控制光线是否追踪折射。如果禁用该选项，VRay将不渲染折射效果。
- 中止：中止选定材质的反射和折射的最小阈值。
- 环境优先：控制【环境优先】的数值。
- 效果ID：该选项控制设置效果的ID。
- 双面：控制VRay渲染的面是否为双面。
- 背面反射：启用该选项时，将强制VRay计算反射物体的背面产生反射效果。
- 使用发光图：控制选定的材质是否使用发光图。
- 雾系统单位比例：该选项控制是否启用雾系统的单位比例。
- 覆盖材质效果ID：该选项控制是否启用覆盖材质效果的ID。
- 视有光泽光线为全局照明光线：该选项在效果图制作中一般都默认设置为【仅全局照明光线】。
- 能量保存模式：该选项在效果图制作中一般都默认设置为RGB模型，因为这样可以得到彩色效果。

贴图

展开【贴图】卷展栏，如图9-82所示。

图9—82

- 凸凹：主要用于制作物体的凹凸效果，在后面的通道中可以加载凹凸贴图。
- 置换：主要用于制作物体的置换效果，在后面的通道中可以加载置换贴图。
- 透明：主要用于制作透明物体，例如窗帘、灯罩等。
- 环境：主要是针对上面的一些贴图而设定的，如反射、折射等，只是在其贴图的效果上加入了环境贴图效果。

反射插值和折射插值

展开【反射插值】和【折射插值】卷展栏，如图9-83所示。该卷展栏中的参数只有在【基本参数】卷展栏中的【反射】或【折射】选项组中选中【使用插值】复选框时才起作用。

图9—83

- 最小比率：在反射对象不丰富（颜色单一）的区域使用该参数所设置的数值进行插补。数值越高，精度就越高，反之精度就越低。
- 最大比率：在反射对象比较丰富（图像复杂）的区域使用该参数所设置的数值进行插补。数值越高，精度就越高，反之精度就越低。
- 颜色阈值：指的是插值算法的颜色敏感度。值越大，敏感度就越低。

- 法线阈值：指的是物体的交接面或细小的表面的敏感度。值越大，敏感度就越低。
- 插补采样：用于设置反射插值时所用的样本数量。值越大，效果越平滑模糊。

技巧提示

由于【折射插值】卷展栏中的参数与【反射插值】卷展栏中的参数相似，因此这里不再进行讲解。【折射插值】卷展栏中的参数只有在【基本参数】卷展栏中的【折射】选项组中选中【使用插值】复选框时才起作用。

★ 案例实战——VRayMtl材质制作壁纸

场景文件	02.max
案例文件	案例文件\Chapter 09\案例实战——VRayMtl材质制作壁纸.max
视频教学	视频文件\Chapter 09\案例实战——VRayMtl材质制作壁纸.flv
难易指数	★★☆☆☆
材质类型	VRayMtl材质
技术掌握	掌握VRayMtl材质的运用和位图贴图的使用

实例介绍

壁纸，也称为墙纸，是一种应用相当广泛的室内装饰材料。壁纸分为很多类，如涂布壁纸、覆膜壁纸、压花壁纸等。因为具有一定的强度、美观的外表和良好的抗水性能，广泛用于住宅、办公室、宾馆的室内装修等。在这个场景中，主要讲解了使用VRayMtl材质制作壁纸的方法，最终渲染效果如图9-84所示。

图9—84

其基本属性主要有以下2点：

- 壁纸纹理贴图
- 很小的凹凸效果

操作步骤

01 打开本书配套光盘中的【场景文件\Chapter09\02.max】文件，此时场景效果如图9-85所示。

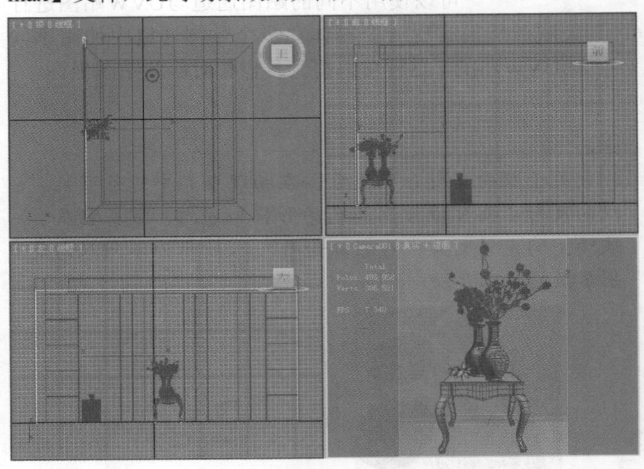

图9—85

技巧提示

当在使用VRayMtl时需要将渲染器设置为VRay渲染器。如图9—86所示为将渲染器设置为VRay渲染器的方法。

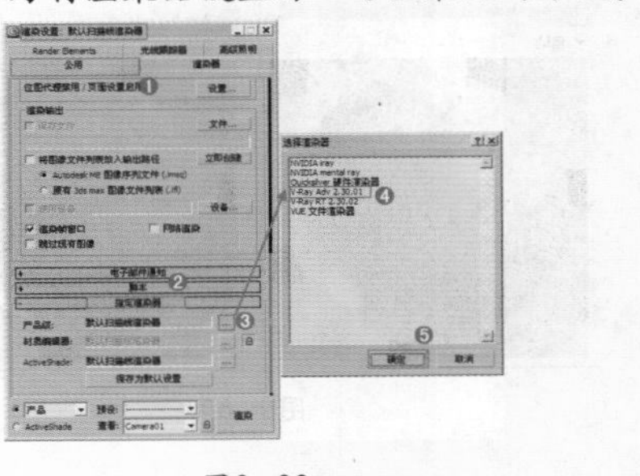

图9—86

02 按M键，打开【材质编辑器】对话框，选择第一个材质球，单击（标准）按钮，在弹出的【材质/贴图浏览器】对话框中选择VRayMtl材质，如图9-87所示。

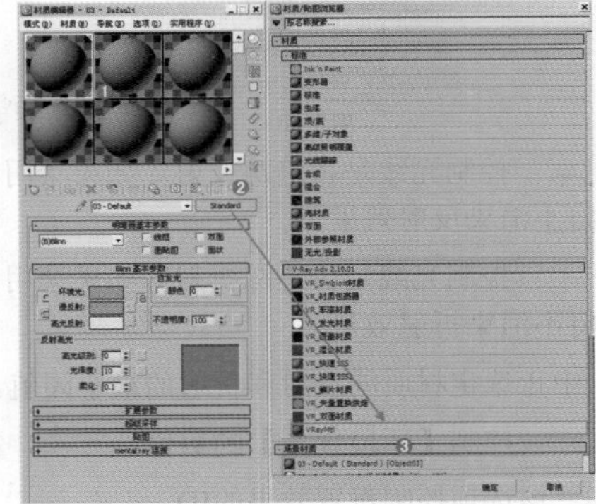

图9—87

03 将材质命名为【壁纸】，在【漫反射】选项组中后面的通道上加载【43886 副本.jpg】贴图文件，并设置【模糊】为0.8，如图9-88所示。

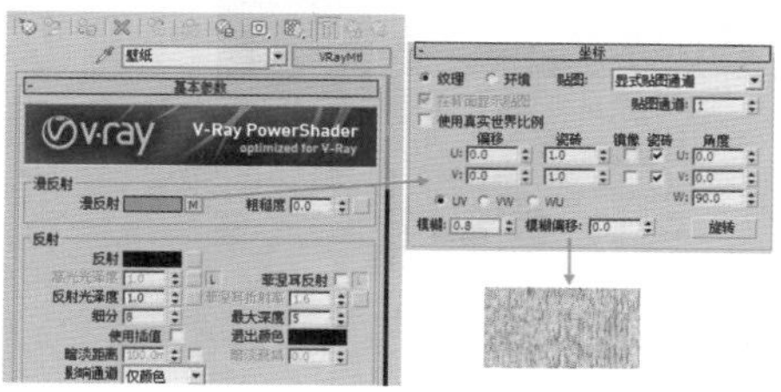

图9—88

04 展开【贴图】卷展栏，单击【漫反射】通道上的贴图文件，并将其拖曳到【凹凸】通道上，设置凹凸数量为3，如图9-89所示。

05 双击查看此时的材质球效果，如图9-90所示。

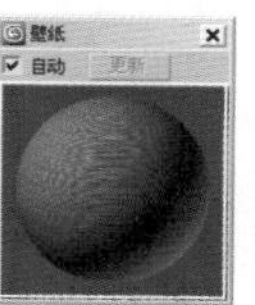

图9—89　图9—90

06 将制作完毕的墙纸材质赋给场景中墙壁的模型，接着制作出剩余部分模型的材质，如图9-91所示。最终场景效果如图9-92所示。

图9—91

图9—92

07 最终渲染效果如图9-93所示。

图9—93

★ 案例实战——VRayMtl材质制作木纹

场景文件	03.max
案例文件	案例文件\Chapter 09\案例实战——VRayMtl材质制作木纹.max
视频教学	视频文件\Chapter 09\案例实战——VRayMtl材质制作木纹.flv
难易指数	★★★☆☆
材质类型	VRayMtl材质
技术掌握	掌握VRayMtl材质模拟木纹、金属质感的方法

实例介绍

柜子一般为方形或长方形，由木制或铁制制成，用来摆设工艺品及物品。在这个场景空间中，主要讲解了使用VRayMtl材质制作柜子的木纹材质和金属把手的材质，最终渲染效果如图9-94所示。

图9—94

共基本属性主要有：

- 带有一定的模糊反射

操作步骤

Part01 木纹材质的制作

01 打开本书配套光盘中的【场景文件\Chapter09\03.max】文件，此时场景效果如图9-95所示。

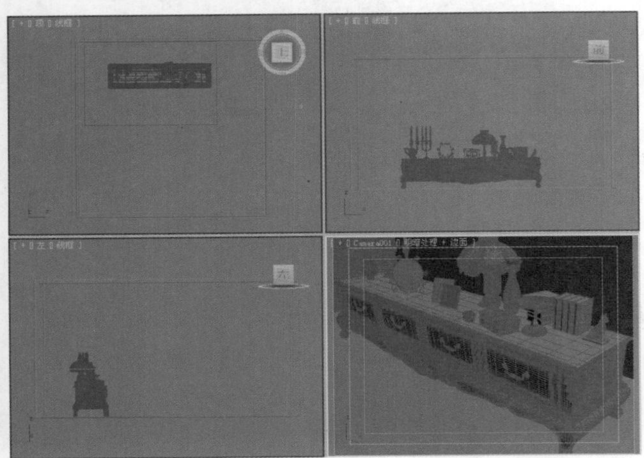

图9-95

02 按M键，打开【材质编辑器】对话框，选择第一个材质球，单击 Standard （标准）按钮，在弹出的【材质/贴图浏览器】对话框中选择VRayMtl材质，如图9-96所示。

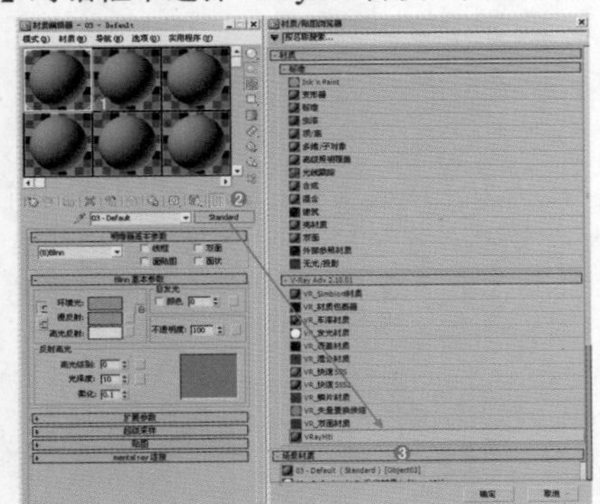

图9-96

03 将材质命名为【木纹】，下面调节其具体的参数，如图9-97和图9-98所示。

- 在【漫反射】选项组中加载【ArchInteriors_12_10_zebrano_wall.jpg】贴图文件；接着在【反射】选项组中后面的通道上加载【衰减】程序贴图；展开【衰减参数】卷展栏，设置【衰减类型】为Fresnel；最后设置【反射光泽度】为0.85，【细分】为20。
- 展开【贴图】卷展栏，单击【漫反射】通道上的贴图文件，并将其拖曳到【凹凸】通道上，设置凹凸数量为30。

04 双击查看此时的材质球效果，如图9-99所示。

05 将调节好的木纹材质赋给场景中的柜子模型，如图9-100所示。

图9-97

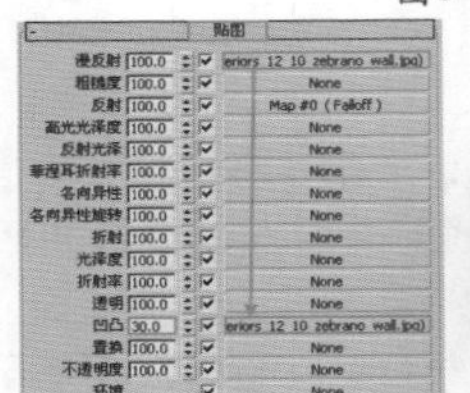

图9-98

图9-99

图9-100

Part02 金属把手材质制作

01 选择一个空白材质球，然后将【材质类型】设置为VRayMtl材质，接着将材质命名为【金属把手】，下面调节其具体的参数，如图9-101和图9-102所示。

- 在【漫反射】选项组中调节颜色为黑色（红：27，绿：17，蓝：7）。接着在【反射】选项组中后面的通道上加载【衰减】程序贴图；展开【衰减参数】卷展栏，设置【衰减类型】为【垂直/平行】；最后设置【高光光泽度】为0.6，【反射光泽度】为0.95，【细分】为24。
- 展开【双向反射分布函数】卷展栏，并设置方式为【反射】，设置【各向异性】为0.5。

02 双击查看此时的材质球效果，如图9-103所示。

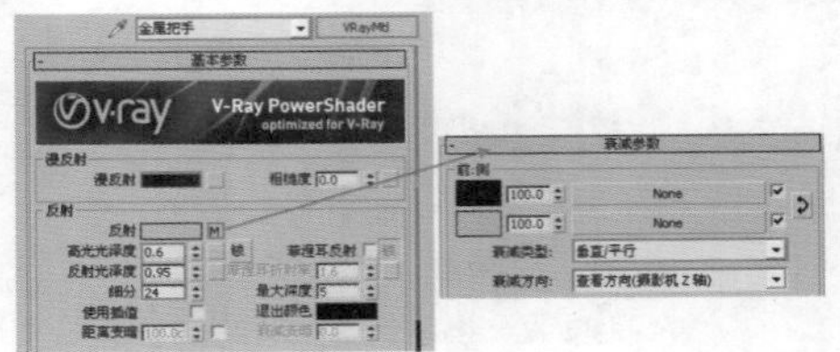

图9-101

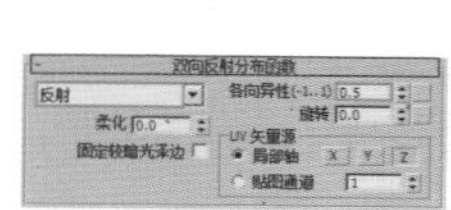
图9-102

图9-103

03 将调节制作完毕的金属把手材质赋给场景中柜子的把手模型，如图9-104所示。

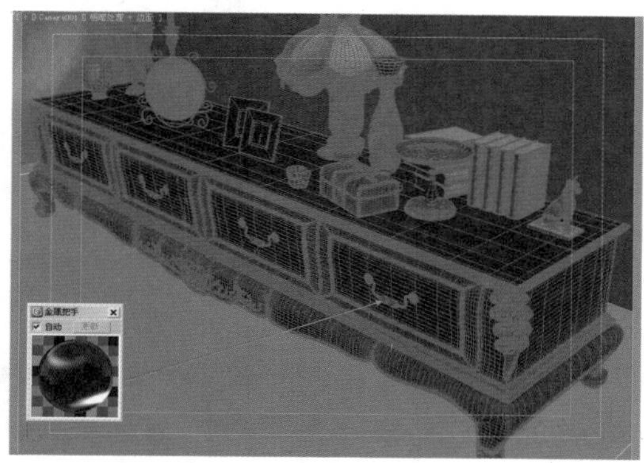
图9-104

04 接着制作出剩余部分模型的材质，最终场景效果如图9-105所示。

图9-105

05 最终渲染效果如图9-106所示。

图9-106

★ 案例实战——VRayMtl材质制作地板

场景文件	04.max
案例文件	案例文件\Chapter 09\案例实战——VRayMtl材质制作地板.max
视频教学	视频文件\Chapter 09\案例实战——VRayMtl材质制作木地板.flv
难易指数	★★★☆☆
材质类型	VRayMtl材质
技术掌握	掌握VRayMtl材质制作木地板的运用

实例介绍

木地板是指用木材制成的地板，中国生产的木地主要分为实木地板、强化木地板、实木复合地板、自然山水风水地板、竹材地板和软木地板六大类。在这个场景中，主要讲解了使用VRayMtl制作地板的材质，最终渲染效果如图9-107所示。

图9-107

其基本属性主要有以下2点：

- 带有木纹纹理贴图
- 很小的凹凸效果

操作步骤

01 打开本书配套光盘中的【场景文件\Chapter09\04.max】文件，此时场景效果如图9-108所示。

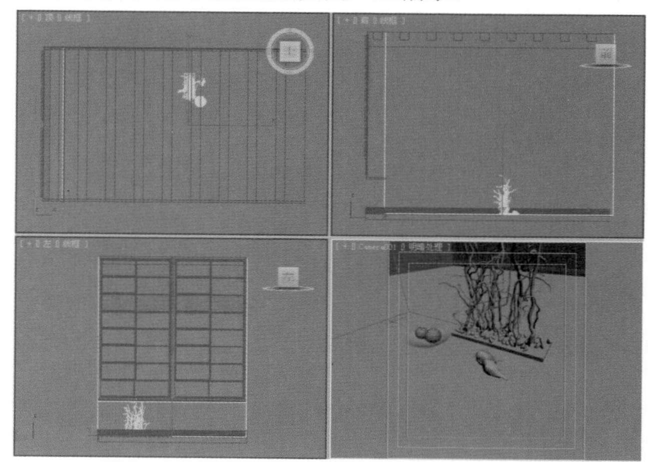
图9-108

02 按M键，打开【材质编辑器】对话框，选择第一个材质球，单击 Standard （标准）按钮，在弹出的【材质/贴图浏览器】对话框中选择VRayMtl材质，如图9-109所示。

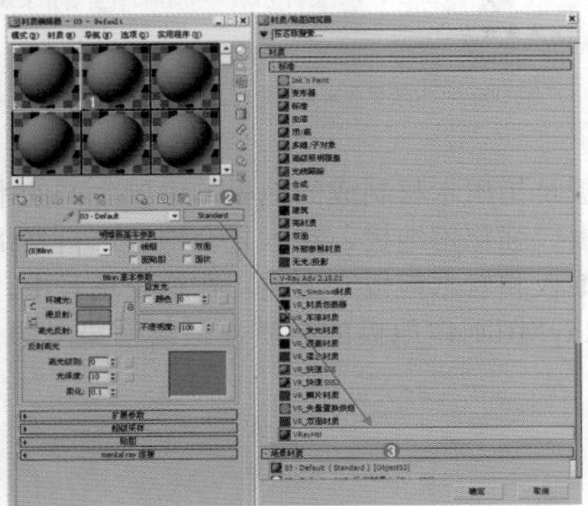

图9—109

03 将材质命名为【地板】，并进行详细的调节，具体参数如图9-110~图9-112所示。

- 在【漫反射】选项组中后面的通道上加载【地板003.jpg】贴图文件，并设置【瓷砖】的U为2.5、V为2。调节【反射】颜色为深灰色（红：75，绿：75，蓝：75），最后设置【反射光泽度】为0.86，【细分】为20。

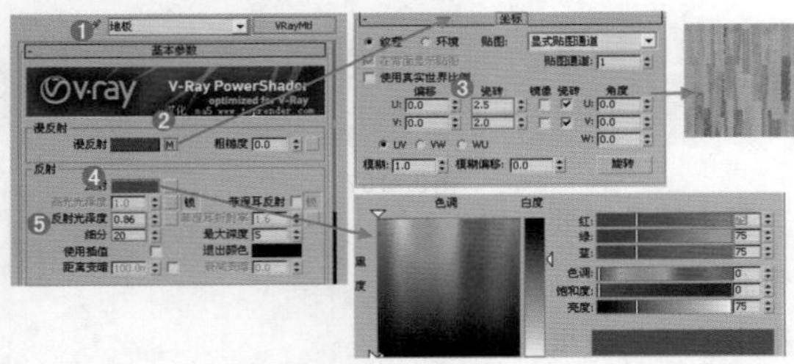

图9—110

- 展开【贴图】卷展栏，单击【漫反射】通道上的贴图文件，并将其拖曳到【凹凸】通道上，设置凹凸数量为30。
- 展开【贴图】卷展栏，取消选中【跟踪反射】复选框。

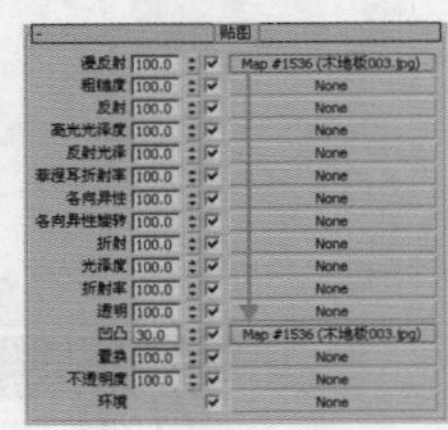

图9—111

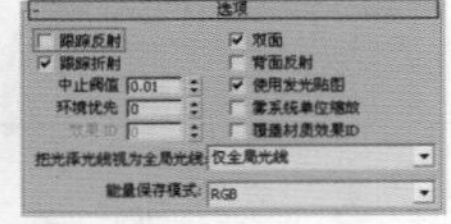

图9—112

04 选择地面模型，然后为其加载【UVW贴图】修改器，并设置【贴图】方式为【长方体】，设置【长度】为880mm、【宽度】为1100mm，最后设置【对齐】方式为Z，如图9-113所示。

05 双击查看此时的材质球效果如图9-114所示。

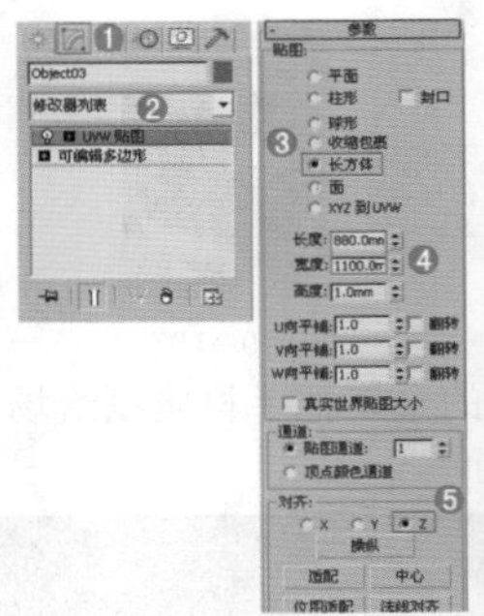

图9—113

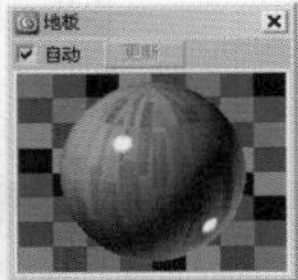

图9—114

06 将制作完毕的地板材质赋给场景中地板的模型，接着制作出剩余部分模型的材质，如图9-115所示。最终场景效果如图9-116所示。

图9—115

图9—116

技巧提示

制作木地板的方法很多，我们也可以在【反射】选项组中调节反射颜色为浅灰色（红：149，绿：149，蓝：149），设置【高光光泽度】为0.85，【反射光泽度】为0.84，【细分】为20，选中【菲涅耳反射】复选框，如图9-117所示。同样也能得到较好的木地板材质，如图9-118所示。

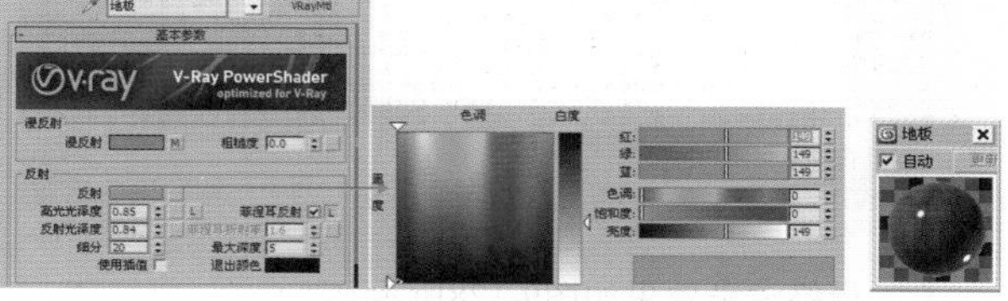

图9-117　　图9-118

07 最终渲染效果如图9-119所示。

图9-119

★ 案例实战——VRayMtl材质制作马赛克

场景文件	05.max
案例文件	案例文件\Chapter 09\案例实战——VRayMtl材质制作马赛克.max
视频教学	视频文件\Chapter 09\案例实战——VRayMtl材质制作马赛克.flv
难易指数	★★★☆☆
材质类型	VRayMtl材质
技术掌握	掌握VRayMtl材质的运用

实例介绍

“马赛克”的建筑专业名词为锦砖，分为陶瓷锦砖和玻璃锦砖两种。是一种装饰艺术，通常使用许多小石块或有色玻璃碎片拼成图案。在这个场景中，主要讲解了使用VRayMtl制作马赛克的材质最终渲染效果，如图9-120所示。

其基本属性主要有以下2点：

- 马赛克纹理贴图
- 很小的凹凸效果

图9-120

操作步骤

01 打开本书配套光盘中的【场景文件\Chapter09\05.max】文件，此时场景效果如图9-121所示。

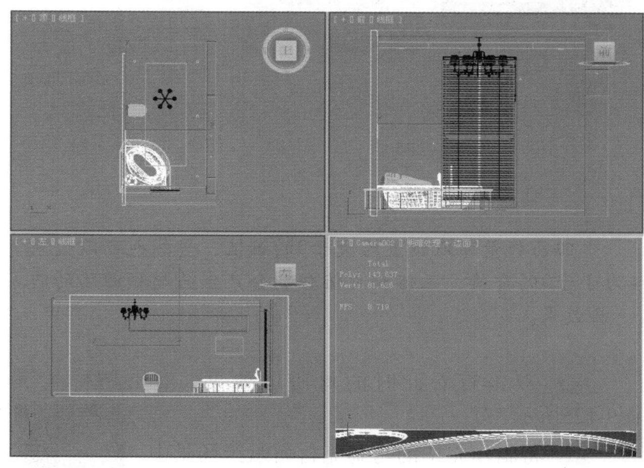

图9-121

02 按M键，打开【材质编辑器】对话框，选择第一个材质球，单击 Standard （标准）按钮，在弹出的【材质/贴图浏览器】对话框中选择VRayMtl材质，如图9-122所示。

图9-122

03 将材质命名为【马赛克】，并进行详细的调节，具体参数如图9-123和图9-124所示。

- 在【漫反射】选项组中后面的通道上加载【1106382943.jpg】贴图文件；展开【坐标】卷展栏，设置【瓷砖】的U为6，V为4；调节【反射】颜色为（红：235，绿：235，蓝：235），选中【菲涅耳反射】复选框，设置【细分】为16。

技巧提示

选中【菲涅耳反射】复选框后，在渲染时物体的反射会大大的减弱，因此会出现一个真实的反射的过渡效果。

- 展开【贴图】卷展栏，单击【漫反射】通道上的贴图文件，并将其拖曳到【凹凸】通道上，设置凹凸数量为-80。

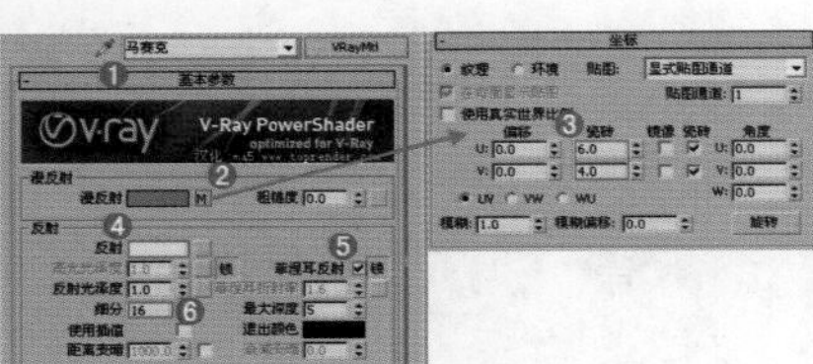

图9—123

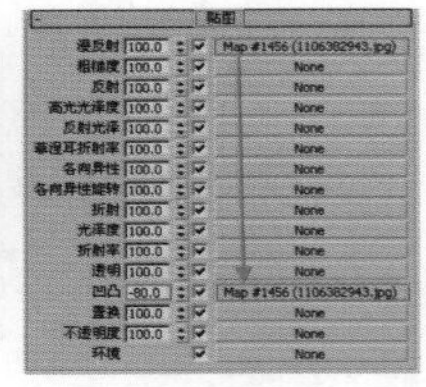

图9—124

技巧提示

凹凸数量可以设置为大于0的正值，当然也可以设置为小于0的负值。正值和负值分别会产生凸起和凹陷的凹凸效果。

04 双击查看此时的材质球效果，如图9-125所示。

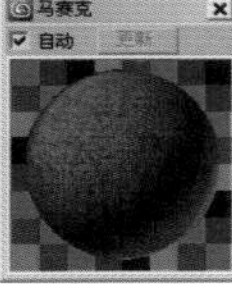

图9—125

05 将制作完毕的马赛克材质赋给场景中墙壁的模型，接着制作出剩余部分模型的材质，如图9-126所示。最终场景效果如图9-127所示。

图9—126

图9—127

06 最终渲染效果如图9-128所示。

图9—128

读书笔记

★ 案例实战——VRayMtl材质制作镜子

场景文件	06.max
案例文件	案例文件\Chapter 09\案例实战——VRayMtl材质制作镜子.max
视频教学	视频文件\Chapter 09\案例实战——VRayMtl材质制作镜子.flv
难易指数	★★★☆☆
材质类型	VRayMtl材质
技术掌握	掌握VRayMtl材质制作完全反射效果的镜子材质的运用

实例介绍

镜子是一种表面光滑、具反射光线能力的物品。最常见的镜子是平面镜，常被人们利用来整理仪容。在这个室内空间中，主要讲解了使用VRayMtl材质制作镜子材质和镜子边框材质，最终渲染效果如图9-129所示。

其基本属性主要为：

- 强烈的反射效果

图9—129

操作步骤

Part 01 制作镜子材质

01 打开本书配套光盘中的【场景文件\Chapter09\06.max】文件，此时场景效果如图9-130所示。

图9—130

02 按M键，打开【材质编辑器】对话框，选择第一个材质球，单击 Standard （标准）按钮，在弹出的【材质/贴图浏览器】对话框中选择VRayMtl材质，如图9-131所示。

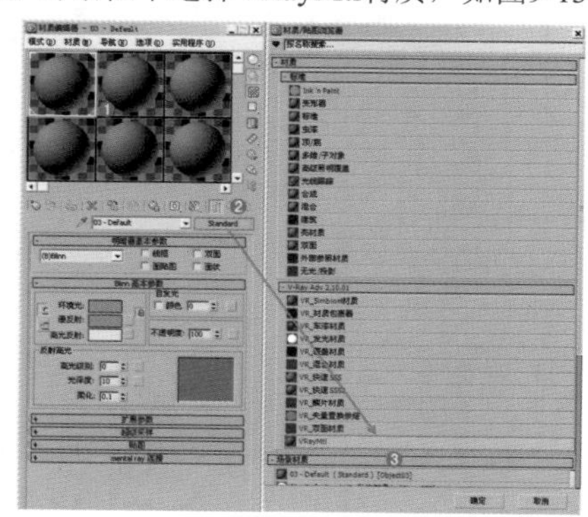

图9—131

03 将材质命名为【镜子】，下面调节其具体的参数，如图9-132所示。

- 在【漫反射】选项组中调节颜色为白色（红：255，绿：255，蓝：255）。
- 在【反射】选项组中调节颜色为白色（红：255，绿：255，蓝：255），设置【反射光泽度】为1，【细分】为20。

04 双击查看此时的材质球效果，如图9-133所示。

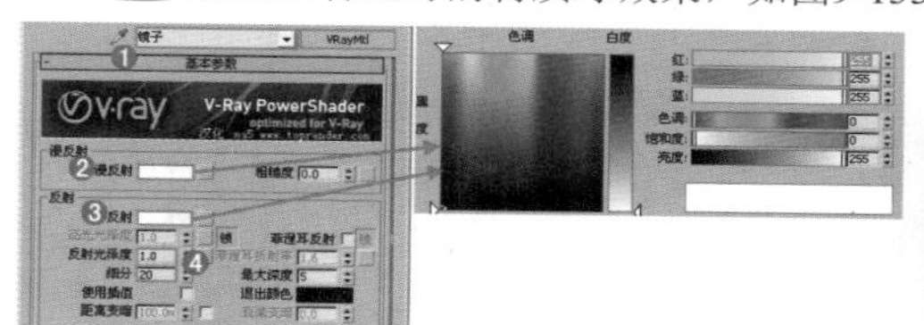

图9—132

图9—133

技巧提示

在VRayMtl材质中，反射的颜色直接控制反射的强度。反射颜色越接近白色，反射越强；反射颜色越接近黑色，反射越弱。由于本案例需要制作的镜子材质是完全反射的效果，因此设置反射颜色为白色。

05 将调节好的镜子材质赋给场景中镜子的模型，如图9-134所示。

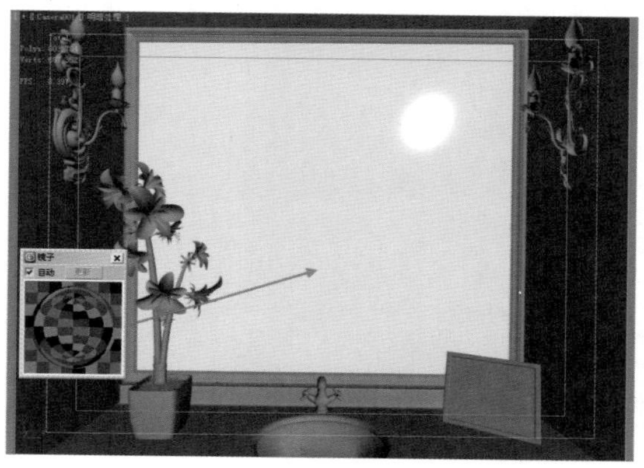

图9—134

Part 02 制作镜子边框材质

01 选择一个空白材质球，然后将材质类型设置为VRayMtl材质，接着将材质命名为【镜子边框】，具体参数设置如图9-135所示。

- 在【漫反射】选项组中调节颜色为浅黄色（红：240，绿：237，蓝：232）。
- 在【反射】选项组中后面的通道上加载【衰减】程序贴图，展开【衰减参数】卷展栏，设置【衰减类型】为Fresnel，设置【高光光泽度】为0.7，【反射光泽度】为0.85，【细分】为16。

02 双击查看此时的材质球效果，如图9-136所示。

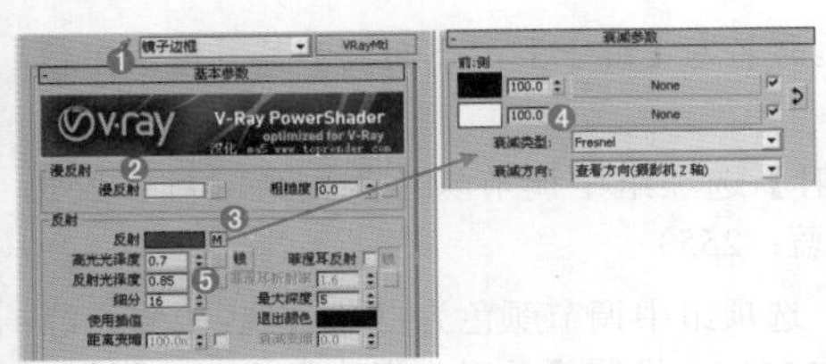

图9-135

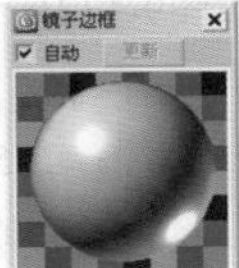

图9-136

03 将调节好的镜子边框材质赋给场景中镜子边框的模型，如图9-137所示。接着制作出剩余部分模型的材质，最终场景效果如图9-138所示。

图9-137

图9-138

04 最终渲染效果如图9-139所示。

图9-139

★ 案例实战——VRayMtl材质制作金属

场景文件	07.max
案例文件	案例文件\Chapter 09\案例实战——VRayMtl材质制作金属.max
视频教学	视频文件\Chapter 09\案例实战——VRayMtl材质制作金属.flv
难易指数	★★★☆☆
材质类型	VRayMtl材质
技术掌握	掌握VRayMtl材质制作不同金属效果的方法

实例介绍

磨砂金属是表面带有一定细小颗粒质感的金属，反射较弱。不锈钢金属是表面较为光滑的金属，反射较强。在这个场景空间中，主要讲解了使用VRayMtl材质制作磨砂金属材质和不锈钢金属材质的方法，最终渲染效果如图9-140所示。

图9-140

其基本属性主要有以下2点：

- 磨砂金属材质带有一定的模糊反射
- 不锈钢金属材质带有很少的反射模糊

操作步骤

Part01 磨砂金属材质的制作

01 打开本书配套光盘中的【场景文件\Chapter09\07.max】文件，此时场景效果如图9-141所示。

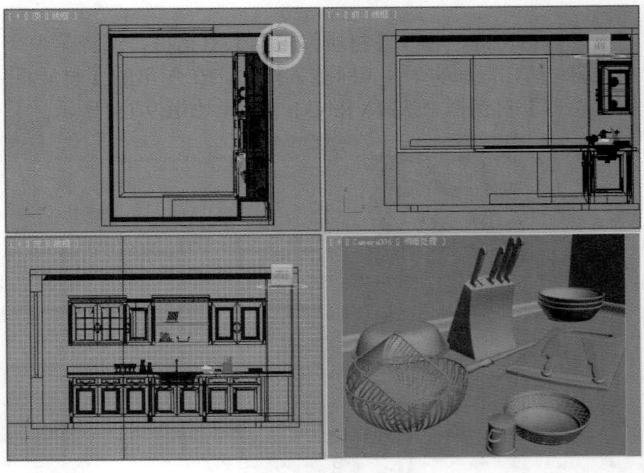

图9-141

02 按M键，打开【材质编辑器】对话框，选择第一个材质球，单击 Standard （标准）按钮，在弹出的【材质/贴图浏览器】对话框中选择VRayMtl材质，如图9-142所示。

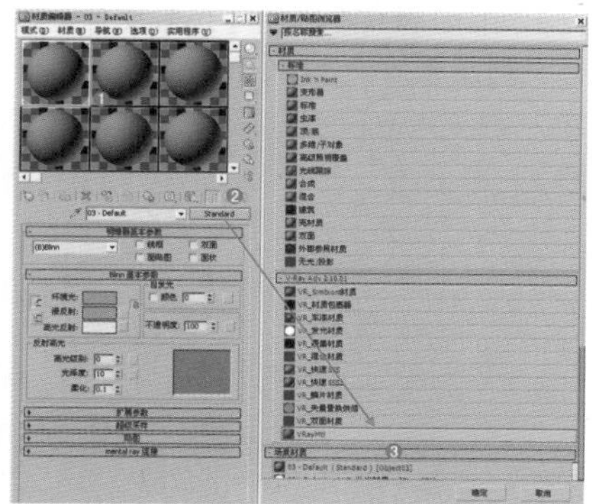

图9—142

03 将材质命名为【磨砂金属】，下面调节其具体的参数，如图9-143所示。

- 在【漫反射】选项组中调节颜色为（红：31，绿：31，蓝：31）。
- 在【反射】选项组中调节颜色为（红：161，绿：165，蓝：168），设置【高光光泽度】为0.82，【反射光泽度】为0.98，【细分】为12。

04 双击查看此时的材质球效果，如图9-144所示。

图9—143

图9—144

05 将调节好的磨砂金属材质赋给场景中的模型，如图9-145所示。

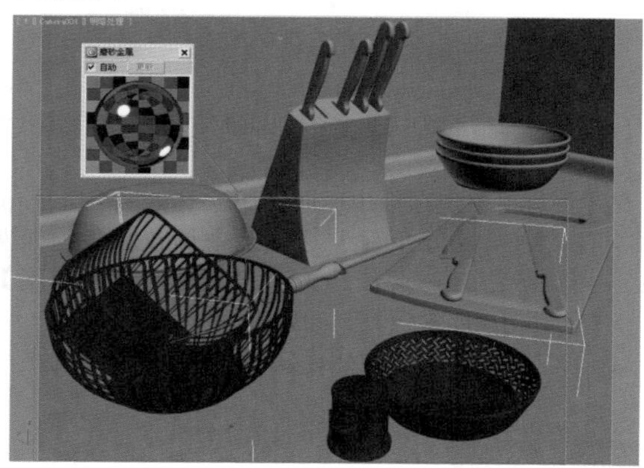

图9—145

Part 02 不锈钢金属制作

01 选择一个空白材质球，然后将材质类型设置为VRayMtl材质，接着将材质命名为【不锈钢金属】，下面调节其具体的参数，如图9-146所示。

- 在【漫反射】选项组中调节颜色为深灰色（红：65，绿：65，蓝：65）。
- 在【反射】选项组中调节颜色为浅灰色（红：201，绿：201，蓝：201），设置【反射光泽度】为0.95，【细分】为8。

02 双击查看此时的材质球效果，如图9-147所示。

图9—146

图9—147

03 将调节制作完毕的不锈钢金属材质赋给场景中的模型，如图9-148所示。接着制作出剩余部分模型的材质，最终场景效果如图9-149所示。

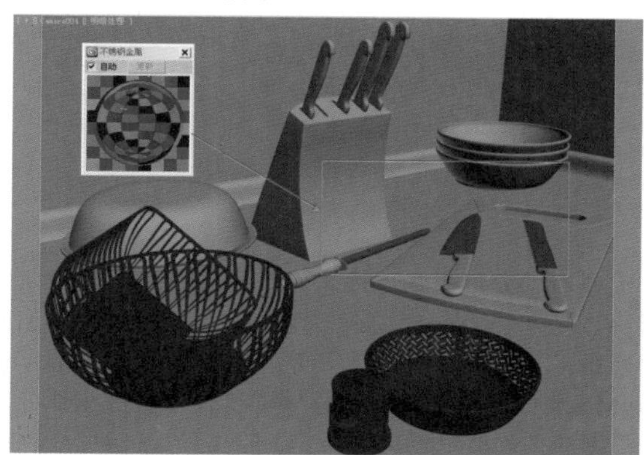

图9—148

图9—149

读书笔记

04 最终渲染效果如图9-150所示。

图9-150

★ 案例实战——VRayMtl材质制作大理石

场景文件	08.max
案例文件	案例文件\Chapter 09\案例实战——VRayMtl材质制作大理石.max
视频教学	视频文件\Chapter 09\案例实战——VRayMtl材质制作大理石.flv
难易指数	★★★☆☆
材质类型	VRayMtl材质
技术掌握	掌握VRayMtl材质制作大理石地面的运用

实例介绍

大理石主要用于加工成各种型材、板材，用作建筑物的墙面、地面、台、柱，还常用于纪念性建筑物，如碑、塔、雕像等的材料。在这个场景空间中，主要讲解了使用VRayMtl材质制作大理石地面材质和大理石拼花部分的材质，最终渲染效果如图9-151所示。

图9-151

其基本属性主要有以下2点：

- 大理石贴图纹理
- 一定的模糊反射效果

操作步骤

Part 01 大理石地面材质的制作

01 打开本书配套光盘中的【场景文件\Chapter09\08.max】文件，此时场景效果如图9-152所示。

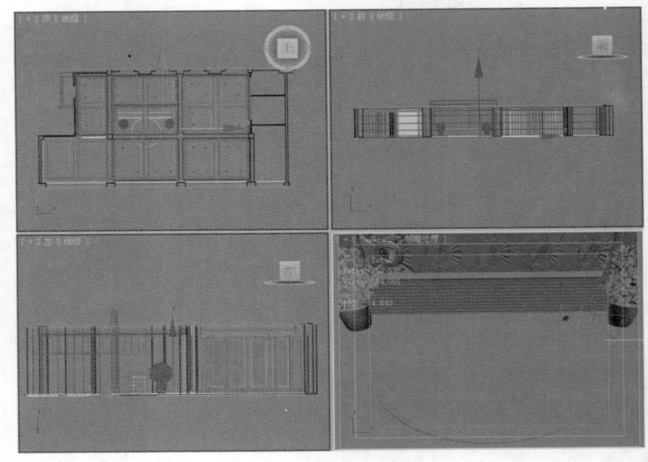

图9-152

02 按M键，打开【材质编辑器】对话框，选择第一个材质球，单击 Standard （标准）按钮，在弹出的【材质/贴图浏览器】对话框中选择VRayMtl材质，如图9-153所示。

图9-153

03 将材质命名为【大理石地面】，下面调节其具体的参数，如图9-154所示。

在【漫反射】选项组中后面的通道上加载【理石.jpg】贴图文件，接着在【反射】选项组中调节颜色为深灰色（红：35，绿：35，蓝：35），设置【高光光泽度】为0.95，【反射光泽度】为0.95，【细分】为8。

04 双击查看此时的材质球效果，如图9-155所示。

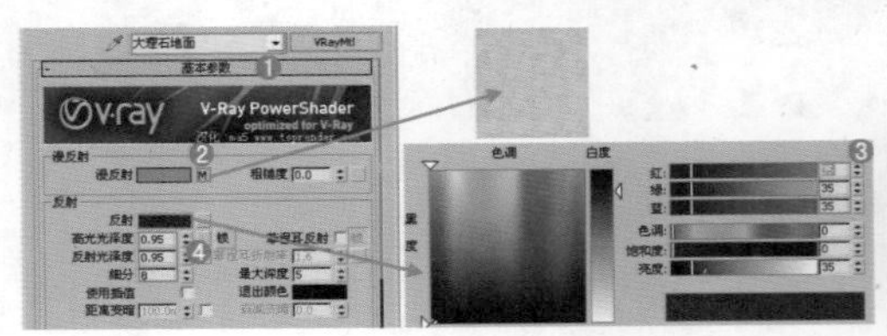

图9-154

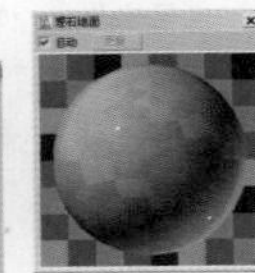

图9-155

05 将调节好的大理石地面材质赋给场景中大面积的地面模型，如图9-156所示。

图9—156

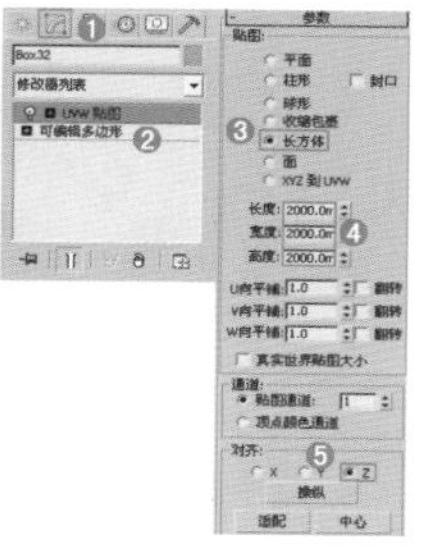

图9—157

06 选择【大理石地面】模型，然后为其加载【UVW贴图】修改器，并设置【贴图】方式为【长方体】，设置【长度】、【宽度】、【高度】为2000mm，最后设置【对齐】方式为Z，如图9-157所示。

07 大理石地面效果如图9-158所示。

图9—158

Part 02 大理石拼花材质的制作

01 选择一个空白材质球，然后将材质类型设置为VRayMtl材质，接着将材质命名为【大理石拼花】，下面调节其具体的参数，如图9-159所示。

- 在【漫反射】选项组中后面的通道上加载【地拼290.jpg】贴图文件，并设置【瓷砖】的U为0.99、V为0.99。
- 在【反射】选项组中后面的通道上加载【衰减】程序贴图；展开【衰减参数】卷展栏，并将两个颜色分别设置为黑色（红：3，绿：3，蓝：3）和蓝色（红：178，绿：192，蓝：250），设置【衰减类型】为Fresnel，设置【反射光泽度】为0.95，【细分】为10，【最大深度】为3。

02 双击查看此时的材质球效果，如图9-160所示。

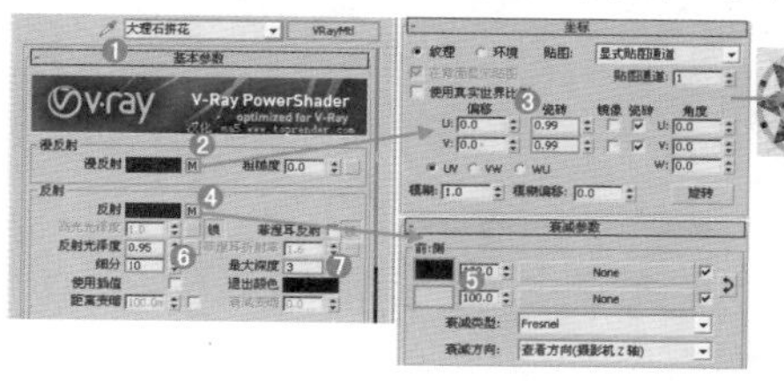

图9—159

图9—160

03 将调节制作完毕的大理石拼花材质赋给场景中拼花部分的模型，如图9-161所示。接着制作出剩余部分模型的材质，最终场景效果如图9-162所示。

图9—161

图9—162

读书笔记

04 最终渲染效果如图9-163所示。

图9-163

★ 案例实战——VRayMtl材质制作瓷器

场景文件	09.max
案例文件	案例文件\Chapter 09\案例实战——VRayMtl材质制作瓷器.max
视频教学	视频文件\Chapter 09\案例实战——VRayMtl材质制作瓷器.flv
难易指数	★★★☆☆
材质类型	VRayMtl材质
技术掌握	掌握VRayMtl材质制作表面光滑的瓷器材质的运用

实例介绍

瓷器是以瓷土、长石、石英等天然原料制得坯胎经高温烧制获得的陶瓷制品。其胎体玻化或部分玻化，而且一般都上釉，具有气孔率低、吸水率不大于3%、质地硬、强度大、敲击声清脆等特征。在这个空间场景中，主要讲解了使用VRayMtl制作瓷器材质的方法，最终渲染效果如图9-164所示。

图9-164

其基本属性主要有以下2点：

- 颜色为白色
- 强烈的反射效果

操作步骤

01 打开本书配套光盘中的【场景文件\Chapter09\09.max】文件，此时场景效果如图9-165所示。

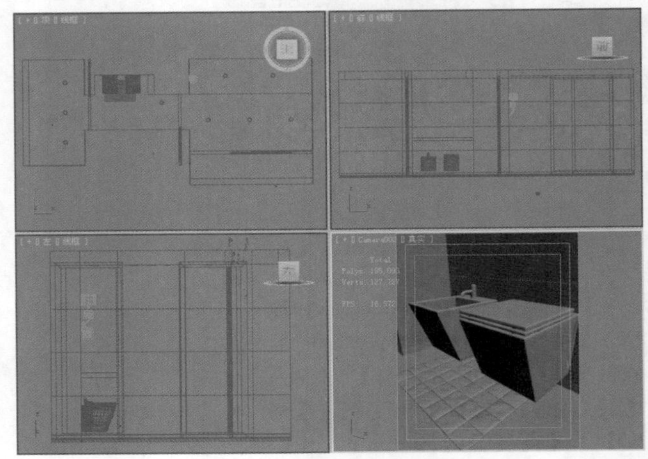

图9-165

02 按M键，打开【材质编辑器】对话框，选择第一个材质球，单击 Standard （标准）按钮，在弹出的【材质/贴图浏览器】对话框中选择VRayMtl材质，如图9-166所示。

03 将材质命名为【瓷器】，并设置凹凸数量，如图9-167所示。

- 在【漫反射】选项组中调节颜色为白色（红：255，绿：255，蓝：255）。
- 在【反射】选项组中调节颜色为白色（红：255，绿：255，蓝：255），选中【菲涅耳反射】复选框，设置【反射光泽度】为0.95，【菲涅尔折射率】为1.7。

04 双击查看此时的材质球效果，如图9-168所示。

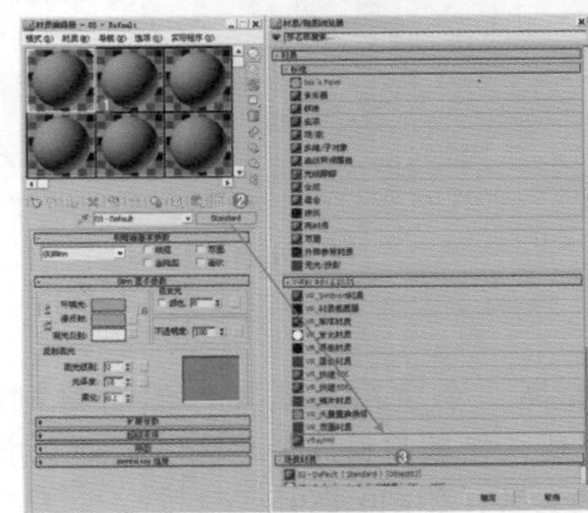

图9-166

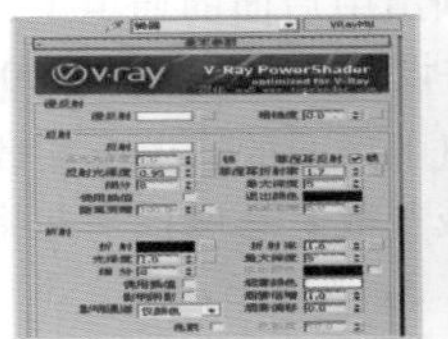

图9-167

图9-168

技巧提示

陶瓷材质的制作方法很多，制作难点主要是反射的参数。在这里我们为大家扩展一下思路，可以使用如图9—169所示的方法制作陶瓷材质，同样可以达到非常真实的陶瓷材质质感。

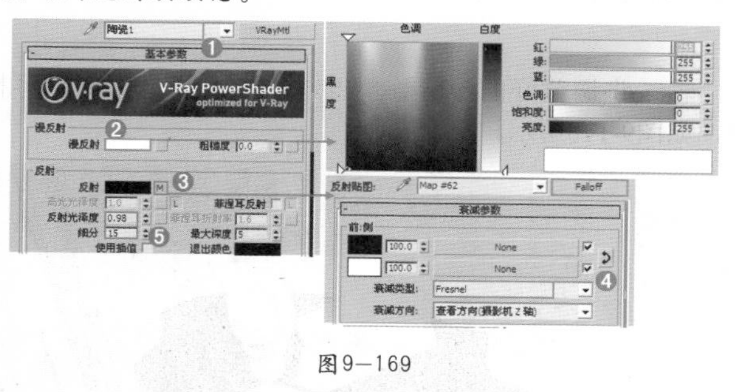

图9—169

05 将制作完毕的瓷器材质赋给场景中瓷器的模型，接着制作出剩余部分模型的材质，如图9-170所示。最终场景效果如图9-171所示。

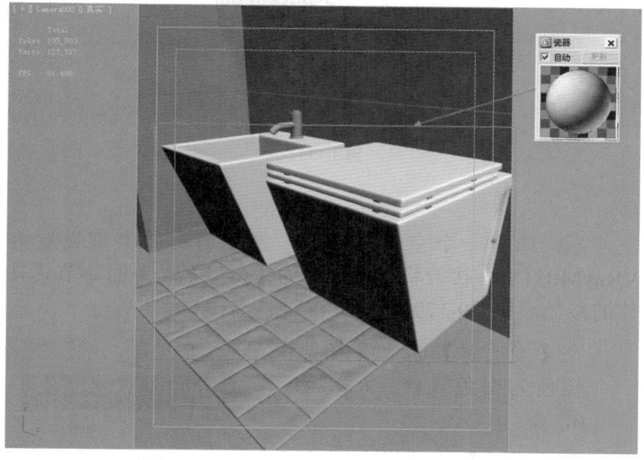

图9—170

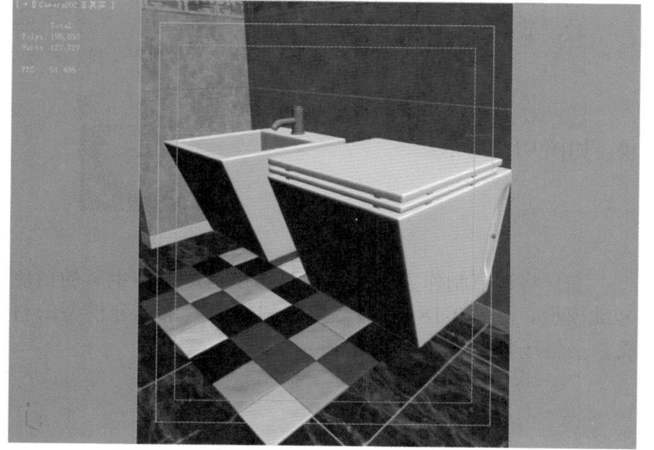

图9—171

06 最终渲染效果如图9-172所示。

图9—172

★ 案例实战——VRayMtl材质制作钢琴

场景文件	10.max
案例文件	案例文件\Chapter 09\案例实战——VRayMtl材质制作钢琴.max
视频教学	视频文件\Chapter 09\案例实战——VRayMtl材质制作钢琴.flv
难易指数	★★★☆☆
材质类型	VRayMtl材质
技术掌握	掌握VRayMtl材质的制作钢琴烤漆材质的运用

实例介绍

与普通的喷漆相比，钢琴漆在亮度、致密性特别是稳定性上要好得多，如果不发生机械性的损坏，钢琴漆表层经过多年后依然光亮如新。在这个场景空间中，主要讲解了使用VRayMtl材质制作钢琴的琴身、黑键、白键材质的方法，最终渲染效果如图9-173所示。

图9—173

操作步骤

Part01 琴身和黑键材质的制作

01 打开本书配套光盘中的【场景文件\Chapter09\10.max】文件，此时场景效果如图9-174所示。

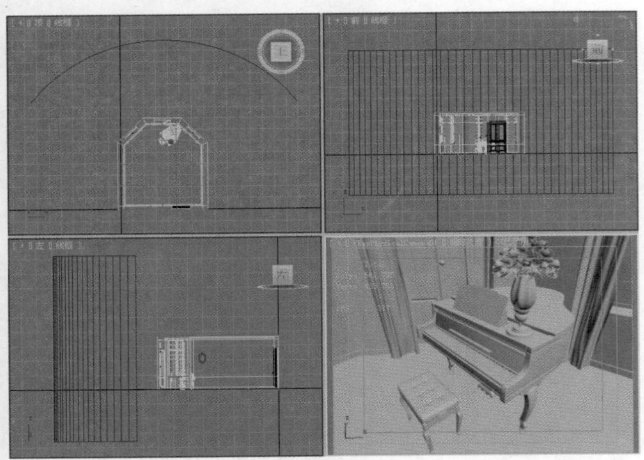

图9-174

02 按M键，打开【材质编辑器】对话框，选择第一个材质球，单击 Standard （标准）按钮，在弹出的【材质/贴图浏览器】对话框中选择VRayMtl材质，如图9-175所示。

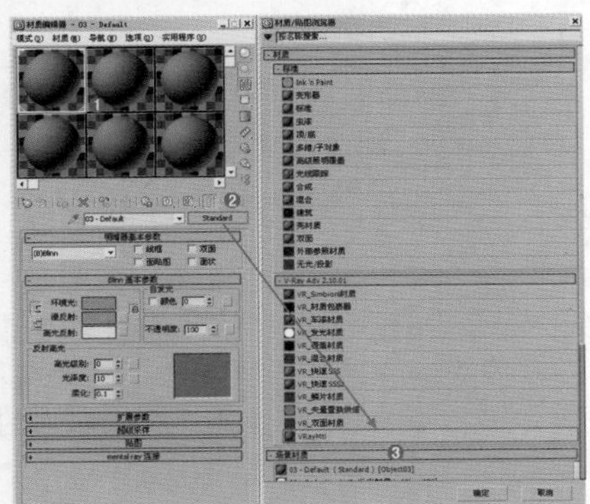

图9-175

03 将材质命名为【琴身、黑键】，下面调节其具体的参数，如图9-176所示。

- 在【漫反射】选项组中调节颜色为黑色（红：0，绿：0，蓝：0）。
- 在【反射】选项组中调节颜色为白色（红：255，绿：255，蓝：255），选中【菲涅耳反射】复选框。

04 双击查看此时的材质球效果，如图9-177所示。

图9-176　图9-177

技巧提示

该步骤中设置【反射】颜色为白色，那么一定要启用【菲涅耳反射】选项，这样可以出现真实的钢琴质感。假如不选中【菲涅耳反射】复选框，那么将会出现镜子的质感。

05 将调节好的琴身、黑键材质赋给场景中的钢琴模型，如图9-178所示。

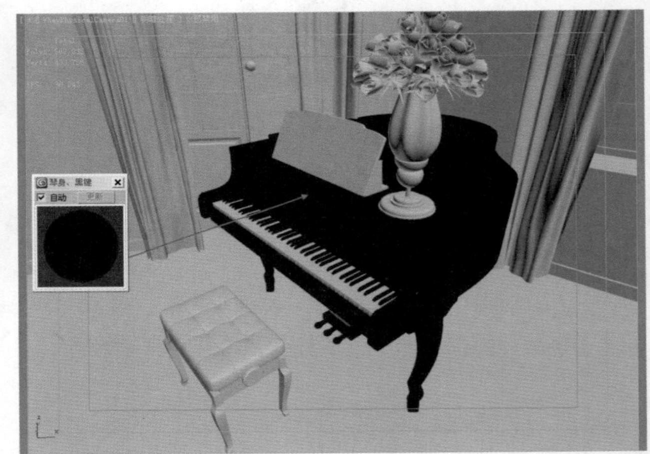

图9-178

Part02 白键材质制作

01 选择一个空白材质球，然后将材质类型设置为VRayMtl材质，接着将材质命名为【白键】，下面调节其具体的参数，如图9-179所示。

- 在【漫反射】选项组中调节颜色为白色（红：0，绿：0，蓝：0）。
- 在【反射】选项组中调节颜色为深灰色（红：42，绿：42，蓝：42）。

图9-179

02 双击查看此时的材质球效果，如图9-180所示。

图9-180

03 将调节制作完毕的白键材质赋给场景中钢琴的白色琴键模型，如图9-181所示。接着制作出剩余部分模型的材质，最终场景效果如图9-182所示。

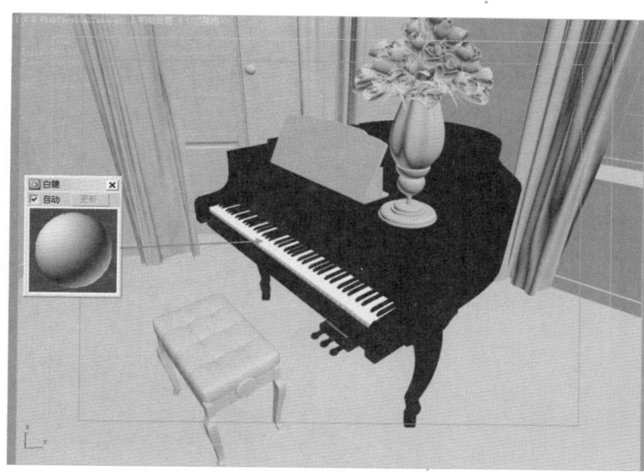
图9—181

图9—182

04 最终渲染效果如图9-183所示。

图9—183

★ 案例实战——VRayMtl材质制作植物

场景文件	11.max
案例文件	案例文件\Chapter 09\案例实战——VRayMtl材质制作植物.max
视频教学	视频文件\Chapter 09\案例实战——VRayMtl材质制作植物.flv
难易指数	★★★☆☆
材质类型	VRayMtl材质
技术掌握	掌握VRayMtl材质的运用

实例介绍

植物分为室内盆栽和室外植物，特点一般都是叶子为绿色，树干为褐色。在这个场景空间中，主要讲解使用VRayMtl材质制作植物的叶子、枝干、泥土和花盆材质的方法，最终渲染效果如图9-184所示。

图9—184

操作步骤

Part01 叶子材质的制作

01 打开本书配套光盘中的【场景文件\Chapter09\11.max】文件，此时场景效果如图9-185所示。

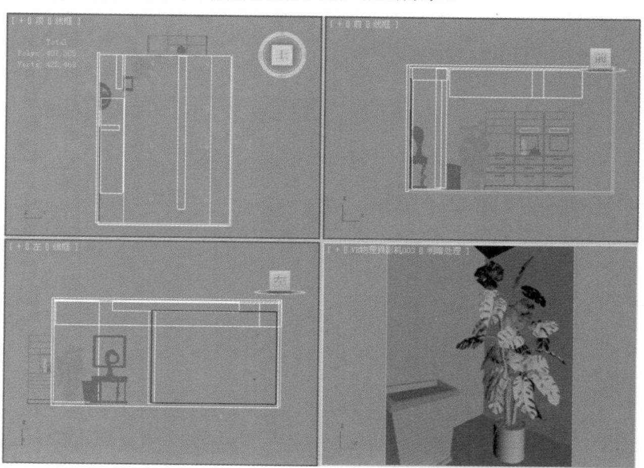
图9—185

02 按M键，打开【材质编辑器】对话框，选择第一个材质球，单击 Standard （标准）按钮，在弹出的【材质/贴图浏览器】对话框中选择VRayMtl材质，如图9-186所示。

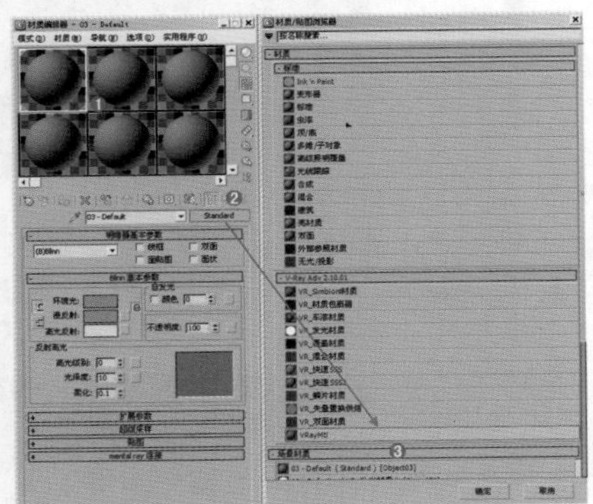

图9—186

03 将材质命名为【叶子】，下面调节其具体的参数，如图9-187和图9-188所示。

- 在【漫反射】选项组中后面的通道上加载【Arch41_017_leaf.jpg】贴图文件。
- 在【反射】选项组中调节颜色为深灰色（红：34，绿：34，蓝：34），设置【反射光泽度】为0.7。
- 展开贴图卷展栏，在【凹凸】通道上加载【Arch41_017_leaf_bump.jpg】贴图文件，设置凹凸数量为30。

图9—187

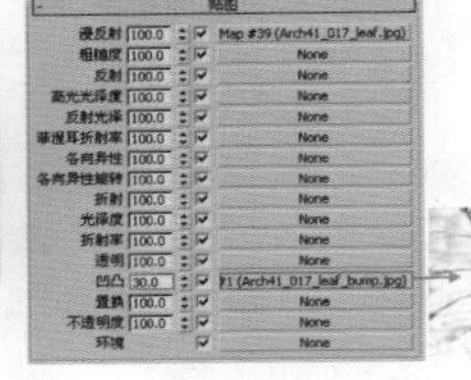

图9—188

04 双击查看此时的材质球效果，如图9-189所示。

05 将调节好的叶子材质赋给场景中的叶子模型，如图9-190所示。

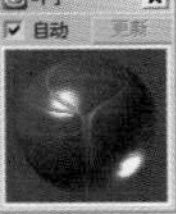

图9—189

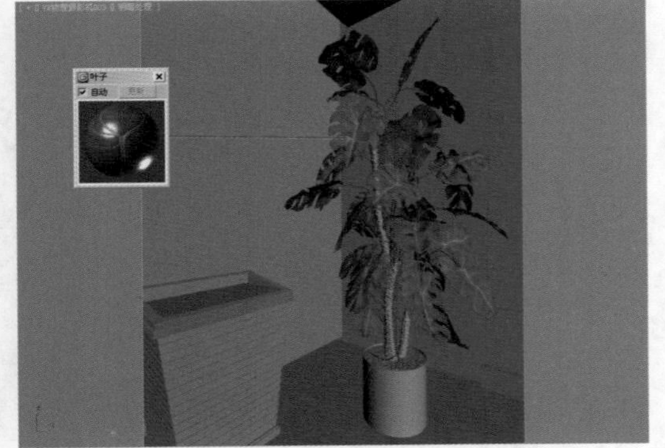

图9—190

Part 02 枝干材质制作

01 选择一个空白材质球，然后将材质类型设置为VRayMtl材质，接着将材质命名为【枝干】，下面调节其具体的参数，如图9-191和图9-192所示。

- 在【漫反射】选项组中加载【Arch41_017_bark_bump.jpg】贴图文件。
- 展开【贴图】卷展栏，单击【漫反射】通道上的贴图文件，并将其拖曳到【凹凸】通道上，设置凹凸数量为200。

图9—191

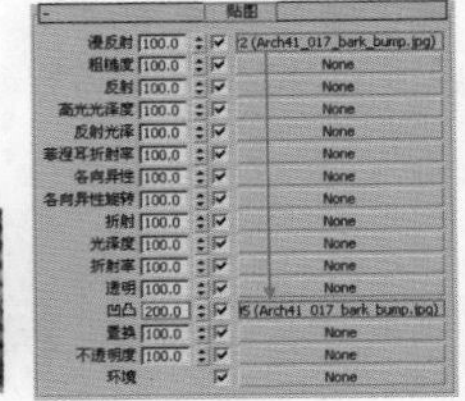

图9—192

02 双击查看此时的材质球效果，如图9-193所示。

03 将调节制作完毕的枝干材质赋给场景中的枝干模型，如图9-194所示。

图9—193

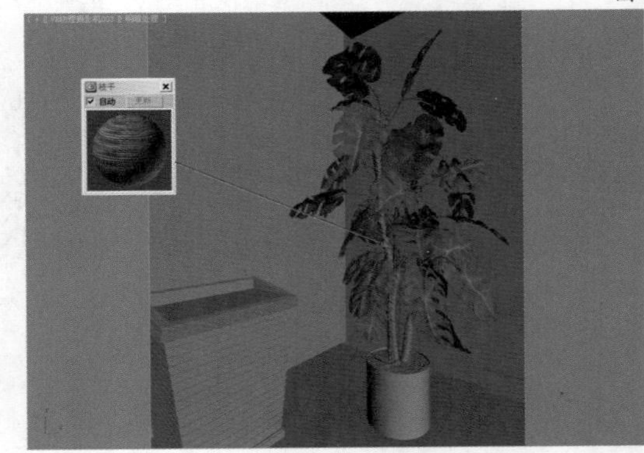

图9—194

Part 03 泥土材质制作

01 选择一个空白材质球，然后将材质类型设置为VRayMtl材质，接着将材质命名为【泥土】，下面调节其具体的参数，如图9-195和图9-196所示。

- 在【漫反射】选项组中加载【Arch41_017_ground.jpg】贴图文件，并设置【瓷砖】的U和V为2。
- 展开【贴图】卷展栏，单击【漫反射】通道上的贴图文件，并将其拖曳到【凹凸】通道上，设置凹凸数量为1000。

02 双击查看此时的材质球效果，如图9-197所示。

03 将调节制作完毕的泥土材质赋给场景中的泥土模型，如图9-198所示。

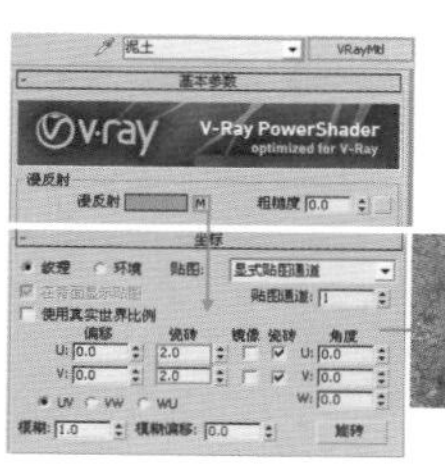

图9—195

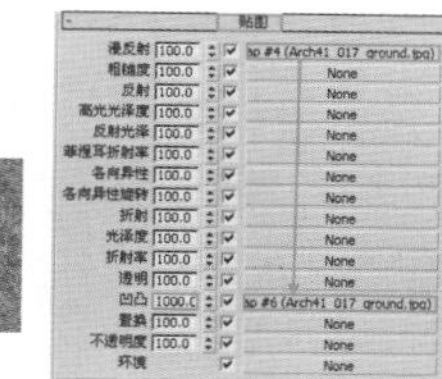

图9—196

图9—197

图9—198

Part 04 花盆材质制作

01 选择一个空白材质球，然后将材质类型设置为VRayMtl材质，接着将材质命名为【花盆】，下面调节其具体的参数，如图9-199和图9-200所示。

- 在【漫反射】选项组中调节颜色为灰色（红：122，绿：122，蓝：128）。
- 在【反射】选项组中调节颜色为浅灰色（红：149，绿：149，蓝：149），设置【反射光泽度】为0.6。
- 展开【贴图】卷展栏，在【凹凸】通道上加载【arch41_027_pot.jpg】贴图文件，并设置凹凸数量为40。

图9—199

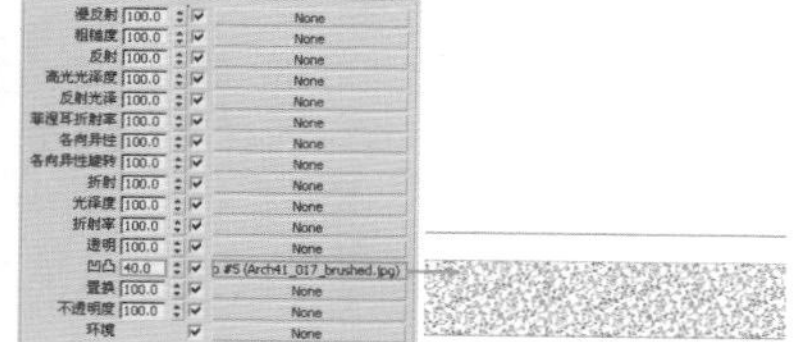

图9—200

02 双击查看此时的材质球效果，如图9-201所示。

图9—201

03 将调节制作完毕的花盆材质赋给场景中的花盆模型，如图9-202所示。接着制作出剩余部分模型的材质，最终场景效果如图9-203所示。

图9—202

图9—203

04 最终渲染效果如图9-204所示。

图9—204

★ 案例实战——VRayMtl材质制作美食

场景文件	12.max
案例文件	案例文件\Chapter 09\综合实战——VRayMtl材质制作美食.max
视频教学	视频文件\Chapter 09\综合实战——VRayMtl材质制作美食.flv
难易指数	★★★★☆
材质类型	VRayMtl材质
技术掌握	掌握VRayMtl材质的运用

实例介绍

美食是最具诱惑力的，不仅仅在于其味道美，更是在于其颜色诱人。在这个场景空间中，主要讲解了使用VRayMtl材质制作甜饼、水果和汤食材质的方法，最终渲染效果如图9-205所示。

图9-205

其基本属性主要有以下2点：

- 多种材质
- 带有一定的透明属性

操作步骤

Part01 甜饼材质的制作

01 打开本书配套光盘中的【场景文件\Chapter09\12.max】文件，此时场景效果如图9-206所示。

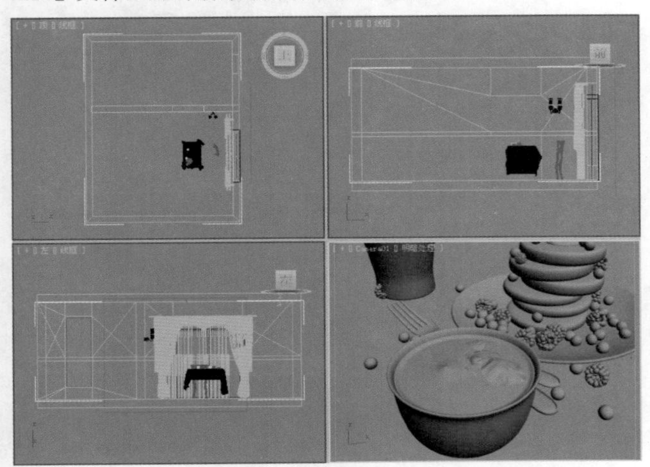

图9-206

02 按M键，打开【材质编辑器】对话框，选择第一个材质球，单击 Standard （标准）按钮，在弹出的【材质/贴图浏览器】对话框中选择VRayMtl材质，如图9-207所示。

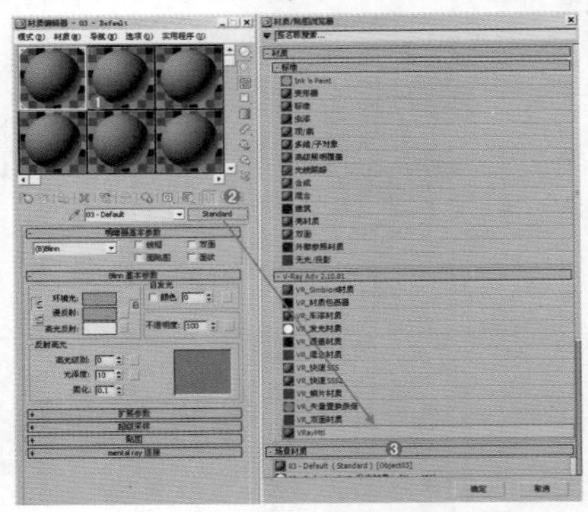

图9-207

03 将材质命名为【甜饼】，下面调节其具体的参数，如图9-208和图9-209所示。

- 在【漫反射】选项组中后面的通道上加载【archmodels76_003_pancake2-diff.jpg】贴图文件。
- 在【反射】选项组中后面的通道上加载【archmodels76_003_pancake2-diff.jpg】贴图文件，选中【菲涅耳反射】复选框，设置【反射光泽度】为0.75，【细分】为7。

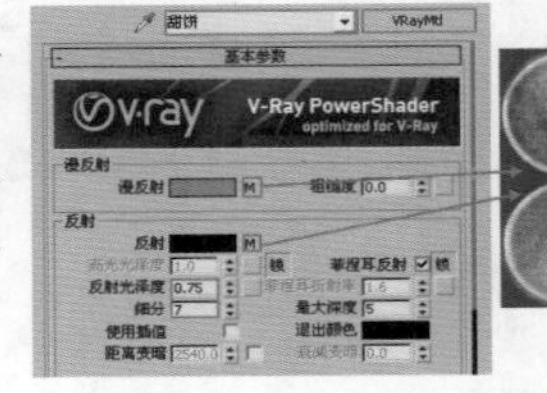

图9-208

- 展开【贴图】卷展栏，在【凹凸】通道上加载【法线凹凸】程序贴图，并设置凹凸数量为30，在【法线】通道上加载【archmodels76_003_pancake-nrm.jpg】贴图文件，设置数值为4。

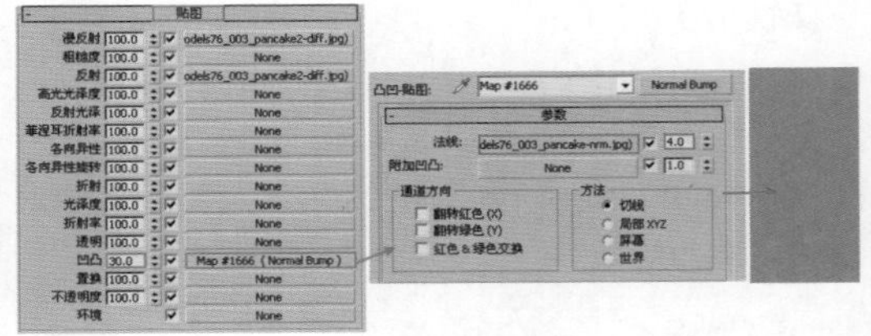

图9-209

04 双击查看此时的材质球效果，如图9-210所示。

图9-210

05 将调节好的甜饼材质赋给场景中的模型，如图9-211所示。

图9—211

Part 02 水果1材质制作

01 选择一个空白材质球，然后将材质类型设置为VRayMtl材质，接着将材质命名为【水果1】，下面调节其具体的参数，如图9-212~图9-214所示。

- 在【漫反射】选项组中加载【衰减】程序贴图；展开【衰减参数】卷展栏，分别在两个颜色后面的通道上加载【archmodels76_003_blueberry-diff.jpg】贴图文件，设置【衰减类型】为【Fresnel】，选中【菲涅耳反射】复选框，设置【反射光泽度】为0.75。
- 在【折射】选项组中调节颜色为深灰色（红：22，绿：22，蓝：22），设置【光泽度】为0.7，调节【烟雾颜色】为浅蓝色（红：224，绿：230，蓝：255），设置【烟雾倍增】为0.01。

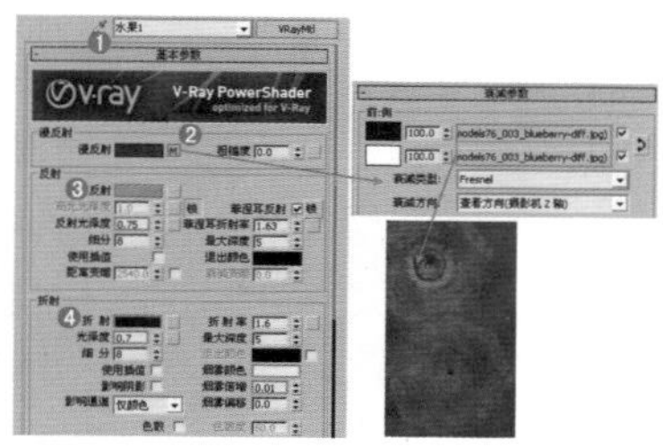

图9—212

- 在【半透明】选项组中，设置【类型】为【混合模型】，调节背面颜色为蓝色（红：28，绿：58，蓝：185）。
- 展开【贴图】卷展栏，在【凹凸】通道上加载【archmodels76_003_blueberry-bump.jpg】贴图文件，并设置凹凸数量为30。

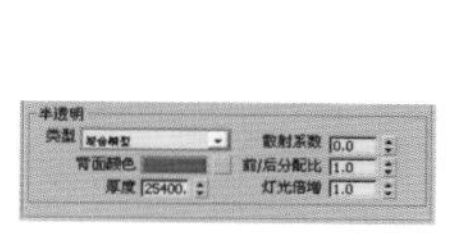

图9—213

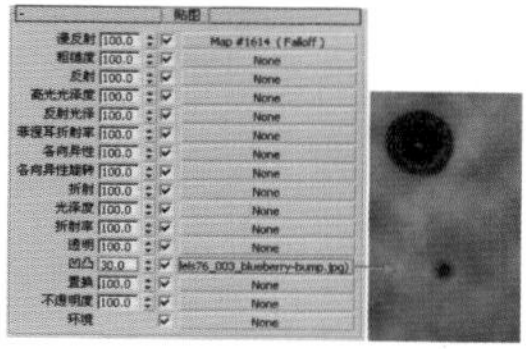

图9—214

02 双击查看此时的材质球效果，如图9-215所示。

03 将调节制作完毕的水果材质赋给场景中的水果模型，如图9-216所示。

图9—215

图9—216

Part 03 水果2材质制作

01 选择一个空白材质球，然后将材质类型设置为VRayMtl材质，接着将材质命名为【水果2】，下面调节其具体的参数，如图9-217和图9-218所示。

- 在【漫反射】选项组中加载【衰减】程序贴图；展开【衰减参数】卷展栏，调节两个颜色分别为红色（红：192，绿：0，蓝：0）和白色（红：225，绿：245，蓝：245），设置【衰减类型】为【垂直/平行】。
- 在【反射】选项组中调节颜色为白色（红：255，绿：255，蓝：255），选中【菲涅耳反射】复选框，设置【反射光泽度】为0.9，【细分】为16。
- 在【折射】选项组中调节颜色为灰色（红：122，绿：122，蓝：122），设置【光泽度】为0.7，【细分】为16，【折射率】为1.3，选中【影响阴影】复选框，调节【烟雾颜色】为浅绿色（红：199，绿：251，蓝：173），设置【烟雾倍增】为0.01。

02 双击查看此时的材质球效果，如图9-218所示。

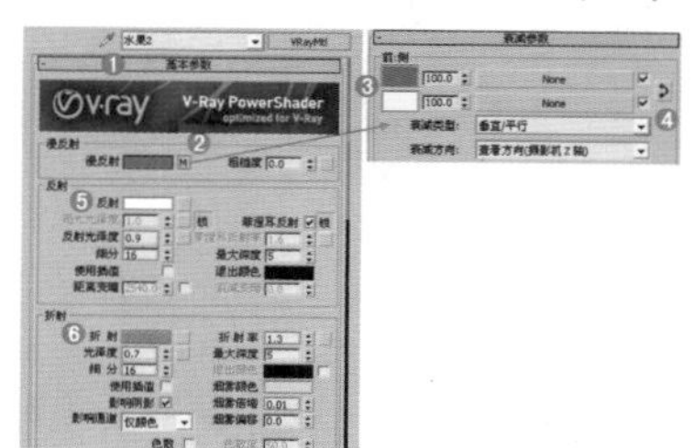

图9—217

图9—218

03 将调节制作完毕的水果材质赋给场景中的水果模型，如图9-219所示。

图9-219

Part 04 汤食材质制作

01 选择一个空白材质球，然后将材质类型设置为VRayMtl材质，接着将材质命名为【汤食】，下面调节其具体的参数，如图9-220和图9-221所示。

- 在【漫反射】选项组中加载【archmodels76_012_tomato-soup-diff.jpg】贴图文件。
- 在【反射】选项组中调节颜色为白色（红：255，绿：255，蓝：255），选中【菲涅耳反射】复选框，设置【反射光泽度】为0.86，【细分】为12。
- 在【折射】选项组中加载【archmodels76_012_tomato-soup-refr】贴图文件，设置【光泽度】为1，【细分】为30，【折射率】为1.6，选中【影响阴影】复选框，调节【烟雾颜色】为红色（红：277，绿：30，蓝：0），设置【烟雾倍增】为2。
- 展开【贴图】卷展栏，在【凹凸】后面的通道上加载【archmodels76_012_tomato-soup-bump.jpg】贴图文件，并设置凹凸数量为60。

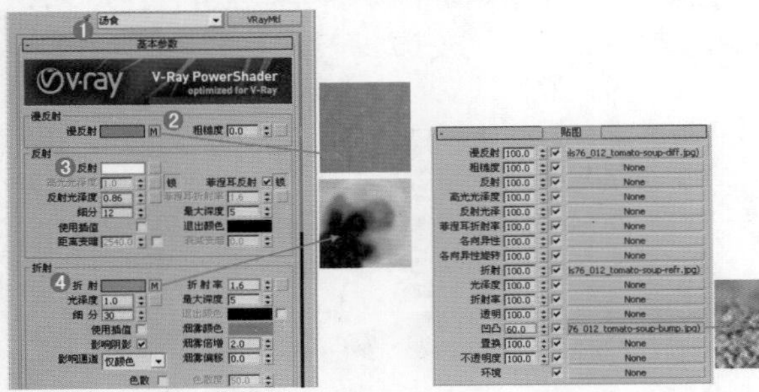

图9-220　　图9-221

02 双击查看此时的材质球效果，如图9-222所示。

图9-222

03 将调节制作完毕的汤食材质赋给场景中的水果模型，如图9-223所示。接着制作出剩余部分模型的材质，最终场景效果如图9-224所示。

图9-223

图9-224

04 最终渲染效果如图9-225所示。

图9-225

读书笔记

★ 案例实战——VRayMtl材质和多维/子对象材质制作窗帘

场景文件	13.max
案例文件	案例文件\Chapter 09\案例实战——VRayMtl材质和多维/子对象材质制作窗帘.max
视频教学	视频文件\Chapter 09\案例实战——VRayMtl材质和多维/子对象材质制作窗帘.flv
难易指数	★★★☆☆
材质类型	VRayMtl材质、多维/子对象材质
技术掌握	掌握VRayMtl材质、多维/子对象材质的运用

实例介绍

窗帘是用布、竹、苇、麻、纱、塑料、金属材料等制作的遮蔽或调节室内光照的挂在窗上的帘子。随着窗帘的发展，它已成为居室不可缺少的、功能性和装饰性完美结合的室内装饰品。窗帘种类繁多，包括布窗帘、纱窗帘、无缝纱帘、遮光窗帘、隔声窗帘、直立帘、罗马帘、木竹帘、铝百叶、卷帘、窗纱、立式移帘。在这个室内空间中，主要讲解了使用VRayMtl材质制作遮光窗帘和使用多维/子对象材质制作透光窗帘的材质的方法，最终渲染效果如图9-226所示。

图9—226

其基本属性主要有以下2点：

- 带有花纹
- 很小的凹凸效果

操作步骤

Part01 遮光窗帘材质的制作

01 打开本书配套光盘中的【场景文件\Chapter09\13.max】文件，此时场景效果如图9-227所示。

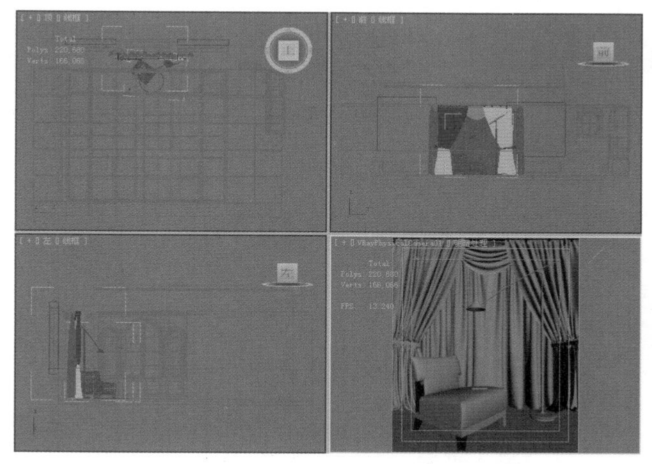

图9—227

02 按M键，打开【材质编辑器】对话框，选择第一个材质球，单击 Standard （标准）按钮，在弹出的【材质/贴图浏览器】对话框中选择【VRayMtl】材质，如图9-228所示。

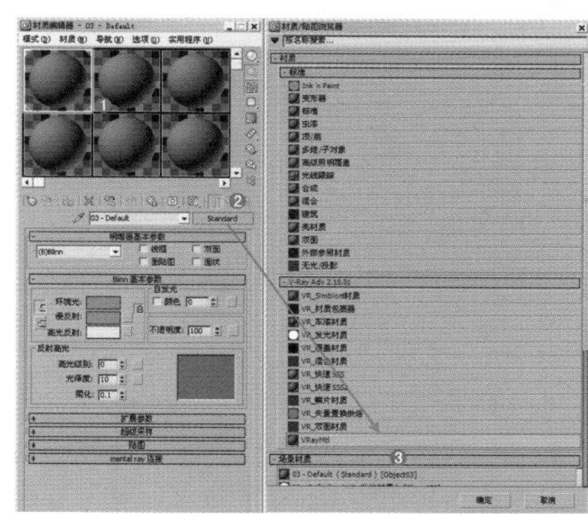

图9—228

03 将材质命名为【遮光窗帘】，下面调节其具体的参数，如图9-229所示。

- 在【漫反射】选项组中后面的通道上加载【衰减】程序贴图，并调节其颜色为红色（红：140，绿：0，蓝：0）和粉色（红：223，绿：166，蓝：163），在第一个颜色通道上加载【1214228249_96155-ilonka.jpg】贴图，设置【衰减类型】为【垂直/平行】。
- 在【反射】选项组中调节颜色为褐色（红：64，绿：55，蓝：50），设置【反射光泽度】为0.48，【细分】为8。

图9—229

04 展开【贴图】卷展栏，在【凹凸】通道上加载【窗

帘凹凸.jpg】贴图文件，最后设置凹凸数量为44，然后设置【瓷砖】的U和V为6，如图9-230所示。

05 双击查看此时的材质球效果，如图9-231所示。

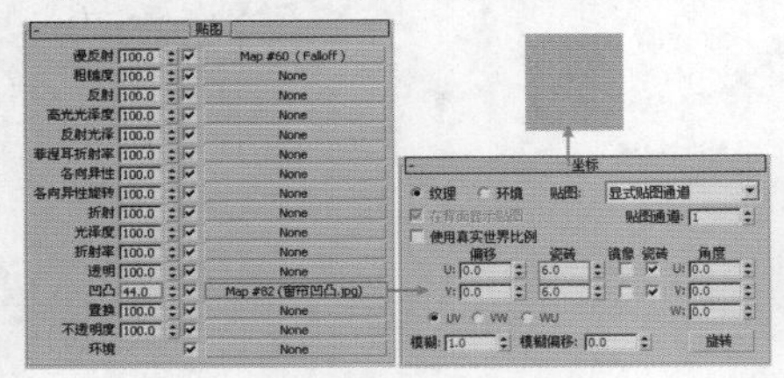

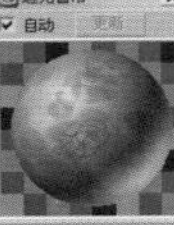

图9-230 图9-231

06 将调节好的遮光窗帘材质赋给场景中遮光窗帘的模型，如图9-232所示。

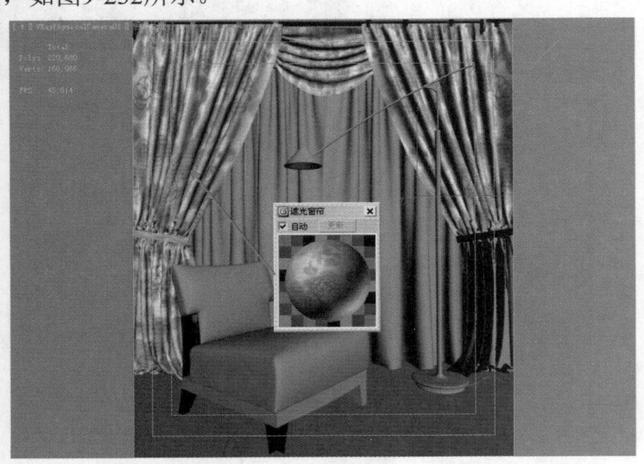

图9-232

Part 02 透光窗帘材质的制作

01 选择一个空白材质球，然后将材质类型设置为多维/子对象材质，接着将材质命名为【透光窗帘】，下面调节其具体的参数，如图9-233所示。

展开【多维/子对象基本参数】卷展栏，并设置【设置数量】为2，然后在ID1和ID2通道上分别加载VRayMtl材质。

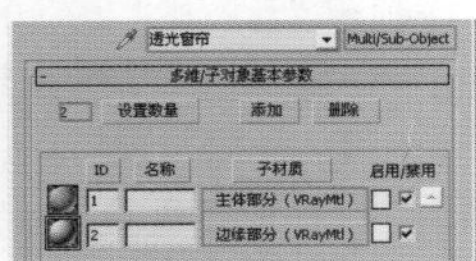

图9-233

02 单击进入ID1的通道中，并进行详细地调节，具体参数如图9-234和图9-235所示。

- 在【漫反射】选项组中调节颜色为浅黄色（红：245，绿：239，蓝：226）。
- 在【反射】选项组中后面的通道上加载【rast81ref.jpg】贴图文件，选中【菲涅耳反射】复选框，设置【高光光泽度】为0.86，【反射光泽度】为0.76，【细分】为18。
- 展开【贴图】卷展栏，设置【不透明度】的数值为35，并且在其通道上加载【rast81ref.jpg】贴图文件。

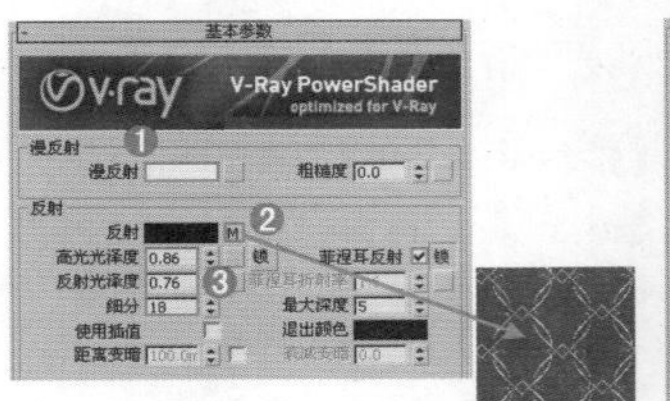

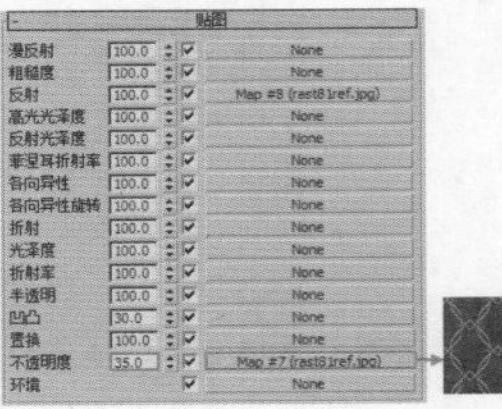

图9-234 图9-235

03 单击进入ID2的通道中，并进行详细地调节，具体参数如图9-236所示。

- 在【漫反射】选项组中调节颜色为浅黄色（红：245，绿：239，蓝：226）。
- 在【反射】选项组中后面的通道上加载【衰减】程序贴图，设置【衰减类型】为【Fresnel】，选中【菲涅耳反射】复选框，设置【高光光泽度】为0.86，【反射光泽度】为0.87，【细分】为18。

04 双击查看此时的材质球效果，如图9-237所示。

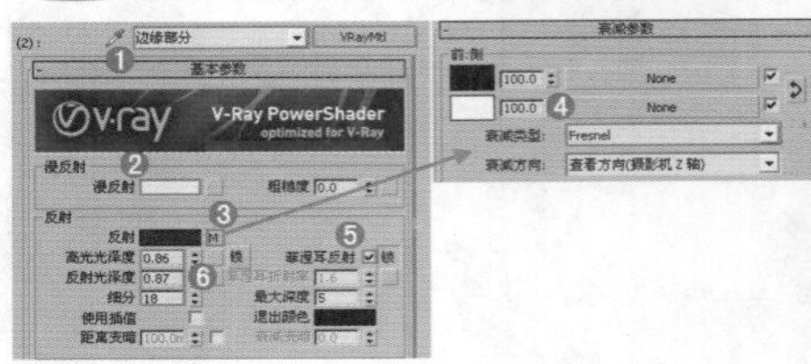

图9-236 图9-237

05 将调节好的透光窗帘材质赋给场景中透光窗帘的模型，如图9-238所示。接着制作出剩余部分模型的材质，最终场景效果如图9-239所示。

06 最终渲染效果如图9-240所示。

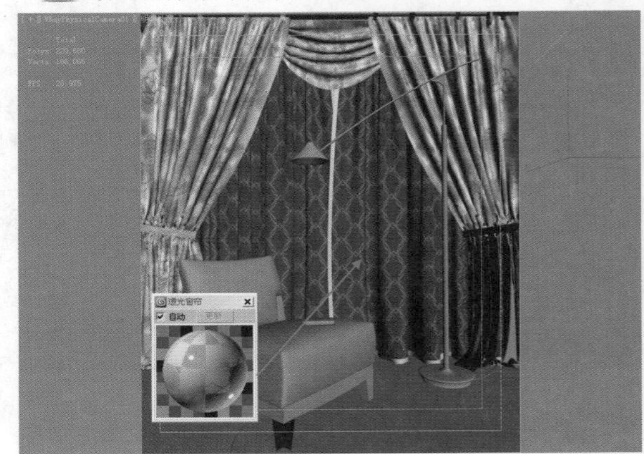

图9-238

读书笔记

图9—239

图9—240

★ 案例实战——VRayMtl材质、多维/子对象材质制作玻璃

场景文件	14.max
案例文件	案例文件\Chapter 09\案例实战——VRayMtl材质、多维/子对象材质制作玻璃.max
视频教学	视频文件\Chapter 09\案例实战——VRayMtl材质、多维/子对象材质制作玻璃.flv
难易指数	★★★★☆
材质类型	VRayMtl材质、多维/子对象材质
技术掌握	掌握VRayMtl材质、多维/子对象材质制作不同的液体、玻璃等材质

实例介绍

玻璃是一种较为透明的固体物质，是在熔融时形成连续网络结构，冷却过程中粘度逐渐增大并硬化而不结晶的硅酸盐类非金属材料。在这个厨房场景中，主要讲解使用VRayMtl材质制作酒瓶、玻璃器皿，利用多维/子对象材质制作玻璃杯材质的方法，最终渲染效果如图9-241所示。

图9—241

操作步骤

Part 01 酒瓶材质的制作

01 打开本书配套光盘中的【场景文件\Chapter09\14.max】文件，此时场景效果如图9-242所示。

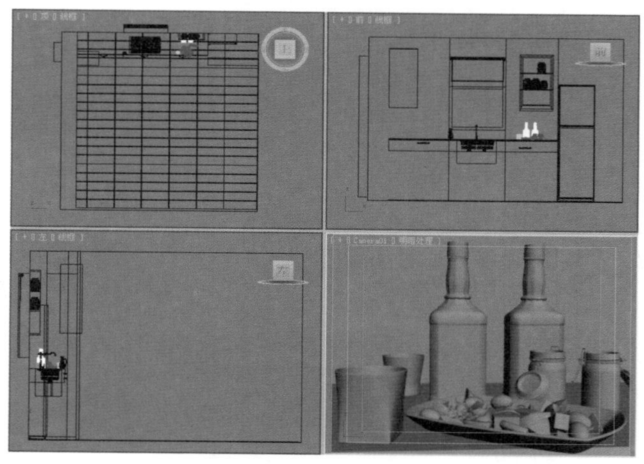

图9—242

02 按M键，打开【材质编辑器】对话框，选择第一个材质球，单击 Standard （标准）按钮，在弹出的【材质/贴图浏览器】对话框中选择VRayMtl材质，如图9-243所示。

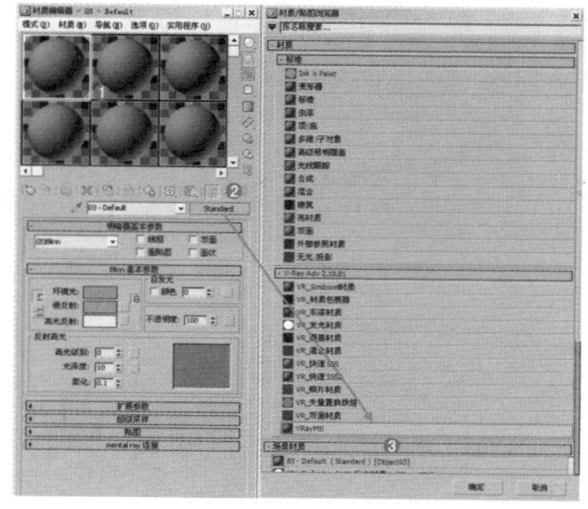

图9—243

03 将材质命名为【酒瓶】，下面调节其具体的参数，如图9-244和图9-245所示。

- 在【漫反射】选项组中调节颜色为深灰色（红：67，绿：35，蓝：9）。
- 在【反射】选项组中加载【衰减】程序贴图，展开【衰减参数】卷展栏，设置【衰减类型】为【垂直/平行】，并设置第二个颜色为浅灰色（红：206，绿：206，蓝：206）。
- 在【折射】选项组中调节颜色为深灰色（红：244，绿：244，蓝：244），设置【折射率】为1.5，设置【细分】为24，选中【影响阴影】复选框，调节【烟雾颜色】为橘黄色（红：234，绿：181，蓝：29），设置【烟雾倍增】为0.4。
- 展开【贴图】卷展栏，在【凹凸】通道上加载【酒瓶凹凸.jpg】贴图文件，设置凹凸数量为100。

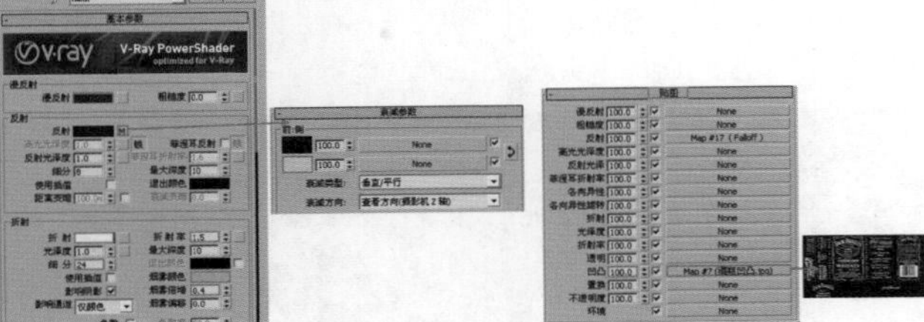

图9-244　　图9-245

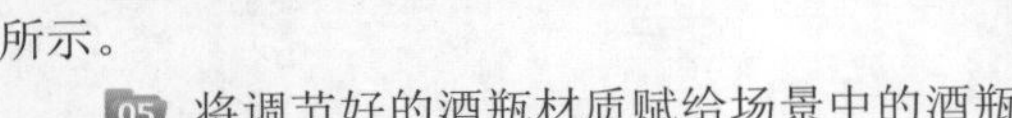

04 双击查看此时的材质球效果，如图9-246所示。

图9-246

05 将调节好的酒瓶材质赋给场景中的酒瓶模型，如图9-247所示。

图9-247

Part 02 玻璃器皿材质制作

01 选择一个空白材质球，然后将材质类型设置为VRayMtl材质，接着将材质命名为【玻璃器皿】，下面调节其具体的参数，如图9-248所示。

- 在【漫反射】选项组中加载【archmodels76_002_jar-diff.jpg】贴图文件。
- 在【反射】选项组中调节颜色为白色（红：255，绿：255，蓝：255），设置【反射光泽度】为0.99，选中【菲涅耳反射】复选框。
- 在【折射】选项组中加载【archmodels76_002_jar-refr.jpg】贴图文件，设置【光泽度】为0.98，【折射率】为1.5，选中【影响阴影】复选框。

02 双击查看此时的材质球效果如图9-249所示。

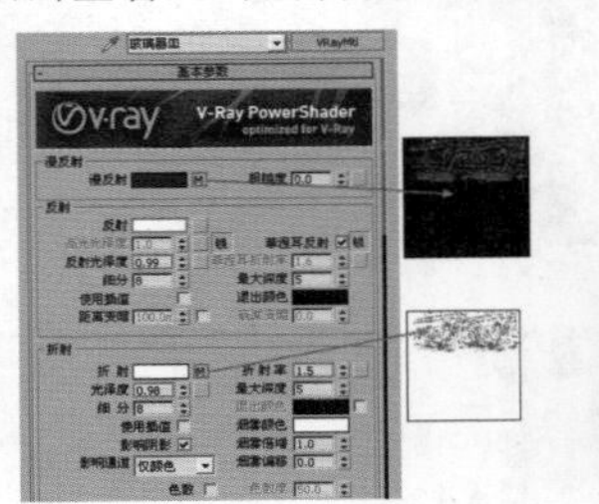

图9-248

图9-249

03 将调节制作完毕的玻璃器皿材质赋给场景中的玻璃器皿模型，如图9-250所示。

图9-250

Part 03 玻璃杯材质制作

01 选择一个空白材质球，然后将材质类型设置为多维/子对象材质，接着将材质命名为【玻璃杯】，下面调节其具体的参数，如图9-251所示。

展开【多维/子对象基本参数】卷展栏，并设置【设置数量】为3，然后在ID1、ID2、ID3通道上分别加载VRayMtl材质。

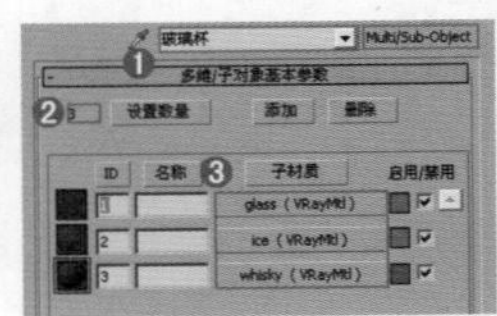

图9-251

02 单击进入ID1的通道中，并进行详细地调节，具体参数如图9-252所示。

- 在【漫反射】选项组中调节颜色为浅灰色（红：128，绿：128，蓝：128）。
- 在【反射】选项组中调节颜色为灰色（红：60，绿：

60，蓝：60）。

- 在【折射】选项组中调节颜色为浅灰色（红：242，绿：242，蓝：242），设置【折射率】为1.6，选中【影响阴影】复选框。

03 单击进入ID2的通道中，并进行详细地调节，具体参数如图9-253所示。

- 在【漫反射】选项组中调节颜色为浅灰色（红：128，绿：128，蓝：128）。
- 在【折射】选项组中调节颜色为浅灰色（红：205，绿：205，蓝：205），设置【折射率】为2，选中【影响阴影】复选框。

04 单击进入ID3的通道中，并进行详细地调节，具体参数如图9-254所示。

- 在【漫反射】选项组中调节颜色为橙色（红：144，绿：105，蓝：44）。
- 在【折射】选项组中调节颜色为橙色（红：115，绿：74，蓝：10），设置【折射率】为1.6，【烟雾倍增】为0.5，选中【影响阴影】复选框。

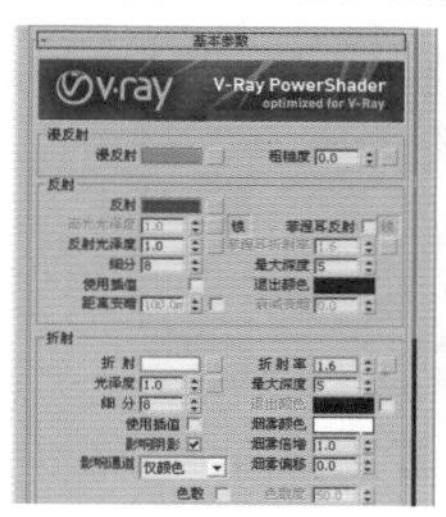

图9—252

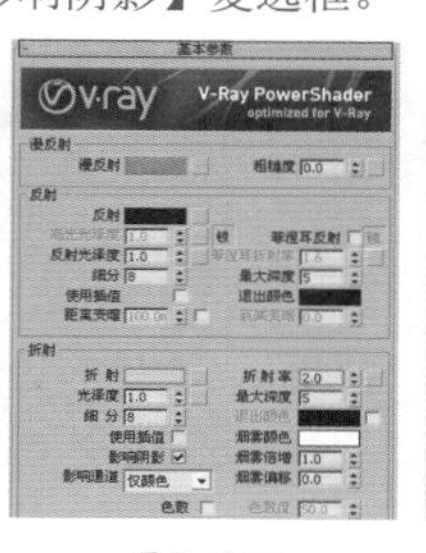

图9—253

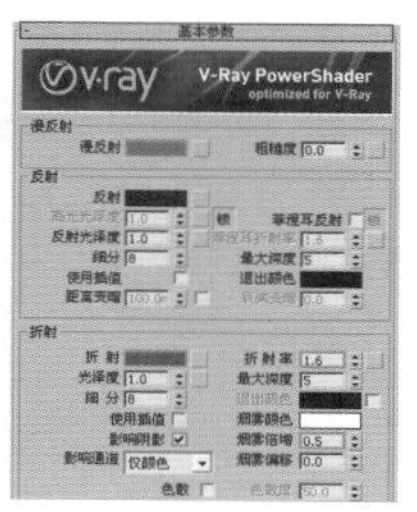

图9—254

05 双击查看此时的材质球效果，如图9-255所示。

图9—255

06 将调节制作完毕的玻璃杯材质赋给场景中的玻璃杯模型，如图9-256所示。

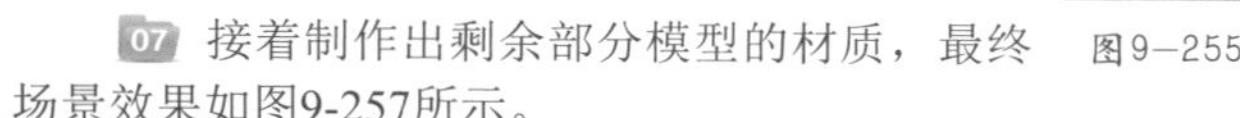

07 接着制作出剩余部分模型的材质，最终场景效果如图9-257所示。

08 最终渲染效果如图9-258所示。

图9—256

图9—257

图9—258

读书笔记

9.5.3 VR灯光材质

技术速查：VR灯光材质是一种特殊的材质类型，可以模拟制作出物体发光发亮的效果，常用来制作霓虹灯、灯带等材质。

如图9-259所示为使用VR灯光材质制作的材质效果。

图9－259

当设置渲染器为VRay渲染器后，在【材质/贴图浏览器】对话框中可以找到【VR灯光材质】，其参数设置如图9-260所示。

- 颜色：设置对象自发光的颜色，后面的输入框用来设置自发光的强度。

图9－260

- 不透明度：可以在后面的通道中加载贴图。
- 背面发光：启用该选项后，物体会双面发光。
- 补偿摄影机曝光：控制相机曝光补偿的数值。
- 按不透明度倍增颜色：启用该选项后，将按照不透明度的数值倍增颜色。
- 置换：控制置换的参数。
- 直接照明：控制直接照明的参数，包括开启、细分、中止。

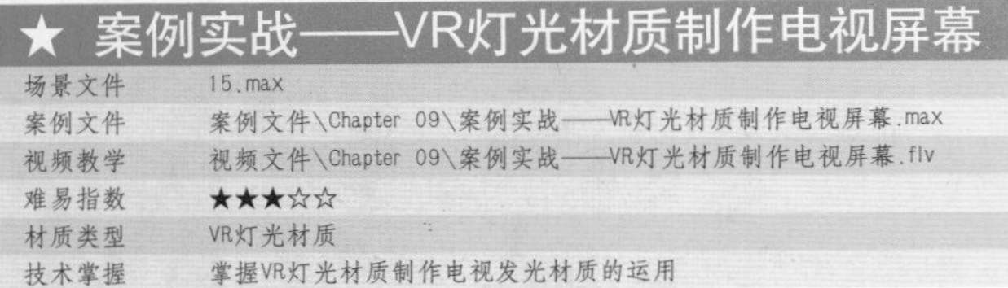

★ 案例实战——VR灯光材质制作电视屏幕

场景文件	15.max
案例文件	案例文件\Chapter 09\案例实战——VR灯光材质制作电视屏幕.max
视频教学	视频文件\Chapter 09\案例实战——VR灯光材质制作电视屏幕.flv
难易指数	★★★☆☆
材质类型	VR灯光材质
技术掌握	掌握VR灯光材质制作电视发光材质的运用

实例介绍

液晶电视屏幕，简称LED。LED全称Light Emitting Diode，译为发光二极管，是一种半导体组件。由于LED对电流的通过非常敏感，极小的电流就可以让它发光，而且寿命长，能够长时间闪烁而不损坏。在这个客厅场景中，主要讲解了使用VR灯光材质制作电视发光的材质，最终渲染效果如图9-261所示。

图9－261

其基本属性主要为：

- 自发光效果

操作步骤

01 打开本书配套光盘中的【场景文件\Chapter09\15.max】文件，此时场景效果如图9-262所示。

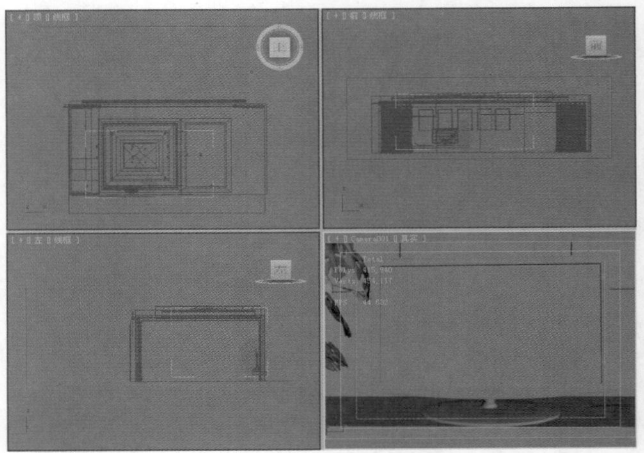

图9－262

02 按M键，打开【材质编辑器】对话框，选择第一个材质球，单击 Standard （标准）按钮，在弹出的【材质/贴图浏览器】对话框中选择【VR灯光材质】材质，如图9-263所示。

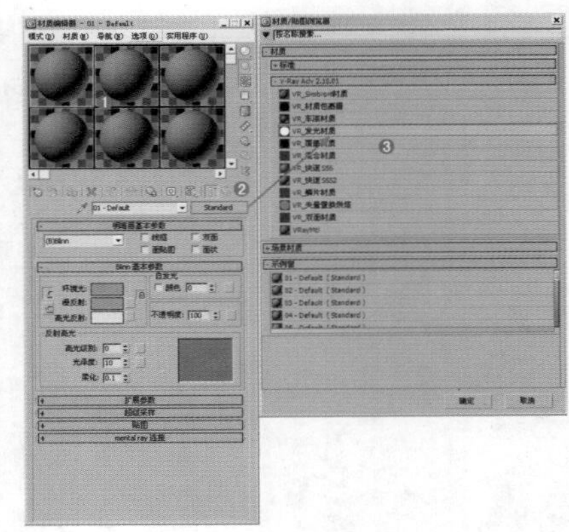

图9－263

03 将材质命名为【电视发光】，调节【颜色】数值为2，并加载【0928001531259.jpg】贴图文件，如图9-264所示。

04 双击查看此时的材质球效果，如图9-265所示。

图9-264

图9-265

05 将制作完毕的电视发光材质赋给场景中电视的模型，接着制作出剩余部分模型的材质，如图9-266所示。最终场景效果如图9-267所示。

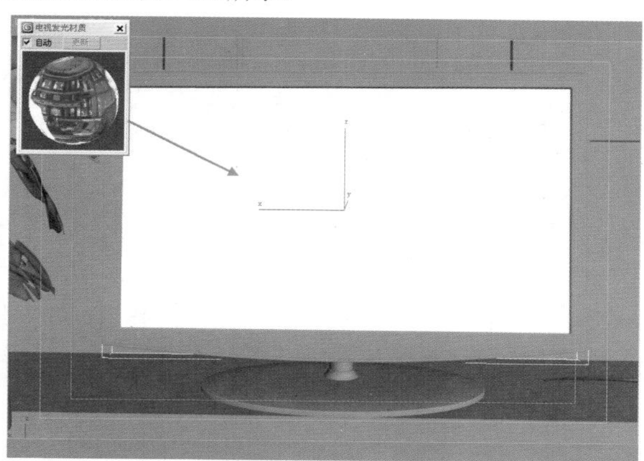

图9-266

图9-267

06 最终渲染效果如图9-268所示。

图9-268

★ 案例实战——VR灯光材质制作壁炉火焰

场景文件	16.max
案例文件	案例文件\Chapter 09\案例实战——VR灯光材质制作壁炉火焰.max
视频教学	视频文件\Chapter 09\案例实战——VR灯光材质制作壁炉火焰.flv
难易指数	★★★☆☆
材质类型	VR灯光材质
技术掌握	掌握VR灯光材质的运用

实例介绍

壁炉是在室内靠墙砌的生火取暖的设备。壁炉原本用于西方国家，有装饰作用和实用价值。根据不同国家的文化，壁炉分为美式壁炉、英式壁炉、法式壁炉等，造型因此各异。根据燃料不同，可将壁炉分为电壁炉、真火壁炉（燃碳、燃木）、燃气壁炉（天然气）。在这个客厅壁炉场景中，主要讲解了使用VR灯光材质制作壁炉火焰的材质，最终渲染效果如图9-269所示。

图9-269

其基本属性主要为：

- 强烈的自发光效果

操作步骤

01 打开本书配套光盘中的【场景文件\Chapter09\16.max】文件，此时场景效果如图9-270所示。

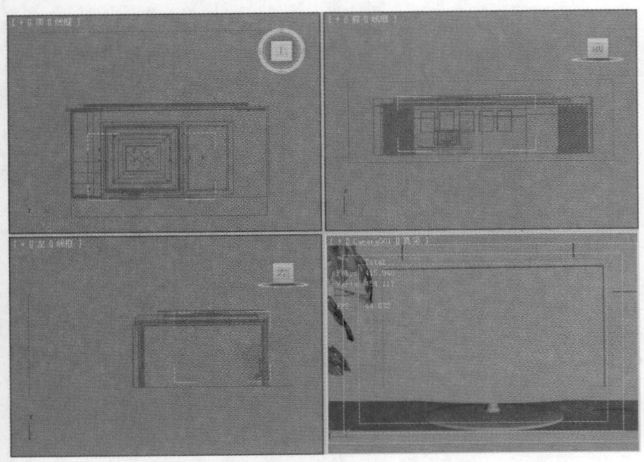

图9—270

02 按M键，打开【材质编辑器】对话框，选择第一个材质球，单击 Standard （标准）按钮，在弹出的【材质/贴图浏览器】对话框中选择【VR灯光材质】材质，如图9-271所示。

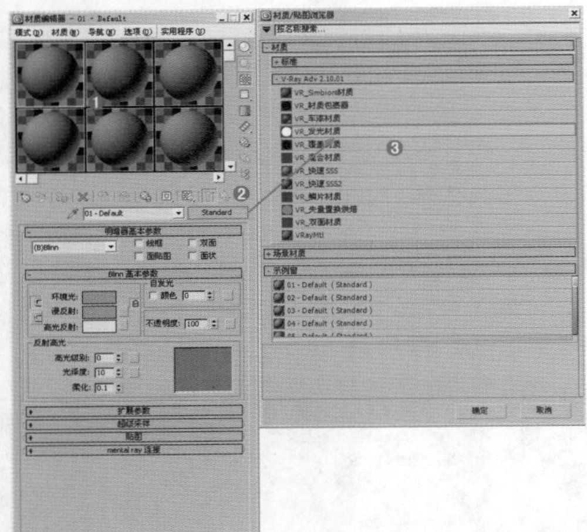

图9—271

03 将材质命名为【壁炉火焰材质】，调节【颜色】数值为1.5，选中【背面发光】复选框，并在后面的通道上加载【h.jpg】贴图文件，如图9-272所示。

04 双击查看此时的材质球效果，如图9-273所示。

图9—272

图9—273

05 将制作完毕的壁炉火焰材质赋给场景中壁炉的模型，接着制作出剩余部分模型的材质，如图9-274所示。最终场景效果如图9-275所示。

06 最终渲染效果如图9-276所示。

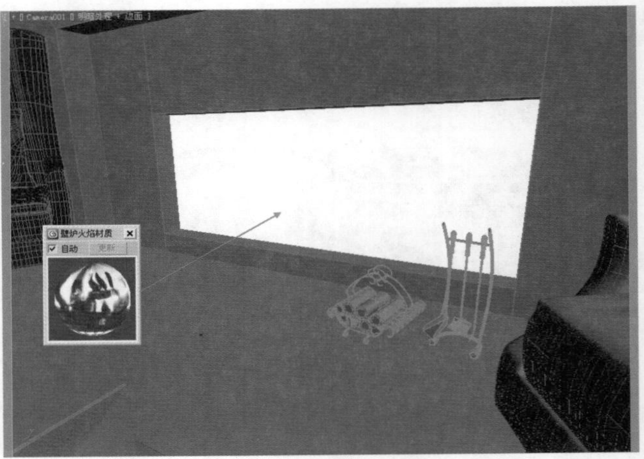

图9—274

图9—275

图9—276

读书笔记

9.5.4 VR覆盖材质

技术速查：VR覆盖材质可以让用户更广范地去控制场景的色彩融合、反射、折射等。

VR覆盖材质主要包括5种材质，分别是【基本材质】、【全局照明材质】、【反射材质】、【折射材质】和【阴影材质】，如图9-277所示。

- 基本材质：是物体的基础材质。
- 全局照明材质：是物体的全局光材质，当使用该参数时，灯光的反弹将依照该材质的灰度来进行控制，而不是基础材质。
- 反射材质：物体的反射材质，即在反射里看到的物体的材质。
- 折射材质：物体的折射材质，即在折射里看到的物体的材质。
- 阴影材质：基本材质的阴影将用该参数中的材质来进行控制，而基本材质的阴影将无效。

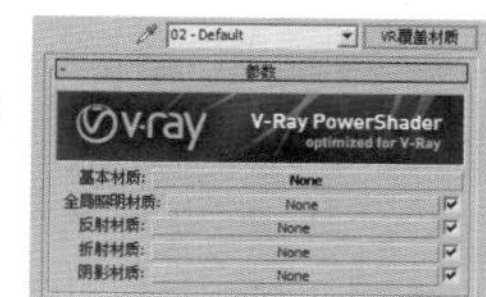

图9—277

9.5.5 VR混合材质

技术速查：VR混合材质可以让多个材质以层的方式混合来模拟物理世界中的复杂材质。

VR混合材质和3ds Max中的混合材质的效果比较类似，但是其渲染速度要快很多，其参数如图9-278所示。

- 基本材质：可以理解为最基层的材质。
- 镀膜材质：表面材质，可以理解为基本材质上面的材质。
- 混合数量：表示【镀膜材质】混合多少到【基本材质】上面，如果颜色给白色，那么【镀膜材质】将全部混合上去，而下面的【基本材质】将不起作用；如果颜色给黑色，那么【镀膜材质】自身就没什么效果。混合数量也可以由后面的贴图通道来代替。

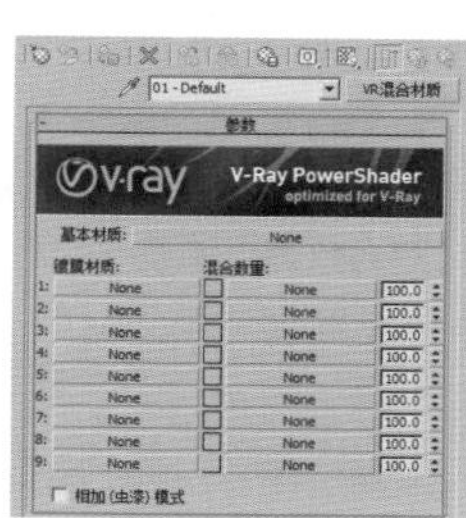

图9—278

9.5.6 顶/底材质

技术速查：顶/底材质可以为对象的顶部和底部指定两个不同的材质，常用来制作带有上下两种不同效果的材质。

顶/底材质的工作原理非常简单，如图9-279所示。

顶/底材质的参数设置如图9-280所示。

- 顶材质/底材质：设置顶部与底部材质。
- 交换：交换顶材质与底材质的位置。
- 世界：按照场景的世界坐标让各个面朝上或朝下。旋转对象时，顶面和底面之间的边界仍然保持不变。
- 局部：按照场景的局部坐标让各个面朝上或朝下。旋转对象时，材质将随着对象旋转。

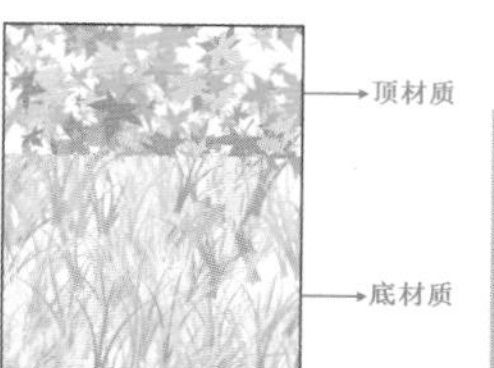

图9—279

图9—280

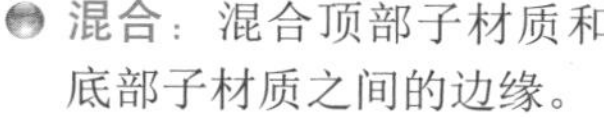

- 混合：混合顶部子材质和底部子材质之间的边缘。
- 位置：设置两种材质在对象上划分的位置。

如图9-281所示为使用顶/底材质制作的效果。

图9—281

9.5.7 混合材质

技术速查：混合材质可以在模型的单个面上将两种材质通过一定的百分比进行混合。

混合材质的材质参数设置如图9-282所示。

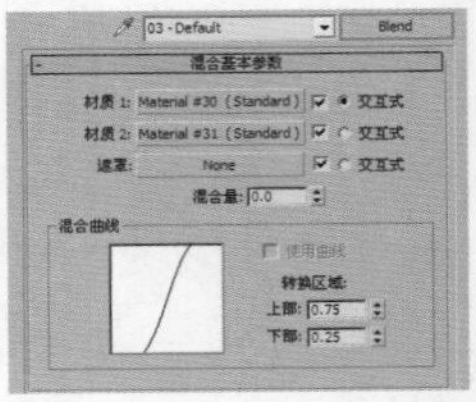

- 材质1/材质2：可在其后面的材质通道中对两种材质分别进行设置。
- 遮罩：可以选择一张贴图作为遮罩。利用贴图的灰度值可以决定材质1和材质2的混合情况。
- 混合量：控制两种材质混合的百分比。如果使用遮罩，则该选项将不起作用。
- 交互式：用来选择哪种材质在视图中以实体着色方式显示在物体的表面。
- 混合曲线：对遮罩贴图中的黑白色过渡区进行调节。
- 使用曲线：控制是否使用混合曲线来调节混合效果。
- 上部：用于调节混合曲线的上部。
- 下部：用于调节混合曲线的下部。

图9—282

9.5.8 双面材质

技术速查：双面材质可以使对象的外表面和内表面同时被渲染，并且可以使内外表面有不同的纹理贴图。

使用双面材质可以模拟物体的双面效果，如扑克牌等，如图9-283所示。

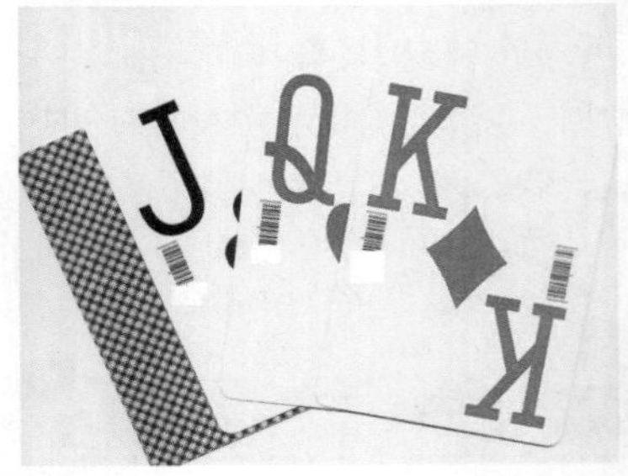

图9—283

双面材质的参数设置如图9-284所示。

图9—284

- 半透明：用来设置正面材质和背面材质的混合程度。值为0时，正面材质在外表面，背面材质在内表面；值在0~100之间时，两面材质可以相互混合；值为100时，背面材质在外表面，正面材质在内表面。
- 正面材质：用来设置物体外表面的材质。
- 背面材质：用来设置物体内表面的材质。

9.5.9 VR材质包裹器

技术速查：VR材质包裹器主要用来控制材质的全局光照、焦散和物体的不可见等特殊属性。通过材质包裹器的设定，我们就可以控制所有赋有该材质的物体的全局光照、焦散和不可见等属性。

VR材质包裹器参数设置如图9-285所示。

- 基本材质：用来设置VR材质包裹器中使用的基础材质参数，此材质必须是VRay渲染器支持的材质类型。
- 附加曲面属性：这里的参数主要用来控制赋予材质包裹器物体的接收、产生GI属性以及接收、产生焦散属性。
  - 生成全局照明：控制当前赋予材质包裹器的物体是否计算GI光照的产生，后面的数值框用来控制GI的倍增值。
  - 接收全局照明：控制当前赋予材质包裹器的物体是否计算GI光照的接收，后面的数值框用来控制GI的倍增值。
  - 生成焦散：控制当前赋予材质包裹器的物体是否产生焦散。
  - 接收焦散：控制当前赋予材质包裹器的物体是否接收焦散，后面的数值框用于控制当前赋予材质包裹器的物体的焦散倍增值。

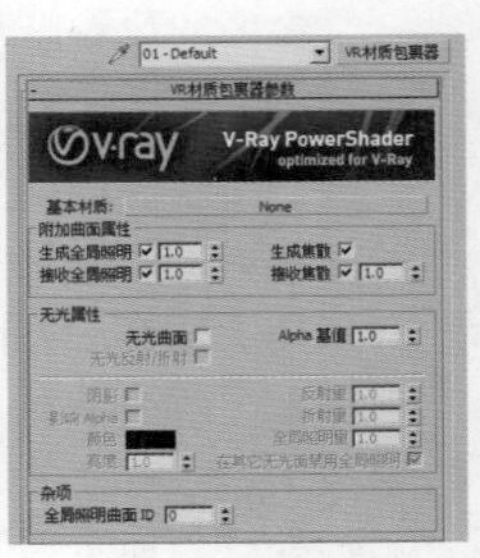

图9—285

- 无光属性：目前VRay还没有独立的【不可见/阴影】材质，但VR材质包裹器中的该选项可以模拟【不可见/阴影】材质效果。
  - 无光曲面：控制当前赋予材质包裹器的物体是否可见，启用该选项后，物体将不可见。
  - Alpha基值：控制当前赋予材质包裹器的物体在Alpha通道的状态。1表示物体产生Alpha通道；0表示物体不产生Alpha通道；-1将表示会影响其他物体的Alpha通道。

- 无光反射/折射：该选项需要在选中【无光曲面】复选框后才可以使用。
- 阴影：控制当前赋予材质包裹器的物体是否产生阴影效果。选中该复选框后，物体将产生阴影。
- 影响Alpha：选中该复选框后，渲染出来的阴影将带Alpha通道。
- 颜色：用来设置赋予材质包裹器的物体产生的阴影颜色。
- 亮度：控制阴影的亮度。
- 反射量：控制当前赋予材质包裹器的物体的反射数量。
- 折射量：控制当前赋予材质包裹器的物体的折射数量。
- 全局照明量：控制当前赋予材质包裹器的物体的间接照明总量。
- 在其他无光面禁用全局照明：启用该选项后，在其他无光面将禁用全局照明。

◎ 杂项：用来设置全局照明曲面ID的参数。其中【全局照明曲面ID】选项用来设置全局照明的曲面ID。

9.5.10 多维/子对象材质

技术速查：多维/子对象材质可以采用几何体的子对象级别分配不同的材质。

多维/子对象材质的参数设置如图9-286所示。

图9-286

★ 案例实战——多维/子对象材质制作布纹

场景文件	17.max
案例文件	案例文件\Chapter 09\案例实战——多维/子对象材质制作布纹.max
视频教学	视频文件\Chapter 09\案例实战——多维/子对象材质制作布纹.flv
难易指数	★★★☆☆
材质类型	多维/子对象材质
技术掌握	掌握多维/子对象材质制作一个模型表面多种材质的方法

实例介绍

布纹是装饰材料中常用的材料，包括化纤地毯、无纺壁布、亚麻布、帆布、尼龙布、彩色胶布、法兰绒等各式布料。在这个场景中，主要讲解了使用多维/子对象材质制作布纹材质的方法，最终渲染效果如图9-287所示。

图9-287

其基本属性主要有以下2点：

◎ 布纹纹理贴图

◎ 一个模型带有多种材质

操作步骤

01 打开本书配套光盘中的【场景文件\Chapter09\17.max】文件，此时场景效果如图9-288所示。

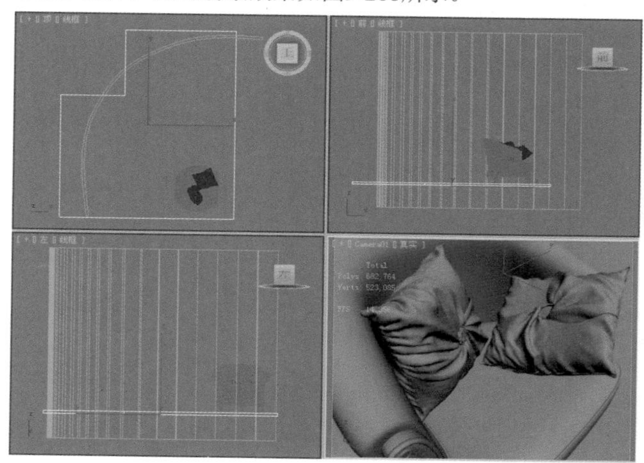

图9-288

02 按M键，打开【材质编辑器】对话框，选择第一个材质球，单击 Standard （标准）按钮，在弹出的【材质/贴图浏览器】对话框中选择【多维/子对象】材质，如图9-289所示。

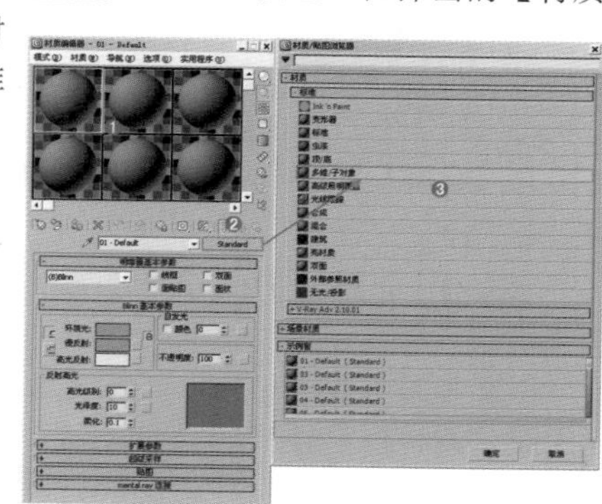

图9-289

03 将材质命名为【红色抱枕】，展开【多维/子对象基本参数】卷展栏，并设置【设置数量】为3，然后在ID1、ID2、ID3通道上分别加载VRayMtl材质，如图9-290所示。

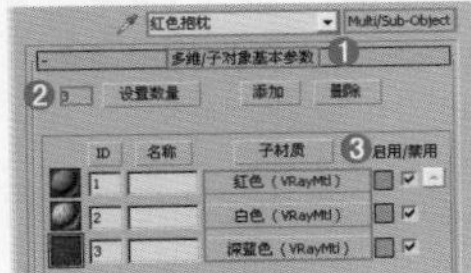

图9-290

04 单击进入ID1的通道中，在【漫反射】选项组中后面的通道上加载【anchor_stripe.jpg】贴图文件，并设置【偏移】的U为0.16，【瓷砖】的U为8，如图9-291所示。

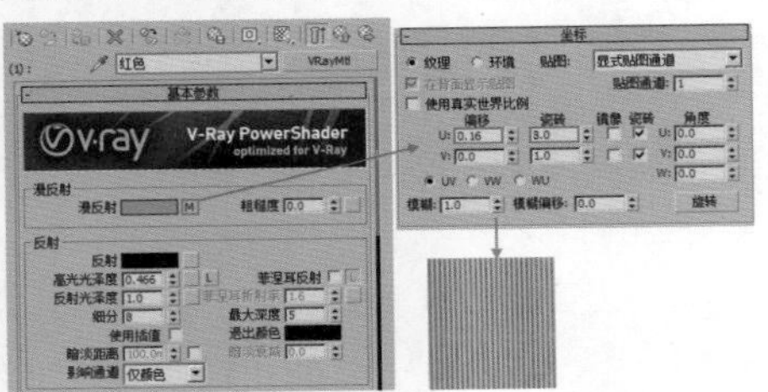

图9-291

05 单击进入ID2的通道中，在【漫反射】选项组中后面的通道上加载【cr70201.jpg】贴图文件，并设置【瓷砖】的U为9、V为3，如图9-292所示。

图9-292

06 单击进入ID3的通道中，在【漫反射】选项组中后面的通道上加载【2494-55.jpg】贴图文件，并设置【瓷砖】的U为3、V为3，如图9-293所示。

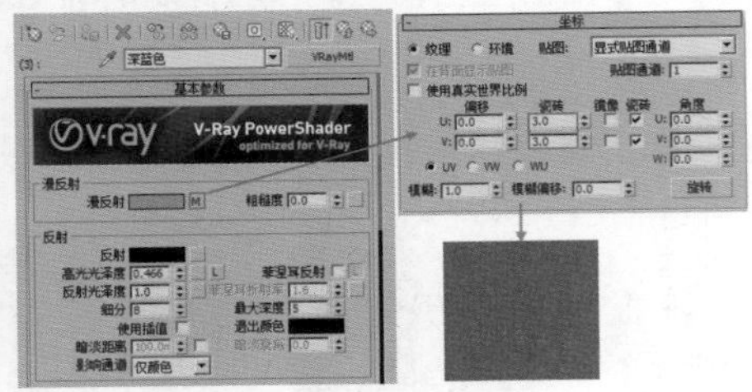

图9-293

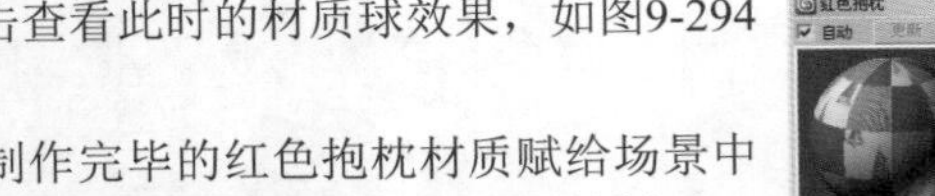

07 双击查看此时的材质球效果，如图9-294所示。

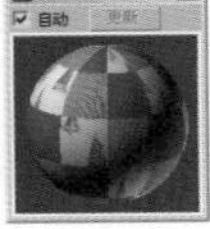

图9-294

08 将制作完毕的红色抱枕材质赋给场景中抱枕的模型，接着制作出剩余部分模型的材质，如图9-295所示。最终场景效果如图9-296所示。

09 最终渲染效果如图9-297所示。

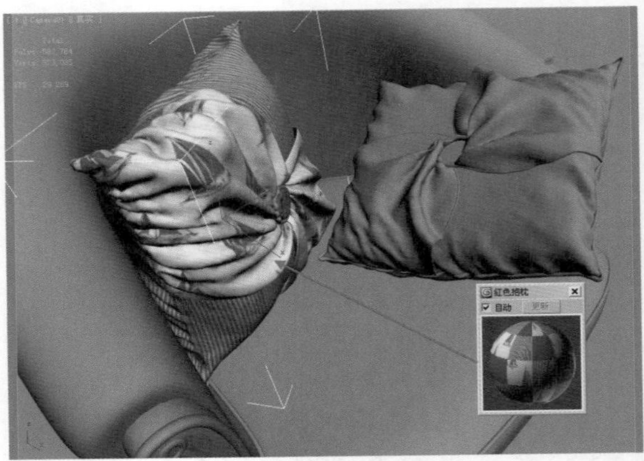

图9-295

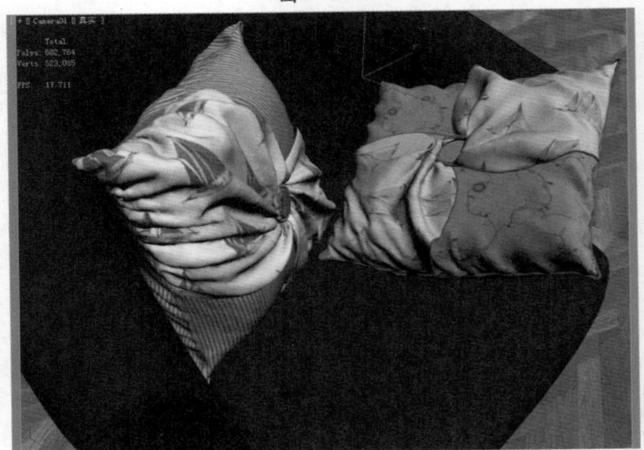

图9-296

图9-297

读书笔记

★ 案例实战——多维/子对象材质制作吊灯

场景文件	18.max
案例文件	案例文件\Chapter 09\案例实战——多维/子对象材质制作吊灯.max
视频教学	视频文件\Chapter 09\案例实战——多维/子对象材质制作吊灯.flv
难易指数	★★★★☆
材质类型	多维/子对象材质
技术掌握	掌握多维/子对象材质的运用

实例介绍

在这个室内空间场景中，主要讲解了使用多维/子对象材质制作吊灯材质的方法，最终渲染效果如图9-298所示。

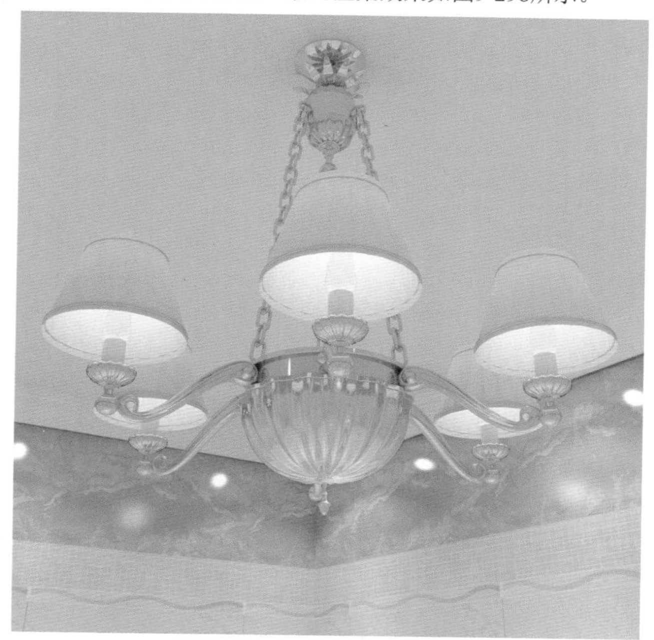

图9—298

操作步骤

01 打开本书配套光盘中的【场景文件\Chapter09\18.max】文件，此时场景效果如图9-299所示。

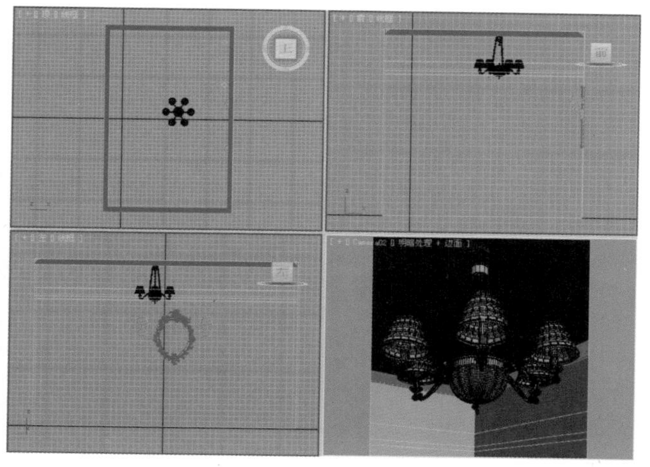

图9—299

02 按M键，打开【材质编辑器】对话框，选择第一个材质球，单击 Standard （标准）按钮，在弹出的【材质/贴图浏览器】对话框中选择【多维/子对象】材质，如图9-300所示。

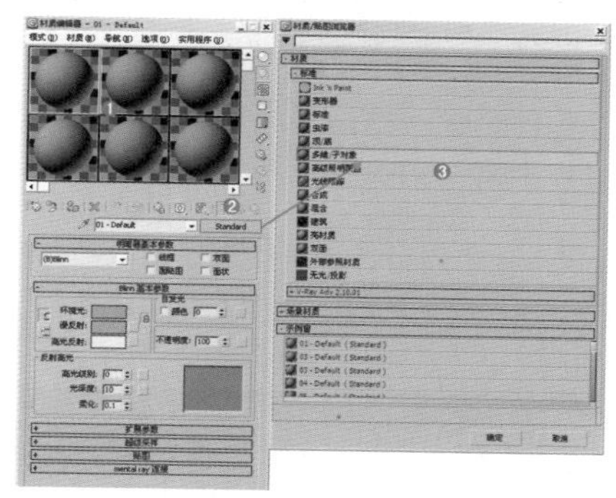

图9—300

03 将材质命名为【吊灯材质】，展开【多维/子对象基本参数】卷展栏，并设置【设置数量】为4，然后在ID1、ID2、ID3、ID34通道上分别加载VRayMtl材质，如图9-301所示。

04 单击进入ID1的通道中，将材质命名为【金属】，在【漫反射】选项组中后面的通道上调节颜色为金色（红：195，绿：131，蓝：56），在【反射】选项组中后面的通道上调节颜色为灰色（红：145，绿：145，蓝：145），设置【反射光泽度】为0.95，【细分】为15，如图9-302所示。

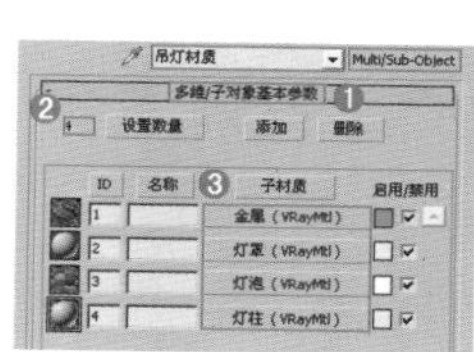

图9—301

图9—302

05 单击进入ID2的通道中，将材质命名为【灯罩】，在【漫反射】选项组中后面的通道上调节颜色为浅黄色（红：241，绿：238，蓝：230），如图9-303所示。

06 单击进入ID3的通道中，将材质命名为【灯泡】，在【漫反射】选项组中后面的通道上调节颜色为白色（红：255，绿：255，蓝：255），设置【反射光泽度】为0.9，如图9-304所示。

图9—303

图9—304

07 单击进入ID4的通道中，将材质命名为【灯柱】，在【漫反射】选项组中后面的通道上调节颜色为白色（红：255，绿：255，蓝：255），设置【反射光泽度】为0.65，选中【菲涅耳反射】复选框，如图9-305所示。

08 双击查看此时的材质球效果，如图9-306所示。

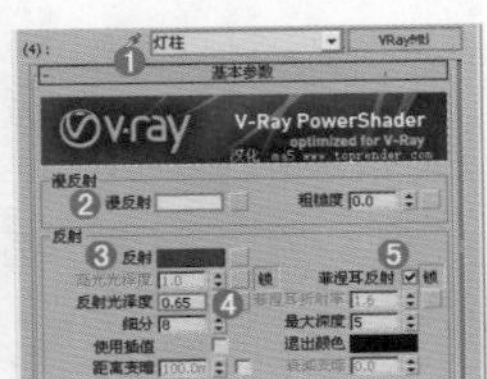

图9—305　　图9—306

09 将制作完毕的吊灯材质赋给场景中吊灯的模型，接着制作出剩余部分模型的材质，如图9-307所示。最终场景效果如图9-308所示。

图9—307

图9—308

10 最终渲染效果如图9-309所示。

图9—309

9.5.11 VR快速SSS2

技术速查：VR快速SSS2是用来计算次表面散射效果的材质，这是一个内部计算简化了的材质，它比使用VRayMtl材质中半透明参数的渲染速度更快。

VR快速SSS2材质的参数设置如图9-310所示。

- 常规参数：控制该材质的综合参数，如预设、预处理等。
- 漫反射和子曲面散射层：控制该材质的基本参数，如主体颜色、漫反射颜色等。
- 高光反射层：控制该材质的关于高光的参数。
- 选项：控制该材质的散射、折射等参数。
- 贴图：可以在该卷展栏中的通道上加载贴图。

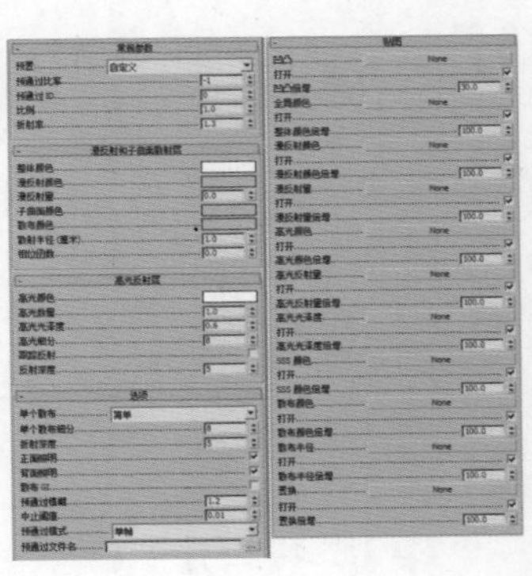

图9—310

如图9-311所示为使用VR快速SSS2材质制作的效果。

图9-311

读书笔记

课后练习

【课后练习——VRayMtl材质制作皮革】

思路解析

01 制作皮革材质：设置为VRayMtl材质，并设置漫反射、高光光泽度、反射光泽度等相关参数，并设置凹凸；在【凹凸】通道上加载【噪波】贴图，制作出凹凸的纹理效果

02 制作木纹材质：设置为VR材质包裹器材质，并进行相应的设置

本章小结

通过对本章的学习，我们可以掌握材质的相关技术。由于材质类型非常多，本章挑选了最为常用的进行讲解，其他没有讲解到的类型读者可以进行知识的延伸而掌握。熟练掌握这些知识，可以模拟出现实中存在或不存在的任何材质效果，因此材质章节是非常有趣味性的。

读书笔记

第10章

贴图技术

本章内容简介：

贴图在使用3ds Max制作效果图时应用非常广泛，合理地应用贴图技术可以制作出真实的贴图，使得材质质感更加突出。

本章学习要点：

- 贴图的基本知识
- 各类贴图的参数详解
- 室内外效果图常用贴图的设置方法

10.1 初识贴图

10.1.1 什么是贴图

技术速查：在使用3ds Max制作效果图的过程中，常需要制作很多种贴图，如木纹、花纹、壁纸等，这些贴图可以用来呈现物体的纹理效果。

设置贴图前后的对比效果如图10-1所示。

图10—1

10.1.2 贴图与材质的区别

在第9章中我们重点讲解了材质技术的应用，当然读者会发现材质章节中出现了大量的贴图知识，这是因为贴图和材质是密不可分的，虽然是不同的概念，但是却息息相关。

01 什么是贴图

顾名思义，贴图即在某一个材质中，比如该材质的【漫反射】通道上用了哪些贴图，如【位图】贴图、【噪波】贴图、【衰减】贴图、【平铺】贴图等，或是【凹凸】通道上用了哪些贴图。

02 什么是材质

材质在3ds Max中代表某个物体应用了什么类型的质地，如标准材质、VRayMtl、混合材质等。

03 贴图和材质的关系是什么

我们可以通俗地理解为材质的级别要比贴图大，也就是说先有材质，才会出现贴图。如图10-2所示，设置一个木纹材质，此时需要首先设置材质类型为VRayMtl，并设置其【反射】等参数，最后需要在【漫反射】通道上加载【位图】贴图。

因此可以得到一个概念：材质>贴图，贴图需要在材质下面的某一个通道上加载。

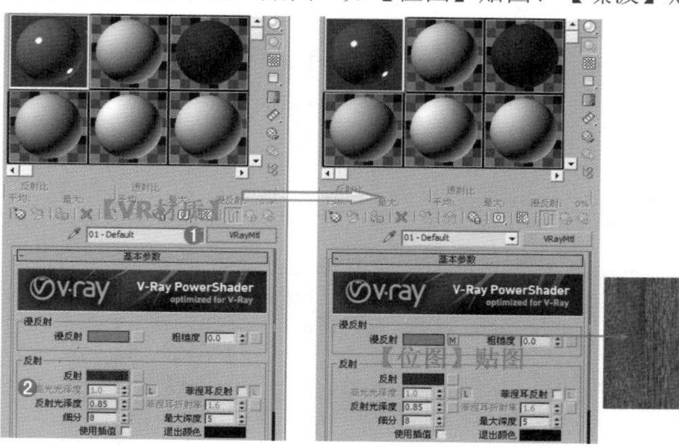

图10—2

10.1.3 为什么要设置贴图

01 一般情况下，在效果图制作中设置贴图是为了让材质出现贴图纹理效果。如图10-3所示为没有加载贴图的金属材质和加载贴图的材质对比效果。

很明显，未加载贴图的金属材质非常干净，但是缺少变化。当然也可以在【反射】、【折射】等通道上加载贴图，也会产生相应的效果。读者可以尝试在任何通道上加载贴图，并测试产生的效果。

02 为了产生真实的凹凸纹理效果。如图10-4所示为没有加载【凹凸】贴图和加载【凹凸】贴图的对比效果。

未加载任何贴图的金属效果

加载【位图】贴图的金属效果

图10—3

加载【凹凸】贴图的木纹效果

未加载【凹凸】贴图的车漆效果

图10—4

10.1.4 贴图的设置思路

贴图的设置思路相对材质而言要简单一些。具体的设置思路如下：

01 在确认设置哪种材质，并设置完成材质类型的情况下，考虑【漫反射】通道是否需要加载贴图。

02 考虑【反射】、【折射】等通道是否需要加载贴图，常用的如【衰减】、【位图】贴图等。

03 考虑【凹凸】通道上是否需要加载贴图，常用的如【位图】、【噪波】、【凹痕】贴图等。

10.2 【贴图】卷展栏

【贴图】卷展栏如图10-5所示。对于 2D 和 3D 贴图，此卷展栏中的单元显示贴图通道值。可以编辑其中的单元，方法是：单击一个单元，然后将其拖过相应的值。此值高亮显示时，可以输入新的贴图通道值，也可以单击此单元中显示的微调器箭头来更改贴图通道值。

当需要为模型制作凹凸纹理效果时，可以在【凹凸】通道上添加贴图。如图10-6所示为平静水面材质的制作。

如图10-7所示为波纹水面材质的制作。

图10-5

图10-6

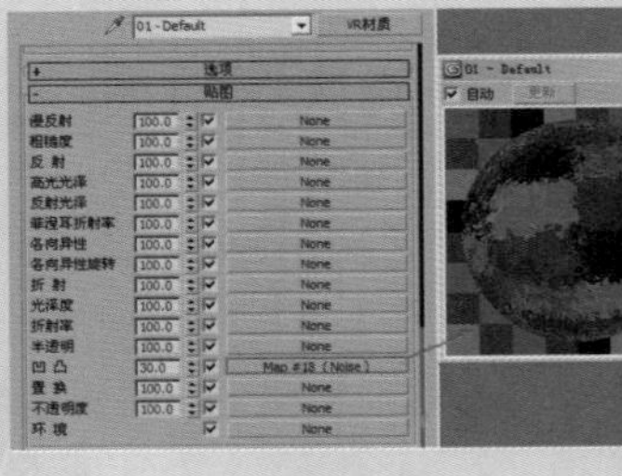

图10-7

技巧提示

若对通道知识理解不完全，在这里是非常易错的。比如误把【噪波】贴图加载到【漫反射】通道上，会发现制作出来的效果并没有凹凸效果，如图10-8所示。

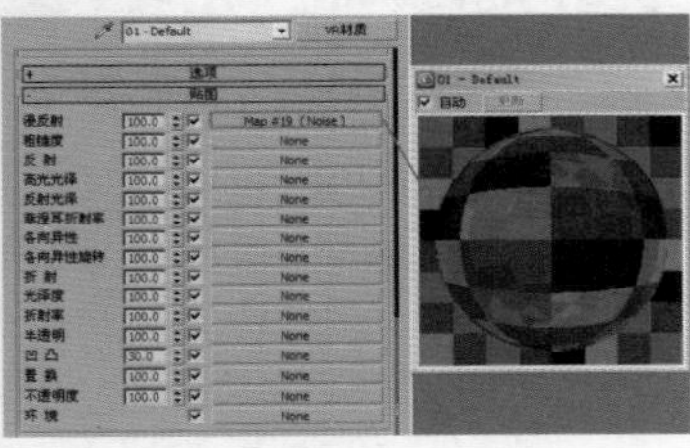

图10-8

读书笔记

10.3 常用贴图类型

展开【贴图】卷展栏，这里有很多贴图通道，在这些通道中可以添加贴图来表现物体的属性，如图10-9所示。

随意单击一个通道，在弹出的【材质/贴图浏览器】对话框中可以观察到很多贴图类型，主要包括2D贴图、3D贴图、合成器贴图、颜色修改器贴图以及其他贴图，如图10-10所示。

图10-9

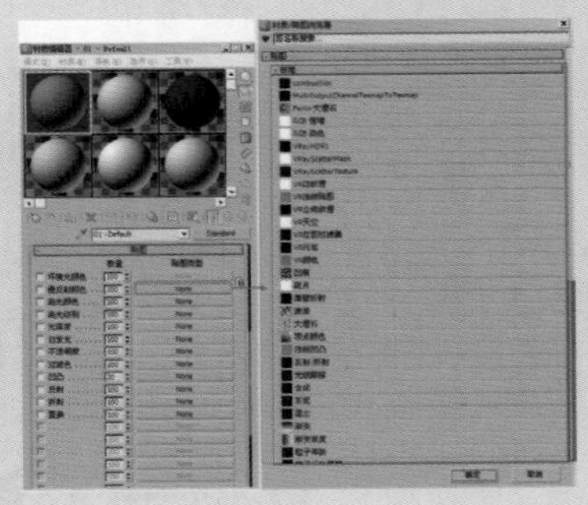

图10-10

本节知识导读：

工具名称	工具用途	掌握级别
位图	为材质添加图片贴图，是贴图中最常用的类型	★★★★★
衰减	制作衰减的效果，如绒布、金属	★★★★★
噪波	制作类似噪波的凹凸效果，如水面、沙发纹理	★★★★★
平铺	制作平铺的贴图效果，如瓷砖、大理石墙面	★★★★☆
VR天空	制作蓝色的天空	★★★★☆
棋盘格	制作两种颜色相间的贴图，如马赛克	★★★★☆
渐变	制作颜色的渐变效果	★★★★☆
混合	制作两种贴图混合到一起的效果，如花纹	★★★★☆
渐变坡度	制作多种颜色的渐变贴图	★★★☆☆
VRayHDRI	制作HDRI的真实环境效果，如模拟环境	★★★☆☆
输出	使用输出贴图，可以将输出设置应用于没有这些设置的程序贴图，如棋盘格或大理石	★★★☆☆
VR边纹理	制作物体的线框效果，常用来起到测试模型的作用	★★★☆☆
VR污垢	制作物体表面的污垢效果，如青铜器、旧金属	★★☆☆☆
细胞	制作物体表面的凹凸效果，如墙面质感漆	★★☆☆☆
遮罩	使用遮罩贴图可以通过一种材质查看另一种材质	★★☆☆☆

- 位图：通常在这里加载位图贴图。
- 大理石：产生岩石断层效果。
- 棋盘格：产生黑白交错的棋盘格图案。
- 渐变：使用3种颜色创建渐变图像。
- 渐变坡度：可以产生多色渐变效果。
- 漩涡：可以创建两种颜色的漩涡形图形。
- 细胞：可以模拟细胞形状的图案。
- 凹痕：可以作为【凹凸】贴图，产生一种风化和腐蚀的效果。
- 衰减：产生两色过渡效果。
- 噪波：通过两种颜色或贴图的随机混合，产生一种无序的杂点效果。
- 粒子年龄：专用于粒子系统，通常用来制作彩色粒子流动的效果。
- 粒子运动模糊：根据粒子速度产生模糊效果。
- Prelim大理石：通过两种颜色混合，产生类似于珍珠岩纹理的效果。
- 行星：产生类似于地球的效果。
- 烟雾：产生丝状、雾状或絮状等无序的纹理效果。
- 斑点：产生两色杂斑纹理效果。
- 泼溅：产生类似于油彩飞溅的效果。
- 灰泥：用于制作腐蚀生锈的金属和物体破败的效果。
- 波浪：可创建波状的、类似于水纹的贴图效果。
- 木材：用于制作木头效果。
- 合成：可以将两个或两个以上的子材质叠加在一起。
- 遮罩：使用一张贴图作为遮罩。
- 混合：将两种贴图混合在一起，通常用来制作一些多个材质渐变融合或覆盖的效果。
- RGB相乘：主要配合【凹凸】贴图一起使用，允许将两种颜色或贴图的颜色进行相乘处理，从而增加图像的对比度。
- 输出：专门用来弥补某些无输出设置的贴图类型。
- 颜色修正：可以调节材质的色调、饱和度、亮度和对比度。
- RGB染色：通过3个颜色通道来调整贴图的色调。
- 顶点颜色：根据材质或原始顶点颜色来调整RGB或RGBA纹理。
- 每像素的摄影机贴图：将渲染后的图像作为物体的纹理贴图，以当前摄影机的方向贴在物体上，可以进行快速渲染。
- 平面镜：使共平面的表面产生类似于镜面反射的效果。
- 法线凹凸：可以改变曲面上的细节和外观。
- 光线跟踪：可模拟真实的完全反射与折射效果。
- 反射/折射：可产生反射与折射效果。
- 薄壁折射：配合折射贴图一起使用，能产生透镜变形的折射效果。
- VRayHDRI：VRayHDRI可以翻译为高动态范围贴图，主要用来设置场景的环境贴图，即把HDRI当作光源来使用。
- VR边纹理：是一个非常简单的材质，效果和3ds Max中的线框材质类似。
- VR合成纹理：可以通过两个通道里贴图色度、灰度的不同来进行减、乘、除等操作。
- VR天空：可以调节出场景背景环境天空的贴图效果。
- VR位图过滤器：是一个非常简单的程序贴图，它可以编辑贴图纹理的X、Y轴向。
- VR污垢：可以用来模拟真实物理世界中物体上的污垢效果。
- VR颜色：可以用来设定任何颜色。
- VR贴图：因为VRay不支持3ds Max中的光线追踪贴图类型，所以在使用3ds Max标准材质时的反射和折射就用VR贴图来代替。

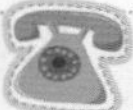

答疑解惑：位图和程序贴图的区别

3ds Max材质编辑器包括两类贴图：位图和程序贴图。两者有着一定的区别。

- 位图：位图相当于照片，单个图像由水平和垂直方向的像素组成。图像的像素越多，它就变得越大。因此尺寸较小的位图用在对象上时，不要离摄影机太近，可能会造成渲染效果差。但是，较大的位图需要更多的内存，因此渲染时会花费更长的时间。
- 程序贴图：程序贴图与位图不一样，程序贴图的原理是利用简单或复杂的数学方程进行运算形成贴图。使用程序贴图的优点是，当将它们放大时，不会降低分辨率，可以看到更多的细节。

10.3.1 【位图】贴图

技术速查：位图是由彩色像素的固定矩阵生成的图像（如马赛克），是最常用的贴图，可以添加图片。可以使用一张位图图像来作为贴图，位图贴图支持很多种格式，包括FLC、AVI、BMP、GIF、JPEG、PNG、PSD和TIFF等主流图像格式。

如图10-11所示是效果图制作中经常使用的几种位图贴图。

图10—11

【位图】贴图的参数设置如图10-12所示。

- 偏移：用来控制贴图的偏移效果，如图10-13所示。
- 大小：用来控制贴图平铺重复的程度，如图10-14所示。
- 角度：用来控制贴图的角度旋转效果，如图10-15所示。

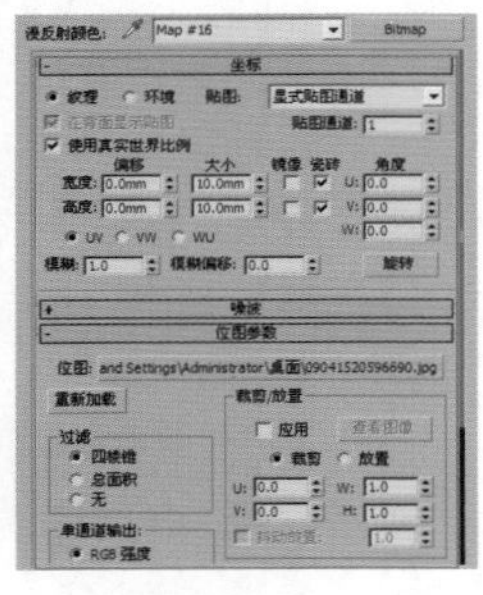

图10—12

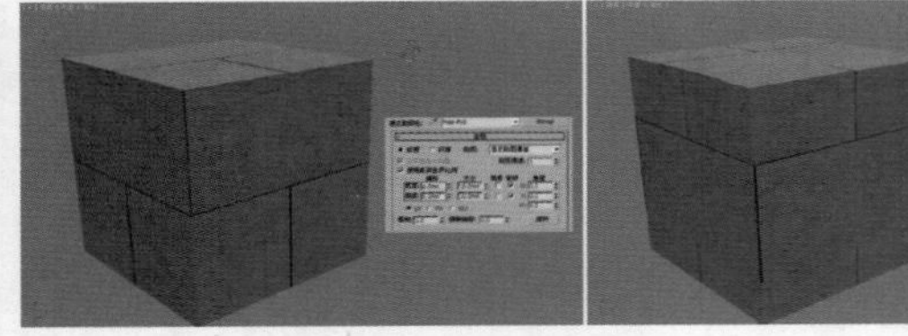

图10—13

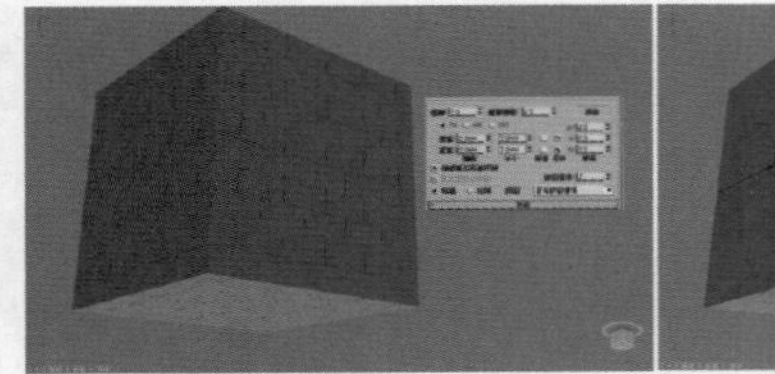

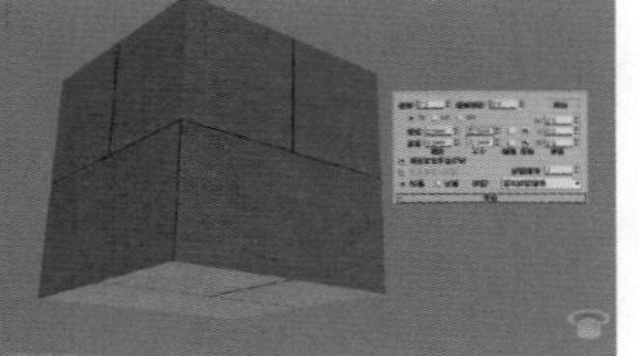

图10—14

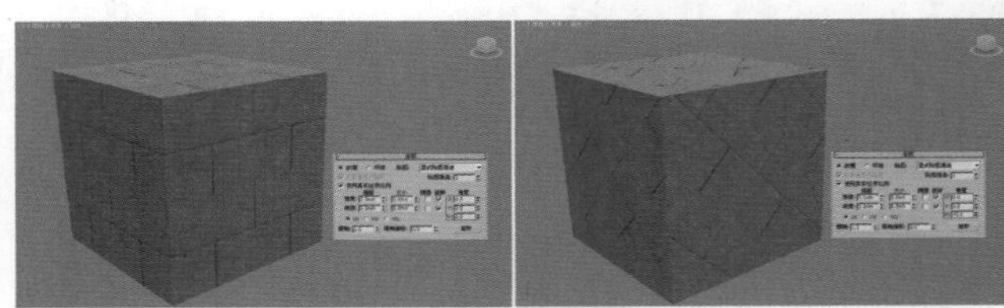

图10—15

- 模糊：用来控制贴图的模糊程度，数值越大，贴图越模糊，渲染速度越快。
- 剪裁/放置：在【位图参数】卷展栏中选中【应用】复选框，然后单击后面的 查看图像 按钮，接着在弹出的窗口中可以框选出一个区域，该区域表示贴图只应用框选的这部分区域，如图10-16所示。

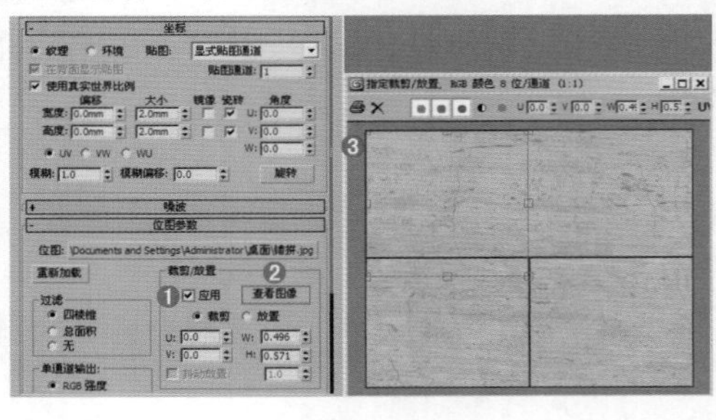

图10—16

【位图】贴图的【输出】卷展栏如图10-17所示。

- 反转：反转贴图的色调，使之类似彩色照片的底片。默认设置为禁用状态。
- 输出量：控制要混合为合成材质的贴图数量。对贴图中的饱和度和 Alpha 值产生影响。默认设置为 1.0。
- 钳制：选中该复选框之后，限制比 1.0 小的颜色值。

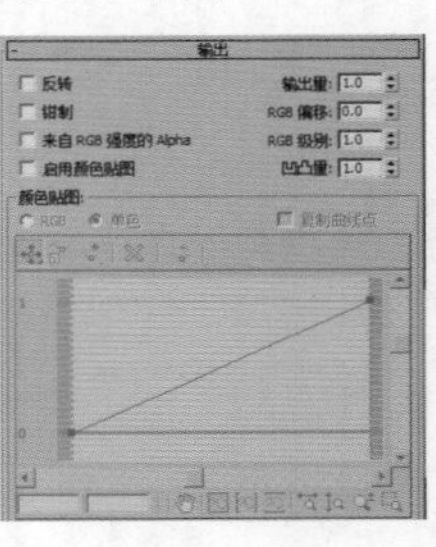

图10—17

- RGB 偏移：根据微调器所设置的量增加贴图颜色的RGB值，此选项对色调的值产生影响。
- 来自 RGB 强度的 Alpha：启用此选项后，会根据在贴图中RGB通道的强度生成一个Alpha通道。
- RGB 级别：根据微调器所设置的量使贴图颜色的RGB值加倍，此选项对颜色的饱和度产生影响。
- 启用颜色贴图：启用此选项来使用颜色贴图。默认设置为禁用状态。
- 凹凸量：调整凹凸的量。该值仅在贴图用于凹凸贴图时产生效果。
- RGB/单色：将贴图曲线分别指定给每个RGB过滤通道或合成通道（单色）。
- 复制曲线点：启用此选项后，当切换到RGB图时，将复制添加到单色图的点。

★ 案例实战——位图贴图制作杂志

场景文件	01.max
案例文件	案例文件\Chapter 10\案例实战——位图贴图制作杂志.max
视频教学	视频文件\Chapter 10\案例实战——位图贴图制作杂志.flv
难易指数	★☆☆☆☆
贴图类型	位图贴图
技术掌握	掌握多维/子对象材质的运用、位图贴图的使用

实例介绍

杂志是由纸做成的，主要有胶版纸、轻涂纸、铜版纸几种。在这个场景中，主要讲解了使用多维/子对象材质制作书籍的材质，最终渲染效果如图10-18所示。

图10—18

其基本属性主要有以下2点：

- 杂志分为封面、书籍、内页等元素
- 带有贴图

操作步骤

01 打开本书配套光盘中的【场景文件\Chapter 10\01.max】文件，此时场景效果如图10-19所示。

02 按M键，打开【材质编辑器】对话框，选择第一个材质球，单击Standard（标准）按钮，在弹出的【材质/贴图浏览器】对话框中选择【多维/子对象】材质，如图10-20所示。

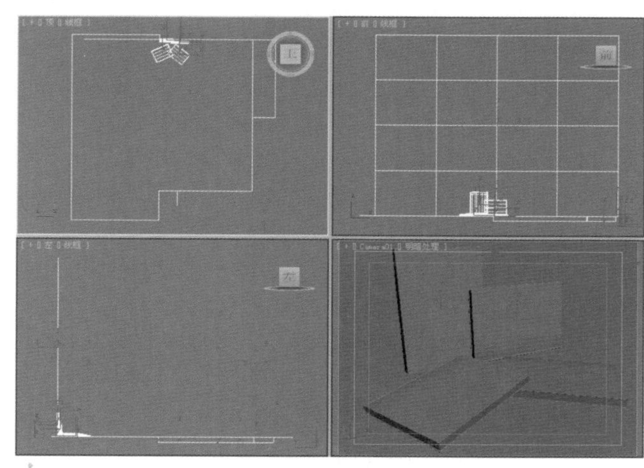
图10—19

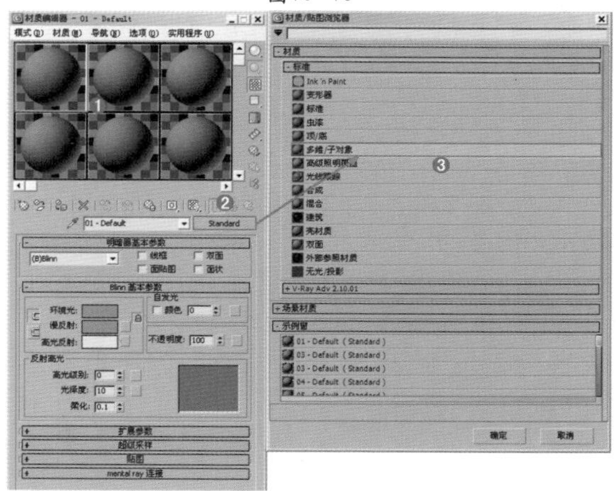

图10—20

03 将材质命名为【书籍1】，展开【多维/子对象基本参数】卷展栏，并设置【设置数量】为5，然后在ID1、ID2、ID3、ID4、ID5通道上分别加载【VRayMtl】材质，如图10-21所示。

04 单击进入ID1的通道中，并进行详细地调节，具体参数如图10-23和图10-23所示。

- 在【漫反射】选项组中后面的通道上加载【045.jpg】贴图文件，并设置【模糊】为0.1。

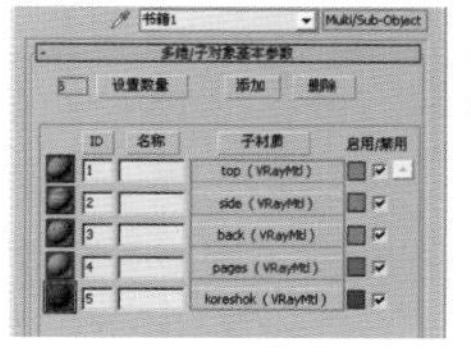

图10—21

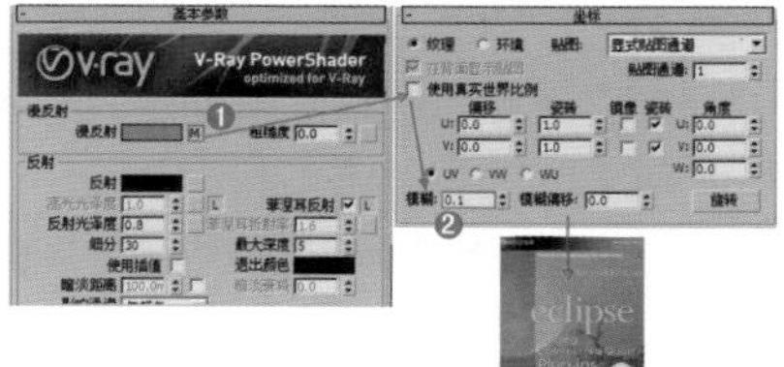

图10—22

第10章 贴图技术

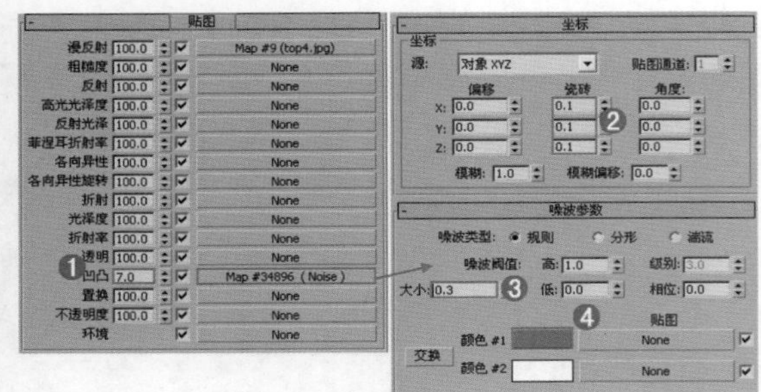

图10—23

● 展开【贴图】卷展栏，在【凹凸】通道上加载【噪波】程序贴图，并设置数值为7，设置【瓷砖】的X、Y和Z均为0.1，设置【大小】为0.3，调节【颜色#1】为灰色（红：122，绿：122，蓝：122）。

技巧提示

此处将【模糊】数值设置为0.1，目的是为了在渲染时使贴图比较清晰。也就是说【模糊】数值越小，渲染的贴图越清晰。

05 单击进入ID2的通道中，在【漫反射】选项组中后面的通道上加载【side4.jpg】贴图文件，并设置【模糊】为0.1，如图10-24所示。

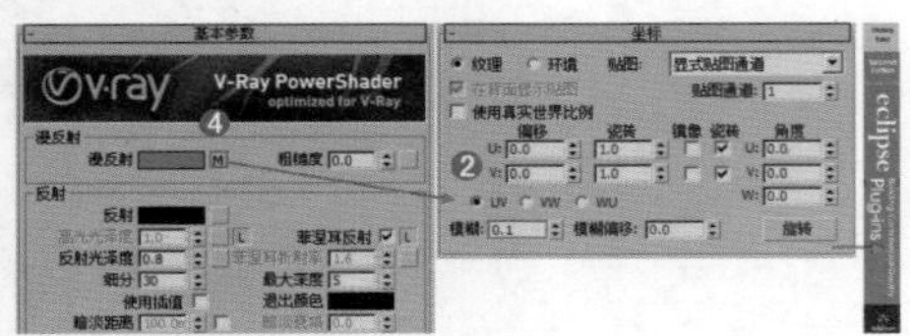

图10—24

06 单击进入ID3的通道中，在【漫反射】选项组中后面的通道上加载【back4.jpg】贴图文件，并设置【模糊】为0.1，如图10-25所示。

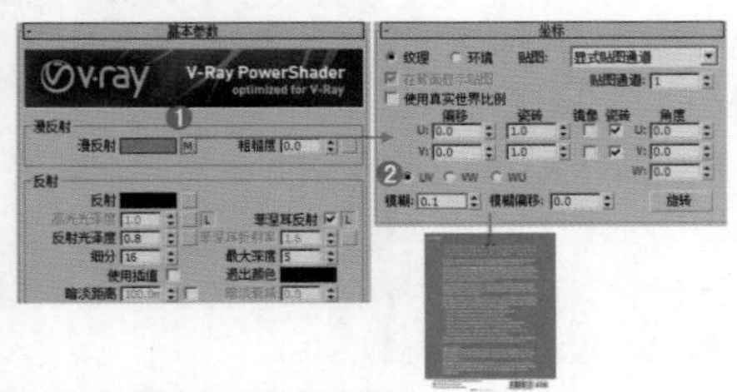

图10—25

07 单击进入ID4的通道中，并进行详细地调节，具体参数如图10-26和图10-27所示。

● 在【漫反射】选项组中后面的通道上加载【混合】程序贴图，设置【混合量】为50。在【颜色#1】后面的通道上加载【噪波】程序贴图，设置【瓷砖】的X和Y为0.001，Z为0.1，设置【模糊】为0.2，设置【大小】为0.03，调节【颜色#1】为蓝色（红：49，绿：62，蓝：97）。

● 在【颜色#2】后面的通道上加载【噪波】程序贴图，设置【瓷砖】的X和Y为0.001，Z为0.1，设置【模糊】为0.1，设置【大小】为0.05。

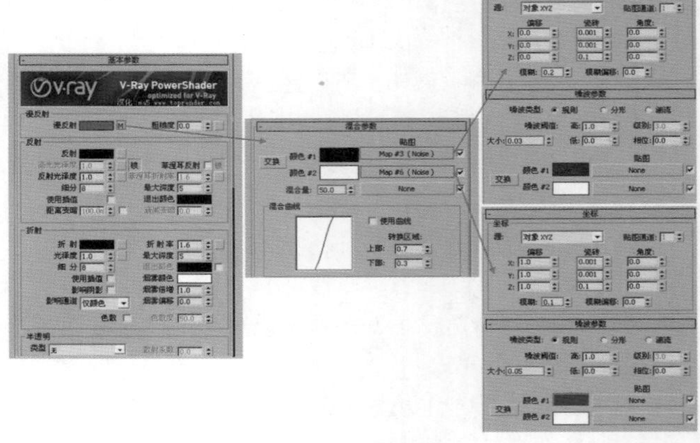

图10—26

● 展开【贴图】卷展栏，在【凹凸】通道上加载【噪波】程序贴图，并设置数值为0.0，设置【瓷砖】的X、Y和Z分别为0.001，Z为0.1，设置【模糊】为0.1，【大小】为0.03。

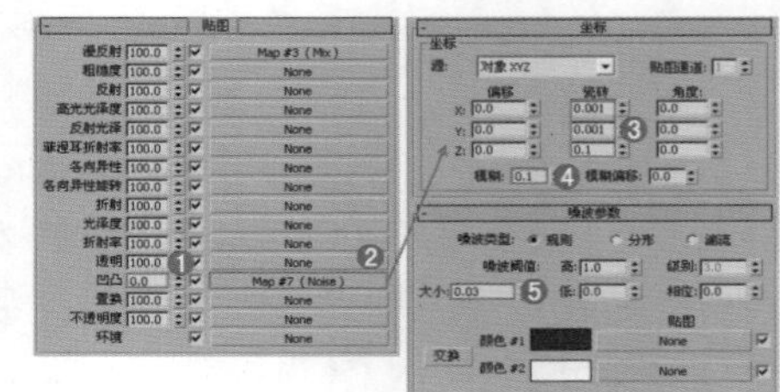

图10—27

08 单击进入ID5的通道中，在【漫反射】选项组中调节颜色为深灰色（红：62，绿：62，蓝：62），如图10-28所示。

09 双击查看此时的材质球效果，如图10-29所示。

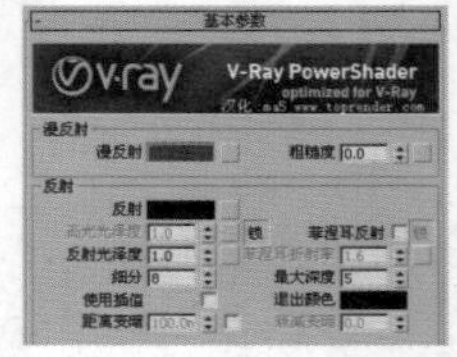

图10—28　图10—29

10 将制作完毕的书籍材质赋给场景中书籍的模型，接着制作出剩余书籍模型的材质，如图10-30所示。最终场景效果如图10-31所示。

图10—30　图10—31

11 最终渲染效果如图10-32所示。

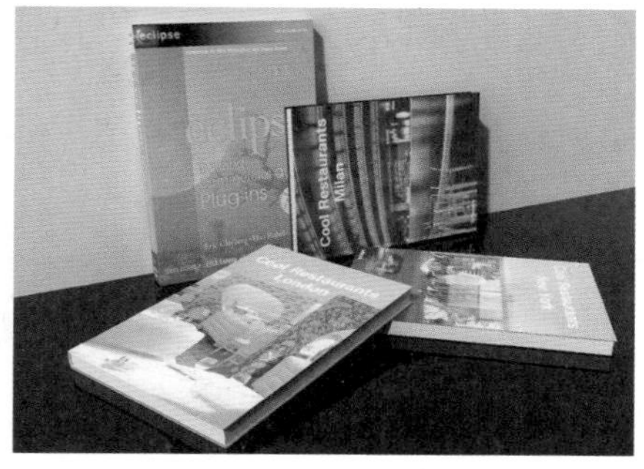

图10—32

读书笔记

10.3.2 【不透明度】贴图

技术速查：【不透明度】贴图通道主要用于控制材质的透明属性，并根据黑白贴图（“黑透白不透”原理）来计算具体的透明、半透明、不透明效果。

如图10-33所示为使用【不透明度】贴图制作场景的效果。

图10—33

技术专题——【不透明度】贴图的原理

【不透明度】贴图通道，是利用图像的明暗度在物体表面产生透明效果，纯黑色的区域完全透明，纯白色的区域完全不透明，这是一种非常重要的贴图方式，如果配合【漫反射颜色】贴图，可以产生镂空的纹理，这种技巧常被利用制作一些遮挡物体。例如将一个人物的彩色图转化为黑白剪影图，将彩色图用作【漫反射颜色】贴图通道，而剪影图用作【不透明度】贴图，在三维空间中将它指定给一个薄片物体，从而产生一个立体的、镂空的人像，将其放置于室内外建筑的地面上，可以产生真实的反射与投影效果，这种方法在建筑效果图中应用非常广泛，如图10—34所示。

图10—34

下面详细讲解使用【不透明度】贴图制作树叶的流程。

01 在场景中创建一个平面，如图10-35所示。

02 打开【材质编辑器】对话框，然后设置材质类型为标准材质，接着在【贴图】卷展栏中的【漫反射颜色】贴图通道中加载一张树叶的彩色贴图，最后在【不透明度】贴图通道中加载一张树的黑白贴图，如图10-36所示。

03 将制作好的材质赋给平面，如图10-37所示。

04 将制作好的树叶进行复制，如图10-38所示。

05 最终渲染效果如图10-39所示。

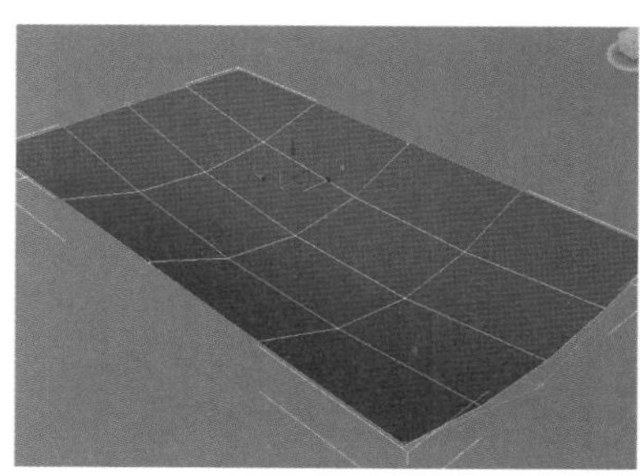

图10—35

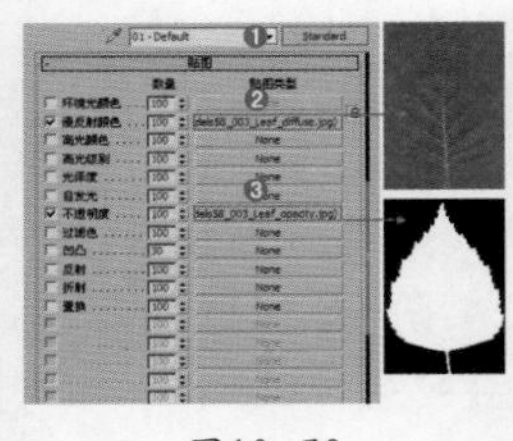

图10—36

图10—37

图10—38

图10—39

10.3.3 VRayHDRI贴图

技术速查：VRayHDRI可以翻译为高动态范围贴图，主要用来设置场景的环境贴图，即把HDRI当作光源来使用。

其参数设置如图10-40所示。

- 位图：单击后面的 浏览 按钮可以指定一张HDR贴图。
- 贴图类型：控制HDRI的贴图方式，主要分为以下5类。
  - 角度：主要用于使用了对角拉伸坐标方式的HDRI。
  - 立方：主要用于使用了立方体坐标方式的HDRI。
  - 球形：主要用于使用了球形坐标方式的HDRI。
  - 球状镜像：主要用于使用了镜像球形坐标方式的HDRI。
  - 3ds Max标准：主要用于对单个物体指定环境贴图。
- 水平旋转：控制HDRI在水平方向的旋转角度。
- 水平翻转：让HDRI在水平方向上翻转。
- 垂直旋转：控制HDRI在垂直方向的旋转角度。
- 垂直翻转：让HDRI在垂直方向上翻转。
- 全局倍增：用来控制HDRI的亮度。
- 渲染倍增：设置渲染时的光强度倍增。
- 伽玛值：设置贴图的伽玛值。
- 插值：可以选择插值的方式，包括【双线性】、【双立体】、【四次幂】和【默认】方式。

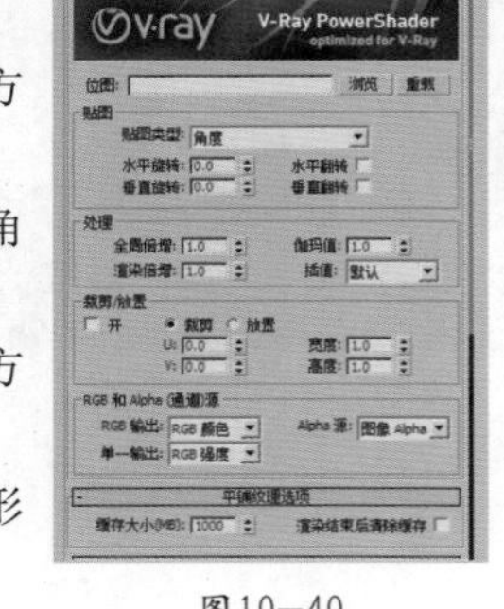

图10—40

读书笔记

★ 案例实战——VRayHDRI贴图制作真实环境

场景文件	02.max
案例文件	案例文件\Chapter 10\案例实战——VRayHDRI贴图制作真实环境.max
视频教学	视频文件\Chapter 10\案例实战——VRayHDRI贴图制作真实环境.flv
难易指数	★★★☆☆
贴图类型	VRayHDRI程序贴图
技术掌握	掌握VRayHDRI贴图制作真实环境的方法

实例介绍

真实环境效果一般是表现带有强烈反射、折射的场景，这类场景可以在物体表面形成真实的环境效果，使其材质非常逼真。在这个场景空间中，主要讲解了使用VRayMtl材质制作金属材质的方法和使用VRayHDRI贴图的制作。最终渲染效果如图10-41所示。

图10—41

其基本属性主要为：

- 可以真实地表现出环境效果

操作步骤

Part 01 金属材质的制作

01 打开本书配套光盘中的【场景文件\Chapter 10\02.

max】文件，此时场景效果如图10-42所示。

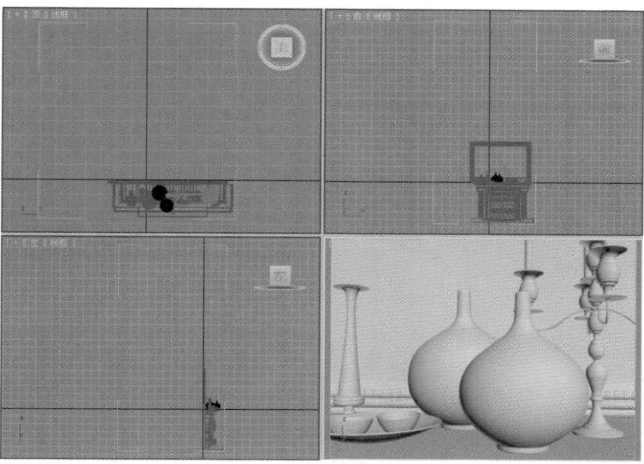

图10—42

02 按M键，打开【材质编辑器】对话框，选择第一个材质球，单击 Standard （标准）按钮，在弹出的【材质/贴图浏览器】对话框中选择VRayMtl材质，如图10-43所示。

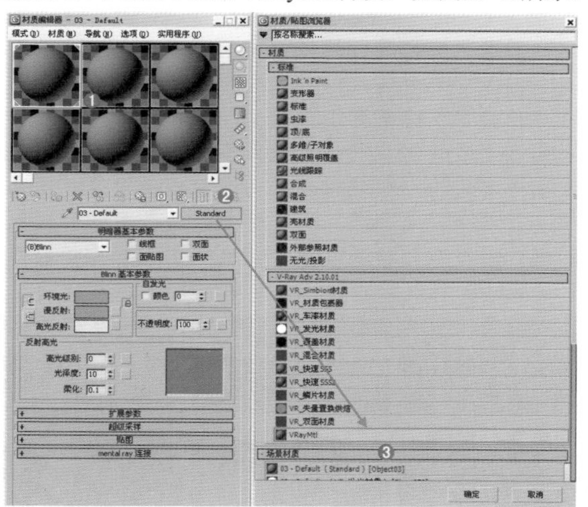

图10—43

03 将材质命名为【金属】，下面调节其具体的参数，如图10-44所示。

- 在【漫反射】选项组中调节颜色为灰色（红：114，绿：114，蓝：114）。
- 在【反射】选项组中调节颜色为浅灰色（红：198，绿：198，蓝：198），最后设置【高光光泽度】为0.77，【反射光泽度】为0.9，【细分】为14。

04 双击查看此时的材质球效果，如图10-45所示。

图10—44

图10—45

05 将调节好的金属材质赋给场景中的瓶子模型，如图10-46所示。

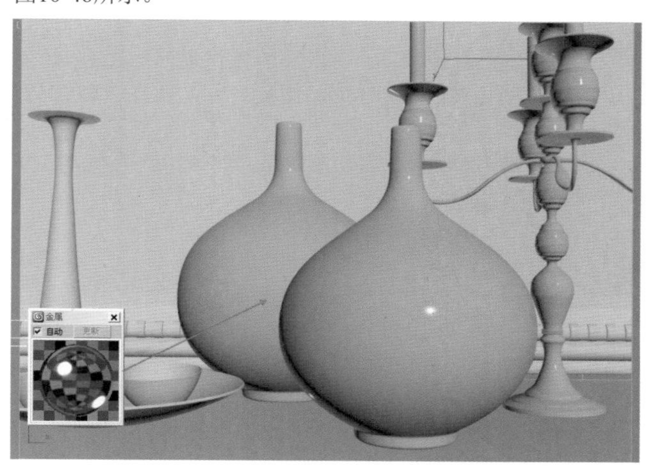

图10—46

Part 02 VRayHDRI贴图的制作

01 按F10键打开【渲染设置】窗口，进入V-Ray选项卡，展开【V-Ray：：环境】卷展栏，在【全局照明环境（天光）覆盖】选项组中启用【开】选项，再在后边的通道上加载VRayHDRI程序贴图。按M键，打开【材质编辑器】对话框，单击【全局照明环境（天光）覆盖】选项组中后面通道上的程序贴图，并将其拖曳到第二个材质球上，在弹出的【实例（副本）贴图】对话框中选择【实例】方式，如图10-47所示。

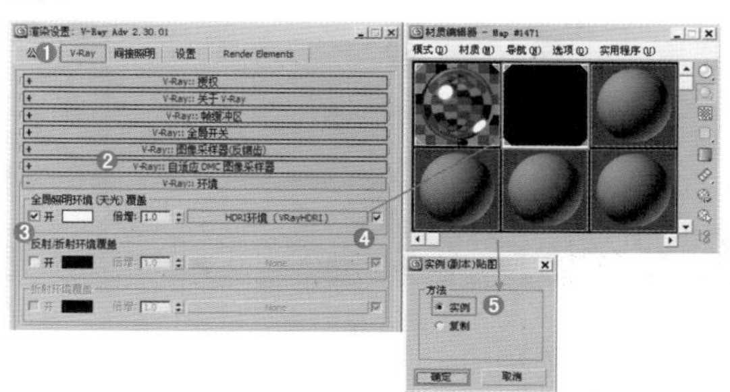

图10—47

02 在【材质编辑器】对话框中将上一步拖曳的材质命名为【HDRI环境】，单击【浏览】按钮，加载【环境.HDR】贴图文件，并设置【贴图类型】为【球形】，启用【水平翻转】选项，如图10-48所示。

图10—48

03 按F10键打开【渲染设置】窗口，展开V-Ray选项卡的【V-Ray:: 环境】卷展栏，在【反射/折射环境覆盖】选项组中启用【开】选项，单击【全局照明环境（天光）覆盖】选项组中后面的通道上的程序贴图，并将其拖曳到【反射/折射环境覆盖】选项组中后面的通道上，如图10-49所示，在弹出的【实例（副本）贴图】对话框中选择【实例】方式。

04 双击查看此时的材质球效果，如图10-50所示。

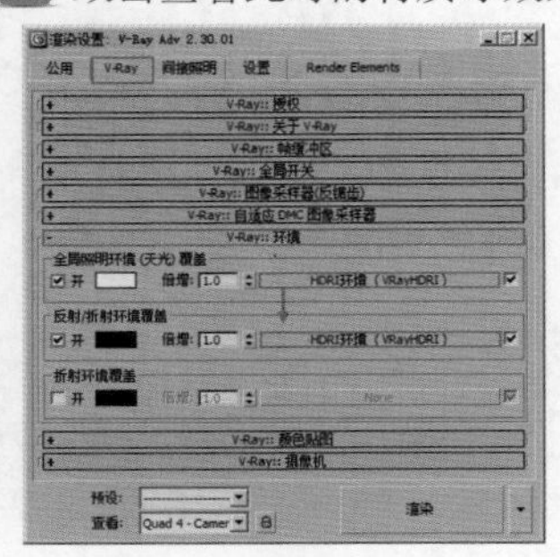

图10—49

图10—50

05 接着制作出剩余部分模型的材质，最终场景效果如图10-51所示。

图10—51

06 最终渲染效果如图10-52所示。

图10—52

思维点拨：HDRI贴图的原理

HDRI（High—Dynamic Range Image）是一种亮度范围非常广的图像，它比其他格式的图像有着更大亮度的数据贮存，而且它记录亮度的方式与传统的图片不同，不是用非线性的方式将亮度信息压缩到8bit或16bit的颜色空间内，而是用直接对应的方式记录亮度信息，可以说它记录了图片环境中的照明信息，因此可以使用这种图像来“照亮”场景。有很多HDRI文件是以全景图的形式提供的，我们也可以用它做环境背景来产生反射与折射，如图10—53所示。

图10—53

10.3.4 【VR边纹理】贴图

技术速查：【VR边纹理】贴图是一个非常简单的材质，效果和3ds Max中的线框材质类似。

其参数设置如图10-54所示。

- 颜色：设置边线的颜色。
- 隐藏边：当启用该选项后，物体背面的边线也将被渲染出来。
- 厚度：决定边线的厚度，主要分为以下两个单位。

图10—54

- 世界单位：厚度单位为场景尺寸单位。
- 像素：厚度单位为像素。

★ 案例实战——VR边纹理贴图制作线框效果

场景文件	03.max
案例文件	案例文件\Chapter 10\案例实战——VR边纹理贴图制作线框效果.max
视频教学	视频文件\Chapter 10\案例实战——VR边纹理贴图制作线框效果.flv
难易指数	★★☆☆☆
贴图类型	VR边纹理程序贴图
技术掌握	掌握VR边纹理贴图制作物体线框效果

实例介绍

物体边纹理的效果常用来表现模型的效果。在制作室内外效果图时，为模型设置材质之前，可能需要对整体的模型和场景灯光进行测试，那么可以使用【VR边纹理】贴图。在这个场景中，主要讲解了使用【VR边纹理】贴图制作线框效果，最终渲染效果如图10-55所示。

图10—55

其基本属性主要有以下2点：

- 固有色为单色
- 带有某种颜色的线框纹理

操作步骤

01 打开本书配套光盘中的【场景文件\Chapter 10\03.max】文件，此时场景效果如图10-56所示。

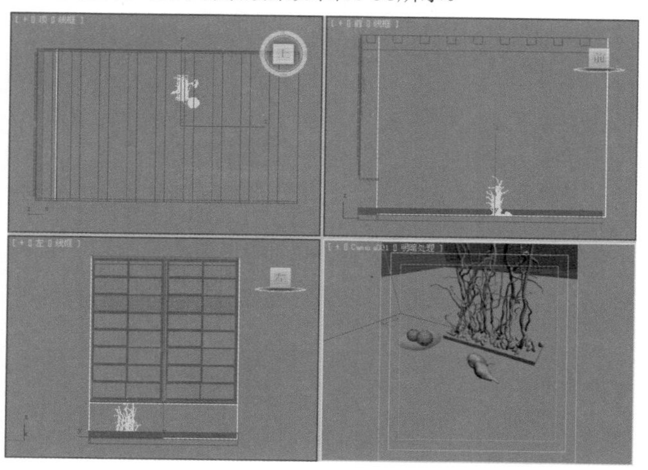

图10—56

02 按M键，打开【材质编辑器】对话框，选择第一个材质球，单击 Standard （标准）按钮，在弹出的【材质/贴图浏览器】对话框中选择【线框效果】材质，如图10-57所示。

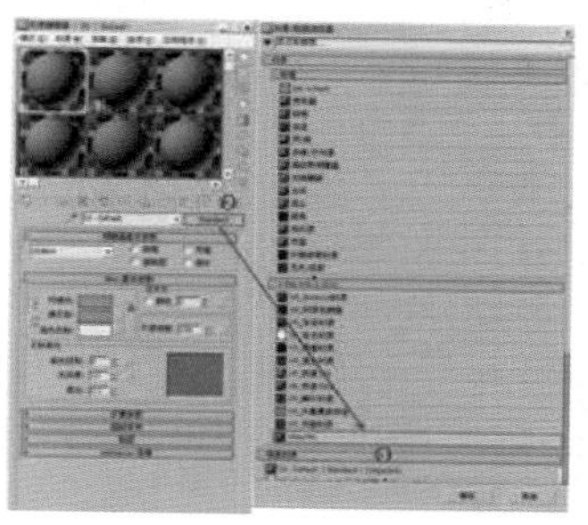

图10—57

03 将材质命名为【线框】，并进行详细地调节，具体参数如图10-58所示。

- 在【漫反射】选项组中后面的通道上加载【VR边纹理】程序贴图，并调节【颜色】为蓝色（红：84，绿：106，蓝：147）。
- 设置【漫反射】颜色为浅灰色（红：201，绿：201，蓝：201）。

04 双击查看此时的材质球效果，如图10-59所示。

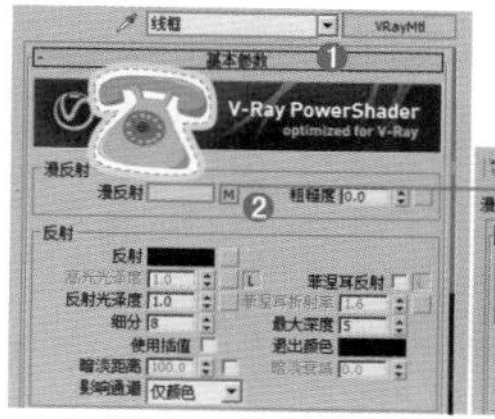

图10—58

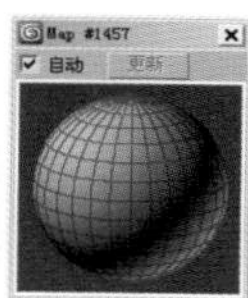

图10—59

答疑解惑：【VR边纹理】程序贴图的特殊性

一般来说，在【漫反射】通道上添加贴图后，【漫反射】的颜色将会失去作用，比如在【漫反射】通道上加载【棋盘格】程序贴图，并设置棋盘格为红色和白色，此时会发现【漫反射】的蓝色已经失去作用，如图10—60所示。

但是有一个特例，那就是【VR边纹理】贴图。在【漫反射】通道上加载【VR边纹理】贴图后，【漫反射】的颜色仍然会起到作用，并且直接控制物体本身的固有色。

图10—60

05 将制作完毕的线框材质赋给场景中所有的模型，如图10-61所示。

06 最终渲染效果如图10-62所示。

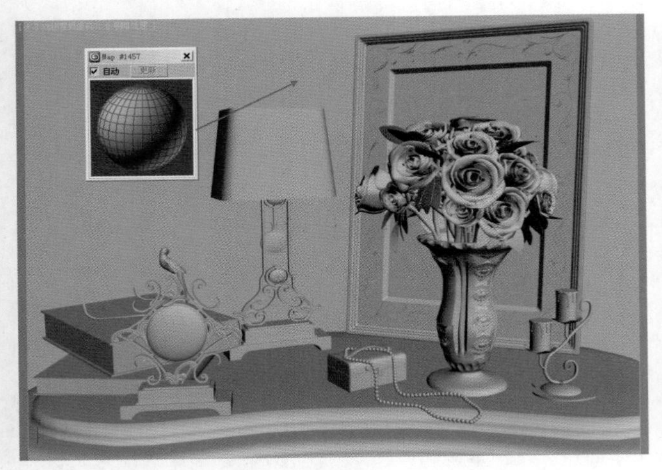

图10—61

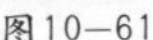

图10—62

10.3.5 VR天空贴图

技术速查：【VR天空】贴图用来控制场景背景的天空贴图效果，用来模拟真实的天空效果。

其参数设置如图10-63所示。

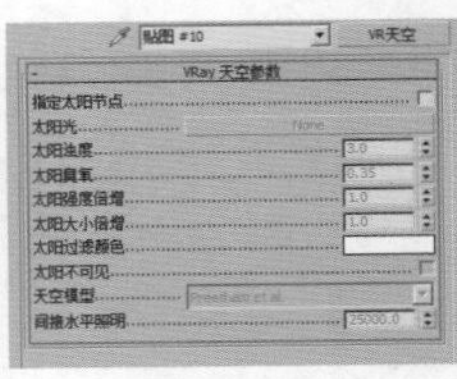

图10—63

- 指定太阳节点：当禁用该选项时，【VR天空】的参数将从场景中的【VR太阳】的参数中自动匹配；当启用该选项时，用户就可以从场景中选择不同的光源，在这种情况下，【VR太阳】将不再控制【VR天空】的效果，【VR天空】将用它自身的参数来改变天光的效果。
- 太阳光：单击后面的按钮可以选择太阳光源，这里除了可以选择【VR太阳】之外，还可以选择其他的光源。

10.3.6 【衰减】贴图

技术速查：【衰减】贴图基于几何体曲面上法线的角度衰减来生成从白到黑的值。

其参数设置如图10-64所示。

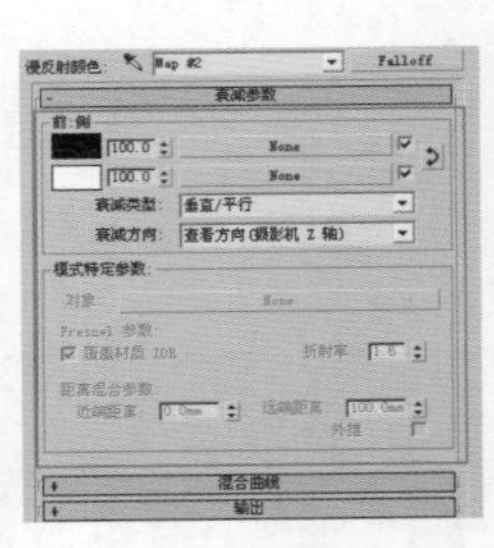

图10—64

- 前/侧：用来设置【衰减】贴图的【前】和【侧】通道参数。
- 衰减类型：设置衰减的方式，共有以下5个选项。
  - 垂直/平行：在与衰减方向相垂直的面法线和与衰减方向相平行的法线之间设置角度衰减的范围。
  - 朝向/背离：在面向衰减方向的面法线和背离衰减方向的法线之间设置角度衰减的范围。
  - Fresnel：基于【折射率】的值在面向视图的曲面上产生暗淡反射，而在有角的面上产生较明亮的反射。
  - 阴影/灯光：基于落在对象上的灯光，在两个子纹理之间进行调节。
  - 距离混合：基于【近端距离】值和【远端距离】值，在两个子纹理之间进行调节。
- 衰减方向：设置衰减的方向。包括【查看方向（摄影机 Z 轴）】、【摄影机 X/Y 轴】、【对象】、【局部 X/Y/Z 轴】、【世界 X/Y/Z 轴】。

★ 案例实战——衰减贴图制作绒布

场景文件	04.max
案例文件	案例文件\Chapter 10\案例实战——衰减贴图制作绒布.max
视频教学	视频文件\Chapter 10\案例实战——衰减贴图制作绒布.flv
难易指数	★★★☆☆
贴图类型	衰减程序贴图
技术掌握	掌握(O)Oren-Nayar-Blinn明暗器的运用、衰减程序贴图的应用

实例介绍

绒布是经过拉绒后表面呈现丰润绒毛状的棉织物，分单面绒和双面绒两种。单面绒组织以斜纹为主，也称哔叽绒；双面绒以平纹为主。在这个室内场景中，主要讲解了使用【衰减】程序贴图制作绒布的方法。最终渲染效果如图10-65所示。

图10—65

其基本属性主要有以下2点：

- 带有一定的自发光的白色绒毛质感
- 带有一定的凹凸纹理

操作步骤

01 打开本书配套光盘中的【场景文件\Chapter 10\04.max】文件，此时场景效果如图10-66所示。

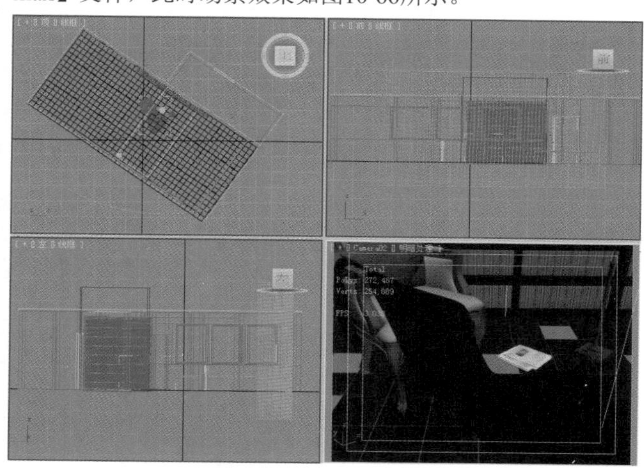

图10—66

02 按M键，打开【材质编辑器】对话框，选择第一个材质球，单击 Standard （标准）按钮，在弹出的【材质/贴图浏览器】对话框中选择【标准】材质，如图10-67所示。

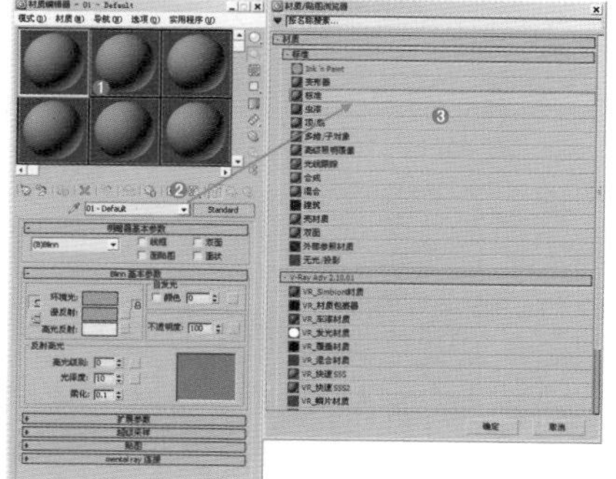

图10—67

03 将材质命名为【绒布材质】，并进行详细地调节，具体参数如图10-68～图10-70所示。

- 在【明暗器基本参数】卷展栏中修改Blinn为（O）Oren-Nayar-Blinn。在【自发光】选项组中启用【颜色】选项，并在后面的通道上加载【遮罩】程序贴图，然后在【贴图】通道上加载【衰减】程序贴图，设置【衰减类型】为Fresnel，在【遮罩】通道上加载【衰减】程序贴图，设置【衰减类型】为【阴影/灯光】。

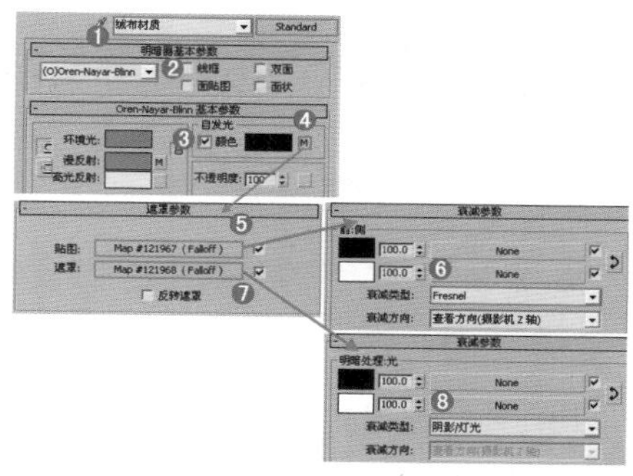

图10—68

- 在【漫反射】后面的通道上加载【衰减】程序贴图，设置【衰减类型】为【垂直/平行】，分别在第一个和第二个颜色通道上加载【43806 副本1.jpg】贴图文件和【43806 副本2.jpg】贴图文件。

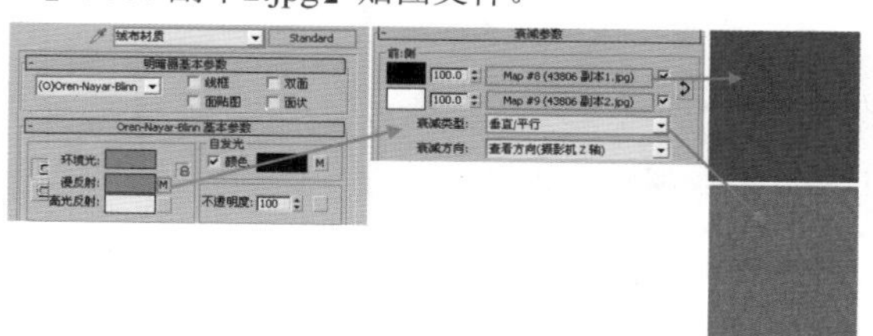

图10—69

- 展开【贴图】卷展栏，并拖曳【漫反射颜色】通道上的贴图文件到【凹凸】通道上。
- 设置【自发光】强度为50。

04 双击查看此时的材质球效果，如图10-71所示。

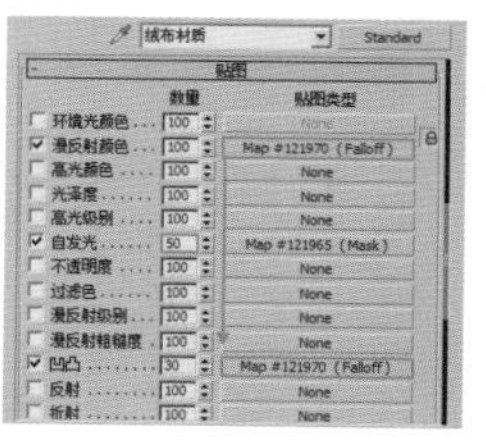

图10—70

图10—71

05 将制作完毕的绒布材质赋给场景中绒布的模型，接着制作出剩余部分模型的材质，如图10-72所示。最终场景效果如图10-73所示。

06 最终渲染效果如图10-74所示。

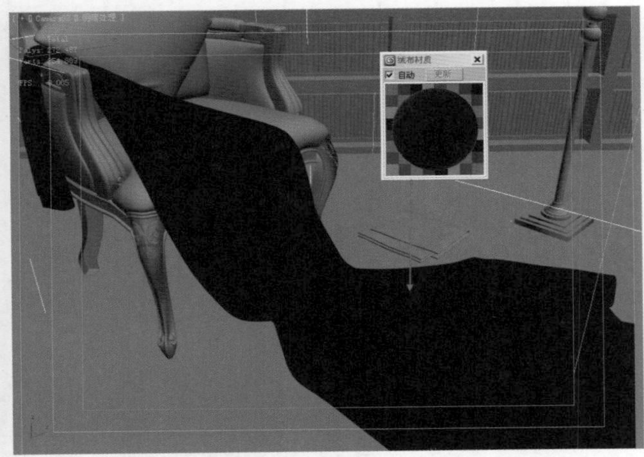

图10—72

图10—73

图10—74

读书笔记

10.3.7 混合贴图

技术速查：【混合】贴图可以用来制作材质之间的混合效果。

其参数设置如图10-75所示。

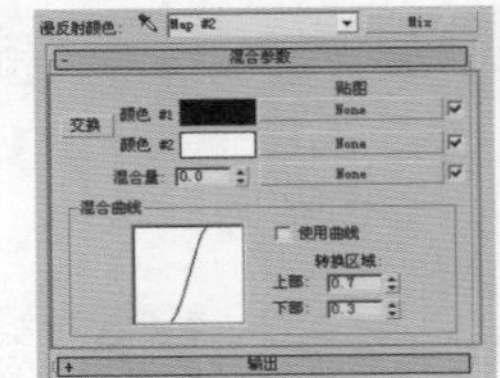

图10—75

- 交换：交换两个颜色或贴图的位置。
- 颜色1/颜色2：设置混合的两种颜色。
- 混合量：设置混合的比例。
- 混合曲线：调整曲线可以控制混合的效果。
- 转换区域：调整【上部】和【下部】的级别。

10.3.8 渐变贴图

技术速查：使用【渐变】贴图可以设置3种颜色的渐变效果。

其参数设置如图10-76所示。

渐变颜色可以任意修改，修改后的物体的材质颜色也会随之发生改变，如图10-77所示。

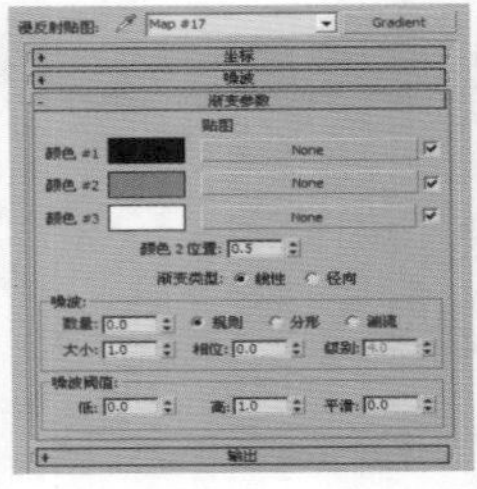

图10—76

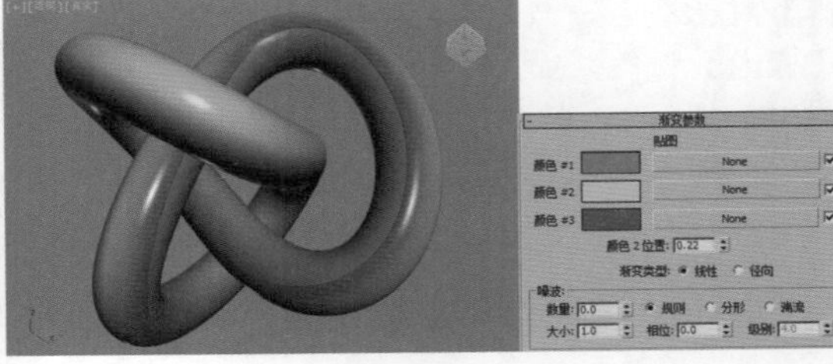

图10—77

10.3.9 【渐变坡度】贴图

技术速查：【渐变坡度】贴图是与【渐变】贴图相似的 2D 贴图，它从一种颜色到另一种进行着色。在这个贴图中，可以为渐变指定任何数量的颜色或贴图。

其参数设置如图10-78所示。

图10—78

- 渐变栏：展示正被创建的渐变的可编辑颜色。渐变的效果从左（始点）移到右（终点）。
- 渐变类型：选择渐变的类型。这些类型影响整个渐变。
- 插值：选择插值的类型。这些类型影响整个渐变。
- 数量：当为非零时，将基于渐变坡度颜色（还有贴图，如果出现的话）的交互，而将随机噪波效果应用于渐变。该数值越大，效果越明显。范围为 0～1。
- 规则：生成普通噪波。基本上与禁用级别的分形噪波相同（因为【规则】不是一个分形函数）。
- 分形：使用分形算法生成噪波。【层级】选项设置分形噪波的迭代数。
- 湍流：生成应用绝对值函数来制作故障线条的分形噪波。注意，要查看湍流效果，噪波量必须要大于 0。
- 大小：设置噪波功能的比例。此值越小，噪波碎片也就越小。
- 相位：控制噪波函数的动画速度。对噪波使用 3D 噪波函数，其第一个和第二个参数是 U 和 V，而第三个参数是相位。
- 级别：设置湍流（作为一个连续函数）的分形迭代次数。
- 高：设置高阈值。
- 低：设置低阈值。
- 平滑：用以生成从阈值到噪波值较为平滑的变换。当【平滑】为 0 时，没有应用平滑；当【平滑】为 1 时，应用了最大数量的平滑。

10.3.10 【平铺】贴图

技术速查：使用【平铺】程序贴图，可以创建砖、彩色瓷砖或材质贴图。通常，有很多定义的建筑砖块图案可以使用，但也可以设计一些自定义的图案。

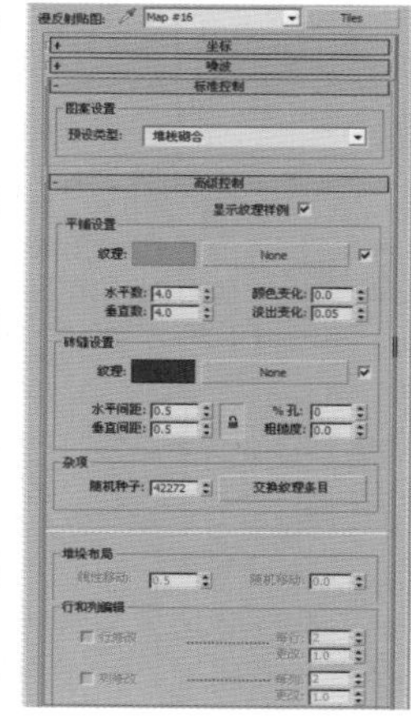

图10—79

其参数设置如图10-79所示。

【标准控制】卷展栏

预设类型：列出定义的建筑瓷砖砌合、图案、自定义图案，这样可以通过选择【高级控制】和【堆垛布局】卷展栏中的选项来设计自定义的图案。如图10-80所示列出了几种不同的砌合。

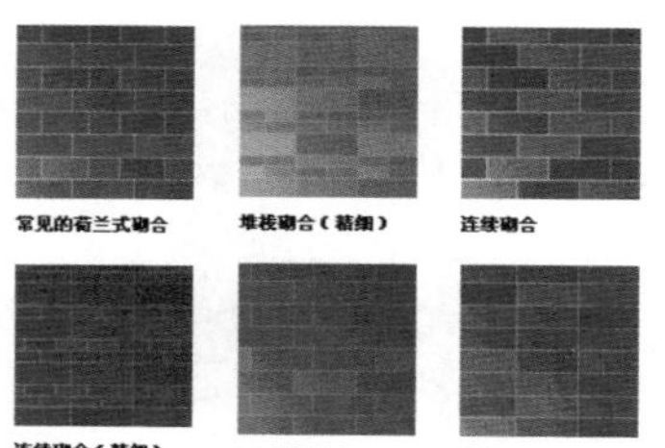

图10—80

【高级控制】卷展栏

- 显示纹理样例：更新并显示贴图指定给瓷砖或砖缝的纹理。
- 平铺设置：该选项组中包括以下参数：
  - 纹理：控制用于瓷砖的当前纹理贴图的显示。
  - None：充当一个目标，可以为瓷砖拖放贴图。
  - 水平数：控制行的瓷砖数。
  - 垂直数：控制列的瓷砖数。
  - 颜色变化：控制瓷砖的颜色变化。
  - 淡出变化：控制瓷砖的淡出变化。
- 砖缝设置：该选项组中包括以下参数：
  - 纹理：控制砖缝的当前纹理贴图的显示。
  - None：充当一个目标，可以为砖缝拖放贴图。
  - 水平间距：控制瓷砖间的水平砖缝的大小。
  - 垂直间距：控制瓷砖间的垂直砖缝的大小。
  - % 孔：设置由丢失的瓷砖所形成的孔占瓷砖表面的百分比。
  - 粗糙度：控制砖缝边缘的粗糙度。
- 杂项：该选项组中包括以下参数：
  - 随机种子：对瓷砖应用颜色变化的随机图案。不用进行其他设置就能创建完全不同的图案。

- 交换纹理条目：在瓷砖间和砖缝间交换纹理贴图或颜色。

◉ 堆垛布局：该选项组中包括以下参数：

- 线性移动：每隔两行将瓷砖移动一个单位。
- 随机移动：将瓷砖的所有行随机移动一个单位。

◉ 行和列编辑：该选项组中包括以下参数：

- 行修改：启用此选项后，将根据每行的值和改变值，为行创建一个自定义的图案。
- 列修改：启用此选项后，将根据每列的值和改变值，为列创建一个自定义的图案。

10.3.11 【棋盘格】贴图

技术速查：【棋盘格】贴图将两色的棋盘图案应用于材质。默认【棋盘格】贴图是黑白方块图案。【棋盘格】贴图是2D程序贴图。棋盘格既可以是颜色，也可以是贴图。

其参数设置如图10-81所示。

图10-81

10.3.12 【噪波】贴图

技术速查：【噪波】贴图基于两种颜色或材质的交互创建曲面的随机扰动，常用来制作海面凹凸、沙发凹凸等。

其参数设置如图10-82所示。

◉ 噪波类型：共有3种类型，分别是【规则】、【分形】和【湍流】。

◉ 大小：以3ds Max为单位设置噪波函数的比例。

◉ 噪波阈值：控制噪波的效果，取值范围为0～1。

◉ 级别：决定有多少分形能量用于【分形】和【湍流】噪波函数。

◉ 相位：控制噪波函数的动画速度。

◉ 交换：交换两个颜色或贴图的位置。

◉ 颜色#1/颜色#2：可以从这两个主要噪波颜色中进行选择，并通过所选的两种颜色来生成中间颜色值。

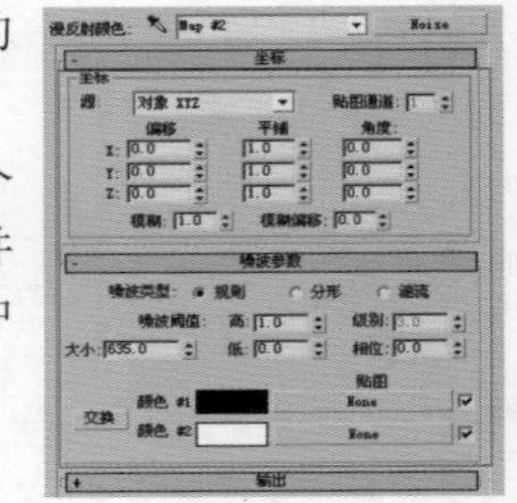

图10-82

★ 案例实战——噪波贴图制作水波纹

场景文件	05.max
案例文件	案例文件\Chapter 10\案例实战——噪波贴图制作水波纹.max
视频教学	视频文件\Chapter 10\案例实战——噪波贴图制作水波纹.flv
难易指数	★★★☆☆
贴图类型	噪波程序贴图
技术掌握	掌握噪波贴图制作凹凸水波纹的运用

实例介绍

水是最常见的液体，主要特点是无色、透明、反光。在这个浴室场景中，主要讲解了使用【噪波】贴图制作水波纹的方法。最终渲染效果如图10-83所示。

其基本属性主要有以下4点：

◉ 颜色为无色

◉ 带有一定的反射效果

◉ 很强的折射效果

◉ 带有凹凸纹理

图10-83

操作步骤

01 打开本书配套光盘中的【场景文件\Chapter 10\05.max】文件，此时场景效果如图10-84所示。

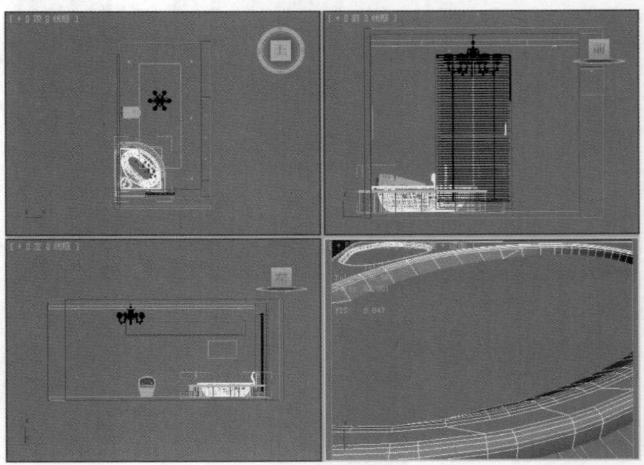

图10-84

02 按M键，打开【材质编辑器】对话框，选择第一个材质球，单击 Standard （标准）按钮，在弹出的【材质/贴图浏览器】对话框中选择VRayMtl材质，如图10-85所示。

图10-85

03 将材质命名为【水】，并进行详细地调节，具体参数如图10-86～图10-88所示。

- 在【漫反射】选项组中调节颜色为黑色（红：0，绿：0，蓝：0）。在【反射】选项组中后面的通道上加载【衰减】程序贴图，设置【衰减类型】为【垂直/平行】，设置【细分】为30。
- 在【折射】选项组中调节折射颜色为白色（红：252，绿：252，蓝：252），设置【折射率】为1.2，设置【细分】为30，选中【影响阴影】复选框，调节【烟雾颜色】为浅蓝色（红：225，绿：249，蓝：255），设置【烟雾倍增】为0.002。

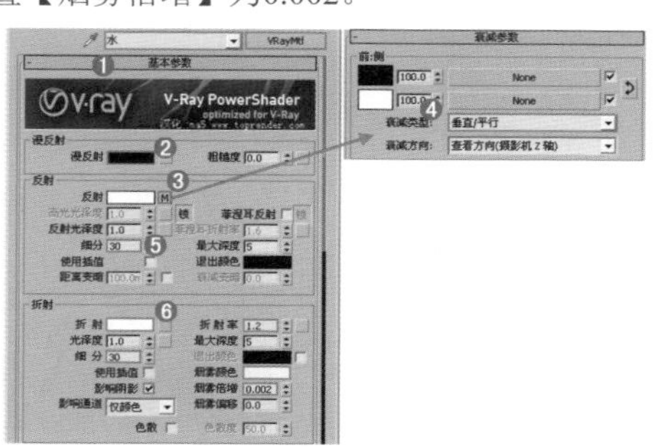

图10-86

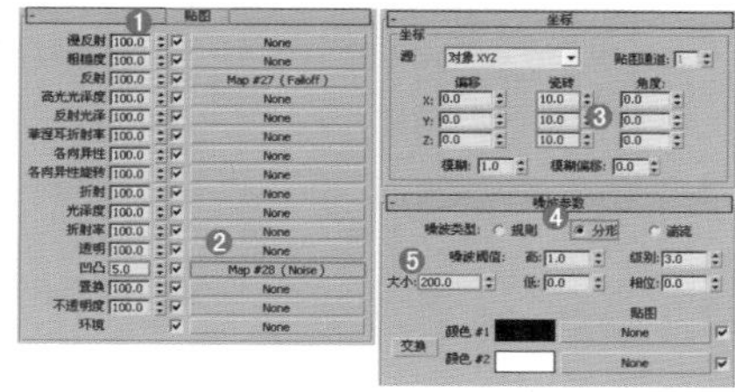

图10-87　　图10-88

- 展开【贴图】卷展栏，在【凹凸】通道上加载【噪波】程序贴图，并设置数值为5。展开【坐标】卷展栏，设置【瓷砖】的X、Y和Z均为10。展开【噪波参数】卷展栏，设置【噪波类型】为【分形】，设置【大小】为200。
- 在【BRDF-双向反射分布功能】卷展栏中修改Blinn为Phong。

04 双击查看此时的材质球效果，如图10-89所示。

05 将制作完毕的水材质赋给场景中面盆的模型，如图10-90所示。

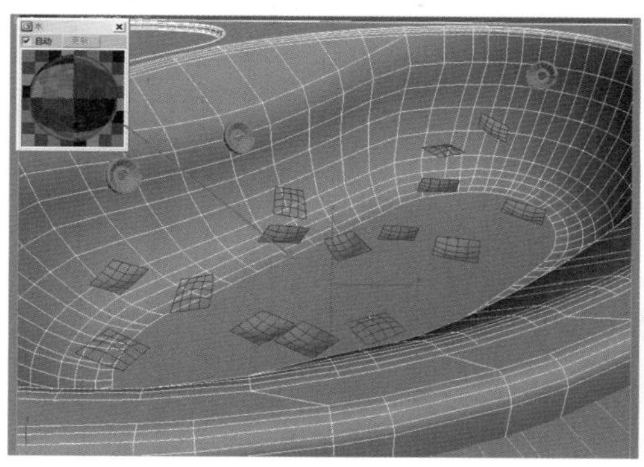

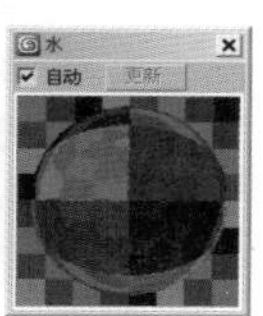

图10-89　　图10-90

06 接着制作出剩余部分模型的材质，如图10-91所示。

07 最终渲染效果如图10-92所示。

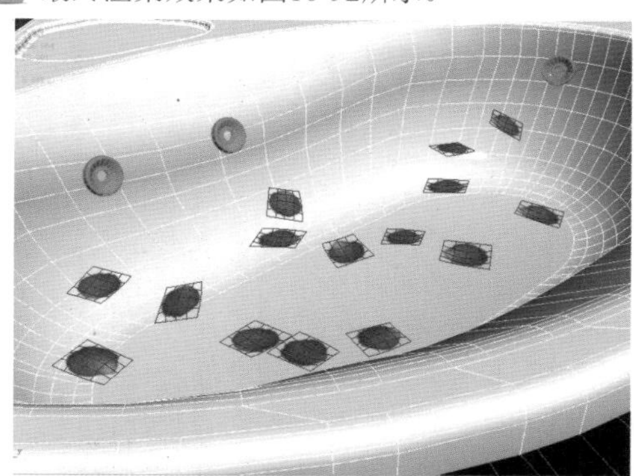

图10-91

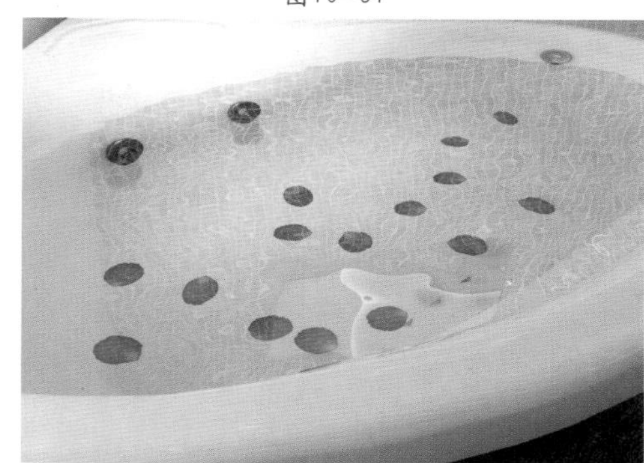

图10-92

第10章 贴图技术

10.3.13 【细胞】贴图

技术速查：【细胞】贴图是一种程序贴图，主要用于生成各种视觉效果的细胞图案，包括马赛克、瓷砖、鹅卵石和海洋表面等。

其参数设置如图10-93所示。

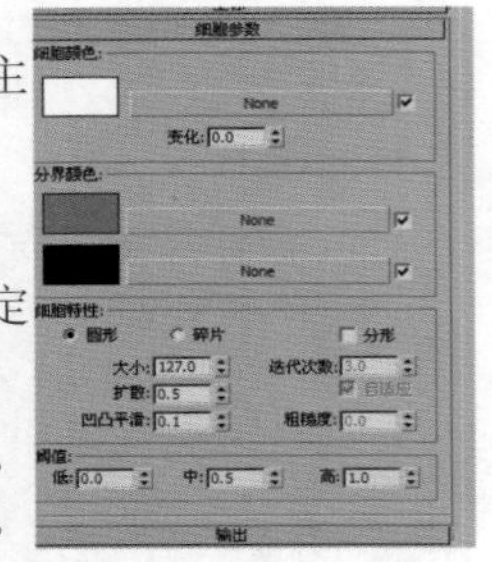

图10—93

- 细胞颜色：该选项组中的参数主要用来设置细胞的颜色。
  - 颜色：为细胞选择一种颜色。
  - None：将贴图指定给细胞，而不使用实心颜色。
  - 变化：通过随机改变红、绿、蓝颜色值来更改细胞的颜色。【变化】值越大，随机效果越明显。
- 分界颜色：可以在【颜色选择器】对话框中选择一种细胞分界颜色，也可以利用贴图来设置分界的颜色。
- 细胞特征：该选项组中的参数主要用来设置细胞的一些特征属性。
  - 圆形/碎片：用于选择细胞边缘的外观。
  - 大小：更改贴图的总体尺寸。
  - 扩散：更改单个细胞的大小。
  - 凹凸平滑：将【细胞】贴图用作【凹凸】贴图时，在细胞边界处可能会出现锯齿效果。如果发生这种情况，可以适当增大该值。
  - 分形：启用该选项，可将细胞图案定义为不规则的碎片图案。
  - 迭代次数：设置应用分形函数的次数。
  - 自适应：启用该选项后，分形【迭代次数】将自适应地进行设置。
  - 粗糙度：将【细胞】贴图用作【凹凸】贴图时，该参数用来控制凹凸的粗糙程度。
- 阈值：该选项组中的参数用来限制细胞和分解颜色的大小。
  - 低：调整细胞最低大小。
  - 中：相对于第2分界颜色，调整最初分界颜色的大小。
  - 高：调整分界的总体大小。

10.3.14 【凹痕】贴图

技术速查：【凹痕】是3D程序贴图。在扫描线渲染过程中，“凹痕”根据分形噪波产生随机图案，图案的效果取决于贴图类型。

其参数设置如图10-94所示。

图10—94

- 大小：设置凹痕的相对大小。随着数值的增大，其他设置不变时凹痕的数量将减少。
- 强度：决定两种颜色的相对覆盖范围。值越大，颜色 #2 的覆盖范围越大；值越小，颜色 #1 的覆盖范围越大。
- 迭代次数：设置用来创建凹痕的计算次数。默认设置为 2。
- 交换：反转颜色或贴图的位置。
- 颜色：在相应的颜色组件（如【漫反射】）中允许选择两种颜色。
- 贴图：在凹痕图案中用贴图替换颜色。使用复选框可启用或禁用相关贴图。

★ 案例实战——凹凸贴图制作皮质沙发

场景文件	06.max
案例文件	案例文件\Chapter 10\案例实战——凹凸贴图制作皮质沙发.max
视频教学	视频文件\Chapter 10\案例实战——凹凸贴图制作皮质沙发.flv
难易指数	★★★☆☆
贴图类型	位图贴图
技术掌握	掌握在凹凸通道上加载位图贴图的使用

实例介绍

皮沙发是采用动物皮，如猪皮、牛皮、羊皮等，经过特定工艺加工成的皮革做成的座椅。由于皮革具有透气性、柔软性都非常好的特点，因而用它来制成座椅，人坐起来就非常舒服，也不容易脏。在这个场景中，主要讲解了使用【凹凸】贴图制作皮质沙发的方法。最终渲染效果如图10-95所示。

其基本属性主要有以下2点：

- 皮质沙发纹理贴图
- 带有凹凸纹理

操作步骤

01 打开本书配套光盘中的【场景文件\Chapter 10\06.max】文件，此时场景效果如图10-96所示。

02 按M键，打开【材质编辑器】对话框，选择第一个材质球，单击 Standard （标准）按钮，在弹出的【材质/贴图浏览器】对话框中选择【多维/子对象】材质，如图10-97所示。

图10—95

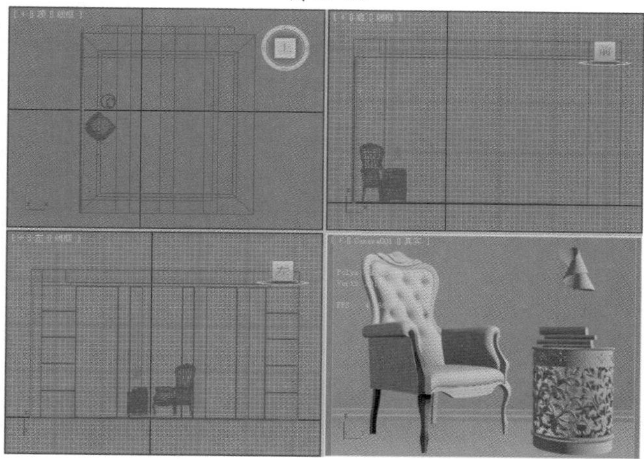

图10—96

图10—97

03 将材质命名为【皮质沙发】，展开【多维/子对象基本参数】卷展栏，设置【设置数量】为2，然后在ID1、ID2通道上分别加载VRayMtl材质，如图10-98所示。

04 单击进入ID1的通道中，将材质命名为【皮材质】并进行详细地调节，具体参数如图10-99和图10-100所示。

- 在【漫反射】选项组中调节颜色为黑色（红：0，绿：0，蓝：0）。
- 在【反射】选项组中后面的通道上加载【衰减】程序贴图，接着调节第二个颜色为蓝色（红：186，绿：201，蓝：228），设置【衰减类型】为Fresnel，设置【高光光泽度】为0.7、【反射光泽度】为0.7，设置【细分】为60。

图10—98

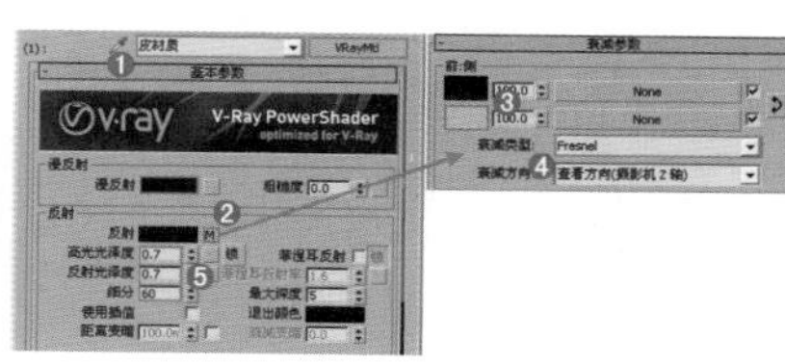

图10—99

技巧提示

为了让沙发的反射效果更加细致，因此在此处将【细分】数值设置为60，而在测试渲染时可以设置为8，甚至更小的数值。

- 展开【贴图】卷展栏，在【凹凸】通道上加载【沙发皮凹凸.jpg】贴图文件，最后设置凹凸数量为30。

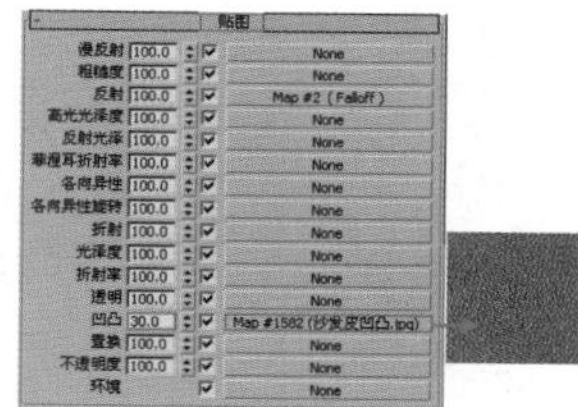

图10—100

05 单击进入ID2的通道中，将材质命名为【木纹】并进行详细地调节，具体参数如图10-101所示。

- 在【漫反射】选项组中后面的通道上加载【045.jpg】贴图文件。
- 在【反射】选项组中后面的通道上加载【衰减】程序贴图，接着调节第二个颜色为蓝色（红：186，绿：201，蓝：228），设置【衰减类型】为Fresnel，设置【高光光泽度】为0.65、【反射光泽度】为0.8，设置【细分】为50。

06 双击查看此时的材质球效果，如图10-102所示。

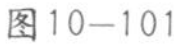

图10—101

图10—102

07 将制作完毕的皮质沙发材质赋给场景中沙发的模型，接着制作出剩余部分模型的材质，如图10-103所示。最终场景效果如图10-104所示。

08 最终渲染效果如图10-105所示。

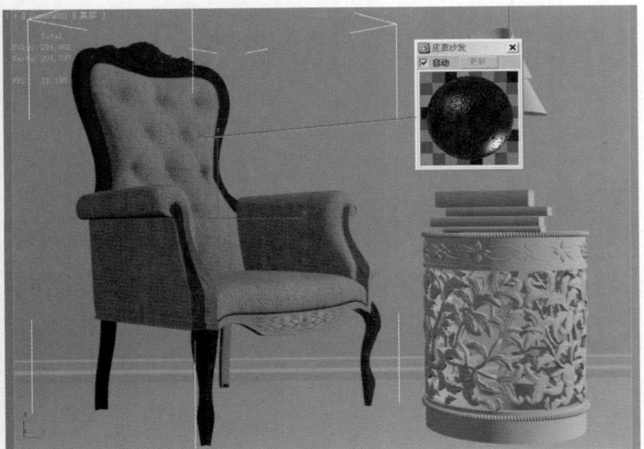

图10—103

图10—104

图10—105

★ 案例实战——置换贴图制作毛巾材质

场景文件	07.max
案例文件	案例文件\Chapter 10\案例实战——置换贴图制作毛巾材质.max
视频教学	视频文件\Chapter 10\案例实战——置换贴图制作毛巾材质.flv
难易指数	★★★☆☆
贴图类型	位图贴图
技术掌握	掌握在置换通道上加载位图贴图的使用方法

实例介绍

在这个卫生间场景中，主要讲解了使用【置换】贴图制作毛巾材质的方法。最终渲染效果如图10-106所示。

图10—106

其基本属性主要有以下2点：

- 毛巾纹理贴图
- 强烈的置换效果

操作步骤

01 打开本书配套光盘中的【场景文件\Chapter 10\07.max】文件，此时场景效果如图10-107所示。

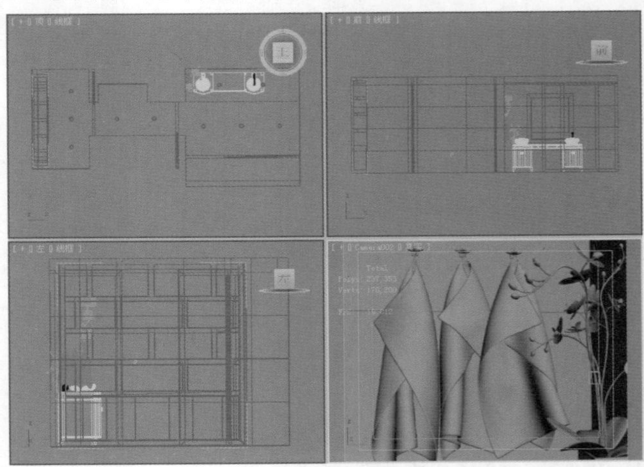

图10—107

02 按M键，打开【材质编辑器】对话框，选择第一个材质球，单击 Standard （标准）按钮，在弹出的【材质/贴图浏览器】对话框中选择VRayMtl材质，如图10-108所示。

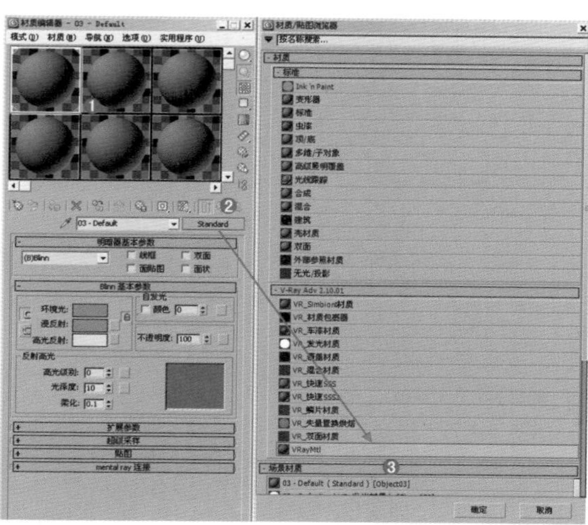

图10—108

 将材质命名为【毛巾】，并进行详细地调节，具体参数如图10-109和图10-110所示。

- 在【漫反射】选项组中后面的通道上加载【43886副本.jpg】贴图文件。
- 展开【贴图】卷展栏，在【置换】通道上加载【Arch30_towelbump1.jpg】贴图文件，最后设置置换数量为6。

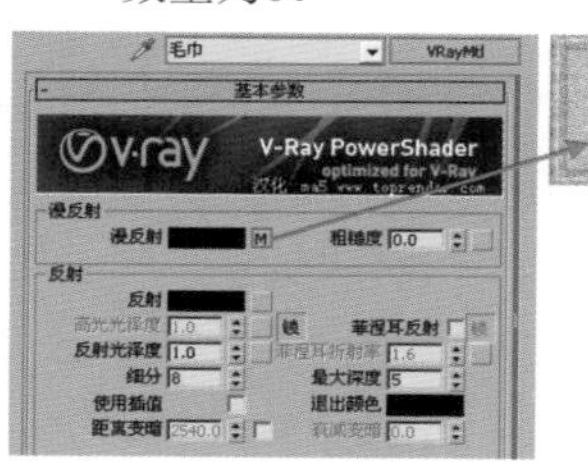

图10—109

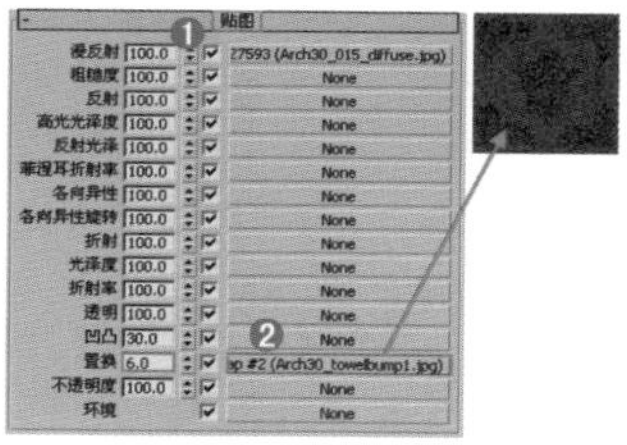

图10—110

答疑解惑：凹凸和置换的区别

【凹凸】贴图通道是一种灰度图，用表面上灰度的变化来描述目标表面的凹凸，通过图像的明暗强度来影响材质表面的平滑程度，产生凹凸的表面效果。因此这种贴图是黑白的，图像中白色部分产生凸起的效果，黑色部分产生凹陷效果，不过这种凹凸材质的凹凸部分不会产生阴影投影，在物体边界上也看不到真正的凹凸。

【置换】贴图通道是根据贴图图案灰度分布情况对几何表面进行置换，较浅的颜色向内凹进，较深的颜色向外凸出，【置换】贴图是一种真正改变物体表面的方式。

【置换】贴图与【凹凸】贴图比较，有着很大的区别。【置换】贴图效果更为真实，但是渲染速度非常慢。【凹凸】贴图效果真实度一般，但是渲染速度非常快。因此可以根据实际情况自行选择。

04 双击查看此时的材质球效果，如图10-111所示。

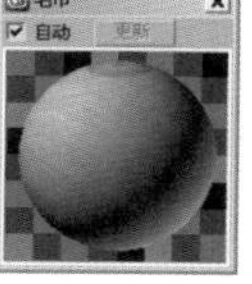

图10—111

05 将制作完毕的毛巾材质赋给场景中毛巾的模型，接着制作出剩余部分模型的材质，如图10-112所示。最终场景效果如图10-113所示。

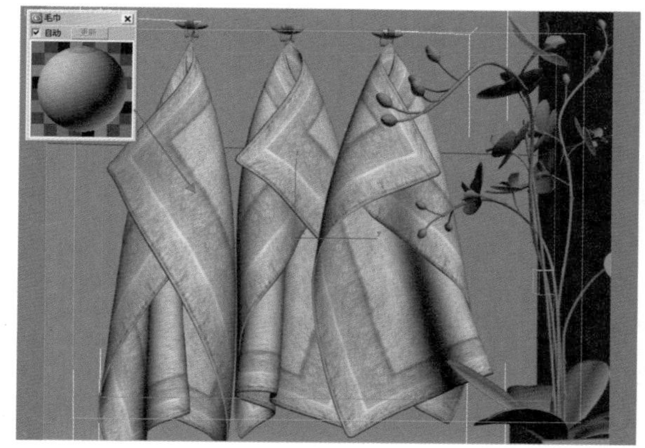

图10—112

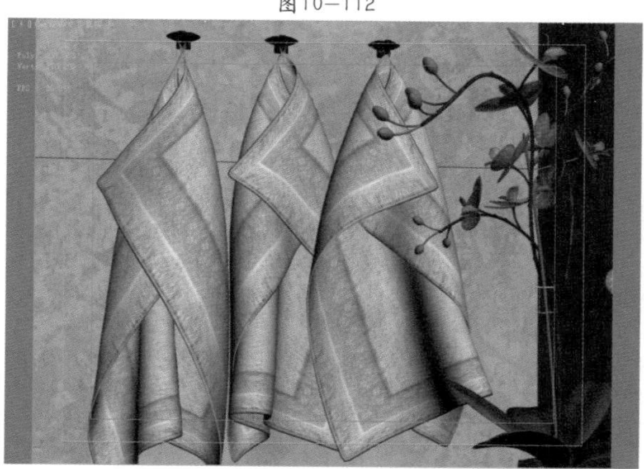

图10—113

06 最终渲染效果如图10-114所示。

图10—114

课后练习

【课后练习——不透明度贴图制作火焰】

思路解析

01 设置为标准材质，并使用【不透明度】贴图的方法制作出“火01材质”

02 设置为标准材质，并使用【不透明度】贴图的方法制作出“火02材质”

03 设置为标准材质，并使用【不透明度】贴图的方法制作出“火03材质”

本章小结

通过对本章的学习，我们可以掌握贴图的相关技术。熟练掌握常用的贴图类型和使用方法，对于制作效果图是非常有必要的，可以制作出带有贴图、纹理等效果的各种质感效果。

读书笔记

第11章

摄影机技术

本章内容简介：

3ds Max中的摄影机，是非常简单但是容易被忽略的知识，合理地掌握摄影机的知识可以更好地制作出多种效果，不仅可以为场景设置一个摄影机角度，并且还可以制作出动画。

本章学习要点：

- 真实相机的结构
- 目标摄影机的参数
- 自由摄影机的参数
- VR穹顶摄影机的应用
- VR物理摄影机的应用

初识摄影机

11.1.1 数码单反相机、摄影机的原理

数码单反相机的构造比较复杂，如图11-1所示，适当地对其进行了解对我们要学习的摄影机内容有一定的帮助。

在单反数码相机的工作系统中，光线透过镜头到达反光镜后，折射到上面的对焦屏并结成影像，透过接目镜和五棱镜，可以在观景窗中看到外面的景物，如图11-2所示。

镜头的种类很多，主要包括标准镜头、长焦镜头、广角镜头、鱼眼镜头、微距镜头、增距镜头、变焦镜头、柔焦镜头、防抖镜头、折返镜头、移轴镜头、UV镜头、偏振镜头、滤色镜头等，如图11-3所示。

其成像原理为：在按下快门按钮之前，通过镜头的光线由反光镜反射至取景器内部；在按下快门按钮的同时，反光镜弹起，镜头所收集的光线通过快门帘幕到达图像感应器，如图11-4所示。

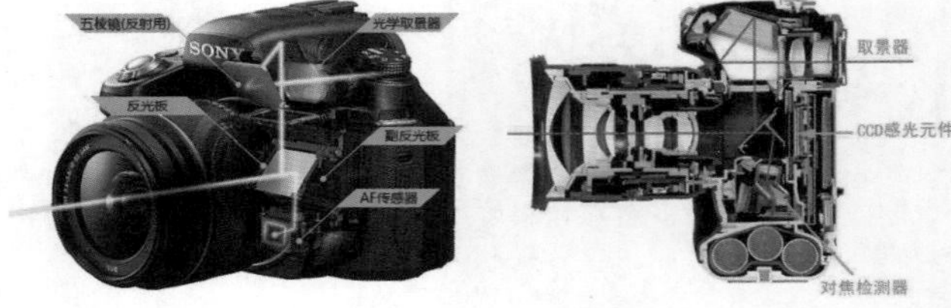

图11—1

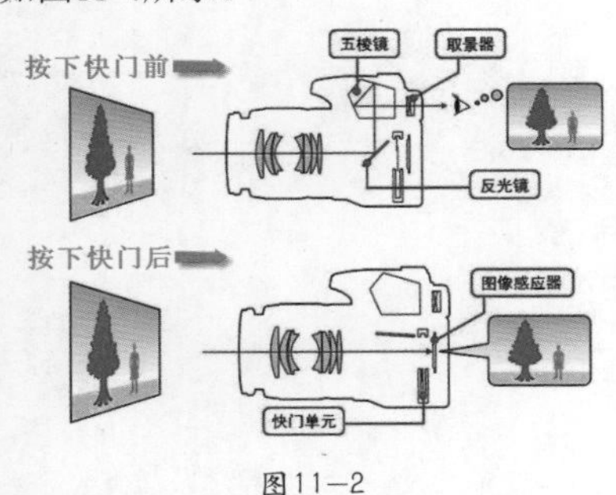

图11—2

图11—3

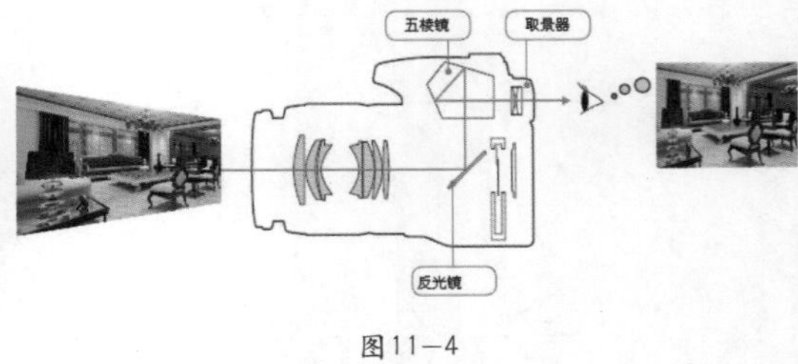

图11—4

11.1.2 摄影机常用术语

- 焦距：从镜头的中心点到胶片平面（其他感光材料）上所形成的清晰影像之间的距离。焦距通常以毫米（mm）为单位，一般会标在镜头前面，例如我们最常用的是27-30mm、50mm（也是我们所说的标准镜头，指对于35mm的胶片）、70mm等（长焦镜头）。
- 光圈：控制镜头通光量大小的装置。开大一档光圈，进入相机的光量就会增加一倍，缩小一档光圈，光量将减半。光圈大小用F值来表示，序列如下：F/1，F/1.4， F/2， F/2.8， F/4， F/5.6， F/8， F/11， F/16， F/22， F/32， F/44， F/64（F值越小，光圈越大）。
- 快门：控制曝光时间长短的装置。一般可分为镜间快门和点焦平面快门。
- 快门速度：快门开启的时间。它是指光线扫过胶片（CCD）的时间（曝光时间）。例如，1/30是指曝光时间为1/30秒。1/60秒的快门是1/30秒快门速度的两倍。其余以此类推。
- 景深：影像相对清晰的范围。景深的长短取决于3个因素，即焦距、摄距和光圈大小。它们之间的关系是：焦距越长，景深越短；焦距越短，景深越长；摄距越长，景深越长；光圈越大，景深越小。
- 景深预览：为了看到实际的景深，有的相机提供了景深预览按钮，按下该按钮，可将光圈收缩到选定的大小，看到场景就和拍摄后胶片（记忆卡）记录的场景一样。
- 感光度（ISO）：表示感光材料感光的快慢程度。单位用“度”或“定”来表示，如ISO100/21表示感光度为100度/21定的胶卷。感光度越高，胶片越灵敏（即在同样的拍摄环境下正常拍摄同一张照片所需要的光线越少，其表现为能用更高的快门或更小的光圈）。
- 色温：各种不同的光所含的不同色素称为色温，单位为K。我们通常所用的日光型彩色负片所能适应的色温为5400K～5600K；灯光型A型、B型所能适应的色温分别为3400K和3200K。所以，我们要根据拍摄对象、环境来选择不同类型的胶卷，否则就会出现偏色现象（除非用滤色镜校正色温）。

- 白平衡：由于不同的光照条件的光谱特性不同，拍出的照片常常会偏色，例如，在日光灯下会偏蓝，在白炽灯下会偏黄等。为了消除或减轻这种色偏，数码相机可根据不同的光线条件调节色彩设置，使照片颜色尽量不失真。因为这种调节常常以白色为基准，故称白平衡。
- 曝光：光到达胶片表面使胶片感光的过程。需注意的是，我们说的曝光是指胶片感光，这是我们要得到照片所必须经过的一个过程。它常取决于光圈和快门的组合，因此又有曝光组合一词。例如，用测光表测得快门为1/30秒时，光圈应用5.6，这样，F5.6、1/30秒就是一个曝光组合。
- 曝光补偿：用于调节曝光不足或曝光过度。

11.1.3 为什么需要使用摄影机

现实中的照相机、摄像机都是为了将一些画面以当时的视角记录下来，方便我们以后观看。当然3ds Max中的摄影机也是一样的，创建摄影机后，可以快速切换到摄影机角度进行渲染，而不必每次渲染时都很难找到与上次渲染重合的角度，如图11-5所示。

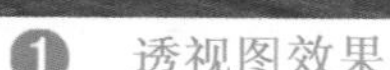

❶ 透视图效果

❷ 摄影机视图效果

❸ 最终渲染效果

图11—5

11.1.4 经典构图技巧

与摄影最相关的就是构图知识，如何将画面的构图做好关系一副作品的成败。构图是作品的重要元素，巧用构图会让画面更精彩。常用的画面构图主要分为几种。

- 平衡式构图：画面结构完美无缺，安排巧妙，对应而平衡。常用于月夜、水面，如图11-6所示。
- 对角线构图：把主体安排在对角线上，可以吸引人的视线，达到突出主体的效果，如图11-7所示。
- 九宫格构图：把主体或放在“九宫格”交叉点的位置上，使主体自然成为视觉中心，具有突出主体，并使画面趋向均衡的特点，如图11-8所示。

图11—6

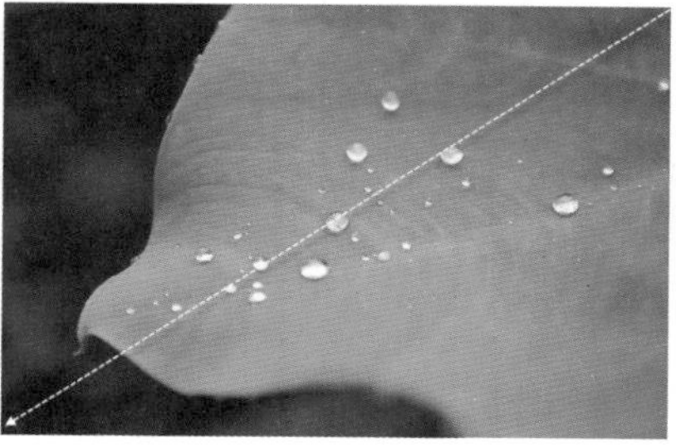

图11—7

图11—8

- 垂直式构图：能够体现物体的高度和深度。常用于表现高楼大厦、参天大树等，如图11-9所示。
- 曲线构图：画面整体以S形曲线进行构图，可以体现出延长、优美的画面效果，使人看上去有韵律感。常用于河流、溪水、曲径、小路等，如图11-10所示。

- 三角形构图：以三角形进行构图，形成一个稳定的三角形。三角形构图具有安定、均衡、灵活等特点，如图11-11所示。

图11—9

图11—10

图11—11

- 斜线式构图：可分为立式斜垂线和平式斜横线两种。常用于表现运动、流动、倾斜、动荡、失衡、紧张、危险、一泻千里等场面，如图11-12所示。
- 放射式构图：以主体为核心，并向四周形成放射性形状，极具画面冲击力，可使人的注意力集中到被摄主体，如图11-13所示。

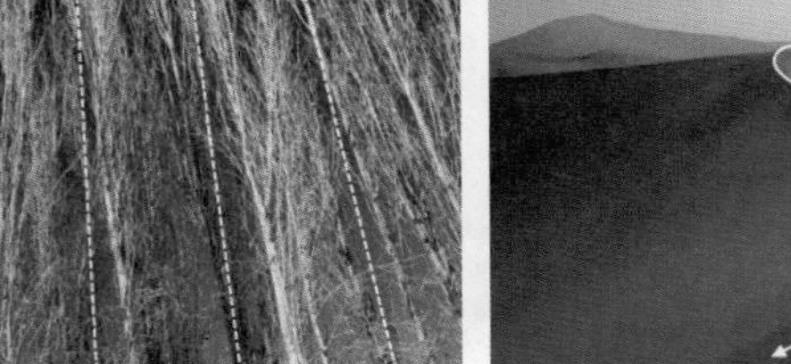

图11—12

图11—13

11.1.5 动手学：创建摄影机

摄影机的创建大致有两种思路：

01 在【创建】面板中单击【摄影机】按钮，然后单击 目标 按钮，最后在视图中拖曳进行创建，如图11-14所示。

02 在透视图中选择好角度（可以按住Alt+鼠标中键进行旋转视图选择合适的角度），然后在该角度按Ctrl+C组合键创建该角度的摄影机，如图11-15所示。

使用以上两种方法都可以创建摄影机，此时在视图中按C键即可切换到摄影机视图，按P键即可切换到透视图，如图11-16所示。

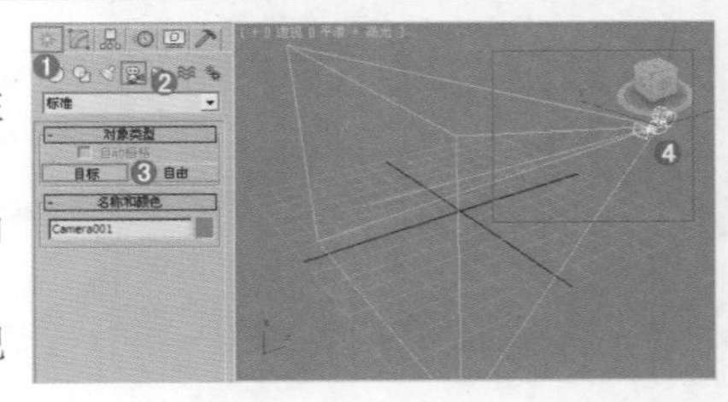

图11—14

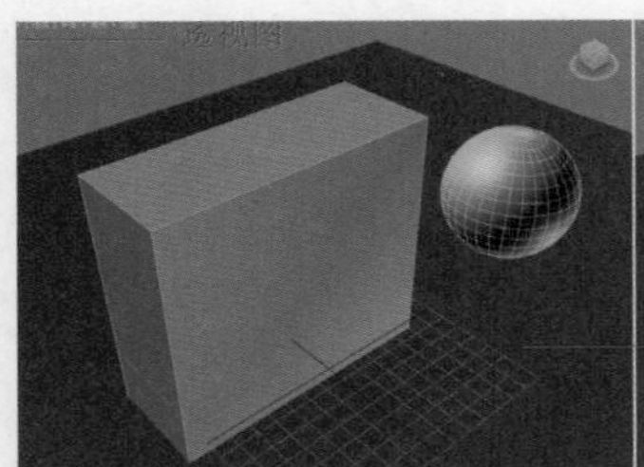

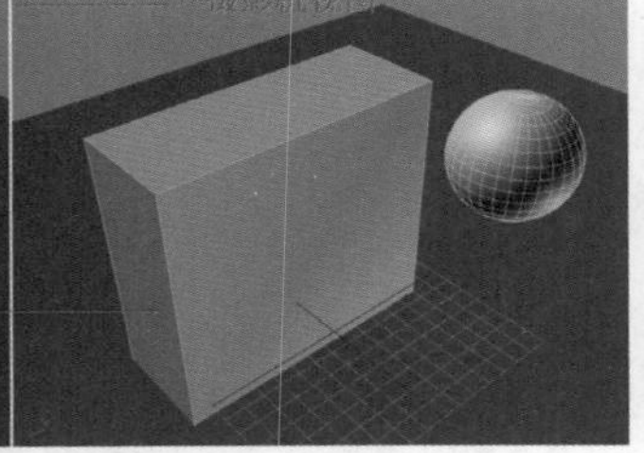

在透视图中按Ctrl+C组合键创建该角度的摄影机

图11—15

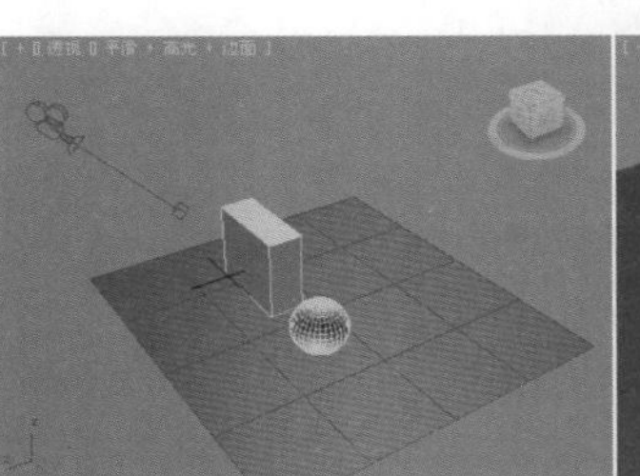

在视图中按P即可切换到透视图

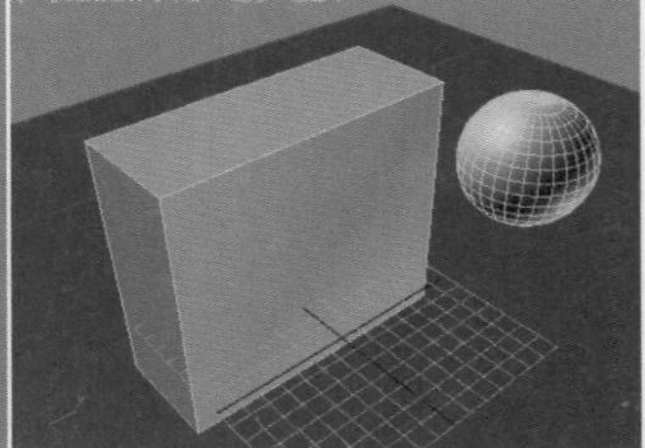

在视图中按C即可切换到摄影机视图

图11—16

在摄影机视图的状态下，可以使用3ds Max界面右下方的6个按钮，进行推拉摄影机、透视、侧滚摄影机、视野、平移摄影机、环游摄影机等调节，如图11-17所示。

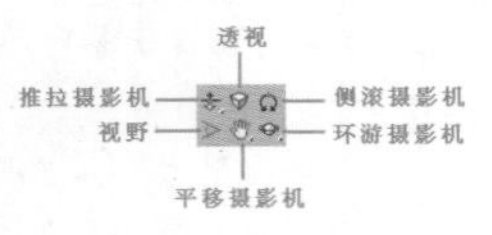

图11—17

读书笔记

11.2 3ds Max中的摄影机

本节知识导读：

工具名称	工具用途	掌握级别
目标	固定画面角度、景深效果	★★★★★
VR物理摄影机	固定画面角度、调整亮度、白平衡等	★★★★★

工具名称	工具用途	掌握级别
自由	固定画面角度	★★★☆☆
VR穹顶摄影机	固定画面角度、透视效果	★★★☆☆

11.2.1 目标摄影机

技术速查：目标摄影机是3ds Max中最常用的摄影机，常用来固定画面的视角，创建起来非常方便。

单击（创建）|（摄影机）|标准|目标按钮，如图11-18所示；在场景中拖曳光标即可创建一台目标摄影机，可以观察到目标摄影机包含目标点和摄影机两个部件，如图11-19所示。

目标摄影机可以通过调节目标点和摄影机来控制角度，非常方便，如图11-20所示。

下面讲解目标摄影机的相关参数。

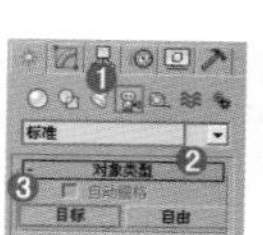

图11－18

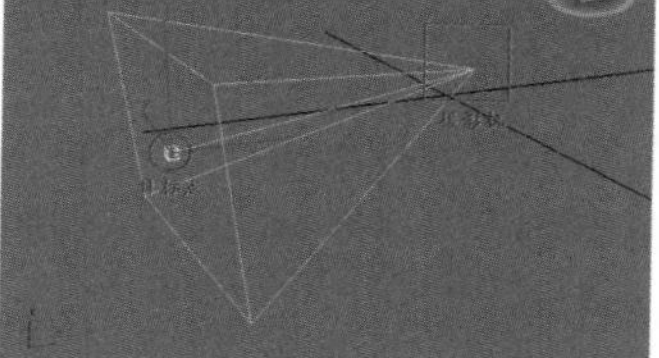

图11－19

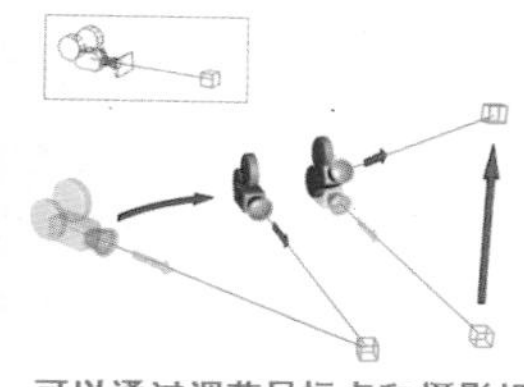

图11－20

参数

展开【参数】卷展栏，如图11-21所示。

- 镜头：以mm为单位来设置摄影机的焦距。
- 视野：设置摄影机查看区域的宽度视野，有（水平）、（垂直）和（对角线）3种方式。
- 正交投影：启用该选项后，摄影机视图为用户视图；禁用该选项后，摄影机视图为标准的透视图。
- 备用镜头：系统预置的摄影机镜头包含有15mm、20mm、24mm、28mm、35mm、50mm、85mm、135mm和200mm9种。如图11-22所示为设置为35mm和15mm的对比效果。

图11－21

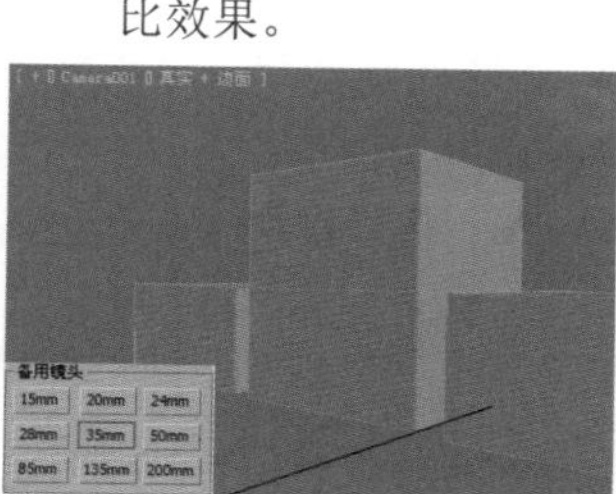

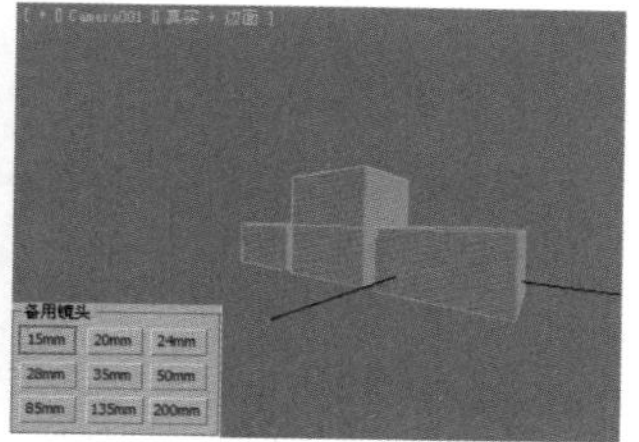

图11－22

- 类型：切换摄影机的类型，包含【目标摄影机】和【自由摄影机】两种。
- 显示圆锥体：显示摄影机视野定义的锥形光线（实际上是一个四棱锥）。锥形光线出现在其他视口，但是显示在摄影机视口中。
- 显示地平线：在摄影机视图中的地平线上显示一条深灰色的线条。
- 显示：显示出在摄影机锥形光线内的矩形。
- 近距范围/远距范围：设置大气效果的近距范围和远距范围。
- 手动剪切：启用该选项可定义剪切的平面。
- 近距剪切/远距剪切：设置近距平面和远距平面。
- 多过程效果：该选项组中的参数主要用来设置摄影机的景深和运动模糊效果。
  - 启用：启用该选项后，可以预览渲染效果。
  - 【多过程效果】类型：共有【景深（mental ray）】、【景深】和【运动模糊】3个选项，系统默认为【景深】。
  - 渲染每过程效果：启用该选项后，系统会将渲染效果应用于多重过滤效果的每个过程（景深或运动模糊）。
- 目标距离：当使用目标摄影机时，该选项用来设置摄影机与其目标之间的距离。

景深参数

景深是摄影机的一个非常重要的功能，在实际工作中的使用频率也非常高，常用于表现画面的中心点，如图11-23所示。

当设置【多过程效果】类型为【景深】方式时，系统会自动显示出【景深参数】卷展栏，如图11-24所示。

图11—23

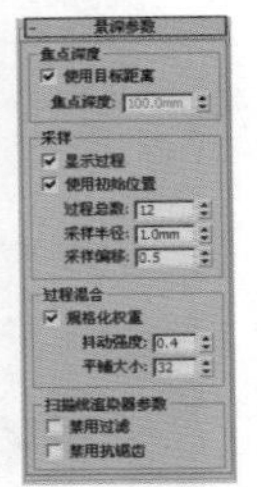

图11—24

- 使用目标距离：启用该选项后，系统会将摄影机的目标距离用作每个过程偏移摄影机的点。
- 焦点深度：当禁用【使用目标距离】选项时，该选项可以用来设置摄影机的偏移深度，其取值范围为0~100。
- 显示过程：启用该选项后，【渲染帧窗口】对话框中将显示多个渲染通道。
- 使用初始位置：启用该选项后，第1个渲染过程将位于摄影机的初始位置。
- 过程总数：设置生成景深效果的过程数。增大该值可以提高效果的真实度，但是会增加渲染时间。
- 采样半径：设置场景生成的模糊半径。数值越大，模糊效果越明显。
- 采样偏移：设置模糊靠近或远离采样半径的权重。增加该值将增加景深模糊的数量级，从而得到更均匀的景深效果。
- 规格化权重：启用该选项后可以将权重规格化，以获得平滑的结果；当禁用该选项后，效果会变得更加清晰，但颗粒效果也更明显。
- 抖动强度：设置应用于渲染通道的抖动程度。增大该值会增加抖动量，并且会生成颗粒状效果，尤其在对象的边缘上最为明显。
- 平铺大小：设置图案的大小。0表示以最小的方式进行平铺；100表示以最大的方式进行平铺。
- 禁用过滤：启用该选项后，系统将禁用过滤的整个过程。
- 禁用抗锯齿：启用该选项后，可以禁用抗锯齿功能。

运动模糊参数

运动模糊一般运用在动画中，常用于表现运动对象高速运动时产生的模糊效果，如图11-25所示。

图11—25

当设置【多过程效果】类型为【运动模糊】方式时，系统会自动显示出【运动模糊参数】卷展栏，如图11-26所示。

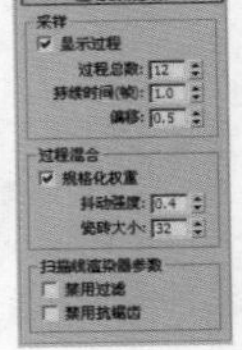

图11—26

- 显示过程：启用该选项后，【渲染帧窗口】对话框中将显示多个渲染通道。
- 过程总数：设置生成效果的过程数。增大该值可以提高效果的真实度，但是会增加渲染时间。
- 持续时间（帧）：在制作动画时，该选项用来设置应用运动模糊的帧数。
- 偏移：设置模糊的偏移距离。
- 规格化权重：启用该选项后，可以将权重规格化，以获得平滑的结果；当禁用该选项后，效果会变得更加清晰，但颗粒效果也更明显。
- 抖动强度：设置应用于渲染通道的抖动程度。增大该值会增加抖动量，并且会生成颗粒状的效果，尤其在对象的边缘上最为明显。
- 禁用过滤：启用该选项后，系统将禁用过滤的整个过程。
- 禁用抗锯齿：启用该选项后，可以禁用抗锯齿功能。

剪切平面参数

使用剪切平面可以排除场景的一些几何体，以只查看或渲染场景的某些部分。每部摄影机都具有近端和远端剪切平面。对于摄影机，比近距剪切平面近或比远距剪切平面远的对象是不可见的。

如果场景中拥有许多复杂几何体，那么剪切平面对于渲染其中所选的部分场景非常有用。它们还可以帮助用户创建剖面视图。剪切平面设置是摄影机创建参数的一部分。每个剪切平面的位置是以场景的当前单位，沿着摄影机的视线（其局部Z轴）测量的。剪切平面是摄影机常规参数的一部分，如图11-27所示。

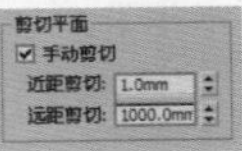

图11—27

摄影机校正

选择目标摄影机，然后右击并在弹出的菜单中执行【应用摄影机校正修改器】命令，可以摄影机进行校正，如图11-28所示。并且可以设置相应的参数，如图11-29所示。此时对比效果如图11-30所示。

- 数量：设置2点透视的校正数量。默认设置是0。
- 方向：偏移方向。默认值为90。大于90时设置方向向左偏移校正，小于90时设置方向向右偏移校正。

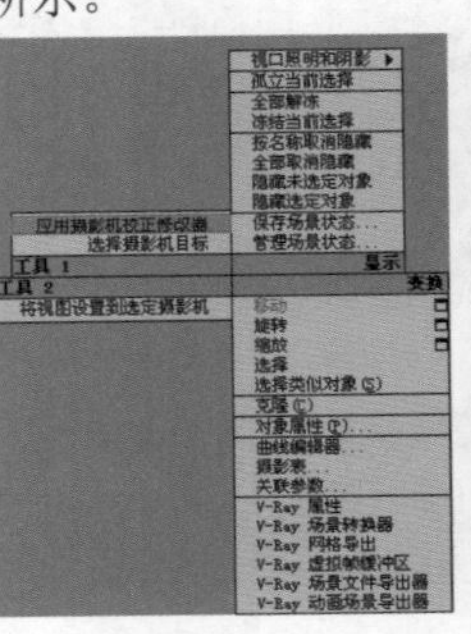

图11—28　　图11—29

- **推测**：单击以使【摄影机校正】修改器设置第一次推测数量值。

图11—30

★ 案例实战——利用目标摄影机修改角度

场景文件	01.max
案例文件	案例文件\Chapter 11\案例实战——利用目标摄影机修改角度.max
视频教学	视频文件\Chapter 11\案例实战——利用目标摄影机修改角度.flv
难易指数	★★☆☆☆
技术掌握	掌握如何更改摄影机角度

实例介绍

摄影机修改角度是最为常用的操作之一，目的是更改不同的渲染视角，如全局效果、仰视效果、局部效果等，如图11-31所示。

图11—31

操作步骤

01 打开本书配套光盘中的【场景文件\Chapter11\01.max】文件，如图11-32所示。

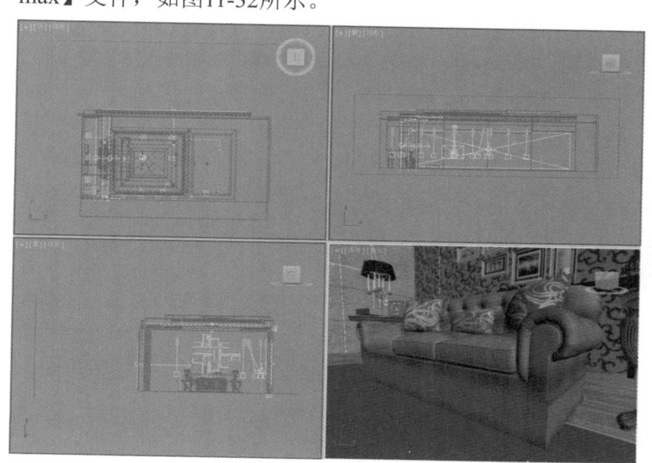

图11—32

02 单击（创建）|（摄影机）| 标准 | 目标 按钮，如图11-33所示，然后在视图中单击并拖曳创建1台目标摄影机，如图11-34所示。

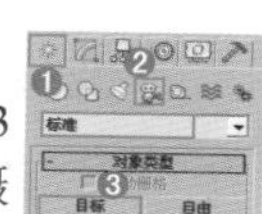

图11—33

图11—34

03 在透视图中按快捷键C，此时会自动切换到摄影机视图，如图11-35所示。接着进入【修改】面板，并展开【参数】卷展栏，设置【镜头】为21.5，【视野】为79.8，如图11-36所示。

图11—35

图11—36

技巧提示

一般来说在创建了摄影机后，在视图中按快捷键C，可以切换到摄影机视图，如图11-37所示。

没有打开安全框的画面，并不是最终渲染的画面，也就是可能边缘的部分区域将无法渲染出来。此时只要按Shift+F组合键，即可打开安全框，可以非常便捷地看到哪些是渲染可以渲染出来的画面，如图11-38所示。

图11-37

图11-38

04 按F9键渲染当前场景，渲染效果如图11-39所示。

图11-39

05 使用【环游摄影机】工具，在摄影机视图中拖动鼠标左键，将视角进行旋转，如图11-40所示。

06 使用【推拉摄影机】工具在摄影机视图中拖动鼠标左键，将视角进行推进，如图11-41所示。

图11-40

图11-41

07 使用【平移摄影机】工具和【视野】工具在摄影机视图中拖动鼠标左键，继续将视角进行调整，如图11-42所示。

图11-42

08 按F9键渲染当前场景，渲染效果如图11-43所示。

图11-43

★ 案例实战——利用目标摄影机制作景深效果

场景文件	02.max
案例文件	案例文件\Chapter 11\案例实战——利用目标摄影机制作景深效果.max
视频教学	视频文件\Chapter 11\案例实战——利用目标摄影机制作景深效果.flv
难易指数	★★★☆☆
技术掌握	掌握目标摄影机的景深功能

实例介绍

利用目标摄影机可以制作出非常真实的景深效果。本场景最终渲染效果如图11-44所示。

图11-44

操作步骤

01 打开本书配套光盘中的【场景文件\Chapter11\02.max】文件，如图11-45所示。

图11-45

02 单击（创建）|（摄影机）| 标准 | 目标 按钮，并在视图中拖曳创建1台目标摄影机，如图11-46所示。

图11—46

03 选择摄影机Camera001，并在【修改】面板中展开【基本参数】卷展栏，设置【镜头】为43.456，【视野】为45，设置【目标距离】为400.8mm，如图11-47所示。按快捷键C切换到摄影机视图，如图11-48所示。

图11—47

图11—48

技巧提示

在本步骤中摄影机的位置直接决定了最终渲染的景深效果，我们需要将摄影机的目标点的位置放置到某一个叶片上，这样在渲染时目标点所在的位置是最清晰的，而越远离目标点的位置画面就越模糊，因此就出现了真实的景深效果，如图11—49所示。

图11—49

04 按F9键渲染当前场景，渲染效果中没有任何景深效果，如图11-50所示。

05 按F10键打开【渲染器设置】窗口，并选择V-Ray选项卡，展开【V-Ray::摄像机】卷展栏，选中【景深】选项组中的【开】复选框，并设置【光圈】为5mm，【焦距】为200mm，启用【从摄影机获取】选项，如图11-51所示。按F9键渲染当前场景，最终渲染效果如图11-52所示。

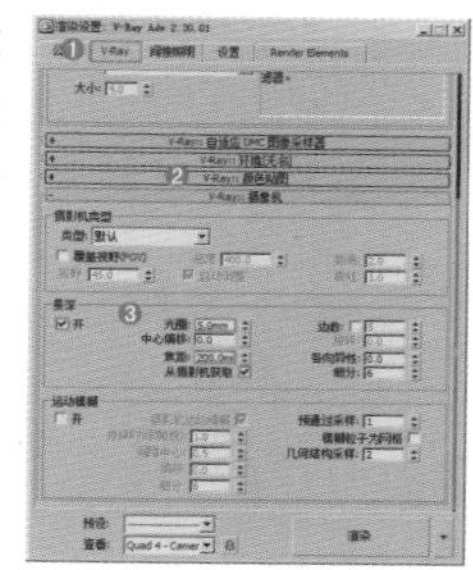

图11—51

图11—50

图11—52

11.2.2 自由摄影机

技术速查：自由摄影机与目标摄影机类似，但是自由摄影机没有目标点。

单击（创建）|（摄影机）| 标准 | 自由 按钮，在场景中拖曳光标可以创建1台自由摄影机，可以观察到自由摄影机只包含摄影机一个部件，如图11-53所示。

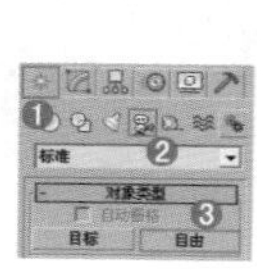

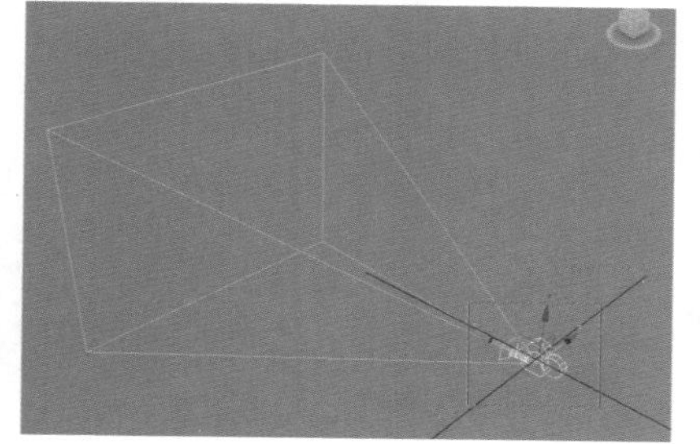

图11—53

其具体的参数与目标摄影一致，如图11-54所示。

技巧提示

也可以在目标摄影机和自由摄影机参数中的【类型】下拉列表框选择需要的摄影机类型，如图11—55所示。

图11—55

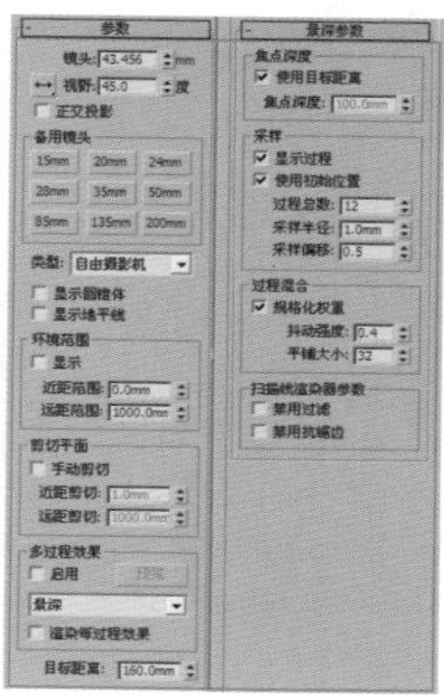

图11—54

11.2.3 VR穹顶摄影机

技术速查：VR穹顶摄影机不仅可以为场景固定视角，而且可以制作出类似鱼眼的特殊镜头效果。

VR穹顶摄影机常用于渲染半球圆顶效果，其参数设置如图11-56所示。

- 翻转 X：让渲染的图像在X轴上翻转，如图11-57所示。
- 翻转 Y：让渲染的图像在Y轴上翻转，如图11-58所示。
- Fov：设置视角的大小。

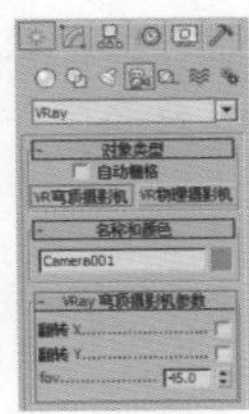

图11—56

图11—57

图11—58

★ 案例实战——为场景创建VR穹顶摄影机

场景文件	03.max
案例文件	案例文件\Chapter 11\案例实战——为场景创建VR穹顶摄影机.max
视频教学	视频文件\Chapter 11\案例实战——为场景创建VR穹顶摄影机.flv
难易指数	★★☆☆☆
技术掌握	掌握VR穹顶摄影机的创建和视野的调整

读书笔记

实例介绍

在这个场景中，主要掌握VR穹顶摄影机的创建和视野的调整，最终渲染效果如图11-59所示。

图11—59

操作步骤

01 打开本书配套光盘中的【场景文件\Chapter11\03.max】文件，此时场景效果如图11-60所示。

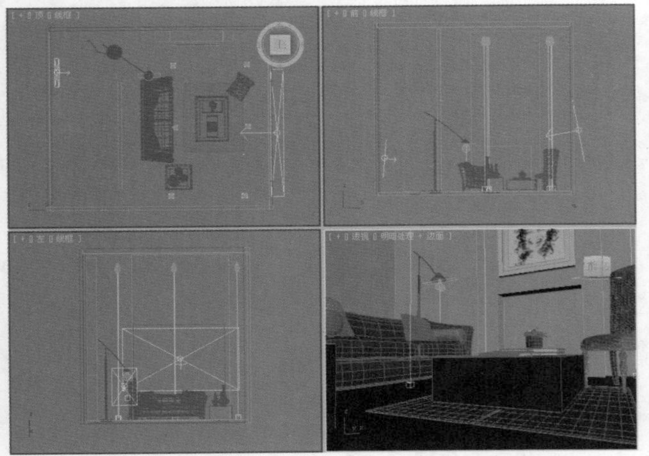

图11—60

02 单击（创建）|（摄影机）| VRay |

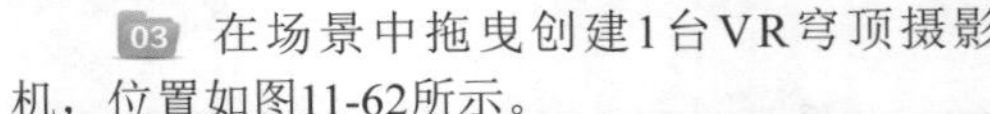

VR穹顶摄影机按钮，如图11-61所示。

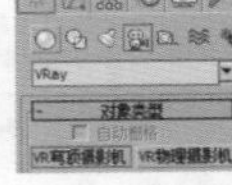

图11—61

03 在场景中拖曳创建1台VR穹顶摄影机，位置如图11-62所示。

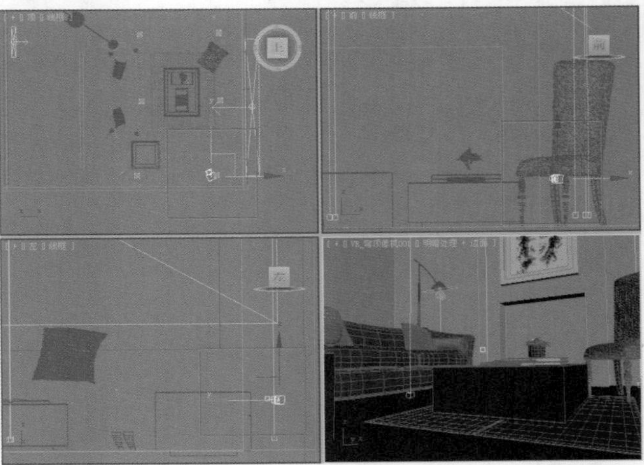

图11—62

04 进入【修改】面板，并在卷展栏中设置【视野】为60，如图11-63所示。此时场景效果如图11-64所示。

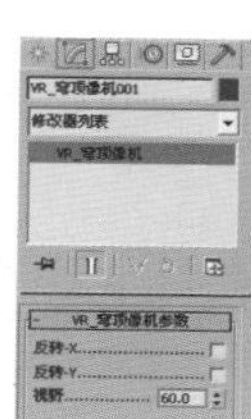

图11－63

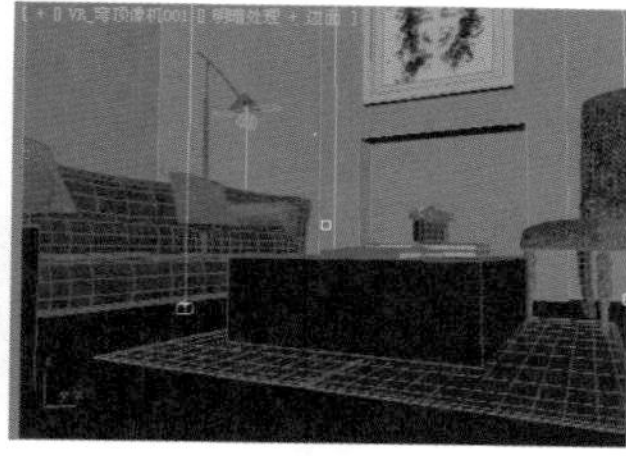

图11－64

技巧提示

为了看起来更加准确，我们可以在摄影机视图中按Shift+F组合键打开安全框，安全框以内的部分为最终渲染的部分，而安全框以外的部分将不会被渲染出来。

05 按F9键进行渲染，此时效果如图11-65所示。

图11－65

06 进入【修改】面板，并在卷展栏中设置【视野】为50，如图11-66所示。此时场景效果如图11-67所示。

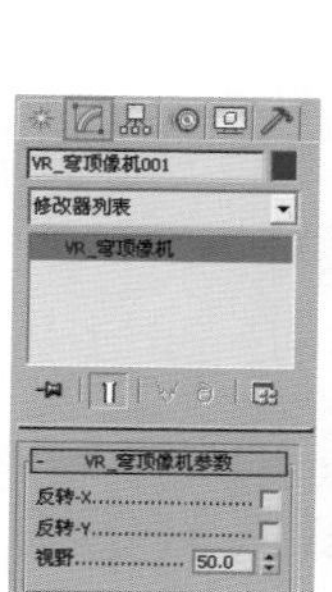

图11－66

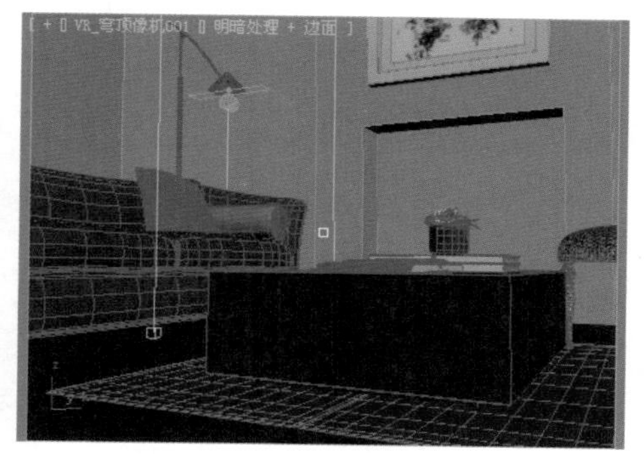

图11－67

07 按F9键进行渲染，此时效果如图11-68所示。

图11－68

08 进入【修改】面板，并在卷展栏中设置【视野】为30，如图11-69所示。此时场景效果如图11-70所示。

图11－69

图11－70

09 按F9键进行渲染，此时效果如图11-71所示。

图11－71

11.2.4 VR物理摄影机

技术速查：VR物理摄影机不仅可以固定场景视角，并且可以调节最终渲染的曝光度、明暗、光晕等效果，是一种非常强大的摄影机。

在【创建】面板中单击【摄影机】按钮，并设置摄影机类型为VRay，最后单击VR物理摄影机按钮，即可创建1台VR物理摄影机，如图11-72所示。【VR物理摄影机】的功能与现实中的相机功能相似，都有光圈、快门、曝光、ISO等调节功能，用户通过【VR物理摄影机】能制作出更真实的效果图，其参数面板如图11-73所示。

图11-72

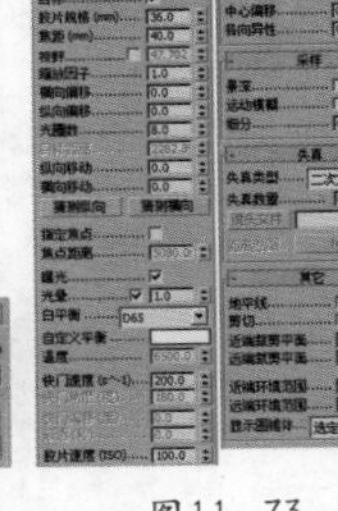

图11-73

基本参数

- 类型：VR物理摄影机内置了以下3种类型的摄影机。
  - 照相机：用来模拟一台常规快门的静态画面照相机。
  - 摄影机（电影）：用来模拟一台圆形快门的电影摄影机。
  - 摄像机（DV）：用来模拟带CCD矩阵的快门摄像机。
- 目标：当启用该选项后，摄影机的目标点将放在焦平面上；当禁用该选项后，可以通过下面的【目标距离】选项来控制摄影机到目标点的位置。
- 胶片规格（mm）：控制摄影机所看到的景色范围。值越大，看到的景越多。
- 焦距（mm）：控制摄影机的焦长。
- 视野：控制视野的数值。
- 缩放因子：控制摄影机视图的缩放。值越大，摄影机视图拉得越近。
- 横向偏移/纵向偏移：控制摄影机产生横向/纵向的偏移效果。
- 光圈数：设置摄影机的光圈大小，主要用来控制最终渲染的亮度。数值越小，图像越亮；数值越大，图像越暗。如图11-74所示。

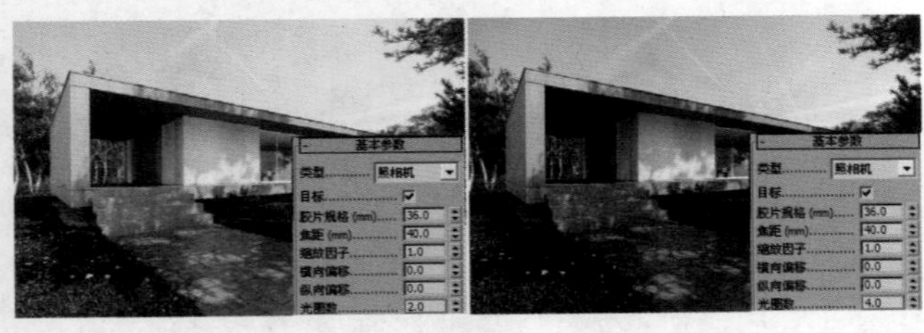

图11-74

- 目标距离：摄影机到目标点的距离，默认情况下是禁用的。当禁用摄影机的【目标】选项时，就可以用【目标距离】选项来控制摄影机的目标点的距离。
- 纵向移动/横向移动：控制摄影机的扭曲变形系数。
- 指定焦点：启用该选项后，可以手动控制焦点。
- 焦点距离：控制焦距的大小。
- 曝光：当启用该选项后，利用VR物理摄影机中的【光圈】、【快门速度】和【胶片速度】设置才会起作用。
- 光晕：模拟真实摄影机里的光晕效果，启用该选项可以模拟图像四周黑色光晕的效果，如图11-75所示。

图11-75

- 白平衡：和真实摄影机的功能一样，控制图像的色偏。
- 自定义平衡：控制自定义摄影机的白平衡颜色。
- 温度：该选项只有在设置白平衡为温度方式时才可以使用，用于控制温度的数值。
- 快门速度（s^-1）：控制光的进光时间，值越小，进光时间越长，图像就越亮；值越大，进光时间就越短，图像就越暗。
- 快门角度（度）：当摄影机选择【摄影机（电影）】类型时，该选项才被激活，其作用和上面的【快门速度】的作用一样，主要用来控制图像的亮暗。
- 快门偏移（度）：当摄影机选择【摄影机（电影）】类型时，该选项才被激活，主要用来控制快门角度的偏移。
- 延迟（秒）：当摄影机选择【摄像机（DV）】类型时，该选项才被激活，作用和上面的【快门速度】的作用一样，主要用来控制图像的亮暗，值越大，表示光越充足，图像也越亮。
- 胶片速度（ISO）：该选项控制摄影机ISO的数值。

散景特效

【散景特效】卷展栏中的参数主要用于控制散景效果，当渲染景深时，或多或少都会产生一些散景效果，这主要和散景到摄影机的距离有关，如图11-76所示是使用真实摄影机拍摄的散景效果。

- 叶片数：控制散景产生的小圆圈的边，默认值为5，表示散景的小圆圈为正五边形。

- **旋转（度）**：散景小圆圈的旋转角度。
- **中心偏移**：散景偏移源物体的距离。
- **各向异性**：控制散景的各向异性，值越大，散景的小圆圈拉得越长，即变成椭圆。

图11—76

采样

- **景深**：控制是否产生景深。如果想要得到景深，就需要启用该选项。
- **运动模糊**：控制是否产生动态模糊效果。
- **细分**：控制景深和动态模糊的采样细分，值越大，杂点越大，图的品质就越高，但是会减慢渲染时间。

失真

- **失真类型**：该选项控制失真的类型，包括【二次方】、【三次方】、【镜头文件】、【纹理】4种方式。
- **失真数量**：该选项可以控制摄影机产生失真的强度，如图11-77所示。

图11—77

- **镜头文件**：当【失真类型】切换为【镜头文件】时，该选项可用。可以在此处添加镜头的文件。
- **距离贴图**：当【失真类型】切换为【纹理】时，该选项可用。

其他

- **地平线**：启用该选项后，可以使用地平线功能。
- **剪切**：启用该选项后，可以使用摄影机剪切功能，可以解决摄影机由于位置原因而无法正常显示的问题。
- **近端裁剪平面/远端裁剪平面**：可以设置近端/远端剪切平面的数值，控制近端/远端的数值。
- **近端环境范围/远端环境范围**：可以设置近端/远端环境范围的数值，控制近端/远端的数值，多用来模拟雾效。
- **显示圆锥体**：该选项控制显示圆锥体的方式，包括【选定】、【始终】、【从不】3种方式。

★ 案例实战——测试VR物理摄影机的光圈数

场景文件	04.max
案例文件	案例文件\Chapter 11\案例实战——测试VR物理摄影机的光圈数.max
视频教学	视频文件\Chapter 11\案例实战——测试VR物理摄影机的光圈数.flv
难易指数	★★★☆☆
摄影机方式	VR物理摄影机
技术掌握	掌握VR物理摄影机的应用，掌握光圈数控制渲染的明暗效果

实例介绍

在这个场景中主要讲解如何使用通过设置不同的光圈数数值控制渲染的明暗效果，最终渲染效果如图11-78所示。

图11—78

01 打开本书配套光盘中的【场景文件\Chapter11\04.max】文件，此时场景效果如图11-79所示。

02 单击（创建）|（摄影机）| VRay | VR物理摄影机 按钮，在视图中拖曳创建1台VR物理摄影机，如图11-80所示。

03 选择VR物理摄影机001，在【修改】面板中设置【胶片规格】为50，【焦距】为40，【光圈数】为4，如图11-81所示。此时按C键切换到摄影机视图，并单击【渲染】按钮，此时的渲染效果如图11-82所示。

04 选择VR物理摄影机001，在【修改】面板中设置【胶片规格】为50，【焦距】为40，【光圈数】为1，如图11-83所示。此时按C键切换到摄影机视图，并单击【渲染】按钮，此时的渲染效果如图11-84所示。

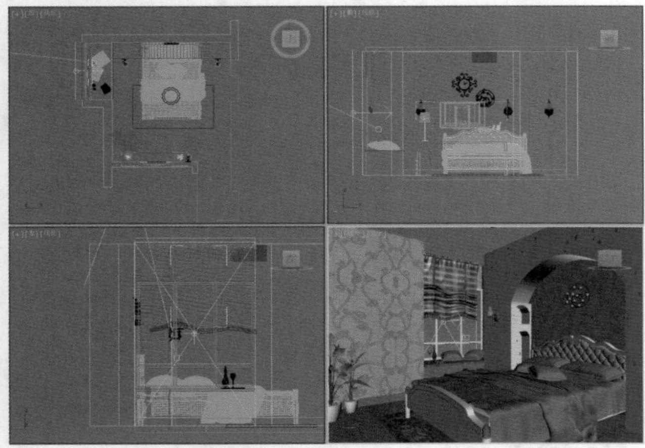

图11-79

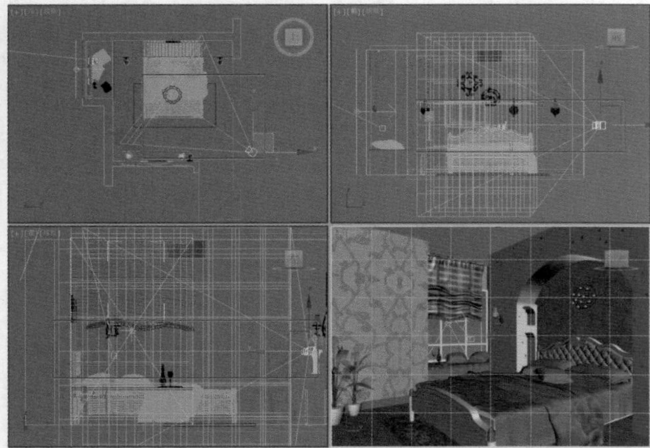

图11-80

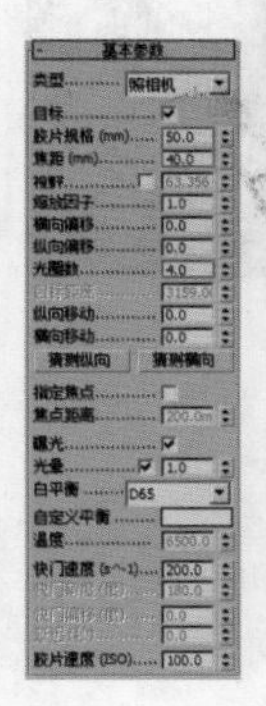

图11-81

图11-82

读书笔记

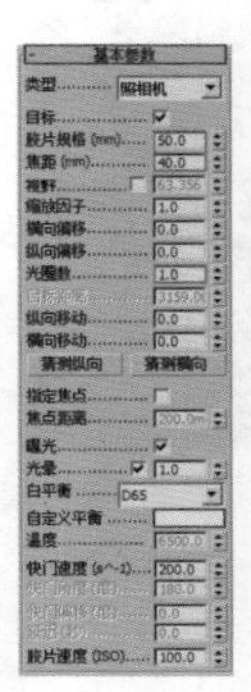

图11-83

图11-84

技巧提示

经过渲染，得出以下结论：使用VR物理摄影机，并调节【光圈数】的数值可以有效的控制最终渲染场景的明暗程度，当设置【光圈数】为比较小的数值时，最终渲染呈现出比较亮的效果，当设置【光圈数】为比较大的数值时，最终渲染呈现出比较暗的效果。

★ 案例实战——测试VR物理摄影机的光晕

场景文件	05.max
案例文件	案例文件\Chapter 11\案例实战——测试VR物理摄影机的光晕.max
视频教学	视频文件\Chapter 11\案例实战——测试VR物理摄影机的光晕.flv
难易指数	★★★☆☆
摄影机方式	VR物理摄影机
技术掌握	掌握VR物理摄影机的应用，掌握光晕控制渲染的光晕效果

实例介绍

在这个场景中主要讲解了如何通过设置不同的光晕数值控制渲染的光晕效果，最终渲染效果如图11-85所示。

图11-85

01 打开本书配套光盘中的【场景文件\Chapter11\05.max】文件，此时场景效果如图11-86所示。

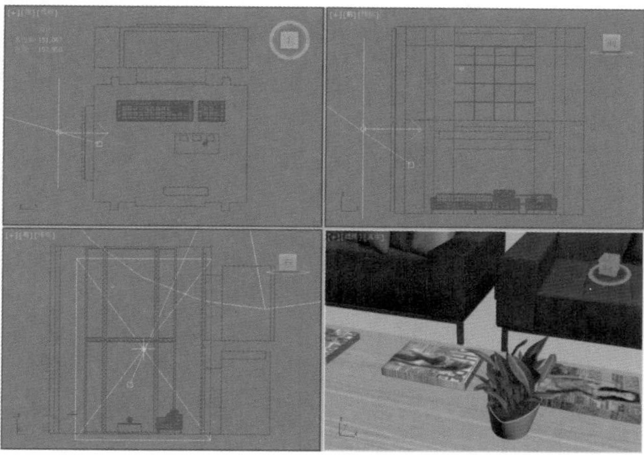

图11—86

02 单击（创建）|（摄影机）| VRay | VR物理摄影机按钮，在视图中拖曳创建1台VR物理摄影机，如图11-87所示。

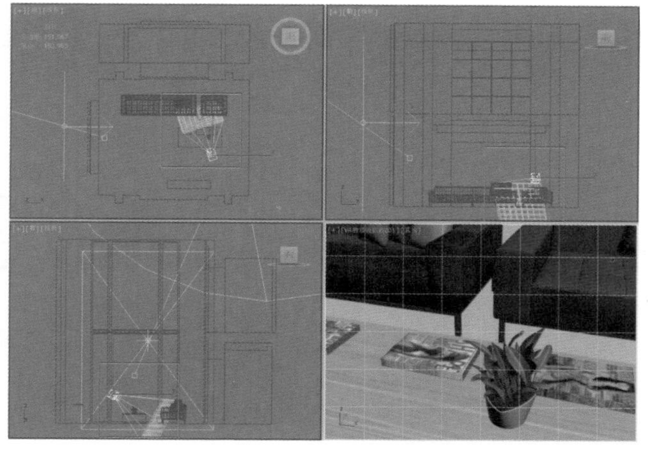

图11—87

03 选择VR物理摄影机001，然后在【修改】面板中设置【胶片规格】为36，【焦距】为40，【光圈数】为1，选中【光晕】复选框，并将其设置为3，如图11-88所示。最后单击【渲染】按钮，此时的光晕效果如图11-89所示。

图11—88

图11—89

04 取消选中【光晕】复选框，如图11-90所示。再单击【渲染】按钮，此时的光晕效果如图11-91所示。

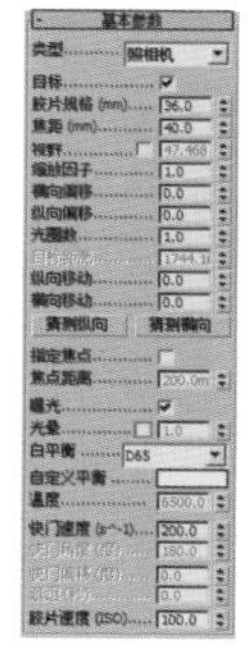

图11—90

图11—91

课后练习

【课后练习——目标摄影机制作景深效果】

思路解析

01 创建目标摄影机，并设置相关参数

02 设置渲染器的【V-Ray::摄像机】卷展栏中的参数

本章小结

通过对本章的学习，我们可以掌握摄影机的相关知识，包括目标摄影机、自由摄影机、VR穹顶摄影机、VR物理摄影机等。不仅可以使用摄影机为场景设置渲染角度，而且可以设置运动模糊、景深等效果，也可以控制最终渲染画面的明暗、光晕等。

读书笔记

第12章 VRay渲染器技术

本章内容简介：

渲染器是3D引擎的核心部分，它完成将3D物体绘制到屏幕上的任务。根据3D硬件使用方法的不同，可以分为DirectX和OpenGL两种渲染器。OpenGL渲染器通过OpenGL图形库来使用3D硬件，多数3D卡支持这种方法。而DirectX渲染器使用微软的DirectX库——归并到Windows操作系统中。在老的3D卡上面，OpenGL一般绘制速度较快一些，而在现代的3D卡上面，DirectX表现则更加出色。

本章学习要点：

- 渲染器的基本常识
- 各种渲染器的参数设置
- VRay渲染器的应用

12.1 初识渲染器

默认扫描线渲染器是一行一行而不是根据多边形到多边形或者点到点方式渲染的一项技术和算法集。所有待渲染的多边形首先按照顶点Y坐标出现的顺序排序，然后使用扫描线与列表中前面多边形的交点计算图像的每行或者每条扫描线，在活动扫描线逐步沿图像向下计算时更新列表，丢弃不可见的多边形。

这种方法的一个优点就是没有必要将主内存中的所有顶点都转到工作内存，只有与当前扫描线相交边界的约束顶点才需要读到工作内存，并且每个定点数据只需读取一次。主内存的速度通常远远低于中央处理单元或者高速缓存，避免多次访问主内存中的顶点数据就可以大幅度地提升运算速度。

默认扫描线渲染器渲染速度相对比较快，但是渲染效果相对较差，对于需快速模拟效果和快速渲染动画等情况可以使用，但是对于需要模拟较为真实或复杂的效果时，推荐使用VRay渲染器。

如图12-1所示为默认扫描线渲染器渲染时的效果。

如图12-2所示为VRay渲染器渲染时的效果。

如图12-3所示为默认扫描线渲染器的参数设置对话框。

图12—1

图12—2

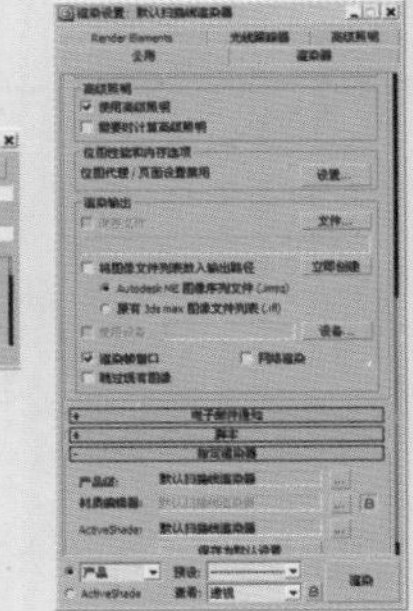

图12—3

12.2 VRay渲染器参数详解

技术速查：VRay渲染器是由chaosgroup和asgvis公司出品，中国由曼恒公司负责推广的一款高质量渲染软件。VRay是目前业界最受欢迎的渲染引擎。由于VRay渲染器可以真实地模拟现实光照，并且操作简单，可控性也很强，因此被广泛应用于建筑表现、工业设计和动画制作等领域。

本章将重点对VRay渲染器进行讲解，如图12-4所示为使用VRay渲染器制作的优秀作品。

图12—4

安装好VRay渲染器之后，若想使用该渲染器来渲染场景，可以按F10键打开【渲染设置】对话框，然后在【公用】选项卡中展开【指定渲染器】卷展栏，接着单击【产品级】选项后面的【选择渲染器】按钮...，最后在弹出的【选择渲染器】对话框中选择VRay渲染器即可，如图12-5所示。

VRay渲染器参数主要包括【公用】、V-Ray、【间接照明】、【设置】和Render Elements（渲染元素）5个选项卡，如图12-6所示。

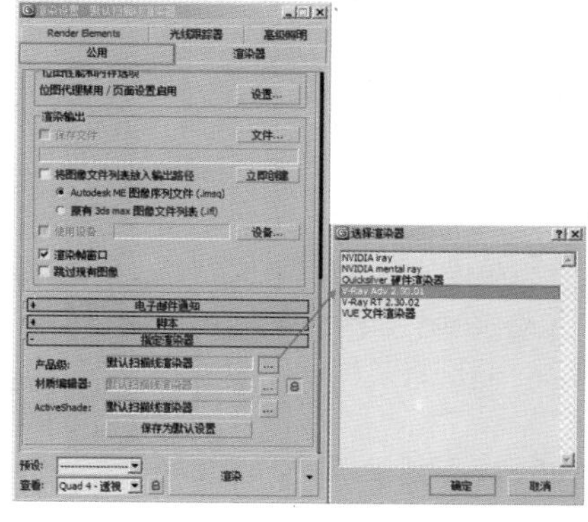

图12—5

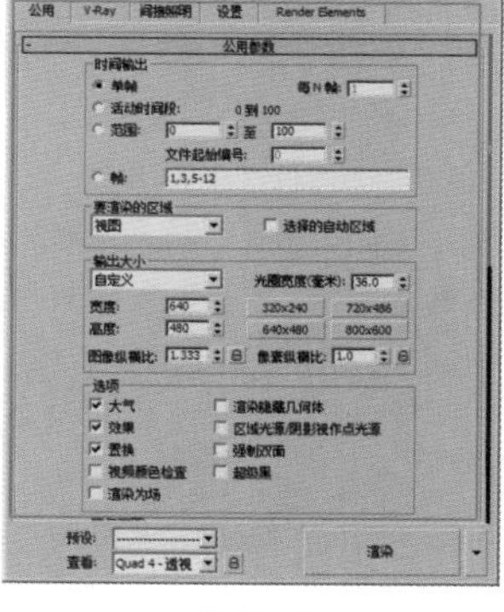

图12—6

12.2.1 公用

公用参数

【公用参数】卷展栏用来设置所有渲染器的公用参数，如图12-7所示。

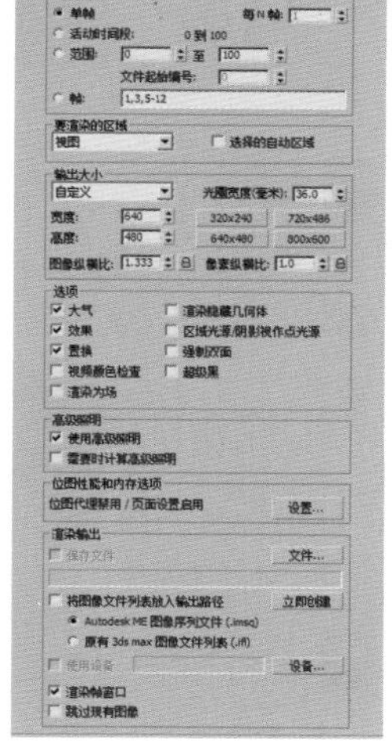

图12—7

01 时间输出

在这里可以选择要渲染的帧，如图12-8所示。

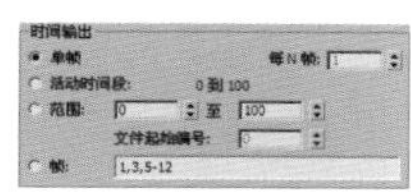

图12—8

- 单帧：仅当前帧。
- 活动时间段：活动时间段为显示在时间滑块内的当前帧范围。
- 范围：指定两个数字之间（包括这两个数）的所有帧。
- 帧：可以指定非连续帧，帧与帧之间用逗号隔开（例如“2，5”）；也可以指定连续的帧范围，中间用连字符相连（例如“0-5”）。

02 要渲染的区域

用于控制要渲染的区域，如图12-9所示。

图12—9

- 要渲染的区域：分为【视图】、【选定对象】、【区域】、【裁剪】、【放大】等方式。
- 选择的自动区域：该选项控制选择的自动渲染区域。

03 输出大小

选择一个预定义的大小或在【宽度】和【高度】微调器（像素为单位）中输入的另一个大小，如图12-10所示。这些参数影响图像的纵横比。

图12—10

- 下拉列表：在其中可以选择几个标准的电影和视频分辨率以及纵横比。
- 光圈宽度（毫米）：指定用于创建渲染输出的摄影机光圈宽度。
- 宽度/高度：以像素为单位指定图像的宽度和高度，从而设置输出图像的分辨率。
- 预设分辨率按钮（320×240、640×480 等）：单击这些按钮，可以选择一个预设分辨率。
- 图像纵横比：设置图像的纵横比。
- 像素纵横比：设置显示在其他设备上的像素纵横比。
- 【像素纵横比】右边的按钮：可以锁定像素纵横比。

04 选项

渲染的9种选项的开关，如图12-11所示。

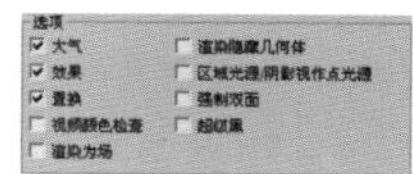

图12—11

- 大气：启用此选项后，渲染任何应用的大气效果，如体积雾。
- 效果：启用此选项后，渲染任何应用的渲染效果，如模糊。
- 置换：渲染任何应用的置换贴图。
- 视频颜色检查：检查超出 NTSC 或 PAL 安全阈值的像素颜色，标记这些像素颜色并将其改为可接受的值。
- 渲染为场：为视频创建动画时，将视频渲染为场，而不是渲染为帧。

- 渲染隐藏几何体：渲染场景中所有的几何体对象，包括隐藏的对象。
- 区域光源/阴影视作点光源：将所有的区域光源或阴影当作从点对象发出的进行渲染，这样可以加快渲染速度。
- 强制双面：双面材质渲染，可渲染所有曲面的两个面。
- 超级黑：超级黑渲染限制用于视频组合的渲染几何体的暗度。除非确实需要此选项，否则将其禁用。

05 高级照明

控制是否使用高级照明，如图12-12所示。

图12—12

- 使用高级照明：启用此选项后，3ds Max 在渲染过程中提供光能传递解决方案或光跟踪。
- 需要时计算高级照明：启用此选项后，当需要逐帧处理时，3ds Max 计算光能传递。

06 位图性能和内存选项

控制全局设置和位图代理的数值，如图12-13所示。单击【设置】按钮可以打开【位图代理】对话框进行全局设置和默认值设置。

图12—13

07 渲染输出

控制最终渲染输出的参数，如图12-14所示。

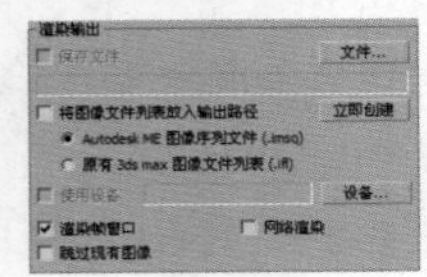

图12—14

- 保存文件：启用此选项后，进行渲染时 3ds Max 会将渲染后的图像或动画保存到磁盘。
- 文件：单击该按钮将打开【渲染输出文件】对话框，可以指定输出文件名、格式以及路径。
- 将图像文件列表放入输出路径：启用此选项可创建图像序列（IMSQ）文件，并将其保存在与渲染相同的目录中。
- 立即创建：单击该按钮将以手动方式创建图像序列文件。首先必须为渲染自身选择一个输出文件。
- Autodesk ME 图像序列文件（.imsq）：选中该单选按钮后（默认值），创建图像序列（IMSQ）文件。
- 原有 3ds max 图像文件列表（.ifl）：选中该单选按钮后，可创建由 3ds Max 的旧版本创建的各种图像文件列表（IFL）文件。
- 使用设备：将渲染的输出发送到像录像机这样的设备上。首先单击【设备】按钮指定设备，设备上必须安装相应的驱动程序。
- 渲染帧窗口：在渲染帧窗口中显示渲染输出。
- 网络渲染：启用网络渲染。选中该选项后，在渲染时将看到【网络作业分配】对话框。
- 跳过现有图像：启用此选项且选中【保存文件】复选框后，渲染器将跳过序列中已经渲染到磁盘中的图像。

电子邮件通知

使用此卷展栏可使渲染作业发送电子邮件通知，如网络渲染那样。如果启动冗长的渲染（如动画），并且不需要在系统上花费所有时间，这种通知非常有用。其参数设置如图12-15所示。

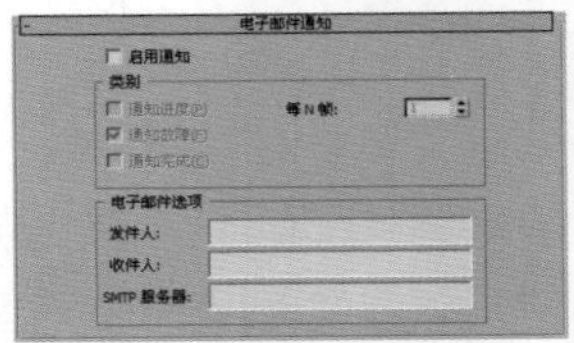

图12—15

脚本

使用【脚本】卷展栏可以指定在渲染之前和之后要运行的脚本。其参数设置如图12-16所示。

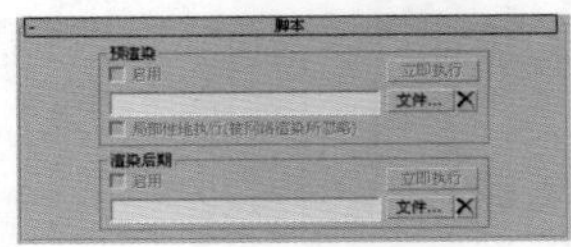

图12—16

指定渲染器

对于每个渲染类别，该卷展栏显示当前指定的渲染器名称和可以更改该指定的按钮。其参数设置如图12-17所示。

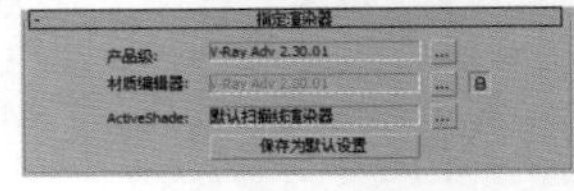

图12—17

- 【选择渲染器】按钮...：单击该按钮将打开【选择渲染器】对话框，在此可更改渲染器指定。如图12-18所示为指定渲染器为VRay渲染器的方法。
- 产品级：选择用于渲染图形输出的渲染器。
- 材质编辑器：选择用于渲染【材质编辑器】对话框中示例的渲染器。

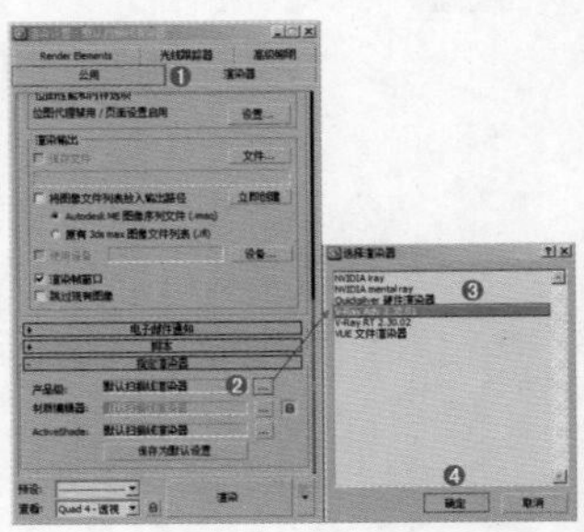

图12—18

- 【锁定】按钮🔒：默认情况下，示例窗渲染器被锁定为与产品级渲染器相同的渲染器。
- ActiveShade：选择用于预览场景中照明和材质更改效果的 ActiveShade 渲染器。
- 保存为默认设置：单击该按钮可将当前渲染器指定保存为默认设置，以便下次重新启动 3ds Max 时它们处于活动状态。

12.2.2 V-Ray

授权

【V-Ray::授权】卷展栏中主要呈现的是VRay的注册信息，注册文件一般都放置在C:\Program Files\Common Files\ChaosGroup\vrlclient.xml中，如果以前装过低版本的VRay，在安装VRay 2.30.01的过程中出现问题，可以把该文件删除以后再进行安装，其参数设置如图12-19所示。

图12—19

关于VR

在【V-Ray::关于VRay】卷展栏中，用户可以看到关于VRay的官方网站地址，以及当前渲染器的版本号、Logo等，如图12-20所示。

图12—20

帧缓冲区

【V-Ray::帧缓冲区】卷展栏中的参数可以代替3ds Max自身的帧缓冲窗口。这里可以设置渲染图像的大小，以及保存渲染图像等，其参数设置如图12-21所示。

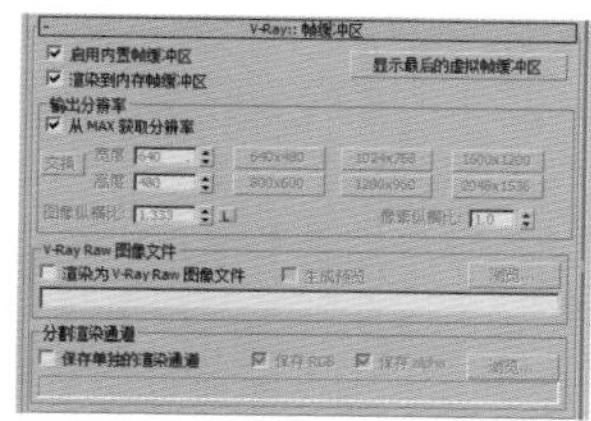

图12—21

- 启用内置帧缓冲区：当启用该选项时，用户就可以使用VRay自身的渲染窗口。同时需要注意，应该禁用3ds Max默认的渲染窗口，这样可以节约一些内存资源，如图12-22所示。

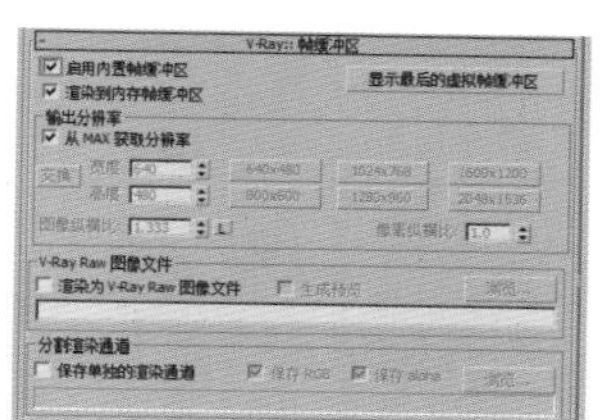

图12—22

- 渲染到内存帧缓冲区：当启用该选项时，可以将图像渲染到内存中，然后再由帧缓冲区窗口显示出来，这样可以方便用户观察渲染的过程；当禁用该选项时，不会出现渲染框，而直接保存到指定的硬盘文件夹中，这样的好处是可以节约内存资源。
- 从3ds Max获取分辨率：当启用该选项时，将从3ds Max的【渲染设置】对话框的【公用】选项卡的【输出大小】选项组中获取渲染尺寸；当禁用该选项时，将从VRay渲染器的【输出分辨率】选项组中获取渲染尺寸。
- 像素长宽比：控制渲染图像的长宽比。
- 宽度：设置像素的宽度。
- 长度：设置像素的长度。
- 渲染为V-Ray Raw图像文件：控制是否将渲染后的文件保存到所指定的路径中，启用该选项后渲染的图像将以.vrimg的文件格式进行保存。

技巧提示

在渲染较大的场景时，计算机会负担很大的渲染压力，而启用【渲染为V-Ray Raw图像文件】选项后（需要设置好渲染图像的保存路径），如图12—23所示，渲染图像会自动保存到设置的路径中，这时就可以观察VRay的帧缓冲区窗口。

图12—23

- 保存单独的渲染通道：控制是否单独保存渲染通道。
- 保存RGB：控制是否保存RGB色彩。
- 保存Alpha：控制是否保存Alpha通道。
- ：单击该按钮可以保存RGB和Alpha文件。

技巧提示

默认情况下进行渲染，使用的是3ds Max自身的帧缓冲窗口，如图12-24所示。而选中【启用内置帧缓冲区】复选框后，使用的是VR渲染器的内置帧缓冲区，如图12-25所示。

图12-24

图12-25

- 【切换颜色显示模式】按钮：其作用分别为切换到RGB通道、查看红色通道、查看绿色通道、查看蓝色通道、切换到Alpha通道和单色模式。
- 【保存图像】按钮：将渲染后的图像保存到指定的路径中。
- 【清除图像】按钮：清除帧缓冲区中的图像。
- 【复制到3ds Max中的帧缓冲区】按钮：单击该按钮可以将VRay帧缓冲区中的图像复制到3ds Max中的帧缓冲区中。
- 【跟踪鼠标渲染】按钮：强制渲染鼠标所指定的区域，这样可以快速观察到指定的渲染区域。
- 【显示校正控制器】按钮：单击该按钮会弹出【颜色校正】对话框，在该对话框中可以校正渲染图像的颜色。
- 【强制颜色钳位】按钮：单击该按钮可以对渲染图像中超出显示范围的色彩不进行警告。
- 【查看钳制颜色】按钮：单击该按钮可以查看钳制区域中的颜色。
- 【显示像素通知】按钮：单击该按钮会弹出一个与像素相关的信息通知对话框。
- 【使用色阶校正】按钮：在【颜色校正】对话框中调整明度的阈值后，单击该按钮可以将最后调整的结果显示或不显示在渲染的图像中。
- 【使用颜色曲线校正】按钮：在【颜色校正】对话框中调整好曲线的阈值后，单击该按钮可以将最后调整的结果显示或不显示在渲染的图像中。
- 【使用曝光校正】按钮：控制是否对曝光进行修正。
- 【显示sRGB颜色空间】按钮：sRGB是国际通用的一种RGB颜色模式，还有Adobe RGB和ColorMatch RGB模式，这些RGB模式主要的区别就在于Gamma值的不同。

全局开关

【全局开关】卷展栏中的参数主要用来对场景中的灯光、材质、置换等进行全局设置，如是否使用默认灯光、是否开启阴影、是否开启模糊等，如图12-26所示。

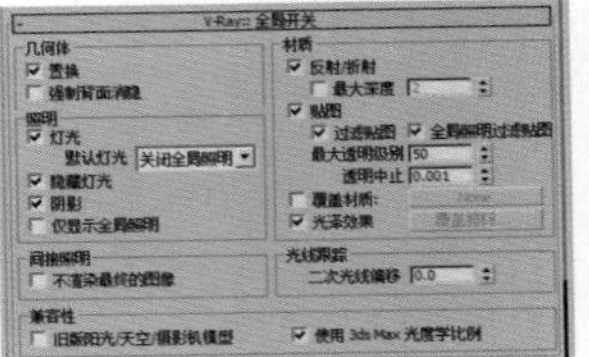
图12-26

01 几何体

- 置换：控制是否开启场景中的置换效果。在VRay的置换系统中，一共有两种置换方式，分别是材质置换方式和VRay置换修改器方式，如图12-27所示。当禁用该选项时，场景中的两种置换都不会起作用。

图12-27

- 背面强制消隐：执行3ds Max中的【自定义】|【首选项】菜单命令，在弹出的对话框中的【视口】选项卡中有一个【创建对象时背面消隐】选项，如图12-28所示。【背面强制消隐】与【创建对象时背面消隐】选项相似，但【创建对象时背面消隐】只用于视图，对渲染没有影响，而【强制背面消隐】是针对渲染而言的，启用该选项后反法线的物体将不可见。

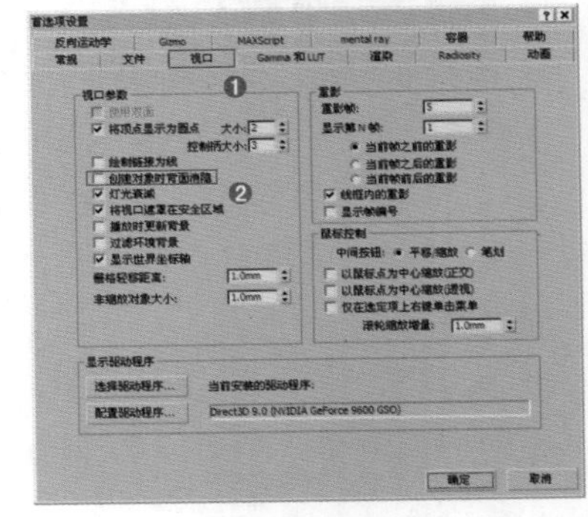
图12-28

02 灯光

- 灯光：控制是否开启场景中的光照效果。当禁用该选项时，场景中放置的灯光将不起作用。
- 默认灯光：控制场景是否使用3ds Max系统中的默认光照，一般情况下都禁用该选项。
- 消隐灯光：控制场景是否让消隐的灯光产生光照。该选项对于调节场景中的光照非常方便。
- 阴影：控制场景是否产生阴影。
- 仅显示全局照明：当启用该选项时，场景渲染结果只显示全局照明的光照效果。

03 间接照明

【不渲染最终的图像】选项用于控制是否渲染最终图像。如果启用该选项，VRay将在计算完光子以后，不再渲染最终图像，这种方法非常适合于渲染光子图，并使用光子图渲染大尺寸图。

04 材质

- **反射/折射**：控制是否开启场景中材质的反射和折射效果。
- **最大深度**：控制整个场景中的反射、折射的最大深度，后面的数值框中的数值表示反射、折射的次数。
- **贴图**：控制是否让场景中物体的程序贴图和纹理贴图渲染出来。如果禁用该选项，那么渲染出来的图像就不会显示贴图，取而代之的是漫反射通道中的颜色。
- **过滤贴图**：该选项用来控制VRay渲染时是否使用贴图纹理过滤。如果启用该选项，VRay将用自身的【抗锯齿过滤器】来对贴图纹理进行过滤，如图12-29所示；如果禁用该选项，将以原始图像进行渲染。

图12—29

- **全局照明过滤贴图**：控制是否在全局照明中过滤贴图。
- **最大透明级别**：控制透明材质被光线追踪的最大深度。值越大，被光线追踪的深度越深，效果越好，但渲染速度会变慢。
- **透明中止**：控制VRay渲染器对透明材质的追踪终止值。当光线透明度的累计比当前设定的阈值低时，将停止光线透明追踪。
- **覆盖材质**：是否给场景赋予一个全局材质。当在后面的通道中设置了一个材质后，场景中所有的物体都将使用该材质进行渲染，这在测试阳光的方向时非常有用。如图12-30所示，我们可以在【覆盖材质】的通道上加载一个标准材质，并在其【漫反射】通道上加载一个【VR边纹理】贴图，其渲染效果如图12-31所示。

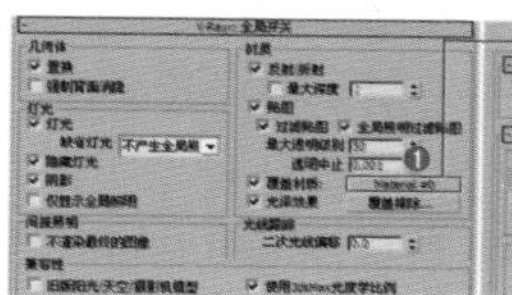
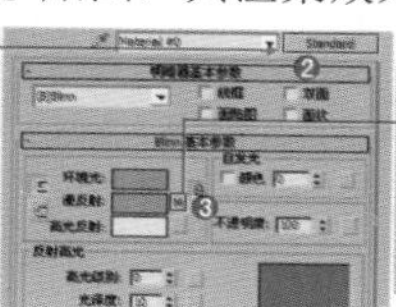

图12—30

- **光泽效果**：是否开启反射或折射模糊效果。当禁用该选项时，场景中带模糊的材质将不会渲染出反射或折射模糊效果。

图12—31

05 光线跟踪

【二次光线偏移】选项用于设置光线发生二次反弹时的偏移距离，主要用于检查建模时有无重面，并且纠正其反射出现的错误，在默认的情况下将产生黑斑，一般设为0.001。比如在图12-32中，地面上放置一个长方体，它的位置刚好和地面重合，当设置【二次光线偏移】数值为0时渲染结果不正确，出现黑块；当设置【二次光线偏移】数值为0.001时，渲染结果正常，没有黑斑。

图12—32

06 兼容性

- **旧版阳光/天空/摄影机模式**：由于3ds Max存在版本问题，因此该选项可以选择是否启用旧版阳光/天空/摄影机的模式。
- **使用3ds Max光度学比例**：默认情况下是启用该选项的，也就是默认是使用3ds Max光度学比例的。

图像采样器（反锯齿）

抗锯齿在渲染设置中是一个必须调整的参数，其数值的大小决定了图像的渲染精度和渲染时间，但抗锯齿与全局照明精度的高低没有关系，只作用于场景物体的图像和物体的边缘精度，其参数设置如图12-33所示。

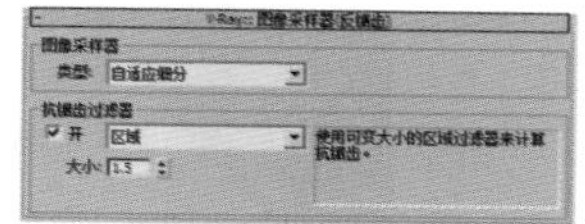

图12—33

- **类型**：用来设置图像采样器的类型，包括【固定】、【自适应确定性蒙特卡洛】和【自适应细分】3种类型。
    - **固定**：对每个像素使用一个固定的细分值。该采样方式适合拥有大量的模糊效果（比如运动模糊、景深模糊、反射模糊、折射模糊等）或者具有高细节纹理贴图的场景，渲染速度比较快。其参数设置如图12-34所示，【细分】值越高，采样品质越高，渲染时间也越长。

图12—34

    - **自适应确定性蒙特卡洛**：这种采样方式可以根据每个像素以及与它相邻像素的明暗差异，来使不同像素使用不同的样本数量。在角落部分使用较高的样本数量，在平坦部分使用较低的样本数量。该采样方式适合拥有少量的模糊效果或者具有高细节的纹理贴图以及具有大量几何体面的场景，其参数设置如图12-35所示。

图12—35

- 自适应细分：这种采样方式具有负值采样的高级抗锯齿功能，适合用在没有或者有少量的模糊效果的场景中，在这种情况下，其渲染速度最快；但是在具有大量细节和模糊效果的场景中，其渲染速度会非常慢，渲染品质也不高，这是因为它需要去优化模糊和大量的细节，这样就需要对模糊和大量细节进行预计算，从而把渲染速度降低。同时该采样方式是3种采样类型中最占内存资源的一种，而【固定】采样方式占的内存资源最少。其参数设置如图12-36所示。

图12—36

技巧提示

一般情况下【固定】方式由于其速度较快而用于测试，【细分】值保持默认，在最终出图时选用【自适应确定性蒙特卡洛】或者【自适应细分】方式。对于具有大量模糊特效（比如运动模糊、景深模糊、反射模糊、折射模糊）或高细节的纹理贴图场景，使用【固定】方式是兼顾图像品质与渲染时间的最好选择。

- 开：当禁用抗锯齿过滤器时，常用于测试渲染，渲染速度非常快、质量较差，如图12-37所示。

图12—37

- 抗锯齿过滤器：设置渲染场景的抗锯齿过滤器。当启用【开】选项以后，可以从后面的下拉列表中选择一个抗锯齿方式来对场景进行抗锯齿处理；如果禁用【开】选项，那么渲染时将使用纹理抗锯齿过滤器。
  - 区域：用区域大小来计算抗锯齿，如图12-38所示。
  - 清晰四方形：来自Neslon Max算法的清晰9像素重组过滤器，如图12-39所示。
  - Catmull-Rom：一种具有边缘增强的过滤器，可以产生较清晰的图像效果，如图12-40所示。
  - 图版匹配/MAX R2：使用3ds Max R2的方法（无贴图过滤）将摄影机和场景或【无光/投影】元素与未过滤的背景图像相匹配，如图12-41所示。

图12—38

图12—39

图12—40

图12—41

  - 四方形：和【清晰四方形】抗锯齿过滤器相似，能产生一定的模糊效果，如图12-42所示。
  - 立方体：基于立方体的25像素过滤器，能产生一定的模糊效果，如图12-43所示。

图12—42

图12—43

  - 视频：适合于制作视频动画的一种抗锯齿过滤器，如图12-44所示。
  - 柔化：用于程度模糊效果的一种抗锯齿过滤器，如图12-45所示。

图12—44

图12—45

  - Cook变量：一种通用过滤器，较小的数值可以得到清晰的图像效果，如图12-46所示。
  - 混合：一种用混合值来确定图像清晰或模糊的抗锯齿过滤器，如图12-47所示。
  - Blackman：一种没有边缘增强效果的抗锯齿过滤器，如图12-48所示。
  - Mitchell-Netravali：一种常用的过滤器，能产生微量模糊的图像效果，如图12-49所示。

图12—46

图12—47

图12—48

图12—49

- VRayLanczos/VRaySincFilter：VRay新版本中的两个新抗锯齿过滤器，可以很好地平衡渲染速度和渲染质量，如图12-50所示。
- VRayBox/VRayTriangleFilter：这也是VRay新版本中的抗锯齿过滤器，以“盒子”和“三角形”的方式进行抗锯齿，如图12-51所示。
- 大小：设置过滤器的大小。

图12—50

图12—51

技巧提示

考虑到渲染的质量和速度，通常是测试渲染时禁用抗锯齿过滤器，而最终渲染时用Mitchell—Netravali或Catmull—Rom抗锯齿过滤器。

自适应DMC采样器

【自适应确定性蒙特卡洛】采样器是一种高级抗锯齿采样器。在【图像采样器】选项组中设置【类型】为【自适应确定性蒙特卡洛】，此时系统会增加一个【V-Ray::自适应DMC图像采样器】卷展栏，如图12-52所示。

图12—52

- 最小细分：定义每个像素使用样本的最小数量。
- 最大细分：定义每个像素使用样本的最大数量。
- 颜色阈值：色彩的最小判断值，当色彩的判断达到该值以后，就停止对色彩的判断。具体讲就是分辨哪些是平坦区域，哪些是角落区域。这里的色彩应该理解为色彩的灰度。
- 使用确定性蒙特卡洛采样器阈值：如果启用该选项，【颜色阈值】选项将不起作用，取而代之的是采用DMC采样器中的阈值。
- 显示采样：启用该选项后，可以看到【自适应确定性蒙特卡洛】采样器的样本分布情况。

当我们设置图像采样器类型为【自适应细分】时，对应的会出现【V-Ray::自适应细分图像采样器】卷展栏，如图12-53所示。

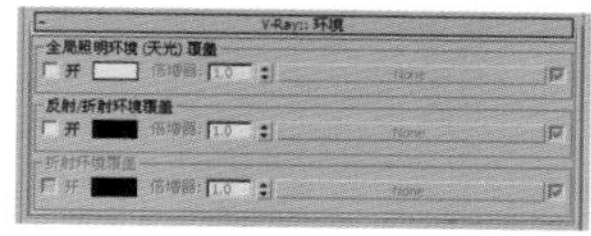
图12—53

- 对象轮廓：启用时使得采样器强制在物体的边进行超级采样而不管它是否需要进行超级采样。
- 法线阈值：启用后将使超级采样沿法线方向急剧变化。
- 随机采样：该选项默认为启用状态，可以控制随机的采样。

环境

【V-Ray::环境】卷展栏分为【全局照明环境（天光）覆盖】、【反射/折射环境覆盖】和【折射环境覆盖】3个选项组，如图12-54所示。

图12—54

01 全局照明环境（天光）覆盖

- 开：控制是否开启VRay的天光。当启用该选项后，3ds Max默认的天光效果将不起光照作用。如图12-55所示为禁用和启用【开】选项，并设置倍增为1.5的对比效果。

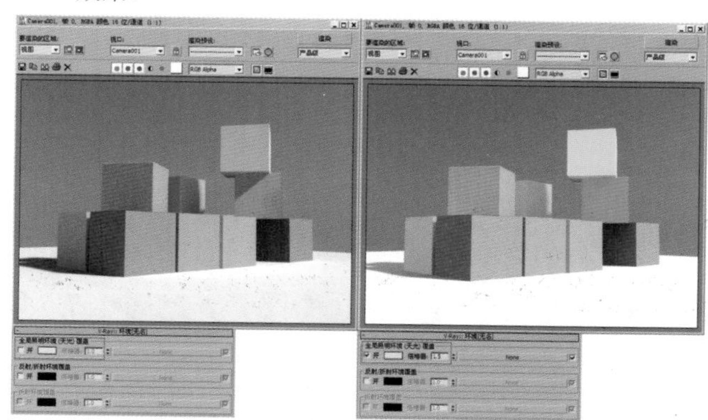
图12—55

- 颜色：设置天光的颜色。

- 倍增器：设置天光亮度的倍增。值越大，天光的亮度越高。
- None 按钮：选择贴图来作为天光的光照。

02 反射/折射环境覆盖

- 开启：当启用该选项后，当前场景中的反射环境将由它来控制。
- 颜色：设置反射环境的颜色。
- 倍增器：设置反射环境亮度的倍增。值越大，反射环境的亮度越高。
- None 按钮：选择贴图来作为反射环境。

03 折射环境覆盖

- 开启：当启用该选项后，当前场景中的折射环境由它来控制。
- 颜色：设置折射环境的颜色。
- 倍增器：设置折射环境亮度的倍增。值越高，折射环境的亮度越高。
- None 按钮：选择贴图来作为折射环境。

颜色贴图

【V-Ray::颜色贴图】卷展栏中的参数用来控制整个场景的色彩和曝光方式，如图12-56所示。

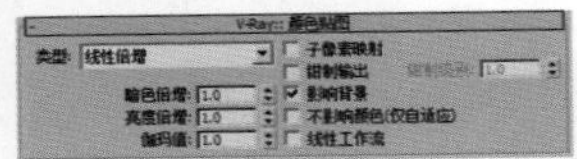

图12−56

- 类型：提供不同的曝光模式，包括【线性倍增】、【指数】、【HSV指数】、【强度指数】、【伽玛校正】、【强度伽玛】和【莱因哈德】7种模式。
  - 线性倍增：这种模式将基于最终色彩亮度来进行线性的倍增，可能会导致靠近光源的点过分明亮，容易产生曝光效果，如图12-57所示。
  - 指数：它可以降低靠近光源处表面的曝光效果，同时场景颜色的饱和度会降低，易产生柔和效果，如图12-58所示。

图12−57

图12−58

  - HSV指数：与【指数】模式比较相似，不同点在于可以保持场景物体的颜色饱和度，但是会取消高光的计算，如图12-59所示。
  - 强度指数：这种模式是上面两种指数曝光的结合，既抑制了光源附近的曝光效果，又保持了场景物体的颜色饱和度，如图12-60所示。

图12−59

图12−60

  - 伽玛校正：采用伽玛来修正场景中的灯光衰减和贴图色彩，其效果和【线性倍增】曝光模式类似，如图12-61所示。
  - 强度伽玛：这种曝光模式不仅拥有【伽玛校正】模式的优点，同时还可以修正场景灯光的亮度，如 图12-62所示。

图12−61

图12−62

  - 莱因哈德：这种曝光模式可以将【线性倍增】和【指数】曝光模式混合起来，如图12-63所示。

图12−63

- 子像素映射：在实际渲染时，物体的高光区与非高光区的界限处会有明显的黑边，而选中【子像素映射】复选框后就可以缓解这种现象。
- 钳制输出：当启用该选项后，在渲染图中有些无法表现出来的色彩会通过限制来自动纠正。但是当使用HDRI（高动态范围贴图）时，如果限制了色彩的输出会出现一些问题。
- 影响背景：控制是否让曝光模式影响背景。当禁用该选项时，背景不受曝光模式的影响，如图12-64所示。

图12−64

- 不影响颜色（仅自适应）：在使用HDRI（高动态范围贴图）和VR灯光材质时，若不启用该选项，【颜色映射】卷展栏中的参数将对这些具有发光功能的材质或贴图产生影响。
- 线性工作流：该选项就是一种通过调整图像的灰度值，来使得图像得到线性化显示的技术流程，而线性化的本意就是让图像得到正确的显示结果。

摄影机

【V-Ray::摄影机】是VRay系统中的一个摄像机特效功能，可以制作景深和运动模糊等效果，如图12-65所示。

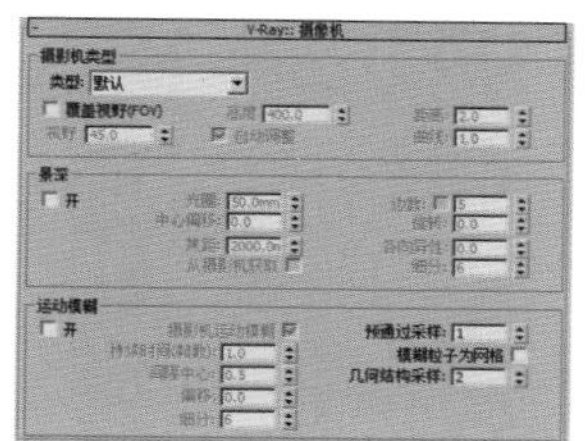

图12-65

01 摄影机类型

【相机类型】选项组主要用来定义三维场景投射到平面的不同方式，其具体参数如图12-66所示。

图12-66

- 类型：VRay支持7种摄影机类型，分别为【默认】、【球形】、【圆柱（点）】、【圆柱（正交）】、【盒】、【鱼眼】、【变形球（旧式）】。
  - 默认：是标准摄影机类型，和3ds Max中默认的摄影机效果一样，将三维场景投射到一个平面上，如图12-67所示。
  - 球形：将三维场景投射到一个球面上，如图12-68所示。

图12-67

图12-68

  - 圆柱（点）：由【默认】摄影机和【球形】摄影机叠加而成的效果，在水平方向采用【球形】摄影机的计算方式，而在垂直方向上采用【默认】摄影机的计算方式，如图12-69所示。
  - 圆柱（正交）：这种摄影机也是个混合模式，在水平方向采用【球形】摄影机的计算方式，而在垂直方向上采用视线平行排列，如图12-70所示。

图12-69

图12-70

  - 盒：这种方式是把场景按照盒子的方式进行展开，如图12-71所示。
  - 鱼眼：这种方式就是常说的环境球拍摄方式，如图12-72所示。

图12-71

图12-72

  - 变形球（旧式）：是一种非完全球面摄影机类型，如图12-73所示。

图12-73

- 覆盖视野（FOV）：用来替代3ds Max默认摄影机的视角，3ds Max默认摄影机的最大视角为180°，而这里的视角最大可以设定为360°。
- 视野：该值可以替换3ds Max默认的视角值，最大值为360°。
- 高度：当仅使用【圆柱（正交）】摄影机时，该选项才可用，用于设定摄影机高度。
- 自动调整：当使用【鱼眼】和【变形球（旧式）】摄影机时，该选项才可用。当启用该选项时，系统会自动在渲染的图像上产生扭曲效果。
- 距离：当使用【鱼眼】摄影机时，该选项才可用。在禁用【自适应】选项的情况下，【距离】选项用来控制摄影机到反射球之间的距离，值越大，表示摄影机到反射球之间的距离越大。
- 曲线：当使用【鱼眼】摄影机时，该选项才可用，主要用来控制渲染图形的扭曲程度。值越小，扭曲程度越大。

02 景深

【景深】选项组主要用来模拟摄影中的景深效果，其参数设置如图12-74所示。

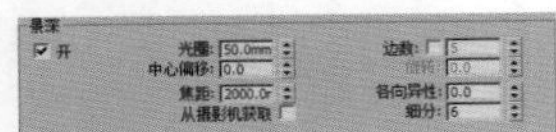

图12—74

- 开：控制是否开启景深。
- 光圈：值越小，景深越大；值越大，景深越小，模糊程度越高。如图12-75所示是【光圈】值为20mm和40mm时的渲染效果。

图12—75

- 中心偏移：该参数主要用来控制模糊效果的中心位置，值为0表示以物体边缘均匀向两边模糊；正值表示模糊中心向物体内部偏移；负值则表示模糊中心向物体外部偏移。如图12-76所示是【中心偏移】值为-6和6时的渲染效果。

图12—76

- 焦距：摄影机到焦点的距离，焦点处的物体最清晰。如图12-77所示是【焦距】值为50mm和100mm时的渲染效果。

图12—77

- 从摄影机获取：当启用该选项时，焦点由摄影机的目标点确定。
- 边数：该选项用来模拟物理世界中的摄影机光圈的多边形形状，比如5就代表五边形。
- 旋转：光圈多边形形状的旋转。
- 各向异性：控制多边形形状的各向异性，值越大，形状越扁。
- 细分：用于控制景深效果的品质。

03 运动模糊

【运动模糊】选项组中的参数用来模拟真实摄影机拍摄运动物体所产生的模糊效果，它仅对运动的物体有效，其参数设置如图12-78所示。

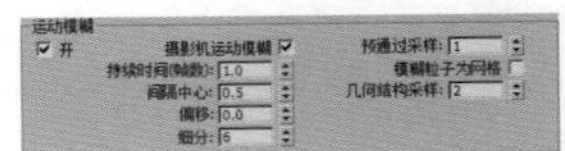

图12—78

- 开：启用该选项后，可以开启运动模糊特效。
- 持续时间（帧数）：控制运动模糊每一帧的持续时间，值越大，模糊程度越强。
- 间隔中心：用来控制运动模糊的时间间隔中心，0表示间隔中心位于运动方向的后面；0.5表示间隔中心位于模糊的中心；1表示间隔中心位于运动方向的前面。
- 偏移：用来控制运动模糊的偏移，0表示不偏移；负值表示沿着运动方向的反方向偏移；正值表示沿着运动方向偏移。
- 细分：控制模糊的细分，较小的值容易产生杂点，值越大模糊效果的品质较高。
- 预通过采样：控制在不同时间段上的模糊样本数量。
- 模糊粒子为网格：当启用该选项后，系统会把模糊粒子转换为网格物体来计算。
- 几何结构采样：该值常用在制作物体的旋转动画上。如果使用默认值2，那么模糊的边将是一条直线；如果取值为8，那么模糊的边将是一个8段细分的弧形。通常为了得到比较精确的效果，需要把该值设定在5以上。

12.2.3 间接照明

间接照明从字面意思可以知道照明不是直接进行的，例如，一个房间内有一盏吊灯，吊灯为什么会照射出真实的光感，那就是通过间接照明，吊灯照射到地面和墙面，而地面和墙面互相反弹光，包括房间内的所有物体都会进行多次反弹，这样所有的物体看起来都是受光的，只是受光的多少不同。这也就是为什么在使用3ds Max制作作品时，开启了间接照明后会看起来更加真实的原因。其原理示意如图12-79所示。

图12—79

间接照明（全局照明）

在VRay渲染器中，如果没有开启VRay间接照明，其效果就是直接照明效果，开启后就可以得到间接照明效果。开启VRay间接照明后，光线会在物体与物体间互相反弹，因此光线计算得会更准确，图像也更加真实，其参数设置如图12-80所示。

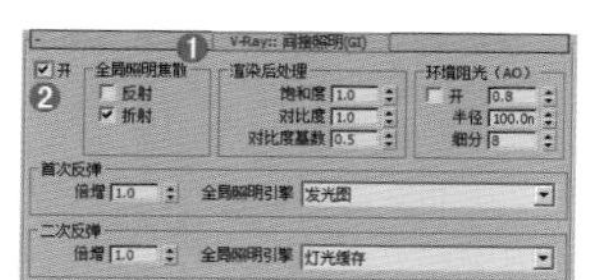

图12—80

- 开：启用该选项后，将开启间接照明效果。一般来说，为了模拟真实的效果，我们都需要启用【开】选项，如图12-81所示为启用【开】和禁用【开】选项的对比效果。

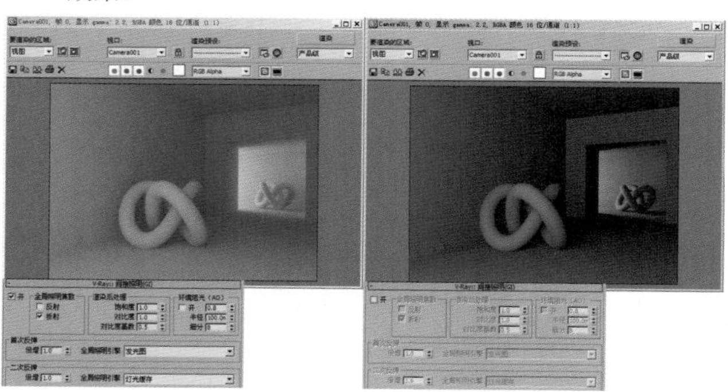

图12—81

- 全局照明焦散：只有在【焦散】卷展栏中启用【开】选项后该功能才可用。
  - 反射：控制是否开启反射焦散效果。
  - 折射：控制是否开启折射焦散效果。
- 渲染后处理：控制场景中的饱和度和对比度。
  - 饱和度：可以用来控制色溢，降低该数值可以降低色溢效果。如图12-82所示为设置【饱和度】为1和0的对比效果。
  - 对比度：控制色彩的对比度。数值越高，色彩对比越强；数值越低，色彩对比越弱。如图12-83所示为设置【对比度】为1和5时的对比效果。

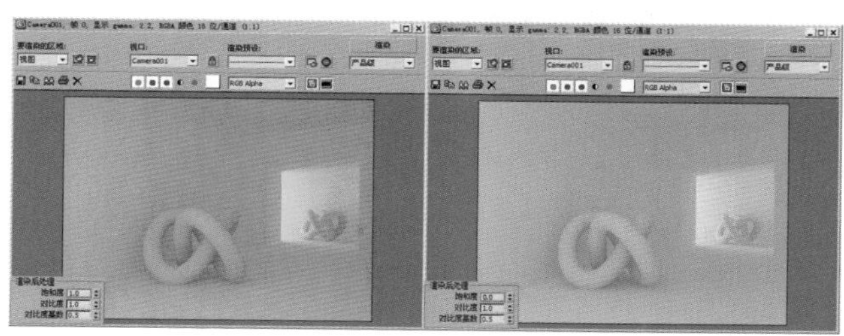

图12—82

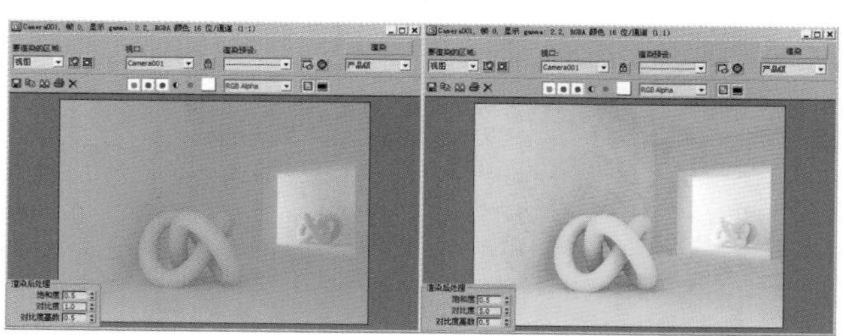

图12—83

  - 对比度基数：控制【饱和度】和【对比度】的基数。数值越高，【饱和度】和【对比度】效果越明显。
- 环境阻光：该选项可以控制AO贴图的效果。
  - 开：控制是否开启环境阻光（AO）。
  - 半径：控制环境阻光（AO）的半径。
  - 细分：环境阻光（AO）的细分。
- 首次反弹/二次反弹：在真实世界中，光线的反弹一次比一次减弱。VRay渲染器中的全局照明有【首次反弹】和【二次反弹】，但并不是说光线只反射两次，【首次反弹】可以理解为直接照明的反弹，光线照射到A物体后反射到B物体，B物体所接收到的光就是【首次反弹】，B物体再将光线反射到D物体，D物体再将光线反射到E物体……，D物体以后的物体所得到的光的反射就是【二次反弹】。
  - 倍增：控制【首次反弹】和【二次反弹】的光的倍增值。值越高，【首次反弹】和【二次反弹】的光的能量越强，渲染场景越亮，默认情况下为1。如图12-84所示为设置【首次反弹】的【倍增】为1和2时的对比效果。
  - 全局照明引擎：设置【首次反弹】和【二次反弹】的全局照明引擎。一般最常用的搭配是设置【首次反弹】为【发光图】，设置【二次反弹】为【灯光缓存】。如图12-85所示为设置【首次反弹】为【发光图】，【二次反弹】为【灯光缓存】和设置【首次反弹】为【BF算法】，【二次反弹】为【BF算法】的对比效果。

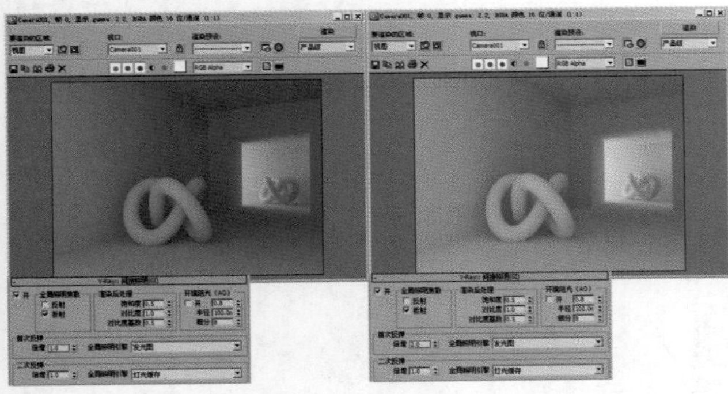

图12—84

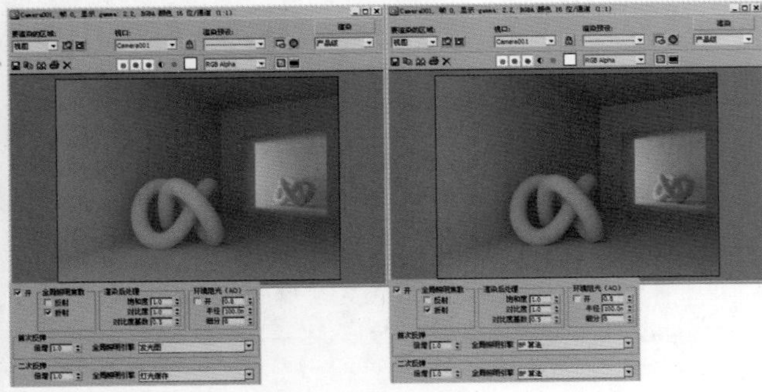

图12—85

发光图

在VRay渲染器中，发光图术语是计算场景中物体的漫反射表面发光时常采取的一种有效方法。因此在计算间接照明时，并不是场景中的每一个部分都需要同样的细节表现，它会自动判断在重要的部分进行更加准确的计算，而在不重要的部分进行粗略的计算。发光图是计算3D空间点的集合的间接照明光。当光线发射到物体表面，VRay会在发光图中寻找是否具有与当前点类似的方向和位置的点，并从这些被计算过的点中提取信息。

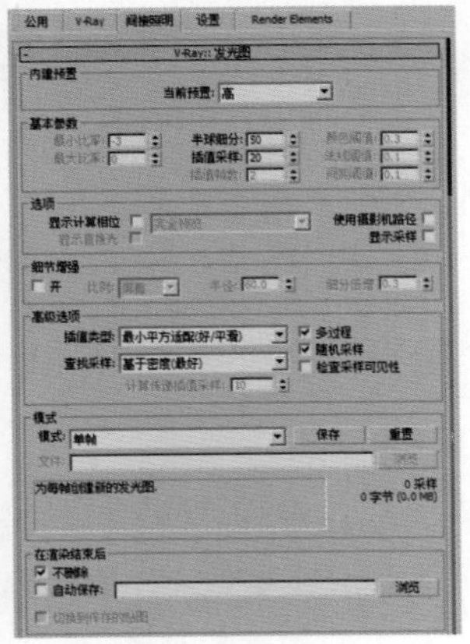

图12—86

发光图是一种常用的全局照明引擎，它只存在于【首次反弹】引擎中，其参数设置如图12-86所示。

01 内建预置

【内建预置】选项组主要用来选择当前预置的类型，其具体参数如图12-87所示。

图12—87

在【当前预置】下拉列表框中共有8种预设的发光图类型，如图12-88所示。

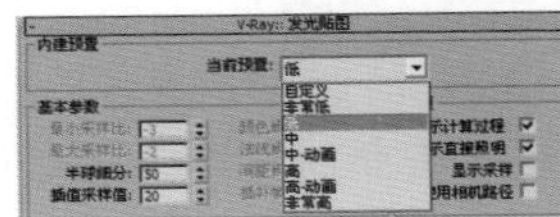

图12—88

- 自定义：选择该模式时，可以手动调节参数。
- 非常低：这是一种非常低的精度模式，主要用于测试阶段。如图12-89所示，需要在该步骤渲染2次。

图12—89

- 低：一种比较低的精度模式，不适合用于保存光子贴图。
- 中：是一种中级品质的预设模式。
- 中-动画：用于渲染动画效果，可以解决动画闪烁的问题。
- 高：一种高精度模式，一般用在光子贴图中。如图12-90所示，需要在该步骤渲染4次。

图12—90

- 高-动画：比中等品质效果更好的一种动画渲染预设模式。
- 非常高：是预设模式中精度最高的一种，可以用来渲染高品质的效果图。

02 基本参数

【基本参数】选项组中的参数主要用来控制样本的数量、采样的分布以及物体边缘的查找精度，如图12-91所示。

图12—91

- 最小比率：主要控制场景中比较平坦、面积比较大的面的受光质量，该参数确定GI首次传递的分辨率。【最小比率】比较小时，样本在平坦区域的数量也比较小，当然渲染时间也比较少；当【最小比率】比较大时，样本在平坦区域的样本数量比较多，同时渲染时间会增加。如图12-92所示为设置【最小比率】为－2和－5的对比效果。

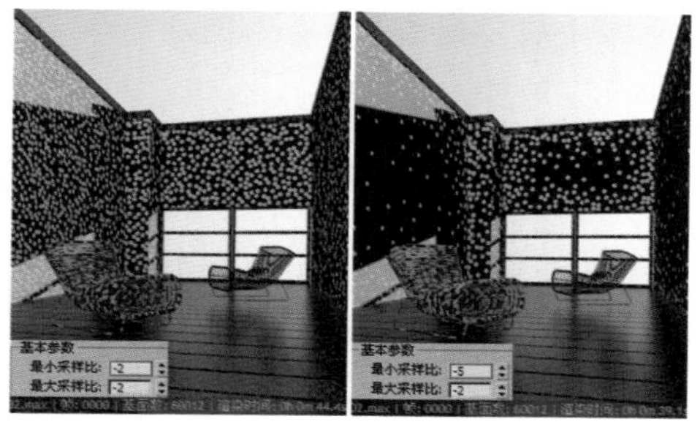

图12—92

- 最大比率：主要控制场景中细节比较多、弯曲较大的物体表面或物体交汇处的受光质量。测试时可以给到-5或-4，最终出图时可以给到－2、－1或 0，光子图可设为－1。【最大比率】越大，转折部分的样本数量越多，渲染时间越长；【最大比率】越小，转折部分的样本数量越少，渲染时间越快，如图12-93所示。

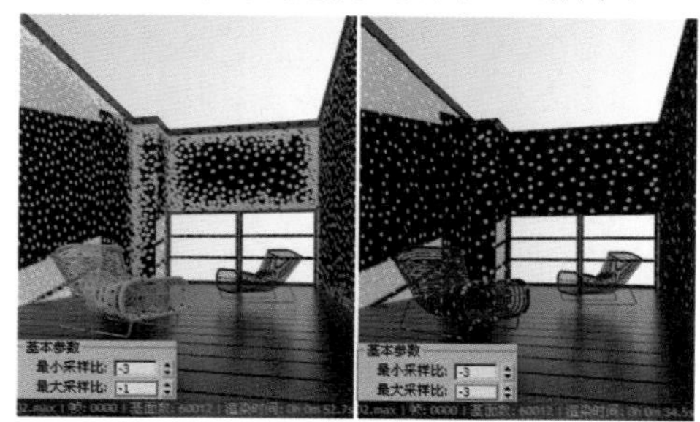

图12—93

- 半球细分：为VRay采用的是几何光学，它可以模拟光线的条数。该数值越高，表现光线越多，那么样本精度也就越高，渲染的品质也越好，同时渲染时间也会增加。如图12-94所示为设置【半球细分】为5和50时的对比效果。

图12—94

- 插值采样：该参数是对样本进行模糊处理，较大的值可以得到比较模糊的效果，较小的值可以得到比较锐利的效果。如图12-95所示为设置【半球细分】为50、【插值采样】为20和设置设置【半球细分】为20、【插值采样】为10的对比效果。我们发现设置为【半球细分】和【插值采样】的数值越大，渲染越精细，速度越慢。

图12—95

- 颜色阈值：该参数主要是让渲染器分辨哪些是平坦区域，哪些不是平坦区域，它是按照颜色的灰度来区分的。值越小，对灰度的敏感度越高，区分能力越强。
- 法线阈值：该参数主要是让渲染器分辨哪些是交叉区域，哪些不是交叉区域，它是按照法线的方向来区分的。值越小，对法线方向的敏感度越高，区分能力越强。
- 间距阈值：该参数主要是让渲染器分辨哪些是弯曲表面区域，哪些不是弯曲表面区域，它是按照表面距离和表面弧度的比较来区分的。值越高，表示弯曲表面的样本越多，区分能力越强。
- 插值帧数：该数值用于控制插补的帧数。默认数值为2。

03 选项

【选项】选项组中的参数主要用来控制渲染过程的显示方式和样本是否可见，如图12-96所示。

图12—96

- 显示计算相位：启用该选项后，用户可以看到渲染帧中的GI预计算过程，同时会占用一定的内存资源。如图12-97所示。

图12—97

- 显示直接光：在预计算时显示直接光，以方便用户观察直接光照的位置。

- **显示采样**：显示采样的分布以及分布的密度，帮助用户分析GI的精度够不够。
- **使用摄影机路径**：启用该选项将会使用摄影机的路径。

04 细节增强

【细节增强】是使用高蒙特卡洛积分计算方式来单独计算场景物体的边线、角落等细节地方，这样就可以在平坦区域不需要很高的GI，总体上来说节约了渲染时间，并且提高了图像的品质，其参数设置如图12-98所示。

图12—98

- **开**：是否开启【细节增强】功能。如图12-99所示为启用和禁用该选项的对比效果。

图12—99

- **比例**：细分半径的单位依据，有【屏幕】和【世界】两个单位选项。【屏幕】是指用渲染图的最后尺寸来作为单位；【世界】是用3ds Max系统中的单位来定义的。
- **半径**：表示细节部分有多大区域使用【细节增强】功能。【半径】值越大，使用【细部增强】功能的区域也就越大，同时渲染时间也越慢。
- **细分倍增**：控制细部的细分，但是该值和【VRay::发光图】卷展栏中的【半球细分】有关系，0.3代表细分是【半球细分】的30%；1代表和【半球细分】的值相同。值越低，细部就会产生杂点，渲染速度比较快；值越高，细部就可以避免产生杂点，同时渲染速度会变慢。

05 高级选项

【高级选项】选项组中的参数主要是对样本的相似点进行插值、查找，如图12-100所示。

图12—100

- **插值类型**：VRay提供了4种样本插补方式，为发光图的样本的相似点进行插补。
  - **权重平均值（好/强）**：该插值方式是VRay早期采用的方式，它根据采样点到插值点的距离和法线差异进行简单的混合而得到最后的样本，从而进行渲染。该方式渲染出来的结果是4种插值方式中最差的一个。
  - **最小平方适配（好/光滑）**：该插值方式和【Delone三角剖分（好/精确）】方式比较类似，但是它的算法会比【Delone三角剖分（好/精确）】方式在物理边缘上要模糊点。其主要优势在于更适合计算物体表面过渡区的插值，效果不是最好的。
  - **Delone三角剖分（好/精确）**：该方式与上面两种不同之处在于，它尽量避免采用模糊的方式去计算物体的边缘，所以计算的结果相当精确，主要体现在阴影比较实，其效果也是比较好的。
  - **最小平方权重/泰森多边形权重（测试）**：它采用类似于【最小平方适配（好/光滑）】方式的计算方式，但同时又结合【Delone三角剖分（好/精确）】方式的一些算法，让物体的表面过渡区域和阴影双方都得到比较好的控制，是4种方式中最好的一种，但是速度也是最慢的一种。
- **查找采样**：它主要控制哪些位置的采样点是适合用来作为基础插补的采样点。VRay内部提供了以下4种样本查找方式。
  - **平衡嵌块（好）**：它将插值点的空间划分为4个区域，然后尽量在它们中寻找相等数量的样本，其渲染效果比【最近（草稿）】方式效果好，但是渲染速度也比其慢。
  - **最近（草稿）**：这种方式是一种草图方式，它简单地使用发光图中最靠近的插值点样本来渲染图形，渲染速度比较快。
  - **重叠（很好/快速）**：这种查找方式需要对发光图进行预处理，然后对每个样本半径进行计算。低密度区域样本半径比较大，而高密度区域样本半径比较小。渲染速度比其他3种都快。
  - **基于密度（最好）**：它基于总体密度来进行样本查找，不但物体边缘处理非常好，而且在物体表面也处理得十分均匀。其效果比【重叠（很好/快速）】更方式好，其速度也是4种查找方式中最慢的一个。
- **计算传递差值采样**：用在计算发光图过程中，主要计算已经被查找后的插补样本的使用数量。较低的数值可以加速计算过程，但是会导致信息不足；较高的值会使计算速度减慢，但是所利用的样本数量比较多，所以渲染质量也比较好。官方推荐使用10~25之间的数值。
- **多过程**：当启用该选项时，VRay会根据【最大比率】和【最小比率】值进行多次计算。如果禁用该选项，则强制一次性计算完。一般根据多次计算以后的样本分布会均匀合理一些。
- **随机采样**：控制发光图的样本是否随机分配。如图12-101所示为禁用和启用该选项的对比效果。

图12—101

- **检查采样可见性**：在灯光通过比较薄的物体时，很有可能会产生漏光现象，启用该选项可以解决该问题，但是渲染时间就会长一些。通常在比较高的GI情况下，也不会漏光，所以一般情况下禁用该选项。如图12-102所示为禁用和启用该选项的对比效果。

图12—102

06 模式

【模式】选项组中的参数主要是提供发光图的使用模式，如图12-103所示。

图12—103

- **模式**：一共有以下8种模式，如图12-104所示。

图12—104

  - 单帧：一般用来渲染静帧图像。在渲染完图像后，可以单击 保存 按钮，将光子保存到硬盘中，如图12-105所示。

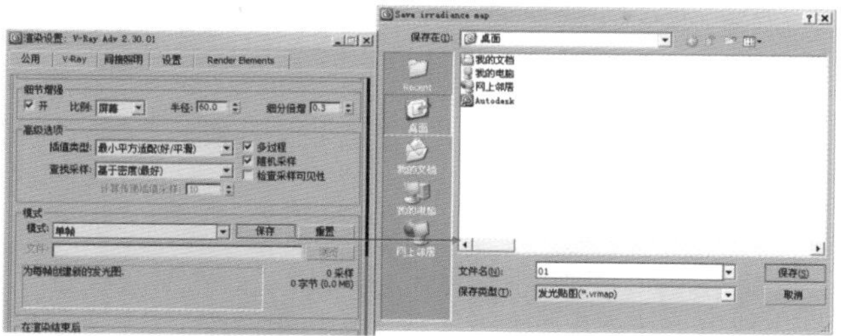
图12—105

  - 多帧增量：该模式用于渲染仅有摄影机移动的动画。当VRay计算完第1帧的光子以后，在后面的帧中根据第1帧中没有的光子信息进行新计算，这样就节约了渲染时间。
  - 从文件：当渲染完光子以后，可以将其保存起来，该选项就是调用保存的光子图进行动画计算（静帧同样也可以这样）。切换到【从文件】模式后，单击 浏览 按钮，就可以从硬盘中调用需要的光子图进行渲染，如图12-106所示。这种方法非常适合渲染大尺寸图像。

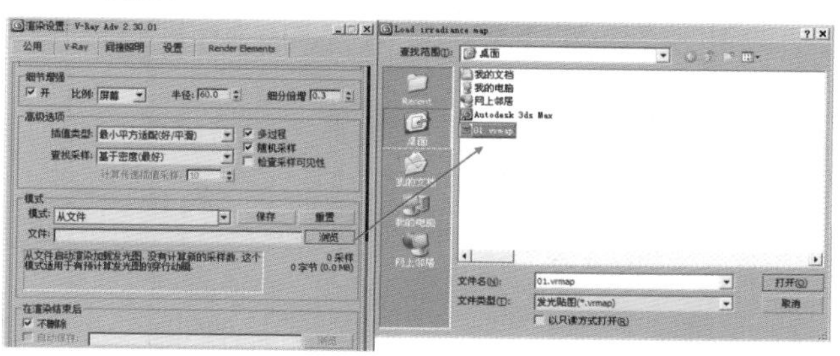
图12—106

  - 添加到当前贴图：当渲染完一个角度时，可以把摄影机转一个角度再全新计算新角度的光子，最后把这两次的光子叠加起来，这样的光子信息更丰富、更准确，同时也可以进行多次叠加。
  - 增量添加到当前贴图：该模式和【添加到当前贴图】模式相似，只不过它不是全新计算新角度的光子，而是只对没有计算过的区域进行新的计算。
  - 块模式：把整个图分成块来计算，渲染完一个块再进行下一个块的计算，但是在低GI的情况下，渲染出来的块会出现错位的情况。它主要用于网络渲染，速度比其他方式快。
  - 动画（预通过）：适合动画预览，使用这种模式要预先保存好光子贴图。
  - 动画（渲染）：适合最终动画渲染，使用这种模式要预先保存好光子贴图。
- 保存：将光子图保存到硬盘。
- 重置：将光子图从内存中清除。
- 保存到文件：设置光子图所保存的路径。
- 浏览：从硬盘中调用需要的光子图进行渲染。

07 渲染结束后

【渲染结束后】选项组中的参数主要用来控制光子图在渲染完以后如何处理，如图12-107所示。

图12—107

- **不删除**：当光子渲染完以后，不把光子从内存中删掉。
- **自动保存**：当光子渲染完以后，自动保存在硬盘中，单击 浏览 按钮可以选择保存位置。

- **切换到保存的贴图**：当启用【自动保存】选项后，在渲染结束时会自动进入【从文件】模式并调用光子贴图。

BF 强算全局光

【BF 强算全局光】计算方式是由蒙特卡洛积分方式演变过来的，它和蒙特卡洛不同的是多了细分和反弹控制，并且内部计算方式采用了一些优化方式。虽然这样，但是它的计算精度还是相当精确的，但是渲染速度比较慢，在【细分】比较小时，会有杂点产生，其参数设置如图12-108所示。

图12—108

- **细分**：定义样本数量，值越大，效果越好，速度越慢；值越小，产生的杂点越多，渲染速度相对快一些。
- **二次反弹**：当【二次反弹】也选择【强算全局照明】以后，该选项才被激活，它控制【二次反弹】的次数，值越小，【二次反弹】越不充分，场景越暗。通常在值达到8以后，更高值的渲染效果区别不是很大，同时值越高，渲染速度越慢。

技巧提示

【V-RAY::BF强算全局光】卷展栏只有在设置【全局照明引擎】为【BF算法】时才会出现，如图12-109所示。

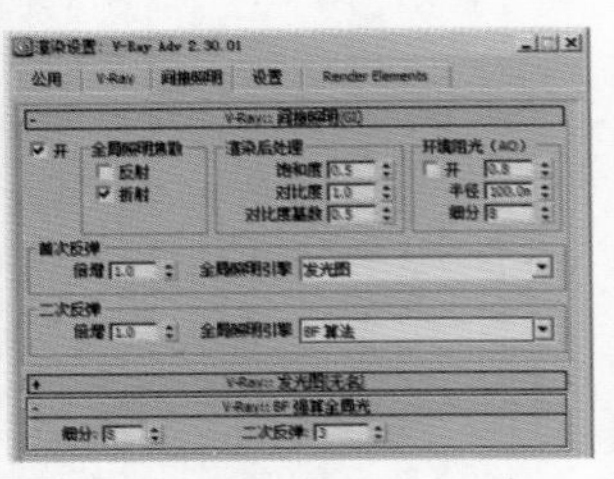

图12—109

灯光缓存

【灯光缓存】与【发光图】比较相似，都是将最后的光发散到摄影机后得到最终图像，只是【灯光缓存】与【发光图】的光线路径是相反的，【发光图】的光线追踪方向是从光源发射到场景的模型中，最后再反弹到摄影机；而【灯光缓存】是从摄影机开始追踪光线到光源，摄影机追踪光线的数量就是【灯光缓存】的最后精度。由于【灯光缓存】是从摄影机方向开始追踪的光线的，所以最后的渲染时间与渲染的图像的像素没有关系，只与其中的参数有关，一般适用于【二次反弹】，其参数设置如图12-110所示。

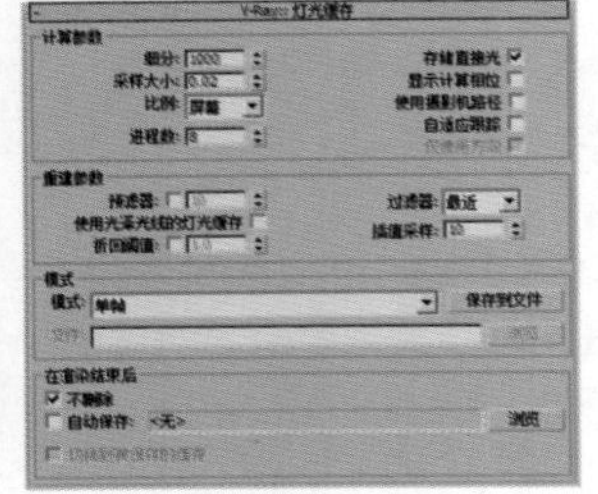

图12—110

01 计算参数

【计算参数】选项组用来设置【灯光缓存】的基本参数，如细分、采样大小、单位依据等，如图12-111所示。

图12—111

- **细分**：用来决定【灯光缓存】的样本数量。值越高，样本总量越多，渲染效果越好，渲染时间越慢。
- **采样大小**：用来控制【灯光缓存】的样本大小，比较小的样本可以得到更多的细节，但是同时需要更多的样本。
- **比例**：主要用来确定样本的大小依靠什么单位，这里提供了两种单位，一般在效果图中使用【屏幕】选项，在动画中使用【世界】选项。
- **进程数**：该参数由CPU的个数来确定，如果是单CPU单核单线程，那么就可以设定为1；如果是双核，就可以设定为2。注意，该值设定得太大会让渲染的图像有点模糊。
- **储存直接光**：启用该选项以后，【灯光缓存】将储存直接光照信息。当场景中有很多灯光时，使用该选项会提高渲染速度。因为它已经把直接光照信息保存到【灯光缓存】中，在渲染出图时，不需要对直接光照再进行采样计算。
- **显示计算相位**：启用该选项以后，可以显示【灯光缓存】的计算过程，方便观察。
- **自适应跟踪**：该选项的作用在于记录场景中的灯光位置，并在光的位置上采用更多的样本，同时模糊特效也会处理得更快，但是会占用更多的内存资源。
- **仅使用方向**：当启用【自适应跟踪】选项以后，该选项才被激活。其作用在于只记录直接光照的信息，而不考虑间接照明，可以加快渲染速度。

02 重建参数

【重建参数】选项组主要是对【灯光缓存】的样本以不同的方式进行模糊处理，如图12-112所示。

图12—112

- **预先过滤**：当启用该选项以后，可以对【灯光缓存】样本进行提前过滤，它主要是查找样本边界，然后对其进行模糊处理。后面的值越高，对样本进行模糊处理的程度越深。
- **使用光泽光线的灯光缓存**：是否使用平滑的灯光缓存，启用该功能后会使渲染效果更加平滑，但会影响到细节效果。

- 过滤器：该选项是在渲染最后成图时，对样本进行过滤，其下拉列表中共有以下3个选项。
  - 无：对样本不进行过滤。
  - 最近：当使用这种过滤方式时，过滤器会对样本的边界进行查找，然后对色彩进行均化处理，从而得到一个模糊效果。
  - 固定：该方式和【最近】方式的不同点在于，它采用距离的判断来对样本进行模糊处理。
- 插值采样：该参数是对样本进行模糊处理，较大的值可以得到比较模糊的效果，较小的值可以得到比较锐利的效果。
- 折回阈值：控制折回的阈值数值。

03 模式

该选项组中的参数与发光图中的光子图使用模式基本一致，如图12-113所示。

图12—113

- 模式：设置光子图的使用模式，共有以下4种。
  - 单帧：一般用来渲染静帧图像。
  - 穿行：该模式用在动画方面，它把第1帧到最后1帧的所有样本都融合在一起。
  - 从文件：使用这种模式，VRay要导入一个预先渲染好的光子贴图，该功能只渲染光影追踪。
  - 渐进路径跟踪：该模式就是常说的PPT，它是一种新的计算方式，和【自适应确定性蒙特卡洛】一样是一个精确的计算方式。不同的是，它不停地去计算样本，不对任何样本进行优化，直到样本计算完毕为止。
- 保存到文件：将保存在内存中的光子贴图再次进行保存。
- 浏览：从硬盘中浏览保存好的光子图。

04 在渲染结束后

【在渲染结束后】选项组主要用来控制光子图在渲染完以后如何处理，其参数设置如图12-114所示。

图12—114

- 不删除：当光子渲染完以后，不把光子从内存中删掉。
- 自动保存：当光子渲染完以后，自动保存在硬盘中，单击 浏览 按钮可以选择保存位置。
- 切换到被保存的缓存：当启用【自动保存】选项以后，该选项才被激活。当启用该选项以后，系统会自动使用最新渲染的光子图来进行大图渲染。

12.2.4 设置

DMC采样器

【DMC采样器】卷展栏中的参数可以用来控制整体的渲染质量和速度，如图12-115所示。

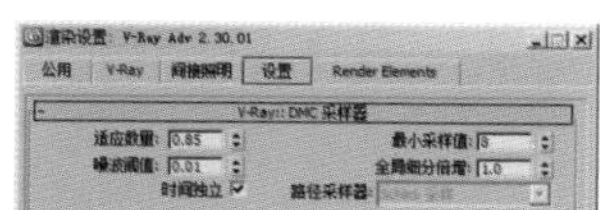

图12—115

- 适应数量：主要用来控制自适应的百分比。
- 噪波阈值：控制渲染中所有产生噪点的极限值，包括灯光细分、抗锯齿等。数值越小，渲染品质越高，渲染速度就越慢。
- 时间独立：控制是否在渲染动画时对每一帧都使用相同的【DMC采样器】参数设置。
- 最小采样值：设置样本及样本插补中使用的最小样本数量。数值越小，渲染品质越低，速度就越快。
- 全局细分倍增：VRay渲染器有很多【细分】选项，该选项是用来控制所有细分的百分比。
- 路径采样器：设置样本路径的选择方式，每种方式都会影响渲染速度和品质，在一般情况下选择默认方式即可。

默认置换

【默认置换】卷展栏中的参数是用灰度贴图来实现物体表面的凸凹效果，它对材质中的置换起作用，而不作用于物体表面，如图12-116所示。

图12—116

- 覆盖MAX设置：控制是否用【默认置换】卷展栏中的参数来替代3ds Max中的置换参数。
- 边长：设置3D置换中产生的最小三角面长度。数值越小，精度越高，渲染速度越慢。
- 依赖于视图：控制是否将渲染图像中的像素长度设置为【边长】的单位。若禁用该选项，系统将以3ds Max中的单位为准。
- 最大细分：设置物体表面置换后可产生的最大细分值。
- 数量：设置置换的强度总量。数值越大，置换效果越明显。

- **相对于边界框**：控制是否在置换时关联（缝合）边界。若禁用该选项，在物体的转角处可能会产生裂面现象。
- **紧密边界**：控制是否对置换进行预先计算。

系统

【系统】卷展栏中的参数不仅对渲染速度有影响，而且还会影响渲染的显示和提示功能，同时还可以完成联机渲染，其参数设置如图12-117所示。

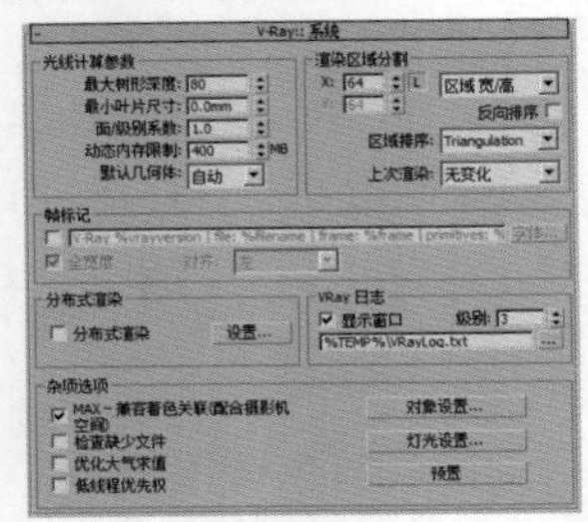

图12—117

01 光线计算参数

- **最大树形深度**：控制根节点的最大分支数量。较高的值会加快渲染速度，同时会占用较多的内存。
- **最小叶片尺寸**：控制叶节点的最小尺寸，当达到叶节点尺寸以后，系统停止计算场景。0表示考虑计算所有的叶节点，该参数对速度的影响不大。
- **面/级别系数**：控制一个节点中的最大三角面数量，当未超过临近点时计算速度较快；当超过临近点以后，渲染速度会减慢。所以，该参数要根据不同的场景来设定，进而提高渲染速度。
- **动态内存限制**：控制动态内存的总量。注意，这里的动态内存被分配给每个线程，如果是双线程，那么每个线程各占一半的动态内存。如果该值较小，那么系统经常在内存中加载并释放一些信息，这样就减慢了渲染速度。用户应该根据自己的内存情况来确定该值。
- **默认几何体**：控制内存的使用方式，共有以下3种方式。
  - **自动**：VRay会根据使用内存的情况自动调整使用静态或动态的方式。
  - **静态**：在渲染过程中采用静态内存会加快渲染速度，同时在复杂场景中，由于需要的内存资源较多，经常会出现3ds Max跳出的情况。这是因为系统需要更多的内存资源，这时应该选择动态内存。
  - **动态**：使用内存资源交换技术，当渲染完一个块后就会释放占用的内存资源，同时开始下个块的计算。这样就有效地扩展了内存的使用。注意，动态内存的渲染速度比静态内存慢。

02 渲染区域分割

- **X**：当在后面的下拉列表框中选择【区域 宽/高】时，它表示渲染块的像素宽度；当在后面的下拉列表框中选择【区域数量】时，它表示水平方向一共有多少个渲染块。
- **Y**：当在后面的下拉列表框中选择【区域 宽/高】时，它表示渲染块的像素高度；当后面的下拉列表框中选择【区域数量】时，它表示垂直方向一共有多少个渲染块。
- **【锁】按钮L**：当单击该按钮使其凹陷后，将强制X和Y的值相同。
- **反向排序**：当启用该选项以后，渲染顺序将和设定的顺序相反。
- **区域排序**：控制渲染块的渲染顺序，共有以下6种方式。
  - **Top→Bottom（从上→下）**：渲染块将按照从上到下的渲染顺序渲染。
  - **Left→Right（左→右）**：渲染块将按照从左到右的渲染顺序渲染。
  - **Checker（棋盘格）**：渲染块将按照棋盘格方式的渲染顺序渲染。
  - **Spiral（螺旋）**：渲染块将按照从里到外的渲染顺序渲染。
  - **Triangulation（三角剖分）**：这是VRay默认的渲染方式，它将图形分为两个三角形依次进行渲染。
  - **Hilbert curve（希耳伯特曲线）**：渲染块将按照希耳伯特曲线方式的渲染顺序渲染。
- **上次渲染**：该参数确定在渲染开始时，在3ds Max默认的帧缓冲区框中以什么样的方式处理先前的渲染图像。这些参数的设置不会影响最终渲染效果，系统提供了以下5种方式。
  - **无变化**：与前一次渲染的图像保持一致。
  - **交叉**：每隔 2 个像素图像被设置为黑色。
  - **区域**：每隔一条线设置为黑色。
  - **暗色**：图像的颜色设置为黑色。
  - **蓝色**：图像的颜色设置为蓝色。

03 帧标签

- ☑ V-Ray %vrayversion | 文件: %filename | 帧: %frame | 基面数: %pri ：当启用该选项后，就可以显示水印。
- 字体：修改水印中的字体属性。
- **全宽度**：水印的最大宽度。当启用该选项后，它的宽度和渲染图像的宽度相当。
- **对齐**：控制水印中的字体排列位置，有【左】、【中】、【右】3个选项。

04 分布式渲染

- 分布式渲染：当启用该选项后，可以开启【分布式渲染】功能。
- 设置...：控制网络中的计算机的添加、删除等。

05 VRay日志

- 显示窗口：启用该选项后，可以显示【VRay日志】窗口。
- 级别：控制VRay日志的显示内容，一共分为4个级别。1表示仅显示错误信息；2表示显示错误和警告信息；3表示显示错误、警告和情报信息；4表示显示错误、警告、情报和调试信息。
- c:\VRayLog.txt ...：可以选择保存VRay日志文件的位置。

06 杂项选项

- MAX-兼容着色关联（配合摄影机空间）：有些3ds Max插件（例如大气等）是采用摄影机空间来进行计算的，因为它们都是针对默认的扫描线渲染器而开发。为了保持与这些插件的兼容性，VRay通过转换来自这些插件的点或向量的数据，模拟在摄影机空间计算。
- 检查缺少文件：当启用该选项时，VRay会自己寻找场景中丢失的文件，并将它们进行列表，然后保存到C:\VRayLog.txt文件中。
- 优化大气求值：当场景中拥有大气效果，并且大气比较稀薄时，启用该选项可以得到比较优秀的大气效果。
- 低线程优先权：当启用该选项后，VRay将使用低线程进行渲染。
- 对象设置...：单击该按钮会弹出【VRay对象属性】对话框，在该对话框中可以设置场景物体的局部参数。
- 灯光设置...：单击该按钮会弹出【VR灯光属性】对话框，在该对话框中可以设置场景灯光的一些参数。
- 预置：单击该按钮会打开【VRay预置】对话框，在该对话框中可以保持当前VRay渲染参数的各种属性，方便以后调用。

12.2.5 Render Elements（渲染元素）

通过添加渲染元素，可以针对某一级别单独进行渲染，并在后期进行调节、合成、处理，非常方便，如图12-118所示。

- 添加：单击该按钮会弹出【渲染元素】对话框，可将新元素添加到列表中。
- 合并：单击该按钮可合并来自其他 3ds Max Design场景中的渲染元素。单击后会打开【文件】对话框，可以从中选择要获取元素的场景文件。选定文件中的渲染元素列表将添加到当前的列表中。
- 删除：单击该按钮可从列表中删除选定对象。

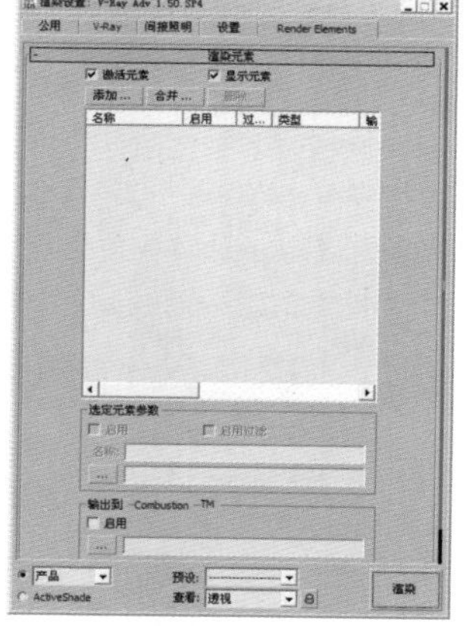

图12－118

- 激活元素：启用该选项后，单击【渲染】按钮可分别对元素进行渲染。默认设置为启用。
- 显示元素：启用该选项后，每个渲染元素会显示在各自的窗口中，并且其中的每个窗口都是渲染帧窗口的精简版。
- 元素渲染列表：该可滚动的列表显示要单独进行渲染的元素，以及它们的状态。要重新调整列表中列的大小，可拖动两列之间的边框。
- 选定元素参数：用来编辑列表中选定的元素。
    - 启用：该选项可启用对选定元素的渲染。
    - 启用过滤：启用该选项后，将活动抗锯齿过滤器应用于渲染元素。
    - 名称：显示当前选定元素的名称。可以输入元素的自定义名称。
    - [...]（浏览）：可在文本框中输入元素的路径和文件名称。
- 输出到 Combustion：启用该选项后，会生成包含正进行渲染元素的Combustion 工作区（CWS）文件。
    - 启用：启用该选项后，创建包含已渲染元素的 CWS文件。
    - [...]（浏览）：可在文本框中输入 CWS 文件的路径和文件名称。

☆ 动手学：设置测试渲染参数

01 按F10键，在打开的【渲染设置】对话框中选择【公用】选项卡，设置输出的尺寸小一些，如图12-119所示。

02 选择V-Ray选项卡，展开【V-Ray::图像采样器（抗锯齿）】卷展栏，设置【类型】为【固定】，接着设置【抗锯齿过滤器】类型为【区域】；展开【颜色贴图】卷展栏，设置【类型】为【指数】，选中【子像素映射】和【钳制输出】复选框，如图12-120所示。

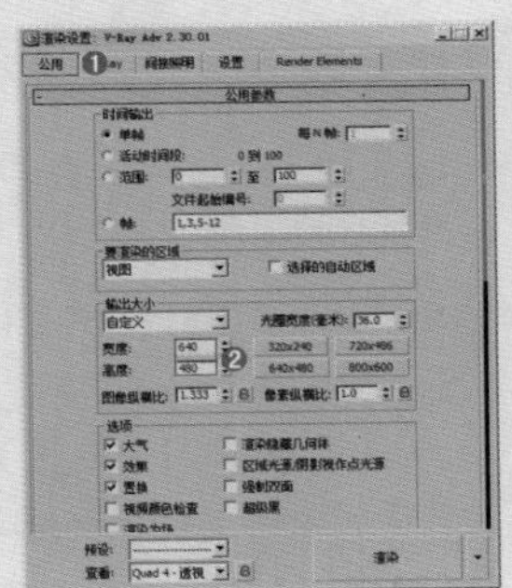
图12—119

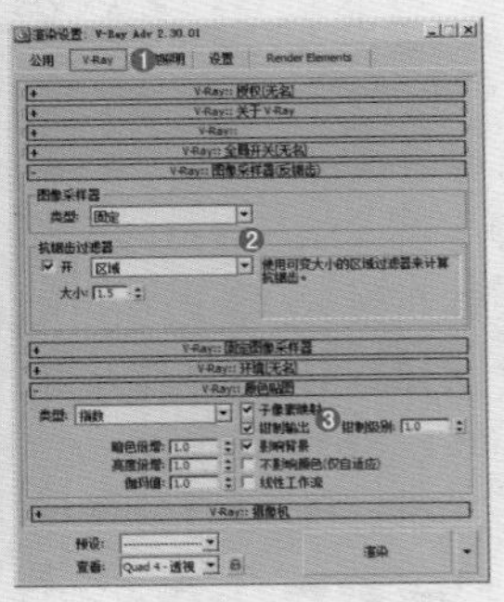
图12—120

03 选择【间接照明】选项卡，设置【首次反弹】为【发光图】，设置【二次反弹】为【灯光缓存】；展开【发光图】卷展栏，设置【当前预置】为【非常低】，设置【半球细分】为30，【插值采样】为20，选中【显示计算相位】和【显示直接光】复选框；展开【V-Ray::灯光缓存】卷展栏，设置【细分】为300，选中【储存直接光】和【显示计算相位】复选框，如图12-121所示。

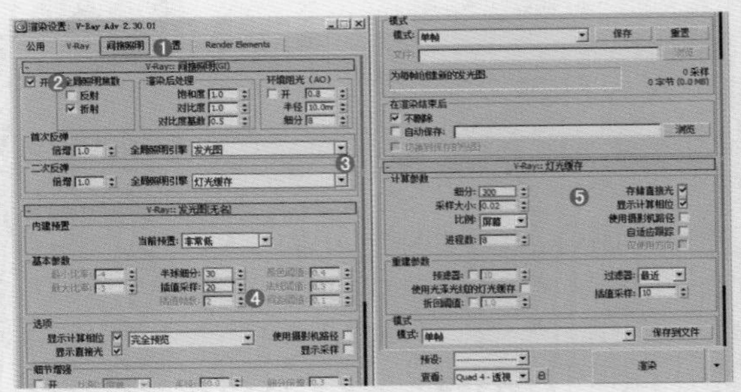
图12—121

04 选择【设置】选项卡，展开【V-Ray::DMC采样器】卷展栏，设置【适应数量】为0.95，【噪波阈值】为0.05，最后取消选中【显示窗口】复选框，如图12-122所示。

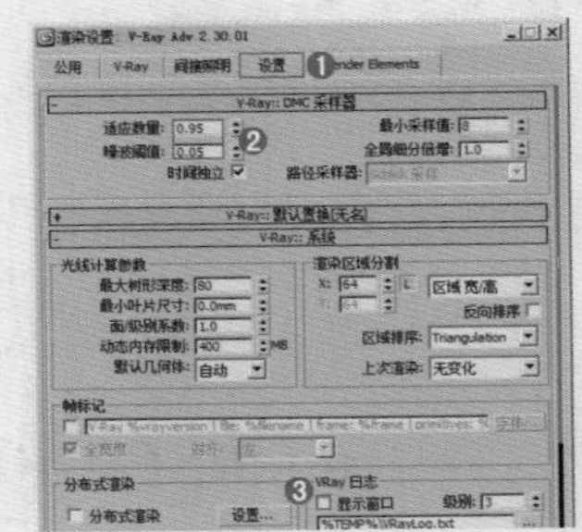
图12—122

☆ 动手学：设置最终渲染参数

01 选择【公用】选项卡，设置输出的尺寸大一些，如图12-123所示。

02 选择V-Ray选项卡，展开【V-Ray::图像采样器（抗锯齿）】卷展栏，设置【类型】为【自适应确定性蒙特卡洛】，接着在【抗锯齿过滤器】选项组中选中【开】复选框，并选择Catmull-Rom过滤器，展开【V-Ray::颜色贴图】卷展栏，设置【类型】为【指数】，选中【子像素映射】和【钳制输出】复选框，如图12-124所示。

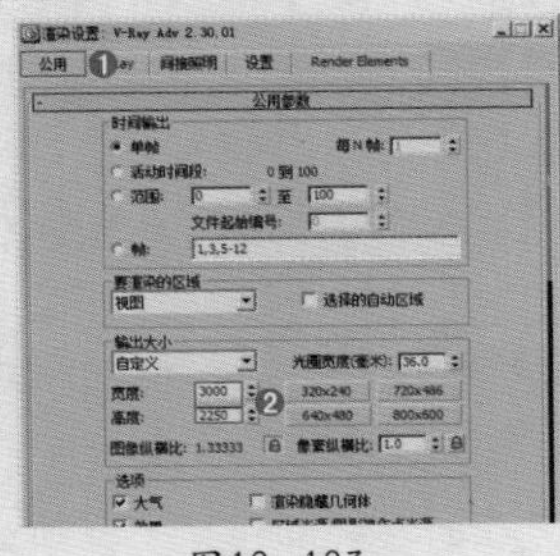
图12—123

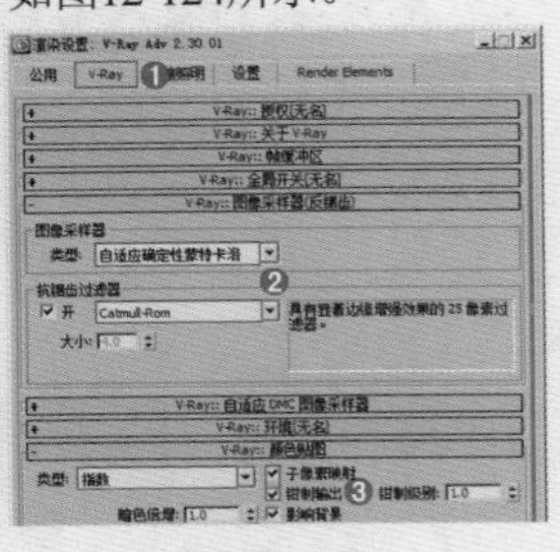
图12—124

03 选择【间接照明】选项卡，设置【首次反弹】为【发光图】，设置【二次反弹】为【灯光缓存】；展开【V-Ray::发光图】卷展栏，设置【当前预置】为【低】，设置【半球细分】为60，【插值采样】为30，选中【显示计算相位】和【显示直接光】复选框；展开【V-Ray::灯光缓存】卷展栏，设置【细分】为1000，选中【储存直接光】和【显示计算相位】复选框，如图12-125所示。

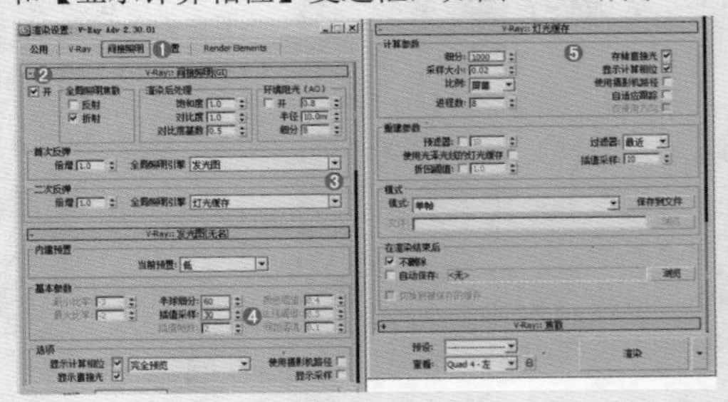
图12—125

04 选择【设置】选项卡，设置【适应数量】为0.85，【噪波阈值】为0.005，最后取消选中【显示信息窗口】复选框，如图12-126所示。

图12—126

★ 案例实战——正午阳台日景表现

场景文件	01.max
案例文件	案例文件\Chapter 12\综合实战——正午阳台日景表现.max
视频教学	视频文件\Chapter 12\综合实战——正午阳台日景表现.flv
难易指数	★★★★☆
灯光类型	VR灯光、VR太阳
材质类型	VR灯光材质、VRayMtl材质、标准材质
技术掌握	掌握阳光效果的制作，并且探究天空背景和环境的过渡融合

风格解析

阳台是供居住者进行室外活动、晾晒衣物等的空间。阳台是建筑物室内的延伸，是居住者呼吸新鲜空气、晾晒衣物、摆放盆栽的场所，其设计需要兼顾实用与美观的原则。正午的阳台，阳光和阴影效果是非常强烈的，并且背景和前景的融合也是重点。

实例介绍

本例是一个正午阳台日景表现，室外明亮灯光表现主要使用了VR灯光、VR太阳来制作，使用VR灯光材质、VRayMtl材质、标准材质制作本案例的主要材质，制作完毕之后渲染的效果如图12-127所示。

图12—127

操作步骤

Part 01 设置VRay渲染器

01 打开本书配套光盘中的【场景文件\Chapter 12\01.max】文件，此时场景效果如图12-128所示。

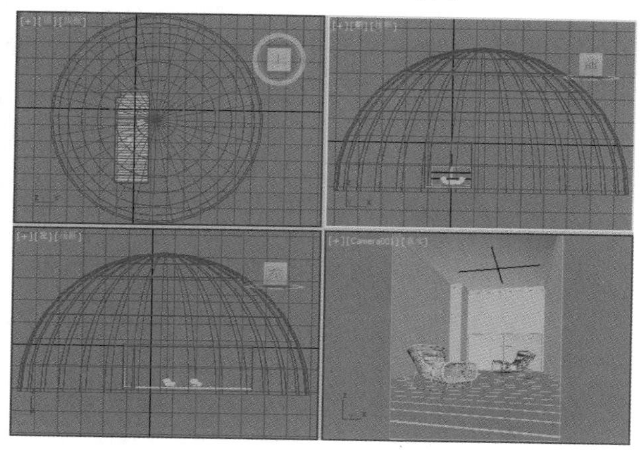

图12—128

02 按F10键，打开【渲染设置】对话框，选择【公用】选项卡，在【指定渲染器】卷展栏中单击...按钮，在弹出的【选择渲染器】对话框中选择【V-Ray Adv 2.30.01】选项，如图12-129所示。

03 此时在【指定渲染器】卷展栏中，【产品级】后面显示了【V-Ray Adv 2.30.01】，【渲染设置】对话框中出现了V-Ray、【间接照明】、【设置】选项卡，如图12-130所示。

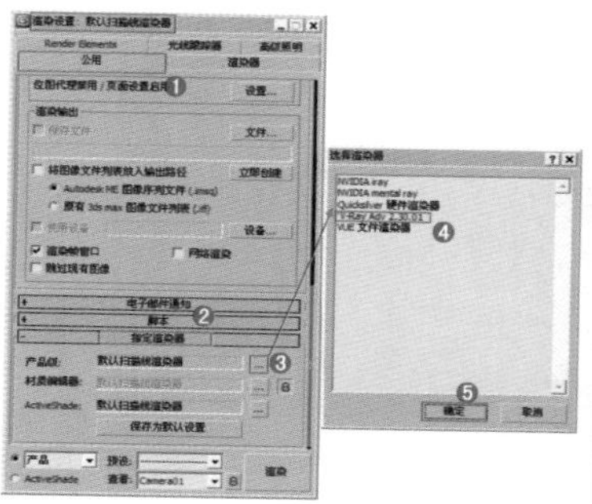

图12—129

图12—130

Part 02 材质的制作

下面就来讲述场景中的主要材质的调节方法，包括天空、墙面、木地板、橘色椅子、金属等，效果如图12-131所示。

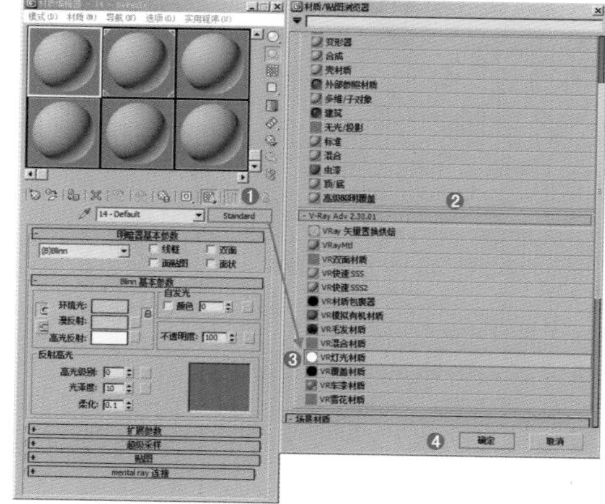

图12—131

01 天空材质的制作

01 按M键，打开【材质编辑器】对话框，选择一个材质球，单击（标准）按钮，在弹出的【材质/贴图浏览器】对话框中选择【VR灯光材质】，如图12-132所示。

图12—132

02 将其命名为【天空】，展开【参数】卷展栏，在【颜色】选项组中通道上加载【archexteriors13_009_sky.jpg】贴图文件，设置【颜色】为2，如图12-133所示。

图12—133

03 将制作完毕的天空材质赋给场景中天空的模型，如图12-134所示。

图12—134

02 墙面材质的制作

01 按M键，打开【材质编辑器】对话框，选择一个材质球，将其命名为【墙面】，在【漫反射】选项组中调节颜色为白色（红：255，绿：255，蓝：255），如图12-135所示。

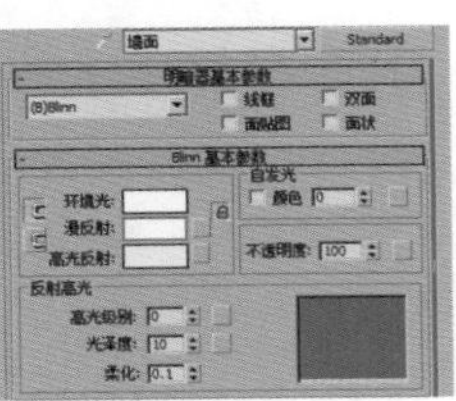

图12—135

02 将制作完毕的墙面材质赋给场景中墙面的模型，如图12-136所示。

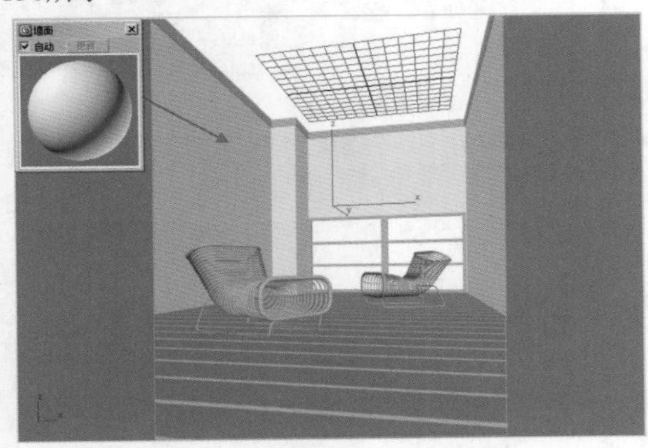

图12—136

03 木地板材质的制作

01 选择一个空白材质球，然后将材质类型设置为VRayMtl，并命名为【木地板】，具体的参数调节如图12-137所示。

- 在【漫反射】选项组中通道上加载【木（44）.jpg】贴图文件，展开【坐标】卷展栏，设置【瓷砖】的U和V分别为2，【角度】的W为90。
- 在【反射】选项组中调节颜色为灰色（红：44，绿：44，蓝：44），设置【反射光泽度】为0.86，【细分】为20。

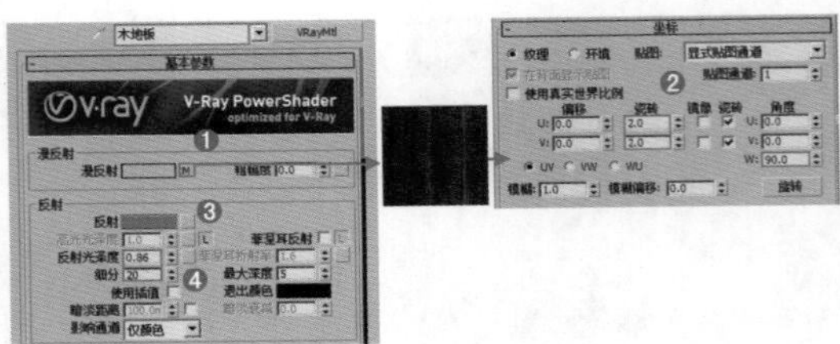

图12—137

02 将制作完毕的木地板材质赋给场景中木地板的模型，如图12-138所示。

图12—138

04 橘色椅子材质的制作

01 选择一个空白材质球，然后将材质类型设置为VRayMtl，并命名为【橘色椅子】，具体的参数调节如图12-139所示。

- 在【漫反射】选项组中调节颜色为黄色（红：233，绿：143，蓝：0）。
- 在【反射】选项组中调节颜色为白色（红：255，绿：255，蓝：255），启用【菲涅耳反射】选项，设置【细分】为20。

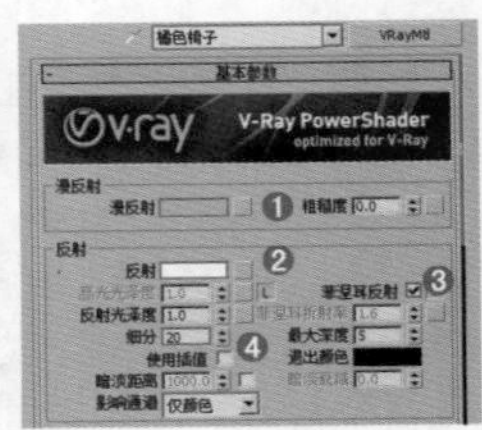

图12—139

02 将制作完毕的橘色椅子材质赋给场景中橘色椅子的模型，如图12-140所示。

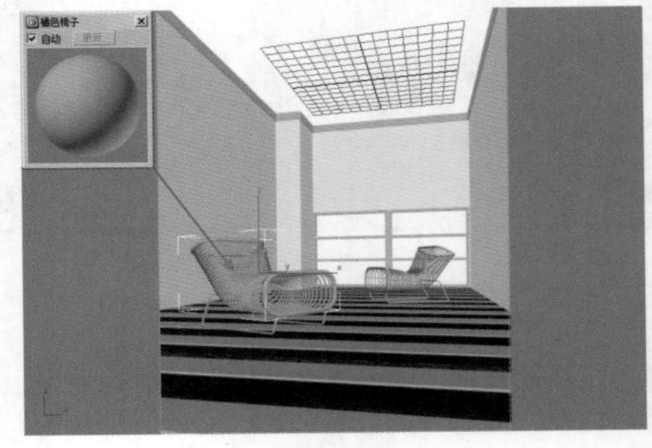

图12—140

05 金属材质的制作

01 选择一个空白材质球，然后将材质类型设置为

VRayMtl，并命名为【金属】，具体的参数调节如图12-141所示。

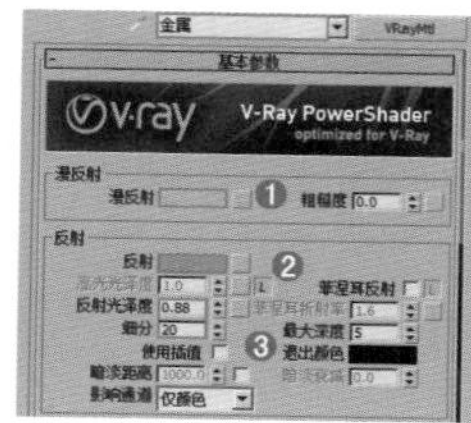
图12—141

- 在【漫反射】选项组中调节颜色为灰色（红：128，绿：128，蓝：128）。
- 在【反射】选项组中调节颜色为灰色（红：84，绿：84，蓝：84），设置【反射光泽度】为0.88，【细分】为20。

02 将制作完毕的金属材质赋给场景中金属的模型，如图12-142所示。

图12—142

Part03 设置摄影机

01 单击（创建）|（摄影机）|目标按钮，如图12-143所示。在视图中拖曳创建1台目标摄影机，如图12-144所示。

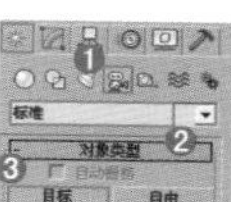
图12—143

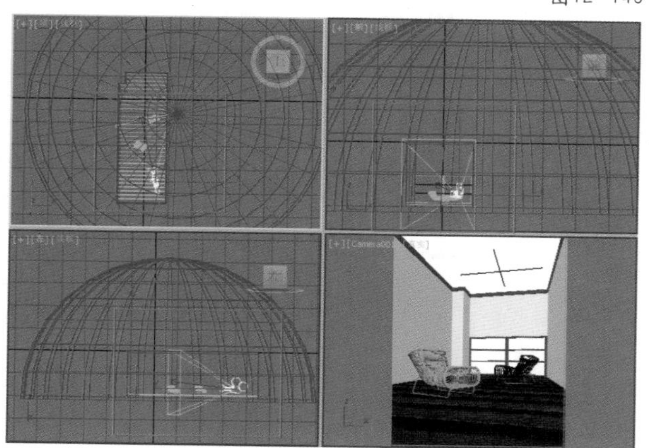
图12—144

02 选择刚创建的摄影机，单击进入【修改】面板，并设置【镜头】为44，【视野】为45，【目标距离】为273mm，如图12-145所示。

03 再次选择刚创建的摄影机，并右击选择【应用摄影机校正修改器】命令，如图12-146所示。

图12—145

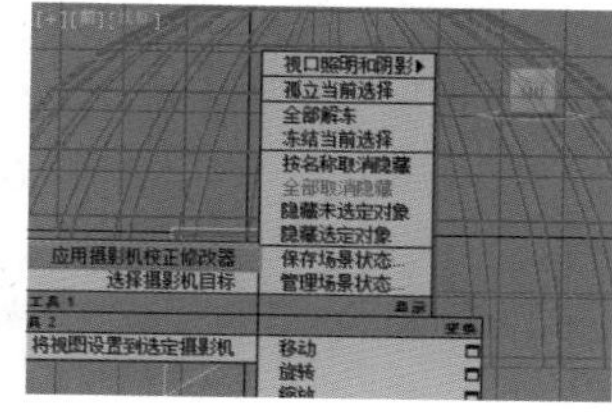
图12—146

技巧提示

手动调节摄影机的角度，可能会出现视角带有一定倾斜的效果。因此当摄影机角度出现倾斜时，就可以为摄影机执行【应用摄影机校正修改器】命令，可以快速地将摄影机的角度校正为水平或垂直的效果。

04 此时我们看到【摄影机校正】修改器被加载到了摄影机上，最后设置【数量】为－4.183，【角度】为90，如图12-147所示。

05 此时的摄影机视图效果如图12-148所示。

图12—147

图12—148

Part04 设置灯光

01 设置太阳光

01 单击（创建）|（灯光）|VRay|VR太阳按钮，如图12-149所示。

02 在前视图中拖曳创建1盏VR太阳，如图12-150所示。

03 选择上一步创建的VR太阳，然后在【修改】面板中展开【VR太阳参数】卷展栏，设置【强度倍增】为0.06，【大小倍增】为10，【阴影细分】为20，如图12-151所示。

图12—149

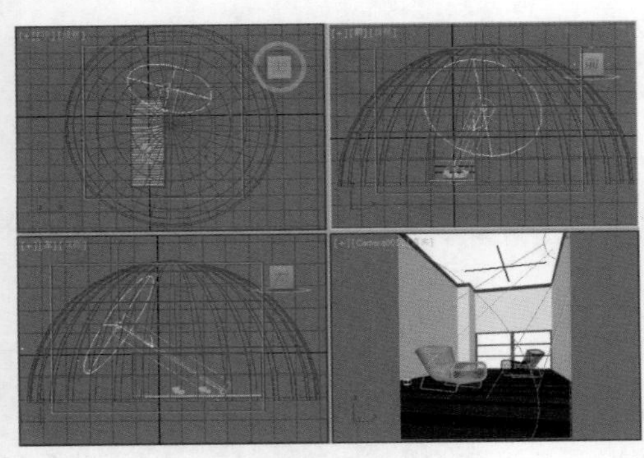

图12—150

图12—151

02 设置辅助灯光

01 单击 （创建）|（灯光）| VRay | VR灯光 按钮，如图12-152所示。

02 在左视图中拖曳创建1盏VR灯光，如图12-153所示。

03 选择上一步创建的VR灯光，然后在【修改】面板中设置【类型】为【平面】，调节【倍增】为1，设置【1/2长】为80mm，【1/2宽】为40mm，选中【不可见】复选框，设置【细分】为20，如图12-154所示。

图12—152

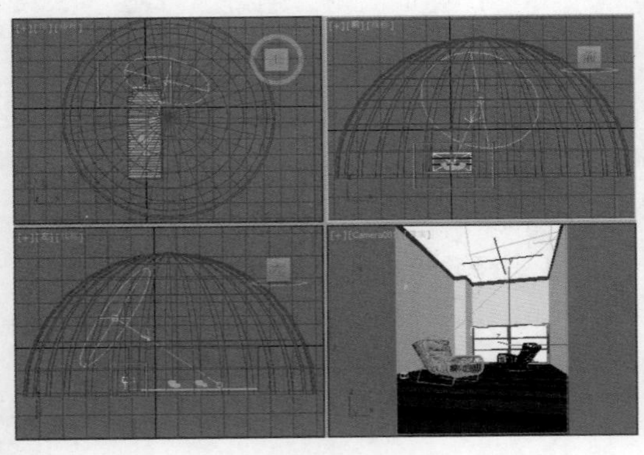

图12—153

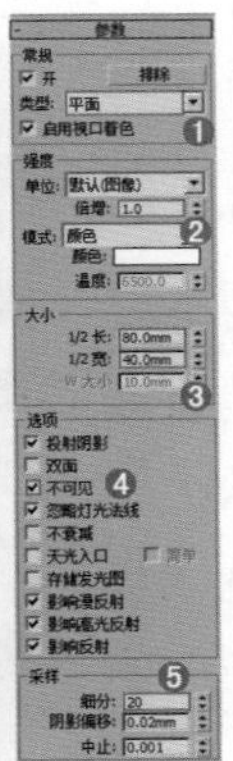

图12—154

Part 05 设置成图渲染参数

01 设置渲染参数。按F10键，在打开的【渲染设置】对话框中选择V-Ray选项卡，展开【V-Ray::图像采样器（反锯齿）】卷展栏，设置【类型】为【自适应确定性蒙特卡洛】，接着在【抗锯齿过滤器】选项组中选中【开】复选框，并选择Mitchell-Netravali过滤器；展开【V-Ray::自适应DMC图像采样器】卷展栏，设置【最小细分】为1，【最大细分】为4；展开【V-Ray::颜色贴图】卷展栏，设置【类型】为【指数】，选中【子像素贴图】和【钳制输出】复选框，如图12-155所示。

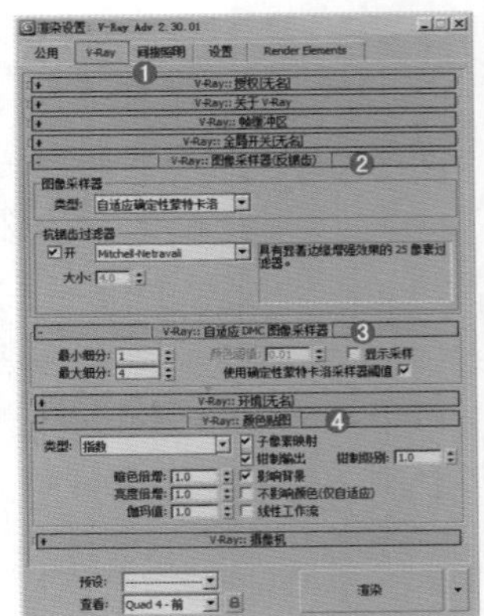

图12—155

02 选择【间接照明】选项卡，展开【V-Ray::发光图】卷展栏，设置【当前预置】为【低】，设置【半球细分】为50，【插值采样】为20，选中【显示计算相位】和【显示直接光】复选框；展开【V-Ray::灯光缓存】卷展栏，设置【细分】为1000，选中【存储直接光】和【显示计算相位】复选框。如图12-156所示。

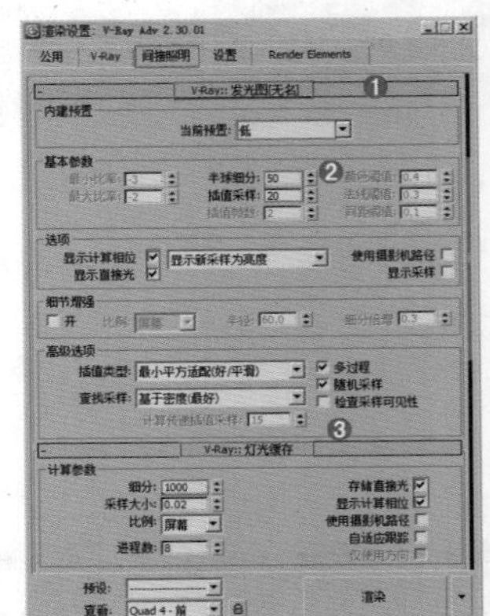

图12—156

03 选择【设置】选项卡，展开【V-Ray::系统】卷展栏，设置【区域排序】为Triangulation，最后取消选中【显示窗口】复选框，如图12-157所示。

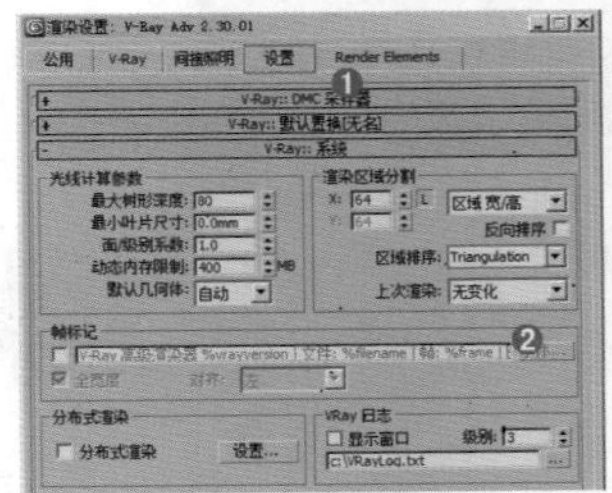

图12—157

04 选择【公用】选项卡，展开【公用参数】卷展栏，设置输出的尺寸为1000×1250，如图12-158所示。

05 等待一段时间后就渲染完成了，最终的效果如图12-159所示。

图12—158

图12—159

★ 案例实战——简约卧室柔和灯光表现

场景文件	02.max
案例文件	案例文件\Chapter 12\综合实战——简约卧室柔和灯光表现.max
视频教学	视频文件\Chapter 12\综合实战——简约卧室柔和灯光表现.flv
难易指数	★★★★☆
灯光类型	VR灯光
材质类型	VRayMtl材质
技术掌握	掌握简约卧室材质的设计，并且使用材质和灯光突出风格

风格解析

简约起源于现代派的极简主义。有人说起源于现代派大师——德国包豪斯学校的第三任校长米斯·凡德罗，他提倡LESS IS MORE，即在满足功能的基础上作到最大程度的简洁。这符合了世界大战后各国经济萧条的因素，得到人们的一致推崇。简约风格就是简单而有品位，这种品位体现在设计上细节的把握，每一个细小的局部和装饰，都要深思熟虑，在施工上更要求精工细作。

实例介绍

本例是一个简约卧室柔和灯光表现，室内明亮灯光表现主要使用了VR灯光来制作，使用VRayMtl制作本案例的主要材质，制作完毕之后渲染的效果如图12-160所示。

图12—160

操作步骤

Part 01 设置VRay渲染器

01 打开本书配套光盘中的【场景文件\Chapter 12\02.max】文件，此时场景效果如图12-161所示。

02 按F10键，打开【渲染设置】对话框，选择【公用】选项卡，在【指定渲染器】卷展栏中单击...按钮，在弹出的【选择渲染器】对话框中选择【V-Ray Adv 2.30.01】选项，如图12-162所示。

03 此时在【指定渲染器】卷展栏中，【产品级】后面显示了【V-Ray Adv 2.30.01】，【渲染设置】对话框中出现了V-Ray、【间接照明】、【设置】选项卡，如图12-163所示。

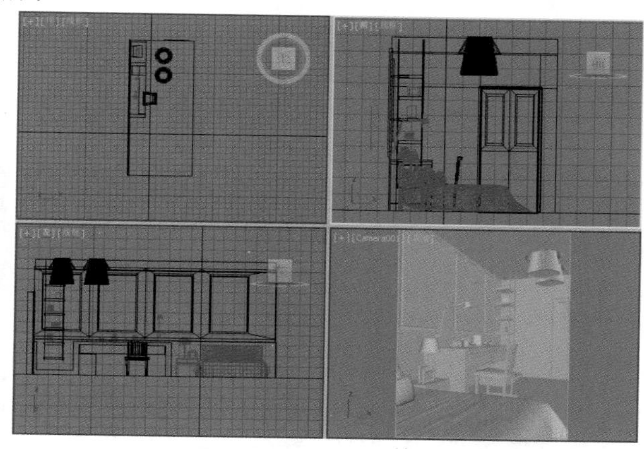

图12—161

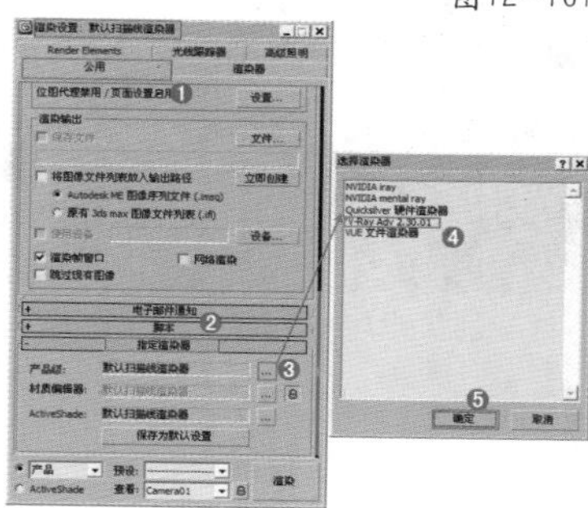

图12—162

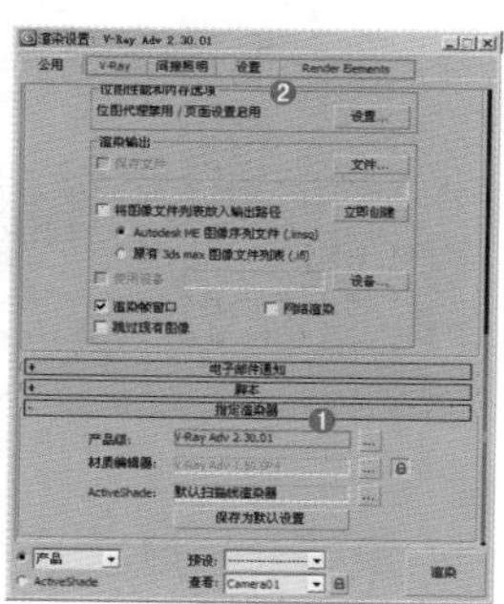

图12—163

Part 02 材质的制作

下面就来讲述场景中主要材质的调节方法，包括木地板、黄色墙面、书桌、床、金属灯等，效果如图12-164所示。

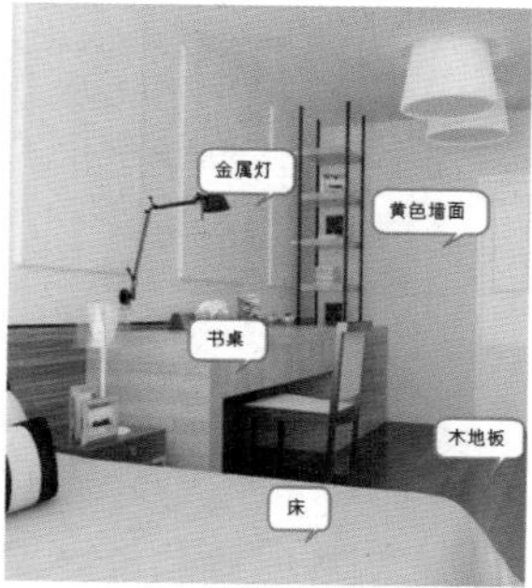

图12—164

技术拓展：探究室内设计的色彩比例

比例是指数量之间的对比关系，或指一种事物在整体中所占的分量，用于反映总体的构成或者结构。两种相关联的量，一种量变化，另一种量也随着变化。室内设计中提到的比例通常指物体之间形的大小、宽窄、高低的关系。

思维点拨：室内设计色彩比例示例

比例精良的卧室告别了审美疲劳，充满写意的空间保持了足够的朴素和安静，如图12—165所示。

搭配方案推荐：

房间上下空间比例的设计将干净的线条和清晰的空间脉络呈现在观者眼前，如图12—166所示。

搭配方案推荐：

旋转楼梯的设计使得大空间线条依然备受瞩目，使其成为房间不可或缺的部分，如图12—167所示。

搭配方案推荐：

图12—165

图12—166

图12—167

01 木地板材质的制作

01 按M键，打开【材质编辑器】对话框，选择第一个材质球，单击 Standard （标准）按钮，在弹出的【材质/贴图浏览器】对话框中选择VRayMtl材质，如图12-168所示。

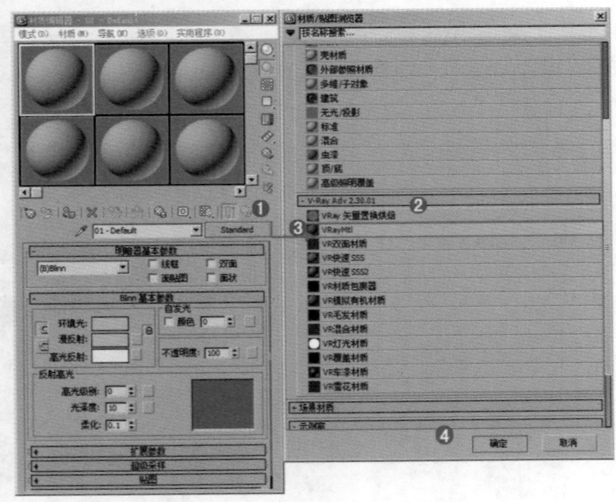

图12—168

02 将其命名为【木地板】，在【漫反射】选项组中的通道上加载【木地板058.jpg】贴图文件，展开【坐标】卷展栏，设置【瓷砖】U为0.7，V为1.3；在【反射】选项组中调节颜色为灰色（红：54，绿：54，蓝：54），设置【反射光泽度】为0.88，设置【细分】为30，如图12-169所示。

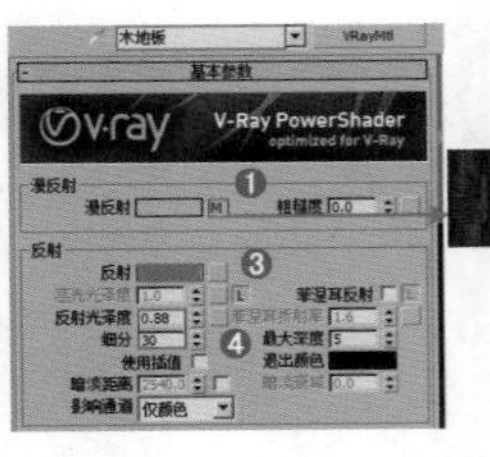

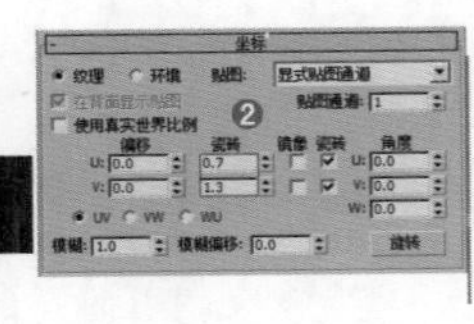

图12—169

03 将制作完毕的木地板材质赋给场景中木地板的模型，如图12-170所示。

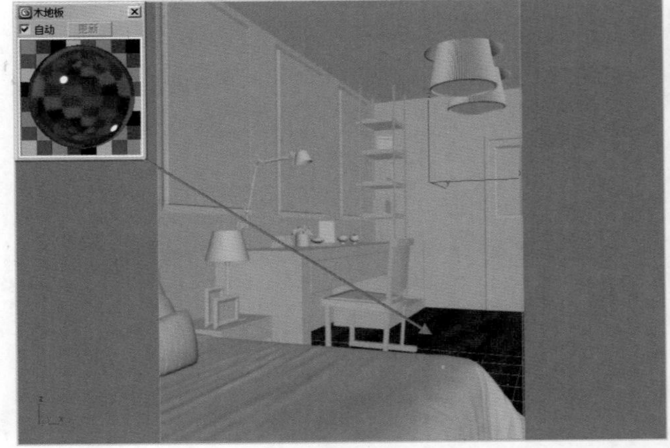

图12—170

02 黄色墙面材质的制作

01 按M键，打开【材质编辑器】对话框，选择一个材质球，单击 Standard （标准）按钮，在弹出的【材质/贴图浏览器】对话框中选择VRayMtlc材质，如图12-171所示。

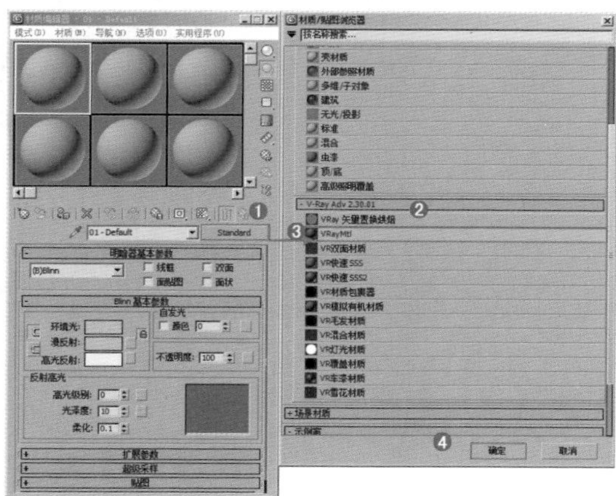

图12—171

02 将其命名为【黄色墙面】，在【漫反射】选项组中调节颜色为黄色（红：235，绿：195，蓝：126），如图12-172所示。

图12—172

03 将制作完毕的黄色墙面材质赋给场景中黄色墙面的模型，如图12-173所示。

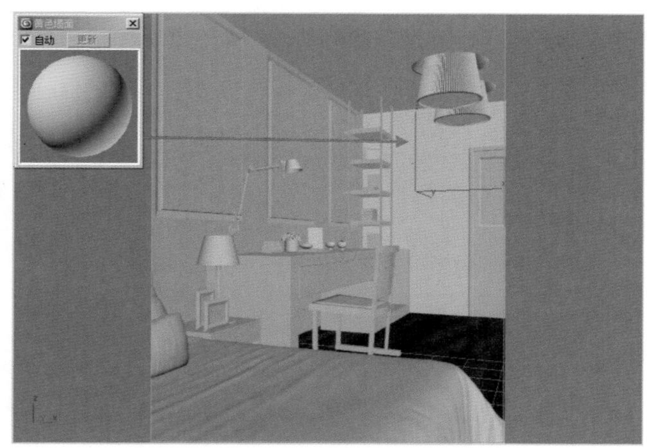

图12—173

03 书桌材质的制作

01 选择一个空白材质球，然后将材质类型设置为VRayMtl，并命名为【书桌】，具体的参数调节如图12-174所示。

- 在【漫反射】选项组中的通道上加载【102.jpg】贴图文件。
- 在【反射】选项组中调节颜色为浅灰色（红：190，绿：190，蓝：190），设置【反射光泽度】为0.8，【细分】为30。

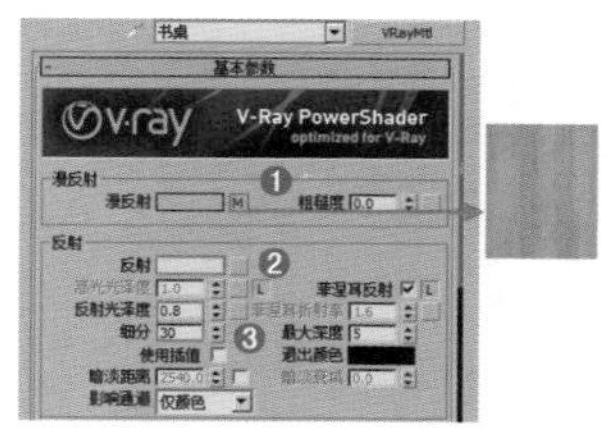

图12—174

02 将制作完毕的书桌材质赋给场景中书桌的模型，如图12-175所示。

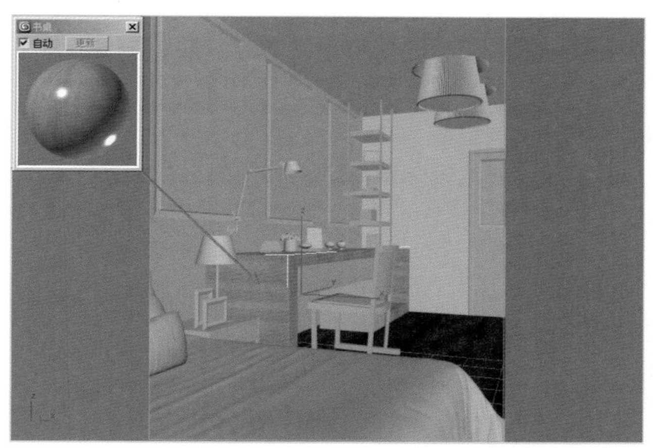

图12—175

04 床材质的制作

01 选择一个空白材质球，然后将材质类型设置为VRayMtl，并命名为【床】，具体的参数调节如图12-176所示。

- 在【漫反射】选项组中的通道上加载【衰减】程序贴图，展开【参数】卷展栏，设置颜色1为灰色（红：100，绿：77，蓝：57），颜色2为浅灰色（红：150，绿：132，蓝：106），设置【衰减类型】为Fresnel。
- 在【反射】选项组中调节颜色为浅灰色（红：122，绿：122，蓝：122），选中【菲涅耳反射】复选框，设置【高光光泽度】为0.55，【反射光泽度】为0.5，设置【细分】为30。

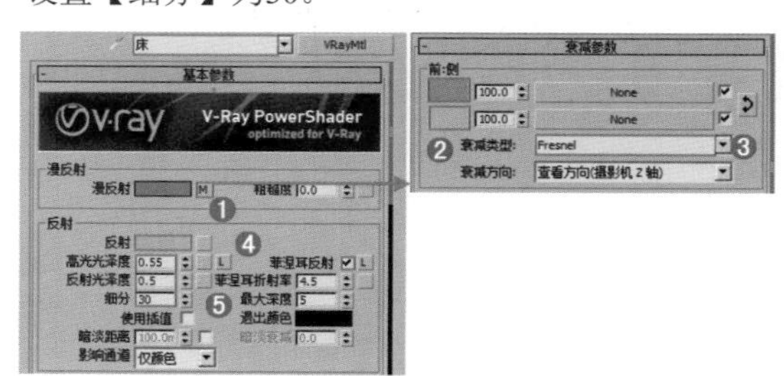

图12—176

02 将制作完毕的床材质赋给场景中床的模型，如图12-177所示。

图12—177

05 金属灯材质的制作

01 选择一个空白材质球，然后将材质类型设置为VRayMtl，并命名为【金属灯】，具体的参数调节如图12-178所示。

- 在【漫反射】选项组中调节颜色为黑色（红：0，绿：0，蓝：0）。
- 在【反射】选项组中调节颜色为浅灰色（红：159，绿：19，蓝：159），设置【细分】为20。

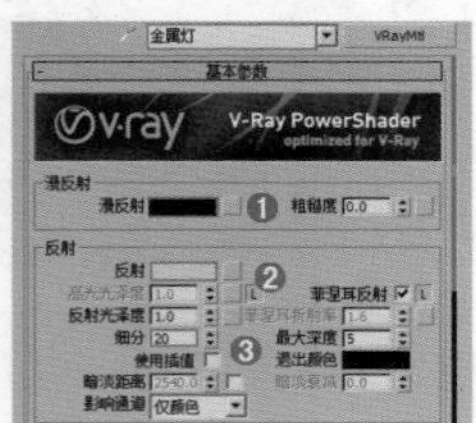

图12—178

02 将制作完毕的金属灯材质赋给场景中金属灯的模型，如图12-179所示。

图12—179

Part03 设置摄影机

01 单击（创建）|（摄影机）| 目标 按钮，如图12-180所示。在视图中拖曳创建1台目标摄影机，如图12-181所示。

图12—180

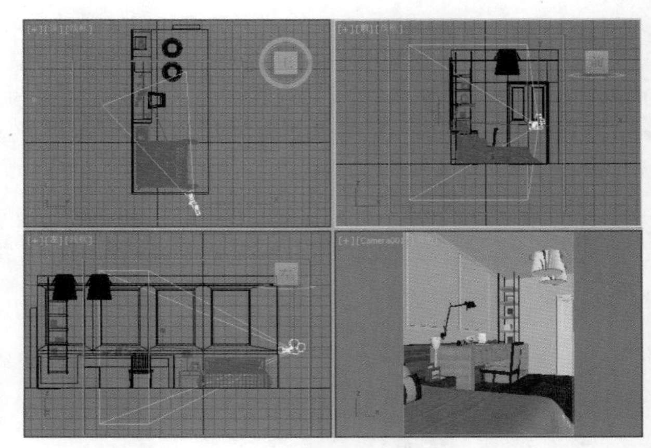

图12—181

02 选择刚创建的摄影机，单击进入【修改】面板，并设置【镜头】为52，【视野】为39，【目标距离】为4332mm，如图12-182所示。

03 再次选择刚创建的摄影机，并右击，选择【应用摄影机校正修改器】命令，如图12-183所示。

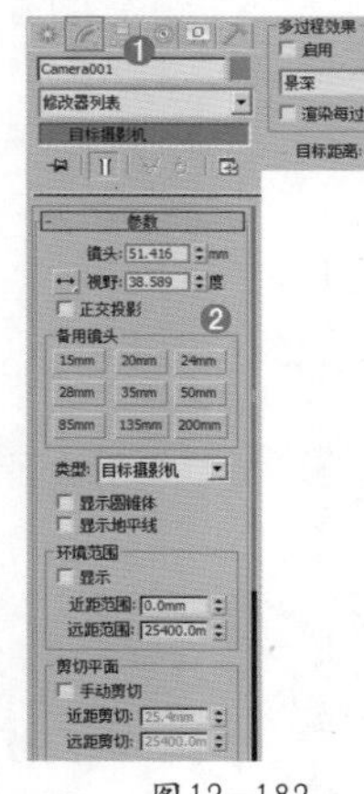

图12—182

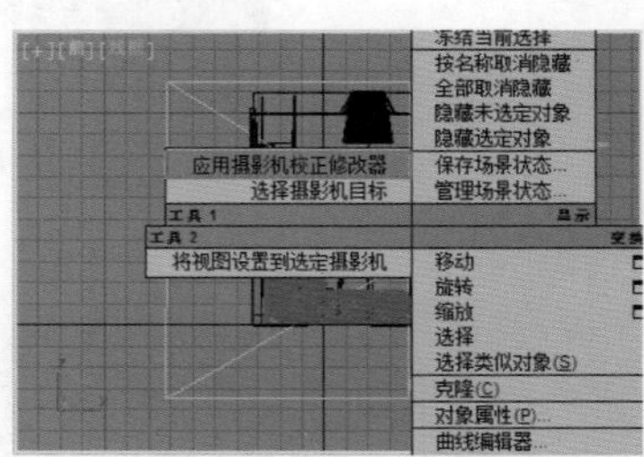

图12—183

04 此时我们看到【摄影机校正】修改器被加载到了摄影机上，最后设置【数量】为－0.694，【角度】为90，如图12-184所示。

05 此时的摄影机视图效果如图12-185所示。

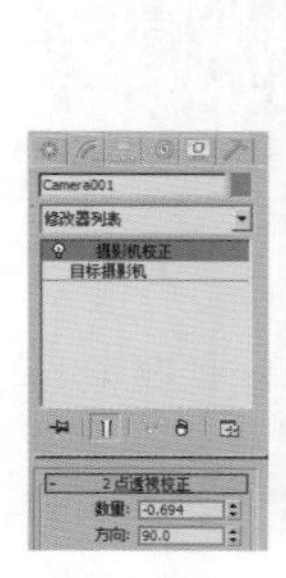

图12—184

图12—185

Part 04 设置灯光

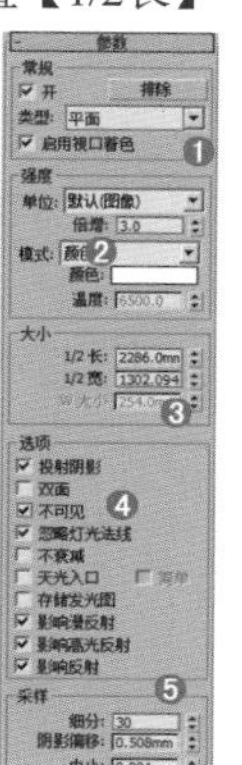

图12—186

01 单击（创建）|（灯光）| VRay | VR灯光按钮，如图12-186所示。

02 在左视图中拖曳创建1盏VR灯光，如图12-187所示。

03 选择上一步创建的VR灯光，然后在【修改】面板中，设置【类型】为【平面】，调节【倍增】为3，设置【1/2长】为2286mm，【1/2宽】为1302mm，选中【不可见】复选框，设置【细分】为30，如图12-188所示。

图12—188

04 继续在前视图中创建1盏VR灯光，如图12-189所示。

05 选择上一步创建的VR灯光，然后在【修改】面板中设置【类型】为【平面】，调节【倍增】为6.5，调节【颜色】为浅黄色（红：253，绿：235，蓝：205），设置【1/2长】为1377mm，【1/2宽】为1302mm，选中【不可见】复选框，设置【细分】为30，如图12-190所示。

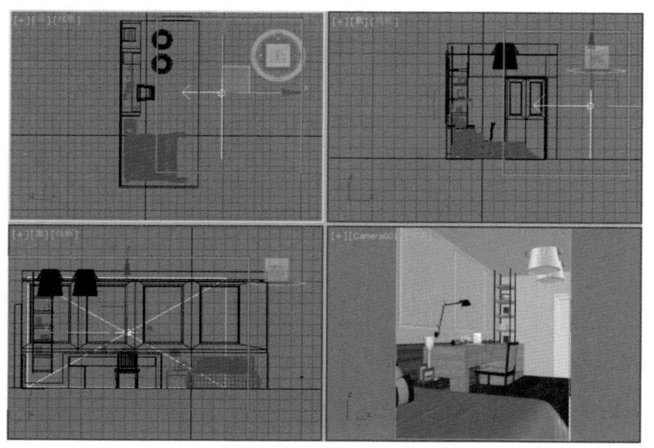

图12—187

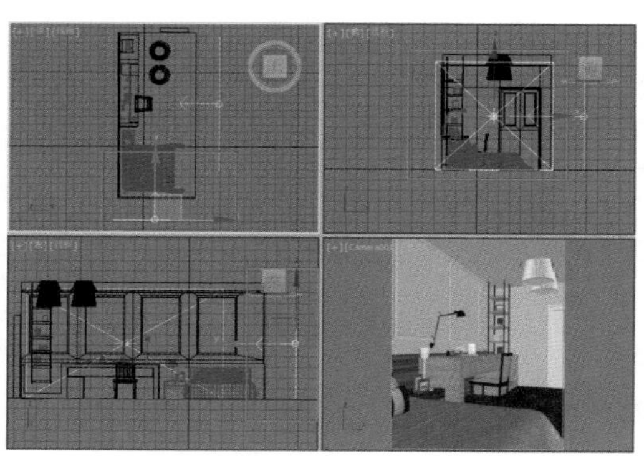

图12—189

图12—190

Part 05 设置成图渲染参数

01 设置渲染参数。按F10键，在打开的【渲染设置】对话框中选择V-Ray选项卡，展开【V-Ray::图形采样器（反锯齿）】卷展栏，设置【类型】为【自适应确定性蒙特卡洛】，接着在【抗锯齿过滤器】选项组中选中【开】复选框，并选择Catmull-Rom过滤器，展开【V-Ray::自适应DMC图像采样器】卷展栏，设置【最小细分】为1，【最大细分】为4；展开【V-Ray::颜色贴图】卷展栏，设置【类型】为【指数】，选中【子像素贴图】和【钳制输出】复选框，如图12-191所示。

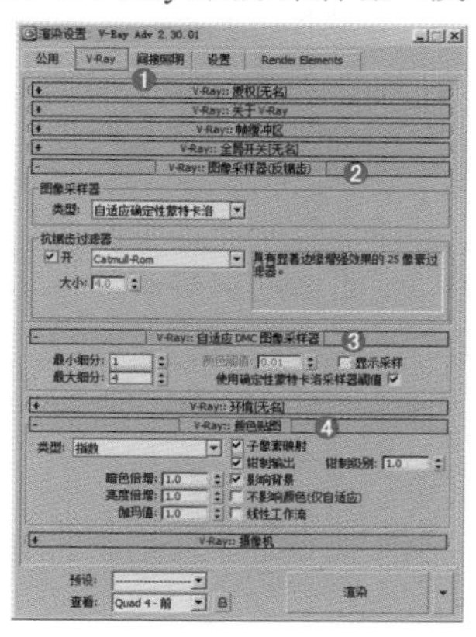

图12—191

02 选择【间接照明】选项卡，展开【V-Ray::发光图】卷展栏，设置【当前预置】为【低】，设置【半球细分】为50，【插值采样】为20，选中【显示计算相位】和【显示直接光】复选框；展开【V-Ray::灯光缓存】卷展栏，设置【细分】为1000，选中【存储直接光】和【显示计算相位】复选框，如图12-192所示。

03 选择【设置】选项卡，展开【V-Ray::系统】卷展栏，设置【区域排序】为Triangulation，最后取消选中【显示窗口】复选框，如图12-193所示。

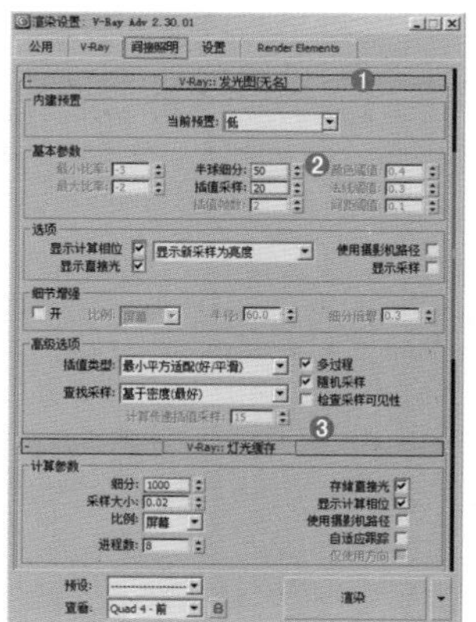

图12—192

图12—193

04 选择Render Elements选项卡，单击【添加】按钮，并在弹出的【渲染元素】对话框中选择【VRay线框颜色】选项，如图12-194所示。

05 选择【公用】选项卡，展开【公用参数】卷展栏，设置输出的尺寸为1000×1250，如图12-195所示。

06 等待一段时间后就渲染完成了，最终效果如图12-196所示。

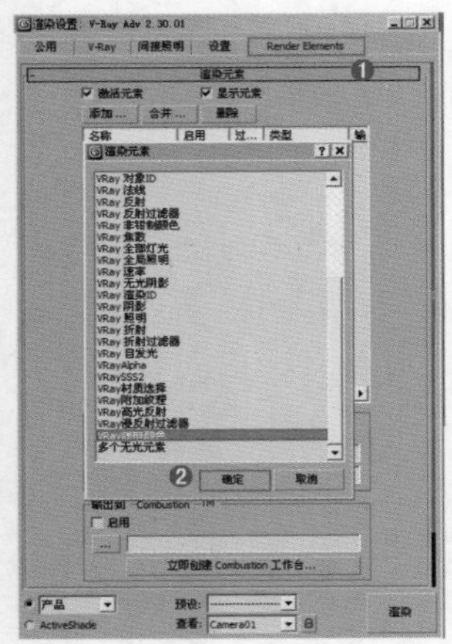

图12—194

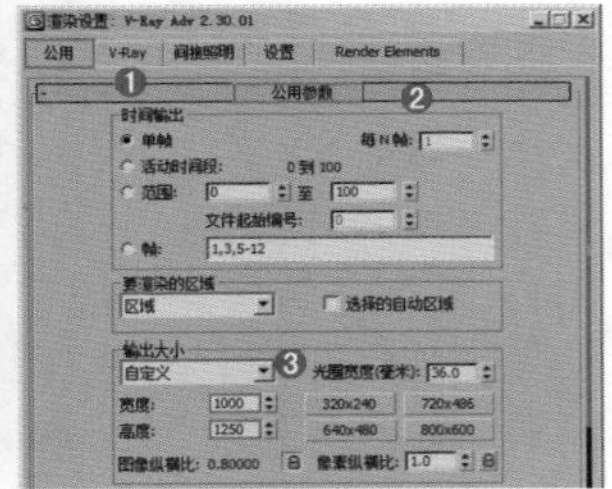

图12—195

技巧提示

在Render Elements（渲染元素）选项卡中加载【VRay线框颜色】选项后，在渲染时可以渲染出VRay线框颜色的彩色图像，可以用于后期的Photoshop处理，非常方便。

图12—196

★ 案例实战——现代风格书房一角

场景文件	03.max
案例文件	案例文件\Chapter 12\综合实战——现代风格书房一角.max
视频教学	视频文件\Chapter 12\综合实战——现代风格书房一角.flv
难易指数	★★★★☆
灯光类型	VR灯光、目标灯光
材质类型	VRayMtl材质、多维/子对象材质
技术掌握	掌握室内封闭空间灯光的模拟，材质的制作、颜色的搭配是重点需要研究的

风格解析

现代风格大空间是近来比较流行的一种风格，是工业社会的产物，追求时尚与潮流，非常注重居室空间的布局与使用功能的完美结合。现代风格的居室注重个性和创造性的表现，不主张追求高档豪华，而着力表现自己家庭独特、独有的东西。

实例介绍

本例是一个现代风格书房一角，室内明亮灯光表现主要使用了VR灯光和目标灯光来制作，使用VRayMtl材质、多维/子对象材质制作本案例的主要材质，制作完毕之后渲染的效果如图12-197所示。

图12—197

技术拓展：室内设计的节奏感

辽阔的空间感是一种颇为奢侈的视觉和感官体验，有人说，写文章的高明之处在于表面的修饰之中有着丰富的含义。设计一个空间其实也是一样道理，通过颜色节奏变化的处理，使简洁中富有变化性，纯粹中富有复杂性，为生活带来多样性的体验。

该空间很好地把握了光线的运用，通过水面和镜面的折射凸显阳光的意韵感，如图12—198所示。

搭配方案推荐：

图12—198

鲜活的色彩搭配应用可以扩大空间的视觉效果，让人的心情感到舒畅开朗，如图12—199所示。

搭配方案推荐：

明快的色彩设计能够更具活力感，办公室使用跳跃色彩可以带动员工的积极性，如图12—200所示。

搭配方案推荐：

图12—199

图12—200

读书笔记

操作步骤

Part01 设置VRay渲染器

01 打开本书配套光盘中的【场景文件\Chapter 12\03.max】文件，此时场景效果如图12-201所示。

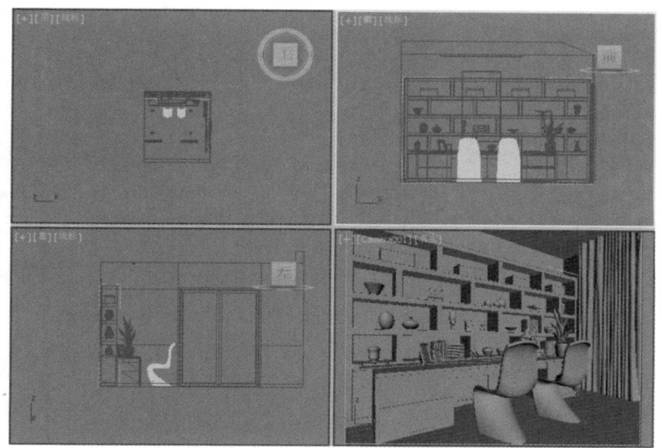

图12-201

02 按F10键，打开【渲染设置】对话框，选择【公用】选项卡，在【指定渲染器】卷展栏中单击...按钮，在弹出的【选择渲染器】对话框中选择【V-Ray Adv 2.30.01】选项，如图12-202所示。

03 此时在【指定渲染器】卷展栏中，【产品级】后面显示了【V-Ray Adv 2.30.01】，【渲染设置】对话框中出现了V-Ray、【间接照明】、【设置】选项卡，如图12-203所示。

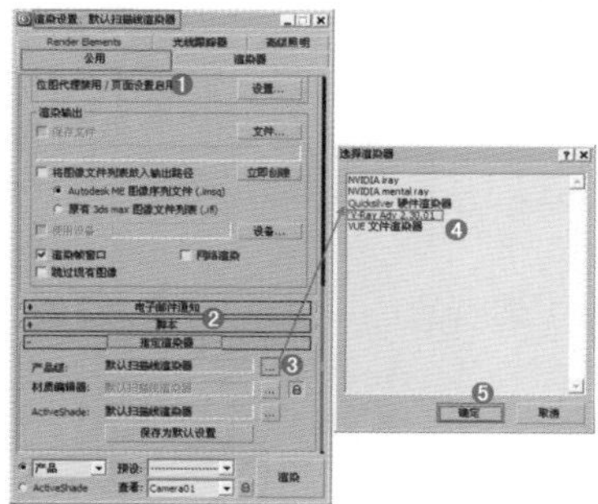

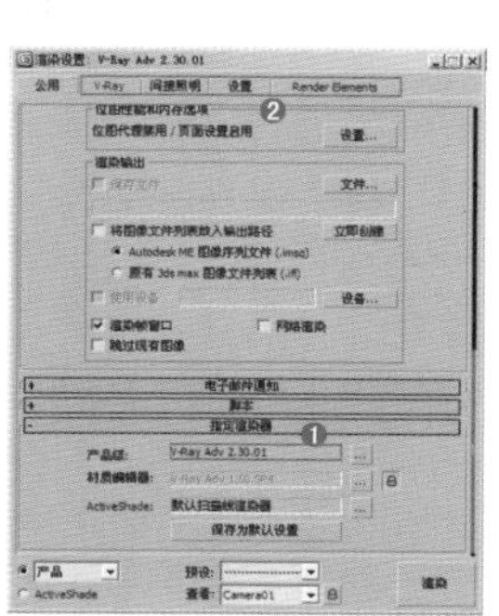

图12-202

图12-203

Part02 材质的制作

下面就来讲述场景中主要材质的调节方法，包括地毯、书架、桌子、椅子、窗帘等，效果如图12-204所示。

图12-204

01 地毯材质的制作

01 按M键，打开【材质编辑器】对话框，选择第一个材质球，单击 Standard （标准）按钮，在弹出的【材质/贴图浏览器】对话框中选择VRayMtl材质，如图12-205所示。

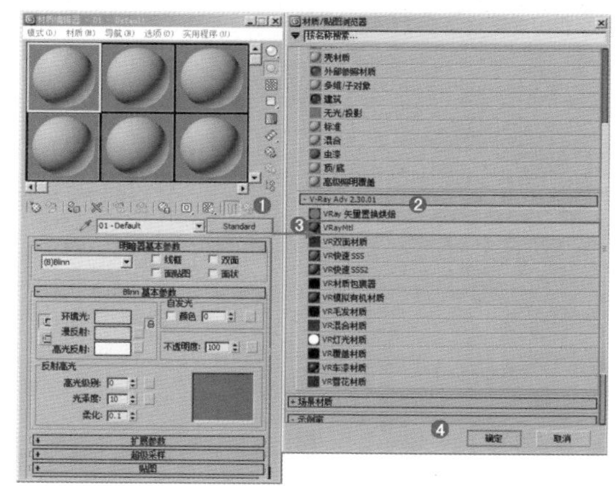

图12-205

02 将其命名为【地毯】，在【漫反射】选项组中的通道上加载【CARPTGRY.jpg】贴图文件，展开【坐标】卷展栏，设置【角度】的W为45，如图12-206所示。

图12-206

03 将制作完毕的地毯材质赋给场景中地毯的模型，如图12-207所示。

图12-207

02 书架材质的制作

01 选择一个空白材质球，然后将材质类型设置为【多维/子对象】材质，并命名为【书架】，如图12-208所示。

02 展开【多维/子对象基本参数】卷展栏，设置【设置数量】为3，分别在通道上加载VRayMtl材质，如图12-209所示。

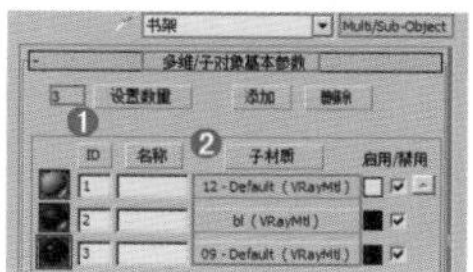

图12-209

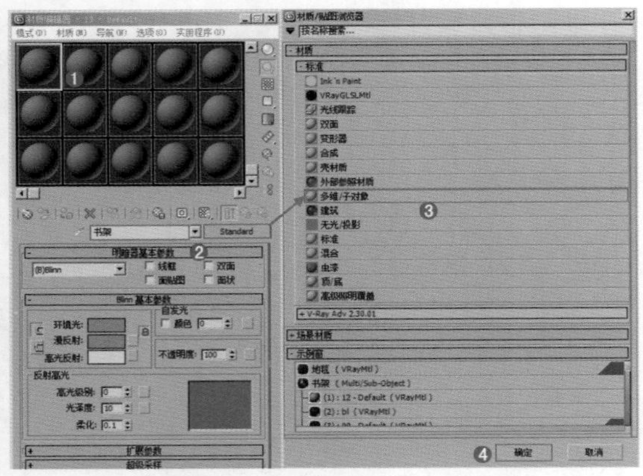

图12-208

03 单击进入ID号为1的通道中，并调节材质如图12-210所示。

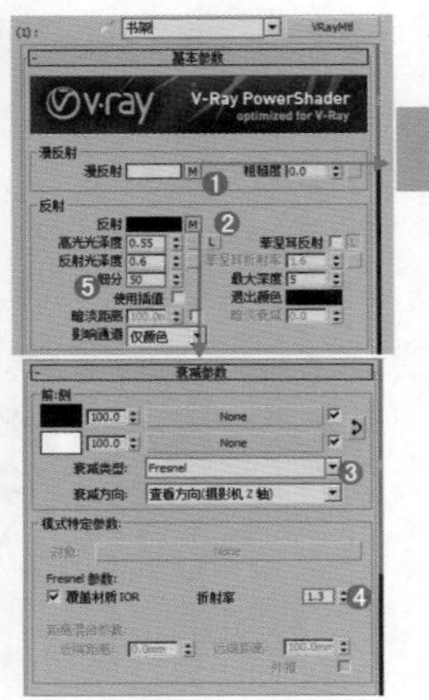

- 在【漫反射】选项组中的通道上加载【z1.jpg】贴图文件。
- 在【反射】选项组中的通道上加载【衰减】程序贴图，设置【衰减类型】为Fresnel，折射率为1.3，设置【高光光泽度】为0.55，【反射光泽度】为0.6，【细分】为50。

图12-210

04 单击进入ID号为2的通道中，并调节材质，如图12-211所示。

- 在【漫反射】选项组中调节颜色为黑色（红：235，绿：195，蓝：126）。
- 在【反射】选项组中的通道上加载【衰减】程序贴图，展开【衰减参数】卷展栏，设置颜色2为蓝色（红：183，绿：217，蓝：255），设置【衰减类型】为Fresnel，折射率为2，设置【高光光泽度】为0.55，【反射光泽度】为0.6，【细分】为50。

05 单击进入ID号为3的通道中，并调节材质，如图12-212所示。

- 在【漫反射】选项组中调节颜色为黑色（红：15，绿：15，蓝：15）。
- 在【反射】选项组中调节颜色为深灰色（红：40，绿：40，蓝：40），设置【高光光泽度】为0.85。

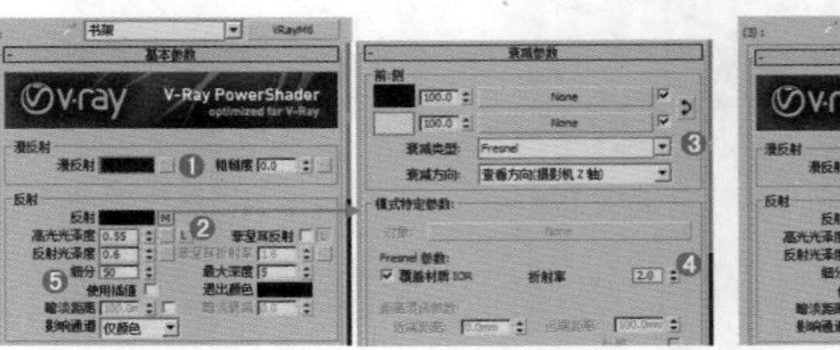

图12-211　　图12-212

06 将制作完毕的书架材质赋给场景中书架的模型，如图12-213所示。

图12-213

03 桌子材质的制作

01 选择一个空白材质球，然后将材质类型设置为VRayMtl，并命名为【桌子】，具体的参数调节如图12-214所示。

- 在【漫反射】选项组中调节颜色为白色（红：230，绿：230，蓝：230）。
- 在【反射】选项组中后面的通道上加载【衰减】程序贴图，展开【衰减参数】卷展栏，设置【衰减类型】为Fresnel，【折射率】为1.2，设置【高光光泽度】为0.85，【反射光泽度】为0.8，【细分】为30。

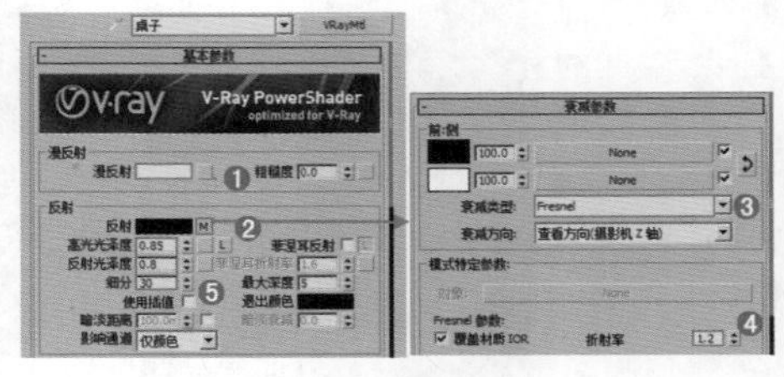

图12-214

02 将制作完毕的桌子材质赋给场景中桌子的模型，如图12-215所示。

读书笔记

图12—215

04 椅子材质的制作

01 选择一个空白材质球，然后将材质类型设置为VRayMtl，并命名为【椅子】，具体的参数调节如图12-216所示。

- 在【漫反射】选项组中调节颜色为黑色（红：3，绿：3，蓝：5）。
- 在【反射】选项组中调节颜色为白色（红：255，绿：255，蓝：255），启用【菲涅耳反射】选项，设置【高光光泽度】为0.9，【反射光泽度】为0.9，【细分】为30。

图12—216

技巧提示

选中【菲涅耳反射】复选框后，反射的效果会减弱很多，【细分】参数数值设置的越高，该材质的反射效果越精细，噪点越少。

02 将制作完毕的椅子材质赋给场景中椅子的模型，如图12-217所示。

图12—217

05 窗帘材质的制作

01 选择一个空白材质球，然后将材质类型设置为VRayMtl，并命名为【窗帘】，具体的参数调节如图12-218和图12-219所示。

- 在【漫反射】选项组中的通道上加载【衰减】程序贴图，在颜色1通道上加载【43806s.jpg】贴图文件，展开【坐标】卷展栏，设置【角度】的W为45，单击颜色1后面通道上的贴图并将其拖曳到颜色2通道上。
- 展开【贴图】卷展栏，在【凹凸】通道上加载【Arch30_towelbump5.jpg】贴图，展开【坐标】卷展栏，设置【瓷砖】的U和V分别为1.5，【角度】的W为45，最后设置【凹凸】数量为44。

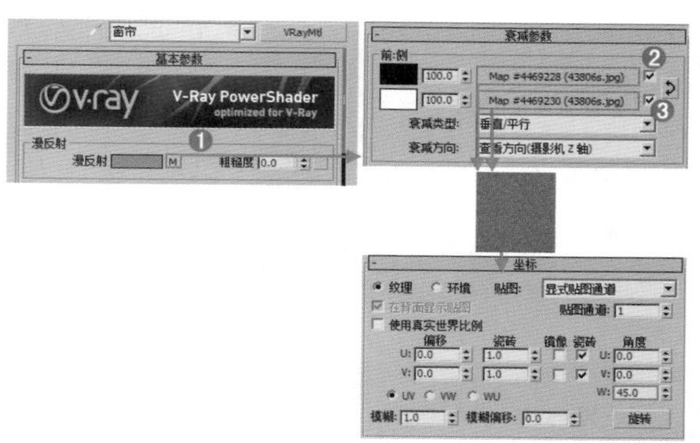

图12—218

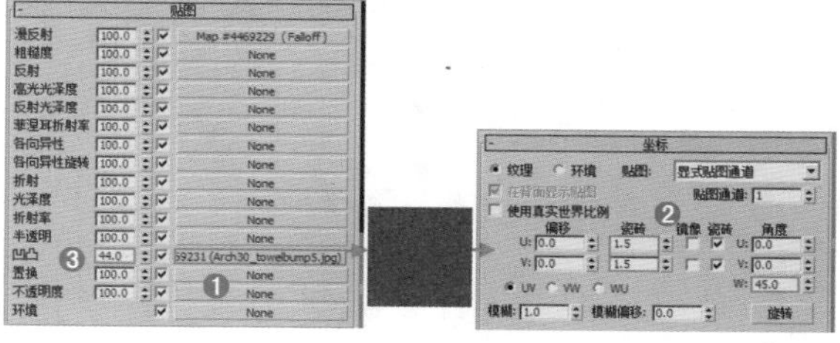

图12—219

02 将制作完毕的窗帘材质赋给场景中窗帘的模型，如图12-220所示。

图12—220

Part 03 设置摄影机

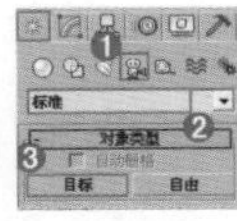

图12—221

01 单击（创建）|（摄影机）| 目标 按钮，如图12-221所示。在视图中拖曳创建1台目标摄影机，如图12-222所示。

02 选择刚创建的摄影机，单击进入【修改】面板，并设置【镜头】为25，【视野】为72，【目标距离】为4314mm，如图12-223所示。

03 此时的摄影机视图效果如图12-224所示。

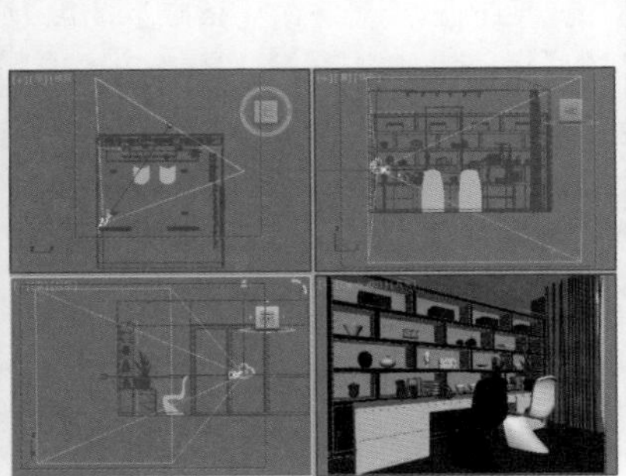

图12—222

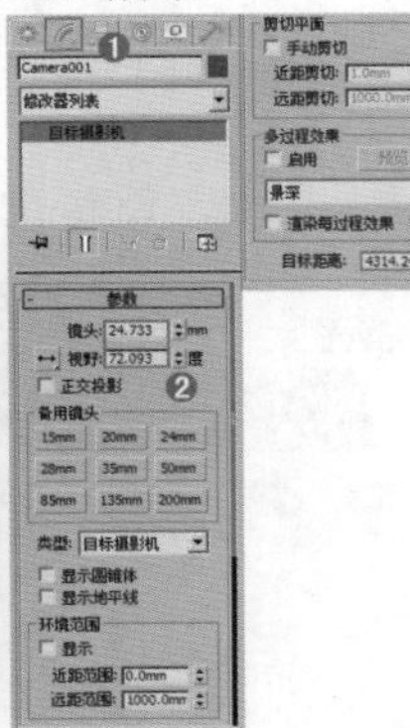

图12—223

图12—224

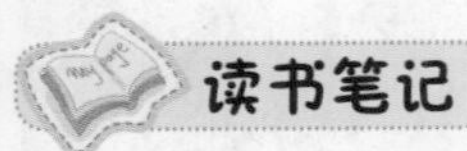

Part 04 设置灯光

01 设置环境光

01 单击（创建）|（灯光）| VRay | VR灯光 按钮，如图12-225所示。

图12—225

02 在前视图中拖曳创建1盏VR灯光，如图12-226所示。

03 选择上一步创建的VR灯光，然后在【修改】面板中设置【类型】为【平面】，调节【倍增】为4，设置【1/2长】为2200mm，【1/2宽】为1378mm，选中【不可见】复选框，设置【细分】为20，如图12-227所示。

图12—226

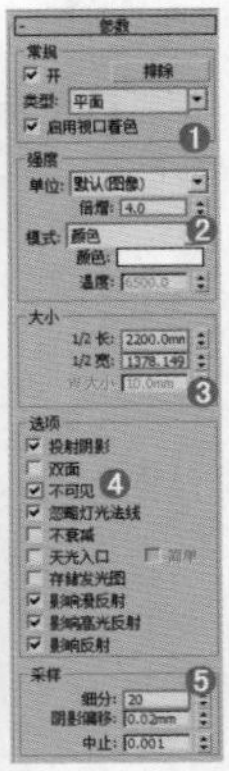

图12—227

02 设置室内灯光

01 单击（创建）|（灯光）| 光度学 | 目标灯光 按钮，如图12-228所示。

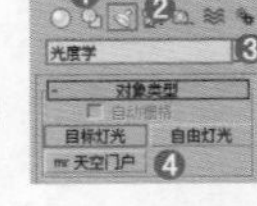

图12—228

02 在前视图中拖曳创建1盏目标灯光，使用【选择并移动】工具复制3盏，如图12-229所示。

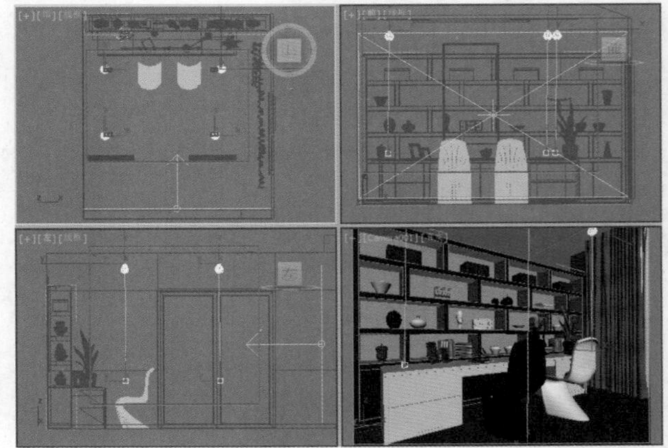

图12—229

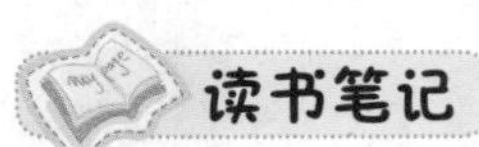

03 选择上一步创建的目标灯光，然后在【修改】面板中设置其具体的参数，如图12-230所示。

- 展开【常规参数】卷展栏，在【灯光属性】选项组中选中【目标】复选框，在【阴影】选项组中选中【启用】复选框，并设置阴影类型为【VRay阴影】，设置【灯光分布（类型）】为【光度学Web】，接着展开【分布（光度学Web）】卷展栏，并在通道上加载【02.IES】文件。
- 展开【强度/颜色/衰减】卷展栏，设置【强度】为1654；展开【VRay阴影参数】卷展栏，启用【区域阴影】选项，设置【细分】为20。

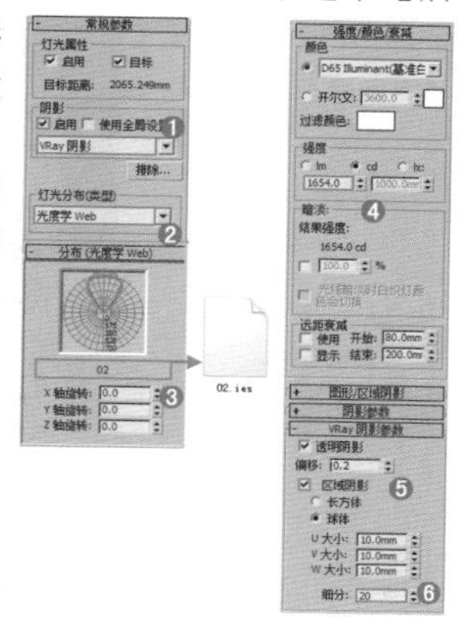

图12-230

技巧提示

在使用目标灯光模拟射灯效果时，该灯光会产生过渡强硬的阴影，不够真实，此时启用【区域阴影】选项后，阴影的效果会非常柔和，并且【U/V/W大小】的数值越大，阴影越柔和。

03 设置辅助灯光

01 单击（创建）|（灯光）|光度学|目标灯光按钮，如图12-231所示。

图12-231

02 在前视图中拖曳创建1盏目标灯光，使用【选择并移动】工具复制5盏，如图12-232所示。

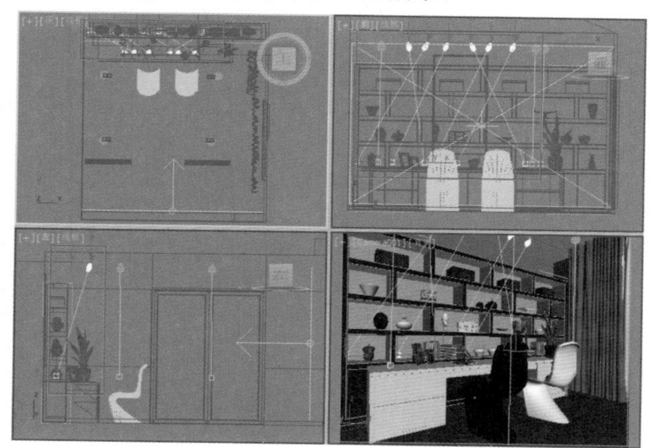

图12-232

03 选择上一步创建的目标灯光，然后在【修改】面板中设置其具体的参数，如图12-233所示。

- 展开【常规参数】卷展栏，在【灯光属性】选项组中启用【目标】选项，在【阴影】选项组中启用【启用】，并设置阴影类型为【VRay阴影】，设置【灯光分布（类型）】为【光度学Web】，接着展开【分布（光度学Web）】卷展栏，并在通道上加载【射灯.IES】文件。
- 展开【强度/颜色/衰减】卷展栏，设置【强度】为4500；展开【VRay阴影参数】卷展栏，启用【区域阴影】选项，设置【U/V/W大小】都为50mm，【细分】为20。

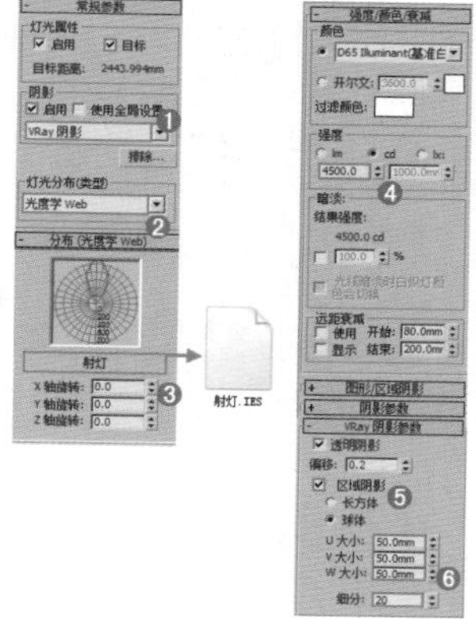

图12-233

Part 05 设置成图渲染参数

01 设置渲染参数。按F10键，在打开的【渲染设置】对话框中选择【V-Ray】选项卡，展开【V-Ray::图像采样器（反锯齿）】卷展栏，设置【类型】为【自适应细分】，接着在【抗锯齿过滤器】选项组中选中【开】复选框，并选择Catmull-Rom过滤器；展开【V-Ray::自适应DMC图像采样器】卷展栏，设置【最小细分】为－1，【最大细分】为2；展开【V-Ray::颜色贴图】卷展栏，设置【类型】为【指数】，启用【子像素贴图】和【钳制输出】选项，如图12-234所示。

02 选择【间接照明】选项卡，展开【V-Ray::发光图】卷展栏，设置【当前预置】为【低】，设置【半球细分】为50，【插值采样】为20，启用【显示计算相位】和【显示直接光】选项，展开【V-Ray::灯光缓存】卷展栏，设置【细分】为1000，启用【存储直接光】和【显示计算相位】选项，如图12-235所示。

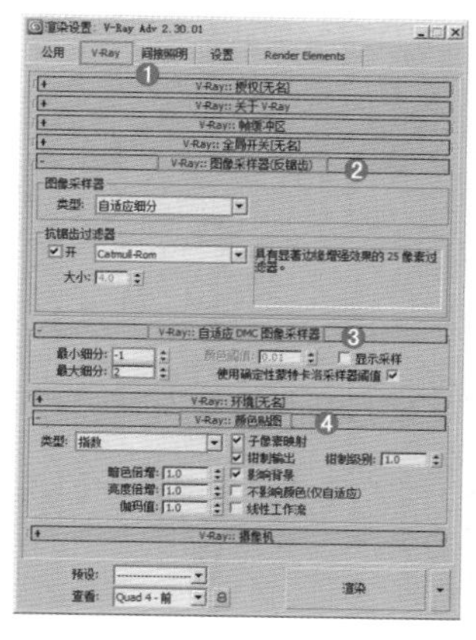

图12-234

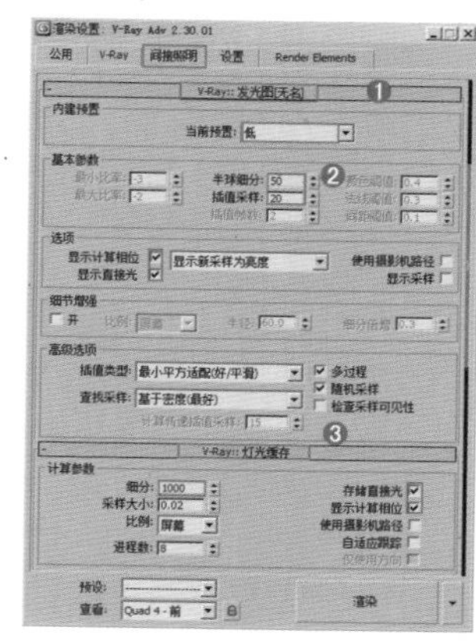

图12-235

03 选择【设置】选项卡，展开【V-Ray::系统】卷展栏，设置【区域排序】为Triangulation，最后禁用【显示窗口】选项，如图12-236所示。

04 选择【公用】选项卡，展开【公用参数】卷展栏，设置输出的尺寸为1200×900，如图12-237所示。

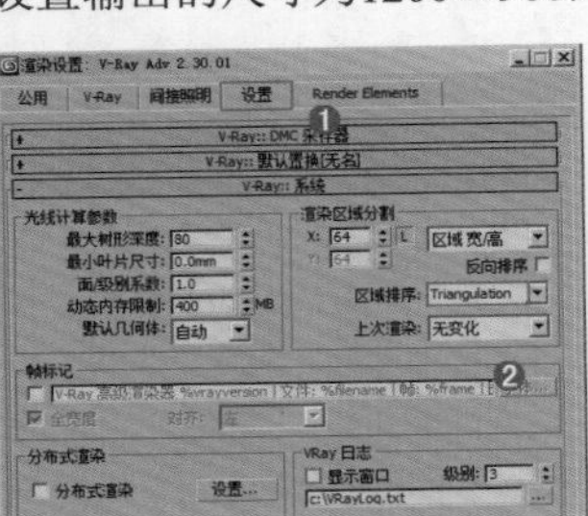

图12—236

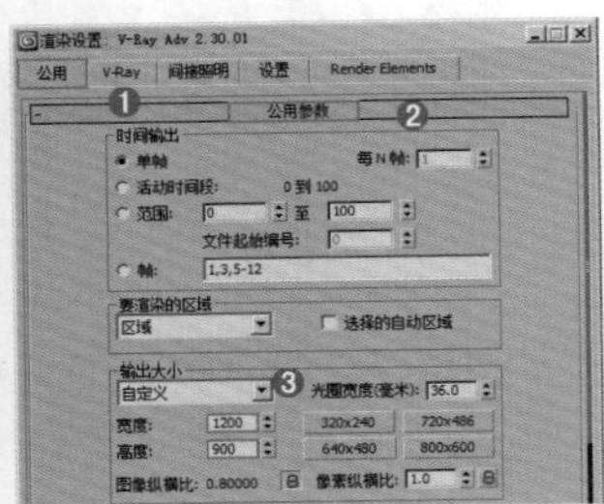

图12—237

05 等待一段时间后就渲染完成了，最终的效果如图12-238所示。

图12—238

读书笔记

第13章

后期处理

本章内容简介：

效果图的后期处理是3ds Max渲染完成后的最后一步，可以对3ds Max渲染的作品通过Photoshop软件进行裁切、调色、修缮、合成等处理，快捷方便、效果直观。因此后期处理的技巧和方法读者需要重点进行掌握，真正做到小技巧、大改变。

本章学习要点：

- 使用Photoshop进行修补
- 使用Photoshop进行调色
- 使用Photoshop进行合成

★ 案例实战——调节较暗画面

案例文件	案例文件\Chapter 13\案例实战——调节较暗画面.psd
视频教学	视频文件\Chapter 13\案例实战——调节较暗画面.flv
难易指数	★★☆☆☆
技术掌握	掌握使用色阶、亮度/对比度调节较暗画面的方法

实例介绍

在使用3ds Max进行渲染后，一般来说渲染的图形都是比较灰暗的，此时可以使用色阶、亮度/对比度进行调节。处理前和处理后的效果如图13-1所示。

图13—1

制作步骤

01 启动Photoshop CS6中文版，打开【案例文件\Chapter 13\案例实战——调节较暗画面\01.jpg】文件，效果如图13-2所示。

图13—2

02 按Ctrl＋L组合键，打开【色阶】对话框，调整参数，如图13-3所示。

图13—3

03 选择【图像】|【调整】|【亮度/对比度】命令，如图13-4所示。

图13—4

04 在弹出的【亮度/对比度】对话框中调节亮度和对比度，调节后的效果如图13-5所示。

图13—5

05 最终图像效果如图13-6所示。

图13—6

★ 案例实战——可选颜色调整画面颜色

案例文件	案例文件\Chapter 13\案例实战——可选颜色调整画面颜色.psd
视频教学	视频文件\Chapter 13\案例实战——可选颜色调整画面颜色.flv
难易指数	★★☆☆☆
技术掌握	掌握使用色阶、可选颜色调整画面颜色的方法

实例介绍

在使用3ds Max进行渲染后，有时图像会发生一定的偏色，此时可以使用色阶、可选颜色调整画面颜色。处理前和处理后的效果如图13-7所示。

图13—7

制作步骤

01 启动Photoshop CS6中文版，打开【案例文件\Chapter 13\案例实战——可选颜色调整画面颜色\02.jpg】文件，效果如图13-8所示。

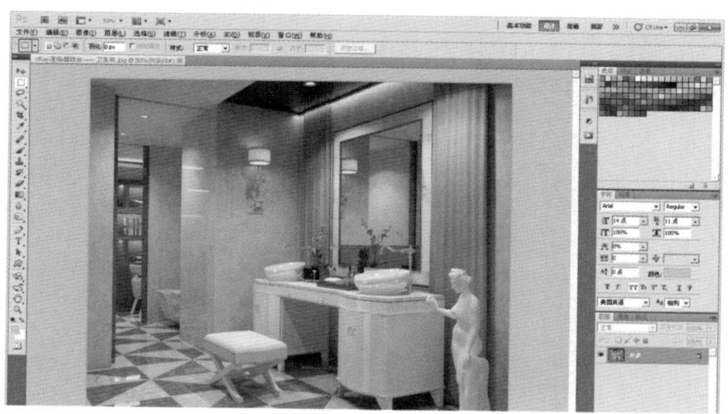

图13—8

02 按Ctrl＋L组合键，打开【色阶】对话框，调整参数，如图13-9所示。

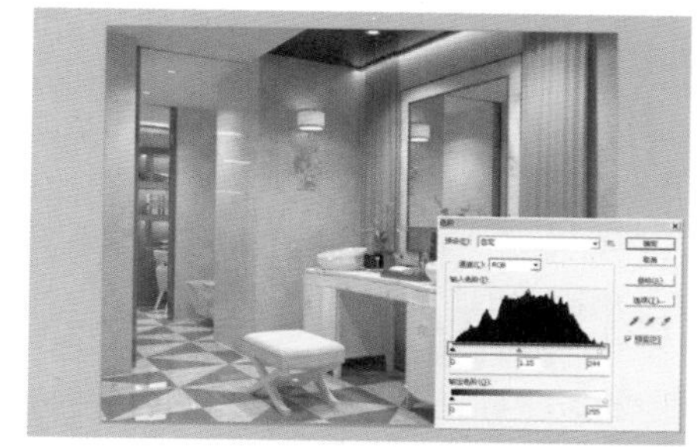

图13—9

03 选择【图像】|【调整】|【可选颜色】命令，如图13-10所示。

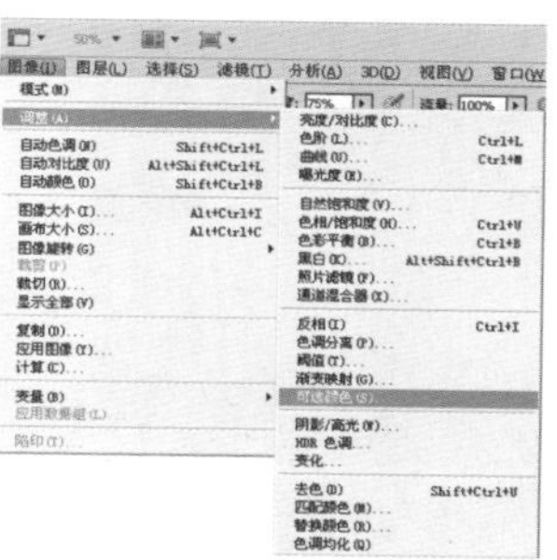

图13—10

04 在弹出的【可选颜色】对话框中设置【颜色】为【黄色】，并分别调节【青色】、【洋红】、【黄色】、【黑色】的百分比，调节后的效果如图13-11所示。

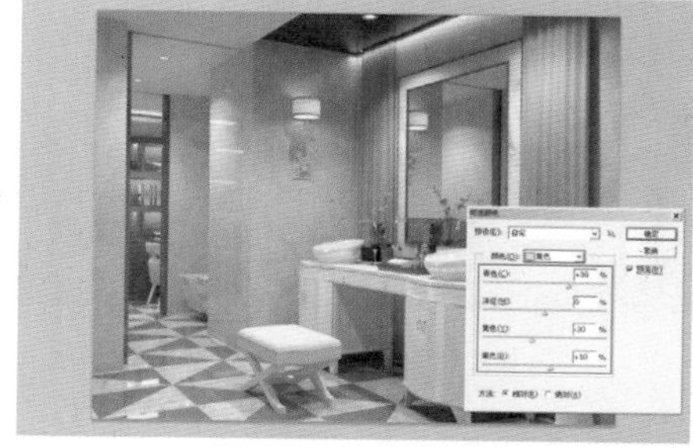

图13—11

05 最终图像效果如图13-12所示。

图13—12

★ 案例实战——增加图像饱和度

案例文件	案例文件\Chapter 13\案例实战——增加图像饱和度.psd
视频教学	视频文件\Chapter 13\案例实战——增加图像饱和度.flv
难易指数	★★☆☆☆
技术掌握	掌握使用曲线、亮度/对比度、色相/饱和度增加图像的饱和度的方法

实例介绍

在使用3ds Max进行渲染后，有时图像的饱和度会比较低，色彩不鲜艳，此时可以使用曲线、亮度/对比度、色相/饱和度增加图像的饱和度。处理前和处理后的效果如图13-13所示。

图13—13

制作步骤

01 启动Photoshop CS6中文版，打开【案例文件\Chapter 13\案例实战——增加图像饱和度\03.jpg】文件，效果如图13-14所示。

图13—14

02 按Ctrl+M组合键，打开【曲线】对话框，调整参数，如图13-15所示。

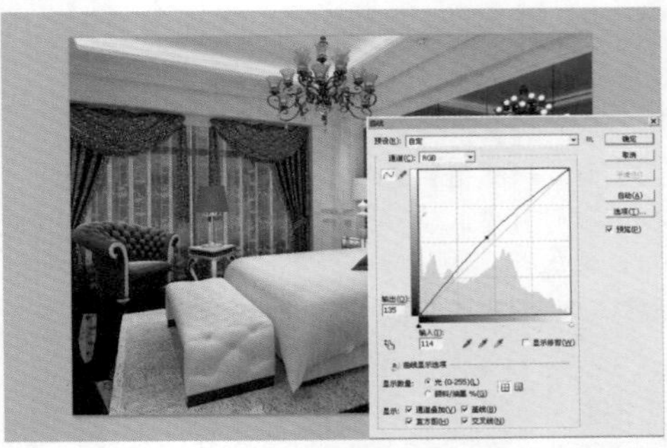

图13—15

03 选择【图像】|【调整】|【亮度/对比度】命令，如图13-16所示。

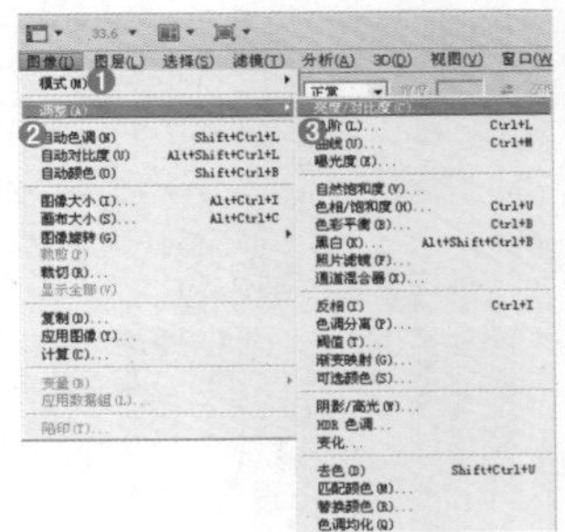

图13—16

04 在弹出的【亮度/对比度】对话框中调节亮度和对比度，调节后的效果如图13-17所示。

图13—17

05 选择【图像】|【调整】|【色相/饱和度】命令，如图13-18所示。

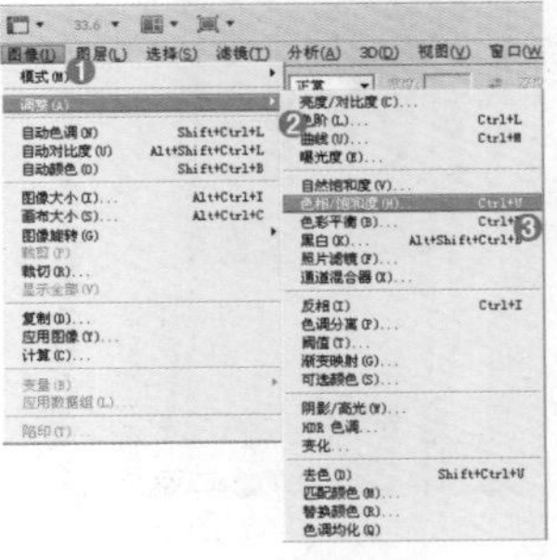

图13—18

06 在弹出的【色相/饱和度】对话框中调节饱和度，调节后的效果如图13-19所示。

图13—19

07 最终图像效果如图13-20所示。

图13—20

★ 案例实战——校正偏灰效果图

案例文件	案例文件\Chapter 13\案例实战——校正偏灰效果图.psd
视频教学	视频文件\Chapter 13\案例实战——校正偏灰效果图.flv
难易指数	★★☆☆☆
技术掌握	掌握使用曲线、亮度/对比度、色相/饱和度、智能锐化校正偏灰效果图的方法

实例介绍

在使用3ds Max进行渲染后，有时图像的颜色会比较灰，缺少亮丽的色彩，此时可以使用曲线、亮度/对比度、色相/饱和度及智能锐化校正偏灰效果图。处理前和处理后的效果如图13-21所示。

图13—21

制作步骤

01 启动Photoshop CS6中文版，打开【案例文件\Chapter 13\案例实战——校正偏灰效果图\04.jpg】文件，效果如图13-22所示。

图13—22

02 按Ctrl＋M组合键，打开【曲线】对话框，调整参数，如图13-23所示。

图13—23

03 选择【图像】|【调整】|【亮度/对比度】命令，如图13-24所示。

图13—24

04 在弹出的【亮度/对比度】对话框中调节亮度和对比度，调节后的效果如图13-25所示。

05 选择【图像】|【调整】|【色相/饱和度】命令，如图13-26所示。

图13—25

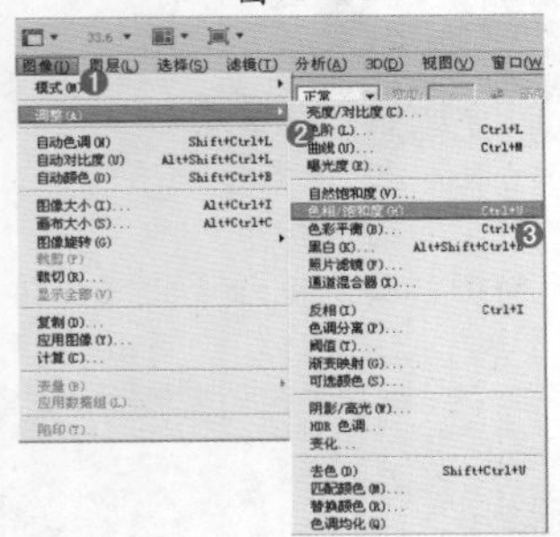

图13—26

06 在弹出的【色相/饱和度】对话框中调节饱和度，调节后的效果如图13-27所示。

图13—27

07 选择【滤镜】|【锐化】|【智能锐化】命令，如图13-28所示。

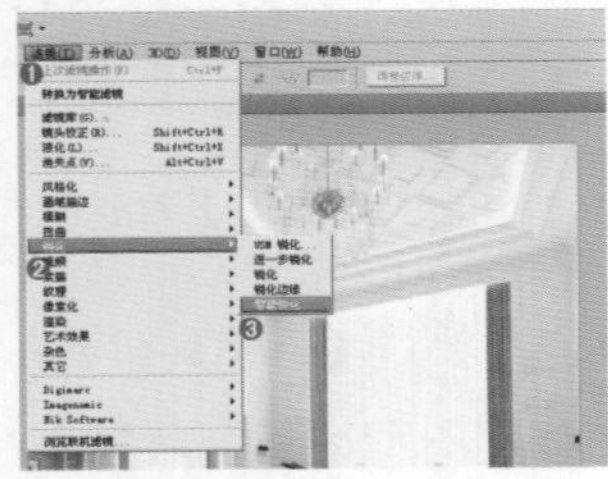

图13—28

08 在弹出的【智能锐化】对话框中，调节数量和半径，调节后的效果如图13-29所示。

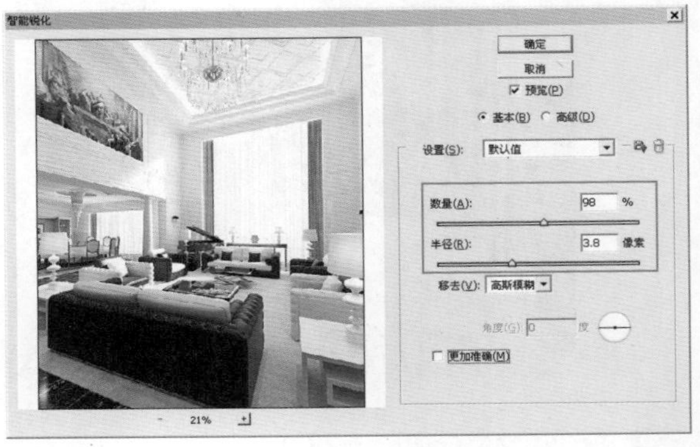

图13—29

09 最终图像效果如图13-30所示。

图13—30

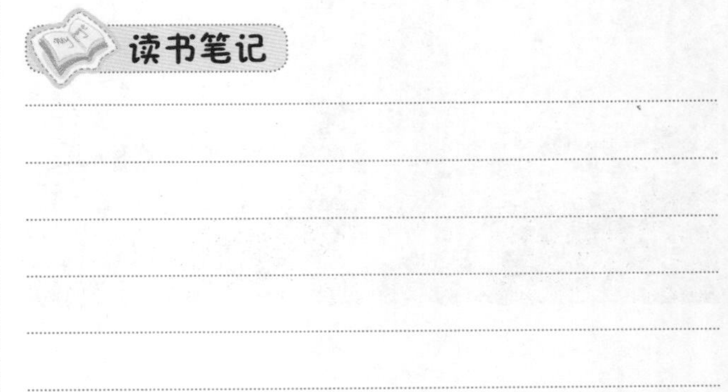

★ 案例实战——阴影/高光还原效果图暗部细节

案例文件	案例文件\Chapter 13\案例实战——阴影/高光还原效果图暗部细节.psd
视频教学	视频文件\Chapter 13\案例实战——阴影/高光还原效果图暗部细节.flv
难易指数	★★☆☆☆
技术掌握	掌握使用阴影/高光、曲线还原效果图暗部细节的方法

实例介绍

在使用3ds Max进行渲染后，有时图像的暗部会非常暗，导致看不清暗部的细节，此时可以使用阴影/高光、曲线还原效果图暗部细节。处理前和处理后的效果如图13-31所示。

图13—31

制作步骤

01 启动Photoshop CS6中文版，打开【案例文件\Chapter 13\案例实战——阴影/高光还原效果图暗部细节\05.jpg】文件，为了避免破坏原图像，按Ctrl+J组合键复制背景图层，作为图层1，如图13-32和图13-33所示。

图13—32

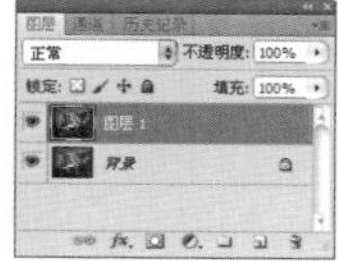

图13—33

02 选择【图像】|【调整】|【阴影/高光】命令，打开【阴影/高光】对话框，启用【显示更多选项】选项，然后设置各项参数，如图13-34和图13-35所示。此时可以看到原图中暗部区域的细节明显增多，如图13-36所示。

图13—34

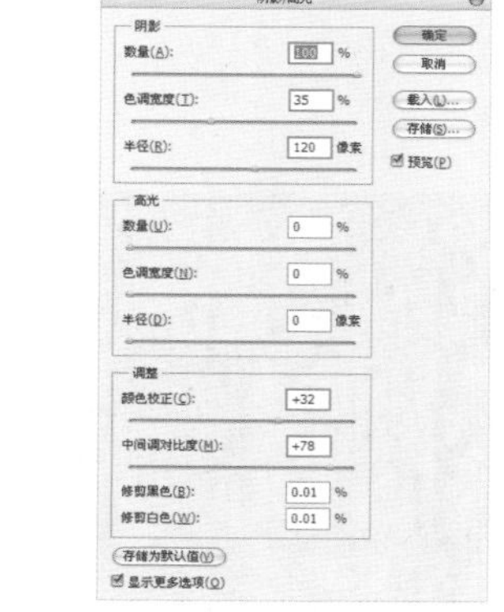

图13—35

图13—36

03 此时可以观察到暗部区域被提亮而且细节更加丰富，但是天花板显得比较脏，床单部分有些曝光，可以为图层1添加图层蒙版，使用黑色画笔工具涂抹天花板部分，如图13-37所示。

图13—37

04 创建新的【曲线】调整图层，然后调整曲线形状，将图像整体提亮，如图13-38所示，最终效果如图13-39所示。

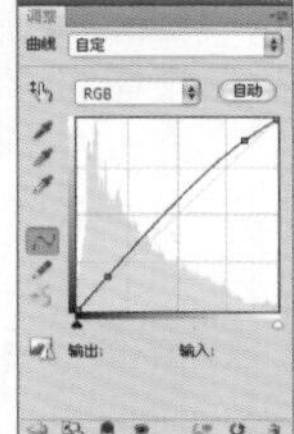

图13—38

图13—39

★ 案例实战——打造朦胧感温馨色调浴室

案例文件	案例文件\Chapter 13\案例实战——打造朦胧感温馨色调浴室.psd
视频教学	视频文件\Chapter 13\案例实战——打造朦胧感温馨色调浴室.flv
难易指数	★★☆☆☆
技术掌握	掌握【高斯模糊】命令、【自然饱和度】命令和【照片滤镜】命令的用法

实例介绍

在使用3ds Max进行渲染后，有时图像因为对比度不高，所以细节会不明显，此时可以使用【高斯模糊】命令配合图层混合模式增加对比度，还可以使用【自然饱和度】和【照片滤镜】命令调整画面颜色。处理前和处理后的效果如图13-40所示。

图13—40

图13—40（续）

制作步骤

01 启动Photoshop CS6中文版，打开【案例文件\Chapter 13\案例实战——打造朦胧感温馨色调浴室\06.jpg】文件，如图13-41所示。按Ctrl+J组合键复制背景图层，作为背景副本，在【图层】面板中设置混合模式为【柔光】，如图13-42所示。

图13—41

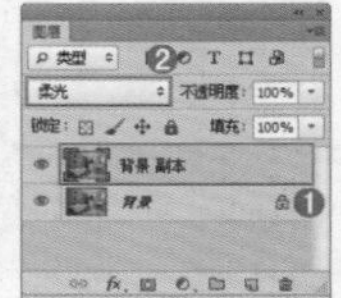

图13—42

02 选择【滤镜】|【模糊】|【高斯模糊】命令，如图13-43所示。在弹出的【高斯模糊】对话框中设置【半径】为5.5像素，单击【确定】按钮完成操作，如图13-44所示。

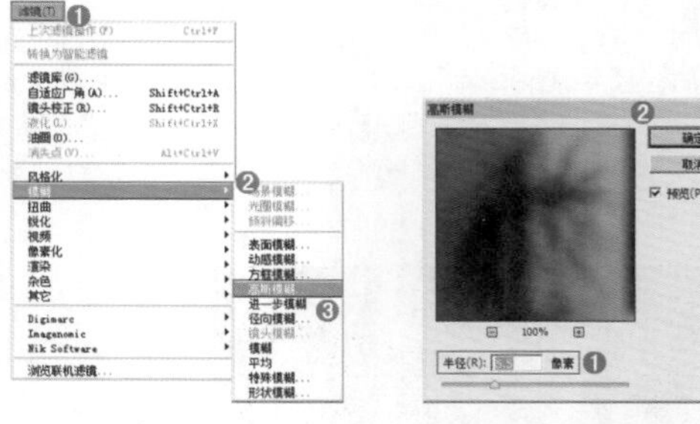

图13—43　　图13—44

03 选择【图像】|【调整】|【自然饱和度】命令，如图13-45所示。在弹出的【自然饱和度】对话框中设置【自然饱和度】为-30，单击【确定】按钮完成操作，如图13-46所示。

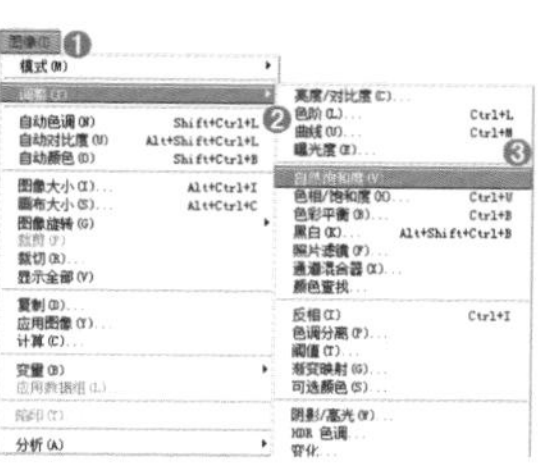

图13—45

图13—46

04 选择【图像】|【调整】|【照片滤镜】命令，如图13-47所示。在弹出的【照片滤镜】对话框中设置【滤镜】为【加温滤镜（81）】，【浓度】为25%。单击【确定】按钮完成操作，如图13-48所示。

图13—47

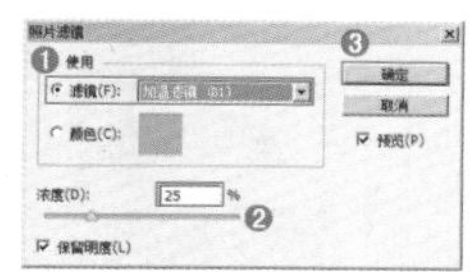

图13—48

05 最终图像效果如图13-49所示。

图13—49

读书笔记

★ 案例实战——打造清爽色调效果图

案例文件	案例文件\Chapter 13\案例实战——打造清爽色调效果图.psd
视频教学	视频文件\Chapter 13\案例实战——打造清爽色调效果图.flv
难易指数	★★☆☆☆
技术掌握	掌握【曲线】和【照片滤镜】命令的用法

实例介绍

在使用3ds Max进行渲染后，有时图像整体色彩不尽如人意，此时可以使用【曲线】和【照片滤镜】命令调整画面整体色调。处理前和处理后的效果如图13-50所示。

图13—50

制作步骤

01 启动Photoshop CS6中文版，打开【案例文件\Chapter 13\案例实战——打造清爽色调效果图\07.jpg】文件，如图13-51所示。

图13—51

02 选择【图像】|【调整】|【曲线】命令，如图13-52所示。在弹出的【曲线】对话框中调整曲线形状，单击【确定】按钮完成操作，如图13-53所示。

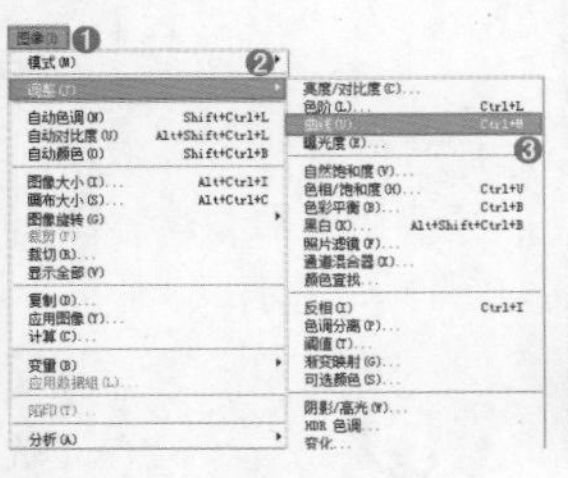

图13—52

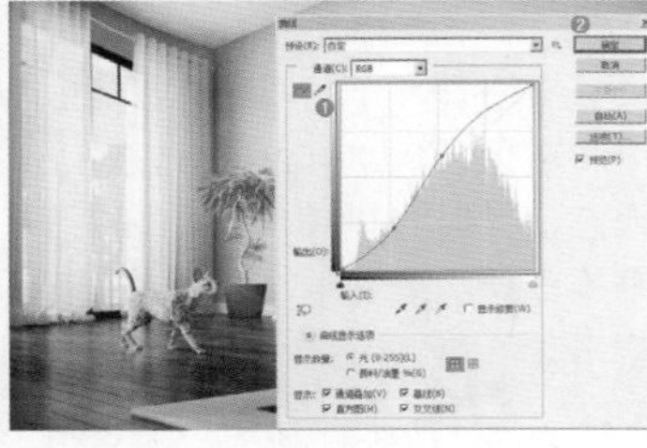

图13—53

03 选择【图像】|【调整】|【照片滤镜】命令，如图13-54所示。在弹出的【照片滤镜】对话框中设置【滤镜】为冷却滤镜（82），【浓度】为25%。单击【确定】按钮完成操作，如图13-55所示。

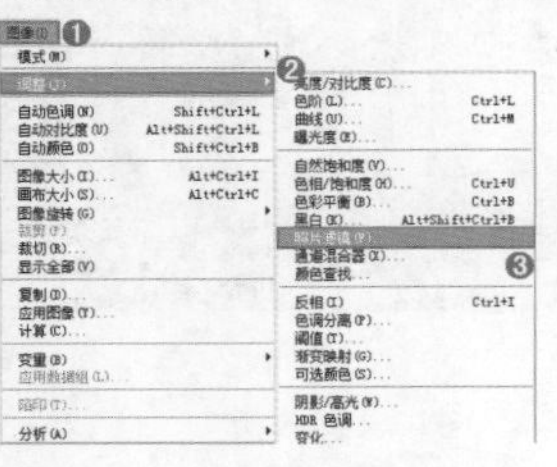

图13—54

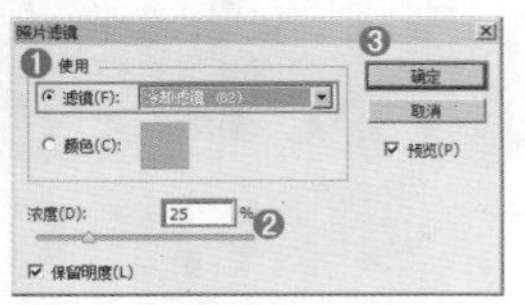

图13—55

04 最终图像效果如图13-56所示。

图13—56

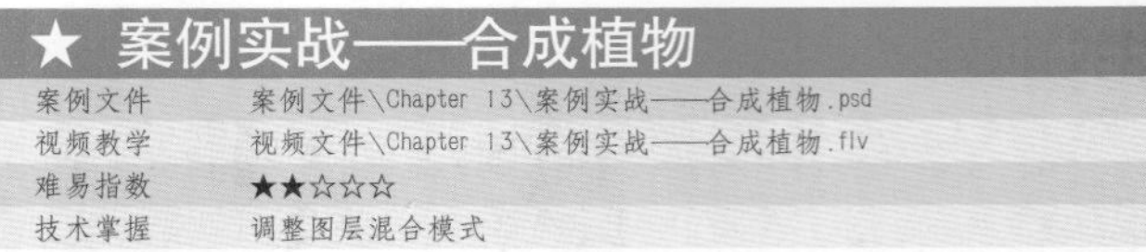

★ 案例实战——合成植物

案例文件	案例文件\Chapter 13\案例实战——合成植物.psd
视频教学	视频文件\Chapter 13\案例实战——合成植物.flv
难易指数	★★☆☆☆
技术掌握	调整图层混合模式

实例介绍

在使用3ds Max进行渲染后，需要为室内添加绿植，此时可以调整绿植图层的混合模式，使绿植效果更加逼真。处理前和处理后的效果如图13-57所示。

图13—57

制作步骤

01 启动Photoshop CS6中文版，打开【案例文件\Chapter 13\案例实战——合成植物\08.jpg】文件，如图13-58所示。

图13—58

02 选择【文件】|【置入】命令，如图13-59所示。在弹出的【置入】对话框中选择素材文件【植物】，单击【置入】按钮完成置入操作，如图13-60所示。

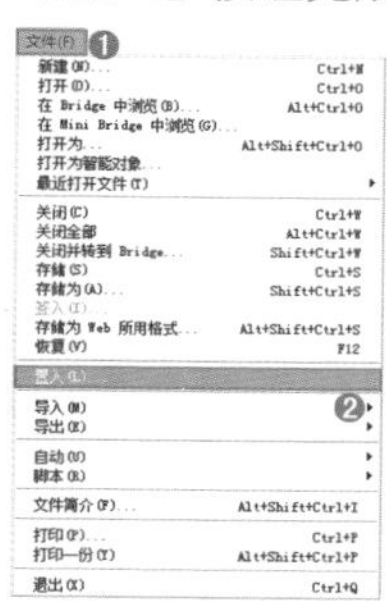

图13-59

图13-60

03 按Enter键完成置入图片，如图13-61所示。在【图层】面板中选择素材图层，右击执行【栅格化图层】命令，如图13-62所示。然后设置该图层的混合模式为【正片叠底】，如图13-63所示。

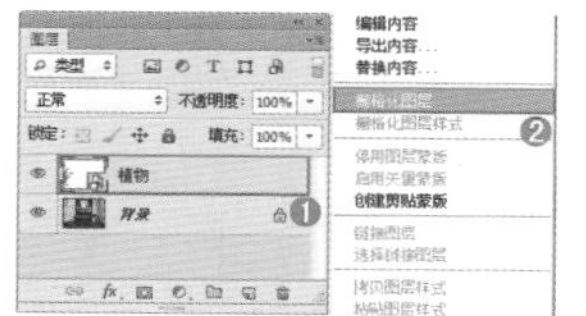

图13-61 图13-62

图13-63

04 最终图像效果如图13-64所示。

图13-64

读书笔记

★ 案例实战——去除墙面的装饰画

案例文件	案例文件\Chapter 13\案例实战——去除墙面的装饰画.psd
视频教学	视频文件\Chapter 13\案例实战——去除墙面的装饰画.flv
难易指数	★★☆☆☆
技术掌握	掌握仿制图章工具

实例介绍

在使用3ds Max进行渲染后，需要为墙面去除多余的装饰，此时可以使用仿制图章工具进行修补。处理前和处理后的效果如图13-65所示。

图13-65

制作步骤

01 启动Photoshop CS6中文版，打开【案例文件\Chapter 13\案例实战——去除墙面的装饰画\09.jpg】文件，如图13-66所示。为了避免破坏原图像，按Ctrl+J组合键复制背景图层，作为背景副本，如图13-67所示。

图13-66

图13-67

02 单击工具箱中的【仿制图章工具】按钮，在选项栏中设置仿制图章画笔的【大小】为30像素，【硬度】为0%，如图13-68所示。将鼠标指针移至装饰画旁的墙面上，按住Alt键并单击，吸取墙面，如图13-69所示。

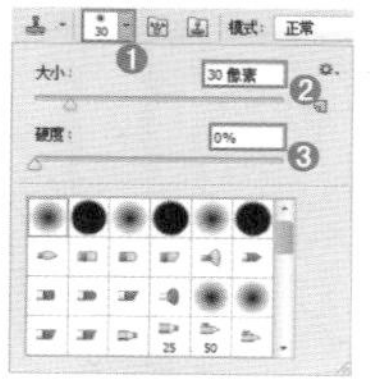

图13-68

图13-69

03 将鼠标指针移至装饰画的一角上并单击，可以看到单击的装饰画部分被墙面覆盖，如图13-70所示。多次重复此操作。最终图像效果如图13-71所示。

图13-70

图13-71

★ 案例实战——锐化图像

案例文件	案例文件\Chapter 13\案例实战——锐化图像.psd
视频教学	视频文件\Chapter 13\案例实战——锐化图像.flv
难易指数	★★☆☆☆
技术掌握	掌握【锐化】命令的用法

实例介绍

在使用3ds Max进行渲染后，画面会有些模糊，细节会不太明显，此时可以使用【锐化】命令进行调整。处理前和处理后的效果如图13-72所示。

图13-72

制作步骤

01 启动Photoshop CS6中文版，打开【案例文件\Chapter 13\案例实战——锐化图像\10.jpg】文件，如图13-73所示。为了避免破坏原图像，按Ctrl+J组合键复制背景图层，作为背景副本，如图13-74所示。

图13-73

图13-74

02 选择【滤镜】|【锐化】|【智能锐化】命令，如图13-75所示。在弹出的【智能锐化】对话框中设置【数量】为167%，【半径】为0.7像素，单击【确定】按钮完成操作，如图13-76所示。

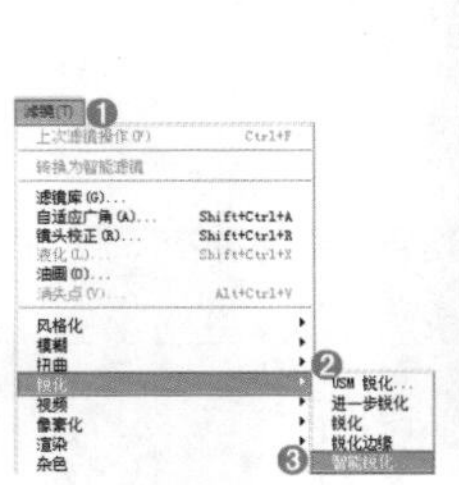

图13-75

图13-76

03 最终图像效果如图13-77所示。

图13-77

★ 案例实战——替换墙面和椅子的颜色

案例文件	案例文件\Chapter 13\案例实战——替换墙面和椅子的颜色.psd
视频教学	视频文件\Chapter 13\案例实战——替换墙面和椅子的颜色.flv
难易指数	★★☆☆☆
技术掌握	掌握【替换颜色】命令的用法

实例介绍

在使用3ds Max进行渲染后，有时需要更改画面中的某个颜色，此时可以使用【替换颜色】命令来进行处理。处理前和处理后的效果如图13-78所示。

图13—78

制作步骤

01 启动Photoshop CS6中文版，打开【案例文件\Chapter 13\案例实战——替换墙面和椅子的颜色\11.jpg】文件，如图13-79所示。为了避免破坏原图像，按Ctrl+J组合键复制背景图层，作为背景副本，如图13-80所示。

图13—79

图13—80

02 选择【图像】|【调整】|【替换颜色】命令，如图13-81所示。在弹出的【替换颜色】对话框中单击【吸管工具】按钮，在右侧椅子上单击吸取椅子颜色，如图13-82所示。

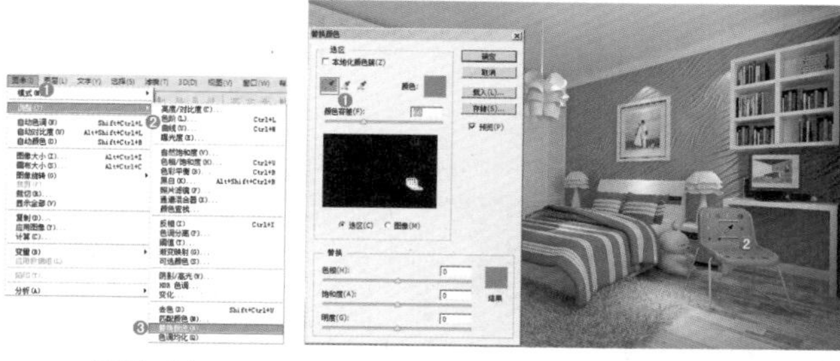

图13—81　　图13—82

03 在【替换颜色】对话框中设置【颜色容差】为200，【色相】为50，单击【确定】按钮结束操作，如图13-83所示。最终图像效果如图13-84所示。

图13—83

图13—84

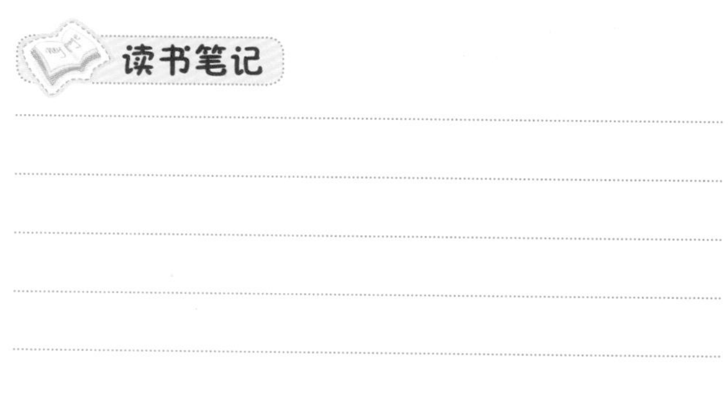

读书笔记

★ 案例实战——添加画面星星斑点

案例文件	案例文件\Chapter 13\案例实战——添加画面星星斑点.psd
视频教学	视频文件\Chapter 13\案例实战——添加画面星星斑点.flv
难易指数	★★☆☆☆
技术掌握	掌握画笔工具的使用方法

实例介绍

在使用3ds Max进行渲染后，有时需要为画面中的灯光添加星光感，此时可以使用画笔工具来进行制作。处理前和处理后的效果如图13-85所示。

图13—85

制作步骤

01 启动Photoshop CS6中文版，选择【文件】|【新建】命令，如图13-86所示。在弹出的【新建】对话框中设置【宽度】和【高度】均为300像素，【背景内容】为【透明】，单击【确定】按钮结束操作，如图13-87所示。

图13—86

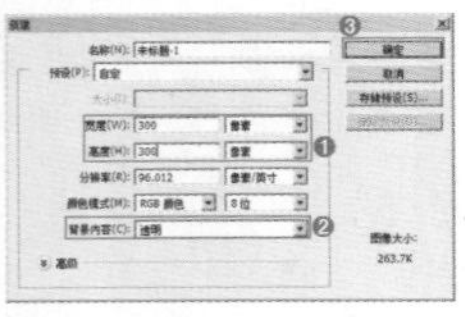

图13—87

02 单击工具箱中的【画笔工具】按钮，在选项栏中设置画笔的【大小】为100像素，【硬度】为0%，如图13-88所示。设置任意颜色，在画面中单击绘制一个柔边圆，如图13-89所示。

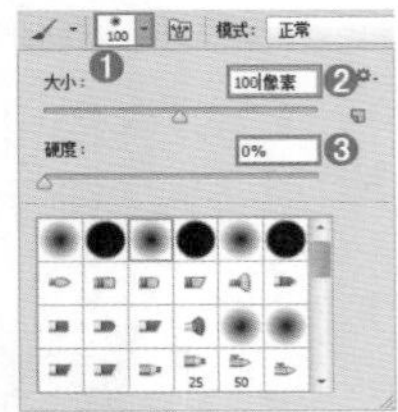

图13—88

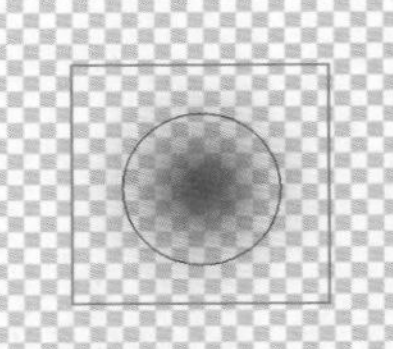

图13—89

03 按Ctrl+T组合键执行【自由变换】命令，在上侧中间的控制点上按住鼠标左键向下拖曳，如图13-90所示。在右侧中间的控制点上按住鼠标左键向右拖曳，如图13-91所示。按Enter键完成变形操作。

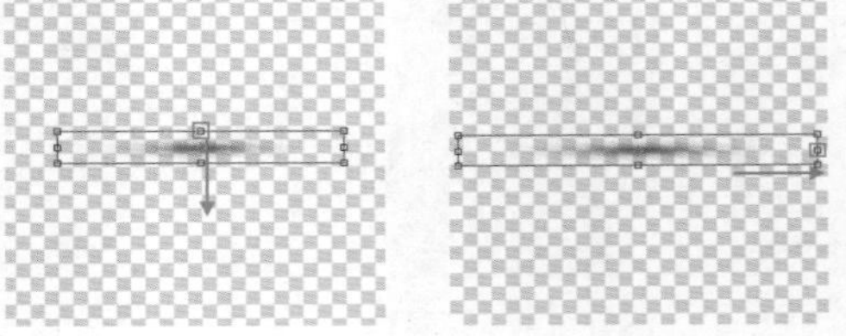

图13—90　图13—91

04 新建图层，同样使用画笔工具和【自由变换】命令制作白色椭圆，将鼠标指针移至四角控制点上，按住鼠标左键拖曳，调整图形角度，如图13-92所示。多次新建图层并使用画笔工具和【自由变换】命令，制作不同角度的椭圆，如图13-93所示。

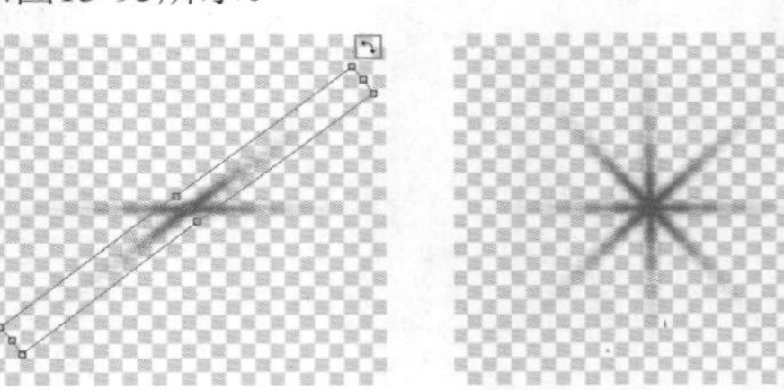

图13—92　图13—93

05 再次新建图层，使用画笔工具在星光中间单击，如图13-94所示。选择【图层】|【合并可见图层】命令，如图13-95所示。

图13—94　图13—95

06 选择【编辑】|【定义画笔预设】命令，如图13-96所示。在弹出的【画笔名称】对话框中设置【名称】为【星星】，单击【确定】按钮结束操作，如图13-97所示。

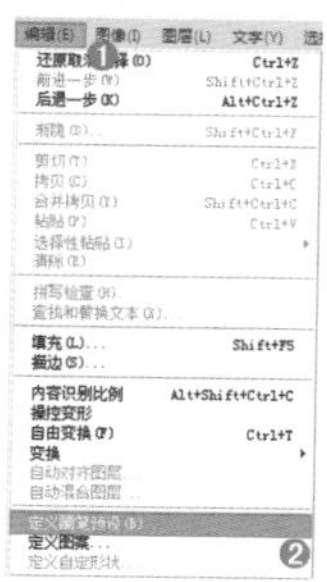

图13—96

图13—97

07 打开【案例文件\Chapter 13\案例实战——添加画面星星斑点\12.jpg】文件，如图13-98所示。单击画笔工具，设置合适大小，新建图层，在左侧的蜡烛上单击，绘制星星斑点，如图13-99所示。

图13—98

图13—99

08 多次单击绘制，适当调整画笔大小，制作出近大远小的斑点效果，最终图像效果如图13-100所示。

图13—100

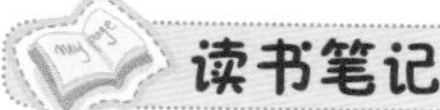

读书笔记

★ 案例实战——添加射灯效果

案例文件	案例文件\Chapter 13\案例实战——添加射灯效果.psd
视频教学	视频文件\Chapter 13\案例实战——添加射灯效果.flv
难易指数	★★☆☆☆
技术掌握	掌握使用套索工具

实例介绍

在使用3ds Max进行渲染后，有时需要为画面添加一些灯光效果，此时可以使用套索工具来添加光感。处理前和处理后的效果如图13-101所示。

图13—101

制作步骤

01 启动Photoshop CS6中文版，打开【案例文件\Chapter 13\案例实战——添加射灯效果\13.jpg】文件，如图13-102所示。选择【文件】|【置入】命令，如图13-103所示。

02 在弹出的【置入】对话框中选择素材文件【射灯】，单击【置入】按钮完成操作，如图13-104所示。按Enter键完成图片置入，调整到合适大小及位置，如图13-105所示。

图13—102

图13—104

图13—103

图13—105

03 单击工具箱中的【套索工具】按钮，在左侧灯下按住鼠标左键拖曳，绘制选区，如图13-106所示。右击执行【羽化】命令，在弹出的【羽化选区】对话框中设置【羽化半径】为15像素，单击【确定】按钮结束操作，然后新建图层并填充白色，如图13-107所示。

图13—106

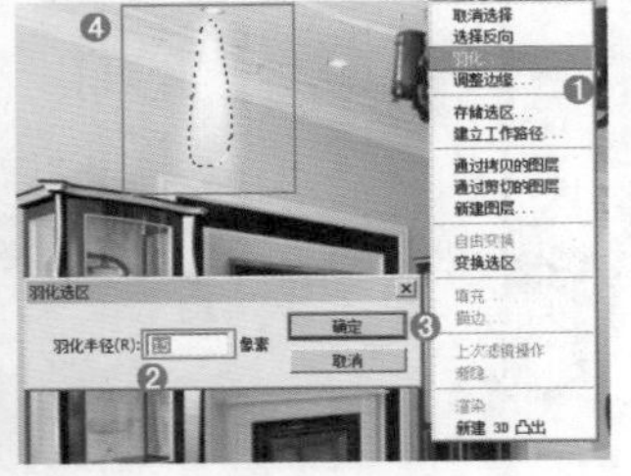

图13—107

04 在【图层】面板中设置图层1的混合模式为【柔光】，如图13-108所示。画面效果如图13-109所示。

图13—108

图13—109

05 使用同样的方法制作另外两个灯光效果，并适当调整大小，制作出近大远小的灯光效果，最终图像效果如图13-110所示。

图13—110

★ 案例实战——增加光源数量

案例文件	案例文件\Chapter 13\案例实战——增加光源数量.psd
视频教学	视频文件\Chapter 13\案例实战——增加光源数量.flv
难易指数	★★☆☆☆
技术掌握	掌握【拷贝】命令与图层蒙版的使用

实例介绍

在使用3ds Max进行渲染后，有时需要增加光源的数量，此时可以复制原有的光源，添加图层蒙版使光源与画面更加融合。处理前和处理后的效果如图13-111所示。

图13—111

制作步骤

01 启动Photoshop CS6中文版，打开【案例文件\Chapter 13\案例实战——增加光源数量\14.jpg】文件，如图13-112所示。单击工具箱中的【套索工具】按钮，在右侧灯上按住鼠标左键拖曳，绘制选区，如图13-113所示。

图13-112

图13-113

02 选择【编辑】|【拷贝】命令，或按Ctrl+C组合键，如图13-114所示。再选择【编辑】|【粘贴】命令，或按Ctrl+V组合键，如图13-115所示。

图13-114

图13-115

03 将粘贴的图层移动到合适位置，如图13-116所示。在【图层】面板中单击【添加图层蒙版】按钮，为图层添加蒙版，如图13-117所示。

04 使用黑色柔角画笔工具在画面中复制的灯光周围进行涂抹，图层蒙版效果如图13-118所示。最终图像效果如图13-119所示。

图13-116

图13-117

图13-118

图13-119

★ 案例实战——制作景深效果

案例文件	案例文件\Chapter 13\案例实战——制作景深效果.psd
视频教学	视频文件\Chapter 13\案例实战——制作景深效果.flv
难易指数	★★☆☆☆
技术掌握	掌握【光圈模糊】命令的用法

实例介绍

在使用3ds Max进行渲染后，有时需要为画面打造出景深的效果，此时可以使用【光圈模糊】命令来进行制作。处理前和处理后的效果如图13-120所示。

图13-120

制作步骤

01 启动Photoshop CS6中文版，打开【案例文件\Chapter 13\案例实战——制作景深效果\15.jpg】文件，如图13-121所示。

图13-121

02 选择【滤镜】|【模糊】|【光圈模糊】命令，如图13-122所示。在弹出的对话框中调整景深形状，设置【模糊】为15像素，单击【确定】按钮完成操作，如图13-123所示。

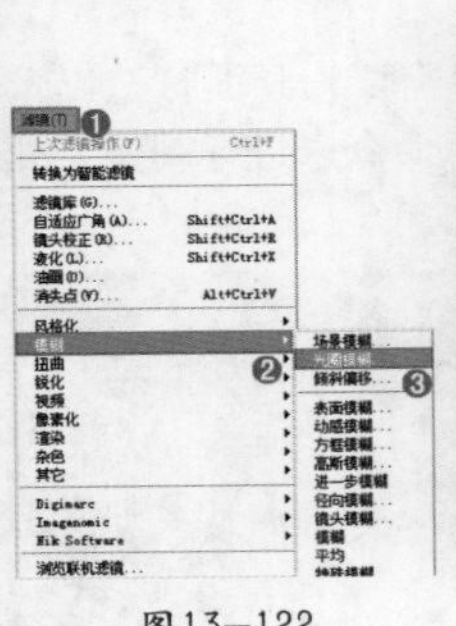
图13—122

图13—123

03 最终图像效果如图13-124所示。

图13—124

本章小结

通过对本章的学习，我们可以掌握使用Photoshop对效果图进行调色、修缮、合成等操作的方法，可以弥补在3ds Max渲染时出现的小问题。巧妙地运用Photoshop会大大提高工作效率，并且可以更方便地制作出所需要的效果。因此使用Photoshop进行后期处理才是制作效果图的最后一个步骤。

读书笔记

第14章

格调雅致，气质高贵——休息室一角

场景文件	14.max
案例文件	案例文件\Chapter 14\格调雅致，气质高贵——休息室一角.max
视频教学	视频文件\Chapter 14\格调雅致，气质高贵——休息室一角.flv
难易指数	★★★★☆
灯光类型	目标灯光、VR灯光
材质类型	VRayMtl材质、标准材质
程序贴图	衰减程序贴图、混合程序贴图
技术掌握	掌握局部空间的灯光层次的把握和材质的表现

项目概况

- 项目名称：格调雅致，气质高贵
- 户型：平层，家装

客户定位

业主是位30岁的女性，喜欢欧式古典浪漫风格，但不想被烦琐所束缚；喜欢简约和干练，但却又不够典雅，缺少温馨。而雅致风格正好可以完全解决客户的要求。

风格定位：雅致风格

雅致风格是近几年刚刚兴起又被消费者所迅速接受的一种设计方式，特别是对于文艺界、教育界的业主。空间布局接近现代风格，而在具体的界面形式、配线方法上则接近新古典。在选材方面应该注意颜色的和谐性。

装饰主色调

- 室内空间颜色以米黄色为主
- 陈设色调以米色、黑色和绿色为主，局部点缀蓝色、金色、红色等

色彩关系

RGB=193,176,149

RGB=222,205,185

RGB=68,62,57

RGB=152,163,58

RGB=204,184,138

类似风格优秀设计作品赏析

实例介绍

本例是一个休息室一角，室内明亮灯光表现主要使用了目标灯光和VR灯光来制作，使用VRayMtl制作本案例的主要材质，制作完毕之后渲染效果如图14-1所示。

图14-1

局部渲染效果如图14-2所示。

图14-2

操作步骤

Part 01 设置VRay渲染器

01 打开本书配套光盘中的【场景文件\Chapter 14\14.max】文件，此时场景效果如图14-3所示。

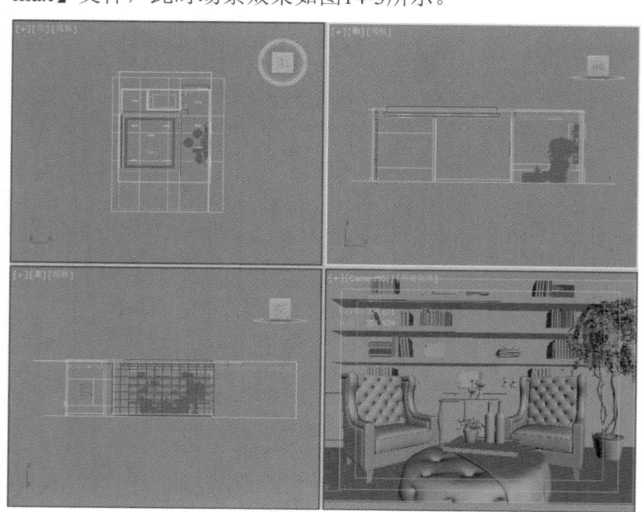

图14-3

02 按F10键，打开【渲染设置】对话框，选择【公用】选项卡，在【指定渲染器】卷展栏中单击...按钮，在弹出的【选择渲染器】对话框中选择【V-Ray Adv 2.30.01】选项，如图14-4所示。

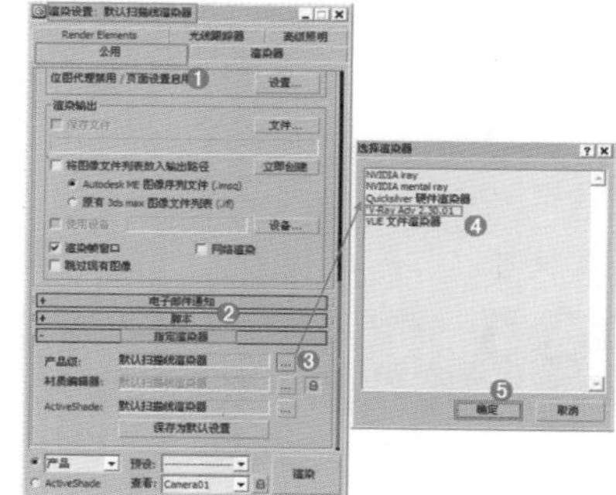

图14-4

03 此时在【指定渲染器】卷展栏中的【产品级】后面显示了【V-Ray Adv 2.30.01】，【渲染设置】对话框中出现了V-Ray、【间接照明】、【设置】和Render Elements选项卡，如图14-5所示。

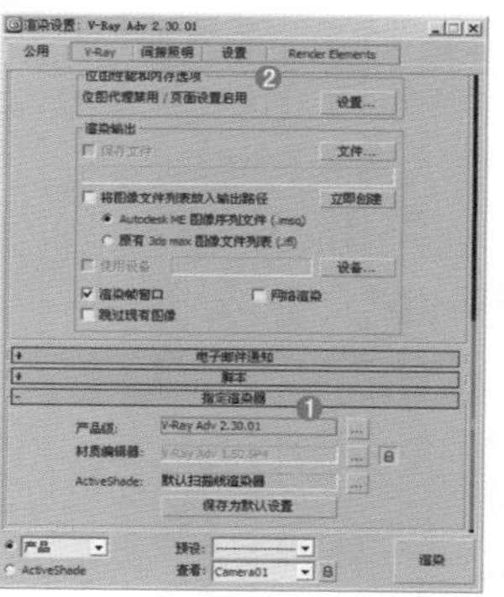

图14-5

Part 02 材质的制作

下面就来讲述场景中主要材质的调节方法，包括地面、沙发、布料、皮质茶几、植物、木纹、涂料材质等，效果如图14-6所示。

图14-6

01 地面材质的制作

本案例的地面是大理石材质，大理石主要用于加工成各种型材、板材，作为建筑物的墙面、地面、台、柱，还常用于纪念性建筑物如碑、塔、雕像等的材料。如图14-7所示为现实中的地面材质，其基本属性主要有以下2点：

- 带有花纹纹理图案
- 带有一定的反射

图14—7

01 按M键，打开【材质编辑器】对话框，选择一个材质球，单击 Standard （标准）按钮，在弹出的【材质/贴图浏览器】对话框中选择VRayMtl材质，如图14-8所示。

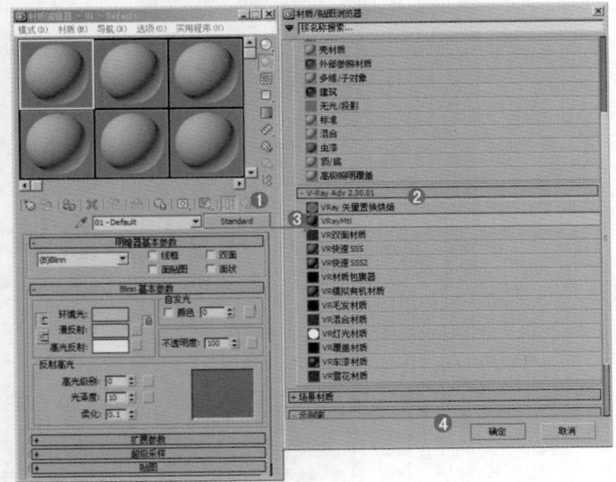

图14—8

02 将其命名为【地面】，具体的调节参数如图14-9和图14-10所示。

- 在【漫反射】选项组下命令的通道上加载【地面.jpg】贴图文件，展开【坐标】卷展栏，设置【偏移】的U为-0.15，【角度】的U和W分别为35、45。

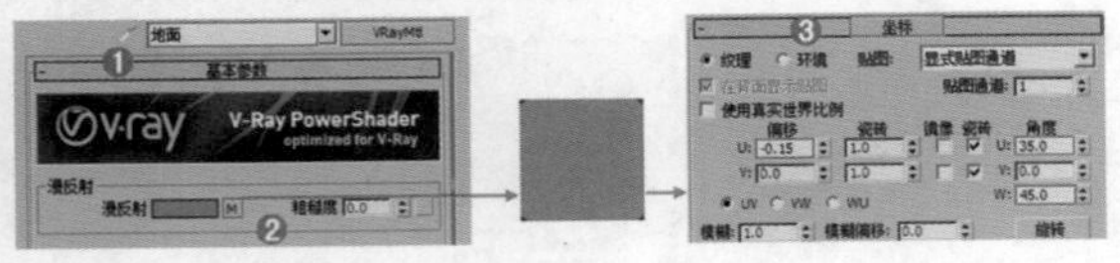

图14—9

- 在【反射】选项组中的通道上加载【衰减】程序贴图，设置【反射光泽度】为0.9，【细分】为25。

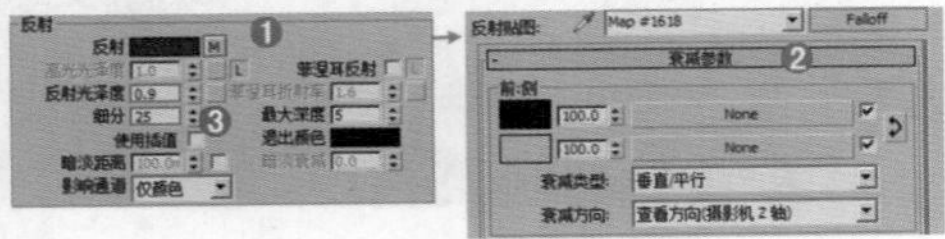

图14—10

03 将制作好的地面材质赋给场景中地面部分的模型，效果如图14-11所示。

图14—11

02 沙发材质的制作

沙发按用料分主要有4类，皮沙发、面料沙发、实木沙发、布艺沙发和藤艺沙发。如图14-12所示为现实中的沙发材质，其基本属性主要为：

- 带有花纹纹理图案

图14—12

01 按M键，打开【材质编辑器】对话框，选择一个材质球，单击 Standard （标准）按钮，在弹出的【材质/贴图浏览器】对话框中选择VRayMtl材质，如图14-13所示。

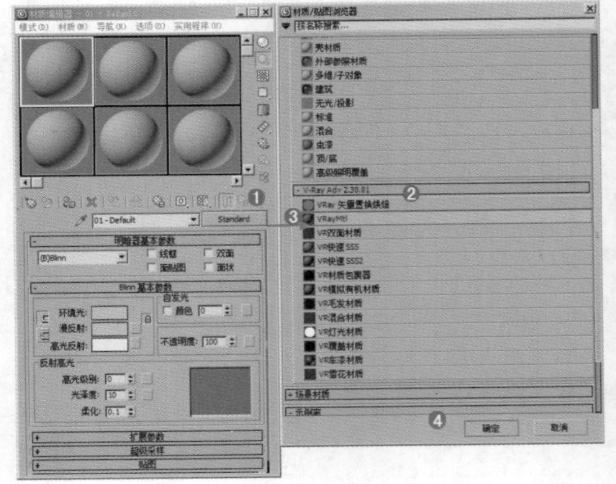

图14—13

02 将其命名为【沙发】，在【漫反射】选项组中的通道上加载【衰减】程序贴图，展开【衰减参数】卷展栏，在黑色通道后面加载【1_4a.jpg】贴图文件，展开【坐标】卷展栏，并设置【瓷砖】的U和V分别为2；在白色通道后面加载【1_4a2.jpg】贴图文件，展开【坐标】卷展栏，并设置【瓷砖】的U和V分别为2，如图14-14所示。

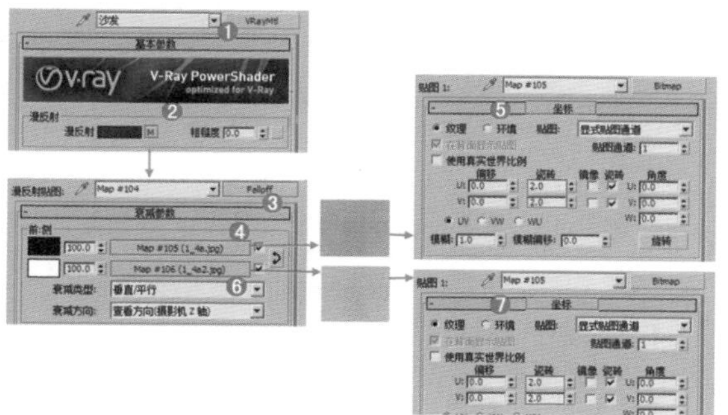

图14—14

03 将制作好的沙发材质赋给场景中沙发的模型，效果如图14-15所示。

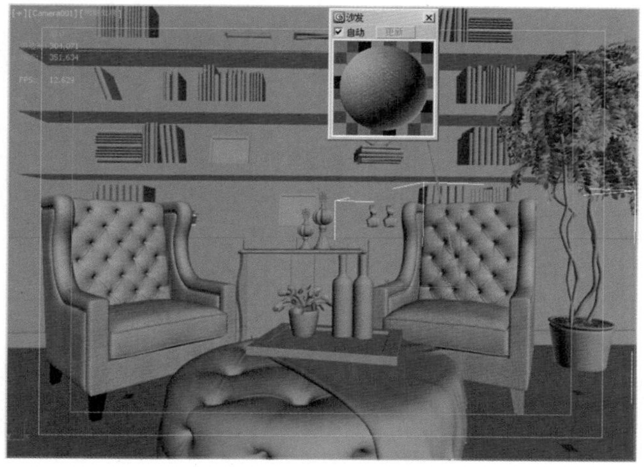

图14—15

03 布料材质的制作

布料是装饰材料中常用的材料，包括化纤地毯、无纺壁布、亚麻布、尼龙布、彩色胶布、法兰绒等各式布料。如图14-16所示为现实中的布料材质，其基本属性主要为：

- 带有花纹纹理图案

图14—16

01 选择一个空白材质球，然后将材质类型设置为VRayMtl，并命名为【布料】。在【漫反射】选项组中通道上加载【衰减】程序贴图，展开【衰减参数】卷展栏，在黑色通道后面加载【2alpaca-17.jpg】贴图文件，在白色通道后面加载【2alpaca-20.jpg】贴图文件，如图14-17所示。

02 将制作好的布料材质赋给场景中布料模型，效果如图14-18所示。

技巧提示

使用【衰减】程序贴图，可以模拟出两种颜色的过渡衰减效果，当然也可以在颜色后面添加贴图来产生两个贴图的过渡衰减效果。

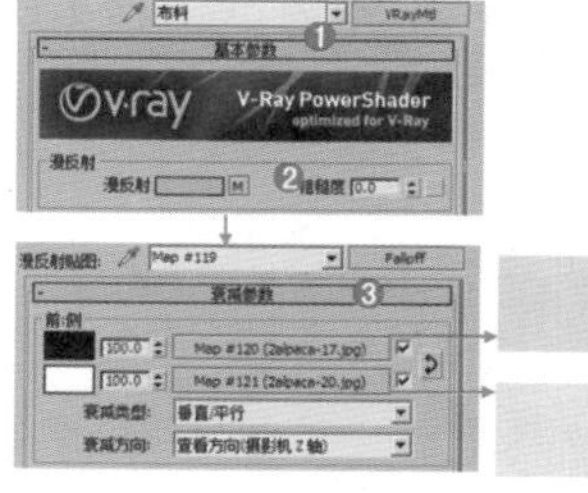

图14—17

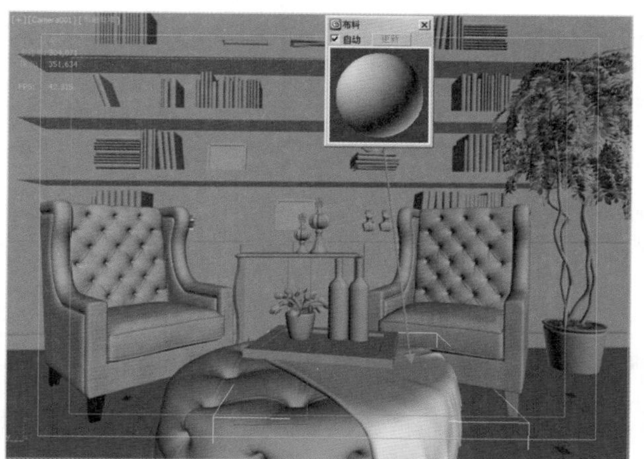

图14—18

04 皮质茶几材质的制作

皮革是经脱毛和鞣制等物理、化学加工所得到的已经变性、不易腐烂的动物皮革。其表面有一种特殊的粒面层，具有自然的粒纹和光泽，手感舒适。如图14-19所示为现实中的皮革材质，其基本属性主要有以下2点：

- 颜色为黑色
- 带有一定的模糊反射

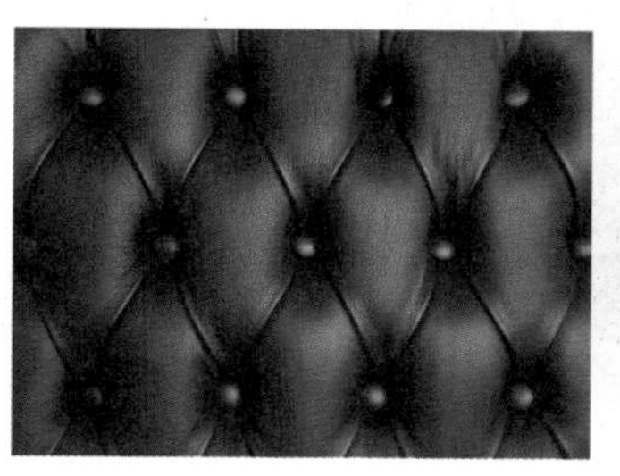

图14—19

01 选择一个空白材质球，然后将材质类型设置为VRayMtl，并命名为【皮质茶几】，调节的具体参数如图14-20和图14-21所示。

- 在【漫反射】选项组中调节颜色为黑色（红：0，绿：0，蓝：0）。
- 在【反射】选项组中通道上加载【衰减】程序贴图，

调节两个颜色为黑色（红：0，绿：0，蓝：0）和浅蓝色（红：188，绿：207，蓝：255），设置【反射光泽度】为0.7，设置【细分】为50，设置【衰减类型】为Fresnel，设置【折射率】为2.1。

图14—20

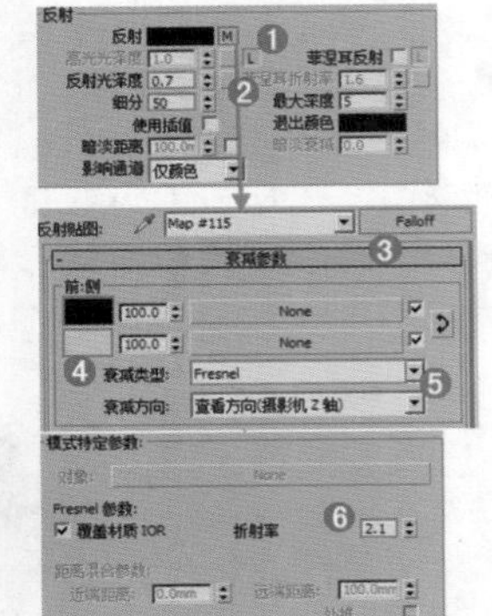

图14—21

技巧提示

【反射光泽度】选项可以控制反射的模糊效果，数值越小，反射模糊效果越明显；数值越大，反射模糊效果越不明显，材质越光滑。

02 将制作好的皮质茶几材质赋给场景中皮质茶几模型，效果如图14-22所示。

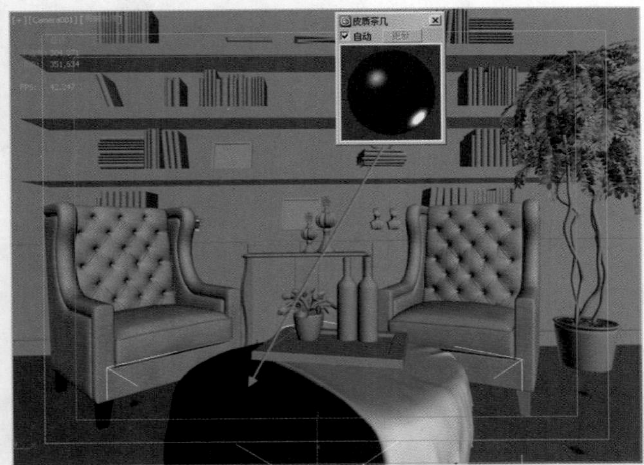

图14—22

05 植物材质的制作

植物是生命的主要形态之一，包含了如树木、灌木、藤类、青草、蕨类、地衣及绿藻等生物。主要用来装点室内外场景，起到点缀的作用。如图14-23所示为现实中的植物材质，其基本属性主要有以下3点：

- 带有贴图纹理
- 带有一定的反射
- 带有一定的透光效果

图14—23

01 选择一个空白材质球，然后将材质类型设置为VRayMtl，并命名为【植物】，调节的具体参数如图14-24和图14-25所示。

- 在【漫反射】选项组中通道上加载【混合】程序贴图，在【颜色1】通道上加载【Arch41_027_leaf.jpg】贴图文件，在【颜色2】通道上加载【Arch41_027_leaf.jpg】贴图文件，在【混合量】通道上加载【Arch41_027_leaf_mask.jpg】贴图文件。
- 在【反射】选项组中设置【反射光泽度】为0.6，在【折射】选项组中设置【光泽度】为0.2。

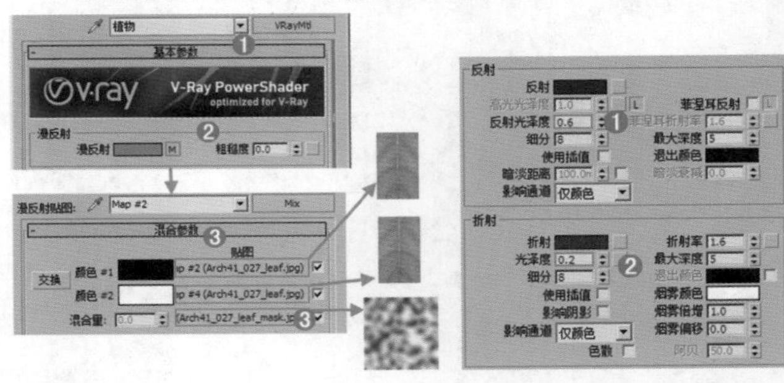

图14—24　　图14—25

02 将制作好的植物材质赋给场景中植物模型，效果如图14-26所示。

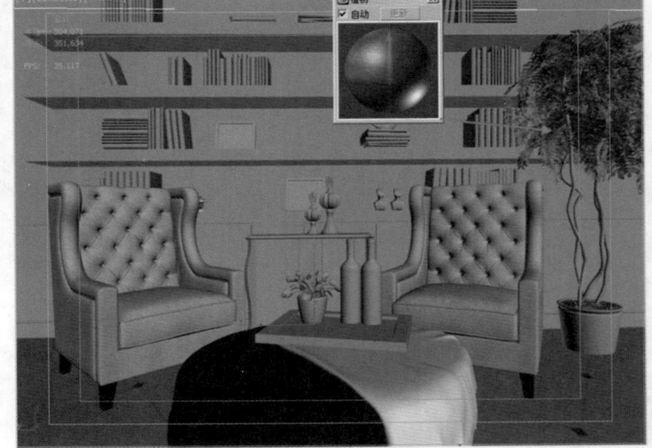

图14—26

06 木纹材质的制作

木纹是家装、公装中使用率非常高的材料，家具、装饰品等很多都是木纹制作的。如图14-27所示为现实中的木纹材质，其基本属性主要有以下2点：

- 单色或者带有贴图纹理
- 带有模糊反射

图14—27

01 选择一个空白材质球，然后将材质类型设置为VRayMtl，并命名为【木纹】，调节的具体参数如图14-28和图14-29所示。

- 在【漫反射】选项组中调节颜色为黄色（红：153，绿：137，蓝：117）。
- 在【反射】选项组中调节颜色为黑色（红：30，绿：30，蓝：30），设置【高光光泽度】为0.6，【细分】为15。
- 展开【选项】卷展栏，禁用【跟踪反射】和【雾系统单位比例】选项。

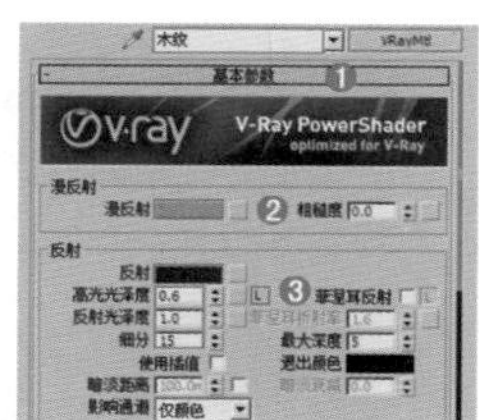

图14—28

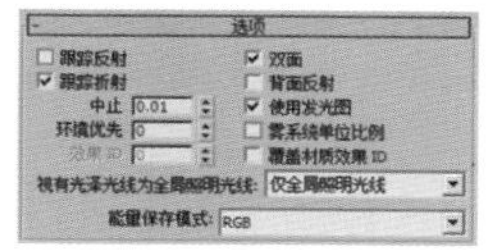

图14—29

02 将制作好的木纹材质赋给场景中木纹模型，效果如图14-30所示。

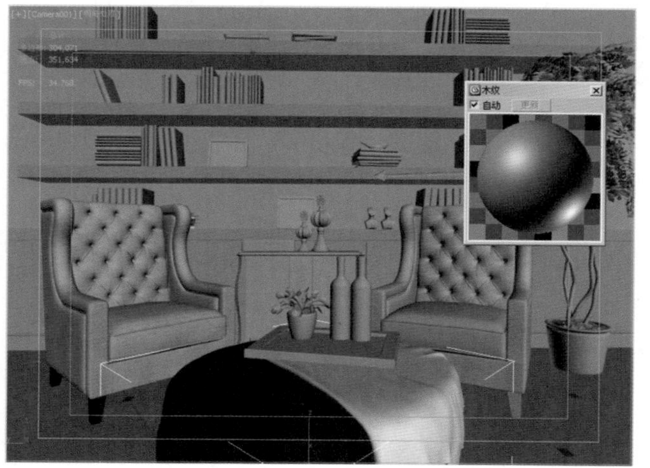

图14—30

07 涂料材质的制作

涂料是涂覆在被保护或被装饰的物体表面，并能与被涂物形成牢固附着的连续薄膜，通常是以树脂、油或乳液为主，添加或不添加颜料、填料，添加相应助剂，用有机溶剂或水配制而成的粘稠液体。如图14-31所示为现实中的涂料材质，其基本属性主要为：

- 颜色为单色

图14—31

01 选择一个空白材质球，命名为【涂料】。设置【环境光】为浅黄色（红：255，绿：227，蓝：197）。如 图14-32所示。

02 将制作好的涂料材质赋给场景中涂料模型，效果如图14-33所示。

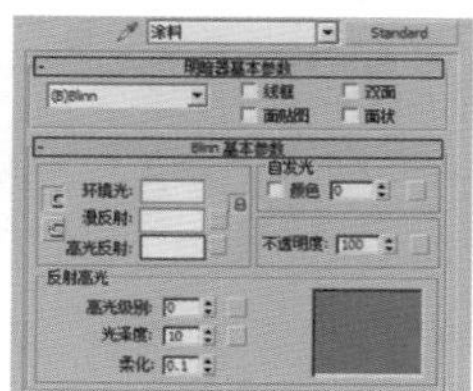

图14—32

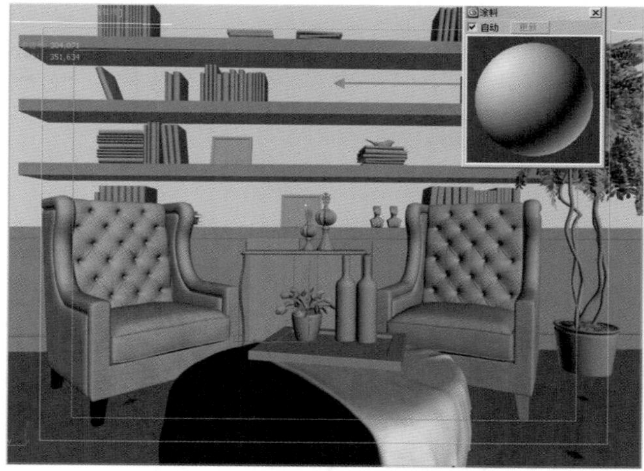

图14—33

至此场景中主要模型的材质已经制作完毕，其他材质的制作方法这里不再详述。

读书笔记

Part03 设置摄影机

01 单击（创建）|（摄影机）| 目标 按钮，如图14-34所示，然后在视图中拖曳创建1台目标摄影机，如图14-35所示。

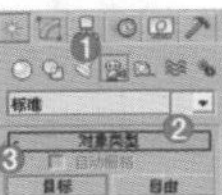
图14—34

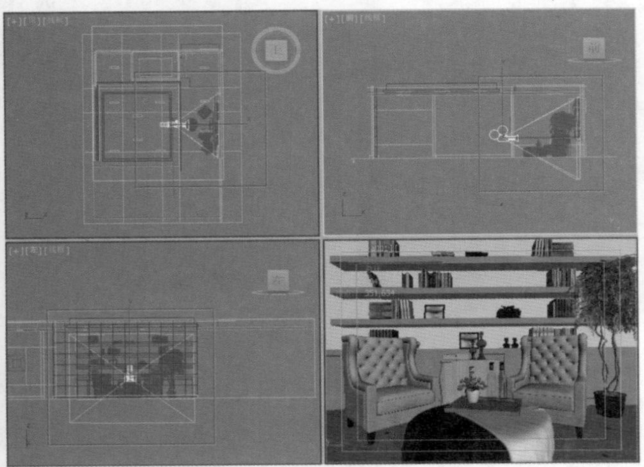
图14—35

02 选择刚创建的摄影机，进入【修改】面板，设置【镜头】为24，【视野】为73.74，【目标距离】为3835mm，如图14-36所示。

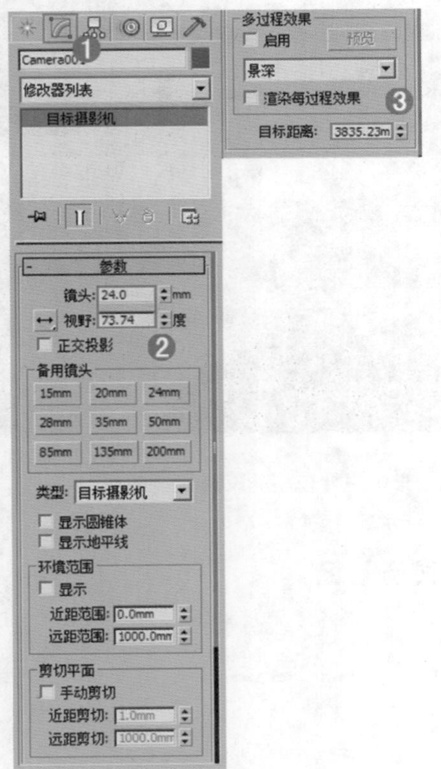

图14—36

03 此时的摄影机视图效果如图14-37所示。

图14—37

Part04 设置灯光并进行草图渲染

在这个休息室中，使用两部分灯光照明来表现，一部分使用了环境光效果，另外一部分使用了室内灯光的照明。也就是说想得到好的效果，必须配合室内的一些照明，最后设置一下辅助光源即可。

01 设置目标灯光

01 单击（创建）|（灯光）| 标准 | 目标灯光 按钮，如图14-38所示。

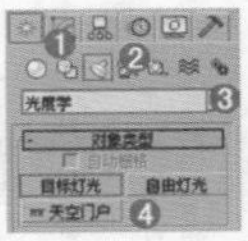

图14—38

02 在前视图中拖曳创建1盏目标灯光，使用【选择并移动】工具复制9盏，如图14-39所示。

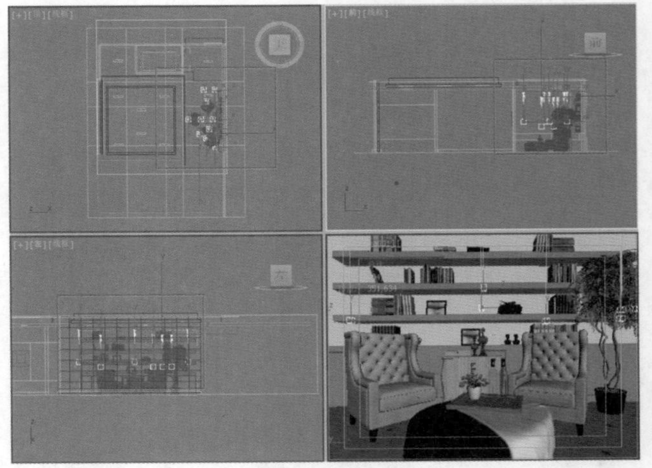
图14—39

03 选择上一步创建的目标灯光，然后在【修改】面板中设置其具体的参数，如图14-40所示。

- 展开【常规参数】卷展栏，在【灯光属性】选项组中选中【目标】复选框，在【阴影】选项组中选中【启用】复选框，并设置阴影类型为【VRay阴影】，设置【灯光分布（类型）】为【光度学Web】，接着展开【分布（光度学Web）】卷展栏，并在通道上加载【风的效果灯.IES】文件。

- 展开【强度/颜色/衰减】卷展栏，设置【强度】为15000；展开【VR阴影参数】卷展栏，设置【细分】为20。

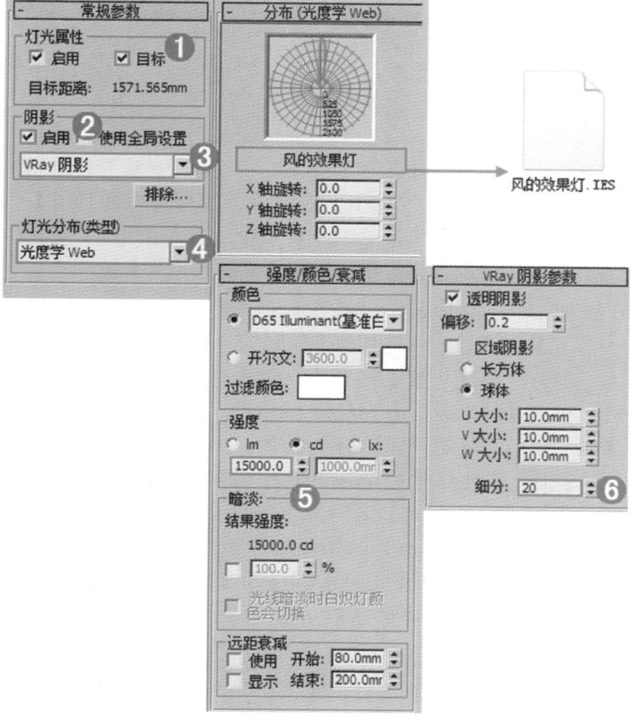

图14—40

04 按F10键，打开【渲染设置】对话框，首先设置VRay和【间接照明】选项卡中的参数。刚开始设置的是一个草图设置，目的是进行快速渲染，以观看整体的效果，参数设置如图14-41所示。

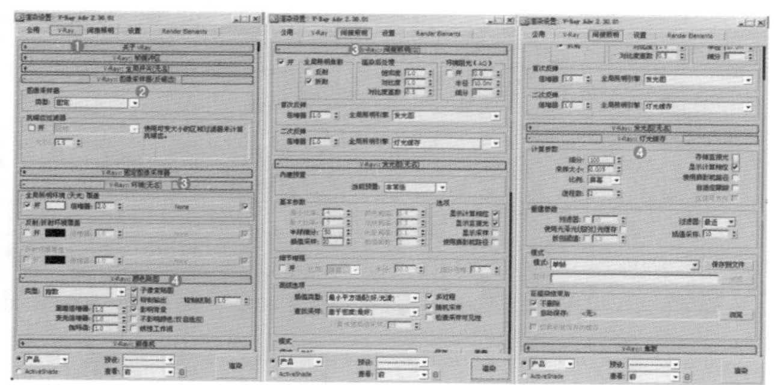

图14—41

答疑解惑：为什么需要设置测试渲染的参数？

当3ds Max的场景较大时，渲染的速度会相对较慢，而在制作作品的过程中需要反复的渲染测试效果，如果直接设置了最终渲染的参数，渲染的速度会非常慢，降低了工作的效率。因此建议读者在制作作品的过程中一定要熟练掌握并使用测试渲染的参数设置，这样在渲染时速度会非常快。测试多次并调整完成后，最后进行最终渲染时，再将渲染器参数设置为较高的参数是最节省时间的。

05 按Shift+Q组合键，快速渲染摄影机视图，其渲染效果如图14-42所示。

图14—42

02 设置环境光

01 单击（创建）|（灯光）|VRay|VR灯光按钮，如图14-43所示。

图14—43

02 在左视图中拖曳创建1盏VR灯光，如图14-44所示。

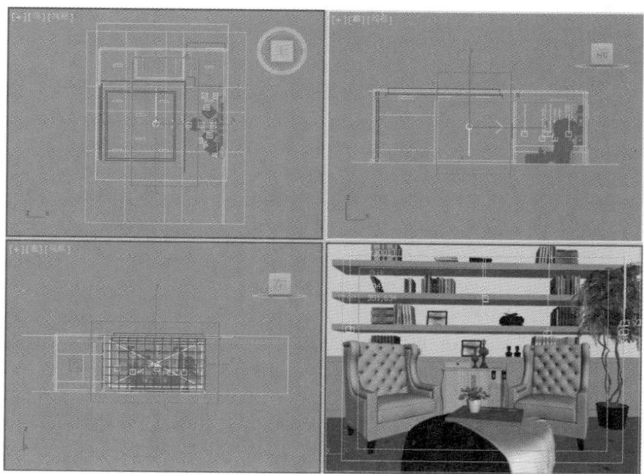

图14—44

03 选择上一步创建的VR灯光，然后在【修改】面板中在【常规】选项组中设置【类型】为【平面】，在【强度】选项组中调节【倍增】为0.6，在【大小】选项组中设置【1/2长】为3000mm，【1/2宽】为1500mm，在【选项】选项组中选中【不可见】复选框，设置【细分】为20，如图14-45所示。

04 在顶视图中拖曳创建1盏VR灯光，并使用【选择并移动】工具复制3盏，如图14-46所示。

05 选择上一步创建的VR灯光，然后在【修改】面板中在【常规】选项组中设置【类型】为【平面】，在【强度】选项组中调节【倍增】为7，调节【颜色】为黄色（红：253，绿：143，蓝：70），在【大小】选项组中设置【1/2长】为2700mm，【1/2宽】为18mm，在【选项】选项组中启用【不可见】选项，设置【细分】为20，如图14-47所示。

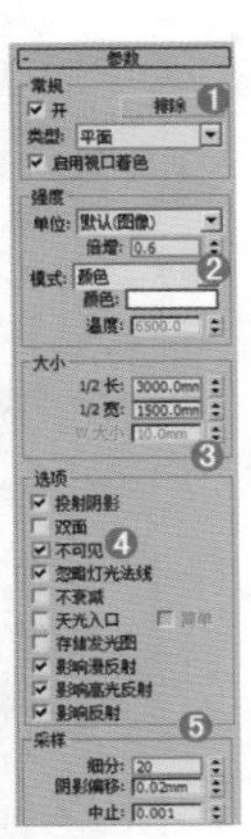

图14—45

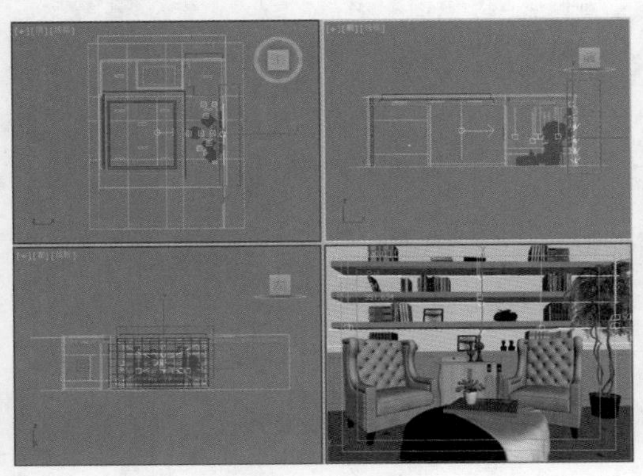

图14—46

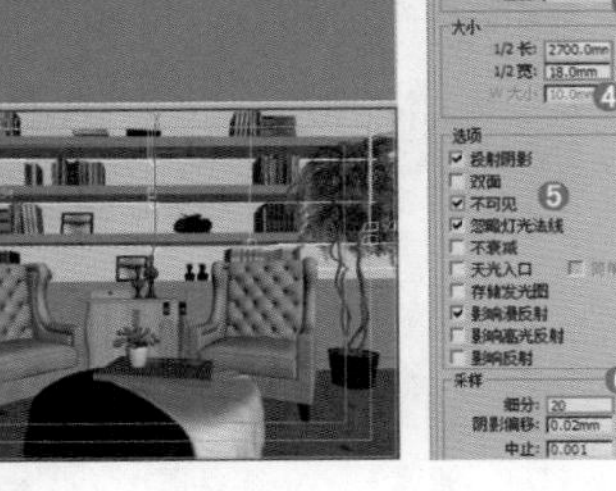

图14—47

Part 05 设置成图渲染参数

经过前面的操作，已经将大量烦琐的工作做完了。下面需要做的就是把渲染的参数设置高一些，再进行渲染输出。

01 重新设置一下渲染参数，按F10键，打开【渲染设置】对话框，首选选择V-Ray选项卡，具体的参数调节如图14-48所示。

- 展开【V-Ray::图形采样器（反锯齿）】卷展栏，设置【类型】为【自适应确定性蒙特卡洛】，接着在【抗锯齿过滤器】选项组中启用【开】选项，并选择Catmull-Rom过滤器。
- 展开【V-Ray::自适应DMC图像采样器】卷展栏，设置【最小细分】为1，【最大细分】为4。
- 展开【V-Ray::颜色贴图】卷展栏，设置【类型】为【指数】，启用【子像素映射】和【钳制输出】选项。

02 选择【间接照明】选项卡，具体的参数调节如图14-49所示。

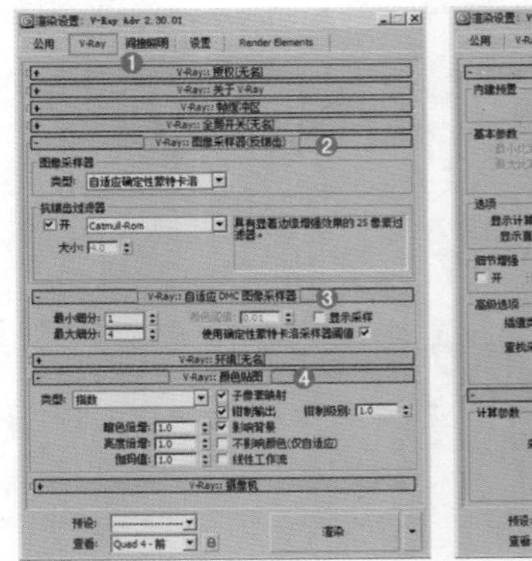

图14—48

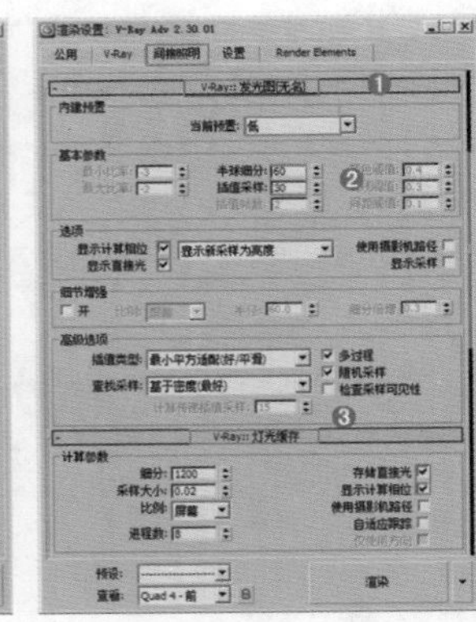

图14—49

- 展开【V-Ray::发光图】卷展栏，设置【当前预置】为【低】，设置【半球细分】为60，【插值采样】为30，启用【显示计算机相位】和【显示直接光】选项。
- 展开【V-Ray::灯光缓存】卷展栏，启用【存储直接光】和【显示计算相位】选项。

03 选择【设置】选项卡，展开【V-Ray::系统】卷展栏，设置【区域排序】为Top-Bottom（上→下），最后禁用【显示窗口】选项，如图14-50所示。

04 选择Render Elements选项卡，单击【添加】按钮并在弹出的【渲染元素】对话框中选择【VRay线框颜色】选项，单击【确定】按钮，如图14-51所示。

05 选择【公用】选项卡，展开【公用参数】卷展栏，设置输出的尺寸为1500×941，如图14-52所示。

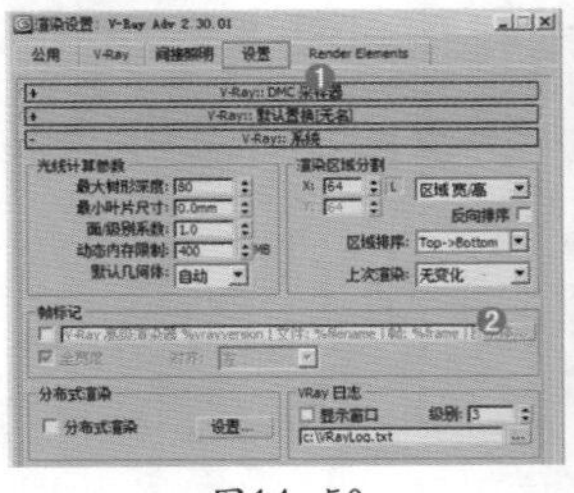

图14—50

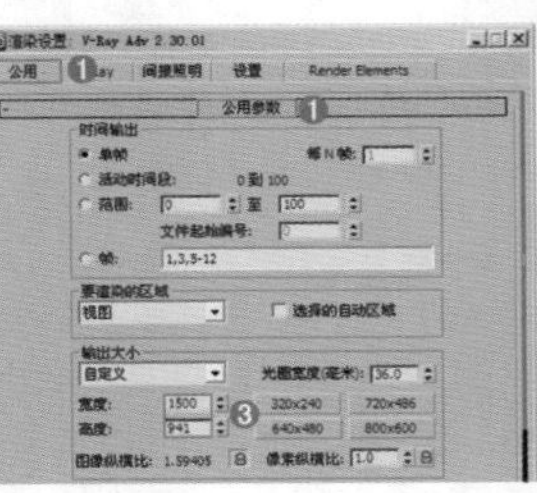

图14—52

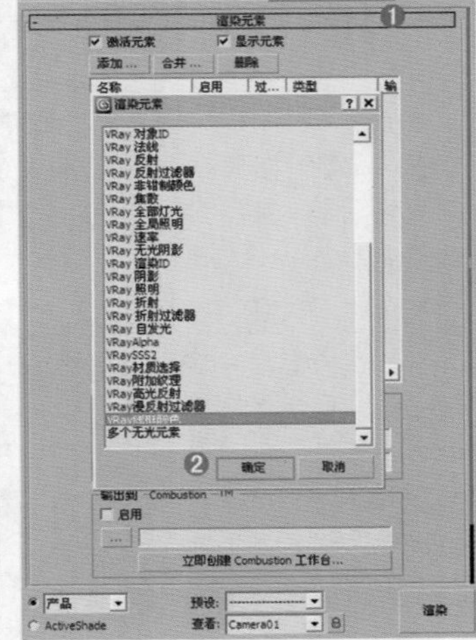

图14—51

06 渲染完成后最终效果如图14-53所示。

图14—53

第15章

极简主义，简约不简单——可爱儿童房

场景文件	15.max
案例文件	案例文件\Chapter 15\极简主义，简约不简单——可爱儿童房.max
视频教学	视频文件\Chapter 15\极简主义，简约不简单——可爱儿童房.flv
难易指数	★★★★☆
灯光类型	VR灯光、目标灯光
材质类型	VRayMtl材质、多维/子对象材质、VR材质包裹器材质
程序贴图	衰减程序贴图
技术掌握	掌握家装场景灯光的制作

项目概况

- 项目名称：极简主义，简约不简单
- 户型：平层，家装

客户定位

业主是幸福的三口之家，孩子是他们的宝贝，因此儿童房也必定是装修中的重点了。为达到更好的人性化的装饰效果，让孩子更加活泼、快乐、无束缚的成长，我们通过简洁明了的设计手法，配上多元素的后期配饰，使整个家居达到简约而不简单的效果，也融合在居室的简约氛围里，勾勒出其乐融融的效果。

风格定位：简约风格

简约主义源于20世纪初期的西方现代主义。欧洲现代主义建筑大师Mies Vander Rohe的名言“Less is more”被认为是代表着简约主义的核心思想。简约主义风格的特色是将设计的元素、色彩、照明、原材料简化到最少的程度，但对色彩、材料的质感要求很高。因此，简约的空间设计通常非常含蓄，往往能达到以少胜多、以简胜繁的效果。现代简约强调功能性设计，线条简约流畅，色彩对比强烈，大量使用钢化玻璃、不锈钢等新型材料作为辅材。

装饰主色调

- 室内空间颜色以白色为主，黄色和蓝色为辅
- 陈设色调以白色、红色为主，局部点缀蓝色、绿色等

色彩关系

RGB=199,186,174

RGB=175,148,107

RGB=137,140,153

RGB=239,230,224

RGB=162,201,137

类似风格优秀设计作品赏析

实例介绍

本例是一间儿童房，室内明亮灯光表现主要使用了VR灯光来制作，使用VRayMtl制作本案例的主要材质，制作完毕之后渲染效果如图15-1所示。

图15—1

局部渲染效果如图15-2所示。

图15—2

操作步骤

Part01 设置VRay渲染器

01 打开本书配套光盘中的【场景文件\Chapter 15\15.max】文件，此时场景效果如图15-3所示。

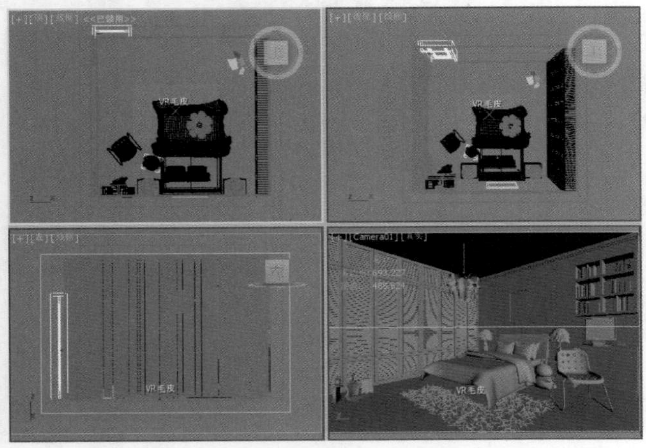

图15—3

02 按F10键，打开【渲染设置】对话框，选择【公用】选项卡，在【指定渲染器】卷展栏中单击...按钮，在弹出的【选择渲染器】对话框中选择【V-Ray Adv 2.30.01】选项，如图15-4所示。

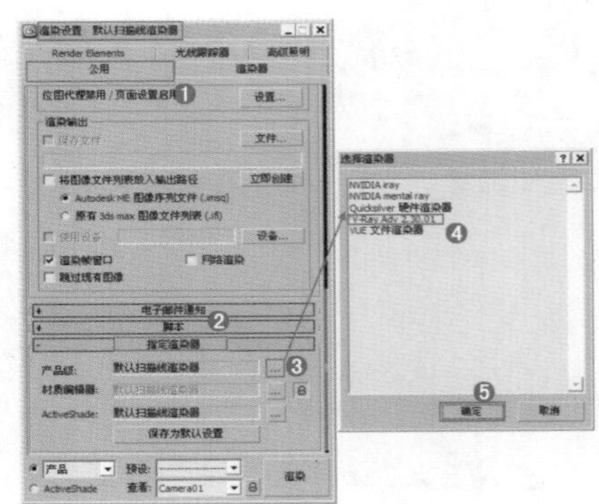

图15—4

03 此时在【指定渲染器】卷展栏中的【产品级】后面显示了【V-Ray Adv 2.30.01】，【渲染设置】对话框中出现了V-Ray、【间接照明】、【设置】和Render Elements选项卡，如图15-5所示。

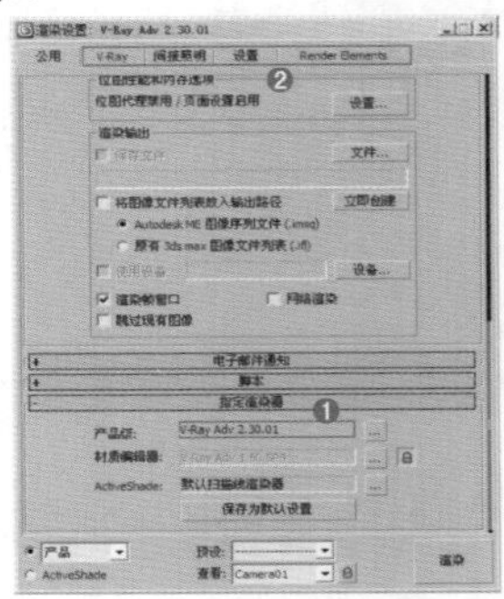

图15—5

Part02 材质的制作

下面就来讲述场景中主要材质的调节方法，包括纹理墙面、木地板、白色衣柜、床单、吊灯、台灯、桌子材质等，效果如图15-6所示。

图15—6

01 纹理墙面材质的制作

本案例的墙面是纹理墙面材质，纹理墙面种类很多，如硅藻泥墙面、质感漆墙面等。如图15-7所示为现实中的纹理墙面，其基本属性主要有以下2点：

- 颜色为单色
- 带有较为明显的凹凸质感

图15－7

01 按M键，打开【材质编辑器】对话框，选择一个材质球，单击 Standard （标准）按钮，在弹出的【材质/贴图浏览器】对话框中选择VRayMtl材质，如图15-8所示。

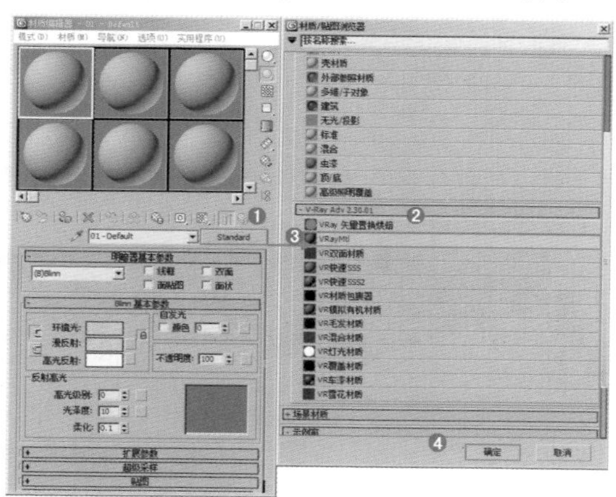

图15－8

02 将其命名为【纹理墙面】，具体的参数调节如图15-9和图15-10所示。

- 在【漫反射】选项组中调节颜色为蓝色（红：121，绿：141，蓝：170）。

图15－9

- 展开【贴图】卷展栏，在【凹凸】通道上加载【饰面2(165).jpg】贴图文件，展开【坐标】卷展栏，设置【瓷砖】的V为2，最后设置【凹凸】数量为－200。

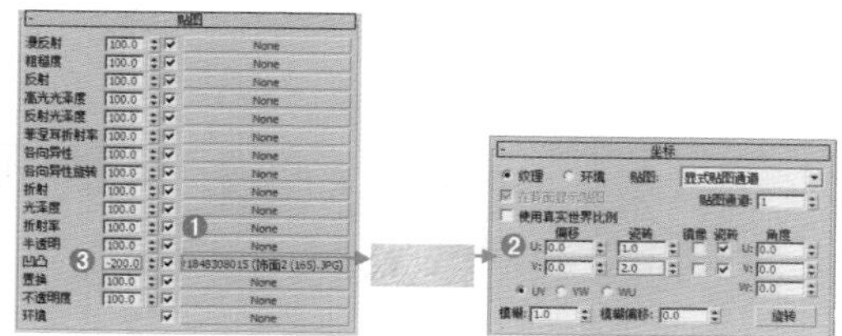

图15－10

03 将制作好的纹理墙面材质赋给场景中纹理墙面部分的模型，效果如图15-11所示。

图15－11

02 木地板材质的制作

本案例的地面是木地板材质。木地板是指用木材制成的地板，中国生产的木地板主要分为实木地板、强化木地板、实木复合地板、自然山水风水地板、竹材地板和软木地板六大类。如图15-12所示为现实中的木地板，其基本属性主要有以下3点：

- 带有贴图纹理
- 带有一定的反射模糊
- 带有较为明显的凹凸质感

图15－12

01 按M键，打开【材质编辑器】对话框，选择一个材质球，单击 Standard （标准）按钮，在弹出的【材质/贴图浏览器】对话框中选择VRayMtl材质，如图15-13所示。

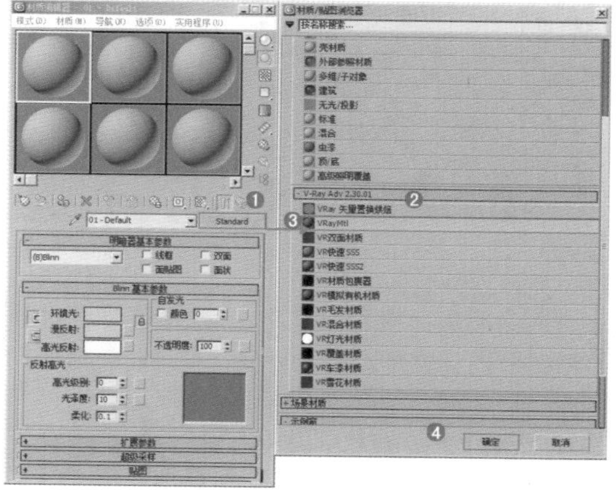

图15－13

02 将其命名为【木地板】，具体的参数调节如图15-14和图15-15所示。

- 在【漫反射】选项组中的通道上加载【3Fbr7MCNGHF9gyg0IwC9new.jpg】贴图文件，展开【坐标】卷展栏，设置【角度】的W为90。
- 在【反射】选项组中调节颜色为深灰色（红：32，绿：32，蓝：32），设置【高光光泽度】为0.65，【反射光泽度】为0.85，【细分】为20。

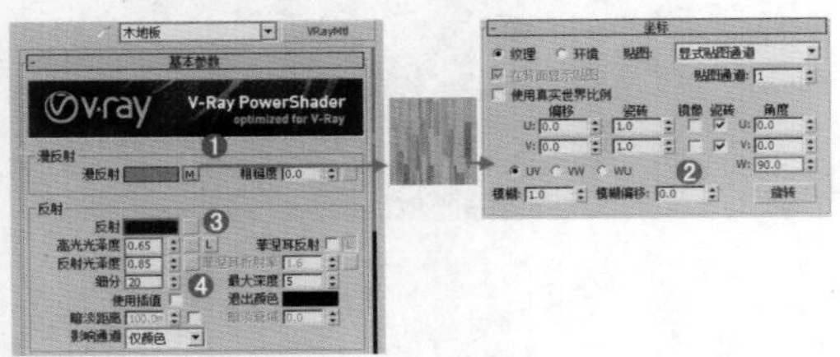

图15—14

- 展开【贴图】卷展栏，在【凹凸】通道上加载【3Fbr7MCNGHF9gyg0IwC9new.jpg】贴图文件，展开【坐标】卷展栏，设置【角度】的W为90，最后设置【凹凸】数量为60。

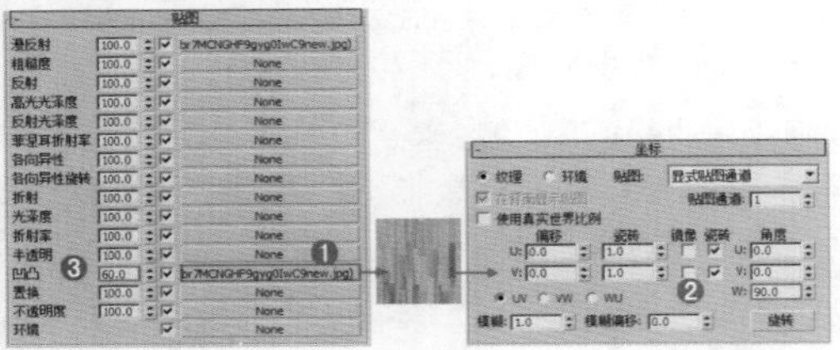

图15—15

03 将制作好的木地板材质赋给场景中木地板部分的模型，效果如图15-16所示。

图15—16

03 白色衣柜材质的制作

本案例的衣柜主要由实木板、高密板等材料制成。板材的种类多样，但是价格、环保、耐用程度都不同。如图15-17所示为现实中的衣柜，其基本属性主要有以下2点：

- 颜色为白色
- 表面比较光滑，带有一定的反射

图15—17

01 选择一个空白材质球，然后将材质类型设置为VRayMtl材质，并命名为【白色衣柜】，具体的参数调节如图15-18所示。

- 在【漫反射】选项组中调节颜色为白色（红：255，绿：255，蓝：255）。
- 在【反射】选项组中调节颜色为白色（红：255，绿：255，蓝：255），启用【菲涅耳反射】选项，设置【反射光泽度】为0.85，设置【细分】为20。

技巧提示

当启用【菲涅耳反射】选项时，反射的效果将被减弱。因此不能简单通过设置【反射】选项的颜色为白色，就认为反射的效果强烈。

图15—18

02 将制作好的白色衣柜材质赋给场景中白色衣柜部分的模型，效果如图15-19所示。

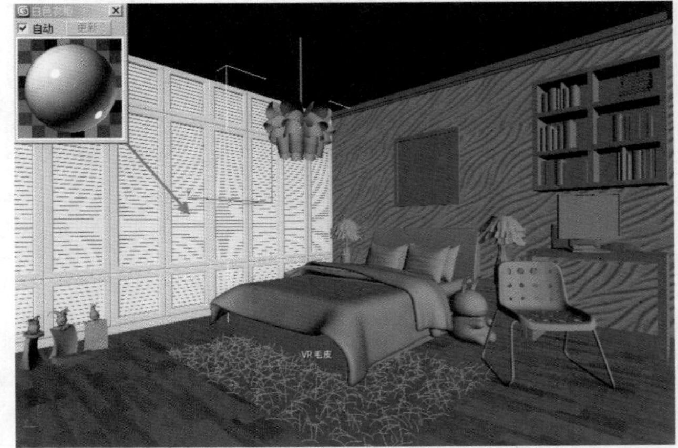

图15—19

04 床单材质的制作

床单是床上用的纺织品之一，一般采用阔幅、手感柔软、保暖性好的织物。织物特点是幅宽、花色和花形变化灵活，按所用原料不同有纯棉和混纺两类。如图15-20所示为现实中的床单，其基本属性主要有以下2点：

- 带有花纹贴图纹理
- 带有一定凹凸效果

图15—20

01 选择一个空白材质球，然后将材质类型设置为VRayMtl材质，并命名为【床单】，具体的参数调节如图15-21和图15-22所示。

- 在【漫反射】选项组中的通道上加载【T2g5leXaqi4dNXXXXX_!!250168086.gif】贴图文件，展开【坐标】卷展栏，设置【瓷砖】U为5，【角度】W为90。

图15-21

- 展开【贴图】卷展栏，在【凹凸】通道上加载【071凹理.jpg】贴图文件，展开【坐标】卷展栏，设置【角度】的W为90，最后设置【凹凸】数量为100。

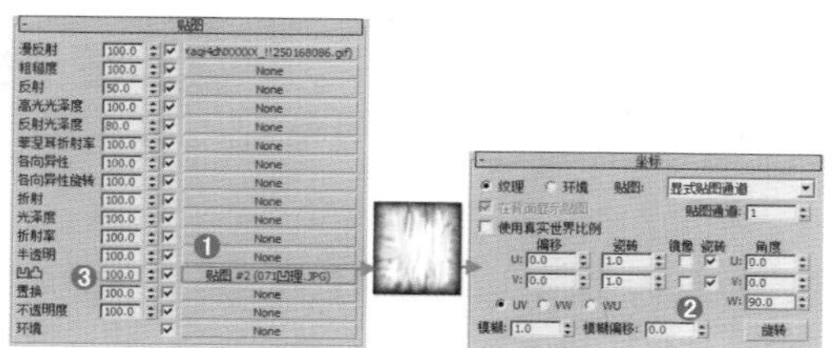

图15-22

02 将制作好的床单材质赋给场景中床单部分的模型，效果如图15-23所示。

图15-23

05 吊灯材质的制作

所有垂吊下来的灯具都归入吊灯类别。吊灯无论是以电线或以铁支垂吊，都不能吊得太矮，以免阻碍人正常的视线或令人觉得刺眼。如图15-24所示为现实中的吊灯，其基本属性主要有以下2点：

图15-24

- 颜色为单色
- 带有一定的反射

01 选择一个空白材质球，然后将材质类型设置为【多维/子对象】材质，并命名为【吊灯】，如图15-25所示。

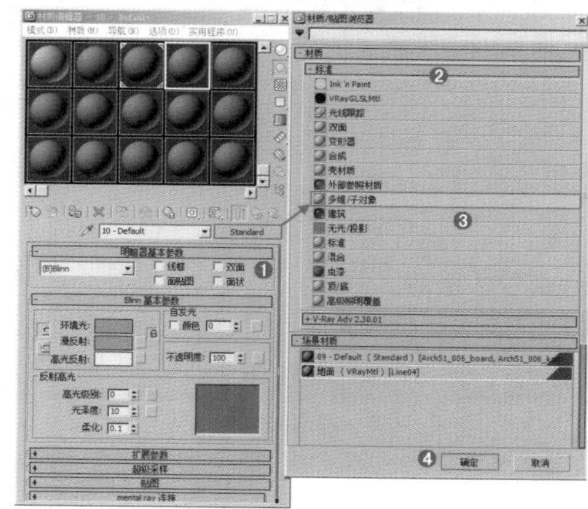

图15-25

02 展开【多维/子对象基本参数】卷展栏，设置【设置数量】为2，分别在通道上加载VRayMtl材质，如图15-26所示。

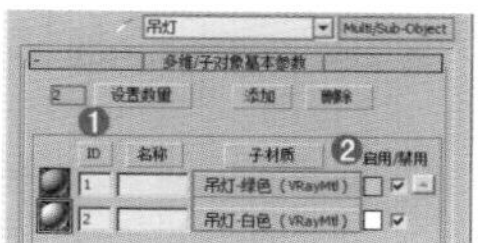

图15-26

03 单击进入ID号为1的通道中，并调节【吊灯-绿色】材质，具体参数如图15-27所示。

- 在【漫反射】选项组中调节颜色为绿色（红：192，绿：242，蓝：165）。
- 在【反射】选项组中调节颜色为黑色（红：11，绿：11，蓝：11），设置【高光光泽度】为0.9，【反射光泽度】为0.98。

04 单击进入ID号为2的通道中，并调节【吊灯-白色】材质，具体参数如图15-28所示。

- 在【漫反射】选项组中调节颜色为白色（红：255，绿：255，蓝：255）。
- 在【反射】选项组中调节颜色为黑色（红：11，绿：11，蓝：11），设置【高光光泽度】为0.9，【反射光泽度】为0.98。

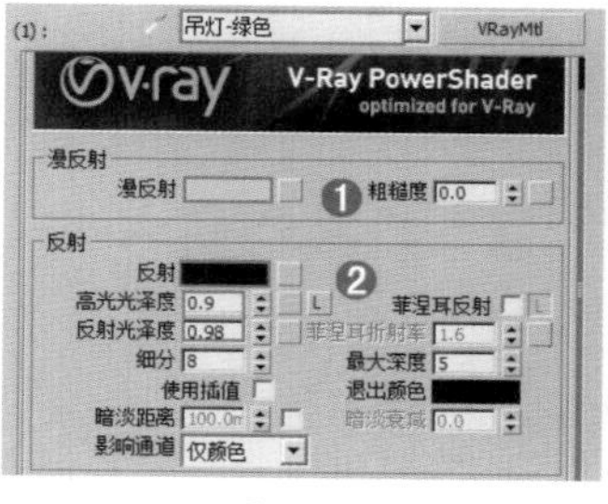

图15-27

图15-28

05 将制作好的吊灯材质赋给场景中的吊灯模型，效果如图15-29所示。

图15—29

06 台灯材质的制作

台灯是人们生活中用来照明的一种家用电器。它一般分为两种，一种是立柱式的；另一种是有夹子的。如图15-30所示为现实中的台灯，其基本属性主要有以下2点：

- 颜色为单色
- 带有一定的反射效果

图15—30

01 选择一个空白材质球，然后将材质类型设置为【多维/子对象】材质，并命名为【台灯】，如图15-31所示。

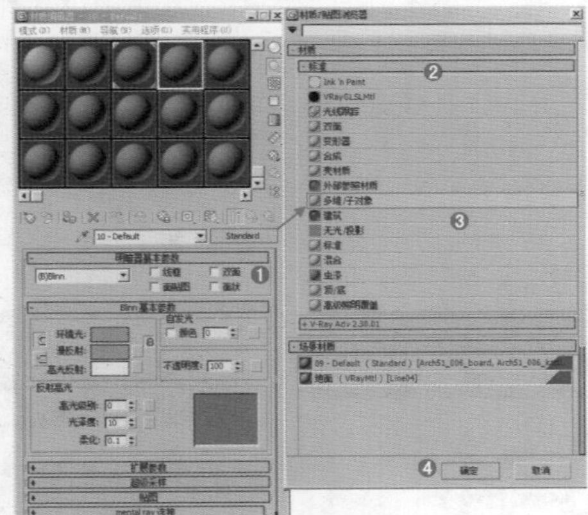

图15—31

02 展开【多维/子对象基本参数】卷展栏，设置【设置数量】为2，分别在通道上加载VRayMtl和【VR材质包裹器】材质，如图15-32所示。

03 单击进入ID号为2的通道中，并调节【台灯-黄色】材质，具体参数如图15-33所示。

- 在【漫反射】选项组中调节颜色为黄色（红：246，绿：212，蓝：177）。
- 在【反射】选项组中调节颜色为深灰色（红：22，绿：22，蓝：22），设置【反射光泽度】为0.96。

04 单击进入ID号为3的通道中，展开【VR材质包裹器参数】卷展栏，设置【接收全局照明】为1.1，然后单击进入【基本材质】通道，并加载VRayMtl材质，命名为【灯罩】，如图15-34所示。

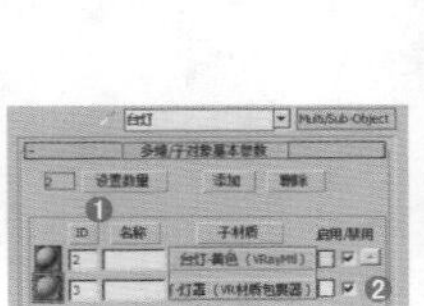

图15—32

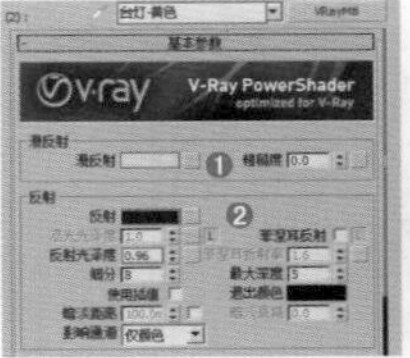

图15—33

图15—34

05 在【漫反射】通道上加载【衰减】程序贴图，在【反射】选项组中调节颜色为深灰色（红：80，绿：80，蓝：80），如图15-35所示。

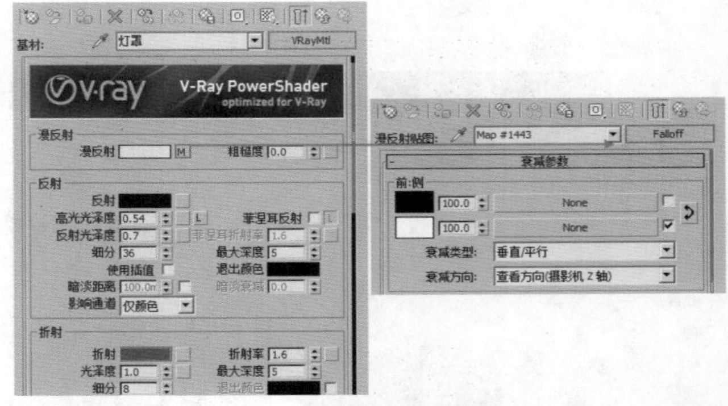

图15—35

06 将制作好的台灯材质赋给场景中台灯模型，效果如图15-36所示。

图15—36

07 桌子材质的制作

桌子是一种常用家具，上有平面，下有支柱。如图15-37所示为现实中的桌子，其基本属性主要有以下2点：

- 颜色为白色
- 带有一定的反射模糊效果

图15—37

01 选择一个空白材质球，然后将材质类型设置为VRayMtl材质，并命名为【桌子】，具体的参数调节如图15-38所示。

- 在【漫反射】选项组中调节颜色为白色（红：250，绿：250，蓝：250）。
- 在【反射】选项组中调节颜色为深灰色（红：25，绿：25，蓝：25），设置【高光光泽度】为0.65，【反射光泽度】为0.85，【细分】为20。

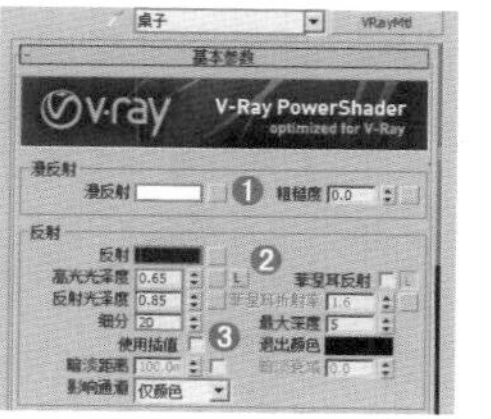

图15—38

02 将制作好的桌子材质赋给场景中桌子模型，效果如图15-39所示。

图15—39

至此，场景中主要模型的材质已经制作完毕，其他材质的制作方法这里不再详述。

Part 03 设置摄影机

01 单击（创建）|（摄影机）|目标按钮，如图22-40所示，在视图中拖曳创建1台目标摄影机，如图15-41所示。

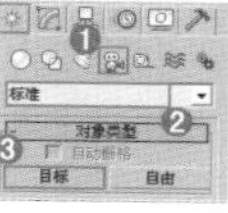

图15—40

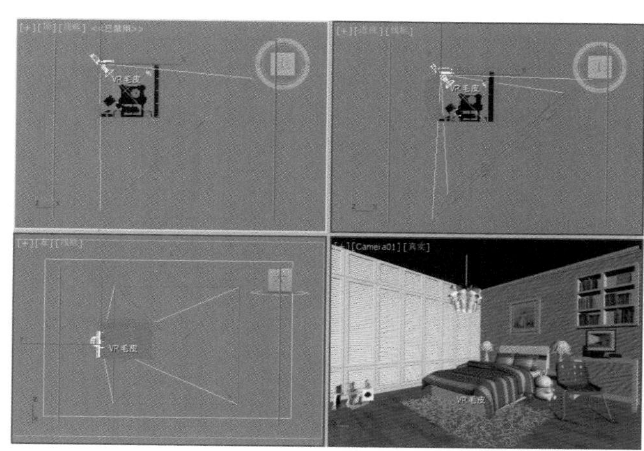

图15—41

02 选择刚创建的摄影机，进入【修改】面板，并设置【镜头】为20，【视野】为84，【目标距离】为5630mm，如图15-42所示。

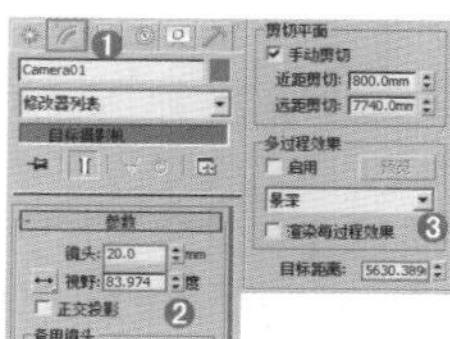

图15—42

03 此时的摄影机视图效果如图15-43所示。

图15—43

Part 04 设置灯光并进行草图渲染

01 设置环境光

01 单击（创建）|（灯光）|VRay|VR灯光按钮，如图15-44所示。

图15—44

02 在左视图中拖曳创建1盏VR灯光，此时VR灯光的位置如图15-45所示。

03 选择上一步创建的VR灯光，然后在【修改】面板中设置其具体的参数，如图15-46所示。

在【常规】选项组中设置【类型】为【平面】，在【强度】选项组中调节【倍增】为3，【颜色】为浅蓝色（红：169，绿：219，蓝：254），在【大小】选项组中设置【1/2长】为1485mm，【1/2宽】为890mm，在【选项】选项组中启用【不可见】选项，设置【细分】为24。

图15-45

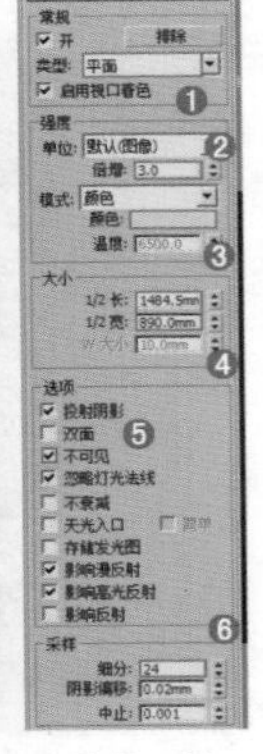

图15-46

04 在左视图中拖曳创建1盏VR灯光，此时VR灯光的位置如图15-47所示。

05 选择上一步创建的VR灯光，然后在【修改】面板中设置其具体的参数，如图15-48所示。

在【常规】选项组中设置【类型】为【平面】，在【强度】选项组中调节【倍增】为1.5，【颜色】为浅黄色（红：255，绿：246，蓝：226），在【大小】选项组中设置【1/2长】为1485mm，【1/2宽】为890mm，在【选项】选项组中启用【不可见】选项，设置【细分】为24。

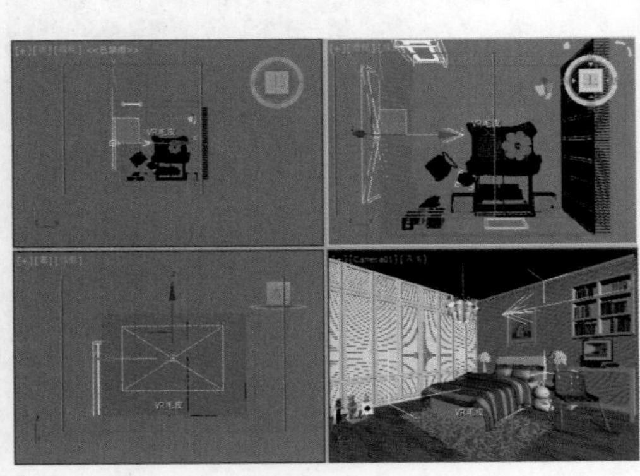

图15-47

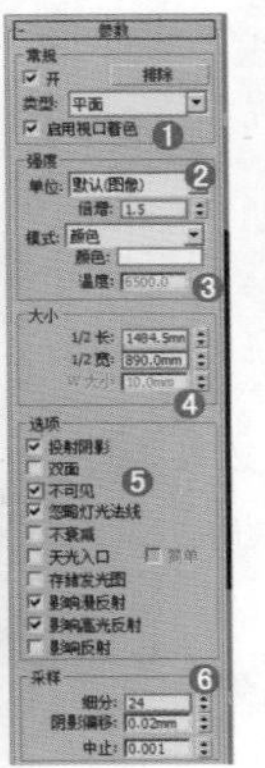

图15-48

06 按F10键，打开【渲染设置】对话框。首先设置一下【VRay】和【间接照明】选项卡中的参数，刚开始设置的是一个草图设置，目的是进行快速渲染，以观看整体的效果，参数设置如图15-49所示。

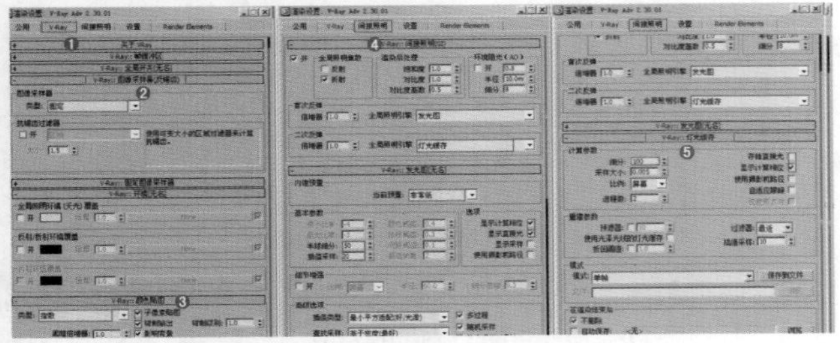

图15-49

07 按Shift+Q组合键，快速渲染摄影机视图，其渲染效果如图15-50所示。

通过上面的渲染效果来看，对环境灯光的位置基本满意。下面来创建灯光，放在场景中，主要模拟主光源的效果。

图15-50

02 设置主要光源

01 单击（创建）|（灯光）|光度学|目标灯光按钮，如图15-51所示。

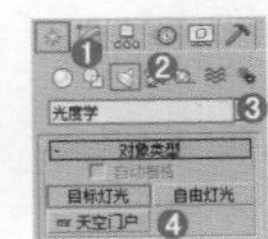

图15-51

02 在前视图中拖曳创建1盏目标灯光，使用【选择并移动】工具复制5盏，如图15-52所示。

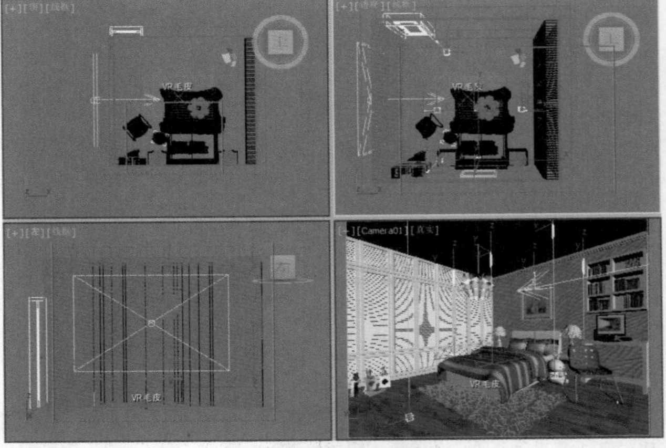

图15-52

03 选择上一步创建的目标灯光，然后在【修改】面板中设置其具体的参数，如图15-53所示。

- 展开【常规参数】卷展栏，在【灯光属性】选项组中启用【目标】选项，在【阴影】选项组中启用【启用】选项，并设置阴影类型为【阴影贴图】，【灯光分布（类型）】为【光度学Web】，接着展开【分布（光度学Web）】卷展栏，并在通道上加载【中间亮.IES】文件。
- 展开【强度/颜色/衰减】卷展栏，调节【颜色】为黄色（红：255，绿：216，蓝：190），设置【强度】为20000。

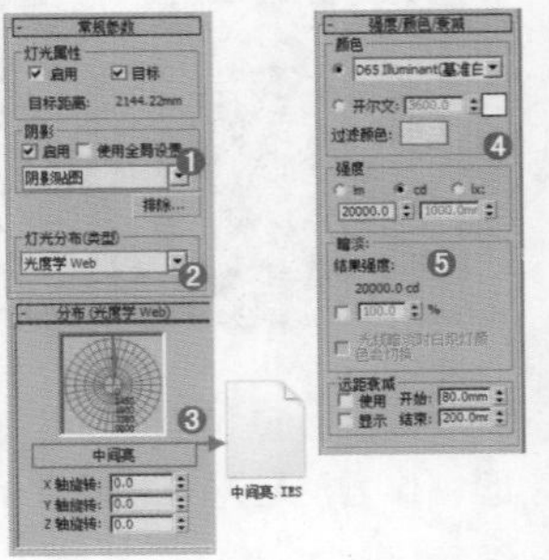

图15-53

04 使用目标灯光工具再次在前视图中创建1盏目标灯光，如图15-54所示。

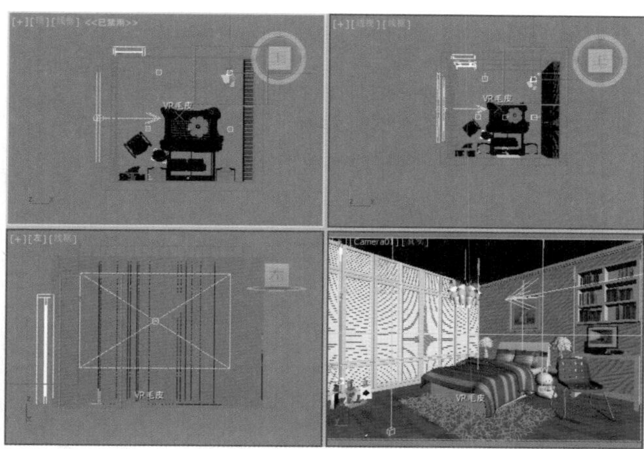

图15-54

05 选择上一步创建的目标灯光，然后在【修改】面板中设置其具体的参数，如图15-55所示。

- 展开【常规参数】卷展栏，在【灯光属性】选项组中启用【目标】选项，在【阴影】选项组中启用【启用】选项，并设置阴影类型为【阴影贴图】，设置【灯光分布（类型）】为【光度学Web】，接着展开【分布（光度学Web）】卷展栏，并在通道上加载【中间亮.IES】文件。
- 展开【强度/颜色/衰减】卷展栏，调节【颜色】为黄色（红：255，绿：216，蓝：190），设置【强度】为34000。

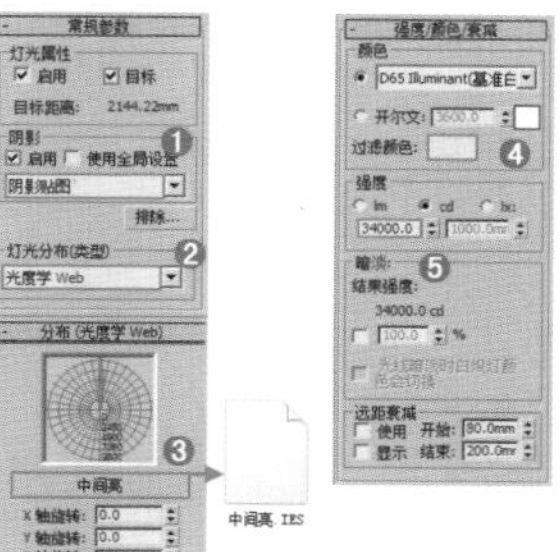

图15-55

06 按Shift+Q组合键，快速渲染摄影机视图，其渲染效果如图15-56所示。

图15-56

Part05 设置成图渲染参数

经过前面的操作，已经将大量烦琐的工作做完了。下面需要做的就是把渲染的参数设置高一些，再进行渲染输出。

01 重新设置渲染参数。按F10键，打开【渲染设置】对话框，首先选择V-Ray选项卡，具体的参数调节如图15-57所示。

- 展开【V-Ray::图形采样器（反锯齿）】卷展栏，设置【类型】为【自适应确定性蒙特卡洛】，接着在【抗锯齿过滤器】选项组中启用【开】选项，并选择Catmull-Rom过滤器。
- 展开【V-Ray::自适应DMC图像采样器】卷展栏，设置【最小细分】为1，【最大细分】为4。
- 展开【V-Ray::颜色贴图】卷展栏，设置【类型】为【指数】，启用【子像素映射】和【钳制输出】选项。

02 选择【间接照明】选项卡，并进行调节，具体参数如图15-58所示。

- 展开【V-Ray::发光图】卷展栏，设置【当前预置】为【低】，设置【半球细分】为50，【插值采样】为20，启用【显示计算相位】和【显示直接光】选项。
- 展开【V-Ray::灯光缓存】卷展栏，设置【细分】为1000，启用【存储直接光】和【显示计算相位】选项。

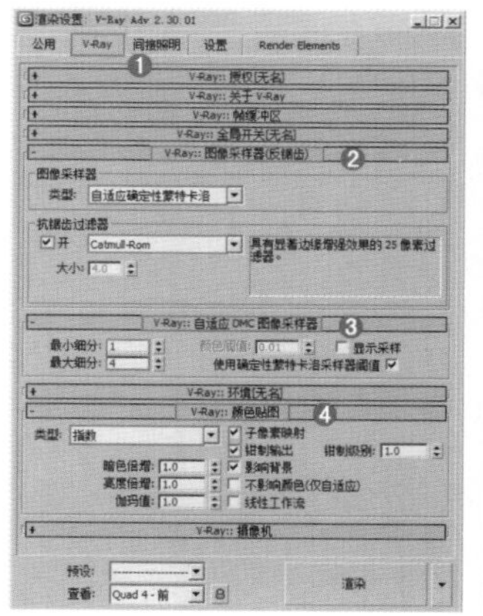

图15-57

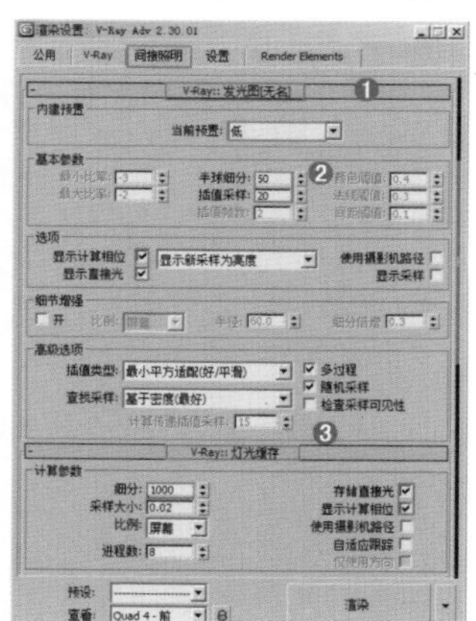

图15-58

03 选择【设置】选项卡，并进行调节，具体参数如图15-59所示。

展开【V-Ray::系统】卷展栏，设置【区域排序】为Triangulation，最后禁用【显示窗口】选项。

04 选择Render Elements选项卡，单击【添加】按钮并在弹出的【渲染元素】对话框中选择【VRay线框颜色】选项，如图15-60所示。

05 选择【公用】选项卡，展开【公用参数】卷展栏，设置输出的尺寸为1350×900，如图15-61所示。

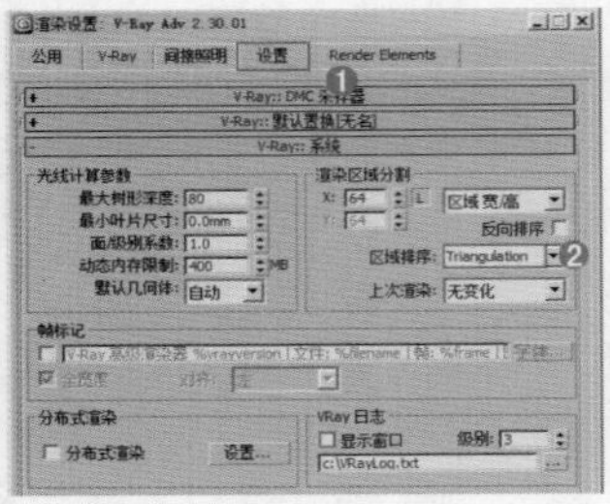

图15—59

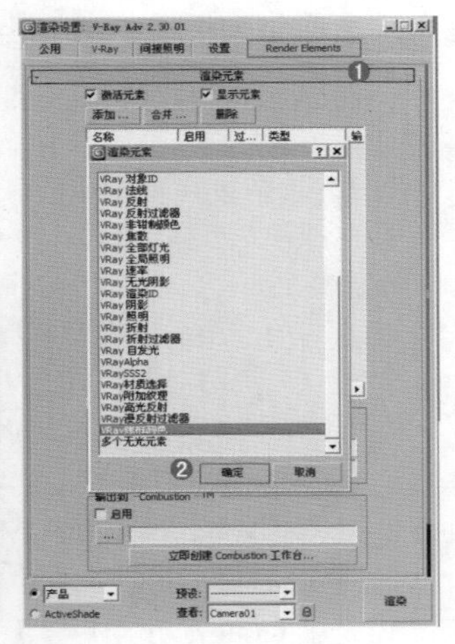

图15—60

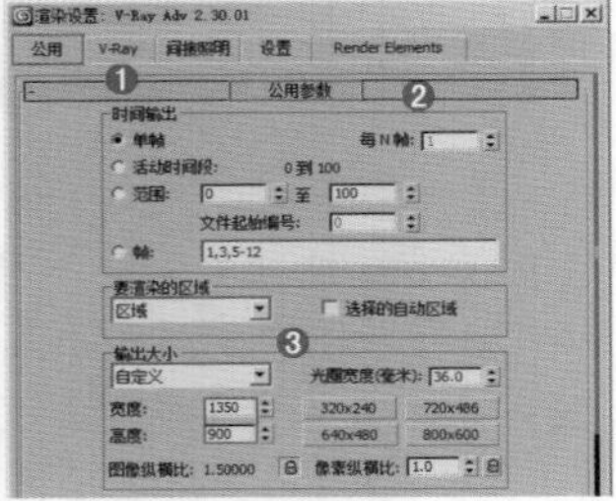

图15—61

06 完成渲染后最终的效果如图15-62所示。

图15—62

读书笔记

第16章

情迷中式"味道"——简约中式客厅

场景文件	16.max
案例文件	案例文件\Chapter 16\情迷中式“味道”——简约中式客厅.max
视频教学	视频文件\Chapter 16\情迷中式“味道”——简约中式客厅.flv
难易指数	★★★★★
灯光类型	VR灯光、目标灯光、目标聚光灯
材质类型	VRayMtl材质、VR灯光材质、多维/子对象材质
程序贴图	衰减程序贴图
技术掌握	掌握各种灯光的综合制作方法

项目概况

- 项目名称：情迷中式“味道”
- 户型：平层，家装

客户定位

业主是位40岁的中年男性，喜欢一些中式风格的家居装饰，但是又不想装饰太过于中式，要求带有变化，让居住空间不单调、不张扬，并且居住舒服、安逸。

风格定位：简约中式风格

在后期为防止多而杂的设计遗憾，让业主可以更自由地选择自己喜欢的饰品，以达到更好的人性化的装饰效果，我们通过简洁明了的设计手法，配上多元素的后期配饰，使整个家居达到简约而不简单的效果，也融合在居室的简约氛围里，达到追求简约中式风格的设计理念等要求。

装饰主色调

- 室内空间颜色以白色和黄色为主
- 陈设色调以黑色和白色为主，局部点缀绿色、蓝色、橙色等

色彩关系

RGB=204,198,212

RGB=168,141,129

RGB=14,18,28

RGB=214,199,195

RGB=112,137,40

类似风格优秀设计作品赏析

读书笔记

技术拓展

所谓简约风格就是简单而富有品味，这种风格在选材、用料、施工上都极为讲究，空间布局中的线条要求简化，以最为精简的方式达到实用便捷性，是一种较难把握的装修风格，在细节上讲究完美，对品质的追求是装修风格中要求最为苛刻的一种，色彩运用极为凝练。

简约风格一般都有白色。干净而素雅的白色具有简约的设计效果，简单的色彩体现了凝练的色彩准则，如图16—1所示。

搭配方案推荐：

黑白灰的基调是设计中永不褪色的经典组合，具有艺术时尚的经典设计气息，如图16—2所示。

搭配方案推荐：

通体的白色洁净而舒适，用心的设计体现了对细节的完美追求与全局的掌控性，如图16—3所示。

搭配方案推荐：

图16—1

图16—2

图16—3

实例介绍

本例是一个别墅客厅，室内明亮的灯光表现主要使用VR灯光、目标灯光、目标聚光灯来制作，主要材质使用VRayMtl材质、VR灯光材质、多维/子对象材质制作，制作完毕之后渲染的效果如图16-4所示。

图16—4

局部渲染效果如图16-5所示。

图16—5

操作步骤

Part 01 设置VRay渲染器

01 打开本书配套光盘中的【场景文件\Chapter1\16.max】文件，此时场景效果如图16-6所示。

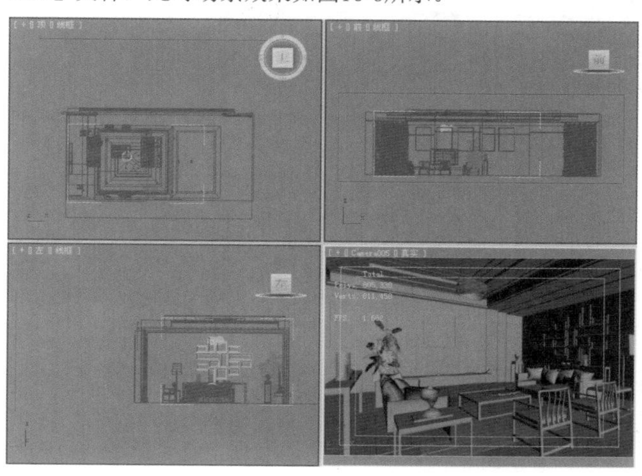

图16—6

02 按F10键，打开【渲染设置】对话框，选择【公用】选项卡，在【指定渲染器】卷展栏中单击...按钮，在弹出的【选择渲染器】对话框中选择【V-Ray Adv 2.30.01】选项，如图16-7所示。

03 此时在【指定渲染器】卷展栏中的【产品级】后面显示了【V-Ray Adv 2.30.01】，【渲染设置】对话框中出现了V-Ray、【间接照明】、【设置】和Render Elements选项卡，如图16-8所示。

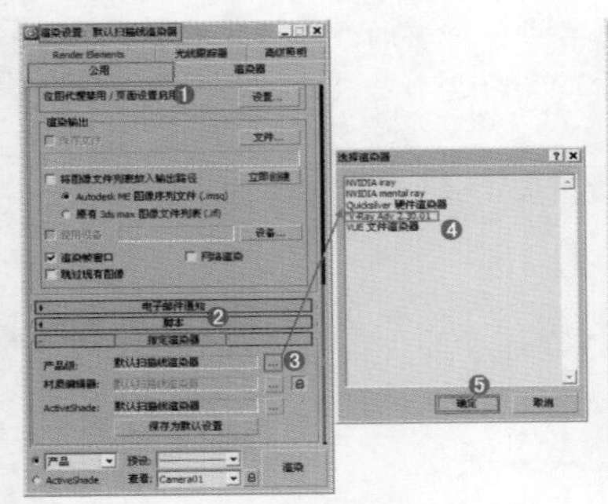

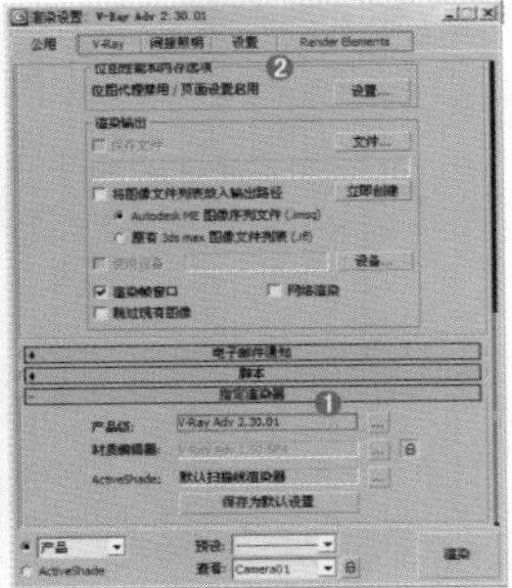

图16—7　　图16—8

Part 02 材质的制作

下面就来讲述场景中主要材质的制作，包括地板、地毯、装饰墙、装饰画1、装饰画2、金属相框、沙发、木椅、茶几、吊灯、电视材质等，效果如图16-9所示。

图16—9

01 地板材质的制作

地板，即房屋地面或楼面的表面层，由木料或其他材料做成。本例的地板材质模拟效果如图16-10所示，其基本属性主要为：

- 地板纹理贴图

图16—10

01 选择一个空白材质球，然后将材质类型设置为VRayMtl材质，并命名为【地板】，具体的参数调节如图16-11所示。

- 在【漫反射】选项组中的通道上加载【3Fbr7MCNGHF9gyg0IwC9new.jpg】贴图文件。
- 在【反射】选项组中调节颜色为深灰色（红：54，绿：54，蓝：54），设置【反射光泽度】为0.8。

图16—11

02 将制作好的地板材质赋给场景中地板的模型，效果如图16-12所示。

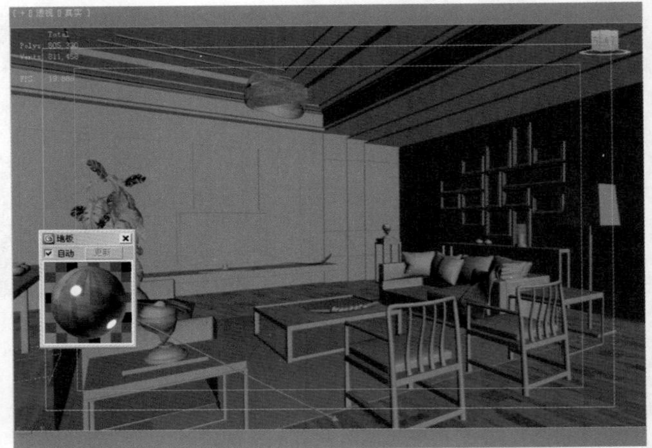

图16—12

02 地毯材质的制作

地毯，是以棉、麻、毛、丝、草等天然纤维或化学合成纤维类原料，经手工或机械工艺进行编结、栽绒或纺织而成的地面铺敷物。本例的地毯材质的模拟效果如图16-13所示，其基本属性主要有以下2点：

- 强烈的置换效果
- 无反射效果

图16—13

01 选择一个空白材质球，然后将材质类型设置为VRayMtl材质，并命名为【地毯】。在【漫反射】选项组中的通道上加载【dt1.jpg】贴图文件，设置【瓷砖】的U为0.19，V为0.23，如图16-14所示。

02 展开【贴图】卷展栏，在【置换】通道上加载【arch25_fabric_Gbump.jpg】贴图文件，最后设置【置换】数量为3，如图16-15所示。

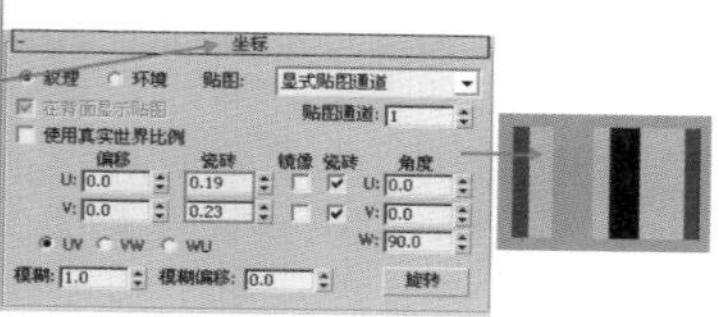

图16—14

技巧提示

【置换】可以制作出比【凹凸】更加真实的效果，常用来模拟毛巾、地毯、草地、地面裂痕、墙面等效果。

图16—15

03 将制作好的地毯材质赋给场景中地毯的模型，效果如图16-16所示。

图16—16

03 装饰墙材质的制作

装饰墙是墙壁的升华，它去除了墙壁的死板，使得室内设计更加丰富多彩。本例的装饰墙材质模拟效果如图16-17所示，其基本属性主要为：

- 壁纸贴图纹理

图16—17

01 选择一个空白材质球，然后将材质类型设置为VRayMtl材质，并命名为【装饰墙】。在【漫反射】选项组中的通道上加载【bvsdba12.jpg】贴图文件。在【反射】选项组中调节颜色为浅灰色（红：200，绿：200，蓝：200），启用【菲涅耳反射】选项，设置【高光光泽度】为0.5，【反射光泽度】为0.8，【细分】为50，【菲涅耳折射率】为2，如图16-18所示。

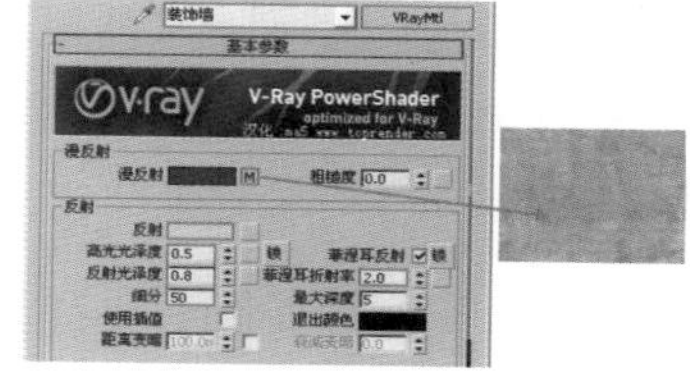

图16—18

02 将制作好的装饰墙材质赋给场景中装饰墙的模型，效果如图16-19所示。

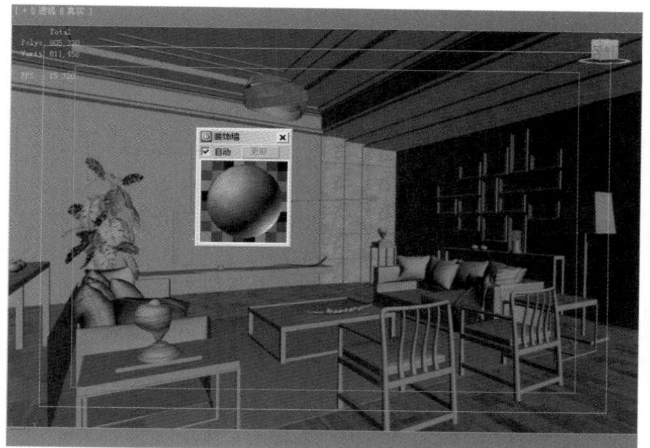

图16—19

04 装饰画1材质的制作

装饰画是一种并不强调很高的艺术性，但非常讲究与环境的协调性和美化效果的特殊艺术类型作品，分为具象题材、意象题材、抽象题材和综合题材等。与本例类似的装饰画材质模拟效果如图16-20所示，其基本属性主要有以下2点：

- 装饰画纹理贴图
- 强烈的反射效果

图16—20

01 选择一个空白材质球，然后将材质类型设置为Multi/Sub-Object，并命名为【装饰画1】，展开【多维/子对象基本参数】卷展栏，设置【设置数量】为2，并分别在ID1和ID2通道上加载VRayMtl材质，如图16-21所示。

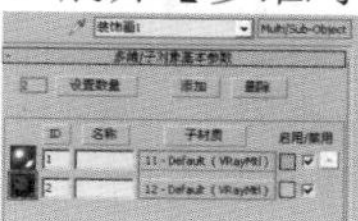

图16—21

技巧提示

【多维/子对象】材质可以制作出一个材质包含多个子材质的效果，如汽车材质（包括车漆、玻璃、轮胎等材质），使用该材质制作更便于进行管理。

02 单击进入ID号为1的通道中，并进行调节，具体参数如图16-22所示。

- 在【漫反射】选项组中调节颜色为灰色（红：173，绿：173，蓝：173）。
- 在【反射】选项组中调节颜色为浅灰色（红：252，绿：252，蓝：252），启用【菲涅尔反射】选项，设置【反射光泽度】为0.6，【菲涅耳折射率】为4.5。

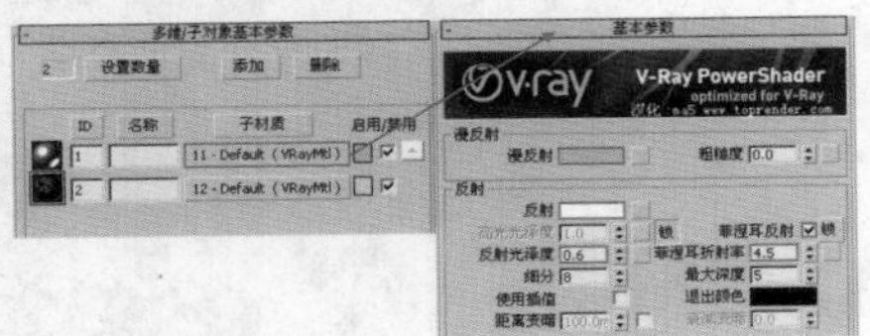

图16—22

03 单击进入ID号为2的通道中，并进行调节，具体参数如图16-23所示。

- 在【漫反射】选项组中的通道上加载【画3.jpg】贴图文件。
- 在【反射】选项组中调节颜色为深灰色（红：35，绿：35，蓝：35）。

图16—23

04 将制作好的装饰画1材质赋给场景中装饰画1的模型，效果如图16-24所示。

图16—24

05 装饰画2材质的制作

本例的装饰画2材质基本属性主要为：

- 装饰画纹理贴图

01 选择一个空白材质球，然后将材质类型设置为VRayMtl材质，并命名为【装饰画2】。在【漫反射】选项组中的通道上加载【精裱画-056.jpg】贴图文件；在【反射】选项组中调节颜色为浅灰色（红：109，绿：109，蓝：109），如图16-25所示。

图16—25

02 将制作好的装饰画2材质赋给场景中装饰画2的模型，效果如图16-26所示。

图16—26

06 金属相框材质的制作

金属是一种具有光泽（即对可见光强烈反射）、富有延展性、容易导电和导热的物质，在装修中应用较为广泛。本例的金属相框材质模拟效果如图16-27所示，其基本属性主要为：

- 反射光泽度较强

图16—27

01 选择一个空白材质球，然后将材质类型设置为VRayMtl材质，并命名为【金属相框】，具体的参数调节如图16-28所示。

图16—28

- 在【漫反射】选项组中调节颜色为灰色（红：173，绿：173，蓝：173）。

- 在【反射】选项组中调节颜色为蓝色（红：147，绿：158，蓝：190），设置【高光光泽度】为0.8，【反射光泽度】为0.95，【细分】为30。

02 将制作好的金属相框材质赋给场景中装饰画框的模型，效果如图16-29所示。

图16—29

07 沙发材质的制作

沙发是家居设计中不可缺少的家具摆设，它不仅可以满足人们休息的需求，还能起到美化房屋的效果。本例的沙发材质模拟效果如图16-30所示，其基本属性主要为：

- 衰减程序贴图

图16—30

01 选择一个空白材质球，然后将材质类型设置为VRayMtl材质，并命名为【沙发】，具体的参数调节如图16-31所示。

- 在【漫反射】选项组中的通道上加载【衰减】程序贴图，展开【衰减参数】卷展栏，设置第一个颜色为浅棕色（红：198，绿：190，蓝：180）并在后面的通道上加载【s378d2ac2.jpg】贴图文件，设置【瓷砖】的U和V为3；设置第二个颜色为浅灰色（红：229，绿：223，蓝：216）并在后面的通道上加载【s46.jpg】贴图文件，设置【瓷砖】的U和V为3，最后设置【衰减类型】为Fresnel。
- 在【反射】选项组中调节颜色为蓝色（红：147，绿：158，蓝：190），设置【高光光泽度】为0.3，【反射光泽度】为0.75，【细分】为16。

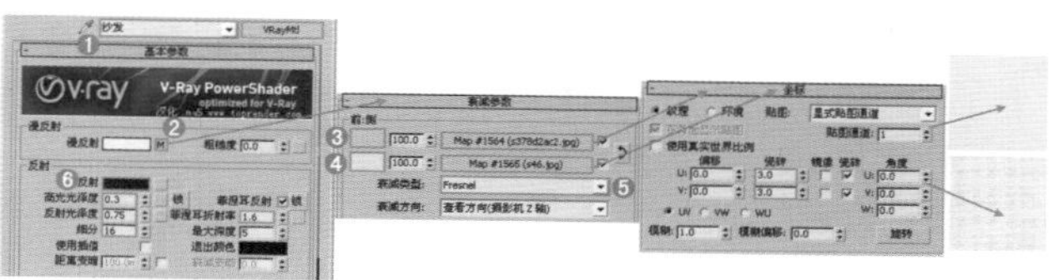

图16—31

02 将制作好的沙发材质赋给场景中沙发的模型，效果如图16-32所示。

图16—32

08 木椅材质的制作

椅子具有很强的实用性，在各个房间都会出现，其主要功能就是便于人们休息，所以舒适度是衡量一张椅子好坏的主要标准。本例的椅子材质的模拟效果如图16-33所示。

图16—33

01 选择一个空白材质球，然后将材质类型设置为VRayMtl材质，并命名为【椅子】，具体的参数调节如图16-34所示。

- 在【漫反射】选项组中调节颜色为深灰色（红：8，绿：8，蓝：8）。

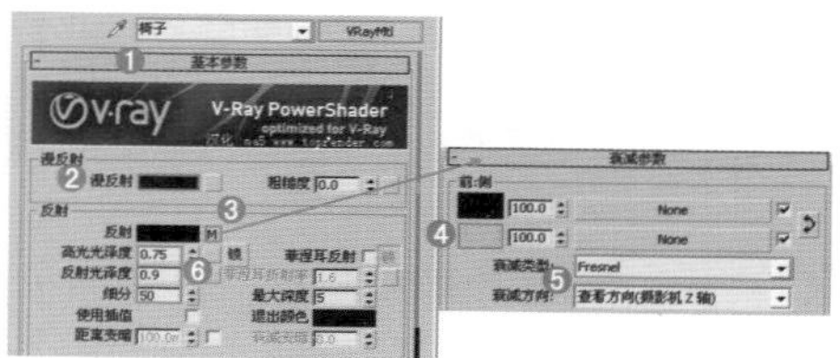

图16—34

- 在【反射】选项组中的通道上加载【衰减】程序贴图，展开【衰减参数】卷展栏，设置第二个颜色为蓝色

（红：139，绿：185，蓝：255），设置【衰减类型】为Fresnel，并且设置【高光光泽度】为0.75，【反射光泽度】为0.9，【细分】为50。

02 将制作好的椅子材质赋给场景中椅子的模型，效果如图16-35所示。

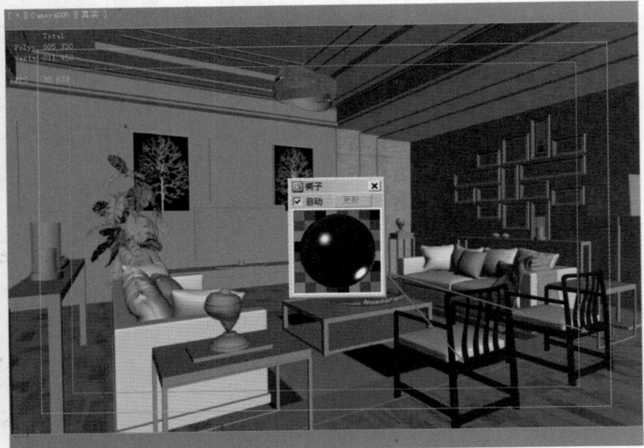

图16-35

09 茶几材质的制作

茶几是客厅里的必备物件，打破传统，选一款设计新颖、功能多样的茶几，无形中会增加空间的享乐指数。本例的茶几材质模拟效果如图16-36所示，其基本属性主要为：

- 带有茶几贴图纹理

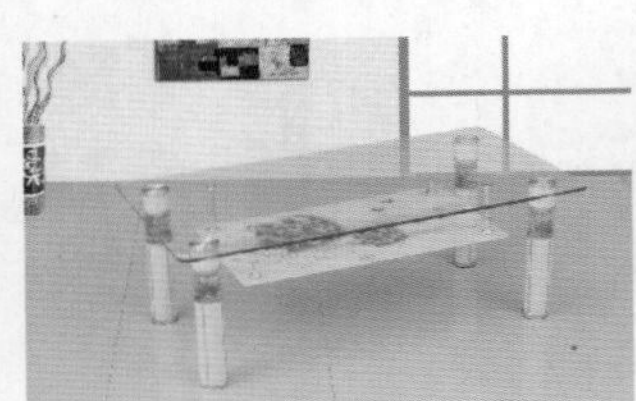

图16-36

01 选择一个空白材质球，然后将材质类型设置为VRayMtl材质，并命名为【茶几】，具体的参数调节如图16-37所示。

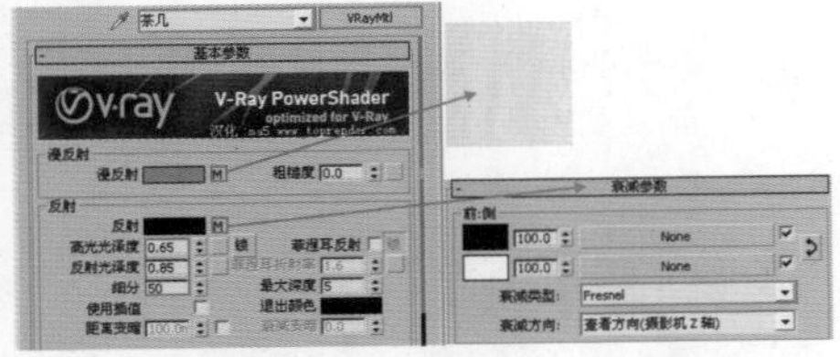

图16-37

- 在【漫反射】选项组中的通道上加载【20080414_42ba42fc9b07b5a78303QKO2lIlUYt6Va.jpg】贴图文件。
- 在【反射】选项组中的通道上加载【衰减】程序贴图，展开【衰减参数】卷展栏，设置【衰减类型】为Fresnel，并且设置【高光光泽度】为0.65，【反射光泽度】为0.85，【细分】为50。

02 将制作好的茶几材质赋给场景中茶几的模型，效果如图16-38所示。

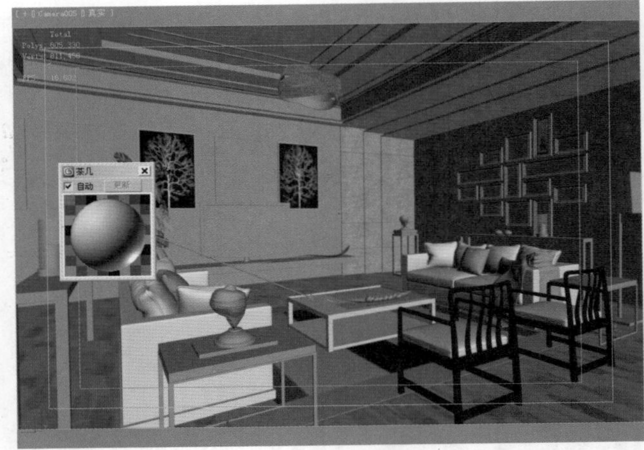

图16-38

10 吊灯材质的制作

灯饰是居室的眼睛，"璀璨明眸"可以让居室熠熠生辉，具有照明和美化室内空间的作用。本例的吊灯材质模拟效果如图16-39所示，其基本属性主要为：

- 强烈的折射效果

图16-39

01 选择一个空白材质球，然后将材质类型设置为VRayMtl材质，并命名为【吊灯】，具体的参数调节如图16-40所示。

- 在【漫反射】选项组中调节颜色为浅灰色（红：195，绿：195，蓝：195）。
- 在【反射】选项组中调节颜色为深灰色（红：69，绿：69，蓝：69），设置【反射光泽度】为0.75。
- 在【折射】选项组中调节颜色为浅白色（红：233，绿：233，蓝：233）。

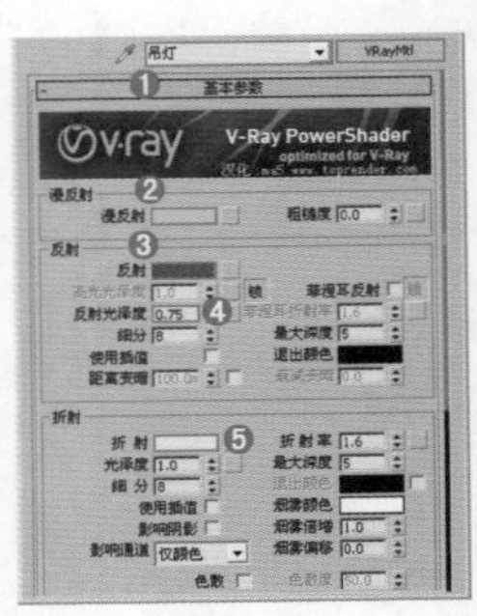

图16-40

02 将制作好的吊灯材质赋给场景中吊灯的模型，效果如图16-41所示。

图16—41

⑪ 电视材质的制作

电视指利用电子技术及设备传送活动的图像画面和音频信号，即电视接收机，也是重要的广播和视频通信工具。本例的电视材质模拟效果如图16-42所示，其基本属性主要有以下2点：

- 自发光效果
- 带有纹理贴图

图16—42

01 选择一个空白材质球，然后将材质类型设置为VRayMtl材质，并命名为【电视外框】，具体的参数调节如图16-43所示。

- 在【漫反射】选项组中的通道上加载【cgaxis_electronics_04_02.jpg】贴图文件。
- 在【反射】选项组中的通道上加载【cgaxis_electronics_04_02_reflect.jpg】贴图文件，并设置【反射光泽度】为0.95，【细分】为50。

图16—43

02 将制作好的电视外框材质赋给场景中电视外框的模型，效果如图16-44所示。

图16—44

03 选择一个空白材质球，然后将材质类型设置为【VR灯光材质】，并命名为【电视屏幕】，然后调节【颜色】数值为2，并加载【0928001531259.jpg】贴图文件，如图16-45所示。

图16—45

04 将制作好的电视屏幕材质赋给场景中电视屏幕的模型，效果如图16-46所示。

图16—46

05 继续创建出其他部分的材质，如图16-47所示。

图16—47

Part03 创建摄影机

01 单击（创建）|（摄影机）| 标准 | 目标 按钮，如图16-48所示。在视图中拖曳创建1台摄影机，具体的位置如图16-49所示。

图16—48

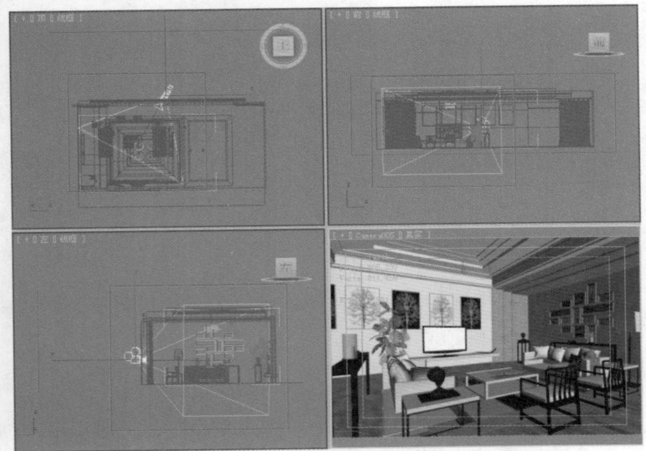

图16—49

02 选择创建的摄影机，进入【修改】面板，并设置【镜头】为21.519，【视野】为79.822，如图16-50所示。

03 按快捷键C切换到摄影机视图，如图16-51所示。

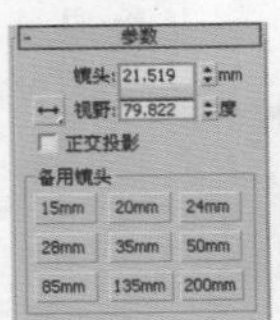

图16—50

图16—51

Part04 设置灯光并进行草图渲染

首先需要设置测试渲染的渲染器参数。

01 按F10键，在打开的【渲染设置】对话框中选择【公用】选项卡，设置输出的尺寸为600×400，如图16-52所示。

02 选择V-Ray选项卡，展开【V-Ray::图形采样器（反锯齿）】卷展栏，设置【类型】为【固定】，禁用【抗锯齿过滤器】选项。展开【V-Ray::颜色贴图】卷展栏，设置【类型】为【指数】，启用【子像素映射】和【钳制输出】选项，如图16-53所示。

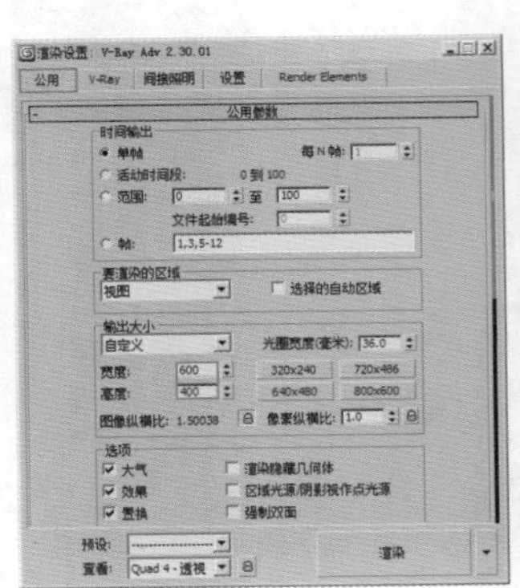

图16—52

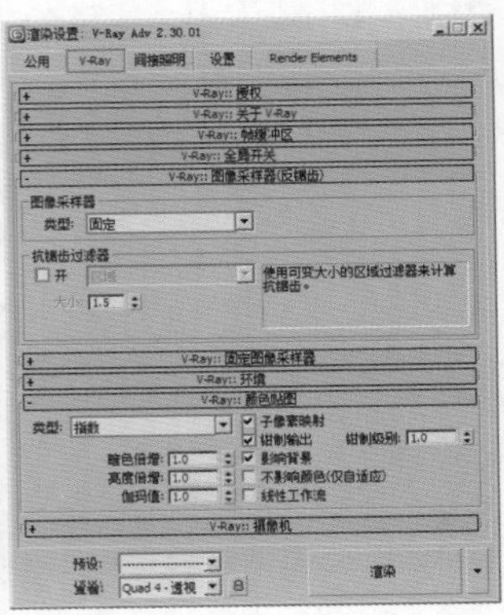

图16—53

03 选择【间接照明】选项卡，设置【首次反弹】为【发光图】，设置【二次反弹】为【灯光缓存】。展开【V-Ray::发光图】卷展栏，【当前预置】为【非常低】，【半球细分】为40，【插值采样】为20，启用【显示计算相位】和【显示直接光】选项，如图16-54所示。

04 展开【V-Ray::灯光缓存】卷展栏，设置【细分】为400，禁用【存储直接光】选项，如图16-55所示。

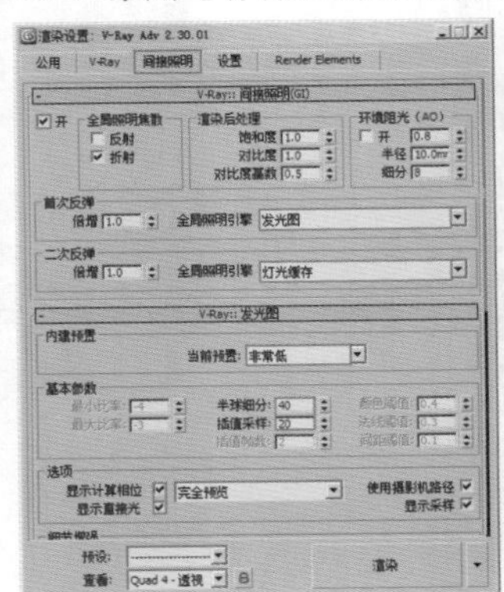

图16—54

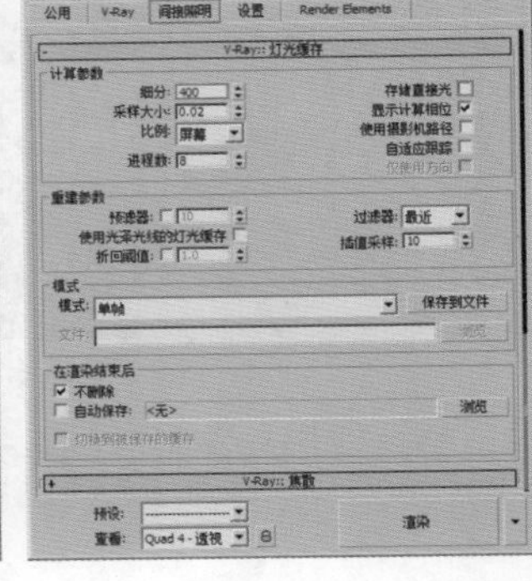

图16—55

05 选择【设置】选项卡，展开【V-Ray::DMC采样器】卷展栏，设置【适应数量】为0.95，展开【V-Ray::系统】卷展栏，设置【区域排序】为Top→Bottom，禁用【显示窗口】选项，如图16-56所示。

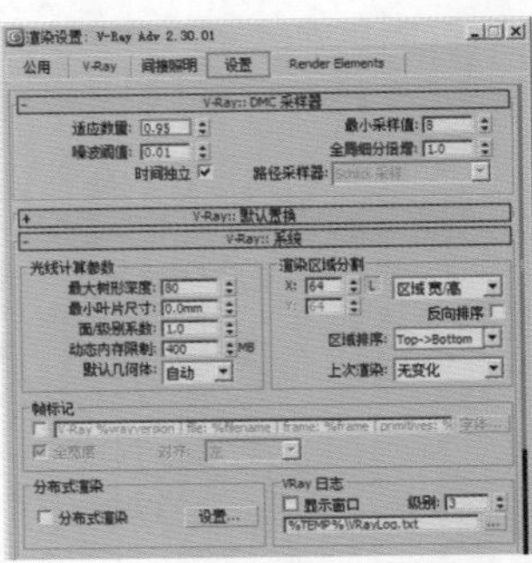

图16—56

01 创建主光源

01 单击（创建）|（灯光）| VRay | VR灯光 按钮，在前视图中拖曳创建1盏VR灯光，位置如图16-57所示。

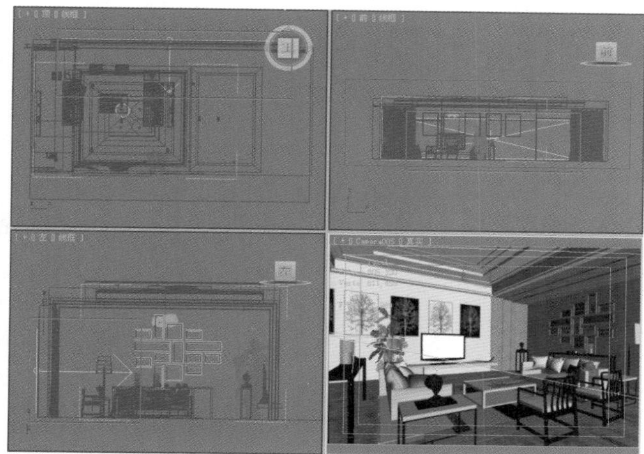

图16—57

02 选择上一步创建的VR灯光，然后在【修改】面板中设置【类型】为【平面】，设置【倍增】为3，调节【颜色】为蓝色（红：91，绿：122，蓝：255），设置【1/2长】为6000mm，【1/2宽】为1400mm，启用【不可见】选项选项，如图16-58所示。

03 继续使用【VR灯光】工具在前视图中创建1盏VR灯光，位置如图16-59所示。

04 选择上一步创建的VR灯光，然后在【修改】面板中设置【类型】为【平面】，设置【倍增】为4，调节【颜色】为蓝色（红：75，绿：167，蓝：252），设置【1/2长】为800mm，【1/2宽】为500mm，启用【不可见】选项，如图16-60所示。

图16—58

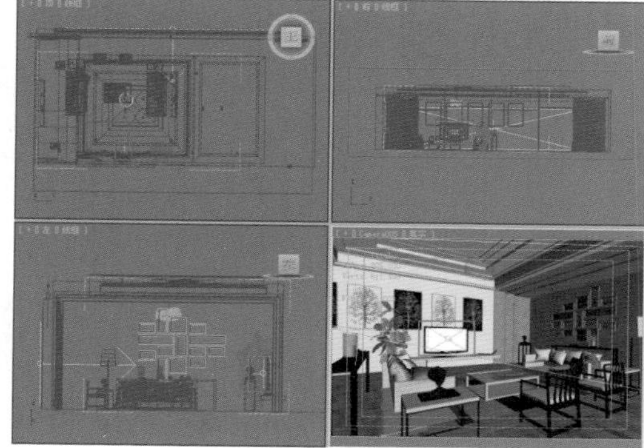

图16—59

图16—60

05 按Shift+Q组合键，快速渲染摄影机视图，其渲染的效果如图16-61所示。

图16—61

02 创建装饰墙灯带

01 单击（创建）|（灯光）| VRay | VR灯光 按钮，在左视图中创建1盏VR灯光，并使用【选择并移动】工具复制2盏灯光，位置如图16-62所示。

02 选择上一步创建的VR灯光，然后在【修改】面板中设置【类型】为【平面】，设置【倍增】为15，调节【颜色】为橘黄色（红：255，绿：193，蓝：143），设置【1/2长】为2000mm，【1/2宽】为50mm，启用【不可见】选项，如图16-63所示。

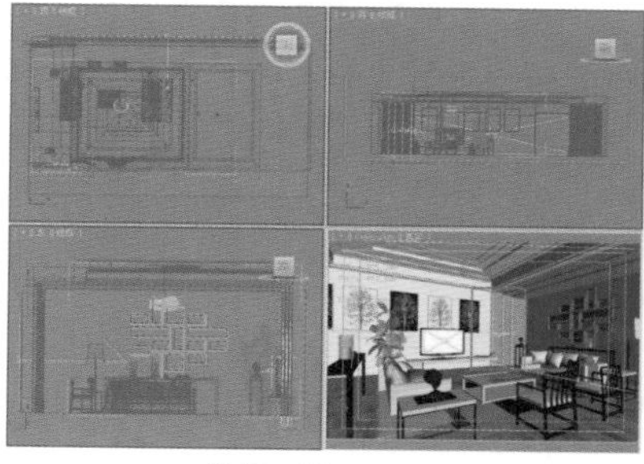

图16—62　图16—63

03 继续使用【VR灯光】工具在左视图中创建1盏VR灯光，并使用【选择并移动】工具复制2盏灯光，位置如图16-64所示。

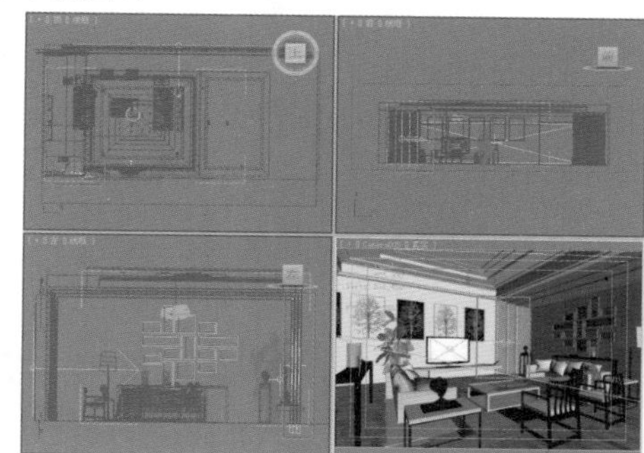

图16—64

04 选择上一步创建的VR灯光，然后在【修改】面板中设置【类型】为【平面】，设置【倍增】为5，调节【颜色】为白色（红：255，绿：255，蓝：255），设置【1/2长】为300mm，【1/2宽】为1300mm，启用【不可见】选项，禁用【影响高光】和【影响反射】选项，设置【细分】为30，如图16-65所示。

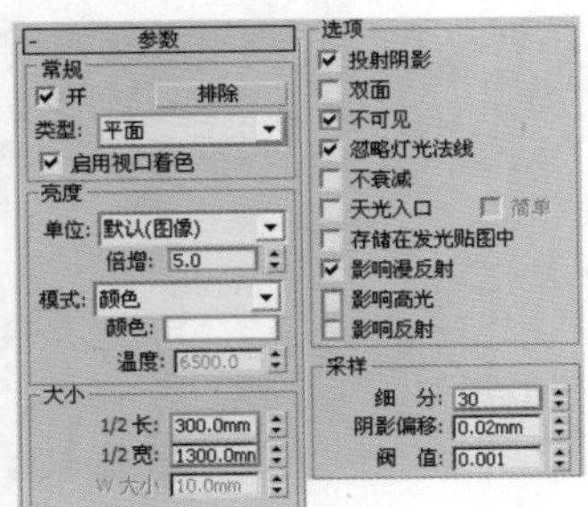

图16—65

05 按Shift+Q组合键，快速渲染摄影机视图，其渲染的效果如图16-66所示。

图16—66

03 制作台灯光源

01 单击 （创建）｜ （灯光）｜ VRay ｜ VR灯光 按钮，在前视图中创建1盏VR灯光，然后使用【选择并移动】工具复制一盏，具体的位置如图16-67所示。

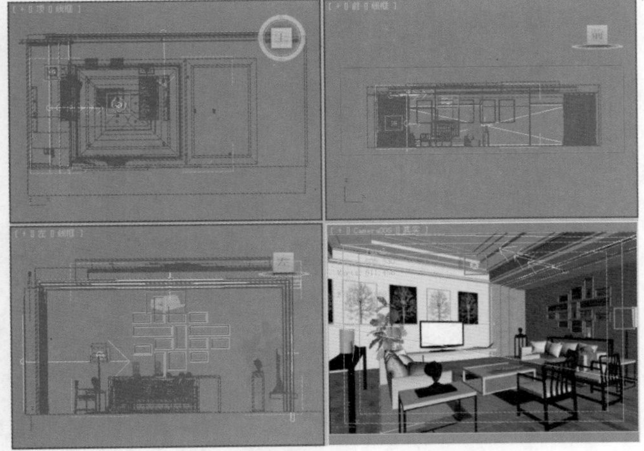

图16—67

02 选择上一步创建的VR灯光，然后在【修改】面板中设置【类型】为【球体】，设置【倍增】为30，调节【颜色】为浅橘黄色（红：255，绿：208，蓝：148），设置【1/2长】为110mm，启用【不可见】选项，如图16-68所示。

03 按Shift+Q组合键，快速渲染摄影机视图，其渲染的效果如图16-69所示。

图16—68　　图16—69

04 创建室内射灯

01 单击 （创建）｜ （灯光）｜ 光度学 ｜ 目标灯光 按钮，在前视图中拖曳创建1盏目标灯光，并使用【选择并移动】工具复制13盏灯光，具体的位置如图16-70所示。

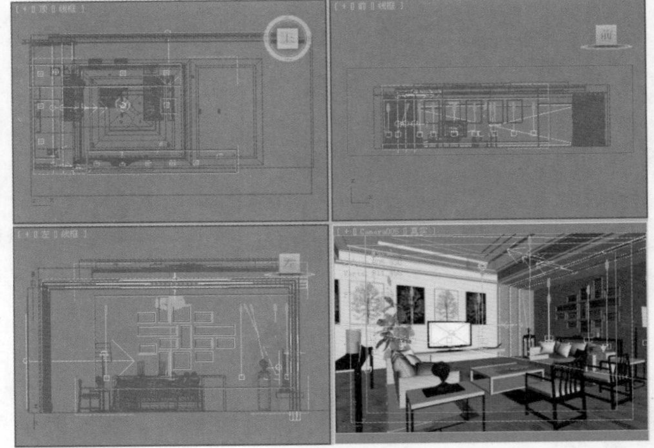

图16—70

02 选择上一步创建的目标灯光，并在【修改】面板中调节其参数，如图16-71所示。

- 在【阴影】选项组中设置阴影类型为【VRay阴影】，设置【灯光分布（类型）】为【光度学Web】，展开【分布（光度学Web）】卷展栏，并在通道上加载【射灯0.IES】光域网。
- 展开【强度/颜色/衰减】卷展栏，设置【过滤颜色】为浅橘黄色（红：253，绿：208，蓝：136），【强度】为8000。

图16—71

03 按Shift+Q组合键，快速渲染摄影机视图，其渲染的效果如图16-72所示。

图16－72

05 制作聚光灯光源

01 单击（创建）|（灯光）| 标准 | 目标聚光灯 按钮，在前视图中拖曳创建1盏目标聚光灯，如图16-73所示。

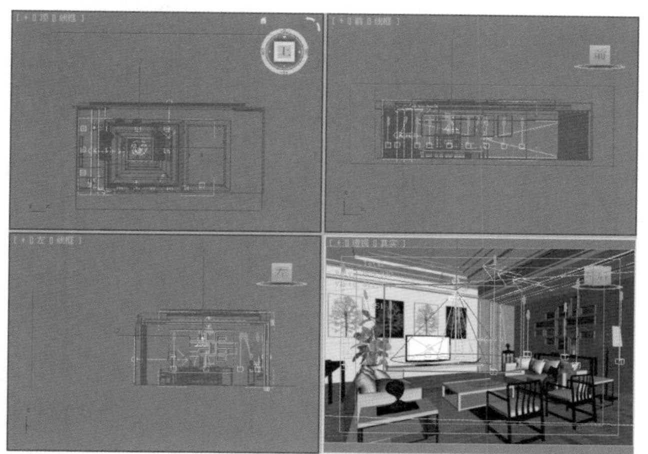

图16－73

02 选择上一步创建的目标聚光灯，然后在【修改】面板中调节具体的参数，如图16-74所示。

- 在【灯光类型】选项组中设置类型为【聚光灯】。
- 在【阴影】选项组中启用【启用】选项，设置阴影类型为【VRay阴影】，【倍增】为0.6。

03 按Shift+Q组合键，快速渲染摄影机视图，其渲染的效果如图16-75所示。

图16－74

图16－75

Part 05 设置成图渲染参数

经过前面的操作，已经将大量烦琐的工作做完了，下面需要做的就是把渲染的参数设置高一些，再进行渲染输出。

01 重新设置渲染参数。按F10键，在打开的【渲染设置】对话框中首先选择【公用】选项卡，设置输出的尺寸为2000×1333，如图16-76所示。

02 选择V-Ray选项卡，展开【V-Ray::图形采样器（反锯齿）】卷展栏，设置【类型】为【自适应确定性蒙特卡洛】，在【抗锯齿过滤器】选项组中启用【开】选项，并选择Catmull-Rom过滤器。展开【V-Ray::颜色贴图】卷展栏，设置【类型】为【指数】，启用【子像素映射】和【钳制输出】选项，如图16-77所示。

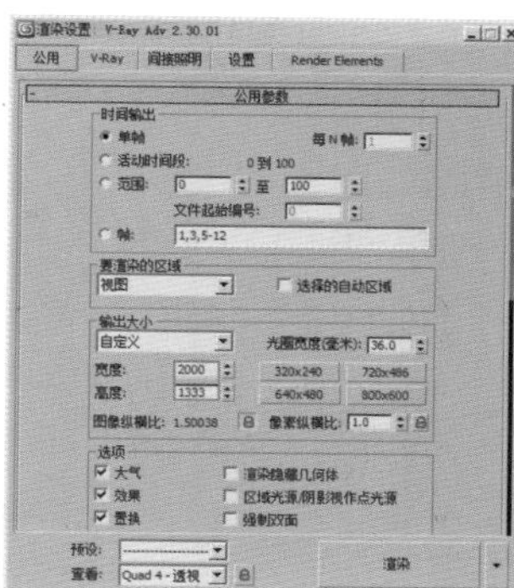

图16－76

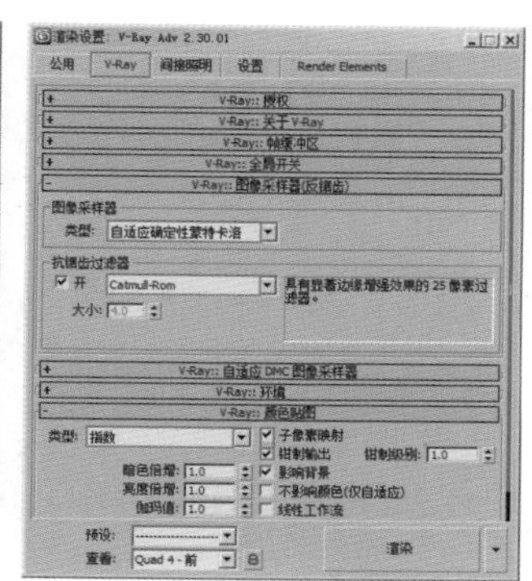

图16－77

03 选择【间接照明】选项卡，启用【开】选项，设置【首次反弹】为【发光图】，设置【二次反弹】为【灯光缓存】。展开【V-Ray::发光图】卷展栏，设置【当前预置】为【低】，设置【半球细分】为60，设置【插值采样值】为30，启用【显示计算相位】和【显示直接光】选项，如图16-78所示。

04 展开【V-Ray::灯光缓存】卷展栏，设置【细分】为1500，启用【存储直接光】和【显示计算相位】选项，如图16-79所示。

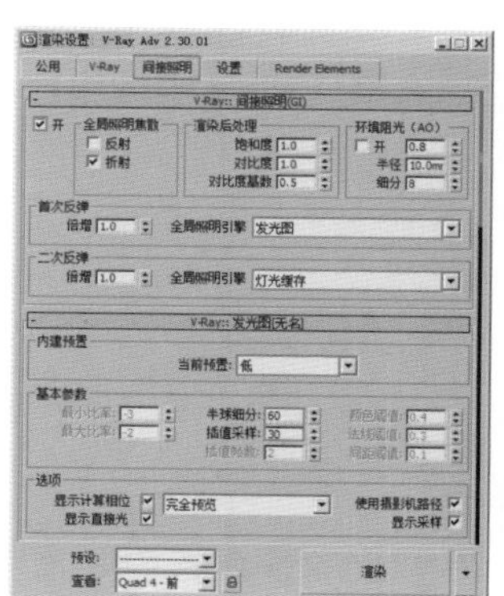

图16－78

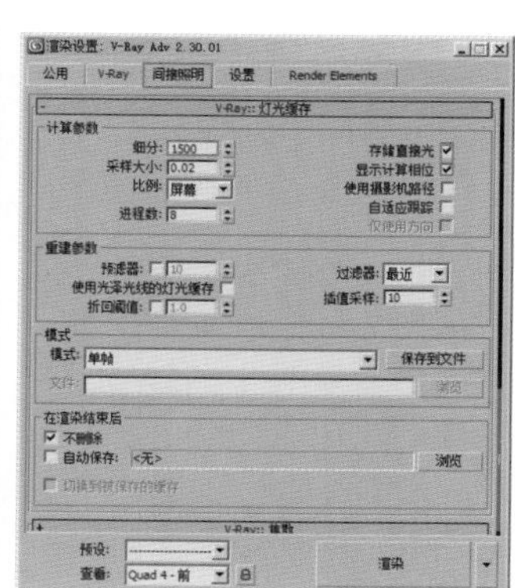

图16－79

05 选择【设置】选项卡，展开【V-Ray::DMC采样器】卷展栏，设置【适应数量】为0.85，【噪波阈值】为0.005；展开【V-Ray::系统】卷展栏，并禁用【显示窗口】选项，如图16-80所示。

06 渲染完成后最终的效果如图16-81所示。

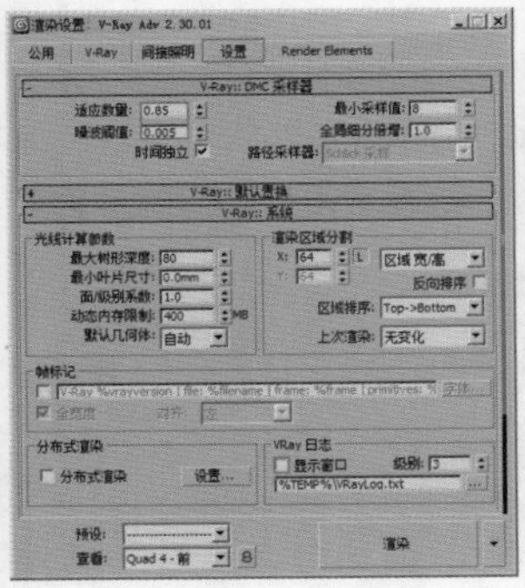

图16-80

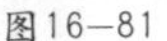

图16-81

读书笔记

第17章

雍容华贵，异国风范——简欧风格卫生间

场景文件	17.max
案例文件	案例文件\Chapter 17\雍容华贵，异国风范——简欧风格卫生间.max
视频教学	视频文件\Chapter 17\雍容华贵，异国风范——简欧风格卫生间.flv
难易指数	★★★★☆
灯光类型	VR灯光、自由灯光
材质类型	VrayMtl材质、多维/子对象材质、标准材质
程序贴图	衰减程序贴图
技术掌握	掌握各种灯光的综合制作方法

项目概况

- 项目名称：雍容华贵，异国风范
- 户型：平层，家装

客户定位

喜欢欧式的感觉，体味异国的风情，这是业主的基本要求。长时间在国外生活的业主，回国后生活方式依然不容易改变，那么不妨将家设计成自己熟悉的环境，这样才能更亲切、更安逸。

风格定位：简约欧式风格

简约欧式风格是欧式风格的一个分支。强调线形流动的变化，色彩华丽，形式上以浪漫主义为基础，装修材料常用大理石、多彩的织物、精美的地毯，精致的法国壁挂，整个风格豪华、富丽，充满强烈的动感效果。但是不以复杂、烦琐为最终目的，在不失欧式风格的前提下，追求简洁、大气。

装饰主色调

- 室内空间颜色以米黄色为主，褐色为辅
- 陈设色调以白色为主，局部点缀绿色、红色等

色彩关系

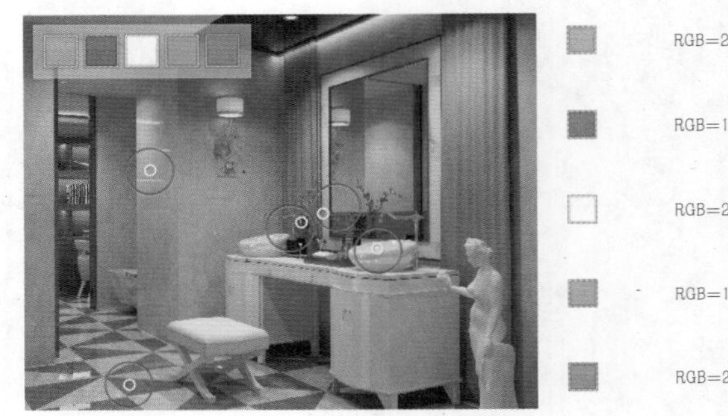

RGB=214,179,137

RGB=174,123,77

RGB=255,255,255

RGB=183,183,92

RGB=201,120,133

类似风格优秀设计作品赏析

读书笔记

实例介绍

本例是一个卫生间，室内明亮灯光表现主要使用了VR灯光和自由灯光来制作，使用VRayMtl、多维/子对象、标准材质制作本案例的主要材质，制作完毕之后渲染效果如图17-1所示。

图17—1

局部渲染效果如图17-2所示。

图17—2

操作步骤

Part01 设置VRay渲染器

01 打开本书配套光盘中的【场景文件\Chapter17\17.max】文件，此时场景效果如图17-3所示。

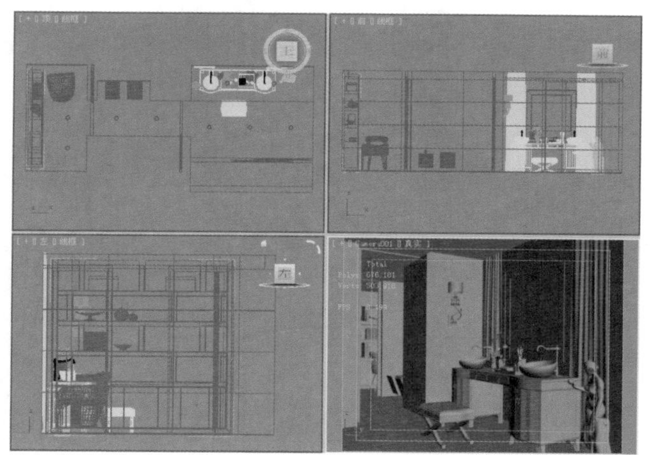

图17—3

02 按F10键，打开【渲染设置】对话框，选择【公用】选项卡，在【指定渲染器】卷展栏中单击...按钮，在弹出的【选择渲染器】对话框中选择【V-Ray Adv 2.30.01】选项，如图17-4所示。

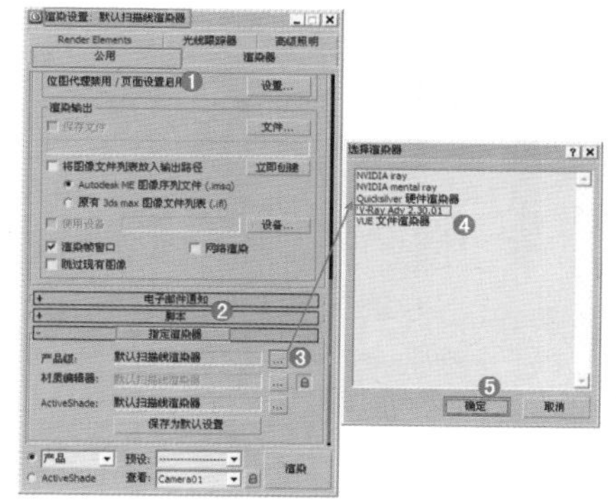

图17—4

03 此时在【指定渲染器】卷展栏中的【产品级】后面显示了【V-Ray Adv 2.30.01】，【渲染设置】对话框中出现了V-Ray、【间接照明】、【设置】和Render Elements选项卡，如图17-5所示。

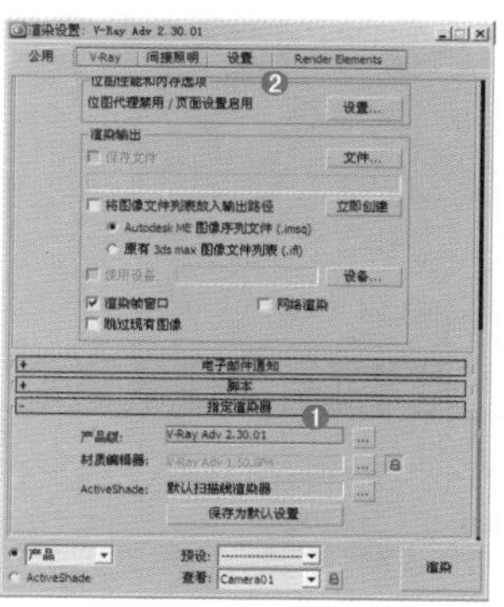

图17—5

Part02 材质的制作

下面就来讲述场景中主要材质的调制，包括瓷砖、白漆、凳子坐垫、镜子、帘子、雕塑、洗脸池、植物等，效果如图17-6所示。

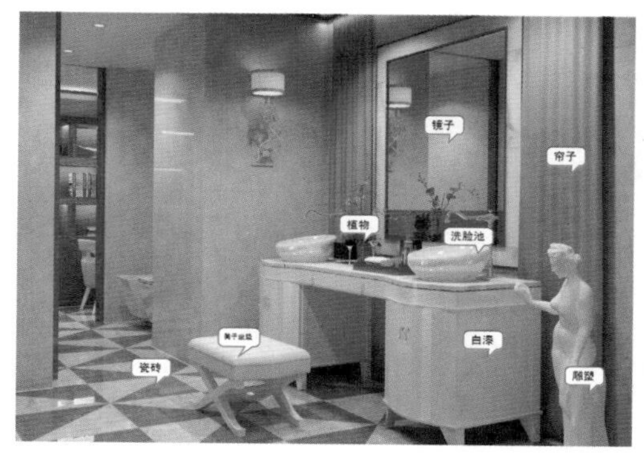

图17—6

01 瓷砖材质的制作

所谓瓷砖，是一种耐酸碱的瓷质或石质等建筑或装饰材料，其原材料多由黏土、石英砂等混合而成。本例的瓷砖材质模拟效果如图17-7所示，其基本属性主要为：

- 瓷砖纹理贴图

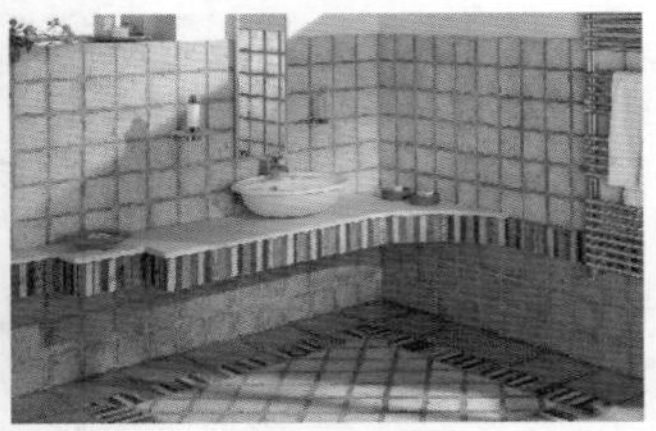

图17—7

01 选择一个空白材质球，然后将材质类型设置为多维/子对象材质，并命名为【瓷砖】，展开【多维/子对象基本参数】卷展栏，设置【设置数量】为3，最后分别在ID1、ID2和ID3通道上加载VRayMtl材质，如图17-8所示。

图17—8

02 进入ID号为1的通道中，并进行调节如图17-9所示。

- 在【漫反射】选项组中的通道上加载【200810417332729533ff.jpg】贴图文件。
- 在【反射】选项组中调节颜色为灰色（红：140，绿：140，蓝：140），启用【菲涅尔反射】选项。

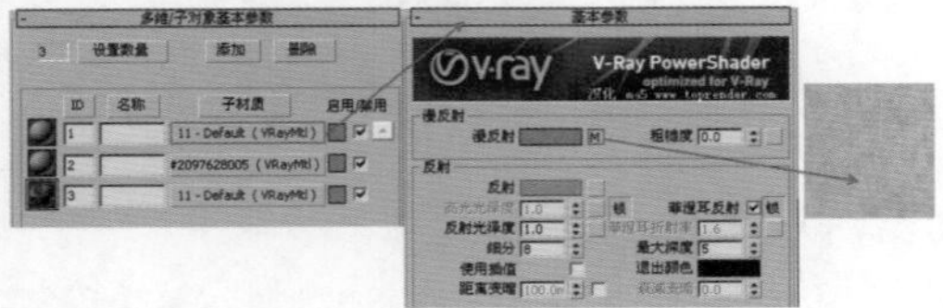

图17—9

03 进入ID号为2的通道中，并设置参数与ID号为1的参数一致，如图17-10所示。

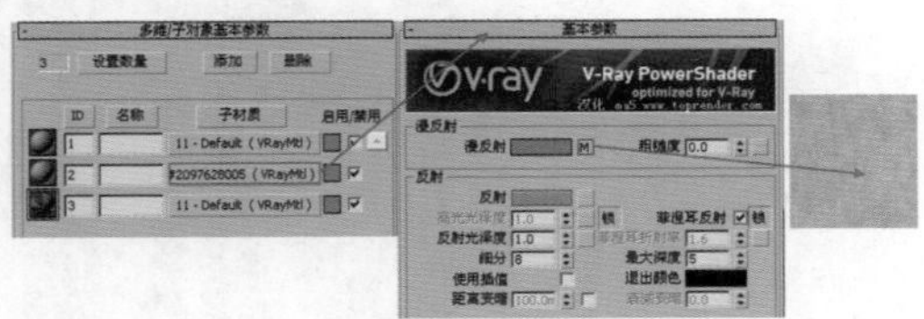

图17—10

04 进入ID号为3的通道中，并进行调节如图17-11所示。

- 在【漫反射】选项组中的通道上加载【新雅米黄122 副本.jpg】贴图文件。
- 在【反射】选项组中调节颜色为灰色（红：140，绿：140，蓝：140），启用【菲涅尔反射】选项。

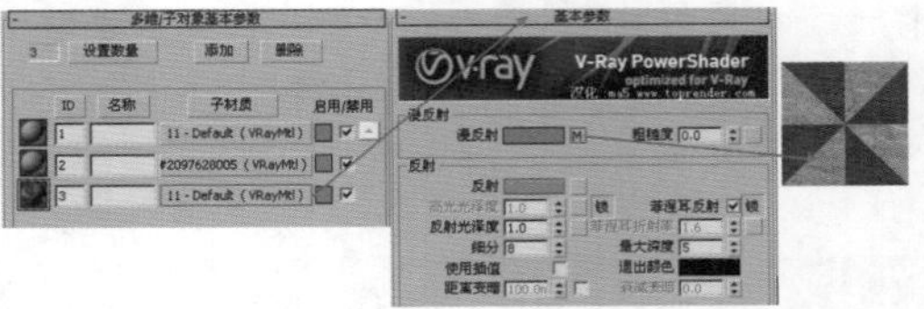

图17—11

05 将制作好的瓷砖材质赋给场景中地面和墙壁的模型，效果如图17-12所示。

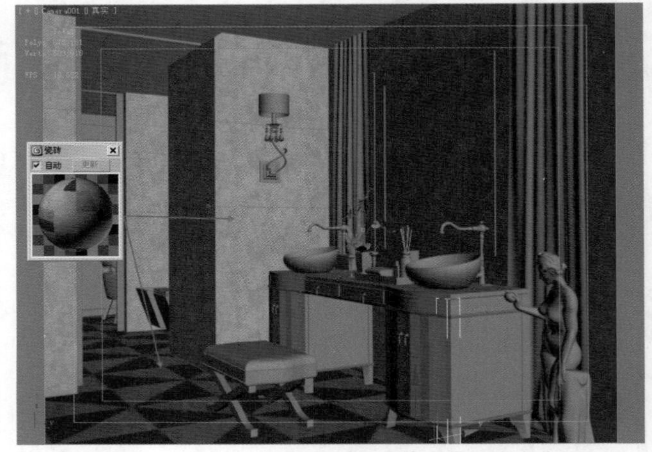

图17—12

02 白漆材质的制作

白漆能使木器、竹器家具更美观亮丽，改善家具本身带有的粗糙手感，使家具不受气候与干湿变化影响，起到保护养护木器、竹器家具的作用。本例的白漆材质模拟效果如图17-13所示，其基本属性主要有以下2点：

- 颜色为白色
- 具有较强的反射光泽度

图17—13

01 选择一个空白材质球，然后将材质类型设置为VRayMtl材质，并命名为【白漆】，具体的参数调节如图17-14所示。

- 在【漫反射】选项组中调节颜色为黑色（红：0，绿：0，蓝：0）。
- 在【反射】选项组中调节颜色为深灰色（红：39，绿：39，蓝：39），设置【高光光泽度】为0.8，【反射光泽度】为0.85。

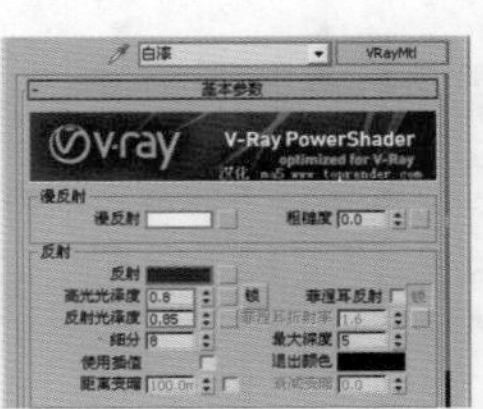

图17—14

02 将制作好的白漆材质赋给场景中柜子和凳腿的模型，效果如图17-15所示。

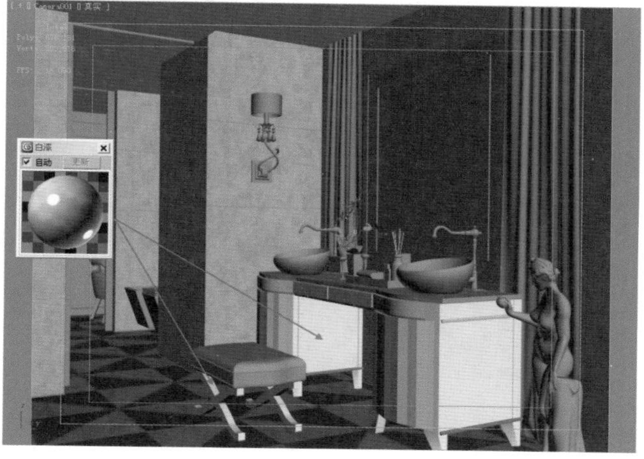

图17—15

03 凳子坐垫材质的制作

布艺在现代家庭中越来越受到人们的青睐，如果说家庭使用功能的装装修为“硬饰”，而布艺作为“软饰”在家居中更独具魅力，它柔化了室内空间生硬的线条，赋予居室一种温馨的格调。本例的布艺凳子坐垫材质模拟效果如图17-16所示，其基本属性主要有以下2点：

- 布纹贴图
- 无反射效果

图17—16

01 选择一个空白材质球，然后将材质类型设置为VRayMtl材质，并命名为【凳子坐垫】，具体的参数调节如图17-17和图17-18所示。

- 在【漫反射】选项组中的通道上加载【wallpper025.jpg】贴图文件。
- 展开【选项】卷展栏，禁用【跟踪反射】选项。

图17—17

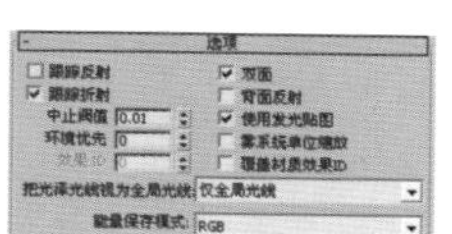

图17—18

02 将制作好的凳子坐垫材质赋给场景中凳子坐垫的模型，如图17-19所示。

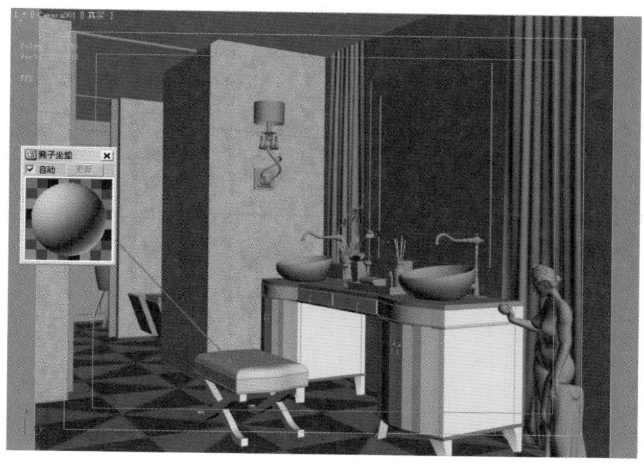

图17—19

04 镜子材质的制作

镜子常被置于家庭中特定的角落，例如浴室，被用作协助化妆、刮胡子、梳头发等整理仪容的工具。本例的镜子材质模拟效果如图17-20所示，其基本属性主要为：

- 强烈的反射效果

图17—20

01 选择一个空白材质球，然后将材质类型设置为多维/子对象材质，并命名为【镜子】，展开【多维/子对象基本参数】卷展栏，设置【设置数量】为4，最后分别在ID1、ID2、ID3和ID4通道中加载VRayMtl材质，如图17-21所示。

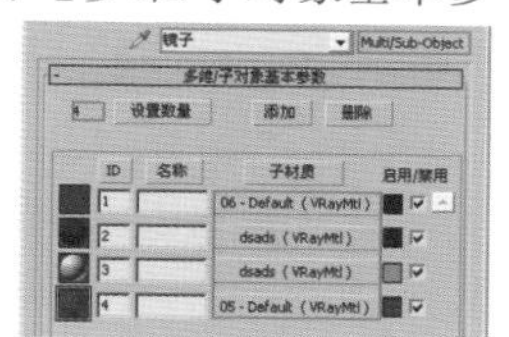

图17—21

02 进入ID号为1的通道中，并进行调节，如图17-22所示。

- 在【漫反射】选项组中调节颜色为深灰色（红：25，绿：25，蓝：25）。
- 在【反射】选项组中调节颜色为浅灰色（红：220，绿：220，蓝：220）。

03 进入ID号为2的通道中，并进行调节，如图17-23所示。

- 在【漫反射】选项组中调节颜色为深灰色（红：25，绿：25，蓝：25）。

● 在【反射】选项组中调节颜色为深灰色（红：90，绿：90，蓝：90）。

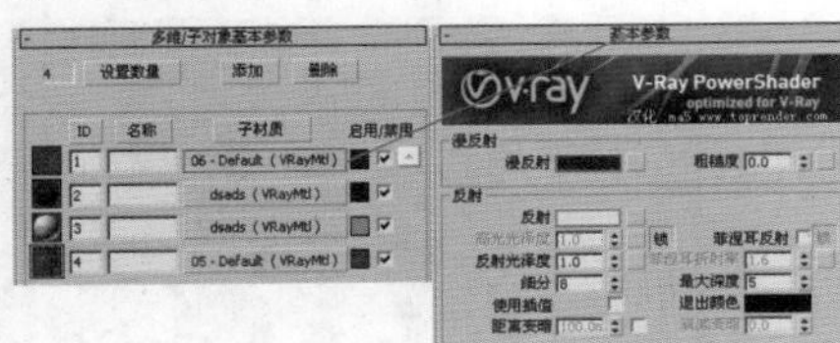

图17—22

图17—23

04 进入ID号为3的通道中，并进行调节，如图17-24所示。

● 在【漫反射】选项组中的通道上加载【SC-042.jpg】贴图文件。

● 在【反射】选项组中调节颜色为浅灰色（红：150，绿：150，蓝：150），启用【菲涅尔反射】选项，设置【反射光泽度】为0.9。

图17—24

05 进入ID号为4的通道中，并进行调节，如图17-25所示。

● 在【漫反射】选项组中调节颜色为深灰色（红：50，绿：50，蓝：50）。

● 在【反射】选项组中调节颜色为浅灰色（红：180，绿：180，蓝：180），设置【反射光泽度】为0.9。

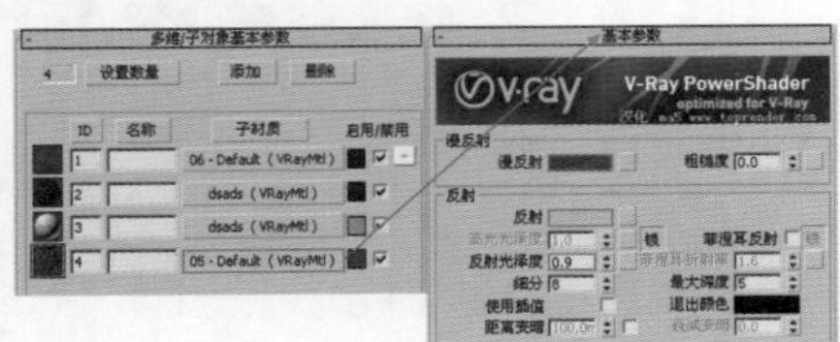

图17—25

06 将制作好的镜子材质赋给场景中镜子的模型，效果如图17-26所示。

05 帘子材质的制作

帘子是用布、竹、苇、麻、纱、塑料、金属等材料制作的遮蔽或调节室内光照的物品。本例的帘子材质模拟效果如图17-27所示，其基本属性主要为：

● 帘子纹理贴图

图17—26

图17—27

01 选择一个空白材质球，然后将材质类型设置为【标准】材质，并命名为【帘子】。在【漫反射】中的通道上加载【LX4049_xl.jpg】贴图文件，如图17-28所示。

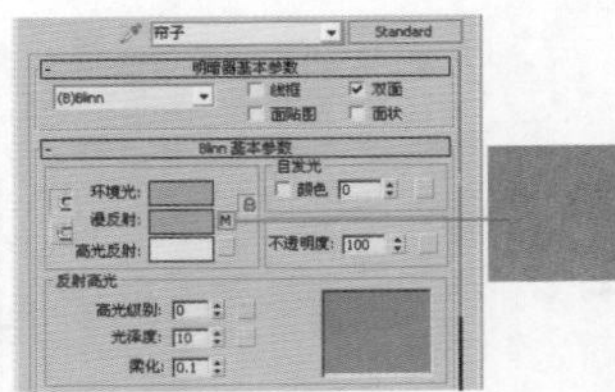

图17—28

02 将制作好的帘子材质赋给场景中帘子的模型，效果如图17-29所示。

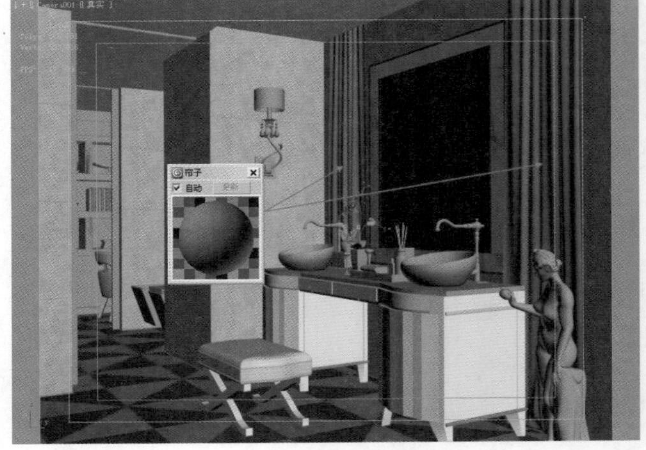

图17—29

06 雕塑材质的制作

雕塑是将艺术与使用功能相结合的一种艺术，它在美化环境的同时，也丰富了我们的环境，启迪了我们的思维，让我们在生活的细节中真真切切地感受到美。本例的雕塑材质模拟效果如图17-30所示，其基本属性主要为：

图17—30

- 颜色为白色

01 选择一个空白材质球，然后将材质类型设置为【标准】材质，并命名为【雕塑】，调节【环境光】颜色为白色（红：255，绿：255，蓝：255），调节【漫反射】颜色为白色（红：255，绿：255，蓝：255），调节【高光反射】颜色为浅灰色（红：230，绿：230，蓝：230），如图17-31所示。

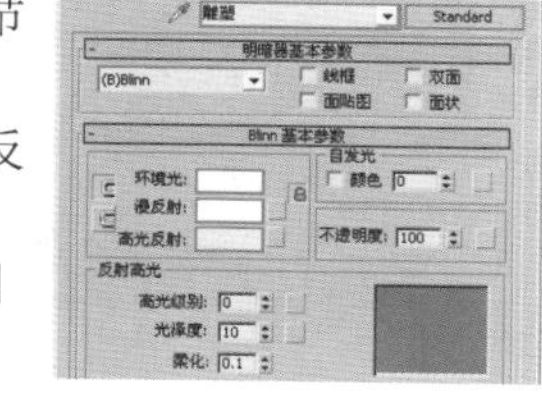

图17—31

02 将制作好的雕塑材质赋给场景中雕塑的模型，效果如图17-32所示。

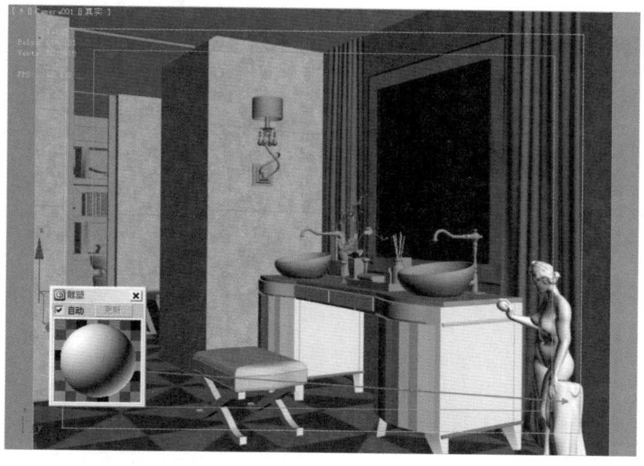

图17—32

07 洗脸池材质的制作

洗脸池又称为洗脸台或洗手池，一般由大理石、人造大理石或其他坚硬牢固的防水材料铺设而成，洗脸盘镶嵌其中，内有水塞和溢水口。本例的洗脸池材质模拟效果如图17-33所示。

图17—33

01 选择一个空白材质球，然后将材质类型设置为VRayMtl材质，并命名为【面盆】。在【漫反射】选项组中调节颜色为白色（红：255，绿：255，蓝：255），在【反射】选项组中调节颜色为深灰色（红：69，绿：69，蓝：69），设置【高光光泽度】为0.9，如图17-34所示。

图17—34

技巧提示

制作【面盆】材质的方法很多，都可以模拟出真实的陶瓷材质。例如可以使用如图17—35所示方法进行设置。

图17—35

也可以使用如图17—36所示的方法制作。

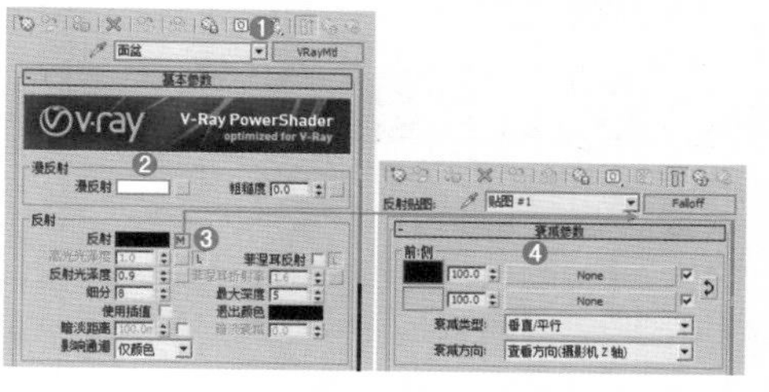

图17—36

02 将制作好的面盆材质赋给场景中面盆的模型，效果如图17-37所示。

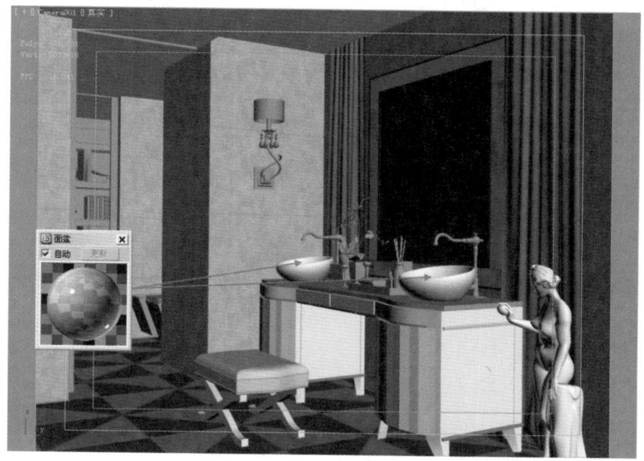

图17—37

03 选择一个空白材质球，然后将材质类型设置为VRayMtl材质，并命名为【水管】。在【漫反射】选项组中调节颜色为深灰色（红：122，绿：122，蓝：122），在【反射】选项组中调节颜色为灰色（红：164，绿：164，蓝：164），设置【高光光泽度】为0.85，如图17-38所示。

图17—38

04 将制作好的水管材质赋给场景中水管的模型，效果如图17-39所示。

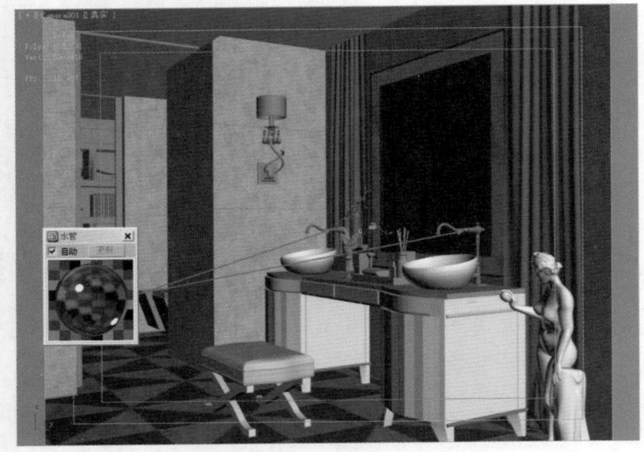

图17—39

08 植物材质的制作

植物是装修中常用的点缀装饰，无论在家庭装修还是公司装修中应用都非常广泛。本例的植物材质模拟效果如图17-40所示，其基本属性主要有以下2点：

- 带有多种材质
- 带有贴图纹理

图17—40

01 选择一个空白材质球，然后将材质类型设置为VRayMtl材质，并命名为【花瓣】，在【漫反射】选项组中的通道上加载【Arch41_053_flower.jpg】贴图文件，如图17-41所示。

图17—41

02 将调节完毕的花瓣材质赋给场景中花瓣的模型，如图17-42所示。

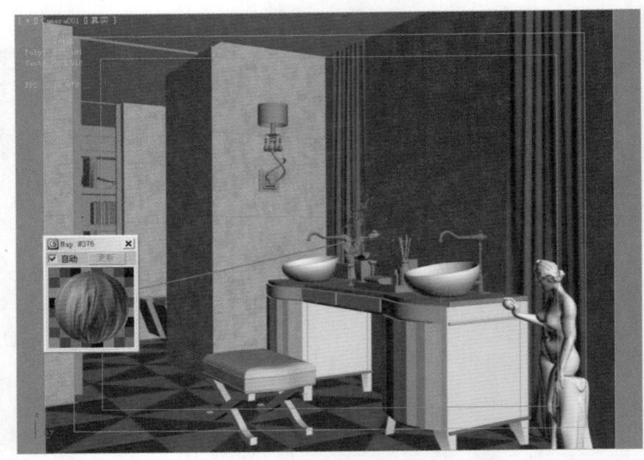

图17—42

03 选择一个空白材质球，然后将材质类型设置为VRayMtl材质，并命名为【绿叶】。在【漫反射】选项组中的通道上加载【arch41_053_leaf.jpg】贴图文件，在【反射】选项组中调节颜色为深灰色（红：30，绿：30，蓝：30），设置【反射光泽度】为0.55，如图17-43所示。

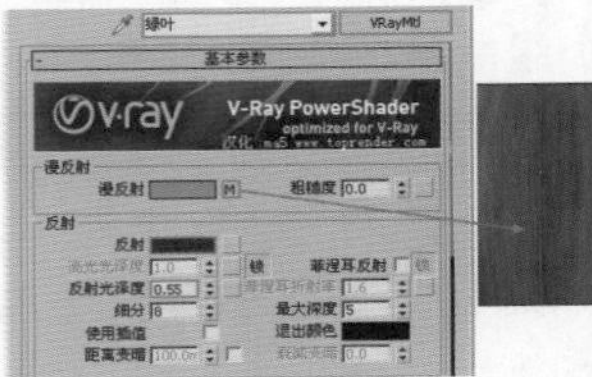

图17—43

04 将制作好的绿叶材质赋给场景中绿叶的模型，效果如图17-44所示。

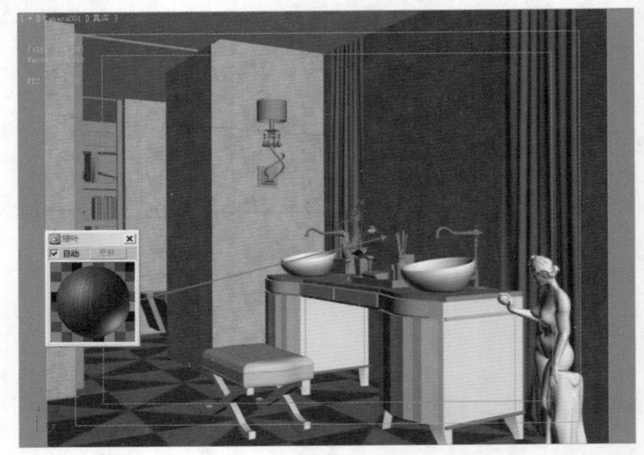

图17—44

05 选择一个空白材质球，然后将材质类型设置为VRayMtl材质，并命名为【枝干】。在【漫反射】选项组中的通道上加载【arch41_053_bark.jpg】贴图文件，在【反射】选项组中调节颜色为深灰色（红：60，绿：60，蓝：60），设置【反射光泽度】为0.5，如图17-45所示。

图17—45

06 将制作好的枝干材质赋给场景中枝干的模型，效果如图17-46所示。

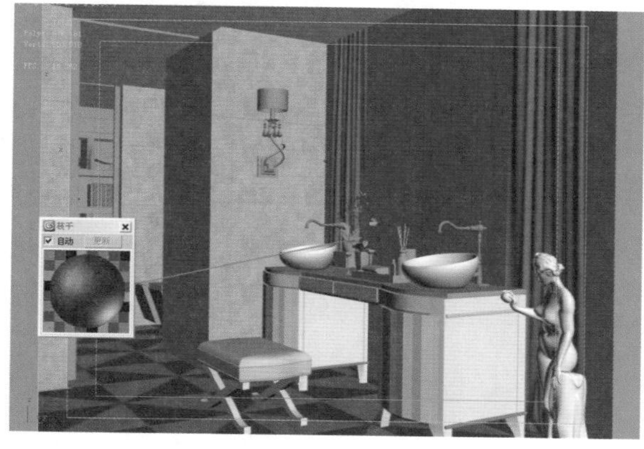

图17—46

07 选择一个空白材质球，然后将材质类型设置为VRayMtl材质，并命名为【花盆】。在【漫反射】选项组中调节颜色为白色（红：255，绿：255，蓝：255）；在【反射】选项组中调节颜色为白色（红：255，绿：255，蓝：255），选中【菲涅耳反射】复选框。在【折射】选项组中调节颜色为白色（红：255，绿：255，蓝：255），选中【影响阴影】复选框。如图17-47所示。

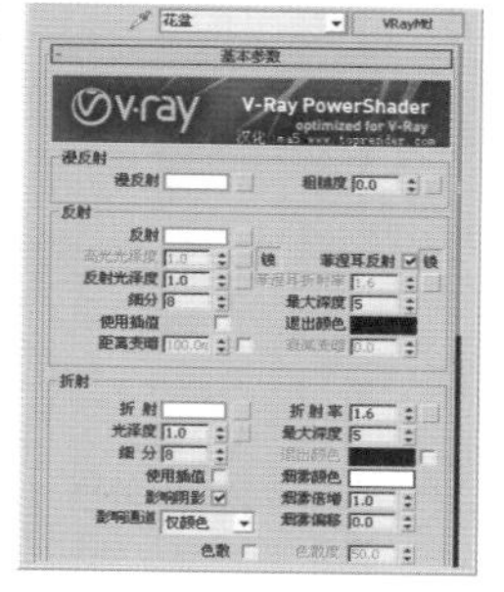

图17—47

08 将调节完毕的花盆材质赋给场景中花盆的模型，如图17-48所示。

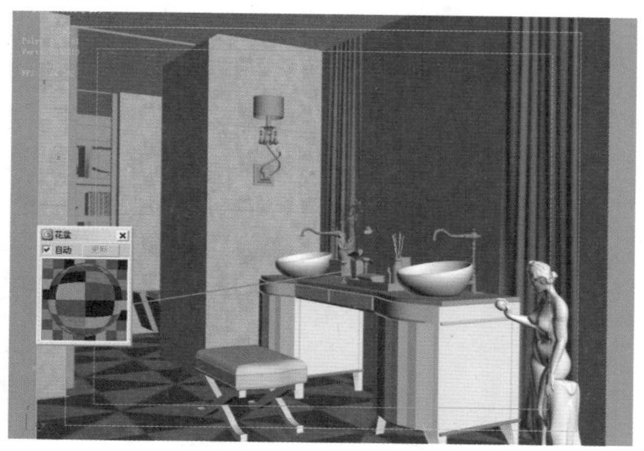

图17—48

09 选择一个空白材质球，然后将材质类型设置为VRayMtl材质，并命名为【土壤】。在【漫反射】选项组中的通道上加载【arch41_053_ground.jpg】贴图文件，如图17-49所示。

图17—49

10 将制作好的土壤材质赋给场景中土壤的模型，效果如图17-50所示。

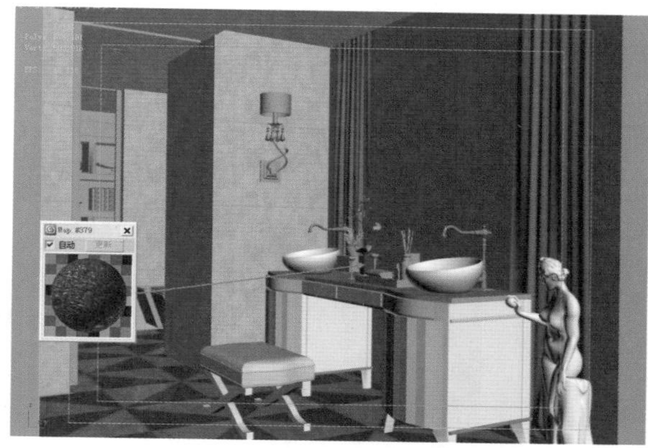

图17—50

11 继续创建出其他部分的材质，如图17-51所示。

图17—51

Part03 创建摄影机

01 单击（创建）|（摄影机）| 标准 | 目标 按钮，如图17-52所示。在视图中拖曳创建1台摄影机，具体位置如图17-53所示。

图17—52

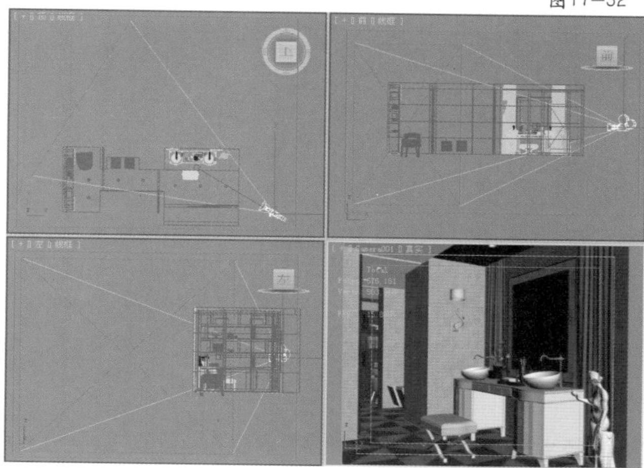

图17—53

02 选择创建的摄影机，然后进入【修改】面板，并设置【镜头】为43.456，【视野】为45，启用【手动剪切】选项，设置【近距剪切】为2500mm，【远距剪切】为9000mm，如图17-54所示。

03 按快捷键C切换到摄影机视图，如图17-55所示。

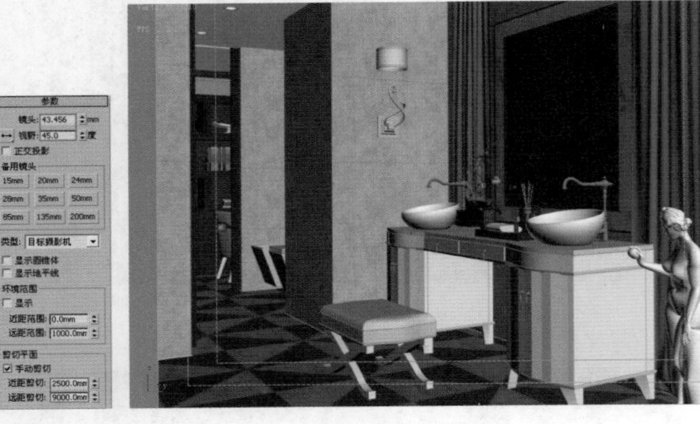

图17—54　　图17—55

Part 04 设置灯光并进行草图渲染

首先需要设置测试渲染的渲染器参数。

01 按F10键，在打开的【渲染设置】对话框中选择【公用】选项卡，设置输出的尺寸为500×400，如图17-56所示。

02 选择V-Ray选项卡，展开【V-Ray::图形采样器（反锯齿）】卷展栏，设置【类型】为【固定】，禁用【抗锯齿过滤器】选项。展开【V-Ray::颜色贴图】卷展栏，设置【类型】为【指数】，启用【子像素映射】和【钳制输出】选项，如图17-57所示。

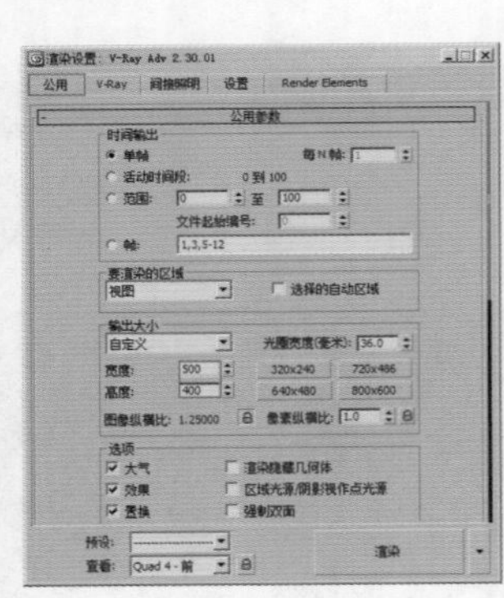

图17—56　　图17—57

03 选择【间接照明】选项卡，设置【首次反弹】为【发光图】，设置【二次反弹】为【灯光缓存】。展开【V-Ray::发光图】卷展栏，设置【当前预置】为【非常低】，设置【半球细分】为40，【插值采样】为20，启用【显示计算相位】和【显示直接光】选项，如图17-58所示。

04 展开【V-Ray::灯光缓存】卷展栏，设置【细分】为400，禁用【存储直接光】选项，如图17-59所示。

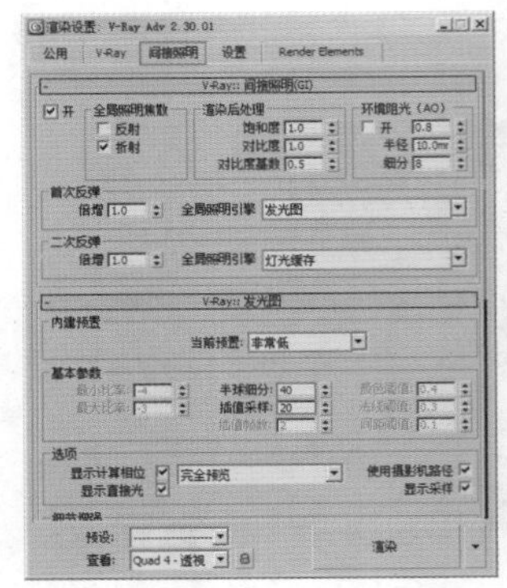

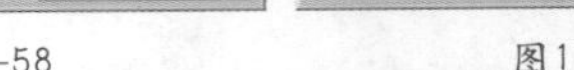

图17—58　　图17—59

05 选择【设置】选项卡，展开【V-Ray::DMC采样器】卷展栏，设置【适应数量】为0.95；展开【V-Ray::系统】卷展栏，设置【区域排序】为Top→Bottom，禁用【显示窗口】选项，如图17-60所示。

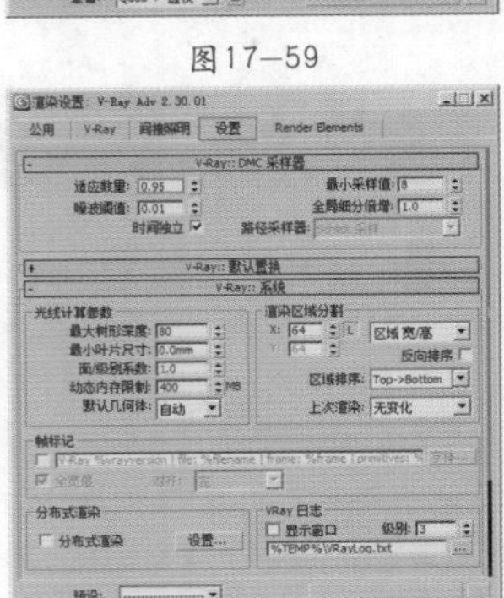

图17—60

01 创建主光源

01 单击（创建）|（灯光）| VRay | VR灯光 按钮，在顶视图中创建1盏VR灯光，并使用【选择并移动】工具复制3盏灯光，位置如图17-61所示。

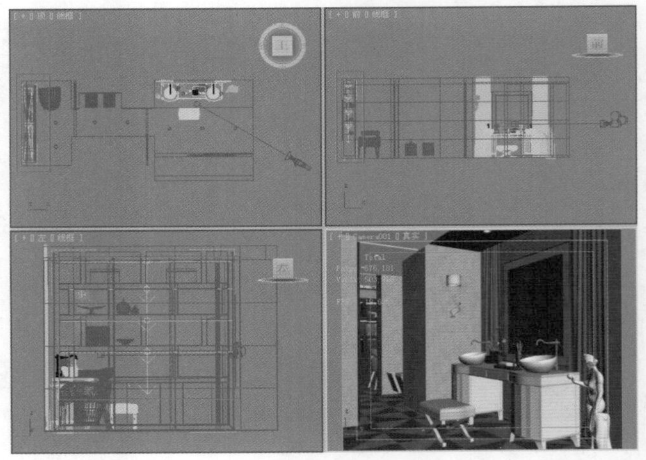

图17—61

02 选择上一步创建的VR灯光，然后在【修改】面板中设置【类型】为【平面】，设置【倍增】为15，调节【颜色】为橘黄色（红：255，绿：178，蓝：116），设置【1/2长】为130mm，【1/2宽】为1170mm，启用【不可见】选项，如图17-62所示。

03 继续使用【VR灯光】工具在顶视图中创建1盏VR

灯光，位置如图17-63所示。

04 选择上一步创建的VR灯光，然后在【修改】面板中设置【类型】为【平面】，设置【倍增】为1，调节【颜色】为白色（红：255，绿：255，蓝：255），设置【1/2长】为480mm，【1/2宽】为700mm，启用【不可见】选项，如图17-64所示。

图17—62

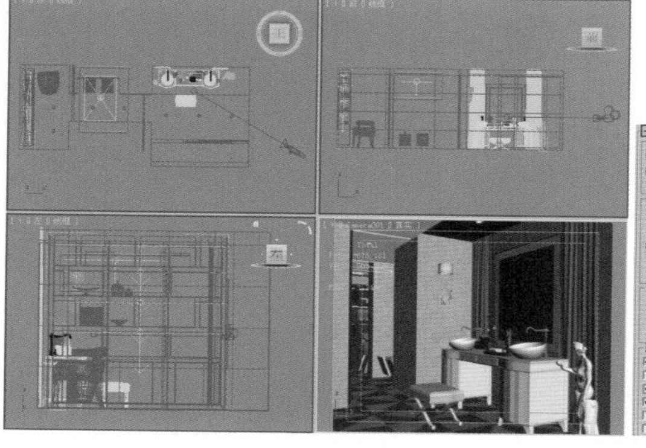

图17—63

图17—64

05 使用继续【VR灯光】工具在前视图中创建1盏VR灯光，如图17-65所示。

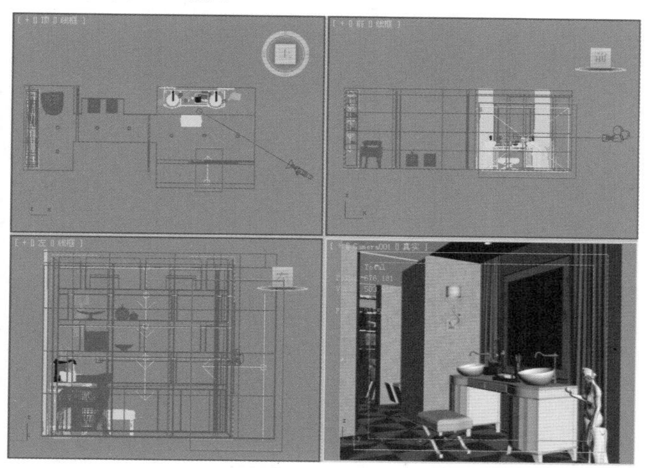

图17—65

06 选择上一步创建的VR灯光，然后在【修改】面板中设置【类型】为【平面】，设置【倍增】为5，调节【颜色】为白色（红：255，绿：255，蓝：255），设置【1/2长】为1200mm，【1/2宽】为950mm，启用【不可见】选项，禁用【影响漫反射】和【影响高光】选项，设置【细分】为30，如图17-66所示。

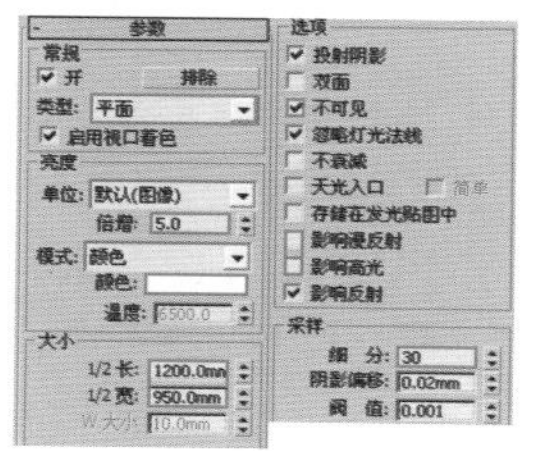

图17—66

07 继续使用【VR灯光】工具在顶视图中创建1盏VR灯光，如图17-67所示。

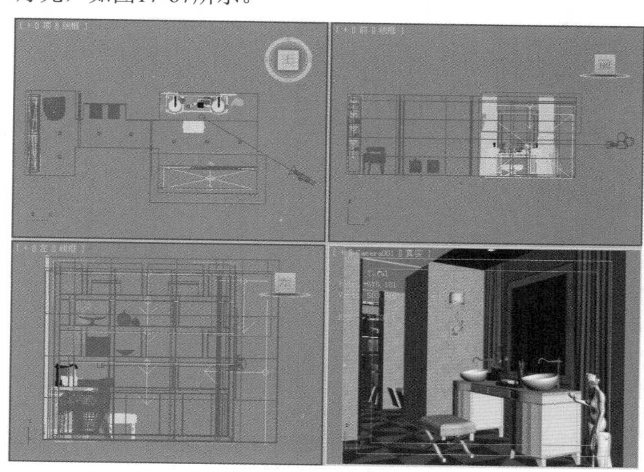

图17—67

08 选择上一步创建的VR灯光，然后在【修改】面板中设置【类型】为【平面】，设置【倍增】为5，调节【颜色】为白色（红：255，绿：255，蓝：255），设置【1/2长】为300mm，【1/2宽】为1300mm，启用【不可见】选项，禁用【影响高光】和【影响反射】选项，设置【细分】为30，如图17-68所示。

09 按Shift+Q组合键，快速渲染摄影机视图，其渲染的效果如图17-69所示。

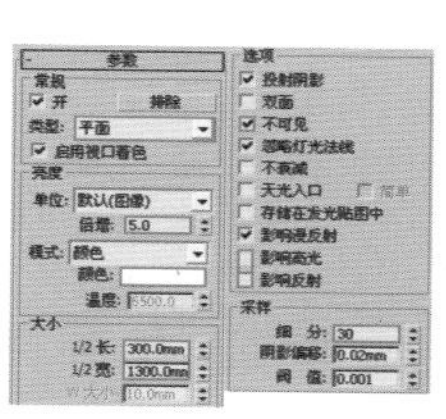

图17—68

图17—69

02 创建室内顶棚灯带

01 单击（创建）|（灯光）| VRay | VR灯光 按钮，在顶视图中创建1盏VR灯光，如图17-70所示。

02 选择上一步创建的VR灯光，然后在【修改】面板中分别设置其【类型】为【平面】，【倍增】为10，调节【颜色】为橘黄色（红：255，绿：199，蓝：126），设置【1/2长】为60mm，【1/2宽】为1100mm，启用【不可见】选项，禁用【影响高光】和【影响反射】选项，如图17-71所示。

03 按Shift+Q组合键，快速渲染摄影机视图，其渲染的效果如图17-72所示。

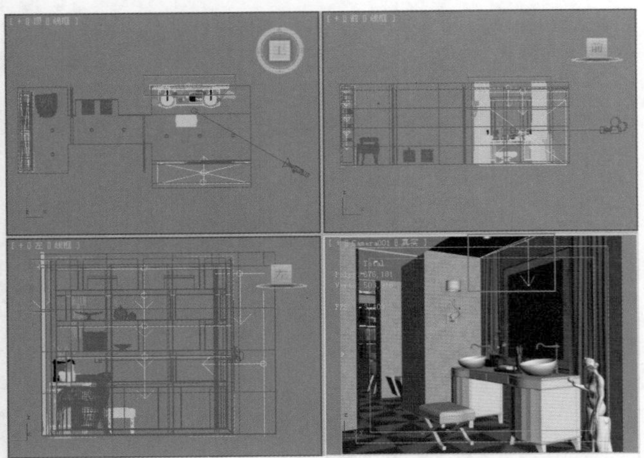

图17—70

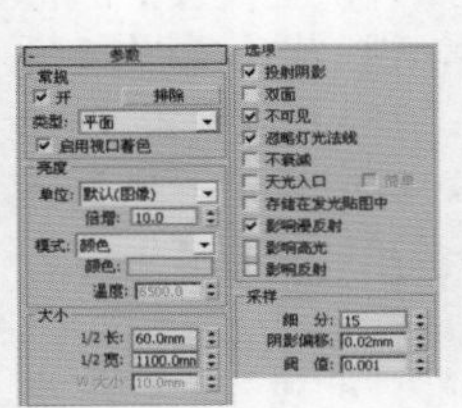

图17—71

图17—72

03 创建室内射灯

01 单击（创建）|（灯光）| 光度学 | 自由灯光 按钮，在前视图中拖曳创建1盏自由灯光，并使用【选择并移动】工具复制9盏灯光，接着将其拖曳到射灯的下方，如图17-73所示。

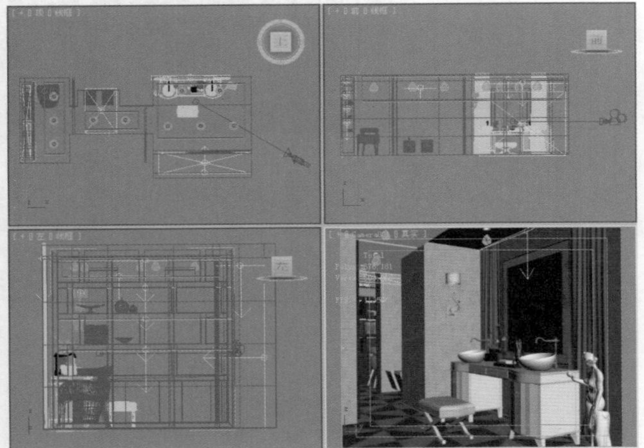

图17—73

02 选择上一步创建的自由灯光，并在【修改】面板中调节其参数，如图17-74所示。

- 在【阴影】选项组中设置阴影类型为【VRay阴影】，【灯光分布（类型）】设置【光度学Web】，展开【分布（光度学Web）】卷展栏，并在通道上加载【射灯01.IES】光域网。
- 展开【强度/颜色/衰减】卷展栏，设置【过滤颜色】为浅橘黄色（红：254，绿：223，蓝：196），【强度】为45000。
- 展开【VRay阴影参数】卷展栏，启用【区域阴影】选项，设置【U/V/W向尺寸】为50mm。

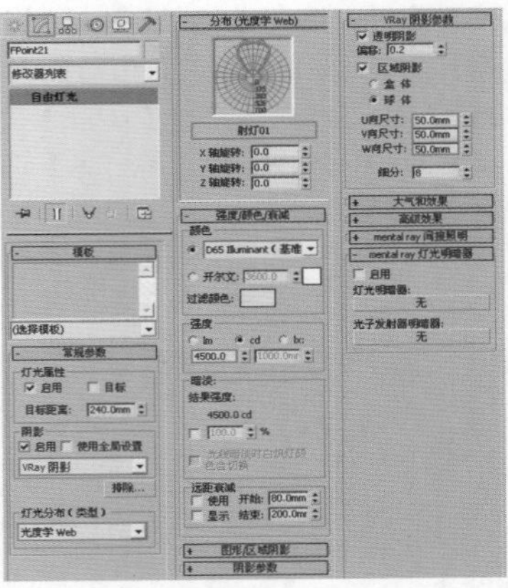

图17—74

03 按Shift+Q组合键，快速渲染摄影机视图，其渲染的效果如图17-75所示。

图17—75

04 制作壁灯光源

01 单击（创建）|（灯光）| VRay | VR灯光 按钮，在前视图中创建1盏VR灯光，如图17-76所示。

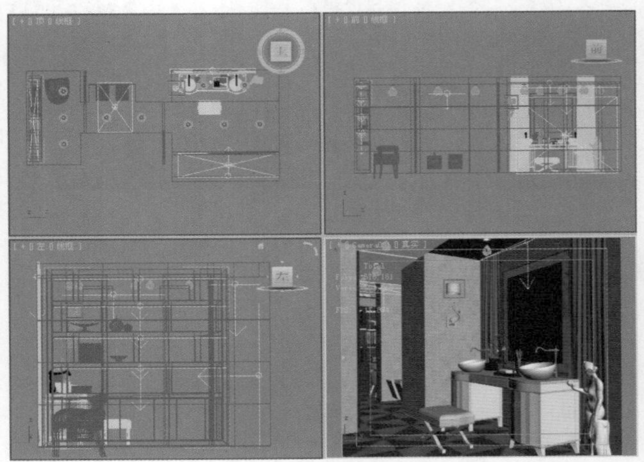

图17—76

02 选择上一步创建的VR灯光，然后在【修改】面板中设置【类型】为【球体】，【倍增】为12，调节【颜色】

为浅黄色（红：255，绿：208，蓝：148），设置【1/2长】为50mm，启用【不可见】选项，禁用【影响高光】和【影响反射】选项，如图17-77所示。

03 按Shift+Q组合键，快速渲染摄影机视图，其渲染效果如图17-78所示。

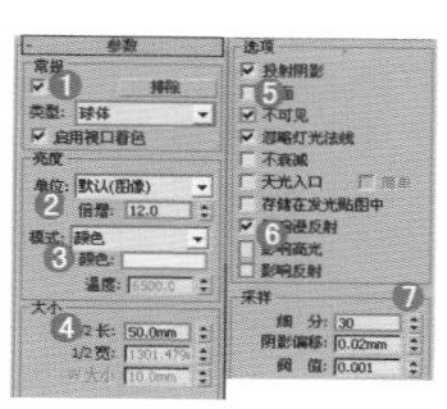

图17—77

图17—78

05 设置成图渲染参数

经过前面的操作，已经将大量烦琐的工作完成了。下面需要做的就是把渲染的参数设置高一些，再进行渲染输出。

01 重新设置渲染参数。按F10键，在打开的【渲染设置】对话框中选择【公用】选项卡，设置输出的尺寸为1700×1360，如图17-79所示。

02 选择V-Ray选项卡，展开【V-Ray::图形采样器（反锯齿）】卷展栏，设置【类型】为【自适应确定性蒙特卡洛】，接着在【抗锯齿过滤器】选项组中启用【开】选项，并选择Mitchell-Netravali过滤器；展开【V-Ray::颜色贴图】卷展栏，设置【类型】为【指数】，启用【子像素映射】和【钳制输出】选项，如图17-80所示。

图17—79

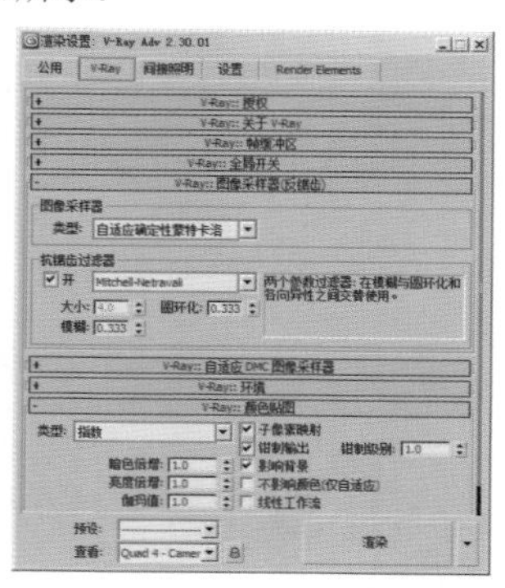

图17—80

03 选择【间接照明】选项卡，启用【启用】选项，设置【首次反弹】为【发光图】，设置【二次反弹】为【灯光缓存】；展开【V-Ray::发光图】卷展栏，设置【当前预置】为【低】，【半球细分】为60，【插值采样】为30，启用【显示计算相位】和【显示直接光】选项，如图17-81所示。

04 展开【V-Ray::灯光缓存】卷展栏，设置【细分】为1000，启用【存储直接光】和【显示计算相位】选项，如图17-82所示。

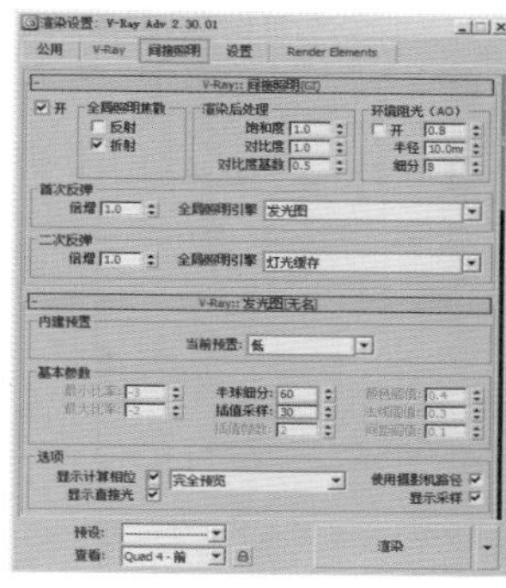

图17—81

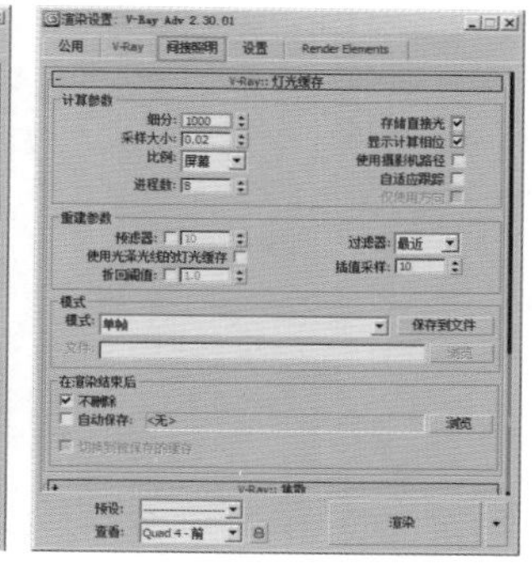

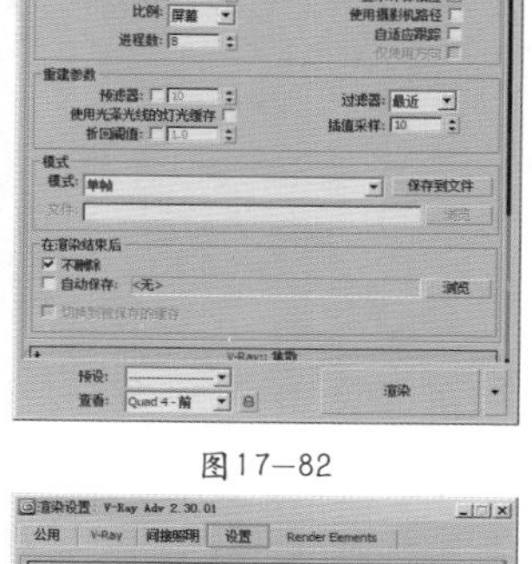

图17—82

05 选择【设置】选项卡，展开【V-Ray:: DMC采样器】卷展栏，设置【适应数量】为0.85，【噪波阈值】为0.01；展开【V-Ray::系统】卷展栏，禁用【显示窗口】选项，如图17-83所示。

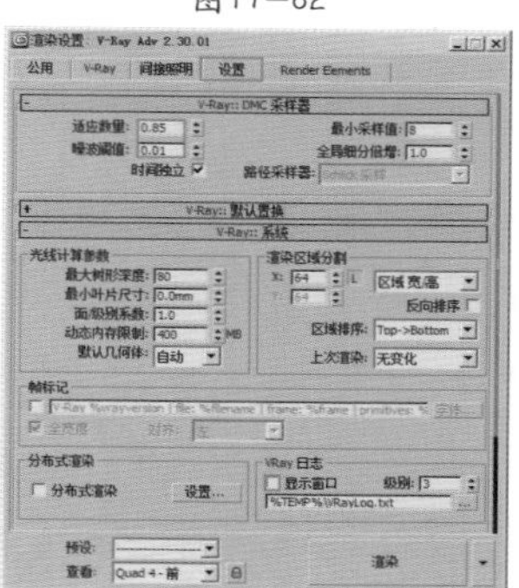

图17—83

06 渲染完成后最终的效果如图17-84所示。

图17—84

第18章

黑白印象，浪漫新古典

——新古典卧室夜景

场景文件	18.max
案例文件	案例文件\Chapter 18\黑白印象，浪漫新古典——新古典卧室夜景.max
视频教学	视频文件\Chapter 18\黑白印象，浪漫新古典——新古典卧室夜景.flv
难易指数	★★★★★
灯光类型	VR灯光、目标灯光、目标聚光灯
材质类型	VRayMtl、多维/子对象材质、混合材质
程序贴图	衰减程序贴图
技术掌握	掌握各种灯光的综合制作方法

项目概况

- 项目名称：黑白印象，浪漫新古典
- 户型：平层，家装

客户定位

业主是一位非常注重设计的客户，对设计品质和空间品位有着较高的标准。本案以新古典风格营造整体空间气质，在保持平面空间简约化的同时，将新古典的元素规划到空间中去，提升家居空间品位，使空间内涵更加的丰富，把人的思绪拽离这个喧嚣的世界，沉溺在私密浪漫的自我空间。

风格定位：新古典风格

新古典风格在注重装饰效果的同时，用现代的手法和材质还原古典气质，具备了古典与现代的双重审美效果，完美的结合也让人们在享受物质文明的同时得到了精神上的慰藉。并且注重品位和气氛的营造，注重线条的搭配以及线条与线条的比例关系。

装饰主色调

- 室内空间颜色以白色和黑色为主
- 陈设色调以黄色和银色为主，局部点缀蓝色等

色彩关系

RGB=208，200，187

RGB=0，0，0

RGB=215，200，185

RGB=122，104，87

RGB=44，54，120

类似风格优秀设计作品赏析

读书笔记

实例介绍

本例是一个新古典卧室空间，室内明亮灯光表现主要使用了VR灯光、目标灯光、目标聚光灯来制作，使用VRayMtl、多维/子对象、混合材质制作本案例的主要材质，制作完毕之后渲染效果如图18-1所示。

图18—1

局部渲染效果如图18-2所示。

图18—2

操作步骤

Part 01 设置VRay渲染器

01 打开本书配套光盘中的【场景文件\Chapter18\18.max】文件，此时场景效果如图18-3所示。

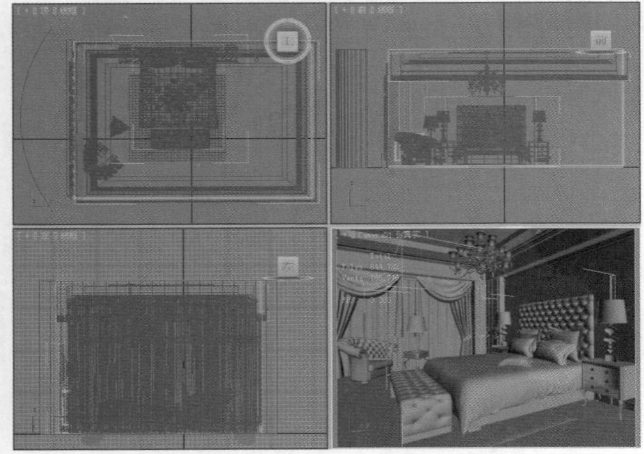

图18—3

02 按F10键，打开【渲染设置】对话框，选择【公用】选项卡，在【指定渲染器】卷展栏中单击...按钮，在弹出的【选择渲染器】对话框中选择【V-Ray Adv 2.30.01】选项，如图18-4所示。

03 此时在【指定渲染器】卷展栏中的【产品级】后面显示了【V-Ray Adv 2.30.01】，【渲染设置】对话框中出现了V-Ray、【间接照明】、【设置】和Render Elements选项卡，如图18-5所示。

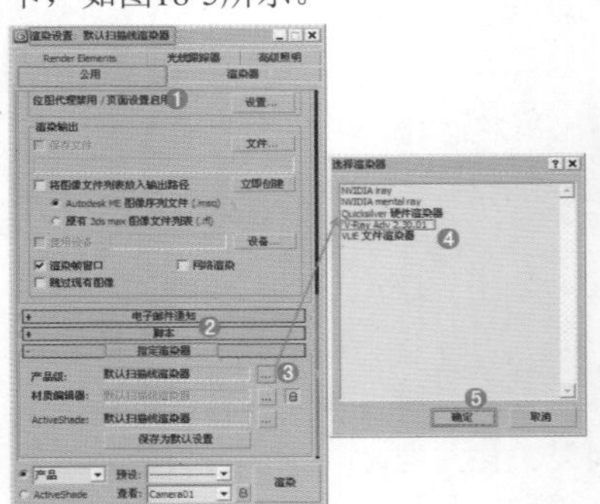

图18—4 图18—5

Part 02 材质的制作

下面就来讲述场景中的主要材质的调制，包括墙砖、地板、地毯、床单、窗帘、窗纱、吊灯金属、吊灯灯罩、柜子等，效果如图18-6所示。

图18—6

01 墙砖材质的制作

贴墙砖是保护墙面免遭水溅的有效途径。它们不仅可以用于墙面，还可以用在门窗的边缘装饰上，还是一种有趣的装饰元素。本例的墙砖材质模拟效果如图18-7所示。

图18—7

01 选择一个空白材质球，然后将材质类型设置为VRayMtl材质，并命名为【墙砖】，具体的参数调节如图18-8所示。

- 在【漫反射】选项组中调节颜色为黑色（红：0，绿：0，蓝：0）。
- 在【反射】选项组中调节颜色为深灰色（红：72，绿：72，蓝：72），设置【反射光泽度】为0.98，【细分】为10。

02 将制作好的墙砖材质赋给场景中的墙面模型，效果如图18-9所示。

图18—8

图18—9

02 地板材质的制作

地板，即房屋地面的表面层，由木料或其他材料做成。本例的地板材质模拟效果如图18-10所示。

图18—10

01 选择一个空白材质球，然后将材质类型设置为VRayMtl材质，并命名为【地板】，具体的参数调节如图18-11所示。

- 在【漫反射】选项组中调节颜色为黑色（红：0，绿：0，蓝：0）。
- 在【反射】选项组中调节颜色为深灰色（红：39，绿：39，蓝：39）。

02 将制作好的地板材质赋给场景中地板的模型，效果如图18-12所示。

图18—11

图18—12

03 地毯材质的制作

地毯，是以棉、麻、毛、丝、草等天然纤维或化学合成纤维类原料，经手工或机械工艺进行编结、栽绒或纺织而成的地面铺敷物。本例的地毯材质模拟效果如图18-13所示，其基本属性主要有以下2点：

- 强烈的置换效果
- 无反射效果

图18—13

01 选择一个空白材质球，然后将材质类型设置为VRayMtl材质，并命名为【地毯】，在【漫反射】选项组中的通道上加载【衰减】程序贴图，设置【衰减类型】为Fresnel，调节第一个颜色为白色（红：234，绿：232，蓝：228），并在后面的通道中加载【绒毛地毯.jpg】贴图文件，设置【瓷砖】的U为3.0，V为2.0，如图18-14所示。

图18—14

02 展开【贴图】卷展栏，在【置换】通道中加载【Arch30_towelbump5.jpg】贴图文件，最后设置【置换数量】为2.5，如图18-15所示。

03 将制作好的地毯材质赋给场景中地毯的模型，效果如图18-16所示。

图18—15

图18—16

读书笔记

04 床单材质的制作

床上用的纺织品之一，也称被单，一般采用阔幅、手感柔软、保暖性好的织物。本例的床单材质模拟效果如图18-17所示。

图18—17

01 选择一个空白材质球，然后将材质类型设置为VRayMtl材质，并命名为【床单】，具体的参数调节如图18-18所示。

- 在【漫反射】选项组中的通道上加载【衰减】程序贴图，设置【衰减类型】为Fresnel，调节第一个颜色为白色（红：234，绿：232，蓝：228）。
- 在【反射】选项组中调节颜色为灰色（红：160，绿：160，蓝：160），启用【菲涅耳反射】选项，设置【高光光泽度】为0.55，【反射光泽度】为0.7，【菲涅耳折射率】为2.3。

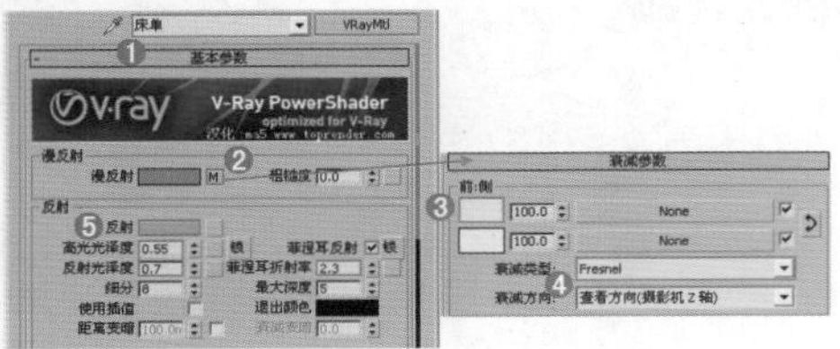

图18—18

02 将制作好的床单材质赋给场景中床单的模型，效果如图18-19所示。

图18—19

05 窗帘材质的制作

窗帘是用布、竹、苇、麻、纱、塑料、金属材料等制作的遮蔽或调节室内光照的挂在窗上的帘子。本例的植物材质的模拟效果如图18-20所示，其基本属性主要为：

- 窗帘纹理贴图

图18—20

01 选择一个空白材质球，然后将材质类型设置为VRayMtl材质，并命名为【窗帘】，具体的参数调节如图18-21所示。

- 在【漫反射】选项组中的通道中加载【LX4049_xl.jpg】贴图文件。
- 在【反射】选项组中加载【LX4049_xl1111.jpg】贴图文件，设置【反射光泽度】为0.7。

图18—21

02 将制作好的窗帘材质赋给场景中窗帘的模型，效果如图18-22所示。

图18—22

06 窗纱材质的制作

窗纱是以化纤为原料的一种很薄的布，一般跟窗帘布配套，即一层布，一层纱，如图18-23所示，其基本属性主要为：

- 带有花纹遮罩

图18—23

01 选择一个空白材质球，然后将材质类型设置为【混合】材质，并命名为【窗纱】，具体的参数调节如图18-24所示。

展开【混合基本参数】卷展栏，在【材质1】和【材质2】通道中分别加载VRayMtl材质。

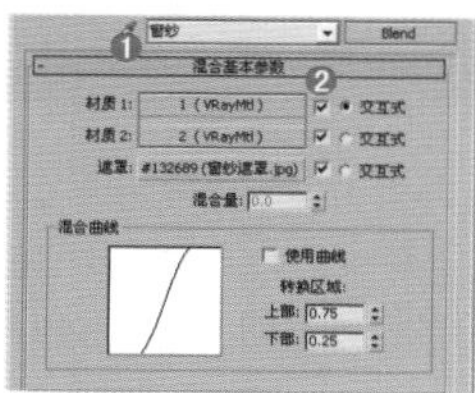

图18—24

技巧提示

【混合】材质可以模拟制作出两种材质的混合效果，并且根据一张遮罩图像控制混合的效果，其原理非常简单，如图18—25所示。

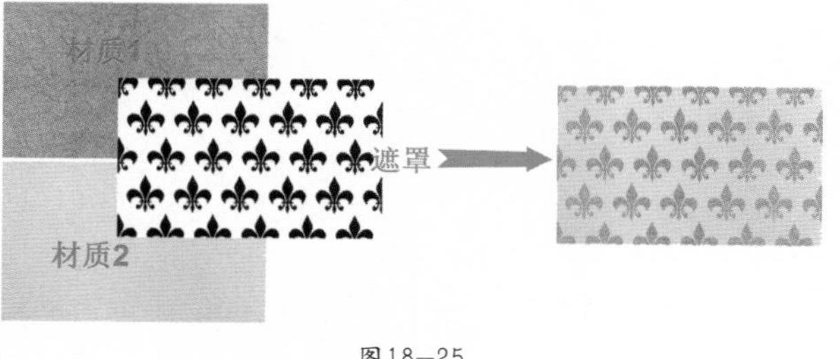

图18—25

02 进入【材质1】通道中，在【漫反射】选项组中调节颜色为米白色（红：236，绿：238，蓝：247），设置【折射颜色】为灰色（红：185，绿：185，蓝：185），【光泽度】设置为0.85，选中【影响阴影】复选框，如图18-26所示。

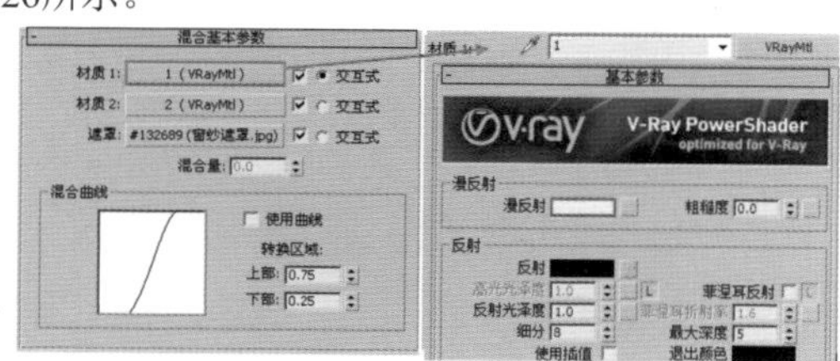

图18—26

03 进入【材质2】通道中，并进行调节，如图18-27所示。

04 展开【混合基本参数】卷展栏，在【遮罩】通道上加载【窗纱遮罩.jpg】贴图，如图18-28所示。

图18—27

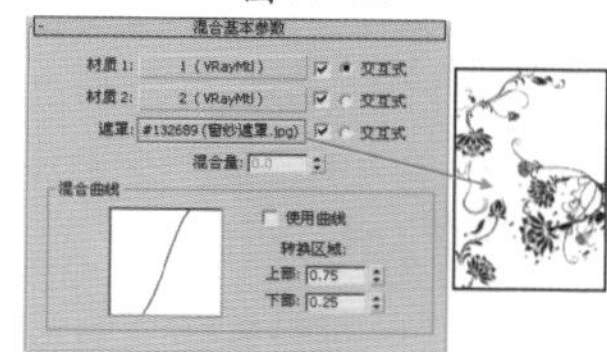

图18—28

05 将制作好的窗纱材质赋给场景中窗纱的模型，效果如图18-29所示。

图18—29

07 吊灯金属材质的制作

金属是一种具有光泽（即对可见光强烈反射）、富有延展性、容易导电、导热等性质的物质，在装修中应用最为广泛。本例的吊灯金属材质模拟效果如图18-30所示，其基本属性主要为：

- 带有高光光泽度

图18—30

01 选择一个空白材质球，然后将材质类型设置为

VRayMtl材质，并命名为【吊灯金属】，具体的参数调节如图18-31所示。

图18—31

- 在【漫反射】选项组中调节颜色为黑色（红：0，绿：0，蓝：0）。
- 在【反射】选项组中调节颜色为深灰色（红：54，绿：54，蓝：54），设置【高光光泽度】为0.85，【反射光泽度】为0.85，【细分】为10。

02 将制作好的吊灯金属材质赋给场景中吊灯的模型，效果如图18-32所示。

图18—32

08 吊灯金属2材质的制作

吊灯金属2材质基本属性主要为：

- 带有高光光泽度

01 选择一个空白材质球，然后将材质类型设置为VRayMtl材质，并命名为【吊灯金属2】，具体的参数调节如图18-33所示。

- 在【漫反射】选项组中调节颜色为深灰色（红：12，绿：12，蓝：12）。
- 在【反射】选项组中调节颜色为浅黄色（红：245，绿：225，蓝：190），设置【高光光泽度】为0.6，【反射光泽度】为0.9，【细分】为24。

图18—33

02 将制作好的吊灯金属材质赋给场景中吊灯的模型，效果如图18-34所示。

图18—34

09 吊灯灯罩材质的制作

灯罩一般带有透光性，可以投射出朦胧柔和的效果。本例的吊灯灯罩材质模拟效果如图18-35所示，其基本属性主要为：

- 较强的折射效果

图18—35

01 选择一个空白材质球，然后将材质类型设置为VRayMtl材质，并命名为【吊灯灯罩】，具体的参数调节如图18-36所示。

- 在【漫反射】选项组中调节颜色为浅蓝色（红：222，绿：234，蓝：248）。
- 在【反射】选项组中调节颜色为白色（红：255，绿：225，蓝：255），启用【菲涅尔反射】选项，设置【反射光泽度】为0.95。
- 在【折射】选项组中调节颜色为白色（红：255，绿：225，蓝：255），设置【光泽度】为0.8，【折射率】1.5，【最大深度】为10，调节【烟雾颜色】为浅蓝色（红：94，绿：118，蓝：146）。

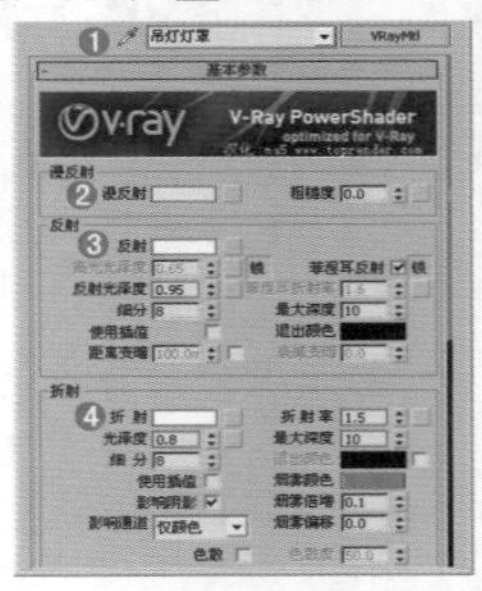
图18—36

技巧提示

设置材质要根据材质本身的真实属性进行调节，如带有反光的材质需要设置【反射】选项组中的相关参数，带有透光的材质需要设置【折射】选项组中的相关参数。

02 将制作好的吊灯灯罩材质赋给场景中吊灯的模型，效果如图18-37所示。

图18—37

10 沙发材质的制作

布艺沙发主要是指主料是布的沙发，经过艺术加工，达到一定的艺术效果，满足人们的生活需求。本例的沙发材质模拟效果如图18-38所示，其基本属性主要为：

- 没有折射效果

图18—38

01 选择一个空白材质球，然后将材质类型设置为【多维/子对象】材质，并命名为【柜子】，展开【多维/子对象基本参数】卷展栏，设置【设置数量】为2，最后在ID1通道中加载VRayMtl材质，在ID2通道中加载【VR_材质包裹器】，如图18-39所示。

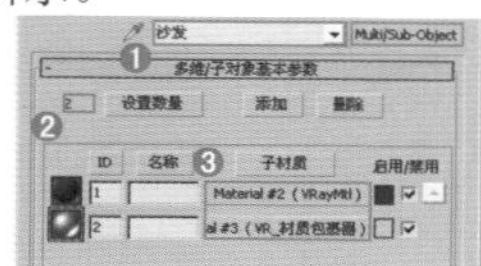

图18—39

02 进入ID号为1的通道中，并调节材质，如图18-40所示。

- 在【漫反射】选项组中加载【衰减】程序贴图，设置【衰减类型】为Fresnel，调节第一个颜色为蓝色（红：16，绿：23，蓝：60）。
- 在【反射】选项组中调节颜色为深灰色（红：50，绿：50，蓝：50），启用【菲涅尔反射】选项，设置【高光光泽度】为0.3，【反射光泽度】为0.8。

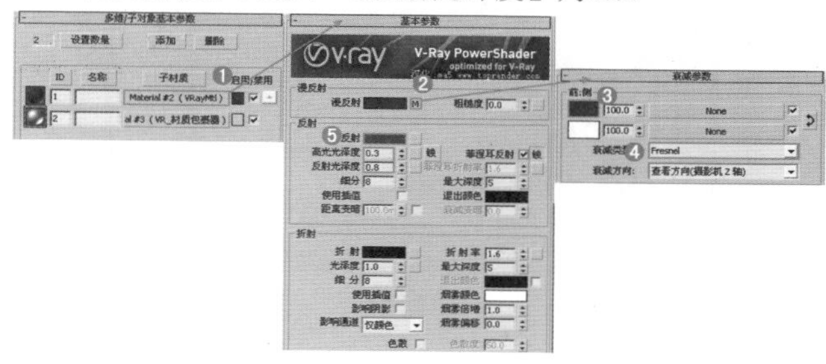

图18—40

03 进入ID号为2的通道中，并调节材质，如图18-41所示。

- 单击 Standard （标准）按钮，在弹出的【材质/贴图浏览器】对话框中选择【VR_材质包裹器】材质，设置【接收全局照明】为2，在【基本材质】通道在中加载VRayMtl材质。
- 在【漫反射】选项组中调节颜色为浅黄色（红：212，绿：196，蓝：165）。在【反射】选项组中调节颜色为土黄色（红：194，绿：170，蓝：128），设置【高光光泽度】为0.5，【反射光泽度】为0.75。

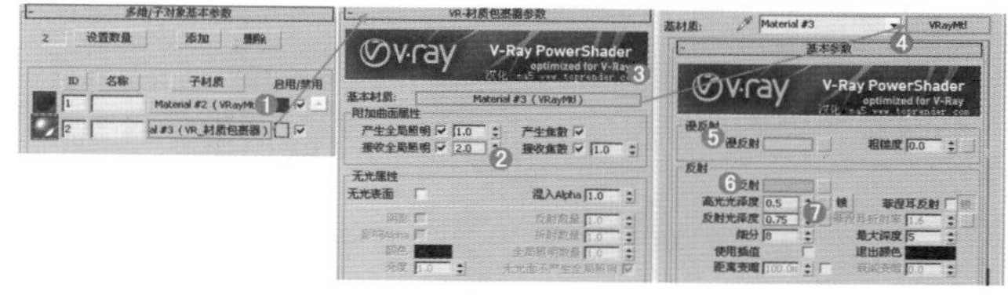

图18—41

04 将制作好的沙发材质赋给场景中沙发的模型，效果如图18-42所示。

图18—42

05 继续创建出其他部分的材质，如图18-43所示。

图18—43

Part03 创建摄影机

01 单击（创建）|（摄影机）|【标准】|【目标】按钮，如图18-44所示。在视图中拖曳创建1台摄影机，具体位置如图18-45所示。

图18—44

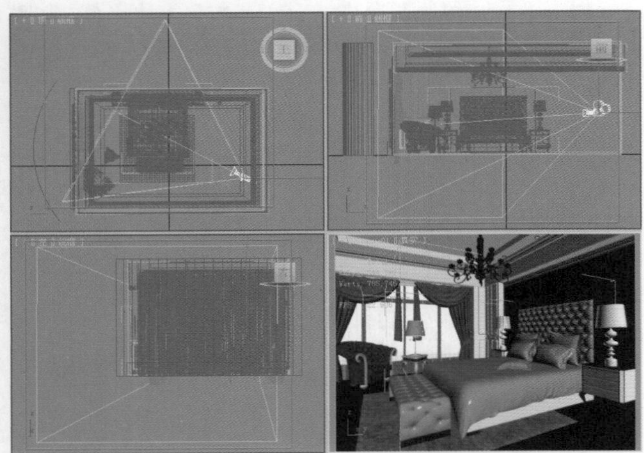
图18—45

02 选择创建的摄影机，在【修改】面板中设置【镜头】为24.779，【视野】为71.992，如图18-46所示。

03 选择目标摄影机，然后右击并在弹出的菜单中执行【应用摄影机校正修改器】命令，如图18-47所示。并设置【数量】为2.831，【方向】为90，然后单击【推测】按钮，以使【摄影机校正】修改器设置第一次推测数量值，如图18-48所示。

图18—46

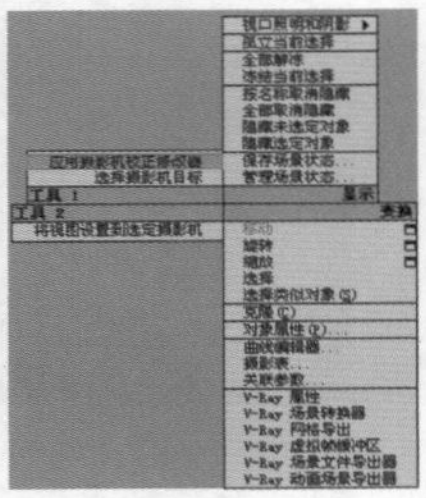

图18—47

图18—48

04 按快捷键C切换到摄影机视图，如图18-49所示。

图18—49

Part04 设置灯光并进行草图渲染

首先需要设置测试渲染的渲染器参数。

01 按F10键，在打开的【渲染设置】对话框中，选择【公用】选项卡，设置输出的尺寸为500×375，如图18-50所示。

02 选择V-Ray选项卡，展开【V-Ray::图形采样器（反锯齿）】卷展栏，设置【类型】为【固定】，接着禁用【抗锯齿过滤器】选项；展开【V-Ray::颜色贴图】卷展栏，设置【类型】为【指数】，启用【子像素映射】和【钳制输出】选项，如图18-51所示。

03 选择【间接照明】选项卡，设置【首次反弹】为【发光图】，【二次反弹】为【灯光缓存】。展开【V-Ray::发光图】卷展栏，设置【当前预置】为【非常低】，【半球细分】为40，【插值采样】为20，启用【显示计算相位】和【显示直接光】选项，如图18-52所示。

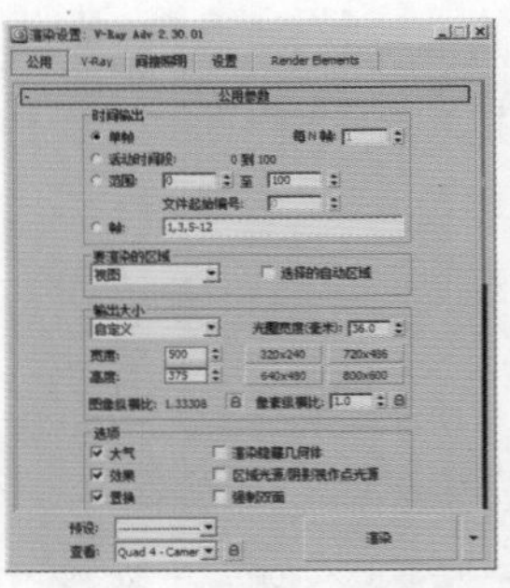
图18—50

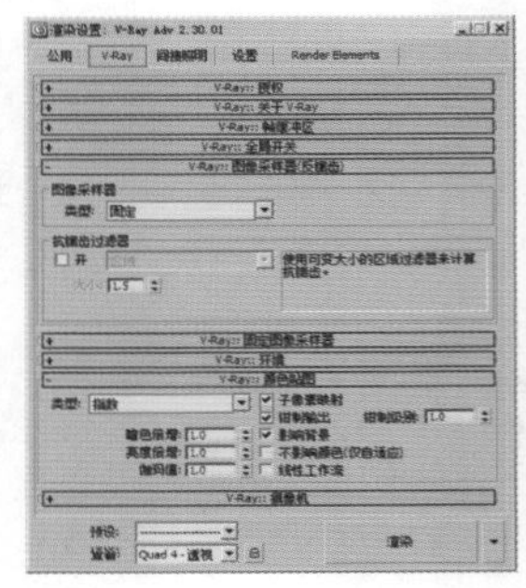
图18—51

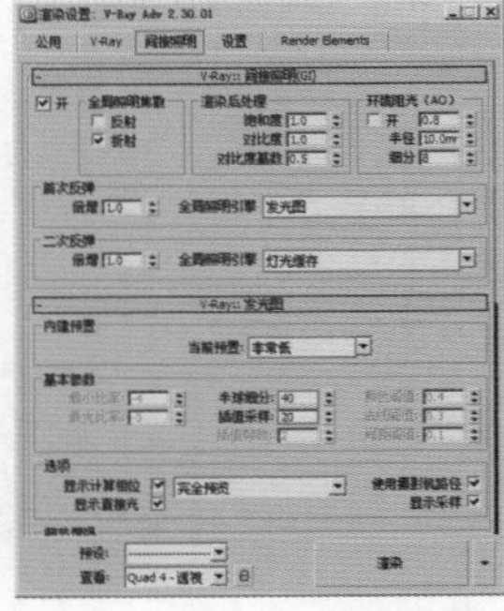
图18—52

04 展开【V-Ray::灯光缓存】卷展栏，设置【细分】为400，禁用【存储直接光】选项，如图18-53所示。

05 选择【设置】选项卡，展开【V-Ray::DMC采样器】卷展栏，设置【适应数量】为0.95；展开【V-Ray::系统】卷展栏，设置【区域排序】为Top→Bottom，最后禁用【显示窗口】选项，如图18-54所示。

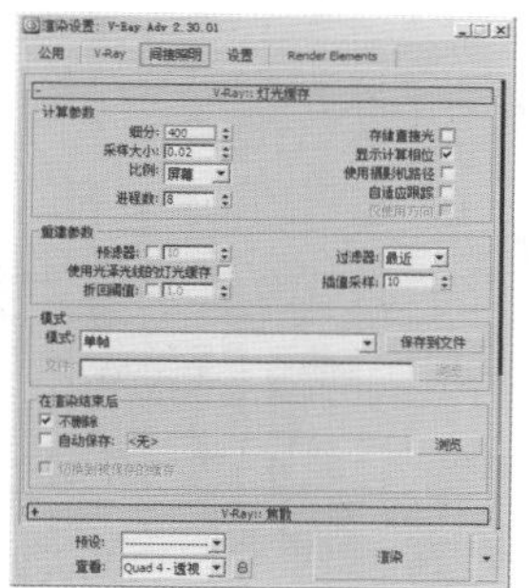

图18—53

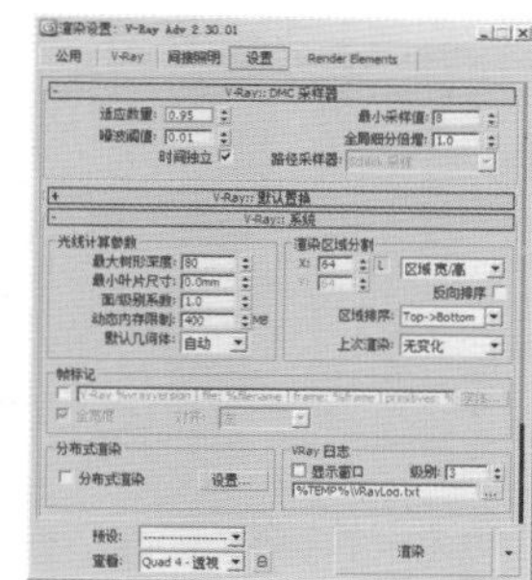

图18—54

01 创建主光源

01 单击（创建）|（灯光）| VRay | VR灯光 按钮，在左视图中拖曳创建1盏VR灯光，位置如图18-55所示。

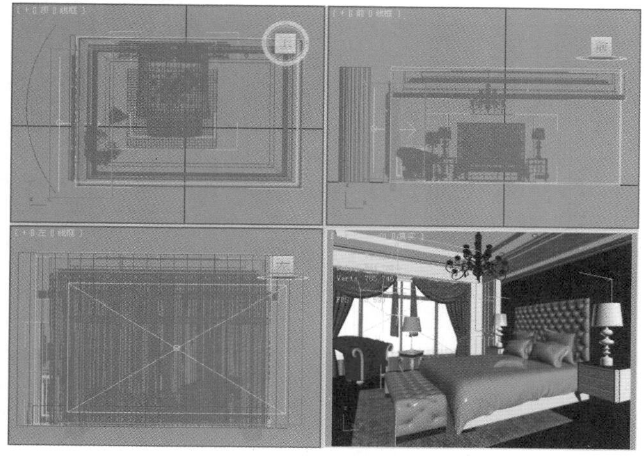

图18—55

02 选择上一步创建的VR灯光，然后在【修改】面板中设置【类型】为【平面】，设置【倍增】为7，调节【颜色】为蓝色（红：94，绿：103，蓝：144），设置【1/2长】为1350mm，【1/2宽】为2200mm，启用【不可见】选项，如图18-56所示。

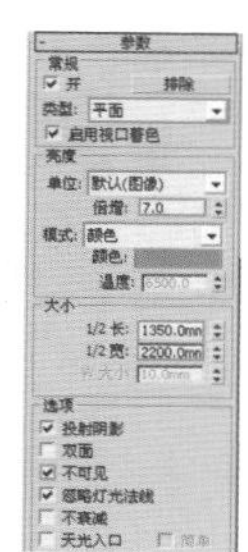

图18—56

03 使用【VR灯光】工具在左视图中再创建一盏VR灯光，位置如图18-57所示。

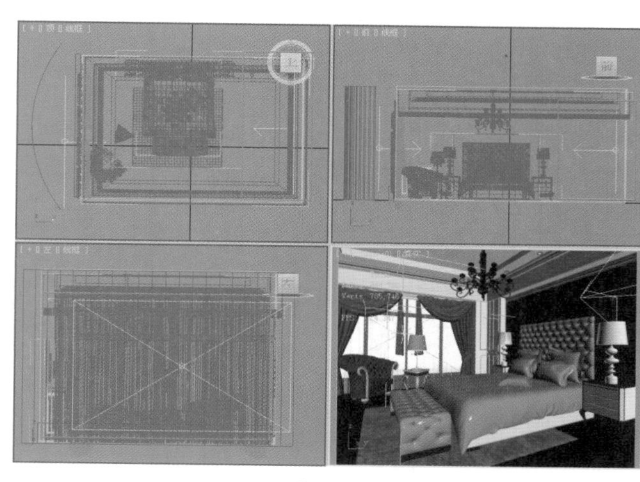

图18—57

04 选择上一步创建的VR灯光，然后在【修改】面板中设置【类型】为【平面】，设置【倍增】为1.4，调节【颜色】为浅黄色（红：255，绿：230，蓝：206），设置【1/2长】为2100mm，【1/2宽】为1300mm，启用【不可见】选项，最后设置【细分】为12，如图18-58所示。

05 按Shift+Q组合键，快速渲染摄影机视图，其渲染的效果如图18-59所示。

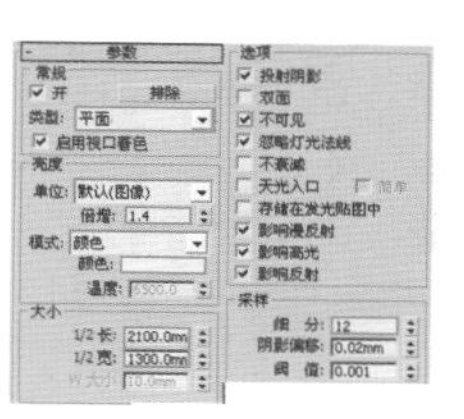

图18—58

图18—59

02 创建室内顶棚灯带

01 单击（创建）|（灯光）| VRay | VR灯光 按钮，在顶视图中拖曳创建2盏VR灯光，位置如图18-60所示。

图18—60

02 选择上一步创建的VR灯光，然后在【修改】面板中分别设置其【类型】为【平面】，设置【倍增】为6，调节【颜色】为橘黄色（红：252，绿：191，蓝：84），设置【1/2长】为50mm，【1/2宽】为1700mm，启用【不可见】选项，禁用【影响高光】和【影响反射】选项，如图18-61所示。

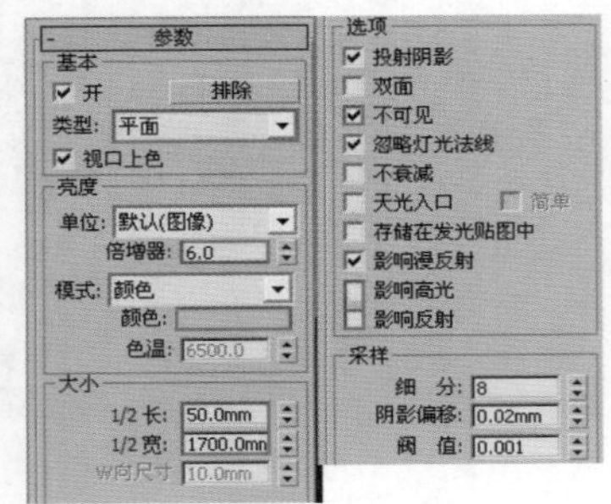

图18—61

技巧提示

当禁用VR灯光的【影响高光】和【影响反射】选项后，在渲染时该灯光将在物体表面不再产生高光和反射的效果，但是仍然可以产生光照效果。原理比较简单，如图18—62和图18—63所示。

图18—62　　图18—63

03 继续使用【VR灯光】工具在顶视图中创建两盏VR灯光，位置如图18-64所示。

04 选择上一步创建的VR灯光，然后在【修改】面板中分别设置其【类型】为【平面】，【倍增】为6，调节【颜色】为橘黄色（红：252，绿：191，蓝：84），设置【1/2长】为50mm，【1/2宽】为2650mm，启用【不可见】选项，禁用【影响高光】和【影响反射】选项，如图18-65所示。

05 按Shift+Q组合键，快速渲染摄影机视图，其渲染的效果如图18-66所示。

读书笔记

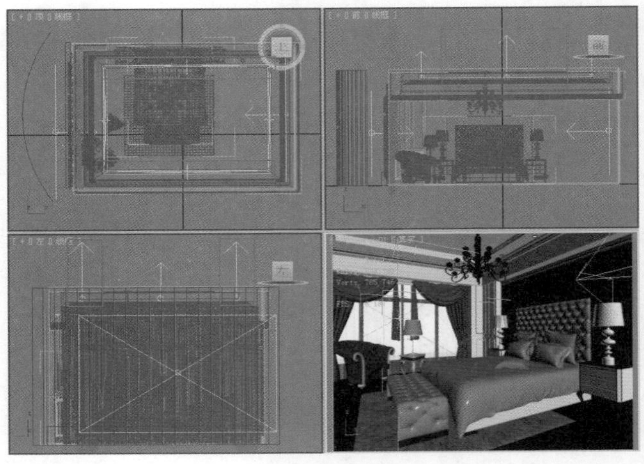

图18—64

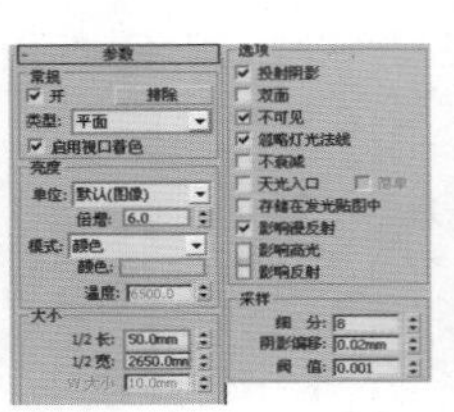

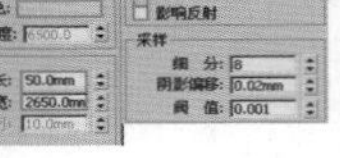

图18—65　　图18—66

03 创建室内射灯

01 单击（创建）|（灯光）| 光度学 | 目标灯光 按钮，在前视图中拖曳创建1盏目标灯光，并使用【选择并移动】工具复制14盏，接着将其拖曳到射灯的下方，如图18-67所示。

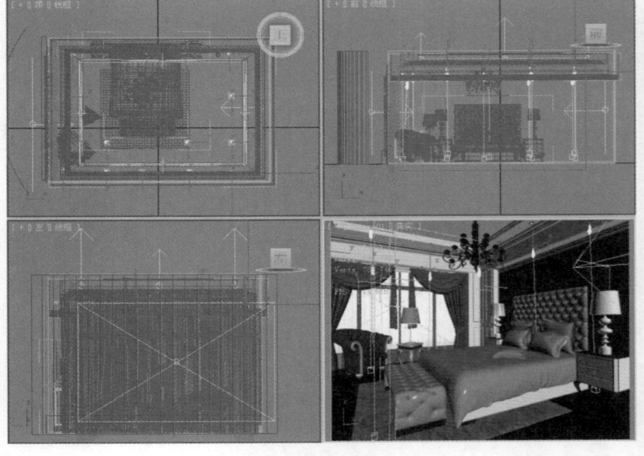

图18—67

02 选择上一步创建的目标灯光，并在【修改】面板中调节其参数，如图18-68所示。

- 在【阴影】选项组中设置【阴影类型】为【VRay阴影】，设置【灯光分布（类型）】为【光度学Web】，展开【分布（光度学Web）】卷展栏，并在通道上加载

【29.IES】光域网。

- 展开【强度/颜色/衰减】卷展栏，设置【强度】为10000。
- 展开【VRay阴影参数】卷展栏，启用【区域阴影】选项，设置【U/V/W大小】为10mm。

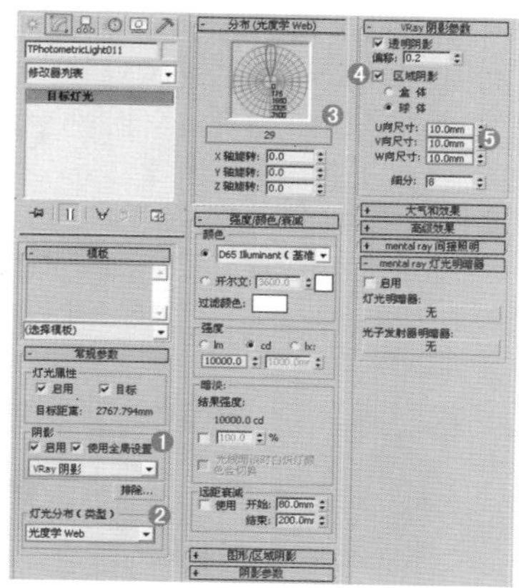

图18—68

03 按Shift+Q组合键，快速渲染摄影机视图，其渲染的效果如图18-69所示。

图18—69

04 制作台灯光源

01 单击（创建）|（灯光）| VRay | VR灯光 按钮，在前视图中创建一盏VR灯光，然后使用【选择并移动】工具复制5盏，如图18-70所示。

02 选择上一步创建的VR灯光，然后在【修改】面板中设置调节具体的参数，如图18-71所示。

设置【类型】为【球体】，设置【倍增器】为30，调节【颜色】为浅黄色（红：255，绿：237，蓝：218），【1/2长】为120mm，启用【不可见】选项。

图18—71

03 继续使用【VR灯光】工具在前视图中创建一盏VR灯光，然后使用【选择并移动】工具复制19盏，具体位置如图18-72所示。

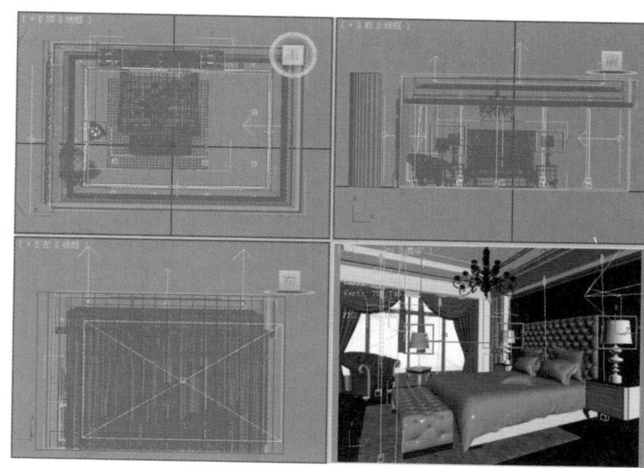

图18—70

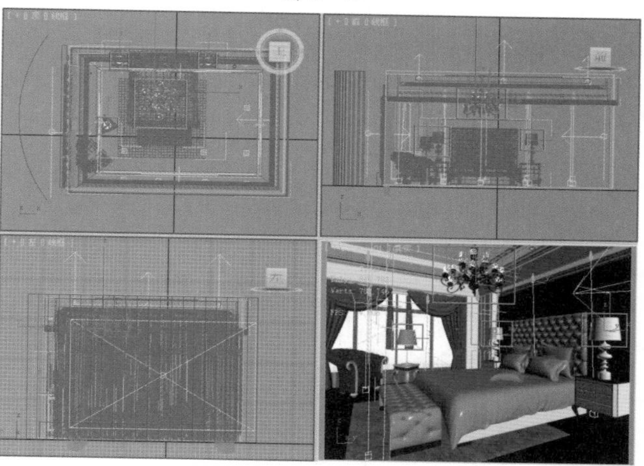

图18—72

04 选择上一步创建的VR灯光，然后在【修改】面板中设置【类型】为【球体】，设置【倍增】为30，调节【颜色】为浅橘黄色（红：255，绿：231，蓝：206），设置【1/2长】为40mm，启用【不可见】选项，设置【细分】为12，如图18-73所示。

05 按Shift+Q组合键，快速渲染摄影机视图，其渲染的效果如图18-74所示。

图18—73

图18—74

05 制作聚光灯光源

01 单击（创建）|（灯光）| 标准 | 目标聚光灯 按钮，在前视图中创建1盏目标聚光灯，如图18-75所示。

图18—75

02 选择上一步创建的目标聚光灯，然后在【修改】面板中设置调节具体的参数，如图18-76所示。

- 启用【阴影】选项组中的【启用】选项，并设置方式为【VRay阴影】。
- 设置【倍增】为2，设置【聚光区/光束】为10，【衰减区/区域】为100。
- 启用【区域阴影】选项，并设置【U/V/W大小】为10mm。

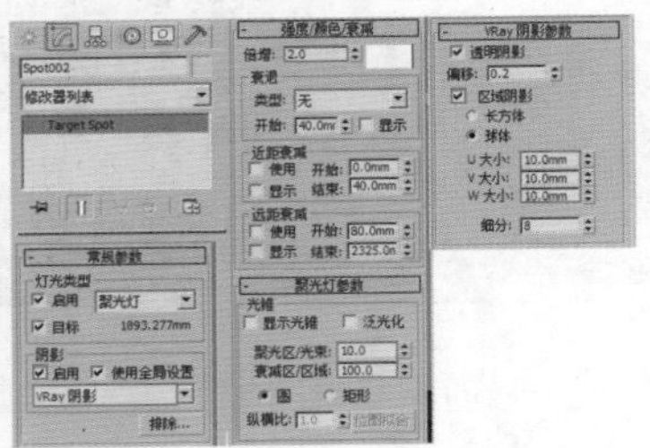

图18—76

03 按Shift+Q组合键，快速渲染摄影机视图，其渲染的效果如图18-77所示。

图18—77

Part 05 设置成图渲染参数

经过了前面的操作，已经将大量烦琐的工作做完了。下面需要做的就是把渲染的参数设置高一些，再进行渲染输出。

01 重新设置渲染参数。按F10键，在打开的【渲染设置】对话框中选择【公用】选项卡，设置输出的尺寸为1733×1300，如图18-78所示。

02 选择V-Ray选项卡，展开【V-Ray::图形采样器（反锯齿）】卷展栏，设置【类型】为【自适应确定性蒙特卡洛】，接着在【抗锯齿过滤器】选项组中启用【开】选项，并选择Catmull-Rom过滤器；展开【V-Ray::颜色贴图】卷展栏，设置【类型】为【指数】，启用【子像素映射】和【钳制输出】选项，如图18-79所示。

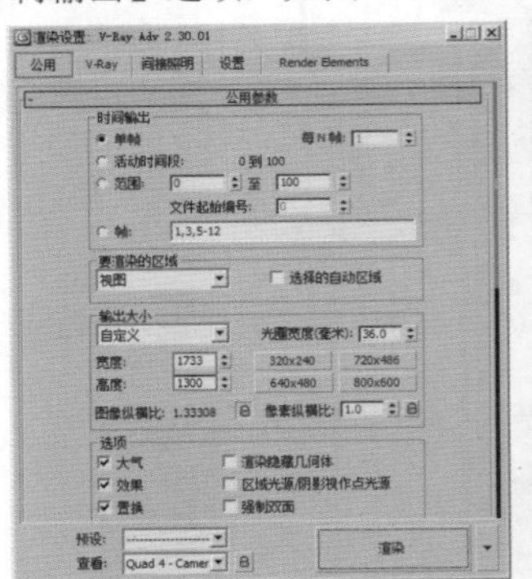

图18—78

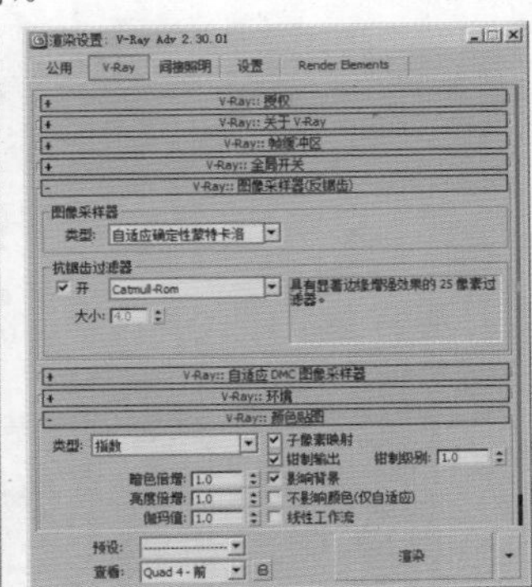

图18—79

03 选择【间接照明】选项卡，启用【开】选项，设置【首次反弹】为【发光图】，【二次反弹】为【灯光缓存】；展开【V-Ray::发光图】卷展栏，设置【当前预置】为【低】，【半球细分】为60，【插值采样】为30，启用【显示计算过程】和【显示直接光】选项，如图18-80所示。

04 展开【V-Ray::灯光缓存】卷展栏，设置【细分】为1000，启用【存储直接光】和【显示计算相位】选项。如图18-81所示。

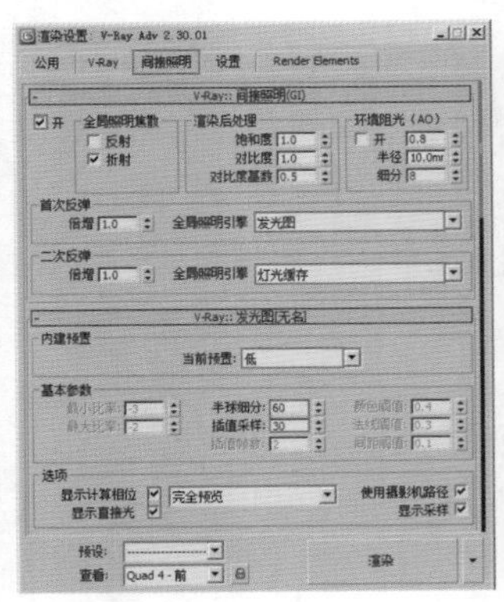

图18—80

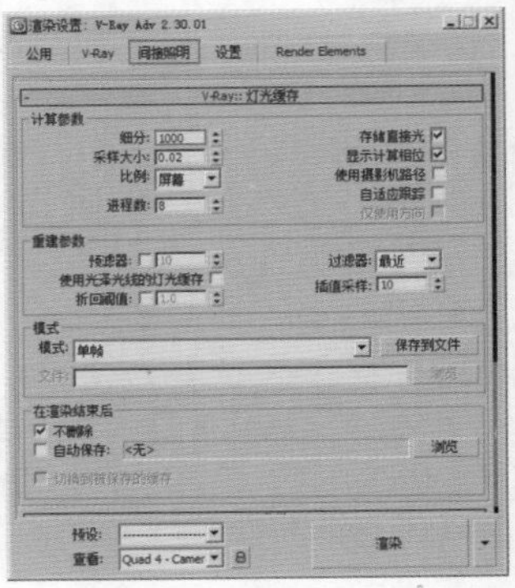

图18—81

05 选择【设置】选项卡，展开【V-Ray::DMC采样器】卷展栏，设置【适应数量】为0.85，【噪波阈值】为

0.01；展开【V-Ray::系统】卷展栏，并禁用【显示窗口】选项，如图18-82所示。

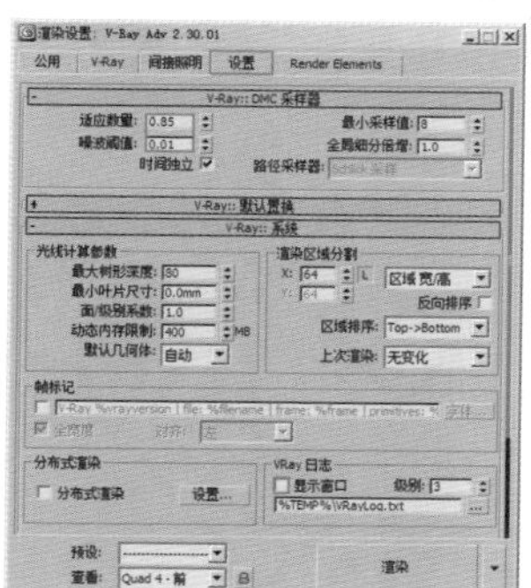

图18—82

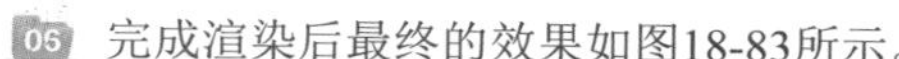

06 完成渲染后最终的效果如图18-83所示。

图18—83

读书笔记

第19章

梦中怡园，中国味道——新中式卧室夜景

场景文件	19.max
案例文件	案例文件\Chapter 19\梦中怡园，中国味道——新中式卧室夜景.max
视频教学	视频文件\Chapter 19\梦中怡园，中国味道——新中式卧室夜景.flv
难易指数	★★★★★
灯光类型	目标灯光、VR灯光（平面）、VR灯光（球体）
材质类型	VRayMtl、VR覆盖材质、混合材质
程序贴图	衰减程序贴图
技术掌握	掌握VRayMtl材质、目标平行光、VR灯光的使用方法以及对图像精细程度的控制

项目概况

- 项目名称：梦中怡园，中国味道
- 户型：平层，家装

客户定位

业主酷爱中国文化，对于中国建筑的元素非常着迷，因此要求设计中式的卧室，但是抛弃原始的复古明清的建筑思想，要求重新进行中式的设计，以符合现代的潮流。

风格定位：新中式风格

新中式风格在设计上继承了唐代、明清时期家居理念的精华，将其中的经典元素提炼并加以丰富，同时改变原有空间布局中等级、尊卑等封建思想，给传统家居文化注入了新的气息。没有刻板却不失庄重，注重品质但免去了不必要的苛刻，这些构成了新中式风格的独特魅力。特别是中式风格改变了传统家具“好看不好用，舒心不舒身”的弊端，加之在不同户型的居室中布置更加灵活等特点，被越来越多的人所接受。新中式风格多以中式产品和西式陈设为主。木质材料居多，颜色多以仿花梨木和紫檀为主。空间之间的关系与欧式风格差别较大，更讲究空间的借鉴和渗透。

装饰主色调

- 室内空间颜色以褐色和白色为主，橙色为辅
- 陈设色调以米色、白色为主，局部点缀褐色、红色等

色彩关系

RGB=55,27,24

RGB=223,191,148

RGB=213,66,37

RGB=208,175,117

RGB=255,255,255

类似风格优秀设计作品赏析

读书笔记

实例介绍

本例是一个中式风格夜晚卧室空间，室内灯光表现主要使用了目标灯光、VR灯光（平面）、VR灯光（球体）制作，使用VRayMtl材质制作本案例的主要材质，制作完毕之后渲染效果如图19-1所示。

图19—1

局部渲染效果如图19-2所示。

图19—2

操作步骤

Part 01 设置VRay渲染器

01 打开本书配套光盘中的【场景文件\Chapter 19\19.max】文件，此时场景效果如图19-3所示。

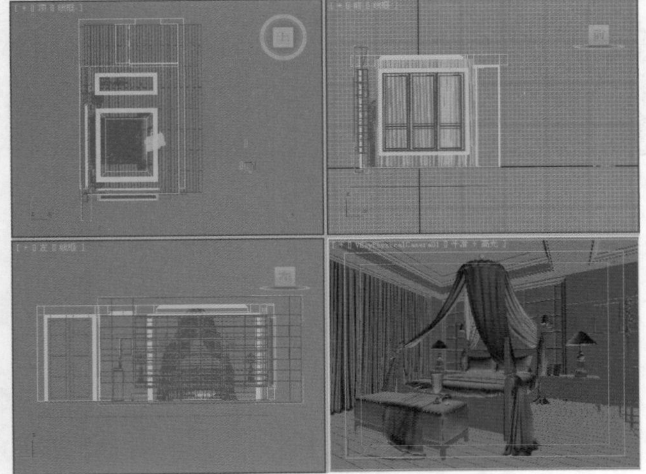

图19—3

02 按F10键，打开【渲染设置】对话框，选择【公用】选项卡，在【指定渲染器】卷展栏中单击...按钮，在弹出的【选择渲染器】对话框中选择【V-Ray Adv 2.30.01】选项，如图19-4所示。

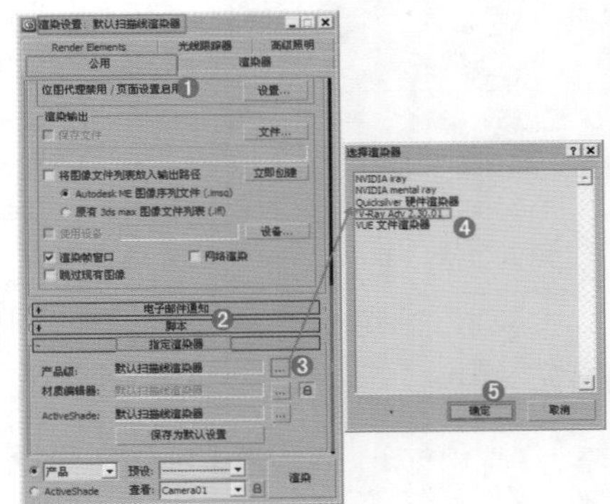

图19—4

03 此时在【指定渲染器】卷展栏中，【产品级】后面显示了【V-Ray Adv 2.30.01】，【渲染设置】对话框中出现了V-Ray、【间接照明】、【设置】选项卡，如图19-5所示。

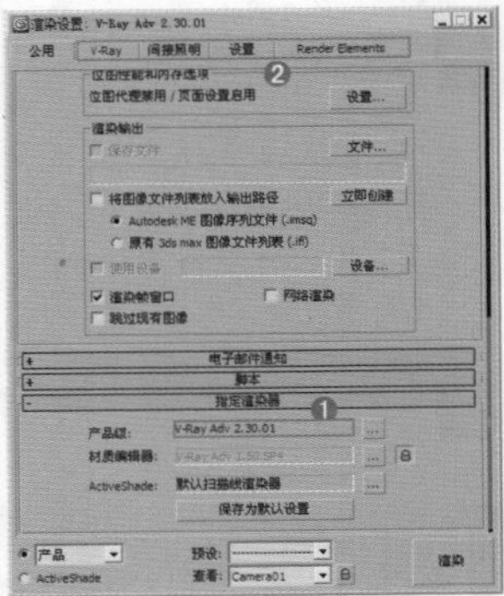

图19—5

Part 02 材质的制作

下面就来讲述场景中的主要材质的调制，包括纱布、木纹、窗纱、布纹、软包、地板、金属材质等，效果如图19-6所示。

图19—6

01 纱布材质的制作

纱布是按照一定的图案用丝线或纱线编结而成的。如图19-7所示为现实中的纱布材质，其基本属性主要有以下2点：

- 花纹纹理图案
- 一定的透明效果

图19—7

01 按M键，打开【材质编辑器】对话框，选择一个材质球，单击 Standard （标准）按钮，在弹出的【材质/贴图浏览器】对话框中选择【混合】材质，如图19-8所示。

图19—8

02 将其命名为【纱布】，展开【混合基本参数】卷展栏，在【材质1】和【材质2】通道中加载VRayMtl材质，如图19-9所示。

图19—9

03 单击进入【材质1】通道中，并进行详细的调节，具体参数如图19-10所示。

- 在【漫反射】中通道上加载【纱布贴图.jpg】贴图文件。
- 在【折射】中通道上加载【衰减】程序贴图，调节两个颜色为深灰色（红：80，绿：80，蓝：80）和黑色（红：0，绿：0，蓝：0），设置【衰减类型】为【垂直/平行】，设置【光泽度】为0.75。

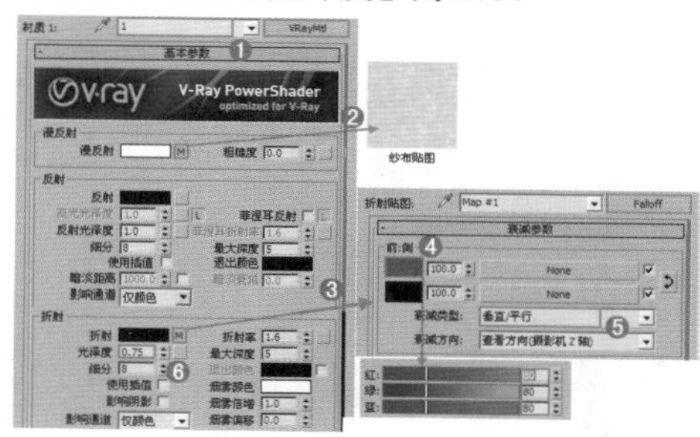

图19—10

04 单击进入【材质2】通道中，并进行详细的调节，具体参数如图19-11所示。

- 在【漫反射】中通道上加载【纱布贴图.jpg】贴图文件。
- 在【折射】通道上加载【衰减】程序贴图，调节两个颜色为浅灰色（红：160，绿：160，蓝：160）和黑色（红：0，绿：0，蓝：0），设置【衰减类型】为【垂直/平行】，【光泽度】为0.75。

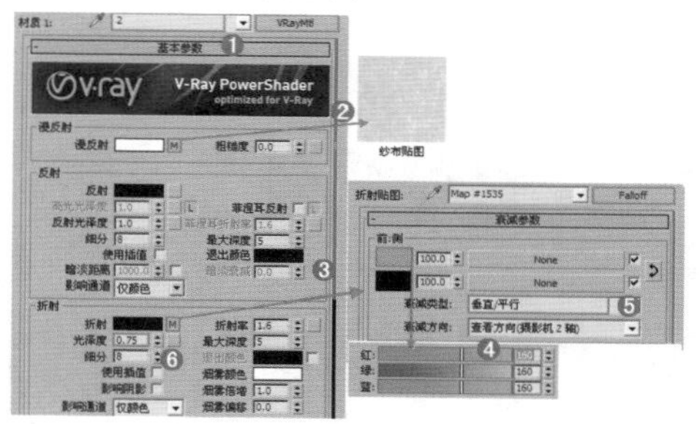

图19—11

- 展开【混合基本参数】卷展栏，并在【遮罩】通道上加载【纱布遮罩.jpg】贴图文件，如图19-12所示。

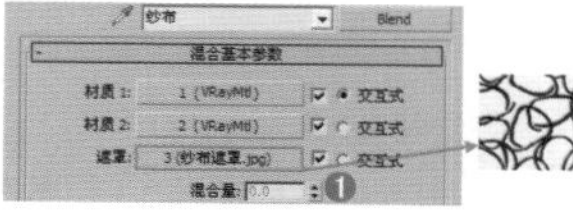

图19—12

05 选中场景中的纱帘模型，在【修改】面板中为其添加【UVW贴图】修改器，并在【参数】卷展栏中设置【贴图】类型为【长方体】，设置【长度】、【宽度】和【高度】均为300mm，设置【对齐】为Z，如图19-13所示。其他的纱布材质的模型，也需要使用同样的方法进行操作。

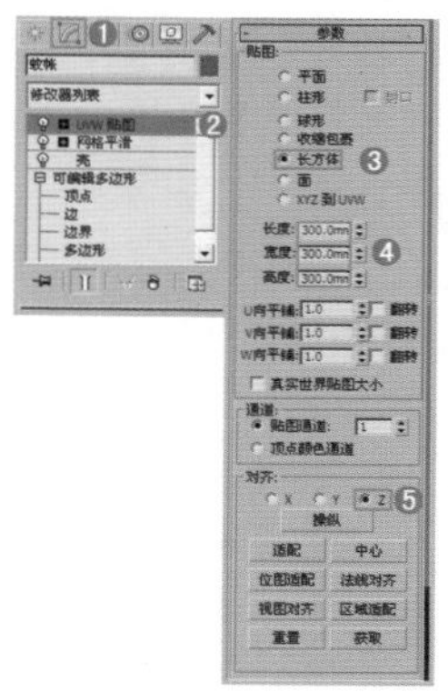

图19—13

06 将制作好的纱布材质赋给场景中的纱帘模型，效果如图19-14所示。

图19-14

02 木纹材质的制作

木纹材质被广泛的应用在建筑方面，如图19-15所示为现实中的木纹材质，其基本属性主要有以下2点：

- 木纹纹理图案
- 模糊反射效果

图19-15

01 选择一个空白材质球，然后将材质类型设置为VR代理材质，并命名为【木纹】，展开【参数】卷展栏，在【基本材质】和【全局光材质】通道上加载VRayMtl材质，如图19-16所示。

图19-16

02 单击进入【基本材质】通道中，并命名为1，进行详细的调节，具体参数如图19-17所示。

- 在【漫反射】中通道上加载【木纹.jpg】贴图文件。
- 在【反射】中通道上加载【衰减】程序贴图，设置【衰减类型】为Fresnel，设置【高光光泽度】为0.85，【反射光泽度】为0.75，【细分】为14，启用【菲涅尔反射】选项。

图19-17

03 单击进入【全局光材质】通道中，并命名为2，在【漫反射】选项组中调节颜色为浅咖啡色（红：206，绿：192，蓝：183），具体参数如图19-18所示。

04 选中场景中的墙面模型，在【修改】面板中为其添加【UVW贴图】修改器，并在【参数】卷展栏中设置【贴图】类型为【长方体】，设置【长度】、【宽度】和【高度】均为800mm，设置【对齐】为Z，如图19-19所示。其他的木纹材质的模型，也需要使用同样的方法进行操作。

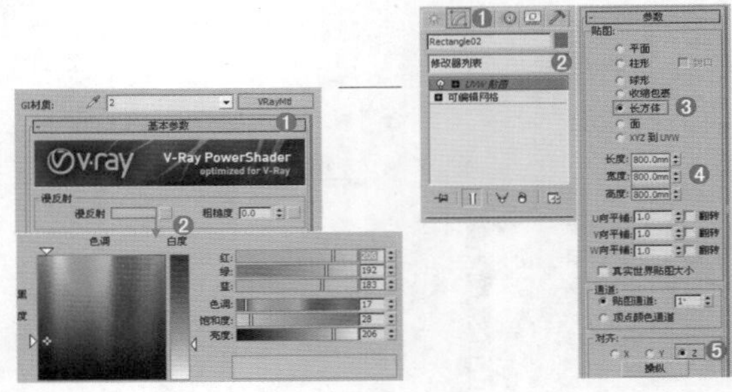

图19-18　　图19-19

05 将制作好的木纹材质赋给场景中的模型，效果如图19-20所示。

图19-20

03 窗纱材质的制作

窗纱经常与窗帘配套出现，其质地较为透明，用于遮挡白天强烈的阳光。如图19-21所示为现实中的窗纱的材质，其基本属性主要有以下2点：

- 强烈的漫反射
- 模糊反射效果

图19—21

01 选择一个空白材质球，然后将材质类型设置为VRayMtl材质，并命名为【窗纱】，具体的参数调节如图19-22所示。

- 在【漫反射】选项组中调节颜色为白色（红：255，绿：255，蓝：255）。
- 在【折射】选项组中调节颜色为深灰色（红：35，绿：35，蓝：35），设置【折射率】为1.2。

图19—22

02 将制作好的窗纱材质赋给场景中窗纱的模型，效果如图19-23所示。

图19—23

04 布纹材质的制作

布纹材质在现代家居中得到了非常广泛的应用。如图19-24所示为现实中的布纹材质，其基本属性主要有以下2点：

- 布纹纹理贴图
- 模糊反射效果

图19—24

01 选择一个空白材质球，然后将材质类型设置为VRayMtl材质，并命名为【布纹】，具体的参数调节如图19-25和图21-26所示。

- 在【漫反射】通道上加载【衰减】程序贴图，在【贴图1】通道上加载【布纹.jpg】贴图文件，在【贴图2】的通道上加载【布纹2.jpg】贴图文件，设置【衰减类型】为【垂直/平行】。
- 在【反射】选项组中调节颜色为深灰色（红：30，绿：30，蓝：30），设置【高光光泽度】为0.4。
- 在【双向反射分布函数】卷展栏中设置为【反射】。
- 展开【贴图】卷展栏，在【凹凸】通道上加载【布纹2.jpg】贴图文件，设置【凹凸】数量为44，如图19-27所示。

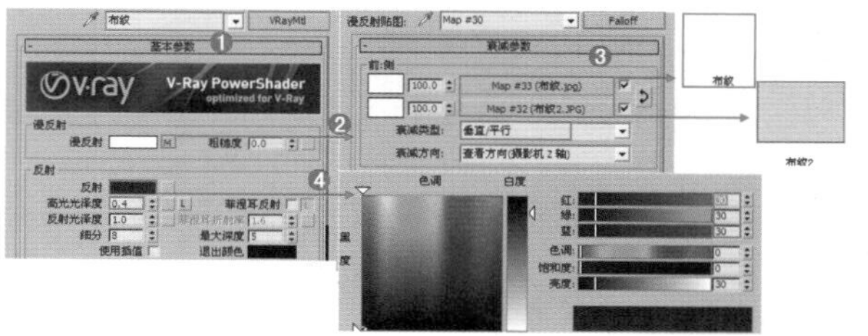

图19—25

图19—26　　图19—27

02 将制作好的布纹材质赋给场景中布料的模型，效果如图19-28所示。

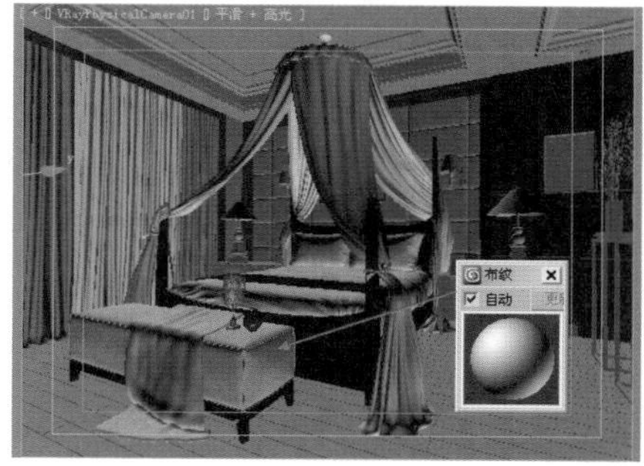

图19—28

05 软包材质的制作

软包使用的材料质地柔软，色彩柔和，能够柔化整体空间氛围，其纵深的立体感亦能提升家居档次，美化空间，并且具有吸声、隔声、防潮、防撞的功能。如图19-29所示为软包的材质，其基本属性主要有以下2点：

- 一定纹理贴图
- 模糊漫反射效果

图19-29

01 选择一个空白材质球，然后将材质类型设置为VRayMtl材质，并命名为【软包】，具体的参数调节如图19-30所示。

- 在【漫反射】选项组中的通道上加载【衰减】程序贴图。
- 在【贴图1】通道上加载【RGB染色】程序贴图，调节RGB颜色均为棕色（红：126，绿：28，蓝：15），在【贴图】通道加载【软包.jpg】贴图文件。
- 在【贴图2】通道上加载【RGB染色】程序贴图，调节RGB颜色均为土黄色（红：141，绿：90，蓝：39），在【贴图】通道加载【软包.jpg】贴图文件。

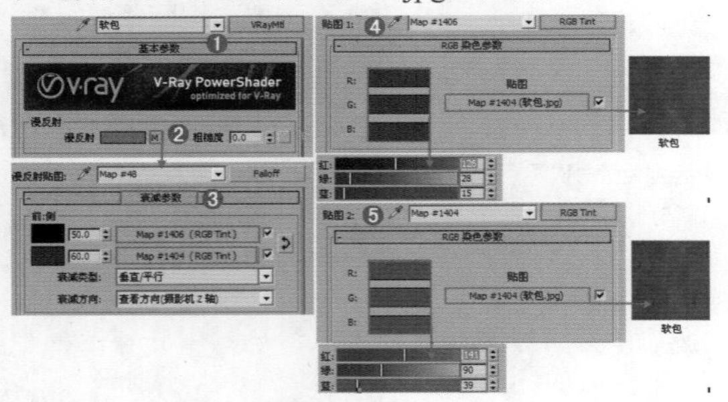

图19-30

02 选中场景中的软包模型，在【修改】面板中为其添加【UVW贴图】修改器，并在【参数】卷展栏中设置【贴图】类型为【长方体】，设置【长度】、【宽度】和【高度】均为1200mm，设置【对齐】为Z，如图19-31所示。

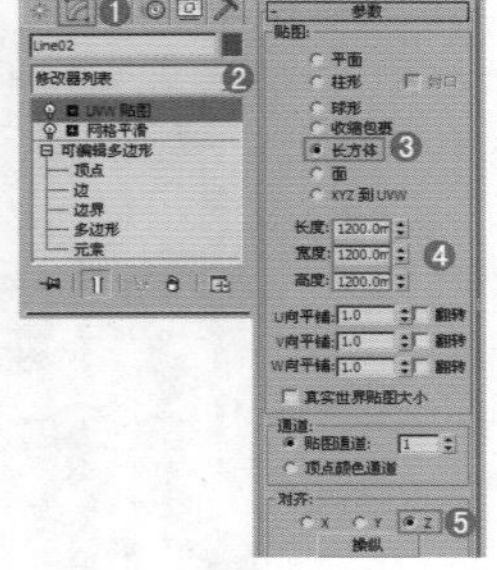

图19-31

03 将制作好的软包材质赋给场景中的模型，效果如图19-32所示。

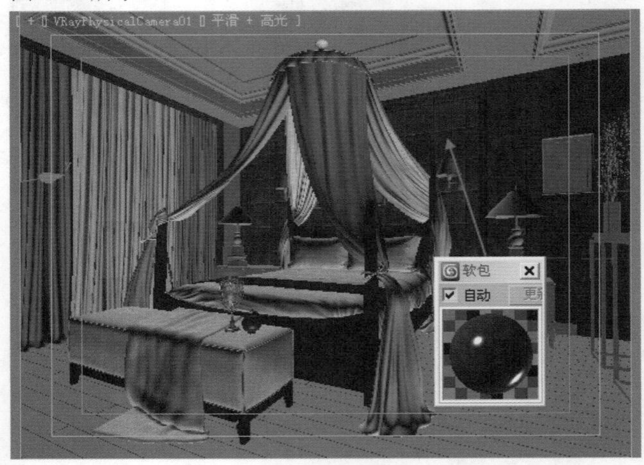

图19-32

06 地板材质的制作

地板即房屋地面的表面层，由木料或其他材料做成。如图19-33所示为现实中的地板材质，其基本属性主要有以下2点：

- 一定纹理贴图
- 一定的反射效果

图19-33

01 选择一个空白材质球，然后将材质类型设置为VR覆盖材质，并命名为【地板】，展开【参数】卷展栏，在【基本材质】和【全局光材质】通道上加载VRayMtl材质，如图19-34所示。

图19-34

02 单击进入【基本材质】通道中，并命名为1，进行详细的调节，具体参数如图19-35所示。

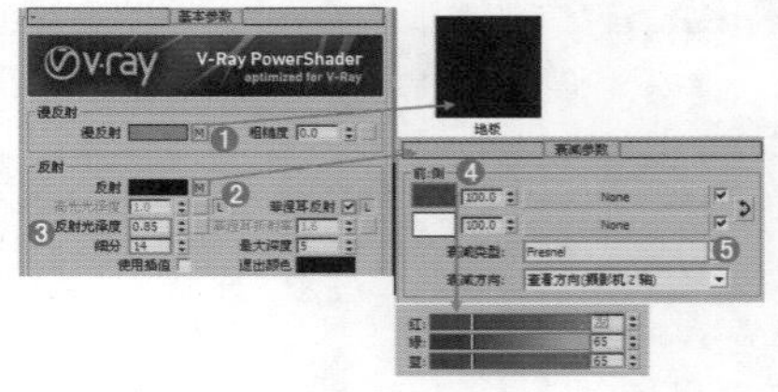

图19-35

- 在【漫反射】通道中加载【地板.jpg】贴图文件。

- 在【反射】通道上加载【衰减】程序贴图，调节两个颜色为深灰色（红：65，绿：65，蓝：65）和白色（红：255，绿：255，蓝：255），设置【衰减类型】为Fresnel，【反射光泽度】为0.85，【细分】为14，启用【菲涅尔反射】选项。

03 单击进入【全局光材质】通道中，并命名为2，在【漫反射】选项组中调节颜色为浅褐色（红：129，绿：109，蓝：104），具体参数如图19-36所示。

04 选中场景中的地板模型，在【修改】面板中为其添加【UVW贴图】修改器，并在【参数】卷展栏中设置【贴图】类型为【长方体】，设置【长度】为600mm、【宽度】为4000mm、【高度】为600mm，设置【对齐】为Z，如图19-37所示。

图19—36　图19—37

05 将制作好的地板材质赋给场景中地板的模型，效果如图19-38所示。

图19—38

07 金属材质的制作

金属是一种具有光泽即对可见光强烈反射）、富有延展性、容易导电、导热等性质的物质。如图19-39所示为现实中的金属材质，其基本属性主要有以下2点：

- 模糊漫反射和反射效果
- 镀膜材质

图19—39

01 选择一个空白材质球，然后将材质类型设置为VR混合材质，并命名为【金属】，然后展开【参数】卷展栏，在【基本材质】通道上加载VRayMtl，如图19-40所示。

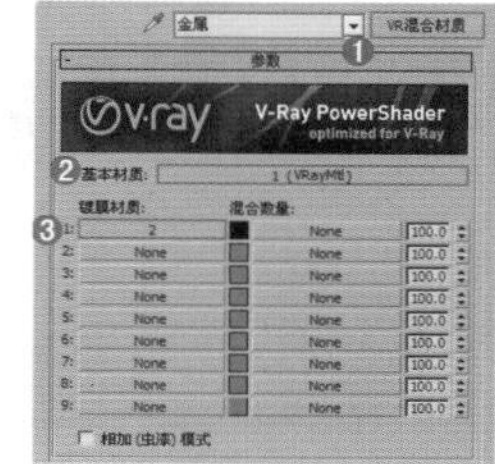

图19—40

02 进入【基本材质】通道中，并命名为1，进行详细的调节，具体参数如图19-41所示。

- 在【漫反射】选项组中调节颜色为深灰色（红：15，绿：15，蓝：15）。
- 在【反射】选项组中调节颜色为浅黄色（红：244，绿：209，蓝：154），设置【反射光泽度】为0.8，【细分】为30。

图19—41

03 进入【镀膜材质】通道中，并命名为2，进行详细的调节，具体参数如图19-42所示。

图19—42

- 在【漫反射】选项组中调节颜色为浅灰色（红：174，绿：174，蓝：174）。
- 在【反射】选项组中调节颜色为白色（红：255，绿：255，蓝：255），设置【反射光泽度】为0.9。

04 将制作好的金属材质赋给场景中的模型，效果如图19-43所示。

图19—43

至此场景中主要模型的材质已经制作完毕，其他材质的制作方法这里不再详述。

Part03 设置摄影机

01 单击（创建）|（摄影机）| VR物理摄影机按钮，如图19-44所示。然后在视图中拖曳创建1台VR物理摄影机，如图19-45所示。

图19—44

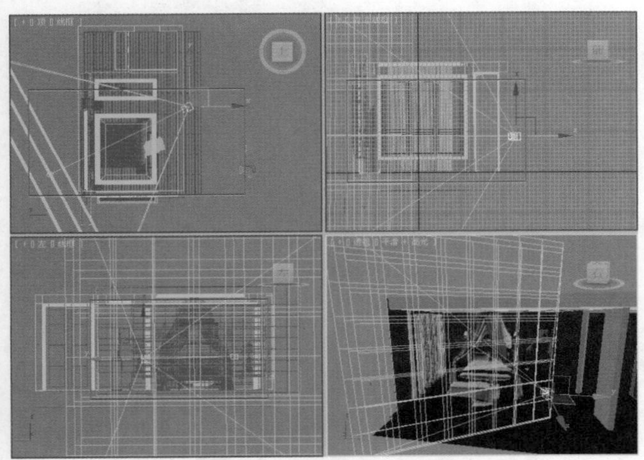

图19—45

02 选择刚创建的摄影机，单击进入【修改】面板，并设置【胶片规格】为36，【焦距】为40，【缩放因子】为0.5，【光圈数】为1.2，如图19-46所示。

技巧提示

在VR物理摄影机中，【光圈数】是最为重要的参数之一，可以快速地控制最终渲染图像的明暗。数值越小，最终渲染越亮。

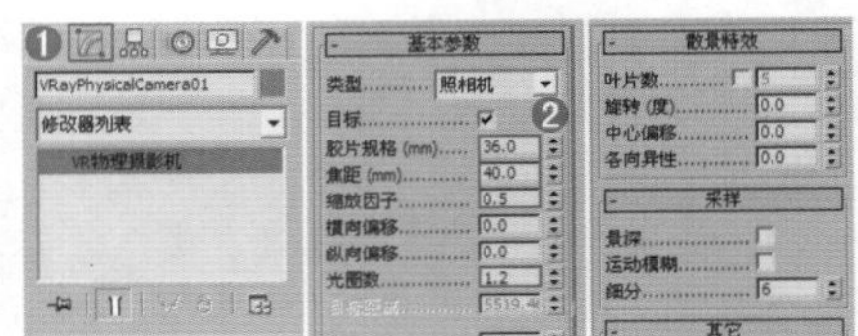

图19—46

03 此时的摄影机视图效果如图19-47所示。

图19—47

Part04 设置灯光并进行草图渲染

在这个卧室场景中，使用两部分灯光照明来表现，一部分使用了自然光效果，另外一部分使用了室内灯光的照明。也就是说想得到好的效果，必须配合室内的一些照明，最后设置一下辅助光源就可以了。

01 制作室内主要光照

01 在前视图中创建1盏目标灯光，接着使用【选择并移动】工具复制7盏目标灯光（复制时需要启用【实例】方式），具体的位置如图19-48所示。

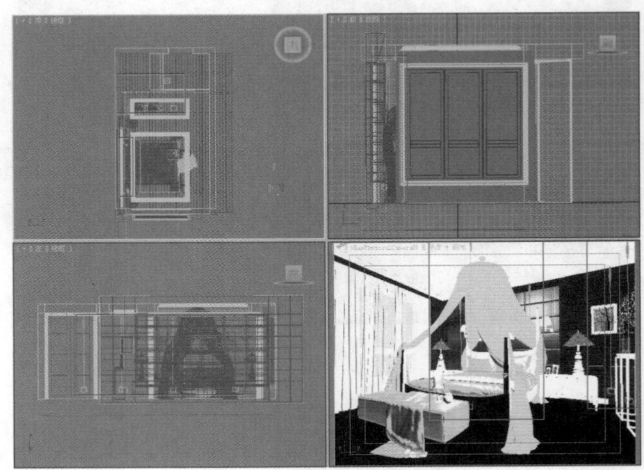

图19—48

02 选择上一步创建的目标灯光，然后在【修改】面板中设置其具体的参数，如图19-49所示。

- 展开【常规参数】卷展栏，启用【启用】选项，设置阴影类型为【VRay阴影】，设置【灯光分布（类型）】为【光度学Web】，接着展开【分布（光度学Web）】卷展栏，并在通道上加载【射灯.IES】。
- 展开【强度/颜色/衰减】卷展栏，调节颜色为（红：255，绿：211，蓝：141），设置【强度】为34000，展开【VRay阴影参数】卷展栏，启用【区域阴影】选项，设置【U/V/W大小】为20mm，【细分】为15。

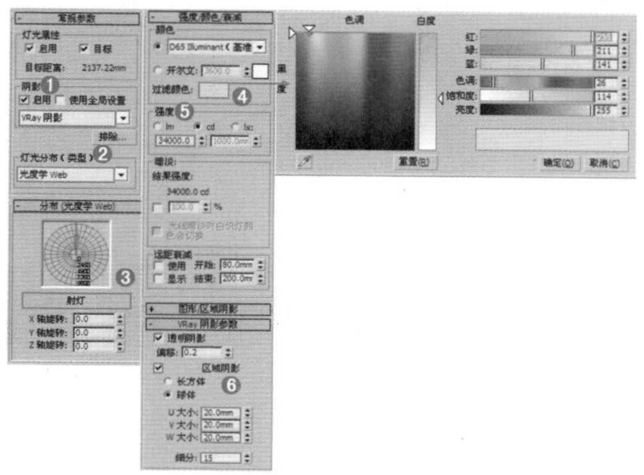

图19—49

03 继续在纱帘下方位置创建1盏VR灯光，如图19-50所示。具体参数设置如图19-51所示。

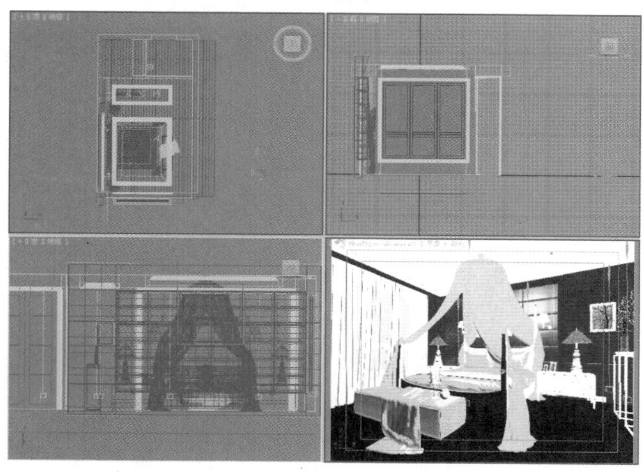

图19—50

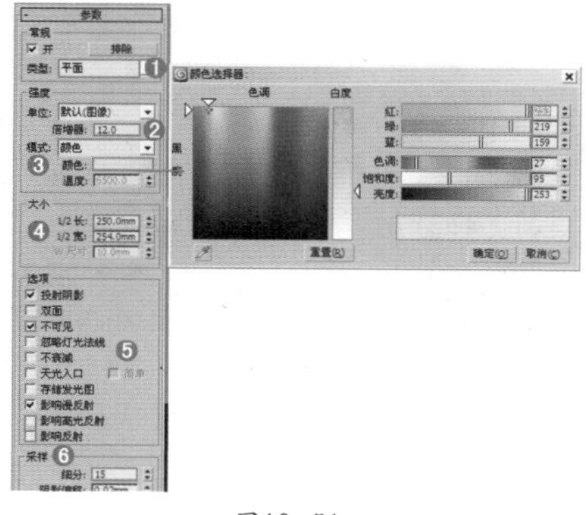

图19—51

- 设置【类型】为【平面】，【倍增器】为12，调节【颜色】为（红：253，绿:：219，蓝：159），设置【1/2长】为250mm，【1/2宽】为254mm，启用【不可见】选项，并禁用【影响高光反射】和【影响反射】选项，最后设置【细分】为15。

04 按键盘上的8键，打开【环境和效果】对话框，然后在【背景】选项组中的【环境贴图】通道中加载【VR天空】程序贴图。接着按M键打开【材质编辑器】对话框，将【环境贴图】通道中的贴图拖曳到一个空白的材质球上，如图19-52所示。

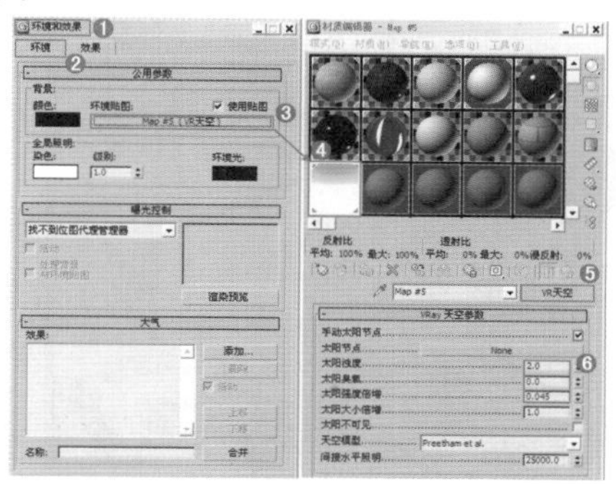

图19—52

05 按F10键，打开【渲染设置】对话框，首先设置VRay选项卡和【间接照明】选项卡中的参数，刚开始设置的是一个草图设置，目的是进行快速渲染，以观看整体的效果，参数设置如图19-53所示。

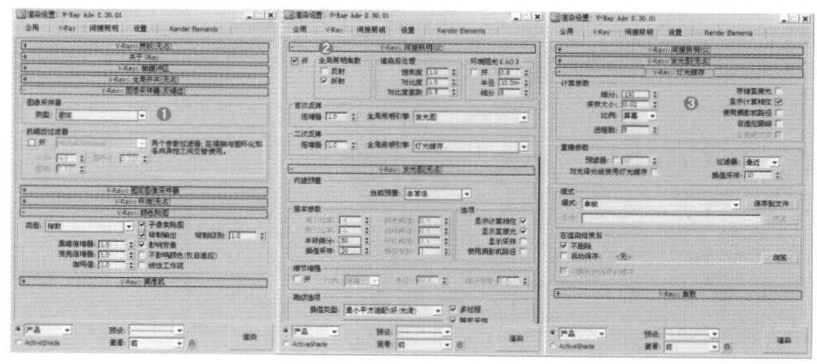

图19—53

06 按Shift+Q组合键，快速渲染摄影机视图，其渲染的效果如图19-54所示。

图19—54

通过上面的渲染效果来看，室内的光照效果基本满意，接下来制作台灯的光照。

02 制作台灯及壁灯的光照

01 使用【VR灯光】工具在顶视图中创建1盏VR灯光，然后将其复制1盏，并拖曳到台灯的灯罩中，具体的位置如图19-55所示。

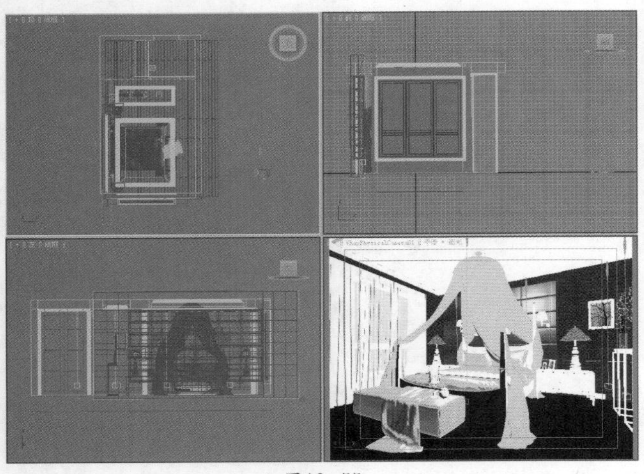

图19-55

02 选择上一步创建的VR灯光，然后在【修改】面板中设置【类型】为【球体】，【倍增器】为80，调节【颜色】为浅黄色（红：253，绿：217，蓝：154），设置【半径】为50mm，启用【不可见】选项，并禁用【影响高光反射】和【影响反射】选项，设置【细分】为12，如图19-56所示。

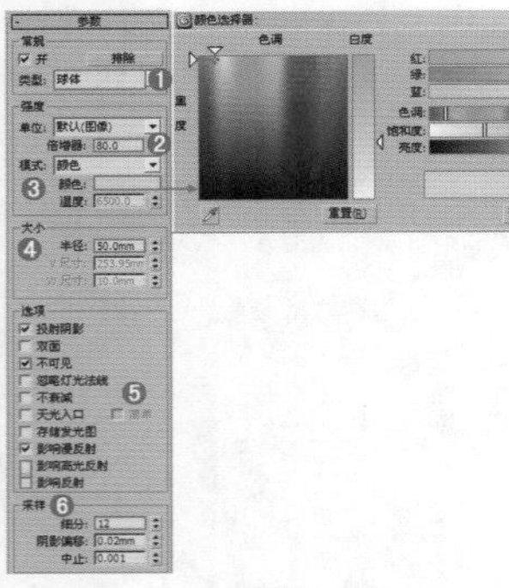

图19-56

03 按Shift+Q组合键，快速渲染摄影机视图，其渲染效果如图19-57所示。

图19-57

04 继续在顶视图中创建1盏VR灯光，然后将其复制1盏，作为壁灯，并将其拖曳到壁灯的灯罩中，具体的位置如图19-58所示。

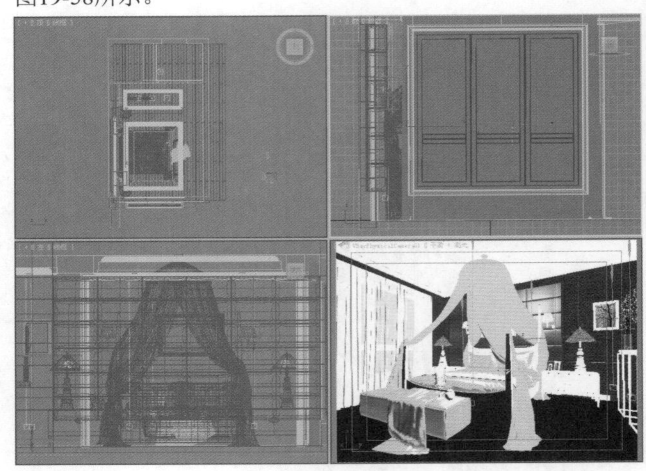

图19-58

05 选择上一步创建的VR灯光，然后在【修改】面板中设置【类型】为【球体】，【倍增器】为30，调节【颜色】为浅黄色（红：253，绿：217，蓝：154），设置【半径】为40mm，启用【不可见】选项，并禁用【影响高光反射】和【影响反射】选项，设置【细分】为12，如图19-59所示。

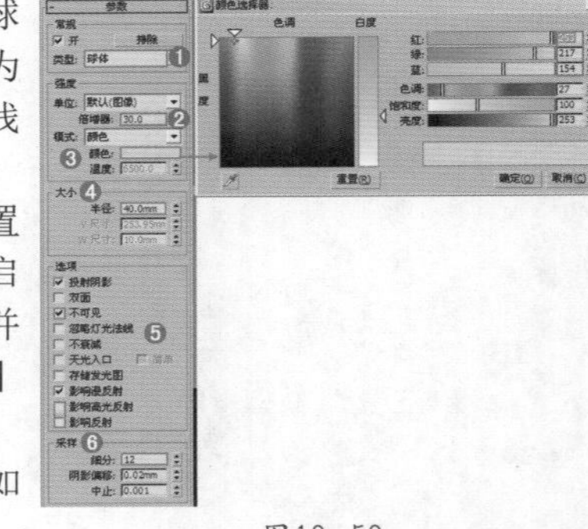

图19-59

06 按Shift+Q组合键，快速渲染摄影机视图，其渲染效果如图19-60所示。

图19-60

通过上面的渲染效果来看，卧室中间的亮度还不够，需要创建灯光。

③ 制作灯光带效果

01 使用【VR灯光】工具在左视图中创建1盏VR灯光，并将其复制2盏，接着分别将其拖曳到合适位置，如图19-61所示。

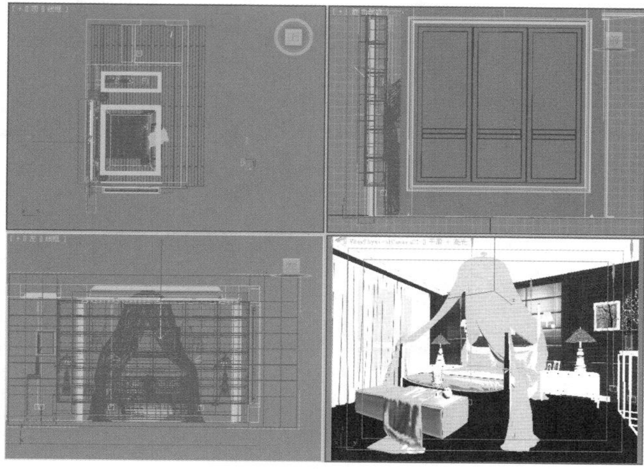

图19—61

02 选择上一步创建的VR灯光，然后在【修改】面板中设置【类型】为【平面】，【倍增器】为22，调节【颜色】为浅黄色（红：253，绿：219，蓝：1159），设置【1/2长】为20mm，【1/2宽】为1500mm，启用【不可见】选项，并禁用【影响高光反射】及【影响反射】选项，最后设置【细分】为12。如图19-62所示。

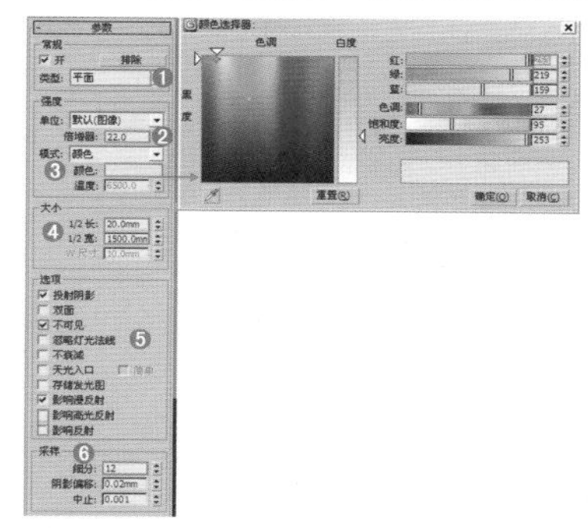

图19—62

03 按Shift+Q组合键，快速渲染摄影机视图，其渲染效果如图19-63所示。

图19—63

从现在的效果来看，图像的亮部已经足够亮了，但是暗部非常暗，这样会损失大量暗部细节，因此在后期处理时应对该部分进行重点调节。整个场景中的灯光至此就设置完成了，下面需要做的就是精细调整一下灯光细分参数及渲染参数，进行最终的渲染。

Part 05 设置成图渲染参数

经过前面的操作，已经将大量烦琐的工作做完了，下面需要做的就是把渲染的参数设置高一些，再进行渲染输出。

01 重新设置渲染参数。按F10键，在打开的【渲染设置】对话框的V-Ray选项卡中，展开【VRay::图形采样器（反锯齿）】卷展栏，设置【类型】为【自适应确定性蒙特卡洛】，接着在【抗锯齿过滤器】选项组中启用【开】选项，并选择Mitchell-Netravali过滤器；展开【VRay::自适应确定性蒙特卡洛图像采样器】卷展栏，设置【最小细分】为1，【最大细分】为4。如图19-64所示。

02 选择【间接照明】选项卡，并展开【VRay::发光图】卷展栏，设置【当前预置】为【低】，设置【半球细分】为50，【插值采样】为30，启用【显示计算相位】和【显示直接光】选项；展开【VRay::灯光缓存】卷展栏，设置【细分】为1000，禁用【存储直接光】选项。如图19-65所示。

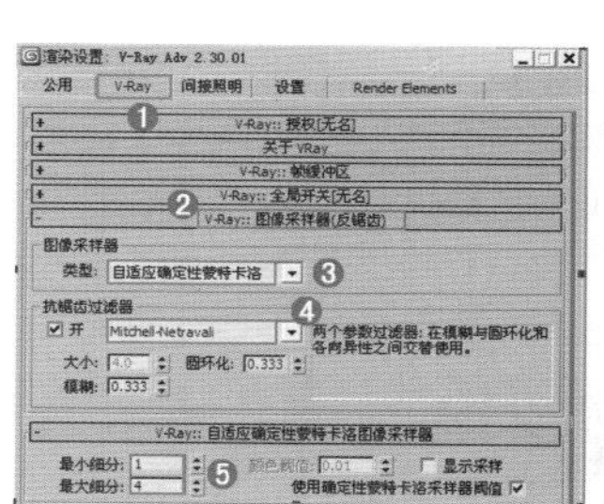

图19—64

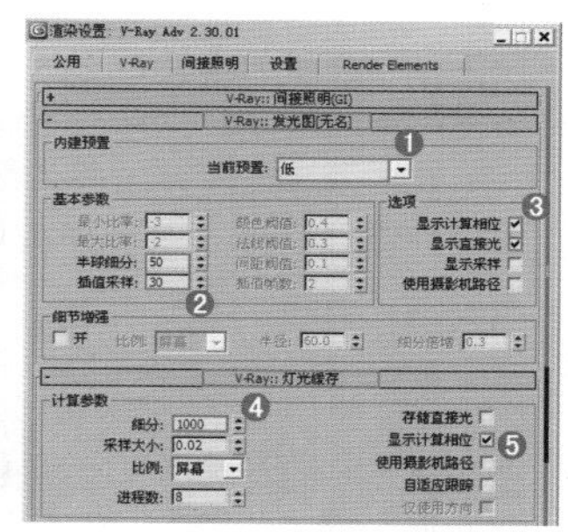

图19—65

03 选择【设置】选项卡，并展开【VRay::确定性蒙特卡洛采样器】卷展栏，设置【最小采样值】为10；展开【VRay::系统】卷展栏，设置【区域排序】为【上→下】，最后禁用【显示窗口】选项，如图19-66所示。

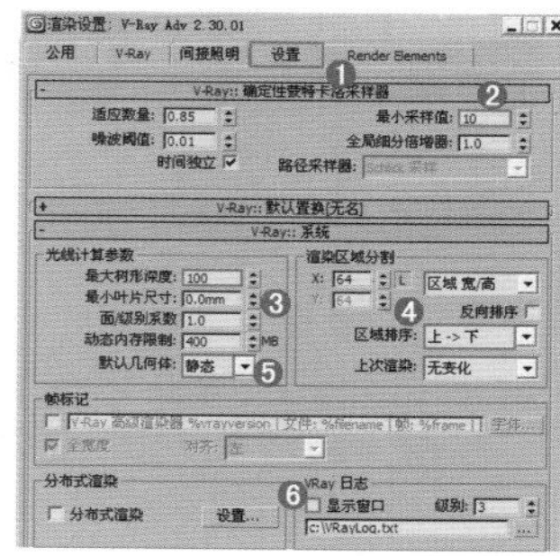

图19—66

04 选择Render Elements选项卡，单击【添加】按钮并在弹出的【渲染元素】对话框中选择【VRay线框颜色】选项，如图19-67所示。

05 选择【公用】选项卡，展开【公用参数】卷展栏，设置输出的尺寸为1500×1095，如图19-68所示。

06 渲染完成后最终的效果如图19-69所示。

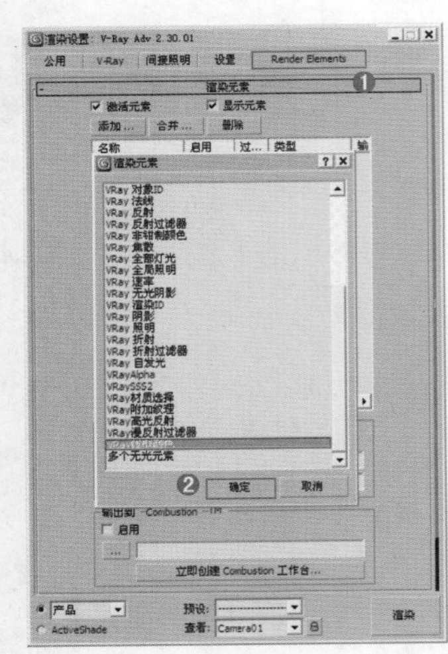
图19-67

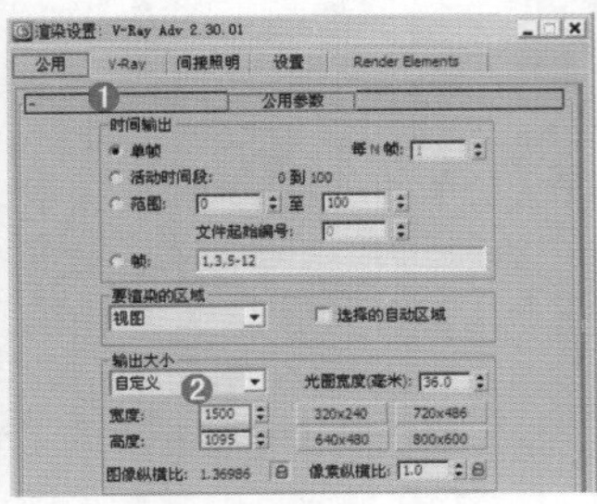
图19-68

图19-69

技术拓展：图像精细程度的控制

在使用3ds Max制作效果图的过程中，读者往往会遇到一个难以解答的问题，那就是为什么我渲染的图像这么脏？为什么渲染速度这么慢，但是渲染质量还这么差？下面一一为大家解答。

说到图像的质量，不得不提的就是【细分】。在使用3dd Max制作效果图的过程中，【细分】主要存在于3个方面，分别为灯光【细分】、材质【细分】、渲染器【细分】。

- 灯光【细分】：主要用来控制灯光和阴影的细分效果，通常数值越大，渲染越精细，渲染速度越慢。

如图19-70所示为将灯光【细分】设置为2和20时的对比效果。

- 材质【细分】：主要用来控制材质反射和折射等细分效果，通常数值越大，渲染越精细，渲染速度越慢。

如图19-71所示为将材质【细分】设置为2和20时的对比效果。

灯光细分为2的效果

灯光细分为20的效果

图19-70

材质细分为2的效果

材质细分为20的效果

图19-71

- 渲染器【细分】：主要用来控制最终渲染的细分效果，一般来说，最终渲染时参数可以设置的相对高一些，同时材质【细分】和灯光【细分】的参数也要适当的高一些。如图19-72所示为低质量参数和高质量参数的渲染对比效果。

控制最终图像的质量是由灯光【细分】、材质【细分】和渲染器【细分】3方面共同决定的。若我们只将渲染器【细分】设置的非常高，而灯光【细分】和材质【细分】设置的比较低的话，渲染出的图像质量也不会特别好，而把握好这三者间参数的平衡，显得尤为重要。

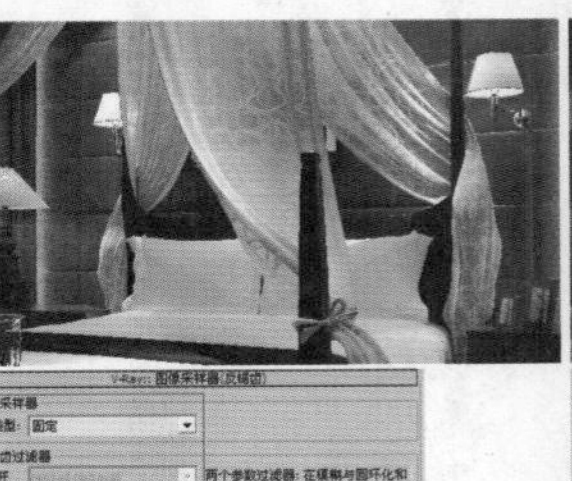
图19-72

思维点拨：控制图像精细程度的方法

比如场景中反射和折射物体比较多，而我们也想将这些物体重点表现时，可以将【材质细分】参数适当设置的高一些。而当场景中要重点表现色彩斑斓的灯光时，需要将【灯光细分】参数适当设置的高一些。为了读者使用方便，在这里我们总结两种方法，供大家参考使用。

01 测试渲染，低质量，高速度。灯光的【细分】可以保持默认数值8，或小于8；材质的反射和折射的【细分】可以保持默认数值8，或小于8；渲染器的参数设置的参数尽量低一些，如图19—73～图19—75所示。

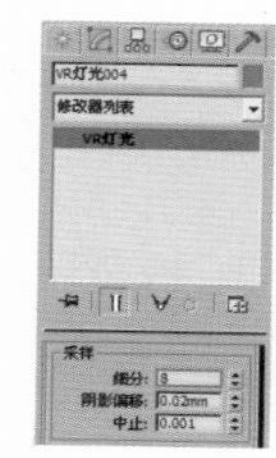

图19—73

图19—74

图19—75

02 最终渲染，高质量，低速度。灯光的【细分】可以设置为数值20左右；材质的反射和折射的【细分】可以设置为数值20左右；渲染器的参数设置的参数尽量高一些，如图19—76～19—78所示。

图19—76

图19—77

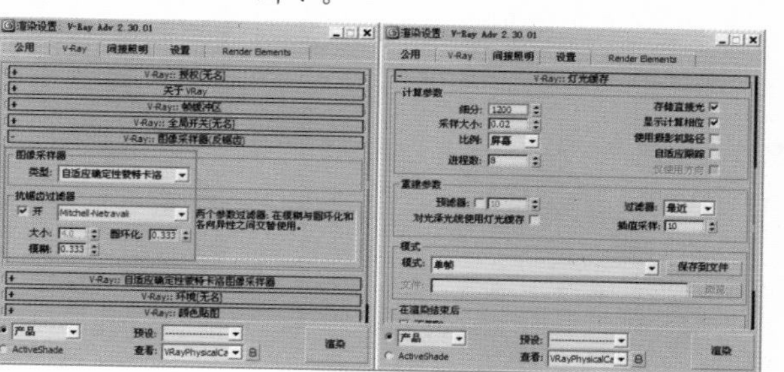

图19—78

读书笔记

第20章

思想风暴，创新空间
——小型会议室日景

场景文件	20.max
案例文件	案例文件\Chapter 20\思想风暴，创新空间——小型会议室日景.max
视频教学	案例文件\Chapter 20\思想风暴，创新空间——小型会议室日景.flv
难易指数	★★★★☆
灯光类型	目标灯光、VR灯光
材质类型	VRayMtl材质、VR灯光材质
程序贴图	衰减程序贴图
技术掌握	掌握小型会议室整体色调的把握和明亮灯光的制作

项目概况

- 项目名称：思想风暴，创新空间
- 户型：平层，公装

客户定位

业主是位80后创业者，会议室要求打破常规的方形格局，突破思维、大胆创新，这不仅仅体现在装修的要求上，更多的是创业者的思想。

风格定位：简约风格

简约风格比较好理解，通俗来看就是简单，但是深入来看却是不简单，追求内涵，不追求烦琐杂乱。而办公空间更要简洁、明亮，使人更加放松的去工作。本案例空间较小，采用三角形的墙体拐角，而并非直角，目的是增强空间感，使空间看起来更大气、不拘一格。

装饰主色调

- 室内空间颜色以白色为主，褐色为辅
- 陈设色调以黑色、金色为主，局部点缀银色、黄色等

色彩关系

RGB=237,236,233

RGB=33,33,30

RGB=48,50,57

RGB=238,226,185

RGB=138,140,139

类似风格优秀设计作品赏析

技术拓展：办公空间中的色彩关系

颜色与心情的关系非常密切，在办公室中，每一种色彩都有它自己的语言，它会向工作人员和客户传达出一定的心理信息。红色会让人激动；蓝色则让人平静；深色可以使人产生收缩感；浅色可以使人产生扩张感，凸显高大。不同性质的办公环境要根据需求来设置颜色，如图20-1所示。

图20—1

实例介绍

本例是一个小型会议室，室内明亮灯光表现主要使用目标灯光和VR灯光来制作。本例的主要材质使用VRayMt 1材质制作，制作完毕之后渲染的效果如图20-2所示。

图20—2

局部渲染效果，如图20-3所示。

图20—3

操作步骤

Part 01 设置VRay渲染器

01 打开本书配套光盘中的【场景文件\Chapter 20\20.max】文件，此时场景效果如图20-4所示。

02 按F10键，打开【渲染设置】对话框，选择【公用】选项卡，在【指定渲染器】卷展栏中单击...按钮，在弹出的【选择渲染器】对话框中选择【V-Ray Adv 2.30.01】选项，如图20-5所示。

03 此时在【指定渲染器】卷展栏中的【产品级】后面显示了【V-Ray Adv 2.30.01】，【渲染设置】对话框中出现了V-Ray、【间接照明】和【设置】选项卡，如图20-6所示。

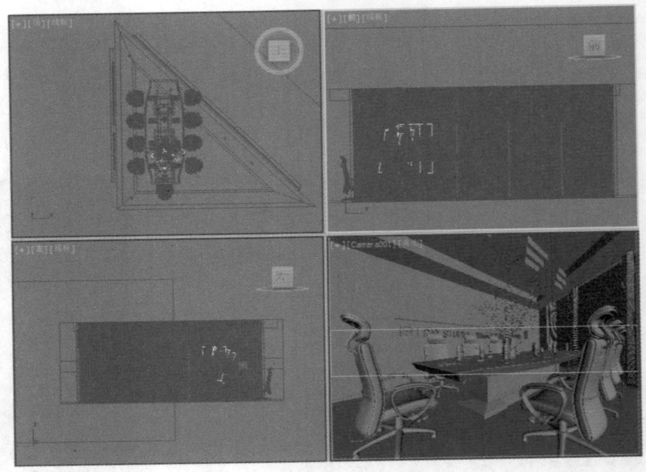

图20—4

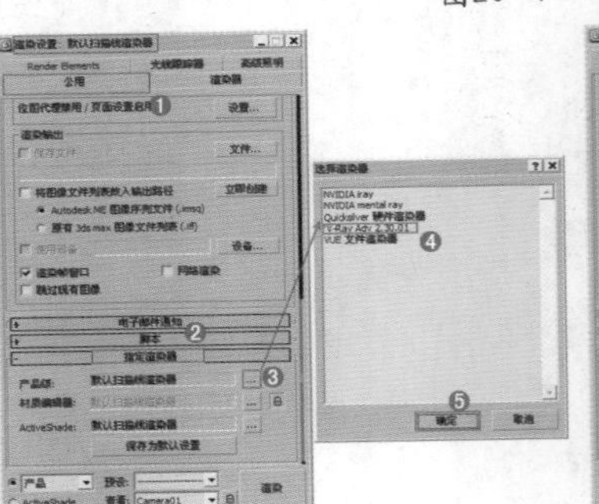

图20—5

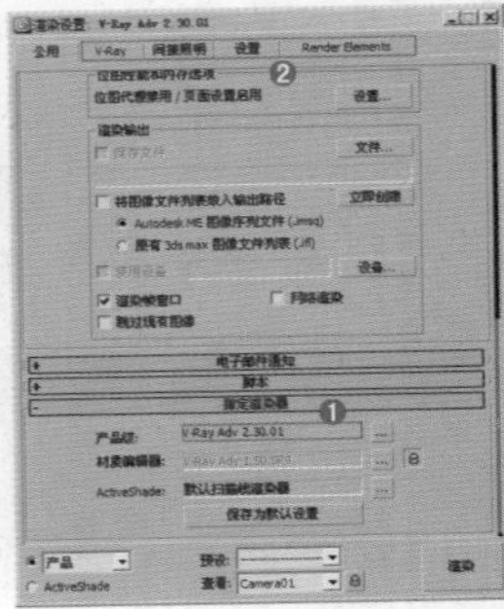

图20—6

Part 02 材质的制作

下面就来讲述场景中主要材质的制作方法，包括地毯、桌子木纹、桌子金属、椅子皮革、椅子金属、吊灯、环境等，效果如图20-7所示。

图20-7

01 地毯材质的制作

地毯，是以棉、麻、毛、丝、草等天然纤维或化学合成纤维类原料，经手工或机械工艺进行编结、栽绒或纺织而成的地面铺敷物。它是世界范围内具有悠久历史的工艺美术品类之一，覆盖于住宅、宾馆、体育馆、展览厅、车辆、船舶、飞机等的地面，有减少噪声、隔热和装饰效果。如图20-8所示为现实中的地毯材质，其基本属性主要有以下2点：

- 带有花纹纹理图案
- 带凹凸纹理

图20-8

01 按M键，打开【材质编辑器】对话框，选择一个材质球，单击 Standard （标准）按钮，在弹出的【材质/贴图浏览器】对话框中选择VRayMtl材质，如图20-9所示。

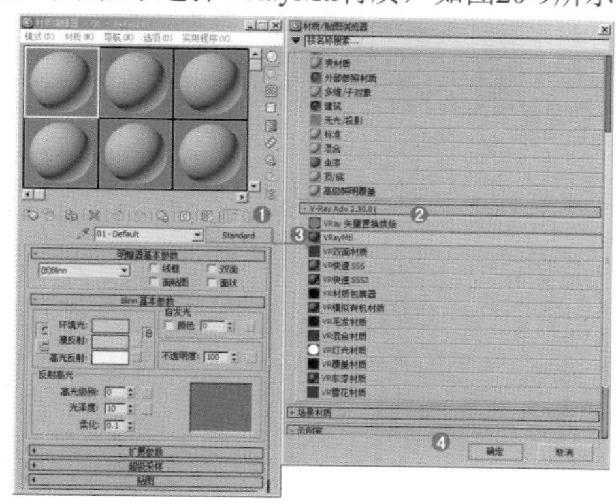
图20-9

02 将其命名为【地毯】，具体的参数调节如图20-10和图20-11所示。

- 在【漫反射】选项组中的通道上加载【CARPTGRY1.jpg】贴图文件。

图20-10

- 展开【贴图】卷展栏，在【凹凸】通道上加载【Arch30_towelbump5.jpg】贴图文件，设置【凹凸】数量为50；展开【坐标】卷展栏，设置【瓷砖】的U、V分别为1.5，设置【角度】的W为45。

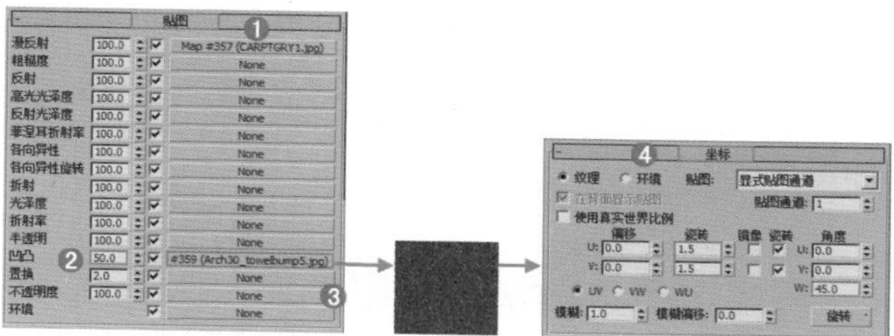
图20-11

03 将制作好的地毯材质赋给场景中地毯部分的模型，效果如图20-12所示。

图20-12

02 桌子木纹材质的制作

木纹是家装、公装中使用率非常高的材质，家具、装饰品等很多都是使用木纹材质制作的。如图20-13所示为现实中的木纹材质，其基本属性主要有以下2点：

- 单色木纹贴图纹理
- 带有模糊反射

图20-13

01 按M键，打开【材质编辑器】对话框，选择第一个材质球，单击 Standard （标准）按钮，在弹出的【材质/贴图浏览器】对话框中选择VRayMtl材质，如图20-14所示。

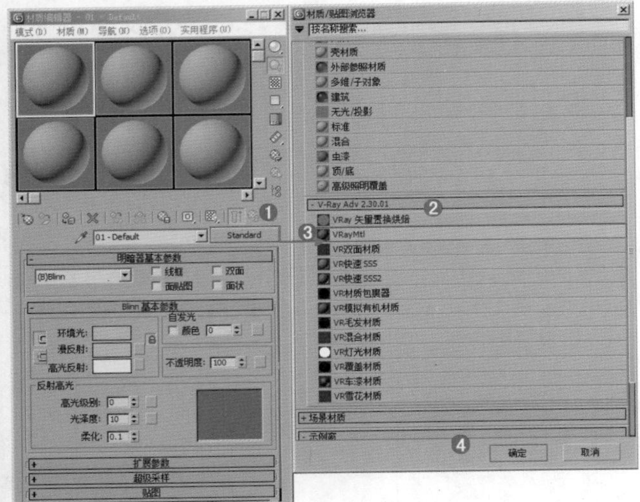

图20—14

02 将其命名为【桌子木纹】，具体的参数调节如图20-15所示。

- 在【漫反射】选项组中的通道上加载【旧木02.jpg】贴图文件。
- 在【反射】选项组中的通道上加载【衰减】程序贴图，调节两个颜色为黑色（红：0，绿：0，蓝：0）和浅蓝色（红：180，绿：215，蓝：255），设置【高光光泽度】为0.8，【反射光泽度】为0.92，【细分】为30，设置【衰减类型】为Fresnel，设置【折射率】为2.2。

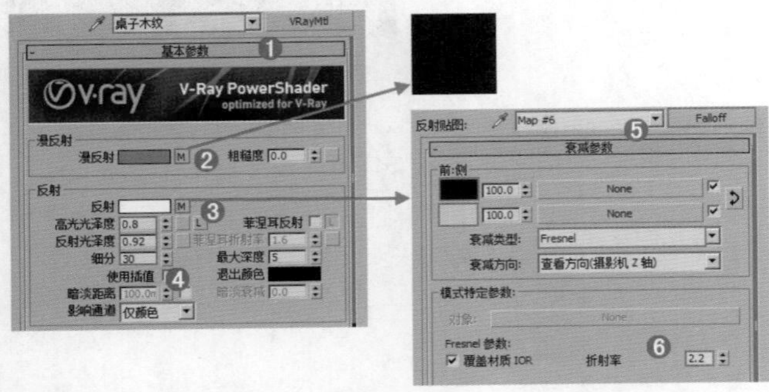

图20—15

03 将制作好的桌子木纹材质赋给场景中桌子木纹的模型，效果如图20-16所示。

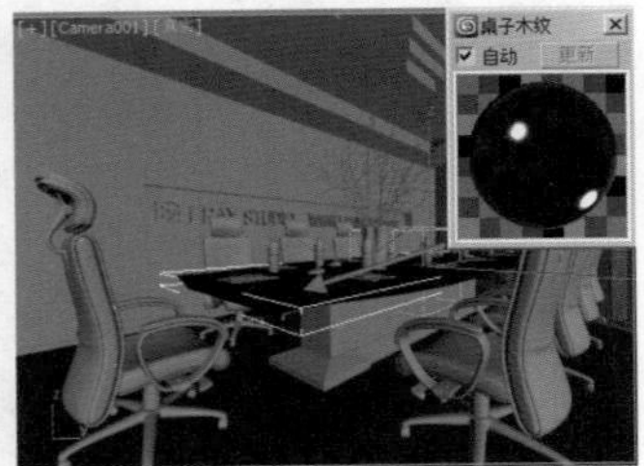

图20—16

03 桌子金属材质的制作

金属是桌子、茶几等家具中不可缺少的元素，比较有现代感。如图20-17所示为现实中的桌子金属材质，其基本属性主要有以下2点：

- 颜色为单色
- 带有较强的反射效果

图20—17

01 选择一个空白材质球，然后将材质类型设置为VRayMtl材质，并命名为【桌子金属】，调节的具体参数如图20-18所示。

- 在【漫反射】选项组中调节颜色为黑色（红：1，绿：1，蓝：1）。
- 在【反射】选项组中调节颜色为黄色（红：204，绿：148，蓝：50），设置【高光光泽度】为0.6，【反射光泽度】为0.98，【细分】为30。

图20—18

技巧提示

制作金属材质时，【反射】参数是最重要的，【反射】颜色直接影响到材质的反射强度和颜色倾向，当然【高光光泽度】和【反射光泽度】也需要相应的设置，以产生一定的模糊反射效果。

02 将制作好的桌子金属材质赋给场景中桌子金属的模型，效果如图20-19所示。

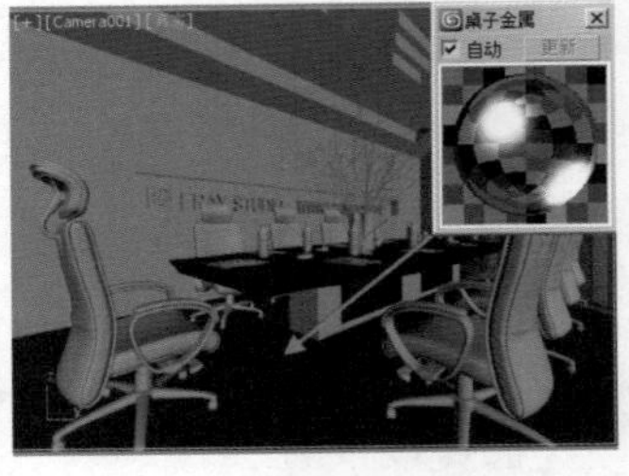

图20—19

04 椅子皮革材质的制作

椅子皮革表面有一种特殊的粒面层，具有自然的粒纹和光泽，手感舒适。如图20-20所示为现实中的椅子皮革材质，其基本属性主要有以下3点：

- 颜色为黑色
- 带有一定的模糊反射
- 带有一定的凹凸质感

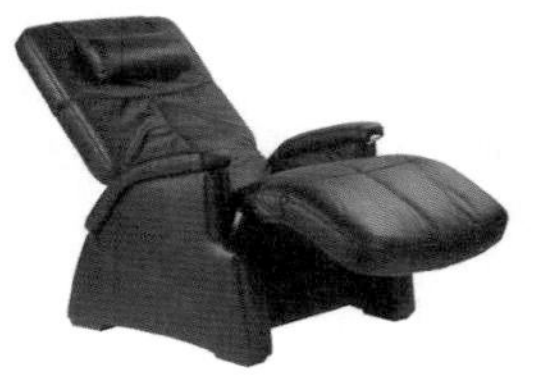
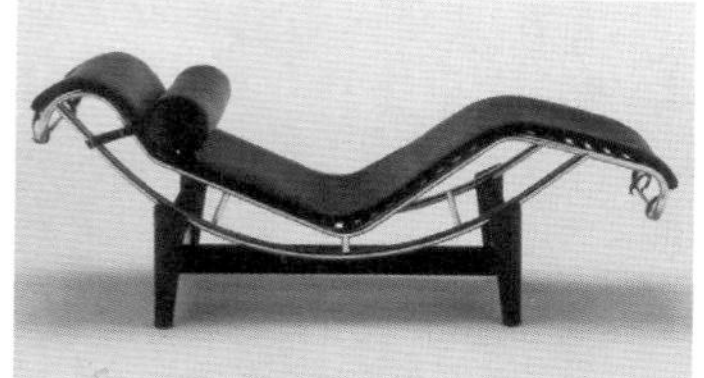

图20—20

01 选择一个空白材质球，然后将材质类型设置为VRayMtl材质，并命名为【椅子皮革】，调节的具体参数如图20-21和图20-22所示。

- 在【漫反射】选项组中调节颜色为黑色（红：10，绿：10，蓝：10）。
- 在【反射】选项组中的通道上加载【衰减】程序贴图，调节两个颜色为黑色（红：0，绿：0，蓝：0）和浅蓝色（红：180，绿：215，蓝：255），设置【衰减类型】为Fresnel，设置【折射率】为2.0，设置【反射光泽度】为0.7，设置【细分】为30。

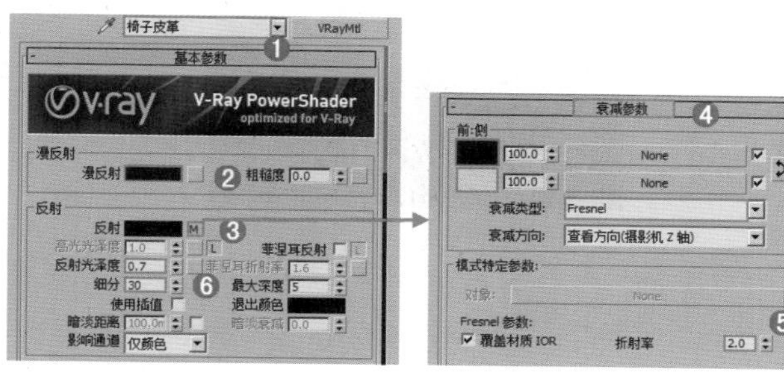

图20—21

- 展开【贴图】卷展栏，将【凹凸】数量设置为30，并在后面的通道上加载【Arch49_leather_bump.jpg】贴图文件。

02 将制作好的椅子皮革材质赋给场景中椅子皮革的模型，效果如图20-23所示。

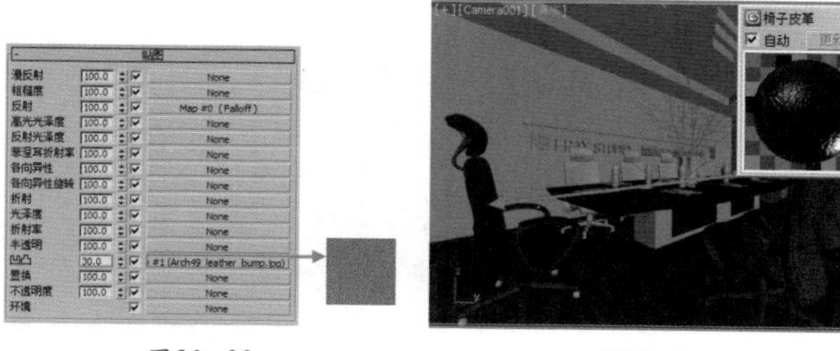

图20—22　　图20—23

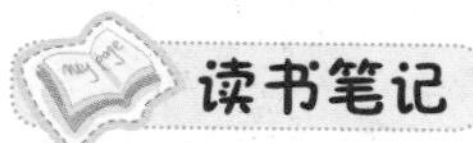

05 椅子金属材质的制作

金属是一种具有光泽（即对可见光强烈反射）、富有延展性、容易导电和导热等的物质，在装修中应用较为广泛。本例的金属材质模拟效果如图20-24所示，其基本属性主要有以下2点：

- 颜色为单色
- 带有较强的反射模糊

图20—24

01 选择一个空白材质球，然后将材质类型设置为VRayMtl材质，并命名为【椅子金属】，调节的具体参数如图20-25所示。

- 在【漫反射】选项组中调节颜色为深灰色（红：40，绿：40，蓝：40）。
- 在【反射】选项组中调节颜色为灰色（红：180，绿：180，蓝：180），设置【高光光泽度】为0.6。

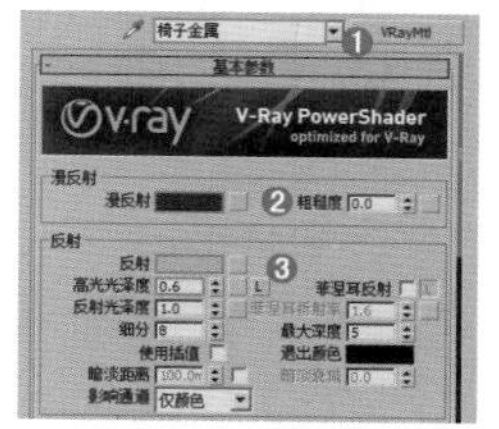

图20—25

02 将制作好的椅子金属材质赋给场景中椅子金属的模型，效果如图20-26所示。

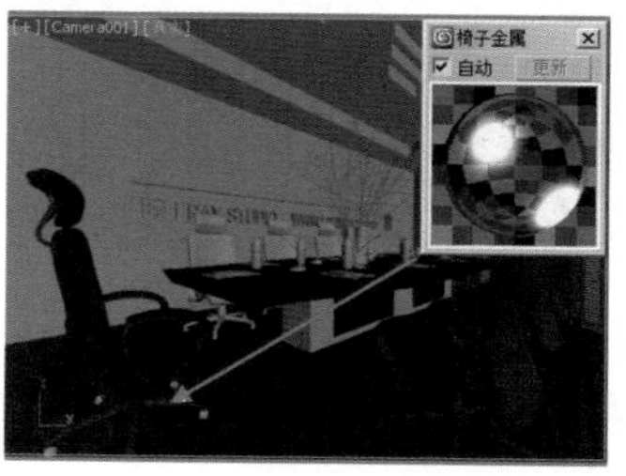

图20—26

06 吊灯材质的制作

吊灯是室内天花板上的高级装饰用照明灯，本例的吊灯材质模拟效果如图20-27所示，其基本属性主要有以下3点：

- 颜色为单色
- 带有一定的反射
- 带有一定的折射

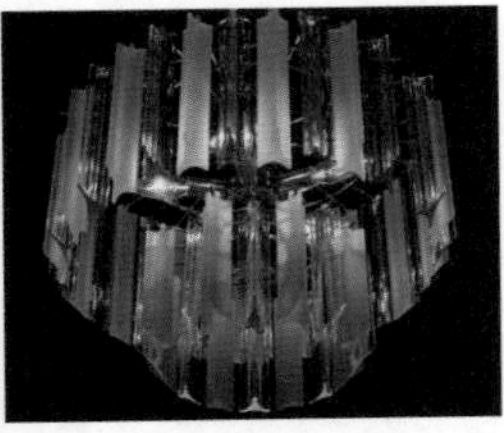

图20-27

01 选择一个空白材质球，然后将材质类型设置为VRayMtl材质，并命名为【吊灯】，调节的具体参数如图20-28所示。

- 在【漫反射】选项组中调节颜色为白色（红：226，绿：226，蓝：226）。
- 在【反射】选项组中的通道上加载【衰减】程序贴图。
- 在【折射】选项组中调节颜色为灰色（红：120，绿：120，蓝：120），设置【光泽度】为0.8。

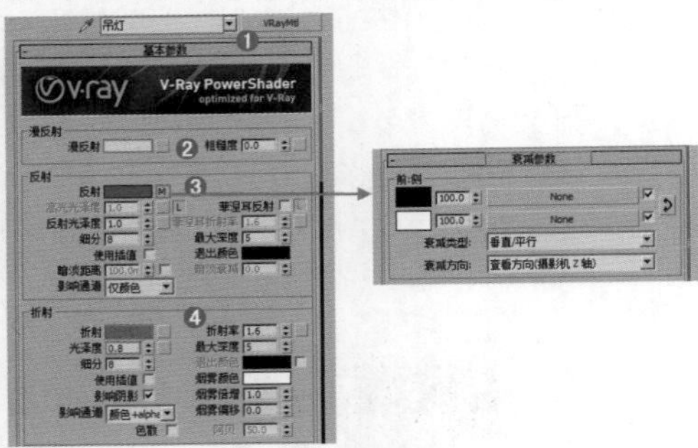

图20-28

02 将制作好的吊灯材质赋给场景中吊灯的模型，效果如图20-29所示。

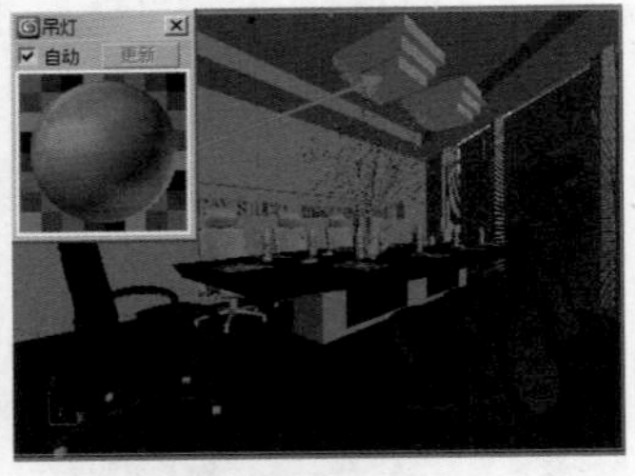

图20-29

07 环境材质的制作

环境是制作效果图时常用的材质，主要用来充当场景的背景环境，使整个场景更加完整。本例的环境材质模拟效果如图20-30所示，其基本属性主要为：

- 带有一定的发光效果

图20-30

01 选择一个空白材质球，然后将材质类型设置为【VR灯光材质】，并命名为【环境】，然后在【颜色】选项组中的通道上加载【archinteriors_vol6_004_picture_02.jpg】贴图文件，设置【颜色】为3.5，如图20-31所示。

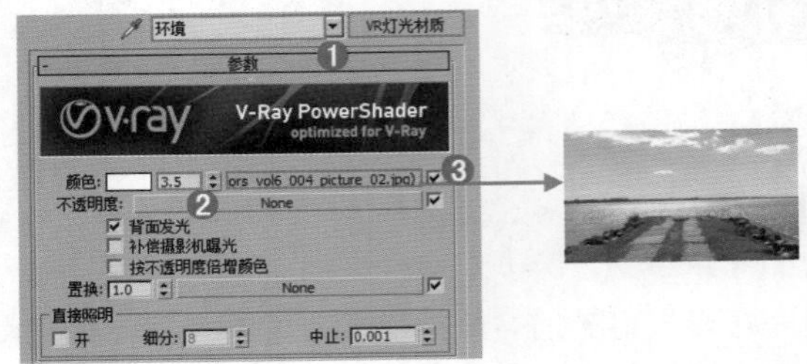

图20-31

02 将制作好的环境材质赋给场景中模型，效果如图20-32所示。

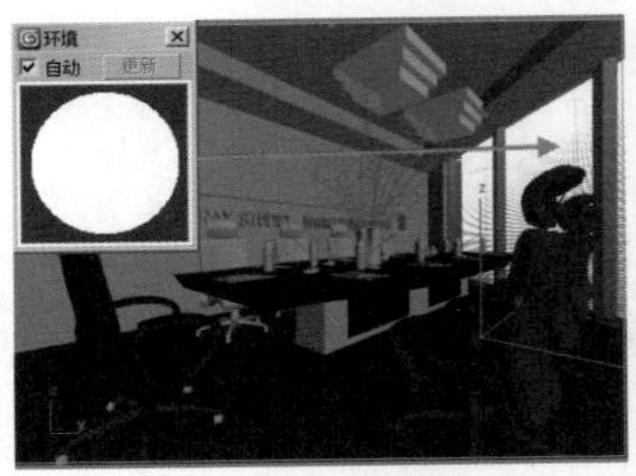

图20-32

至此，场景中主要模型的材质已经制作完毕，其他材质的制作方法这里不再详述。

Part 03 设置摄影机

01 单击（创建）|（摄影机）| 目标 按钮，如图20-33所示，然后在视图中拖曳创建1台目标摄影机，如图20-34所示。

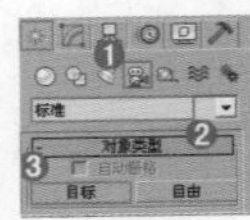

图20-33

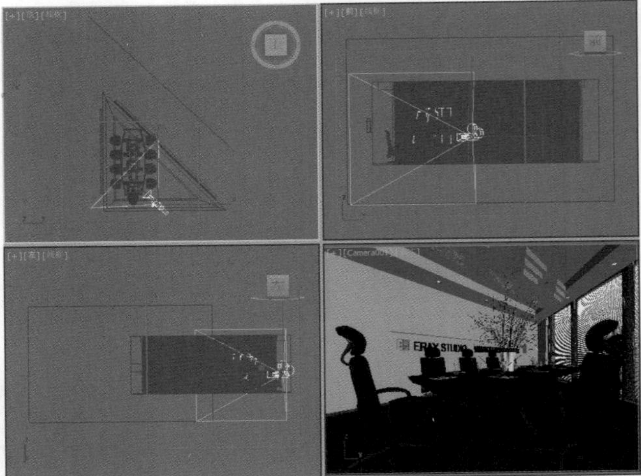

图20-34

02 选择刚创建的摄影机，单击进入【修改】面板，并设置【镜头】为16.968，【视野】为93.379，【目标距离】为2986.332，如图20-35所示。

图20-35

03 此时的摄影机视图效果如图20-36所示。

图20-36

Part 04 设置灯光并进行草图渲染

在这个小型会议室中，使用两部分灯光照明来表现，一部分使用了环境光效果，另外一部分使用了室内灯光的照明。也就是说要想得到好的效果，必须配合室内的一些照明，最后设置一下辅助光源即可。

01 设置环境光

01 单击 （创建）|（灯光）| VRay | VR灯光 按钮，如图20-37所示。

图20-37

02 在前视图中创建1盏VR灯光，如图20-38所示。

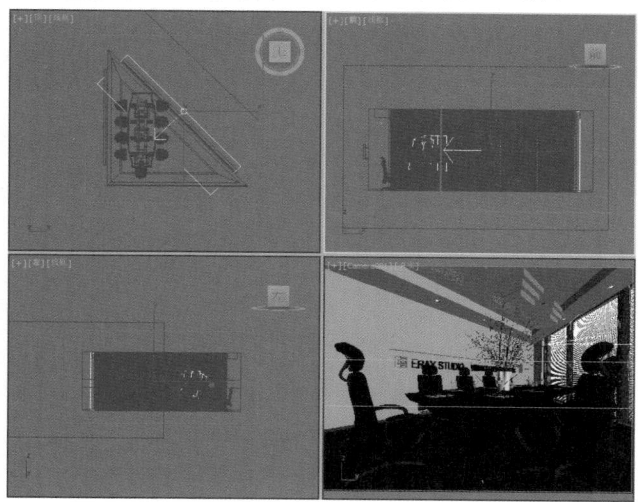

图20-38

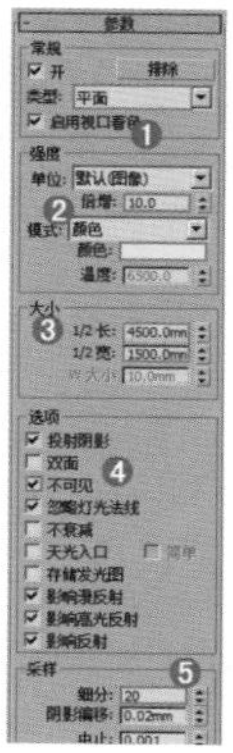

03 选择上一步创建的VR灯光，然后在【修改】面板中设置其具体的参数，如图20-39所示。

- 在【常规】选项组中设置【类型】为【平面】。
- 在【强度】选项组中调节【倍增】为10，调节【颜色】为浅蓝色（红：221，绿：240，蓝：254）。
- 在【大小】选项组中设置【1/2长】为4500mm，【1/2宽】为1500mm。
- 在【选项】选项组中启用【不可见】选项。

- 在【采样】选项组中设置【细分】为20。

图20-39

04 在前视图中创建1盏VR灯光，如图20-40所示。

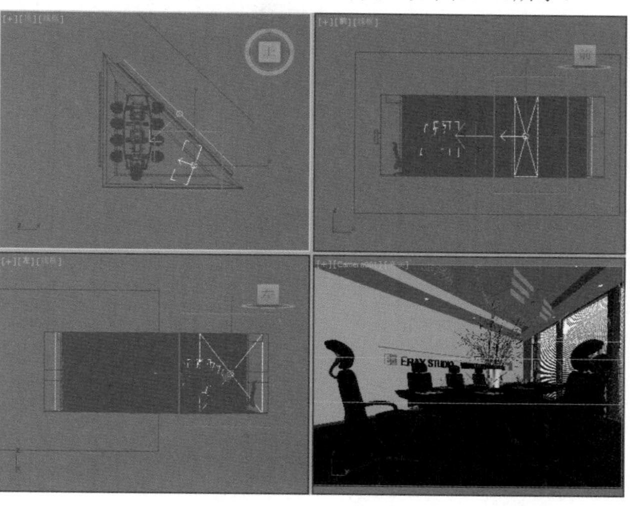

图20-40

05 选择上一步创建的VR灯光，然后在【修改】面板中设置其具体的参数，如图20-41所示。

- 在【常规】选项组中设置【类型】为【平面】。
- 在【强度】选项组中调节【倍增】为4。
- 在【大小】选项组中设置【1/2长】为1200mm，【1/2宽】为1500mm。
- 在【选项】选项组中启用【不可见】选项。

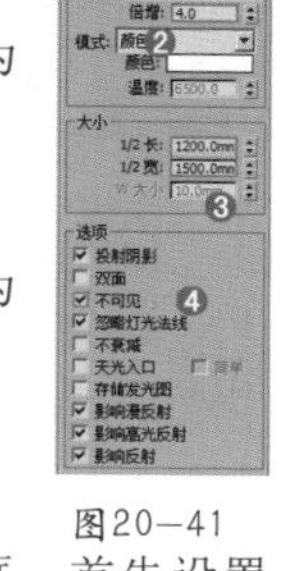

图20-41

06 按F10键，打开【渲染设置】对话框，首先设置VRay选项卡和【间接照明】选项卡中的参数。刚开始设置的是一个草图设置，目的是进行快速渲染，以观看整体的效果，参数设置如图20-42所示。

07 按Shift+Q组合键，快速渲染摄影机视图，其渲染的效果如图20-43所示。

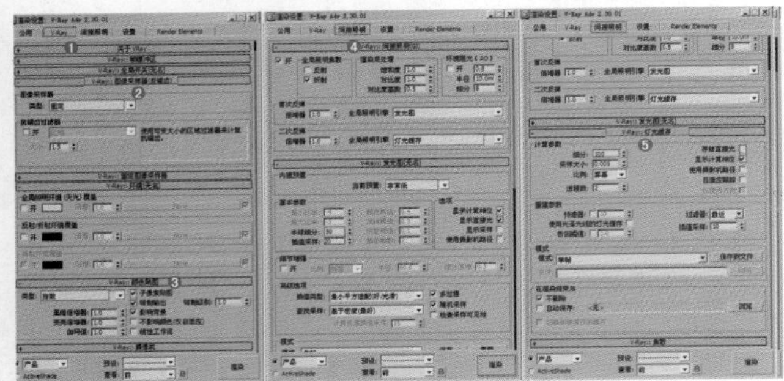

图20-42

通过上面的渲染效果来看，对环境灯光的位置基本满意。下面来创建灯光，放在场景中，主要模拟主光源的效果。

图20-43

02 设置灯带灯光

01 在顶视图中创建1盏VR灯光，并使用【选择并移动】工具复制2盏，如图20-44所示。

图20-44

02 选择上一步创建的VR灯光，然后在【修改】面板中设置其具体的参数，如图20-45所示。

- 在【常规】选项组中设置【类型】为【平面】。
- 在【强度】选项组中调节【倍增】为10，调节【颜色】为黄色（红：253，绿：213，蓝：161）。
- 在【大小】选项组中设置【1/2长】为50mm，【1/2宽】为3600mm。
- 在【选项】选项组中启用【不可见】选项。
- 在【采样】选项组中设置【细分】为20。

03 按Shift+Q组合键，快速渲染摄影机视图，其渲染的效果如图20-46所示。

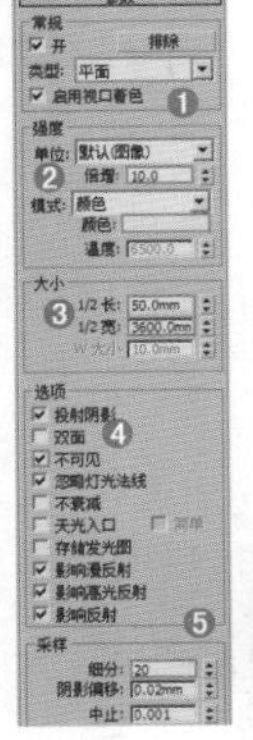

图20-45

图20-46

03 设置吊灯

01 在顶视图中创建1盏VR灯光，并使用【选择并移动】工具复制2盏，如图20-47所示。

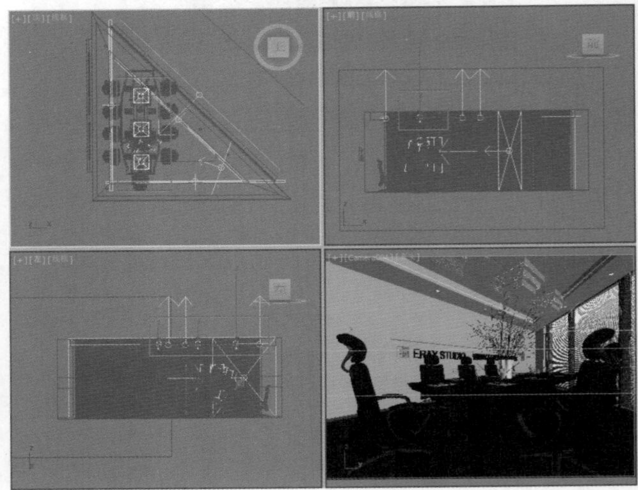

图20-47

02 选择上一步创建的VR灯光，然后在【修改】面板中设置其具体的参数，如图20-48所示。

- 在【常规】选项组中设置【类型】为【平面】。
- 在【强度】选项组中调节【倍增】为18，调节【颜色】为黄色（红：253，绿：215，蓝：175）。
- 在【大小】选项组中设置【1/2长】为300mm，【1/2宽】为300mm。
- 在【选项】选项组中启用【不可见】选项。
- 在【采样】选项组中设置【细分】为20。

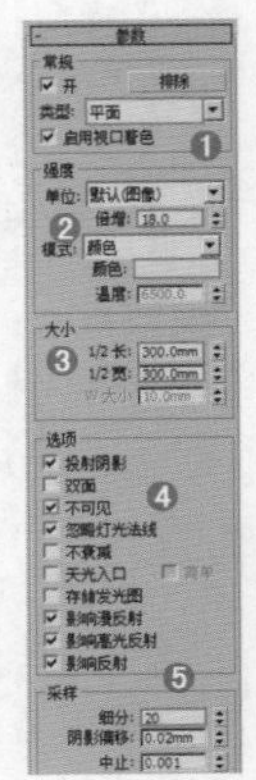

图20-48

03 按Shift+Q组合键，快速渲染摄影机视图，其渲染的效果如图20-49所示。

图20—49

04 设置灯槽灯光

01 在顶视图中创建1盏VR灯光，如图20-50所示。

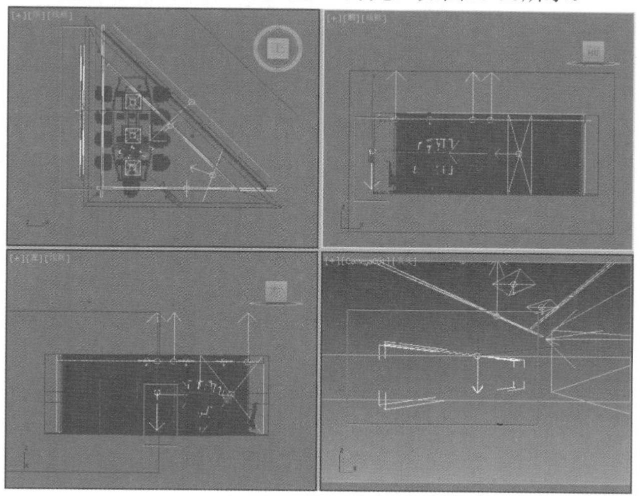

图20—50

02 选择上一步创建的VR灯光，然后在【修改】面板中设置其具体的参数，如图20-51所示。

- 在【常规】选项组中设置【类型】为【平面】。
- 在【强度】选项组中调节【倍增】为12，调节【颜色】为黄色（红：253，绿：218，蓝：174）。
- 在【大小】选项组中设置【1/2长】为80mm，【1/2宽】为2800mm。
- 在【选项】选项组中启用【不可见】选项。
- 在【采样】选项组中设置【细分】为20。

03 按Shift+Q组合键，快速渲染摄影机视图，其渲染的效果如图20-52所示。

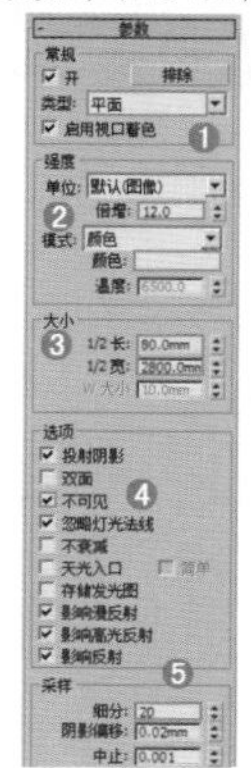

图20—51

图20—52

05 设置射灯效果

01 单击（创建）|（灯光）|光度学|目标灯光按钮，如图20-53所示。

图20—53

02 在前视图中拖曳创建1盏目标灯光，使用【选择并移动】工具复制4盏，如图20-54所示。

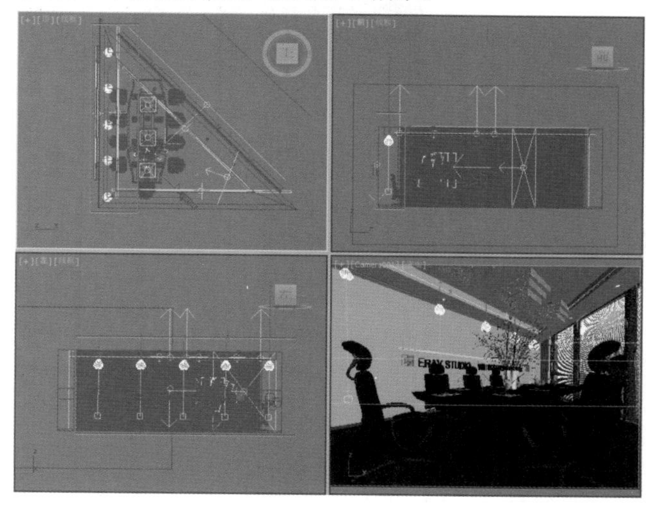

图20—54

03 选择上一步创建的目标灯光，然后在【修改】面板中设置其具体的参数，如图20-55所示。

- 展开【常规参数】卷展栏，在【灯光属性】选项组中启用【目标】选项，在【阴影】选项组中启用【启用】选项，并设置阴影类型为【VRay阴影】，设置【灯光分布（类型）】为【光度学Web】，接着展开【分布（光度学Web）】卷展栏，并在通道上加载【射灯2.IES】文件。
- 展开【强度/颜色/衰减】卷展栏，调节【颜色】为黄色（红：254，绿：226，蓝：176），设置【强度】为3000。
- 展开【V-Ray::阴影参数】卷展栏，启用【区域阴影】选项，设置【细分】为20。

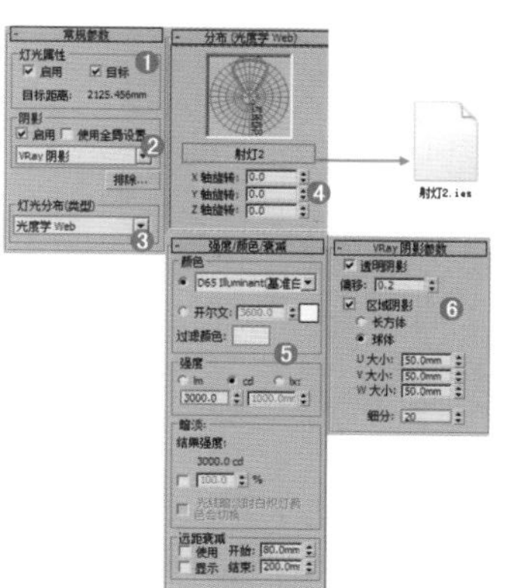

图20—55

04 按Shift+Q组合键，快速渲染摄影机视图，其渲染的效果如图20-56所示。

图20—56

Part 05 设置成图渲染参数

经过前面的操作，已经将大量烦琐的工作做完了，下面需要做的就是把渲染的参数设置高一些，再进行渲染输出。

01 重新设置渲染参数。按F10键，在打开的【渲染设置】对话框中，选择V-Ray选项卡，展开【VRay::图形采样器（反锯齿）】卷展栏，设置【类型】为【自适应确定性蒙特卡洛】，接着在【抗锯齿过滤器】选项组中启用【开】选项，并选择Catmull-Rom过滤器；展开【VRay::自适应DMC图像采样器】卷展栏，设置【最小细分】为1，【最大细分】为4；展开【VRay::颜色贴图】卷展栏，设置【类型】为【指数】，启用【子像素映射】和【钳制输出】选项，如图20-57所示。

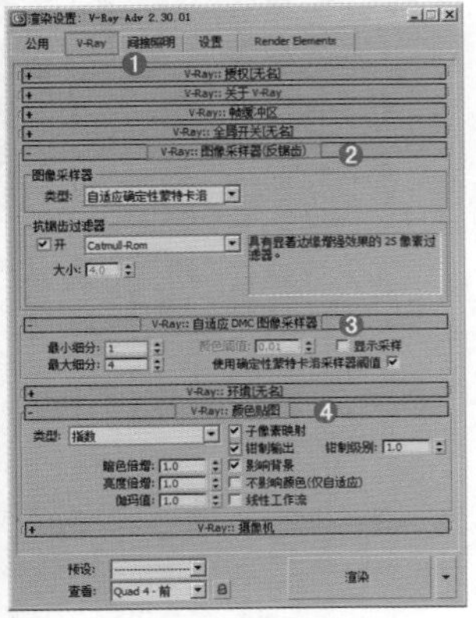

图20—57

02 选择【间接照明】选项卡，并进行调节，如图20-58所示。

- 展开【VRay::发光图】卷展栏，设置【当前预置】为【低】，【半球细分】为50，【插值采样】为20，启用【显示计算机相位】和【显示直接光】选项。
- 展开【VRay::灯光缓存】卷展栏，启用【存储直接光】和【显示计算机相位】选项。

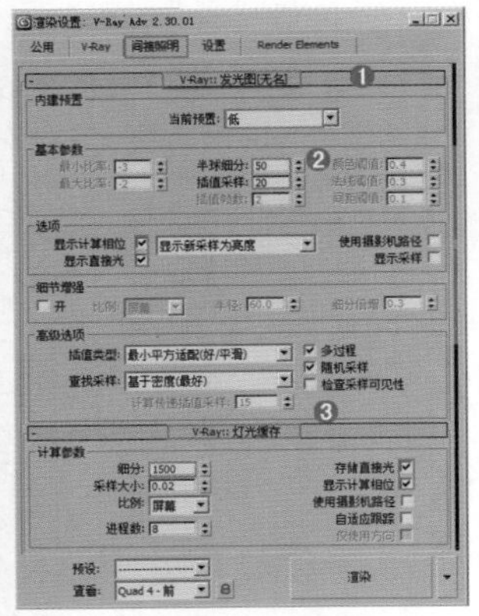

图20—58

03 选择【设置】选项卡，展开【VRay::系统】卷展栏，设置【区域排序】为Triangulation，最后禁用【显示窗口】选项，如图20-59所示。

04 选择Render Elements选项卡，单击【添加】按钮并在弹出的【渲染元素】对话框中选择【VRay线框颜色】选项，如图20-60所示。

05 选择【公用】选项卡，展开【公用参数】卷展栏，设置输出的尺寸为1333×1000，如图20-61所示。

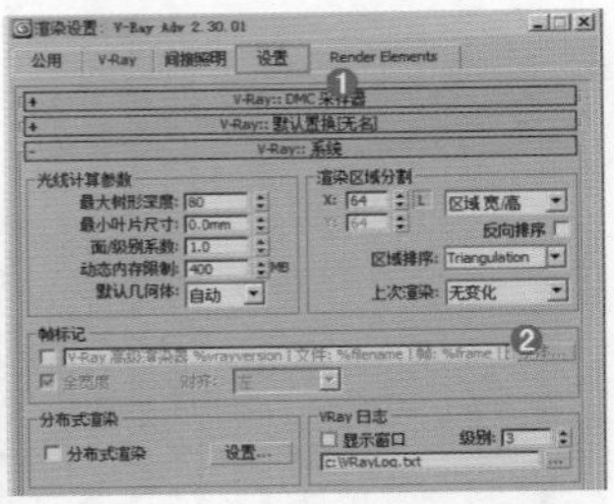

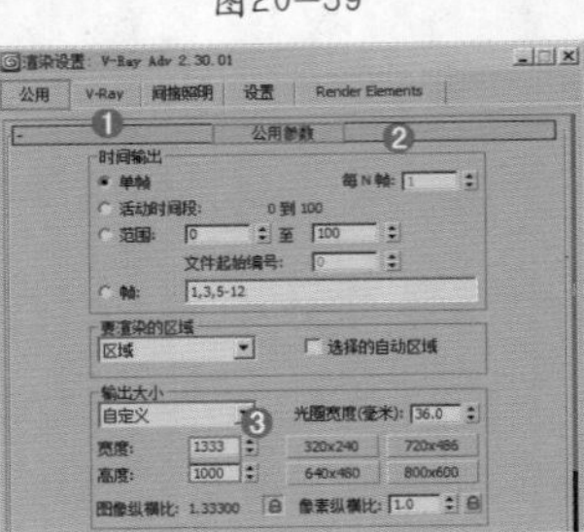

图20—59

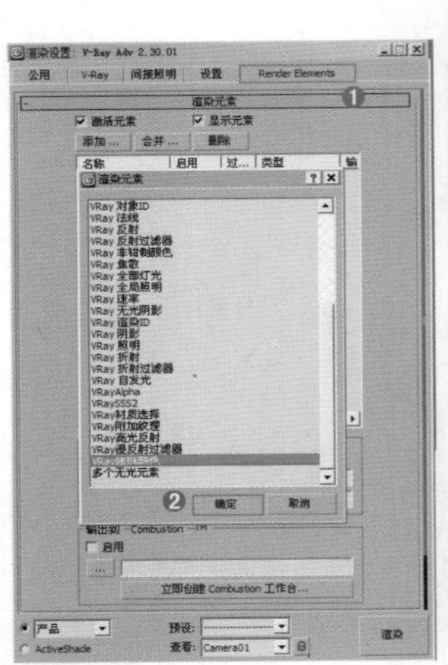

图20—60

图20—61

06 完成渲染后最终的效果如图20-62所示。

图20—62

第21章

高台府邸，逸情雅居——欧式别墅日景

场景文件	21.max
案例文件	案例文件\Chapter 21\高台府邸，逸情雅居——别墅日景.max
视频教学	视频文件\Chapter 21\高台府邸，逸情雅居——别墅日景.flv
难易指数	★★★★★
材质类型	VRayMtl材质、多维/子对象材质
程序贴图	衰减程序贴图
技术掌握	掌握各种大空间中灯光的设置方法

项目概况

- 项目名称：高台府邸，逸情雅居
- 户型：跃层，别墅

客户定位

业主是一位懂得享受生活的人，注重品位，工作中充满热情、生活中懂得放松，高高的别墅、大大的空间使得心情彻底放轻松，远离城市的喧嚣。建筑与自然的完美结合让业主爱上家的感觉。

风格定位：欧式风格

欧式风格分为几种，其中的巴洛克风格于17世纪盛行欧洲，强调线形流动的变化，色彩华丽。它在形式上以浪漫主义为基础，装修材料常用大理石、多彩的织物、精美的地毯、精致的法国壁挂，整个风格豪华、富丽，充满强烈的动感效果。欧式的居室有的不只是豪华大气，更多的是惬意和浪漫。通过完美的曲线，精益求精的细节处理，带给家人无尽的舒服触感，和谐是欧式风格的最高境界。同时，欧式装饰风格最适用于大面积房子，若空间太小，不但无法展现其风格气势，反而对生活在其间的人造成一种压迫感。当然，还要具有一定的美学素养，才能善用欧式风格，否则只会弄巧成拙。

装饰主色调

- 室内空间颜色以白色和咖色为主
- 陈设色调以黑色和米色为主，以紫色为辅

色彩关系

RGB=246,246,242

RGB=52,47,44

RGB=27,26,24

RGB=214,199,180

RGB=162,123,131

类似风格优秀设计作品赏析

实例介绍

本例是一个别墅空间，主要使用VRayMtl、多维/子对象材质制作本案例的主要材质，室内明亮灯光表现主要使用目标平行光、目标灯光、VR灯光制作带有层次的灯光效果，制作完毕之后渲染效果如图21-1所示。

图21-1

局部渲染效果如图21-2所示。

图21-2

操作步骤

Part 01 设置VRay渲染器

01 打开本书配套光盘中的【场景文件\Chapter 21\21.max】文件，此时场景效果如图21-3所示。

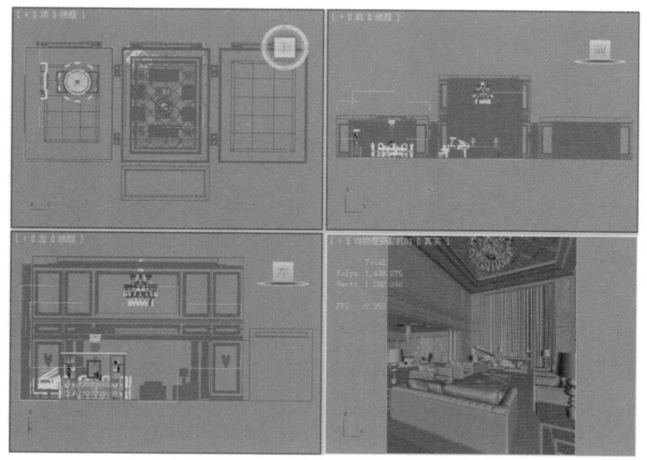

图21-3

02 按F10键，打开【渲染设置】对话框，选择【公用】选项卡，在【指定渲染器】卷展栏中单击...按钮，在弹出的【选择渲染器】对话框中选择【V-Ray Adv 2.30.01】选项，如图21-4所示。

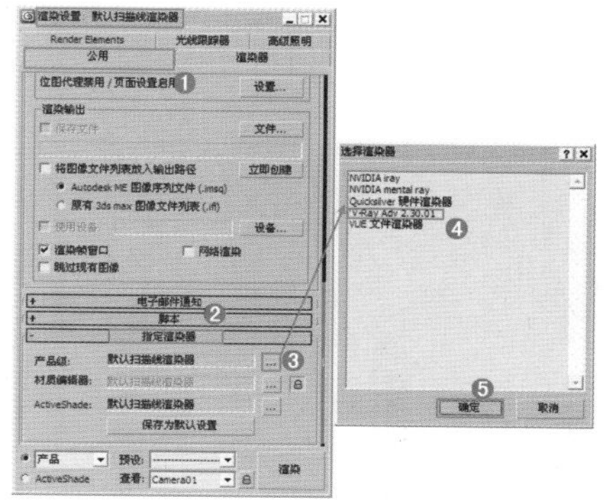

图21-4

03 此时在【指定渲染器】卷展栏中的【产品级】后面显示了【V-Ray Adv 2.30.01】，【渲染设置】对话框中出现了V-Ray、【间接照明】、【设置】和Render Elements选项卡，如图21-5所示。

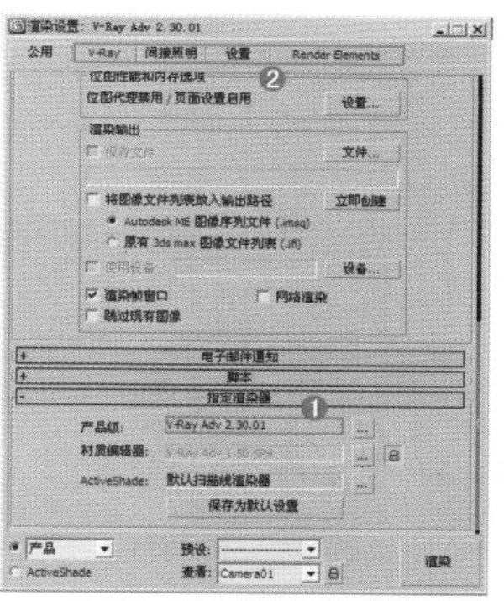

图21-5

Part 02 材质的制作

下面就来讲述场景中的主要材质的调制，包括乳胶漆、灯罩、地毯、瓷砖、沙发-黑色、沙发-白色、水晶灯、吊灯金属、窗帘、钢琴、茶几等，效果如图21-6所示。

图21-6

①乳胶漆材质的制作

乳胶漆又称为合成树脂乳液涂料，是有机涂料的一种，是以合成树脂乳液为基料，加入颜料、填料及各种助剂配制而成的一类水性涂料。本例的乳胶漆材质模拟效果如图21-7所示，其基本属性主要有以下2点：

- 颜色为白色
- 无反射效果

图21-7

01 选择一个空白材质球，然后将材质类型设置为VRayMtl，接着将其命名为【乳胶漆】，在【漫反射】选项组中调节漫反射颜色为浅灰色（红：230，绿：230，蓝：230），具体的调节参数，如图21-8所示。

02 将制作好的乳胶漆材质赋给场景中的墙面模型，效果如图21-9所示。

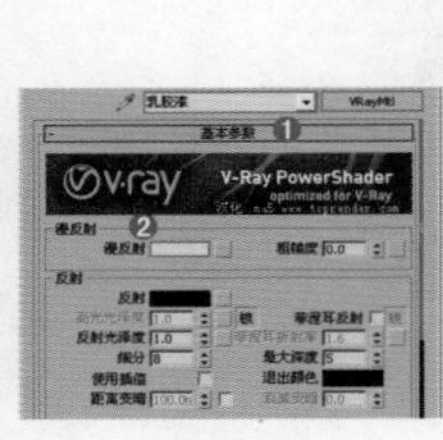

图21-8

图21-9

②灯罩材质的制作

灯罩材质一般带有透光性，可以投射出朦胧柔和的效果。本例的灯罩材质模拟效果如图21-10所示，其基本属性主要有以下2点：

- 颜色为浅灰色
- 带有一定的折射效果

图21-10

01 选择一个空白材质球，然后将材质类型设置为VRayMtl，接着将其命名为【灯罩】，具体的参数调节如图21-11所示。

在【漫反射】选项组调节颜色为浅灰色（红：229，绿：226，蓝：221），在【折射】选项组中的通道上加载【衰减】程序贴图，调节第一种颜色为深灰色（红：30，绿：30，蓝：30），第二种颜色为黑色（红：0，绿：0，蓝：0），设置【衰减类型】为【垂直/平行】，设置【光泽度】为0.75，最后启用【影响阴影】选项。

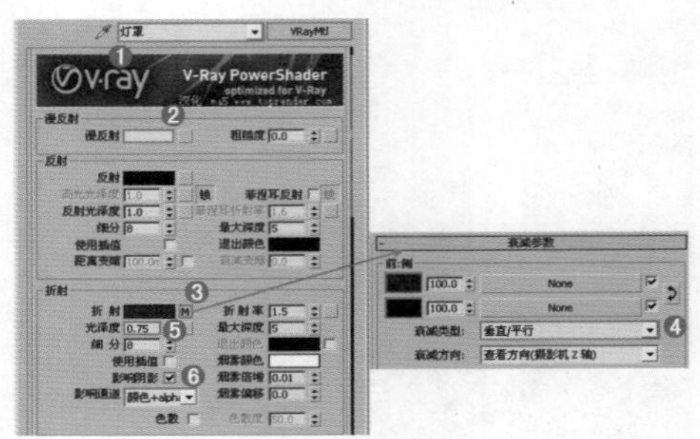

图21-11

02 将制作好的灯罩材质赋给场景中灯罩的模型，效果如图21-12所示。

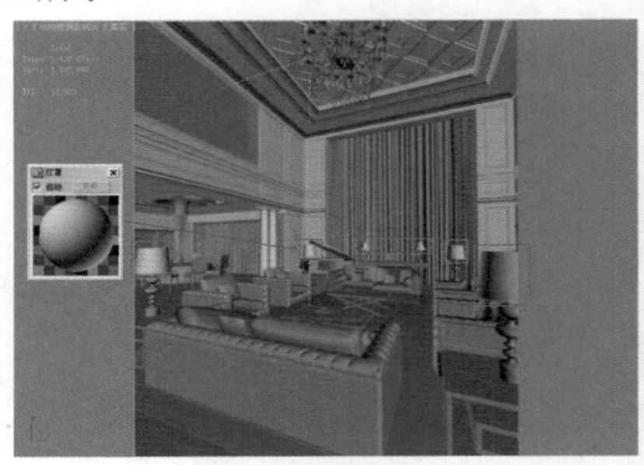

图21-12

③地毯材质的制作

地毯，是以棉、麻、毛、丝、草等天然纤维或化学合成纤维类原料，经手工或机械工艺进行编结、栽绒或纺织而成的地面铺敷物。本例的地毯材质模拟效果如图21-13所示，其基本属性主要有以下2点：

- 强烈的置换效果
- 无反射效果

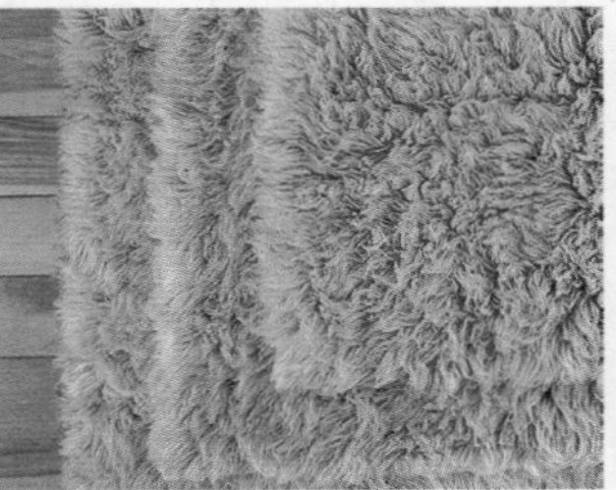

图21-13

01 选择一个空白材质球，然后将材质类型设置为VRayMtl，接着将其命名为【地毯】，在【漫反射】选项组的通道上加载【bvsdba.jpg】贴图文件，并设置【瓷砖】的U和V为0.3，如图21-14所示。

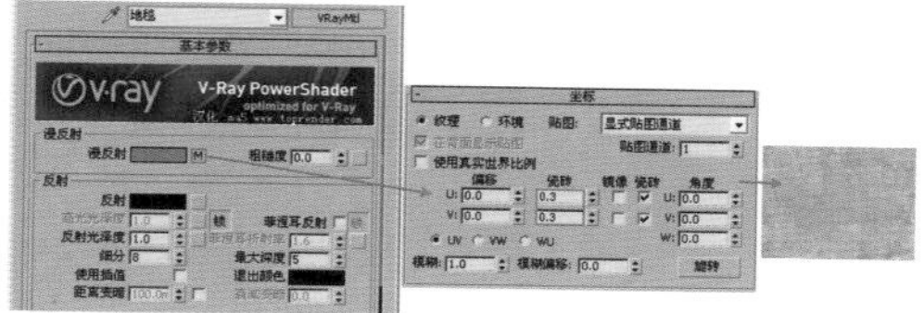

图21—14

02 展开【贴图】卷展栏，在【置换】通道上加载【Arch30_towelbump5.jpg】贴图文件，最后设置【置换】数量为2，如图21-15所示。

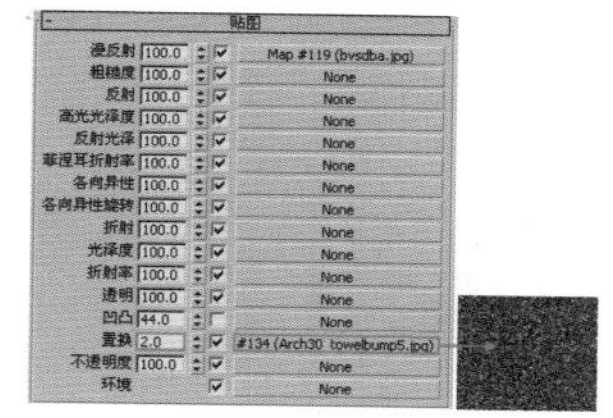

图21—15

03 将制作好的地毯材质赋给场景中地毯的模型，如图21-16所示。

图21—16

04 瓷砖材质的制作

瓷砖是一种地面装饰材料，也叫地板砖，用黏土烧制而成。其规格多样，质坚、耐压、耐磨、防潮，有的经上釉处理，具有装饰作用，多用于公共建筑和民用建筑的地面和楼面。本例的瓷砖材质模拟效果如图21-17所示，其基本属性主要为：

- 瓷砖纹理贴图

图21—17

01 选择一个空白材质球，然后将材质类型设置为VRayMtl，接着将其命名为【瓷砖】，具体的参数调节如图21-18所示。

- 在【漫反射】选项组的通道上加载【9c89f6bd7b964519b4293725621a9b4d1.jpg】贴图文件。
- 在【反射】选项组中调节颜色为浅色（红：60，绿：60，蓝：60），设置【反射光泽度】为0.9。

图21—18

02 将制作好的瓷砖材质赋给场景中瓷砖的模型，效果如图21-19所示。

图21—19

05 沙发-黑色材质的制作

黑皮沙发主要是指主料是黑色皮革的沙发。其经过艺术加工，达到了一定的艺术效果，可以满足人们的生活需求。本例的沙发材质模拟效果如图21-20所示，其基本属性主要有以下2点：

- 皮质沙发纹理贴图
- 细小的凹凸效果

图21—20

01 选择一个空白材质球，然后将材质类型设置为VRayMtl，并命名为【沙发-黑色】，具体的参数调节，如图21-21所示。

- 在【漫反射】选项组中的通道上加载【衰减】程序贴图，调节第一种颜色为深灰色（红：17，绿：17，蓝：17），第二种颜色为浅灰色（红：81，绿：81，蓝：81），设置【衰减类型】为Fresnel。
- 在【反射】选项组中调节颜色为浅灰色（红：100，绿：100，蓝：100），启用【菲涅耳反射】选项，设置【高光光泽度】为0.75，【反射光泽度】为0.75，【菲涅耳折射率】为2.0，【细分】为20。

图21—21

02 展开【贴图】卷展栏，在【凹凸】通道上加载【ArchInteriors_12_06_leather_bump.jpg】贴图文件，设置【凹凸】数量为35，并设置【瓷砖】的U和V为2.5，如图21-22所示。

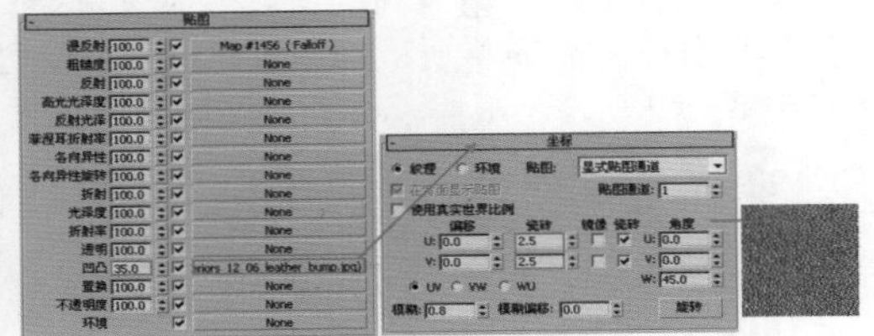
图21—22

技巧提示

在制作皮质沙发时，设置【反射】是必须的步骤。当然，为了渲染时质感更加突出，因此也需要设置【凹凸】参数，在【凹凸】通道上加载贴图后，会出现真实的凹凸纹理质感。

03 将制作好的沙发-黑色材质赋给场景中沙发的模型，如图21-23所示。

图21—23

06 沙发-白色材质的制作

白皮沙发主要是指主料是白色皮革的沙发。其经过艺术加工，达到了一定的艺术效果，可以满足人们的生活需求。本例的沙发材质模拟效果如图21-24所示，其基本属性主要有以下2点：

- 皮质沙发纹理贴图
- 细小的凹凸效果

图21—24

01 选择一个空白材质球，然后将材质类型设置为VRayMtl，并命名为【沙发-白色】，具体的参数调节，如图21-25所示。

- 在【漫反射】选项组的通道上加载【衰减】程序贴图，设置【衰减类型】为Fresnel，并调节第一个颜色为浅灰色（红：208，绿：208，蓝：208）。
- 在【反射】选项组中调节颜色为深灰色（红：100，绿：100，蓝：100），启用【菲涅耳反射】选项，设置【高光光泽度】为0.75，【反射光泽度】为0.8，【细分】为20，【菲涅耳折射率】为2。

图21—25

02 展开【贴图】卷展栏，在【凹凸】通道上加载【ArchInteriors_12_06_leather_bump.jpg】贴图文件，设置【凹凸】数量为40，并设置【瓷砖】的U和V为2.5，如图21-26所示。

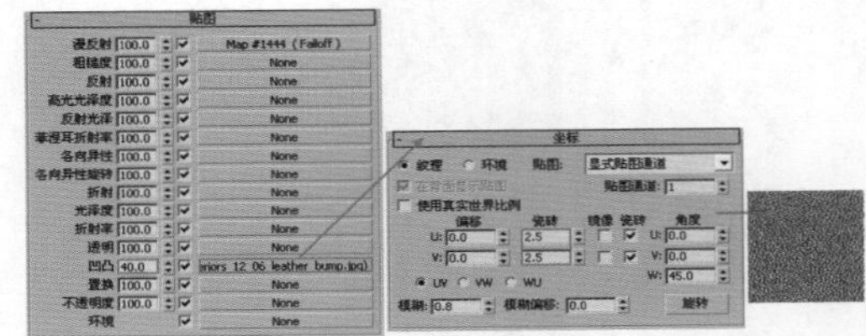
图21—26

03 将制作好的沙发-白色材质赋给场景中沙发的模型，效果如图21-27所示。

图21—27

07 水晶灯材质的制作

水晶灯能给房间带来雍容华贵与时尚的气息。光纤和二极管技术的发展，使得水晶灯变得更迷你、轻巧，再加上水晶切割技术的发展，使其极具现代感的线条和梦幻般的色彩。本例的水晶灯材质模拟效果如图21-28所示，其基本属性主要有以下2点：

- 强烈的反射效果
- 强烈的折射效果

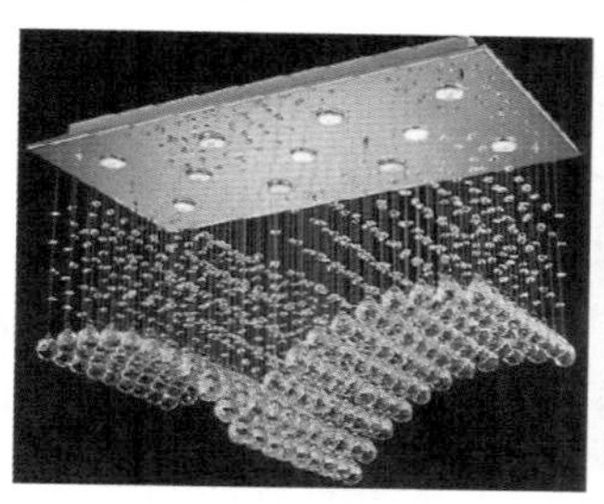
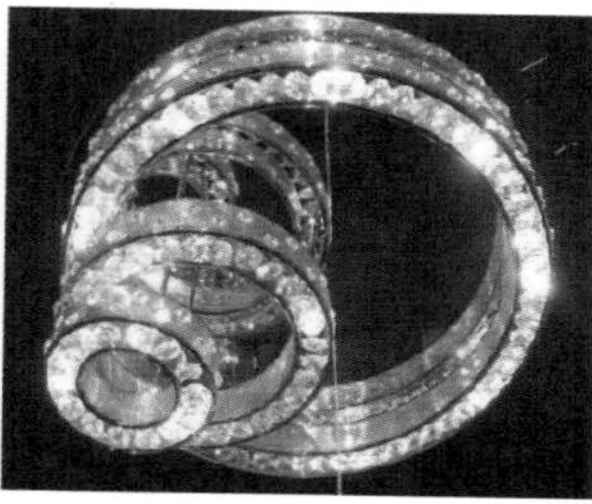

图21—28

01 选择一个空白材质球，然后将材质类型设置为VRayMtl，并命名为【水晶灯】，具体的参数调节如图21-29所示。

- 在【漫反射】选项组中调节颜色为白色（红：255，绿：255，蓝：255）。
- 在【反射】选项组中调节颜色为白色（红：255，绿：255，蓝：255），启用【菲涅耳反射】选项。
- 在【折射】选项组中调节颜色为白色（红：255，绿：255，蓝：255），启用【影响阴影】选项。

02 将调节完毕的水晶灯材质赋给场景中吊灯的模型，如图21-30所示。

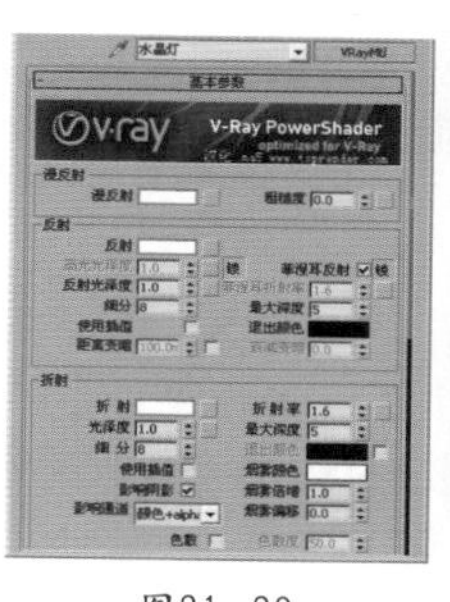

图21—29

图21—30

08 吊灯金属材质的制作

金属是一种具有光泽（即对可见光强烈反射）、富有延展性、容易导电、导热等性质的物质，在装修中应用最为广泛。本例的吊灯金属材质模拟效果如图21-31所示，其基本属性主要为：

- 带有高光光泽度

图21—31

01 选择一个空白材质球，然后将材质类型设置为VRayMtl，并命名为【吊灯金属】，具体的参数调节如图21-32所示。

- 在【漫反射】选项组中调节颜色为黄色（红：159，绿：120，蓝：52）。
- 在【反射】选项组中调节颜色为深灰色（红：50，绿：50，蓝：50），设置【高光光泽度】为0.85，【反射光泽度】为0.85。

02 将制作好的吊灯金属材质赋给场景中吊灯的模型，效果如图21-33所示。

图21—32

图21—33

09 窗帘材质的制作

窗帘是用布、竹、苇、麻、纱、塑料、金属材料等制作的遮蔽或调节室内光照的挂在窗上的帘子。本例的窗帘材质模拟效果如图21-34所示，其基本属性主要为：

- 衰减程序贴图效果

图21—34

01 选择一个空白材质球，然后将材质类型设置为VRayMtl，并命名为【窗帘】，具体的参数调节如图21-35所示。

- 在【漫反射】选项组中调节颜色为浅灰色（红：208，绿：208，蓝：208）。
- 在【折射】选项组中的通道上加载【衰减】程序贴图，设置【衰减类型】为【垂直/平行】，启用【影响阴影】选项，设置【光泽度】为0.75，【折射率】为1.5。

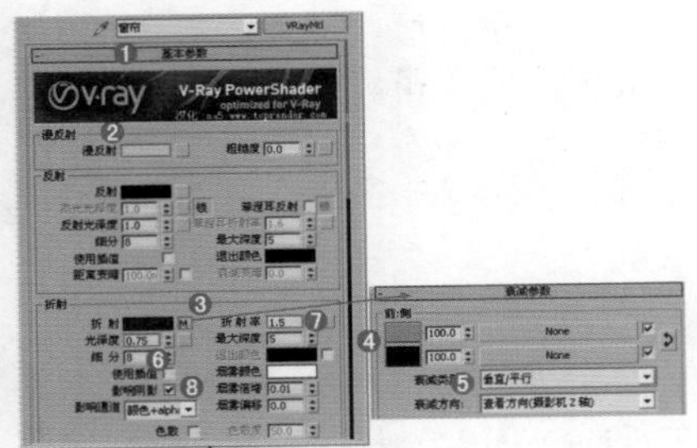

图21-35

02 将制作好的窗帘材质赋给场景中窗帘的模型，效果如图21-36所示。

图21-36

⑩ 钢琴材质的制作

钢琴漆工艺，最重要的就是烤漆。所谓烤漆，是喷漆或刷漆后，不让工件自然固化，而是将工件送入烤漆房，通过电热或远红外线加热，使漆层固化的过程。本例的钢琴材质模拟效果如图21-37所示，其基本属性主要为：

- 颜色为黑色

图21-37

01 选择一个空白材质球，然后将材质类型设置为VRayMtl，并命名为【钢琴】，具体的参数调节如图21-38所示。

- 在【漫反射】选项组中调节颜色为深灰色（红：47，绿：47，蓝：47）。
- 在【折射】选项组中调节颜色为深灰色（红：44，绿：44，蓝：44），设置【反射光泽度】为0.98。

图21-38

02 将制作好的钢琴材质赋给场景中钢琴的模型，效果如图21-39所示。

图21-39

⑪ 茶几材质的制作

茶几是客厅里的必备物件，打破传统，选一款设计新颖、功能多样的茶几，无形中会增加空间的享乐指数。本例的茶几材质的模拟效果如图21-40所示。

图21-40

01 选择一个空白材质球，然后将材质类型设置为【多维/子对象】材质，并命名为【茶几】。展开【多维/子对象基本参数】卷展栏，设置【设置数量】为2，最后分别在ID1和ID2通道上加载VRayMtl材质，如图21-41所示。

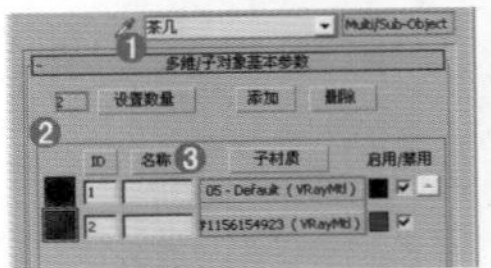

图21-41

02 进入ID号为1的通道中，并调节材质，具体参数如图21-42所示。

- 在【漫反射】选项组中调节颜色为深灰色（红：10，绿：10，蓝：10）。
- 在【反射】选项组中调节颜色为灰色（红：50，绿：50，蓝：50）。

03 进入【ID】号为2的通道中，并调节材质，具体参数如图21-43所示。

- 在【漫反射】选项组中调节颜色为深灰色（红：70，绿：70，蓝：70）。
- 在【反射】选项组中调节颜色为灰色（红：150，绿：150，蓝：150）。

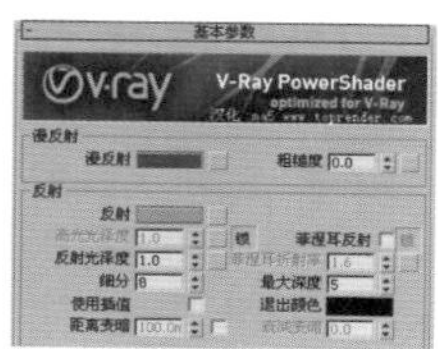

图21—42　　图21—43

04 将制作好的茶几材质赋给场景中茶几的模型，效果如图21-44所示。

图21—44

05 继续创建出其部他分的材质，如图21-45所示。

图21—45

Part 03 创建摄影机

01 单击（创建）| | VRay | VR物理摄影机按钮，如图21-46所示。在视图中拖曳创建1台摄影机，具体的位置如图21-47所示。

图21—46

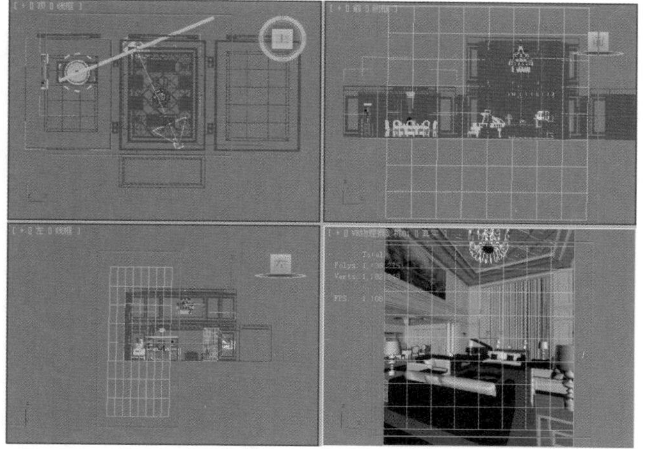

图21—47

02 选择创建的摄影机，在【修改】面板中设置【片门大小】为36，【焦距】为23，禁用【渐晕】选项，设置【快门速度】为4，如图21-48所示。

03 按快捷键C切换到摄影机视图，如图21-49所示。

图21—48　　图21—49

Part 04 设置灯光并进行草图渲染

首先需要设置测试渲染的渲染器参数。

01 按F10键，在打开的【渲染设置】对话框中选择【公用】选项卡，设置输出的尺寸为500×595，如图21-50所示。

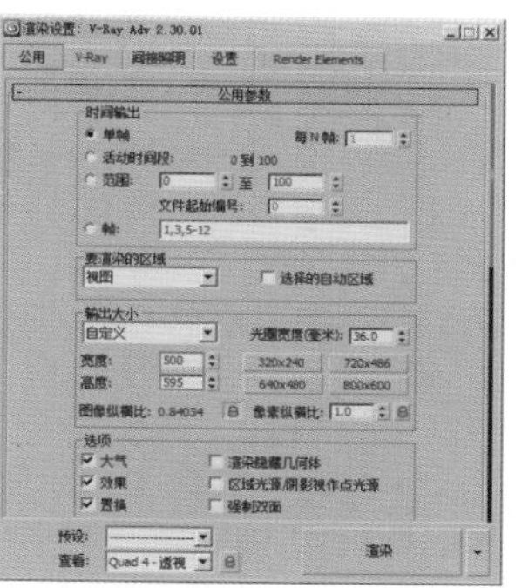

图21—50

02 选择V-Ray选项卡，展开【V-Ray::图形采样器（反锯齿）】卷展栏，设置【类型】为【固定】，接着禁用【抗锯齿过滤器】。展开【V-Ray::颜色贴图】卷展栏，设置【类型】为【指数】，启用【子像素映射】和【钳制输出】选项，如图21-51所示。

03 选择【间接照明】选项卡，设置【首次反弹】为【发光图】，【二次反弹】为【灯光缓存】。展开【V-Ray发光图】卷展栏，设置【当前预置】为【非常低】，【半球细分】为40，【插值采样】为20，启用【显示计算相位】和【显示直接光】选项，如图21-52所示。

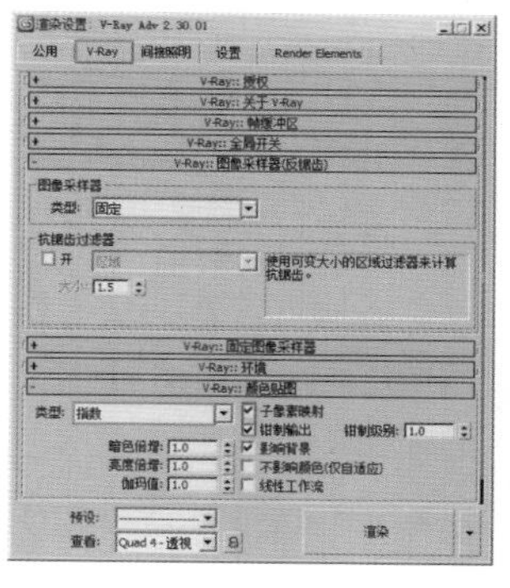

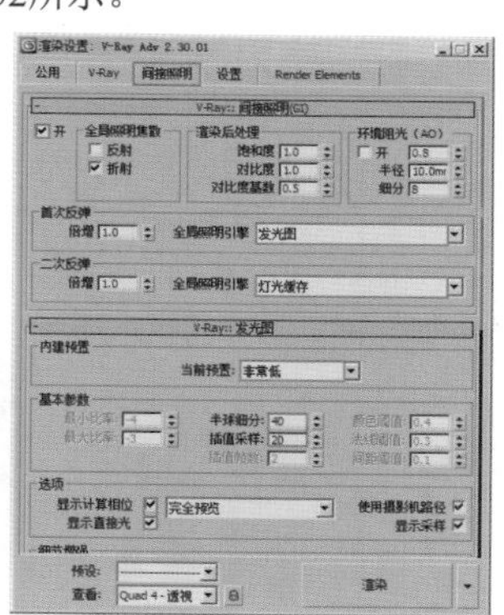

图21—51　　图21—52

04 展开【V-Ray::灯光缓存】卷展栏，设置【细分】为400，禁用【存储直接光】选项，如图21-53所示。

05 选择【设置】选项卡，展开【V-Ray::DMC采样器】卷展栏，设置【适应数量】为0.95，展开【V-Ray::系统】卷展栏，设置【区域排序】为Top→Bottom，最后禁用【显示窗口】选项，如图21-54所示。

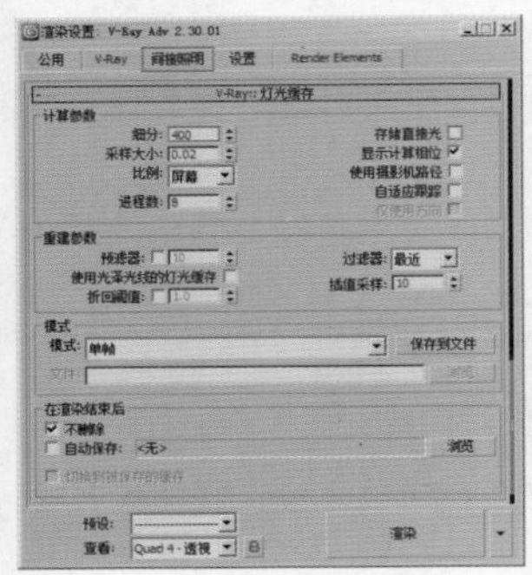

图21-53

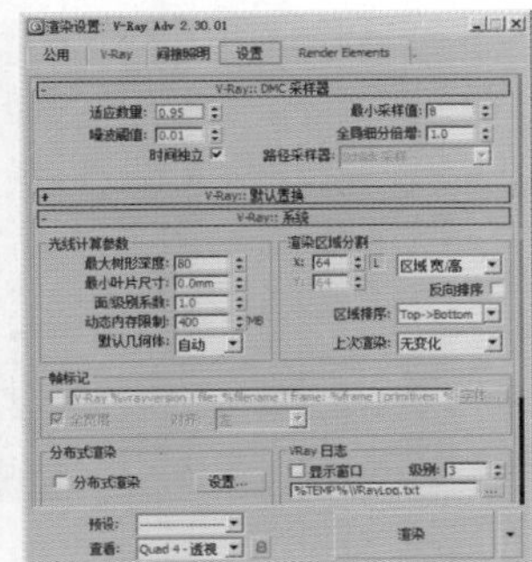

图21-54

01 创建阳光

01 单击（创建）|（灯光）|VRay|VR太阳按钮，在顶视图中单击并拖曳鼠标，创建一盏VR太阳，并在弹出的V-Ray Sun对话框中单击【是】按钮，如图21-55所示。灯光的位置如图21-56所示。

图21-55

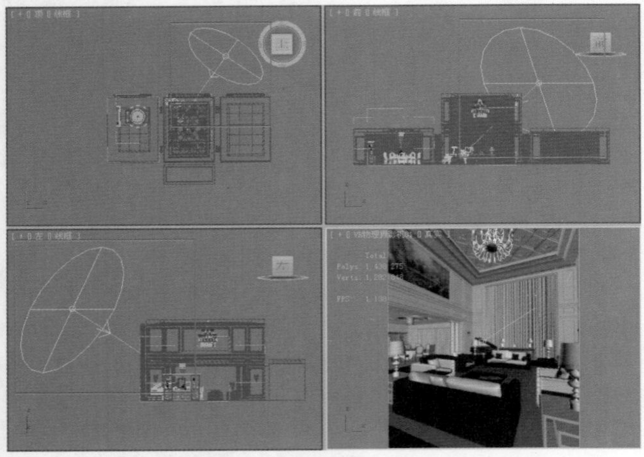

图21-56

02 选择上一步创建的VR太阳，并将灯光的【混浊度】设置为3，【强度倍增】为0.07，【尺寸倍增】为10，【阴影细分】为3，目的是让阴影的边缘比较虚，如图21-57所示。

03 按Shift+Q组合键，快速渲染摄影机视图，其渲染效果如图21-58所示。

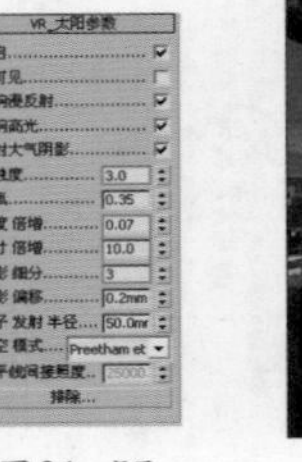

图21-57

图21-58

技巧提示

一般在制作日景场景时，首先要创建阳光的光照效果，然后再设置其他的辅助光源，这样是比较合理的设置思路。

02 创建窗口处光源

01 单击（创建）|（灯光）|VRay|VR灯光按钮，在前视图中创建一盏VR灯光，大小与窗户差不多，位置如图21-59所示。

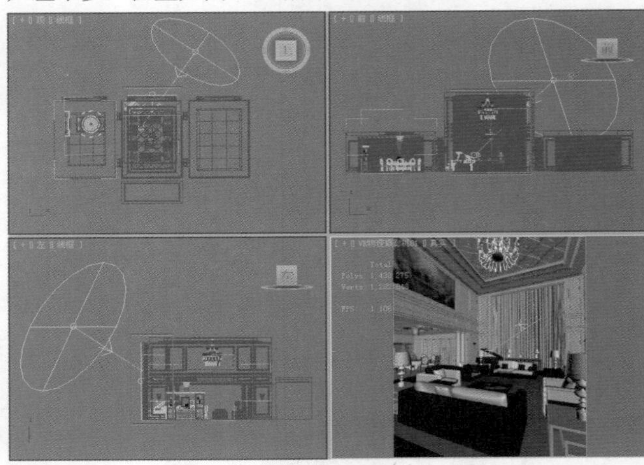

图21-59

02 选择上一步创建的VR灯光，然后在【修改】面板中设置【类型】为【平面】，设置【倍增器】为5，调节【颜色】为浅蓝色（红：210，绿：223，蓝:238），设置【半长度】为3000mm，【半宽度】为3300mm，启用【不可见】选项，最后设置【细分】为8，如图21-60所示。

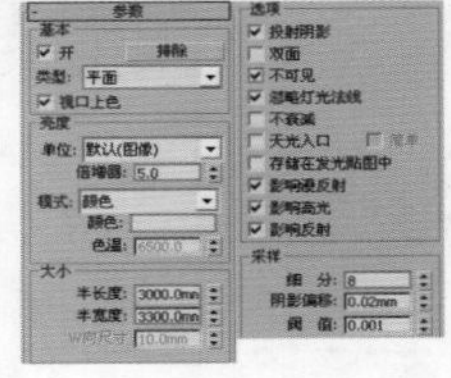

图21-60

03 使用【VR灯光】工具在前视图中再创建两盏VR灯光，位置如图21-61所示。

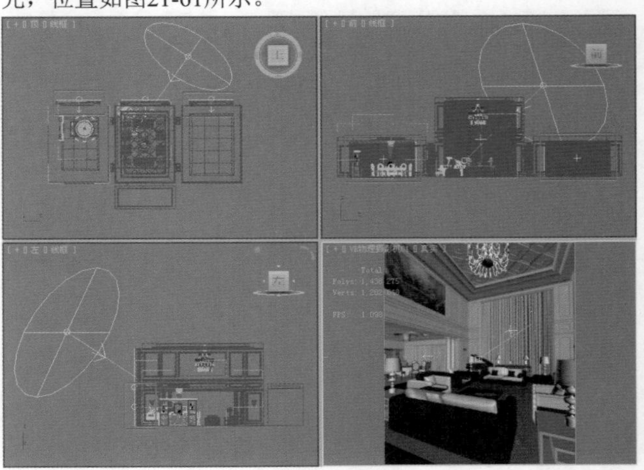

图21-61

04 选择上一步创建的VR灯光，然后在【修改】面板中设置【类型】为【平面】，设置【倍增器】为5，调节【颜色】为浅蓝色（红：210，绿：223，蓝：238），设置【半长度】为2800mm，【半宽度】为1500mm，启用【不可见】选项，最后设置【细分】为8，如图21-62所示。

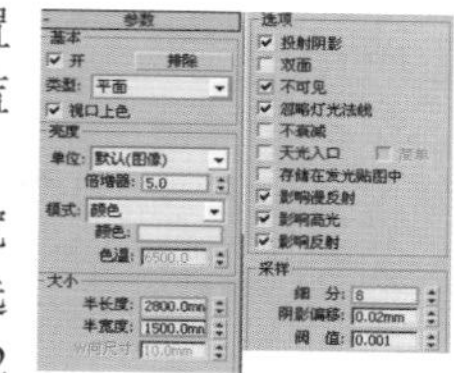

图21—62

05 使用【VR灯光】工具在顶视图中再创建一盏VR灯光，如图21-63所示。

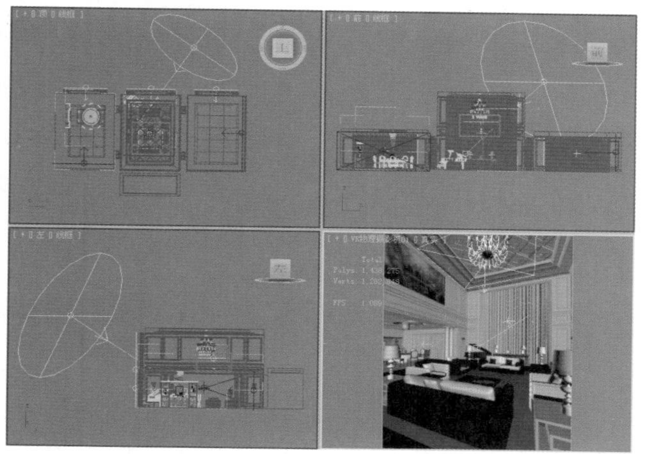

图21—63

06 选择上一步创建的VR灯光，然后在【修改】面板中下设置【类型】为【平面】，设置【倍增器】为1，调节【颜色】为浅蓝色（红：210，绿：213，蓝：237），设置【半长度】为1500mm，【半宽度】为1300mm，启用【不可见】选项，最后设置【细分】为8，如图21-64所示。

07 按Shift+Q组合键，快速渲染摄影机视图，其渲染的效果如图21-65所示。

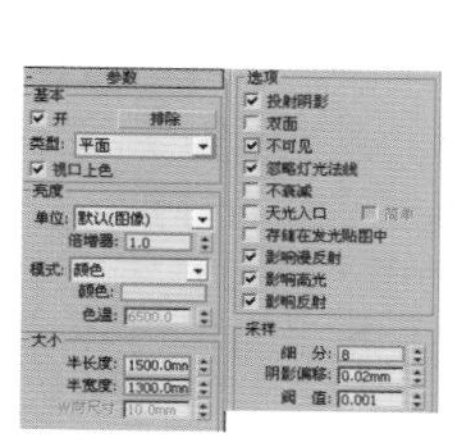

图21—64

图21—65

读书笔记

03 创建室内顶棚灯带

01 单击（创建）|（灯光）| VRay | VR灯光 按钮，在顶视图中创建两盏VR灯光，如图21-66所示。

图21—66

02 选择上一步创建的VR灯光，然后在【修改】面板中分别设置其【类型】为【平面】，设置【倍增器】为10，调节【颜色】为橘黄色（红：255，绿：192，蓝：124），设置【半长度】为100mm，【半宽度】为4000mm，启用【不可见】选项，禁用【影响高光】和【影响反射】选项，最后设置【细分】为8，如图21-67所示。

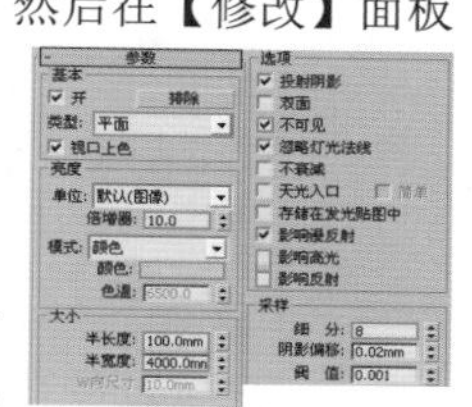

图21—67

03 继续使用【VR灯光】工具在顶视图中创建2盏VR灯光，如图21-68所示。

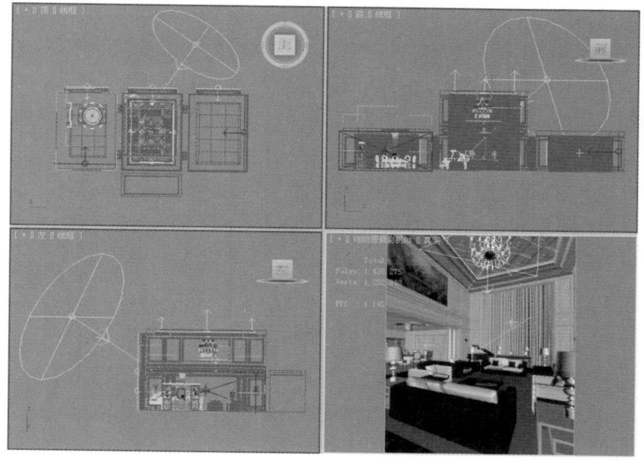

图21—68

04 选择上一步创建的VR灯光，然后在【修改】面板中分别设置其【类型】为【平面】，设置【倍增器】为10，调节【颜色】为浅橘黄色（红：255，绿：224，蓝：190），设置【半长度】为100mm，【半宽度】为2500mm，启用【不可见】选项，禁用【影响高光】和【影响反射】选项，最后设置【细分】为8，如图21-69所示。

05 按Shift+Q组合键，快速渲染摄影机视图，其渲染效果如图21-70所示。

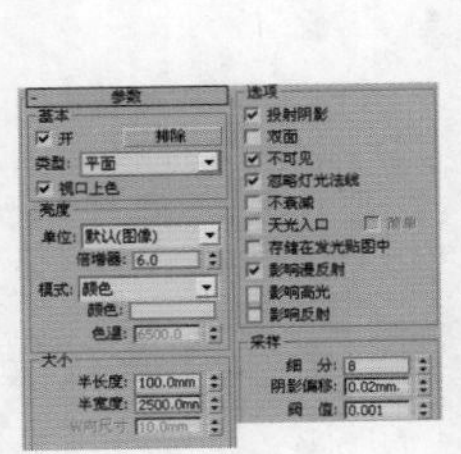

图21－69

图21－70

04 创建室内射灯

01 单击（创建）|（灯光）| 光度学 | 自由灯光 按钮，在前视图中拖曳创建1盏自由灯光，并使用【选择并移动】工具复制35盏灯光，接着将其拖曳到射灯的下方，如图21-71所示。

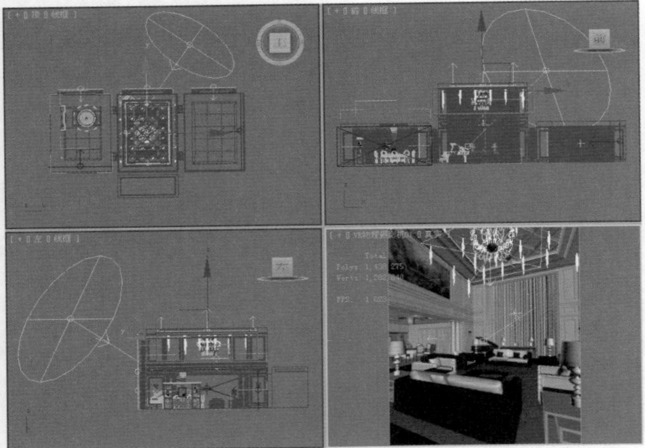

图21－71

02 选择上一步创建的自由灯光，并在【修改】面板中调节其参数，如图21-72所示。

- 在【阴影】选项组中设置阴影类型为VRayShadow，设置【灯光分布（类型）】为【光度学Web】，并展开【分布（光度学Web）】卷展栏，在通道上加载【冷风小射灯.IES】光域网。
- 展开【强度/颜色/衰减】卷展栏，调节【过滤颜色】为浅橘黄色（红：250，绿：180，蓝：106），设置【强度】为17000。
- 展开VRay Shadows params卷展栏，启用【区域阴影】选项，设置【U向尺寸】/【V向尺寸】/【W向尺寸】为10mm，【细分】为8。

03 按Shift+Q组合键，快速渲染摄影机视图，其渲染的效果如图21-73所示。

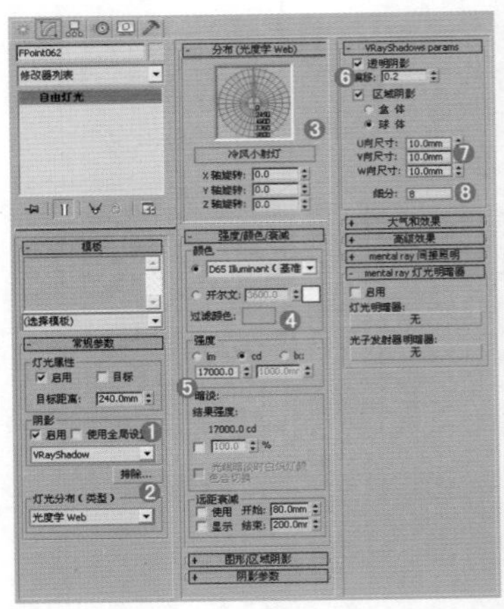

图21－72

图21－73

05 制作台灯和吊灯光源

01 单击（创建）|（灯光）| VRay | VR灯光 按钮，在顶视图中创建一盏VR灯光，然后使用【选择并移动】工具复制5盏，如图21-74所示。

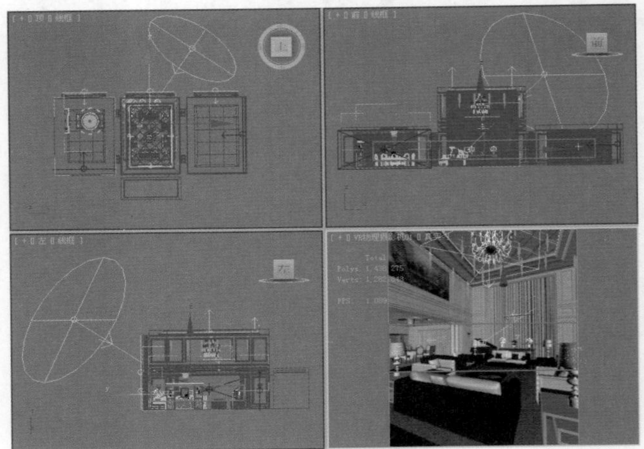

图21－74

02 选择上一步创建的VR灯光，然后在【修改】面板中设置【类型】为【球体】，设置【倍增器】为36，调节【颜色】为浅橘黄色（红：248，绿：201，蓝：151），设置【半径】为100mm，启用【不可见】选项，禁用【影响高光】和【影响反射】选项，设置【细分】为30，如图21-75所示。

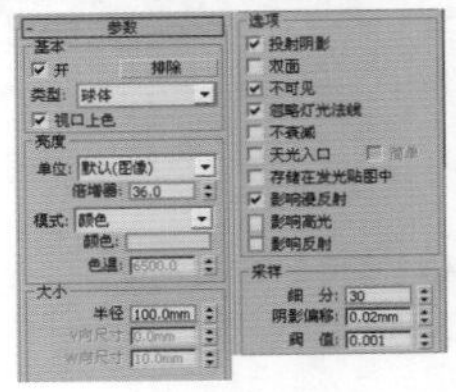

图21－75

03 继续使用【VR灯光】工具在顶视图中创建一盏VR灯光，具体位置如图21-76所示。

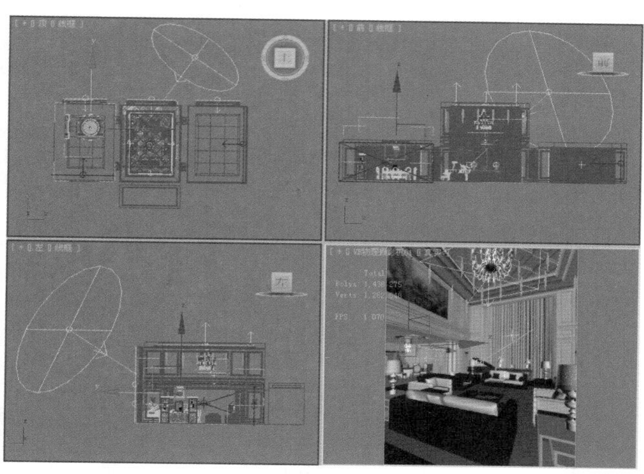

图21—76

04 选择上一步创建的VR灯光，然后在【修改】面板中设置【类型】为【球体】，设置【倍增器】为80，调节【颜色】为浅橘黄色（红：255，绿：215，蓝：164），设置【半径】为120mm，启用【不可见】选项，禁用【影响高光】和【影响反射】选项，设置【细分】为30。如图21-77所示。

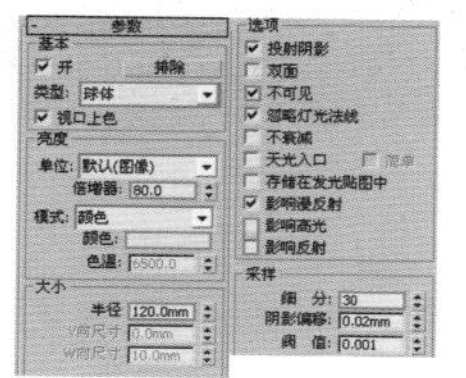

图21—77

05 继续使用【VR灯光】工具在顶视图中创建1盏VR灯光，然后使用【选择并移动】工具复制25盏，如图21-78所示。

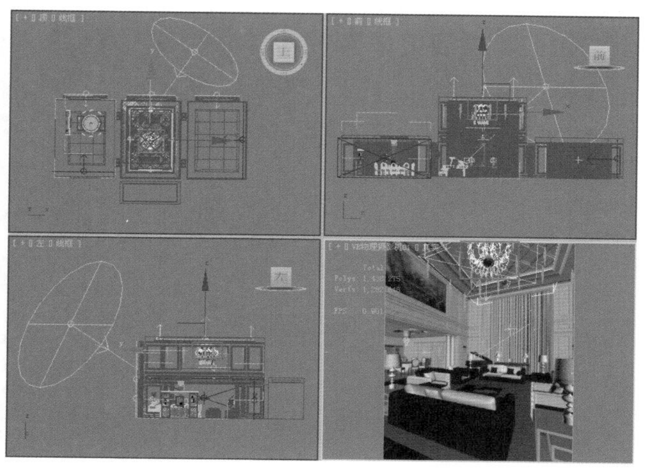

图21—78

06 选择上一步创建的VR灯光，然后在【修改】面板中设置【类型】为【球体】，设置【倍增器】为8，调节【颜色】为浅橘黄色（红：254，绿：211，蓝：164），【半径】为50mm，启用【不可见】选项，禁用【影响高光】和【影响反射】选项，设置【细分】为8，如图21-79所示。

07 按Shift+Q组合键，快速渲染摄影机视图，其渲染的效果如图21-80所示。

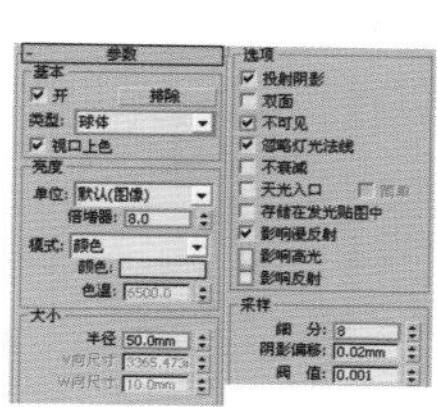

图21—79

图21—80

Part 05 设置成图渲染参数

经过了前面的操作，已经将大量烦琐的工作做完了。下面需要做的就是把渲染的参数设置高一些，再进行渲染输出。

01 重新设置渲染参数。按F10键，在打开的【渲染设置】对话框中选择【公用】选项卡，设置输出的尺寸为1689×2000，如图21-81所示。

02 选择V-Ray选项卡，展开【V-Ray∷图形采样器（反锯齿）】卷展栏，设置【类型】为【自适应确定性蒙特卡洛】，接着在【抗锯齿过滤器】选项组中启用【开】选项，并选择Mitchell-Netravali过滤器；展开【V-Ray∷颜色贴图】卷展栏，设置【类型】为【指数】，启用【子像素映射】和【钳制输出】选项，如图21-82所示。

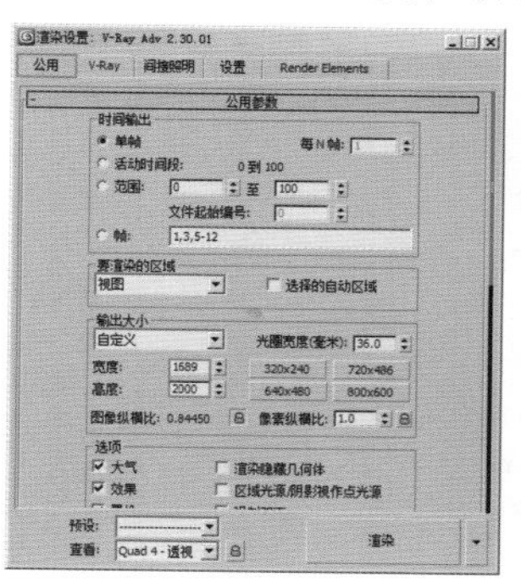

图21—81

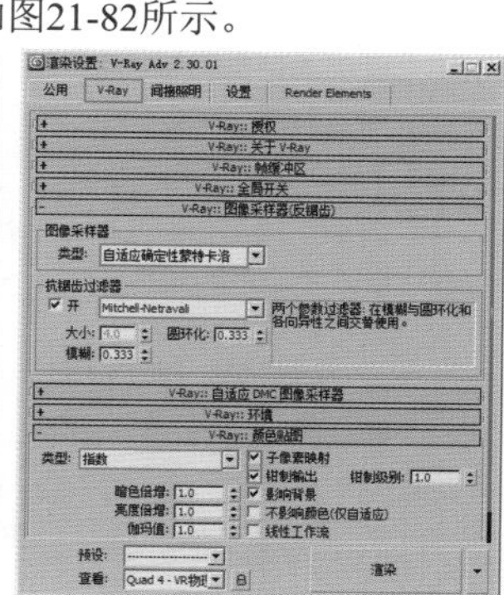

图21—82

03 选择【间接照明】选项卡，启用【开启】选项，设置【首次反弹】为【发光图】，设置【二次反弹】为【灯光缓存】。展开【V-Ray∷发光图】卷展栏，设置【当前预置】为【低】，设置【半球细分】为50，设置【插值采样值】为20，启用【显示计算相位】和【显示直接光】选项，如图21-83所示。

04 展开【V-Ray∷灯光缓存】卷展栏，设置【细分】为1500，启用【存储直接光】和【显示计算相位】选项，如图21-84所示。

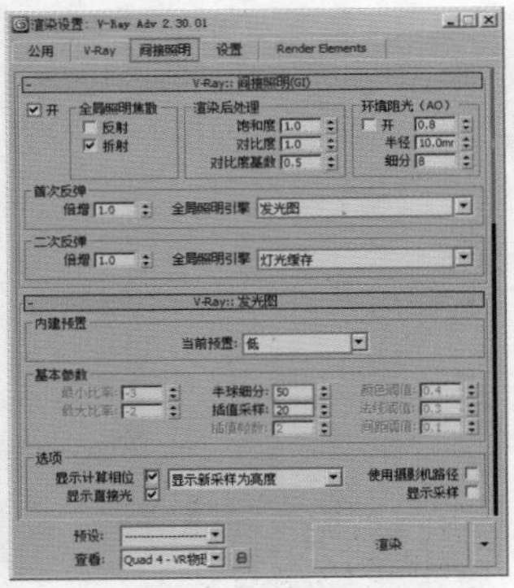

图21-83

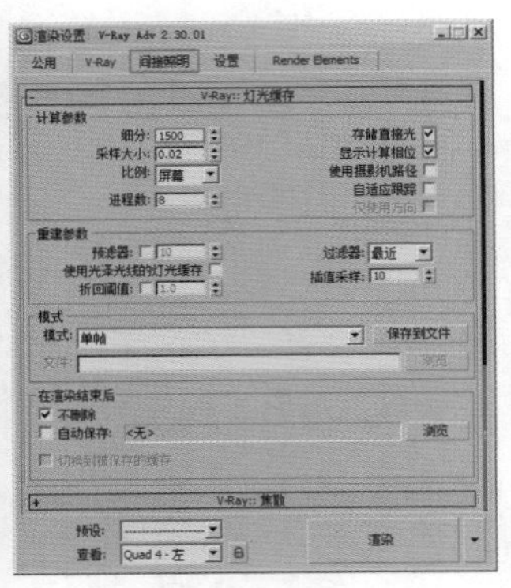

图21-84

05 选择【设置】选项卡，展开【V-Ray∷DMC采样器】卷展栏，设置【适应数量】为0.85，【噪波阈值】为0.01；展开【V-Ray∷系统】卷展栏，并禁用【显示窗口】选项，如图21-85所示。

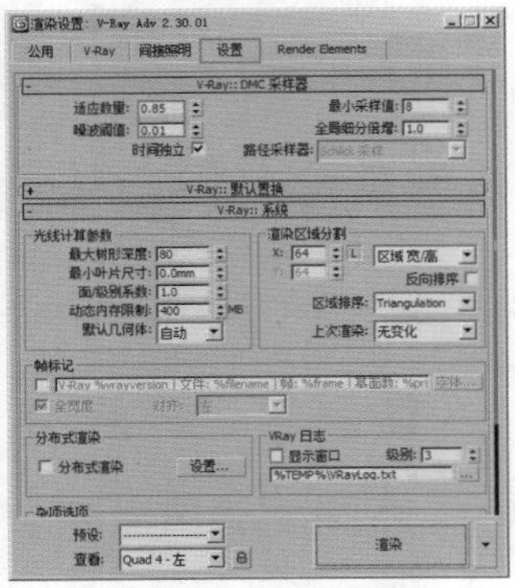

图21-85

06 等待一段时间后就渲染完成了，最终的效果如图21-86所示。

图21-86

读书笔记

第22章

优雅格调，幽静如画——咖啡店

场景文件	22.max
案例文件	案例文件\Chapter 22\优雅格调，幽静如画——咖啡店.max
视频教学	视频文件\Chapter 22\优雅格调，幽静如画——咖啡店.flv
难易指数	★★★★★
灯光类型	VR灯光
材质类型	VRayMtl材质、混合材质
程序贴图	衰减程序贴图、法线凹凸程序贴图
技术掌握	掌握如何只使用VR灯光制作出丰富的灯光层次的方法，能够把握整体气氛

项目概况

- 项目名称：优雅格调，幽静如画
- 户型：平层，公装

客户定位

客户平时喜欢喝咖啡，三五朋友小聚一下，思索现在、畅想未来，为自己添加正能量。这也是这个咖啡店开张的原因，而且客户要求装饰出气氛，使顾客也感受到咖啡店带给他们的好心情、好味道。

风格定位：优雅格调风格

这是出现在20世纪末21世纪初的一种设计风格，它基本上以墙纸为主要装饰面材，结合混油的木工做法。这种风格强调比例和色彩的和谐。人们开始会把一堵墙的上半部分与天花板同色，而墙面使用一种带有淡淡纹理的墙纸。整个风格显得十分优雅和恬静，不带有一丝的浮躁。在嘈杂的工作中，寻找一丝宁静，抛开烦恼，享受生活，这也是咖啡店的魅力所在。

装饰主色调

- 室内空间颜色以白色为主，黑色、黄色为辅
- 陈设色调以黑色、紫色为主，局部点缀金色、绿色等

色彩关系

RGB=228,221,216

RGB=23,23,22

RGB=126,99,50

RGB=72,64,57

RGB=120,101,120

类似风格优秀设计作品赏析

读书笔记

实例介绍

本例是一个咖啡店，室内明亮灯光表现主要使用VR灯光来制作，主要材质使用VRayMtl制作，制作完毕之后渲染效果如图22-1所示。

图22－1

局部渲染效果如图22-2所示。

图22－2

操作步骤

Part 01 设置VRay渲染器

01 打开本书配套光盘中的【场景文件\Chapter 22\22.max】文件，此时场景效果如图22-3所示。

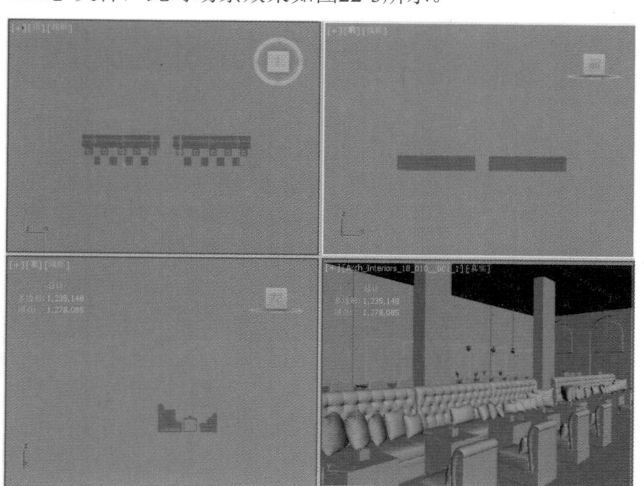

图22－3

02 按F10键，打开【渲染设置】对话框，选择【公用】选项卡，在【指定渲染器】卷展栏中单击...按钮，在弹出的【选择渲染器】对话框中选择【V-Ray Adv 2.30.01】选项，然后单击【确定】按钮，如图22-4所示。

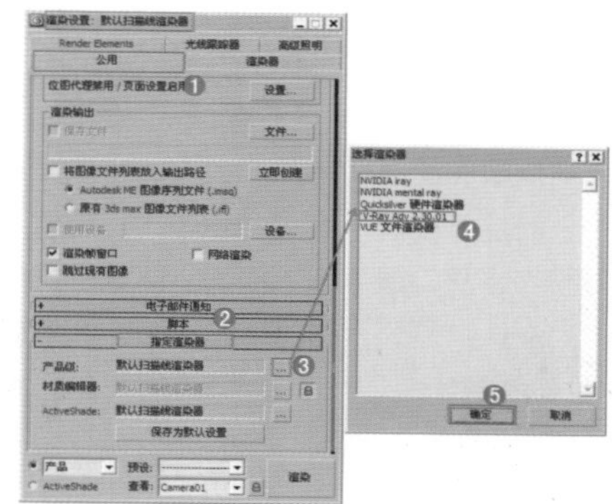

图22－4

03 此时在【指定渲染器】卷展栏中的【产品级】后面显示了【V-Ray Adv 2.30.01】，【渲染设置】对话框中出现了V-Ray、【间接照明】、【设置】和Render Elements选项卡，如图22-5所示。

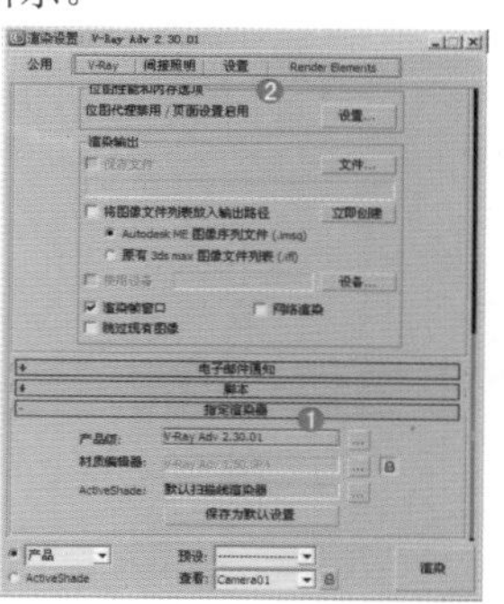

图22－5

Part 02 材质的制作

下面就来讲述场景中主要材质的制作方法，包括木地板、沙发、墙面、马赛克、桌子、抱枕、顶棚反光等，效果如图22-6所示。

图22－6

01 木地板材质的制作

木地板是指用木材制成的地板，中国生产的木地板主要

分为实木地板、强化木地板、实木复合地板、自然山水风水地板、竹材地板和软木地板6类。本例的木地板材质模拟效果如图22-7所示，其基本属性主要有以下2点：

- 带有木地板贴图纹理
- 带有一定的反射模糊

图22—7

01 按M键，打开【材质编辑器】对话框，选择一个材质球，单击 Standard （标准）按钮，在弹出的【材质/贴图浏览器】对话框中选择VRayMtl，如图22-8所示。

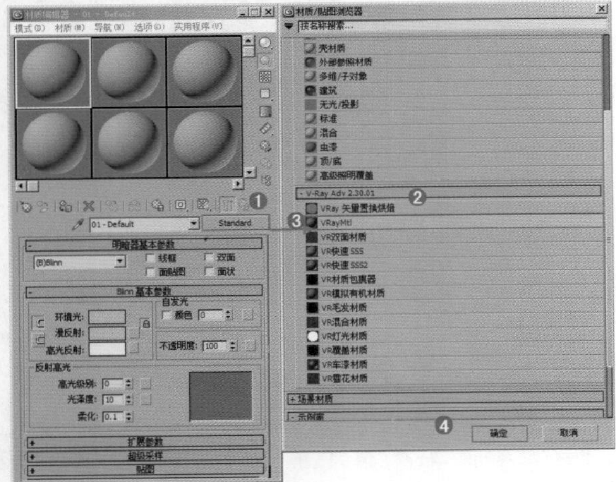

图22—8

02 将其命名为【木地板】，具体的参数调节如图22-9所示。

- 在【漫反射】选项组中的通道上加载【Arch_Interiors_18_010_floora.jpg】贴图文件。
- 在【反射】选项组中调节颜色为白色（红：252，绿：252，蓝：252），启用【菲涅耳反射】选项，设置【反射光泽度】为0.77，设置【细分】为15。

03 将制作好的木地板材质赋给场景中木地板的模型，效果如图22-10所示。

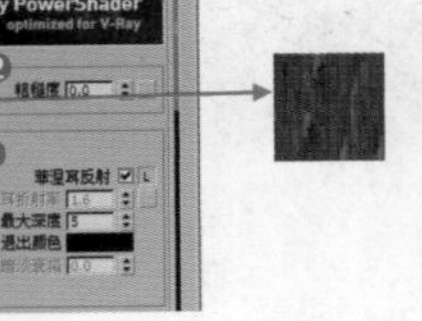

图22—9

图22—10

02 沙发材质的制作

沙发是装有弹簧或厚泡沫塑料等的靠背椅，两边有扶手，构架多采用木材或钢材，整体比较舒适。本例的沙发材质模拟效果如图22-11所示，其基本属性主要有以下2点：

- 带有丰富的贴图纹理
- 带有一定的绒布反射质感

图22—11

01 按M键，打开【材质编辑器】对话框，选择一个材质球，单击 Standard （标准）按钮，在弹出的【材质/贴图浏览器】对话框中选择【混合】材质，如图22-12所示。

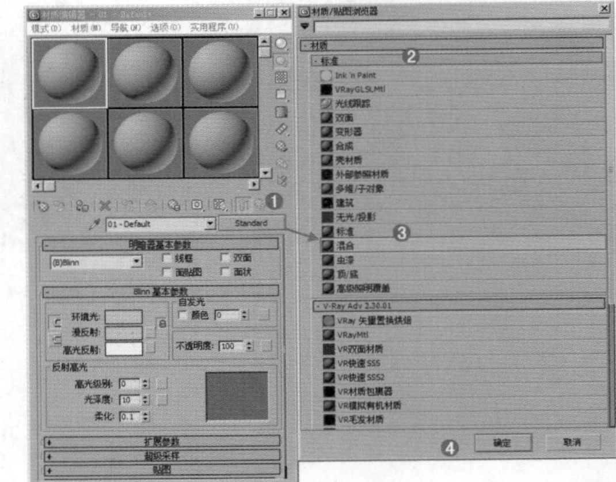

图22—12

02 将其命名为【沙发】，具体的参数调节如图22-13～图22-17所示。

- 在【材质1】通道上加载VRayMtl材质。
- 在【漫反射】选项组中的通道上加载【衰减】程序贴图，在黑色通道上加载【Archmodels59_ cloth_026e1a.jpg】贴图文件，在白色通道上加载【Archmodels59_cloth_026e1a1.jpg】贴图文件，设置【衰减类型】为Fresnel，设置【折射率】为1.6。
- 在【反射】选项组中调节颜色为黑色（红：45，绿：45，蓝：45），启用【菲涅耳反射】选项，设置【高光光泽度】为0.45，【反射光泽度】为0.65，【菲涅耳折射率】为2。

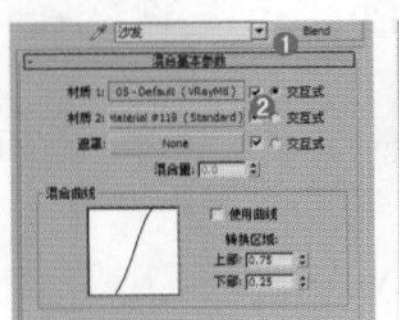
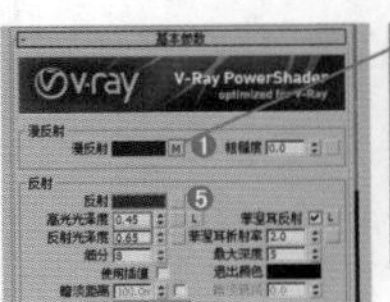
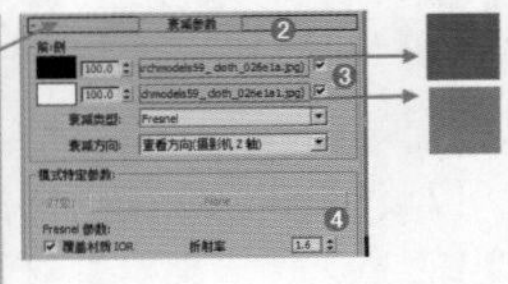

图22—13

图22—14

- 在【材质2】通道上加载VRayMtl材质。
- 在【漫反射】选项组中的通道上加载【衰减】程序贴图，在黑色通道上加载【Archmodels59_ cloth_026e1a.jpg】贴图文件，在白色通道上加载【Archmodels59_ cloth_026e1a1.jpg】贴图文件。

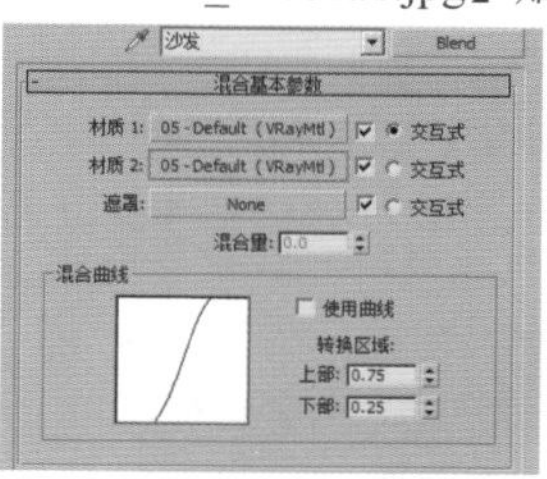

图22—15

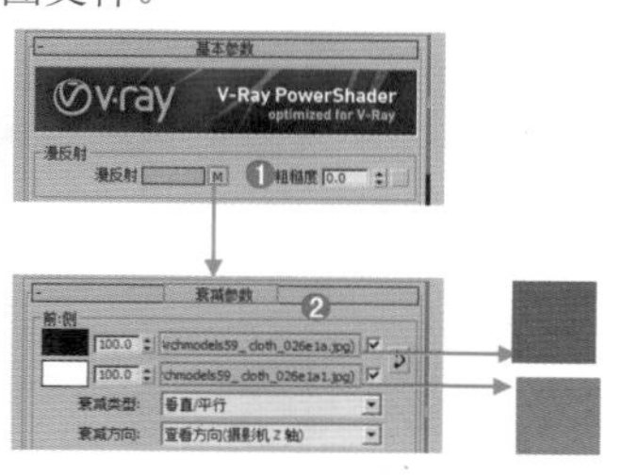

图22—16

- 在【遮罩】通道上加载【as2_leather_03_bump.jpg】贴图文件，展开【坐标】卷展栏，设置【瓷砖】的U、V分别为0.5，【角度】的W为45。

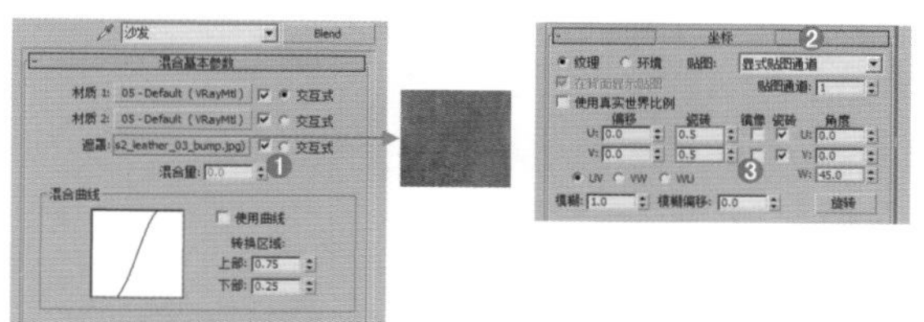

图22—17

03 将制作好的沙发材质赋给场景中沙发的模型，效果如图22-18所示。

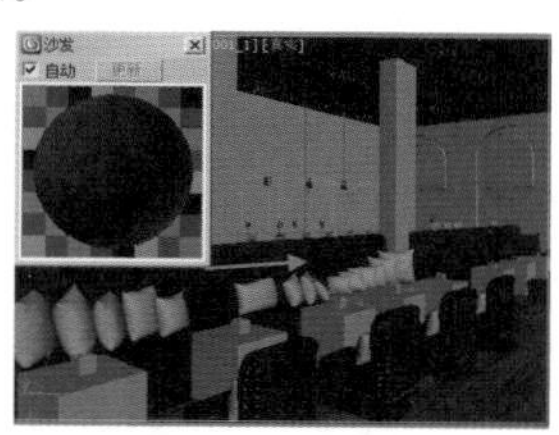

图22—18

03 墙面材质的制作

墙体的表面，一般在室内装修时比较多。墙面装修处理一般是刷漆或者粘壁纸，有时也处理为带有凹凸肌理的墙面，目的是增强墙面的质感效果。本例的墙面材质模拟效果如图22-19所示，其基本属性主要有以下2点：

- 颜色为浅黄色
- 带有强烈的凹凸质感

图22—19

01 选择一个空白材质球，然后将材质类型设置为VRayMtl材质，并命名为【墙面】，具体的参数调节如图22-20和图22-21所示。

- 在【漫反射】选项组中调节颜色为浅黄色（红：231，绿：218，蓝：216）。

图22—20

- 展开【贴图】卷展栏，设置【凹凸】数量为50，并在通道上加载【法线凹凸】程序文件。
- 展开【参数】卷展栏，在【法线】通道上加载【Arch_ Interiors_18_010_normal bump wall.jpg】贴图文件，设置【数量】为1.2。
- 展开【坐标】卷展栏，设置【瓷砖】的U为1.5，V为2.5，设置【模糊】为0.7。

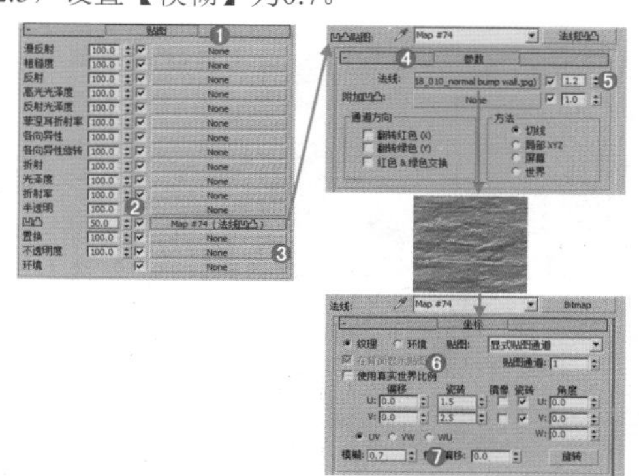

图22—21

02 将制作好的墙面材质赋给场景中墙面的模型，效果如图22-22所示。

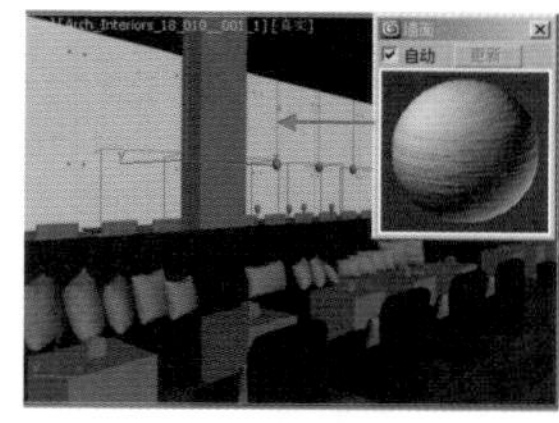

图22—22

技巧提示

法线凹凸贴图是一种新技术，它用于模拟低分辨率多边形模型上的高分辨率曲面细节。法线凹凸贴图在某些方面与常规凹凸贴图类似，但与常规凹凸贴图相比，它可以传达更为复杂的曲面细节。法线凹凸贴图的实用优点可以在实时游戏平台上最先看到，但以较少的多边形创建更具真实感的细节的能力，在数字内容创建的所有领域则是很常见的。如图22-23所示为法线凹凸贴图的原理。

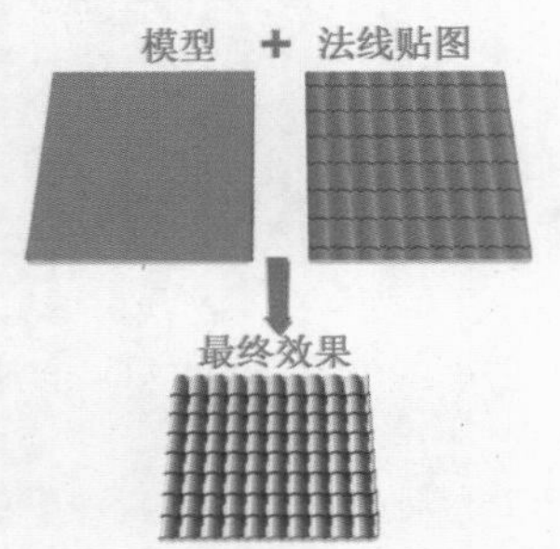

图22-23

如图22-24所示为使用常规凹凸贴图和使用法线凹凸贴图的对比效果，很明显法线凹凸贴图更加真实。

图22-24

04 马赛克材质的制作

马赛克，建筑专业名词为锦砖，分为陶瓷锦砖和玻璃锦砖两种。马赛克是一种装饰艺术，通常使用许多小石块或有色玻璃碎片拼成图案。本例的马赛克材质模拟效果如图22-25所示，其基本属性主要有以下2点：

- 带有一点反射模糊
- 带有马赛克的凹凸质感

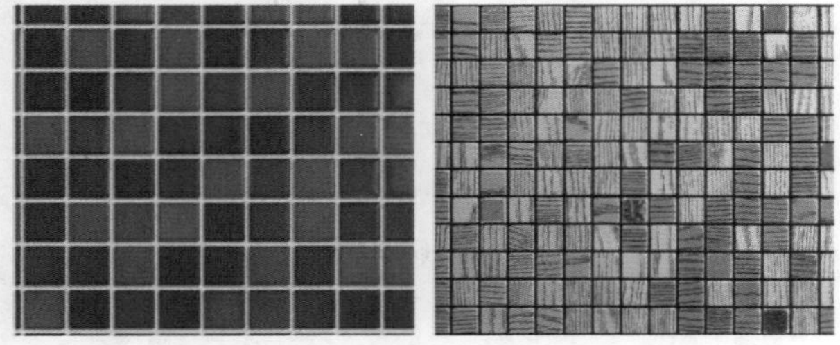

图22-25

01 选择一个空白材质球，然后将材质类型设置为VRayMtl材质，并命名为【马赛克】，具体的参数调节如图22-26和图22-27所示。

- 在【漫反射】选项组中后面的通道上加载【1106382943.jpg】贴图文件，展开【坐标】卷展栏，设置【瓷砖】的U为0.8，V为5。
- 在【反射】选项组中调节颜色为深灰色（红：92，绿：92，蓝：92），设置【反射光泽度】为0.9，【细分】为80。

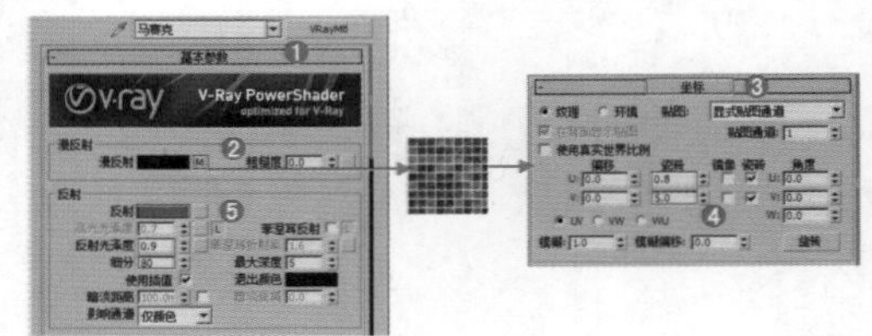

图22-26

- 展开【贴图】卷展栏，设置【凹凸】数量为30，并在通道上加载【1106382943.jpg】贴图文件，展开【坐标】卷展栏，设置【瓷砖】的U为0.8，V为5。

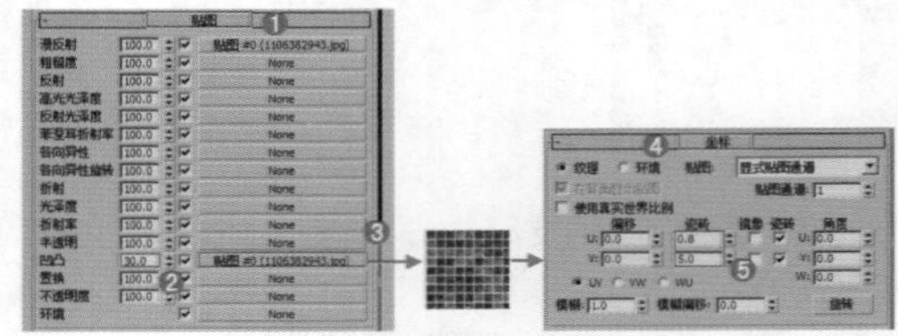

图22-27

02 将制作好的马赛克材质赋给场景中马赛克的模型，效果如图22-28所示。

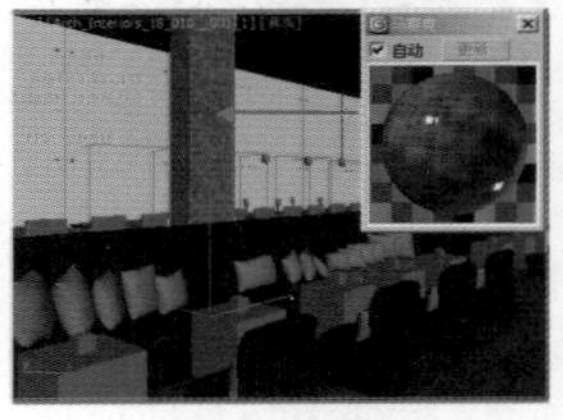

图22-28

05 桌子材质的制作

桌子是最为常用的家具，而咖啡厅的桌子一般与沙发是配套的。本例的桌子材质模拟效果如图22-29所示，其基本属性主要有以下2点：

- 颜色为深色
- 带有一定的反射模糊效果

图22-29

01 选择一个空白材质球，然后将材质类型设置为VRayMtl材质，并命名为【桌子】，具体的参数调节如图22-30所示。

- 在【漫反射】选项组中调节颜色为深灰色（红：10，绿：10，蓝：10）。
- 在【反射】选项组中的通道上加载【衰减】程序贴图，调节两个颜色为黑色（红：0，绿：0，蓝：0）和蓝色（红：69，绿：132，蓝：246），设置【高光光泽度】为0.85，设置【衰减类型】为Fresnel，设置【折射率】为2。

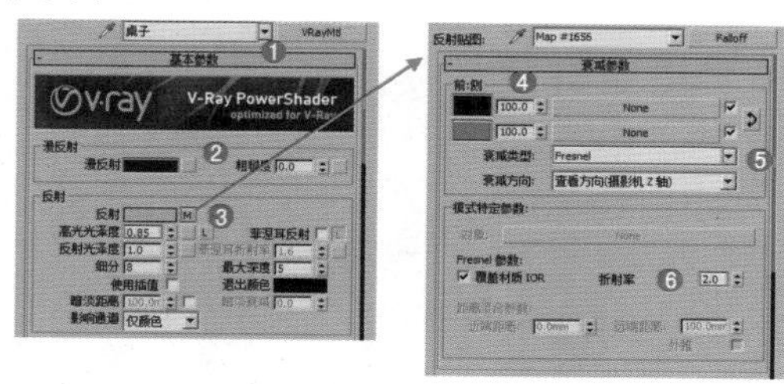

图22—30

02 将制作好的桌子材质赋给场景中桌子的模型，效果如图22-31所示。

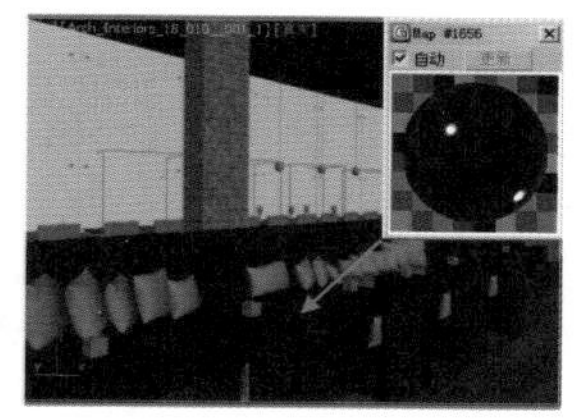

图22—31

06 抱枕材质的制作

抱枕是家居生活中常见的用品，类似枕头，常见的仅有一般枕头的一半大小，抱在怀中可以起到保暖和一定的保护作用，也给人温馨的感觉，是居家、咖啡厅、餐厅、KTV等场所的常用用品。本例的抱枕材质模拟效果如图22-32所示，其基本属性主要有以下2点：

- 带有抱枕的贴图纹理
- 带有微弱的反射模糊效果

图22—32

01 选择一个空白材质球，然后将材质类型设置为VRayMtl材质，并命名为【抱枕】，具体的参数调节如图22-33所示。

- 在【漫反射】选项组中的通道上加载【枕被227.jpg】贴图文件。
- 在【反射】选项组中的通道上加载【枕被227.jpg】贴图文件，启用【菲涅耳反射】选项，设置【菲涅耳折射率】为4，设置【高光光泽度】为0.5，【反射光泽度】为0.5。

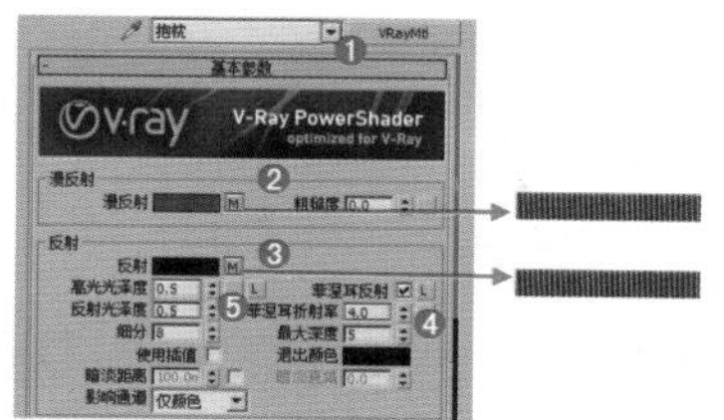

图22—33

02 将制作好的抱枕材质赋给场景中抱枕的模型，效果如图22-34所示。

图22—34

07 顶棚反光材质的制作

室内的顶棚类型很多，在公司装修中顶棚多采用带有反光的材质，可以彰显高档、豪华的效果。本例的顶棚反光材质模拟效果如图22-35所示，其基本属性主要有以下3点：

- 颜色为单色
- 带有强烈的反射效果
- 带有一定的折射效果

图22—35

01 选择一个空白材质球，然后将材质类型设置为VRayMtl材质，并命名为【顶棚反光】，具体的参数调节如图22-36所示。

- 在【漫反射】选项组中调节颜色为深咖啡色（红：34，绿：28，蓝：22）。

● 在【反射】选项组中调节颜色为灰色（红：136，绿：136，蓝：136），启用【菲涅耳反射】选项。

● 在【折射】选项组中调节颜色为深灰色（红：70，绿：70，蓝：70），设置【折射率】为1.56。

02 将制作好的顶棚反光材质赋给场景中顶棚反光的模型，效果如图22-37所示。

图22-36

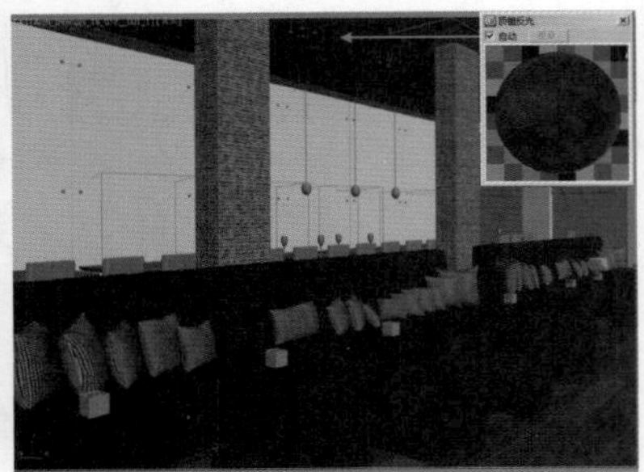

图22-37

技术拓展：室内色彩的情感表达

室内不同的色彩搭配，可以传递出不同的情感。亮丽的色彩具有活跃气氛的作用，多彩的几何形具有丰富的空间效果，如图22-38所示。

搭配方案推荐：

黑色的整体另类而大胆，摩托图案彩绘暗喻了工作室勇于挑战的精神，如图22-39所示。

搭配方案推荐：

图22-38

图22-39

绿色的运用赋予空间以生命力，搭配粉色具有活泼而温馨的空间视觉效果，如图22-40所示。

搭配方案推荐：

玫瑰红的墙壁具有梦幻浪漫的效果，搭配明黄色具有鲜亮而明快的视觉意味，如图22-41所示。

搭配方案推荐：

图22-40

图22-41

Part 03 设置摄影机

01 单击（创建）|（摄影机）|VR物理摄影机按钮，如图22-42所示，在视图中拖曳创建1台VR物理摄影机，如图22-43所示。

图22-42

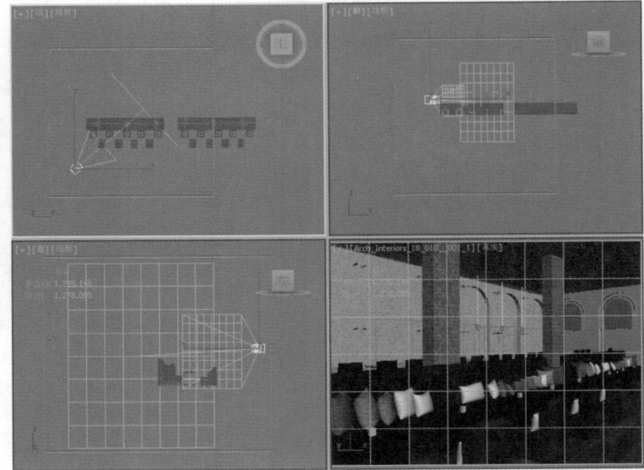

图22-43

02 选择刚创建的VR物理摄影机，进入【修改】面板，并设置【胶片规格】为39.96，【焦距】为36.8，【光圈数】为13，【纵向移动】为 - 0.042，【光晕】为0.5，【白平衡】为【自定义】，【自定义平衡】颜色为浅黄色（红：255，绿：252，蓝：248），【快门速度】为40，如图22-44所示。

03 此时的VR物理摄影机视图效果如图22-45所示。

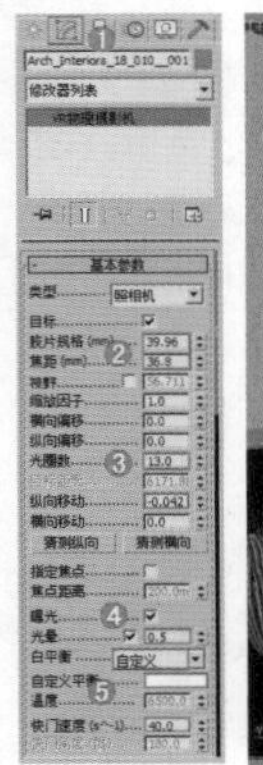

图22-44

图22-45

Part 04 设置灯光并进行草图渲染

在这个咖啡店中，使用两部分灯光照明来表现，一部分使用环境光效果，另外一部分使用室内的灯光照明。也就是说想得到好的效果，必须配合室内的一些照明，最后设置一下辅助光源就即可。

01 设置环境光

01 单击（创建）|（灯光）|VRay

VR灯光按钮，如图22-46所示。

图22-46

02 在顶视图中拖曳创建1盏VR灯光，并使用【选择并移动】工具复制2盏，如图22-47所示。

03 选择上一步创建的VR灯光，然后在【修改】面板中设置其具体的参数，在【常规】选项组中设置【类型】为【平面】，在【强度】选项组中调节【倍增】为300，在【大小】选项组中设置【1/2长】为7339mm，【1/2宽】为146mm，在【选项】组中启用【不可见】选项，如图22-48所示。

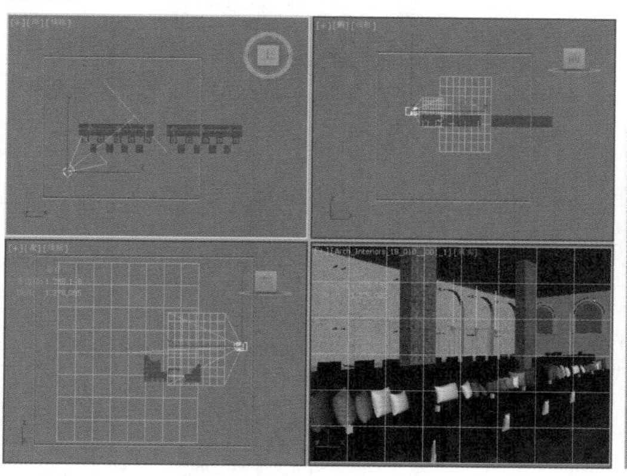
图22-47

图22-48

04 继续在顶视图中创建1盏VR灯光，如图22-49所示。

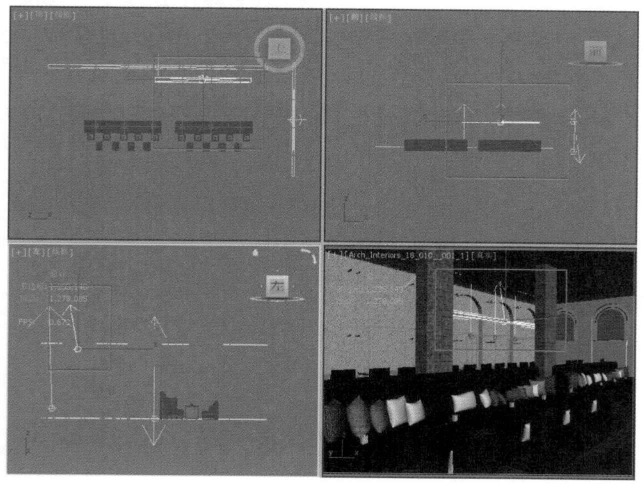
图22-49

05 选择上一步创建的VR灯光，然后在【修改】面板中设置其具体的参数，在【常规】选项组中设置【类型】为【平面】，在【强度】选项组中调节【倍增】为50，调节【颜色】为浅蓝色（红：225，绿：229，蓝：255），在【大小】选项组中设置【1/2长】为3181mm，【1/2宽】为155mm，在【选项】组中启用【不可见】选项，如图22-50所示。

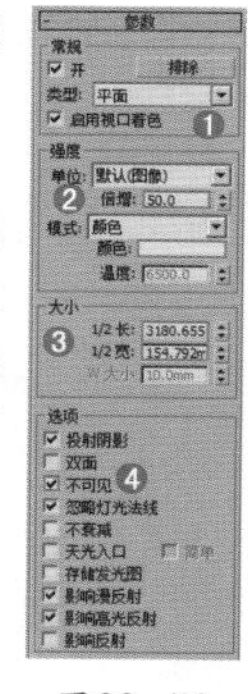
图22-50

06 按F10键，打开【渲染设置】对话框，首先设置VRay和【间接照明】选项卡中的参数。刚开始设置的是一个草图设置，目的是进行快速渲染，以观看整体的效果，参数设置如图22-51所示。

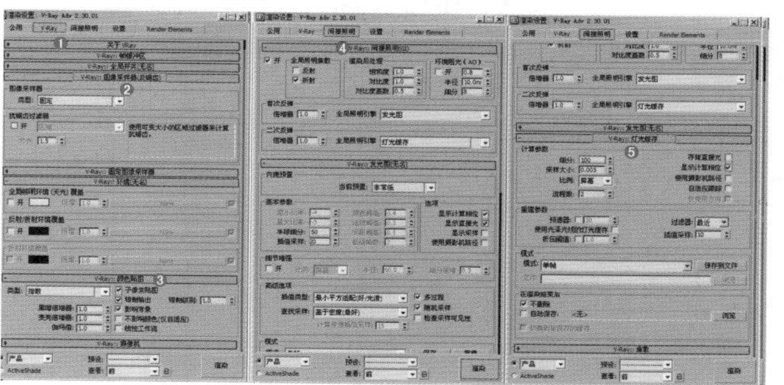
图22-51

07 按Shift+Q组合键，快速渲染摄影机视图，其渲染效果如图22-52所示。

图22-52

02 设置室内灯光

01 在顶视图中创建1盏VR灯光，并使用【选择并移动】工具复制6盏，如图22-53所示。

02 选择上一步创建的VR灯光，然后在【修改】面板中设置其具体的参数，在【常规】选项组中设置【类型】为【平面】，在【强度】选项组中调节【倍增】为350，调节【颜色】为浅蓝色（红：173，绿：183，蓝：255），在【大小】选项组中设置【1/2长】为250mm，【1/2宽】为250mm，在【选项】选项组中启用【不可见】选项，在【采样】选项组中设置【细分】为50，如图22-54所示。

03 继续在顶视图中创建1盏VR灯光，并使用【选择并移动】工具复制5盏，如图22-55所示。

04 选择上一步创建的VR灯光，然后在【修改】面板中设置其具体的参数，在【常规】选项组中设置【类型】

为【平面】，在【强度】选项组中调节【倍增】为350，调节【颜色】为浅黄色（红：245，绿：208，蓝：160），在【大小】选项组中设置【1/2长】为300mm，【1/2宽】为300mm，在【选项】选项组中启用【不可见】选项，在【采样】选项组中设置【细分】为50，如图22-56所示。

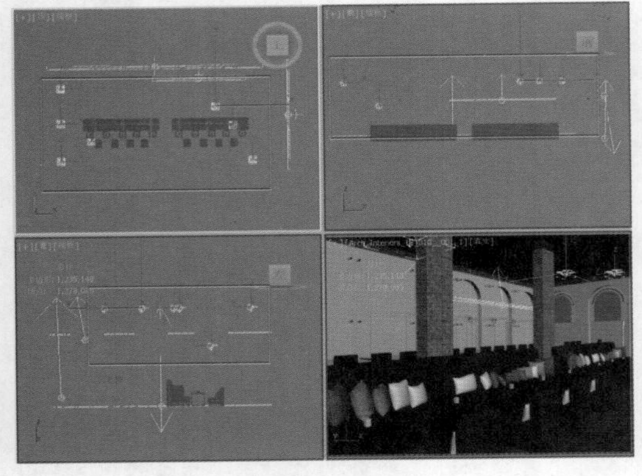

图22—53

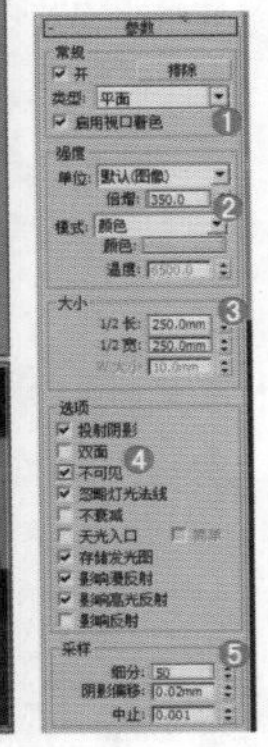

图22—54

图22—55

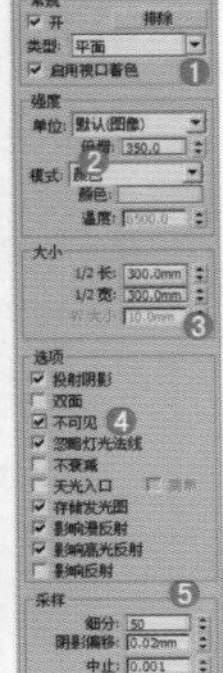

图22—56

05 继续在顶视图中创建1盏VR灯光，并使用【选择并移动】工具复制9盏，如图22-57所示。

06 选择上一步创建的VR灯光，然后在【修改】面板中设置其具体的参数，其具体的参数，在【常规】选项组中设置【类型】为【平面】，在【强度】选项组中调节【倍增】为250，调节【颜色】为浅黄色（红：252，绿：227，蓝：185），在【大小】选项组中设置【1/2长】为250mm，【1/2宽】为250mm，在【选项】选项组中启用【不可见】选项，如图22-58所示。

07 继续在顶视图中创建1盏VR灯光，并使用【选择并移动】工具复制9盏，如图22-59所示。

08 选择上一步创建的VR灯光，然后在【修改】面板中设置其具体的参数，在【常规】选项组中设置【类型】为【球体】，在【强度】选项组中调节【倍增】为400，调节【颜色】为黄色（红：250，绿：177，蓝：82），在【大小】选项组中设置【半径】为15mm，在【选项】选项组中启用【不可见】选项，在【采样】选项组中设置【细分】为50，如图22-60所示。

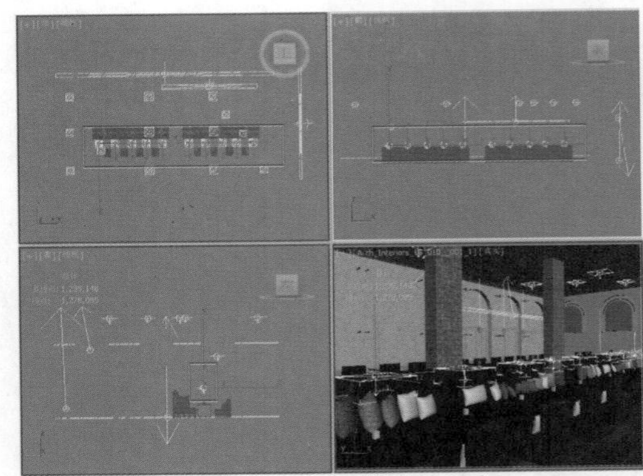

图22—57

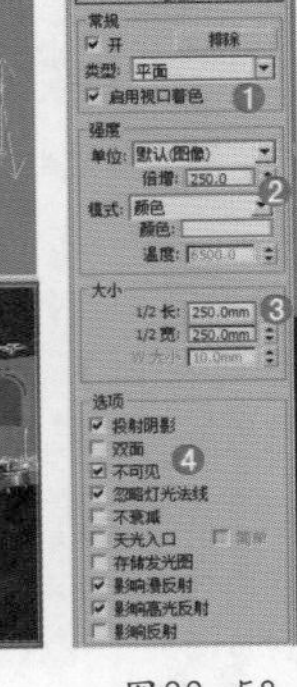

图22—58

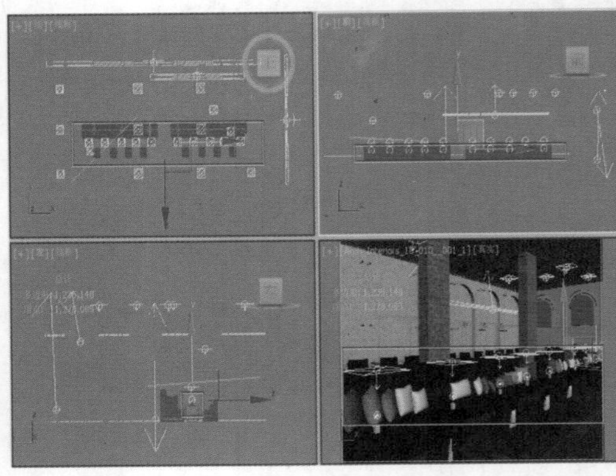

图22—59

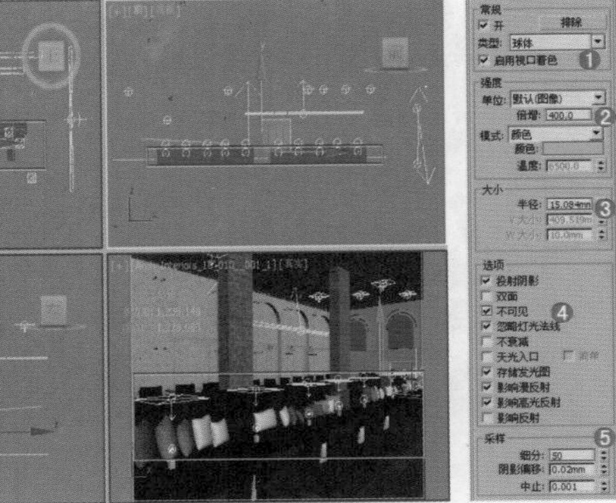

图22—60

09 按Shift+Q组合键，快速渲染摄影机视图，其渲染效果如图22-61所示。

图22—61

03 设置辅助光源

01 在顶视图中创建1盏VR灯光，并使用【选择并移动】工具复制3盏，如图22-62所示。

02 选择上一步创建的VR灯光，然后在【修改】面板中设置其具体的参数，在【常规】选项组中设置【类型】为【平面】，在【强度】选项组中调节【倍增】为30，调节【颜色】为浅黄色（红：254，绿：226，蓝：196），在【大小】选项组中设置【1/2长】为1100mm，【1/2宽】为700mm，在【选项】选项组中启用【不可见】选项，如图22-63所示。

PROMPT **技巧提示**

制作场景的灯光时，一定要注意灯光的种类选择和创建的先后顺序，并且尽量在制作灯光之前，就考虑好要分为几类灯光，然后再分别按照大的分类去依次创建。

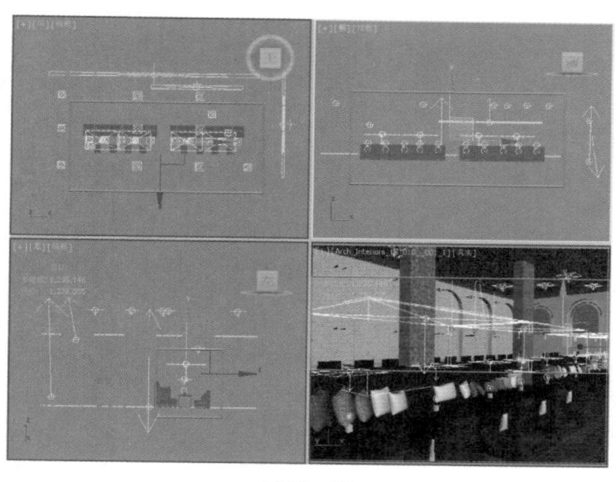

图22-62

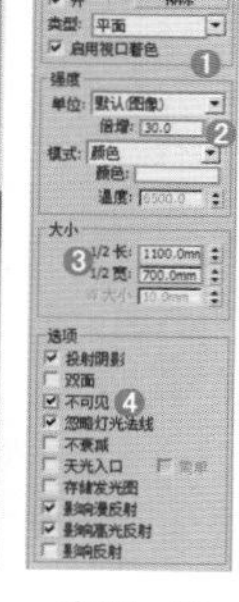

图22-63

03 按Shift+Q组合键，快速渲染摄影机视图，其渲染效果如图22-64所示。

图22-64

Part 05 设置成图渲染参数

经过前面的操作，已经将大量烦琐的工作做完了，下面需要做的就是把渲染的参数设置高一些，再进行渲染输出。

01 重新设置渲染参数。按F10键，在打开的【渲染设置】对话框中选择V-Ray选项卡，具体的参数调节如图22-65所示。

展开【V-Ray::图像采样器（反锯齿）】卷展栏，设置【类型】为【自适应确定性蒙特卡洛】，接着在【抗锯齿过滤器】选项组中启用【开】选项，并选择Catmull-Rom过滤器；展开【V-Ray::自适应DMC图像采样器】卷展栏，设置【最小细分】为1，【最大细分】为4；展开【V-Ray::颜色贴图】卷展栏，设置【类型】为【指数】，启用【子像素映射】和【钳制输出】选项。

02 选择【间接照明】选项卡，具体的参数调节如图22-66所示。

- 展开【V-Ray::发光图】卷展栏，设置【当前预置】为【低】，【半球细分】为50，【插值采样】为20，启用【显示计算相位】和【显示直接光】。
- 展开【V-Ray::灯光缓存】卷展栏，设置【细分】为1500，启用【存储直接光】和【显示计算相位】选项。

03 选择【设置】选项卡，展开【V-Ray::系统】卷展栏，设置【区域排序】为Triangulation，并禁用【显示窗口】选项，具体的参数调节如图22-67所示。

04 选择Render Elements选项卡，单击【添加】按钮，并在弹出的【渲染元素】对话框中选择【VRay线框颜色】选项，如图22-68所示。

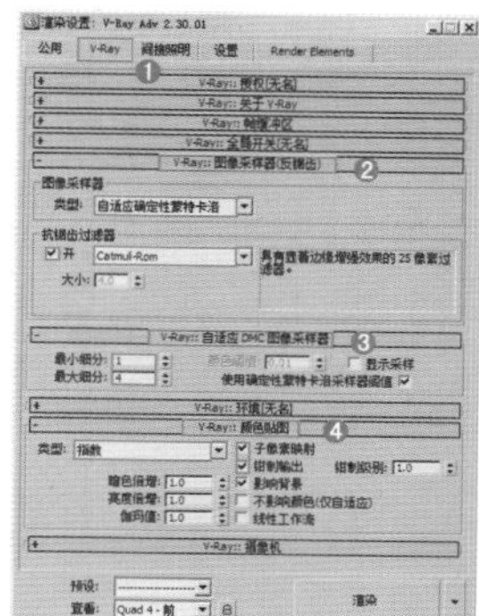

图22-65

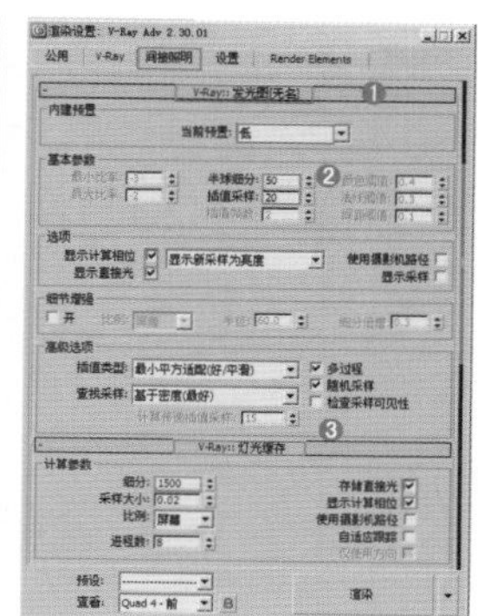

图22-66

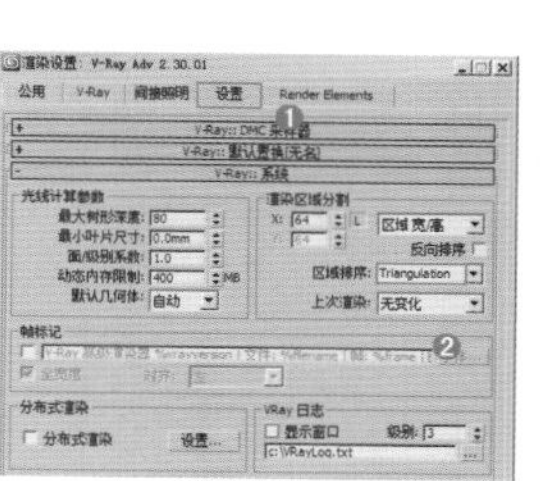

图22-67

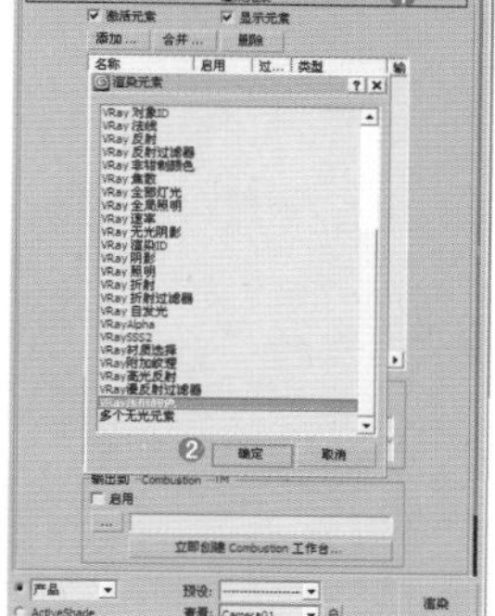

图22-68

05 选择【公用】选项卡，展开【公用参数】卷展栏，设置输出的尺寸为1500×1125，如图22-69所示。

06 完成渲染后最终的效果如图22-70所示。

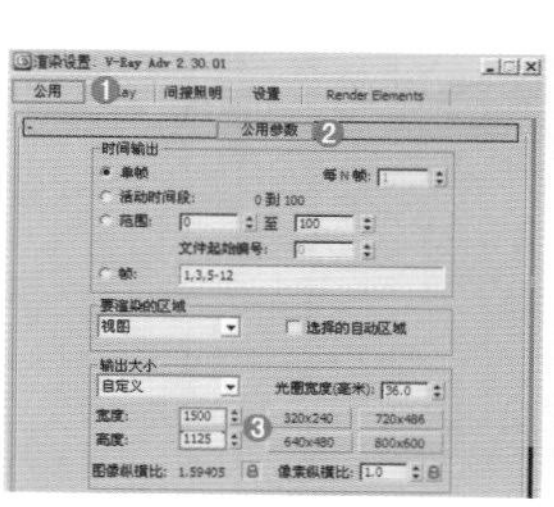

图22-69

图22-70

附　录

常用物体折射率表

材质折射率

物　体	折射率	物　体	折射率	物　体	折射率
空气	1.0003	液体二氧化碳	1.200	冰	1.309
水（20°）	1.333	丙酮	1.360	30%的糖溶液	1.380
普通酒精	1.360	酒精	1.329	面粉	1.434
溶化的石英	1.460	Calspar2	1.486	80%的糖溶液	1.490
玻璃	1.500	氯化钠	1.530	聚苯乙烯	1.550
翡翠	1.570	天青石	1.610	黄晶	1.610
二硫化碳	1.630	石英	1.540	二碘甲烷	1.740
红宝石	1.770	蓝宝石	1.770	水晶	2.000
钻石	2.417	氧化铬	2.705	氧化铜	2.705
非晶硒	2.920	碘晶体	3.340		

液体折射率

物　体	分 子 式	密 度	温 度	折 射 率
甲醇	CH_3OH	0.794	20	1.3290
乙醇	C_2H_5OH	0.800	20	1.3618
丙醇	CH_3COCH_3	0.791	20	1.3593
苯醇	C_6H_6	1.880	20	1.5012
二硫化碳	CS_2	1.263	20	1.6276
四氯化碳	CCl_4	1.591	20	1.4607
三氯甲烷	$CHCl_3$	1.489	20	1.4467
乙醚	$C_2H_5 \cdot O \cdot C_2H_5$	0.715	20	1.3538
甘油	$C_3H_8O_3$	1.260	20	1.4730
松节油		0.87	20.7	1.4721
橄榄油		0.92	0	1.4763
水	H_2O	1.00	20	1.3330

晶体折射率

物　体	分　子　式	最小折射率	最大折射率
冰	H_2O	1.313	1.309
氟化镁	MgF_2	1.378	1.390
石英	SiO_2	1.544	1.553
氧化镁	$MgO \cdot H_2O$	1.559	1.580
锆石	$ZrO_2 \cdot SiO_2$	1.923	1.968
硫化锌	ZnS	2.356	2.378
方解石	$CaO \cdot CO_2$	1.658	1.486
钙黄长石	$2CaO \cdot Al_2O_3 \cdot SiO_2$	1.669	1.658
菱镁矿	$ZnO \cdot CO_2$	1.700	1.509
刚石	Al_2O_3	1.768	1.760
淡红银矿	$3Ag_2S \cdot AS_2S_3$	2.979	2.711

快捷键索引

主界面快捷键

操　　作	快　捷　键
显示降级适配（开关）	O
适应透视图格点	Shift+Ctrl+A
排列	Alt+A
角度捕捉（开关）	A
动画模式（开关）	N
改变到后视图	K
背景锁定（开关）	Alt+Ctrl+B
前一时间单位	.
下一时间单位	,
改变到顶视图	T
改变到底视图	B
改变到摄影机视图	C
改变到前视图	F
改变到用户视图	U
改变到右视图	R
改变到透视图	P
循环改变选择方式	Ctrl+F
默认灯光（开关）	Ctrl+L
删除物体	Delete
当前视图暂时失效	D
是否显示几何体内框（开关）	Ctrl+E
显示第一个工具条	Alt+1
专家模式，全屏（开关）	Ctrl+X
暂存场景	Alt+Ctrl+H
取回场景	Alt+Ctrl+F
冻结所选物体	6
跳到最后一帧	End
跳到第一帧	Home
显示 / 隐藏摄影机	Shift+C
显示 / 隐藏几何体	Shift+O
显示 / 隐藏网格	G

续表

操　　作	快　捷　键
显示 / 隐藏帮助物体	Shift+H
显示 / 隐藏光源	Shift+L
显示 / 隐藏粒子系统	Shift+P
显示 / 隐藏空间扭曲物体	Shift+W
锁定用户界面（开关）	Alt+0
匹配到摄影机视图	Ctrl+C
材质编辑器	M
最大化当前视图（开关）	W
脚本编辑器	F11
新建场景	Ctrl+N
法线对齐	Alt+N
向下轻推网格	小键盘 -
向上轻推网格	小键盘 +
NURBS 表面显示方式	Alt+L 或 Ctrl+4
NURBS 调整方格 1	Ctrl+1
NURBS 调整方格 2	Ctrl+2
NURBS 调整方格 3	Ctrl+3
偏移捕捉	Alt+Ctrl+Space（Space 键即空格键）
打开一个 max 文件	Ctrl+O
平移视图	Ctrl+P
交互式平移视图	I
放置高光	Ctrl+H
播放 / 停止动画	/
快速渲染	Shift+Q
回到上一场景操作	Ctrl+A
回到上一视图操作	Shift+A
撤消场景操作	Ctrl+Z
撤消视图操作	Shift+Z
刷新所有视图	1
用前一次的参数进行渲染	Shift+E 或 F9
渲染配置	Shift+R 或 F10
在 XY/YZ/ZX 锁定中循环改变	F8
约束到 X 轴	F5
约束到 Y 轴	F6
约束到 Z 轴	F7
旋转视图模式	Ctrl+R 或 V
保存文件	Ctrl+S
透明显示所选物体（开关）	Alt+X
选择父物体	PageUp
选择子物体	PageDown
根据名称选择物体	H
选择锁定（开关）	Space（Space 键即空格键）
减淡所选物体的面（开关）	F2
显示所有视图网格（开关）	Shift+G
显示 / 隐藏命令面板	3
显示 / 隐藏浮动工具条	4
显示最后一次渲染的图像	Ctrl+I
显示 / 隐藏主要工具栏	Alt+6
显示 / 隐藏安全框	Shift+F
显示 / 隐藏所选物体的支架	J
百分比捕捉（开关）	Shift+Ctrl+P
打开 / 关闭捕捉	S
循环通过捕捉点	Alt+Space（Space 键即空格键）
间隔放置物体	Shift+I
改变到光线视图	Shift+4
循环改变子物体层级	Ins
子物体选择（开关）	Ctrl+B
贴图材质修正	Ctrl+T
加大动态坐标	+
减小动态坐标	-
激活动态坐标（开关）	X
精确输入转变量	F12
全部解冻	7
根据名字显示隐藏的物体	5
刷新背景图像	Alt+Shift+Ctrl+B
显示几何体外框（开关）	F4
视图背景	Alt+B
用方框快显几何体（开关）	Shift+B
打开虚拟现实	数字键盘 1
虚拟视图向下移动	数字键盘 2
虚拟视图向左移动	数字键盘 4
虚拟视图向右移动	数字键盘 6
虚拟视图向中移动	数字键盘 8
虚拟视图放大	数字键盘 7
虚拟视图缩小	数字键盘 9
实色显示场景中的几何体（开关）	F3
全部视图显示所有物体	Shift+Ctrl+Z
视窗缩放到选择物体范围	E
缩放范围	Alt+Ctrl+Z
视窗放大两倍	Shift++（数字键盘）
放大镜工具	Z
视窗缩小两倍	Shift+-（数字键盘）
根据框选进行放大	Ctrl+W
视窗交互式放大	[
视窗交互式缩小	]

轨迹视图快捷键

操　　作	快　捷　键
加入关键帧	A
前一时间单位	<
下一时间单位	>
编辑关键帧模式	E
编辑区域模式	F3
编辑时间模式	F2
展开对象切换	O
展开轨迹切换	T
函数曲线模式	F5 或 F
操　　作	**快　捷　键**
锁定所选物体	Space（Space 键即空格键）
向上移动高亮显示	↓
向下移动高亮显示	↑
向左轻移关键帧	←
向右轻移关键帧	→
位置区域模式	F4
回到上一场景操作	Ctrl+A
向下收拢	Ctrl+ ↓
向上收拢	Ctrl+ ↑

渲染器设置快捷键

操　　作	快　捷　键
用前一次的配置进行渲染	F9
渲染配置	F10

示意视图快捷键

操　　作	快　捷　键
下一时间单位	>
前一时间单位	<
回到上一场景操作	Ctrl+A

Active Shade快捷键

操　　作	快　捷　键
绘制区域	D
渲染	R
锁定工具栏	Space（Space 键即空格键）

视频编辑快捷键

操　　作	快　捷　键
加入过滤器项目	Ctrl+F
加入输入项目	Ctrl+I
加入图层项目	Ctrl+L
加入输出项目	Ctrl+O
加入新的项目	Ctrl+A
加入场景事件	Ctrl+S
编辑当前事件	Ctrl+E
执行序列	Ctrl+R
新建序列	Ctrl+N

NURBS编辑快捷键

操　　作	快　捷　键
CV 约束法线移动	Alt+N
CV 约束到 U 向移动	Alt+U
CV 约束到 V 向移动	Alt+V
显示曲线	Shift+Ctrl+C
显示控制点	Ctrl+D
显示格子	Ctrl+L
NURBS 面显示方式切换	Alt+L
显示表面	Shift+Ctrl+S
显示工具箱	Ctrl+T
显示表面整齐	Shift+Ctrl+T
根据名字选择本物体的子层级	Ctrl+H
锁定 2D 所选物体	Space（Space 键即空格键）
选择 U 向的下一点	Ctrl+ →
选择 V 向的下一点	Ctrl+ ↑
选择 U 向的前一点	Ctrl+ ←
选择 V 向的前一点	Ctrl+ ↓
根据名字选择子物体	H
柔软所选物体	Ctrl+S
转换到 CV 曲线层级	Alt+Shift+Z
转换到曲线层级	Alt+Shift+C
转换到点层级	Alt+Shift+P
转换到 CV 曲面层级	Alt+Shift+V
转换到曲面层级	Alt+Shift+S
转换到上一层级	Alt+Shift+T
转换降级	Ctrl+X

FFD快捷键

操　　作	快　捷　键
转换到控制点层级	Alt+Shift+C

常用家具尺寸附表

单位：mm

家具	长度	宽度	高度	深度	直径
衣橱		700（推拉门）	400~650（衣橱门）	600~650	
推拉门		750~1500	1900~2400		
矮柜		300~600（柜门）		350~450	
电视柜			600~700	450~600	
单人床	1800、1806、2000、2100	900、1050、1200			
双人床	1800、1806、2000、2100	1350、1500、1800			
圆床					1860、2125、2424
室内门		800~950、1200（医院）	1900、2000、2100、2200、2400		
厕所、厨房门		800、900	1900、2000、2100		
窗帘盒			120~180	120（单层布），160~180（双层布）	
单人式沙发	800~950		350~420（坐垫），700~900（背高）	850~900	
双人式沙发	1260~1500			800~900	
三人式沙发	1750~1960			800~900	
四人式沙发	2320~2520			800~900	
小型长方形茶几	600~750	450~600	380~500（380最佳）		
中型长方形茶几	1200~1350	380~500或600~750			
正方形茶几	750~900	430~500			
大型长方形茶几	1500~1800	600~800	330~420（330最佳）		
圆形茶几			330~420		750、900、1050、1200
方形茶几		900、1050、1200、1350、1500	330~420		
固定式书桌			750	450~700（600最佳）	
活动式书桌			750~780	650~800	
餐桌		1200、900、750（方桌）	750~780（中式），680~720（西式）		
长方桌宽度	1500、1650、1800、2100、2400	800，900，1050，1200			
圆桌					900、1200、1350、1500、1800
书架	600~1200	800~900		250~400（每一格）	

室内常用尺寸附表

墙面尺寸

单位：mm

物体	高度
踢脚板	80~200
墙裙	800~1500
挂镜线	1600~1800

餐厅

单位：mm

物体	高度	宽度	直径	间距
餐桌	750~790			>500（其中座椅占500）
餐椅	450~500			
二人圆桌			500或800	
四人圆桌			900	
五人圆桌			1100	
六人圆桌			1100~1250	
八人圆桌			1300	
十人圆桌			1500	
十二人圆桌			1800	
二人方餐桌		700×850		
四人方餐桌		1350×850		
八人方餐桌		2250×850		

续表

物体	高度	宽度	直径	间距
餐桌转盘			700~800	
主通道		1200~1300		
内部工作道宽		600~900		
酒吧台	900~1050	500		
酒吧凳	600~750			

商场营业厅

单位：mm

物体	长度	宽度	高度	厚度	直径
单边双人走道		1600			
双边双人走道		2000			
双边三人走道		2300			
双边四人走道		3000			
营业员柜台走道		800			
营业员货柜台			800~1000	600	
单靠背立货架			1800~2300	300~500	
双靠背立货架			1800~2300	600~800	
小商品橱窗			400~1200	500~800	
陈列地台			400~800		
敞开式货架			400~600		
放射式售货架					2000
收款台	1600	600			

饭店客房

单位：mm/ m²

物体	长度	宽度	高度	面积	深度
标准间				25（大）、16~18（中）、16（小）	
床			400~450，850~950（床靠）		
床头柜		500~800	500~700		
写字台	1100~1500	450~600	700~750		
行李台	910~1070	500	400		
衣柜		800~1200	1600~2000		500
沙发		600~800	350~400，1000（靠背）		
衣架			1700~1900		

卫生间

单位：mm/ m²

物体	长度	宽度	高度	面积
卫生间				3~5
浴缸	1220、1520、1680	720	450	
座便器	750	350		
冲洗器	690	350		
盥洗盆	550	410		
淋浴器		2100		
化妆台	1350	450		

交通空间

单位：mm

物体	宽度	高度
楼梯间休息平台净空	≥2100	
楼梯跑道净空	≥2300	
客房走廊高		≥2400
两侧设座的综合式走廊	≥2500	
楼梯扶手高		850~1100
门	850~1000	≥1900
窗（不包含组合式窗子）	400~1800	
窗台		800~1200

灯具

单位：mm

物体	高度	直径
大吊灯	≥2400	
壁灯	1500~1800	
反光灯槽		≥2倍灯管直径
壁式床头灯	1200~1400	
照明开关	1000	

办公家具

单位：mm

物体	长度	宽度	高度	深度
办公桌	1200~1600	500~650	700~800	
办公椅	450	450	400~450	
沙发		600~800	350~450	
前置型茶几	900	400	400	
中心型茶几	900	900	400	
左右型茶几	600	400	400	
书柜		1200~1500	1800	450~500
书架		1000~1300	1800	350~450

精品图书 推荐阅读

“善于工作讲方法，提高效率有捷径。”清华大学出版社“高效随身查”系列就是一套致力于提高职场人员工作效率的“口袋书”。全系列包括11个品种，含图像处理与绘图、办公自动化及操作系统等多个方向，适合于设计人员、行政管理人员、文秘、网管等读者使用。

一两个技巧，也许能解除您一天的烦恼，让您少走很多弯路；一本小册子，也可能让您从职场中脱颖而出。“高效随身查”系列图书，教你以一当十的“绝活”，教你不加班的秘诀。

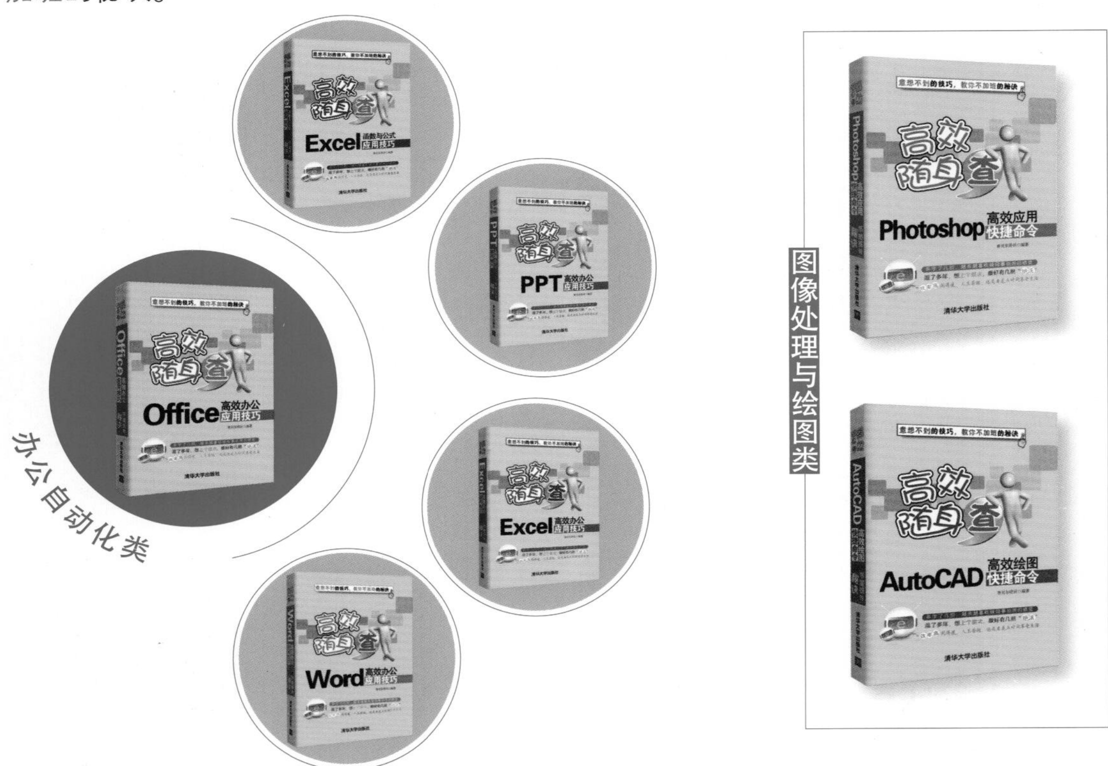

（本系列图书在各地新华书店、书城及当当网、亚马逊、京东商城等网店有售）

精品图书 推荐阅读

如果给你足够的时间，你可以学会任何东西，但是很多情况下，东西尚未学会，人却老了。时间就是财富、效率就是竞争力，谁能够快速学习，谁就能增强竞争力。

以下图书为艺术设计专业讲师和专职设计师联合编写，采用“视频＋实例＋专题＋案例＋实例素材”的形式，致力于让读者在最短时间内掌握最有用的技能。以下图书含图像处理、平面设计、数码照片处理、3ds Max 和 VRay 效果图制作等多个方向，适合想学习相关内容的入门类读者使用。

3ds Max 2014入门与实战经典

Photoshop CC入门与实战经典

Photoshop CC入门与实战经典（实例版）

3ds Max 2014+VRay效果图制作入门与实战经典

Photoshop CC平面设计入门与实战经典

Photoshop CC数码照片处理入门与实战经典

个别实例效果展示

（以上图书在各地新华书店、书城及当当网、亚马逊、京东商城等网店有售）